输电线路全过程机械化施工技术

（2017年版）

国家电网公司输变电工程

通用设计

输电线路挖孔桩基础分册

国家电网公司　颁布

中国电力出版社
CHINA ELECTRIC POWER PRESS

U0655448

内容提要

输变电工程通用设计是国家电网公司加快科学发展、建设资源节约型、环境友好型社会，大力提高集成创新能力的重要体现；是实施标准化管理、统一工程建设标准、规范建设管理、合理控制造价的重要手段。

本书为《国家电网公司输变电工程通用设计 输电线路挖孔桩基础分册（2017年版）》，共有两篇，分别为总论和挖孔桩基础通用设计，包括等直径桩和扩底桩 2 类基础型式，共 12 个模块、50 个子模块、394 张图纸、5352 个基础，适用于平地、丘陵及山地地区的 110（66）～750kV 电压等级的输电线路工程。

本书可供电力系统各设计单位以及从事电力建设工程规划、管理、施工、设备制造、安装、生产运行等专业人员使用。

图书在版编目（CIP）数据

国家电网公司输变电工程通用设计 . 输电线路挖孔桩基础分册：2017 年版 ／ 国家电网公司颁布. —北京：中国电力出版社，2018.3
ISBN 978-7-5198-1297-3

Ⅰ.①国… Ⅱ.①国… Ⅲ.①输电–电力工程–工程设计–中国②输电线路–挖孔桩–工程设计–中国
Ⅳ.①TM7②TM753

中国版本图书馆 CIP 数据核字（2017）第 257417 号

出版发行：中国电力出版社　　　　　　　　　　　　　印　　刷：三河市百盛印装有限公司
地　　址：北京市东城区北京站西街 19 号　　　　　　版　　次：2018 年 3 月第一版
邮政编码：100005　　　　　　　　　　　　　　　　印　　次：2018 年 3 月北京第一次印刷
网　　址：http：//www.cepp.sgcc.com.cn　　　　　　开　　本：880 毫米×1230 毫米　横 16 开本
责任编辑：罗　艳（yan-luo@ sgcc.com.cn，010-63412315）　高　芬　印　　张：29.25
责任校对：常燕昆　闫秀英　　　　　　　　　　　　　字　　数：1040 千字
装帧设计：张俊霞　　　　　　　　　　　　　　　　　印　　数：0001–3000 册
责任印制：邹树群　　　　　　　　　　　　　　　　　定　　价：430.00 元

《国家电网公司输变电工程通用设计

输电线路挖孔桩基础分册（2017年版）》工作组

牵 头 单 位　国家电网公司基建部

成 员 单 位　中国电力科学研究院有限公司　　　　国网经济技术研究院有限公司

　　　　　　国网河北省电力有限公司　　　　　　国网甘肃省电力公司

　　　　　　国网四川省电力公司　　　　　　　　国网福建省电力有限公司

　　　　　　国网安徽省电力有限公司　　　　　　国网冀北电力有限公司

《国家电网公司输变电工程通用设计

输电线路挖孔桩基础分册（2017年版）》编制人员

第一篇　总论

编 写 人 员　葛兆军　白林杰　李锡成　丁燕生　张　强　程永锋　丁士君　赵庆斌　李占岭　王虎长

　　　　　　秦庆芝　刘学军　鲁先龙　郑卫锋　蒲　奥　张文翔

第二篇 挖孔桩基础通用设计

1ZWK（K）、1JWK（K）、2ZWK（K）、2JWK（K）、5ZWK（K）、5JWK（K）模块

1ZWK1、1ZWK2、1ZWK3、1ZWK4、1JWK1、1JWK2、1JWK3、1JWK4、2ZWK1、2ZWK2、2ZWK3、2ZWK4、2JWK1、2JWK2、2JWK3、2JWK4、5ZWK1、5ZWK2、5ZWK3、5ZWK4、5JWK1、5JWK2、5JWK3 子模块

编 制 单 位	国网四川省电力公司、四川电力设计咨询有限责任公司
审 核 人 员	何远刚 李 晔
设计总工程师	赵庆斌 蒲 奥
校 核 人 员	刘 勇 李 焱 唐俊宇 董 斌
编 写 人 员	王 钢 郭艳军 刘 力 荣建林 孙珍茂 包 涛

1ZWK6、1JWK6、2ZWK6、2JWK6、5ZWK6、5JWK6 子模块

编 制 单 位	国网福建省电力有限公司、中国电建集团福建省电力勘测设计院有限公司
审 核 人 员	陈允清
设计总工程师	张礼朝 吴 征
校 核 人 员	陆 洲 杨巡莺
编 写 人 员	张文翔 陈孝湘 翁兰溪 陈 雄 周凯敏

序

　　电网是关系国计民生的重要基础设施。从党的十九大到二十大是"两个一百年"奋斗目标的历史交汇期，电力需求将保持持续增长。国家电网公司认真贯彻党中央、国务院决策部署，加快建设坚强智能电网，推动能源资源在更大范围实现优化配置，为经济社会发展提供安全、高效、清洁、可持续的电力供应。

　　为进一步提高坚强智能电网建设能力，提升施工技术水平、保障施工安全、质量，减少现场人员投入，减轻劳动强度，推进绿色发展，以人为本，促进线路工程建设方式变革，实现由劳动密集型向装备密集型、技术密集型转变，国家电网公司组织开展了输电线路机械化施工研究与应用。为促进输电线路基础标准化建设，实现杆塔基础设计标准化、施工机械化，国家电网公司组织有关研究机构、设计单位，在充分调研、科学比选、反复论证的基础上，历时18个月，研究编写完成《国家电网公司输变电工程通用设计　输电线路挖孔桩基础分册（2017年版）》。

　　该书凝聚了我国电力系统广大专家学者和工程技术人员的心血和智慧，是国家电网公司推行标准化建设的又一重要成果。希望本书的出版和应用，能够提高我国输变电工程建设水平，提高施工机械化程度，促进电网又好又快发展，为建设坚强智能电网、服务经济社会发展作出积极贡献。

刘泽洪

2018 年 1 月，北京

前　　言

　　为进一步提高坚强智能电网建设能力、提升施工技术水平、保障施工安全、保证施工质量，有效解决施工现场人力紧缺、人工成本上涨等问题，促进线路工程建设方式变革，实现由劳动密集型向装备密集型、技术密集型转变，国家电网公司组织开展了输电线路机械化施工研究与应用，从"技术标准、工程设计、工程管理、装备体系、考核评价"五个维度开展专项研究和试点建设，形成系列化技术成果。通过全面总结提炼，编制完成了《国家电网公司输变电工程通用设计　输电线路挖孔桩基础分册（2017版）》（简称《输电线路挖孔桩基础通用设计》）。

　　《输电线路挖孔桩基础通用设计》总结了输电线路机械化施工中有关挖孔桩基础的研究与应用成果，形成了等直径桩和扩底桩2类基础型式，共12个模块、50个子模块、394张图纸、5352个基础，适用于平地、丘陵及山地地区的110（66）～750kV输电线路工程。

　　由于编者水平有限，不妥之处在所难免，敬请读者批评指正。

编写组

2017 年 12 月

目　　录

第一篇　总　　论

第二篇　挖孔桩基础通用设计

总　论

2013年以来，国家电网公司（简称公司）大力推进输电线路机械化施工创新与实践，为降低施工现场人力投入、提升安全质量与效益效率，实现工程建设由劳动密集型向装备密集型、技术密集型转变，进一步加强输电线路机械化施工标准化体系建设，实现杆塔基础设计标准化、施工机械化，国家电网公司组织开展了机械化施工技术研究与应用，取得了系列化技术成果。公司编制了适用于输电线路机械化施工的掏挖基础、挖孔桩基础、岩石锚杆基础通用设计，形成了110（66）～750kV电压等级的输电线路基础通用设计成果。

第1章　概　述

1.1　目的与意义

为进一步提升以特高压为骨干网架、各级电网协调发展的坚强智能电网工程建设能力，提高电网整体效能，遵循"先进性、安全性、专业化、标准化、系列化"的要求，深入推广"标准化设计、机械化施工、流水式作业"的建设模式，推进输电线路建设方式转变，加强输电线路设计、施工、装备体系创新，实现由劳动密集型向装备密集型、技术密集型转变，公司组织开展了输电线路机械化施工技术体系研究。

输电线路机械化施工技术的开展是一项系统创新工程，需要创新设计方法、创新施工技术、创新装备研发，要求工程设计、施工装备、施工工艺、建设管理等各个环节协同配合，形成系列化技术成果，以显著提高输电线路建设效益和效率、提升安全质量水平，满足公司电网大规模建设需求，确保安全优质高效完成电网建设任务。

输电线路基础通用设计也是公司基建标准化建设的重要组成部分，是对标准化建设的深化，将进一步促进输变电工程"三通一标"工程建设。有利于提升工程建设标准化水平，提高施工机械化程度；有利于环保型基础的推广应用，对电网标准化建设、降低全寿命周期成本具有重要意义。

1.2　总体原则

输电线路基础通用设计根据输电线路机械化施工技术体系的指导原则，着重要处理和解决好通用设计方案的统一性、适应性、先进性、可靠性和经济性及其相互之间的辩证统一关系。

统一性：建设标准统一，基建和生产的标准统一，体现公司的企业文化特征。

适应性：综合考虑各地区的实际情况，结合输电线路机械化施工的要求，使得通用设计在公司系统中具备广泛的适用性，在一定的时间内，对不同外部条件的工程均能基本适用。

先进性：通用设计方案紧密结合输电线路机械化施工，在技术上具有先进性，注重环保，经济合理。

可靠性：规范设计准则，保证输电线路生产的安全可靠。

经济性：按照企业利益最大化原则，综合考虑初期投资和长期费用，追求全寿命周期内企业的最优经济效益。

第2章 编 制 过 程

2.1 工作组织方式

在公司基建部的统一组织和领导下，成立输电线路基础通用设计技术研究工作组，工作组由中国电力科学研究院（简称中国电科院）技术牵头，国网北京经济技术研究院（简称国网经研院）、河北省电力勘测设计研究院（简称河北院）、中国能源建设集团甘肃省电力设计院有限公司（简称甘肃院）、福建省电力勘测设计院（简称福建院）、四川电力设计咨询有限责任公司（简称四川咨询公司）、中国电力工程顾问集团华北电力设计院有限公司（简称华北院）、安徽华电工程咨询设计有限公司（简称安徽华电公司）参加。

（1）统一组织。公司基建部是输电线路基础通用设计的总负责单位，负责制订工作大纲，协调工作进度，解决工作中出现的问题。

（2）统一标准。在总体策划的基础上，统一设计原则、统一内容深度、统一表示方法、统一出版格式等。

（3）明确分工。按照确定的工作内容，明确各单位的工作内容和要求。

（4）综合协调、有序推进。统筹安排，定期组织和召开研究、协调、评审会议，有序推进。

2.2 工作过程

（1）2016年3月4日，根据基建技术〔2016〕24号《国网基建部关于印发2016年推进输电线路机械化施工工作要点的通知》，启动输电线路基础通用设计研究工作。

（2）2016年3月10日，根据基建技术〔2016〕31号《国网基建部关于下达2016年公司依托工程基建新技术研究应用项目的通知》，依托工程开展输电线路掏挖基础、挖孔桩基础、岩石锚杆基础的通用设计工作。

（3）2016年4月，公司基建部组织召开输电线路基础通用设计技术要求及模块规划方案审定会，成立工作组，确定了模块命名原则与荷载划分条件。

（4）2016年5～11月，工作组按照分工进行了输电线路基础通用设计的地质参数选取、模块命名等工作。公司基建部先后组织召开4次专题会议，确定掏挖基础、挖孔桩基础、岩石锚杆基础的设计条件、模块数量、图纸绘制格式等。

（5）2016年12月，公司基建部组织召开2次评审会议，开展掏挖基础、挖孔桩基础、岩石锚杆基础的通用设计方案及典型施工图审查、修改等。

（6）2017年1月，中国电科院会同有关省公司、设计单位及特邀专家组成检查组赴各设计单位进行集中、统一、全面校核审查通用设计成果。

（7）2017年4～12月，公司基建部组织召开4次评审会议，开展基础通用设计方案及典型施工图的完善、统稿等，形成最终成果。

第3章 设 计 依 据

3.1 主要规程规范

GB 50007《建筑地基基础设计规范》

GB 50009《建筑结构荷载规范》

GB 50010《混凝土结构设计规范》

GB 50025《湿陷性黄土地区建筑规范》

GB 50046《工业建筑防腐蚀设计规范》

GB 50119《混凝土外加剂应用技术规范》

GB 50204《混凝土结构工程施工质量验收规范》

GB 50233《110kV～750kV 架空输电线路施工及验收规范》

GB 50545《110kV～750kV 架空输电线路设计规范》

JGJ 18《钢筋焊接及验收规程》

JGJ 94《建筑桩基技术规范》

JGJ 106《建筑基桩检测技术规范》

DL/T 1236《输电杆塔用地脚螺栓与螺母》

DL/T 5219《架空输电线路基础设计技术规程》

DL/T 5442《输电线路铁塔制图和构造规定》

DL/T 5708《架空输电线路戈壁碎石土地基掏挖基础设计与施工技术导则》

Q/GDW 1841《架空输电线路杆塔基础设计规范》

Q/GDW 11330《架空输电线路掏挖基础技术规定》

Q/GDW 11331《输电线路岩石基础施工工艺导则》

Q/GDW 11332《输电线路掏挖基础机械化施工工艺导则》

Q/GDW 11333《架空输电线路岩石基础技术规定》

Q/GDW 11335《输电线路灌注桩基础机械化施工工艺导则》

Q/GDW 11392《架空输电线路灌注桩基础技术规定》

Q/GDW 11598《架空输电线路机械化施工技术导则》

3.2　其他有关规定

《输电线路全过程机械化施工技术　设计分册》

《输电线路全过程机械化施工技术　装备分册》

《国网基建部关于进一步规范输电线路杆塔设计地脚螺栓选用要求的通知》（基建技术〔2017〕92号）

第 4 章　调 研 及 专 题 研 究

4.1　基础型式

挖孔桩基础是一种将钢筋骨架置入机械或人工挖孔成型的土胎内，并将混凝土一次浇注成型的原状土基础，按照桩基础理论进行计算，适用于平地、丘陵及山地地区，可应用于黏性土、粉土、碎石土、黄土及岩石等地质条件。

4.2　荷载划分

参考《国家电网公司输变电工程通用设计　110（66）kV 输电线路分册（2011 年版）》《国家电网公司输变电工程通用设计　220kV 输电线路分册（2011 年版）》《国家电网公司输变电工程通用设计　500（330）kV 输电线路分册（2011 年版）》《国家电网公司输变电工程通用设计　750kV 输电线路分册（2010 年版）》等公司颁布的输电线路杆塔通用设计，统计分析其中有关基础作用力大小的分布规律。

4.2.1　直线塔荷载划分

对 110（66）～750kV 电压等级输电线路杆塔通用设计中各子模块直线型杆塔基础的上拔力、下压力和相应水平力进行统计分析，得到了 110（66）～750kV 直线塔基础的作用力取值见表 4.2-1。

表 4.2-1　输电线路杆塔通用设计中直线塔基础作用力统计结果

电压等级（kV）	数量	上拔力范围（kN）	水平力与上拔力比值	下压力与上拔力比值
66	32	123～474	0.09	1.17
110	222	98～1141	0.10	1.29
220	466	152～1900	0.12	1.33
330	136	220～1228	0.13	1.35
500	238	408～5485	0.14	1.26
750	88	577～3541	0.15	1.29

110（66）～750kV 各电压等级直线塔基础上拔力在给定步长范围内出现的频次直方图以及上拔力累积分布曲线分别如图 4.2-1～图 4.2-6 所示。其中，66、110kV 按照 50kN 步长进行统计，220、330kV 按照 100kN 步长进行统计，500、750kV 按照 200kN 步长进行统计。

对比分析直线塔上拔力分布直方图与累积分布曲线，不同电压等级直线塔涵盖 90% 基础上拔力范围见表 4-2-2，得出不同电压等级直线塔基础上拔力范围见表 4.2-3。

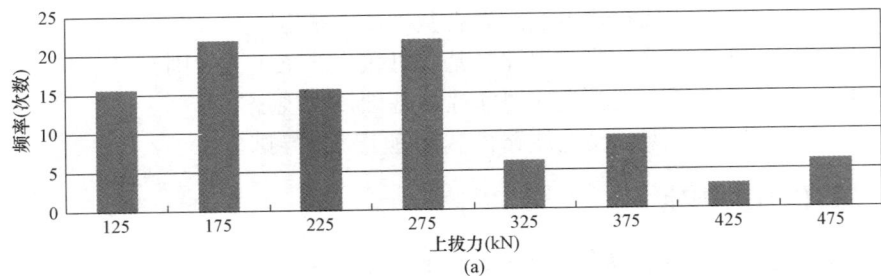

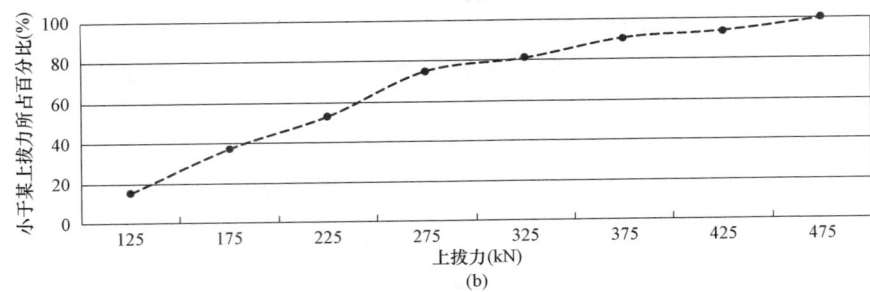

图 4.2-1　66kV 电压等级直线塔基础上拔力分布直方图及累积分布曲线

（a）基础上拔力分布直方图；（b）基础上拔力累积分布曲线

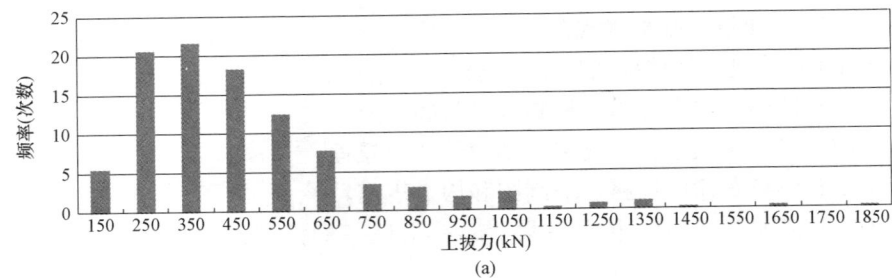

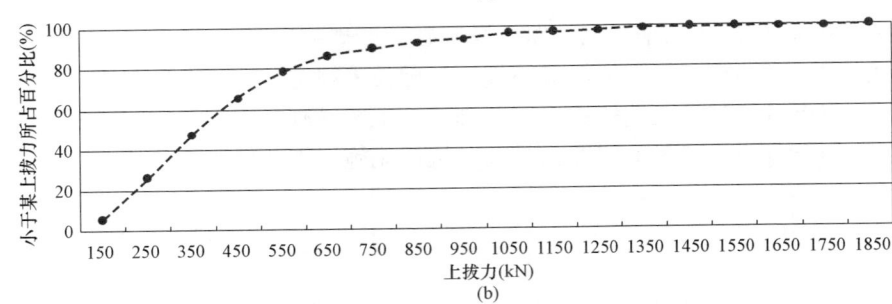

图 4.2-3　220kV 电压等级直线塔基础上拔力分布直方图及累积分布曲线

（a）基础上拔力分布直方图；（b）基础上拔力累积分布曲线

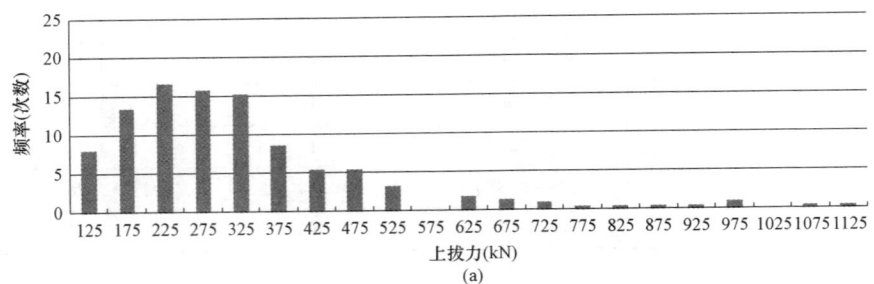

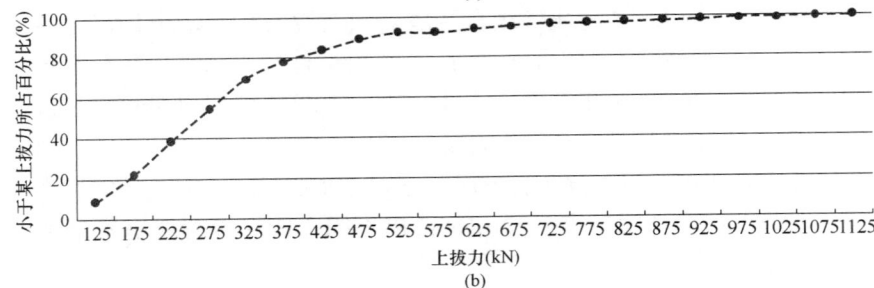

图 4.2-2　110kV 电压等级直线塔基础上拔力分布直方图及累积分布曲线

（a）基础上拔力分布直方图；（b）基础上拔力累积分布曲线

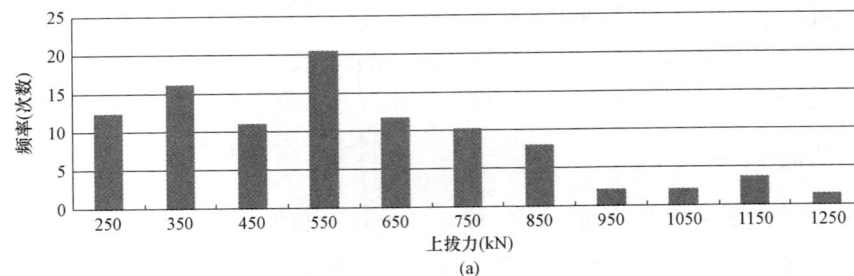

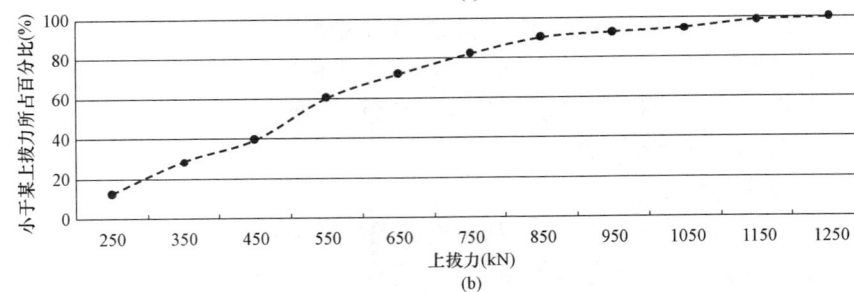

图 4.2-4　330kV 电压等级直线塔基础上拔力分布直方图及累积分布曲线

（a）基础上拔力分布直方图；（b）基础上拔力累积分布曲线

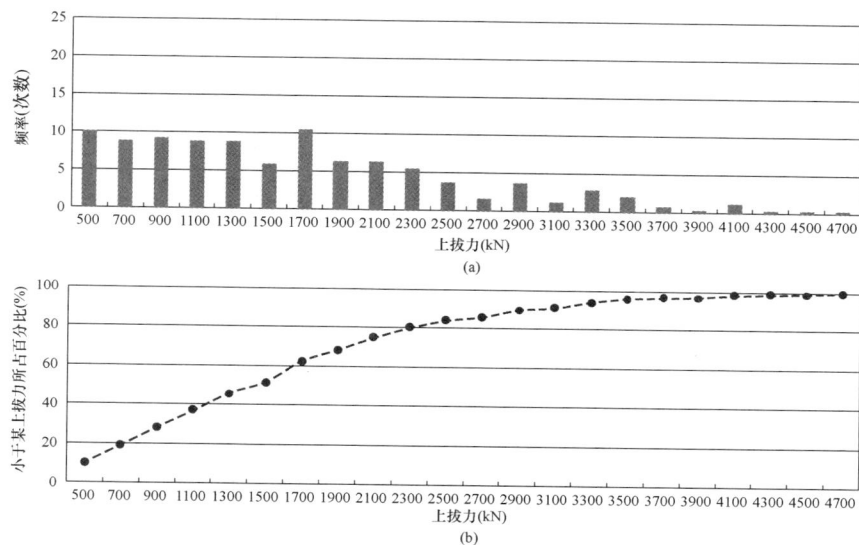

图 4.2-5　500kV 电压等级直线塔基础上拔力分布直方图及累积分布曲线

（a）基础上拔力分布直方图；（b）基础上拔力累积分布曲线

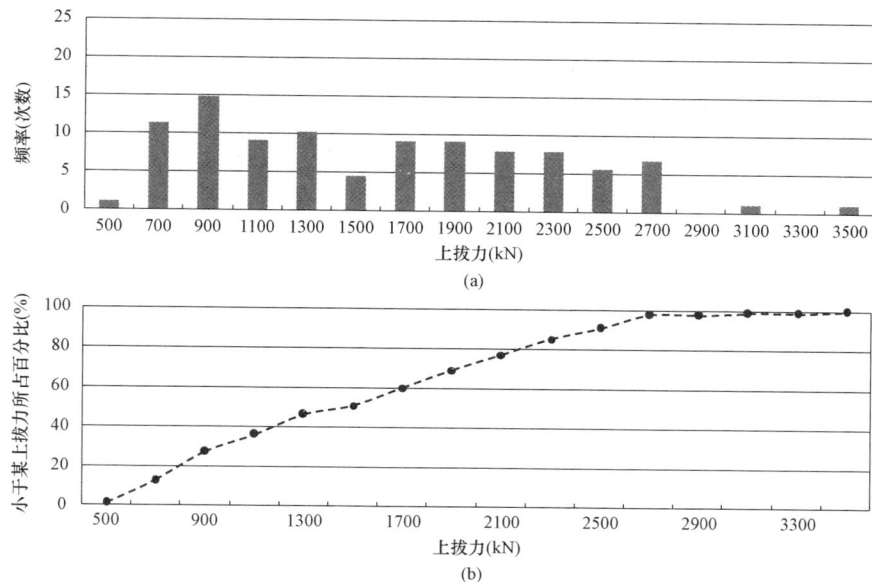

图 4.2-6　750kV 电压等级直线塔基础上拔力分布直方图及累积分布曲线

（a）基础上拔力分布直方图；（b）基础上拔力累积分布曲线

表 4.2-2　　　　　　　不同电压等级直线塔涵盖 90%基础上拔力

电压等级（kV）	最小值（kN）	最大值（kN）
66	125	375
110	125	475
220	150	750
330	250	850
500	500	2900
750	500	2500

表 4.2-3　　　　　　　不同电压等级直线塔基础上拔力

电压等级	上拔力（kN）
110（66）kV	100～600
220（330）kV	600～1000
500（750）kV	1000～3000

注　1. 本表涵盖 90%的输电线路杆塔通用设计基础上拔力。

　　　2. 为避免设计模块存在重复，基础上拔力已进行归并，参照 8.3 节第（3）条。

针对 110（66）、220、330、500、750kV 电压等级的输电线路直线塔的基础上拔力采用不同的分级步长，其中，小荷载（100～600kN）步长 50kN、中等荷载（600～1000kN）步长 100kN、大荷载（1000～3000kN）步长 200kN。

直线塔基础上拔力共划分为 25 种，其中，110（66）kV 直线塔基础上拔力划分为 11 种，220（330）kV 直线塔基础上拔力划分为 4 种，500（750）kV 直线塔基础上拔力划分为 10 种，下压力取上拔力的 130%，水平力取上拔力的 14%，详细见表 4.2-4。

4.2.2　I 型转角塔荷载划分

对输电线路杆塔通用设计中的各子模块中转角塔塔型的基础作用力进行统计分析，得出不同电压等级转角塔基础上拔力范围见表 4.2-5。I 型转角塔（简称转角塔）基础上拔力共划分为 20 种，其中，110（66）kV 转角塔基础上拔力划分为 7 种，220（330）kV 转角塔基础上拔力划分为 4 种，500（750）kV 转角塔基础上拔力划分为 9 种，下压力取上拔力的 130%，水平力取相应工况的 19%，详细见表 4.2-6。

表 4.2-4　　　　　不同电压等级直线塔基础作用力　　　　　（kN）

电压等级（kV）	基础作用力代号	T	T_x	T_y	N	N_x	N_y
110（66）	100	100	14	14	130	18	18
	150	150	21	21	195	27	27
	200	200	28	28	260	36	36
	250	250	35	35	325	46	46
	300	300	42	42	390	55	55
	350	350	49	49	455	64	64
	400	400	56	56	520	73	73
	450	450	63	63	585	82	82
	500	500	70	70	650	91	91
	550	550	77	77	715	100	100
	600	600	84	84	780	109	109
220（330）	700	700	98	98	910	127	127
	800	800	112	112	1040	146	146
	900	900	126	126	1170	164	164
	1000	1000	140	140	1300	182	182
500（750）	1200	1200	168	168	1560	218	218
	1400	1400	196	196	1820	255	255
	1600	1600	224	224	2080	291	291
	1800	1800	252	252	2340	328	328
	2000	2000	280	280	2600	364	364
	2200	2200	308	308	2860	400	400
	2400	2400	336	336	3120	437	437
	2600	2600	364	364	3380	473	473
	2800	2800	392	392	3640	510	510
	3000	3000	420	420	3900	546	546

表 4.2-5　　　　不同电压等级转角塔基础上拔力

电压等级（kV）	上拔力（kN）
110（66）	300～600
220（330）	600～1000
500（750）	1000～2800

注　1. 本表涵盖 90% 的输电线路杆塔通用设计基础上拔力。

　　2. 为避免设计模块存在重复，基础上拔力已进行归并，参照 8.3 节第（3）条。

表 4.2-6　　　　　不同电压等级转角塔基础作用力　　　　　（kN）

电压等级	基础作用力代号	T	T_x	T_y	N	N_x	N_y
110（66）	300	300	57	57	390	74	74
	350	350	67	67	455	86	86
	400	400	76	76	520	99	99
	450	450	86	86	585	111	111
	500	500	95	95	650	124	124
	550	550	105	105	715	136	136
220（330）	600	600	114	114	780	148	148
	700	700	133	133	910	173	173
	800	800	152	152	1040	198	198
	900	900	171	171	1170	222	222
	1000	1000	190	190	1300	247	247
500（750）	1200	1200	228	228	1560	296	296
	1400	1400	266	266	1820	346	346
	1600	1600	304	304	2080	395	395
	1800	1800	342	342	2340	445	445
	2000	2000	380	380	2600	494	494
	2200	2200	418	418	2860	543	543
	2400	2400	456	456	3120	593	593
	2600	2600	494	494	3380	642	642
	2800	2800	532	532	3640	692	692

4.3 地质条件划分

地基土类别按黏性土、粉土、碎石土、黄土及岩石等 5 类划分，主要地质参数包括地基土水平抗力系数的比例系数，极限侧阻力标准值 q_{sik}，极限端阻力标准值 q_{pk}。挖孔桩基础岩土类别及设计参数见表 4.3-1。

表 4.3-1　　　　　挖孔桩基础岩土类别及设计参数

岩土类别	代号	土水平抗力系数的比例系数 m（kN/m^4）	q_{sik}（kPa）	q_{pk}（kPa）
黏性土	1h	35000	40	600
	1i	35000	60	1000
	1j	35000	80	1400
粉土	2h	35000	20	600
	2i	35000	40	800
	2j	35000	60	1200
碎石土	3h	100000	150	2000
	3i	100000	170	2500
黄土	4h	14000	25	800
岩石	6a	100000	80	1200
	6b	100000	100	1500
	6c	100000	120	1800
	6d	100000	140	2100
	6e	100000	160	2400
	6f	100000	180	2700

注 岩石地基指全风化与强风化岩石，中等风化、微风化及未风化岩石不予考虑。

4.4 专题研究

4.4.1 挖孔桩设计露高调研

如图 4.4-1 所示，通过对平地、丘陵地区典型输电线路工程挖孔桩基础露高进行统计，1.7m 以下的基础露高占比 80%，最大露高取 2.7m 时可涵盖 98% 以上基础，因此挖孔桩设计露高按 0.2、0.7、1.2、1.7、2.2、2.7m 划分为六类。

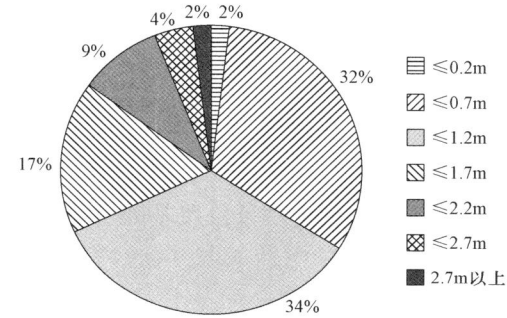

图 4.4-1　平地、丘陵地形输电线路基础露高分布图

4.4.2 挖孔桩基础最小桩径设计研究

挖孔桩基础最小桩径由地脚螺栓中心至基础边缘的距离和塔脚板底板边缘至基础边缘的距离综合确定，其中，地脚螺栓中心至基础边缘的距离不应小于 4 倍地脚螺栓直径且不应小于 150mm，塔脚板底板边缘至基础边缘的距离不应小于 100mm。经计算：基础上拔力与最小桩径的关系曲线如图 4.4-2 所示，基础上拔力对应的最小桩径见表 4.4-1。

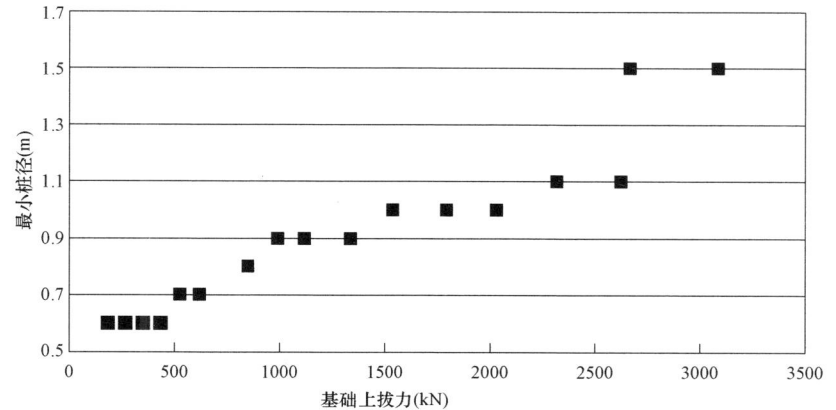

图 4.4-2　基础上拔力与最小桩径的关系曲线

表 4.4-1　　　　　基础上拔力对应的最小桩径

基础上拔力（kN）	100~450	500~800	900	1000~1800	2000~2600	2800~3000
最小桩径（m）	0.6	0.7	0.8	0.9	1.1	1.5

第5章 设计条件及模块划分

5.1 设计条件

设计条件包含电压等级、地形地质条件及基础作用力等，电压等级及地形条件见表5.1-1，岩土类别及设计参数见表4.3-1，基础作用力分级详见表4.2-4和表4.2-6。

表 5.1-1　　　　　　电压等级及地形条件

电压等级(kV)	110(66)	220(330)	500(750)
地形条件	平地、丘陵、山地地区		

5.2 基础编号

基础编号采用"□□□□-□-□"形式。

- 基础露头高度分档代号
- 基础作用力代号
- 岩土类别代号
- 基础型式代号
- 杆塔类型代号
- 电压等级代号

第1个"□"表示电压等级，标识符号为1、2、5，分别代表110（66）、220（330）、500（750）kV三个电压等级。

第2个"□"表示杆塔类型，标识符号为Z、J，分别代表直线塔和I型转角塔。

第3个"□"表示基础型式，标识符号为WK、WK（K），分别代表等直径挖孔桩基础和扩底挖孔桩基础。

第4个"□"表示岩土类别，标识符号为1、2、3、4、6，分别代表黏性土、粉土、碎石土、黄土、岩石。岩土类别后依次增加a、b、c、d、e等不同

岩土参数组合，共16组。第二篇基础模块编号中的"*"代表某一类岩土参数组合，详见各模块。

第5个"□"表示基础作用力代号，数值代表基础上拔力，单位为kN。

第6个"□"表示基础露头高度分档代号，标识符号为02、07、12、17、22、27，单位为dm。

以 1ZWK1h-550-12 为例，表示该基础为 110（66）kV、直线塔、等直径挖孔桩基础、1h 类型岩土类别（黏性土，$q_{sik}=40kPa$，$q_{pk}=600kPa$）、基础上拔力为550kN、基础露头高度1.2m。

5.3 模块划分

挖孔桩基础通用设计包括12个模块、50个子模块，模块划分详见表5.3-1。

表 5.3-1　　　　　挖孔桩基础通用设计模块划分

序号	模块名	子模块名	电压等级(kV)	岩土类别	适用地形	适用上拔力(kN)	适用塔型
1	1ZWK	1ZWK1		黏性土			
2		1ZWK2		粉土			
3		1ZWK3		碎石土			直线塔
4		1ZWK4		黄土		100~600	
5		1ZWK6		岩石			
6	1ZWK(K)	1ZWK(K)1		黏性土	平地、丘陵、山地地区		
7		1ZWK(K)2	110(66)	粉土			
8		1ZWK(K)4		黄土			
9	1JWK	1JWK1		黏性土			
10		1JWK2		粉土			转角塔
11		1JWK3		碎石土		300~600	
12		1JWK4		黄土			
13		1JWK6		岩石			

续表5.3-1

序号	模块名	子模块名	电压等级（kV）	岩土类别	适用地形	适用上拔力（kN）	适用塔型
14	1JWK（K）	1JWK（K）1	110（66）	黏性土		300～600	转角塔
15		1JWK（K）2		粉土			
16		1JWK（K）4		黄土			
17	2ZWK	2ZWK1		黏性土			直线塔
18		2ZWK2		粉土			
19		2ZWK3		碎石土			
20		2ZWK4		黄土			
21		2ZWK6		岩石	平地、丘陵、山地地区		
22	2ZWK（K）	2ZWK（K）1		黏性土		700～1000	
23		2ZWK（K）2		粉土			
24		2ZWK（K）4	220（330）	黄土			
25	2JWK	2JWK1		黏性土			转角塔
26		2JWK2		粉土			
27		2JWK3		碎石土			
28		2JWK4		黄土			
29		2JWK6		岩石			
30	2JWK（K）	2JWK（K）1		黏性土			
31		2JWK（K）2		粉土			

续表5.3-1

序号	模块名	子模块名	电压等级（kV）	岩土类别	适用地形	适用上拔力（kN）	适用塔型
32	2JWK（K）	2JWK（K）3	220（330）	碎石土		700～1000	转角塔
33		2JWK（K）4		黄土			
34	5ZWK	5ZWK1		黏性土			
35		5ZWK2		粉土			
36		5ZWK3		碎石土			
37		5ZWK4		黄土			
38		5ZWK6		岩石		1200～3000	直线塔
39	5ZWK（K）	5ZWK（K）1		黏性土			
40		5ZWK（K）2		粉土			
41		5ZWK（K）3		碎石土	平地、丘陵、山地地区		
42		5ZWK（K）4	500（750）	黄土			
43	5JWK	5JWK1		黏性土			
44		5JWK2		粉土			
45		5JWK3		碎石土			
46		5JWK6		岩石		1200～2800	转角塔
47	5JWK（K）	5JWK（K）1		黏性土			
48		5JWK（K）2		粉土			
49		5JWK（K）3		碎石土			
50		5JWK（K）4		黄土			

第6章　设计方法与技术原则

6.1　设计方法

桩基础的基础计算包括单桩下压承载力计算、上拔承载力计算以及水平承载力计算。

6.1.1　单桩下压承载力计算

桩基竖向承载力计算应符合下列要求。

轴心竖向力作用下

$$\gamma_f N_k \leqslant R \qquad (6.1-1)$$

式中　N_k——荷载效应标准组合轴心竖向力作用下，基桩或复合基桩的平均竖向力；

R——单桩竖向承载力特征值；

γ_f——基础附加分项系数。

单桩竖向承载力特征值 R_a 应按下式确定

$$R_a = \frac{1}{K} Q_{uk} \qquad (6.1-2)$$

式中　Q_{uk}——单桩竖向极限承载力标准值；

K——安全系数，取 $K=2$。

根据岩土的物理指标与承载力参数之间的经验关系，确定单桩极限承载力标准值时，可按下式计算

$$Q_{uk} = Q_{sk} + Q_{pk} = u \sum \psi_{si} q_{sik} l_i + \psi_p q_{pk} A_p \qquad (6.1-3)$$

式中　q_{sik}——桩侧第 i 层土极限侧阻力标准值；

q_{pk}——桩径为 800mm 的极限端阻力标准值；

ψ_{si}、ψ_p——大直径桩侧阻、端阻尺寸效应系数，按表 6.1-1 取值，若桩径小于 0.8m 时，ψ_{si}、ψ_p 取 1.0；

u——桩身周长。

表 6.1-1　大直径侧阻尺寸效应系数 ψ_{si}、大直径端阻尺寸效应系数 ψ_p

土类型	黏性土、粉土	砂土、碎石类土
ψ_{si}	$(0.8/d)^{1/5}$	$(0.8/d)^{1/3}$
ψ_p	$(0.8/D)^{1/4}$	$(0.8/D)^{1/3}$

6.1.2　上拔承载力计算

单桩上拔承载力计算应符合：

单桩

$$\gamma_f N_k \leqslant T_{uk}/2 + G_p \qquad (6.1-4)$$

式中　N_k——按荷载效应标准组合计算的单桩上拔力；

T_{uk}——单桩抗拔极限承载力标准值；

G_p——单桩自重，地下水位以下取浮重度，应按相关规范确定桩、土柱体周长，计算桩、土自重。

单桩的抗拔极限承载力标准值可按下式计算

$$T_{uk} = \sum \lambda_i q_{sik} u_i l_i \qquad (6.1-5)$$

式中　T_{uk}——单桩抗拔极限承载力标准值；

u_i——桩身周长，对于等直径桩取 $u = \pi d$；

q_{sik}——桩侧表面第 i 层土的抗压极限侧阻力标准值；

λ——抗拔系数，可按表 6.1-2 取值。

表 6.1-2　抗拔系数 λ

土　类	λ 值
碎石土	0.50
黏性土、粉土	0.70
全风化及强风化岩石	0.70

6.1.3　水平承载力计算

受水平力作用的桩基，应按 DL/T 5219—2014《架空输电线路基础设计技术规程》中附录"水平荷载作用下桩的内力、位移计算"中的方法计算单桩的内力和变位。

桩的水平变形系数 α（$1/m$）可按下式确定

$$\alpha = \sqrt[5]{\frac{mb_0}{EI}} \qquad (6.1-6)$$

式中　m——桩侧土水平抗力系数的比例系数，kN/m^4；

b_0——桩身的计算宽度，m，圆形桩：当 $d \leqslant 1m$ 时，$b_0 = 0.9$（$1.5d + 0.5$），当 $d > 1m$ 时，$b_0 = 0.9$（$d+1$）；

EI——桩身抗弯刚度，对于钢筋混凝土桩，$EI = 0.85 E_c I_0$；

E_c——混凝土弹性模量；

I_0——桩身换算截面惯性矩，圆形截面为：$I_0 = \pi d^2 [d^2 + 2 (\alpha_E - 1) \rho_g d_0^2] /64$；

α_E——钢筋弹性模量与混凝土弹性模量的比值；

ρ_g——桩身配筋率；

d_0——纵向钢筋圆环的直径。

6.2　主要技术原则

按照机械化施工的要求，在满足承载力要求的前提下，经技术经济对比后以混凝土量最少为优选目标进行挖孔桩基础设计。

（1）挖孔桩基础设计时不考虑地下水影响。

（2）岩石地基，挖孔桩基础采用等直径桩设计；非岩石地基挖孔桩基础采用扩底和等直径桩设计，扩底直径 D 不大于 $2d$（d 为桩身直径）。

（3）扩底桩上拔承载力设计时，扩底影响高度宜取 $4d$；下压承载力设计时，扩大头斜面及变截面以上 $2d$ 长度范围内不计入桩侧阻力。

（4）下压承载力计算时，桩径大于 1m，需将桩埋深范围 $1/2$ 自重作为下压力进行桩基验算。

（5）桩径 d 不小于 0.6m，按 0.1m 模数递增。最小桩径应满足地脚螺栓和塔脚板构造要求。

（6）基础埋深 h 不小于 6.0m，按 0.2m 模数增加，岩石地基最大埋深取 12.0m，非岩石地基最大埋深取 25.0m。

（7）内箍筋配置原则如下：

1）立柱直径 1m 及以下时选用直径 14mm 钢筋；

2）立柱直径为 1~1.6m 时选用直径 16mm 钢筋；

3）立柱直径大于 1.6m 时选用直径 18mm 钢筋。

（8）外箍筋规格选用 8、10mm，可采用螺旋式布置。

（9）箍筋加密区取桩顶以下 $5d$，经计算后可进行优化。

6.3 材料

主筋采用 HRB400 级钢筋，箍筋采用 HPB300 级钢筋；桩身混凝土强度等级不应低于 C25。

对于存在具有腐蚀性介质的塔位地基，应参照 GB 50046《工业建筑防腐蚀设计规范》调整混凝土等级及配合比，并采取相应的防腐处理措施。

第7章 施 工 要 求

7.1 施工工艺及质量控制

（1）挖孔桩基础施工工艺应按照《国家输变电工程标准工艺（三） 工艺标准库（2016 年版）》中工艺编号为 0201010301、0201010302 的要求执行。若施工过程中工艺标准库有更新，需要按照最新标准工艺施工。

（2）挖孔桩基础质量控制按照 GB 50233《110~750kV 架空输电线路施工及验收规范》执行。

7.2 安全

工程建设参建单位，必须遵守国家发展与改革委员会 2015 年 28 号令《电力建设工程施工安全监督管理办法》和 GB 50233 的规定。

机械设备应由专业人员操作，确保机械设备、设施、工具配件的完好和使用安全。

机械设备进出场及施工过程中应考虑邻近架空输电线路、建（构）筑物对作业安全的影响。在距离尚未浇筑混凝土的孔一定范围内，不得堆载，并禁止机械设备与运输车辆通过。

7.3 环境保护

输电线路工程应从设计、施工和建设管理等方面采取有效措施实现环境保护和水土保持目标，落实环境保护和水土保持方案及批复意见，执行环水保专项设计文件，保护生态环境，减小对施工场地和周围环境及植被的影响，减少水土流失。

7.4 检测

对设计等级为甲级、乙级的杆塔桩基和地质条件复杂或成桩质量可靠性较低的设计等级为丙级的杆塔桩基工程，可采用低应变法或超声波检测桩的完整性，检测方法见 JGJ 106《建筑基桩检测技术规范》。若需检测桩基承载力，按照相关的规程规范执行。

7.5 施工注意事项

（1）施工单位应根据设计单位提供的岩土工程勘测报告和设计文件，结合现场条件，制订合理可行的施工组织措施，确保施工质量和安全。

（2）基础施工前，必须进行基础根开尺寸的复测，仔细核对基础根开、地脚螺栓间距方向是否与杆塔施工图一致，复核无误后方可进行施工。

（3）基础施工时，施工人员应详细对比岩土工程勘测的地质报告与实际地质情况是否一致，若不一致应及时向设计单位反馈。

（4）地脚螺栓使用前应核对螺杆与螺母匹配情况，将其表面覆盖的油污和氧化皮等清除干净，并对丝扣部分做好防护措施。拧紧螺母后，螺杆露出螺母的长度应符合设计要求。保护帽浇筑前，地脚螺栓应进行复紧。

（5）人工作业时，应分节开挖，每节开挖深度不宜大于 1.0m，同时设置护壁，护壁混凝土强度等级需与基础混凝土强度相同。

（6）施工完成后，基面需考虑自然排水，并避免水流直接冲刷塔基，塔基范围内不得积水。

第 8 章　总 体 使 用 说 明

8.1　基础编号说明

基础编号由 6 个代号组成，依次包含电压等级、杆塔类型、基础型式、岩土类别、基础作用力、基础露头高度，其中基础作用力单位为 kN，露头高度单位为 dm。

8.2　基础选用方法

设计单位要按照输变电工程通用设计成果的要求，结合工程实际情况合理选用。

第一步，查询本书，根据工程的电压等级、塔类、岩土类别等查询到相应的模块。设计人员也可直接开启"输电线路通用设计数据库"软件，点击"基础查询"按钮，逐级查询。在满足条件下，一个工程可以在不同的模块中选择基础。

第二步，在初步确定了基础后，再根据相应模块的设计说明详细核对基础作用力、岩土类别及力学参数等设计参数，掌握通用设计基础的相关设计技术条件。

最后，在施工图阶段，对选定模块的基础施工图开展设计校验、核对地脚螺栓长度、间距是否与基础尺寸匹配，确保工程可靠应用。

8.3　应用注意事项

基础是输电线路安全稳定运行的基石，属于隐蔽工程，基础设计需考虑地形地质、地下水及腐蚀条件，结合输电线路工程特点综合确定其型式与尺寸，保证安全可靠。

挖孔桩基础通用设计模块使用时的主要注意事项：

（1）严禁未经验算而超条件使用通用设计模块，严禁"以小代大"。

（2）结合工程地形地质及荷载条件，选择经济、合理的通用设计模块，避免"以大代小"。

（3）在其电压等级模块中未查询到相应基础作用力时，根据基础作用力取值，在其他电压等级模块中进行查询使用。

（4）当基础作用力或地质参数与通用设计参数有差异（或多层土）时，可选用合适的模块经校验后使用。

（5）对于基底存在软弱层，应按相关规程进行软弱层承载力校验。

（6）本通用设计不考虑地下水影响，需考虑地下水影响时，按相关规程要求验算。

（7）机械化施工塔位应逐基勘探，必要时应逐腿钻探，查明土体覆盖层厚度，确定岩石饱和单轴抗压强度。

（8）本通用设计按机械成孔方式施工，若采用人工成孔，按照相关要求设置护壁等安全措施。

（9）斜坡条件时，桩基设计露高应结合边坡保护距离确定，边坡保护距离按 $2.5d$ 和 $1.5D$ 考虑。

挖孔桩基础通用设计

第9章 1ZWK 模块

本模块为直线塔挖孔桩基础模块，适用基础上拔力范围100～600 kN，适用于黏性土、粉土、碎石土、黄土、岩石地质，包含5个子模块，共990个基础、66张图纸，由四川咨询公司与福建院共同设计。

基础作用力见表9.0-1，岩土类别及设计参数见表9.0-2。

表9.0-1 **基础作用力** (kN)

电压等级 (kV)	基础作用力 代号	T	T_x	T_y	N	N_x	N_y
110(66)	100	100	14	14	130	18	18
	150	150	21	21	195	27	27
	200	200	28	28	260	36	36
	250	250	35	35	325	46	46
	300	300	42	42	390	55	55
	350	350	49	49	455	64	64
	400	400	56	56	520	73	73
	450	450	63	63	585	82	82
	500	500	70	70	650	91	91
	550	550	77	77	715	100	100
	600	600	84	84	780	109	109

表9.0-2 **岩土类别及设计参数**

序号	命名	岩土类别	m (kN/m⁴)	q_{sik} (kPa)	q_{pk} (kPa)
1	1h	黏性土	35000	40	600
2	1i		35000	60	1000
3	1j		35000	80	1400
4	2h	粉土	35000	20	600
5	2i		35000	40	800
6	2j		35000	60	1200
7	3h	碎石土	100000	150	2000
8	3i		100000	170	2500
9	4h	黄土	14000	25	800
10	6a	岩石	100000	80	1200
11	6b		100000	100	1500
12	6c		100000	120	1800
13	6d		100000	140	2100
14	6e		100000	160	2400
15	6f		100000	180	2700

注 代号含义详见5.2。

9.1　1ZWK1 子模块

此子模块适用于黏性土地基，共包含 11 张图纸，基础施工图图纸清单见表 9.1-1。

表 9.1-1　　1ZWK1 子模块基础施工图图纸清单

序号	图号	图　　名	基础作用力（kN）	
			$T/T_x/T_y$	$N/N_x/N_y$
1	图 9.1-1	1ZWK1＊-100 挖孔桩基础施工图	100/14/14	130/18/18
2	图 9.1-2	1ZWK1＊-150 挖孔桩基础施工图	150/21/21	195/27/27
3	图 9.1-3	1ZWK1＊-200 挖孔桩基础施工图	200/28/28	260/36/36
4	图 9.1-4	1ZWK1＊-250 挖孔桩基础施工图	250/35/35	325/46/46
5	图 9.1-5	1ZWK1＊-300 挖孔桩基础施工图	300/42/42	390/55/55
6	图 9.1-6	1ZWK1＊-350 挖孔桩基础施工图	350/49/49	455/64/64
7	图 9.1-7	1ZWK1＊-400 挖孔桩基础施工图	400/56/56	520/73/73
8	图 9.1-8	1ZWK1＊-450 挖孔桩基础施工图	450/63/63	585/82/82
9	图 9.1-9	1ZWK1＊-500 挖孔桩基础施工图	500/70/70	650/91/91
10	图 9.1-10	1ZWK1＊-550 挖孔桩基础施工图	550/77/77	715/100/100
11	图 9.1-11	1ZWK1＊-600 挖孔桩基础施工图	600/84/84	780/109/109

注　1＊包含 1h、1i、1j 三种地质参数组合。

基 础 参 数 表

基础名称	桩身直径 d(mm)	基础埋深 H(mm)	基础露头 H_0(mm)	主筋①	外箍筋②	外箍筋加密区长度(mm)	内箍筋③	单腿混凝土量(m^3)	单腿钢筋量(kg)
1ZWK1h-100-02	600	6000	200	11 Φ 14	Φ 8@100/200	3000	Φ 14@1500	1.75	122.7
1ZWK1h-100-07	600	6000	700	11 Φ 14	Φ 8@100/200	3000	Φ 14@1500	1.89	130.6
1ZWK1h-100-12	600	6000	1200	11 Φ 14	Φ 8@100/200	3000	Φ 14@1500	2.04	139.2
1ZWK1h-100-17	600	6000	1700	11 Φ 14	Φ 8@100/200	3000	Φ 14@1500	2.18	148.8
1ZWK1h-100-22	600	6000	2200	11 Φ 14	Φ 8@100/200	3000	Φ 14@1500	2.32	157.4
1ZWK1h-100-27	600	6000	2700	11 Φ 14	Φ 8@100/200	3000	Φ 14@1500	2.46	165.3
1ZWK1i-100-02	600	6000	200	11 Φ 14	Φ 8@100/200	3000	Φ 14@1500	1.75	122.7
1ZWK1i-100-07	600	6000	700	11 Φ 14	Φ 8@100/200	3000	Φ 14@1500	1.89	130.6
1ZWK1i-100-12	600	6000	1200	11 Φ 14	Φ 8@100/200	3000	Φ 14@1500	2.04	139.2
1ZWK1i-100-17	600	6000	1700	11 Φ 14	Φ 8@100/200	3000	Φ 14@1500	2.18	148.8
1ZWK1i-100-22	600	6000	2200	11 Φ 14	Φ 8@100/200	3000	Φ 14@1500	2.32	157.4
1ZWK1i-100-27	600	6000	2700	11 Φ 14	Φ 8@100/200	3000	Φ 14@1500	2.46	165.3
1ZWK1j-100-02	600	6000	200	11 Φ 14	Φ 8@100/200	3000	Φ 14@1500	1.75	122.7
1ZWK1j-100-07	600	6000	700	11 Φ 14	Φ 8@100/200	3000	Φ 14@1500	1.89	130.6
1ZWK1j-100-12	600	6000	1200	11 Φ 14	Φ 8@100/200	3000	Φ 14@1500	2.04	139.2
1ZWK1j-100-17	600	6000	1700	11 Φ 14	Φ 8@100/200	3000	Φ 14@1500	2.18	148.8
1ZWK1j-100-22	600	6000	2200	11 Φ 14	Φ 8@100/200	3000	Φ 14@1500	2.32	157.4
1ZWK1j-100-27	600	6000	2700	11 Φ 14	Φ 8@100/200	3000	Φ 14@1500	2.46	165.3

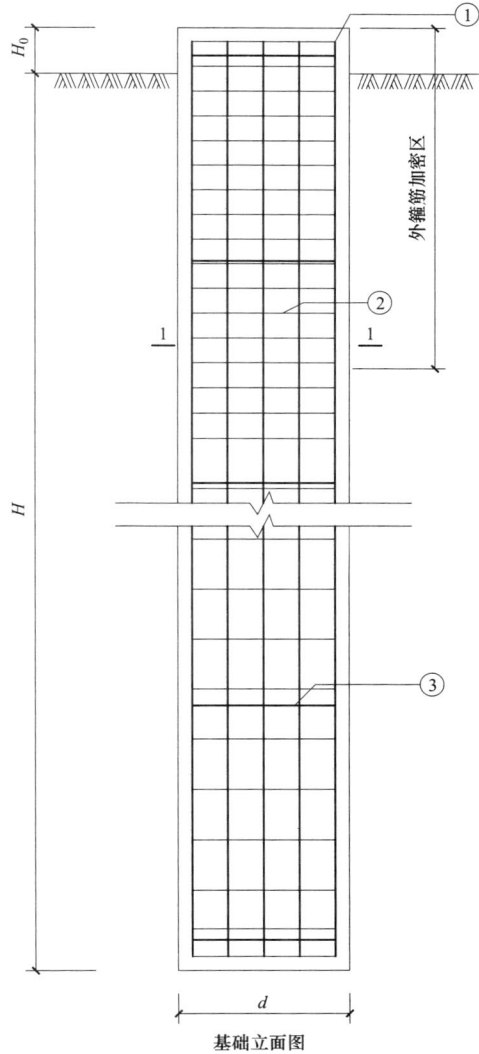

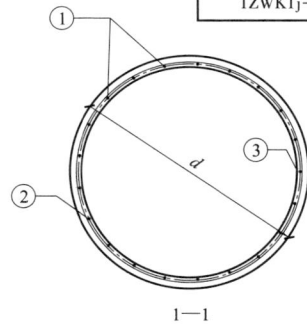

基础立面图

1—1

说明：1. 本基础适用于不受地下水影响的黏性土地质条件。

2. 整体立塔时，混凝土的抗压强度应达到设计强度的100%。分解组塔时，混凝土必须达到抗压强度设计值的70%。

3. 基础根开及地脚螺栓间距与相应杆塔结构图核对无误后，方可施工。

4. 基础混凝土强度等级不应低于C25，主筋采用HRB400级钢筋，箍筋采用HPB300级钢筋。

5. ②号钢筋加密区箍筋间距100mm，非加密区箍筋间距200mm。可采用螺旋箍筋。

6. 主筋保护层不小于50mm。

7. 基础施工完毕后，做好基面排水处理。

8. 本基础按机械成孔施工方式，未考虑护壁工程量。

图 9.1-1　1ZWK1＊-100挖孔桩基础施工图

基 础 参 数 表

基础名称	桩身直径 d(mm)	基础埋深 H(mm)	基础露头 H_0(mm)	主筋①	外箍筋②	外箍筋加密区长度(mm)	内箍筋③	单腿混凝土量(m^3)	单腿钢筋量(kg)
1ZWK1h-150-02	600	6000	200	11 Φ14	Φ8@100/200	3000	Φ14@1500	1.75	122.7
1ZWK1h-150-07	600	6000	700	11 Φ14	Φ8@100/200	3000	Φ14@1500	1.89	130.6
1ZWK1h-150-12	600	6000	1200	11 Φ14	Φ8@100/200	3000	Φ14@1500	2.04	139.2
1ZWK1h-150-17	600	6000	1700	11 Φ14	Φ8@100/200	3000	Φ14@1500	2.18	148.8
1ZWK1h-150-22	600	6000	2200	11 Φ14	Φ8@100/200	3000	Φ14@1500	2.32	157.4
1ZWK1h-150-27	600	6000	2700	12 Φ14	Φ8@100/200	3000	Φ14@1500	2.46	175.6
1ZWK1i-150-02	600	6000	200	11 Φ14	Φ8@100/200	3000	Φ14@1500	1.75	122.7
1ZWK1i-150-07	600	6000	700	11 Φ14	Φ8@100/200	3000	Φ14@1500	1.89	130.6
1ZWK1i-150-12	600	6000	1200	11 Φ14	Φ8@100/200	3000	Φ14@1500	2.04	139.2
1ZWK1i-150-17	600	6000	1700	11 Φ14	Φ8@100/200	3000	Φ14@1500	2.18	148.8
1ZWK1i-150-22	600	6000	2200	11 Φ14	Φ8@100/200	3000	Φ14@1500	2.32	157.4
1ZWK1i-150-27	600	6000	2700	12 Φ14	Φ8@100/200	3000	Φ14@1500	2.46	175.6
1ZWK1j-150-02	600	6000	200	11 Φ14	Φ8@100/200	3000	Φ14@1500	1.75	122.7
1ZWK1j-150-07	600	6000	700	11 Φ14	Φ8@100/200	3000	Φ14@1500	1.89	130.6
1ZWK1j-150-12	600	6000	1200	11 Φ14	Φ8@100/200	3000	Φ14@1500	2.04	139.2
1ZWK1j-150-17	600	6000	1700	11 Φ14	Φ8@100/200	3000	Φ14@1500	2.18	148.8
1ZWK1j-150-22	600	6000	2200	11 Φ14	Φ8@100/200	3000	Φ14@1500	2.32	157.4
1ZWK1j-150-27	600	6000	2700	12 Φ14	Φ8@100/200	3000	Φ14@1500	2.46	175.6

说明：1. 本基础适用于不受地下水影响的黏性土地质条件。

2. 整体立塔时，混凝土的抗压强度应达到设计强度的 100%。分解组塔时，混凝土必须达到抗压强度设计值的 70%。

3. 基础根开及地脚螺栓间距与相应杆塔结构图核对无误后，方可施工。

4. 基础混凝土强度等级不应低于 C25，主筋采用 HRB400 级钢筋，箍筋采用 HPB300 级钢筋。

5. ②号钢筋加密区箍筋间距 100mm，非加密区箍筋间距 200mm。可采用螺旋箍筋。

6. 主筋保护层不小于 50mm。

7. 基础施工完毕后，做好基面排水处理。

8. 本基础按机械成孔施工方式，未考虑护壁工程量。

基础立面图

1—1

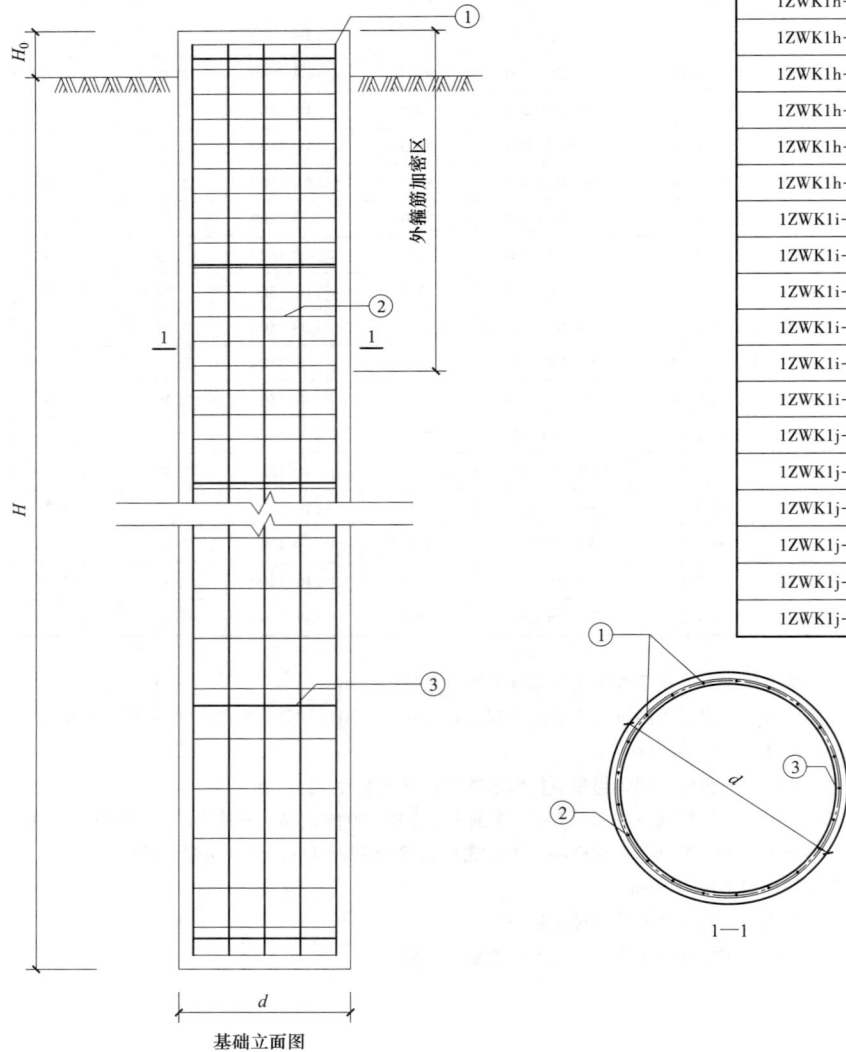

图 9.1-2 1ZWK1∗-150 挖孔桩基础施工图

基 础 参 数 表

基础名称	桩身直径 d(mm)	基础埋深 H(mm)	基础露头 H_0(mm)	主筋①	外箍筋②	外箍筋加密区长度(mm)	内箍筋③	单腿混凝土量(m^3)	单腿钢筋量(kg)
1ZWK1h-200-02	600	6000	200	11⌀14	Φ8@100/200	3000	Φ14@1500	1.75	122.7
1ZWK1h-200-07	600	6000	700	11⌀14	Φ8@100/200	3000	Φ14@1500	1.89	130.6
1ZWK1h-200-12	600	6000	1200	11⌀14	Φ8@100/200	3000	Φ14@1500	2.04	139.2
1ZWK1h-200-17	600	6000	1700	13⌀14	Φ8@100/200	3000	Φ14@1500	2.18	167.1
1ZWK1h-200-22	600	6000	2200	14⌀14	Φ8@100/200	3000	Φ14@1500	2.32	186.7
1ZWK1h-200-27	600	6000	2700	12⌀16	Φ8@100/200	3000	Φ14@1500	2.46	213.6
1ZWK1i-200-02	600	6000	200	11⌀14	Φ8@100/200	3000	Φ14@1500	1.75	122.7
1ZWK1i-200-07	600	6000	700	11⌀14	Φ8@100/200	3000	Φ14@1500	1.89	130.6
1ZWK1i-200-12	600	6000	1200	11⌀14	Φ8@100/200	3000	Φ14@1500	2.04	139.2
1ZWK1i-200-17	600	6000	1700	13⌀14	Φ8@100/200	3000	Φ14@1500	2.18	167.1
1ZWK1i-200-22	600	6000	2200	14⌀14	Φ8@100/200	3000	Φ14@1500	2.32	186.7
1ZWK1i-200-27	600	6000	2700	12⌀16	Φ8@100/200	3000	Φ14@1500	2.46	213.6
1ZWK1j-200-02	600	6000	200	11⌀14	Φ8@100/200	3000	Φ14@1500	1.75	122.7
1ZWK1j-200-07	600	6000	700	11⌀14	Φ8@100/200	3000	Φ14@1500	1.89	130.6
1ZWK1j-200-12	600	6000	1200	11⌀14	Φ8@100/200	3000	Φ14@1500	2.04	139.2
1ZWK1j-200-17	600	6000	1700	13⌀14	Φ8@100/200	3000	Φ14@1500	2.18	167.1
1ZWK1j-200-22	600	6000	2200	14⌀14	Φ8@100/200	3000	Φ14@1500	2.32	186.7
1ZWK1j-200-27	600	6000	2700	12⌀16	Φ8@100/200	3000	Φ14@1500	2.46	213.6

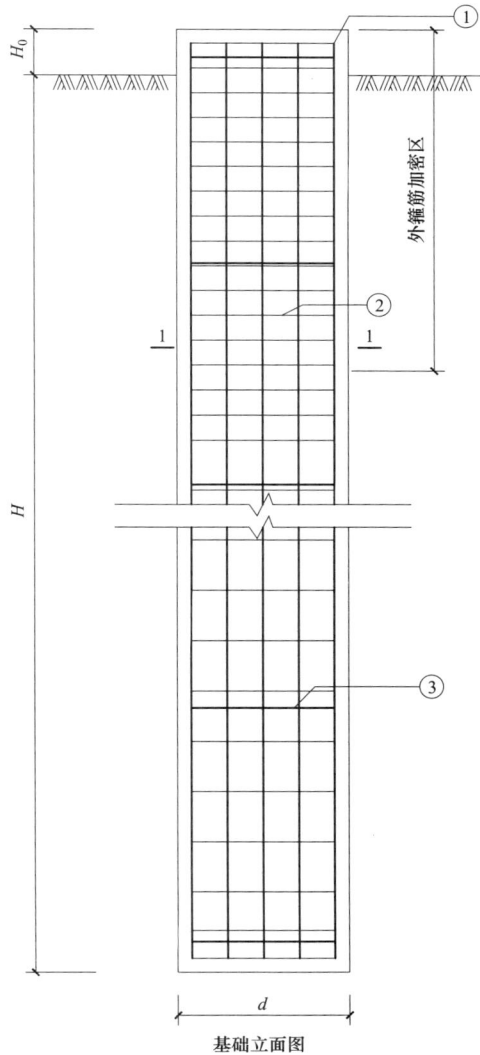

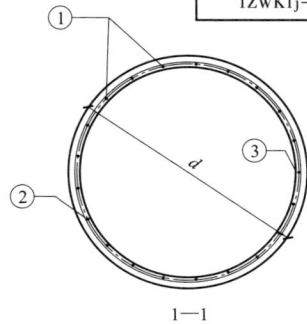

基础立面图

1—1

说明：1. 本基础适用于不受地下水影响的黏性土地质条件。

2. 整体立塔时，混凝土的抗压强度应达到设计强度的100%。分解组塔时，混凝土必须达到抗压强度设计值的70%。

3. 基础根开及地脚螺栓间距与相应杆塔结构图核对无误后，方可施工。

4. 基础混凝土强度等级不应低于C25，主筋采用HRB400级钢筋，箍筋采用HPB300级钢筋。

5. ②号钢筋加密区箍筋间距100mm，非加密区箍筋间距200mm。可采用螺旋箍筋。

6. 主筋保护层不小于50mm。

7. 基础施工完毕后，做好基面排水处理。

8. 本基础按机械成孔施工方式，未考虑护壁工程量。

图 9.1-3   1ZWK1*-200 挖孔桩基础施工图

基础参数表

基础名称	桩身直径 d(mm)	基础埋深 H(mm)	基础露头 H_0(mm)	主筋①	外箍筋②	外箍筋加密区长度(mm)	内箍筋③	单腿混凝土量(m³)	单腿钢筋量(kg)
1ZWK1h-250-02	600	6000	200	11Φ14	Φ8@100/200	3000	Φ14@1500	1.75	122.7
1ZWK1h-250-07	600	6000	700	12Φ14	Φ8@100/200	3000	Φ14@1500	1.89	138.6
1ZWK1h-250-12	600	6000	1200	14Φ14	Φ8@100/200	3000	Φ14@1500	2.04	164.8
1ZWK1h-250-17	600	6000	1700	12Φ16	Φ8@100/200	3000	Φ14@1500	2.18	191.5
1ZWK1h-250-22	600	6000	2200	14Φ16	Φ8@100/200	3000	Φ14@1500	2.32	228.4
1ZWK1h-250-27	600	6000	2700	15Φ16	Φ8@100/200	3000	Φ14@1500	2.46	254.2
1ZWK1i-250-02	600	6000	200	11Φ14	Φ8@100/200	3000	Φ14@1500	1.75	122.7
1ZWK1i-250-07	600	6000	700	12Φ14	Φ8@100/200	3000	Φ14@1500	1.89	138.6
1ZWK1i-250-12	600	6000	1200	14Φ14	Φ8@100/200	3000	Φ14@1500	2.04	164.8
1ZWK1i-250-17	600	6000	1700	12Φ16	Φ8@100/200	3000	Φ14@1500	2.18	191.5
1ZWK1i-250-22	600	6000	2200	14Φ16	Φ8@100/200	3000	Φ14@1500	2.32	228.4
1ZWK1i-250-27	600	6000	2700	15Φ16	Φ8@100/200	3000	Φ14@1500	2.46	254.2
1ZWK1j-250-02	600	6000	200	11Φ14	Φ8@100/200	3000	Φ14@1500	1.75	122.7
1ZWK1j-250-07	600	6000	700	12Φ14	Φ8@100/200	3000	Φ14@1500	1.89	138.6
1ZWK1j-250-12	600	6000	1200	14Φ14	Φ8@100/200	3000	Φ14@1500	2.04	164.8
1ZWK1j-250-17	600	6000	1700	12Φ16	Φ8@100/200	3000	Φ14@1500	2.18	191.5
1ZWK1j-250-22	600	6000	2200	11Φ18	Φ8@100/200	3000	Φ14@1500	2.32	227.3
1ZWK1j-250-27	600	6000	2700	12Φ18	Φ8@100/200	3000	Φ14@1500	2.46	256.7

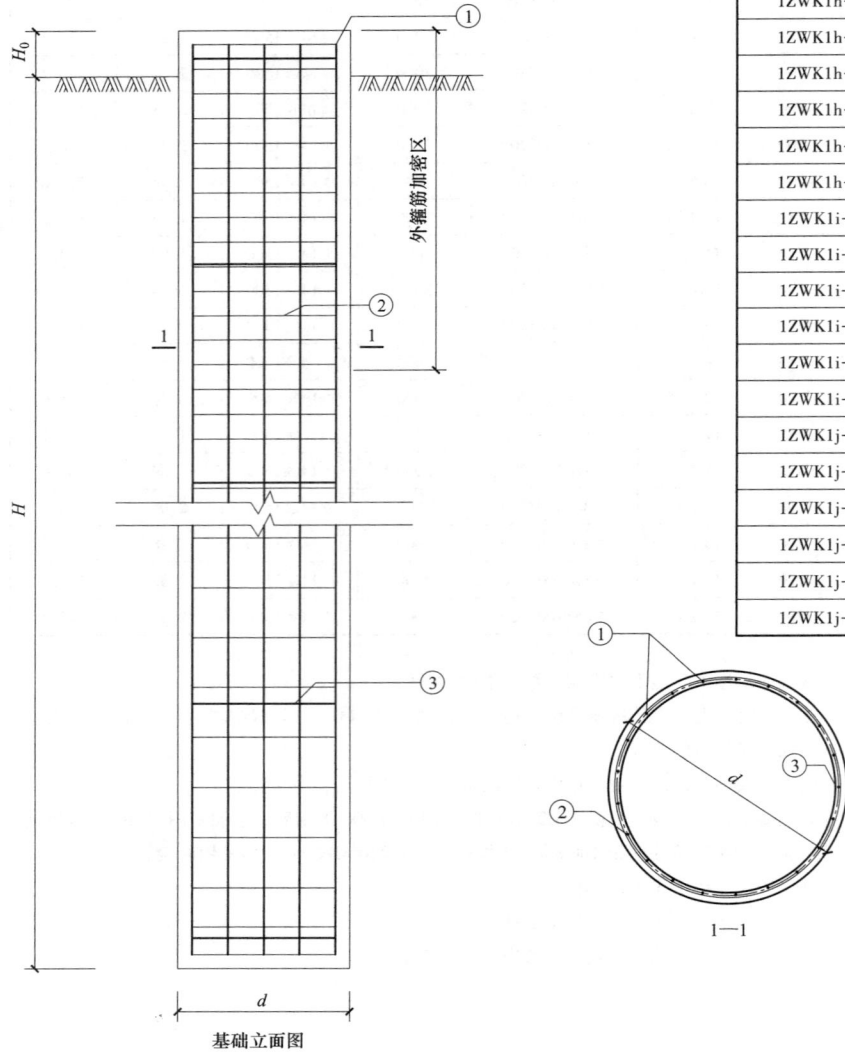

基础立面图

1—1

说明：1. 本基础适用于不受地下水影响的黏性土地质条件。

2. 整体立塔时，混凝土的抗压强度应达到设计强度的 100%。分解组塔时，混凝土必须达到抗压强度设计值的 70%。

3. 基础根开及地脚螺栓间距与相应杆塔结构图核对无误后，方可施工。

4. 基础混凝土强度等级不应低于 C25，主筋采用 HRB400 级钢筋，箍筋采用 HPB300 级钢筋。

5. ②号钢筋加密区箍筋间距 100mm，非加密区箍筋间距 200mm。可采用螺旋箍筋。

6. 主筋保护层不小于 50mm。

7. 基础施工完毕后，做好基面排水处理。

8. 本基础按机械成孔施工方式，未考虑护壁工程量。

图 9.1-4　1ZWK1∗-250 挖孔桩基础施工图

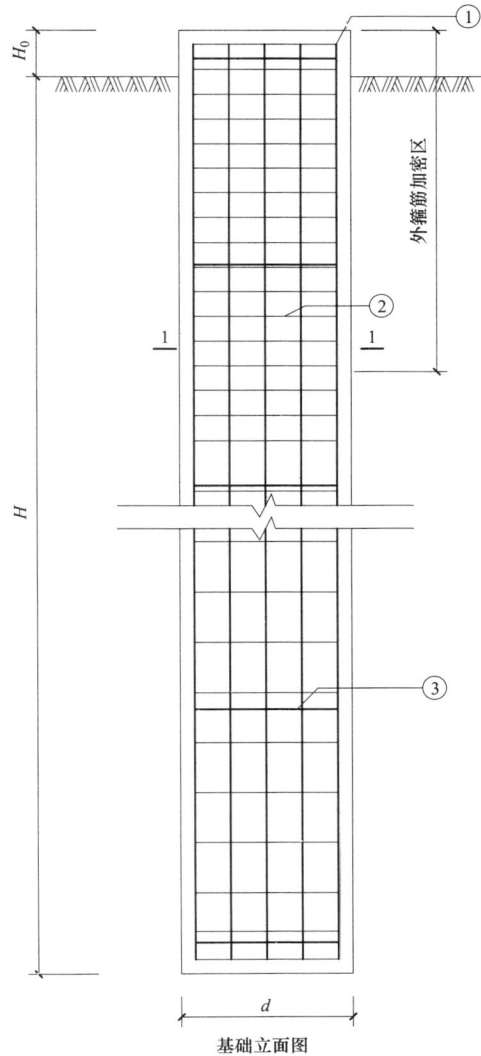

基础立面图

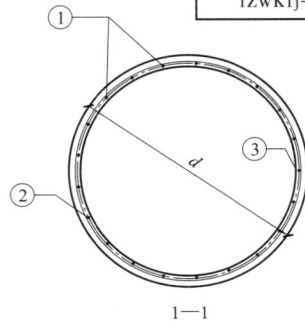

1—1

基 础 参 数 表

基础名称	桩身直径 d(mm)	基础埋深 H(mm)	基础露头 H_0(mm)	主筋①	外箍筋②	外箍筋加密区长度(mm)	内箍筋③	单腿混凝土量（m^3）	单腿钢筋量（kg）
1ZWK1h－300－02	600	6000	200	12 ⌀ 14	Φ 8@ 100/200	3000	Φ 14@ 1500	1.75	130.1
1ZWK1h－300－07	600	6000	700	11 ⌀ 16	Φ 8@ 100/200	3000	Φ 14@ 1500	1.89	157.3
1ZWK1h－300－12	600	6000	1200	10 ⌀ 18	Φ 8@ 100/200	3000	Φ 14@ 1500	2.04	186.3
1ZWK1h－300－17	600	6000	1700	12 ⌀ 18	Φ 8@ 100/200	3000	Φ 14@ 1500	2.18	229.6
1ZWK1h－300－22	600	6000	2200	13 ⌀ 18	Φ 8@ 100/200	3000	Φ 14@ 1500	2.32	259.6
1ZWK1h－300－27	600	6000	2700	15 ⌀ 18	Φ 8@ 100/200	3000	Φ 14@ 1500	2.46	308.1
1ZWK1i－300－02	600	6000	200	10 ⌀ 16	Φ 8@ 100/200	3000	Φ 14@ 1500	1.75	137.8
1ZWK1i－300－07	600	6000	700	11 ⌀ 16	Φ 8@ 100/200	3000	Φ 14@ 1500	1.89	157.3
1ZWK1i－300－12	600	6000	1200	10 ⌀ 18	Φ 8@ 100/200	3000	Φ 14@ 1500	2.04	186.3
1ZWK1i－300－17	600	6000	1700	12 ⌀ 18	Φ 8@ 100/200	3000	Φ 14@ 1500	2.18	229.6
1ZWK1i－300－22	600	6000	2200	13 ⌀ 18	Φ 8@ 100/200	3000	Φ 14@ 1500	2.32	259.6
1ZWK1i－300－27	600	6000	2700	12 ⌀ 20	Φ 8@ 100/200	3000	Φ 14@ 1500	2.46	304.8
1ZWK1j－300－02	600	6000	200	12 ⌀ 14	Φ 8@ 100/200	3000	Φ 14@ 1500	1.75	130.1
1ZWK1j－300－07	600	6000	700	11 ⌀ 16	Φ 8@ 100/200	3000	Φ 14@ 1500	1.89	157.3
1ZWK1j－300－12	600	6000	1200	10 ⌀ 18	Φ 8@ 100/200	3000	Φ 14@ 1500	2.04	186.3
1ZWK1j－300－17	600	6000	1700	12 ⌀ 18	Φ 8@ 100/200	3000	Φ 14@ 1500	2.18	229.6
1ZWK1j－300－22	600	6000	2200	13 ⌀ 18	Φ 8@ 100/200	3000	Φ 14@ 1500	2.32	259.6
1ZWK1j－300－27	600	6000	2700	12 ⌀ 20	Φ 8@ 100/200	3000	Φ 14@ 1500	2.46	304.8

说明：1. 本基础适用于不受地下水影响的黏性土地质条件。

2. 整体立塔时，混凝土的抗压强度应达到设计强度的100%。分解组塔时，混凝土必须达到抗压强度设计值的70%。

3. 基础根开及地脚螺栓间距与相应杆塔结构图核对无误后，方可施工。

4. 基础混凝土强度等级不应低于 C25，主筋采用 HRB400 级钢筋，箍筋采用 HPB300 级钢筋。

5. ②号钢筋加密区箍筋间距 100mm，非加密区箍筋间距 200mm。可采用螺旋箍筋。

6. 主筋保护层不小于 50mm。

7. 基础施工完毕后，做好基面排水处理。

8. 本基础按机械成孔施工方式，未考虑护壁工程量。

图 9.1-5　1ZWK1＊-300 挖孔桩基础施工图

基 础 参 数 表

基础名称	桩身直径 d(mm)	基础埋深 H(mm)	基础露头 H_0(mm)	主筋①	外箍筋②	外箍筋加密区长度(mm)	内箍筋③	单腿混凝土量 (m³)	单腿钢筋量 (kg)
1ZWK1h-350-02	600	6600	200	14 Φ 14	Φ 8@ 100/200	3000	Φ 14@ 1500	1.92	156.8
1ZWK1h-350-07	600	6600	700	13 Φ 16	Φ 8@ 100/200	3000	Φ 14@ 1500	2.06	192.3
1ZWK1h-350-12	600	6600	1200	15 Φ 16	Φ 8@ 100/200	3000	Φ 14@ 1500	2.21	230.4
1ZWK1h-350-17	600	6600	1700	14 Φ 18	Φ 8@ 100/200	3000	Φ 14@ 1500	2.35	278.5
1ZWK1h-350-22	600	6600	2200	13 Φ 20	Φ 8@ 100/200	3000	Φ 14@ 1500	2.49	329.8
1ZWK1h-350-27	600	6600	2700	14 Φ 20	Φ 8@ 100/200	3000	Φ 14@ 1500	2.63	371.4
1ZWK1i-350-02	600	6000	200	11 Φ 16	Φ 8@ 100/200	3000	Φ 14@ 1500	1.75	147.4
1ZWK1i-350-07	600	6000	700	13 Φ 16	Φ 8@ 100/200	3000	Φ 14@ 1500	1.89	178.1
1ZWK1i-350-12	600	6000	1200	15 Φ 16	Φ 8@ 100/200	3000	Φ 14@ 1500	2.04	212.6
1ZWK1i-350-17	600	6000	1700	11 Φ 20	Φ 8@ 100/200	3000	Φ 14@ 1500	2.18	253.4
1ZWK1i-350-22	600	6000	2200	13 Φ 20	Φ 8@ 100/200	3000	Φ 14@ 1500	2.32	308.7
1ZWK1i-350-27	600	6000	2700	14 Φ 20	Φ 8@ 100/200	3000	Φ 14@ 1500	2.46	347.1
1ZWK1j-350-02	600	6000	200	14 Φ 14	Φ 8@ 100/200	3000	Φ 14@ 1500	1.75	144.8
1ZWK1j-350-07	600	6000	700	10 Φ 18	Φ 8@ 100/200	3000	Φ 14@ 1500	1.89	174.4
1ZWK1j-350-12	600	6000	1200	12 Φ 18	Φ 8@ 100/200	3000	Φ 14@ 1500	2.04	214.6
1ZWK1j-350-17	600	6000	1700	11 Φ 20	Φ 8@ 100/200	3000	Φ 14@ 1500	2.18	253.4
1ZWK1j-350-22	600	6000	2200	13 Φ 20	Φ 8@ 100/200	3000	Φ 14@ 1500	2.32	308.7
1ZWK1j-350-27	600	6000	2700	14 Φ 20	Φ 8@ 100/200	3000	Φ 14@ 1500	2.46	347.1

说明：1. 本基础适用于不受地下水影响的黏性土地质条件。

2. 整体立塔时，混凝土的抗压强度应达到设计强度的100%。分解组塔时，混凝土必须达到抗压强度设计值的70%。

3. 基础根开及地脚螺栓间距与相应杆塔结构图核对无误后，方可施工。

4. 基础混凝土强度等级不应低于C25，主筋采用HRB400级钢筋，箍筋采用HPB300级钢筋。

5. ②号钢筋加密区箍筋间距100mm，非加密区箍筋间距200mm。可采用螺旋箍筋。

6. 主筋保护层不小于50mm。

7. 基础施工完毕后，做好基面排水处理。

8. 本基础按机械成孔施工方式，未考虑护壁工程量。

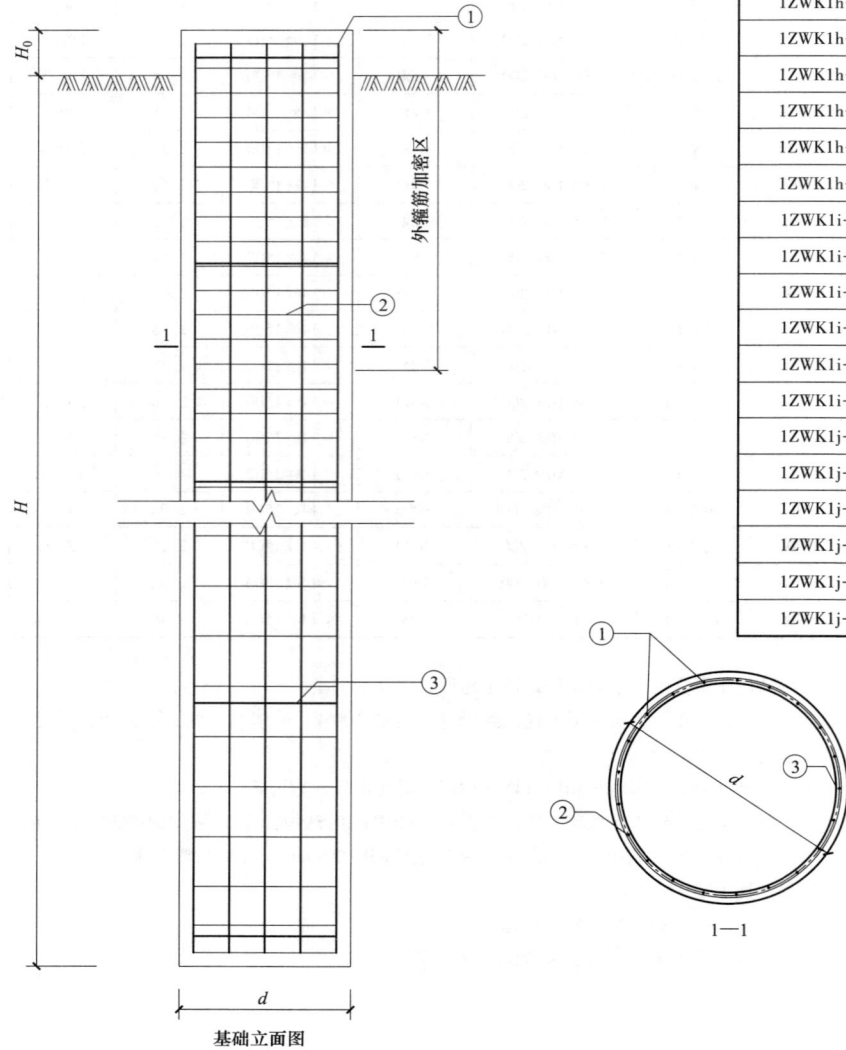

基础立面图

1—1

图 9.1-6　1ZWK1 ∗ -350 挖孔桩基础施工图

基 础 参 数 表

基础名称	桩身直径 d(mm)	基础埋深 H(mm)	基础露头 H_0(mm)	主筋①	外箍筋②	外箍筋加密区长度(mm)	内箍筋③	单腿混凝土量(m³)	单腿钢筋量(kg)
1ZWK1h-400-02	600	7600	200	10Φ18	Φ8@100/200	3000	Φ14@1500	2.21	201.9
1ZWK1h-400-07	600	7600	700	12Φ18	Φ8@100/200	3000	Φ14@1500	2.35	245.8
1ZWK1h-400-12	600	7600	1200	11Φ20	Φ8@100/200	3000	Φ14@1500	2.49	287.0
1ZWK1h-400-17	600	7600	1700	13Φ20	Φ8@100/200	3000	Φ14@1500	2.63	348.8
1ZWK1h-400-22	600	7600	2200	14Φ20	Φ8@100/200	3000	Φ14@1500	2.77	390.6
1ZWK1h-400-27	700	6200	2700	14Φ20	Φ8@100/200	3500	Φ14@1500	3.43	367.4
1ZWK1i-400-02	600	6000	200	13Φ16	Φ8@100/200	3000	Φ14@1500	1.75	166.6
1ZWK1i-400-07	600	6000	700	15Φ16	Φ8@100/200	3000	Φ14@1500	1.89	198.9
1ZWK1i-400-12	600	6000	1200	11Φ20	Φ8@100/200	3000	Φ14@1500	2.04	236.9
1ZWK1i-400-17	600	6000	1700	13Φ20	Φ8@100/200	3000	Φ14@1500	2.18	290.8
1ZWK1i-400-22	600	6000	2200	14Φ20	Φ8@100/200	3000	Φ14@1500	2.32	328.6
1ZWK1i-400-27	700	6000	2700	14Φ20	Φ8@100/200	3500	Φ14@1500	3.35	359.7
1ZWK1j-400-02	600	6000	200	10Φ18	Φ8@100/200	3000	Φ14@1500	1.75	163.2
1ZWK1j-400-07	600	6000	700	12Φ18	Φ8@100/200	3000	Φ14@1500	1.89	200.7
1ZWK1j-400-12	600	6000	1200	11Φ20	Φ8@100/200	3000	Φ14@1500	2.04	236.9
1ZWK1j-400-17	600	6000	1700	13Φ20	Φ8@100/200	3000	Φ14@1500	2.18	290.8
1ZWK1j-400-22	600	6000	2200	14Φ20	Φ8@100/200	3000	Φ14@1500	2.32	328.6
1ZWK1j-400-27	700	6000	2700	14Φ20	Φ8@100/200	3500	Φ14@1500	3.35	359.7

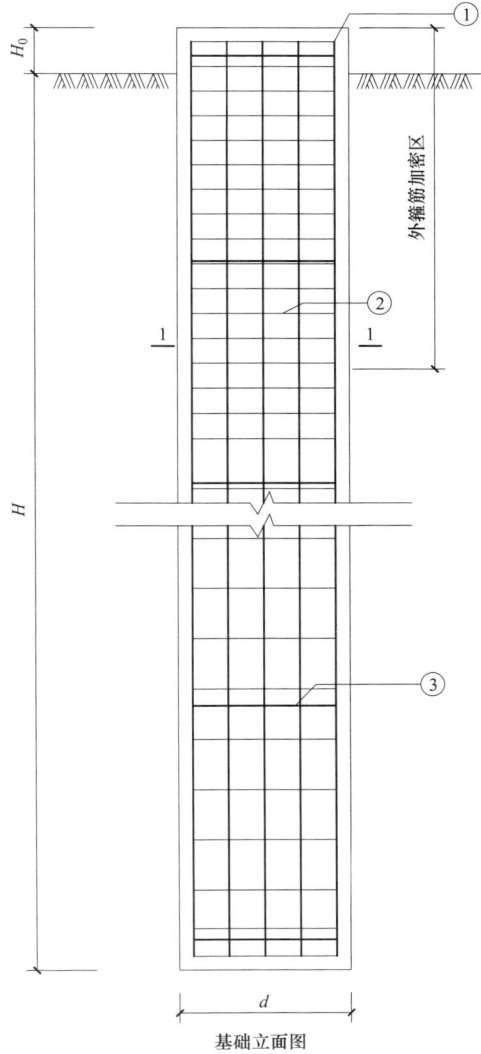

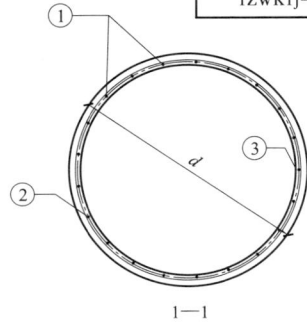

基础立面图

1—1

说明：1. 本基础适用于不受地下水影响的黏性土地质条件。

2. 整体立塔时，混凝土的抗压强度应达到设计强度的 100%。分解组塔时，混凝土必须达到抗压强度设计值的 70%。

3. 基础根开及地脚螺栓间距与相应杆塔结构图核对无误后，方可施工。

4. 基础混凝土强度等级不应低于 C25，主筋采用 HRB400 级钢筋，箍筋采用 HPB300 级钢筋。

5. ②号钢筋加密区箍筋间距 100mm，非加密区箍筋间距 200mm。可采用螺旋箍筋。

6. 主筋保护层不小于 50mm。

7. 基础施工完毕后，做好基面排水处理。

8. 本基础按机械成孔施工方式，未考虑护壁工程量。

图 9.1-7 1ZWK1∗-400 挖孔桩基础施工图

基 础 参 数 表

基础名称	桩身直径 d(mm)	基础埋深 H(mm)	基础露头 H_0(mm)	主筋①	外箍筋②	外箍筋加密区长度(mm)	内箍筋③	单腿混凝土量(m^3)	单腿钢筋量(kg)
1ZWK1h-450-02	700	7000	200	18Φ14	Φ8@100/200	3500	Φ14@1500	2.77	209.7
1ZWK1h-450-07	700	7000	700	12Φ18	Φ8@100/200	3500	Φ14@1500	2.96	241.5
1ZWK1h-450-12	700	7000	1200	14Φ18	Φ8@100/200	3500	Φ14@1500	3.16	287.3
1ZWK1h-450-17	700	7000	1700	16Φ18	Φ8@100/200	3500	Φ14@1500	3.35	337.8
1ZWK1h-450-22	700	7000	2200	14Φ20	Φ8@100/200	3500	Φ14@1500	3.54	380.6
1ZWK1h-450-27	700	7000	2700	13Φ22	Φ8@100/200	3500	Φ14@1500	3.73	440.9
1ZWK1i-450-02	700	6000	200	14Φ16	Φ8@100/200	3500	Φ14@1500	2.39	186.2
1ZWK1i-450-07	700	6000	700	15Φ16	Φ8@100/200	3500	Φ14@1500	2.58	209.8
1ZWK1i-450-12	700	6000	1200	14Φ18	Φ8@100/200	3500	Φ14@1500	2.77	253.5
1ZWK1i-450-17	700	6000	1700	16Φ18	Φ8@100/200	3500	Φ14@1500	2.96	302.1
1ZWK1i-450-22	700	6000	2200	14Φ20	Φ8@100/200	3500	Φ14@1500	3.16	340.2
1ZWK1i-450-27	700	6000	2700	16Φ20	Φ8@100/200	3500	Φ14@1500	3.35	402.0
1ZWK1j-450-02	700	6000	200	14Φ16	Φ8@100/200	3500	Φ14@1500	2.39	186.2
1ZWK1j-450-07	700	6000	700	15Φ16	Φ8@100/200	3500	Φ14@1500	2.58	209.8
1ZWK1j-450-12	700	6000	1200	14Φ18	Φ8@100/200	3500	Φ14@1500	2.77	253.5
1ZWK1j-450-17	700	6000	1700	16Φ18	Φ8@100/200	3500	Φ14@1500	2.96	302.1
1ZWK1j-450-22	700	6000	2200	12Φ22	Φ8@100/200	3500	Φ14@1500	3.16	350.5
1ZWK1j-450-27	700	6000	2700	13Φ22	Φ8@100/200	3500	Φ14@1500	3.35	396.2

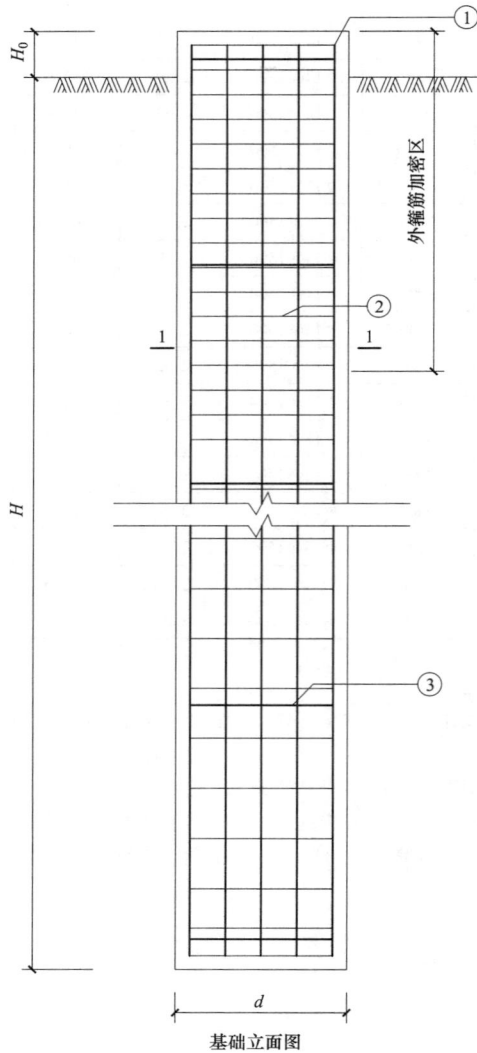

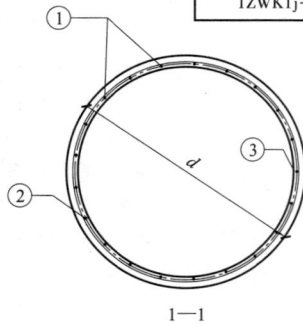

基础立面图

1—1

说明：1. 本基础适用于不受地下水影响的黏性土地质条件。

2. 整体立塔时，混凝土的抗压强度应达到设计强度的100%。分解组塔时，混凝土必须达到抗压强度设计值的70%。

3. 基础根开及地脚螺栓间距与相应杆塔结构图核对无误后，方可施工。

4. 基础混凝土强度等级不应低于C25，主筋采用HRB400级钢筋，箍筋采用HPB300级钢筋。

5. ②号钢筋加密区箍筋间距100mm，非加密区箍筋间距200mm。可采用螺旋箍筋。

6. 主筋保护层不小于50mm。

7. 基础施工完毕后，做好基面排水处理。

8. 本基础按机械成孔施工方式，未考虑护壁工程量。

图 9.1-8　1ZWK1∗-450挖孔桩基础施工图

基 础 参 数 表

基础名称	桩身直径 d(mm)	基础埋深 H(mm)	基础露头 H_0(mm)	主筋①	外箍筋②	外箍筋加密区长度(mm)	内箍筋③	单腿混凝土量(m³)	单腿钢筋量(kg)
1ZWK1h-500-02	700	7800	200	15 ⌀ 16	Φ 8@ 100/200	3500	Φ 14@ 1500	3.08	247.3
1ZWK1h-500-07	700	7800	700	17 ⌀ 16	Φ 8@ 100/200	3500	Φ 14@ 1500	3.27	287.8
1ZWK1h-500-12	700	7800	1200	16 ⌀ 18	Φ 8@ 100/200	3500	Φ 14@ 1500	3.46	350.3
1ZWK1h-500-17	700	7800	1700	14 ⌀ 20	Φ 8@ 100/200	3500	Φ 14@ 1500	3.66	392.4
1ZWK1h-500-22	700	7800	2200	16 ⌀ 20	Φ 8@ 100/200	3500	Φ 14@ 1500	3.85	459.9
1ZWK1h-500-27	700	7800	2700	18 ⌀ 20	Φ 8@ 100/200	3500	Φ 14@ 1500	4.04	535.2
1ZWK1i-500-02	700	6000	200	15 ⌀ 16	Φ 8@ 100/200	3500	Φ 14@ 1500	2.39	195.8
1ZWK1i-500-07	700	6000	700	17 ⌀ 16	Φ 8@ 100/200	3500	Φ 14@ 1500	2.58	230.6
1ZWK1i-500-12	700	6000	1200	13 ⌀ 20	Φ 8@ 100/200	3500	Φ 14@ 1500	2.77	282.4
1ZWK1i-500-17	700	6000	1700	14 ⌀ 20	Φ 8@ 100/200	3500	Φ 14@ 1500	2.96	321.4
1ZWK1i-500-22	700	6000	2200	13 ⌀ 22	Φ 8@ 100/200	3500	Φ 14@ 1500	3.16	374.6
1ZWK1i-500-27	700	6000	2700	15 ⌀ 22	Φ 8@ 100/200	3500	Φ 14@ 1500	3.35	447.4
1ZWK1j-500-02	700	6000	200	15 ⌀ 16	Φ 8@ 100/200	3500	Φ 14@ 1500	2.39	195.8
1ZWK1j-500-07	700	6000	700	17 ⌀ 16	Φ 8@ 100/200	3500	Φ 14@ 1500	2.58	230.6
1ZWK1j-500-12	700	6000	1200	16 ⌀ 18	Φ 8@ 100/200	3500	Φ 14@ 1500	2.77	281.8
1ZWK1j-500-17	700	6000	1700	14 ⌀ 20	Φ 8@ 100/200	3500	Φ 14@ 1500	2.96	321.4
1ZWK1j-500-22	700	6000	2200	16 ⌀ 20	Φ 8@ 100/200	3500	Φ 14@ 1500	3.16	380.1
1ZWK1j-500-27	700	6000	2700	18 ⌀ 20	Φ 8@ 100/200	3500	Φ 14@ 1500	3.35	444.4

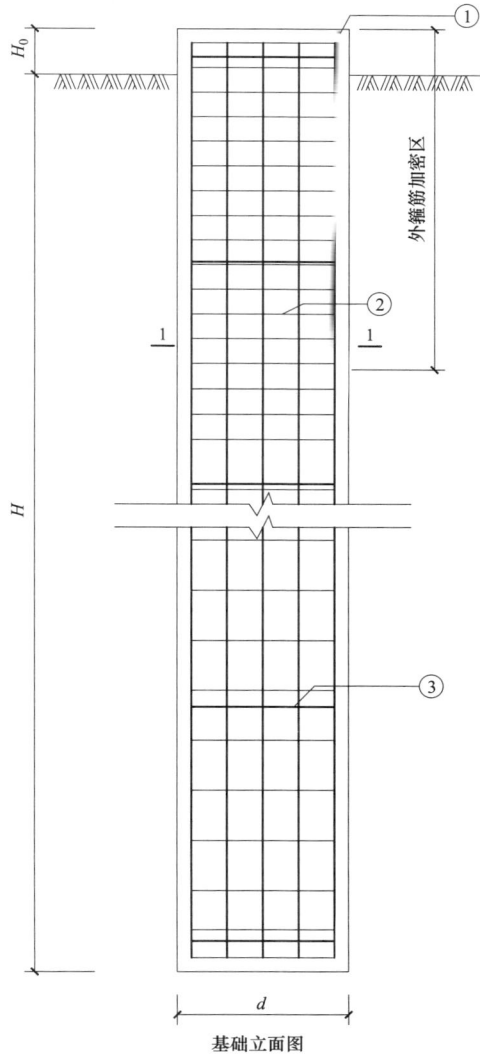

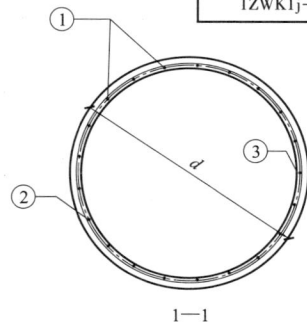

说明：1. 本基础适用于不受地下水影响的黏性土地质条件。

2. 整体立塔时，混凝土的抗压强度应达到设计强度的100%。分解组塔时，混凝土必须达到抗压强度设计值的70%。

3. 基础根开及地脚螺栓间距与相应杆塔结构图核对无误后，方可施工。

4. 基础混凝土强度等级不应低于 C25，主筋采用 HRB400 级钢筋，箍筋采用 HPB300 级钢筋。

5. ②号钢筋加密区箍筋间距 100mm，非加密区箍筋间距 200mm。可采用螺旋箍筋。

6. 主筋保护层不小于 50mm。

7. 基础施工完毕后，做好基面排水处理。

8. 本基础按机械成孔施工方式，未考虑护壁工程量。

基础立面图

1—1

图 9.1-9　1ZWK1*-500 挖孔桩基础施工图

基 础 参 数 表

基础名称	桩身直径 d(mm)	基础埋深 H(mm)	基础露头 H_0(mm)	主筋①	外箍筋②	外箍筋加密区长度(mm)	内箍筋③	单腿混凝土量(m^3)	单腿钢筋量(kg)
1ZWK1h-550-02	700	8600	200	13 Φ 18	Φ 8@ 100/200	3500	Φ 14@ 1500	3.39	289.0
1ZWK1h-550-07	700	8600	700	15 Φ 18	Φ 8@ 100/200	3500	Φ 14@ 1500	3.58	343.0
1ZWK1h-550-12	700	8600	1200	17 Φ 18	Φ 8@ 100/200	3500	Φ 14@ 1500	3.77	398.2
1ZWK1h-550-17	700	8600	1700	16 Φ 20	Φ 8@ 100/200	3500	Φ 14@ 1500	3.96	473.3
1ZWK1h-550-22	700	8600	2200	18 Φ 20	Φ 8@ 100/200	3500	Φ 14@ 1500	4.16	549.3
1ZWK1h-550-27	700	8600	2700	16 Φ 22	Φ 8@ 100/200	3500	Φ 14@ 1500	4.35	611.1
1ZWK1i-550-02	700	6200	200	13 Φ 18	Φ 8@ 100/200	3500	Φ 14@ 1500	2.46	215.6
1ZWK1i-550-07	700	6200	700	15 Φ 18	Φ 8@ 100/200	3500	Φ 14@ 1500	2.66	257.9
1ZWK1i-550-12	700	6200	1200	17 Φ 18	Φ 8@ 100/200	3500	Φ 14@ 1500	2.85	303.5
1ZWK1i-550-17	700	6200	1700	13 Φ 22	Φ 8@ 100/200	3500	Φ 14@ 1500	3.04	362.2
1ZWK1i-550-22	700	6200	2200	15 Φ 22	Φ 8@ 100/200	3500	Φ 14@ 1500	3.23	432.5
1ZWK1i-550-27	700	6200	2700	16 Φ 22	Φ 8@ 100/200	3500	Φ 14@ 1500	3.43	483.3
1ZWK1j-550-02	700	6000	200	13 Φ 18	Φ 8@ 100/200	3500	Φ 14@ 1500	2.39	209.6
1ZWK1j-550-07	700	6000	700	15 Φ 18	Φ 8@ 100/200	3500	Φ 14@ 1500	2.58	251.1
1ZWK1j-550-12	700	6000	1200	17 Φ 18	Φ 8@ 100/200	3500	Φ 14@ 1500	2.77	295.9
1ZWK1j-550-17	700	6000	1700	16 Φ 20	Φ 8@ 100/200	3500	Φ 14@ 1500	2.96	358.8
1ZWK1j-550-22	700	6000	2200	18 Φ 20	Φ 8@ 100/200	3500	Φ 14@ 1500	3.16	419.9
1ZWK1j-550-27	700	6000	2700	16 Φ 22	Φ 8@ 100/200	3500	Φ 14@ 1500	3.35	473.0

说明：1. 本基础适用于不受地下水影响的黏性土地质条件。

2. 整体立塔时，混凝土的抗压强度应达到设计强度的 100%。分解组塔时，混凝土必须达到抗压强度设计值的 70%。

3. 基础根开及地脚螺栓间距与相应杆塔结构图核对无误后，方可施工。

4. 基础混凝土强度等级不应低于 C25，主筋采用 HRB400 级钢筋，箍筋采用 HPB300 级钢筋。

5. ②号钢筋加密区箍筋间距 100mm，非加密区箍筋间距 200mm。可采用螺旋箍筋。

6. 主筋保护层不小于 50mm。

7. 基础施工完毕后，做好基面排水处理。

8. 本基础按机械成孔施工方式，未考虑护壁工程量。

基础立面图

1—1

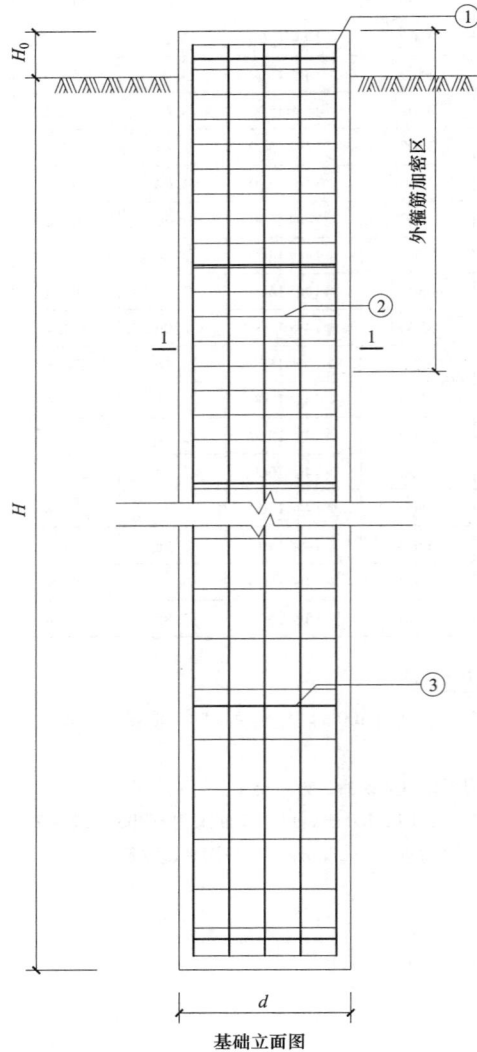

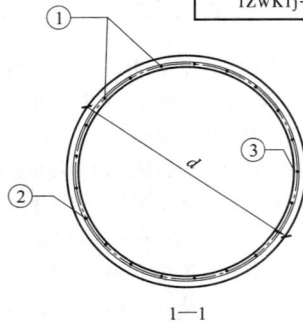

图 9.1-10 1ZWK1＊-550 挖孔桩基础施工图

基 础 参 数 表

基础名称	桩身直径 d(mm)	基础埋深 H(mm)	基础露头 H_0(mm)	主筋①	外箍筋②	外箍筋加密区长度(mm)	内箍筋③	单腿混凝土量（m³）	单腿钢筋量（kg）
1ZWK1h-600-02	700	9400	200	14Φ18	Φ8@100/200	3500	Φ14@1500	3.69	333.8
1ZWK1h-600-07	700	9400	700	13Φ20	Φ8@100/200	3500	Φ14@1500	3.89	390.8
1ZWK1h-600-12	700	9400	1200	15Φ20	Φ8@100/200	3500	Φ14@1500	4.08	462.1
1ZWK1h-600-17	700	9400	1700	17Φ20	Φ8@100/200	3500	Φ14@1500	4.27	537.0
1ZWK1h-600-22	700	9400	2200	16Φ22	Φ8@100/200	3500	Φ14@1500	4.46	626.2
1ZWK1h-600-27	800	8000	2700	16Φ22	Φ8@100/200	4000	Φ14@1500	5.38	594.6
1ZWK1i-600-02	700	6800	200	14Φ18	Φ8@100/200	3500	Φ14@1500	2.69	247.1
1ZWK1i-600-07	700	6800	700	13Φ20	Φ8@100/200	3500	Φ14@1500	2.89	295.6
1ZWK1i-600-12	700	6800	1200	15Φ20	Φ8@100/200	3500	Φ14@1500	3.08	352.0
1ZWK1i-600-17	700	6800	1700	17Φ20	Φ8@100/200	3500	Φ14@1500	3.27	414.1
1ZWK1i-600-22	700	6800	2200	16Φ22	Φ8@100/200	3500	Φ14@1500	3.46	490.2
1ZWK1i-600-27	800	6000	2700	16Φ22	Φ8@100/200	4000	Φ14@1500	4.37	485.5
1ZWK1j-600-02	700	6000	200	14Φ18	Φ8@100/200	3500	Φ14@1500	2.39	221.8
1ZWK1j-600-07	700	6000	700	13Φ20	Φ8@100/200	3500	Φ14@1500	2.58	264.8
1ZWK1j-600-12	700	6000	1200	15Φ20	Φ8@100/200	3500	Φ14@1500	2.77	317.3
1ZWK1j-600-17	700	6000	1700	17Φ20	Φ8@100/200	3500	Φ14@1500	2.96	377.5
1ZWK1j-600-22	700	6000	2200	16Φ22	Φ8@100/200	3500	Φ14@1500	3.16	446.9
1ZWK1j-600-27	800	6000	2700	16Φ22	Φ8@100/200	4000	Φ14@1500	4.37	485.5

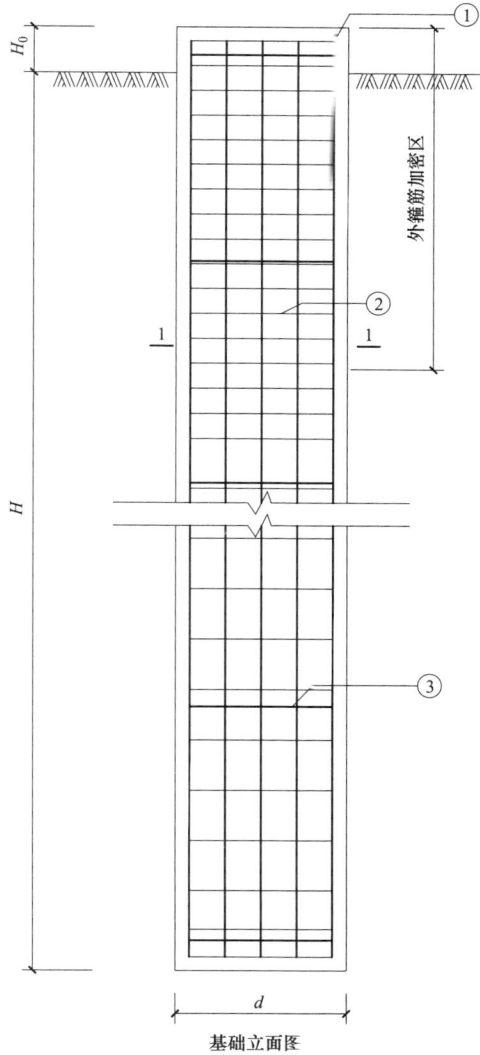

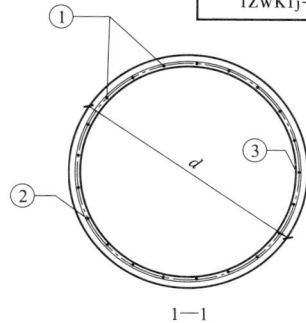

说明：1. 本基础适用于不受地下水影响的黏性土地质条件。

2. 整体立塔时，混凝土的抗压强度应达到设计强度的100%。分解组塔时，混凝土必须达到抗压强度设计值的70%。

3. 基础根开及地脚螺栓间距与相应杆塔结构图核对无误后，方可施工。

4. 基础混凝土强度等级不应低于C25，主筋采用HRB400级钢筋，箍筋采用HPB300级钢筋。

5. ②号钢筋加密区箍筋间距100mm，非加密区箍筋间距200mm。可采用螺旋箍筋。

6. 主筋保护层不小于50mm。

7. 基础施工完毕后，做好基面排水处理。

8. 本基础按机械成孔施工方式，未考虑护壁工程量。

基础立面图

1—1

图 9.1-11　1ZWK1＊-600挖孔桩基础施工图

9.2 1ZWK2 子模块

此子模块适用于粉土地基，共包含 11 张图纸，基础施工图图纸清单见表 9.2-1。

表 9.2-1　　　　　1ZWK2 子模块基础施工图图纸清单

序号	图号	图　名	基础作用力（kN）	
			$T/T_x/T_y$	$N/N_x/N_y$
1	图 9.2-1	1ZWK2＊-100 挖孔桩基础施工图	100/14/14	130/18/18
2	图 9.2-2	1ZWK2＊-150 挖孔桩基础施工图	150/21/21	195/27/27
3	图 9.2-3	1ZWK2＊-200 挖孔桩基础施工图	200/28/28	260/36/36
4	图 9.2-4	1ZWK2＊-250 挖孔桩基础施工图	250/35/35	325/46/46
5	图 9.2-5	1ZWK2＊-300 挖孔桩基础施工图	300/42/42	390/55/55
6	图 9.2-6	1ZWK2＊-350 挖孔桩基础施工图	350/49/49	455/64/64
7	图 9.2-7	1ZWK2＊-400 挖孔桩基础施工图	400/56/56	520/73/73
8	图 9.2-8	1ZWK2＊-450 挖孔桩基础施工图	450/63/63	585/82/82
9	图 9.2-9	1ZWK2＊-500 挖孔桩基础施工图	500/70/70	650/91/91
10	图 9.2-10	1ZWK2＊-550 挖孔桩基础施工图	550/77/77	715/100/100
11	图 9.2-11	1ZWK2＊-600 挖孔桩基础施工图	600/84/84	780/109/109

注　2＊包含 2h、2i、2j 三种地质参数组合。

基 础 参 数 表

基础名称	桩身直径 d(mm)	基础埋深 H(mm)	基础露头 H_0(mm)	主筋①	外箍筋②	外箍筋加密区长度(mm)	内箍筋③	单腿混凝土量(m^3)	单腿钢筋量(kg)
1ZWK2h-100-02	600	6000	200	11⌀14	Φ8@100/200	3000	Φ14@1500	1.75	122.7
1ZWK2h-100-07	600	6000	700	11⌀14	Φ8@100/200	3000	Φ14@1500	1.89	130.6
1ZWK2h-100-12	600	6000	1200	11⌀14	Φ8@100/200	3000	Φ14@1500	2.04	139.2
1ZWK2h-100-17	600	6000	1700	11⌀14	Φ8@100/200	3000	Φ14@1500	2.18	148.8
1ZWK2h-100-22	600	6000	2200	11⌀14	Φ8@100/200	3000	Φ14@1500	2.32	157.4
1ZWK2h-100-27	600	6000	2700	11⌀14	Φ8@100/200	3000	Φ14@1500	2.46	165.3
1ZWK2i-100-02	600	6000	200	11⌀14	Φ8@100/200	3000	Φ14@1500	1.75	122.7
1ZWK2i-100-07	600	6000	700	11⌀14	Φ8@100/200	3000	Φ14@1500	1.89	130.6
1ZWK2i-100-12	600	6000	1200	11⌀14	Φ8@100/200	3000	Φ14@1500	2.04	139.2
1ZWK2i-100-17	600	6000	1700	11⌀14	Φ8@100/200	3000	Φ14@1500	2.18	148.8
1ZWK2i-100-22	600	6000	2200	11⌀14	Φ8@100/200	3000	Φ14@1500	2.32	157.4
1ZWK2i-100-27	600	6000	2700	11⌀14	Φ8@100/200	3000	Φ14@1500	2.46	165.3
1ZWK2j-100-02	600	6000	200	11⌀14	Φ8@100/200	3000	Φ14@1500	1.75	122.7
1ZWK2j-100-07	600	6000	700	11⌀14	Φ8@100/200	3000	Φ14@1500	1.89	130.6
1ZWK2j-100-12	600	6000	1200	11⌀14	Φ8@100/200	3000	Φ14@1500	2.04	139.2
1ZWK2j-100-17	600	6000	1700	11⌀14	Φ8@100/200	3000	Φ14@1500	2.18	148.8
1ZWK2j-100-22	600	6000	2200	11⌀14	Φ8@100/200	3000	Φ14@1500	2.32	157.4
1ZWK2j-100-27	600	6000	2700	11⌀14	Φ8@100/200	3000	Φ14@1500	2.46	165.3

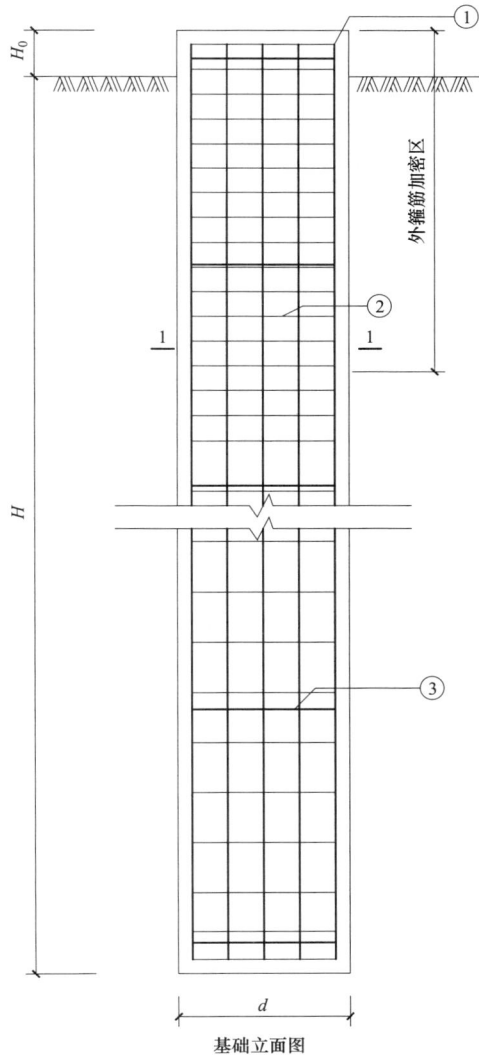

基础立面图

1—1

说明：1. 本基础适用于不受地下水影响的粉土地质条件。

2. 整体立塔时，混凝土的抗压强度应达到设计强度的 100%。分解组塔时，混凝土必须达到抗压强度设计值的 70%。

3. 基础根开及地脚螺栓间距与相应杆塔结构图核对无误后，方可施工。

4. 基础混凝土强度等级不应低于 C25，主筋采用 HRB400 级钢筋，箍筋采用 HPB300 级钢筋。

5. ②号钢筋加密区箍筋间距 100mm，非加密区箍筋间距 200mm。可采用螺旋箍筋。

6. 主筋保护层不小于 50mm。

7. 基础施工完毕后，做好基面排水处理。

8. 本基础按机械成孔施工方式，未考虑护壁工程量。

图 9.2-1　1ZWK2＊-100 挖孔桩基础施工图

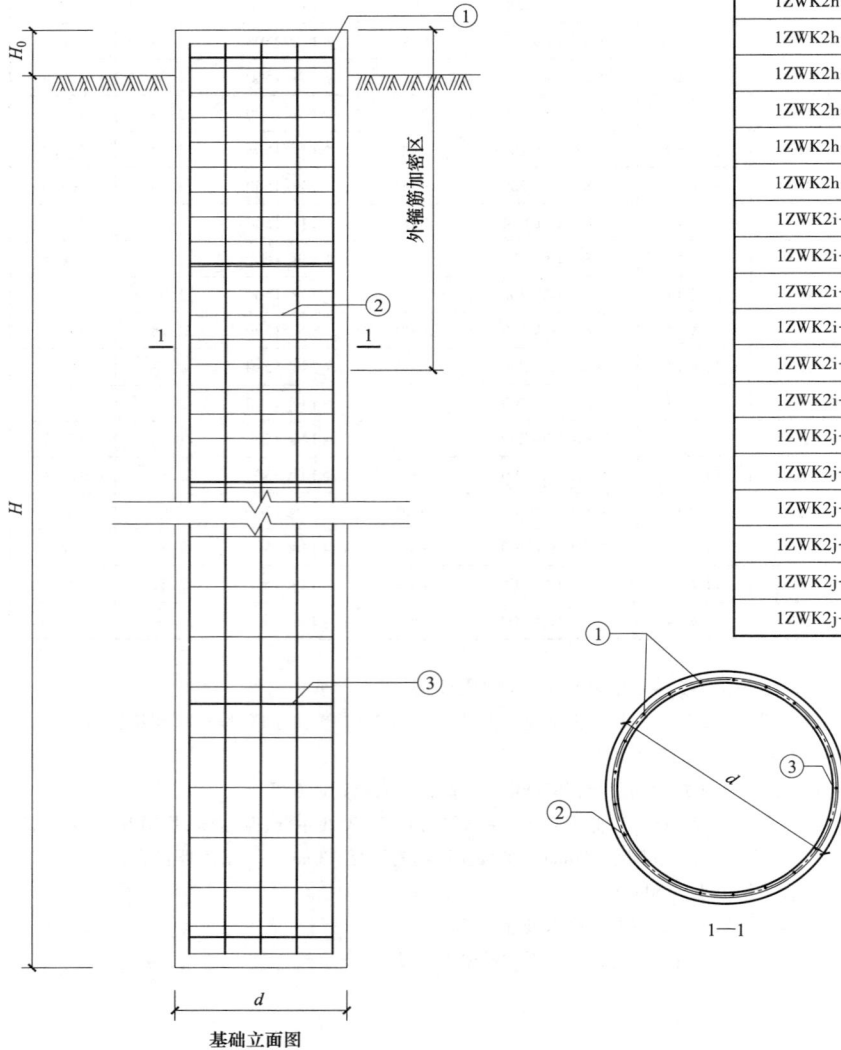

基础立面图

基 础 参 数 表

基础名称	桩身直径 d(mm)	基础埋深 H(mm)	基础露头 H_0(mm)	主筋①	外箍筋②	外箍筋加密区长度(mm)	内箍筋③	单腿混凝土量(m^3)	单腿钢筋量(kg)
1ZWK2h-150-02	600	6000	200	11Φ14	Φ8@100/200	3000	Φ14@1500	1.75	122.7
1ZWK2h-150-07	600	6000	700	11Φ14	Φ8@100/200	3000	Φ14@1500	1.89	130.6
1ZWK2h-150-12	600	6000	1200	11Φ14	Φ8@100/200	3000	Φ14@1500	2.04	139.2
1ZWK2h-150-17	600	6000	1700	11Φ14	Φ8@100/200	3000	Φ14@1500	2.18	148.8
1ZWK2h-150-22	600	6000	2200	11Φ14	Φ8@100/200	3000	Φ14@1500	2.32	157.4
1ZWK2h-150-27	600	6000	2700	12Φ14	Φ8@100/200	3000	Φ14@1500	2.46	175.6
1ZWK2i-150-02	600	6000	200	11Φ14	Φ8@100/200	3000	Φ14@1500	1.75	122.7
1ZWK2i-150-07	600	6000	700	11Φ14	Φ8@100/200	3000	Φ14@1500	1.89	130.6
1ZWK2i-150-12	600	6000	1200	11Φ14	Φ8@100/200	3000	Φ14@1500	2.04	139.2
1ZWK2i-150-17	600	6000	1700	11Φ14	Φ8@100/200	3000	Φ14@1500	2.18	148.8
1ZWK2i-150-22	600	6000	2200	11Φ14	Φ8@100/200	3000	Φ14@1500	2.32	157.4
1ZWK2i-150-27	600	6000	2700	12Φ14	Φ8@100/200	3000	Φ14@1500	2.46	175.6
1ZWK2j-150-02	600	6000	200	11Φ14	Φ8@100/200	3000	Φ14@1500	1.75	122.7
1ZWK2j-150-07	600	6000	700	11Φ14	Φ8@100/200	3000	Φ14@1500	1.89	130.6
1ZWK2j-150-12	600	6000	1200	11Φ14	Φ8@100/200	3000	Φ14@1500	2.04	139.2
1ZWK2j-150-17	600	6000	1700	11Φ14	Φ8@100/200	3000	Φ14@1500	2.18	148.8
1ZWK2j-150-22	600	6000	2200	11Φ14	Φ8@100/200	3000	Φ14@1500	2.32	157.4
1ZWK2j-150-27	600	6000	2700	12Φ14	Φ8@100/200	3000	Φ14@1500	2.46	175.6

1—1

说明： 1. 本基础适用于不受地下水影响的粉土地质条件。

2. 整体立塔时，混凝土的抗压强度应达到设计强度的 100%。分解组塔时，混凝土必须达到抗压强度设计值的 70%。

3. 基础根开及地脚螺栓间距与相应杆塔结构图核对无误后，方可施工。

4. 基础混凝土强度等级不应低于 C25，主筋采用 HRB400 级钢筋，箍筋采用 HPB300 级钢筋。

5. ②号钢筋加密区箍筋间距 100mm，非加密区箍筋间距 200mm。可采用螺旋箍筋。

6. 主筋保护层不小于 50mm。

7. 基础施工完毕后，做好基面排水处理。

8. 本基础按机械成孔施工方式，未考虑护壁工程量。

图 9.2-2　1ZWK2*-150 挖孔桩基础施工图

基 础 参 数 表

基础名称	桩身直径 d(mm)	基础埋深 H(mm)	基础露头 H_0(mm)	主筋①	外箍筋②	外箍筋加密区长度(mm)	内箍筋③	单腿混凝土量（m³）	单腿钢筋量（kg）
1ZWK2h-200-02	600	6200	200	11Φ14	Φ8@100/200	3000	Φ14@1500	1.81	126.0
1ZWK2h-200-07	600	6200	700	11Φ14	Φ8@100/200	3000	Φ14@1500	1.95	133.9
1ZWK2h-200-12	600	6200	1200	11Φ14	Φ8@100/200	3000	Φ14@1500	2.09	142.5
1ZWK2h-200-17	600	6200	1700	13Φ14	Φ8@100/200	3000	Φ14@1500	2.23	170.9
1ZWK2h-200-22	600	6200	2200	14Φ14	Φ8@100/200	3000	Φ14@1500	2.38	190.7
1ZWK2h-200-27	600	6200	2700	12Φ16	Φ8@100/200	3000	Φ14@1500	2.52	218.0
1ZWK2i-200-02	600	6000	200	11Φ14	Φ8@100/200	3000	Φ14@1500	1.75	122.7
1ZWK2i-200-07	600	6000	700	11Φ14	Φ8@100/200	3000	Φ14@1500	1.89	130.6
1ZWK2i-200-12	600	6000	1200	11Φ14	Φ8@100/200	3000	Φ14@1500	2.04	139.2
1ZWK2i-200-17	600	6000	1700	13Φ14	Φ8@100/200	3000	Φ14@1500	2.18	167.1
1ZWK2i-200-22	600	6000	2200	14Φ14	Φ8@100/200	3000	Φ14@1500	2.32	186.7
1ZWK2i-200-27	600	6000	2700	12Φ16	Φ8@100/200	3000	Φ14@1500	2.46	213.6
1ZWK2j-200-02	600	6000	200	11Φ14	Φ8@100/200	3000	Φ14@1500	1.75	122.7
1ZWK2j-200-07	600	6000	700	11Φ14	Φ8@100/200	3000	Φ14@1500	1.89	130.6
1ZWK2j-200-12	600	6000	1200	11Φ14	Φ8@100/200	3000	Φ14@1500	2.04	139.2
1ZWK2j-200-17	600	6000	1700	13Φ14	Φ8@100/200	3000	Φ14@1500	2.18	167.1
1ZWK2j-200-22	600	6000	2200	14Φ14	Φ8@100/200	3000	Φ14@1500	2.32	186.7
1ZWK2j-200-27	600	6000	2700	12Φ16	Φ8@100/200	3000	Φ14@1500	2.46	213.6

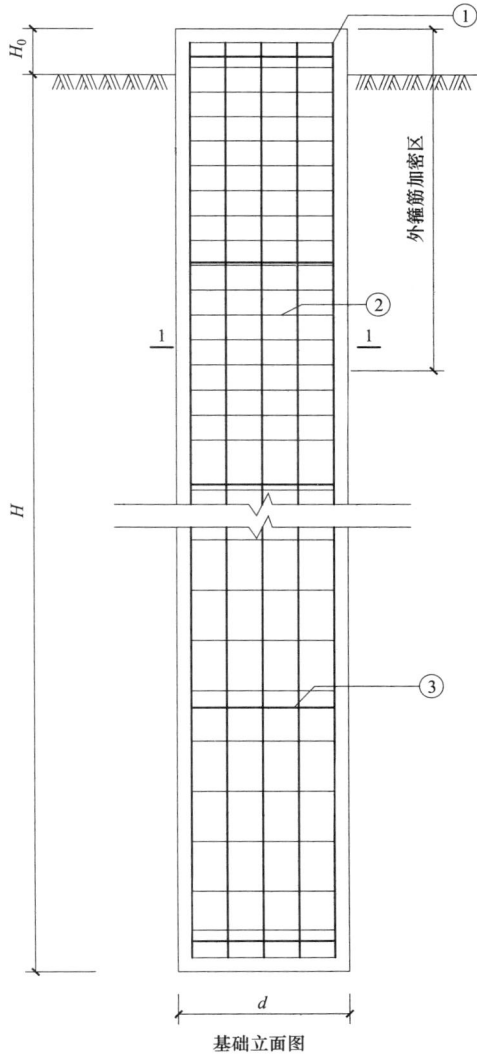

基础立面图

1—1

说明：1. 本基础适用于不受地下水影响的粉土地质条件。

2. 整体立塔时，混凝土的抗压强度应达到设计强度的100%。分解组塔时，混凝土必须达到抗压强度设计值的70%。

3. 基础根开及地脚螺栓间距与相应杆塔结构图核对无误后，方可施工。

4. 基础混凝土强度等级不应低于C25，主筋采用HRB400级钢筋，箍筋采用HPB300级钢筋。

5. ②号钢筋加密区箍筋间距100mm，非加密区箍筋间距200mm。可采用螺旋箍筋。

6. 主筋保护层不小于50mm。

7. 基础施工完毕后，做好基面排水处理。

8. 本基础按机械成孔施工方式，未考虑护壁工程量。

图 9.2-3　1ZWK2＊-200 挖孔桩基础施工图

基础参数表

基础名称	桩身直径 d(mm)	基础埋深 H(mm)	基础露头 H₀(mm)	主筋①	外箍筋②	外箍筋加密区长度(mm)	内箍筋③	单腿混凝土量 (m³)	单腿钢筋量 (kg)
1ZWK2h-250-02	600	7800	200	11 Φ 14	Φ 8@ 100/200	3000	Φ 14@ 1500	2.26	154.1
1ZWK2h-250-07	600	7800	700	12 Φ 14	Φ 8@ 100/200	3000	Φ 14@ 1500	2.40	172.1
1ZWK2h-250-12	600	7800	1200	14 Φ 14	Φ 8@ 100/200	3000	Φ 14@ 1500	2.54	204.4
1ZWK2h-250-17	600	7800	1700	12 Φ 16	Φ 8@ 100/200	3000	Φ 14@ 1500	2.69	233.0
1ZWK2h-250-22	600	7800	2200	14 Φ 16	Φ 8@ 100/200	3000	Φ 14@ 1500	2.83	275.6
1ZWK2h-250-27	600	7800	2700	15 Φ 16	Φ 8@ 100/200	3000	Φ 14@ 1500	2.97	306.0
1ZWK2i-250-02	600	6000	200	11 Φ 14	Φ 8@ 100/200	3000	Φ 14@ 1500	1.75	122.7
1ZWK2i-250-07	600	6000	700	12 Φ 14	Φ 8@ 100/200	3000	Φ 14@ 1500	1.89	138.6
1ZWK2i-250-12	600	6000	1200	14 Φ 14	Φ 8@ 100/200	3000	Φ 14@ 1500	2.04	164.8
1ZWK2i-250-17	600	6000	1700	12 Φ 16	Φ 8@ 100/200	3000	Φ 14@ 1500	2.18	191.5
1ZWK2i-250-22	600	6000	2200	14 Φ 16	Φ 8@ 100/200	3000	Φ 14@ 1500	2.32	228.4
1ZWK2i-250-27	600	6000	2700	15 Φ 16	Φ 8@ 100/200	3000	Φ 14@ 1500	2.46	254.2
1ZWK2j-250-02	600	6000	200	11 Φ 14	Φ 8@ 100/200	3000	Φ 14@ 1500	1.75	122.7
1ZWK2j-250-07	600	6000	700	12 Φ 14	Φ 8@ 100/200	3000	Φ 14@ 1500	1.89	138.6
1ZWK2j-250-12	600	6000	1200	14 Φ 14	Φ 8@ 100/200	3000	Φ 14@ 1500	2.04	164.8
1ZWK2j-250-17	600	6000	1700	12 Φ 16	Φ 8@ 100/200	3000	Φ 14@ 1500	2.18	191.5
1ZWK2j-250-22	600	6000	2200	14 Φ 16	Φ 8@ 100/200	3000	Φ 14@ 1500	2.32	228.4
1ZWK2j-250-27	600	6000	2700	15 Φ 16	Φ 8@ 100/200	3000	Φ 14@ 1500	2.46	254.2

说明: 1. 本基础适用于不受地下水影响的粉土地质条件。

2. 整体立塔时,混凝土的抗压强度应达到设计强度的 100%。分解组塔时,混凝土必须达到抗压强度设计值的 70%。

3. 基础根开及地脚螺栓间距与相应杆塔结构图核对无误后,方可施工。

4. 基础混凝土强度等级不应低于 C25,主筋采用 HRB400 级钢筋,箍筋采用 HPB300 级钢筋。

5. ②号钢筋加密区箍筋间距 100mm,非加密区箍筋间距 200mm。可采用螺旋箍筋。

6. 主筋保护层不小于 50mm。

7. 基础施工完毕后,做好基面排水处理。

8. 本基础按机械成孔施工方式,未考虑护壁工程量。

基础立面图

1—1

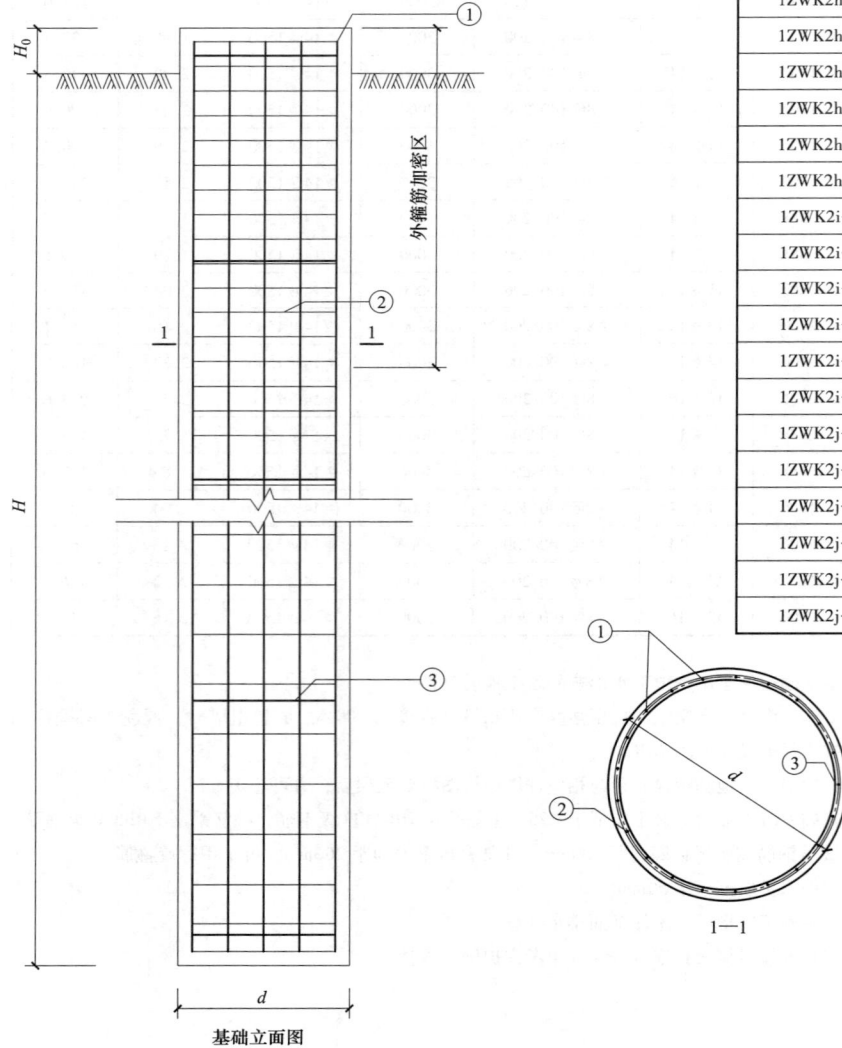

图 9.2-4 1ZWK2∗-250 挖孔桩基础施工图

基 础 参 数 表

基础名称	桩身直径 d(mm)	基础埋深 H(mm)	基础露头 H_0(mm)	主筋①	外箍筋②	外箍筋加密区长度(mm)	内箍筋③	单腿混凝土量(m^3)	单腿钢筋量(kg)
1ZWK2h-300-02	600	9400	200	12Φ14	Φ8@100/200	3000	Φ14@1500	2.71	193.6
1ZWK2h-300-07	600	9400	700	11Φ16	Φ8@100/200	3000	Φ14@1500	2.86	230.5
1ZWK2h-300-12	600	9400	1200	13Φ16	Φ8@100/200	3000	Φ14@1500	3.00	275.9
1ZWK2h-300-17	600	9400	1700	15Φ16	Φ8@100/200	3000	Φ14@1500	3.14	322.1
1ZWK2h-300-22	600	9400	2200	13Φ18	Φ8@100/200	3000	Φ14@1500	3.28	362.0
1ZWK2h-300-27	600	9400	2700	12Φ20	Φ8@100/200	3000	Φ14@1500	3.42	421.2
1ZWK2i-300-02	600	6000	200	12Φ14	Φ8@100/200	3000	Φ14@1500	1.75	130.1
1ZWK2i-300-07	600	6000	700	11Φ16	Φ8@100/200	3000	Φ14@1500	1.89	157.3
1ZWK2i-300-12	600	6000	1200	13Φ16	Φ8@100/200	3000	Φ14@1500	2.04	190.2
1ZWK2i-300-17	600	6000	1700	15Φ16	Φ8@100/200	3000	Φ14@1500	2.18	227.4
1ZWK2i-300-22	600	6000	2200	13Φ18	Φ8@100/200	3000	Φ14@1500	2.32	259.6
1ZWK2i-300-27	600	6000	2700	12Φ20	Φ8@100/200	3000	Φ14@1500	2.46	304.8
1ZWK2j-300-02	600	6000	200	12Φ14	Φ8@100/200	3000	Φ14@1500	1.75	130.1
1ZWK2j-300-07	600	6000	700	11Φ16	Φ8@100/200	3000	Φ14@1500	1.89	157.3
1ZWK2j-300-12	600	6000	1200	13Φ16	Φ8@100/200	3000	Φ14@1500	2.04	190.2
1ZWK2j-300-17	600	6000	1700	15Φ16	Φ8@100/200	3000	Φ14@1500	2.18	227.4
1ZWK2j-300-22	600	6000	2200	13Φ18	Φ8@100/200	3000	Φ14@1500	2.32	259.6
1ZWK2j-300-27	600	6000	2700	12Φ20	Φ8@100/200	3000	Φ14@1500	2.46	304.8

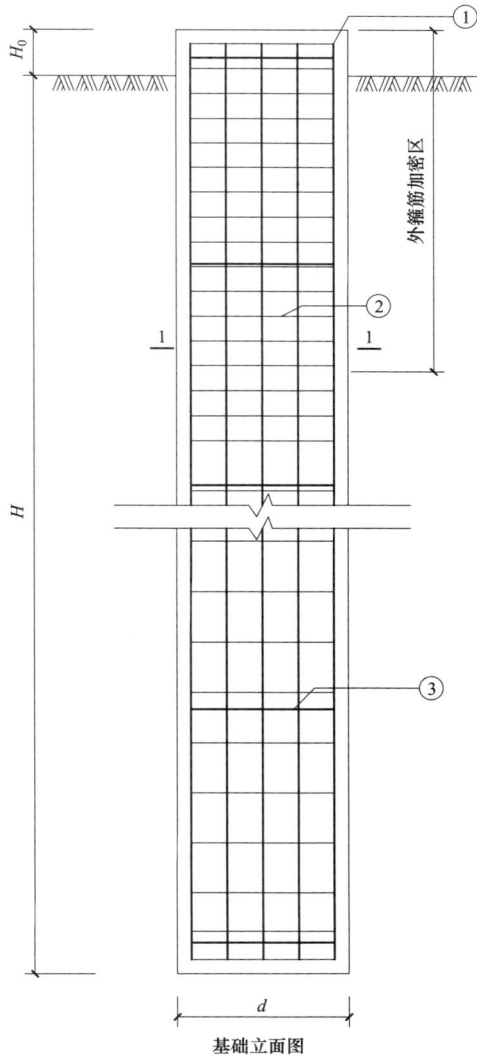

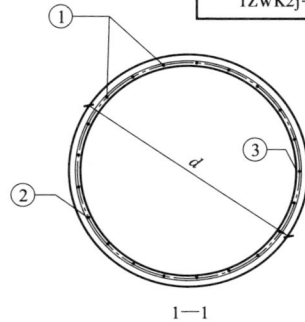

基础立面图

1—1

说明：1. 本基础适用于不受地下水影响的粉土地质条件。

2. 整体立塔时，混凝土的抗压强度应达到设计强度的100%。分解组塔时，混凝土必须达到抗压强度设计值的70%。

3. 基础根开及地脚螺栓间距与相应杆塔结构图核对无误后，方可施工。

4. 基础混凝土强度等级不应低于C25，主筋采用HRB400级钢筋，箍筋采用HPB300级钢筋。

5. ②号钢筋加密区箍筋间距100mm，非加密区箍筋间距200mm。可采用螺旋箍筋。

6. 主筋保护层不小于50mm。

7. 基础施工完毕后，做好基面排水处理。

8. 本基础按机械成孔施工方式，未考虑护壁工程量。

图 9.2-5　1ZWK2*-300 挖孔桩基础施工图

基 础 参 数 表

基础名称	桩身直径 d(mm)	基础埋深 H(mm)	基础露头 H_0(mm)	主筋①	外箍筋②	外箍筋加密区长度(mm)	内箍筋③	单腿混凝土量(m³)	单腿钢筋量(kg)
1ZWK2h-350-02	600	11000	200	14 Φ 14	Φ 8@ 100/200	3000	Φ 14@ 1500	3.17	250.3
1ZWK2h-350-07	600	11000	700	13 Φ 16	Φ 8@ 100/200	3000	Φ 14@ 1500	3.31	301.6
1ZWK2h-350-12	600	11000	1200	15 Φ 16	Φ 8@ 100/200	3000	Φ 14@ 1500	3.45	353.6
1ZWK2h-350-17	600	11000	1700	11 Φ 20	Φ 8@ 100/200	3000	Φ 14@ 1500	3.59	409.8
1ZWK2h-350-22	600	11000	2200	13 Φ 20	Φ 8@ 100/200	3000	Φ 14@ 1500	3.73	489.8
1ZWK2h-350-27	600	11000	2700	14 Φ 20	Φ 8@ 100/200	3000	Φ 14@ 1500	3.87	542.3
1ZWK2i-350-02	600	6600	200	14 Φ 14	Φ 8@ 100/200	3000	Φ 14@ 1500	1.92	156.8
1ZWK2i-350-07	600	6600	700	13 Φ 16	Φ 8@ 100/200	3000	Φ 14@ 1500	2.06	192.3
1ZWK2i-350-12	600	6600	1200	15 Φ 16	Φ 8@ 100/200	3000	Φ 14@ 1500	2.21	230.4
1ZWK2i-350-17	600	6600	1700	11 Φ 20	Φ 8@ 100/200	3000	Φ 14@ 1500	2.35	271.5
1ZWK2i-350-22	600	6600	2200	13 Φ 20	Φ 8@ 100/200	3000	Φ 14@ 1500	2.49	329.8
1ZWK2i-350-27	600	6600	2700	14 Φ 20	Φ 8@ 100/200	3000	Φ 14@ 1500	2.63	371.4
1ZWK2j-350-02	600	6000	200	14 Φ 14	Φ 8@ 100/200	3000	Φ 14@ 1500	1.75	144.8
1ZWK2j-350-07	600	6000	700	13 Φ 16	Φ 8@ 100/200	3000	Φ 14@ 1500	1.89	178.1
1ZWK2j-350-12	600	6000	1200	15 Φ 16	Φ 8@ 100/200	3000	Φ 14@ 1500	2.04	212.6
1ZWK2j-350-17	600	6000	1700	11 Φ 20	Φ 8@ 100/200	3000	Φ 14@ 1500	2.18	253.4
1ZWK2j-350-22	600	6000	2200	13 Φ 20	Φ 8@ 100/200	3000	Φ 14@ 1500	2.32	308.7
1ZWK2j-350-27	600	6000	2700	14 Φ 20	Φ 8@ 100/200	3000	Φ 14@ 1500	2.46	347.1

说明：1. 本基础适用于不受地下水影响的粉土地质条件。

2. 整体立塔时，混凝土的抗压强度应达到设计强度的 100%。分解组塔时，混凝土必须达到抗压强度设计值的 70%。

3. 基础根开及地脚螺栓间距与相应杆塔结构图核对无误后，方可施工。

4. 基础混凝土强度等级不应低于 C25，主筋采用 HRB400 级钢筋，箍筋采用 HPB300 级钢筋。

5. ②号钢筋加密区箍筋间距 100mm，非加密区箍筋间距 200mm。可采用螺旋箍筋。

6. 主筋保护层不小于 50mm。

7. 基础施工完毕后，做好基面排水处理。

8. 本基础按机械成孔施工方式，未考虑护壁工程量。

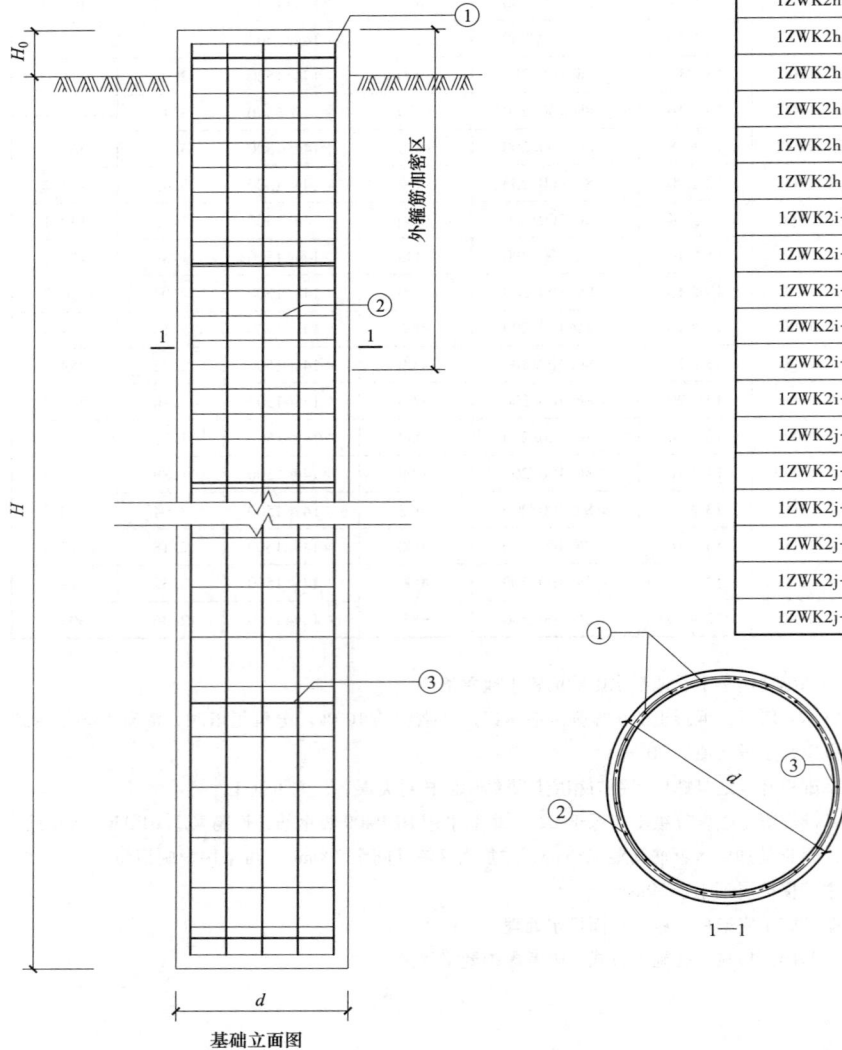

图 9.2-6 1ZWK2*-350 挖孔桩基础施工图

基 础 参 数 表

基础名称	桩身直径 d(mm)	基础埋深 H(mm)	基础露头 H_0(mm)	主筋①	外箍筋②	外箍筋加密区长度(mm)	内箍筋③	单腿混凝土量(m³)	单腿钢筋量(kg)
1ZWK2h-400-02	600	12600	200	13 Φ 16	Φ 8@ 100/200	3000	Φ 14@ 1500	3.62	329.7
1ZWK2h-400-07	600	12600	700	15 Φ 16	Φ 8@ 100/200	3000	Φ 14@ 1500	3.76	382.8
1ZWK2h-400-12	600	12600	1200	11 Φ 20	Φ 8@ 100/200	3000	Φ 14@ 1500	3.90	445.1
1ZWK2h-400-17	600	12800	1700	13 Φ 20	Φ 8@ 100/200	3000	Φ 14@ 1500	4.10	537.0
1ZWK2h-400-22	600	13000	2200	14 Φ 20	Φ 8@ 100/200	3000	Φ 14@ 1500	4.30	600.8
1ZWK2h-400-27	700	10200	2700	14 Φ 20	Φ 8@ 100/200	3500	Φ 14@ 1500	4.96	526.8
1ZWK2i-400-02	600	7600	200	13 Φ 16	Φ 8@ 100/200	3000	Φ 14@ 1500	2.21	206.2
1ZWK2i-400-07	600	7600	700	15 Φ 16	Φ 8@ 100/200	3000	Φ 14@ 1500	2.35	243.5
1ZWK2i-400-12	600	7600	1200	11 Φ 20	Φ 8@ 100/200	3000	Φ 14@ 1500	2.49	287.0
1ZWK2i-400-17	600	7600	1700	13 Φ 20	Φ 8@ 100/200	3000	Φ 14@ 1500	2.63	348.8
1ZWK2i-400-22	600	7600	2200	14 Φ 20	Φ 8@ 100/200	3000	Φ 14@ 1500	2.77	390.6
1ZWK2i-400-27	700	6200	2700	14 Φ 20	Φ 8@ 100/200	3500	Φ 14@ 1500	3.43	367.4
1ZWK2j-400-02	600	6000	200	13 Φ 16	Φ 8@ 100/200	3000	Φ 14@ 1500	1.75	166.6
1ZWK2j-400-07	600	6000	700	15 Φ 16	Φ 8@ 100/200	3000	Φ 14@ 1500	1.89	198.9
1ZWK2j-400-12	600	6000	1200	11 Φ 20	Φ 8@ 100/200	3000	Φ 14@ 1500	2.04	236.9
1ZWK2j-400-17	600	6000	1700	13 Φ 20	Φ 8@ 100/200	3000	Φ 14@ 1500	2.18	290.8
1ZWK2j-400-22	600	6000	2200	14 Φ 20	Φ 8@ 100/200	3000	Φ 14@ 1500	2.32	328.6
1ZWK2j-400-27	700	6000	2700	14 Φ 20	Φ 8@ 100/200	3500	Φ 14@ 1500	3.35	359.7

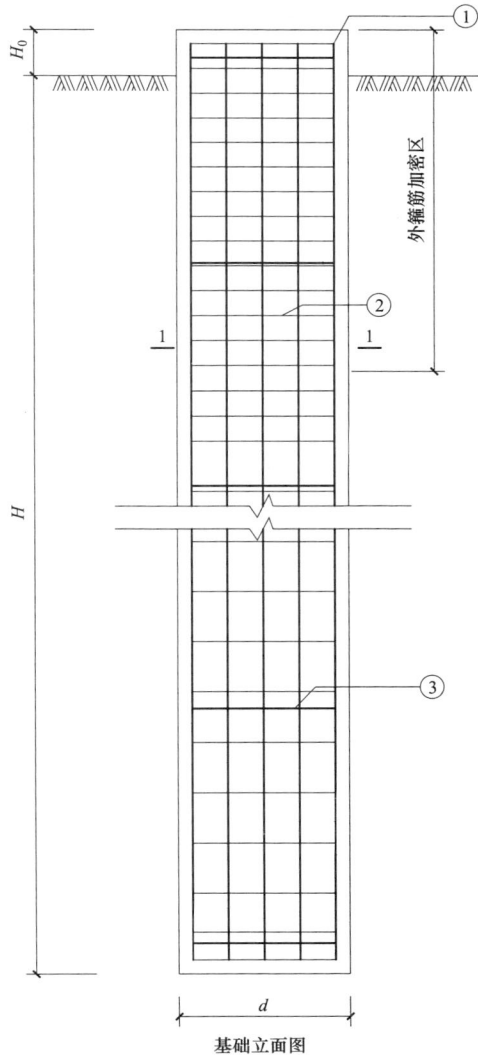

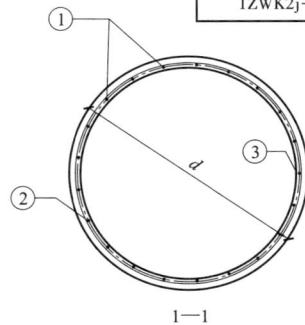

基础立面图

1—1

说明：1. 本基础适用于不受地下水影响的粉土地质条件。

2. 整体立塔时，混凝土的抗压强度应达到设计强度的100%。分解组塔时，混凝土必须达到抗压强度设计值的70%。

3. 基础根开及地脚螺栓间距与相应杆塔结构图核对无误后，方可施工。

4. 基础混凝土强度等级不应低于 C25，主筋采用 HRB400 级钢筋，箍筋采用 HPB300 级钢筋。

5. ②号钢筋加密区箍筋间距100mm，非加密区箍筋间距200mm。可采用螺旋箍筋。

6. 主筋保护层不小于50mm。

7. 基础施工完毕后，做好基面排水处理。

8. 本基础按机械成孔施工方式，未考虑护壁工程量。

图 9.2-7 1ZWK2*-400 挖孔桩基础施工图

基 础 参 数 表

基础名称	桩身直径 d(mm)	基础埋深 H(mm)	基础露头 H_0(mm)	主筋①	外箍筋②	外箍筋加密区长度(mm)	内箍筋③	单腿混凝土量（m³）	单腿钢筋量（kg）
1ZWK2h-450-02	700	11400	200	18 Φ 14	Φ8@100/200	3500	Φ14@1500	4.46	328.3
1ZWK2h-450-07	700	11400	700	12 Φ 18	Φ8@100/200	3500	Φ14@1500	4.66	369.9
1ZWK2h-450-12	700	11400	1200	14 Φ 18	Φ8@100/200	3500	Φ14@1500	4.85	433.2
1ZWK2h-450-17	700	11600	1700	16 Φ 18	Φ8@100/200	3500	Φ14@1500	5.12	508.5
1ZWK2h-450-22	700	11600	2200	14 Φ 20	Φ8@100/200	3500	Φ14@1500	5.31	562.9
1ZWK2h-450-27	700	11800	2700	13 Φ 22	Φ8@100/200	3500	Φ14@1500	5.58	651.3
1ZWK2i-450-02	700	7000	200	18 Φ 14	Φ8@100/200	3500	Φ14@1500	2.77	209.7
1ZWK2i-450-07	700	7000	700	12 Φ 18	Φ8@100/200	3500	Φ14@1500	2.96	241.5
1ZWK2i-450-12	700	7000	1200	14 Φ 18	Φ8@100/200	3500	Φ14@1500	3.16	287.3
1ZWK2i-450-17	700	7000	1700	16 Φ 18	Φ8@100/200	3500	Φ14@1500	3.35	337.8
1ZWK2i-450-22	700	7000	2200	14 Φ 20	Φ8@100/200	3500	Φ14@1500	3.54	380.6
1ZWK2i-450-27	700	7000	2700	13 Φ 22	Φ8@100/200	3500	Φ14@1500	3.73	440.9
1ZWK2j-450-02	700	6000	200	18 Φ 14	Φ8@100/200	3500	Φ14@1500	2.39	184.1
1ZWK2j-450-07	700	6000	700	15 Φ 16	Φ8@100/200	3500	Φ14@1500	2.58	209.8
1ZWK2j-450-12	700	6000	1200	14 Φ 18	Φ8@100/200	3500	Φ14@1500	2.77	253.5
1ZWK2j-450-17	700	6000	1700	16 Φ 18	Φ8@100/200	3500	Φ14@1500	2.96	302.1
1ZWK2j-450-22	700	6000	2200	14 Φ 20	Φ8@100/200	3500	Φ14@1500	3.16	340.2
1ZWK2j-450-27	700	6000	2700	13 Φ 22	Φ8@100/200	3500	Φ14@1500	3.35	396.2

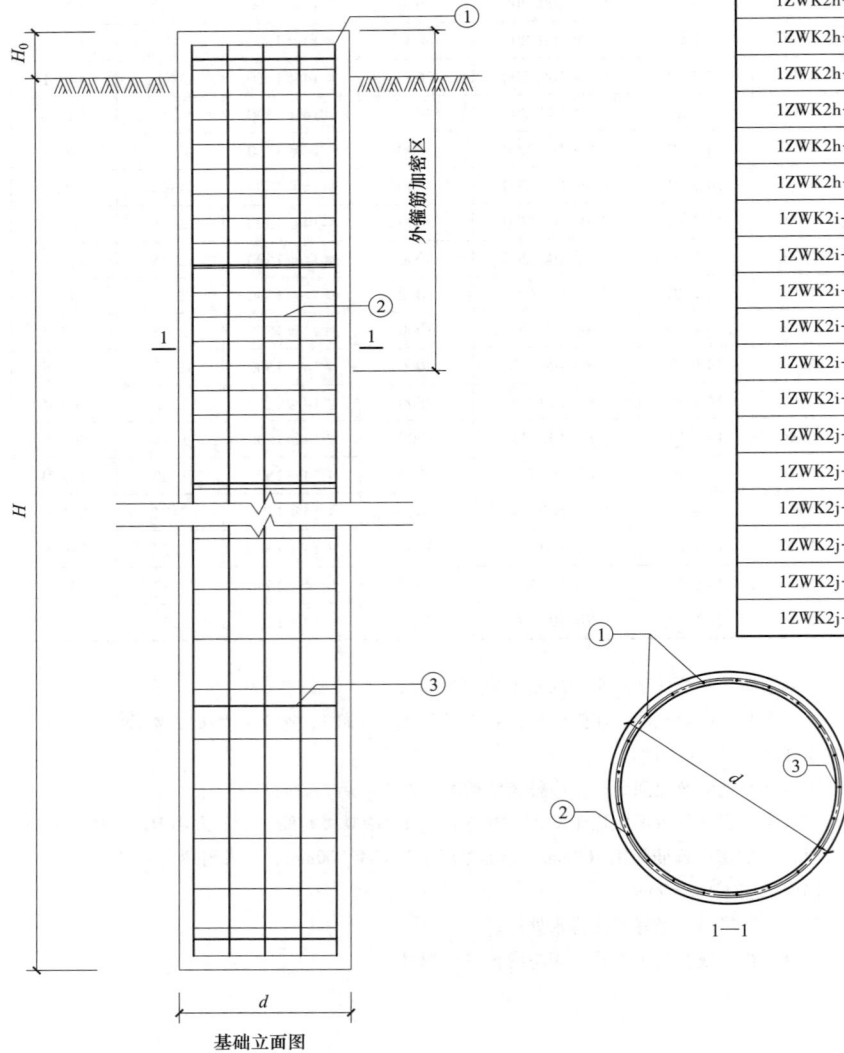

基础立面图

1—1

说明：1. 本基础适用于不受地下水影响的粉土地质条件。

2. 整体立塔时，混凝土的抗压强度应达到设计强度的 100%。分解组塔时，混凝土必须达到抗压强度设计值的 70%。

3. 基础根开及地脚螺栓间距与相应杆塔结构图核对无误后，方可施工。

4. 基础混凝土强度等级不应低于 C25，主筋采用 HRB400 级钢筋，箍筋采用 HPB300 级钢筋。

5. ②号钢筋加密区箍筋间距 100mm，非加密区箍筋间距 200mm。可采用螺旋箍筋。

6. 主筋保护层不小于 50mm。

7. 基础施工完毕后，做好基面排水处理。

8. 本基础按机械成孔施工方式，未考虑护壁工程量。

图 9.2-8 1ZWK2*-450 挖孔桩基础施工图

基 础 参 数 表

基础名称	桩身直径 d(mm)	基础埋深 H(mm)	基础露头 H_0(mm)	主筋①	外箍筋②	外箍筋加密区长度(mm)	内箍筋③	单腿混凝土量(m^3)	单腿钢筋量(kg)
1ZWK2h-500-02	700	12800	200	15 ϕ 16	Φ 8@ 100/200	3500	Φ 14@ 1500	5.00	390.8
1ZWK2h-500-07	700	13000	700	17 ϕ 16	Φ 8@ 100/200	3500	Φ 14@ 1500	5.27	455.3
1ZWK2h-500-12	700	13200	1200	16 ϕ 18	Φ 8@ 100/200	3500	Φ 14@ 1500	5.54	549.5
1ZWK2h-500-17	700	13200	1700	14 ϕ 20	Φ 8@ 100/200	3500	Φ 14@ 1500	5.73	605.4
1ZWK2h-500-22	700	13400	2200	16 ϕ 20	Φ 8@ 100/200	3500	Φ 14@ 1500	6.00	710.3
1ZWK2h-500-27	700	13600	2700	18 ϕ 20	Φ 8@ 100/200	3500	Φ 14@ 1500	6.27	820.7
1ZWK2i-500-02	700	7800	200	15 ϕ 16	Φ 8@ 100/200	3500	Φ 14@ 1500	3.08	247.3
1ZWK2i-500-07	700	7800	700	17 ϕ 16	Φ 8@ 100/200	3500	Φ 14@ 1500	3.27	287.8
1ZWK2i-500-12	700	7800	1200	16 ϕ 18	Φ 8@ 100/200	3500	Φ 14@ 1500	3.46	350.3
1ZWK2i-500-17	700	7800	1700	14 ϕ 20	Φ 8@ 100/200	3500	Φ 14@ 1500	3.66	392.4
1ZWK2i-500-22	700	7800	2200	16 ϕ 20	Φ 8@ 100/200	3500	Φ 14@ 1500	3.85	459.9
1ZWK2i-500-27	700	7800	2700	18 ϕ 20	Φ 8@ 100/200	3500	Φ 14@ 1500	4.04	535.2
1ZWK2j-500-02	700	6000	200	15 ϕ 16	Φ 8@ 100/200	3500	Φ 14@ 1500	2.39	195.8
1ZWK2j-500-07	700	6000	700	17 ϕ 16	Φ 8@ 100/200	3500	Φ 14@ 1500	2.58	230.6
1ZWK2j-500-12	700	6000	1200	16 ϕ 18	Φ 8@ 100/200	3500	Φ 14@ 1500	2.77	281.8
1ZWK2j-500-17	700	6000	1700	14 ϕ 20	Φ 8@ 100/200	3500	Φ 14@ 1500	2.96	321.4
1ZWK2j-500-22	700	6000	2200	16 ϕ 20	Φ 8@ 100/200	3500	Φ 14@ 1500	3.16	380.1
1ZWK2j-500-27	700	6000	2700	18 ϕ 20	Φ 8@ 100/200	3500	Φ 14@ 1500	3.35	444.4

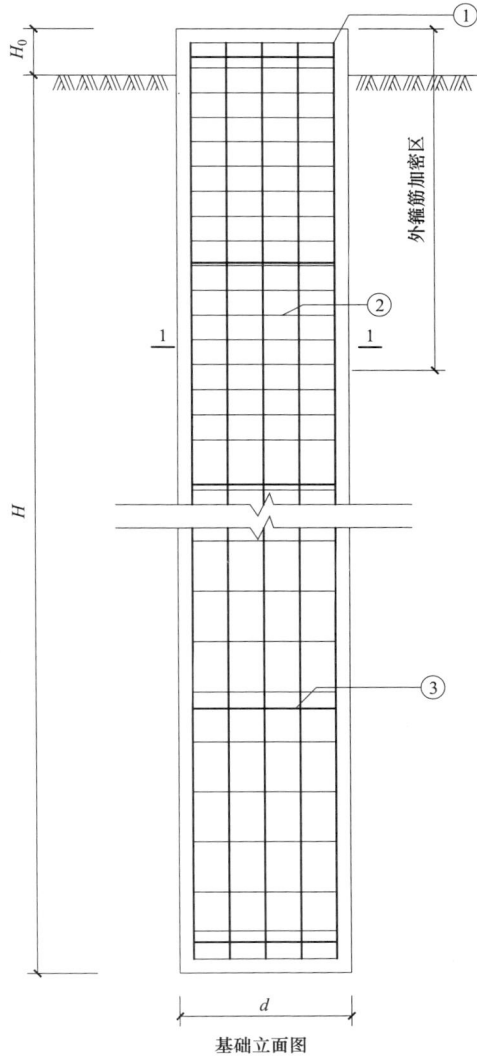

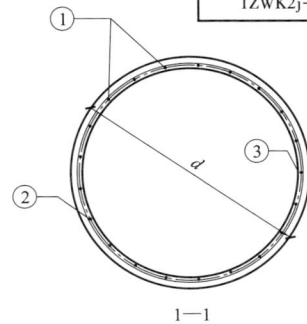

基础立面图

1—1

说明：1. 本基础适用于不受地下水影响的粉土地质条件。

2. 整体立塔时，混凝土的抗压强度应达到设计强度的100%。分解组塔时，混凝土必须达到抗压强度设计值的70%。

3. 基础根开及地脚螺栓间距与相应杆塔结构图核对无误后，方可施工。

4. 基础混凝土强度等级不应低于C25，主筋采用HRB400级钢筋，箍筋采用HPB300级钢筋。

5. ②号钢筋加密区箍筋间距100mm，非加密区箍筋间距200mm。可采用螺旋箍筋。

6. 主筋保护层不小于50mm。

7. 基础施工完毕后，做好基面排水处理。

8. 本基础按机械成孔施工方式，未考虑护壁工程量。

图 9.2-9 1ZWK2∗-500 挖孔桩基础施工图

基 础 参 数 表

基础名称	桩身直径 d(mm)	基础埋深 H(mm)	基础露头 H_0(mm)	主筋①	外箍筋②	外箍筋加密区长度(mm)	内箍筋③	单腿混凝土量（m³）	单腿钢筋量（kg）
1ZWK2h-550-02	700	14600	200	13 Φ 18	Φ8@ 100/200	3500	Φ 14@ 1500	5.70	475.8
1ZWK2h-550-07	700	14800	700	15 Φ 18	Φ8@ 100/200	3500	Φ 14@ 1500	5.97	560.5
1ZWK2h-550-12	700	15000	1200	17 Φ 18	Φ8@ 100/200	3500	Φ 14@ 1500	6.23	648.0
1ZWK2h-550-17	700	15000	1700	16 Φ 20	Φ8@ 100/200	3500	Φ 14@ 1500	6.43	760.3
1ZWK2h-550-22	700	15200	2200	18 Φ 20	Φ8@ 100/200	3500	Φ 14@ 1500	6.70	875.4
1ZWK2h-550-27	700	15400	2700	16 Φ 22	Φ8@ 100/200	3500	Φ 14@ 1500	6.97	971.7
1ZWK2i-550-02	700	8600	200	13 Φ 18	Φ8@ 100/200	3500	Φ 14@ 1500	3.39	289.0
1ZWK2i-550-07	700	8600	700	15 Φ 18	Φ8@ 100/200	3500	Φ 14@ 1500	3.58	343.0
1ZWK2i-550-12	700	8600	1200	17 Φ 18	Φ8@ 100/200	3500	Φ 14@ 1500	3.77	398.2
1ZWK2i-550-17	700	8600	1700	16 Φ 20	Φ8@ 100/200	3500	Φ 14@ 1500	3.96	473.3
1ZWK2i-550-22	700	8600	2200	18 Φ 20	Φ8@ 100/200	3500	Φ 14@ 1500	4.16	549.3
1ZWK2i-550-27	700	8600	2700	16 Φ 22	Φ8@ 100/200	3500	Φ 14@ 1500	4.35	611.1
1ZWK2j-550-02	700	6200	200	13 Φ 18	Φ8@ 100/200	3500	Φ 14@ 1500	2.46	215.6
1ZWK2j-550-07	700	6200	700	15 Φ 18	Φ8@ 100/200	3500	Φ 14@ 1500	2.66	257.9
1ZWK2j-550-12	700	6200	1200	17 Φ 18	Φ8@ 100/200	3500	Φ 14@ 1500	2.85	303.5
1ZWK2j-550-17	700	6200	1700	16 Φ 20	Φ8@ 100/200	3500	Φ 14@ 1500	3.04	367.5
1ZWK2j-550-22	700	6200	2200	18 Φ 20	Φ8@ 100/200	3500	Φ 14@ 1500	3.23	429.5
1ZWK2j-550-27	700	6200	2700	16 Φ 22	Φ8@ 100/200	3500	Φ 14@ 1500	3.43	483.3

说明：1. 本基础适用于不受地下水影响的粉土地质条件。

2. 整体立塔时，混凝土的抗压强度应达到设计强度的 100%。分解组塔时，混凝土必须达到抗压强度设计值的 70%。

3. 基础根开及地脚螺栓间距与相应杆塔结构图核对无误后，方可施工。

4. 基础混凝土强度等级不应低于 C25，主筋采用 HRB400 级钢筋，箍筋采用 HPB300 级钢筋。

5. ②号钢筋加密区箍筋间距 100mm，非加密区箍筋间距 200mm。可采用螺旋箍筋。

6. 主筋保护层不小于 50mm。

7. 基础施工完毕后，做好基面排水处理。

8. 本基础按机械成孔施工方式，未考虑护壁工程量。

基础立面图

1—1

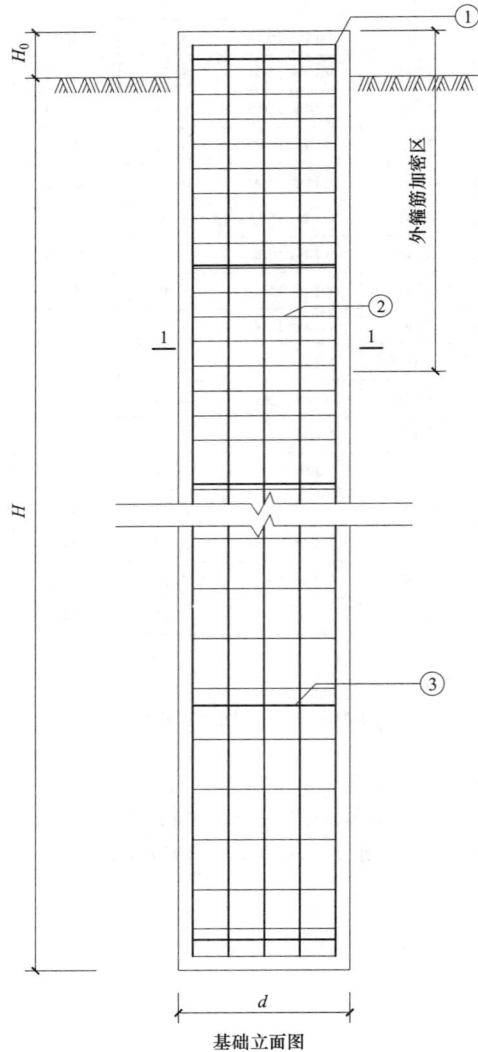

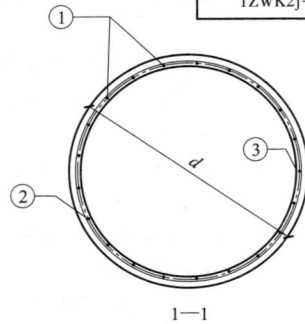

图 9.2-10   1ZWK2*-550 挖孔桩基础施工图

基 础 参 数 表

基础名称	桩身直径 d(mm)	基础埋深 H(mm)	基础露头 H_0(mm)	主筋①	外箍筋②	外箍筋加密区长度(mm)	内箍筋③	单腿混凝土量(m³)	单腿钢筋量(kg)
1ZWK2h-600-02	700	16400	200	14 ⚟ 18	Φ 8@ 100/200	3500	Φ 14@ 1500	6.39	566.4
1ZWK2h-600-07	700	16600	700	13 ⚟ 20	Φ 8@ 100/200	3500	Φ 14@ 1500	6.66	659.1
1ZWK2h-600-12	700	16800	1200	15 ⚟ 20	Φ 8@ 100/200	3500	Φ 14@ 1500	6.93	774.1
1ZWK2h-600-17	700	16800	1700	17 ⚟ 20	Φ 8@ 100/200	3500	Φ 14@ 1500	7.12	885.5
1ZWK2h-600-22	700	17000	2200	16 ⚟ 22	Φ 8@ 100/200	3500	Φ 14@ 1500	7.39	1028.0
1ZWK2h-600-27	800	14000	2700	16 ⚟ 22	Φ 8@ 100/200	4000	Φ 14@ 1500	8.39	917.2
1ZWK2i-600-02	700	9400	200	14 ⚟ 18	Φ 8@ 100/200	3500	Φ 14@ 1500	3.69	333.8
1ZWK2i-600-07	700	9400	700	13 ⚟ 20	Φ 8@ 100/200	3500	Φ 14@ 1500	3.89	390.8
1ZWK2i-600-12	700	9400	1200	15 ⚟ 20	Φ 8@ 100/200	3500	Φ 14@ 1500	4.08	462.1
1ZWK2i-600-17	700	9400	1700	17 ⚟ 20	Φ 8@ 100/200	3500	Φ 14@ 1500	4.27	537.0
1ZWK2i-600-22	700	9400	2200	16 ⚟ 22	Φ 8@ 100/200	3500	Φ 14@ 1500	4.46	626.2
1ZWK2i-600-27	800	8000	2700	16 ⚟ 22	Φ 8@ 100/200	4000	Φ 14@ 1500	5.38	594.6
1ZWK2j-600-02	700	6800	200	14 ⚟ 18	Φ 8@ 100/200	3500	Φ 14@ 1500	2.69	247.1
1ZWK2j-600-07	700	6800	700	13 ⚟ 20	Φ 8@ 100/200	3500	Φ 14@ 1500	2.89	295.6
1ZWK2j-600-12	700	6800	1200	15 ⚟ 20	Φ 8@ 100/200	3500	Φ 14@ 1500	3.08	352.0
1ZWK2j-600-17	700	6800	1700	17 ⚟ 20	Φ 8@ 100/200	3500	Φ 14@ 1500	3.27	414.1
1ZWK2j-600-22	700	6800	2200	16 ⚟ 22	Φ 8@ 100/200	3500	Φ 14@ 1500	3.46	490.2
1ZWK2j-600-27	800	6000	2700	16 ⚟ 22	Φ 8@ 100/200	4000	Φ 14@ 1500	4.37	485.5

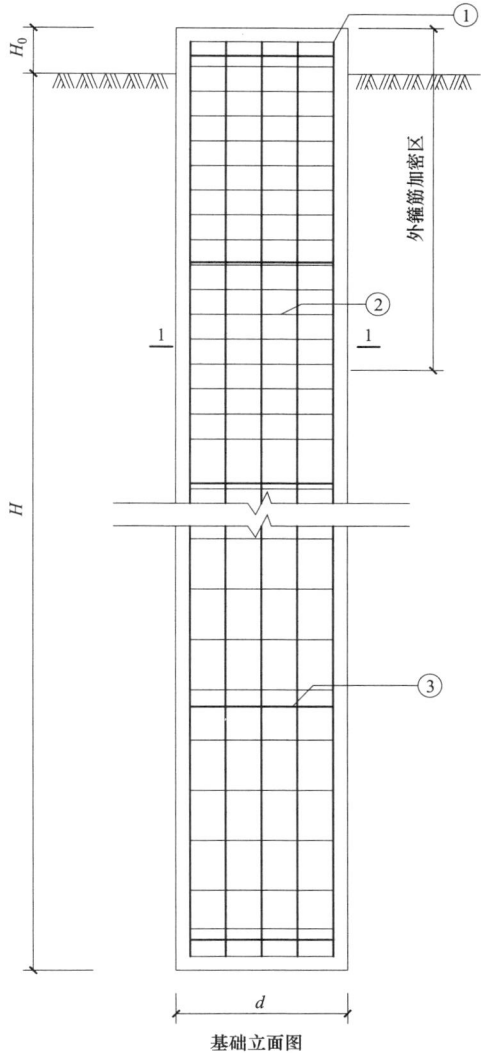

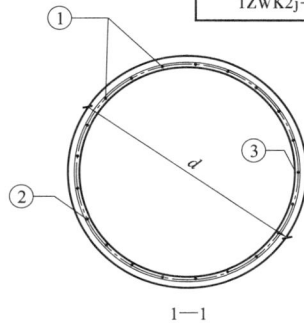

基础立面图

1—1

说明：1. 本基础适用于不受地下水影响的粉土地质条件。

2. 整体立塔时，混凝土的抗压强度应达到设计强度的100%。分解组塔时，混凝土必须达到抗压强度设计值的70%。

3. 基础根开及地脚螺栓间距与相应杆塔结构图核对无误后，方可施工。

4. 基础混凝土强度等级不应低于 C25，主筋采用 HRB400 级钢筋，箍筋采用 HPB300 级钢筋。

5. ②号钢筋加密区箍筋间距 100mm，非加密区箍筋间距 200mm。可采用螺旋箍筋。

6. 主筋保护层不小于 50mm。

7. 基础施工完毕后，做好基面排水处理。

8. 本基础按机械成孔施工方式，未考虑护壁工程量。

图 9.2-11 1ZWK2 * -600 挖孔桩基础施工图

9.3 1ZWK3 子模块

此子模块适用于碎石土地基，共包含 11 张图纸，桩基础施工图图纸清单见表 9.3-1。

表 9.3-1　　　　　1ZWK3 子模块基础施工图图纸清单

序号	图号	图　　名	基础作用力（kN）	
			$T/T_x/T_y$	$N/N_x/N_y$
1	图 9.3-1	1ZWK3 * -100 挖孔桩基础施工图	100/14/14	130/18/18
2	图 9.3-2	1ZWK3 * -150 挖孔桩基础施工图	150/21/21	195/27/27
3	图 9.3-3	1ZWK3 * -200 挖孔桩基础施工图	200/28/28	260/36/36
4	图 9.3-4	1ZWK3 * -250 挖孔桩基础施工图	250/35/35	325/46/46
5	图 9.3-5	1ZWK3 * -300 挖孔桩基础施工图	300/42/42	390/55/55
6	图 9.3-6	1ZWK3 * -350 挖孔桩基础施工图	350/49/49	455/64/64
7	图 9.3-7	1ZWK3 * -400 挖孔桩基础施工图	400/56/56	520/73/73
8	图 9.3-8	1ZWK3 * -450 挖孔桩基础施工图	450/63/63	585/82/82
9	图 9.3-9	1ZWK3 * -500 挖孔桩基础施工图	500/70/70	650/91/91
10	图 9.3-10	1ZWK3 * -550 挖孔桩基础施工图	550/77/77	715/100/100
11	图 9.3-11	1ZWK3 * -600 挖孔桩基础施工图	600/84/84	780/109/109

注　3 * 包含 3h、3i 两种地质参数组合。

基 础 参 数 表

基础名称	桩身直径 d(mm)	基础埋深 H(mm)	基础露头 H_0(mm)	主筋①	外箍筋②	外箍筋加密区长度(mm)	内箍筋③	单腿混凝土量(m³)	单腿钢筋量(kg)
1ZWK3h-100-02	600	6000	200	11 Φ 14	Φ 8@100/200	3000	Φ 14@1500	1.75	122.7
1ZWK3h-100-07	600	6000	700	11 Φ 14	Φ 8@100/200	3000	Φ 14@1500	1.89	130.6
1ZWK3h-100-12	600	6000	1200	11 Φ 14	Φ 8@100/200	3000	Φ 14@1500	2.04	139.2
1ZWK3h-100-17	600	6000	1700	11 Φ 14	Φ 8@100/200	3000	Φ 14@1500	2.18	148.8
1ZWK3h-100-22	600	6000	2200	11 Φ 14	Φ 8@100/200	3000	Φ 14@1500	2.32	157.4
1ZWK3h-100-27	600	6000	2700	11 Φ 14	Φ 8@100/200	3000	Φ 14@1500	2.46	165.3
1ZWK3i-100-02	600	6000	200	11 Φ 14	Φ 8@100/200	3000	Φ 14@1500	1.75	122.7
1ZWK3i-100-07	600	6000	700	11 Φ 14	Φ 8@100/200	3000	Φ 14@1500	1.89	130.6
1ZWK3i-100-12	600	6000	1200	11 Φ 14	Φ 8@100/200	3000	Φ 14@1500	2.04	139.2
1ZWK3i-100-17	600	6000	1700	11 Φ 14	Φ 8@100/200	3000	Φ 14@1500	2.18	148.8
1ZWK3i-100-22	600	6000	2200	11 Φ 14	Φ 8@100/200	3000	Φ 14@1500	2.32	157.4
1ZWK3i-100-27	600	6000	2700	11 Φ 14	Φ 8@100/200	3000	Φ 14@1500	2.46	165.3

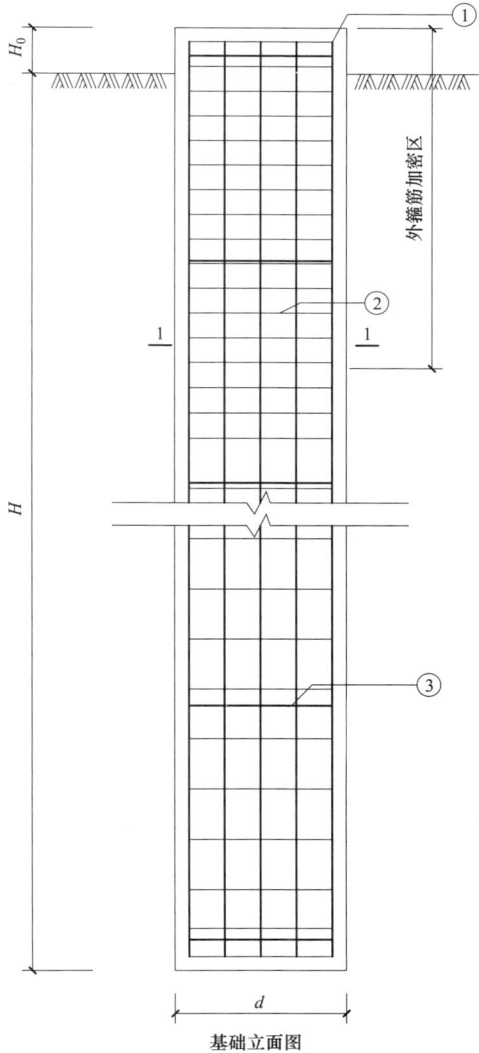

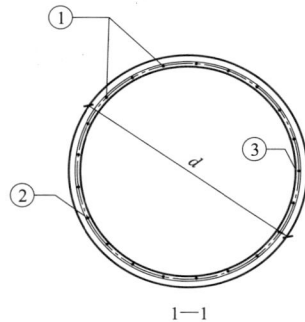

基础立面图

1—1

说明：1. 本基础适用于不受地下水影响的碎石土地质条件。

2. 整体立塔时，混凝土的抗压强度应达到设计强度的100%。分解组塔时，混凝土必须达到抗压强度设计值的70%。

3. 基础根开及地脚螺栓间距与相应杆塔结构图核对无误后，方可施工。

4. 基础混凝土强度等级不应低于C25，主筋采用HRB400级钢筋，箍筋采用HPB300级钢筋。

5. ②号钢筋加密区箍筋间距100mm，非加密区箍筋间距200mm。可采用螺旋箍筋。

6. 主筋保护层不小于50mm。

7. 基础施工完毕后，做好基面排水处理。

8. 本基础按机械成孔施工方式，未考虑护壁工程量。

图 9.3-1 1ZWK3∗-100挖孔桩基础施工图

基础名称	桩身直径 d(mm)	基础埋深 H(mm)	基础露头 H_0(mm)	主筋①	外箍筋②	外箍筋加密区长度(mm)	内箍筋③	单腿混凝土量(m³)	单腿钢筋量(kg)
1ZWK3h-150-02	600	6000	200	11 Φ 14	Φ 8@ 100/200	3000	Φ 14@ 1500	1.75	122.7
1ZWK3h-150-07	600	6000	700	11 Φ 14	Φ 8@ 100/200	3000	Φ 14@ 1500	1.89	130.6
1ZWK3h-150-12	600	6000	1200	11 Φ 14	Φ 8@ 100/200	3000	Φ 14@ 1500	2.04	139.2
1ZWK3h-150-17	600	6000	1700	11 Φ 14	Φ 8@ 100/200	3000	Φ 14@ 1500	2.18	148.8
1ZWK3h-150-22	600	6000	2200	11 Φ 14	Φ 8@ 100/200	3000	Φ 14@ 1500	2.32	157.4
1ZWK3h-150-27	600	6000	2700	11 Φ 14	Φ 8@ 100/200	3000	Φ 14@ 1500	2.46	165.3
1ZWK3i-150-02	600	6000	200	11 Φ 14	Φ 8@ 100/200	3000	Φ 14@ 1500	1.75	122.7
1ZWK3i-150-07	600	6000	700	11 Φ 14	Φ 8@ 100/200	3000	Φ 14@ 1500	1.89	130.6
1ZWK3i-150-12	600	6000	1200	11 Φ 14	Φ 8@ 100/200	3000	Φ 14@ 1500	2.04	139.2
1ZWK3i-150-17	600	6000	1700	11 Φ 14	Φ 8@ 100/200	3000	Φ 14@ 1500	2.18	148.8
1ZWK3i-150-22	600	6000	2200	11 Φ 14	Φ 8@ 100/200	3000	Φ 14@ 1500	2.32	157.4
1ZWK3i-150-27	600	6000	2700	11 Φ 14	Φ 8@ 100/200	3000	Φ 14@ 1500	2.46	165.3

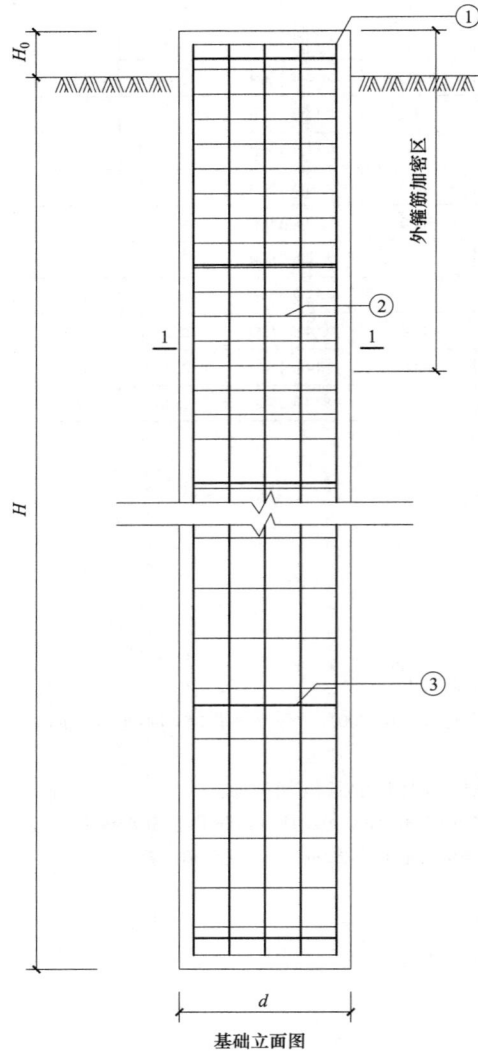

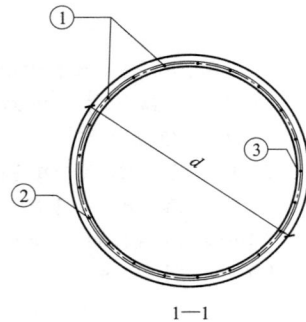

基础立面图

1—1

说明：1. 本基础适用于不受地下水影响的碎石土地质条件。
2. 整体立塔时，混凝土的抗压强度应达到设计强度的 100%。分解组塔时，混凝土必须达到抗压强度设计值的 70%。
3. 基础根开及地脚螺栓间距与相应杆塔结构图核对无误后，方可施工。
4. 基础混凝土强度等级不应低于 C25，主筋采用 HRB400 级钢筋，箍筋采用 HPB300 级钢筋。
5. ②号钢筋加密区箍筋间距 100mm，非加密区箍筋间距 200mm。可采用螺旋箍筋。
6. 主筋保护层不小于 50mm。
7. 基础施工完毕后，做好基面排水处理。
8. 本基础按机械成孔施工方式，未考虑护壁工程量。

图 9.3-2　1ZWK3*-150 挖孔桩基础施工图

基 础 参 数 表

基础名称	桩身直径 d(mm)	基础埋深 H(mm)	基础露头 H_0(mm)	主筋①	外箍筋②	外箍筋加密区长度(mm)	内箍筋③	单腿混凝土量(m^3)	单腿钢筋量(kg)
1ZWK3h-200-02	600	6000	200	11Φ14	Φ8@100/200	3000	Φ14@1500	1.75	122.7
1ZWK3h-200-07	600	6000	700	11Φ14	Φ8@100/200	3000	Φ14@1500	1.89	130.6
1ZWK3h-200-12	600	6000	1200	11Φ14	Φ8@100/200	3000	Φ14@1500	2.04	139.2
1ZWK3h-200-17	600	6000	1700	12Φ14	Φ8@100/200	3000	Φ14@1500	2.18	158.0
1ZWK3h-200-22	600	6000	2200	14Φ14	Φ8@100/200	3000	Φ14@1500	2.32	186.7
1ZWK3h-200-27	600	6000	2700	12Φ16	Φ8@100/200	3000	Φ14@1500	2.46	213.6
1ZWK3i-200-02	600	6000	200	11Φ14	Φ8@100/200	3000	Φ14@1500	1.75	122.7
1ZWK3i-200-07	600	6000	700	11Φ14	Φ8@100/200	3000	Φ14@1500	1.89	130.6
1ZWK3i-200-12	600	6000	1200	11Φ14	Φ8@100/200	3000	Φ14@1500	2.04	139.2
1ZWK3i-200-17	600	6000	1700	12Φ14	Φ8@100/200	3000	Φ14@1500	2.18	158.0
1ZWK3i-200-22	600	6000	2200	14Φ14	Φ8@100/200	3000	Φ14@1500	2.32	186.7
1ZWK3i-200-27	600	6000	2700	12Φ16	Φ8@100/200	3000	Φ14@1500	2.46	213.6

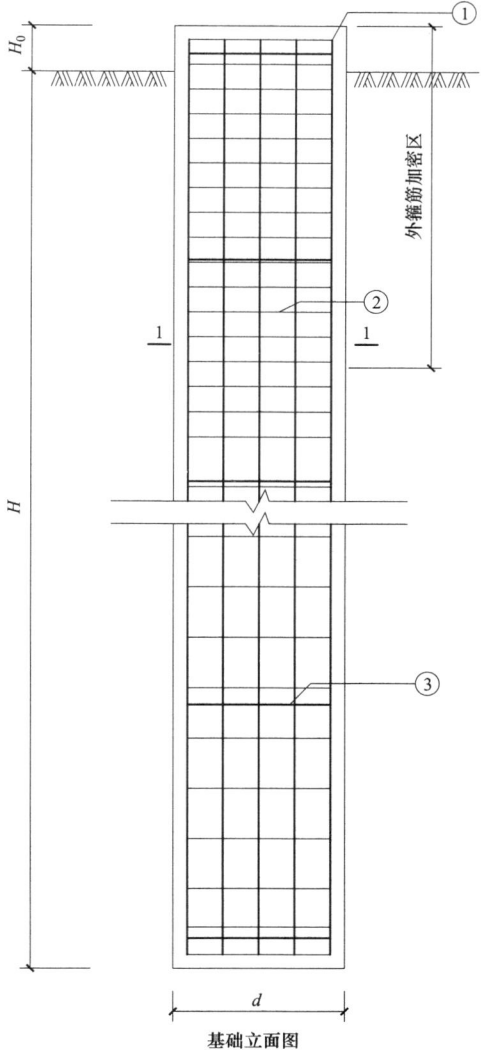

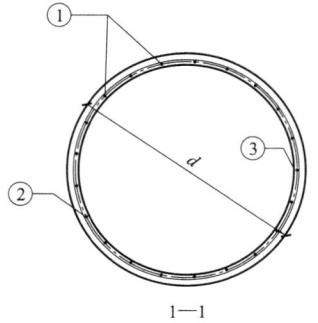

基础立面图

1—1

说明：1. 本基础适用于不受地下水影响的碎石土地质条件。

2. 整体立塔时，混凝土的抗压强度应达到设计强度的100%。分解组塔时，混凝土必须达到抗压强度设计值的70%。

3. 基础根开及地脚螺栓间距与相应杆塔结构图核对无误后，方可施工。

4. 基础混凝土强度等级不应低于 C25，主筋采用 HRB400 级钢筋，箍筋采用 HPB300 级钢筋。

5. ②号钢筋加密区箍筋间距100mm，非加密区箍筋间距200mm。可采用螺旋箍筋。

6. 主筋保护层不小于 50mm。

7. 基础施工完毕后，做好基面排水处理。

8. 本基础按机械成孔施工方式，未考虑护壁工程量。

图 9.3-3　1ZWK3*-200 挖孔桩基础施工图

基 础 参 数 表

基础名称	桩身直径 d(mm)	基础埋深 H(mm)	基础露头 H_0(mm)	主筋①	外箍筋②	外箍筋加密区长度(mm)	内箍筋③	单腿混凝土量(m^3)	单腿钢筋量(kg)
1ZWK3h-250-02	600	6000	200	11 ф 14	Φ 8@ 100/200	3000	Φ 14@ 1500	1.75	122.7
1ZWK3h-250-07	600	6000	700	11 ф 14	Φ 8@ 100/200	3000	Φ 14@ 1500	1.89	130.6
1ZWK3h-250-12	600	6000	1200	13 ф 14	Φ 8@ 100/200	3000	Φ 14@ 1500	2.04	156.3
1ZWK3h-250-17	600	6000	1700	15 ф 14	Φ 8@ 100/200	3000	Φ 14@ 1500	2.18	185.5
1ZWK3h-250-22	600	6000	2200	13 ф 16	Φ 8@ 100/200	3000	Φ 14@ 1500	2.32	215.6
1ZWK3h-250-27	600	6000	2700	15 ф 16	Φ 8@ 100/200	3000	Φ 14@ 1500	2.46	254.2
1ZWK3i-250-02	600	6000	200	11 ф 14	Φ 8@ 100/200	3000	Φ 14@ 1500	1.75	122.7
1ZWK3i-250-07	600	6000	700	11 ф 14	Φ 8@ 100/200	3000	Φ 14@ 1500	1.89	130.6
1ZWK3i-250-12	600	6000	1200	13 ф 14	Φ 8@ 100/200	3000	Φ 14@ 1500	2.04	156.3
1ZWK3i-250-17	600	6000	1700	15 ф 14	Φ 8@ 100/200	3000	Φ 14@ 1500	2.18	185.5
1ZWK3i-250-22	600	6000	2200	13 ф 16	Φ 8@ 100/200	3000	Φ 14@ 1500	2.32	215.6
1ZWK3i-250-27	600	6000	2700	15 ф 16	Φ 8@ 100/200	3000	Φ 14@ 1500	2.46	254.2

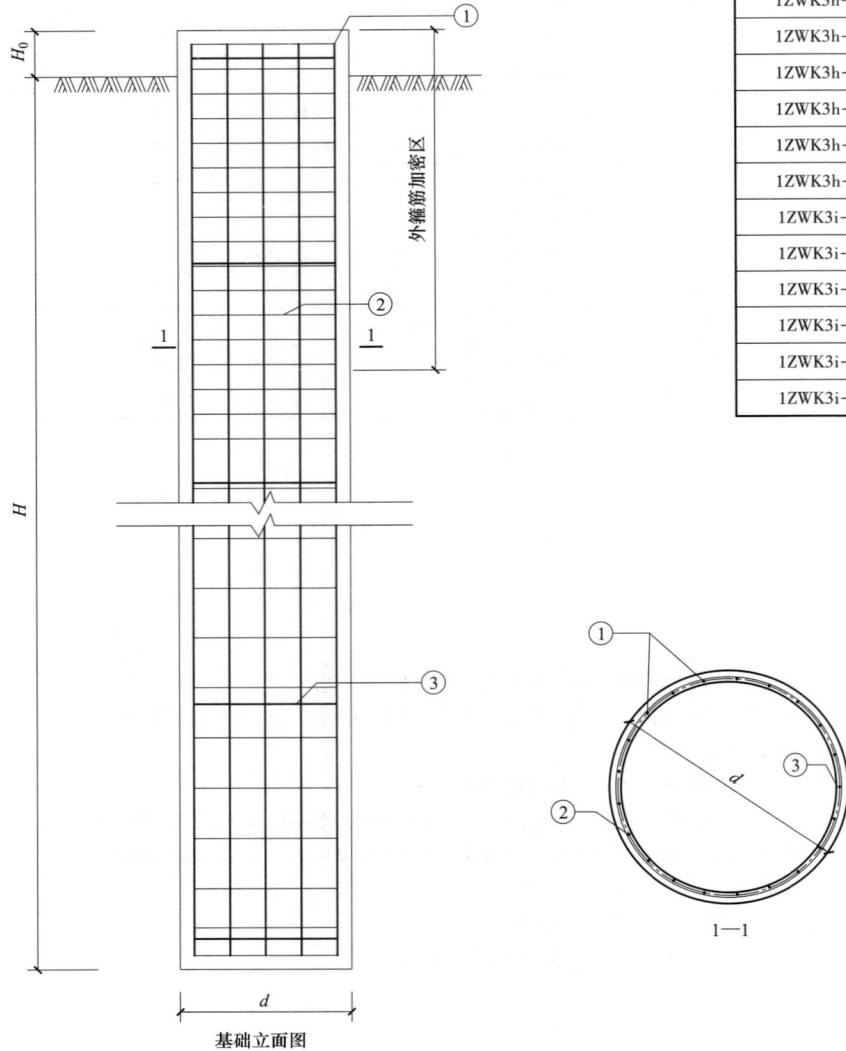

基础立面图

1—1

说明：1. 本基础适用于不受地下水影响的碎石土地质条件。

2. 整体立塔时，混凝土的抗压强度应达到设计强度的 100%。分解组塔时，混凝土必须达到抗压强度设计值的 70%。

3. 基础根开及地脚螺栓间距与相应杆塔结构图核对无误后，方可施工。

4. 基础混凝土强度等级不应低于 C25，主筋采用 HRB400 级钢筋，箍筋采用 HPB300 级钢筋。

5. ②号钢筋加密区箍筋间距 100mm，非加密区箍筋间距 200mm。可采用螺旋箍筋。

6. 主筋保护层不小于 50mm。

7. 基础施工完毕后，做好基面排水处理。

8. 本基础按机械成孔施工方式，未考虑护壁工程量。

图 9.3-4 1ZWK3*-250 挖孔桩基础施工图

基础立面图

1—1

基 础 参 数 表

基础名称	桩身直径 d(mm)	基础埋深 H(mm)	基础露头 H_0(mm)	主筋①	外箍筋②	外箍筋加密区长度(mm)	内箍筋③	单腿混凝土量（m³）	单腿钢筋量（kg）
1ZWK3h-300-02	600	6000	200	11 Φ14	Φ8@100/200	3000	Φ14@1500	1.75	122.7
1ZWK3h-300-07	600	6000	700	13 Φ14	Φ8@100/200	3000	Φ14@1500	1.89	146.5
1ZWK3h-300-12	600	6000	1200	12 Φ16	Φ8@100/200	3000	Φ14@1500	2.04	179.1
1ZWK3h-300-17	600	6000	1700	11 Φ18	Φ8@100/200	3000	Φ14@1500	2.18	214.4
1ZWK3h-300-22	600	6000	2200	13 Φ18	Φ8@100/200	3000	Φ14@1500	2.32	259.6
1ZWK3h-300-27	600	6000	2700	14 Φ18	Φ8@100/200	3000	Φ14@1500	2.46	291.0
1ZWK3i-300-02	600	6000	200	11 Φ14	Φ8@100/200	3000	Φ14@1500	1.75	122.7
1ZWK3i-300-07	600	6000	700	13 Φ14	Φ8@100/200	3000	Φ14@1500	1.89	146.5
1ZWK3i-300-12	600	6000	1200	12 Φ16	Φ8@100/200	3000	Φ14@1500	2.04	179.1
1ZWK3i-300-17	600	6000	1700	11 Φ18	Φ8@100/200	3000	Φ14@1500	2.18	214.4
1ZWK3i-300-22	600	6000	2200	13 Φ18	Φ8@100/200	3000	Φ14@1500	2.32	259.6
1ZWK3i-300-27	600	6000	2700	14 Φ18	Φ8@100/200	3000	Φ14@1500	2.46	291.0

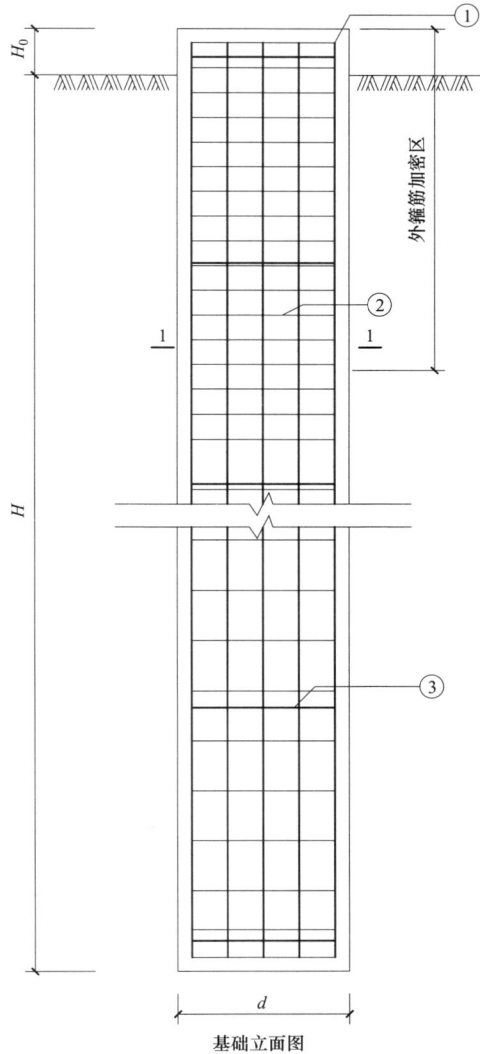

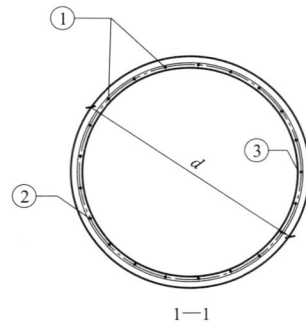

说明：1. 本基础适用于不受地下水影响的碎石土地质条件。

2. 整体立塔时，混凝土的抗压强度应达到设计强度的100%。分解组塔时，混凝土必须达到抗压强度设计值的70%。

3. 基础根开及地脚螺栓间距与相应杆塔结构图核对无误后，方可施工。

4. 基础混凝土强度等级不应低于C25，主筋采用HRB400级钢筋，箍筋采用HPB300级钢筋。

5. ②号钢筋加密区箍筋间距100mm，非加密区箍筋间距200mm。可采用螺旋箍筋。

6. 主筋保护层不小于50mm。

7. 基础施工完毕后，做好基面排水处理。

8. 本基础按机械成孔施工方式，未考虑护壁工程量。

图 9.3-5 1ZWK3*-300 挖孔桩基础施工图

基 础 参 数 表

基础名称	桩身直径 d(mm)	基础埋深 H(mm)	基础露头 H_0(mm)	主筋①	外箍筋②	外箍筋加密区长度(mm)	内箍筋③	单腿混凝土量(m^3)	单腿钢筋量(kg)
1ZWK3h-350-02	600	6000	200	13 Φ 14	Φ 8@ 100/200	3000	Φ 14@ 1500	1.75	137.4
1ZWK3h-350-07	600	6000	700	12 Φ 16	Φ 8@ 100/200	3000	Φ 14@ 1500	1.89	167.7
1ZWK3h-350-12	600	6000	1200	11 Φ 18	Φ 8@ 100/200	3000	Φ 14@ 1500	2.04	200.5
1ZWK3h-350-17	600	6000	1700	13 Φ 18	Φ 8@ 100/200	3000	Φ 14@ 1500	2.18	244.7
1ZWK3h-350-22	600	6000	2200	12 Φ 20	Φ 8@ 100/200	3000	Φ 14@ 1500	2.32	288.8
1ZWK3h-350-27	600	6000	2700	14 Φ 20	Φ 8@ 100/200	3000	Φ 14@ 1500	2.46	347.1
1ZWK3i-350-02	600	6000	200	13 Φ 14	Φ 8@ 100/200	3000	Φ 14@ 1500	1.75	137.4
1ZWK3i-350-07	600	6000	700	12 Φ 16	Φ 8@ 100/200	3000	Φ 14@ 1500	1.89	167.7
1ZWK3i-350-12	600	6000	1200	11 Φ 18	Φ 8@ 100/200	3000	Φ 14@ 1500	2.04	200.5
1ZWK3i-350-17	600	6000	1700	13 Φ 18	Φ 8@ 100/200	3000	Φ 14@ 1500	2.18	244.7
1ZWK3i-350-22	600	6000	2200	12 Φ 20	Φ 8@ 100/200	3000	Φ 14@ 1500	2.32	288.8
1ZWK3i-350-27	600	6000	2700	14 Φ 20	Φ 8@ 100/200	3000	Φ 14@ 1500	2.46	347.1

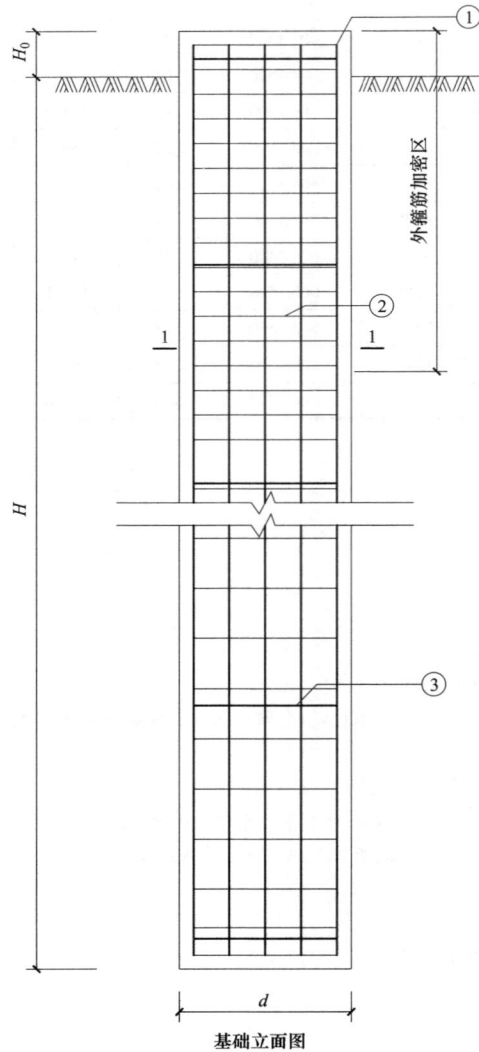

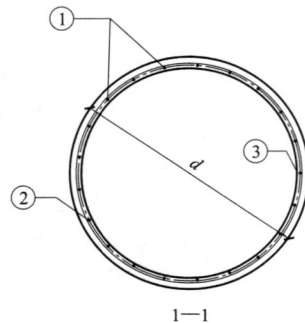

基础立面图

1—1

说明: 1. 本基础适用于不受地下水影响的碎石土地质条件。

2. 整体立塔时，混凝土的抗压强度应达到设计强度的100%。分解组塔时，混凝土必须达到抗压强度设计值的70%。

3. 基础根开及地脚螺栓间距与相应杆塔结构图核对无误后，方可施工。

4. 基础混凝土强度等级不应低于 C25，主筋采用 HRB400 级钢筋，箍筋采用 HPB300 级钢筋。

5. ②号钢筋加密区箍筋间距 100mm，非加密区箍筋间距 200mm。可采用螺旋箍筋。

6. 主筋保护层不小于 50mm。

7. 基础施工完毕后，做好基面排水处理。

8. 本基础按机械成孔施工方式，未考虑护壁工程量。

图 9.3-6 1ZWK3*-350 挖孔桩基础施工图

基 础 参 数 表

基础名称	桩身直径 d(mm)	基础埋深 H(mm)	基础露头 H_0(mm)	主筋①	外箍筋②	外箍筋加密区长度(mm)	内箍筋③	单腿混凝土量（m³）	单腿钢筋量（kg）
1ZWK3h-400-02	600	6000	200	15 Φ 14	Φ 8@ 100/200	3000	Φ 14@ 1500	1.75	152.1
1ZWK3h-400-07	600	6000	700	11 Φ 18	Φ 8@ 100/200	3000	Φ 14@ 1500	1.89	187.6
1ZWK3h-400-12	600	6000	1200	13 Φ 18	Φ 8@ 100/200	3000	Φ 14@ 1500	2.04	228.7
1ZWK3h-400-17	600	6000	1700	12 Φ 20	Φ 8@ 100/200	3000	Φ 14@ 1500	2.18	272.1
1ZWK3h-400-22	600	6000	2200	14 Φ 20	Φ 8@ 100/200	3000	Φ 14@ 1500	2.32	328.6
1ZWK3h-400-27	600	6000	2700	10 Φ 25	Φ 8@ 100/200	3000	Φ 14@ 1500	2.46	381.3
1ZWK3i-400-02	600	6000	200	15 Φ 14	Φ 8@ 100/200	3000	Φ 14@ 1500	1.75	152.1
1ZWK3i-400-07	600	6000	700	11 Φ 18	Φ 8@ 100/200	3000	Φ 14@ 1500	1.89	187.6
1ZWK3i-400-12	600	6000	1200	13 Φ 18	Φ 8@ 100/200	3000	Φ 14@ 1500	2.04	228.7
1ZWK3i-400-17	600	6000	1700	12 Φ 20	Φ 8@ 100/200	3000	Φ 14@ 1500	2.18	272.1
1ZWK3i-400-22	600	6000	2200	14 Φ 20	Φ 8@ 100/200	3000	Φ 14@ 1500	2.32	328.6
1ZWK3i-400-27	600	6000	2700	10 Φ 25	Φ 8@ 100/200	3000	Φ 14@ 1500	2.46	381.3

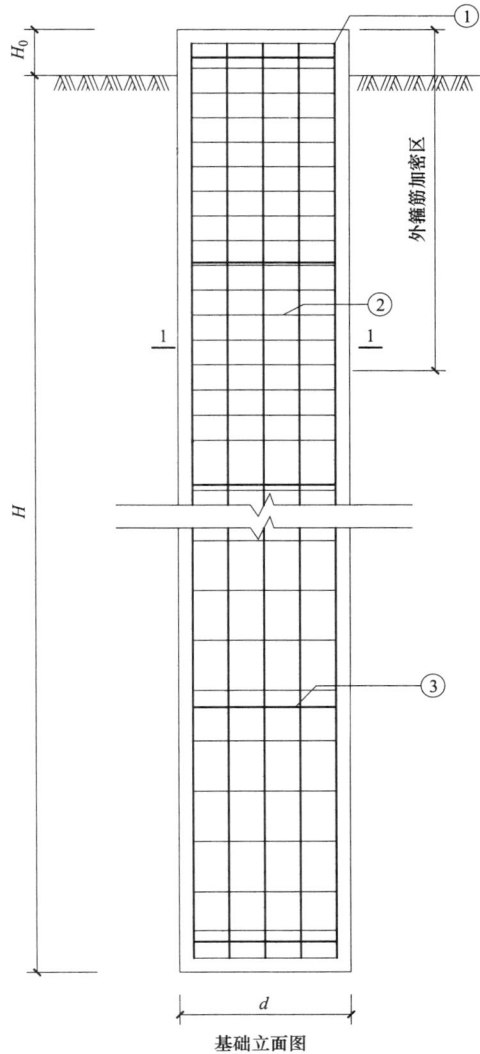

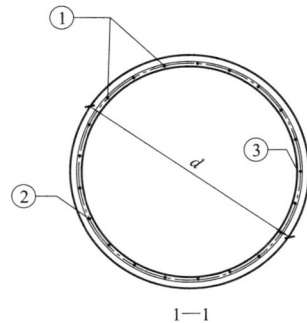

基础立面图

1—1

说明：1. 本基础适用于不受地下水影响的碎石土地质条件。

2. 整体立塔时，混凝土的抗压强度应达到设计强度的 100%。分解组塔时，混凝土必须达到抗压强度设计值的 70%。

3. 基础根开及地脚螺栓间距与相应杆塔结构图核对无误后，方可施工。

4. 基础混凝土强度等级不应低于 C25，主筋采用 HRB400 级钢筋，箍筋采用 HPB300 级钢筋。

5. ②号钢筋加密区箍筋间距 100mm，非加密区箍筋间距 200mm。可采用螺旋箍筋。

6. 主筋保护层不小于 50mm。

7. 基础施工完毕后，做好基面排水处理。

8. 本基础按机械成孔施工方式，未考虑护壁工程量。

图 9.3-7 1ZWK3 * -400 挖孔桩基础施工图

基 础 参 数 表

基础名称	桩身直径 d(mm)	基础埋深 H(mm)	基础露头 H_0(mm)	主筋①	外箍筋②	外箍筋加密区长度(mm)	内箍筋③	单腿混凝土量 (m³)	单腿钢筋量 (kg)
1ZWK3h-450-02	700	6000	200	16 Φ 14	Φ 8@ 100/200	3500	Φ 14@ 1500	2.39	169.5
1ZWK3h-450-07	700	6000	700	14 Φ 16	Φ 8@ 100/200	3500	Φ 14@ 1500	2.58	199.5
1ZWK3h-450-12	700	6000	1200	13 Φ 18	Φ 8@ 100/200	3500	Φ 14@ 1500	2.77	239.3
1ZWK3h-450-17	700	6000	1700	15 Φ 18	Φ 8@ 100/200	3500	Φ 14@ 1500	2.96	287.0
1ZWK3h-450-22	700	6000	2200	17 Φ 18	Φ 8@ 100/200	3500	Φ 14@ 1500	3.16	335.7
1ZWK3h-450-27	700	6000	2700	13 Φ 22	Φ 8@ 100/200	3500	Φ 14@ 1500	3.35	396.2
1ZWK3i-450-02	700	6000	200	16 Φ 14	Φ 8@ 100/200	3500	Φ 14@ 1500	2.39	169.5
1ZWK3i-450-07	700	6000	700	14 Φ 16	Φ 8@ 100/200	3500	Φ 14@ 1500	2.58	199.5
1ZWK3i-450-12	700	6000	1200	13 Φ 18	Φ 8@ 100/200	3500	Φ 14@ 1500	2.77	239.3
1ZWK3i-450-17	700	6000	1700	15 Φ 18	Φ 8@ 100/200	3500	Φ 14@ 1500	2.96	287.0
1ZWK3i-450-22	700	6000	2200	17 Φ 18	Φ 8@ 100/200	3500	Φ 14@ 1500	3.16	335.7
1ZWK3i-450-27	700	6000	2700	13 Φ 22	Φ 8@ 100/200	3500	Φ 14@ 1500	3.35	396.2

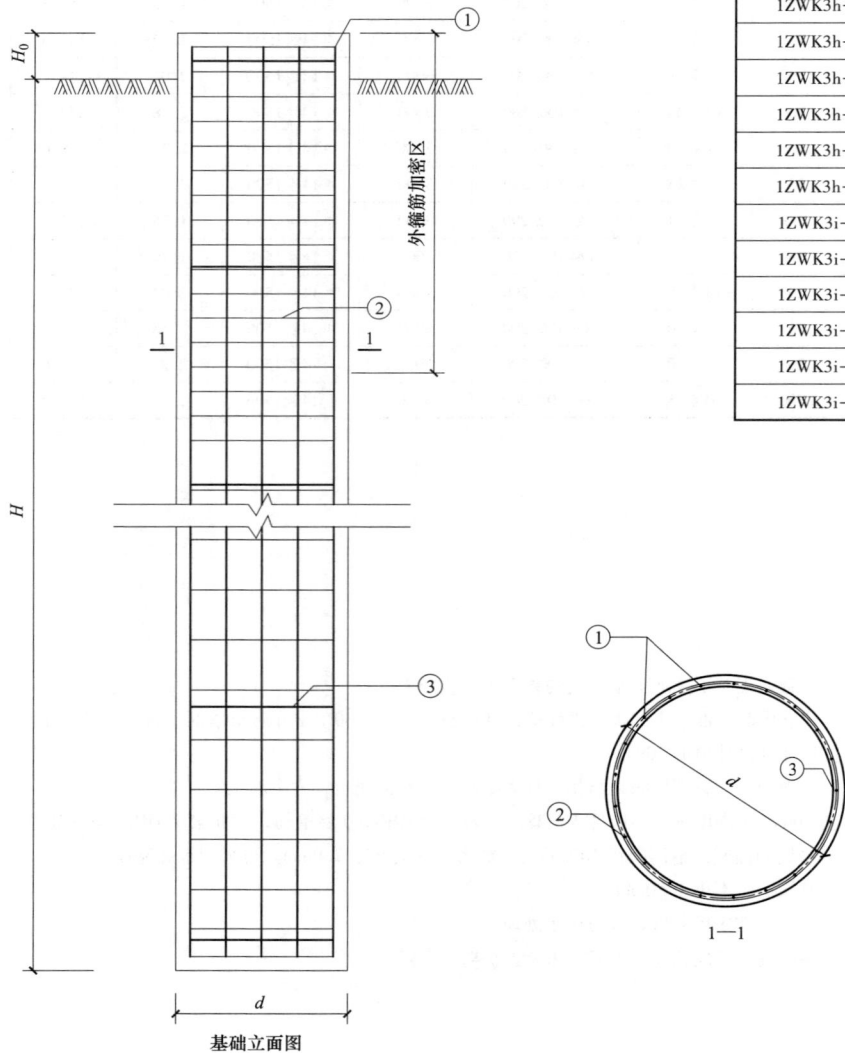

说明: 1. 本基础适用于不受地下水影响的碎石土地质条件。

2. 整体立塔时，混凝土的抗压强度应达到设计强度的100%。分解组塔时，混凝土必须达到抗压强度设计值的70%。

3. 基础根开及地脚螺栓间距与相应杆塔结构图核对无误后，方可施工。

4. 基础混凝土强度等级不应低于 C25，主筋采用 HRB400 级钢筋，箍筋采用 HPB300 级钢筋。

5. ②号钢筋加密区箍筋间距 100mm，非加密区箍筋间距 200mm。可采用螺旋箍筋。

6. 主筋保护层不小于 50mm。

7. 基础施工完毕后，做好基面排水处理。

8. 本基础按机械成孔施工方式，未考虑护壁工程量。

基础立面图

1—1

图 9.3-8 1ZWK3＊-450 挖孔桩基础施工图

基 础 参 数 表

基础名称	桩身直径 d(mm)	基础埋深 H(mm)	基础露头 H_0(mm)	主筋①	外箍筋②	外箍筋加密区长度(mm)	内箍筋③	单腿混凝土量(m^3)	单腿钢筋量(kg)
1ZWK3h-500-02	700	6000	200	18 ⌀ 14	Φ 8@ 100/200	3500	Φ 14@ 1500	2.39	184.1
1ZWK3h-500-07	700	6000	700	16 ⌀ 16	Φ 8@ 100/200	3500	Φ 14@ 1500	2.58	220.2
1ZWK3h-500-12	700	6000	1200	12 ⌀ 20	Φ 8@ 100/200	3500	Φ 14@ 1500	2.77	264.9
1ZWK3h-500-17	700	6000	1700	14 ⌀ 20	Φ 8@ 100/200	3500	Φ 14@ 1500	2.96	321.4
1ZWK3h-500-22	700	6000	2200	15 ⌀ 20	Φ 8@ 100/200	3500	Φ 14@ 1500	3.16	360.1
1ZWK3h-500-27	700	6000	2700	14 ⌀ 22	Φ 8@ 100/200	3500	Φ 14@ 1500	3.35	421.8
1ZWK3i-500-02	700	6000	200	18 ⌀ 14	Φ 8@ 100/200	3500	Φ 14@ 1500	2.39	184.1
1ZWK3i-500-07	700	6000	700	16 ⌀ 16	Φ 8@ 100/200	3500	Φ 14@ 1500	2.58	220.2
1ZWK3i-500-12	700	6000	1200	12 ⌀ 20	Φ 8@ 100/200	3500	Φ 14@ 1500	2.77	264.9
1ZWK3i-500-17	700	6000	1700	14 ⌀ 20	Φ 8@ 100/200	3500	Φ 14@ 1500	2.96	321.4
1ZWK3i-500-22	700	6000	2200	15 ⌀ 20	Φ 8@ 100/200	3500	Φ 14@ 1500	3.16	360.1
1ZWK3i-500-27	700	6000	2700	14 ⌀ 22	Φ 8@ 100/200	3500	Φ 14@ 1500	3.35	421.8

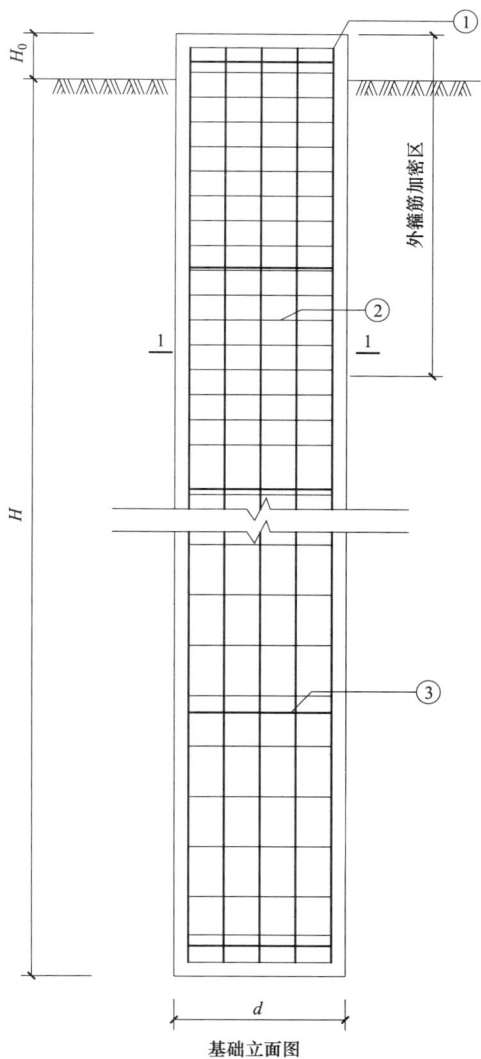

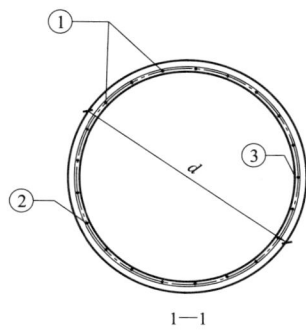

基础立面图

1—1

说明：1. 本基础适用于不受地下水影响的碎石土地质条件。

2. 整体立塔时，混凝土的抗压强度应达到设计强度的100%。分解组塔时，混凝土必须达到抗压强度设计值的70%。

3. 基础根开及地脚螺栓间距与相应杆塔结构图核对无误后，方可施工。

4. 基础混凝土强度等级不应低于C25，主筋采用 HRB400 级钢筋，箍筋采用 HPB300 级钢筋。

5. ②号钢筋加密区箍筋间距100mm，非加密区箍筋间距200mm。可采用螺旋箍筋。

6. 主筋保护层不小于 50mm。

7. 基础施工完毕后，做好基面排水处理。

8. 本基础按机械成孔施工方式，未考虑护壁工程量。

图 9.3-9 1ZWK3 * -500 挖孔桩基础施工图

基 础 参 数 表

基础名称	桩身直径 d(mm)	基础埋深 H(mm)	基础露头 H_0(mm)	主筋①	外箍筋②	外箍筋加密区长度(mm)	内箍筋③	单腿混凝土量(m^3)	单腿钢筋量(kg)
1ZWK3h-550-02	700	6000	200	15 Φ 16	Φ 8@ 100/200	3500	Φ 14@ 1500	2.39	195.8
1ZWK3h-550-07	700	6000	700	14 Φ 18	Φ 8@ 100/200	3500	Φ 14@ 1500	2.58	238.0
1ZWK3h-550-12	700	6000	1200	16 Φ 18	Φ 8@ 100/200	3500	Φ 14@ 1500	2.77	281.8
1ZWK3h-550-17	700	6000	1700	15 Φ 20	Φ 8@ 100/200	3500	Φ 14@ 1500	2.96	340.1
1ZWK3h-550-22	700	6000	2200	14 Φ 22	Φ 8@ 100/200	3500	Φ 14@ 1500	3.16	398.7
1ZWK3h-550-27	700	6000	2700	12 Φ 25	Φ 8@ 100/200	3500	Φ 14@ 1500	3.35	460.0
1ZWK3i-550-02	700	6000	200	15 Φ 16	Φ 8@ 100/200	3500	Φ 14@ 1500	2.39	195.8
1ZWK3i-550-07	700	6000	700	14 Φ 18	Φ 8@ 100/200	3500	Φ 14@ 1500	2.58	238.0
1ZWK3i-550-12	700	6000	1200	16 Φ 18	Φ 8@ 100/200	3500	Φ 14@ 1500	2.77	281.8
1ZWK3i-550-17	700	6000	1700	15 Φ 20	Φ 8@ 100/200	3500	Φ 14@ 1500	2.96	340.1
1ZWK3i-550-22	700	6000	2200	14 Φ 22	Φ 8@ 100/200	3500	Φ 14@ 1500	3.16	398.7
1ZWK3i-550-27	700	6000	2700	12 Φ 25	Φ 8@ 100/200	3500	Φ 14@ 1500	3.35	460.0

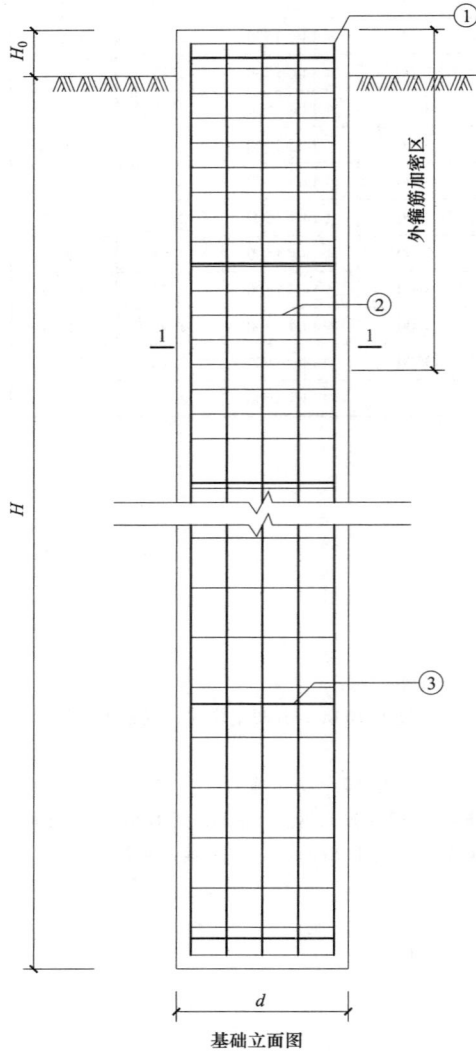

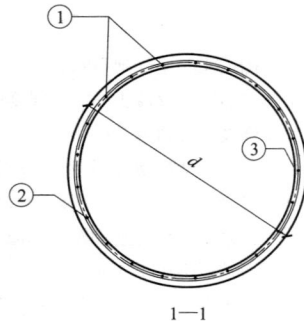

基础立面图

1—1

说明：1. 本基础适用于不受地下水影响的碎石土地质条件。

2. 整体立塔时，混凝土的抗压强度应达到设计强度的100%。分解组塔时，混凝土必须达到抗压强度设计值的70%。

3. 基础根开及地脚螺栓间距与相应杆塔结构图核对无误后，方可施工。

4. 基础混凝土强度等级不应低于C25，主筋采用HRB400级钢筋，箍筋采用HPB300级钢筋。

5. ②号钢筋加密区箍筋间距100mm，非加密区箍筋间距200mm。可采用螺旋箍筋。

6. 主筋保护层不小于50mm。

7. 基础施工完毕后，做好基面排水处理。

8. 本基础按机械成孔施工方式，未考虑护壁工程量。

图 9.3-10　1ZWK3 * -550 挖孔桩基础施工图

基 础 参 数 表

基础名称	桩身直径 d(mm)	基础埋深 H(mm)	基础露头 H_0(mm)	主筋①	外箍筋②	外箍筋加密区长度(mm)	内箍筋③	单腿混凝土量（m³）	单腿钢筋量（kg）
1ZWK3h-600-02	700	6000	200	13 Φ 18	Φ8@ 100/200	3500	Φ 14@ 1500	2. 39	209. 6
1ZWK3h-600-07	700	6000	700	12 Φ 20	Φ8@ 100/200	3500	Φ 14@ 1500	2. 58	248. 6
1ZWK3h-600-12	700	6000	1200	12 Φ 22	Φ8@ 100/200	3500	Φ 14@ 1500	2. 77	308. 8
1ZWK3h-600-17	700	6000	1700	14 Φ 22	Φ8@ 100/200	3500	Φ 14@ 1500	2. 96	376. 3
1ZWK3h-600-22	700	6000	2200	15 Φ 22	Φ8@ 100/200	3500	Φ 14@ 1500	3. 16	422. 8
1ZWK3h-600-27	700	6000	2700	17 Φ 22	Φ8@ 100/200	3500	Φ 14@ 1500	3. 35	498. 6
1ZWK3i-600-02	700	6000	200	13 Φ 18	Φ8@ 100/200	3500	Φ 14@ 1500	2. 39	209. 6
1ZWK3i-600-07	700	6000	700	12 Φ 20	Φ8@ 100/200	3500	Φ 14@ 1500	2. 58	248. 6
1ZWK3i-600-12	700	6000	1200	12 Φ 22	Φ8@ 100/200	3500	Φ 14@ 1500	2. 77	308. 8
1ZWK3i-600-17	700	6000	1700	14 Φ 22	Φ8@ 100/200	3500	Φ 14@ 1500	2. 96	376. 3
1ZWK3i-600-22	700	6000	2200	15 Φ 22	Φ8@ 100/200	3500	Φ 14@ 1500	3. 16	422. 8
1ZWK3i-600-27	700	6000	2700	17 Φ 22	Φ8@ 100/200	3500	Φ 14@ 1500	3. 35	498. 6

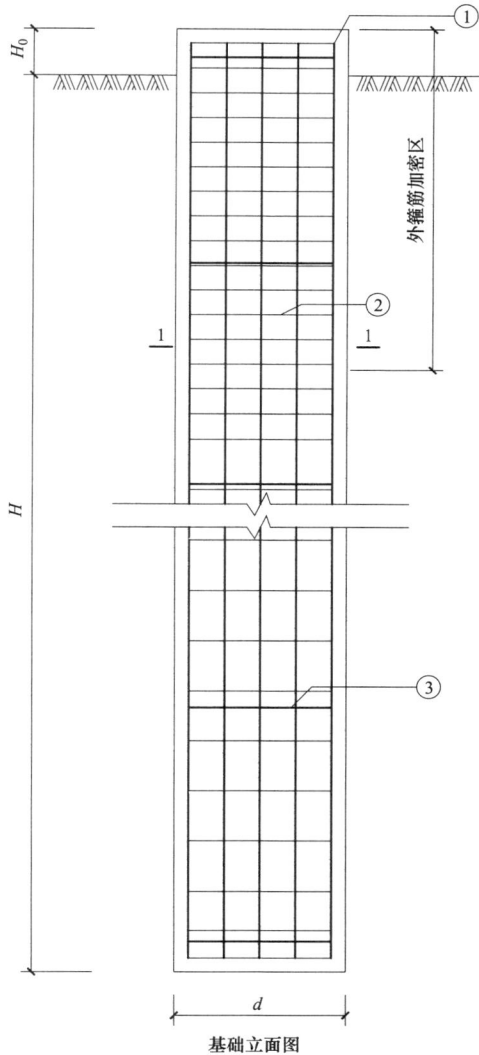

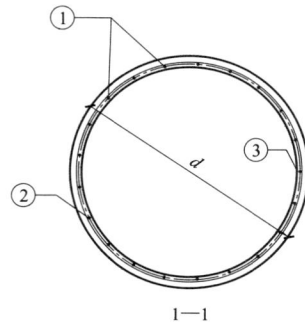

基础立面图

1—1

说明：1. 本基础适用于不受地下水影响的碎石土地质条件。

2. 整体立塔时，混凝土的抗压强度应达到设计强度的 100%。分解组塔时，混凝土必须达到抗压强度设计值的 70%。

3. 基础根开及地脚螺栓间距与相应杆塔结构图核对无误后，方可施工。

4. 基础混凝土强度等级不应低于 C25，主筋采用 HRB400 级钢筋，箍筋采用 HPB300 级钢筋。

5. ②号钢筋加密区箍筋间距 100mm，非加密区箍筋间距 200mm。可采用螺旋箍筋。

6. 主筋保护层不小于 50mm。

7. 基础施工完毕后，做好基面排水处理。

8. 本基础按机械成孔施工方式，未考虑护壁工程量。

图 9.3-11 1ZWK3 * -600 挖孔桩基础施工图

9.4 1ZWK4 子模块

此子模块适用于黄土地基，共包含 11 张图纸，基础施工图图纸清单见表 9.4-1。

表 9.4-1　　　　1ZWK4 子模块基础施工图图纸清单

序号	图号	图　名	基础作用力（kN）	
			$T/T_x/T_y$	$N/N_x/N_y$
1	图 9.4-1	1ZWK4 * -100 挖孔桩基础施工图	100 /14/14	130/18/18
2	图 9.4-2	1ZWK4 * -150 挖孔桩基础施工图	150/21/21	195/27/27
3	图 9.4-3	1ZWK4 * -200 挖孔桩基础施工图	200/28/28	260/36/36
4	图 9.4-4	1ZWK4 * -250 挖孔桩基础施工图	250/35/35	325/46/46
5	图 9.4-5	1ZWK4 * -300 挖孔桩基础施工图	300/42/42	390/55/55
6	图 9.4-6	1ZWK4 * -350 挖孔桩基础施工图	350/49/49	455/64/64
7	图 9.4-7	1ZWK4 * -400 挖孔桩基础施工图	400/56/56	520/73/73
8	图 9.4-8	1ZWK4 * -450 挖孔桩基础施工图	450/63/63	585/82/82
9	图 9.4-9	1ZWK4 * -500 挖孔桩基础施工图	500/70/70	650/91/91
10	图 9.4-10	1ZWK4 * -550 挖孔桩基础施工图	550/77/77	715/100/100
11	图 9.4-11	1ZWK4 * -600 挖孔桩基础施工图	600/84/84	780/109/109

注　4 * 表示 4h 地质参数组合。

基 础 参 数 表

基础名称	桩身直径 d(mm)	基础埋深 H(mm)	基础露头 H_0(mm)	主筋①	外箍筋②	外箍筋加密区长度(mm)	内箍筋③	单腿混凝土量(m³)	单腿钢筋量(kg)
1ZWK4h-100-02	600	6000	200	11 ф 14	Φ 8@ 100/200	3000	Φ 14@ 1500	1.75	122.7
1ZWK4h-100-07	600	6000	700	11 ф 14	Φ 8@ 100/200	3000	Φ 14@ 1500	1.89	130.6
1ZWK4h-100-12	600	6000	1200	11 ф 14	Φ 8@ 100/200	3000	Φ 14@ 1500	2.04	139.2
1ZWK4h-100-17	600	6000	1700	11 ф 14	Φ 8@ 100/200	3000	Φ 14@ 1500	2.18	148.8
1ZWK4h-100-22	600	6000	2200	11 ф 14	Φ 8@ 100/200	3000	Φ 14@ 1500	2.32	157.4
1ZWK4h-100-27	600	6000	2700	11 ф 14	Φ 8@ 100/200	3000	Φ 14@ 1500	2.46	165.3

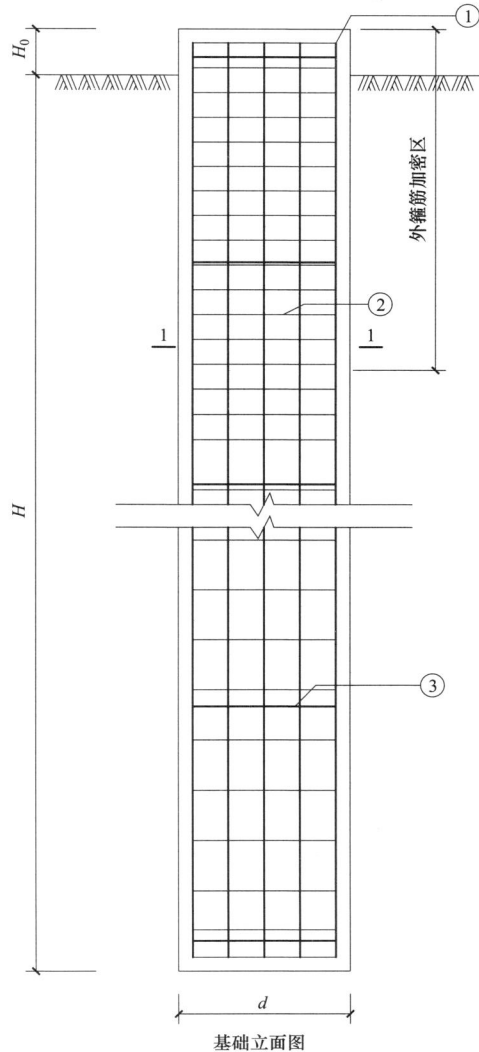

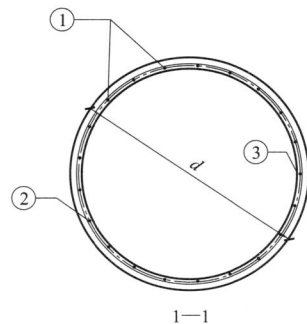

基础立面图

1—1

说明：1. 本基础适用于不受地下水影响的黄土地质条件。

2. 整体立塔时，混凝土的抗压强度应达到设计强度的100%。分解组塔时，混凝土必须达到抗压强度设计值的70%。

3. 基础根开及地脚螺栓间距与相应杆塔结构图核对无误后，方可施工。

4. 基础混凝土强度等级不应低于C25，主筋采用HRB400级钢筋，箍筋采用HPB300级钢筋。

5. ②号钢筋加密区箍筋间距100mm，非加密区箍筋间距200mm。可采用螺旋箍筋。

6. 主筋保护层不小于50mm。

7. 基础施工完毕后，做好基面排水处理。

8. 本基础按机械成孔施工方式，未考虑护壁工程量。

图 9.4-1 1ZWK4*-100 挖孔桩基础施工图

基 础 参 数 表

基础名称	桩身直径 d(mm)	基础埋深 H(mm)	基础露头 H_0(mm)	主筋①	外箍筋②	外箍筋加密区长度(mm)	内箍筋③	单腿混凝土量 (m^3)	单腿钢筋量 (kg)
1ZWK4h-150-02	600	6000	200	11 Φ 14	Φ 8@100/200	3000	Φ 14@1500	1.75	122.7
1ZWK4h-150-07	600	6000	700	11 Φ 14	Φ 8@100/200	3000	Φ 14@1500	1.89	130.6
1ZWK4h-150-12	600	6000	1200	11 Φ 14	Φ 8@100/200	3000	Φ 14@1500	2.04	139.2
1ZWK4h-150-17	600	6000	1700	11 Φ 14	Φ 8@100/200	3000	Φ 14@1500	2.18	148.8
1ZWK4h-150-22	600	6000	2200	11 Φ 14	Φ 8@100/200	3000	Φ 14@1500	2.32	157.4
1ZWK4h-150-27	600	6000	2700	12 Φ 14	Φ 8@100/200	3000	Φ 14@1500	2.46	175.6

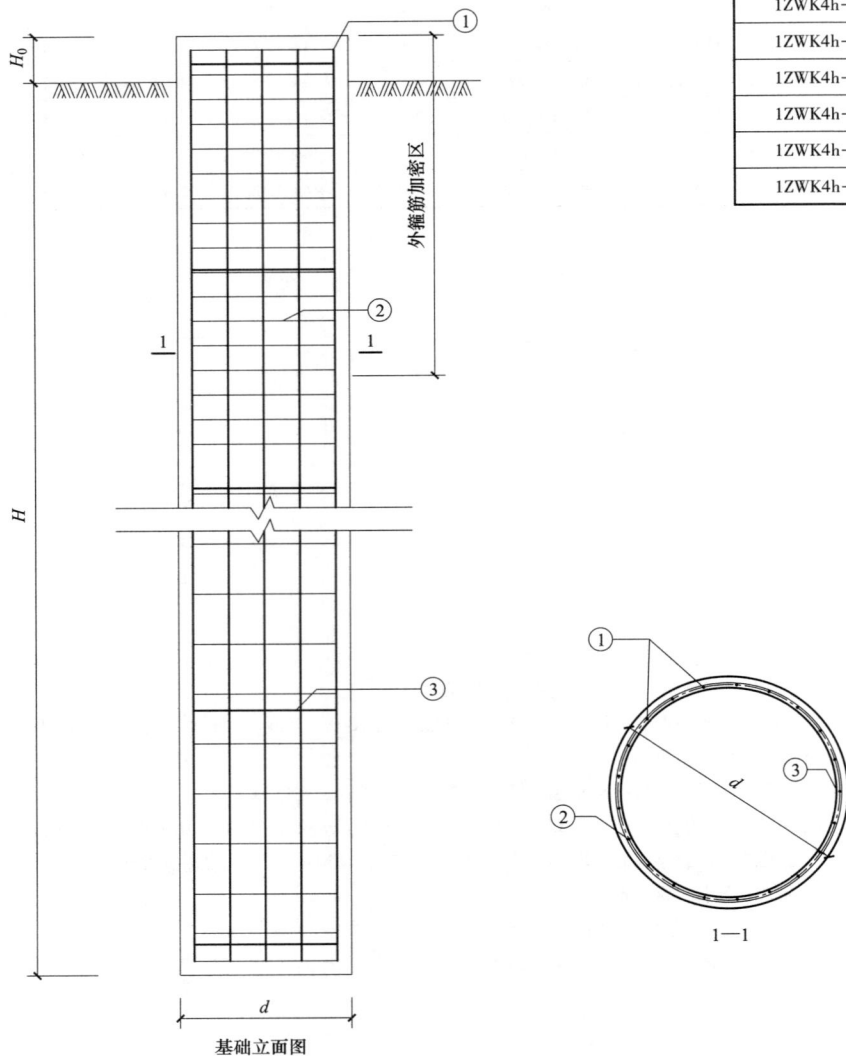

基础立面图

1—1

说明：1. 本基础适用于不受地下水影响的黄土地质条件。

2. 整体立塔时，混凝土的抗压强度应达到设计强度的 100%。分解组塔时，混凝土必须达到抗压强度设计值的 70%。

3. 基础根开及地脚螺栓间距与相应杆塔结构图核对无误后，方可施工。

4. 基础混凝土强度等级不应低于 C25，主筋采用 HRB400 级钢筋，箍筋采用 HPB300 级钢筋。

5. ②号钢筋加密区箍筋间距 100mm，非加密区箍筋间距 200mm。可采用螺旋箍筋。

6. 主筋保护层不小于 50mm。

7. 基础施工完毕后，做好基面排水处理。

8. 本基础按机械成孔施工方式，未考虑护壁工程量。

图 9.4-2 1ZWK4＊-150 挖孔桩基础施工图

基 础 参 数 表

基础名称	桩身直径 d(mm)	基础埋深 H(mm)	基础露头 H_0(mm)	主筋①	外箍筋②	外箍筋加密区长度(mm)	内箍筋③	单腿混凝土量（m^3）	单腿钢筋量（kg）
1ZWK4h-200-02	600	6000	200	11 Φ 14	Φ 8@ 100/200	3000	Φ 14@ 1500	1.75	122.7
1ZWK4h-200-07	600	6000	700	11 Φ 14	Φ 8@ 100/200	3000	Φ 14@ 1500	1.89	130.6
1ZWK4h-200-12	600	6000	1200	12 Φ 14	Φ 8@ 100/200	3000	Φ 14@ 1500	2.04	147.7
1ZWK4h-200-17	600	6000	1700	13 Φ 14	Φ 8@ 100/200	3000	Φ 14@ 1500	2.18	167.1
1ZWK4h-200-22	600	6000	2200	11 Φ 16	Φ 8@ 100/200	3000	Φ 14@ 1500	2.32	190.1
1ZWK4h-200-27	600	6000	2700	10 Φ 18	Φ 8@ 100/200	3000	Φ 14@ 1500	2.46	222.4

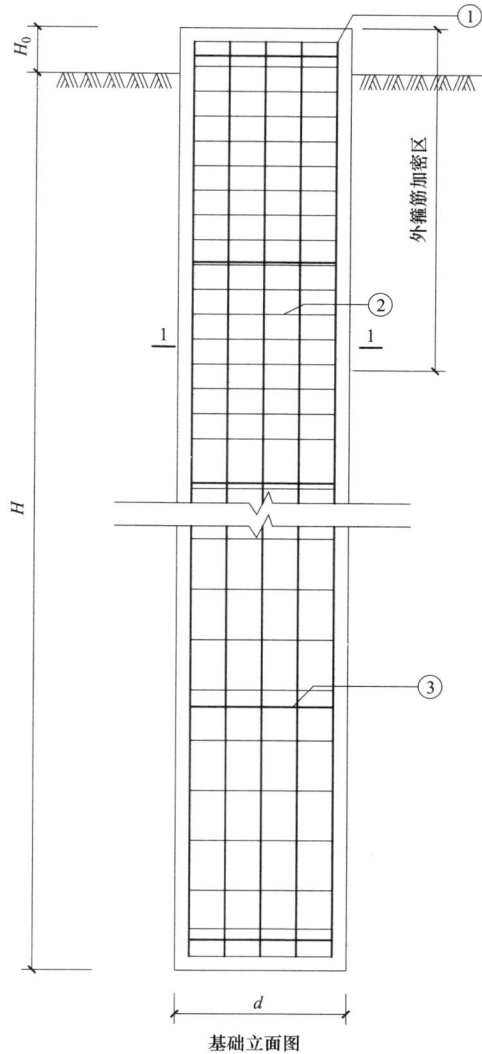

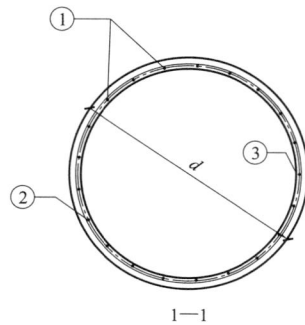

基础立面图

1—1

说明：1. 本基础适用于不受地下水影响的黄土地质条件。

2. 整体立塔时，混凝土的抗压强度应达到设计强度的100%。分解组塔时，混凝土必须达到抗压强度设计值的70%。

3. 基础根开及地脚螺栓间距与相应杆塔结构图核对无误后，方可施工。

4. 基础混凝土强度等级不应低于 C25，主筋采用 HRB400 级钢筋，箍筋采用 HPB300 级钢筋。

5. ②号钢筋加密区箍筋间距 100mm，非加密区箍筋间距 200mm。可采用螺旋箍筋。

6. 主筋保护层不小于 50mm。

7. 基础施工完毕后，做好基面排水处理。

8. 本基础按机械成孔施工方式，未考虑护壁工程量。

图 9.4-3　1ZWK4 ∗ -200 挖孔桩基础施工图

基 础 参 数 表

基础名称	桩身直径 d(mm)	基础埋深 H(mm)	基础露头 H_0(mm)	主筋①	外箍筋②	外箍筋加密区长度(mm)	内箍筋③	单腿混凝土量(m³)	单腿钢筋量(kg)
1ZWK4h-250-02	600	6800	200	11 Φ 14	Φ 8@ 100/200	3000	Φ 14@ 1500	1.98	135.9
1ZWK4h-250-07	600	6800	700	13 Φ 14	Φ 8@ 100/200	3000	Φ 14@ 1500	2.12	163.4
1ZWK4h-250-12	600	6800	1200	11 Φ 16	Φ 8@ 100/200	3000	Φ 14@ 1500	2.26	186.0
1ZWK4h-250-17	600	6800	1700	10 Φ 18	Φ 8@ 100/200	3000	Φ 14@ 1500	2.40	217.8
1ZWK4h-250-22	600	6800	2200	12 Φ 18	Φ 8@ 100/200	3000	Φ 14@ 1500	2.54	266.8
1ZWK4h-250-27	600	6800	2700	13 Φ 18	Φ 8@ 100/200	3000	Φ 14@ 1500	2.69	298.8

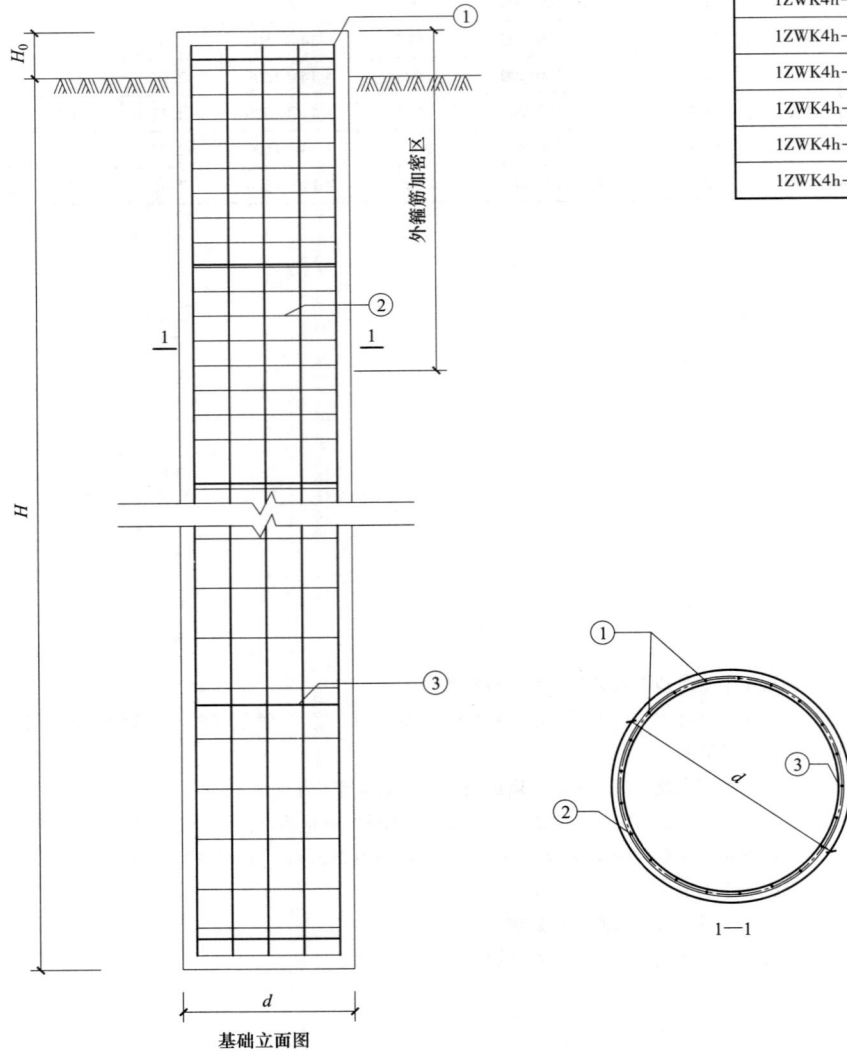

基础立面图

1—1

说明：1. 本基础适用于不受地下水影响的黄土地质条件。

2. 整体立塔时，混凝土的抗压强度应达到设计强度的 100%。分解组塔时，混凝土必须达到抗压强度设计值的 70%。

3. 基础根开及地脚螺栓间距与相应杆塔结构图核对无误后，方可施工。

4. 基础混凝土强度等级不应低于 C25，主筋采用 HRB400 级钢筋，箍筋采用 HPB300 级钢筋。

5. ②号钢筋加密区箍筋间距 100mm，非加密区箍筋间距 200mm。可采用螺旋箍筋。

6. 主筋保护层不小于 50mm。

7. 基础施工完毕后，做好基面排水处理。

8. 本基础按机械成孔施工方式，未考虑护壁工程量。

图 9.4-4 1ZWK4*-250 挖孔桩基础施工图

基 础 参 数 表

基础名称	桩身直径 d(mm)	基础埋深 H(mm)	基础露头 H_0(mm)	主筋①	外箍筋②	外箍筋加密区长度(mm)	内箍筋③	单腿混凝土量(m^3)	单腿钢筋量(kg)
1ZWK4h-300-02	600	8000	200	13 ⚏ 14	Φ8@ 100/200	3000	Φ 14@ 1500	2.32	176.9
1ZWK4h-300-07	600	8000	700	15 ⚏ 14	Φ8@ 100/200	3000	Φ 14@ 1500	2.46	206.7
1ZWK4h-300-12	600	8000	1200	14 ⚏ 16	Φ8@ 100/200	3000	Φ 14@ 1500	2.60	255.4
1ZWK4h-300-17	600	8000	1700	15 ⚏ 16	Φ8@ 100/200	3000	Φ 14@ 1500	2.74	282.8
1ZWK4h-300-22	700	6600	2200	15 ⚏ 16	Φ8@ 100/200	3500	Φ 14@ 1500	3.39	269.2
1ZWK4h-300-27	700	6600	2700	17 ⚏ 16	Φ8@ 100/200	3500	Φ 14@ 1500	3.58	314.4

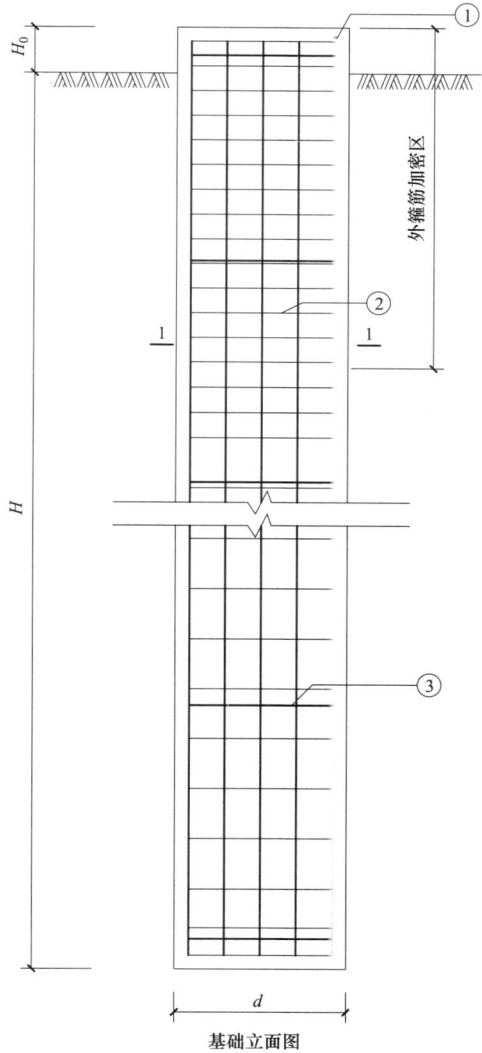

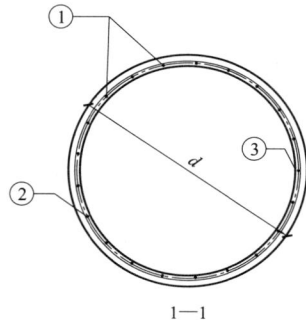

基础立面图

1—1

说明：1. 本基础适用于不受地下水影响的黄土地质条件。

2. 整体立塔时，混凝土的抗压强度应达到设计强度的100%。分解组塔时，混凝土必须达到抗压强度设计值的70%。

3. 基础根开及地脚螺栓间距与相应杆塔结构图核对无误后，方可施工。

4. 基础混凝土强度等级不应低于C25，主筋采用HRB400级钢筋，箍筋采用HPB300级钢筋。

5. ②号钢筋加密区箍筋间距100mm，非加密区箍筋间距200mm。可采用螺旋箍筋。

6. 主筋保护层不小于50mm。

7. 基础施工完毕后，做好基面排水处理。

8. 本基础按机械成孔施工方式，未考虑护壁工程量。

图 9.4-5　1ZWK4 ∗-300 挖孔桩基础施工图

基 础 参 数 表

基础名称	桩身直径 d(mm)	基础埋深 H(mm)	基础露头 H_0(mm)	主筋①	外箍筋②	外箍筋加密区长度(mm)	内箍筋③	单腿混凝土量（m^3）	单腿钢筋量（kg）
1ZWK4h-350-02	600	9400	200	12 ϕ 16	ϕ 8@ 100/200	3000	ϕ 14@ 1500	2.71	235.5
1ZWK4h-350-07	600	9400	700	14 ϕ 16	ϕ 8@ 100/200	3000	ϕ 14@ 1500	2.86	277.8
1ZWK4h-350-12	600	9400	1200	16 ϕ 16	ϕ 8@ 100/200	3000	ϕ 14@ 1500	3.00	325.5
1ZWK4h-350-17	700	7800	1700	16 ϕ 16	ϕ 8@ 100/200	3500	ϕ 14@ 1500	3.66	305.7
1ZWK4h-350-22	700	7800	2200	14 ϕ 18	ϕ 8@ 100/200	3500	ϕ 14@ 1500	3.85	346.5
1ZWK4h-350-27	700	7800	2700	16 ϕ 18	ϕ 8@ 100/200	3500	ϕ 14@ 1500	4.04	406.3

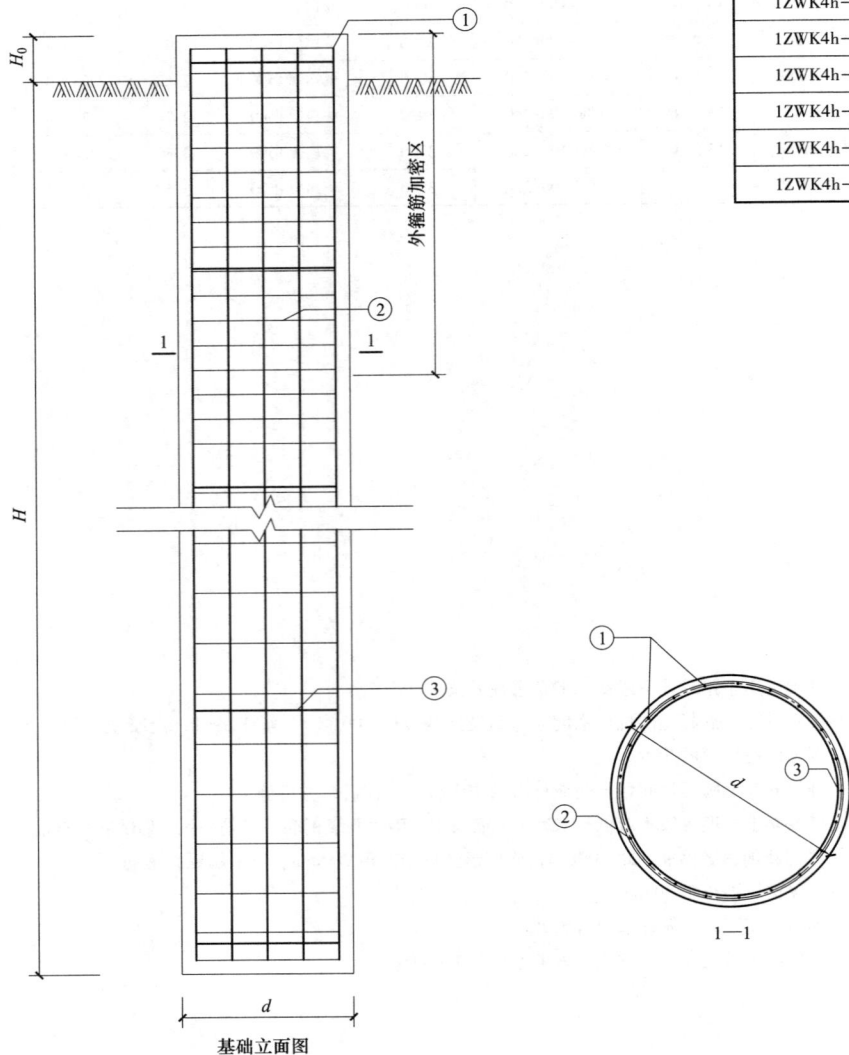

基础立面图

1—1

说明：1. 本基础适用于不受地下水影响的黄土地质条件。

2. 整体立塔时，混凝土的抗压强度应达到设计强度的100%。分解组塔时，混凝土必须达到抗压强度设计值的70%。

3. 基础根开及地脚螺栓间距与相应杆塔结构图核对无误后，方可施工。

4. 基础混凝土强度等级不应低于 C25，主筋采用 HRB400 级钢筋，箍筋采用 HPB300 级钢筋。

5. ②号钢筋加密区箍筋间距 100mm，非加密区箍筋间距 200mm。可采用螺旋箍筋。

6. 主筋保护层不小于 50mm。

7. 基础施工完毕后，做好基面排水处理。

8. 本基础按机械成孔施工方式，未考虑护壁工程量。

图 9.4-6　1ZWK4*-350 挖孔桩基础施工图

基 础 参 数 表

基础名称	桩身直径 d(mm)	基础埋深 H(mm)	基础露头 H_0(mm)	主筋①	外箍筋②	外箍筋加密区长度(mm)	内箍筋③	单腿混凝土量（m³）	单腿钢筋量（kg）
1ZWK4h-400-02	600	10800	200	11 ⌀ 18	⌀ 8@100/200	3000	⌀ 14@1500	3.11	301.1
1ZWK4h-400-07	600	10800	700	13 ⌀ 18	⌀ 8@100/200	3000	⌀ 14@1500	3.25	358.8
1ZWK4h-400-12	700	8800	1200	13 ⌀ 18	⌀ 8@100/200	3500	⌀ 14@1500	3.85	326.8
1ZWK4h-400-17	700	8800	1700	15 ⌀ 18	⌀ 8@100/200	3500	⌀ 14@1500	4.04	385.6
1ZWK4h-400-22	700	8800	2200	16 ⌀ 18	⌀ 8@100/200	3500	⌀ 14@1500	4.23	423.8
1ZWK4h-400-27	800	7400	2700	16 ⌀ 18	⌀ 8@100/200	4000	⌀ 14@1500	5.08	403.7

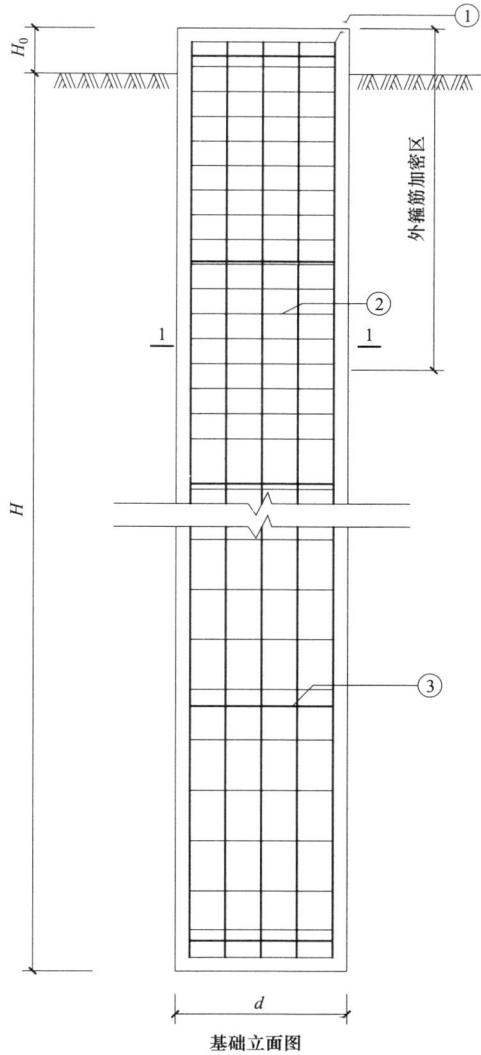

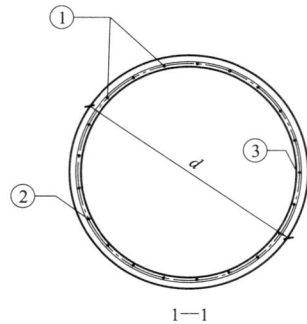

外箍筋加密区

1—1

基础立面图

说明：1. 本基础适用于不受地下水影响的黄土地质条件。

2. 整体立塔时，混凝土的抗压强度应达到设计强度的100%。分解组塔时，混凝土必须达到抗压强度设计值的70%。

3. 基础根开及地脚螺栓间距与相应杆塔结构图核对无误后，方可施工。

4. 基础混凝土强度等级不应低于C25，主筋采用HRB400级钢筋，箍筋采用HPB300级钢筋。

5. ②号钢筋加密区箍筋间距100mm，非加密区箍筋间距200mm。可采用螺旋箍筋。

6. 主筋保护层不小于50mm。

7. 基础施工完毕后，做好基面排水处理。

8. 本基础按机械成孔施工方式，未考虑护壁工程量。

图 9.4-7 1ZWK4＊-400 挖孔桩基础施工图

基 础 参 数 表

基础名称	桩身直径 d(mm)	基础埋深 H(mm)	基础露头 H_0(mm)	主筋①	外箍筋②	外箍筋加密区长度(mm)	内箍筋③	单腿混凝土量（m³）	单腿钢筋量（kg）
1ZWK4h-450-02	700	10000	200	19Φ14	Φ8@100/200	3500	Φ14@1500	3.93	302.6
1ZWK4h-450-07	700	10000	700	17Φ16	Φ8@100/200	3500	Φ14@1500	4.12	359.3
1ZWK4h-450-12	700	10000	1200	19Φ16	Φ8@100/200	3500	Φ14@1500	4.31	409.2
1ZWK4h-450-17	700	10000	1700	21Φ16	Φ8@100/200	3500	Φ14@1500	4.50	463.0
1ZWK4h-450-22	800	8200	2200	21Φ16	Φ8@100/200	4000	Φ14@1500	5.23	427.3
1ZWK4h-450-27	800	8200	2700	15Φ20	Φ8@100/200	4000	Φ14@1500	5.48	489.3

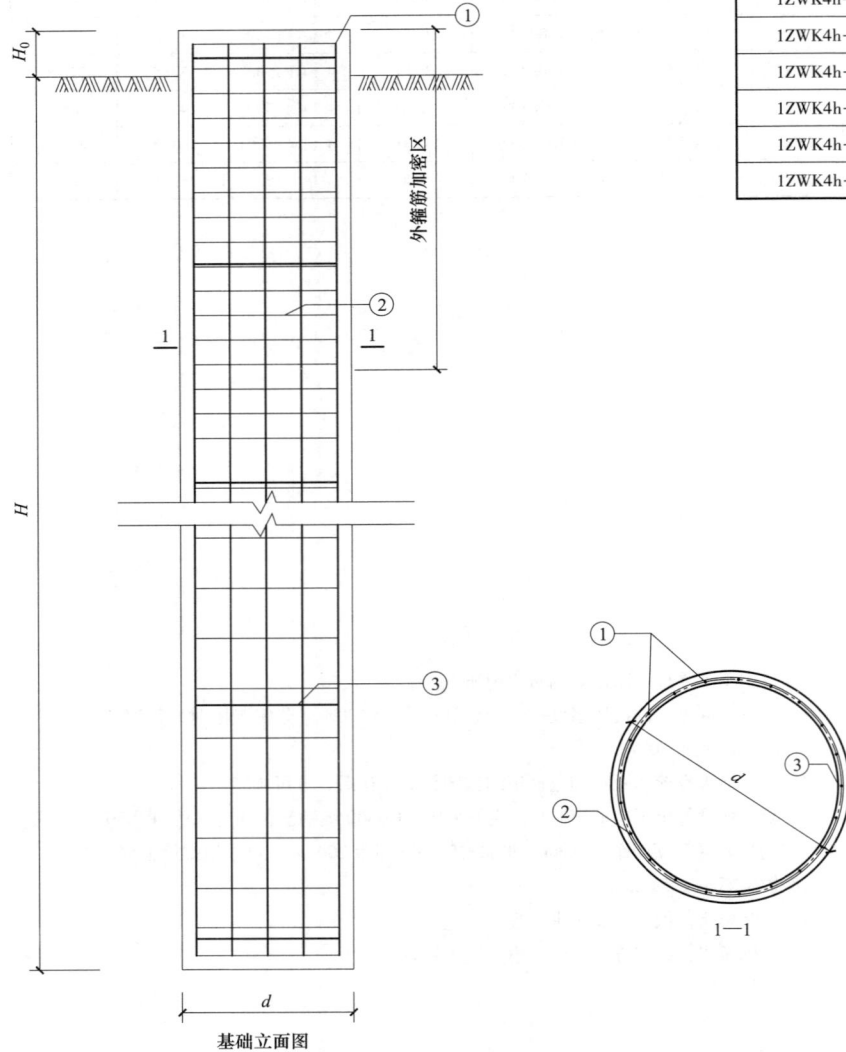

说明：1. 本基础适用于不受地下水影响的黄土地质条件。

2. 整体立塔时，混凝土的抗压强度应达到设计强度的 100%。分解组塔时，混凝土必须达到抗压强度设计值的 70%。

3. 基础根开及地脚螺栓间距与相应杆塔结构图核对无误后，方可施工。

4. 基础混凝土强度等级不应低于 C25，主筋采用 HRB400 级钢筋，箍筋采用 HPB300 级钢筋。

5. ②号钢筋加密区箍筋间距 100mm，非加密区箍筋间距 200mm。可采用螺旋箍筋。

6. 主筋保护层不小于 50mm。

7. 基础施工完毕后，做好基面排水处理。

8. 本基础按机械成孔施工方式，未考虑护壁工程量。

基础立面图

1—1

图 9.4-8 1ZWK4∗-450 挖孔桩基础施工图

基 础 参 数 表

基础名称	桩身直径 d(mm)	基础埋深 H(mm)	基础露头 H_0(mm)	主筋①	外箍筋②	外箍筋加密区长度(mm)	内箍筋③	单腿混凝土量（m³）	单腿钢筋量（kg）
1ZWK4h-500-02	700	11000	200	16Φ16	Φ8@100/200	3500	Φ14@1500	4.31	356.8
1ZWK4h-500-07	700	11000	700	18Φ16	Φ8@100/200	3500	Φ14@1500	4.50	408.2
1ZWK4h-500-12	700	11000	1200	17Φ18	Φ8@100/200	3500	Φ14@1500	4.70	492.9
1ZWK4h-500-17	800	9200	1700	17Φ18	Φ8@100/200	4000	Φ14@1500	5.48	456.7
1ZWK4h-500-22	800	9200	2200	15Φ20	Φ8@100/200	4000	Φ14@1500	5.73	510.4
1ZWK4h-500-27	800	9200	2700	14Φ22	Φ8@100/200	4000	Φ14@1500	5.98	586.9

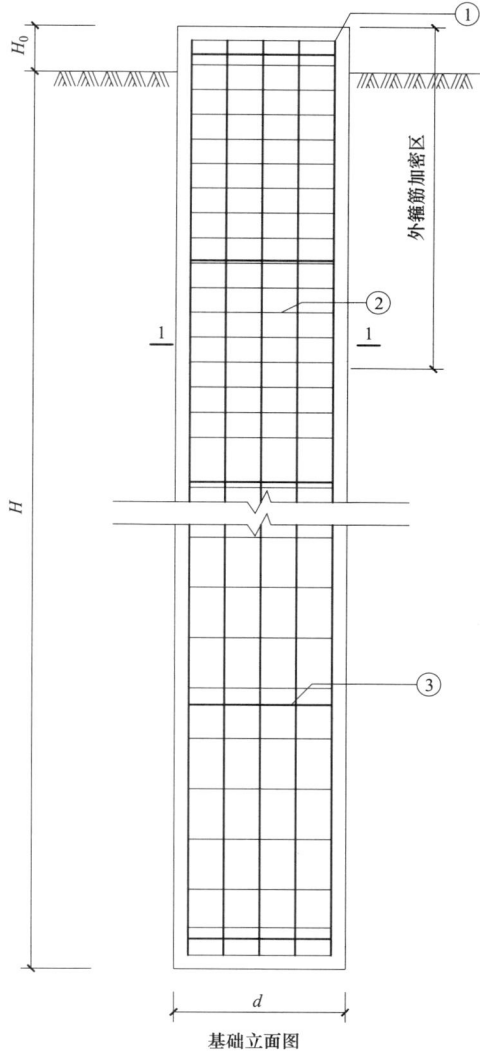

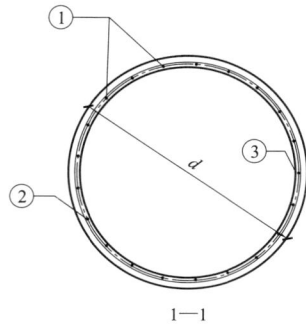

基础立面图

1—1

说明： 1. 本基础适用于不受地下水影响的黄土地质条件。

2. 整体立塔时，混凝土的抗压强度应达到设计强度的100%。分解组塔时，混凝土必须达到抗压强度设计值的70%。

3. 基础根开及地脚螺栓间距与相应杆塔结构图核对无误后，方可施工。

4. 基础混凝土强度等级不应低于 C25，主筋采用 HRB400 级钢筋，箍筋采用 HPB300 级钢筋。

5. ②号钢筋加密区箍筋间距100mm，非加密区箍筋间距200mm。可采用螺旋箍筋。

6. 主筋保护层不小于50mm。

7. 基础施工完毕后，做好基面排水处理。

8. 本基础按机械成孔施工方式，未考虑护壁工程量。

图 9.4-9　1ZWK4∗-500挖孔桩基础施工图

基 础 参 数 表

基础名称	桩身直径 d(mm)	基础埋深 H(mm)	基础露头 H_0(mm)	主筋①	外箍筋②	外箍筋加密区长度(mm)	内箍筋③	单腿混凝土量(m^3)	单腿钢筋量(kg)
1ZWK4h-550-02	700	12000	200	18 ⌀ 16	Φ 8@ 100/200	3500	Φ 14@ 1500	4.70	426.0
1ZWK4h-550-07	700	12000	700	21 ⌀ 16	Φ 8@ 100/200	3500	Φ 14@ 1500	4.89	502.1
1ZWK4h-550-12	800	10200	1200	21 ⌀ 16	Φ 8@ 100/200	4000	Φ 14@ 1500	5.73	467.3
1ZWK4h-550-17	800	10200	1700	15 ⌀ 20	Φ 8@ 100/200	4000	Φ 14@ 1500	5.98	530.7
1ZWK4h-550-22	800	10200	2200	17 ⌀ 20	Φ 8@ 100/200	4000	Φ 14@ 1500	6.23	614.8
1ZWK4h-550-27	900	8600	2700	17 ⌀ 20	Φ 8@ 100/200	4500	Φ 14@ 1500	7.19	577.3

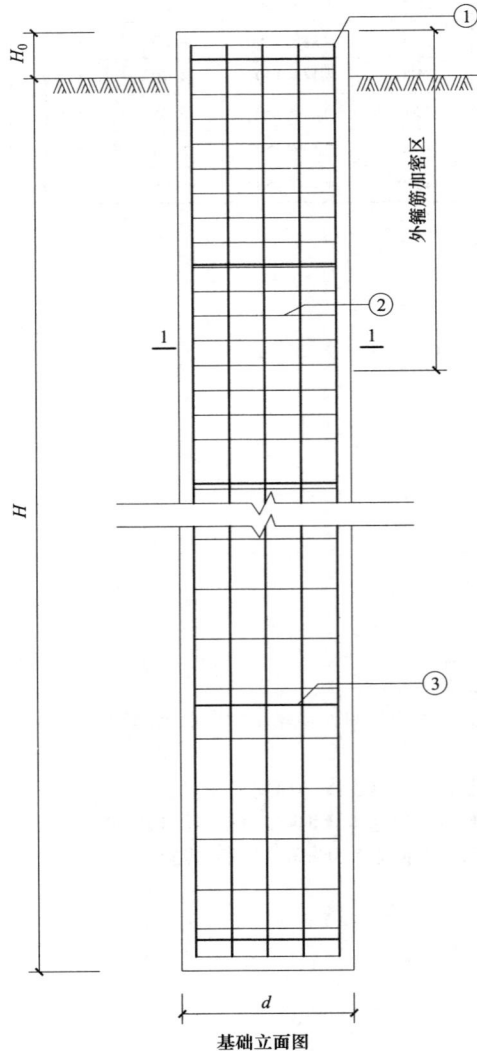

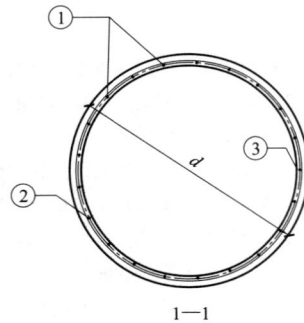

基础立面图

1—1

说明：1. 本基础适用于不受地下水影响的黄土地质条件。

2. 整体立塔时，混凝土的抗压强度应达到设计强度的100%。分解组塔时，混凝土必须达到抗压强度设计值的70%。

3. 基础根开及地脚螺栓间距与相应杆塔结构图核对无误后，方可施工。

4. 基础混凝土强度等级不应低于 C25，主筋采用 HRB400 级钢筋，箍筋采用 HPB300 级钢筋。

5. ②号钢筋加密区箍筋间距 100mm，非加密区箍筋间距 200mm。可采用螺旋箍筋。

6. 主筋保护层不小于 50mm。

7. 基础施工完毕后，做好基面排水处理。

8. 本基础按机械成孔施工方式，未考虑护壁工程量。

图 9.4-10   1ZWK4＊-550 挖孔桩基础施工图

基 础 参 数 表

基础名称	桩身直径 d(mm)	基础埋深 H(mm)	基础露头 H_0(mm)	主筋①	外箍筋②	外箍筋加密区长度(mm)	内箍筋③	单腿混凝土量（m³）	单腿钢筋量（kg）
1ZWK4h-600-02	700	13200	200	21 Φ 16	Φ 8@100/200	3500	Φ 14@1500	5.16	527.5
1ZWK4h-600-07	800	11000	700	21 Φ 16	Φ 8@100/200	4000	Φ 14@1500	5.88	478.1
1ZWK4h-600-12	800	11000	1200	15 Φ 20	Φ 8@100/200	4000	Φ 14@1500	6.13	546.0
1ZWK4h-600-17	800	11000	1700	17 Φ 20	Φ 8@100/200	4000	Φ 14@1500	6.38	628.3
1ZWK4h-600-22	900	9400	2200	17 Φ 20	Φ 8@100/200	4500	Φ 14@1500	7.38	590.9
1ZWK4h-600-27	900	9400	2700	15 Φ 22	Φ 8@100/200	4500	Φ 14@1500	7.70	651.5

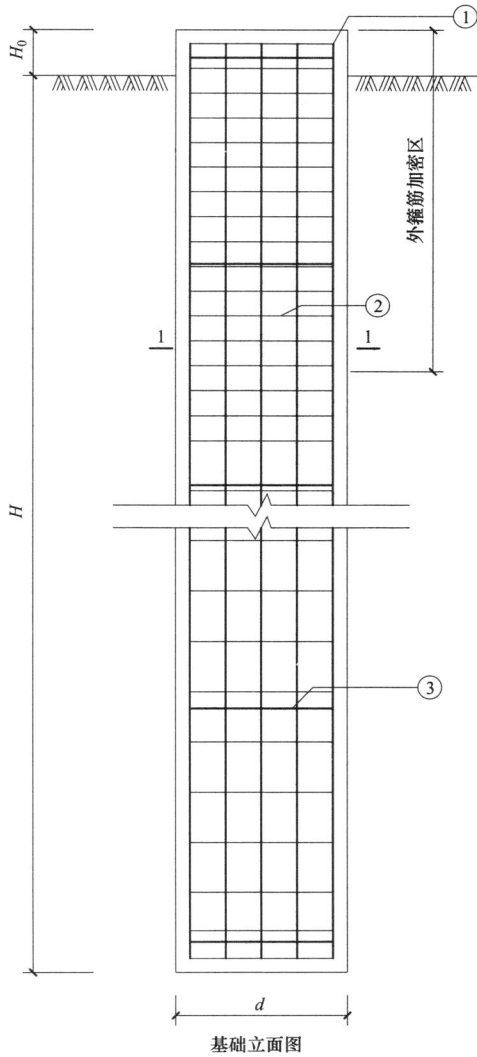

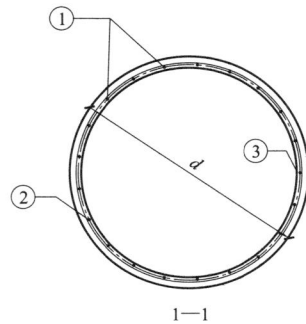

说明：1. 本基础适用于不受地下水影响的黄土地质条件。

2. 整体立塔时，混凝土的抗压强度应达到设计强度的 100%。分解组塔时，混凝土必须达到抗压强度设计值的 70%。

3. 基础根开及地脚螺栓间距与相应杆塔结构图核对无误后，方可施工。

4. 基础混凝土强度等级不应低于 C25，主筋采用 HRB400 级钢筋，箍筋采用 HPB300 级钢筋。

5. ②号钢筋加密区箍筋间距 100mm，非加密区箍筋间距 200mm。可采用螺旋箍筋。

6. 主筋保护层不小于 50mm。

7. 基础施工完毕后，做好基面排水处理。

8. 本基础按机械成孔施工方式，未考虑护壁工程量。

基础立面图

1—1

图 9.4-11　1ZWK4 * -600 挖孔桩基础施工图

9.5　1ZWK6 子模块

此子模块适用于岩石地基，共包含 22 张图纸，基础施工图图纸清单见表 9.5-1。

表 9.5-1　　　　　　1ZWK6 子模块基础施工图图纸清单

序号	图号	图　名	基础作用力（kN）	
			$T/T_x/T_y$	$N/N_x/N_y$
1	图 9.5-1	1ZWK6 ∗ -100 挖孔桩基础施工图（一）	100/14/14	130/18/18
2	图 9.5-2	1ZWK6 ∗ -100 挖孔桩基础施工图（二）	100/14/14	130/18/18
3	图 9.5-3	1ZWK6 ∗ -150 挖孔桩基础施工图（一）	150/21/21	195/27/27
4	图 9.5-4	1ZWK6 ∗ -150 挖孔桩基础施工图（二）	150/21/21	190/27/27
5	图 9.5-5	1ZWK6 ∗ -200 挖孔桩基础施工图（一）	200/28/28	260/36/36
6	图 9.5-6	1ZWK6 ∗ -200 挖孔桩基础施工图（二）	200/28/28	260/36/36
7	图 9.5-7	1ZWK6 ∗ -250 挖孔桩基础施工图（一）	250/35/35	325/46/46
8	图 9.5-8	1ZWK6 ∗ -250 挖孔桩基础施工图（二）	250/35/35	325/46/46
9	图 9.5-9	1ZWK6 ∗ -300 挖孔桩基础施工图（一）	300/42/42	390/55/55
10	图 9.5-10	1ZWK6 ∗ -300 挖孔桩基础施工图（二）	300/42/42	390/55/55
11	图 9.5-11	1ZWK6 ∗ -350 挖孔桩基础施工图（一）	350/49/49	455/64/64
12	图 9.5-12	1ZWK6 ∗ -350 挖孔桩基础施工图（二）	350/49/49	455/64/64
13	图 9.5-13	1ZWK6 ∗ -400 挖孔桩基础施工图（一）	400/56/56	520/73/73
14	图 9.5-14	1ZWK6 ∗ -400 挖孔桩基础施工图（二）	400/56/56	520/73/73
15	图 9.5-15	1ZWK6 ∗ -450 挖孔桩基础施工图（一）	450/63/63	585/82/82
16	图 9.5-16	1ZWK6 ∗ -450 挖孔桩基础施工图（二）	450/63/63	585/82/82
17	图 9.5-17	1ZWK6 ∗ -500 挖孔桩基础施工图（一）	500/70/70	650/91/91
18	图 9.5-18	1ZWK6 ∗ -500 挖孔桩基础施工图（二）	500/70/70	650/91/91
19	图 9.5-19	1ZWK6 ∗ -550 挖孔桩基础施工图（一）	550/77/77	715/100/100
20	图 9.5-20	1ZWK6 ∗ -550 挖孔桩基础施工图（二）	550/77/77	715/100/100
21	图 9.5-21	1ZWK6 ∗ -600 挖孔桩基础施工图（一）	600/84/84	780/109/109
22	图 9.5-22	1ZWK6 ∗ -600 挖孔桩基础施工图（二）	600/84/84	780/109/109

注　6 ∗ 包含 6a、6b、6c、6d、6e 及 6f 六种地质参数组合。

基 础 参 数 表

基础名称	桩身直径 d(mm)	基础埋深 H(mm)	基础露头 H_0(mm)	主筋①	外箍筋②	外箍筋加密区长度(mm)	内箍筋③	单腿混凝土量(m^3)	单腿钢筋量(kg)
1ZWK6a-100-02	600	6000	200	11⌀14	Φ8@100/200	3000	Φ14@1500	1.75	122.7
1ZWK6a-100-07	600	6000	700	11⌀14	Φ8@100/200	3000	Φ14@1500	1.89	130.6
1ZWK6a-100-12	600	6000	1200	11⌀14	Φ8@100/200	3000	Φ14@1500	2.04	139.2
1ZWK6a-100-17	600	6000	1700	11⌀14	Φ8@100/200	3000	Φ14@1500	2.18	148.8
1ZWK6a-100-22	600	6000	2200	11⌀14	Φ8@100/200	3000	Φ14@1500	2.32	157.4
1ZWK6a-100-27	600	6000	2700	11⌀14	Φ8@100/200	3000	Φ14@1500	2.46	165.3
1ZWK6b-100-02	600	6000	200	11⌀14	Φ8@100/200	3000	Φ14@1500	1.75	122.7
1ZWK6b-100-07	600	6000	700	11⌀14	Φ8@100/200	3000	Φ14@1500	1.89	130.6
1ZWK6b-100-12	600	6000	1200	11⌀14	Φ8@100/200	3000	Φ14@1500	2.04	139.2
1ZWK6b-100-17	600	6000	1700	11⌀14	Φ8@100/200	3000	Φ14@1500	2.18	148.8
1ZWK6b-100-22	600	6000	2200	11⌀14	Φ8@100/200	3000	Φ14@1500	2.32	157.4
1ZWK6b-100-27	600	6000	2700	11⌀14	Φ8@100/200	3000	Φ14@1500	2.46	165.3
1ZWK6c-100-02	600	6000	200	11⌀14	Φ8@100/200	3000	Φ14@1500	1.75	122.7
1ZWK6c-100-07	600	6000	700	11⌀14	Φ8@100/200	3000	Φ14@1500	1.89	130.6
1ZWK6c-100-12	600	6000	1200	11⌀14	Φ8@100/200	3000	Φ14@1500	2.04	139.2
1ZWK6c-100-17	600	6000	1700	11⌀14	Φ8@100/200	3000	Φ14@1500	2.18	148.8
1ZWK6c-100-22	600	6000	2200	11⌀14	Φ8@100/200	3000	Φ14@1500	2.32	157.4
1ZWK6c-100-27	600	6000	2700	11⌀14	Φ8@100/200	3000	Φ14@1500	2.46	165.3

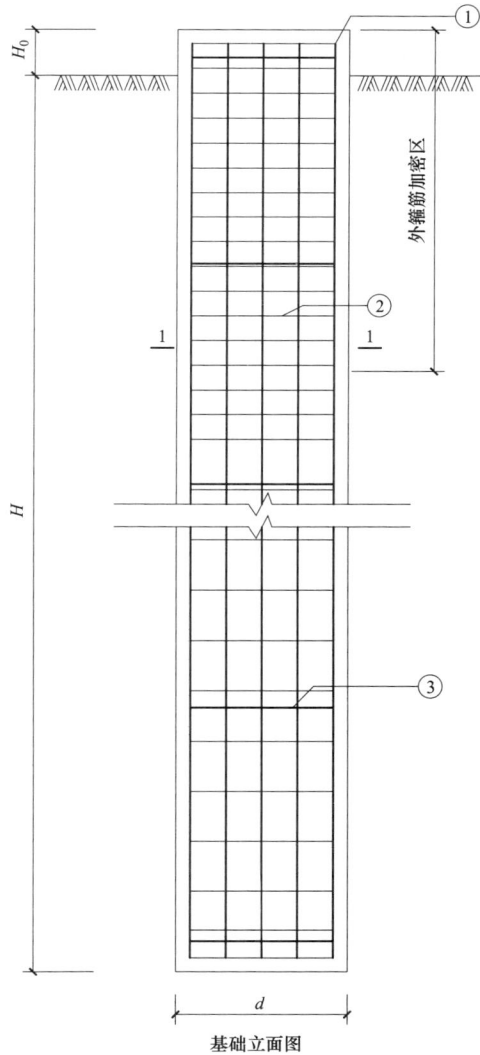

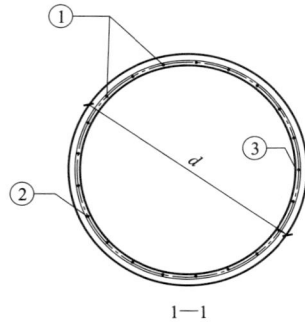

说明: 1. 本基础适用于不受地下水影响的岩石地质条件。
2. 整体立塔时,混凝土的抗压强度应达到设计强度的100%。分解组塔时,混凝土必须达到抗压强度设计值的70%。
3. 基础根开及地脚螺栓间距与相应杆塔结构图核对无误后,方可施工。
4. 基础混凝土强度等级不应低于C25,主筋采用HRB400级钢筋,箍筋采用HPB300级钢筋。
5. ②号钢筋加密区箍筋间距100mm,非加密区箍筋间距200mm。可采用螺旋箍筋。
6. 主筋保护层不小于50mm。
7. 基础施工完毕后,做好基面排水处理。
8. 本基础按机械成孔施工方式,未考虑护壁工程量。

基础立面图

1—1

图 9.5-1 1ZWK6*-100挖孔桩基础施工图 (一)

基 础 参 数 表

基础名称	桩身直径 d(mm)	基础埋深 H(mm)	基础露头 H_0(mm)	主筋①	外箍筋②	外箍筋加密区长度(mm)	内箍筋③	单腿混凝土量 (m^3)	单腿钢筋量 (kg)
1ZWK6d-100-02	600	6000	200	11Φ14	Φ8@100/200	3000	Φ14@1500	1.75	122.7
1ZWK6d-100-07	600	6000	700	11Φ14	Φ8@100/200	3000	Φ14@1500	1.89	130.6
1ZWK6d-100-12	600	6000	1200	11Φ14	Φ8@100/200	3000	Φ14@1500	2.04	139.2
1ZWK6d-100-17	600	6000	1700	11Φ14	Φ8@100/200	3000	Φ14@1500	2.18	148.8
1ZWK6d-100-22	600	6000	2200	11Φ14	Φ8@100/200	3000	Φ14@1500	2.32	157.4
1ZWK6d-100-27	600	6000	2700	11Φ14	Φ8@100/200	3000	Φ14@1500	2.46	165.3
1ZWK6e-100-02	600	6000	200	11Φ14	Φ8@100/200	3000	Φ14@1500	1.75	122.7
1ZWK6e-100-07	600	6000	700	11Φ14	Φ8@100/200	3000	Φ14@1500	1.89	130.6
1ZWK6e-100-12	600	6000	1200	11Φ14	Φ8@100/200	3000	Φ14@1500	2.04	139.2
1ZWK6e-100-17	600	6000	1700	11Φ14	Φ8@100/200	3000	Φ14@1500	2.18	148.8
1ZWK6e-100-22	600	6000	2200	11Φ14	Φ8@100/200	3000	Φ14@1500	2.32	157.4
1ZWK6e-100-27	600	6000	2700	11Φ14	Φ8@100/200	3000	Φ14@1500	2.46	165.3
1ZWK6f-100-02	600	6000	200	11Φ14	Φ8@100/200	3000	Φ14@1500	1.75	122.7
1ZWK6f-100-07	600	6000	700	11Φ14	Φ8@100/200	3000	Φ14@1500	1.89	130.6
1ZWK6f-100-12	600	6000	1200	11Φ14	Φ8@100/200	3000	Φ14@1500	2.04	139.2
1ZWK6f-100-17	600	6000	1700	11Φ14	Φ8@100/200	3000	Φ14@1500	2.18	148.8
1ZWK6f-100-22	600	6000	2200	11Φ14	Φ8@100/200	3000	Φ14@1500	2.32	157.4
1ZWK6f-100-27	600	6000	2700	11Φ14	Φ8@100/200	3000	Φ14@1500	2.46	165.3

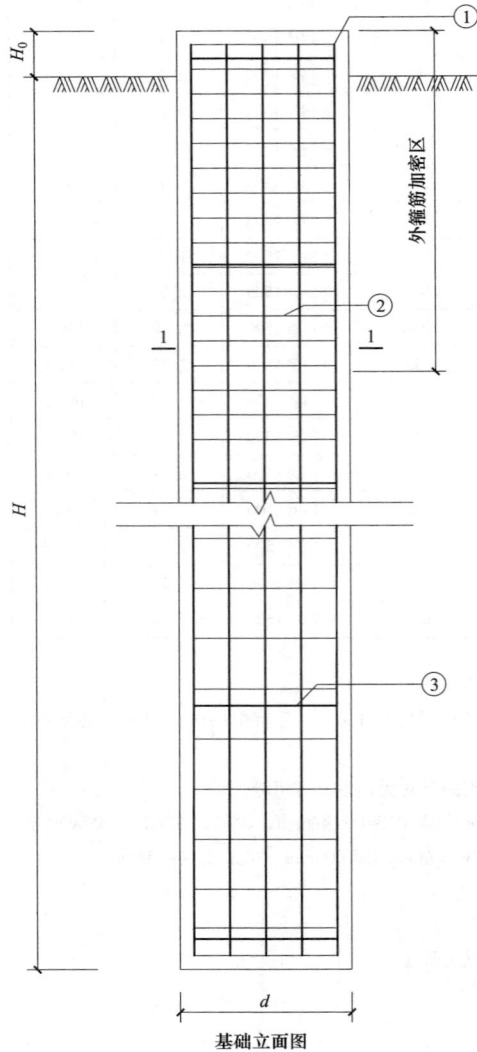

说明：1. 本基础适用于不受地下水影响的岩石地质条件。

2. 整体立塔时，混凝土的抗压强度应达到设计强度的100%。分解组塔时，混凝土必须达到抗压强度设计值的70%。

3. 基础根开及地脚螺栓间距与相应杆塔结构图核对无误后，方可施工。

4. 基础混凝土强度等级不应低于C25，主筋采用HRB400级钢筋，箍筋采用HPB300级钢筋。

5. ②号钢筋加密区箍筋间距100mm，非加密区箍筋间距200mm。可采用螺旋箍筋。

6. 主筋保护层不小于50mm。

7. 基础施工完毕后，做好基面排水处理。

8. 本基础按机械成孔施工方式，未考虑护壁工程量。

基础立面图

1—1

图 9.5-2 1ZWK6 * -100 挖孔桩基础施工图 （二）

基 础 参 数 表

基础名称	桩身直径 d(mm)	基础埋深 H(mm)	基础露头 H_0(mm)	主筋①	外箍筋②	外箍筋加密区长度(mm)	内箍筋③	单腿混凝土量(m³)	单腿钢筋量(kg)
1ZWK6a-150-02	600	6000	200	11 Φ 14	Φ 8@100/200	3000	Φ 14@1500	1.75	122.7
1ZWK6a-150-07	600	6000	700	11 Φ 14	Φ 8@100/200	3000	Φ 14@1500	1.89	130.6
1ZWK6a-150-12	600	6000	1200	11 Φ 14	Φ 8@100/200	3000	Φ 14@1500	2.04	139.2
1ZWK6a-150-17	600	6000	1700	11 Φ 14	Φ 8@100/200	3000	Φ 14@1500	2.18	148.8
1ZWK6a-150-22	600	6000	2200	11 Φ 14	Φ 8@100/200	3000	Φ 14@1500	2.32	157.4
1ZWK6a-150-27	600	6000	2700	11 Φ 14	Φ 8@100/200	3000	Φ 14@1500	2.46	165.3
1ZWK6b-150-02	600	6000	200	11 Φ 14	Φ 8@100/200	3000	Φ 14@1500	1.75	122.7
1ZWK6b-150-07	600	6000	700	11 Φ 14	Φ 8@100/200	3000	Φ 14@1500	1.89	130.6
1ZWK6b-150-12	600	6000	1200	11 Φ 14	Φ 8@100/200	3000	Φ 14@1500	2.04	139.2
1ZWK6b-150-17	600	6000	1700	11 Φ 14	Φ 8@100/200	3000	Φ 14@1500	2.18	148.8
1ZWK6b-150-22	600	6000	2200	11 Φ 14	Φ 8@100/200	3000	Φ 14@1500	2.32	157.4
1ZWK6b-150-27	600	6000	2700	11 Φ 14	Φ 8@100/200	3000	Φ 14@1500	2.46	165.3
1ZWK6c-150-02	600	6000	200	11 Φ 14	Φ 8@100/200	3000	Φ 14@1500	1.75	122.7
1ZWK6c-150-07	600	6000	700	11 Φ 14	Φ 8@100/200	3000	Φ 14@1500	1.89	130.6
1ZWK6c-150-12	600	6000	1200	11 Φ 14	Φ 8@100/200	3000	Φ 14@1500	2.04	139.2
1ZWK6c-150-17	600	6000	1700	11 Φ 14	Φ 8@100/200	3000	Φ 14@1500	2.18	148.8
1ZWK6c-150-22	600	6000	2200	11 Φ 14	Φ 8@100/200	3000	Φ 14@1500	2.32	157.4
1ZWK6c-150-27	600	6000	2700	11 Φ 14	Φ 8@100/200	3000	Φ 14@1500	2.46	165.3

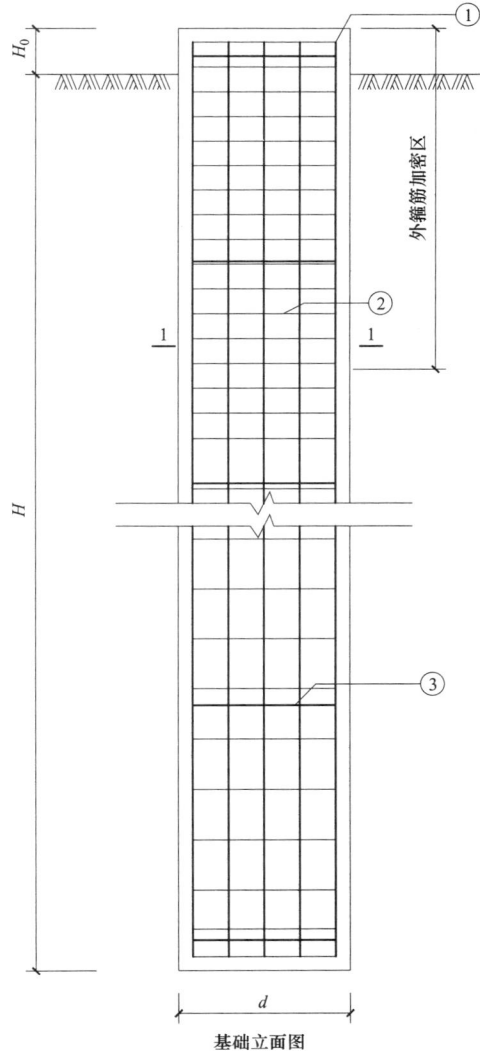

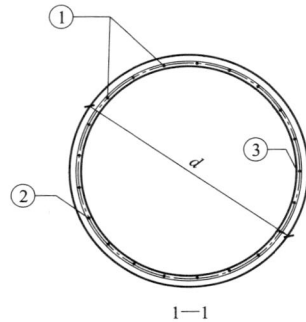

说明：1. 本基础适用于不受地下水影响的岩石地质条件。

2. 整体立塔时，混凝土的抗压强度应达到设计强度的100%。分解组塔时，混凝土必须达到抗压强度设计值的70%。

3. 基础根开及地脚螺栓间距与相应杆塔结构图核对无误后，方可施工。

4. 基础混凝土强度等级不应低于C25，主筋采用HRB400级钢筋，箍筋采用HPB300级钢筋。

5. ②号钢筋加密区箍筋间距100mm，非加密区箍筋间距200mm。可采用螺旋箍筋。

6. 主筋保护层不小于50mm。

7. 基础施工完毕后，做好基面排水处理。

8. 本基础按机械成孔施工方式，未考虑护壁工程量。

基础立面图

1—1

图 9.5-3　1ZWK6*-150 挖孔桩基础施工图（一）

基 础 参 数 表

基础名称	桩身直径 d(mm)	基础埋深 H(mm)	基础露头 H_0(mm)	主筋①	外箍筋②	外箍筋加密区长度(mm)	内箍筋③	单腿混凝土量(m³)	单腿钢筋量(kg)
1ZWK6d-150-02	600	6000	200	11Φ14	Φ8@100/200	3000	Φ14@1500	1.75	122.7
1ZWK6d-150-07	600	6000	700	11Φ14	Φ8@100/200	3000	Φ14@1500	1.89	130.6
1ZWK6d-150-12	600	6000	1200	11Φ14	Φ8@100/200	3000	Φ14@1500	2.04	139.2
1ZWK6d-150-17	600	6000	1700	11Φ14	Φ8@100/200	3000	Φ14@1500	2.18	148.8
1ZWK6d-150-22	600	6000	2200	11Φ14	Φ8@100/200	3000	Φ14@1500	2.32	157.4
1ZWK6d-150-27	600	6000	2700	11Φ14	Φ8@100/200	3000	Φ14@1500	2.46	165.3
1ZWK6e-150-02	600	6000	200	11Φ14	Φ8@100/200	3000	Φ14@1500	1.75	122.7
1ZWK6e-150-07	600	6000	700	11Φ14	Φ8@100/200	3000	Φ14@1500	1.89	130.6
1ZWK6e-150-12	600	6000	1200	11Φ14	Φ8@100/200	3000	Φ14@1500	2.04	139.2
1ZWK6e-150-17	600	6000	1700	11Φ14	Φ8@100/200	3000	Φ14@1500	2.18	148.8
1ZWK6e-150-22	600	6000	2200	11Φ14	Φ8@100/200	3000	Φ14@1500	2.32	157.4
1ZWK6e-150-27	600	6000	2700	11Φ14	Φ8@100/200	3000	Φ14@1500	2.46	165.3
1ZWK6f-150-02	600	6000	200	11Φ14	Φ8@100/200	3000	Φ14@1500	1.75	122.7
1ZWK6f-150-07	600	6000	700	11Φ14	Φ8@100/200	3000	Φ14@1500	1.89	130.6
1ZWK6f-150-12	600	6000	1200	11Φ14	Φ8@100/200	3000	Φ14@1500	2.04	139.2
1ZWK6f-150-17	600	6000	1700	11Φ14	Φ8@100/200	3000	Φ14@1500	2.18	148.8
1ZWK6f-150-22	600	6000	2200	11Φ14	Φ8@100/200	3000	Φ14@1500	2.32	157.4
1ZWK6f-150-27	600	6000	2700	11Φ14	Φ8@100/200	3000	Φ14@1500	2.46	165.3

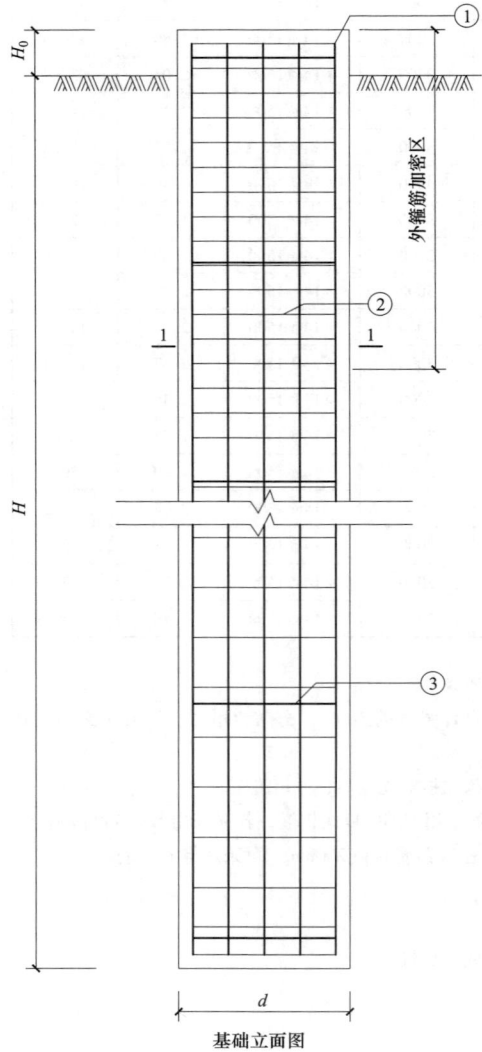

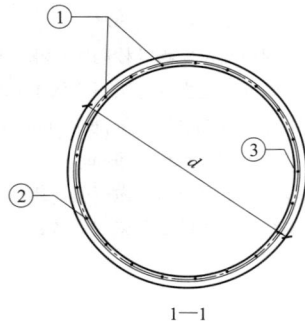

说明：1. 本基础适用于不受地下水影响的岩石地质条件。

2. 整体立塔时，混凝土的抗压强度应达到设计强度的 100%。分解组塔时，混凝土必须达到抗压强度设计值的 70%。

3. 基础根开及地脚螺栓间距与相应杆塔结构图核对无误后，方可施工。

4. 基础混凝土强度等级不应低于 C25，主筋采用 HRB400 级钢筋，箍筋采用 HPB300 级钢筋。

5. ②号钢筋加密区箍筋间距 100mm，非加密区箍筋间距 200mm。可采用螺旋箍筋。

6. 主筋保护层不小于 50mm。

7. 基础施工完毕后，做好基面排水处理。

8. 本基础按机械成孔施工方式，未考虑护壁工程量。

基础立面图

1—1

图 9.5-4　1ZWK6∗-150 挖孔桩基础施工图（二）

基 础 参 数 表

基础名称	桩身直径 d(mm)	基础埋深 H(mm)	基础露头 H_0(mm)	主筋①	外箍筋②	外箍筋加密区长度(mm)	内箍筋③	单腿混凝土量 (m³)	单腿钢筋量 (kg)
1ZWK6a-200-02	600	6000	200	11 Φ 14	Φ 8@ 100/200	3000	Φ 14@ 1500	1.75	122.7
1ZWK6a-200-07	600	6000	700	11 Φ 14	Φ 8@ 100/200	3000	Φ 14@ 1500	1.89	130.6
1ZWK6a-200-12	600	6000	1200	11 Φ 14	Φ 8@ 100/200	3000	Φ 14@ 1500	2.04	139.2
1ZWK6a-200-17	600	6000	1700	12 Φ 14	Φ 8@ 100/200	3000	Φ 14@ 1500	2.18	158.0
1ZWK6a-200-22	600	6000	2200	14 Φ 14	Φ 8@ 100/200	3000	Φ 14@ 1500	2.32	186.7
1ZWK6a-200-27	600	6000	2700	12 Φ 16	Φ 8@ 100/200	3000	Φ 14@ 1500	2.46	213.6
1ZWK6b-200-02	600	6000	200	11 Φ 14	Φ 8@ 100/200	3000	Φ 14@ 1500	1.75	122.7
1ZWK6b-200-07	600	6000	700	11 Φ 14	Φ 8@ 100/200	3000	Φ 14@ 1500	1.89	130.6
1ZWK6b-200-12	600	6000	1200	11 Φ 14	Φ 8@ 100/200	3000	Φ 14@ 1500	2.04	139.2
1ZWK6b-200-17	600	6000	1700	12 Φ 14	Φ 8@ 100/200	3000	Φ 14@ 1500	2.18	158.0
1ZWK6b-200-22	600	6000	2200	14 Φ 14	Φ 8@ 100/200	3000	Φ 14@ 1500	2.32	186.7
1ZWK6b-200-27	600	6000	2700	12 Φ 16	Φ 8@ 100/200	3000	Φ 14@ 1500	2.46	213.6
1ZWK6c-200-02	600	6000	200	11 Φ 14	Φ 8@ 100/200	3000	Φ 14@ 1500	1.75	122.7
1ZWK6c-200-07	600	6000	700	11 Φ 14	Φ 8@ 100/200	3000	Φ 14@ 1500	1.89	130.6
1ZWK6c-200-12	600	6000	1200	11 Φ 14	Φ 8@ 100/200	3000	Φ 14@ 1500	2.04	139.2
1ZWK6c-200-17	600	6000	1700	12 Φ 14	Φ 8@ 100/200	3000	Φ 14@ 1500	2.18	158.0
1ZWK6c-200-22	600	6000	2200	14 Φ 14	Φ 8@ 100/200	3000	Φ 14@ 1500	2.32	186.7
1ZWK6c-200-27	600	6000	2700	12 Φ 16	Φ 8@ 100/200	3000	Φ 14@ 1500	2.46	213.6

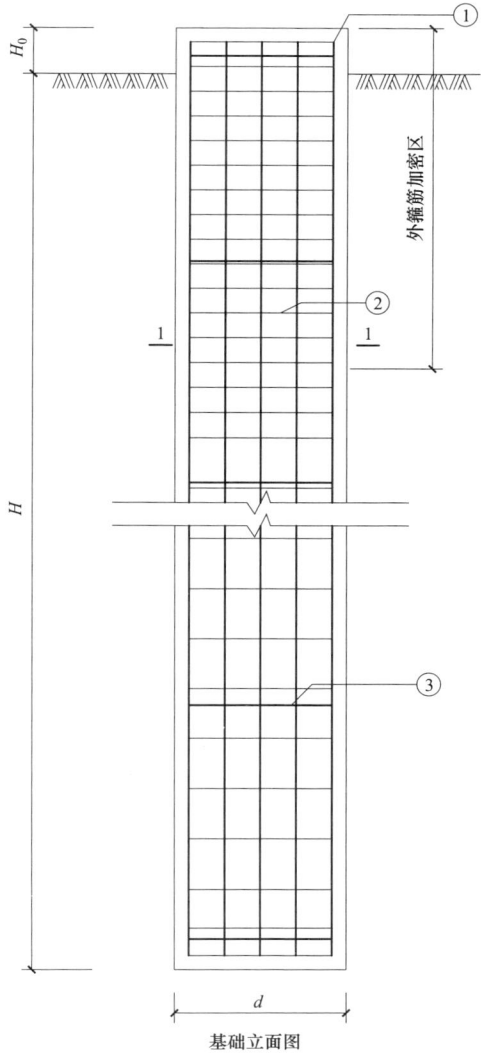

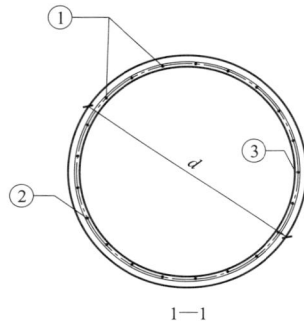

说明: 1. 本基础适用于不受地下水影响的岩石地质条件。

2. 整体立塔时,混凝土的抗压强度应达到设计强度的100%。分解组塔时,混凝土必须达到抗压强度设计值的70%。

3. 基础根开及地脚螺栓间距与相应杆塔结构图核对无误后,方可施工。

4. 基础混凝土强度等级不应低于C25,主筋采用HRB400级钢筋,箍筋采用HPB300级钢筋。

5. ②号钢筋加密区箍筋间距100mm,非加密区箍筋间距200mm。可采用螺旋箍筋。

6. 主筋保护层不小于50mm。

7. 基础施工完毕后,做好基面排水处理。

8. 本基础按机械成孔施工方式,未考虑护壁工程量。

基础立面图

1—1

图 9.5-5 1ZWK6*-200 挖孔桩基础施工图 (一)

基 础 参 数 表

基础名称	桩身直径 d(mm)	基础埋深 H(mm)	基础露头 H_0(mm)	主筋①	外箍筋②	外箍筋加密区长度(mm)	内箍筋③	单腿混凝土量（m³）	单腿钢筋量（kg）
1ZWK6d-200-02	600	6000	200	11 Φ 14	Φ 8@ 100/200	3000	Φ 14@ 1500	1.75	122.7
1ZWK6d-200-07	600	6000	700	11 Φ 14	Φ 8@ 100/200	3000	Φ 14@ 1500	1.89	130.6
1ZWK6d-200-12	600	6000	1200	11 Φ 14	Φ 8@ 100/200	3000	Φ 14@ 1500	2.04	139.2
1ZWK6d-200-17	600	6000	1700	12 Φ 14	Φ 8@ 100/200	3000	Φ 14@ 1500	2.18	158.0
1ZWK6d-200-22	600	6000	2200	14 Φ 14	Φ 8@ 100/200	3000	Φ 14@ 1500	2.32	186.7
1ZWK6d-200-27	600	6000	2700	12 Φ 16	Φ 8@ 100/200	3000	Φ 14@ 1500	2.46	213.6
1ZWK6e-200-02	600	6000	200	11 Φ 14	Φ 8@ 100/200	3000	Φ 14@ 1500	1.75	122.7
1ZWK6e-200-07	600	6000	700	11 Φ 14	Φ 8@ 100/200	3000	Φ 14@ 1500	1.89	130.6
1ZWK6e-200-12	600	6000	1200	11 Φ 14	Φ 8@ 100/200	3000	Φ 14@ 1500	2.04	139.2
1ZWK6e-200-17	600	6000	1700	12 Φ 14	Φ 8@ 100/200	3000	Φ 14@ 1500	2.18	158.0
1ZWK6e-200-22	600	6000	2200	14 Φ 14	Φ 8@ 100/200	3000	Φ 14@ 1500	2.32	186.7
1ZWK6e-200-27	600	6000	2700	12 Φ 16	Φ 8@ 100/200	3000	Φ 14@ 1500	2.46	213.6
1ZWK6f-200-02	600	6000	200	11 Φ 14	Φ 8@ 100/200	3000	Φ 14@ 1500	1.75	122.7
1ZWK6f-200-07	600	6000	700	11 Φ 14	Φ 8@ 100/200	3000	Φ 14@ 1500	1.89	130.6
1ZWK6f-200-12	600	6000	1200	11 Φ 14	Φ 8@ 100/200	3000	Φ 14@ 1500	2.04	139.2
1ZWK6f-200-17	600	6000	1700	12 Φ 14	Φ 8@ 100/200	3000	Φ 14@ 1500	2.18	158.0
1ZWK6f-200-22	600	6000	2200	14 Φ 14	Φ 8@ 100/200	3000	Φ 14@ 1500	2.32	186.7
1ZWK6f-200-27	600	6000	2700	12 Φ 16	Φ 8@ 100/200	3000	Φ 14@ 1500	2.46	213.6

说明：1. 本基础适用于不受地下水影响的岩石地质条件。

2. 整体立塔时，混凝土的抗压强度应达到设计强度的 100%。分解组塔时，混凝土必须达到抗压强度设计值的 70%。

3. 基础根开及地脚螺栓间距与相应杆塔结构图核对无误后，方可施工。

4. 基础混凝土强度等级不应低于 C25，主筋采用 HRB400 级钢筋，箍筋采用 HPB300 级钢筋。

5. ②号钢筋加密区箍筋间距 100mm，非加密区箍筋间距 200mm。可采用螺旋箍筋。

6. 主筋保护层不小于 50mm。

7. 基础施工完毕后，做好基面排水处理。

8. 本基础按机械成孔施工方式，未考虑护壁工程量。

基础立面图

1—1

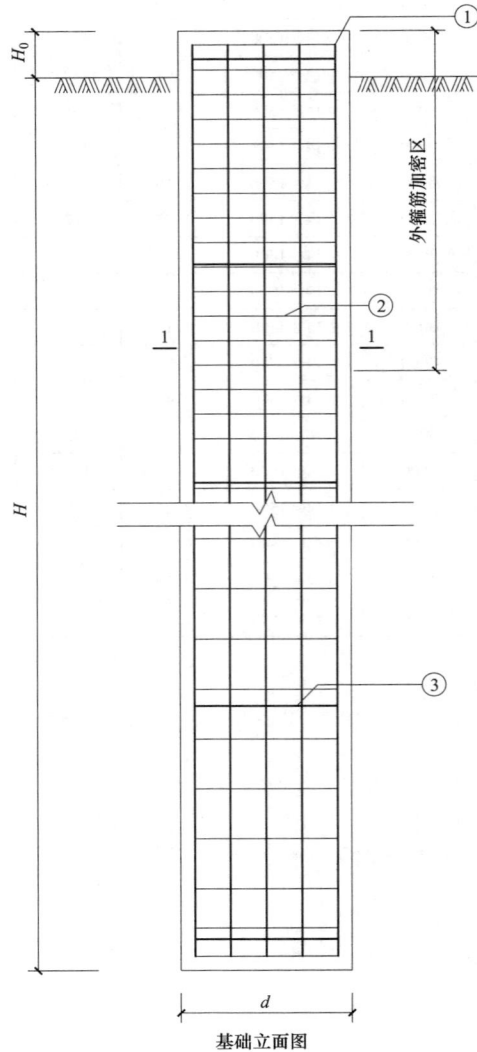

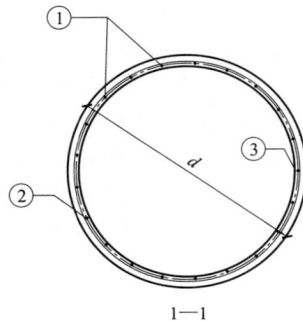

图 9.5-6　1ZWK6 ∗ -200 挖孔桩基础施工图（二）

基 础 参 数 表

基础名称	桩身直径 d(mm)	基础埋深 H(mm)	基础露头 H_0(mm)	主筋①	外箍筋②	外箍筋加密区长度(mm)	内箍筋③	单腿混凝土量 (m^3)	单腿钢筋量 (kg)
1ZWK6a-250-02	600	6000	200	11 Φ 14	Φ 8@100/200	3000	Φ 14@1500	1.75	122.7
1ZWK6a-250-07	600	6000	700	11 Φ 14	Φ 8@100/200	3000	Φ 14@1500	1.89	130.6
1ZWK6a-250-12	600	6000	1200	13 Φ 14	Φ 8@100/200	3000	Φ 14@1500	2.04	156.3
1ZWK6a-250-17	600	6000	1700	15 Φ 14	Φ 8@100/200	3000	Φ 14@1500	2.18	185.5
1ZWK6a-250-22	600	6000	2200	13 Φ 16	Φ 8@100/200	3000	Φ 14@1500	2.32	215.6
1ZWK6a-250-27	600	6000	2700	15 Φ 16	Φ 8@100/200	3000	Φ 14@1500	2.46	254.2
1ZWK6b-250-02	600	6000	200	11 Φ 14	Φ 8@100/200	3000	Φ 14@1500	1.75	122.7
1ZWK6b-250-07	600	6000	700	11 Φ 14	Φ 8@100/200	3000	Φ 14@1500	1.89	130.6
1ZWK6b-250-12	600	6000	1200	13 Φ 14	Φ 8@100/200	3000	Φ 14@1500	2.04	156.3
1ZWK6b-250-17	600	6000	1700	15 Φ 14	Φ 8@100/200	3000	Φ 14@1500	2.18	185.5
1ZWK6b-250-22	600	6000	2200	13 Φ 16	Φ 8@100/200	3000	Φ 14@1500	2.32	215.6
1ZWK6b-250-27	600	6000	2700	15 Φ 16	Φ 8@100/200	3000	Φ 14@1500	2.46	254.2
1ZWK6c-250-02	600	6000	200	11 Φ 14	Φ 8@100/200	3000	Φ 14@1500	1.75	122.7
1ZWK6c-250-07	600	6000	700	11 Φ 14	Φ 8@100/200	3000	Φ 14@1500	1.89	130.6
1ZWK6c-250-12	600	6000	1200	13 Φ 14	Φ 8@100/200	3000	Φ 14@1500	2.04	156.3
1ZWK6c-250-17	600	6000	1700	15 Φ 14	Φ 8@100/200	3000	Φ 14@1500	2.18	185.5
1ZWK6c-250-22	600	6000	2200	13 Φ 16	Φ 8@100/200	3000	Φ 14@1500	2.32	215.6
1ZWK6c-250-27	600	6000	2700	15 Φ 16	Φ 8@100/200	3000	Φ 14@1500	2.46	254.2

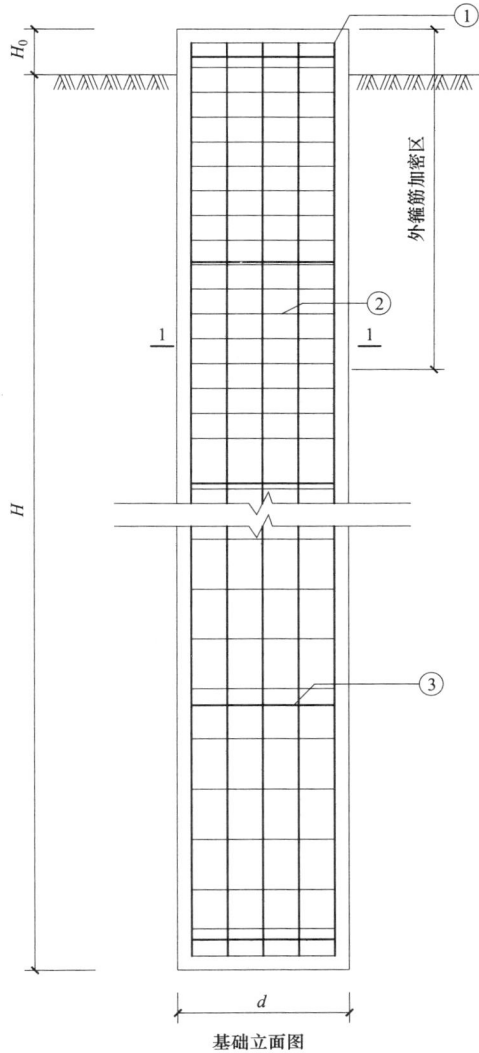

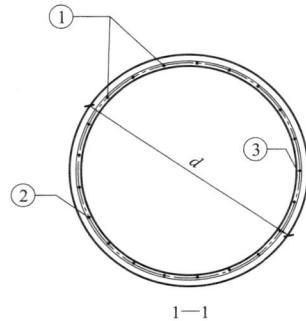

说明：1. 本基础适用于不受地下水影响的岩石地质条件。

2. 整体立塔时，混凝土的抗压强度应达到设计强度的100%。分解组塔时，混凝土必须达到抗压强度设计值的70%。

3. 基础根开及地脚螺栓间距与相应杆塔结构图核对无误后，方可施工。

4. 基础混凝土强度等级不应低于C25，主筋采用HRB400级钢筋，箍筋采用HPB300级钢筋。

5. ②号钢筋加密区箍筋间距100mm，非加密区箍筋间距200mm。可采用螺旋箍筋。

6. 主筋保护层不小于50mm。

7. 基础施工完毕后，做好基面排水处理。

8. 本基础按机械成孔施工方式，未考虑护壁工程量。

基础立面图

1—1

图 9.5-7 1ZWK6*-250 挖孔桩基础施工图（一）

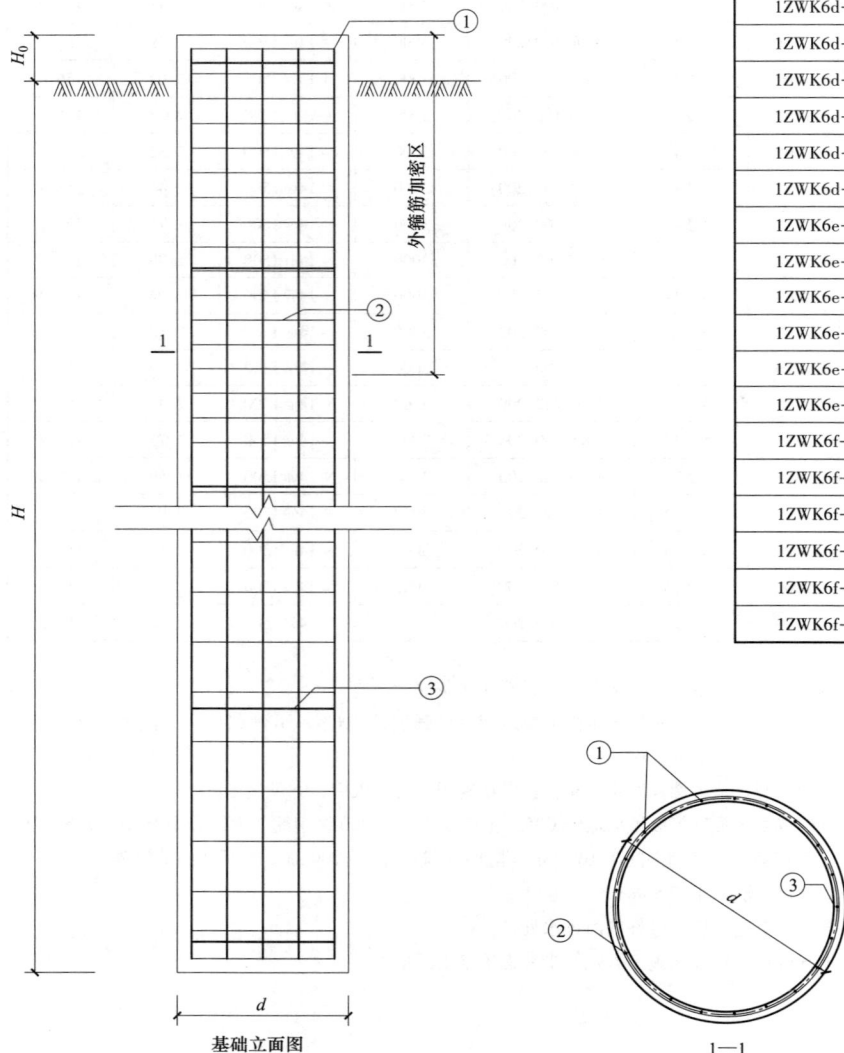

基 础 参 数 表

基础名称	桩身直径 d(mm)	基础埋深 H(mm)	基础露头 H_0(mm)	主筋①	外箍筋②	外箍筋加密区长度(mm)	内箍筋③	单腿混凝土量（m³）	单腿钢筋量（kg）
1ZWK6d-250-02	600	6000	200	11Φ14	Φ8@100/200	3000	Φ14@1500	1.75	122.7
1ZWK6d-250-07	600	6000	700	11Φ14	Φ8@100/200	3000	Φ14@1500	1.89	130.6
1ZWK6d-250-12	600	6000	1200	13Φ14	Φ8@100/200	3000	Φ14@1500	2.04	156.3
1ZWK6d-250-17	600	6000	1700	15Φ14	Φ8@100/200	3000	Φ14@1500	2.18	185.5
1ZWK6d-250-22	600	6000	2200	13Φ16	Φ8@100/200	3000	Φ14@1500	2.32	215.6
1ZWK6d-250-27	600	6000	2700	15Φ16	Φ8@100/200	3000	Φ14@1500	2.46	254.2
1ZWK6e-250-02	600	6000	200	11Φ14	Φ8@100/200	3000	Φ14@1500	1.75	122.7
1ZWK6e-250-07	600	6000	700	11Φ14	Φ8@100/200	3000	Φ14@1500	1.89	130.6
1ZWK6e-250-12	600	6000	1200	13Φ14	Φ8@100/200	3000	Φ14@1500	2.04	156.3
1ZWK6e-250-17	600	6000	1700	15Φ14	Φ8@100/200	3000	Φ14@1500	2.18	185.5
1ZWK6e-250-22	600	6000	2200	13Φ16	Φ8@100/200	3000	Φ14@1500	2.32	215.6
1ZWK6e-250-27	600	6000	2700	15Φ16	Φ8@100/200	3000	Φ14@1500	2.46	254.2
1ZWK6f-250-02	600	6000	200	11Φ14	Φ8@100/200	3000	Φ14@1500	1.75	122.7
1ZWK6f-250-07	600	6000	700	11Φ14	Φ8@100/200	3000	Φ14@1500	1.89	130.6
1ZWK6f-250-12	600	6000	1200	13Φ14	Φ8@100/200	3000	Φ14@1500	2.04	156.3
1ZWK6f-250-17	600	6000	1700	15Φ14	Φ8@100/200	3000	Φ14@1500	2.18	185.5
1ZWK6f-250-22	600	6000	2200	13Φ16	Φ8@100/200	3000	Φ14@1500	2.32	215.6
1ZWK6f-250-27	600	6000	2700	15Φ16	Φ8@100/200	3000	Φ14@1500	2.46	254.2

说明：1. 本基础适用于不受地下水影响的岩石地质条件。

2. 整体立塔时，混凝土的抗压强度应达到设计强度的 100%。分解组塔时，混凝土必须达到抗压强度设计值的 70%。

3. 基础根开及地脚螺栓间距与相应杆塔结构图核对无误后，方可施工。

4. 基础混凝土强度等级不应低于 C25，主筋采用 HRB400 级钢筋，箍筋采用 HPB300 级钢筋。

5. ②号钢筋加密区箍筋间距 100mm，非加密区箍筋间距 200mm。可采用螺旋箍筋。

6. 主筋保护层不小于 50mm。

7. 基础施工完毕后，做好基面排水处理。

8. 本基础按机械成孔施工方式，未考虑护壁工程量。

基础立面图

1—1

图 9.5-8　1ZWK6*-250 挖孔桩基础施工图（二）

基 础 参 数 表

基础名称	桩身直径 d(mm)	基础埋深 H(mm)	基础露头 H_0(mm)	主筋①	外箍筋②	外箍筋加密区长度(mm)	内箍筋③	单腿混凝土量（m^3）	单腿钢筋量（kg）
1ZWK6a-300-02	600	6000	200	11 Φ 14	Φ 8@ 100/200	3000	Φ 14@ 1500	1.75	122.7
1ZWK6a-300-07	600	6000	700	13 Φ 14	Φ 8@ 100/200	3000	Φ 14@ 1500	1.89	146.5
1ZWK6a-300-12	600	6000	1200	12 Φ 16	Φ 8@ 100/200	3000	Φ 14@ 1500	2.04	179.1
1ZWK6a-300-17	600	6000	1700	11 Φ 18	Φ 8@ 100/200	3000	Φ 14@ 1500	2.18	214.4
1ZWK6a-300-22	600	6000	2200	10 Φ 20	Φ 8@ 100/200	3000	Φ 14@ 1500	2.32	248.9
1ZWK6a-300-27	600	6000	2700	12 Φ 20	Φ 8@ 100/200	3000	Φ 14@ 1500	2.46	304.8
1ZWK6b-300-02	600	6000	200	11 Φ 14	Φ 8@ 100/200	3000	Φ 14@ 1500	1.75	122.7
1ZWK6b-300-07	600	6000	700	13 Φ 14	Φ 8@ 100/200	3000	Φ 14@ 1500	1.89	146.5
1ZWK6b-300-12	600	6000	1200	12 Φ 16	Φ 8@ 100/200	3000	Φ 14@ 1500	2.04	179.1
1ZWK6b-300-17	600	6000	1700	11 Φ 18	Φ 8@ 100/200	3000	Φ 14@ 1500	2.18	214.4
1ZWK6b-300-22	600	6000	2200	10 Φ 20	Φ 8@ 100/200	3000	Φ 14@ 1500	2.32	248.9
1ZWK6b-300-27	600	6000	2700	12 Φ 20	Φ 8@ 100/200	3000	Φ 14@ 1500	2.46	304.8
1ZWK6c-300-02	600	6000	200	11 Φ 14	Φ 8@ 100/200	3000	Φ 14@ 1500	1.75	122.7
1ZWK6c-300-07	600	6000	700	13 Φ 14	Φ 8@ 100/200	3000	Φ 14@ 1500	1.89	146.5
1ZWK6c-300-12	600	6000	1200	12 Φ 16	Φ 8@ 100/200	3000	Φ 14@ 1500	2.04	179.1
1ZWK6c-300-17	600	6000	1700	11 Φ 18	Φ 8@ 100/200	3000	Φ 14@ 1500	2.18	214.4
1ZWK6c-300-22	600	6000	2200	10 Φ 20	Φ 8@ 100/200	3000	Φ 14@ 1500	2.32	248.9
1ZWK6c-300-27	600	6000	2700	12 Φ 20	Φ 8@ 100/200	3000	Φ 14@ 1500	2.46	304.8

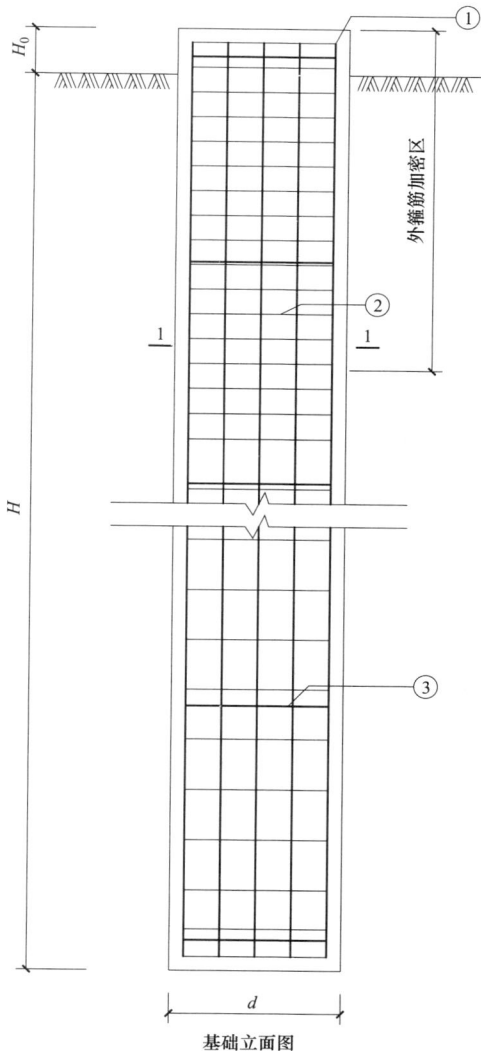

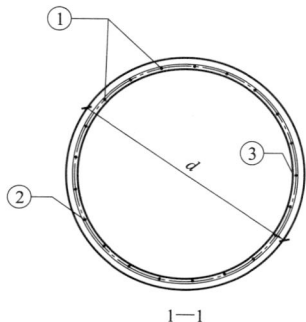

说明：1. 本基础适用于不受地下水影响的岩石地质条件。
2. 整体立塔时，混凝土的抗压强度应达到设计强度的100%。分解组塔时，混凝土必须达到抗压强度设计值的70%。
3. 基础根开及地脚螺栓间距与相应杆塔结构图核对无误后，方可施工。
4. 基础混凝土强度等级不应低于C25，主筋采用HRB400级钢筋，箍筋采用HPB300级钢筋。
5. ②号钢筋加密区箍筋间距100mm，非加密区箍筋间距200mm。可采用螺旋箍筋。
6. 主筋保护层不小于50mm。
7. 基础施工完毕后，做好基面排水处理。
8. 本基础按机械成孔施工方式，未考虑护壁工程量。

基础立面图

1—1

图 9.5-9　1ZWK6 * -300 挖孔桩基础施工图（一）

基 础 参 数 表

基础名称	桩身直径 d(mm)	基础埋深 H(mm)	基础露头 H_0(mm)	主筋①	外箍筋②	外箍筋加密区长度(mm)	内箍筋③	单腿混凝土量(m³)	单腿钢筋量(kg)
1ZWK6d-300-02	600	6000	200	11Φ14	Φ8@100/200	3000	Φ14@1500	1.75	122.7
1ZWK6d-300-07	600	6000	700	13Φ14	Φ8@100/200	3000	Φ14@1500	1.89	146.5
1ZWK6d-300-12	600	6000	1200	12Φ16	Φ8@100/200	3000	Φ14@1500	2.04	179.1
1ZWK6d-300-17	600	6000	1700	11Φ18	Φ8@100/200	3000	Φ14@1500	2.18	214.4
1ZWK6d-300-22	600	6000	2200	10Φ20	Φ8@100/200	3000	Φ14@1500	2.32	248.9
1ZWK6d-300-27	600	6000	2700	12Φ20	Φ8@100/200	3000	Φ14@1500	2.46	304.8
1ZWK6e-300-02	600	6000	200	11Φ14	Φ8@100/200	3000	Φ14@1500	1.75	122.7
1ZWK6e-300-07	600	6000	700	13Φ14	Φ8@100/200	3000	Φ14@1500	1.89	146.5
1ZWK6e-300-12	600	6000	1200	12Φ16	Φ8@100/200	3000	Φ14@1500	2.04	179.1
1ZWK6e-300-17	600	6000	1700	11Φ18	Φ8@100/200	3000	Φ14@1500	2.18	214.4
1ZWK6e-300-22	600	6000	2200	10Φ20	Φ8@100/200	3000	Φ14@1500	2.32	248.9
1ZWK6e-300-27	600	6000	2700	12Φ20	Φ8@100/200	3000	Φ14@1500	2.46	304.8
1ZWK6f-300-02	600	6000	200	11Φ14	Φ8@100/200	3000	Φ14@1500	1.75	122.7
1ZWK6f-300-07	600	6000	700	13Φ14	Φ8@100/200	3000	Φ14@1500	1.89	146.5
1ZWK6f-300-12	600	6000	1200	12Φ16	Φ8@100/200	3000	Φ14@1500	2.04	179.1
1ZWK6f-300-17	600	6000	1700	11Φ18	Φ8@100/200	3000	Φ14@1500	2.18	214.4
1ZWK6f-300-22	600	6000	2200	10Φ20	Φ8@100/200	3000	Φ14@1500	2.32	248.9
1ZWK6f-300-27	600	6000	2700	12Φ20	Φ8@100/200	3000	Φ14@1500	2.46	304.8

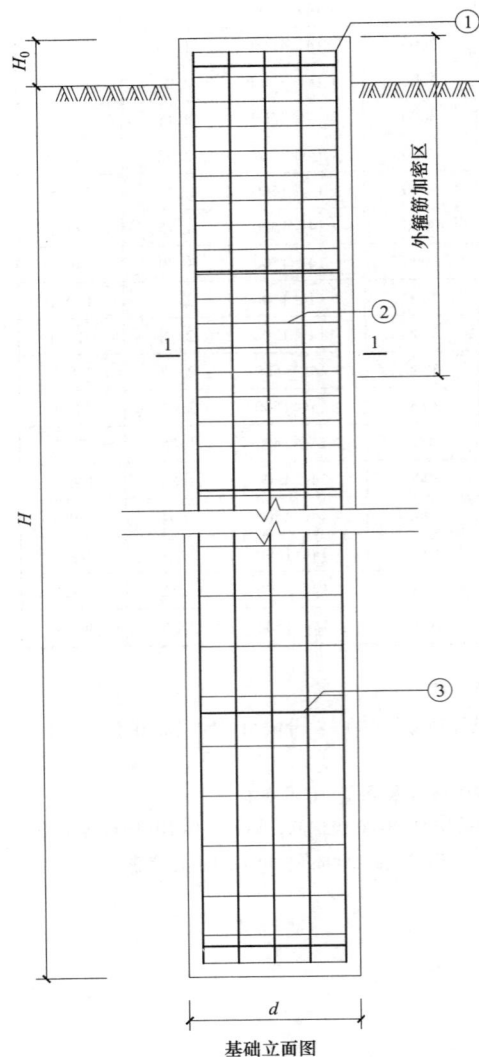

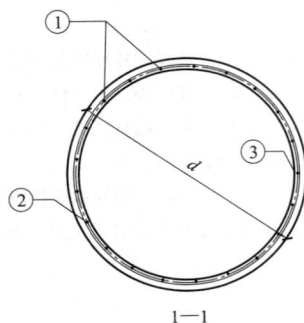

说明：1. 本基础适用于不受地下水影响的岩石地质条件。

2. 整体立塔时，混凝土的抗压强度应达到设计强度的100%。分解组塔时，混凝土必须达到抗压强度设计值的70%。

3. 基础根开及地脚螺栓间距与相应杆塔结构图核对无误后，方可施工。

4. 基础混凝土强度等级不应低于C25，主筋采用HRB400级钢筋，箍筋采用HPB300级钢筋。

5. ②号钢筋加密区箍筋间距100mm，非加密区箍筋间距200mm。可采用螺旋箍筋。

6. 主筋保护层不小于50mm。

7. 基础施工完毕后，做好基面排水处理。

8. 本基础按机械成孔施工方式，未考虑护壁工程量。

基础立面图

1—1

图 9.5-10　1ZWK6 * -300挖孔桩基础施工图（二）

基 础 参 数 表

基础名称	桩身直径 d(mm)	基础埋深 H(mm)	基础露头 H_0(mm)	主筋①	外箍筋②	外箍筋加密区长度(mm)	内箍筋③	单腿混凝土量(m^3)	单腿钢筋量(kg)
1ZWK6a-350-02	600	6000	200	13 Φ 14	Φ 8@ 100/200	3000	Φ 14@ 1500	1.75	137.4
1ZWK6a-350-07	600	6000	700	12 Φ 16	Φ 8@ 100/200	3000	Φ 14@ 1500	1.89	167.7
1ZWK6a-350-12	600	6000	1200	11 Φ 18	Φ 8@ 100/200	3000	Φ 14@ 1500	2.04	200.5
1ZWK6a-350-17	600	6000	1700	13 Φ 18	Φ 8@ 100/200	3000	Φ 14@ 1500	2.18	244.7
1ZWK6a-350-22	600	6000	2200	12 Φ 20	Φ 8@ 100/200	3000	Φ 14@ 1500	2.32	288.8
1ZWK6a-350-27	600	6000	2700	14 Φ 20	Φ 8@ 100/200	3000	Φ 14@ 1500	2.46	347.1
1ZWK6b-350-02	600	6000	200	13 Φ 14	Φ 8@ 100/200	3000	Φ 14@ 1500	1.75	137.4
1ZWK6b-350-07	600	6000	700	12 Φ 16	Φ 8@ 100/200	3000	Φ 14@ 1500	1.89	167.7
1ZWK6b-350-12	600	6000	1200	11 Φ 18	Φ 8@ 100/200	3000	Φ 14@ 1500	2.04	200.5
1ZWK6b-350-17	600	6000	1700	13 Φ 18	Φ 8@ 100/200	3000	Φ 14@ 1500	2.18	244.7
1ZWK6b-350-22	600	6000	2200	12 Φ 20	Φ 8@ 100/200	3000	Φ 14@ 1500	2.32	288.8
1ZWK6b-350-27	600	6000	2700	14 Φ 20	Φ 8@ 100/200	3000	Φ 14@ 1500	2.46	347.1
1ZWK6c-350-02	600	6000	200	13 Φ 14	Φ 8@ 100/200	3000	Φ 14@ 1500	1.75	137.4
1ZWK6c-350-07	600	6000	700	12 Φ 16	Φ 8@ 100/200	3000	Φ 14@ 1500	1.89	167.7
1ZWK6c-350-12	600	6000	1200	11 Φ 18	Φ 8@ 100/200	3000	Φ 14@ 1500	2.04	200.5
1ZWK6c-350-17	600	6000	1700	13 Φ 18	Φ 8@ 100/200	3000	Φ 14@ 1500	2.18	244.7
1ZWK6c-350-22	600	6000	2200	12 Φ 20	Φ 8@ 100/200	3000	Φ 14@ 1500	2.32	288.8
1ZWK6c-350-27	600	6000	2700	14 Φ 20	Φ 8@ 100/200	3000	Φ 14@ 1500	2.46	347.1

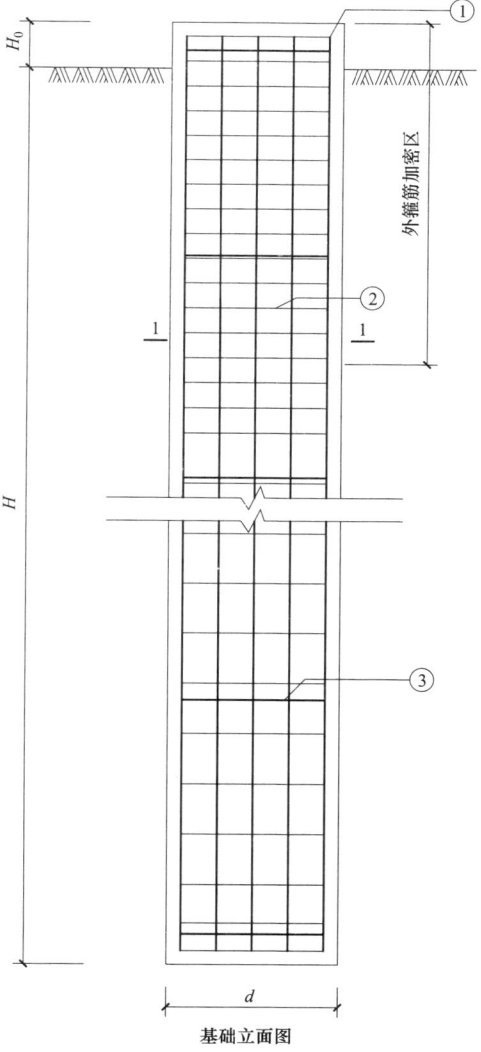

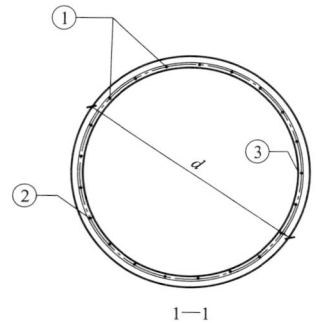

说明：1. 本基础适用于不受地下水影响的岩石地质条件。

2. 整体立塔时，混凝土的抗压强度应达到设计强度的100%。分解组塔时，混凝土必须达到抗压强度设计值的70%。

3. 基础根开及地脚螺栓间距与相应杆塔结构图核对无误后，方可施工。

4. 基础混凝土强度等级不应低于 C25，主筋采用 HRB400 级钢筋，箍筋采用 HPB300 级钢筋。

5. ②号钢筋加密区箍筋间距 100mm，非加密区箍筋间距 200mm。可采用螺旋箍筋。

6. 主筋保护层不小于 50mm。

7. 基础施工完毕后，做好基面排水处理。

8. 本基础按机械成孔施工方式，未考虑护壁工程量。

基础立面图

1—1

图 9.5-11 1ZWK6*-350 挖孔桩基础施工图（一）

基 础 参 数 表

基础名称	桩身直径 d(mm)	基础埋深 H(mm)	基础露头 H_0(mm)	主筋①	外箍筋②	外箍筋加密区长度(mm)	内箍筋③	单腿混凝土量(m^3)	单腿钢筋量(kg)
1ZWK6d-350-02	600	6000	200	13Φ14	Φ8@100/200	3000	Φ14@1500	1.75	137.4
1ZWK6d-350-07	600	6000	700	12Φ16	Φ8@100/200	3000	Φ14@1500	1.89	167.7
1ZWK6d-350-12	600	6000	1200	11Φ18	Φ8@100/200	3000	Φ14@1500	2.04	200.5
1ZWK6d-350-17	600	6000	1700	13Φ18	Φ8@100/200	3000	Φ14@1500	2.18	244.7
1ZWK6d-350-22	600	6000	2200	12Φ20	Φ8@100/200	3000	Φ14@1500	2.32	288.8
1ZWK6d-350-27	600	6000	2700	14Φ20	Φ8@100/200	3000	Φ14@1500	2.46	347.1
1ZWK6e-350-02	600	6000	200	13Φ14	Φ8@100/200	3000	Φ14@1500	1.75	137.4
1ZWK6e-350-07	600	6000	700	12Φ16	Φ8@100/200	3000	Φ14@1500	1.89	167.7
1ZWK6e-350-12	600	6000	1200	11Φ18	Φ8@100/200	3000	Φ14@1500	2.04	200.5
1ZWK6e-350-17	600	6000	1700	13Φ18	Φ8@100/200	3000	Φ14@1500	2.18	244.7
1ZWK6e-350-22	600	6000	2200	12Φ20	Φ8@100/200	3000	Φ14@1500	2.32	288.8
1ZWK6e-350-27	600	6000	2700	14Φ20	Φ8@100/200	3000	Φ14@1500	2.46	347.1
1ZWK6f-350-02	600	6000	200	13Φ14	Φ8@100/200	3000	Φ14@1500	1.75	137.4
1ZWK6f-350-07	600	6000	700	12Φ16	Φ8@100/200	3000	Φ14@1500	1.89	167.7
1ZWK6f-350-12	600	6000	1200	11Φ18	Φ8@100/200	3000	Φ14@1500	2.04	200.5
1ZWK6f-350-17	600	6000	1700	13Φ18	Φ8@100/200	3000	Φ14@1500	2.18	244.7
1ZWK6f-350-22	600	6000	2200	12Φ20	Φ8@100/200	3000	Φ14@1500	2.32	288.8
1ZWK6f-350-27	600	6000	2700	14Φ20	Φ8@100/200	3000	Φ14@1500	2.46	347.1

说明：1. 本基础适用于不受地下水影响的岩石地质条件。

2. 整体立塔时，混凝土的抗压强度应达到设计强度的 100%。分解组塔时，混凝土必须达到抗压强度设计值的 70%。

3. 基础根开及地脚螺栓间距与相应杆塔结构图核对无误后，方可施工。

4. 基础混凝土强度等级不应低于 C25，主筋采用 HRB400 级钢筋，箍筋采用 HPB300 级钢筋。

5. ②号钢筋加密区箍筋间距 100mm，非加密区箍筋间距 200mm。可采用螺旋箍筋。

6. 主筋保护层不小于 50mm。

7. 基础施工完毕后，做好基面排水处理。

8. 本基础按机械成孔施工方式，未考虑护壁工程量。

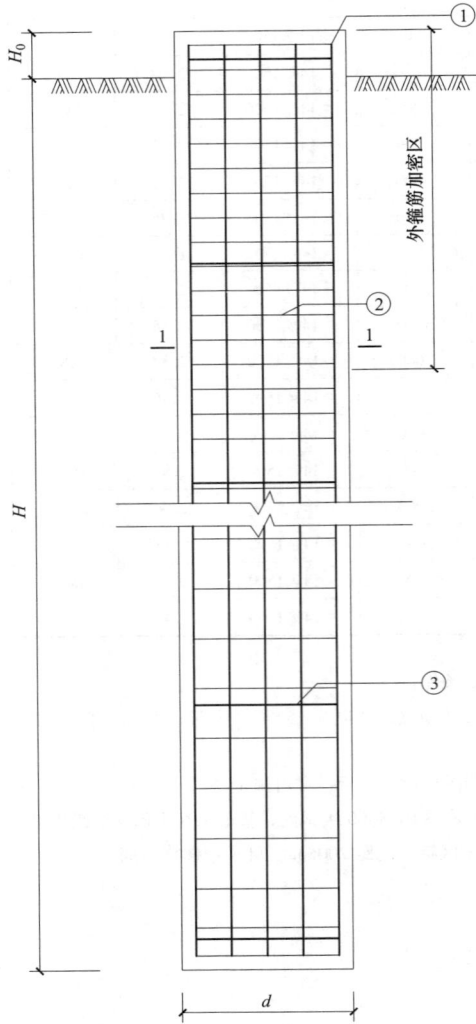

基础立面图

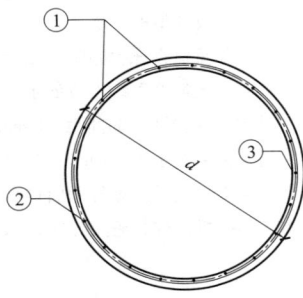

1—1

图 9.5-12 1ZWK6∗-350 挖孔桩基础施工图（二）

基 础 参 数 表

基础名称	桩身直径 d(mm)	基础埋深 H(mm)	基础露头 H_0(mm)	主筋①	外箍筋②	外箍筋加密区长度(mm)	内箍筋③	单腿混凝土量(m^3)	单腿钢筋量(kg)
1ZWK6a-400-02	600	6000	200	15Φ14	Φ8@100/200	3000	Φ14@1500	1.75	152.1
1ZWK6a-400-07	600	6000	700	11Φ18	Φ8@100/200	3000	Φ14@1500	1.89	187.6
1ZWK6a-400-12	600	6000	1200	13Φ18	Φ8@100/200	3000	Φ14@1500	2.04	228.7
1ZWK6a-400-17	600	6000	1700	12Φ20	Φ8@100/200	3000	Φ14@1500	2.18	272.1
1ZWK6a-400-22	600	6000	2200	14Φ20	Φ8@100/200	3000	Φ14@1500	2.32	328.6
1ZWK6a-400-27	600	6000	2700	10Φ25	Φ8@100/200	3000	Φ14@1500	2.46	381.3
1ZWK6b-400-02	600	6000	200	15Φ14	Φ8@100/200	3000	Φ14@1500	1.75	152.1
1ZWK6b-400-07	600	6000	700	11Φ18	Φ8@100/200	3000	Φ14@1500	1.89	187.6
1ZWK6b-400-12	600	6000	1200	13Φ18	Φ8@100/200	3000	Φ14@1500	2.04	228.7
1ZWK6b-400-17	600	6000	1700	12Φ20	Φ8@100/200	3000	Φ14@1500	2.18	272.1
1ZWK6b-400-22	600	6000	2200	14Φ20	Φ8@100/200	3000	Φ14@1500	2.32	328.6
1ZWK6b-400-27	600	6000	2700	10Φ25	Φ8@100/200	3000	Φ14@1500	2.46	381.3
1ZWK6c-400-02	600	6000	200	15Φ14	Φ8@100/200	3000	Φ14@1500	1.75	152.1
1ZWK6c-400-07	600	6000	700	11Φ18	Φ8@100/200	3000	Φ14@1500	1.89	187.6
1ZWK6c-400-12	600	6000	1200	13Φ18	Φ8@100/200	3000	Φ14@1500	2.04	228.7
1ZWK6c-400-17	600	6000	1700	12Φ20	Φ8@100/200	3000	Φ14@1500	2.18	272.1
1ZWK6c-400-22	600	6000	2200	14Φ20	Φ8@100/200	3000	Φ14@1500	2.32	328.6
1ZWK6c-400-27	600	6000	2700	10Φ25	Φ8@100/200	3000	Φ14@1500	2.46	381.3

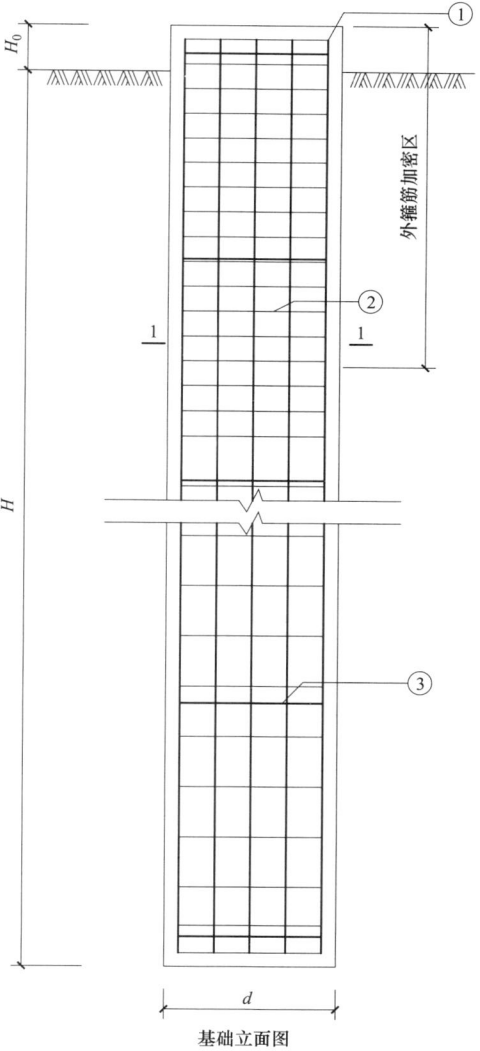

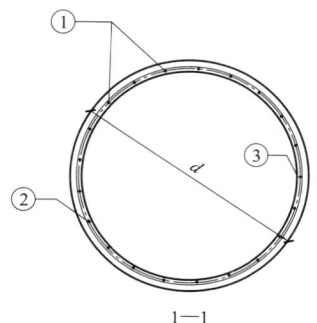

说明：1. 本基础适用于不受地下水影响的岩石地质条件。

2. 整体立塔时，混凝土的抗压强度应达到设计强度的100%。分解组塔时，混凝土必须达到抗压强度设计值的70%。

3. 基础根开及地脚螺栓间距与相应杆塔结构图核对无误后，方可施工。

4. 基础混凝土强度等级不应低于C25，主筋采用HRB400级钢筋，箍筋采用HPB300级钢筋。

5. ②号钢筋加密区箍筋间距100mm，非加密区箍筋间距200mm。可采用螺旋箍筋。

6. 主筋保护层不小于50mm。

7. 基础施工完毕后，做好基面排水处理。

8. 本基础按机械成孔施工方式，未考虑护壁工程量。

基础立面图

1—1

图 9.5-13　1ZWK6∗-400挖孔桩基础施工图（一）

基 础 参 数 表

基础名称	桩身直径 d(mm)	基础埋深 H(mm)	基础露头 H_0(mm)	主筋①	外箍筋②	外箍筋加密区长度(mm)	内箍筋③	单腿混凝土量（m³）	单腿钢筋量（kg）
1ZWK6d-400-02	600	6000	200	15 Φ 14	Φ 8@ 100/200	3000	Φ 14@ 1500	1.75	152.1
1ZWK6d-400-07	600	6000	700	11 Φ 18	Φ 8@ 100/200	3000	Φ 14@ 1500	1.89	187.6
1ZWK6d-400-12	600	6000	1200	13 Φ 18	Φ 8@ 100/200	3000	Φ 14@ 1500	2.04	228.7
1ZWK6d-400-17	600	6000	1700	12 Φ 20	Φ 8@ 100/200	3000	Φ 14@ 1500	2.18	272.1
1ZWK6d-400-22	600	6000	2200	14 Φ 20	Φ 8@ 100/200	3000	Φ 14@ 1500	2.32	328.6
1ZWK6d-400-27	600	6000	2700	10 Φ 25	Φ 8@ 100/200	3000	Φ 14@ 1500	2.46	381.3
1ZWK6e-400-02	600	6000	200	15 Φ 14	Φ 8@ 100/200	3000	Φ 14@ 1500	1.75	152.1
1ZWK6e-400-07	600	6000	700	11 Φ 18	Φ 8@ 100/200	3000	Φ 14@ 1500	1.89	187.6
1ZWK6e-400-12	600	6000	1200	13 Φ 18	Φ 8@ 100/200	3000	Φ 14@ 1500	2.04	228.7
1ZWK6e-400-17	600	6000	1700	12 Φ 20	Φ 8@ 100/200	3000	Φ 14@ 1500	2.18	272.1
1ZWK6e-400-22	600	6000	2200	14 Φ 20	Φ 8@ 100/200	3000	Φ 14@ 1500	2.32	328.6
1ZWK6e-400-27	600	6000	2700	10 Φ 25	Φ 8@ 100/200	3000	Φ 14@ 1500	2.46	381.3
1ZWK6f-400-02	600	6000	200	15 Φ 14	Φ 8@ 100/200	3000	Φ 14@ 1500	1.75	152.1
1ZWK6f-400-07	600	6000	700	11 Φ 18	Φ 8@ 100/200	3000	Φ 14@ 1500	1.89	187.6
1ZWK6f-400-12	600	6000	1200	13 Φ 18	Φ 8@ 100/200	3000	Φ 14@ 1500	2.04	228.7
1ZWK6f-400-17	600	6000	1700	12 Φ 20	Φ 8@ 100/200	3000	Φ 14@ 1500	2.18	272.1
1ZWK6f-400-22	600	6000	2200	14 Φ 20	Φ 8@ 100/200	3000	Φ 14@ 1500	2.32	328.6
1ZWK6f-400-27	600	6000	2700	10 Φ 25	Φ 8@ 100/200	3000	Φ 14@ 1500	2.46	381.3

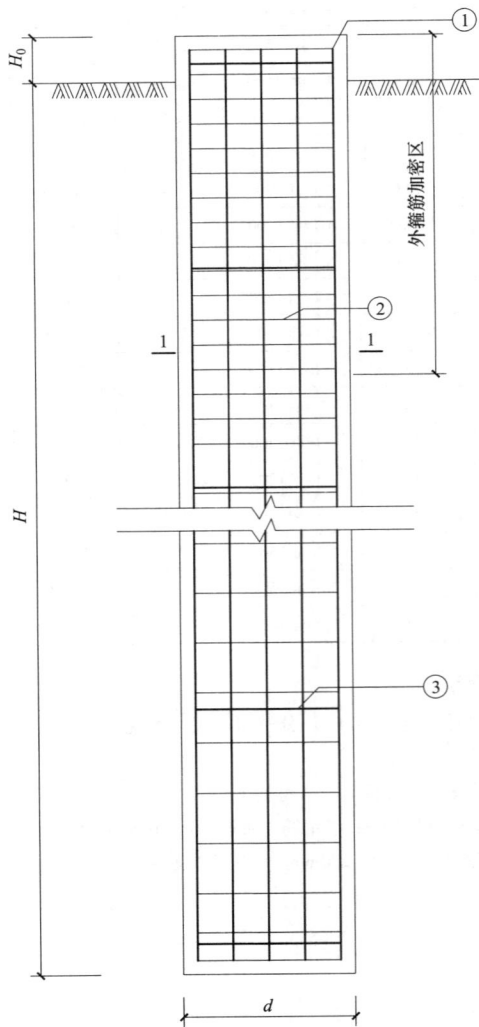

基础立面图

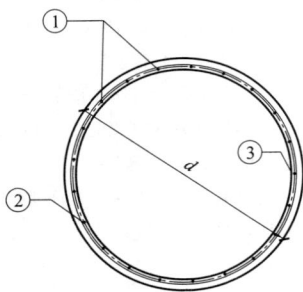

1—1

说明：1. 本基础适用于不受地下水影响的岩石地质条件。

2. 整体立塔时，混凝土的抗压强度应达到设计强度的 100%。分解组塔时，混凝土必须达到抗压强度设计值的 70%。

3. 基础根开及地脚螺栓间距与相应杆塔结构图核对无误后，方可施工。

4. 基础混凝土强度等级不应低于 C25，主筋采用 HRB400 级钢筋，箍筋采用 HPB300 级钢筋。

5. ②号钢筋加密区箍筋间距 100mm，非加密区箍筋间距 200mm。可采用螺旋箍筋。

6. 主筋保护层不小于 50mm。

7. 基础施工完毕后，做好基面排水处理。

8. 本基础按机械成孔施工方式，未考虑护壁工程量。

图 9.5-14 1ZWK6∗-400 挖孔桩基础施工图（二）

基 础 参 数 表

基础名称	桩身直径 d(mm)	基础埋深 H(mm)	基础露头 H_0(mm)	主筋①	外箍筋②	外箍筋加密区长度(mm)	内箍筋③	单腿混凝土量 (m³)	单腿钢筋量 (kg)
1ZWK6a-450-02	700	6000	200	16 Φ 14	Φ 8@ 100/200	3500	Φ 14@ 1500	2. 39	169. 5
1ZWK6a-450-07	700	6000	700	14 Φ 16	Φ 8@ 100/200	3500	Φ 14@ 1500	2. 58	199. 5
1ZWK6a-450-12	700	6000	1200	13 Φ 18	Φ 8@ 100/200	3500	Φ 14@ 1500	2. 77	239. 3
1ZWK6a-450-17	700	6000	1700	12 Φ 20	Φ 8@ 100/200	3500	Φ 14@ 1500	2. 96	284. 0
1ZWK6a-450-22	700	6000	2200	12 Φ 22	Φ 8@ 100/200	3500	Φ 14@ 1500	3. 16	350. 5
1ZWK6a-450-27	700	6000	2700	13 Φ 22	Φ 8@ 100/200	3500	Φ 14@ 1500	3. 35	396. 2
1ZWK6b-450-02	700	6000	200	16 Φ 14	Φ 8@ 100/200	3500	Φ 14@ 1500	2. 39	169. 5
1ZWK6b-450-07	700	6000	700	14 Φ 16	Φ 8@ 100/200	3500	Φ 14@ 1500	2. 58	199. 5
1ZWK6b-450-12	700	6000	1200	13 Φ 18	Φ 8@ 100/200	3500	Φ 14@ 1500	2. 77	239. 3
1ZWK6b-450-17	700	6000	1700	12 Φ 20	Φ 8@ 100/200	3500	Φ 14@ 1500	2. 96	284. 0
1ZWK6b-450-22	700	6000	2200	12 Φ 22	Φ 8@ 100/200	3500	Φ 14@ 1500	3. 16	350. 5
1ZWK6b-450-27	700	6000	2700	13 Φ 22	Φ 8@ 100/200	3500	Φ 14@ 1500	3. 35	396. 2
1ZWK6c-450-02	700	6000	200	16 Φ 14	Φ 8@ 100/200	3500	Φ 14@ 1500	2. 39	169. 5
1ZWK6c-450-07	700	6000	700	14 Φ 16	Φ 8@ 100/200	3500	Φ 14@ 1500	2. 58	199. 5
1ZWK6c-450-12	700	6000	1200	13 Φ 18	Φ 8@ 100/200	3500	Φ 14@ 1500	2. 77	239. 3
1ZWK6c-450-17	700	6000	1700	12 Φ 20	Φ 8@ 100/200	3500	Φ 14@ 1500	2. 96	284. 0
1ZWK6c-450-22	700	6000	2200	12 Φ 22	Φ 8@ 100/200	3500	Φ 14@ 1500	3. 16	350. 5
1ZWK6c-450-27	700	6000	2700	13 Φ 22	Φ 8@ 100/200	3500	Φ 14@ 1500	3. 35	396. 2

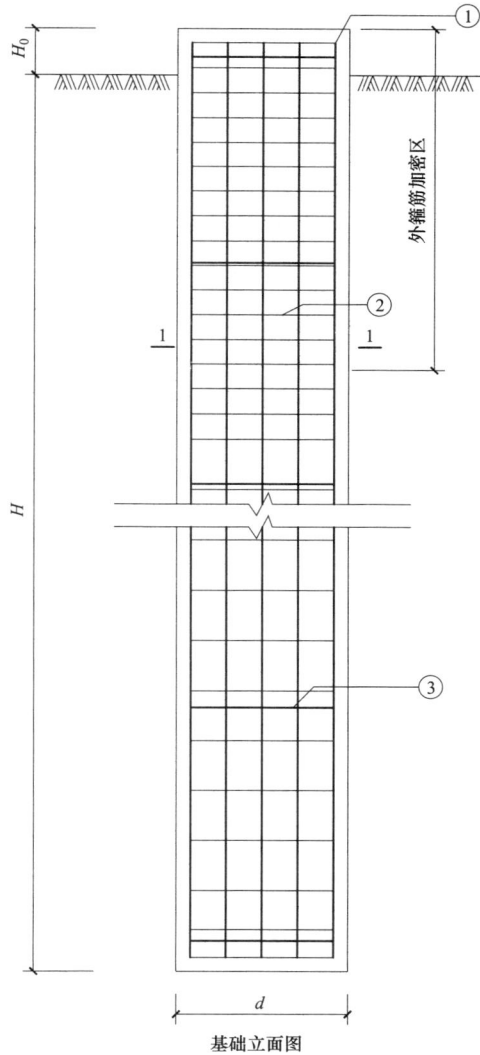

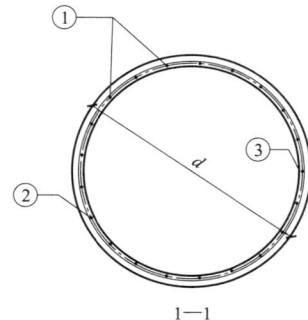

说明：1. 本基础适用于不受地下水影响的岩石地质条件。

2. 整体立塔时，混凝土的抗压强度应达到设计强度的 100%。分解组塔时，混凝土必须达到抗压强度设计值的 70%。

3. 基础根开及地脚螺栓间距与相应杆塔结构图核对无误后，方可施工。

4. 基础混凝土强度等级不应低于 C25，主筋采用 HRB400 级钢筋，箍筋采用 HPB300 级钢筋。

5. ②号钢筋加密区箍筋间距 100mm，非加密区箍筋间距 200mm。可采用螺旋箍筋。

6. 主筋保护层不小于 50mm。

7. 基础施工完毕后，做好基面排水处理。

8. 本基础按机械成孔施工方式，未考虑护壁工程量。

基础立面图

1—1

图 9.5-15 1ZWK6*-450 挖孔桩基础施工图（一）

基础名称	桩身直径 d(mm)	基础埋深 H(mm)	基础露头 H_0(mm)	主筋①	外箍筋②	外箍筋加密区长度(mm)	内箍筋③	单腿混凝土量（m³）	单腿钢筋量（kg）
1ZWK6d-450-02	700	6000	200	16⏀14	Φ8@100/200	3500	Φ14@1500	2.39	169.5
1ZWK6d-450-07	700	6000	700	14⏀16	Φ8@100/200	3500	Φ14@1500	2.58	199.5
1ZWK6d-450-12	700	6000	1200	13⏀18	Φ8@100/200	3500	Φ14@1500	2.77	239.3
1ZWK6d-450-17	700	6000	1700	12⏀20	Φ8@100/200	3500	Φ14@1500	2.96	284.0
1ZWK6d-450-22	700	6000	2200	12⏀22	Φ8@100/200	3500	Φ14@1500	3.16	350.5
1ZWK6d-450-27	700	6000	2700	13⏀22	Φ8@100/200	3500	Φ14@1500	3.35	396.2
1ZWK6e-450-02	700	6000	200	16⏀14	Φ8@100/200	3500	Φ14@1500	2.39	169.5
1ZWK6e-450-07	700	6000	700	14⏀16	Φ8@100/200	3500	Φ14@1500	2.58	199.5
1ZWK6e-450-12	700	6000	1200	13⏀18	Φ8@100/200	3500	Φ14@1500	2.77	239.3
1ZWK6e-450-17	700	6000	1700	12⏀20	Φ8@100/200	3500	Φ14@1500	2.96	284.0
1ZWK6e-450-22	700	6000	2200	12⏀22	Φ8@100/200	3500	Φ14@1500	3.16	350.5
1ZWK6e-450-27	700	6000	2700	13⏀22	Φ8@100/200	3500	Φ14@1500	3.35	396.2
1ZWK6f-450-02	700	6000	200	16⏀14	Φ8@100/200	3500	Φ14@1500	2.39	169.5
1ZWK6f-450-07	700	6000	700	14⏀16	Φ8@100/200	3500	Φ14@1500	2.58	199.5
1ZWK6f-450-12	700	6000	1200	13⏀18	Φ8@100/200	3500	Φ14@1500	2.77	239.3
1ZWK6f-450-17	700	6000	1700	12⏀20	Φ8@100/200	3500	Φ14@1500	2.96	284.0
1ZWK6f-450-22	700	6000	2200	12⏀22	Φ8@100/200	3500	Φ14@1500	3.16	350.5
1ZWK6f-450-27	700	6000	2700	13⏀22	Φ8@100/200	3500	Φ14@1500	3.35	396.2

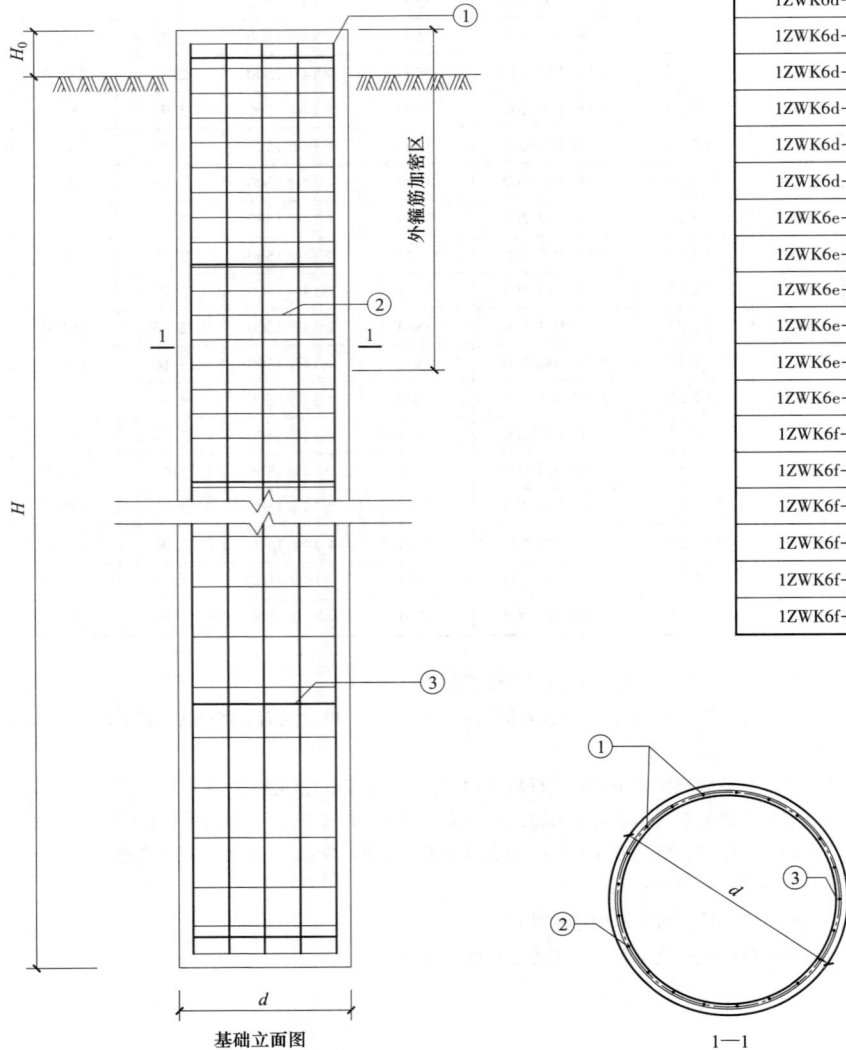

基础立面图

1—1

图 9.5-16　1ZWK6*-450 挖孔桩基础施工图（二）

说明：1. 本基础适用于不受地下水影响的岩石地质条件。

2. 整体立塔时，混凝土的抗压强度应达到设计强度的 100%。分解组塔时，混凝土必须达到抗压强度设计值的 70%。

3. 基础根开及地脚螺栓间距与相应杆塔结构图核对无误后，方可施工。

4. 基础混凝土强度等级不应低于 C25，主筋采用 HRB400 级钢筋，箍筋采用 HPB300 级钢筋。

5. ②号钢筋加密区箍筋间距 100mm，非加密区箍筋间距 200mm。可采用螺旋箍筋。

6. 主筋保护层不小于 50mm。

7. 基础施工完毕后，做好基面排水处理。

8. 本基础按机械成孔施工方式，未考虑护壁工程量。

基 础 参 数 表

基础名称	桩身直径 d(mm)	基础埋深 H(mm)	基础露头 H_0(mm)	主筋①	外箍筋②	外箍筋加密区长度(mm)	内箍筋③	单腿混凝土量(m³)	单腿钢筋量(kg)
1ZWK6a-500-02	700	6000	200	18 Φ 14	Φ 8@ 100/200	3500	Φ 14@ 1500	2.39	184.1
1ZWK6a-500-07	700	6000	700	16 Φ 16	Φ 8@ 100/200	3500	Φ 14@ 1500	2.58	220.2
1ZWK6a-500-12	700	6000	1200	12 Φ 20	Φ 8@ 100/200	3500	Φ 14@ 1500	2.77	264.9
1ZWK6a-500-17	700	6000	1700	11 Φ 22	Φ 8@ 100/200	3500	Φ 14@ 1500	2.96	308.4
1ZWK6a-500-22	700	6000	2200	12 Φ 22	Φ 8@ 100/200	3500	Φ 14@ 1500	3.16	350.5
1ZWK6a-500-27	700	6000	2700	14 Φ 22	Φ 8@ 100/200	3500	Φ 14@ 1500	3.35	421.8
1ZWK6b-500-02	700	6000	200	18 Φ 14	Φ 8@ 100/200	3500	Φ 14@ 1500	2.39	184.1
1ZWK6b-500-07	700	6000	700	16 Φ 16	Φ 8@ 100/200	3500	Φ 14@ 1500	2.58	220.2
1ZWK6b-500-12	700	6000	1200	12 Φ 20	Φ 8@ 100/200	3500	Φ 14@ 1500	2.77	264.9
1ZWK6b-500-17	700	6000	1700	11 Φ 22	Φ 8@ 100/200	3500	Φ 14@ 1500	2.96	308.4
1ZWK6b-500-22	700	6000	2200	12 Φ 22	Φ 8@ 100/200	3500	Φ 14@ 1500	3.16	350.5
1ZWK6b-500-27	700	6000	2700	14 Φ 22	Φ 8@ 100/200	3500	Φ 14@ 1500	3.35	421.8
1ZWK6c-500-02	700	6000	200	18 Φ 14	Φ 8@ 100/200	3500	Φ 14@ 1500	2.39	184.1
1ZWK6c-500-07	700	6000	700	16 Φ 16	Φ 8@ 100/200	3500	Φ 14@ 1500	2.58	220.2
1ZWK6c-500-12	700	6000	1200	12 Φ 20	Φ 8@ 100/200	3500	Φ 14@ 1500	2.77	264.9
1ZWK6c-500-17	700	6000	1700	11 Φ 22	Φ 8@ 100/200	3500	Φ 14@ 1500	2.96	308.4
1ZWK6c-500-22	700	6000	2200	13 Φ 22	Φ 8@ 100/200	3500	Φ 14@ 1500	3.16	374.6
1ZWK6c-500-27	700	6000	2700	14 Φ 22	Φ 8@ 100/200	3500	Φ 14@ 1500	3.35	421.8

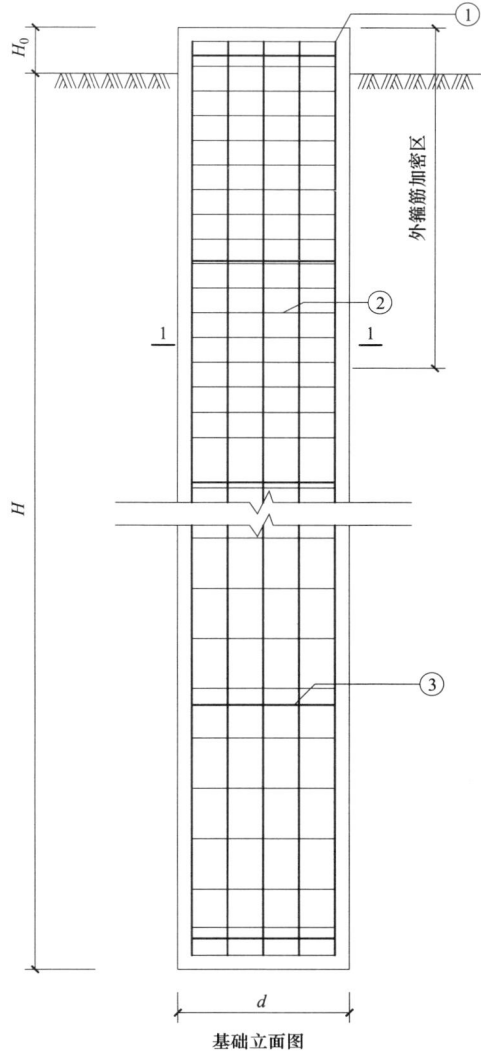

说明：1. 本基础适用于不受地下水影响的岩石地质条件。

2. 整体立塔时，混凝土的抗压强度应达到设计强度的 100%。分解组塔时，混凝土必须达到抗压强度设计值的 70%。

3. 基础根开及地脚螺栓间距与相应杆塔结构图核对无误后，方可施工。

4. 基础混凝土强度等级不应低于 C25，主筋采用 HRB400 级钢筋，箍筋采用 HPB300 级钢筋。

5. ②号钢筋加密区箍筋间距 100mm，非加密区箍筋间距 200mm。可采用螺旋箍筋。

6. 主筋保护层不小于 50mm。

7. 基础施工完毕后，做好基面排水处理。

8. 本基础按机械成孔施工方式，未考虑护壁工程量。

基础立面图

1—1

图 9.5-17　1ZWK6∗-500 挖孔桩基础施工图（一）

基 础 参 数 表

基础名称	桩身直径 d(mm)	基础埋深 H(mm)	基础露头 H_0(mm)	主筋①	外箍筋②	外箍筋加密区长度(mm)	内箍筋③	单腿混凝土量（m^3）	单腿钢筋量（kg）
1ZWK6d–500–02	700	6000	200	18 Φ 14	Φ 8@ 100/200	3500	Φ 14@ 1500	2.39	184.1
1ZWK6d–500–07	700	6000	700	16 Φ 16	Φ 8@ 100/200	3500	Φ 14@ 1500	2.58	220.2
1ZWK6d–500–12	700	6000	1200	12 Φ 20	Φ 8@ 100/200	3500	Φ 14@ 1500	2.77	264.9
1ZWK6d–500–17	700	6000	1700	11 Φ 22	Φ 8@ 100/200	3500	Φ 14@ 1500	2.96	308.4
1ZWK6d–500–22	700	6000	2200	12 Φ 22	Φ 8@ 100/200	3500	Φ 14@ 1500	3.16	350.5
1ZWK6d–500–27	700	6000	2700	14 Φ 22	Φ 8@ 100/200	3500	Φ 14@ 1500	3.35	421.8
1ZWK6e–500–02	700	6000	200	18 Φ 14	Φ 8@ 100/200	3500	Φ 14@ 1500	2.39	184.1
1ZWK6e–500–07	700	6000	700	16 Φ 16	Φ 8@ 100/200	3500	Φ 14@ 1500	2.58	220.2
1ZWK6e–500–12	700	6000	1200	12 Φ 20	Φ 8@ 100/200	3500	Φ 14@ 1500	2.77	264.9
1ZWK6e–500–17	700	6000	1700	11 Φ 22	Φ 8@ 100/200	3500	Φ 14@ 1500	2.96	308.4
1ZWK6e–500–22	700	6000	2200	12 Φ 22	Φ 8@ 100/200	3500	Φ 14@ 1500	3.16	350.5
1ZWK6e–500–27	700	6000	2700	14 Φ 22	Φ 8@ 100/200	3500	Φ 14@ 1500	3.35	421.8
1ZWK6f–500–02	700	6000	200	18 Φ 14	Φ 8@ 100/200	3500	Φ 14@ 1500	2.39	184.1
1ZWK6f–500–07	700	6000	700	16 Φ 16	Φ 8@ 100/200	3500	Φ 14@ 1500	2.58	220.2
1ZWK6f–500–12	700	6000	1200	12 Φ 20	Φ 8@ 100/200	3500	Φ 14@ 1500	2.77	264.9
1ZWK6f–500–17	700	6000	1700	11 Φ 22	Φ 8@ 100/200	3500	Φ 14@ 1500	2.96	308.4
1ZWK6f–500–22	700	6000	2200	12 Φ 22	Φ 8@ 100/200	3500	Φ 14@ 1500	3.16	350.5
1ZWK6f–500–27	700	6000	2700	14 Φ 22	Φ 8@ 100/200	3500	Φ 14@ 1500	3.35	421.8

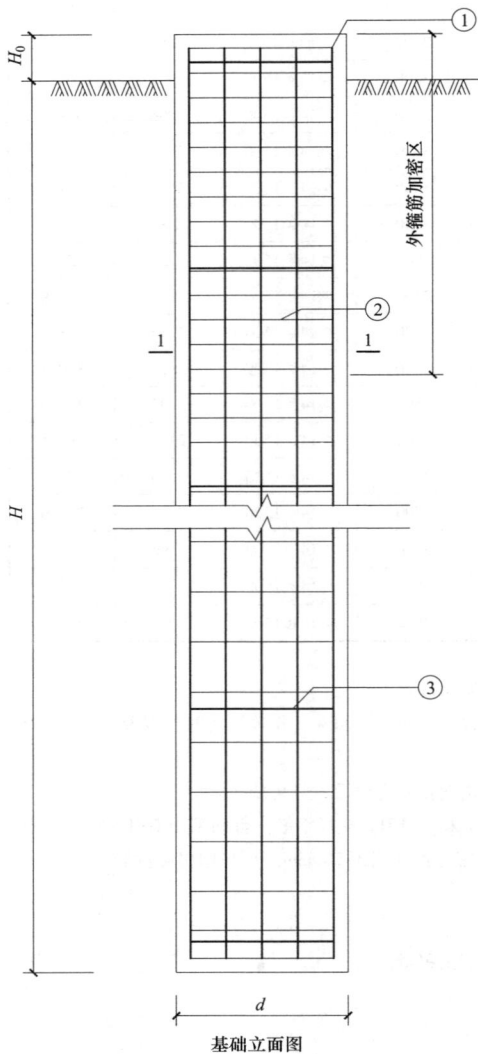

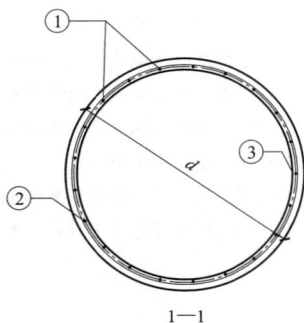

说明：1. 本基础适用于不受地下水影响的岩石地质条件。

2. 整体立塔时，混凝土的抗压强度应达到设计强度的100%。分解组塔时，混凝土必须达到抗压强度设计值的70%。

3. 基础根开及地脚螺栓间距与相应杆塔结构图核对无误后，方可施工。

4. 基础混凝土强度等级不应低于 C25，主筋采用 HRB400 级钢筋，箍筋采用 HPB300 级钢筋。

5. ②号钢筋加密区箍筋间距100mm，非加密区箍筋间距200mm。可采用螺旋箍筋。

6. 主筋保护层不小于 50mm。

7. 基础施工完毕后，做好基面排水处理。

8. 本基础按机械成孔施工方式，未考虑护壁工程量。

基础立面图

1—1

图 9.5-18　1ZWK6∗–500 挖孔桩基础施工图（二）

基 础 参 数 表

基础名称	桩身直径 d（mm）	基础埋深 H（mm）	基础露头 H_0（mm）	主筋①	外箍筋②	外箍筋加密区长度（mm）	内箍筋③	单腿混凝土量（m³）	单腿钢筋量（kg）
1ZWK6a-550-02	700	6000	200	15 Φ 16	Φ 8@ 100/200	3500	Φ 14@ 1500	2.39	195.8
1ZWK6a-550-07	700	6000	700	11 Φ 20	Φ 8@ 100/200	3500	Φ 14@ 1500	2.58	232.4
1ZWK6a-550-12	700	6000	1200	13 Φ 20	Φ 8@ 100/200	3500	Φ 14@ 1500	2.77	282.4
1ZWK6a-550-17	700	6000	1700	15 Φ 20	Φ 8@ 100/200	3500	Φ 14@ 1500	2.96	340.1
1ZWK6a-550-22	700	6000	2200	14 Φ 22	Φ 8@ 100/200	3500	Φ 14@ 1500	3.16	398.7
1ZWK6a-550-27	700	6000	2700	12 Φ 25	Φ 8@ 100/200	3500	Φ 14@ 1500	3.35	460.0
1ZWK6b-550-02	700	6000	200	15 Φ 16	Φ 8@ 100/200	3500	Φ 14@ 1500	2.39	195.8
1ZWK6b-550-07	700	6000	700	11 Φ 20	Φ 8@ 100/200	3500	Φ 14@ 1500	2.58	232.4
1ZWK6b-550-12	700	6000	1200	13 Φ 20	Φ 8@ 100/200	3500	Φ 14@ 1500	2.77	282.4
1ZWK6b-550-17	700	6000	1700	15 Φ 20	Φ 8@ 100/200	3500	Φ 14@ 1500	2.96	340.1
1ZWK6b-550-22	700	6000	2200	14 Φ 22	Φ 8@ 100/200	3500	Φ 14@ 1500	3.16	398.7
1ZWK6b-550-27	700	6000	2700	12 Φ 25	Φ 8@ 100/200	3500	Φ 14@ 1500	3.35	460.0
1ZWK6c-550-02	700	6000	200	15 Φ 16	Φ 8@ 100/200	3500	Φ 14@ 1500	2.39	195.8
1ZWK6c-550-07	700	6000	700	11 Φ 20	Φ 8@ 100/200	3500	Φ 14@ 1500	2.58	232.4
1ZWK6c-550-12	700	6000	1200	13 Φ 20	Φ 8@ 100/200	3500	Φ 14@ 1500	2.77	282.4
1ZWK6c-550-17	700	6000	1700	15 Φ 20	Φ 8@ 100/200	3500	Φ 14@ 1500	2.96	340.1
1ZWK6c-550-22	700	6000	2200	14 Φ 22	Φ 8@ 100/200	3500	Φ 14@ 1500	3.16	398.7
1ZWK6c-550-27	700	6000	2700	12 Φ 25	Φ 8@ 100/200	3500	Φ 14@ 1500	3.35	460.0

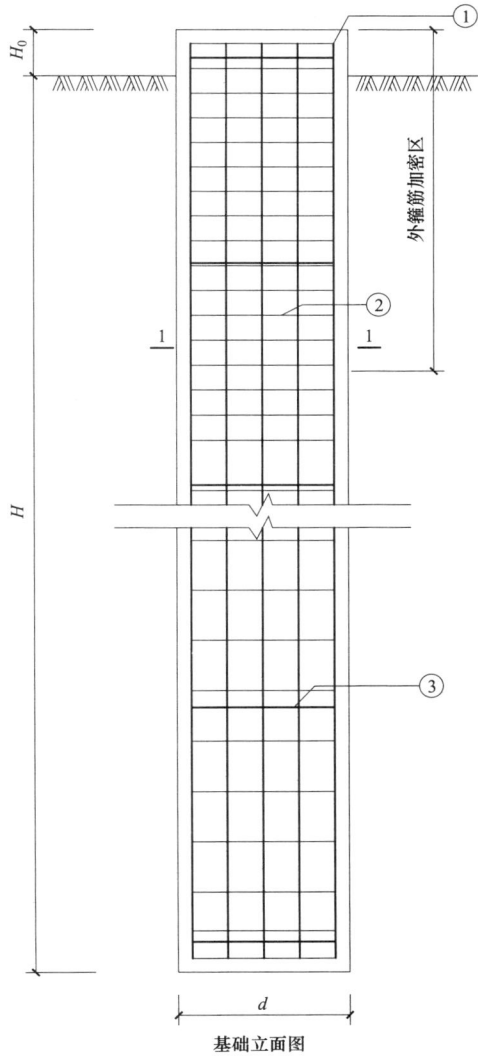

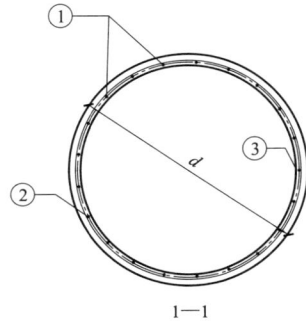

说明：1. 本基础适用于不受地下水影响的岩石地质条件。

2. 整体立塔时，混凝土的抗压强度应达到设计强度的100%。分解组塔时，混凝土必须达到抗压强度设计值的70%。

3. 基础根开及地脚螺栓间距与相应杆塔结构图核对无误后，方可施工。

4. 基础混凝土强度等级不应低于C25，主筋采用HRB400级钢筋，箍筋采用HPB300级钢筋。

5. ②号钢筋加密区箍筋间距100mm，非加密区箍筋间距200mm。可采用螺旋箍筋。

6. 主筋保护层不小于50mm。

7. 基础施工完毕后，做好基面排水处理。

8. 本基础按机械成孔施工方式，未考虑护壁工程量。

基础立面图

1—1

图 9.5-19 1ZWK6∗-550 挖孔桩基础施工图（一）

基 础 参 数 表

基础名称	桩身直径 d(mm)	基础埋深 H(mm)	基础露头 H_0(mm)	主筋①	外箍筋②	外箍筋加密区长度(mm)	内箍筋③	单腿混凝土量 (m³)	单腿钢筋量 (kg)
1ZWK6d-550-02	700	6000	200	15 Φ 16	Φ8@100/200	3500	Φ14@1500	2.39	195.8
1ZWK6d-550-07	700	6000	700	11 Φ 20	Φ8@100/200	3500	Φ14@1500	2.58	232.4
1ZWK6d-550-12	700	6000	1200	13 Φ 20	Φ8@100/200	3500	Φ14@1500	2.77	282.4
1ZWK6d-550-17	700	6000	1700	15 Φ 20	Φ8@100/200	3500	Φ14@1500	2.96	340.1
1ZWK6d-550-22	700	6000	2200	14 Φ 22	Φ8@100/200	3500	Φ14@1500	3.16	398.7
1ZWK6d-550-27	700	6000	2700	12 Φ 25	Φ8@100/200	3500	Φ14@1500	3.35	460.0
1ZWK6e-550-02	700	6000	200	15 Φ 16	Φ8@100/200	3500	Φ14@1500	2.39	195.8
1ZWK6e-550-07	700	6000	700	11 Φ 20	Φ8@100/200	3500	Φ14@1500	2.58	232.4
1ZWK6e-550-12	700	6000	1200	13 Φ 20	Φ8@100/200	3500	Φ14@1500	2.77	282.4
1ZWK6e-550-17	700	6000	1700	15 Φ 20	Φ8@100/200	3500	Φ14@1500	2.96	340.1
1ZWK6e-550-22	700	6000	2200	14 Φ 22	Φ8@100/200	3500	Φ14@1500	3.16	398.7
1ZWK6e-550-27	700	6000	2700	12 Φ 25	Φ8@100/200	3500	Φ14@1500	3.35	460.0
1ZWK6f-550-02	700	6000	200	15 Φ 16	Φ8@100/200	3500	Φ14@1500	2.39	195.8
1ZWK6f-550-07	700	6000	700	11 Φ 20	Φ8@100/200	3500	Φ14@1500	2.58	232.4
1ZWK6f-550-12	700	6000	1200	13 Φ 20	Φ8@100/200	3500	Φ14@1500	2.77	282.4
1ZWK6f-550-17	700	6000	1700	15 Φ 20	Φ8@100/200	3500	Φ14@1500	2.96	340.1
1ZWK6f-550-22	700	6000	2200	14 Φ 22	Φ8@100/200	3500	Φ14@1500	3.16	398.7
1ZWK6f-550-27	700	6000	2700	12 Φ 25	Φ8@100/200	3500	Φ14@1500	3.35	460.0

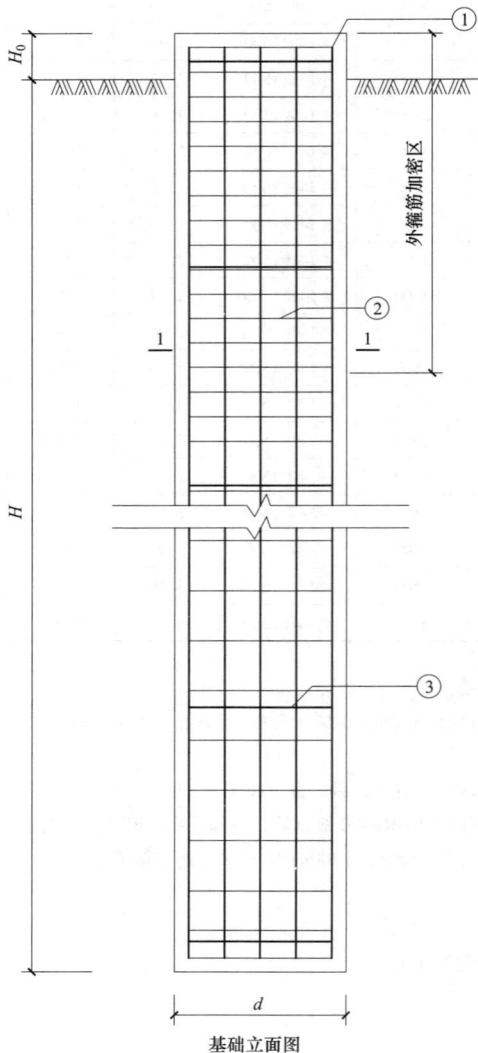

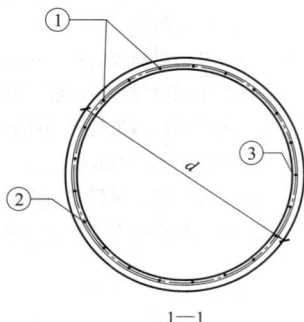

说明：1. 本基础适用于不受地下水影响的岩石地质条件。

2. 整体立塔时，混凝土的抗压强度应达到设计强度的 100%。分解组塔时，混凝土必须达到抗压强度设计值的 70%。

3. 基础根开及地脚螺栓间距与相应杆塔结构图核对无误后，方可施工。

4. 基础混凝土强度等级不应低于 C25，主筋采用 HRB400 级钢筋，箍筋采用 HPB300 级钢筋。

5. ②号钢筋加密区箍筋间距 100mm，非加密区箍筋间距 200mm。可采用螺旋箍筋。

6. 主筋保护层不小于 50mm。

7. 基础施工完毕后，做好基面排水处理。

8. 本基础按机械成孔施工方式，未考虑护壁工程量。

基础立面图

1—1

图 9.5-20　1ZWK6*-550 挖孔桩基础施工图（二）

基础参数表

基础名称	桩身直径 d(mm)	基础埋深 H(mm)	基础露头 H_0(mm)	主筋①	外箍筋②	外箍筋加密区长度(mm)	内箍筋③	单腿混凝土量 (m³)	单腿钢筋量 (kg)
1ZWK6a-600-02	700	6000	200	13 Φ 18	Φ 8@100/200	3500	Φ 14@1500	2.39	209.6
1ZWK6a-600-07	700	6000	700	12 Φ 20	Φ 8@100/200	3500	Φ 14@1500	2.58	248.6
1ZWK6a-600-12	700	6000	1200	12 Φ 22	Φ 8@100/200	3500	Φ 14@1500	2.77	308.8
1ZWK6a-600-17	700	6000	1700	14 Φ 22	Φ 8@100/200	3500	Φ 14@1500	2.96	376.3
1ZWK6a-600-22	700	6000	2200	15 Φ 22	Φ 8@100/200	3500	Φ 14@1500	3.16	422.8
1ZWK6a-600-27	700	6000	2700	17 Φ 22	Φ 8@100/200	3500	Φ 14@1500	3.35	498.6
1ZWK6b-600-02	700	6000	200	13 Φ 18	Φ 8@100/200	3500	Φ 14@1500	2.39	209.6
1ZWK6b-600-07	700	6000	700	12 Φ 20	Φ 8@100/200	3500	Φ 14@1500	2.58	248.6
1ZWK6b-600-12	700	6000	1200	12 Φ 22	Φ 8@100/200	3500	Φ 14@1500	2.77	308.8
1ZWK6b-600-17	700	6000	1700	14 Φ 22	Φ 8@100/200	3500	Φ 14@1500	2.96	376.3
1ZWK6b-600-22	700	6000	2200	15 Φ 22	Φ 8@100/200	3500	Φ 14@1500	3.16	422.8
1ZWK6b-600-27	700	6000	2700	17 Φ 22	Φ 8@100/200	3500	Φ 14@1500	3.35	498.6
1ZWK6c-600-02	700	6000	200	13 Φ 18	Φ 8@100/200	3500	Φ 14@1500	2.39	209.6
1ZWK6c-600-07	700	6000	700	12 Φ 20	Φ 8@100/200	3500	Φ 14@1500	2.58	248.6
1ZWK6c-600-12	700	6000	1200	12 Φ 22	Φ 8@100/200	3500	Φ 14@1500	2.77	308.8
1ZWK6c-600-17	700	6000	1700	14 Φ 22	Φ 8@100/200	3500	Φ 14@1500	2.96	376.3
1ZWK6c-600-22	700	6000	2200	15 Φ 22	Φ 8@100/200	3500	Φ 14@1500	3.16	422.8
1ZWK6c-600-27	700	6000	2700	17 Φ 22	Φ 8@100/200	3500	Φ 14@1500	3.35	498.6

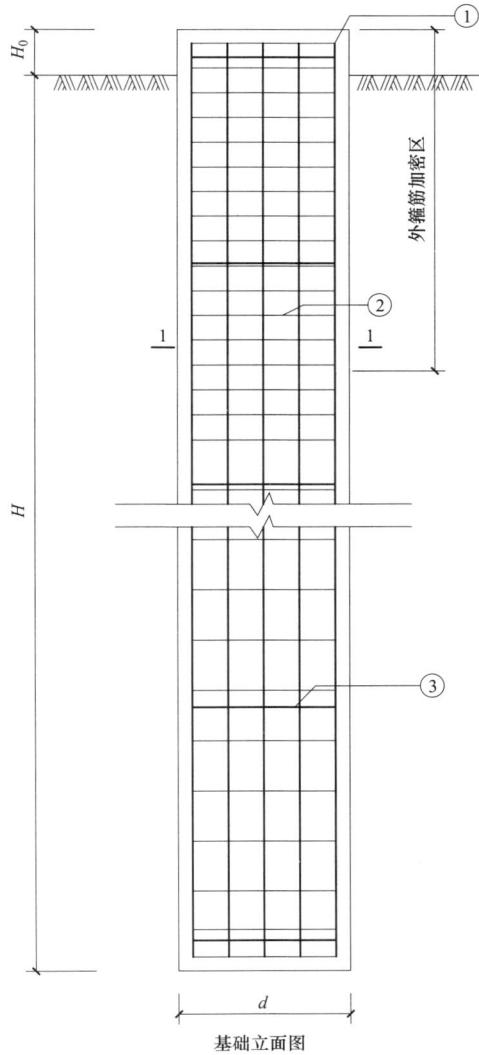

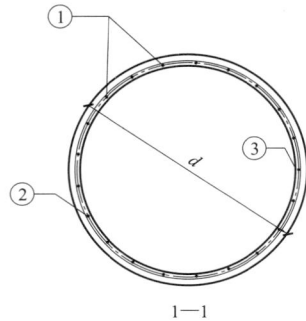

说明：1. 本基础适用于不受地下水影响的岩石地质条件。

2. 整体立塔时，混凝土的抗压强度应达到设计强度的 100%。分解组塔时，混凝土必须达到抗压强度设计值的 70%。

3. 基础根开及地脚螺栓间距与相应杆塔结构图核对无误后，方可施工。

4. 基础混凝土强度等级不应低于 C25，主筋采用 HRB400 级钢筋，箍筋采用 HPB300 级钢筋。

5. ②号钢筋加密区箍筋间距 100mm，非加密区箍筋间距 200mm。可采用螺旋箍筋。

6. 主筋保护层不小于 50mm。

7. 基础施工完毕后，做好基面排水处理。

8. 本基础按机械成孔施工方式，未考虑护壁工程量。

基础立面图

1—1

图 9.5-21　1ZWK6*-600 挖孔桩基础施工图（一）

基 础 参 数 表

基础名称	桩身直径 d(mm)	基础埋深 H(mm)	基础露头 H_0(mm)	主筋①	外箍筋②	外箍筋加密区长度(mm)	内箍筋③	单腿混凝土量(m^3)	单腿钢筋量(kg)
1ZWK6d-600-02	700	6000	200	13Φ18	Φ8@100/200	3500	Φ14@1500	2.39	209.6
1ZWK6d-600-07	700	6000	700	12Φ20	Φ8@100/200	3500	Φ14@1500	2.58	248.6
1ZWK6d-600-12	700	6000	1200	12Φ22	Φ8@100/200	3500	Φ14@1500	2.77	308.8
1ZWK6d-600-17	700	6000	1700	14Φ22	Φ8@100/200	3500	Φ14@1500	2.96	376.3
1ZWK6d-600-22	700	6000	2200	15Φ22	Φ8@100/200	3500	Φ14@1500	3.16	422.8
1ZWK6d-600-27	700	6000	2700	17Φ22	Φ8@100/200	3500	Φ14@1500	3.35	498.6
1ZWK6e-600-02	700	6000	200	13Φ18	Φ8@100/200	3500	Φ14@1500	2.39	209.6
1ZWK6e-600-07	700	6000	700	12Φ20	Φ8@100/200	3500	Φ14@1500	2.58	248.6
1ZWK6e-600-12	700	6000	1200	12Φ22	Φ8@100/200	3500	Φ14@1500	2.77	308.8
1ZWK6e-600-17	700	6000	1700	14Φ22	Φ8@100/200	3500	Φ14@1500	2.96	376.3
1ZWK6e-600-22	700	6000	2200	15Φ22	Φ8@100/200	3500	Φ14@1500	3.16	422.8
1ZWK6e-600-27	700	6000	2700	17Φ22	Φ8@100/200	3500	Φ14@1500	3.35	498.6
1ZWK6f-600-02	700	6000	200	13Φ18	Φ8@100/200	3500	Φ14@1500	2.39	209.6
1ZWK6f-600-07	700	6000	700	12Φ20	Φ8@100/200	3500	Φ14@1500	2.58	248.6
1ZWK6f-600-12	700	6000	1200	12Φ22	Φ8@100/200	3500	Φ14@1500	2.77	308.8
1ZWK6f-600-17	700	6000	1700	14Φ22	Φ8@100/200	3500	Φ14@1500	2.96	376.3
1ZWK6f-600-22	700	6000	2200	15Φ22	Φ8@100/200	3500	Φ14@1500	3.16	422.8
1ZWK6f-600-27	700	6000	2700	17Φ22	Φ8@100/200	3500	Φ14@1500	3.35	498.6

说明：1. 本基础适用于不受地下水影响的岩石地质条件。

2. 整体立塔时，混凝土的抗压强度应达到设计强度的100%。分解组塔时，混凝土必须达到抗压强度设计值的70%。

3. 基础根开及地脚螺栓间距与相应杆塔结构图核对无误后，方可施工。

4. 基础混凝土强度等级不应低于C25，主筋采用HRB400级钢筋，箍筋采用HPB300级钢筋。

5. ②号钢筋加密区箍筋间距100mm，非加密区箍筋间距200mm。可采用螺旋箍筋。

6. 主筋保护层不小于50mm。

7. 基础施工完毕后，做好基面排水处理。

8. 本基础按机械成孔施工方式，未考虑护壁工程量。

基础立面图

1—1

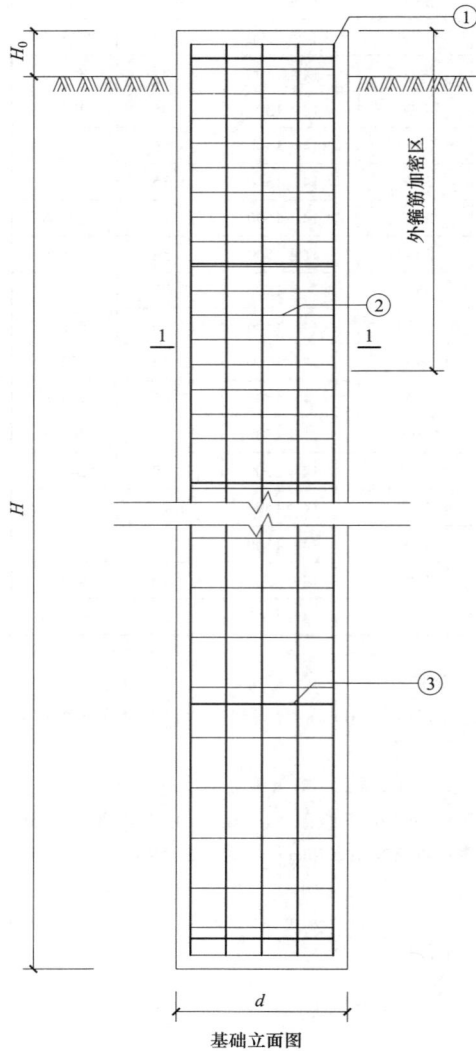

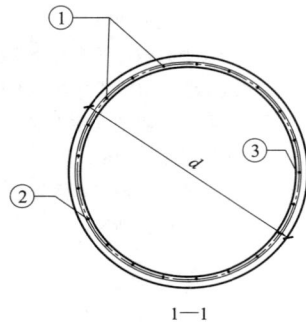

图 9.5-22 1ZWK6∗-600挖孔桩基础施工图（二）

第 10 章 1ZWK（K）模块

本模块为直线塔扩底挖孔桩基础模块，适用基础上拔力范围 100～600kN，适用于黏性土、粉土、黄土地质，包含 3 个子模块，共 144 个基础，20 张图纸，由四川咨询公司设计。

基础作用力见表 10.0-1，岩土类别及设计参数见表 10.0-2。

表 10.0-1　　　　基础作用力　　　　（kN）

电压等级（kV）	基础作用力代号	T	T_x	T_y	N	N_x	N_y
	100	100	14	14	130	18	18
	150	150	21	21	195	27	27
	200	200	28	28	260	36	36
	250	250	35	35	325	46	46
	300	300	42	42	390	55	55
110(66)	350	350	49	49	455	64	64
	400	400	56	56	520	73	73
	450	450	63	63	585	82	82
	500	500	70	70	650	91	91
	550	550	77	77	715	100	100
	600	600	84	84	780	109	109

表 10.0-2　　　　岩土类别及设计参数

序号	代号	岩土类别	m（kN/m⁴）	q_{sik}（kPa）	q_{pk}（kPa）
1	1h		35000	40	600
2	1i	黏性土	35000	60	1000
3	1j		35000	80	1400

续表 10.0-2

序号	代号	岩土类别	m（kN/m⁴）	q_{sik}（kPa）	q_{pk}（kPa）
4	2h		35000	20	600
5	2i	粉土	35000	40	800
6	2j		35000	60	1200
7	4h	黄土	14000	25	800

注　代号含义详见 5.2。

10.1　1ZWK（K）1 子模块

此子模块适用于黏性土地基，共包含 4 张图纸，基础施工图图纸清单见表 10.1-1。

表 10.1-1　　1ZWK（K）1 子模块基础施工图图纸清单

序号	图号	图　名	基础作用力(kN) $T/T_x/T_y$	基础作用力(kN) $N/N_x/N_y$
1	图 10.1-1	1ZWK(K)1*-400 挖孔桩基础施工图	400/56/56	520/73/73
2	图 10.1-2	1ZWK(K)1*-500 挖孔桩基础施工图	500/70/70	650/91/91
3	图 10.1-3	1ZWK(K)1*-550 挖孔桩基础施工图	550/77/77	715/100/100
4	图 10.1-4	1ZWK(K)1*-600 挖孔桩基础施工图	600/84/84	780/109/109

注　1*包含 1h、1i、1j 三种地质参数组合。

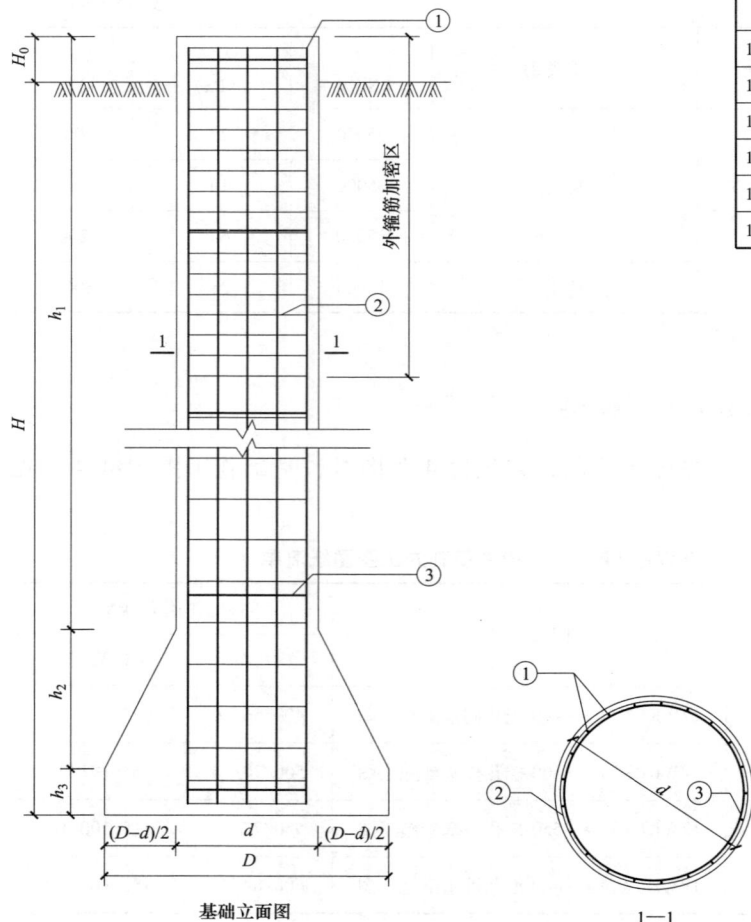

基 础 参 数 表

基础名称	桩身直径 d(mm)	扩底直径 D(mm)	基础埋深 H(mm)	主柱高 h_1(mm)	圆台高 h_2(mm)	下圆柱高 h_3(mm)	基础露头 H_0(mm)	主筋①	外箍筋②	外箍筋加密区长度(mm)	内箍筋③	单腿混凝土量(m^3)	单腿钢筋量(kg)
1ZWK(K)1h-400-02	600	1000	6200	5600	600	200	200	13Φ16	Φ8@100/200	3000	Φ14@1500	2.05	171.3
1ZWK(K)1h-400-07	600	1000	6200	6100	600	200	700	15Φ16	Φ8@100/200	3000	Φ14@1500	2.19	204.2
1ZWK(K)1h-400-12	600	1000	6200	6600	600	200	1200	11Φ20	Φ8@100/200	3000	Φ14@1500	2.33	242.9
1ZWK(K)1h-400-17	600	1000	6200	7100	600	200	1700	13Φ20	Φ8@100/200	3000	Φ14@1500	2.47	297.8
1ZWK(K)1h-400-22	600	1000	6200	7600	600	200	2200	15Φ20	Φ8@100/200	3000	Φ14@1500	2.61	356.6
1ZWK(K)1h-400-27	600	1000	6500	8400	600	200	2700	15Φ20	Φ8@100/200	3000	Φ14@1500	2.84	390.4

说明：1. 本基础适用于不受地下水影响的黏性土地质条件。

2. 整体立塔时，混凝土的抗压强度应达到设计强度的100%。分解组塔时，混凝土必须达到抗压强度设计值的70%。

3. 基础根开及地脚螺栓间距与相应杆塔结构图核对无误后，方可施工。

4. 基础混凝土强度等级不应低于C25，主筋采用HRB400级钢筋，箍筋采用HPB300级钢筋。

5. ②号钢筋加密区箍筋间距100mm，非加密区箍筋间距200mm。可采用螺旋箍筋。

6. 主筋保护层不小于50mm。

7. 基础施工完毕后，做好基面排水处理。

8. 本基础按机械成孔施工方式，未考虑护壁工程量。

图 10.1-1 1ZWK（K）1*-400 挖孔桩基础施工图

基 础 参 数 表

基础名称	桩身直径 d(mm)	扩底直径 D(mm)	基础埋深 H(mm)	主柱高 h_1(mm)	圆台高 h_2(mm)	下圆柱高 h_3(mm)	基础露头 H_0(mm)	主筋①	外箍筋②	外箍筋加密区长度(mm)	内箍筋③	单腿混凝土量(m^3)	单腿钢筋量(kg)
1ZWK（K）1h-500-02	700	1100	6400	5800	600	200	200	15Φ16	Φ8@100/200	3500	Φ14@1500	2.81	206.7
1ZWK（K）1h-500-07	700	1100	6400	6300	600	200	700	17Φ16	Φ8@100/200	3500	Φ14@1500	3.00	242.9
1ZWK（K）1h-500-12	700	1100	6400	6800	600	200	1200	16Φ18	Φ8@100/200	3500	Φ14@1500	3.19	298.2
1ZWK（K）1h-500-17	700	1100	6400	7300	600	200	1700	14Φ20	Φ8@100/200	3500	Φ14@1500	3.39	336.8
1ZWK（K）1h-500-22	700	1100	6400	7800	600	200	2200	16Φ20	Φ8@100/200	3500	Φ14@1500	3.58	397.3
1ZWK（K）1h-500-27	700	1100	6400	8300	600	200	2700	18Φ20	Φ8@100/200	3500	Φ14@1500	3.77	465.7

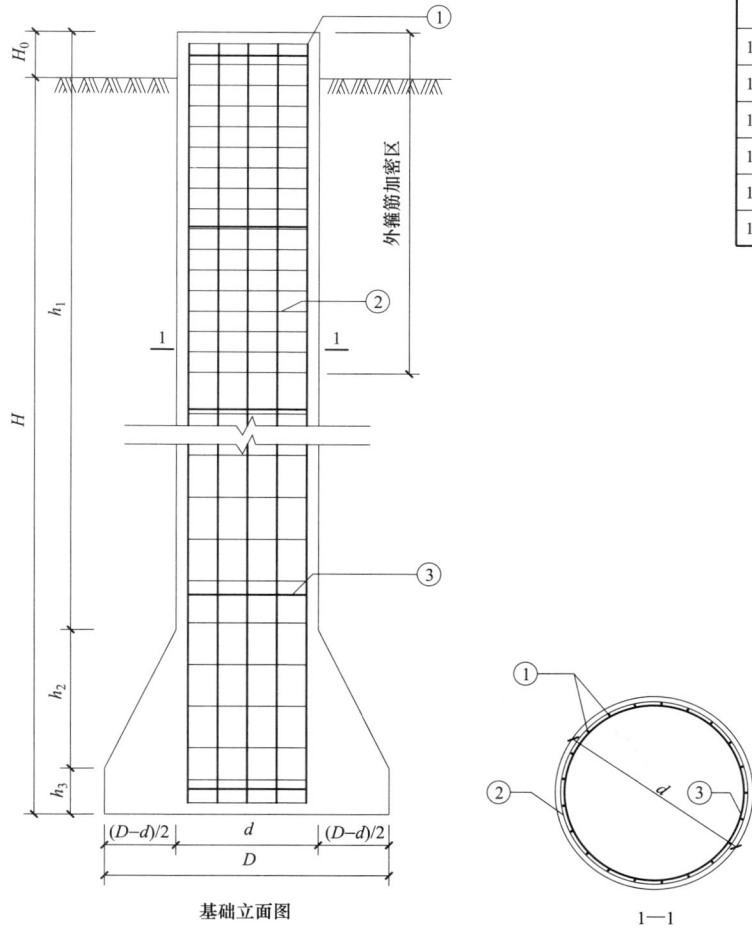

基础立面图

1—1

说明：1. 本基础适用于不受地下水影响的黏性土地质条件。

2. 整体立塔时，混凝土的抗压强度应达到设计强度的100%。分解组塔时，混凝土必须达到抗压强度设计值的70%。

3. 基础根开及地脚螺栓间距与相应杆塔结构图核对无误后，方可施工。

4. 基础混凝土强度等级不应低于 C25，主筋采用 HRB400 级钢筋，箍筋采用 HPB300 级钢筋。

5. ②号钢筋加密区箍筋间距100mm，非加密区箍筋间距200mm。可采用螺旋箍筋。

6. 主筋保护层不小于 50mm。

7. 基础施工完毕后，做好基面排水处理。

8. 本基础按机械成孔施工方式，未考虑护壁工程量。

图 10.1-2　1ZWK（K）1＊-500挖孔桩基础施工图

基 础 参 数 表

基础名称	桩身直径 d(mm)	扩底直径 D(mm)	基础埋深 H(mm)	主柱高 h_1(mm)	圆台高 h_2(mm)	下圆柱高 h_3(mm)	基础露头 H_0(mm)	主筋①	外箍筋②	外箍筋加密区长度(mm)	内箍筋③	单腿混凝土量(m^3)	单腿钢筋量(kg)
1ZWK(K)1h-550-02	700	1300	6400	5500	900	200	200	13Φ18	Φ8@100/200	3500	Φ14@1500	3.11	221.5
1ZWK(K)1h-550-07	700	1300	6400	6000	900	200	700	15Φ18	Φ8@100/200	3500	Φ14@1500	3.30	264.6
1ZWK(K)1h-550-12	700	1300	6400	6500	900	200	1200	17Φ18	Φ8@100/200	3500	Φ14@1500	3.50	313.1
1ZWK(K)1h-550-17	700	1300	6400	7000	900	200	1700	16Φ20	Φ8@100/200	3500	Φ14@1500	3.69	376.1
1ZWK(K)1h-550-22	700	1300	6400	7500	900	200	2200	18Φ20	Φ8@100/200	3500	Φ14@1500	3.88	439.2
1ZWK(K)1h-550-27	700	1300	6400	8000	900	200	2700	16Φ22	Φ8@100/200	3500	Φ14@1500	4.07	495.7

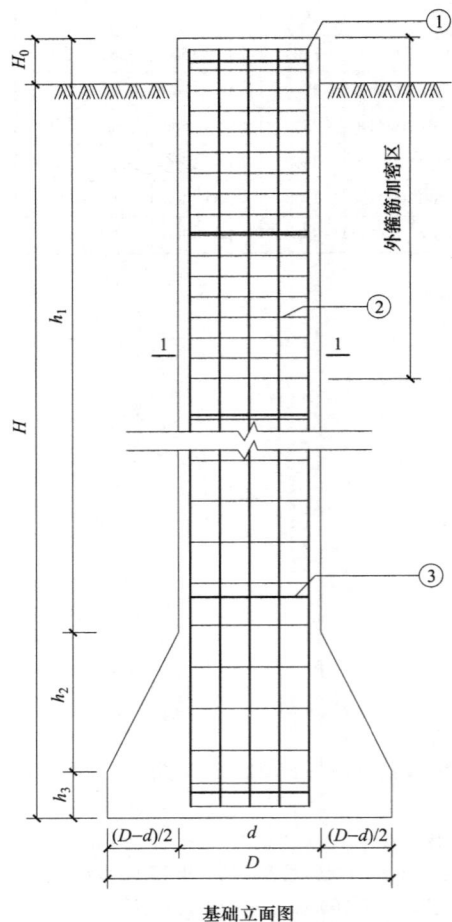

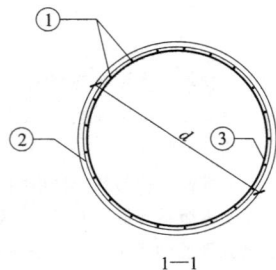

基础立面图

1—1

说明：1. 本基础适用于不受地下水影响的黏性土地质条件。

2. 整体立塔时，混凝土的抗压强度应达到设计强度的100%。分解组塔时，混凝土必须达到抗压强度设计值的70%。

3. 基础根开及地脚螺栓间距与相应杆塔结构图核对无误后，方可施工。

4. 基础混凝土强度等级不应低于C25，主筋采用HRB400级钢筋，箍筋采用HPB300级钢筋。

5. ②号钢筋加密区箍筋间距100mm，非加密区箍筋间距200mm。可采用螺旋箍筋。

6. 主筋保护层不小于50mm。

7. 基础施工完毕后，做好基面排水处理。

8. 本基础按机械成孔施工方式，未考虑护壁工程量。

图 10.1-3 1ZWK（K）1*-550 挖孔桩基础施工图

基 础 参 数 表

基础名称	桩身直径 d(mm)	扩底直径 D(mm)	基础埋深 H(mm)	主柱高 h_1(mm)	圆台高 h_2(mm)	下圆柱高 h_3(mm)	基础露头 H_0(mm)	主筋①	外箍筋②	外箍筋加密区长度(mm)	内箍筋③	单腿混凝土量(m^3)	单腿钢筋量(kg)
1ZWK（K）1h-600-02	700	1300	7200	6300	900	200	200	14ϕ18	Φ8@100/200	3500	Φ14@1500	3.42	259.8
1ZWK（K）1h-600-07	700	1300	7200	6800	900	200	700	13ϕ20	Φ8@100/200	3500	Φ14@1500	3.61	309.9
1ZWK（K）1h-600-12	700	1300	7200	7300	900	200	1200	15ϕ20	Φ8@100/200	3500	Φ14@1500	3.80	368.3
1ZWK（K）1h-600-17	700	1300	7200	7800	900	200	1700	17ϕ20	Φ8@100/200	3500	Φ14@1500	4.00	432.3
1ZWK（K）1h-600-22	700	1300	7200	8300	900	200	2200	16ϕ22	Φ8@100/200	3500	Φ14@1500	4.19	510.8
1ZWK（K）1h-600-27	800	1200	6600	8500	600	200	2700	16ϕ22	Φ8@100/200	4000	Φ14@1500	4.98	519.2

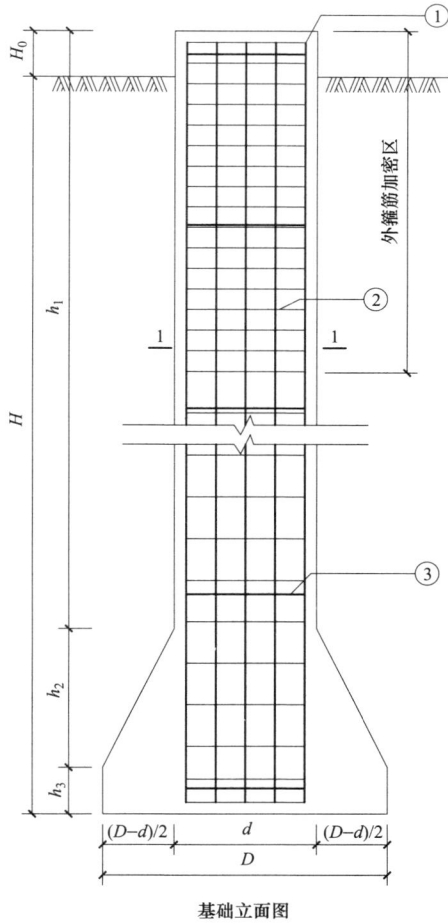

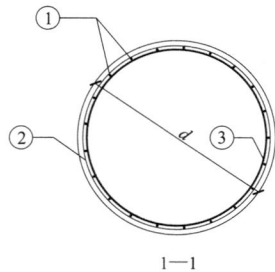

基础立面图

1—1

说明：1. 本基础适用于不受地下水影响的黏性土地质条件。

2. 整体立塔时，混凝土的抗压强度应达到设计强度的100%。分解组塔时，混凝土必须达到抗压强度设计值的70%。

3. 基础根开及地脚螺栓间距与相应杆塔结构图核对无误后，方可施工。

4. 基础混凝土强度等级不应低于C25，主筋采用HRB400级钢筋，箍筋采用HPB300级钢筋。

5. ②号钢筋加密区箍筋间距100mm，非加密区箍筋间距200mm。可采用螺旋箍筋。

6. 主筋保护层不小于50mm。

7. 基础施工完毕后，做好基面排水处理。

8. 本基础按机械成孔施工方式，未考虑护壁工程量。

图 10.1-4 1ZWK（K）1*-600挖孔桩基础施工图

10.2 1ZWK（K）2子模块

此子模块适用于粉土地基，共包含 8 张图纸，基础施工图图纸清单见表 10.2-1。

表 10.2-1　　1ZWK（K）2 子模块基础施工图图纸清单

序号	图号	图　名	基础作用力（kN）	
			$T/T_x/T_y$	$N/N_x/N_y$
1	图 10.2-1	1ZWK(K)2*-250 挖孔桩基础施工图	250/35/35	325/46/46
2	图 10.2-2	1ZWK(K)2*-300 挖孔桩基础施工图	300/42/42	390/55/55
3	图 10.2-3	1ZWK(K)2*-350 挖孔桩基础施工图	350/49/49	455/64/64
4	图 10.2-4	1ZWK(K)2*-400 挖孔桩基础施工图	400/56/56	520/73/73
5	图 10.2-5	1ZWK(K)2*-450 挖孔桩基础施工图	450/63/63	585/82/82
6	图 10.2-6	1ZWK(K)2*-500 挖孔桩基础施工图	500/70/70	650/91/91
7	图 10.2-7	1ZWK(K)2*-550 挖孔桩基础施工图	550/77/77	715/100/100
8	图 10.2-8	1ZWK(K)2*-600 挖孔桩基础施工图	600/84/84	780/109/109

注　2* 包含 2h、2i、2j 三种地质参数组合。

基础立面图

1—1

基 础 参 数 表

基础名称	桩身直径 d(mm)	扩底直径 D(mm)	基础埋深 H(mm)	主柱高 h_1(mm)	圆台高 h_2(mm)	下圆柱高 h_3(mm)	基础露头 H_0(mm)	主筋①	外箍筋②	外箍筋加密区长度(mm)	内箍筋③	单腿混凝土量(m³)	单腿钢筋量(kg)
1ZWK(K)2h-250-02	600	1000	6600	6000	600	200	200	11 ϕ 14	Φ 8@ 100/200	3000	Φ 14@ 1500	2.16	132.6
1ZWK(K)2h-250-07	600	1000	6600	6500	600	200	700	12 ϕ 14	Φ 8@ 100/200	3000	Φ 14@ 1500	2.30	149.2
1ZWK(K)2h-250-12	600	1000	6600	7000	600	200	1200	14 ϕ 14	Φ 8@ 100/200	3000	Φ 14@ 1500	2.44	178.6
1ZWK(K)2h-250-17	600	1000	6600	7500	600	200	1700	12 ϕ 16	Φ 8@ 100/200	3000	Φ 14@ 1500	2.59	204.8
1ZWK(K)2h-250-22	600	1000	6600	8000	600	200	2200	14 ϕ 16	Φ 8@ 100/200	3000	Φ 14@ 1500	2.73	243.5
1ZWK(K)2h-250-27	600	1000	6600	8500	600	200	2700	15 ϕ 16	Φ 8@ 100/200	3000	Φ 14@ 1500	2.87	272.1

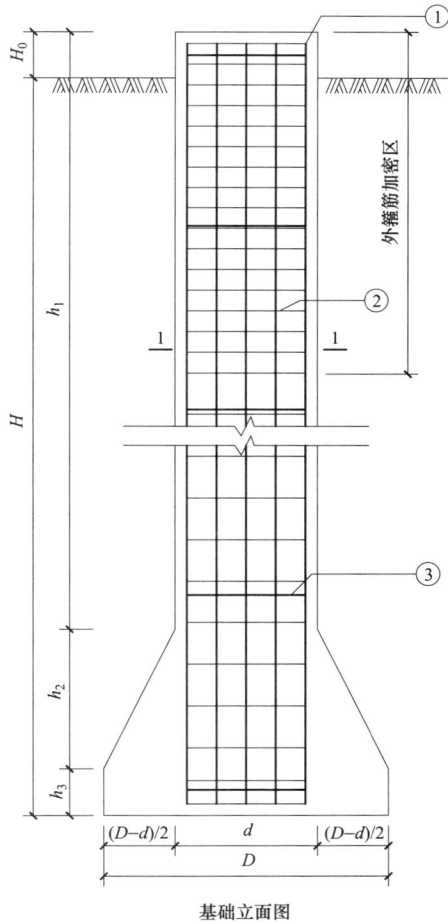

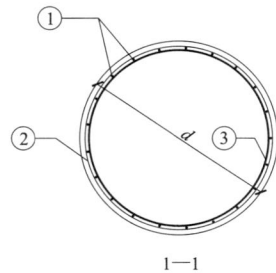

说明：1. 本基础适用于不受地下水影响的粉土地质条件。

2. 整体立塔时，混凝土的抗压强度应达到设计强度的 100%。分解组塔时，混凝土必须达到抗压强度设计值的 70%。

3. 基础根开及地脚螺栓间距与相应杆塔结构图核对无误后，方可施工。

4. 基础混凝土强度等级不应低于 C25，主筋采用 HRB400 级钢筋，箍筋采用 HPB300 级钢筋。

5. ②号钢筋加密区箍筋间距 100mm，非加密区箍筋间距 200mm。可采用螺旋箍筋。

6. 主筋保护层不小于 50mm。

7. 基础施工完毕后，做好基面排水处理。

8. 本基础按机械成孔施工方式，未考虑护壁工程量。

图 10.2-1　1ZWK（K）2＊-250 挖孔桩基础施工图

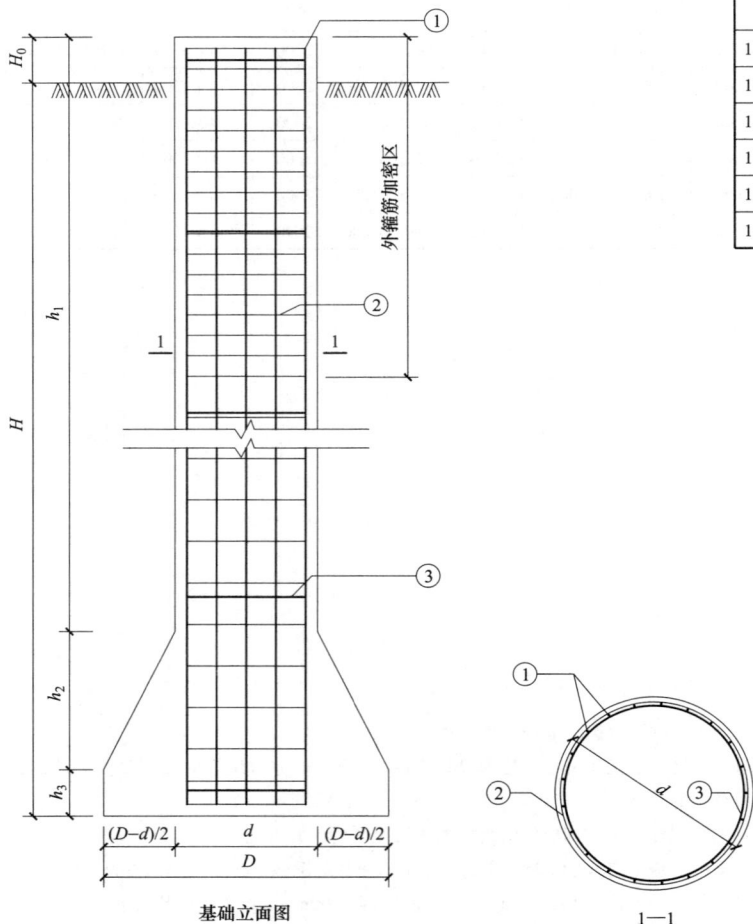

基础立面图

1—1

基 础 参 数 表

基础名称	桩身直径 d(mm)	扩底直径 D(mm)	基础埋深 H(mm)	主柱高 h_1(mm)	圆台高 h_2(mm)	下圆柱高 h_3(mm)	基础露头 H_0(mm)	主筋①	外箍筋②	外箍筋加密区长度(mm)	内箍筋③	单腿混凝土量(m^3)	单腿钢筋量(kg)
1ZWK(K)2h-300-02	600	1000	8000	7400	600	200	200	12 Φ 14	Φ8@ 100/200	3000	Φ14@ 1500	2.56	167.1
1ZWK(K)2h-300-07	600	1000	8000	7900	600	200	700	11 Φ 16	Φ8@ 100/200	3000	Φ14@ 1500	2.70	200.1
1ZWK(K)2h-300-12	600	1000	8000	8400	600	200	1200	13 Φ 16	Φ8@ 100/200	3000	Φ14@ 1500	2.84	241.0
1ZWK(K)2h-300-17	600	1000	8000	8900	600	200	1700	15 Φ 16	Φ8@ 100/200	3000	Φ14@ 1500	2.98	282.8
1ZWK(K)2h-300-22	600	1000	8000	9400	600	200	2200	13 Φ 18	Φ8@ 100/200	3000	Φ14@ 1500	3.12	319.5
1ZWK(K)2h-300-27	600	1000	8000	9900	600	200	2700	12 Φ 20	Φ8@ 100/200	3000	Φ14@ 1500	3.26	373.7

说明：1. 本基础适用于不受地下水影响的粉土地质条件。

2. 整体立塔时，混凝土的抗压强度应达到设计强度的 100%。分解组塔时，混凝土必须达到抗压强度设计值的 70%。

3. 基础根开及地脚螺栓间距与相应杆塔结构图核对无误后，方可施工。

4. 基础混凝土强度等级不应低于 C25，主筋采用 HRB400 级钢筋，箍筋采用 HPB300 级钢筋。

5. ②号钢筋加密区箍筋间距 100mm，非加密区箍筋间距 200mm。可采用螺旋箍筋。

6. 主筋保护层不小于 50mm。

7. 基础施工完毕后，做好基面排水处理。

8. 本基础按机械成孔施工方式，未考虑护壁工程量。

图 10.2-2　1ZWK（K）2＊-300 挖孔桩基础施工图

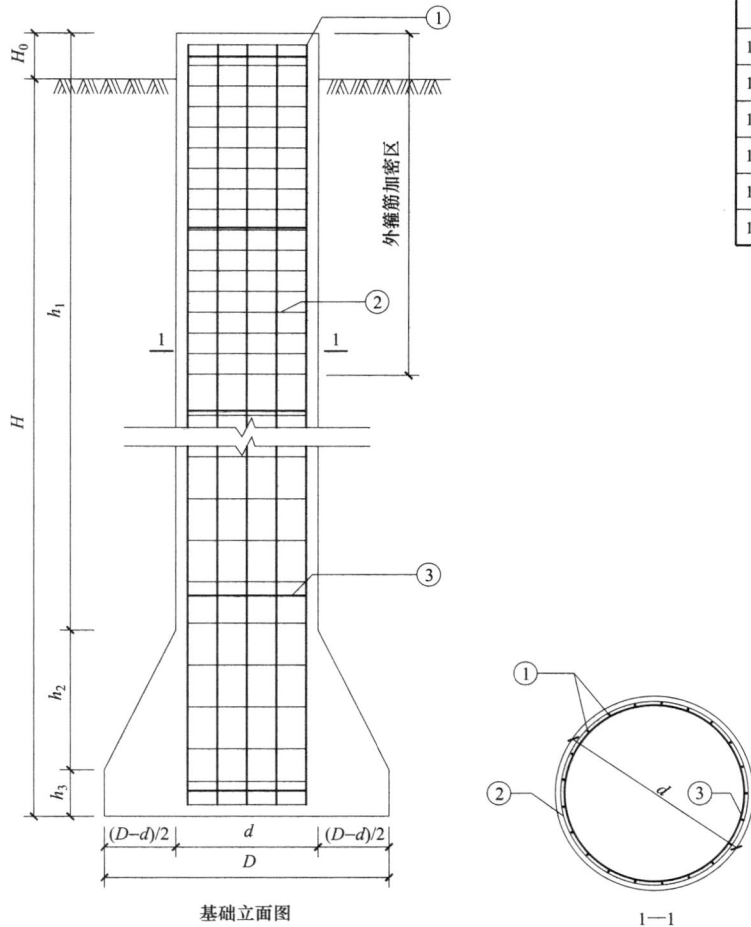

基础名称	桩身直径 d(mm)	扩底直径 D(mm)	基础埋深 H(mm)	主柱高 h_1(mm)	圆台高 h_2(mm)	下圆柱高 h_3(mm)	基础露头 H_0(mm)	主筋①	外箍筋②	外箍筋加密区长度(mm)	内箍筋③	单腿混凝土量(m³)	单腿钢筋量(kg)
1ZWK(K)2h-350-02	600	1000	9600	9000	600	200	200	14 Φ 14	Φ 8@ 100/200	3000	Φ 14@ 1500	3.01	220.5
1ZWK(K)2h-350-07	600	1000	9600	9500	600	200	700	13 Φ 16	Φ 8@ 100/200	3000	Φ 14@ 1500	3.15	266.7
1ZWK(K)2h-350-12	600	1000	9600	10000	600	200	1200	15 Φ 16	Φ 8@ 100/200	3000	Φ 14@ 1500	3.29	314.3
1ZWK(K)2h-350-17	600	1000	9600	10500	600	200	1700	11 Φ 20	Φ 8@ 100/200	3000	Φ 14@ 1500	3.43	365.8
1ZWK(K)2h-350-22	600	1000	9600	11000	600	200	2200	13 Φ 20	Φ 8@ 100/200	3000	Φ 14@ 1500	3.58	438.8
1ZWK(K)2h-350-27	600	1000	9600	11500	600	200	2700	14 Φ 20	Φ 8@ 100/200	3000	Φ 14@ 1500	3.72	487.8

基础立面图

1—1

说明：1. 本基础适用于不受地下水影响的粉土地质条件。

2. 整体立塔时，混凝土的抗压强度应达到设计强度的 100%。分解组塔时，混凝土必须达到抗压强度设计值的 70%。

3. 基础根开及地脚螺栓间距与相应杆塔结构图核对无误后，方可施工。

4. 基础混凝土强度等级不应低于 C25，主筋采用 HRB400 级钢筋，箍筋采用 HPB300 级钢筋。

5. ②号钢筋加密区箍筋间距 100mm，非加密区箍筋间距 200mm。可采用螺旋箍筋。

6. 主筋保护层不小于 50mm。

7. 基础施工完毕后，做好基面排水处理。

8. 本基础按机械成孔施工方式，未考虑护壁工程量。

图 10.2-3　1ZWK（K）2＊-350 挖孔桩基础施工图

基 础 参 数 表

基础名称	桩身直径 d(mm)	扩底直径 D(mm)	基础埋深 H(mm)	主柱高 h_1(mm)	圆台高 h_2(mm)	下圆柱高 h_3(mm)	基础露头 H_0(mm)	主筋①	外箍筋②	外箍筋加密区长度(mm)	内箍筋③	单腿混凝土量(m^3)	单腿钢筋量(kg)
1ZWK(K)2h-400-02	600	1000	11200	10600	600	200	200	13Φ16	Φ8@100/200	3000	Φ14@1500	3.46	294.8
1ZWK(K)2h-400-07	600	1000	11200	11100	600	200	700	15Φ16	Φ8@100/200	3000	Φ14@1500	3.60	343.5
1ZWK(K)2h-400-12	600	1000	11200	11600	600	200	1200	11Φ20	Φ8@100/200	3000	Φ14@1500	3.74	401.1
1ZWK(K)2h-400-17	600	1000	11200	12100	600	200	1700	13Φ20	Φ8@100/200	3000	Φ14@1500	3.89	478.9
1ZWK(K)2h-400-22	600	1000	11200	12600	600	200	2200	15Φ20	Φ8@100/200	3000	Φ14@1500	4.03	562.3
1ZWK(K)2h-400-27	700	1300	8200	9800	900	200	2700	14Φ20	Φ8@100/200	3500	Φ14@1500	4.77	448.1
1ZWK(K)2i-400-02	600	1000	6200	5600	600	200	200	13Φ16	Φ8@100/200	3000	Φ14@1500	2.05	171.3
1ZWK(K)2i-400-07	600	1000	6200	6100	600	200	700	15Φ16	Φ8@100/200	3000	Φ14@1500	2.19	204.2
1ZWK(K)2i-400-12	600	1000	6200	6600	600	200	1200	11Φ20	Φ8@100/200	3000	Φ14@1500	2.33	242.9
1ZWK(K)2i-400-17	600	1000	6200	7100	600	200	1700	13Φ20	Φ8@100/200	3000	Φ14@1500	2.47	297.8
1ZWK(K)2i-400-22	600	1000	6200	7600	600	200	2200	15Φ20	Φ8@100/200	3000	Φ14@1500	2.61	356.6
1ZWK(K)2i-400-27	700	1100	6000	7900	600	200	2700	14Φ20	Φ8@100/200	3500	Φ14@1500	3.62	359.7

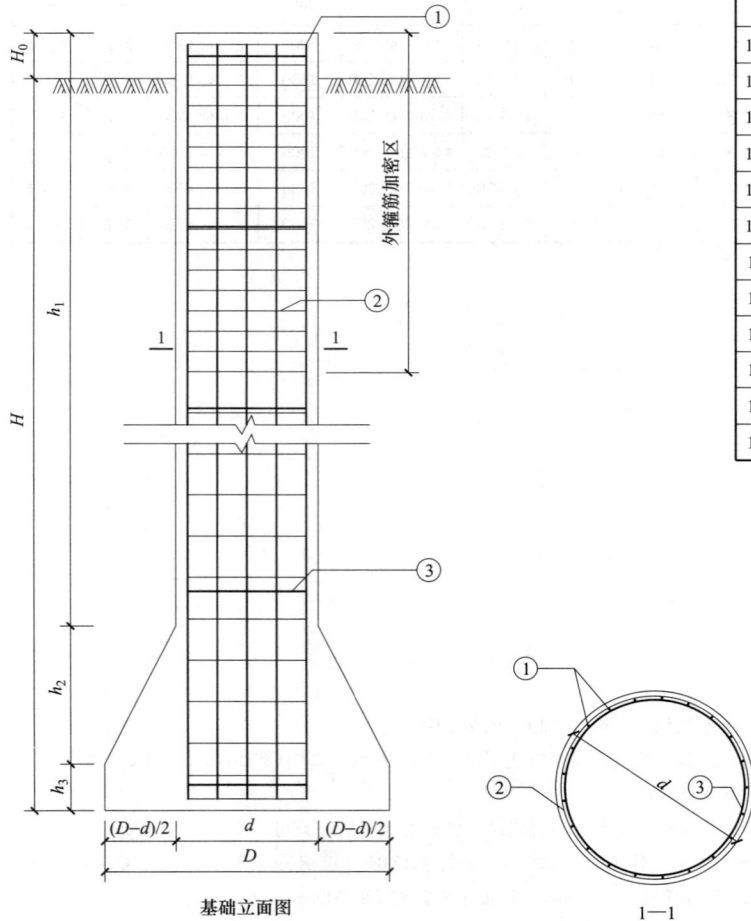

基础立面图

1—1

说明：1. 本基础适用于不受地下水影响的粉土地质条件。

2. 整体立塔时，混凝土的抗压强度应达到设计强度的100%。分解组塔时，混凝土必须达到抗压强度设计值的70%。

3. 基础根开及地脚螺栓间距与相应杆塔结构图核对无误后，方可施工。

4. 基础混凝土强度等级不应低于C25，主筋采用HRB400级钢筋，箍筋采用HPB300级钢筋。

5. ②号钢筋加密区箍筋间距100mm，非加密区箍筋间距200mm。可采用螺旋箍筋。

6. 主筋保护层不小于50mm。

7. 基础施工完毕后，做好基面排水处理。

8. 本基础按机械成孔施工方式，未考虑护壁工程量。

图 10.2-4 1ZWK（K）2∗-400 挖孔桩基础施工图

基 础 参 数 表

基础名称	桩身直径 d(mm)	扩底直径 D(mm)	基础埋深 H(mm)	主柱高 h₁(mm)	圆台高 h₂(mm)	下圆柱高 h₃(mm)	基础露头 H₀(mm)	主筋①	外箍筋②	外箍筋加密区长度(mm)	内箍筋③	单腿混凝土量(m³)	单腿钢筋量(kg)
1ZWK(K)2h-450-02	700	1300	9400	8500	900	200	200	18Φ14	Φ8@100/200	3500	Φ14@1500	4.26	275.2
1ZWK(K)2h-450-07	700	1300	9400	9000	900	200	700	12Φ18	Φ8@100/200	3500	Φ14@1500	4.46	310.2
1ZWK(K)2h-450-12	700	1300	9400	9500	900	200	1200	14Φ18	Φ8@100/200	3500	Φ14@1500	4.65	367.6
1ZWK(K)2h-450-17	700	1300	9400	10000	900	200	1700	16Φ18	Φ8@100/200	3500	Φ14@1500	4.84	427.8
1ZWK(K)2h-450-22	700	1300	9400	10500	900	200	2200	14Φ20	Φ8@100/200	3500	Φ14@1500	5.03	474.6
1ZWK(K)2h-450-27	700	1300	9400	11000	900	200	2700	13Φ22	Φ8@100/200	3500	Φ14@1500	5.23	547.1

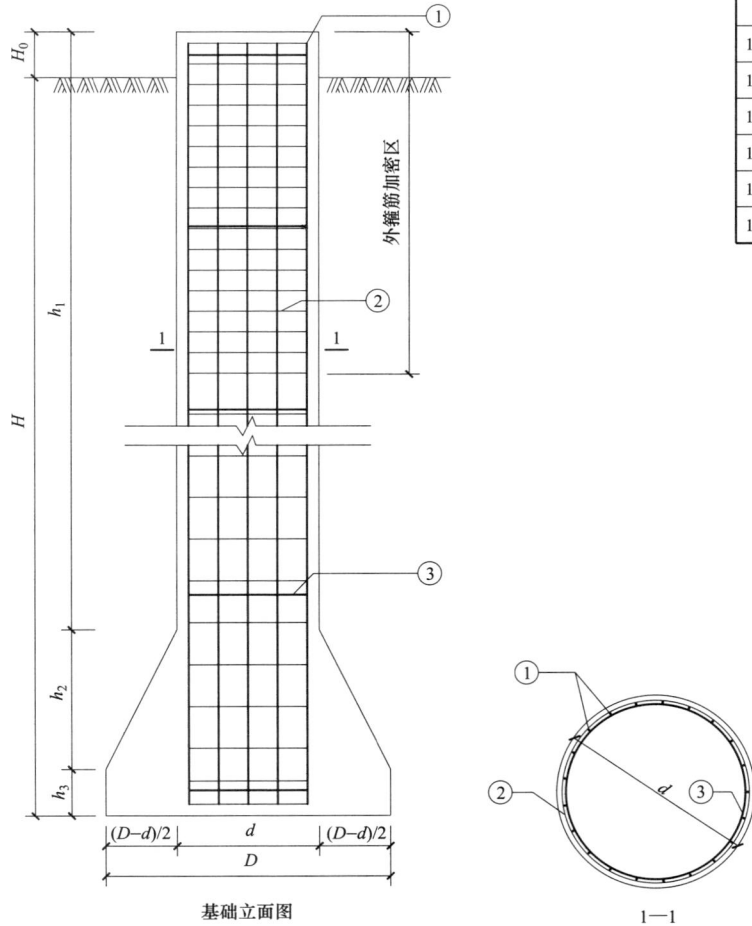

基础立面图

1—1

说明：1. 本基础适用于不受地下水影响的粉土地质条件。

2. 整体立塔时，混凝土的抗压强度应达到设计强度的100%。分解组塔时，混凝土必须达到抗压强度设计值的70%。

3. 基础根开及地脚螺栓间距与相应杆塔结构图核对无误后，方可施工。

4. 基础混凝土强度等级不应低于C25，主筋采用HRB400级钢筋，箍筋采用HPB300级钢筋。

5. ②号钢筋加密区箍筋间距100mm，非加密区箍筋间距200mm。可采用螺旋箍筋。

6. 主筋保护层不小于50mm。

7. 基础施工完毕后，做好基面排水处理。

8. 本基础按机械成孔施工方式，未考虑护壁工程量。

图 10.2-5　1ZWK（K）2*-450挖孔桩基础施工图

基 础 参 数 表

基础名称	桩身直径 d(mm)	扩底直径 D(mm)	基础埋深 H(mm)	主柱高 h_1(mm)	圆台高 h_2(mm)	下圆柱高 h_3(mm)	基础露头 H_0(mm)	主筋①	外箍筋②	外箍筋加密区长度(mm)	内箍筋③	单腿混凝土量(m^3)	单腿钢筋量(kg)
1ZWK(K)2h-500-02	700	1300	10600	9700	900	200	200	15⌀16	Φ8@100/200	3500	Φ14@1500	4.73	328.3
1ZWK(K)2h-500-07	700	1300	10600	10200	900	200	700	17⌀16	Φ8@100/200	3500	Φ14@1500	4.92	377.7
1ZWK(K)2h-500-12	700	1300	10600	10700	900	200	1200	16⌀18	Φ8@100/200	3500	Φ14@1500	5.11	452.4
1ZWK(K)2h-500-17	700	1300	10600	11200	900	200	1700	14⌀20	Φ8@100/200	3500	Φ14@1500	5.30	503.8
1ZWK(K)2h-500-22	700	1300	10600	11700	900	200	2200	16⌀20	Φ8@100/200	3500	Φ14@1500	5.50	585.1
1ZWK(K)2h-500-27	700	1300	10600	12200	900	200	2700	18⌀20	Φ8@100/200	3500	Φ14@1500	5.69	672.1
1ZWK(K)2i-500-02	700	1100	6400	5800	600	200	200	15⌀16	Φ8@100/200	3500	Φ14@1500	2.81	206.7
1ZWK(K)2i-500-07	700	1100	6400	6300	600	200	700	17⌀16	Φ8@100/200	3500	Φ14@1500	3.00	242.9
1ZWK(K)2i-500-12	700	1100	6400	6800	600	200	1200	16⌀18	Φ8@100/200	3500	Φ14@1500	3.19	298.2
1ZWK(K)2i-500-17	700	1100	6400	7300	600	200	1700	14⌀20	Φ8@100/200	3500	Φ14@1500	3.39	336.8
1ZWK(K)2i-500-22	700	1100	6400	7800	600	200	2200	16⌀20	Φ8@100/200	3500	Φ14@1500	3.58	397.3
1ZWK(K)2i-500-27	700	1100	6400	8300	600	200	2700	18⌀20	Φ8@100/200	3500	Φ14@1500	3.77	465.7

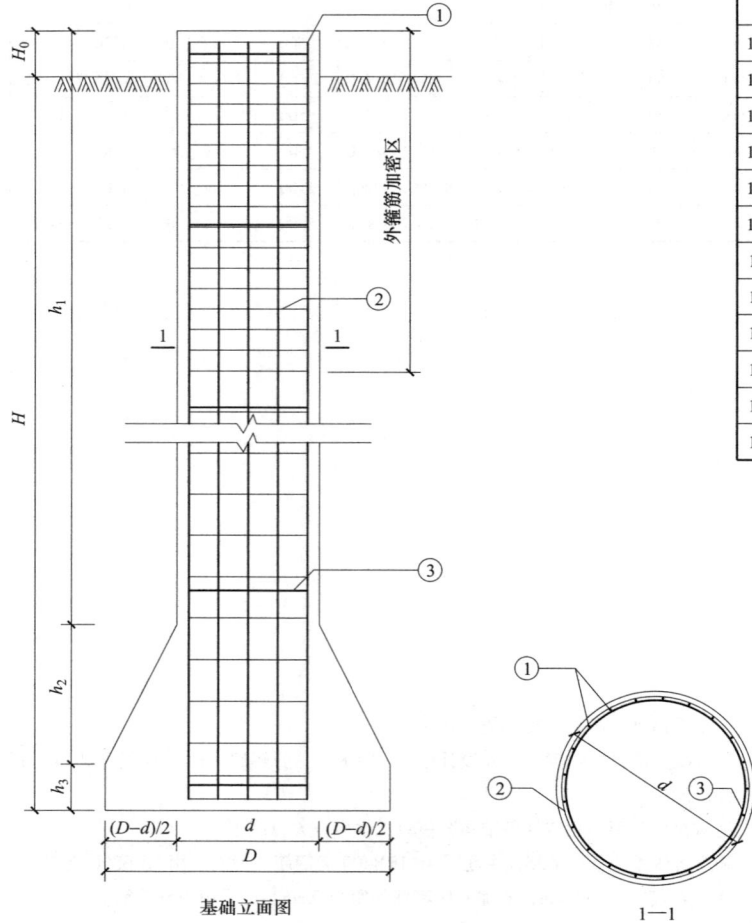

基础立面图

1—1

说明：1. 本基础适用于不受地下水影响的粉土地质条件。

2. 整体立塔时，混凝土的抗压强度应达到设计强度的100%。分解组塔时，混凝土必须达到抗压强度设计值的70%。

3. 基础根开及地脚螺栓间距与相应杆塔结构图核对无误后，方可施工。

4. 基础混凝土强度等级不应低于C25，主筋采用HRB400级钢筋，箍筋采用HPB300级钢筋。

5. ②号钢筋加密区箍筋间距100mm，非加密区箍筋间距200mm。可采用螺旋箍筋。

6. 主筋保护层不小于50mm。

7. 基础施工完毕后，做好基面排水处理。

8. 本基础按机械成孔施工方式，未考虑护壁工程量。

图 10.2-6　1ZWK（K）2＊-500挖孔桩基础施工图

基 础 参 数 表

基础名称	桩身直径 d(mm)	扩底直径 D(mm)	基础埋深 H(mm)	主柱高 h_1(mm)	圆台高 h_2(mm)	下圆柱高 h_3(mm)	基础露头 H_0(mm)	主筋①	外箍筋②	外箍筋加密区长度 (mm)	内箍筋③	单腿混凝土量 (m^3)	单腿钢筋量 (kg)
1ZWK（K）2h-550-02	700	1100	12600	12000	600	200	200	13 Φ 18	Φ 8@ 100/200	3500	Φ 14@ 1500	5.20	414.2
1ZWK（K）2h-550-07	700	1100	12600	12500	600	200	700	15 Φ 18	Φ 8@ 100/200	3500	Φ 14@ 1500	5.39	482.1
1ZWK（K）2h-550-12	700	1100	12600	13000	600	200	1200	17 Φ 18	Φ 8@ 100/200	3500	Φ 14@ 1500	5.58	555.4
1ZWK（K）2h-550-17	700	1100	12600	13500	600	200	1700	16 Φ 20	Φ 8@ 100/200	3500	Φ 14@ 1500	5.77	652.4
1ZWK（K）2h-550-22	700	1100	12600	14000	600	200	2200	18 Φ 20	Φ 8@ 100/200	3500	Φ 14@ 1500	5.97	746.0
1ZWK（K）2h-550-27	700	1100	12600	14500	600	200	2700	16 Φ 22	Φ 8@ 100/200	3500	Φ 14@ 1500	6.16	823.3
1ZWK（K）2i-550-02	700	1300	6400	5500	900	200	200	13 Φ 18	Φ 8@ 100/200	3500	Φ 14@ 1500	3.11	221.5
1ZWK（K）2i-550-07	700	1300	6400	6000	900	200	700	15 Φ 18	Φ 8@ 100/200	3500	Φ 14@ 1500	3.30	264.6
1ZWK（K）2i-550-12	700	1300	6400	6500	900	200	1200	17 Φ 18	Φ 8@ 100/200	3500	Φ 14@ 1500	3.50	313.1
1ZWK（K）2i-550-17	700	1300	6400	7000	900	200	1700	16 Φ 20	Φ 8@ 100/200	3500	Φ 14@ 1500	3.69	376.1
1ZWK（K）2i-550-22	700	1300	6400	7500	900	200	2200	18 Φ 20	Φ 8@ 100/200	3500	Φ 14@ 1500	3.88	439.2
1ZWK（K）2i-550-27	700	1300	6400	8000	900	200	2700	16 Φ 22	Φ 8@ 100/200	3500	Φ 14@ 1500	4.07	495.7

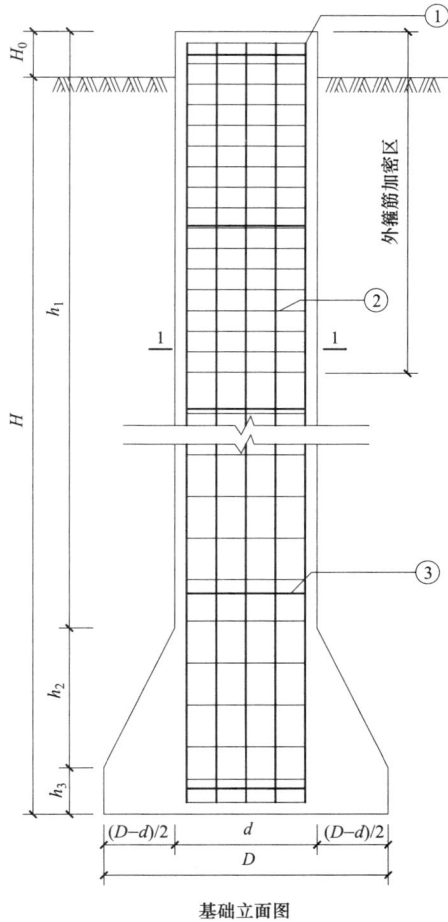

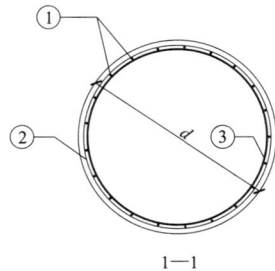

基础立面图

1—1

说明：1. 本基础适用于不受地下水影响的粉土地质条件。

2. 整体立塔时，混凝土的抗压强度应达到设计强度的 100%。分解组塔时，混凝土必须达到抗压强度设计值的 70%。

3. 基础根开及地脚螺栓间距与相应杆塔结构图核对无误后，方可施工。

4. 基础混凝土强度等级不应低于 C25，主筋采用 HRB400 级钢筋，箍筋采用 HPB300 级钢筋。

5. ②号钢筋加密区箍筋间距 100mm，非加密区箍筋间距 200mm。可采用螺旋箍筋。

6. 主筋保护层不小于 50mm。

7. 基础施工完毕后，做好基面排水处理。

8. 本基础按机械成孔施工方式，未考虑护壁工程量。

图 10.2-7　1ZWK（K）2*-550 挖孔桩基础施工图

基 础 参 数 表

基础名称	桩身直径 d(mm)	扩底直径 D(mm)	基础埋深 H(mm)	主柱高 h_1(mm)	圆台高 h_2(mm)	下圆柱高 h_3(mm)	基础露头 H_0(mm)	主筋①	外箍筋②	外箍筋加密区长度(mm)	内箍筋③	单腿混凝土量(m³)	单腿钢筋量(kg)
1ZWK（K）2h-600-02	700	1300	13200	12300	900	200	200	14Φ18	Φ8@100/200	3500	Φ14@1500	5.73	458.6
1ZWK（K）2h-600-07	700	1300	13200	12800	900	200	700	13Φ20	Φ8@100/200	3500	Φ14@1500	5.92	533.2
1ZWK（K）2h-600-12	700	1300	13200	13300	900	200	1200	15Φ20	Φ8@100/200	3500	Φ14@1500	6.11	621.1
1ZWK（K）2h-600-17	700	1300	13200	13800	900	200	1700	17Φ20	Φ8@100/200	3500	Φ14@1500	6.30	714.8
1ZWK（K）2h-600-22	700	1300	13200	14300	900	200	2200	16Φ22	Φ8@100/200	3500	Φ14@1500	6.50	828.1
1ZWK（K）2h-600-27	800	1200	11400	13300	600	200	2700	16Φ22	Φ8@100/200	4000	Φ14@1500	7.39	776.8
1ZWK（K）2i-600-02	700	1300	7200	6300	900	200	200	14Φ18	Φ8@100/200	3500	Φ14@1500	3.42	259.8
1ZWK（K）2i-600-07	700	1300	7200	6800	900	200	700	13Φ20	Φ8@100/200	3500	Φ14@1500	3.61	309.9
1ZWK（K）2i-600-12	700	1300	7200	7300	900	200	1200	15Φ20	Φ8@100/200	3500	Φ14@1500	3.80	368.3
1ZWK（K）2i-600-17	700	1300	7200	7800	900	200	1700	17Φ20	Φ8@100/200	3500	Φ14@1500	4.00	432.3
1ZWK（K）2i-600-22	700	1300	7200	8300	900	200	2200	16Φ22	Φ8@100/200	3500	Φ14@1500	4.19	510.8
1ZWK（K）2i-600-27	800	1200	6600	8500	600	200	2700	16Φ22	Φ8@100/200	4000	Φ14@1500	4.98	519.2

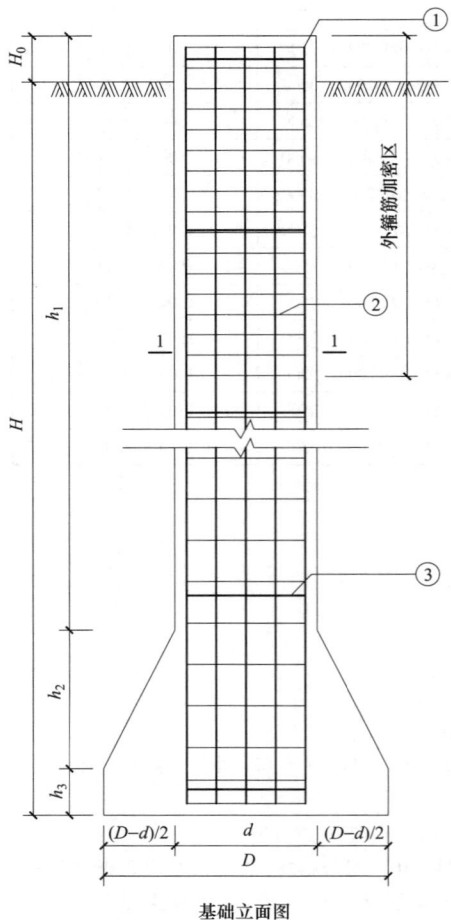

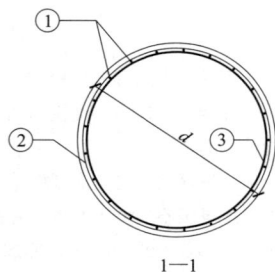

基础立面图

1—1

说明：1. 本基础适用于不受地下水影响的粉土地质条件。

2. 整体立塔时，混凝土的抗压强度应达到设计强度的 100%。分解组塔时，混凝土必须达到抗压强度设计值的 70%。

3. 基础根开及地脚螺栓间距与相应杆塔结构图核对无误后，方可施工。

4. 基础混凝土强度等级不应低于 C25，主筋采用 HRB400 级钢筋，箍筋采用 HPB300 级钢筋。

5. ②号钢筋加密区箍筋间距 100mm，非加密区箍筋间距 200mm。可采用螺旋箍筋。

6. 主筋保护层不小于 50mm。

7. 基础施工完毕后，做好基面排水处理。

8. 本基础按机械成孔施工方式，未考虑护壁工程量。

图 10.2-8　1ZWK（K）2*-600 挖孔桩基础施工图

10.3 1ZWK（K）4 子模块

此子模块适用于黄土地基，共包含 8 张图纸，基础施工图图纸清单见表 10.3-1。

表 10.3-1　1ZWK（K）4 子模块基础施工图图纸清单

序号	图号	图　　名	基础作用力(kN)	
			$T/T_x/T_y$	$N/N_x/N_y$
1	图 10.3-1	1ZWK(K)4*-250 挖孔桩基础施工图	250/35/35	325/46/46
2	图 10.3-2	1ZWK(K)4*-300 挖孔桩基础施工图	300/42/42	390/55/55
3	图 10.3-3	1ZWK(K)4*-350 挖孔桩基础施工图	350/49/49	455/64/64
4	图 10.3-4	1ZWK(K)4*-400 挖孔桩基础施工图	400/56/56	520/73/73
5	图 10.3-5	1ZWK(K)4*-450 挖孔桩基础施工图	450/63/63	585/82/82
6	图 10.3-6	1ZWK(K)4*-500 挖孔桩基础施工图	500/70/70	650/91/91
7	图 10.3-7	1ZWK(K)4*-550 挖孔桩基础施工图	550/77/77	715/100/100
8	图 10.3-8	1ZWK(K)4*-600 挖孔桩基础施工图	600/84/84	780/109/109

注　4*表示 4h 地质参数组合。

基 础 参 数 表

基础名称	桩身直径 d(mm)	扩底直径 D(mm)	基础埋深 H(mm)	主柱高 h_1(mm)	圆台高 h_2(mm)	下圆柱高 h_3(mm)	基础露头 H_0(mm)	主筋①	外箍筋②	外箍筋加密区长度 (mm)	内箍筋③	单腿混凝土量 (m^3)	单腿钢筋量 (kg)
1ZWK(K)4h-250-02	600	800	6200	5900	300	200	200	11ϕ14	Φ8@100/200	3000	Φ14@1500	1.88	126.0
1ZWK(K)4h-250-07	600	800	6200	6400	300	200	700	13ϕ14	Φ8@100/200	3000	Φ14@1500	2.03	150.3
1ZWK(K)4h-250-12	600	800	6200	6900	300	200	1200	11ϕ16	Φ8@100/200	3000	Φ14@1500	2.17	172.0
1ZWK(K)4h-250-17	600	800	6200	7400	300	200	1700	10ϕ18	Φ8@100/200	3000	Φ14@1500	2.31	203.9
1ZWK(K)4h-250-22	600	800	6200	7900	300	200	2200	12ϕ18	Φ8@100/200	3000	Φ14@1500	2.45	248.9
1ZWK(K)4h-250-27	600	800	6200	8400	300	200	2700	13ϕ18	Φ8@100/200	3000	Φ14@1500	2.59	279.6

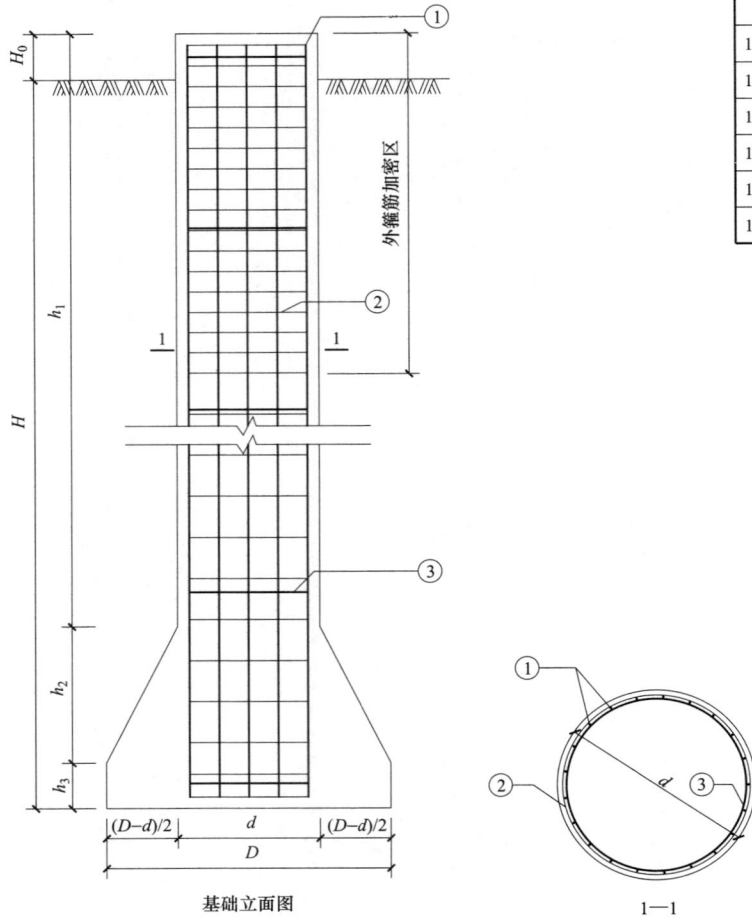

基础立面图

1—1

说明：1. 本基础适用于不受地下水影响的黄土地质条件。

2. 整体立塔时，混凝土的抗压强度应达到设计强度的100%。分解组塔时，混凝土必须达到抗压强度设计值的70%。

3. 基础根开及地脚螺栓间距与相应杆塔结构图核对无误后，方可施工。

4. 基础混凝土强度等级不应低于C25，主筋采用HRB400级钢筋，箍筋采用HPB300级钢筋。

5. ②号钢筋加密区箍筋间距100mm，非加密区箍筋间距200mm。可采用螺旋箍筋。

6. 主筋保护层不小于50mm。

7. 基础施工完毕后，做好基面排水处理。

8. 本基础按机械成孔施工方式，未考虑护壁工程量。

图 10.3-1　1ZWK（K）4＊-250 挖孔桩基础施工图

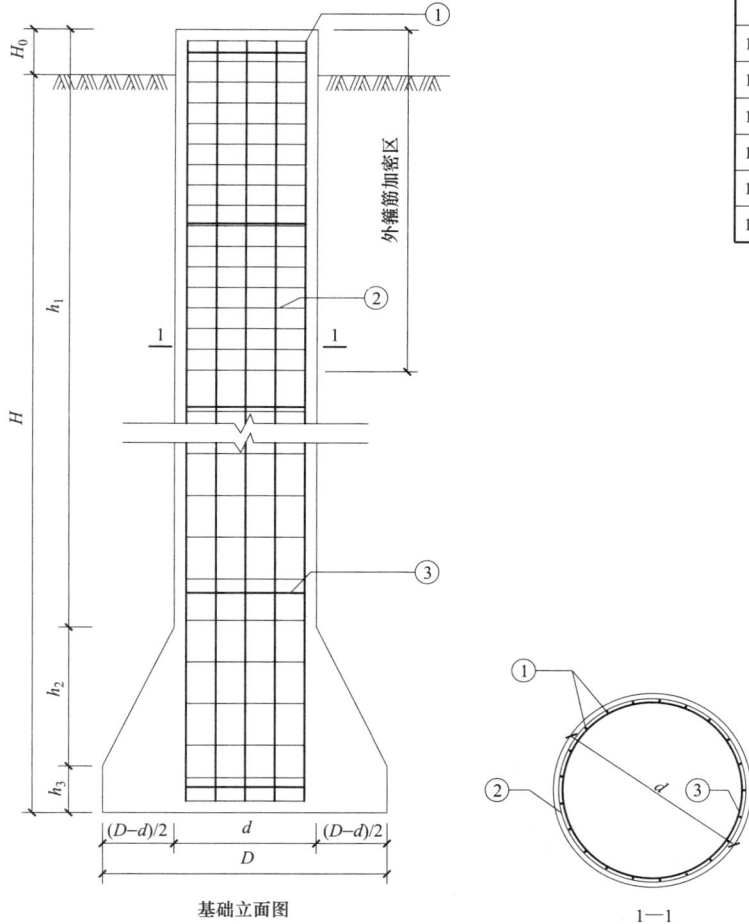

基础参数表

基础名称	桩身直径 d(mm)	扩底直径 D(mm)	基础埋深 H(mm)	主柱高 h_1(mm)	圆台高 h_2(mm)	下圆柱高 h_3(mm)	基础露头 H_0(mm)	主筋①	外箍筋②	外箍筋加密区长度(mm)	内箍筋③	单腿混凝土量(m^3)	单腿钢筋量(kg)
1ZWK(K)4h-300-02	600	1000	6800	6200	600	200	200	13Φ14	Φ8@100/200	3000	Φ14@1500	2.22	152.5
1ZWK(K)4h-300-07	600	1000	6800	6700	600	200	700	15Φ14	Φ8@100/200	3000	Φ14@1500	2.36	181.2
1ZWK(K)4h-300-12	600	1000	6800	7200	600	200	1200	14Φ16	Φ8@100/200	3000	Φ14@1500	2.50	223.3
1ZWK(K)4h-300-17	600	1000	6800	7700	600	200	1700	15Φ16	Φ8@100/200	3000	Φ14@1500	2.64	248.9
1ZWK(K)4h-300-22	700	900	6000	7700	300	200	2200	12Φ18	Φ8@100/200	3500	Φ14@1500	3.24	255.0
1ZWK(K)4h-300-27	700	900	6000	8200	300	200	2700	13Φ18	Φ8@100/200	3500	Φ14@1500	3.43	286.4

说明：1. 本基础适用于不受地下水影响的黄土地质条件。

2. 整体立塔时，混凝土的抗压强度应达到设计强度的100%。分解组塔时，混凝土必须达到抗压强度设计值的70%。

3. 基础根开及地脚螺栓间距与相应杆塔结构图核对无误后，方可施工。

4. 基础混凝土强度等级不应低于C25，主筋采用HRB400级钢筋，箍筋采用HPB300级钢筋。

5. ②号钢筋加密区箍筋间距100mm，非加密区箍筋间距200mm。可采用螺旋箍筋。

6. 主筋保护层不小于50mm。

7. 基础施工完毕后，做好基面排水处理。

8. 本基础按机械成孔施工方式，未考虑护壁工程量。

图10.3-2 1ZWK（K）4*-300挖孔桩基础施工图

基础立面图

1—1

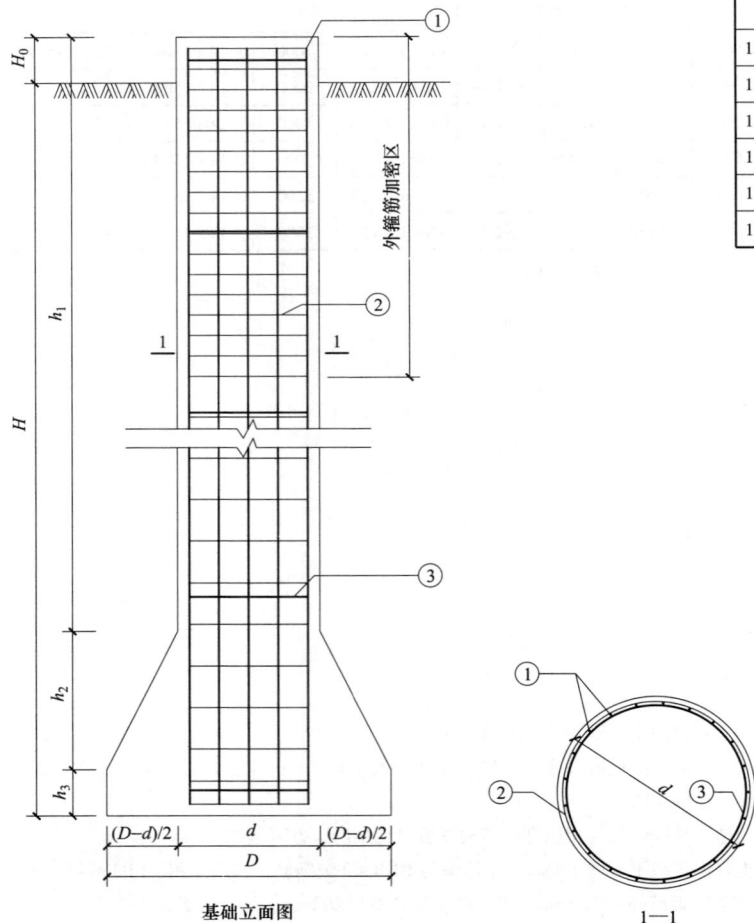

基础立面图

1—1

基础参数表

基础名称	桩身直径 d(mm)	扩底直径 D(mm)	基础埋深 H(mm)	主柱高 h_1(mm)	圆台高 h_2(mm)	下圆柱高 h_3(mm)	基础露头 H_0(mm)	主筋①	外箍筋②	外箍筋加密区长度(mm)	内箍筋③	单腿混凝土量(m^3)	单腿钢筋量(kg)
1ZWK(K)4h-350-02	600	1000	8000	7400	600	200	200	12Φ16	Φ8@100/200	3000	Φ14@1500	2.56	202.9
1ZWK(K)4h-350-07	600	1000	8000	7900	600	200	700	14Φ16	Φ8@100/200	3000	Φ14@1500	2.70	240.7
1ZWK(K)4h-350-12	600	1000	8000	8400	600	200	1200	16Φ16	Φ8@100/200	3000	Φ14@1500	2.84	284.0
1ZWK(K)4h-350-17	700	1100	6400	7300	600	200	1700	16Φ16	Φ8@100/200	3500	Φ14@1500	3.39	263.0
1ZWK(K)4h-350-22	700	1100	6400	7800	600	200	2200	14Φ18	Φ8@100/200	3500	Φ14@1500	3.58	300.0
1ZWK(K)4h-350-27	700	1100	6400	8300	600	200	2700	16Φ18	Φ8@100/200	3500	Φ14@1500	3.77	354.2

说明：1. 本基础适用于不受地下水影响的黄土地质条件。

2. 整体立塔时，混凝土的抗压强度应达到设计强度的100%。分解组塔时，混凝土必须达到抗压强度设计值的70%。

3. 基础根开及地脚螺栓间距与相应杆塔结构图核对无误后，方可施工。

4. 基础混凝土强度等级不应低于C25，主筋采用HRB400级钢筋，箍筋采用HPB300级钢筋。

5. ②号钢筋加密区箍筋间距100mm，非加密区箍筋间距200mm。可采用螺旋箍筋。

6. 主筋保护层不小于50mm。

7. 基础施工完毕后，做好基面排水处理。

8. 本基础按机械成孔施工方式，未考虑护壁工程量。

图 10.3-3 1ZWK（K）4*-350 挖孔桩基础施工图

基础名称	桩身直径 d(mm)	扩底直径 D(mm)	基础埋深 H(mm)	主柱高 h_1(mm)	圆台高 h_2(mm)	下圆柱高 h_3(mm)	基础露头 H_0(mm)	主筋①	外箍筋②	外箍筋加密区长度 (mm)	内箍筋③	单腿混凝土量 (m^3)	单腿钢筋量 (kg)
1ZWK(K)4h-400-02	600	1000	9400	8800	600	200	200	14⏀16	Φ8@100/200	3000	Φ14@1500	2.95	265.5
1ZWK(K)4h-400-07	600	1000	9400	9300	600	200	700	16⏀16	Φ8@100/200	3000	Φ14@1500	3.09	309.3
1ZWK(K)4h-400-12	700	1300	6800	6900	900	200	1200	16⏀16	Φ8@100/200	3500	Φ14@1500	3.65	259.7
1ZWK(K)4h-400-17	700	1300	6800	7400	900	200	1700	19⏀16	Φ8@100/200	3500	Φ14@1500	3.84	314.3
1ZWK(K)4h-400-22	700	1300	6800	7900	900	200	2200	21⏀16	Φ8@100/200	3500	Φ14@1500	4.03	360.9
1ZWK(K)4h-400-27	800	1200	6200	8100	600	200	2700	20⏀16	Φ8@100/200	4000	Φ14@1500	4.78	354.2

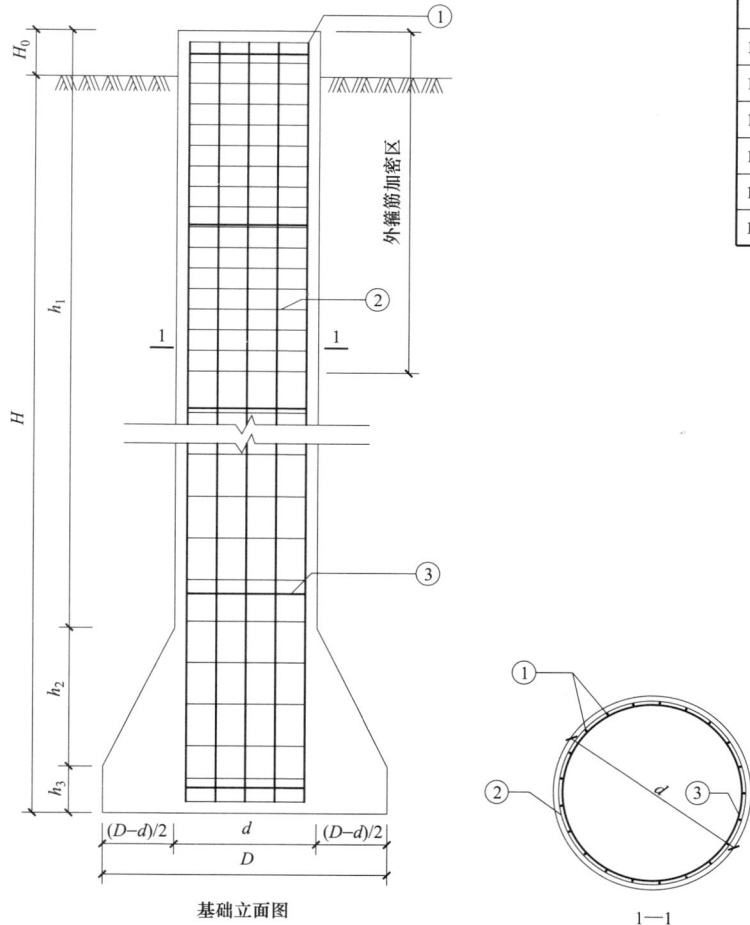

基础立面图

1—1

说明：1. 本基础适用于不受地下水影响的黄土地质条件。

2. 整体立塔时，混凝土的抗压强度应达到设计强度的100%。分解组塔时，混凝土必须达到抗压强度设计值的70%。

3. 基础根开及地脚螺栓间距与相应杆塔结构图核对无误后，方可施工。

4. 基础混凝土强度等级不应低于C25，主筋采用HRB400级钢筋，箍筋采用HPB300级钢筋。

5. ②号钢筋加密区箍筋间距100mm，非加密区箍筋间距200mm。可采用螺旋箍筋。

6. 主筋保护层不小于50mm。

7. 基础施工完毕后，做好基面排水处理。

8. 本基础按机械成孔施工方式，未考虑护壁工程量。

图 10.3-4 1ZWK（K）4*-400 挖孔桩基础施工图

基 础 参 数 表

基础名称	桩身直径 d(mm)	扩底直径 D(mm)	基础埋深 H(mm)	主柱高 h_1(mm)	圆台高 h_2(mm)	下圆柱高 h_3(mm)	基础露头 H_0(mm)	主筋①	外箍筋②	外箍筋加密区长度(mm)	内箍筋③	单腿混凝土量(m^3)	单腿钢筋量(kg)
1ZWK(K)4h-450-02	700	1300	7800	6900	900	200	200	19Φ14	Φ8@100/200	3500	Φ14@1500	3.65	241.7
1ZWK(K)4h-450-07	700	1300	7800	7400	900	200	700	17Φ16	Φ8@100/200	3500	Φ14@1500	3.84	287.8
1ZWK(K)4h-450-12	700	1300	7800	7900	900	200	1200	19Φ16	Φ8@100/200	3500	Φ14@1500	4.03	332.9
1ZWK(K)4h-450-17	700	1300	7800	8400	900	200	1700	21Φ16	Φ8@100/200	3500	Φ14@1500	4.23	379.7
1ZWK(K)4h-450-22	800	1400	6200	7300	900	200	2200	21Φ16	Φ8@100/200	4000	Φ14@1500	4.85	349.7
1ZWK(K)4h-450-27	800	1400	6200	7800	900	200	2700	15Φ20	Φ8@100/200	4000	Φ14@1500	5.11	401.6

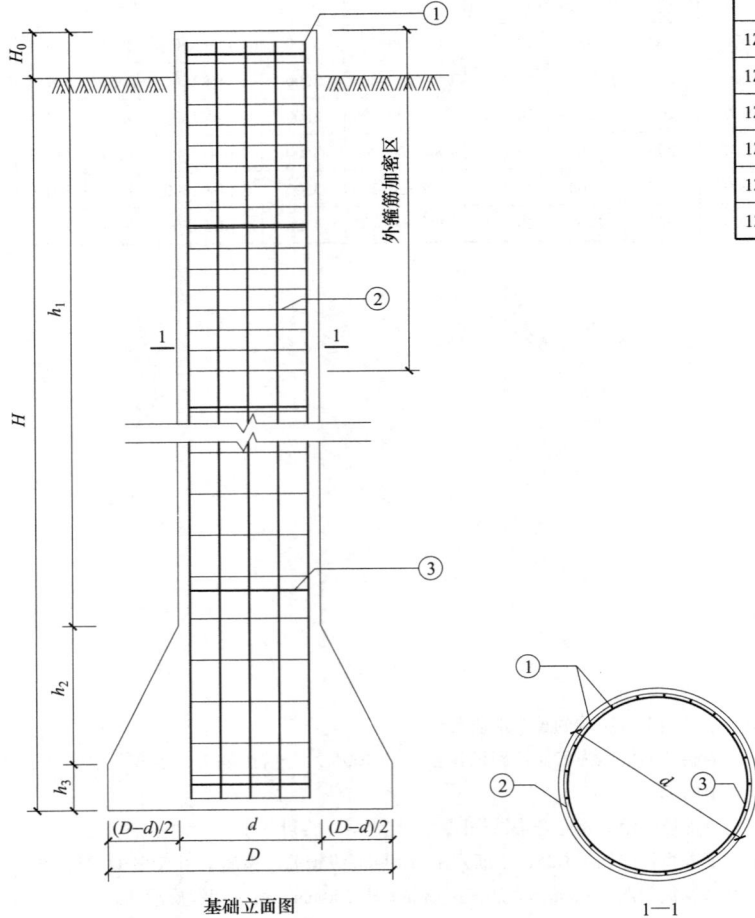

基础立面图

1—1

说明：1. 本基础适用于不受地下水影响的黄土地质条件。

2. 整体立塔时，混凝土的抗压强度应达到设计强度的100%。分解组塔时，混凝土必须达到抗压强度设计值的70%。

3. 基础根开及地脚螺栓间距与相应杆塔结构图核对无误后，方可施工。

4. 基础混凝土强度等级不应低于C25，主筋采用HRB400级钢筋，箍筋采用HPB300级钢筋。

5. ②号钢筋加密区箍筋间距100mm，非加密区箍筋间距200mm。可采用螺旋箍筋。

6. 主筋保护层不小于50mm。

7. 基础施工完毕后，做好基面排水处理。

8. 本基础按机械成孔施工方式，未考虑护壁工程量。

图 10.3-5　1ZWK（K）4*-450 挖孔桩基础施工图

基 础 参 数 表

基础名称	桩身直径 d(mm)	扩底直径 D(mm)	基础埋深 H(mm)	主柱高 h_1(mm)	圆台高 h_2(mm)	下圆柱高 h_3(mm)	基础露头 H_0(mm)	主筋①	外箍筋②	外箍筋加密区长度(mm)	内箍筋③	单腿混凝土量（m^3）	单腿钢筋量（kg）
1ZWK（K）4h-500-02	700	1300	8800	7900	900	200	200	16 Φ 16	Φ8@ 100/200	3500	Φ 14@ 1500	4.03	290.8
1ZWK（K）4h-500-07	700	1300	8800	8400	900	200	700	18 Φ 16	Φ8@ 100/200	3500	Φ 14@ 1500	4.23	335.3
1ZWK（K）4h-500-12	700	1300	8800	8900	900	200	1200	17 Φ 18	Φ8@ 100/200	3500	Φ 14@ 1500	4.42	405.7
1ZWK（K）4h-500-17	800	1400	7200	7800	900	200	1700	17 Φ 18	Φ8@ 100/200	4000	Φ 14@ 1500	5.11	375.1
1ZWK（K）4h-500-22	800	1400	7200	8300	900	200	2200	15 Φ 20	Φ8@ 100/200	4000	Φ 14@ 1500	5.36	425.2
1ZWK（K）4h-500-27	800	1400	7200	8800	900	200	2700	14 Φ 22	Φ8@ 100/200	4000	Φ 14@ 1500	5.61	492.1

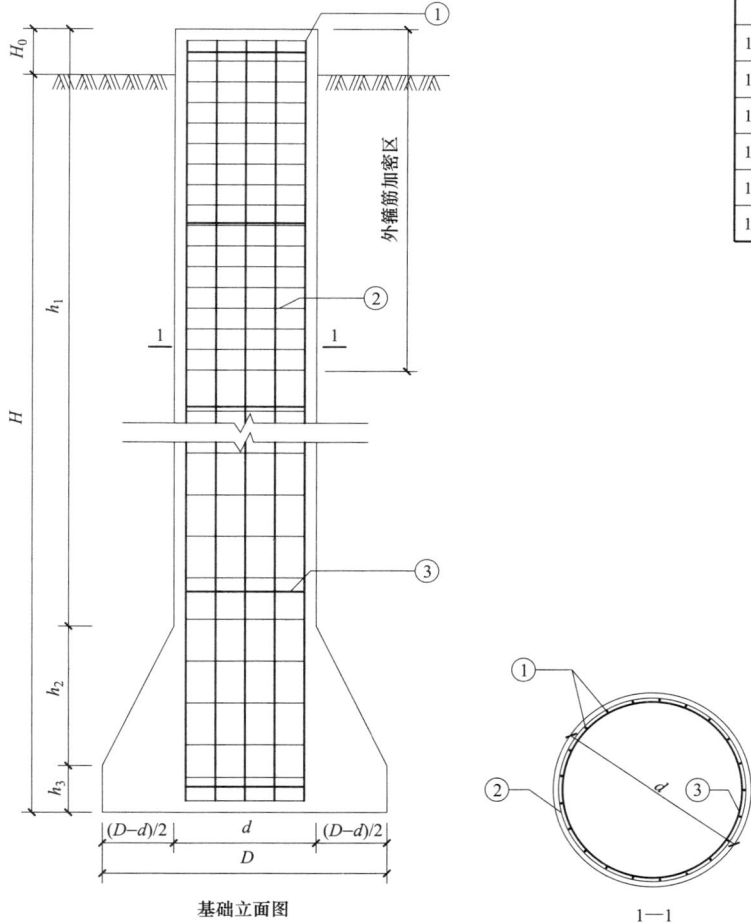

基础立面图

1—1

说明：1. 本基础适用于不受地下水影响的黄土地质条件。

2. 整体立塔时，混凝土的抗压强度应达到设计强度的100%。分解组塔时，混凝土必须达到抗压强度设计值的70%。

3. 基础根开及地脚螺栓间距与相应杆塔结构图核对无误后，方可施工。

4. 基础混凝土强度等级不应低于 C25，主筋采用 HRB400 级钢筋，箍筋采用 HPB300 级钢筋。

5. ②号钢筋加密区箍筋间距100mm，非加密区箍筋间距200mm。可采用螺旋箍筋。

6. 主筋保护层不小于 50mm。

7. 基础施工完毕后，做好基面排水处理。

8. 本基础按机械成孔施工方式，未考虑护壁工程量。

图 10.3-6　1ZWK（K）4*-500 挖孔桩基础施工图

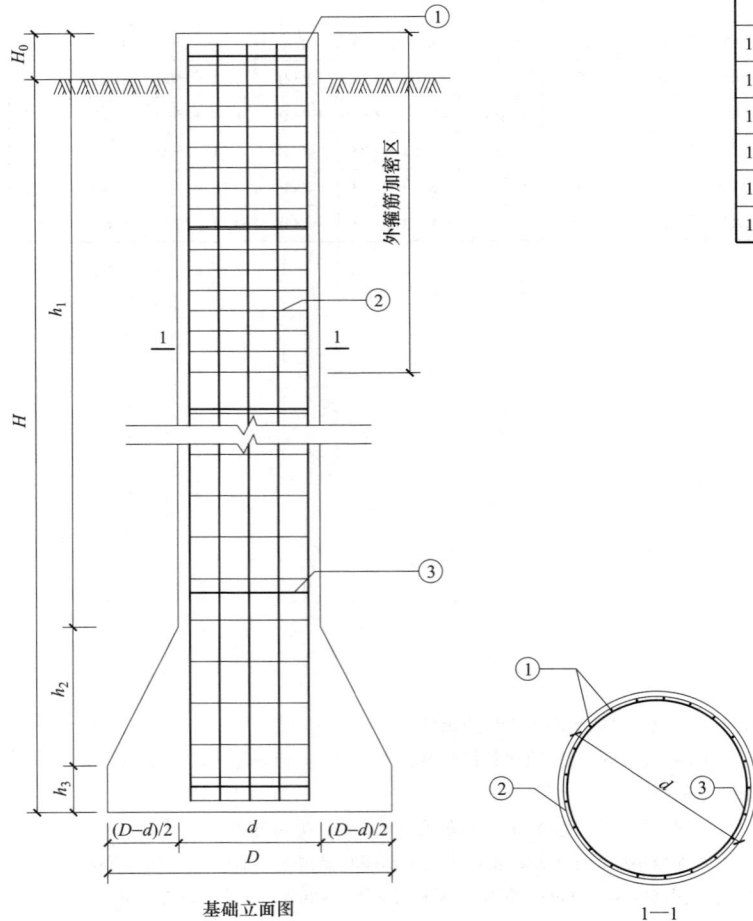

基础参数表

基础名称	桩身直径 d(mm)	扩底直径 D(mm)	基础埋深 H(mm)	主柱高 h_1(mm)	圆台高 h_2(mm)	下圆柱高 h_3(mm)	基础露头 H_0(mm)	主筋①	外箍筋②	外箍筋加密区长度(mm)	内箍筋③	单腿混凝土量(m³)	单腿钢筋量(kg)
1ZWK(K)4h-550-02	700	1300	10000	9100	900	200	200	18Φ16	Φ8@100/200	3500	Φ14@1500	4.50	357.5
1ZWK(K)4h-550-07	700	1300	10000	9600	900	200	700	21Φ16	Φ8@100/200	3500	Φ14@1500	4.69	426.1
1ZWK(K)4h-550-12	800	1200	8800	9200	600	200	1200	21Φ16	Φ8@100/200	4000	Φ14@1500	5.33	412.3
1ZWK(K)4h-550-17	800	1200	8800	9700	600	200	1700	15Φ20	Φ8@100/200	4000	Φ14@1500	5.58	472.7
1ZWK(K)4h-550-22	800	1200	8800	10200	600	200	2200	17Φ20	Φ8@100/200	4000	Φ14@1500	5.83	547.5
1ZWK(K)4h-550-27	900	1500	6800	8400	900	200	2700	17Φ20	Φ8@100/200	4500	Φ14@1500	6.74	490.0

基础立面图

1—1

说明：1. 本基础适用于不受地下水影响的黄土地质条件。

2. 整体立塔时，混凝土的抗压强度应达到设计强度的 100%。分解组塔时，混凝土必须达到抗压强度设计值的 70%。

3. 基础根开及地脚螺栓间距与相应杆塔结构图核对无误后，方可施工。

4. 基础混凝土强度等级不应低于 C25，主筋采用 HRB400 级钢筋，箍筋采用 HPB300 级钢筋。

5. ②号钢筋加密区箍筋间距 100mm，非加密区箍筋间距 200mm。可采用螺旋箍筋。

6. 主筋保护层不小于 50mm。

7. 基础施工完毕后，做好基面排水处理。

8. 本基础按机械成孔施工方式，未考虑护壁工程量。

图 10.3-7　1ZWK（K）4＊-550 挖孔桩基础施工图

基 础 参 数 表

基础名称	桩身直径 d(mm)	扩底直径 D(mm)	基础埋深 H(mm)	主柱高 h_1(mm)	圆台高 h_2(mm)	下圆柱高 h_3(mm)	基础露头 H_0(mm)	主筋①	外箍筋②	外箍筋加密区长度(mm)	内箍筋③	单腿混凝土量(m³)	单腿钢筋量(kg)
1ZWK(K)4h-600-02	700	1300	11000	10100	900	200	200	21 Φ 16	Φ 8@100/200	3500	Φ 14@1500	4.88	444.2
1ZWK(K)4h-600-07	800	1400	9000	8600	900	200	700	21 Φ 16	Φ 8@100/200	4000	Φ 14@1500	5.51	400.6
1ZWK(K)4h-600-12	800	1400	9000	9100	900	200	1200	15 Φ 20	Φ 8@100/200	4000	Φ 14@1500	5.76	458.3
1ZWK(K)4h-600-17	800	1400	9000	9600	900	200	1700	17 Φ 20	Φ 8@100/200	4000	Φ 14@1500	6.01	533.2
1ZWK(K)4h-600-22	900	1500	7400	8500	900	200	2200	17 Φ 20	Φ 8@100/200	4500	Φ 14@1500	6.80	494.2
1ZWK(K)4h-600-27	900	1500	7400	9000	900	200	2700	18 Φ 20	Φ 8@100/200	4500	Φ 14@1500	7.12	542.8

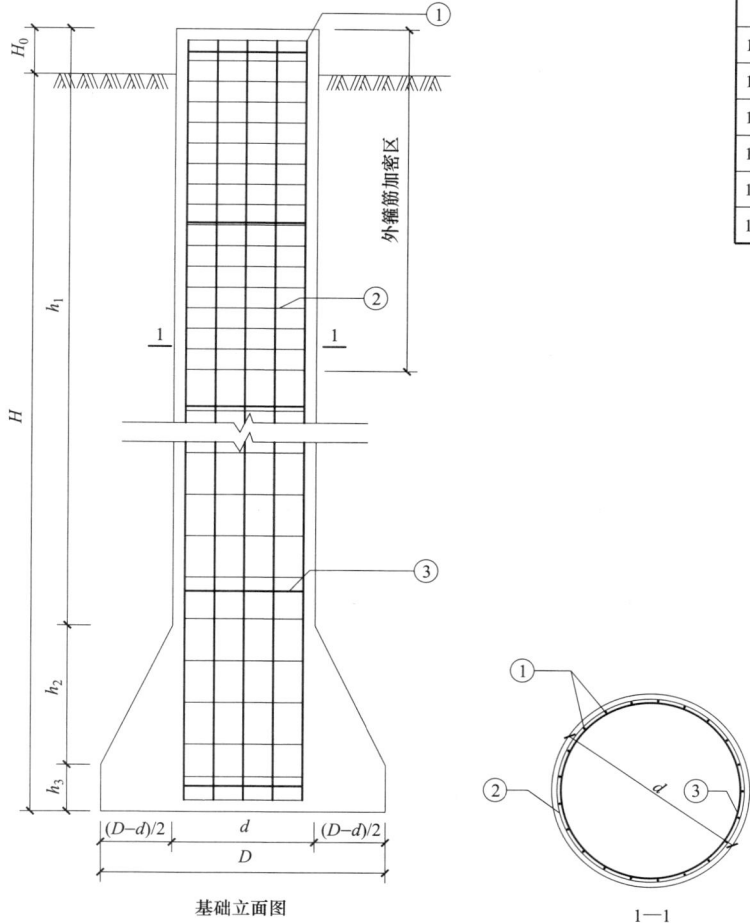

基础立面图

1—1

说明：1. 本基础适用于不受地下水影响的黄土地质条件。

2. 整体立塔时，混凝土的抗压强度应达到设计强度的100%。分解组塔时，混凝土必须达到抗压强度设计值的70%。

3. 基础根开及地脚螺栓间距与相应杆塔结构图核对无误后，方可施工。

4. 基础混凝土强度等级不应低于 C25，主筋采用 HRB400 级钢筋，箍筋采用 HPB300 级钢筋。

5. ②号钢筋加密区箍筋间距100mm，非加密区箍筋间距200mm。可采用螺旋箍筋。

6. 主筋保护层不小于 50mm。

7. 基础施工完毕后，做好基面排水处理。

8. 本基础按机械成孔施工方式，未考虑护壁工程量。

图 10.3-8　1ZWK（K）4＊-600挖孔桩基础施工图

本模块为转角塔挖孔桩基础模块,适用基础上拔力范围 300～600kN,适用于黏性土、粉土、碎石土、黄土、岩石地质,包含 5 个子模块,共 630 个基础,42 张图纸,由四川咨询公司与福建院共同设计。

基础作用力见表 11.0-1,岩土类别及设计参数见表 11.0-2。

表 11.0-1　　　　基础作用力

电压等级 (kV)	基础 作用力代号	T	T_x	T_y	N	N_x	N_y
110(66)	300	300	57	57	390	74	74
	350	350	67	67	455	86	86
	400	400	76	76	520	99	99
	450	450	86	86	585	111	111
	500	500	95	95	650	124	124
	550	550	105	105	715	136	136
	600	600	114	114	780	148	148

表 11.0-2　　　　岩土类别及设计参数

序号	代号	岩土类别	m (kN/m⁴)	q_{sik} (kPa)	q_{pk} (kPa)
1	1h	黏性土	35000	40	600
2	1i		35000	60	1000
3	1j		35000	80	1400
4	2h	粉土	35000	20	600
5	2i		35000	40	800
6	2j		35000	60	1200
7	3h	碎石土	100000	150	2000
8	3i		100000	170	2500
9	4h	黄土	14000	25	800

续表 11.0-2

序号	代号	岩土类别	m (kN/m⁴)	q_{sik} (kPa)	q_{pk} (kPa)
10	6a	岩石	100000	80	1200
11	6b		100000	100	1500
12	6c		100000	120	1800
13	6d		100000	140	2100
14	6e		100000	160	2400
15	6f		100000	180	2700

注　代号含义详见 5.2。

11.1　1JWK1 子模块

此子模块适用于黏性土地基,共包含 7 张图纸,基础施工图图纸清单见表 11.1-1。

表 11.1-1　　　　1JWK1 子模块基础施工图图纸清单

序号	图号	图　名	基础作用力(kN)	
			$T/T_x/T_y$	$N/N_x/N_y$
1	图 11.1-1	1JWK1*-300 挖孔桩基础施工图	300/57/57	390/74/74
2	图 11.1-2	1JWK1*-350 挖孔桩基础施工图	350/67/67	455/86/86
3	图 11.1-3	1JWK1*-400 挖孔桩基础施工图	400/76/76	520/99/99
4	图 11.1-4	1JWK1*-450 挖孔桩基础施工图	450/86/86	585/111/111
5	图 11.1-5	1JWK1*-500 挖孔桩基础施工图	500/95/95	650/124/124
6	图 11.1-6	1JWK1*-550 挖孔桩基础施工图	550/105/105	715/136/136
7	图 11.1-7	1JWK1*-600 挖孔桩基础施工图	600/114/114	780/148/148

注　1* 包含 1h、1i、1j 三种地质参数组合。

基础参数表

基础名称	桩身直径 d(mm)	基础埋深 H(mm)	基础露头 H_0(mm)	主筋①	外箍筋②	外箍筋加密区长度(mm)	内箍筋③	单腿混凝土量(m^3)	单腿钢筋量(kg)
1JWK1h-300-02	600	8800	200	14 Φ 14	Φ8@100/200	3000	Φ14@1500	2.54	204.4
1JWK1h-300-07	600	8800	700	11 Φ 18	Φ8@100/200	3000	Φ14@1500	2.69	261.3
1JWK1h-300-12	600	8800	1200	10 Φ 20	Φ8@100/200	3000	Φ14@1500	2.83	300.7
1JWK1h-300-17	600	8800	1700	12 Φ 20	Φ8@100/200	3000	Φ14@1500	2.97	367.1
1JWK1h-300-22	600	8800	2200	11 Φ 22	Φ8@100/200	3000	Φ14@1500	3.11	418.8
1JWK1h-300-27	700	7400	2700	11 Φ 22	Φ8@100/200	3500	Φ14@1500	3.89	398.3
1JWK1i-300-02	600	6400	200	11 Φ 16	Φ8@100/200	3000	Φ14@1500	1.87	155.6
1JWK1i-300-07	600	6400	700	14 Φ 16	Φ8@100/200	3000	Φ14@1500	2.01	198.6
1JWK1i-300-12	600	6400	1200	10 Φ 20	Φ8@100/200	3000	Φ14@1500	2.15	232.2
1JWK1i-300-17	600	6400	1700	12 Φ 20	Φ8@100/200	3000	Φ14@1500	2.29	285.2
1JWK1i-300-22	600	6400	2200	11 Φ 22	Φ8@100/200	3000	Φ14@1500	2.43	329.1
1JWK1i-300-27	700	6000	2700	11 Φ 22	Φ8@100/200	3500	Φ14@1500	3.35	345.0
1JWK1j-300-02	600	6000	200	11 Φ 16	Φ8@100/200	3000	Φ14@1500	1.75	147.4
1JWK1j-300-07	600	6000	700	14 Φ 16	Φ8@100/200	3000	Φ14@1500	1.89	188.5
1JWK1j-300-12	600	6000	1200	10 Φ 20	Φ8@100/200	3000	Φ14@1500	2.04	219.4
1JWK1j-300-17	600	6000	1700	12 Φ 20	Φ8@100/200	3000	Φ14@1500	2.18	272.1
1JWK1j-300-22	600	6000	2200	11 Φ 22	Φ8@100/200	3000	Φ14@1500	2.32	314.8
1JWK1j-300-27	700	6000	2700	11 Φ 22	Φ8@100/200	3500	Φ14@1500	3.35	345.0

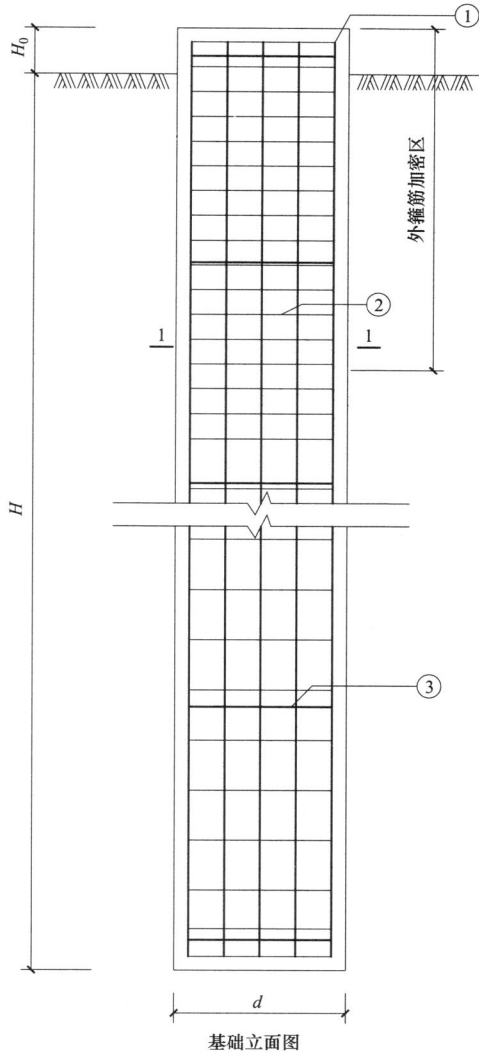

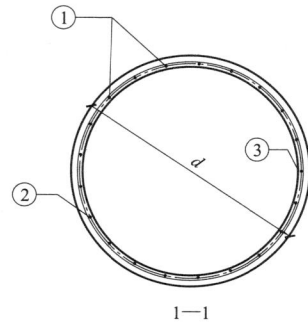

说明：1. 本基础适用于不受地下水影响的黏性土地质条件。

2. 整体立塔时，混凝土的抗压强度应达到设计强度的100%。分解组塔时，混凝土必须达到抗压强度设计值的70%。

3. 基础根开及地脚螺栓间距与相应杆塔结构图核对无误后，方可施工。

4. 基础混凝土强度等级不应低于C25，主筋采用HRB400级钢筋，箍筋采用HPB300级钢筋。

5. ②号钢筋加密区箍筋间距100mm，非加密区箍筋间距200mm。可采用螺旋箍筋。

6. 主筋保护层不小于50mm。

7. 基础施工完毕后，做好基面排水处理。

8. 本基础按机械成孔施工方式，未考虑护壁工程量。

基础立面图

1—1

图 11.1-1　1JWK1*-300 挖孔桩基础施工图

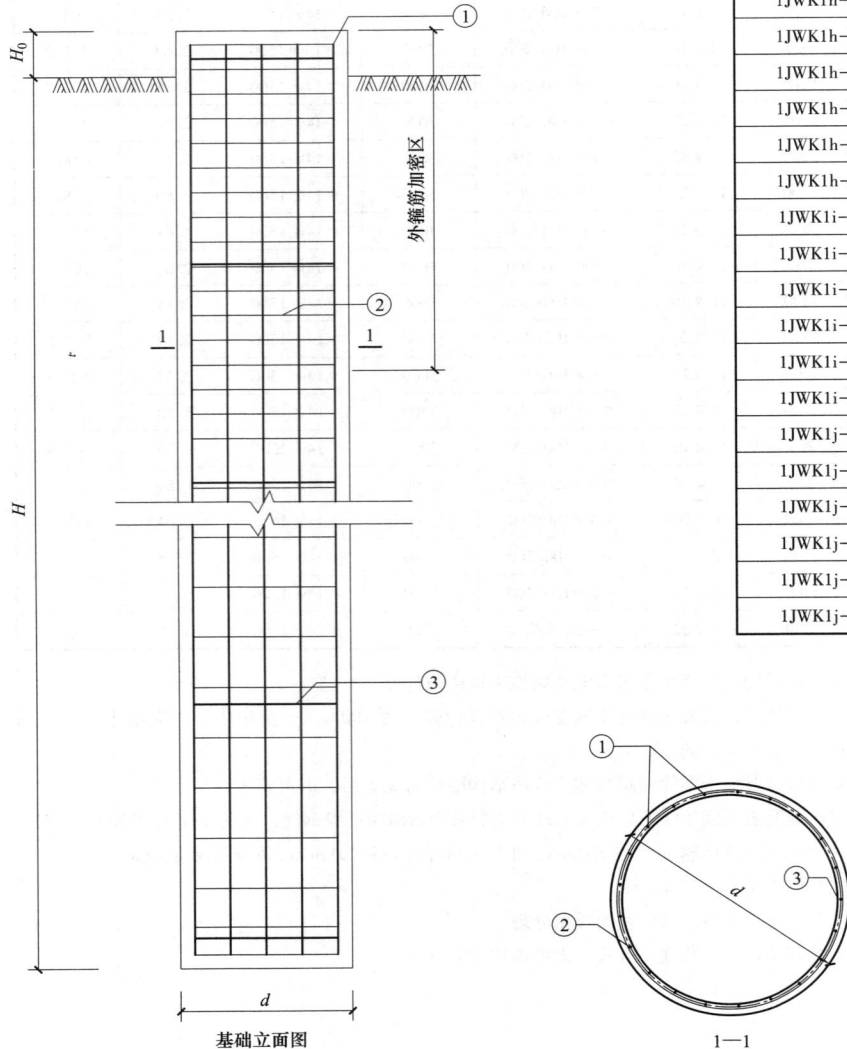

基 础 参 数 表

基础名称	桩身直径 d(mm)	基础埋深 H(mm)	基础露头 H_0(mm)	主筋①	外箍筋②	外箍筋加密区长度(mm)	内箍筋③	单腿混凝土量(m^3)	单腿钢筋量(kg)
1JWK1h-350-02	600	10400	200	10Φ18	Φ8@100/200	3000	Φ14@1500	3.00	270.1
1JWK1h-350-07	600	10400	700	10Φ20	Φ8@100/200	3000	Φ14@1500	3.14	332.6
1JWK1h-350-12	600	10400	1200	12Φ20	Φ8@100/200	3000	Φ14@1500	3.28	403.5
1JWK1h-350-17	600	10400	1700	14Φ20	Φ8@100/200	3000	Φ14@1500	3.42	480.3
1JWK1h-350-22	700	8600	2200	14Φ20	Φ8@100/200	3500	Φ14@1500	4.16	443.9
1JWK1h-350-27	700	8600	2700	13Φ22	Φ8@100/200	3500	Φ14@1500	4.35	511.0
1JWK1i-350-02	600	7400	200	10Φ18	Φ8@100/200	3000	Φ14@1500	2.15	197.3
1JWK1i-350-07	600	7400	700	10Φ20	Φ8@100/200	3000	Φ14@1500	2.29	245.8
1JWK1i-350-12	600	7400	1200	12Φ20	Φ8@100/200	3000	Φ14@1500	2.43	301.9
1JWK1i-350-17	600	7400	1700	14Φ20	Φ8@100/200	3000	Φ14@1500	2.57	363.9
1JWK1i-350-22	700	6200	2200	12Φ22	Φ8@100/200	3500	Φ14@1500	3.23	358.4
1JWK1i-350-27	700	6200	2700	13Φ22	Φ8@100/200	3500	Φ14@1500	3.43	404.7
1JWK1j-350-02	600	6000	200	10Φ18	Φ8@100/200	3000	Φ14@1500	1.75	163.2
1JWK1j-350-07	600	6000	700	10Φ20	Φ8@100/200	3000	Φ14@1500	1.89	205.2
1JWK1j-350-12	600	6000	1200	12Φ20	Φ8@100/200	3000	Φ14@1500	2.04	254.3
1JWK1j-350-17	600	6000	1700	14Φ20	Φ8@100/200	3000	Φ14@1500	2.18	309.5
1JWK1j-350-22	700	6000	2200	12Φ22	Φ8@100/200	3500	Φ14@1500	3.16	350.5
1JWK1j-350-27	700	6000	2700	13Φ22	Φ8@100/200	3500	Φ14@1500	3.35	396.2

说明：1. 本基础适用于不受地下水影响的黏性土地质条件。

2. 整体立塔时，混凝土的抗压强度应达到设计强度的100%。分解组塔时，混凝土必须达到抗压强度设计值的70%。

3. 基础根开及地脚螺栓间距与相应杆塔结构图核对无误后，方可施工。

4. 基础混凝土强度等级不应低于C25，主筋采用HRB400级钢筋，箍筋采用HPB300级钢筋。

5. ②号钢筋加密区箍筋间距100mm，非加密区箍筋间距200mm。可采用螺旋箍筋。

6. 主筋保护层不小于50mm。

7. 基础施工完毕后，做好基面排水处理。

8. 本基础按机械成孔施工方式，未考虑护壁工程量。

基础立面图

1—1

图 11.1-2 1JWK1∗-350 挖孔桩基础施工图

基 础 参 数 表

基础名称	桩身直径 d(mm)	基础埋深 H(mm)	基础露头 H_0(mm)	主筋①	外箍筋②	外箍筋加密区长度(mm)	内箍筋③	单腿混凝土量(m^3)	单腿钢筋量(kg)
1JWK1h-400-02	600	11800	200	15 Φ 16	Φ8@100/200	3000	Φ14@1500	3.39	348.2
1JWK1h-400-07	600	11800	700	14 Φ 18	Φ8@100/200	3000	Φ14@1500	3.53	414.3
1JWK1h-400-12	600	11800	1200	14 Φ 20	Φ8@100/200	3000	Φ14@1500	3.68	514.5
1JWK1h-400-17	700	9800	1700	14 Φ 20	Φ8@100/200	3500	Φ14@1500	4.43	471.1
1JWK1h-400-22	700	9800	2200	16 Φ 20	Φ8@100/200	3500	Φ14@1500	4.62	550.5
1JWK1h-400-27	700	9800	2700	18 Φ 20	Φ8@100/200	3500	Φ14@1500	4.81	633.6
1JWK1i-400-02	600	8400	200	12 Φ 18	Φ8@100/200	3000	Φ14@1500	2.43	254.3
1JWK1i-400-07	600	8400	700	14 Φ 18	Φ8@100/200	3000	Φ14@1500	2.57	305.1
1JWK1i-400-12	600	8400	1200	14 Φ 20	Φ8@100/200	3000	Φ14@1500	2.71	383.0
1JWK1i-400-17	700	7000	1700	14 Φ 20	Φ8@100/200	3500	Φ14@1500	3.35	359.7
1JWK1i-400-22	700	7000	2200	16 Φ 20	Φ8@100/200	3500	Φ14@1500	3.54	425.4
1JWK1i-400-27	700	7000	2700	18 Φ 20	Φ8@100/200	3500	Φ14@1500	3.73	494.6
1JWK1j-400-02	600	6600	200	12 Φ 18	Φ8@100/200	3000	Φ14@1500	1.92	203.8
1JWK1j-400-07	600	6600	700	14 Φ 18	Φ8@100/200	3000	Φ14@1500	2.06	245.7
1JWK1j-400-12	600	6600	1200	14 Φ 20	Φ8@100/200	3000	Φ14@1500	2.21	313.5
1JWK1j-400-17	700	6000	1700	14 Φ 20	Φ8@100/200	3500	Φ14@1500	2.96	321.4
1JWK1j-400-22	700	6000	2200	16 Φ 20	Φ8@100/200	3500	Φ14@1500	3.16	380.1
1JWK1j-400-27	700	6000	2700	18 Φ 20	Φ8@100/200	3500	Φ14@1500	3.35	444.4

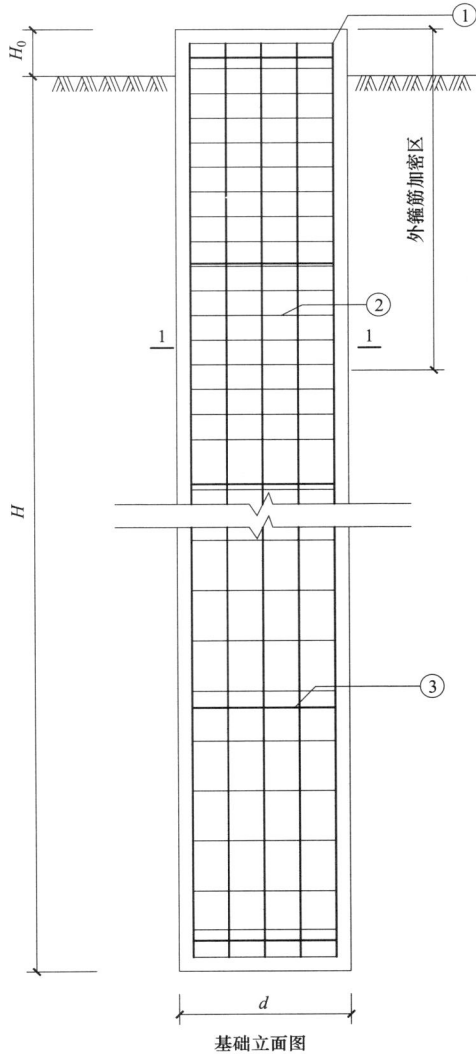

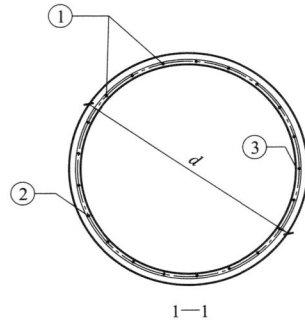

说明：1. 本基础适用于不受地下水影响的黏性土地质条件。

2. 整体立塔时，混凝土的抗压强度应达到设计强度的 100%。分解组塔时，混凝土必须达到抗压强度设计值的 70%。

3. 基础根开及地脚螺栓间距与相应杆塔结构图核对无误后，方可施工。

4. 基础混凝土强度等级不应低于 C25，主筋采用 HRB400 级钢筋，箍筋采用 HPB300 级钢筋。

5. ②号钢筋加密区箍筋间距 100mm，非加密区箍筋间距 200mm。可采用螺旋箍筋。

6. 主筋保护层不小于 50mm。

7. 基础施工完毕后，做好基面排水处理。

8. 本基础按机械成孔施工方式，未考虑护壁工程量。

基础立面图

1—1

图 11.1-3 1JWK1 * -400 挖孔桩基础施工图

基 础 参 数 表

基础名称	桩身直径 d(mm)	基础埋深 H(mm)	基础露头 H_0(mm)	主筋①	外箍筋②	外箍筋加密区长度(mm)	内箍筋③	单腿混凝土量 (m^3)	单腿钢筋量 (kg)
1JWK1h-450-02	700	11000	200	16⊕16	Φ8@100/200	3500	Φ14@1500	4.31	356.8
1JWK1h-450-07	700	11000	700	15⊕18	Φ8@100/200	3500	Φ14@1500	4.50	426.1
1JWK1h-450-12	700	11000	1200	17⊕18	Φ8@100/200	3500	Φ14@1500	4.70	492.9
1JWK1h-450-17	700	11000	1700	16⊕20	Φ8@100/200	3500	Φ14@1500	4.89	581.2
1JWK1h-450-22	700	11000	2200	18⊕20	Φ8@100/200	3500	Φ14@1500	5.08	666.9
1JWK1h-450-27	800	9400	2700	18⊕20	Φ8@100/200	4000	Φ14@1500	6.08	630.0
1JWK1i-450-02	700	8000	200	16⊕16	Φ8@100/200	3500	Φ14@1500	3.16	265.5
1JWK1i-450-07	700	8000	700	15⊕18	Φ8@100/200	3500	Φ14@1500	3.35	320.7
1JWK1i-450-12	700	8000	1200	17⊕18	Φ8@100/200	3500	Φ14@1500	3.54	375.5
1JWK1i-450-17	700	8000	1700	16⊕20	Φ8@100/200	3500	Φ14@1500	3.73	447.3
1JWK1i-450-22	700	8000	2200	18⊕20	Φ8@100/200	3500	Φ14@1500	3.93	518.3
1JWK1i-450-27	800	6800	2700	18⊕20	Φ8@100/200	4000	Φ14@1500	4.78	498.3
1JWK1j-450-02	700	6200	200	12⊕18	Φ8@100/200	3500	Φ14@1500	2.46	203.0
1JWK1j-450-07	700	6200	700	15⊕18	Φ8@100/200	3500	Φ14@1500	2.66	257.9
1JWK1j-450-12	700	6200	1200	17⊕18	Φ8@100/200	3500	Φ14@1500	2.85	303.5
1JWK1j-450-17	700	6200	1700	16⊕18	Φ8@100/200	3500	Φ14@1500	3.04	367.5
1JWK1j-450-22	700	6200	2200	18⊕20	Φ8@100/200	3500	Φ14@1500	3.23	429.5
1JWK1j-450-27	800	6000	2700	18⊕20	Φ8@100/200	4000	Φ14@1500	4.37	456.8

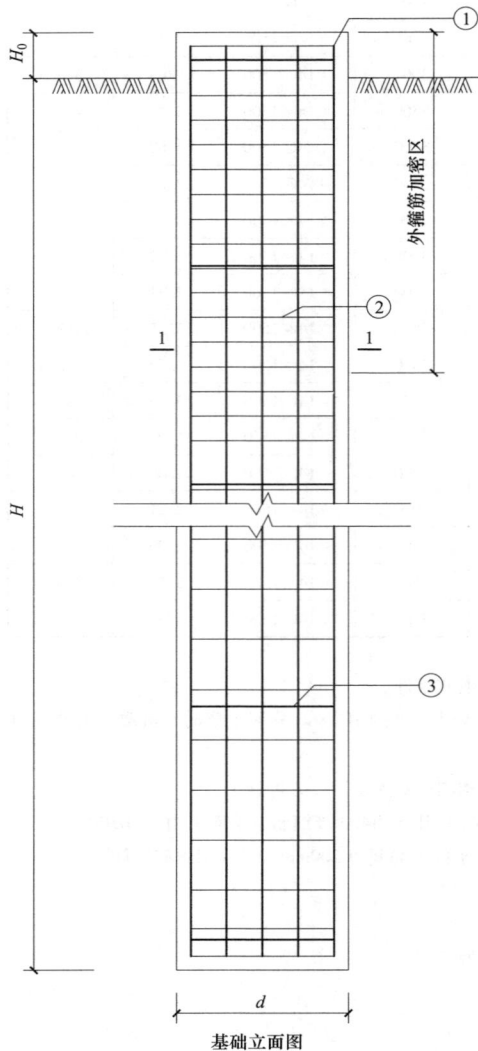

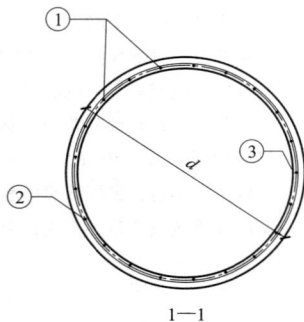

基础立面图

1—1

说明：1. 本基础适用于不受地下水影响的黏性土地质条件。

2. 整体立塔时，混凝土的抗压强度应达到设计强度的100%。分解组塔时，混凝土必须达到抗压强度设计值的70%。

3. 基础根开及地脚螺栓间距与相应杆塔结构图核对无误后，方可施工。

4. 基础混凝土强度等级不应低于C25，主筋采用HRB400级钢筋，箍筋采用HPB300级钢筋。

5. ②号钢筋加密区箍筋间距100mm，非加密区箍筋间距200mm。可采用螺旋箍筋。

6. 主筋保护层不小于50mm。

7. 基础施工完毕后，做好基面排水处理。

8. 本基础按机械成孔施工方式，未考虑护壁工程量。

图 11.1-4 1JWK1*-450挖孔桩基础施工图

基 础 参 数 表

基础名称	桩身直径 d(mm)	基础埋深 H(mm)	基础露头 H_0(mm)	主筋①	外箍筋②	外箍筋加密区长度(mm)	内箍筋③	单腿混凝土量(m^3)	单腿钢筋量(kg)
1JWK1h-500-02	700	12200	200	14 Φ 18	Φ 8@ 100/200	3500	Φ 14@ 1500	4.77	426.9
1JWK1h-500-07	700	12200	700	17 Φ 18	Φ 8@ 100/200	3500	Φ 14@ 1500	4.96	519.7
1JWK1h-500-12	700	12200	1200	16 Φ 20	Φ 8@ 100/200	3500	Φ 14@ 1500	5.16	611.1
1JWK1h-500-17	700	12200	1700	18 Φ 20	Φ 8@ 100/200	3500	Φ 14@ 1500	5.35	703.1
1JWK1h-500-22	800	10400	2200	18 Φ 20	Φ 8@ 100/200	4000	Φ 14@ 1500	6.33	654.9
1JWK1h-500-27	800	10400	2700	20 Φ 20	Φ 8@ 100/200	4000	Φ 14@ 1500	6.58	742.8
1JWK1i-500-02	700	8800	200	14 Φ 18	Φ 8@ 100/200	3500	Φ 14@ 1500	3.46	314.8
1JWK1i-500-07	700	8800	700	17 Φ 18	Φ 8@ 100/200	3500	Φ 14@ 1500	3.66	387.2
1JWK1i-500-12	700	8800	1200	16 Φ 20	Φ 8@ 100/200	3500	Φ 14@ 1500	3.85	459.9
1JWK1i-500-17	700	8800	1700	18 Φ 20	Φ 8@ 100/200	3500	Φ 14@ 1500	4.04	535.2
1JWK1i-500-22	800	7600	2200	18 Φ 20	Φ 8@ 100/200	4000	Φ 14@ 1500	4.93	513.4
1JWK1i-500-27	800	7600	2700	20 Φ 20	Φ 8@ 100/200	4000	Φ 14@ 1500	5.18	587.5
1JWK1j-500-02	700	7000	200	14 Φ 18	Φ 8@ 100/200	3500	Φ 14@ 1500	2.77	253.5
1JWK1j-500-07	700	7000	700	14 Φ 18	Φ 8@ 100/200	3500	Φ 14@ 1500	2.96	321.4
1JWK1j-500-12	700	7000	1200	16 Φ 20	Φ 8@ 100/200	3500	Φ 14@ 1500	3.16	380.1
1JWK1j-500-17	700	7000	1700	18 Φ 20	Φ 8@ 100/200	3500	Φ 14@ 1500	3.35	444.4
1JWK1j-500-22	800	6000	2200	18 Φ 20	Φ 8@ 100/200	4000	Φ 14@ 1500	4.12	432.9
1JWK1j-500-27	800	6000	2700	20 Φ 20	Φ 8@ 100/200	4000	Φ 14@ 1500	4.37	499.2

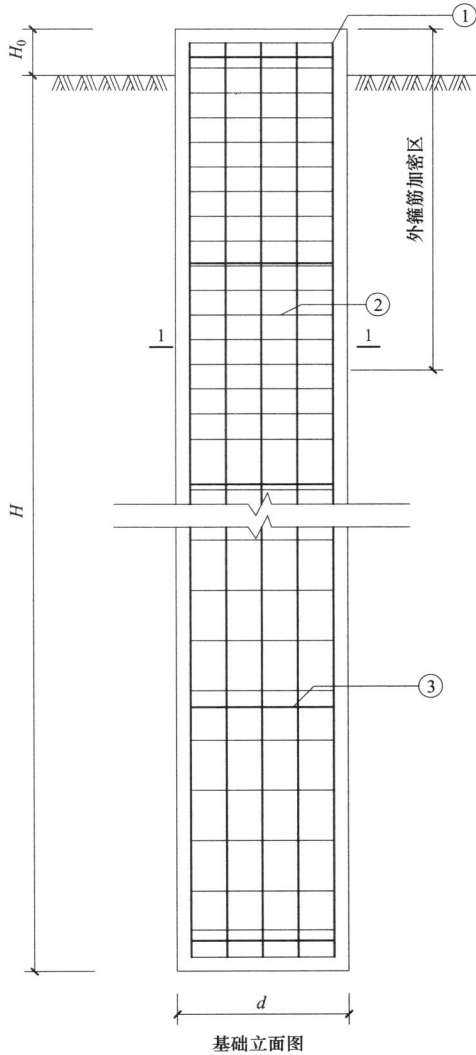

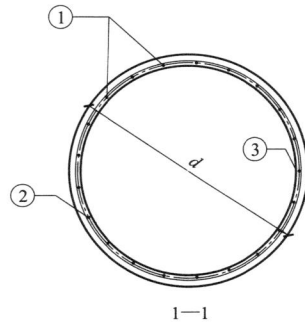

说明：1. 本基础适用于不受地下水影响的黏性土地质条件。

2. 整体立塔时，混凝土的抗压强度应达到设计强度的100%。分解组塔时，混凝土必须达到抗压强度设计值的70%。

3. 基础根开及地脚螺栓间距与相应杆塔结构图核对无误后，方可施工。

4. 基础混凝土强度等级不应低于C25，主筋采用HRB400级钢筋，箍筋采用HPB300级钢筋。

5. ②号钢筋加密区箍筋间距100mm，非加密区箍筋间距200mm。可采用螺旋箍筋。

6. 主筋保护层不小于50mm。

7. 基础施工完毕后，做好基面排水处理。

8. 本基础按机械成孔施工方式，未考虑护壁工程量。

基础立面图

1—1

图 11.1-5 1JWK1*-500挖孔桩基础施工图

基 础 参 数 表

基础名称	桩身直径 d(mm)	基础埋深 H(mm)	基础露头 H_0(mm)	主筋①	外箍筋②	外箍筋加密区长度(mm)	内箍筋③	单腿混凝土量(m^3)	单腿钢筋量(kg)
1JWK1h-550-02	700	13400	200	15 ⸮ 18	Φ 8@ 100/200	3500	Φ 14@ 1500	5.23	494.0
1JWK1h-550-07	700	13400	700	15 ⸮ 20	Φ 8@ 100/200	3500	Φ 14@ 1500	5.43	609.3
1JWK1h-550-12	700	13400	1200	17 ⸮ 20	Φ 8@ 100/200	3500	Φ 14@ 1500	5.62	700.7
1JWK1h-550-17	800	11400	1700	18 ⸮ 20	Φ 8@ 100/200	4000	Φ 14@ 1500	6.58	678.8
1JWK1h-550-22	800	11400	2200	20 ⸮ 20	Φ 8@ 100/200	4000	Φ 14@ 1500	6.84	772.6
1JWK1h-550-27	800	11400	2700	19 ⸮ 22	Φ 8@ 100/200	4000	Φ 14@ 1500	7.09	901.9
1JWK1i-550-02	700	9800	200	15 ⸮ 18	Φ 8@ 100/200	3500	Φ 14@ 1500	3.85	366.3
1JWK1i-550-07	700	9800	700	15 ⸮ 20	Φ 8@ 100/200	3500	Φ 14@ 1500	4.04	458.4
1JWK1i-550-12	700	9800	1200	17 ⸮ 20	Φ 8@ 100/200	3500	Φ 14@ 1500	4.23	532.1
1JWK1i-550-17	800	8400	1700	18 ⸮ 20	Φ 8@ 100/200	4000	Φ 14@ 1500	5.08	527.6
1JWK1i-550-22	800	8400	2200	20 ⸮ 20	Φ 8@ 100/200	4000	Φ 14@ 1500	5.33	606.5
1JWK1i-550-27	800	8400	2700	19 ⸮ 22	Φ 8@ 100/200	4000	Φ 14@ 1500	5.58	713.8
1JWK1j-550-02	700	7600	200	15 ⸮ 18	Φ 8@ 100/200	3500	Φ 14@ 1500	3.00	290.0
1JWK1j-550-07	700	7600	700	15 ⸮ 20	Φ 8@ 100/200	3500	Φ 14@ 1500	3.19	364.6
1JWK1j-550-12	700	7600	1200	17 ⸮ 20	Φ 8@ 100/200	3500	Φ 14@ 1500	3.39	427.4
1JWK1j-550-17	800	6600	1700	18 ⸮ 20	Φ 8@ 100/200	4000	Φ 14@ 1500	4.17	437.3
1JWK1j-550-22	800	6600	2200	20 ⸮ 20	Φ 8@ 100/200	4000	Φ 14@ 1500	4.42	505.0
1JWK1j-550-27	800	6600	2700	19 ⸮ 22	Φ 8@ 100/200	4000	Φ 14@ 1500	4.67	601.4

说明：1. 本基础适用于不受地下水影响的黏性土地质条件。

2. 整体立塔时，混凝土的抗压强度应达到设计强度的100%。分解组塔时，混凝土必须达到抗压强度设计值的70%。

3. 基础根开及地脚螺栓间距与相应杆塔结构图核对无误后，方可施工。

4. 基础混凝土强度等级不应低于 C25，主筋采用 HRB400 级钢筋，箍筋采用 HPB300 级钢筋。

5. ②号钢筋加密区箍筋间距100mm，非加密区箍筋间距200mm。可采用螺旋箍筋。

6. 主筋保护层不小于50mm。

7. 基础施工完毕后，做好基面排水处理。

8. 本基础按机械成孔施工方式，未考虑护壁工程量。

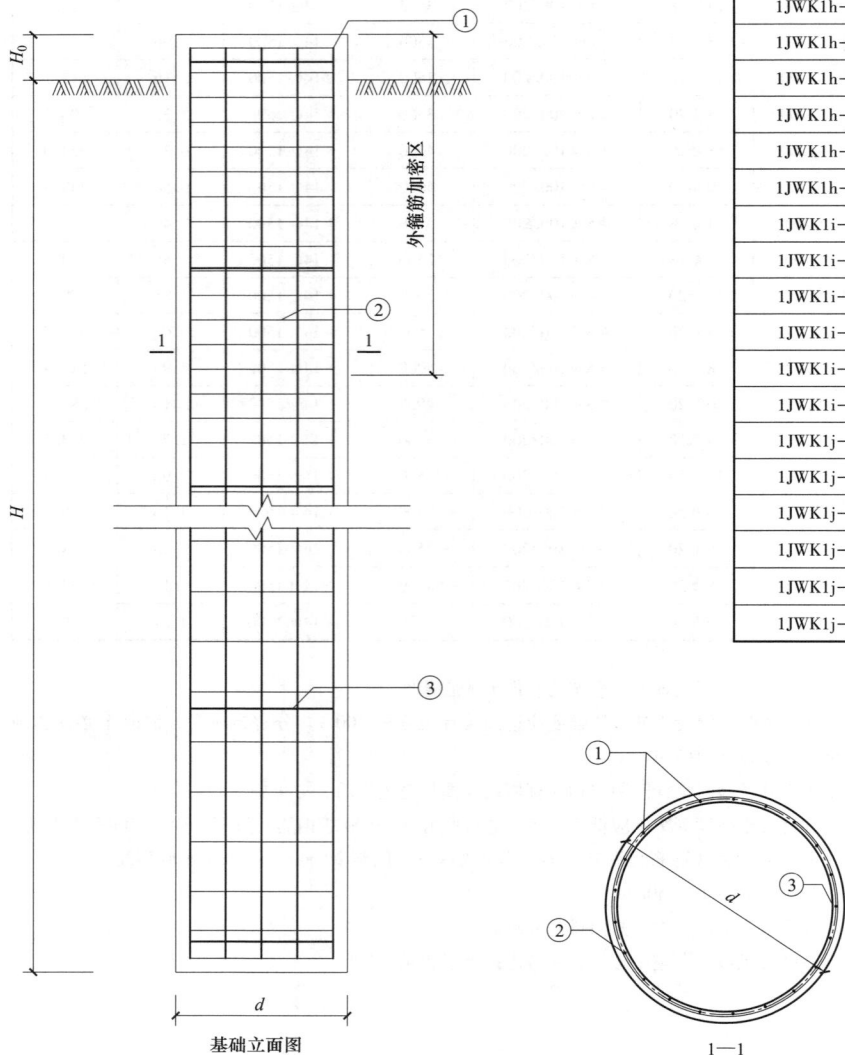

基础立面图

1—1

图 11.1-6 1JWK1*-550 挖孔桩基础施工图

基础参数表

基础名称	桩身直径 d(mm)	基础埋深 H(mm)	基础露头 H_0(mm)	主筋①	外箍筋②	外箍筋加密区长度(mm)	内箍筋③	单腿混凝土量 (m^3)	单腿钢筋量 (kg)
1JWK1h－600－02	700	14600	200	11 Φ 22	Φ8@100/200	3500	Φ14@1500	5.70	576.1
1JWK1h－600－07	700	14600	700	13 Φ 22	Φ8@100/200	3500	Φ14@1500	5.89	687.4
1JWK1h－600－12	700	14600	1200	16 Φ 22	Φ8@100/200	3500	Φ14@1500	6.08	848.7
1JWK1h－600－17	800	12400	1700	16 Φ 22	Φ8@100/200	4000	Φ14@1500	7.09	776.8
1JWK1h－600－22	800	12400	2200	18 Φ 22	Φ8@100/200	4000	Φ14@1500	7.34	889.7
1JWK1h－600－27	900	11000	2700	19 Φ 22	Φ8@100/200	4500	Φ14@1500	8.72	896.1
1JWK1i－600－02	700	10600	200	11 Φ 22	Φ8@100/200	3500	Φ14@1500	4.16	425.6
1JWK1i－600－07	700	10600	700	13 Φ 22	Φ8@100/200	3500	Φ14@1500	4.35	511.0
1JWK1i－600－12	700	10600	1200	16 Φ 22	Φ8@100/200	3500	Φ14@1500	4.54	636.5
1JWK1i－600－17	800	9000	1700	16 Φ 22	Φ8@100/200	4000	Φ14@1500	5.38	594.6
1JWK1i－600－22	800	9000	2200	18 Φ 22	Φ8@100/200	4000	Φ14@1500	5.63	687.3
1JWK1i－600－27	900	7800	2700	19 Φ 22	Φ8@100/200	4500	Φ14@1500	6.68	693.0
1JWK1j－600－02	700	8400	200	11 Φ 22	Φ8@100/200	3500	Φ14@1500	3.31	341.0
1JWK1j－600－07	700	8400	700	13 Φ 22	Φ8@100/200	3500	Φ14@1500	3.50	415.3
1JWK1j－600－12	700	8400	1200	16 Φ 22	Φ8@100/200	3500	Φ14@1500	3.69	521.1
1JWK1j－600－17	800	7200	1700	16 Φ 22	Φ8@100/200	4000	Φ14@1500	4.47	495.9
1JWK1j－600－22	800	7200	2200	18 Φ 22	Φ8@100/200	4000	Φ14@1500	4.72	580.3
1JWK1j－600－27	900	6200	2700	19 Φ 22	Φ8@100/200	4500	Φ14@1500	5.66	588.6

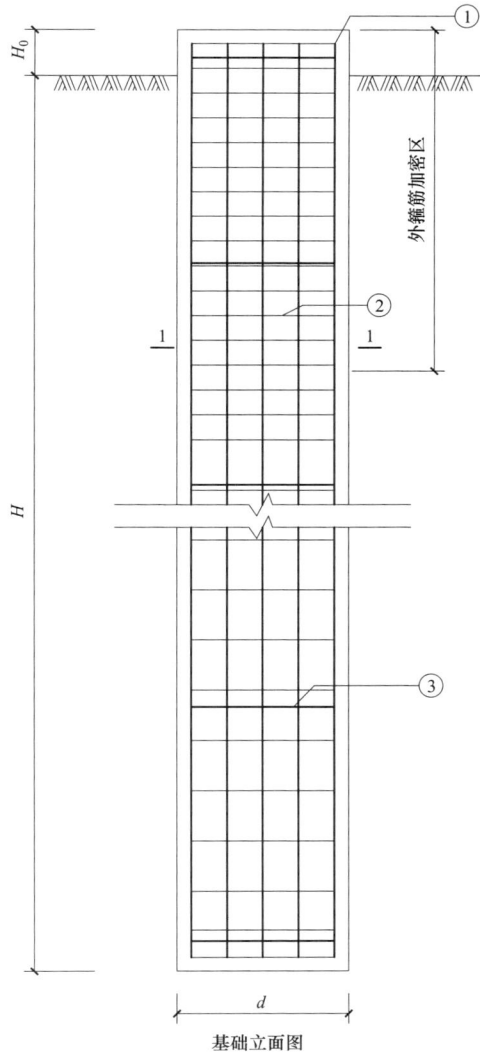

说明：1. 本基础适用于不受地下水影响的黏性土地质条件。

2. 整体立塔时，混凝土的抗压强度应达到设计强度的100%。分解组塔时，混凝土必须达到抗压强度设计值的70%。

3. 基础根开及地脚螺栓间距与相应杆塔结构图核对无误后，方可施工。

4. 基础混凝土强度等级不应低于C25，主筋采用HRB400级钢筋，箍筋采用HPB300级钢筋。

5. ②号钢筋加密区箍筋间距100mm，非加密区箍筋间距200mm。可采用螺旋箍筋。

6. 主筋保护层不小于50mm。

7. 基础施工完毕后，做好基面排水处理。

8. 本基础按机械成孔施工方式，未考虑护壁工程量。

基础立面图

1—1

图 11.1-7 1JWK1*-600 挖孔桩基础施工图

11.2 1JWK2 子模块

此子模块适用于粉土地基，共包含 7 张图纸，基础施工图图纸清单见表 11.2-1。

表 11.2-1   **1JWK2 子模块基础施工图图纸清单**

序号	图号	图　名	基础作用力（kN）	
			$T/T_x/T_y$	$N/N_x/N_y$
1	图 11.2-1	1JWK2 * -300 挖孔桩基础施工图	300/57/57	390/74/74
2	图 11.2-2	1JWK2 * -350 挖孔桩基础施工图	350/67/67	455/86/86
3	图 11.2-3	1JWK2 * -400 挖孔桩基础施工图	400/76/76	520/99/99
4	图 11.2-4	1JWK2 * -450 挖孔桩基础施工图	450/86/86	585/111/111
5	图 11.2-5	1JWK2 * -500 挖孔桩基础施工图	500/95/95	650/124/124
6	图 11.2-6	1JWK2 * -550 挖孔桩基础施工图	550/105/105	715/136/136
7	图 11.2-7	1JWK2 * -600 挖孔桩基础施工图	600/114/114	780/148/148

注 2 * 包含 2h、2i、2j 三种地质参数组合。

基 础 参 数 表

基础名称	桩身直径 d(mm)	基础埋深 H(mm)	基础露头 H_0(mm)	主筋①	外箍筋②	外箍筋加密区长度(mm)	内箍筋③	单腿混凝土量(m³)	单腿钢筋量(kg)
1JWK2h-300-02	600	15200	200	14 Φ 14	Φ 8@ 100/200	3000	Φ 14@ 1500	4.35	339.8
1JWK2h-300-07	600	15400	700	11 Φ 18	Φ 8@ 100/200	3000	Φ 14@ 1500	4.55	434.0
1JWK2h-300-12	600	15600	1200	10 Φ 20	Φ 8@ 100/200	3000	Φ 14@ 1500	4.75	498.2
1JWK2h-300-17	600	16000	1700	12 Φ 20	Φ 8@ 100/200	3000	Φ 14@ 1500	5.00	609.7
1JWK2h-300-22	600	16200	2200	11 Φ 22	Φ 8@ 100/200	3000	Φ 14@ 1500	5.20	693.4
1JWK2h-300-27	700	13000	2700	11 Φ 22	Φ 8@ 100/200	3500	Φ 14@ 1500	6.04	611.5
1JWK2i-300-02	600	8800	200	14 Φ 14	Φ 8@ 100/200	3000	Φ 14@ 1500	2.54	204.4
1JWK2i-300-07	600	8800	700	11 Φ 18	Φ 8@ 100/200	3000	Φ 14@ 1500	2.69	261.3
1JWK2i-300-12	600	8800	1200	10 Φ 20	Φ 8@ 100/200	3000	Φ 14@ 1500	2.83	300.7
1JWK2i-300-17	600	8800	1700	12 Φ 20	Φ 8@ 100/200	3000	Φ 14@ 1500	2.97	367.1
1JWK2i-300-22	600	8800	2200	11 Φ 22	Φ 8@ 100/200	3000	Φ 14@ 1500	3.11	418.8
1JWK2i-300-27	700	7400	2700	11 Φ 22	Φ 8@ 100/200	3500	Φ 14@ 1500	3.89	398.3
1JWK2j-300-02	600	6400	200	14 Φ 14	Φ 8@ 100/200	3000	Φ 14@ 1500	1.87	152.8
1JWK2j-300-07	600	6400	700	11 Φ 18	Φ 8@ 100/200	3000	Φ 14@ 1500	2.01	197.6
1JWK2j-300-12	600	6400	1200	10 Φ 20	Φ 8@ 100/200	3000	Φ 14@ 1500	2.15	232.2
1JWK2j-300-17	600	6400	1700	12 Φ 20	Φ 8@ 100/200	3000	Φ 14@ 1500	2.29	285.2
1JWK2j-300-22	600	6400	2200	11 Φ 22	Φ 8@ 100/200	3000	Φ 14@ 1500	2.43	329.1
1JWK2j-300-27	700	6000	2700	11 Φ 22	Φ 8@ 100/200	3500	Φ 14@ 1500	3.35	345.0

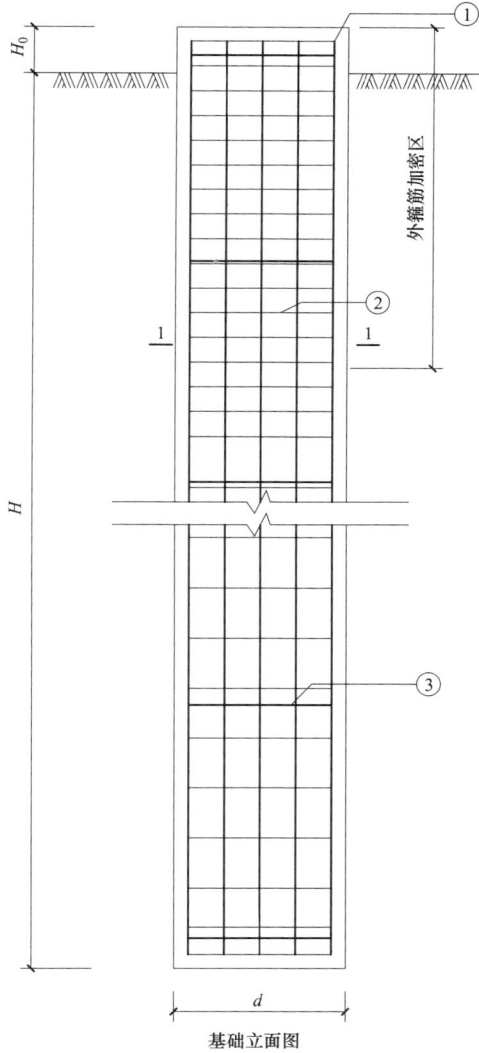

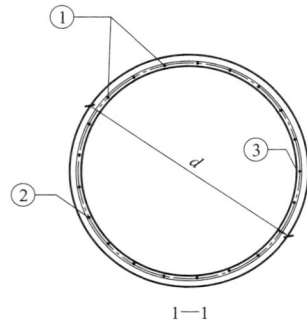

说明：1. 本基础适用于不受地下水影响的粉土地质条件。

2. 整体立塔时，混凝土的抗压强度应达到设计强度的100%。分解组塔时，混凝土必须达到抗压强度设计值的70%。

3. 基础根开及地脚螺栓间距与相应杆塔结构图核对无误后，方可施工。

4. 基础混凝土强度等级不应低于C25，主筋采用HRB400级钢筋，箍筋采用HPB300级钢筋。

5. ②号钢筋加密区箍筋间距100mm，非加密区箍筋间距200mm。可采用螺旋箍筋。

6. 主筋保护层不小于50mm。

7. 基础施工完毕后，做好基面排水处理。

8. 本基础按机械成孔施工方式，未考虑护壁工程量。

基础立面图

1—1

图 11.2-1 1JWK2 ∗ -300 挖孔桩基础施工图

基 础 参 数 表

基础名称	桩身直径 d(mm)	基础埋深 H(mm)	基础露头 H_0(mm)	主筋①	外箍筋②	外箍筋加密区长度(mm)	内箍筋③	单腿混凝土量(m³)	单腿钢筋量(kg)
1JWK2h-350-02	600	18400	200	10 Φ 18	Φ 8@ 100/200	3000	Φ 14@ 1500	5.26	463.6
1JWK2h-350-07	600	18800	700	13 Φ 18	Φ 8@ 100/200	3000	Φ 14@ 1500	5.51	602.0
1JWK2h-350-12	600	19000	1200	15 Φ 18	Φ 8@ 100/200	3000	Φ 14@ 1500	5.71	702.9
1JWK2h-350-17	600	19200	1700	17 Φ 18	Φ 8@ 100/200	3000	Φ 14@ 1500	5.91	808.8
1JWK2h-350-22	700	15600	2200	17 Φ 18	Φ 8@ 100/200	3500	Φ 14@ 1500	6.85	710.4
1JWK2h-350-27	700	15800	2700	13 Φ 22	Φ 8@ 100/200	3500	Φ 14@ 1500	7.12	827.7
1JWK2i-350-02	600	10400	200	10 Φ 18	Φ 8@ 100/200	3000	Φ 14@ 1500	3.00	270.1
1JWK2i-350-07	600	10400	700	13 Φ 18	Φ 8@ 100/200	3000	Φ 14@ 1500	3.14	347.1
1JWK2i-350-12	600	10400	1200	15 Φ 18	Φ 8@ 100/200	3000	Φ 14@ 1500	3.28	407.9
1JWK2i-350-17	600	10400	1700	17 Φ 18	Φ 8@ 100/200	3000	Φ 14@ 1500	3.42	473.7
1JWK2i-350-22	700	8600	2200	17 Φ 18	Φ 8@ 100/200	3500	Φ 14@ 1500	4.16	438.0
1JWK2i-350-27	700	8600	2700	13 Φ 22	Φ 8@ 100/200	3500	Φ 14@ 1500	4.35	511.0
1JWK2j-350-02	600	7400	200	10 Φ 18	Φ 8@ 100/200	3000	Φ 14@ 1500	2.15	197.3
1JWK2j-350-07	600	7400	700	13 Φ 18	Φ 8@ 100/200	3000	Φ 14@ 1500	2.29	256.3
1JWK2j-350-12	600	7400	1200	15 Φ 18	Φ 8@ 100/200	3000	Φ 14@ 1500	2.43	305.1
1JWK2j-350-17	600	7400	1700	17 Φ 18	Φ 8@ 100/200	3000	Φ 14@ 1500	2.57	358.9
1JWK2j-350-22	700	6200	2200	17 Φ 18	Φ 8@ 100/200	3500	Φ 14@ 1500	3.23	343.3
1JWK2j-350-27	700	6200	2700	13 Φ 22	Φ 8@ 100/200	3500	Φ 14@ 1500	3.43	404.7

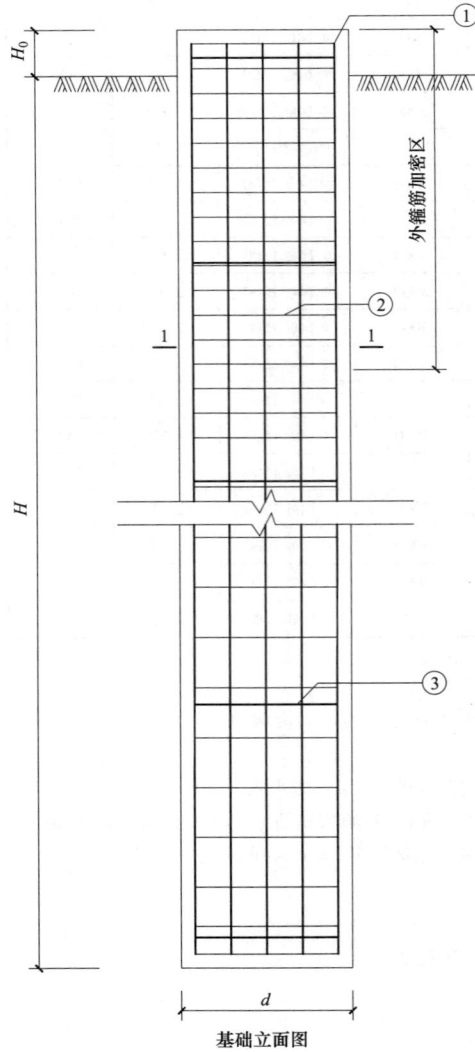

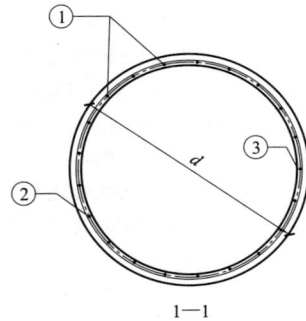

说明：1. 本基础适用于不受地下水影响的粉土地质条件。

2. 整体立塔时，混凝土的抗压强度应达到设计强度的 100%。分解组塔时，混凝土必须达到抗压强度设计值的 70%。

3. 基础根开及地脚螺栓间距与相应杆塔结构图核对无误后，方可施工。

4. 基础混凝土强度等级不应低于 C25，主筋采用 HRB400 级钢筋，箍筋采用 HPB300 级钢筋。

5. ②号钢筋加密区箍筋间距 100mm，非加密区箍筋间距 200mm。可采用螺旋箍筋。

6. 主筋保护层不小于 50mm。

7. 基础施工完毕后，做好基面排水处理。

8. 本基础按机械成孔施工方式，未考虑护壁工程量。

基础立面图

1—1

图 11.2-2　1JWK2 ∗ -350 挖孔桩基础施工图

基 础 参 数 表

基础名称	桩身直径 d(mm)	基础埋深 H(mm)	基础露头 H_0(mm)	主筋①	外箍筋②	外箍筋加密区长度(mm)	内箍筋③	单腿混凝土量(m^3)	单腿钢筋量(kg)
1JWK2h-400-02	600	21800	200	15Φ16	Φ8@100/200	3000	Φ14@1500	6.22	626.8
1JWK2h-400-07	600	22000	700	14Φ18	Φ8@100/200	3000	Φ14@1500	6.42	743.7
1JWK2h-400-12	600	22200	1200	14Φ20	Φ8@100/200	3000	Φ14@1500	6.62	918.2
1JWK2h-400-17	700	18000	1700	14Φ20	Φ8@100/200	3500	Φ14@1500	7.58	797.5
1JWK2h-400-22	700	18400	2200	16Φ20	Φ8@100/200	3500	Φ14@1500	7.93	932.6
1JWK2h-400-27	700	18600	2700	18Φ20	Φ8@100/200	3500	Φ14@1500	8.20	1069.8
1JWK2i-400-02	600	11800	200	15Φ16	Φ8@100/200	3000	Φ14@1500	3.39	348.2
1JWK2i-400-07	600	11800	700	14Φ18	Φ8@100/200	3000	Φ14@1500	3.53	414.3
1JWK2i-400-12	600	11800	1200	14Φ20	Φ8@100/200	3000	Φ14@1500	3.68	514.5
1JWK2i-400-17	700	9800	1700	14Φ20	Φ8@100/200	3500	Φ14@1500	4.43	471.1
1JWK2i-400-22	700	9800	2200	16Φ20	Φ8@100/200	3500	Φ14@1500	4.62	550.5
1JWK2i-400-27	700	9800	2700	18Φ20	Φ8@100/200	3500	Φ14@1500	4.81	633.6
1JWK2j-400-02	600	8400	200	15Φ16	Φ8@100/200	3000	Φ14@1500	2.43	251.9
1JWK2j-400-07	600	8400	700	14Φ18	Φ8@100/200	3000	Φ14@1500	2.57	305.1
1JWK2j-400-12	600	8400	1200	14Φ20	Φ8@100/200	3000	Φ14@1500	2.71	383.0
1JWK2j-400-17	700	7000	1700	14Φ20	Φ8@100/200	3500	Φ14@1500	3.35	359.7
1JWK2j-400-22	700	7000	2200	16Φ20	Φ8@100/200	3500	Φ14@1500	3.54	425.4
1JWK2j-400-27	700	7000	2700	18Φ20	Φ8@100/200	3500	Φ14@1500	3.73	494.6

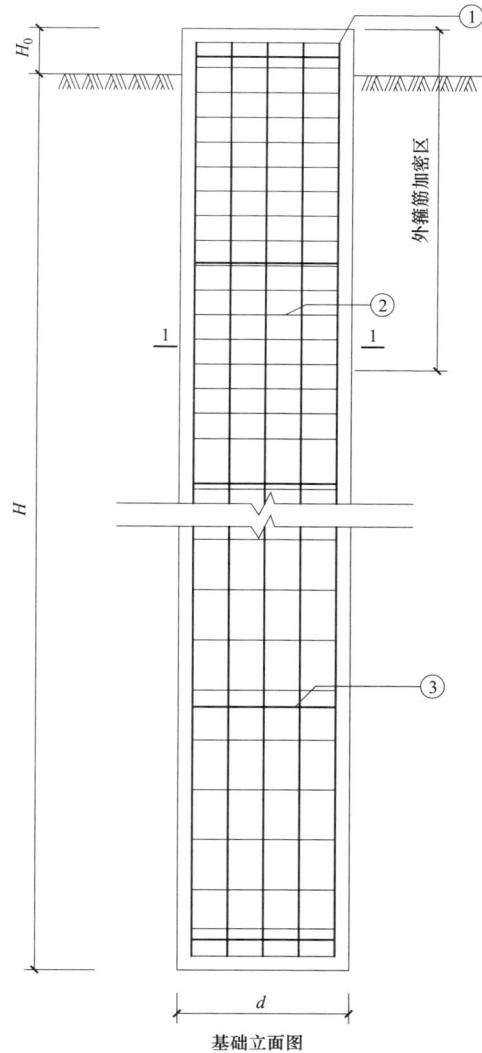

基础立面图

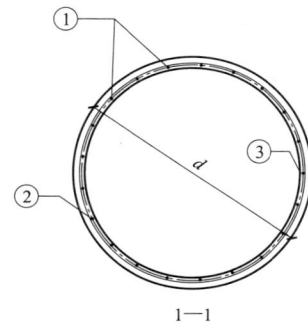

1—1

说明：1. 本基础适用于不受地下水影响的粉土地质条件。

2. 整体立塔时，混凝土的抗压强度应达到设计强度的 100%。分解组塔时，混凝土必须达到抗压强度设计值的 70%。

3. 基础根开及地脚螺栓间距与相应杆塔结构图核对无误后，方可施工。

4. 基础混凝土强度等级不应低于 C25，主筋采用 HRB400 级钢筋，箍筋采用 HPB300 级钢筋。

5. ②号钢筋加密区箍筋间距 100mm，非加密区箍筋间距 200mm。可采用螺旋箍筋。

6. 主筋保护层不小于 50mm。

7. 基础施工完毕后，做好基面排水处理。

8. 本基础按机械成孔施工方式，未考虑护壁工程量。

图 11.2-3　1JWK2*-400 挖孔桩基础施工图

基 础 参 数 表

基础名称	桩身直径 d(mm)	基础埋深 H(mm)	基础露头 H_0(mm)	主筋①	外箍筋②	外箍筋加密区长度(mm)	内箍筋③	单腿混凝土量（m³）	单腿钢筋量（kg）
1JWK2h-450-02	700	20000	200	16 Φ 16	Φ 8@ 100/200	3500	Φ 14@ 1500	7.77	630.6
1JWK2h-450-07	700	20400	700	15 Φ 18	Φ 8@ 100/200	3500	Φ 14@ 1500	8.12	757.8
1JWK2h-450-12	700	20600	1200	17 Φ 18	Φ 8@ 100/200	3500	Φ 14@ 1500	8.39	867.6
1JWK2h-450-17	700	20800	1700	16 Φ 20	Φ 8@ 100/200	3500	Φ 14@ 1500	8.66	1019.3
1JWK2h-450-22	700	21200	2200	18 Φ 20	Φ 8@ 100/200	3500	Φ 14@ 1500	9.01	1172.7
1JWK2h-450-27	800	17800	2700	18 Φ 20	Φ 8@ 100/200	4000	Φ 14@ 1500	10.30	1052.0
1JWK2i-450-02	700	11000	200	16 Φ 16	Φ 8@ 100/200	3500	Φ 14@ 1500	4.31	356.8
1JWK2i-450-07	700	11000	700	15 Φ 18	Φ 8@ 100/200	3500	Φ 14@ 1500	4.50	426.1
1JWK2i-450-12	700	11000	1200	17 Φ 18	Φ 8@ 100/200	3500	Φ 14@ 1500	4.70	492.9
1JWK2i-450-17	700	11000	1700	16 Φ 20	Φ 8@ 100/200	3500	Φ 14@ 1500	4.89	581.2
1JWK2i-450-22	700	11000	2200	18 Φ 20	Φ 8@ 100/200	3500	Φ 14@ 1500	5.08	666.9
1JWK2i-450-27	800	9400	2700	18 Φ 20	Φ 8@ 100/200	4000	Φ 14@ 1500	6.08	630.0
1JWK2j-450-02	700	8000	200	16 Φ 16	Φ 8@ 100/200	3500	Φ 14@ 1500	3.16	265.5
1JWK2j-450-07	700	8000	700	15 Φ 18	Φ 8@ 100/200	3500	Φ 14@ 1500	3.35	320.7
1JWK2j-450-12	700	8000	1200	17 Φ 18	Φ 8@ 100/200	3500	Φ 14@ 1500	3.54	375.5
1JWK2j-450-17	700	8000	1700	16 Φ 20	Φ 8@ 100/200	3500	Φ 14@ 1500	3.73	447.3
1JWK2j-450-22	700	8000	2200	18 Φ 20	Φ 8@ 100/200	3500	Φ 14@ 1500	3.93	518.3
1JWK2j-450-27	800	6800	2700	18 Φ 20	Φ 8@ 100/200	4000	Φ 14@ 1500	4.78	498.3

说明：1. 本基础适用于不受地下水影响的粉土地质条件。

2. 整体立塔时，混凝土的抗压强度应达到设计强度的 100%。分解组塔时，混凝土必须达到抗压强度设计值的 70%。

3. 基础根开及地脚螺栓间距与相应杆塔结构图核对无误后，方可施工。

4. 基础混凝土强度等级不应低于 C25，主筋采用 HRB400 级钢筋，箍筋采用 HPB300 级钢筋。

5. ②号钢筋加密区箍筋间距 100mm，非加密区箍筋间距 200mm。可采用螺旋箍筋。

6. 主筋保护层不小于 50mm。

7. 基础施工完毕后，做好基面排水处理。

8. 本基础按机械成孔施工方式，未考虑护壁工程量。

基础立面图

1—1

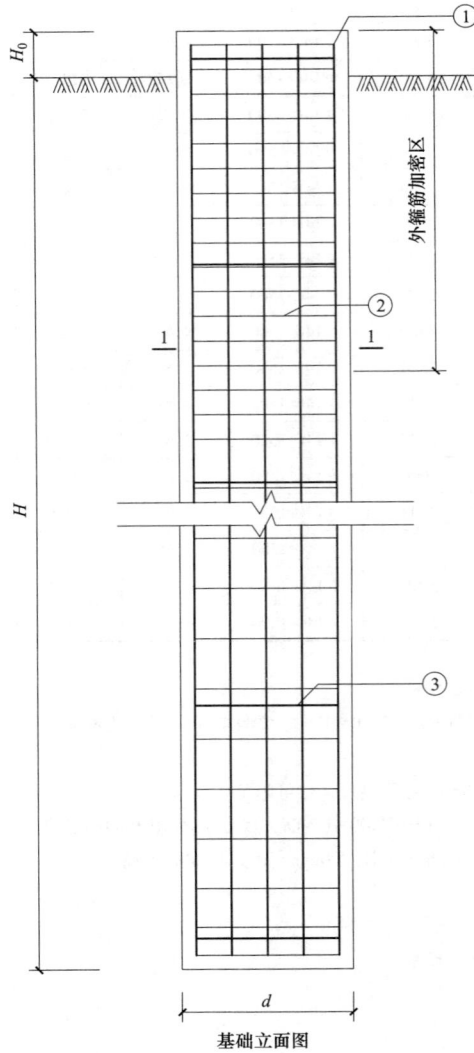

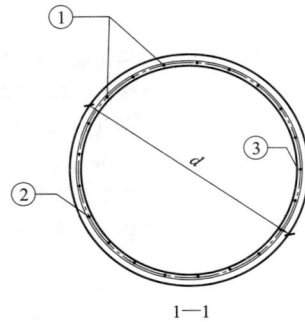

图 11.2-4　1JWK2＊-450 挖孔桩基础施工图

基 础 参 数 表

基础名称	桩身直径 d(mm)	基础埋深 H(mm)	基础露头 H_0(mm)	主筋①	外箍筋②	外箍筋加密区长度(mm)	内箍筋③	单腿混凝土量（m³）	单腿钢筋量（kg）
1JWK2h-500-02	700	22800	200	14 Φ 18	Φ 8@ 100/200	3500	Φ 14@ 1500	8.85	777.9
1JWK2h-500-07	700	23200	700	14 Φ 20	Φ 8@ 100/200	3500	Φ 14@ 1500	9.20	962.5
1JWK2h-500-12	700	23400	1200	16 Φ 20	Φ 8@ 100/200	3500	Φ 14@ 1500	9.47	1111.8
1JWK2h-500-17	700	23600	1700	18 Φ 20	Φ 8@ 100/200	3500	Φ 14@ 1500	9.74	1266.6
1JWK2h-500-22	800	19800	2200	18 Φ 20	Φ 8@ 100/200	4000	Φ 14@ 1500	11.06	1128.1
1JWK2h-500-27	800	20200	2700	20 Φ 20	Φ 8@ 100/200	4000	Φ 14@ 1500	11.51	1286.4
1JWK2i-500-02	700	12200	200	14 Φ 18	Φ 8@ 100/200	3500	Φ 14@ 1500	4.77	426.9
1JWK2i-500-07	700	12200	700	14 Φ 20	Φ 8@ 100/200	3500	Φ 14@ 1500	4.96	526.8
1JWK2i-500-12	700	12200	1200	16 Φ 20	Φ 8@ 100/200	3500	Φ 14@ 1500	5.16	611.1
1JWK2i-500-17	700	12200	1700	18 Φ 20	Φ 8@ 100/200	3500	Φ 14@ 1500	5.35	703.1
1JWK2i-500-22	800	10400	2200	18 Φ 20	Φ 8@ 100/200	4000	Φ 14@ 1500	6.33	654.9
1JWK2i-500-27	800	10400	2700	20 Φ 20	Φ 8@ 100/200	4000	Φ 14@ 1500	6.58	742.8
1JWK2j-500-02	700	8800	200	14 Φ 18	Φ 8@ 100/200	3500	Φ 14@ 1500	3.46	314.8
1JWK2j-500-07	700	8800	700	14 Φ 20	Φ 8@ 100/200	3500	Φ 14@ 1500	3.66	392.4
1JWK2j-500-12	700	8800	1200	16 Φ 20	Φ 8@ 100/200	3500	Φ 14@ 1500	3.85	459.9
1JWK2j-500-17	700	8800	1700	18 Φ 20	Φ 8@ 100/200	3500	Φ 14@ 1500	4.04	535.2
1JWK2j-500-22	800	7600	2200	18 Φ 20	Φ 8@ 100/200	4000	Φ 14@ 1500	4.93	513.4
1JWK2j-500-27	800	7600	2700	20 Φ 20	Φ 8@ 100/200	4000	Φ 14@ 1500	5.18	587.5

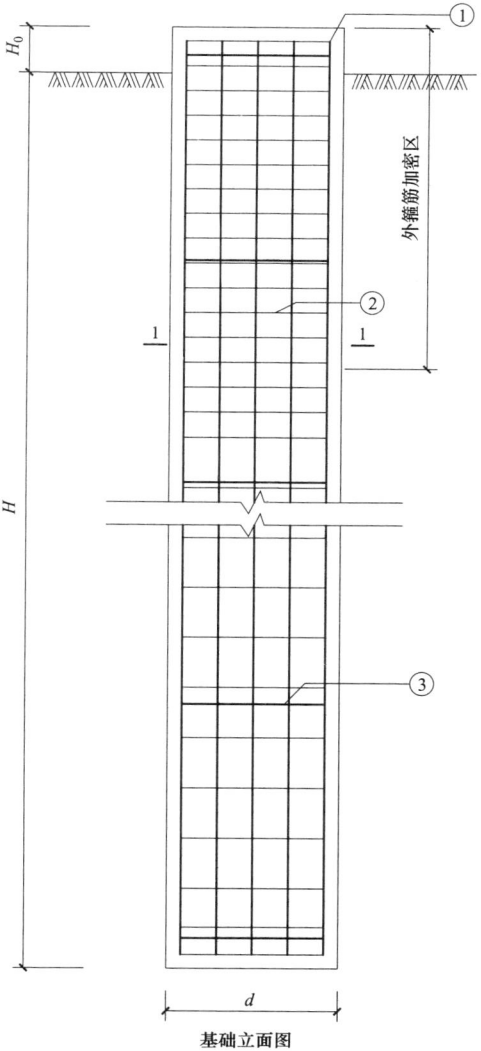

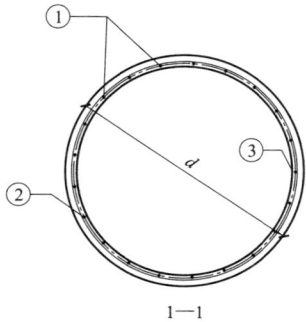

说明：1. 本基础适用于不受地下水影响的粉土地质条件。

2. 整体立塔时，混凝土的抗压强度应达到设计强度的100%。分解组塔时，混凝土必须达到抗压强度设计值的70%。

3. 基础根开及地脚螺栓间距与相应杆塔结构图核对无误后，方可施工。

4. 基础混凝土强度等级不应低于 C25，主筋采用 HRB400 级钢筋，箍筋采用 HPB300 级钢筋。

5. ②号钢筋加密区箍筋间距 100mm，非加密区箍筋间距 200mm。可采用螺旋箍筋。

6. 主筋保护层不小于 50mm。

7. 基础施工完毕后，做好基面排水处理。

8. 本基础按机械成孔施工方式，未考虑护壁工程量。

基础立面图

1—1

图 11.2-5　1JWK2＊-500 挖孔桩基础施工图

基础名称	桩身直径 d(mm)	基础埋深 H(mm)	基础露头 H_0(mm)	主筋①	外箍筋②	外箍筋加密区长度(mm)	内箍筋③	单腿混凝土量(m³)	单腿钢筋量(kg)
1JWK2h-550-02	800	21000	200	18Φ16	Φ8@100/200	4000	Φ14@1500	10.66	752.7
1JWK2h-550-07	800	21400	700	21Φ16	Φ8@100/200	4000	Φ14@1500	11.11	885.9
1JWK2h-550-12	800	21800	1200	19Φ18	Φ8@100/200	4000	Φ14@1500	11.56	1032.3
1JWK2h-550-17	800	22000	1700	18Φ20	Φ8@100/200	4000	Φ14@1500	11.91	1213.0
1JWK2h-550-22	800	22400	2200	20Φ20	Φ8@100/200	4000	Φ14@1500	12.37	1380.6
1JWK2h-550-27	800	22600	2700	19Φ22	Φ8@100/200	4000	Φ14@1500	12.72	1603.1
1JWK2i-550-02	700	13400	200	15Φ18	Φ8@100/200	3500	Φ14@1500	5.23	494.0
1JWK2i-550-07	700	13400	700	15Φ20	Φ8@100/200	3500	Φ14@1500	5.43	609.3
1JWK2i-550-12	700	13400	1200	17Φ20	Φ8@100/200	3500	Φ14@1500	5.62	700.7
1JWK2i-550-17	800	11400	1700	18Φ20	Φ8@100/200	4000	Φ14@1500	6.58	678.8
1JWK2i-550-22	800	11400	2200	20Φ20	Φ8@100/200	4000	Φ14@1500	6.84	772.6
1JWK2i-550-27	800	11400	2700	19Φ22	Φ8@100/200	4000	Φ14@1500	7.09	901.9
1JWK2j-550-02	700	9800	200	15Φ18	Φ8@100/200	3500	Φ14@1500	3.85	366.3
1JWK2j-550-07	700	9800	700	15Φ20	Φ8@100/200	3500	Φ14@1500	4.04	458.4
1JWK2j-550-12	700	9800	1200	17Φ20	Φ8@100/200	3500	Φ14@1500	4.23	532.1
1JWK2j-550-17	800	8400	1700	18Φ20	Φ8@100/200	4000	Φ14@1500	5.08	527.6
1JWK2j-550-22	800	8400	2200	20Φ20	Φ8@100/200	4000	Φ14@1500	5.33	606.5
1JWK2j-550-27	800	8400	2700	19Φ22	Φ8@100/200	4000	Φ14@1500	5.58	713.8

说明: 1. 本基础适用于不受地下水影响的粉土地质条件。
2. 整体立塔时,混凝土的抗压强度应达到设计强度的100%。分解组塔时,混凝土必须达到抗压强度设计值的70%。
3. 基础根开及地脚螺栓间距与相应杆塔结构图核对无误后,方可施工。
4. 基础混凝土强度等级不应低于C25,主筋采用HRB400级钢筋,箍筋采用HPB300级钢筋。
5. ②号钢筋加密区箍筋间距100mm,非加密区箍筋间距200mm。可采用螺旋箍筋。
6. 主筋保护层不小于50mm。
7. 基础施工完毕后,做好基面排水处理。
8. 本基础按机械成孔施工方式,未考虑护壁工程量。

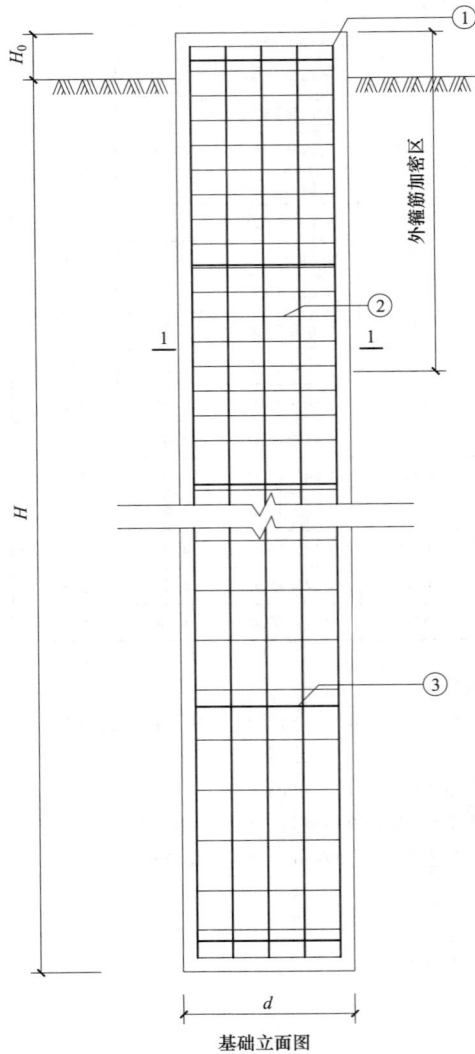

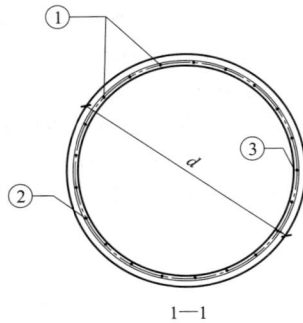

基础立面图

1—1

图 11.2-6　1JWK2∗-550挖孔桩基础施工图

基 础 参 数 表

基础名称	桩身直径 d(mm)	基础埋深 H(mm)	基础露头 H_0(mm)	主筋①	外箍筋②	外箍筋加密区长度(mm)	内箍筋③	单腿混凝土量(m^3)	单腿钢筋量(kg)
1JWK2h-600-02	800	23600	200	20 Φ 16	Φ 8@ 100/200	4000	Φ 14@ 1500	11.96	915.2
1JWK2h-600-07	800	23800	700	18 Φ 18	Φ 8@ 100/200	4000	Φ 14@ 1500	12.32	1049.2
1JWK2h-600-12	800	24200	1200	14 Φ 22	Φ 8@ 100/200	4000	Φ 14@ 1500	12.77	1232.5
1JWK2h-600-17	800	24400	1700	16 Φ 22	Φ 8@ 100/200	4000	Φ 14@ 1500	13.12	1421.9
1JWK2h-600-22	800	24800	2200	18 Φ 22	Φ 8@ 100/200	4000	Φ 14@ 1500	13.57	1632.1
1JWK2h-600-27	900	22000	2700	19 Φ 22	Φ 8@ 100/200	4500	Φ 14@ 1500	15.71	1594.5
1JWK2i-600-02	700	14600	200	11 Φ 22	Φ 8@ 100/200	3500	Φ 14@ 1500	5.70	576.1
1JWK2i-600-07	700	14600	700	13 Φ 22	Φ 8@ 100/200	3500	Φ 14@ 1500	5.89	687.4
1JWK2i-600-12	700	14600	1200	16 Φ 22	Φ 8@ 100/200	3500	Φ 14@ 1500	6.08	848.7
1JWK2i-600-17	800	12400	1700	16 Φ 22	Φ 8@ 100/200	4000	Φ 14@ 1500	7.09	776.8
1JWK2i-600-22	800	12400	2200	18 Φ 22	Φ 8@ 100/200	4000	Φ 14@ 1500	7.34	889.7
1JWK2i-600-27	900	10600	2700	19 Φ 22	Φ 8@ 100/200	4500	Φ 14@ 1500	8.46	868.6
1JWK2j-600-02	700	10600	200	11 Φ 22	Φ 8@ 100/200	3500	Φ 14@ 1500	4.16	425.6
1JWK2j-600-07	700	10600	700	13 Φ 22	Φ 8@ 100/200	3500	Φ 14@ 1500	4.35	511.0
1JWK2j-600-12	700	10600	1200	16 Φ 22	Φ 8@ 100/200	3500	Φ 14@ 1500	4.54	636.5
1JWK2j-600-17	800	9000	1700	16 Φ 22	Φ 8@ 100/200	4000	Φ 14@ 1500	5.38	594.6
1JWK2j-600-22	800	9000	2200	18 Φ 22	Φ 8@ 100/200	4000	Φ 14@ 1500	5.63	687.3
1JWK2j-600-27	900	7800	2700	19 Φ 22	Φ 8@ 100/200	4500	Φ 14@ 1500	6.68	693.0

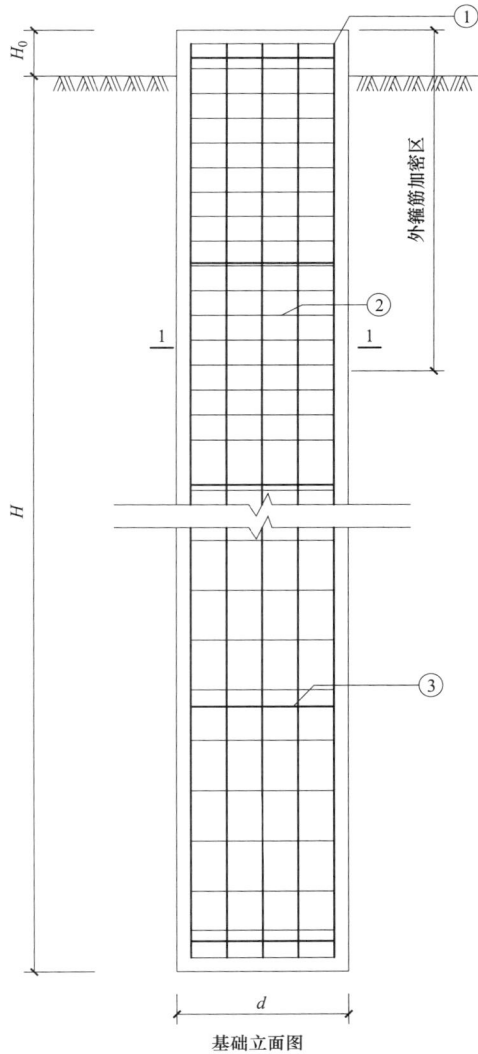

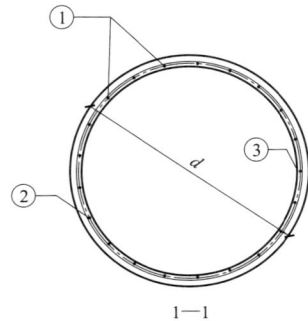

基础立面图

1—1

图 11.2-7 1JWK2 ∗ -600 挖孔桩基础施工图

说明：1. 本基础适用于不受地下水影响的粉土地质条件。

2. 整体立塔时，混凝土的抗压强度应达到设计强度的 100%。分解组塔时，混凝土必须达到抗压强度设计值的 70%。

3. 基础根开及地脚螺栓间距与相应杆塔结构图核对无误后，方可施工。

4. 基础混凝土强度等级不应低于 C25，主筋采用 HRB400 级钢筋，箍筋采用 HPB300 级钢筋。

5. ②号钢筋加密区箍筋间距 100mm，非加密区箍筋间距 200mm。可采用螺旋箍筋。

6. 主筋保护层不小于 50mm。

7. 基础施工完毕后，做好基面排水处理。

8. 本基础按机械成孔施工方式，未考虑护壁工程量。

11.3 1JWK3 子模块

此子模块适用于碎石土地基，共包含 7 张图纸，基础施工图图纸清单见表 11.3-1。

表 11.3-1　　　　　　　　　1JWK3 子模块基础施工图图纸清单

序号	图号	图　　名	基础作用力（kN）	
			$T/T_x/T_y$	$N/N_x/N_y$
1	图 11.3-1	1JWK3＊-300 挖孔桩基础施工图	300/57/57	390/74/74
2	图 11.3-2	1JWK3＊-350 挖孔桩基础施工图	350/67/67	455/86/86
3	图 11.3-3	1JWK3＊-400 挖孔桩基础施工图	400/76/76	520/99/99
4	图 11.3-4	1JWK3＊-450 挖孔桩基础施工图	450/86/86	585/111/111
5	图 11.3-5	1JWK3＊-500 挖孔桩基础施工图	500/95/95	650/124/124
6	图 11.3-6	1JWK3＊-550 挖孔桩基础施工图	550/105/105	715/136/136
7	图 11.3-7	1JWK3＊-600 挖孔桩基础施工图	600/114/114	780/148/148

注　3＊包含 3h、3i 两种地质参数组合。

基 础 参 数 表

基础名称	桩身直径 d(mm)	基础埋深 H(mm)	基础露头 H_0(mm)	主筋①	外箍筋②	外箍筋加密区长度(mm)	内箍筋③	单腿混凝土量（m^3）	单腿钢筋量（kg）
1JWK3h-300-02	600	6000	200	13 ⏀ 14	Φ 8@ 100/200	3000	Φ 14@ 1500	1.75	137.4
1JWK3h-300-07	600	6000	700	16 ⏀ 14	Φ 8@ 100/200	3000	Φ 14@ 1500	1.89	170.4
1JWK3h-300-12	600	6000	1200	15 ⏀ 16	Φ 8@ 100/200	3000	Φ 14@ 1500	2.04	212.6
1JWK3h-300-17	600	6000	1700	11 ⏀ 20	Φ 8@ 100/200	3000	Φ 14@ 1500	2.18	253.4
1JWK3h-300-22	600	6000	2200	13 ⏀ 20	Φ 8@ 100/200	3000	Φ 14@ 1500	2.32	308.7
1JWK3h-300-27	600	6000	2700	15 ⏀ 20	Φ 8@ 100/200	3000	Φ 14@ 1500	2.46	368.3
1JWK3i-300-02	600	6000	200	13 ⏀ 14	Φ 8@ 100/200	3000	Φ 14@ 1500	1.75	137.4
1JWK3i-300-07	600	6000	700	16 ⏀ 14	Φ 8@ 100/200	3000	Φ 14@ 1500	1.89	170.4
1JWK3i-300-12	600	6000	1200	15 ⏀ 16	Φ 8@ 100/200	3000	Φ 14@ 1500	2.04	212.6
1JWK3i-300-17	600	6000	1700	11 ⏀ 20	Φ 8@ 100/200	3000	Φ 14@ 1500	2.18	253.4
1JWK3i-300-22	600	6000	2200	13 ⏀ 20	Φ 8@ 100/200	3000	Φ 14@ 1500	2.32	308.7
1JWK3i-300-27	600	6000	2700	15 ⏀ 20	Φ 8@ 100/200	3000	Φ 14@ 1500	2.46	368.3

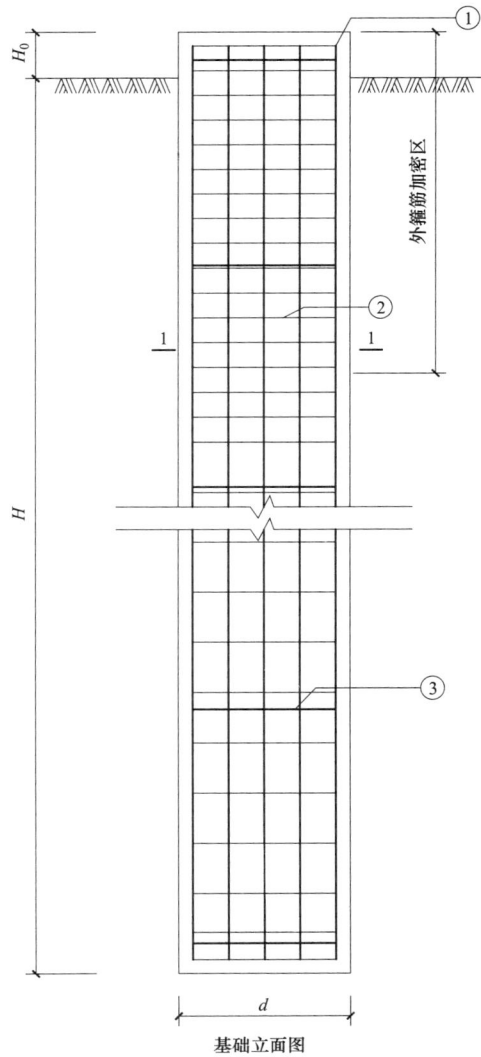

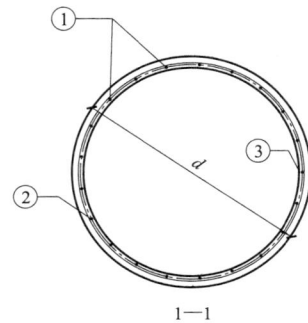

基础立面图

1—1

说明：1. 本基础适用于不受地下水影响的碎石土地质条件。

2. 整体立塔时，混凝土的抗压强度应达到设计强度的100%。分解组塔时，混凝土必须达到抗压强度设计值的70%。

3. 基础根开及地脚螺栓间距与相应杆塔结构图核对无误后，方可施工。

4. 基础混凝土强度等级不应低于C25，主筋采用HRB400级钢筋，箍筋采用HPB300级钢筋。

5. ②号钢筋加密区箍筋间距100mm，非加密区箍筋间距200mm。可采用螺旋箍筋。

6. 主筋保护层不小于50mm。

7. 基础施工完毕后，做好基面排水处理。

8. 本基础按机械成孔施工方式，未考虑护壁工程量。

图 11.3-1 1JWK3∗-300 挖孔桩基础施工图

基 础 参 数 表

基础名称	桩身直径 d(mm)	基础埋深 H(mm)	基础露头 H_0(mm)	主筋①	外箍筋②	外箍筋加密区长度(mm)	内箍筋③	单腿混凝土量 (m^3)	单腿钢筋量 (kg)
1JWK3h-350-02	600	6000	200	15 ϕ 14	Φ 8@ 100/200	3000	Φ 14@ 1500	1.75	152.1
1JWK3h-350-07	600	6000	700	14 ϕ 16	Φ 8@ 100/200	3000	Φ 14@ 1500	1.89	188.5
1JWK3h-350-12	600	6000	1200	11 ϕ 20	Φ 8@ 100/200	3000	Φ 14@ 1500	2.04	236.9
1JWK3h-350-17	600	6000	1700	13 ϕ 20	Φ 8@ 100/200	3000	Φ 14@ 1500	2.18	290.8
1JWK3h-350-22	600	6000	2200	10 ϕ 25	Φ 8@ 100/200	3000	Φ 14@ 1500	2.32	360.7
1JWK3h-350-27	600	6000	2700	12 ϕ 25	Φ 8@ 100/200	3000	Φ 14@ 1500	2.46	447.4
1JWK3i-350-02	600	6000	200	15 ϕ 14	Φ 8@ 100/200	3000	Φ 14@ 1500	1.75	152.1
1JWK3i-350-07	600	6000	700	14 ϕ 16	Φ 8@ 100/200	3000	Φ 14@ 1500	1.89	188.5
1JWK3i-350-12	600	6000	1200	11 ϕ 20	Φ 8@ 100/200	3000	Φ 14@ 1500	2.04	236.9
1JWK3i-350-17	600	6000	1700	13 ϕ 20	Φ 8@ 100/200	3000	Φ 14@ 1500	2.18	290.8
1JWK3i-350-22	600	6000	2200	10 ϕ 25	Φ 8@ 100/200	3000	Φ 14@ 1500	2.32	360.7
1JWK3i-350-27	600	6000	2700	12 ϕ 25	Φ 8@ 100/200	3000	Φ 14@ 1500	2.46	447.4

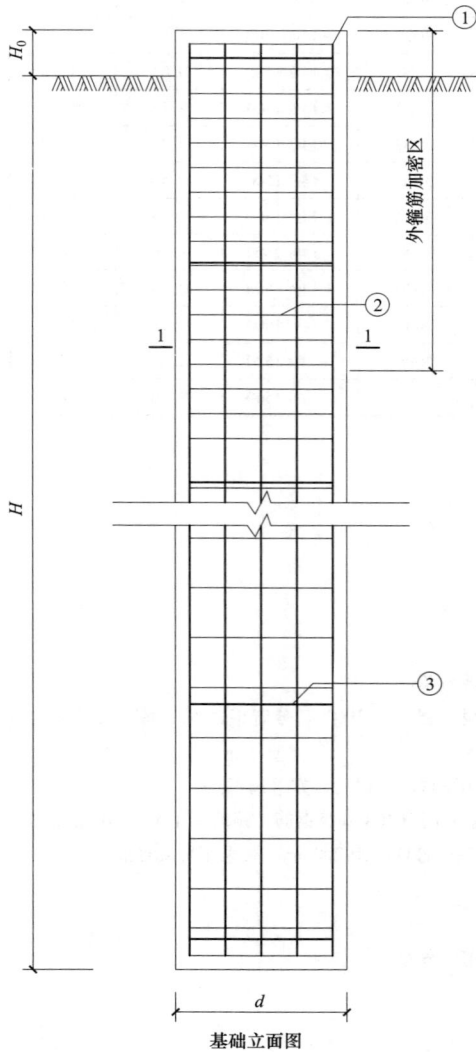

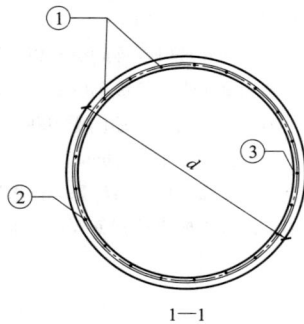

基础立面图

1—1

说明：1. 本基础适用于不受地下水影响的碎石土地质条件。
2. 整体立塔时，混凝土的抗压强度应达到设计强度的100%。分解组塔时，混凝土必须达到抗压强度设计值的70%。
3. 基础根开及地脚螺栓间距与相应杆塔结构图核对无误后，方可施工。
4. 基础混凝土强度等级不应低于 C25，主筋采用 HRB400 级钢筋，箍筋采用 HPB300 级钢筋。
5. ②号钢筋加密区箍筋间距 100mm，非加密区箍筋间距 200mm。可采用螺旋箍筋。
6. 主筋保护层不小于 50mm。
7. 基础施工完毕后，做好基面排水处理。
8. 本基础按机械成孔施工方式，未考虑护壁工程量。

图 11.3-2 1JWK3*-350 挖孔桩基础施工图

基础参数表

基础名称	桩身直径 d(mm)	基础埋深 H(mm)	基础露头 H_0(mm)	主筋①	外箍筋②	外箍筋加密区长度(mm)	内箍筋③	单腿混凝土量 (m³)	单腿钢筋量 (kg)
1JWK3h-400-02	600	6000	200	13 Φ16	Φ8@100/200	3000	Φ14@1500	1.75	166.6
1JWK3h-400-07	600	6000	700	13 Φ18	Φ8@100/200	3000	Φ14@1500	1.89	213.9
1JWK3h-400-12	600	6000	1200	13 Φ20	Φ8@100/200	3000	Φ14@1500	2.04	271.8
1JWK3h-400-17	600	6000	1700	15 Φ20	Φ8@100/200	3000	Φ14@1500	2.18	328.1
1JWK3h-400-22	600	6000	2200	17 Φ20	Φ8@100/200	3000	Φ14@1500	2.32	388.4
1JWK3h-400-27	700	6000	2700	17 Φ20	Φ8@100/200	3500	Φ14@1500	3.35	423.2
1JWK3i-400-02	600	6000	200	13 Φ16	Φ8@100/200	3000	Φ14@1500	1.75	166.6
1JWK3i-400-07	600	6000	700	13 Φ18	Φ8@100/200	3000	Φ14@1500	1.89	213.9
1JWK3i-400-12	600	6000	1200	13 Φ20	Φ8@100/200	3000	Φ14@1500	2.04	271.8
1JWK3i-400-17	600	6000	1700	15 Φ20	Φ8@100/200	3000	Φ14@1500	2.18	328.1
1JWK3i-400-22	600	6000	2200	17 Φ20	Φ8@100/200	3000	Φ14@1500	2.32	388.4
1JWK3i-400-27	700	6000	2700	17 Φ20	Φ8@100/200	3500	Φ14@1500	3.35	423.2

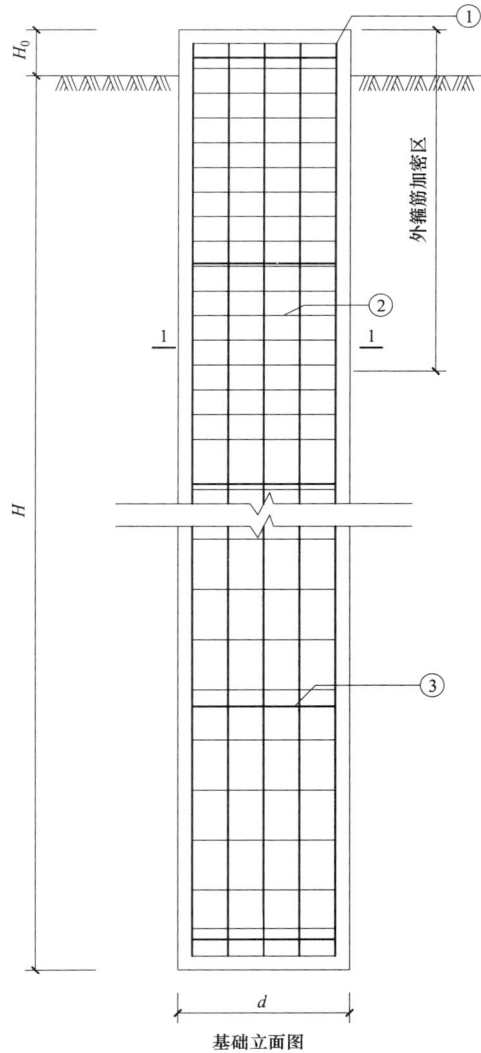

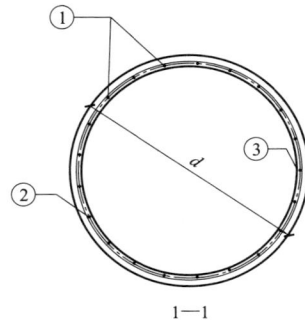

基础立面图

1—1

说明：1. 本基础适用于不受地下水影响的碎石土地质条件。
2. 整体立塔时，混凝土的抗压强度应达到设计强度的 100%。分解组塔时，混凝土必须达到抗压强度设计值的 70%。
3. 基础根开及地脚螺栓间距与相应杆塔结构图核对无误后，方可施工。
4. 基础混凝土强度等级不应低于 C25，主筋采用 HRB400 级钢筋，箍筋采用 HPB300 级钢筋。
5. ②号钢筋加密区箍筋间距 100mm，非加密区箍筋间距 200mm。可采用螺旋箍筋。
6. 主筋保护层不小于 50mm。
7. 基础施工完毕后，做好基面排水处理。
8. 本基础按机械成孔施工方式，未考虑护壁工程量。

图 11.3-3 1JWK3 * -400 挖孔桩基础施工图

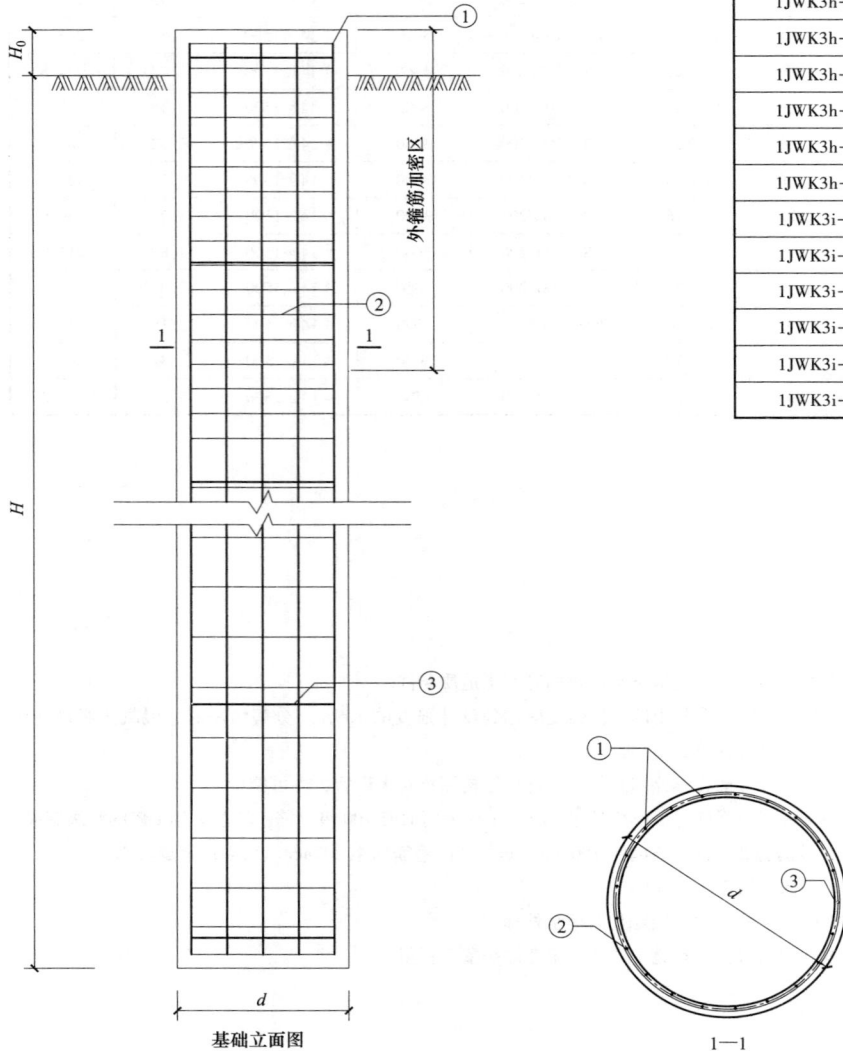

基 础 参 数 表

基础名称	桩身直径 d(mm)	基础埋深 H(mm)	基础露头 H_0(mm)	主筋①	外箍筋②	外箍筋加密区长度(mm)	内箍筋③	单腿混凝土量(m³)	单腿钢筋量(kg)
1JWK3h-450-02	700	6000	200	19⌀14	Φ8@100/200	3500	Φ14@1500	2.39	191.5
1JWK3h-450-07	700	6000	700	17⌀16	Φ8@100/200	3500	Φ14@1500	2.58	230.6
1JWK3h-450-12	700	6000	1200	16⌀18	Φ8@100/200	3500	Φ14@1500	2.77	281.8
1JWK3h-450-17	700	6000	1700	15⌀20	Φ8@100/200	3500	Φ14@1500	2.96	340.1
1JWK3h-450-22	700	6000	2200	17⌀20	Φ8@100/200	3500	Φ14@1500	3.16	400.0
1JWK3h-450-27	700	6000	2700	13⌀25	Φ8@100/200	3500	Φ14@1500	3.35	493.0
1JWK3i-450-02	700	6000	200	19⌀14	Φ8@100/200	3500	Φ14@1500	2.39	191.5
1JWK3i-450-07	700	6000	700	17⌀16	Φ8@100/200	3500	Φ14@1500	2.58	230.6
1JWK3i-450-12	700	6000	1200	16⌀18	Φ8@100/200	3500	Φ14@1500	2.77	281.8
1JWK3i-450-17	700	6000	1700	15⌀20	Φ8@100/200	3500	Φ14@1500	2.96	340.1
1JWK3i-450-22	700	6000	2200	17⌀20	Φ8@100/200	3500	Φ14@1500	3.16	400.0
1JWK3i-450-27	700	6000	2700	13⌀25	Φ8@100/200	3500	Φ14@1500	3.35	493.0

基础立面图

1—1

说明：1. 本基础适用于不受地下水影响的碎石土地质条件。

2. 整体立塔时，混凝土的抗压强度应达到设计强度的 100%。分解组塔时，混凝土必须达到抗压强度设计值的 70%。

3. 基础根开及地脚螺栓间距与相应杆塔结构图核对无误后，方可施工。

4. 基础混凝土强度等级不应低于 C25，主筋采用 HRB400 级钢筋，箍筋采用 HPB300 级钢筋。

5. ②号钢筋加密区箍筋间距 100mm，非加密区箍筋间距 200mm。可采用螺旋箍筋。

6. 主筋保护层不小于 50mm。

7. 基础施工完毕后，做好基面排水处理。

8. 本基础按机械成孔施工方式，未考虑护壁工程量。

图 11.3-4 1JWK3*-450 挖孔桩基础施工图

基 础 参 数 表

基础名称	桩身直径 d(mm)	基础埋深 H(mm)	基础露头 H_0(mm)	主筋①	外箍筋②	外箍筋加密区长度(mm)	内箍筋③	单腿混凝土量(m^3)	单腿钢筋量(kg)
1JWK3h-500-02	700	6000	200	16 Φ 16	Φ 8@ 100/200	3500	Φ 14@ 1500	2.39	205.3
1JWK3h-500-07	700	6000	700	12 Φ 20	Φ 8@ 100/200	3500	Φ 14@ 1500	2.58	248.6
1JWK3h-500-12	700	6000	1200	12 Φ 22	Φ 8@ 100/200	3500	Φ 14@ 1500	2.77	308.8
1JWK3h-500-17	700	6000	1700	14 Φ 22	Φ 8@ 100/200	3500	Φ 14@ 1500	2.96	376.3
1JWK3h-500-22	700	6000	2200	16 Φ 22	Φ 8@ 100/200	3500	Φ 14@ 1500	3.16	446.9
1JWK3h-500-27	700	6000	2700	14 Φ 25	Φ 8@ 100/200	3500	Φ 14@ 1500	3.35	526.1
1JWK3i-500-02	700	6000	200	16 Φ 16	Φ 8@ 100/200	3500	Φ 14@ 1500	2.39	205.3
1JWK3i-500-07	700	6000	700	12 Φ 20	Φ 8@ 100/200	3500	Φ 14@ 1500	2.58	248.6
1JWK3i-500-12	700	6000	1200	12 Φ 22	Φ 8@ 100/200	3500	Φ 14@ 1500	2.77	308.8
1JWK3i-500-17	700	6000	1700	14 Φ 22	Φ 8@ 100/200	3500	Φ 14@ 1500	2.96	376.3
1JWK3i-500-22	700	6000	2200	16 Φ 22	Φ 8@ 100/200	3500	Φ 14@ 1500	3.16	446.9
1JWK3i-500-27	700	6000	2700	14 Φ 25	Φ 8@ 100/200	3500	Φ 14@ 1500	3.35	526.1

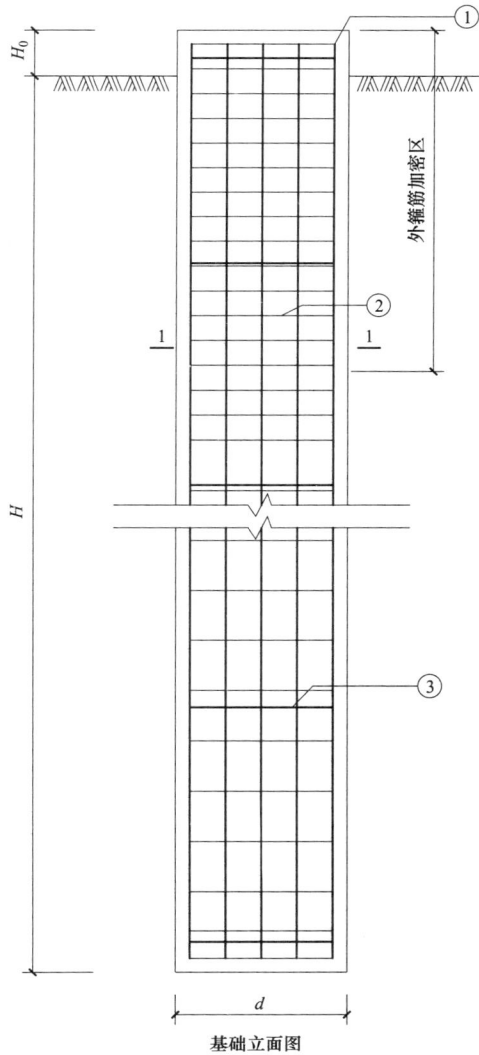

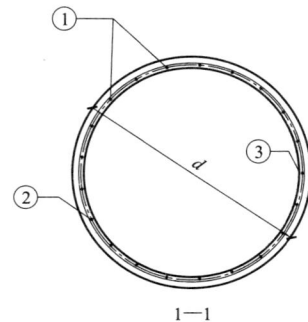

基础立面图

1—1

说明：1. 本基础适用于不受地下水影响的碎石土地质条件。

2. 整体立塔时，混凝土的抗压强度应达到设计强度的100%。分解组塔时，混凝土必须达到抗压强度设计值的70%。

3. 基础根开及地脚螺栓间距与相应杆塔结构图核对无误后，方可施工。

4. 基础混凝土强度等级不应低于 C25，主筋采用 HRB400 级钢筋，箍筋采用 HPB300 级钢筋。

5. ②号钢筋加密区箍筋间距100mm，非加密区箍筋间距200mm。可采用螺旋箍筋。

6. 主筋保护层不小于 50mm。

7. 基础施工完毕后，做好基面排水处理。

8. 本基础按机械成孔施工方式，未考虑护壁工程量。

图 11.3-5　1JWK3＊-500 挖孔桩基础施工图

基 础 参 数 表

基础名称	桩身直径 d(mm)	基础埋深 H(mm)	基础露头 H_0(mm)	主筋①	外箍筋②	外箍筋加密区长度(mm)	内箍筋③	单腿混凝土量(m^3)	单腿钢筋量(kg)
1JWK3h-550-02	700	6000	200	11 Φ 20	Φ 8@ 100/200	3500	Φ 14@ 1500	2.39	216.6
1JWK3h-550-07	700	6000	700	11 Φ 22	Φ 8@ 100/200	3500	Φ 14@ 1500	2.58	269.8
1JWK3h-550-12	700	6000	1200	13 Φ 22	Φ 8@ 100/200	3500	Φ 14@ 1500	2.77	330.0
1JWK3h-550-17	700	6000	1700	15 Φ 22	Φ 8@ 100/200	3500	Φ 14@ 1500	2.96	398.9
1JWK3h-550-22	700	6000	2200	14 Φ 25	Φ 8@ 100/200	3500	Φ 14@ 1500	3.16	496.9
1JWK3h-550-27	700	6000	2700	16 Φ 25	Φ 8@ 100/200	3500	Φ 14@ 1500	3.35	592.2
1JWK3i-550-02	700	6000	200	11 Φ 20	Φ 8@ 100/200	3500	Φ 14@ 1500	2.39	216.6
1JWK3i-550-07	700	6000	700	11 Φ 22	Φ 8@ 100/200	3500	Φ 14@ 1500	2.58	269.8
1JWK3i-550-12	700	6000	1200	13 Φ 22	Φ 8@ 100/200	3500	Φ 14@ 1500	2.77	330.0
1JWK3i-550-17	700	6000	1700	15 Φ 22	Φ 8@ 100/200	3500	Φ 14@ 1500	2.96	398.9
1JWK3i-550-22	700	6000	2200	14 Φ 25	Φ 8@ 100/200	3500	Φ 14@ 1500	3.16	496.9
1JWK3i-550-27	700	6000	2700	16 Φ 25	Φ 8@ 100/200	3500	Φ 14@ 1500	3.35	592.2

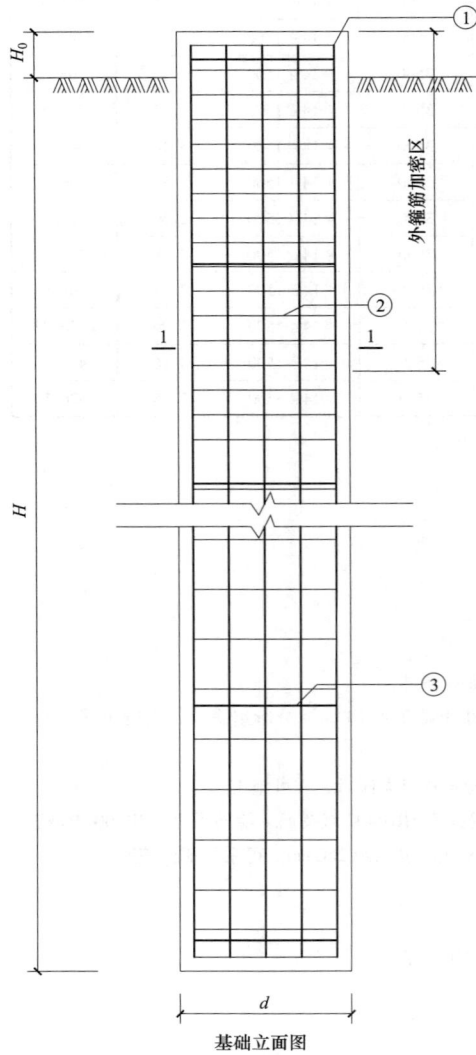

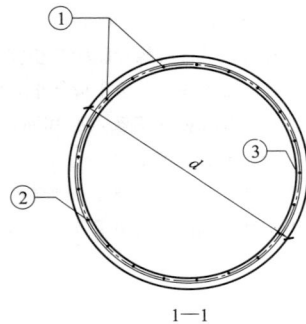

基础立面图

1—1

说明：1. 本基础适用于不受地下水影响的碎石土地质条件。

2. 整体立塔时，混凝土的抗压强度应达到设计强度的100%。分解组塔时，混凝土必须达到抗压强度设计值的70%。

3. 基础根开及地脚螺栓间距与相应杆塔结构图核对无误后，方可施工。

4. 基础混凝土强度等级不应低于 C25，主筋采用 HRB400 级钢筋，箍筋采用 HPB300 级钢筋。

5. ②号钢筋加密区箍筋间距 100mm，非加密区箍筋间距 200mm。可采用螺旋箍筋。

6. 主筋保护层不小于 50mm。

7. 基础施工完毕后，做好基面排水处理。

8. 本基础按机械成孔施工方式，未考虑护壁工程量。

图 11.3-6　1JWK3 ∗ -550 挖孔桩基础施工图

基 础 参 数 表

基础名称	桩身直径 d(mm)	基础埋深 H(mm)	基础露头 H_0(mm)	主筋①	外箍筋②	外箍筋加密区长度(mm)	内箍筋③	单腿混凝土量(m^3)	单腿钢筋量(kg)
1JWK3h-600-02	700	6400	200	12 ф 20	Φ8@100/200	3500	Φ14@1500	2.54	244.9
1JWK3h-600-07	700	6400	700	12 ф 22	Φ8@100/200	3500	Φ14@1500	2.73	305.2
1JWK3h-600-12	700	6400	1200	11 ф 25	Φ8@100/200	3500	Φ14@1500	2.92	375.8
1JWK3h-600-17	700	6400	1700	13 ф 25	Φ8@100/200	3500	Φ14@1500	3.12	460.7
1JWK3h-600-22	700	6400	2200	15 ф 25	Φ8@100/200	3500	Φ14@1500	3.31	552.6
1JWK3h-600-27	700	6400	2700	17 ф 25	Φ8@100/200	3500	Φ14@1500	3.50	655.0
1JWK3i-600-02	700	6000	200	12 ф 20	Φ8@100/200	3500	Φ14@1500	2.39	231.6
1JWK3i-600-07	700	6000	700	12 ф 22	Φ8@100/200	3500	Φ14@1500	2.58	289.4
1JWK3i-600-12	700	6000	1200	11 ф 25	Φ8@100/200	3500	Φ14@1500	2.77	355.3
1JWK3i-600-17	700	6000	1700	13 ф 25	Φ8@100/200	3500	Φ14@1500	2.96	439.2
1JWK3i-600-22	700	6000	2200	15 ф 25	Φ8@100/200	3500	Φ14@1500	3.16	528.0
1JWK3i-600-27	700	6000	2700	17 ф 25	Φ8@100/200	3500	Φ14@1500	3.35	625.3

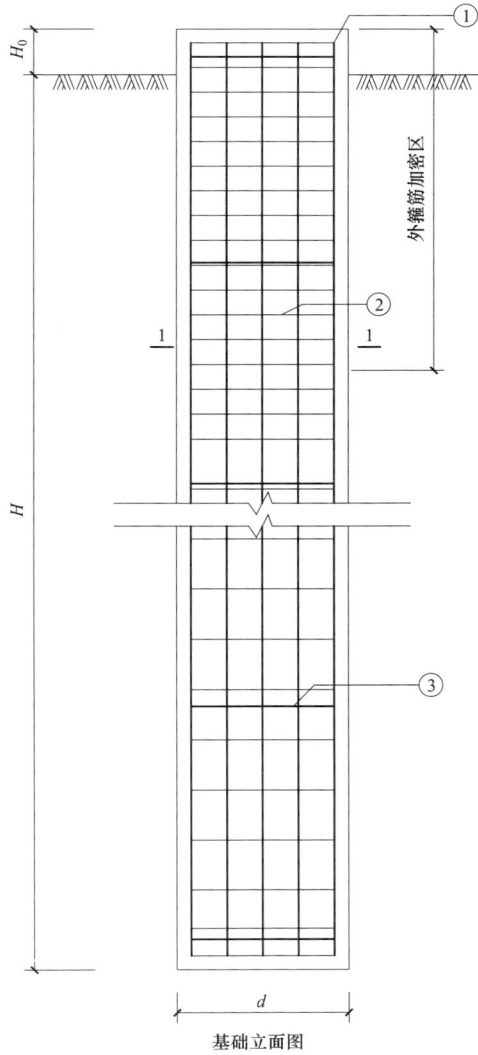

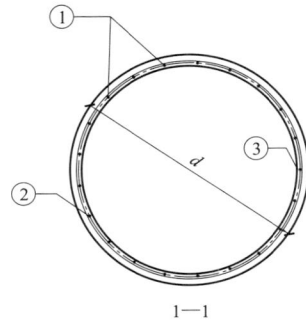

说明：1. 本基础适用于不受地下水影响的碎石土地质条件。

2. 整体立塔时，混凝土的抗压强度应达到设计强度的 100%。分解组塔时，混凝土必须达到抗压强度设计值的 70%。

3. 基础根开及地脚螺栓间距与相应杆塔结构图核对无误后，方可施工。

4. 基础混凝土强度等级不应低于 C25，主筋采用 HRB400 级钢筋，箍筋采用 HPB300 级钢筋。

5. ②号钢筋加密区箍筋间距 100mm，非加密区箍筋间距 200mm。可采用螺旋箍筋。

6. 主筋保护层不小于 50mm。

7. 基础施工完毕后，做好基面排水处理。

8. 本基础按机械成孔施工方式，未考虑护壁工程量。

基础立面图

1—1

图 11.3-7 1JWK3*-600 挖孔桩基础施工图

11.4　1JWK4 子模块

此子模块适用于黄土地基，共包含 7 张图纸，基础施工图图纸清单见表 11.4-1。

表 11.4-1　　　　　　1JWK4 子模块基础施工图图纸清单

序号	图号	图　名	基础作用力（kN）	
			$T/T_x/T_y$	$N/N_x/N_y$
1	图 11.4-1	1JWK4*-300 挖孔桩基础施工图	300/57/57	390/74/74
2	图 11.4-2	1JWK4*-350 挖孔桩基础施工图	350/67/67	455/87/87
3	图 11.4-3	1JWK4*-400 挖孔桩基础施工图	400/76/76	520/99/99
4	图 11.4-4	1JWK4*-450 挖孔桩基础施工图	450/86/86	585/111/111
5	图 11.4-5	1JWK4*-500 挖孔桩基础施工图	500/95/95	650/124/124
6	图 11.4-6	1JWK4*-550 挖孔桩基础施工图	550/105/105	715/136/136
7	图 11.4-7	1JWK4*-600 挖孔桩基础施工图	600/114/114	780/148/148

注　4*表示 4h 地质参数组合。

基础立面图

1—1

基 础 参 数 表

基础名称	桩身直径 d(mm)	基础埋深 H(mm)	基础露头 H_0(mm)	主筋①	外箍筋②	外箍筋加密区长度(mm)	内箍筋③	单腿混凝土量(m³)	单腿钢筋量(kg)
1JWK4h-300-02	600	12600	200	12 Φ 16	Φ 8@ 100/200	3000	Φ 14@ 1500	3.62	309.7
1JWK4h-300-07	600	12600	700	15 Φ 16	Φ 8@ 100/200	3000	Φ 14@ 1500	3.76	382.8
1JWK4h-300-12	700	10200	1200	15 Φ 16	Φ 8@ 100/200	3500	Φ 14@ 1500	4.39	344.8
1JWK4h-300-17	700	10200	1700	17 Φ 16	Φ 8@ 100/200	3500	Φ 14@ 1500	4.58	396.0
1JWK4h-300-22	700	10200	2200	20 Φ 16	Φ 8@ 100/200	3500	Φ 14@ 1500	4.77	471.2
1JWK4h-300-27	800	8600	2700	20 Φ 16	Φ 8@ 100/200	4000	Φ 14@ 1500	5.68	445.5

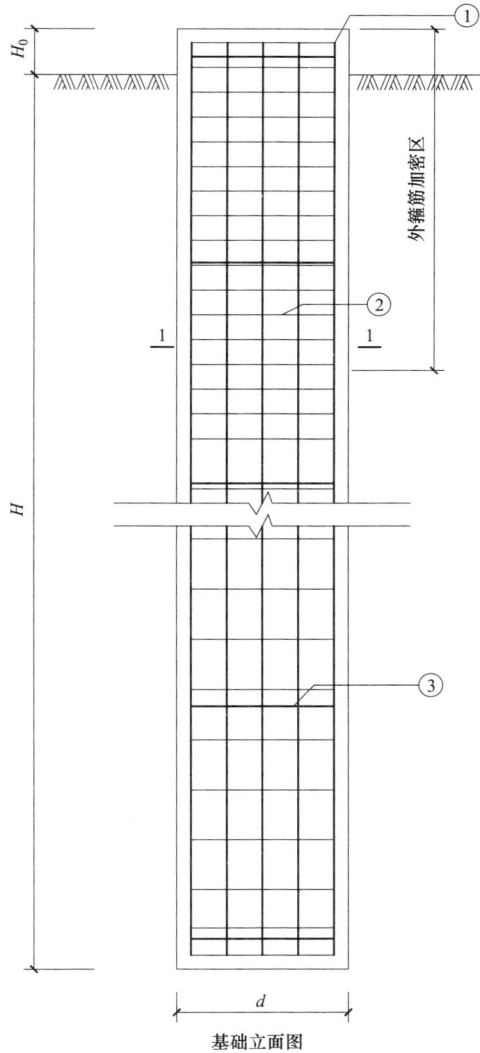

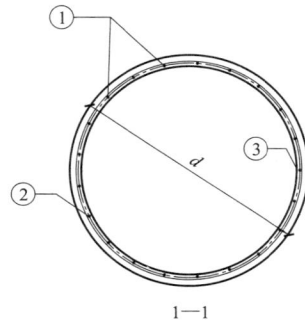

说明: 1. 本基础适用于不受地下水影响的黄土地质条件。

2. 整体立塔时,混凝土的抗压强度应达到设计强度的100%。分解组塔时,混凝土必须达到抗压强度设计值的70%。

3. 基础根开及地脚螺栓间距与相应杆塔结构图核对无误后,方可施工。

4. 基础混凝土强度等级不应低于 C25,主筋采用 HRB400 级钢筋,箍筋采用 HPB300 级钢筋。

5. ②号钢筋加密区箍筋间距 100mm,非加密区箍筋间距 200mm。可采用螺旋箍筋。

6. 主筋保护层不小于 50mm。

7. 基础施工完毕后,做好基面排水处理。

8. 本基础按机械成孔施工方式,未考虑护壁工程量。

图 11.4-1 1JWK4∗-300 挖孔桩基础施工图

基 础 参 数 表

基础名称	桩身直径 d(mm)	基础埋深 H(mm)	基础露头 H_0(mm)	主筋①	外箍筋②	外箍筋加密区长度(mm)	内箍筋③	单腿混凝土量(m³)	单腿钢筋量(kg)
1JWK4h-350-02	600	14600	200	14 Φ 16	Φ 8@ 100/200	3000	Φ 14@ 1500	4.18	401.9
1JWK4h-350-07	700	12000	700	15 Φ 16	Φ 8@ 100/200	3500	Φ 14@ 1500	4.89	382.9
1JWK4h-350-12	700	12000	1200	14 Φ 18	Φ 8@ 100/200	3500	Φ 14@ 1500	5.08	452.2
1JWK4h-350-17	800	10000	1700	15 Φ 18	Φ 8@ 100/200	4000	Φ 14@ 1500	5.88	441.1
1JWK4h-350-22	800	10000	2200	16 Φ 18	Φ 8@ 100/200	4000	Φ 14@ 1500	6.13	485.4
1JWK4h-350-27	800	10000	2700	18 Φ 18	Φ 8@ 100/200	4000	Φ 14@ 1500	6.38	553.4

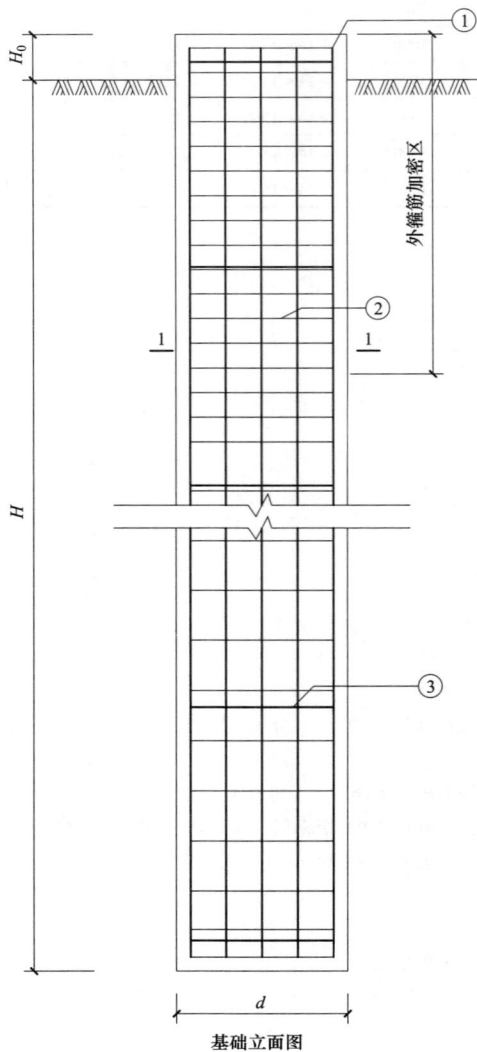

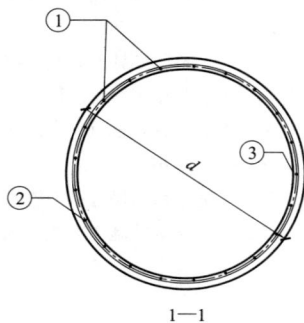

基础立面图

1—1

说明： 1. 本基础适用于不受地下水影响的黄土地质条件。

2. 整体立塔时，混凝土的抗压强度应达到设计强度的100%。分解组塔时，混凝土必须达到抗压强度设计值的70%。

3. 基础根开及地脚螺栓间距与相应杆塔结构图核对无误后，方可施工。

4. 基础混凝土强度等级不应低于 C25，主筋采用 HRB400 级钢筋，箍筋采用 HPB300 级钢筋。

5. ②号钢筋加密区箍筋间距100mm，非加密区箍筋间距200mm。可采用螺旋箍筋。

6. 主筋保护层不小于 50mm。

7. 基础施工完毕后，做好基面排水处理。

8. 本基础按机械成孔施工方式，未考虑护壁工程量。

图 11.4-2　1JWK4 ∗-350 挖孔桩基础施工图

基 础 参 数 表

基础名称	桩身直径 d(mm)	基础埋深 H(mm)	基础露头 H_0(mm)	主筋①	外箍筋②	外箍筋加密区长度(mm)	内箍筋③	单腿混凝土量 (m³)	单腿钢筋量 (kg)
1JWK4h-400-02	700	13800	200	15 ⌀ 16	Φ 8@ 100/200	3500	Φ 14@ 1500	5. 39	420. 3
1JWK4h-400-07	700	13800	700	18 ⌀ 16	Φ 8@ 100/200	3500	Φ 14@ 1500	5. 58	502. 5
1JWK4h-400-12	800	11400	1200	19 ⌀ 16	Φ 8@ 100/200	4000	Φ 14@ 1500	6. 33	475. 4
1JWK4h-400-17	800	11400	1700	21 ⌀ 16	Φ 8@ 100/200	4000	Φ 14@ 1500	6. 58	533. 2
1JWK4h-400-22	800	11400	2200	15 ⌀ 20	Φ 8@ 100/200	4000	Φ 14@ 1500	6. 84	606. 4
1JWK4h-400-27	900	9800	2700	15 ⌀ 20	Φ 8@ 100/200	4500	Φ 14@ 1500	7. 95	575. 4

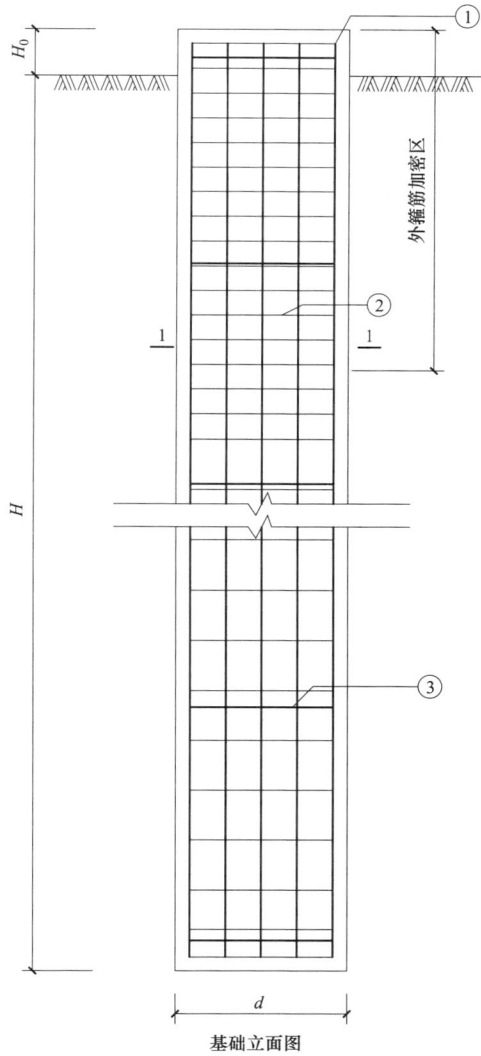

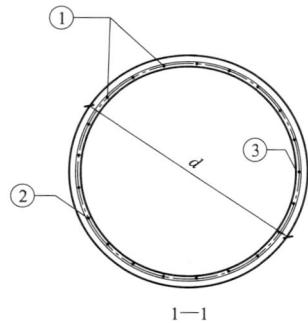

基础立面图

1—1

说明：1. 本基础适用于不受地下水影响的黄土地质条件。

2. 整体立塔时，混凝土的抗压强度应达到设计强度的100%。分解组塔时，混凝土必须达到抗压强度设计值的70%。

3. 基础根开及地脚螺栓间距与相应杆塔结构图核对无误后，方可施工。

4. 基础混凝土强度等级不应低于 C25，主筋采用 HRB400 级钢筋，箍筋采用 HPB300 级钢筋。

5. ②号钢筋加密区箍筋间距100mm，非加密区箍筋间距200mm。可采用螺旋箍筋。

6. 主筋保护层不小于 50mm。

7. 基础施工完毕后，做好基面排水处理。

8. 本基础按机械成孔施工方式，未考虑护壁工程量。

图 11.4-3 1JWK4＊-400 挖孔桩基础施工图

基 础 参 数 表

基础名称	桩身直径 d(mm)	基础埋深 H(mm)	基础露头 H_0(mm)	主筋①	外箍筋②	外箍筋加密区长度(mm)	内箍筋③	单腿混凝土量(m³)	单腿钢筋量(kg)
1JWK4h-450-02	700	15400	200	17 ϕ 16	Φ 8@100/200	3500	Φ 14@1500	6.00	515.2
1JWK4h-450-07	800	13000	700	19 ϕ 16	Φ 8@100/200	4000	Φ 14@1500	6.89	515.3
1JWK4h-450-12	800	13000	1200	21 ϕ 16	Φ 8@100/200	4000	Φ 14@1500	7.14	577.4
1JWK4h-450-17	800	13000	1700	24 ϕ 16	Φ 8@100/200	4000	Φ 14@1500	7.39	664.7
1JWK4h-450-22	900	11000	2200	24 ϕ 16	Φ 8@100/200	4500	Φ 14@1500	8.40	616.2
1JWK4h-450-27	900	11000	2700	17 ϕ 20	Φ 8@100/200	4500	Φ 14@1500	8.72	695.6

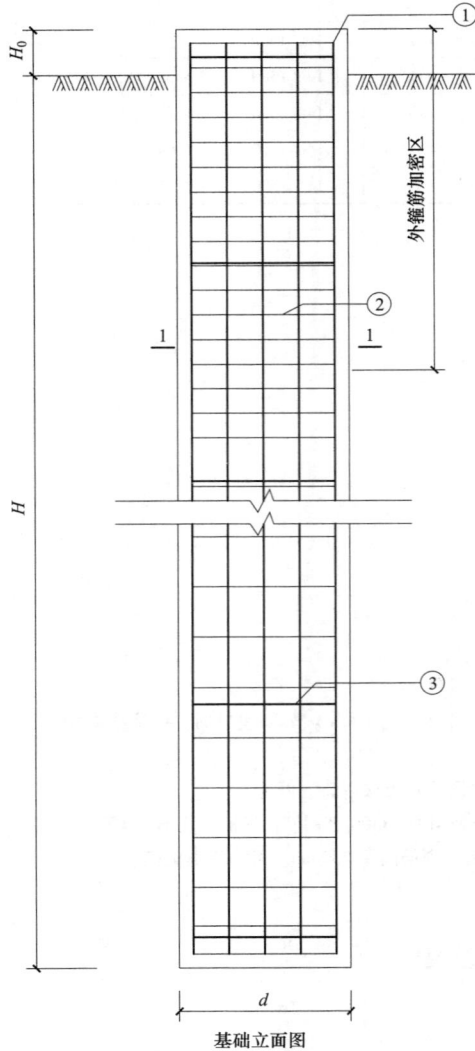

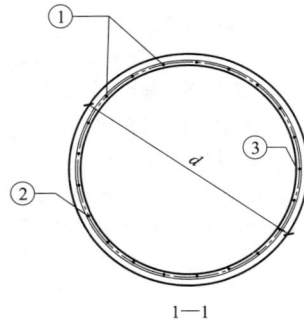

基础立面图

1—1

说明：1. 本基础适用于不受地下水影响的黄土地质条件。

2. 整体立塔时，混凝土的抗压强度应达到设计强度的 100%。分解组塔时，混凝土必须达到抗压强度设计值的 70%。

3. 基础根开及地脚螺栓间距与相应杆塔结构图核对无误后，方可施工。

4. 基础混凝土强度等级不应低于 C25，主筋采用 HRB400 级钢筋，箍筋采用 HPB300 级钢筋。

5. ②号钢筋加密区箍筋间距 100mm，非加密区箍筋间距 200mm。可采用螺旋箍筋。

6. 主筋保护层不小于 50mm。

7. 基础施工完毕后，做好基面排水处理。

8. 本基础按机械成孔施工方式，未考虑护壁工程量。

图 11.4-4　1JWK4∗-450 挖孔桩基础施工图

基 础 参 数 表

基础名称	桩身直径 d(mm)	基础埋深 H(mm)	基础露头 H_0(mm)	主筋①	外箍筋②	外箍筋加密区长度(mm)	内箍筋③	单腿混凝土量(m³)	单腿钢筋量(kg)
1JWK4h-500-02	700	17200	200	19 ⌀ 16	Φ 8@ 100/200	3500	Φ 14@ 1500	6. 70	626. 9
1JWK4h-500-07	800	14400	700	21 ⌀ 16	Φ 8@ 100/200	4000	Φ 14@ 1500	7. 59	613. 2
1JWK4h-500-12	800	14400	1200	24 ⌀ 16	Φ 8@ 100/200	4000	Φ 14@ 1500	7. 84	705. 7
1JWK4h-500-17	900	12200	1700	25 ⌀ 16	Φ 8@ 100/200	4500	Φ 14@ 1500	8. 84	671. 4
1JWK4h-500-22	900	12200	2200	21 ⌀ 18	Φ 8@ 100/200	4500	Φ 14@ 1500	9. 16	728. 5
1JWK4h-500-27	1000	15000	2700	22 ⌀ 18	Φ 8@ 100/200	5000	Φ 16@ 1500	13. 90	959. 0

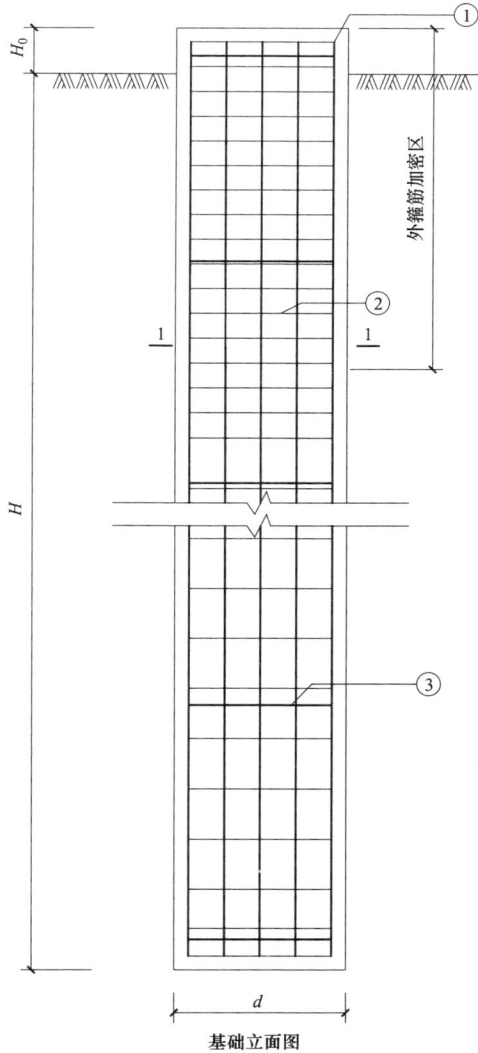

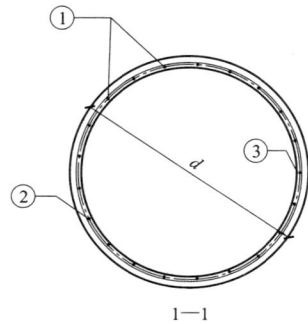

说明：1. 本基础适用于不受地下水影响的黄土地质条件。

2. 整体立塔时，混凝土的抗压强度应达到设计强度的 100%。分解组塔时，混凝土必须达到抗压强度设计值的 70%。

3. 基础根开及地脚螺栓间距与相应杆塔结构图核对无误后，方可施工。

4. 基础混凝土强度等级不应低于 C25，主筋采用 HRB400 级钢筋，箍筋采用 HPB300 级钢筋。

5. ②号钢筋加密区箍筋间距 100mm，非加密区箍筋间距 200mm。可采用螺旋箍筋。

6. 主筋保护层不小于 50mm。

7. 基础施工完毕后，做好基面排水处理。

8. 本基础按机械成孔施工方式，未考虑护壁工程量。

基础立面图

1—1

图 11. 4-5　1JWK4＊-500 挖孔桩基础施工图

基 础 参 数 表

基础名称	桩身直径 d(mm)	基础埋深 H(mm)	基础露头 H_0(mm)	主筋①	外箍筋②	外箍筋加密区长度(mm)	内箍筋③	单腿混凝土量(m³)	单腿钢筋量(kg)
1JWK4h-550-02	800	15800	200	20 Φ 16	Φ 8@ 100/200	4000	Φ 14@ 1500	8.04	622.3
1JWK4h-550-07	800	15800	700	23 Φ 16	Φ 8@ 100/200	4000	Φ 14@ 1500	8.29	719.9
1JWK4h-550-12	900	13400	1200	24 Φ 16	Φ 8@ 100/200	4500	Φ 14@ 1500	9.29	679.1
1JWK4h-550-17	900	13400	1700	22 Φ 18	Φ 8@ 100/200	4500	Φ 14@ 1500	9.61	794.6
1JWK4h-550-22	1000	17000	2200	22 Φ 18	Φ 8@ 100/200	5000	Φ 16@ 1500	15.08	1038.1
1JWK4h-550-27	1000	17400	2700	24 Φ 18	Φ 8@ 100/200	5000	Φ 16@ 1500	15.79	1166.2

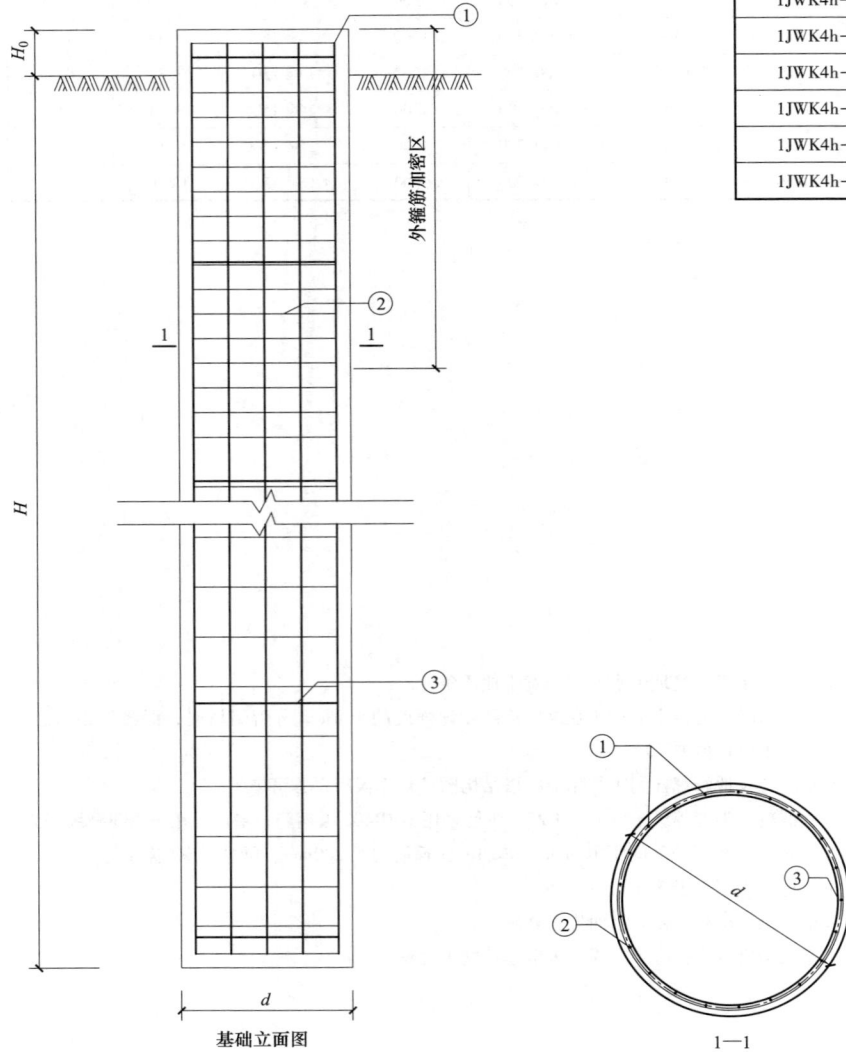

说明：1. 本基础适用于不受地下水影响的黄土地质条件。

2. 整体立塔时，混凝土的抗压强度应达到设计强度的 100%。分解组塔时，混凝土必须达到抗压强度设计值的 70%。

3. 基础根开及地脚螺栓间距与相应杆塔结构图核对无误后，方可施工。

4. 基础混凝土强度等级不应低于 C25，主筋采用 HRB400 级钢筋，箍筋采用 HPB300 级钢筋。

5. ②号钢筋加密区箍筋间距 100mm，非加密区箍筋间距 200mm。可采用螺旋箍筋。

6. 主筋保护层不小于 50mm。

7. 基础施工完毕后，做好基面排水处理。

8. 本基础按机械成孔施工方式，未考虑护壁工程量。

基础立面图

1—1

图 11.4-6 1JWK4 ∗ -550 挖孔桩基础施工图

基 础 参 数 表

基础名称	桩身直径 d(mm)	基础埋深 H(mm)	基础露头 H_0(mm)	主筋①	外箍筋②	外箍筋加密区长度(mm)	内箍筋③	单腿混凝土量(m³)	单腿钢筋量(kg)
1JWK4h-600-02	800	17200	200	17 Φ 18	Φ 8@100/200	4000	Φ 14@1500	8.75	716.3
1JWK4h-600-07	900	14600	700	19 Φ 18	Φ 8@100/200	4500	Φ 14@1500	9.73	713.5
1JWK4h-600-12	900	15000	1200	21 Φ 18	Φ 8@100/200	4500	Φ 14@1500	10.31	815.9
1JWK4h-600-17	900	15200	1700	24 Φ 18	Φ 8@100/200	4500	Φ 14@1500	10.75	952.6
1JWK4h-600-22	1000	19400	2200	24 Φ 18	Φ 8@100/200	5000	Φ 16@1500	16.96	1251.3
1JWK4h-600-27	1000	19800	2700	18 Φ 22	Φ 8@100/200	5000	Φ 16@1500	17.67	1431.6

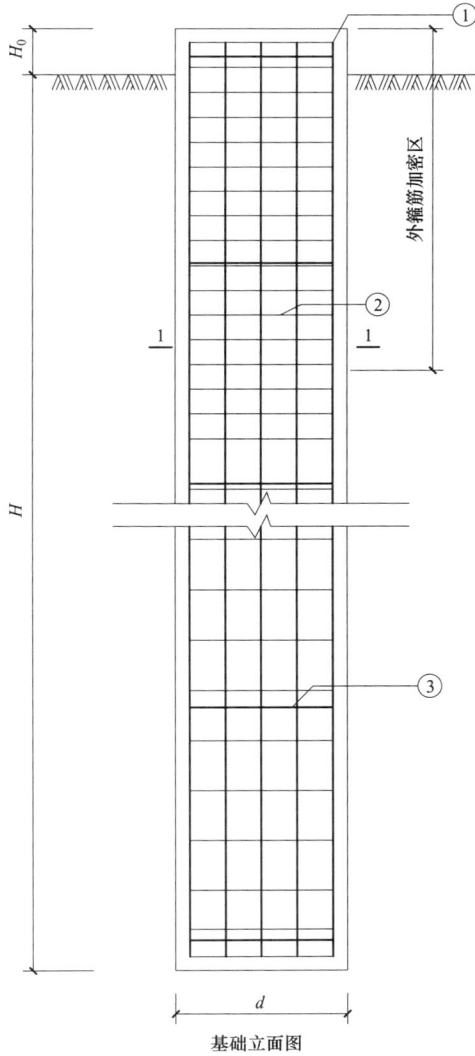

基础立面图

1—1

图 11.4-7　1JWK4*-600 挖孔桩基础施工图

说明：1. 本基础适用于不受地下水影响的黄土地质条件。

2. 整体立塔时，混凝土的抗压强度应达到设计强度的 100%。分解组塔时，混凝土必须达到抗压强度设计值的 70%。

3. 基础根开及地脚螺栓间距与相应杆塔结构图核对无误后，方可施工。

4. 基础混凝土强度等级不应低于 C25，主筋采用 HRB400 级钢筋，箍筋采用 HPB300 级钢筋。

5. ②号钢筋加密区箍筋间距 100mm，非加密区箍筋间距 200mm。可采用螺旋箍筋。

6. 主筋保护层不小于 50mm。

7. 基础施工完毕后，做好基面排水处理。

8. 本基础按机械成孔施工方式，未考虑护壁工程量。

11.5 1JWK6 子模块

此子模块适用于岩石地基，共包含 14 张图纸，基础施工图图纸清单见表 11.5-1。

表 11.5-1　　　　1JWK6 子模块基础施工图图纸清单

序号	图号	图　　名	基础作用力（kN）	
			$T/T_x/T_y$	$N/N_x/N_y$
1	图 11.5-1	1JWK6＊-300 挖孔桩基础施工图（一）	300/57/57	390/74/74
2	图 11.5-2	1JWK6＊-300 挖孔桩基础施工图（二）	300/57/57	390/74/74
3	图 11.5-3	1JWK6＊-350 挖孔桩基础施工图（一）	350/67/67	455/87/87
4	图 11.5-4	1JWK6＊-350 挖孔桩基础施工图（二）	350/67/67	455/87/87
5	图 11.5-5	1JWK6＊-400 挖孔桩基础施工图（一）	400/76/76	520/99/99

序号	图号	图　　名	基础作用力（kN）	
			$T/T_x/T_y$	$N/N_x/N_y$
6	图 11.5-6	1JWK6＊-400 挖孔桩基础施工图（二）	400/76/76	520/99/99
7	图 11.5-7	1JWK6＊-450 挖孔桩基础施工图（一）	450/86/86	585/111/111
8	图 11.5-8	1JWK6＊-450 挖孔桩基础施工图（二）	450/86/86	585/111/111
9	图 11.5-9	1JWK6＊-500 挖孔桩基础施工图（一）	500/95/95	650/124/124
10	图 11.5-10	1JWK6＊-500 挖孔桩基础施工图（二）	500/95/95	650/124/124
11	图 11.5-11	1JWK6＊-550 挖孔桩基础施工图（一）	550/105/105	715/136/136
12	图 11.5-12	1JWK6＊-550 挖孔桩基础施工图（二）	550/105/105	715/136/136
13	图 11.5-13	1JWK6＊-600 挖孔桩基础施工图（一）	600/114/114	780/148/148
14	图 11.5-14	1JWK6＊-600 挖孔桩基础施工图（二）	600/114/114	780/148/148

注　6＊包含 6a、6b、6c、6d、6e 及 6f 六种地质参数组合。

基 础 参 数 表

基础名称	桩身直径 d(mm)	基础埋深 H(mm)	基础露头 H_0(mm)	主筋①	外箍筋②	外箍筋加密区长度(mm)	内箍筋③	单腿混凝土量(m³)	单腿钢筋量(kg)
1JWK6a-300-02	600	6000	200	13 Φ 14	Φ 8@ 100/200	3000	Φ 14@ 1500	1.75	137.4
1JWK6a-300-07	600	6000	700	16 Φ 14	Φ 8@ 100/200	3000	Φ 14@ 1500	1.89	170.4
1JWK6a-300-12	600	6000	1200	15 Φ 16	Φ 8@ 100/200	3000	Φ 14@ 1500	2.04	212.6
1JWK6a-300-17	600	6000	1700	15 Φ 18	Φ 8@ 100/200	3000	Φ 14@ 1500	2.18	275.0
1JWK6a-300-22	600	6000	2200	13 Φ 20	Φ 8@ 100/200	3000	Φ 14@ 1500	2.32	308.7
1JWK6a-300-27	600	6000	2700	15 Φ 20	Φ 8@ 100/200	3000	Φ 14@ 1500	2.46	368.3
1JWK6b-300-02	600	6000	200	13 Φ 14	Φ 8@ 100/200	3000	Φ 14@ 1500	1.75	137.4
1JWK6b-300-07	600	6000	700	16 Φ 14	Φ 8@ 100/200	3000	Φ 14@ 1500	1.89	170.4
1JWK6b-300-12	600	6000	1200	15 Φ 16	Φ 8@ 100/200	3000	Φ 14@ 1500	2.04	212.6
1JWK6b-300-17	600	6000	1700	15 Φ 18	Φ 8@ 100/200	3000	Φ 14@ 1500	2.18	275.0
1JWK6b-300-22	600	6000	2200	13 Φ 20	Φ 8@ 100/200	3000	Φ 14@ 1500	2.32	308.7
1JWK6b-300-27	600	6000	2700	15 Φ 20	Φ 8@ 100/200	3000	Φ 14@ 1500	2.46	368.3
1JWK6c-300-02	600	6000	200	13 Φ 14	Φ 8@ 100/200	3000	Φ 14@ 1500	1.75	137.4
1JWK6c-300-07	600	6000	700	16 Φ 14	Φ 8@ 100/200	3000	Φ 14@ 1500	1.89	170.4
1JWK6c-300-12	600	6000	1200	15 Φ 16	Φ 8@ 100/200	3000	Φ 14@ 1500	2.04	212.6
1JWK6c-300-17	600	6000	1700	15 Φ 18	Φ 8@ 100/200	3000	Φ 14@ 1500	2.18	275.0
1JWK6c-300-22	600	6000	2200	13 Φ 20	Φ 8@ 100/200	3000	Φ 14@ 1500	2.32	308.7
1JWK6c-300-27	600	6000	2700	15 Φ 20	Φ 8@ 100/200	3000	Φ 14@ 1500	2.46	368.3

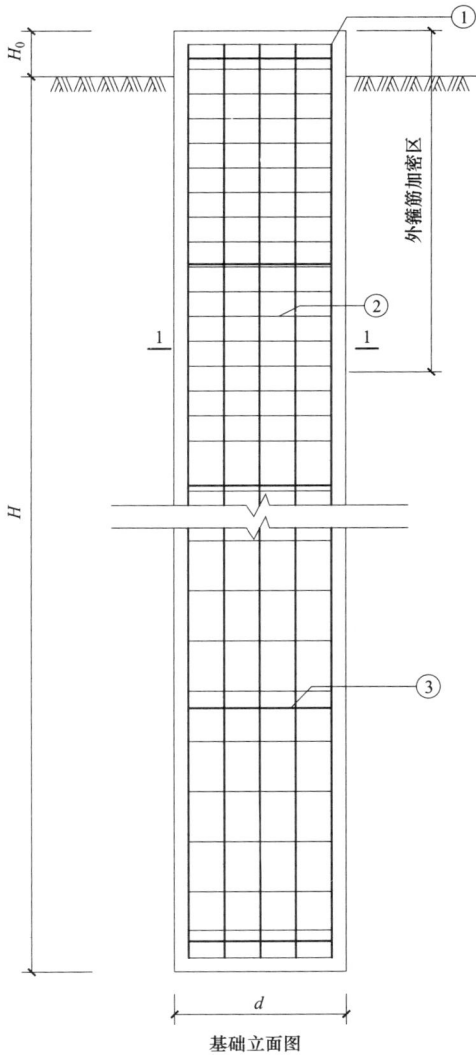

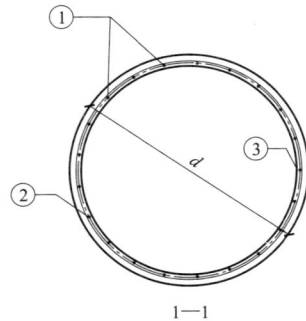

说明：1. 本基础适用于不受地下水影响的岩石地质条件。
2. 整体立塔时，混凝土的抗压强度应达到设计强度的100%。分解组塔时，混凝土必须达到抗压强度设计值的70%。
3. 基础根开及地脚螺栓间距与相应杆塔结构图核对无误后，方可施工。
4. 基础混凝土强度等级不应低于C25，主筋采用HRB400级钢筋，箍筋采用HPB300级钢筋。
5. ②号钢筋加密区箍筋间距100mm，非加密区箍筋间距200mm。可采用螺旋箍筋。
6. 主筋保护层不小于50mm。
7. 基础施工完毕后，做好基面排水处理。
8. 本基础按机械成孔施工方式，未考虑护壁工程量。

基础立面图

1—1

图 11.5-1　1JWK6∗-300 挖孔桩基础施工图（一）

基础参数表

基础名称	桩身直径 d(mm)	基础埋深 H(mm)	基础露头 H_0(mm)	主筋①	外箍筋②	外箍筋加密区长度(mm)	内箍筋③	单腿混凝土量(m^3)	单腿钢筋量(kg)
1JWK6d-300-02	600	6000	200	13 Φ 14	Φ8@100/200	3000	Φ14@1500	1.75	137.4
1JWK6d-300-07	600	6000	700	16 Φ 14	Φ8@100/200	3000	Φ14@1500	1.89	170.4
1JWK6d-300-12	600	6000	1200	15 Φ 16	Φ8@100/200	3000	Φ14@1500	2.04	212.6
1JWK6d-300-17	600	6000	1700	15 Φ 18	Φ8@100/200	3000	Φ14@1500	2.18	275.0
1JWK6d-300-22	600	6000	2200	13 Φ 20	Φ8@100/200	3000	Φ14@1500	2.32	308.7
1JWK6d-300-27	600	6000	2700	15 Φ 20	Φ8@100/200	3000	Φ14@1500	2.46	368.3
1JWK6e-300-02	600	6000	200	13 Φ 14	Φ8@100/200	3000	Φ14@1500	1.75	137.4
1JWK6e-300-07	600	6000	700	16 Φ 14	Φ8@100/200	3000	Φ14@1500	1.89	170.4
1JWK6e-300-12	600	6000	1200	15 Φ 16	Φ8@100/200	3000	Φ14@1500	2.04	212.6
1JWK6e-300-17	600	6000	1700	15 Φ 18	Φ8@100/200	3000	Φ14@1500	2.18	275.0
1JWK6e-300-22	600	6000	2200	13 Φ 20	Φ8@100/200	3000	Φ14@1500	2.32	308.7
1JWK6e-300-27	600	6000	2700	15 Φ 20	Φ8@100/200	3000	Φ14@1500	2.46	368.3
1JWK6f-300-02	600	6000	200	13 Φ 14	Φ8@100/200	3000	Φ14@1500	1.75	137.4
1JWK6f-300-07	600	6000	700	16 Φ 14	Φ8@100/200	3000	Φ14@1500	1.89	170.4
1JWK6f-300-12	600	6000	1200	15 Φ 16	Φ8@100/200	3000	Φ14@1500	2.04	212.6
1JWK6f-300-17	600	6000	1700	15 Φ 18	Φ8@100/200	3000	Φ14@1500	2.18	275.0
1JWK6f-300-22	600	6000	2200	13 Φ 20	Φ8@100/200	3000	Φ14@1500	2.32	308.7
1JWK6f-300-27	600	6000	2700	15 Φ 20	Φ8@100/200	3000	Φ14@1500	2.46	368.3

说明：1. 本基础适用于不受地下水影响的岩石地质条件。

2. 整体立塔时，混凝土的抗压强度应达到设计强度的 100%。分解组塔时，混凝土必须达到抗压强度设计值的 70%。

3. 基础根开及地脚螺栓间距与相应杆塔结构图核对无误后，方可施工。

4. 基础混凝土强度等级不应低于 C25，主筋采用 HRB400 级钢筋，箍筋采用 HPB300 级钢筋。

5. ②号钢筋加密区箍筋间距 100mm，非加密区箍筋间距 200mm。可采用螺旋箍筋。

6. 主筋保护层不小于 50mm。

7. 基础施工完毕后，做好基面排水处理。

8. 本基础按机械成孔施工方式，未考虑护壁工程量。

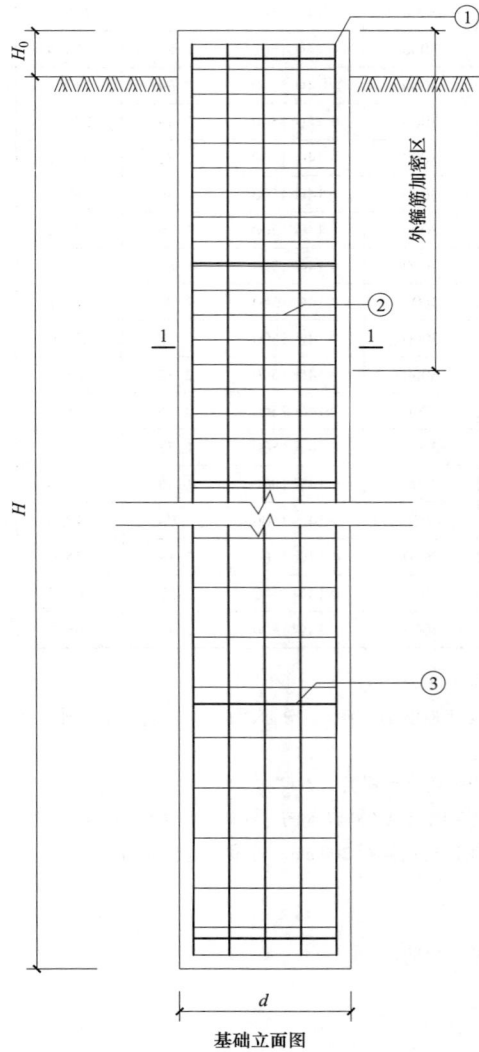

基础立面图

1—1

图 11.5-2　1JWK6∗-300 挖孔桩基础施工图（二）

基 础 参 数 表

基础名称	桩身直径 d(mm)	基础埋深 H(mm)	基础露头 H_0(mm)	主筋①	外箍筋②	外箍筋加密区长度(mm)	内箍筋③	单腿混凝土量(m³)	单腿钢筋量(kg)
1JWK6a-350-02	600	6000	200	15Φ14	Φ8@100/200	3000	Φ14@1500	1.75	152.1
1JWK6a-350-07	600	6000	700	14Φ16	Φ8@100/200	3000	Φ14@1500	1.89	188.5
1JWK6a-350-12	600	6000	1200	11Φ20	Φ8@100/200	3000	Φ14@1500	2.04	236.9
1JWK6a-350-17	600	6000	1700	13Φ20	Φ8@100/200	3000	Φ14@1500	2.18	290.8
1JWK6a-350-22	600	6000	2200	10Φ25	Φ8@100/200	3000	Φ14@1500	2.32	360.7
1JWK6a-350-27	600	6000	2700	12Φ25	Φ8@100/200	3000	Φ14@1500	2.46	447.4
1JWK6b-350-02	600	6000	200	15Φ14	Φ8@100/200	3000	Φ14@1500	1.75	152.1
1JWK6b-350-07	600	6000	700	14Φ16	Φ8@100/200	3000	Φ14@1500	1.89	188.5
1JWK6b-350-12	600	6000	1200	11Φ20	Φ8@100/200	3000	Φ14@1500	2.04	236.9
1JWK6b-350-17	600	6000	1700	13Φ20	Φ8@100/200	3000	Φ14@1500	2.18	290.8
1JWK6b-350-22	600	6000	2200	10Φ25	Φ8@100/200	3000	Φ14@1500	2.32	360.7
1JWK6b-350-27	600	6000	2700	12Φ25	Φ8@100/200	3000	Φ14@1500	2.46	447.4
1JWK6c-350-02	600	6000	200	15Φ14	Φ8@100/200	3000	Φ14@1500	1.75	152.1
1JWK6c-350-07	600	6000	700	14Φ16	Φ8@100/200	3000	Φ14@1500	1.89	188.5
1JWK6c-350-12	600	6000	1200	11Φ20	Φ8@100/200	3000	Φ14@1500	2.04	236.9
1JWK6c-350-17	600	6000	1700	13Φ20	Φ8@100/200	3000	Φ14@1500	2.18	290.8
1JWK6c-350-22	600	6000	2200	10Φ25	Φ8@100/200	3000	Φ14@1500	2.32	360.7
1JWK6c-350-27	600	6000	2700	12Φ25	Φ8@100/200	3000	Φ14@1500	2.46	447.4

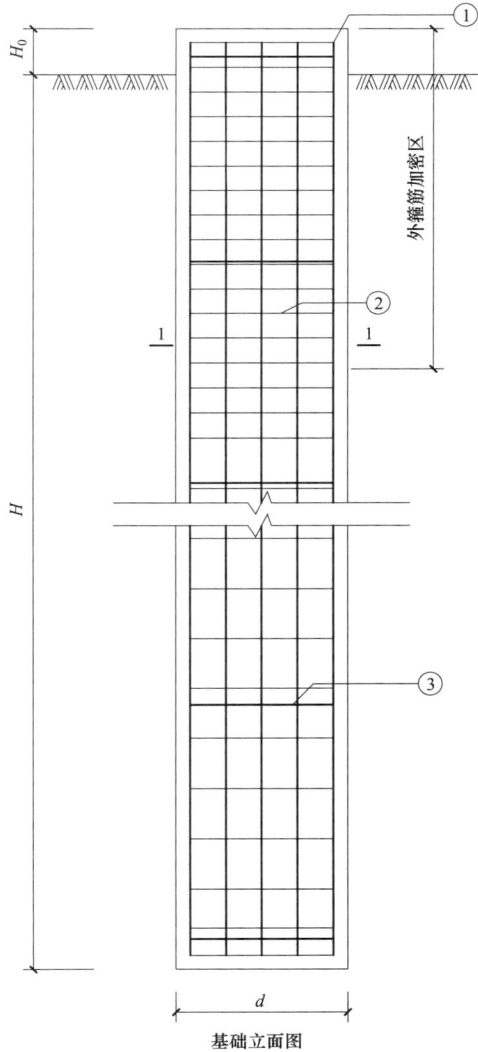

基础立面图

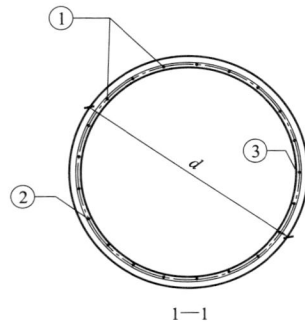

1—1

说明：1. 本基础适用于不受地下水影响的岩石地质条件。

2. 整体立塔时，混凝土的抗压强度应达到设计强度的 100%。分解组塔时，混凝土必须达到抗压强度设计值的 70%。

3. 基础根开及地脚螺栓间距与相应杆塔结构图核对无误后，方可施工。

4. 基础混凝土强度等级不应低于 C25，主筋采用 HRB400 级钢筋，箍筋采用 HPB300 级钢筋。

5. ②号钢筋加密区箍筋间距 100mm，非加密区箍筋间距 200mm。可采用螺旋箍筋。

6. 主筋保护层不小于 50mm。

7. 基础施工完毕后，做好基面排水处理。

8. 本基础按机械成孔施工方式，未考虑护壁工程量。

图 11.5-3　1JWK6*-350 挖孔桩基础施工图（一）

基 础 参 数 表

基础名称	桩身直径 d(mm)	基础埋深 H(mm)	基础露头 H_0(mm)	主筋①	外箍筋②	外箍筋加密区长度(mm)	内箍筋③	单腿混凝土量(m^3)	单腿钢筋量(kg)
1JWK6d-350-02	600	6000	200	15 Φ 14	Φ 8@ 100/200	3000	Φ 14@ 1500	1.75	152.1
1JWK6d-350-07	600	6000	700	14 Φ 16	Φ 8@ 100/200	3000	Φ 14@ 1500	1.89	188.5
1JWK6d-350-12	600	6000	1200	11 Φ 20	Φ 8@ 100/200	3000	Φ 14@ 1500	2.04	236.9
1JWK6d-350-17	600	6000	1700	13 Φ 20	Φ 8@ 100/200	3000	Φ 14@ 1500	2.18	290.8
1JWK6d-350-22	600	6000	2200	10 Φ 25	Φ 8@ 100/200	3000	Φ 14@ 1500	2.32	360.7
1JWK6d-350-27	600	6000	2700	12 Φ 25	Φ 8@ 100/200	3000	Φ 14@ 1500	2.46	447.4
1JWK6e-350-02	600	6000	200	15 Φ 14	Φ 8@ 100/200	3000	Φ 14@ 1500	1.75	152.1
1JWK6e-350-07	600	6000	700	14 Φ 16	Φ 8@ 100/200	3000	Φ 14@ 1500	1.89	188.5
1JWK6e-350-12	600	6000	1200	11 Φ 20	Φ 8@ 100/200	3000	Φ 14@ 1500	2.04	236.9
1JWK6e-350-17	600	6000	1700	13 Φ 20	Φ 8@ 100/200	3000	Φ 14@ 1500	2.18	290.8
1JWK6e-350-22	600	6000	2200	10 Φ 25	Φ 8@ 100/200	3000	Φ 14@ 1500	2.32	360.7
1JWK6e-350-27	600	6000	2700	12 Φ 25	Φ 8@ 100/200	3000	Φ 14@ 1500	2.46	447.4
1JWK6f-350-02	600	6000	200	15 Φ 14	Φ 8@ 100/200	3000	Φ 14@ 1500	1.75	152.1
1JWK6f-350-07	600	6000	700	14 Φ 16	Φ 8@ 100/200	3000	Φ 14@ 1500	1.89	188.5
1JWK6f-350-12	600	6000	1200	11 Φ 20	Φ 8@ 100/200	3000	Φ 14@ 1500	2.04	236.9
1JWK6f-350-17	600	6000	1700	13 Φ 20	Φ 8@ 100/200	3000	Φ 14@ 1500	2.18	290.8
1JWK6f-350-22	600	6000	2200	10 Φ 25	Φ 8@ 100/200	3000	Φ 14@ 1500	2.32	360.7
1JWK6f-350-27	600	6000	2700	12 Φ 25	Φ 8@ 100/200	3000	Φ 14@ 1500	2.46	447.4

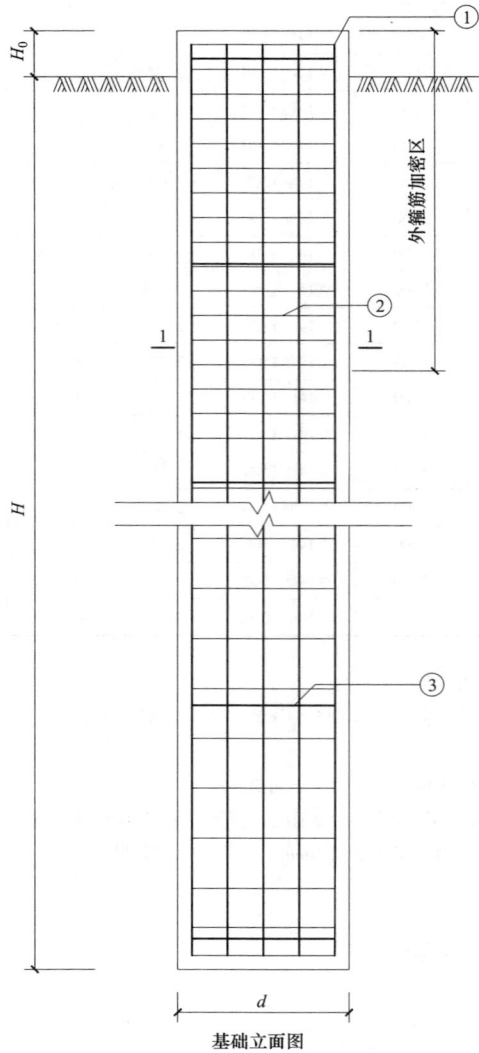

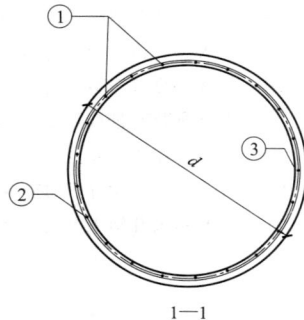

说明：1. 本基础适用于不受地下水影响的岩石地质条件。

2. 整体立塔时，混凝土的抗压强度应达到设计强度的 100%。分解组塔时，混凝土必须达到抗压强度设计值的 70%。

3. 基础根开及地脚螺栓间距与相应杆塔结构图核对无误后，方可施工。

4. 基础混凝土强度等级不应低于 C25，主筋采用 HRB400 级钢筋，箍筋采用 HPB300 级钢筋。

5. ②号钢筋加密区箍筋间距 100mm，非加密区箍筋间距 200mm。可采用螺旋箍筋。

6. 主筋保护层不小于 50mm。

7. 基础施工完毕后，做好基面排水处理。

8. 本基础按机械成孔施工方式，未考虑护壁工程量。

基础立面图

1—1

图 11.5-4 1JWK6*-350 挖孔桩基础施工图（二）

基 础 参 数 表

基础名称	桩身直径 d(mm)	基础埋深 H(mm)	基础露头 H_0(mm)	主筋①	外箍筋②	外箍筋加密区长度(mm)	内箍筋③	单腿混凝土量(m³)	单腿钢筋量(kg)
1JWK6a-400-02	600	6600	200	13 ⏀ 16	Φ8@ 100/200	3000	Φ 14@ 1500	1.92	180.8
1JWK6a-400-07	600	6600	700	13 ⏀ 18	Φ8@ 100/200	3000	Φ 14@ 1500	2.06	231.3
1JWK6a-400-12	600	6600	1200	13 ⏀ 20	Φ8@ 100/200	3000	Φ 14@ 1500	2.21	294.6
1JWK6a-400-17	600	6600	1700	15 ⏀ 20	Φ8@ 100/200	3000	Φ 14@ 1500	2.35	352.2
1JWK6a-400-22	600	6600	2200	15 ⏀ 22	Φ8@ 100/200	3000	Φ 14@ 1500	2.49	439.9
1JWK6a-400-27	700	6600	2700	15 ⏀ 22	Φ8@ 100/200	3500	Φ 14@ 1500	3.35	447.4
1JWK6b-400-02	600	6000	200	13 ⏀ 16	Φ8@ 100/200	3000	Φ 14@ 1500	1.75	166.6
1JWK6b-400-07	600	6000	700	13 ⏀ 18	Φ8@ 100/200	3000	Φ 14@ 1500	1.89	213.9
1JWK6b-400-12	600	6000	1200	13 ⏀ 20	Φ8@ 100/200	3000	Φ 14@ 1500	2.04	271.8
1JWK6b-400-17	600	6000	1700	15 ⏀ 20	Φ8@ 100/200	3000	Φ 14@ 1500	2.18	328.1
1JWK6b-400-22	600	6000	2200	15 ⏀ 22	Φ8@ 100/200	3000	Φ 14@ 1500	2.32	411.2
1JWK6b-400-27	700	6000	2700	15 ⏀ 22	Φ8@ 100/200	3500	Φ 14@ 1500	3.35	447.4
1JWK6c-400-02	600	6000	200	13 ⏀ 16	Φ8@ 100/200	3000	Φ 14@ 1500	1.75	166.6
1JWK6c-400-07	600	6000	700	13 ⏀ 18	Φ8@ 100/200	3000	Φ 14@ 1500	1.89	213.9
1JWK6c-400-12	600	6000	1200	13 ⏀ 20	Φ8@ 100/200	3000	Φ 14@ 1500	2.04	271.8
1JWK6c-400-17	600	6000	1700	15 ⏀ 20	Φ8@ 100/200	3000	Φ 14@ 1500	2.18	328.1
1JWK6c-400-22	600	6000	2200	15 ⏀ 22	Φ8@ 100/200	3000	Φ 14@ 1500	2.32	411.2
1JWK6c-400-27	700	6000	2700	15 ⏀ 22	Φ8@ 100/200	3500	Φ 14@ 1500	3.35	447.4

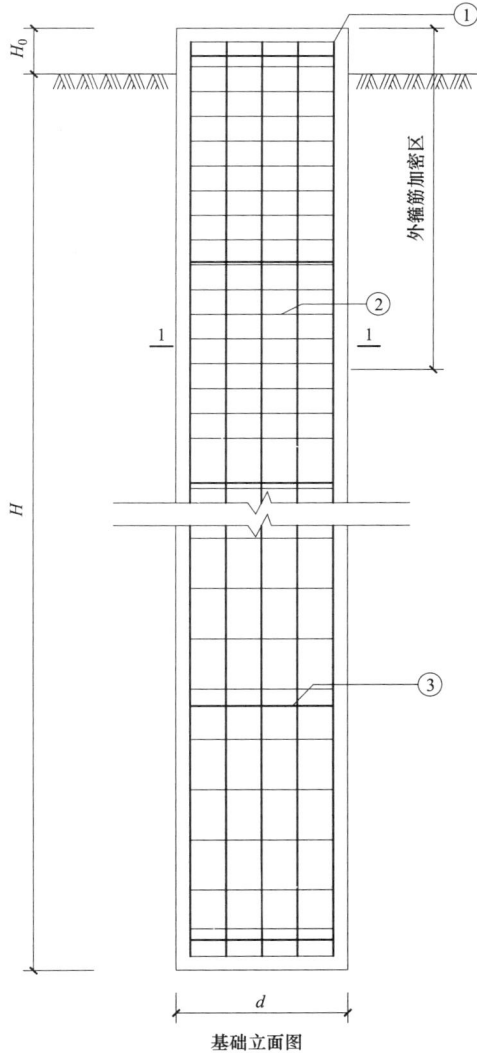

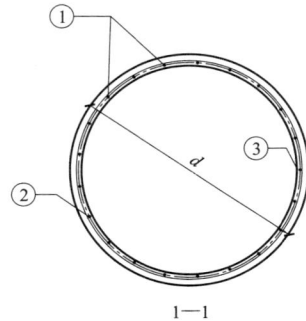

说明：1. 本基础适用于不受地下水影响的岩石地质条件。

2. 整体立塔时，混凝土的抗压强度应达到设计强度的100%。分解组塔时，混凝土必须达到抗压强度设计值的70%。

3. 基础根开及地脚螺栓间距与相应杆塔结构图核对无误后，方可施工。

4. 基础混凝土强度等级不应低于 C25，主筋采用 HRB400 级钢筋，箍筋采用 HPB300 级钢筋。

5. ②号钢筋加密区箍筋间距 100mm，非加密区箍筋间距 200mm。可采用螺旋箍筋。

6. 主筋保护层不小于 50mm。

7. 基础施工完毕后，做好基面排水处理。

8. 本基础按机械成孔施工方式，未考虑护壁工程量。

基础立面图

1—1

图 11.5-5 1JWK6*-400 挖孔桩基础施工图 （一）

基 础 参 数 表

基础名称	桩身直径 d(mm)	基础埋深 H(mm)	基础露头 H_0(mm)	主筋①	外箍筋②	外箍筋加密区长度(mm)	内箍筋③	单腿混凝土量(m^3)	单腿钢筋量(kg)
1JWK6d-400-02	600	6000	200	13Φ16	Φ8@100/200	3000	Φ14@1500	1.75	166.6
1JWK6d-400-07	600	6000	700	13Φ18	Φ8@100/200	3000	Φ14@1500	1.89	213.9
1JWK6d-400-12	600	6000	1200	13Φ20	Φ8@100/200	3000	Φ14@1500	2.04	271.8
1JWK6d-400-17	600	6000	1700	15Φ20	Φ8@100/200	3000	Φ14@1500	2.18	328.1
1JWK6d-400-22	600	6000	2200	15Φ22	Φ8@100/200	3000	Φ14@1500	2.32	411.2
1JWK6d-400-27	700	6000	2700	15Φ22	Φ8@100/200	3500	Φ14@1500	3.35	447.4
1JWK6e-400-02	600	6000	200	13Φ16	Φ8@100/200	3000	Φ14@1500	1.75	166.6
1JWK6e-400-07	600	6000	700	13Φ18	Φ8@100/200	3000	Φ14@1500	1.89	213.9
1JWK6e-400-12	600	6000	1200	13Φ20	Φ8@100/200	3000	Φ14@1500	2.04	271.8
1JWK6e-400-17	600	6000	1700	15Φ20	Φ8@100/200	3000	Φ14@1500	2.18	328.1
1JWK6e-400-22	600	6000	2200	15Φ22	Φ8@100/200	3000	Φ14@1500	2.32	411.2
1JWK6e-400-27	700	6000	2700	15Φ22	Φ8@100/200	3500	Φ14@1500	3.35	447.4
1JWK6f-400-02	600	6000	200	13Φ16	Φ8@100/200	3000	Φ14@1500	1.75	166.6
1JWK6f-400-07	600	6000	700	13Φ18	Φ8@100/200	3000	Φ14@1500	1.89	213.9
1JWK6f-400-12	600	6000	1200	13Φ20	Φ8@100/200	3000	Φ14@1500	2.04	271.8
1JWK6f-400-17	600	6000	1700	15Φ20	Φ8@100/200	3000	Φ14@1500	2.18	328.1
1JWK6f-400-22	600	6000	2200	15Φ22	Φ8@100/200	3000	Φ14@1500	2.32	411.2
1JWK6f-400-27	700	6000	2700	15Φ22	Φ8@100/200	3500	Φ14@1500	3.35	447.4

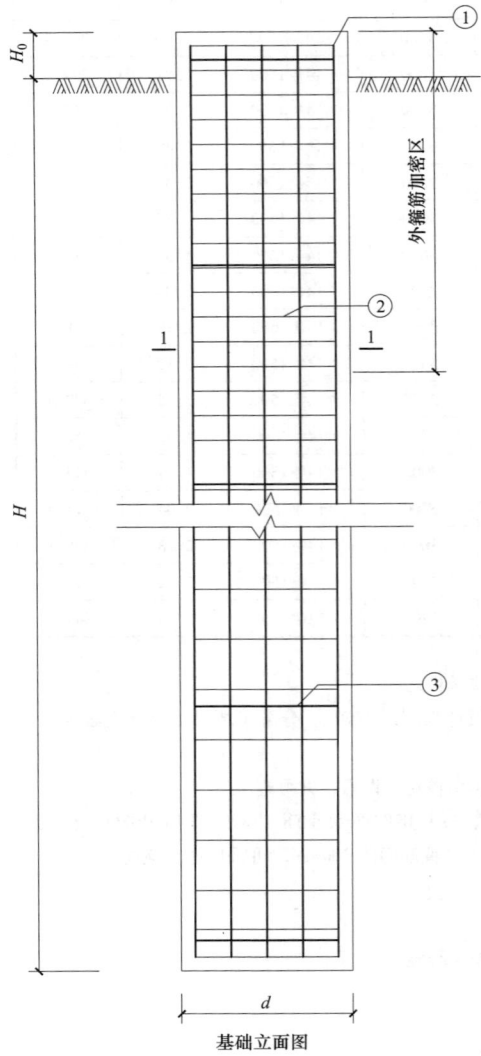

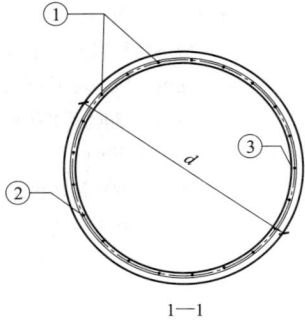

说明：1. 本基础适用于不受地下水影响的岩石地质条件。

2. 整体立塔时，混凝土的抗压强度应达到设计强度的100%。分解组塔时，混凝土必须达到抗压强度设计值的70%。

3. 基础根开及地脚螺栓间距与相应杆塔结构图核对无误后，方可施工。

4. 基础混凝土强度等级不应低于C25，主筋采用HRB400级钢筋，箍筋采用HPB300级钢筋。

5. ②号钢筋加密区箍筋间距100mm，非加密区箍筋间距200mm。可采用螺旋箍筋。

6. 主筋保护层不小于50mm。

7. 基础施工完毕后，做好基面排水处理。

8. 本基础按机械成孔施工方式，未考虑护壁工程量。

基础立面图

1—1

图 11.5-6　1JWK6∗-400 挖孔桩基础施工图（二）

基 础 参 数 表

基础名称	桩身直径 d(mm)	基础埋深 H(mm)	基础露头 H_0(mm)	主筋①	外箍筋②	外箍筋加密区长度(mm)	内箍筋③	单腿混凝土量 (m^3)	单腿钢筋量 (kg)
1JWK6a-450-02	700	6200	200	19 Φ 14	Φ 8@ 100/200	3500	Φ 14@ 1500	2.46	196.8
1JWK6a-450-07	700	6200	700	17 Φ 16	Φ 8@ 100/200	3500	Φ 14@ 1500	2.66	236.7
1JWK6a-450-12	700	6200	1200	16 Φ 18	Φ 8@ 100/200	3500	Φ 14@ 1500	2.85	288.9
1JWK6a-450-17	700	6200	1700	15 Φ 20	Φ 8@ 100/200	3500	Φ 14@ 1500	3.04	348.3
1JWK6a-450-22	700	6200	2200	17 Φ 20	Φ 8@ 100/200	3500	Φ 14@ 1500	3.23	409.1
1JWK6a-450-27	700	6200	2700	13 Φ 25	Φ 8@ 100/200	3500	Φ 14@ 1500	3.43	503.8
1JWK6b-450-02	700	6000	200	19 Φ 14	Φ 8@ 100/200	3500	Φ 14@ 1500	2.39	191.5
1JWK6b-450-07	700	6000	700	17 Φ 16	Φ 8@ 100/200	3500	Φ 14@ 1500	2.58	230.6
1JWK6b-450-12	700	6000	1200	16 Φ 18	Φ 8@ 100/200	3500	Φ 14@ 1500	2.77	281.8
1JWK6b-450-17	700	6000	1700	15 Φ 20	Φ 8@ 100/200	3500	Φ 14@ 1500	2.96	340.1
1JWK6b-450-22	700	6000	2200	17 Φ 20	Φ 8@ 100/200	3500	Φ 14@ 1500	3.16	400.0
1JWK6b-450-27	700	6000	2700	13 Φ 25	Φ 8@ 100/200	3500	Φ 14@ 1500	3.35	493.0
1JWK6c-450-02	700	6000	200	19 Φ 14	Φ 8@ 100/200	3500	Φ 14@ 1500	2.39	191.5
1JWK6c-450-07	700	6000	700	17 Φ 16	Φ 8@ 100/200	3500	Φ 14@ 1500	2.58	230.6
1JWK6c-450-12	700	6000	1200	16 Φ 18	Φ 8@ 100/200	3500	Φ 14@ 1500	2.77	281.8
1JWK6c-450-17	700	6000	1700	15 Φ 20	Φ 8@ 100/200	3500	Φ 14@ 1500	2.96	340.1
1JWK6c-450-22	700	6000	2200	17 Φ 20	Φ 8@ 100/200	3500	Φ 14@ 1500	3.16	400.0
1JWK6c-450-27	700	6000	2700	13 Φ 25	Φ 8@ 100/200	3500	Φ 14@ 1500	3.35	493.0

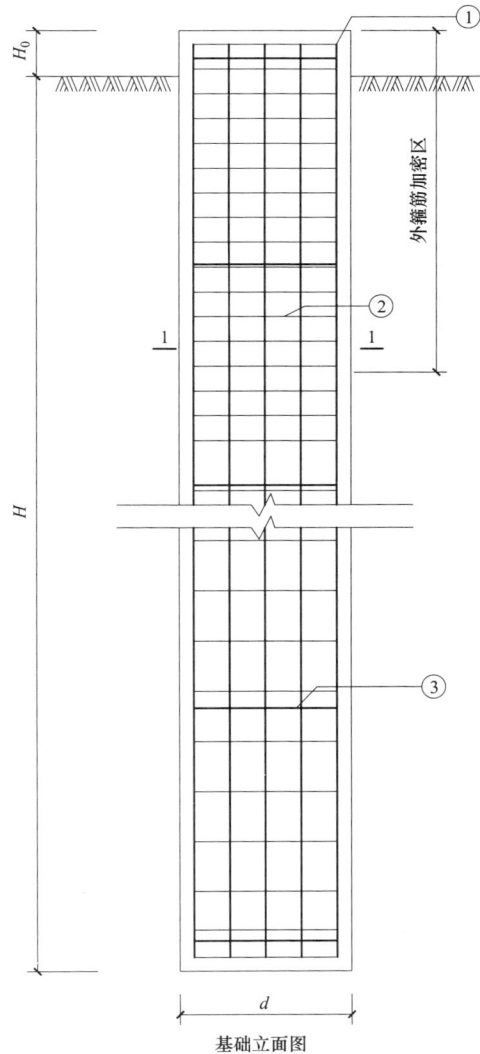

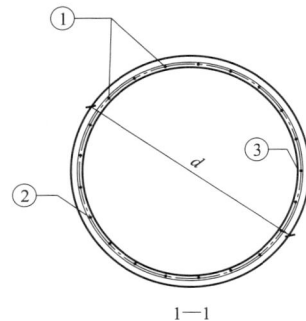

说明：1. 本基础适用于不受地下水影响的岩石地质条件。

2. 整体立塔时，混凝土的抗压强度应达到设计强度的 100%。分解组塔时，混凝土必须达到抗压强度设计值的 70%。

3. 基础根开及地脚螺栓间距与相应杆塔结构图核对无误后，方可施工。

4. 基础混凝土强度等级不应低于 C25，主筋采用 HRB400 级钢筋，箍筋采用 HPB300 级钢筋。

5. ②号钢筋加密区箍筋间距 100mm，非加密区箍筋间距 200mm。可采用螺旋箍筋。

6. 主筋保护层不小于 50mm。

7. 基础施工完毕后，做好基面排水处理。

8. 本基础按机械成孔施工方式，未考虑护壁工程量。

基础立面图

1—1

图 11.5-7 1JWK6∗-450 挖孔桩基础施工图 （一）

基 础 参 数 表

基础名称	桩身直径 d(mm)	基础埋深 H(mm)	基础露头 H_0(mm)	主筋①	外箍筋②	外箍筋加密区长度(mm)	内箍筋③	单腿混凝土量(m³)	单腿钢筋量(kg)
1JWK6d-450-02	700	6000	200	19Φ14	Φ8@100/200	3500	Φ14@1500	2.39	191.5
1JWK6d-450-07	700	6000	700	17Φ16	Φ8@100/200	3500	Φ14@1500	2.58	230.6
1JWK6d-450-12	700	6000	1200	16Φ18	Φ8@100/200	3500	Φ14@1500	2.77	281.8
1JWK6d-450-17	700	6000	1700	15Φ20	Φ8@100/200	3500	Φ14@1500	2.96	340.1
1JWK6d-450-22	700	6000	2200	17Φ20	Φ8@100/200	3500	Φ14@1500	3.16	400.0
1JWK6d-450-27	700	6000	2700	13Φ25	Φ8@100/200	3500	Φ14@1500	3.35	493.0
1JWK6e-450-02	700	6000	200	19Φ14	Φ8@100/200	3500	Φ14@1500	2.39	191.5
1JWK6e-450-07	700	6000	700	17Φ16	Φ8@100/200	3500	Φ14@1500	2.58	230.6
1JWK6e-450-12	700	6000	1200	16Φ18	Φ8@100/200	3500	Φ14@1500	2.77	281.8
1JWK6e-450-17	700	6000	1700	15Φ20	Φ8@100/200	3500	Φ14@1500	2.96	340.1
1JWK6e-450-22	700	6000	2200	17Φ20	Φ8@100/200	3500	Φ14@1500	3.16	400.0
1JWK6e-450-27	700	6000	2700	13Φ25	Φ8@100/200	3500	Φ14@1500	3.35	493.0
1JWK6f-450-02	700	6000	200	19Φ14	Φ8@100/200	3500	Φ14@1500	2.39	191.5
1JWK6f-450-07	700	6000	700	17Φ16	Φ8@100/200	3500	Φ14@1500	2.58	230.6
1JWK6f-450-12	700	6000	1200	16Φ18	Φ8@100/200	3500	Φ14@1500	2.77	281.8
1JWK6f-450-17	700	6000	1700	15Φ20	Φ8@100/200	3500	Φ14@1500	2.96	340.1
1JWK6f-450-22	700	6000	2200	17Φ20	Φ8@100/200	3500	Φ14@1500	3.16	400.0
1JWK6f-450-27	700	6000	2700	13Φ25	Φ8@100/200	3500	Φ14@1500	3.35	493.0

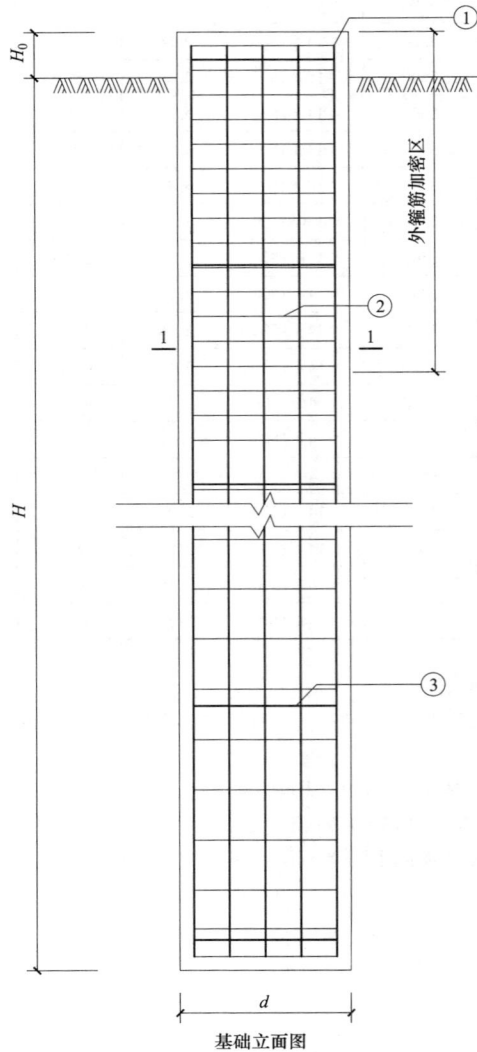

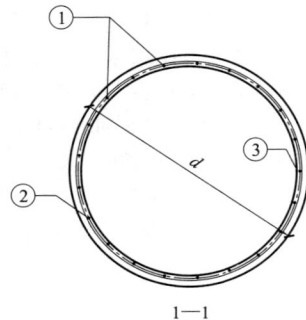

基础立面图

1—1

说明：1. 本基础适用于不受地下水影响的岩石地质条件。

2. 整体立塔时，混凝土的抗压强度应达到设计强度的 100%。分解组塔时，混凝土必须达到抗压强度设计值的 70%。

3. 基础根开及地脚螺栓间距与相应杆塔结构图核对无误后，方可施工。

4. 基础混凝土强度等级不应低于 C25，主筋采用 HRB400 级钢筋，箍筋采用 HPB300 级钢筋。

5. ②号钢筋加密区箍筋间距 100mm，非加密区箍筋间距 200mm。可采用螺旋箍筋。

6. 主筋保护层不小于 50mm。

7. 基础施工完毕后，做好基面排水处理。

8. 本基础按机械成孔施工方式，未考虑护壁工程量。

图 11.5-8 1JWK6*-450 挖孔桩基础施工图（二）

基 础 参 数 表

基础名称	桩身直径 d(mm)	基础埋深 H(mm)	基础露头 H_0(mm)	主筋①	外箍筋②	外箍筋加密区长度(mm)	内箍筋③	单腿混凝土量(m^3)	单腿钢筋量(kg)
1JWK6a-500-02	700	7000	200	16Φ16	Φ8@100/200	3500	Φ14@1500	2.77	234.4
1JWK6a-500-07	700	7000	700	12Φ20	Φ8@100/200	3500	Φ14@1500	2.96	284.0
1JWK6a-500-12	700	7000	1200	12Φ22	Φ8@100/200	3500	Φ14@1500	3.16	350.5
1JWK6a-500-17	700	7000	1700	14Φ22	Φ8@100/200	3500	Φ14@1500	3.35	421.8
1JWK6a-500-22	700	7000	2200	16Φ22	Φ8@100/200	3500	Φ14@1500	3.54	500.5
1JWK6a-500-27	700	7000	2700	14Φ25	Φ8@100/200	3500	Φ14@1500	3.73	585.8
1JWK6b-500-02	700	6000	200	16Φ16	Φ8@100/200	3500	Φ14@1500	2.39	205.3
1JWK6b-500-07	700	6000	700	12Φ20	Φ8@100/200	3500	Φ14@1500	2.58	248.6
1JWK6b-500-12	700	6000	1200	12Φ22	Φ8@100/200	3500	Φ14@1500	2.77	308.8
1JWK6b-500-17	700	6000	1700	14Φ22	Φ8@100/200	3500	Φ14@1500	2.96	376.3
1JWK6b-500-22	700	6000	2200	16Φ22	Φ8@100/200	3500	Φ14@1500	3.16	446.9
1JWK6b-500-27	700	6000	2700	14Φ25	Φ8@100/200	3500	Φ14@1500	3.35	526.1
1JWK6c-500-02	700	6000	200	16Φ16	Φ8@100/200	3500	Φ14@1500	2.39	205.3
1JWK6c-500-07	700	6000	700	12Φ20	Φ8@100/200	3500	Φ14@1500	2.58	248.6
1JWK6c-500-12	700	6000	1200	12Φ22	Φ8@100/200	3500	Φ14@1500	2.77	308.8
1JWK6c-500-17	700	6000	1700	14Φ22	Φ8@100/200	3500	Φ14@1500	2.96	376.3
1JWK6c-500-22	700	6000	2200	16Φ22	Φ8@100/200	3500	Φ14@1500	3.16	446.9
1JWK6c-500-27	700	6000	2700	14Φ25	Φ8@100/200	3500	Φ14@1500	3.35	526.1

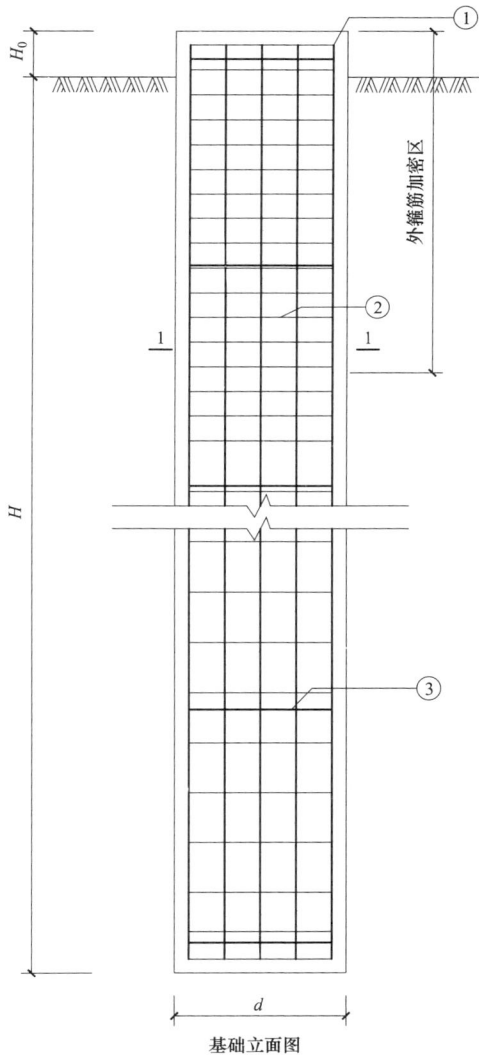

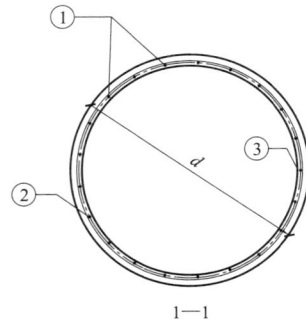

基础立面图

1—1

图 11.5-9　1JWK6*-500 挖孔桩基础施工图（一）

说明：1. 本基础适用于不受地下水影响的岩石地质条件。

2. 整体立塔时，混凝土的抗压强度应达到设计强度的100%。分解组塔时，混凝土必须达到抗压强度设计值的70%。

3. 基础根开及地脚螺栓间距与相应杆塔结构图核对无误后，方可施工。

4. 基础混凝土强度等级不应低于 C25，主筋采用 HRB400 级钢筋，箍筋采用 HPB300 级钢筋。

5. ②号钢筋加密区箍筋间距100mm，非加密区箍筋间距200mm。可采用螺旋箍筋。

6. 主筋保护层不小于50mm。

7. 基础施工完毕后，做好基面排水处理。

8. 本基础按机械成孔施工方式，未考虑护壁工程量。

基础名称	桩身直径 d(mm)	基础埋深 H(mm)	基础露头 H_0(mm)	主筋①	外箍筋②	外箍筋加密区长度(mm)	内箍筋③	单腿混凝土量(m^3)	单腿钢筋量(kg)
1JWK6d-500-02	700	6000	200	16 Φ 16	Φ8@ 100/200	3500	Φ 14@ 1500	2.39	205.3
1JWK6d-500-07	700	6000	700	12 Φ 20	Φ8@ 100/200	3500	Φ 14@ 1500	2.58	248.6
1JWK6d-500-12	700	6000	1200	12 Φ 22	Φ8@ 100/200	3500	Φ 14@ 1500	2.77	308.8
1JWK6d-500-17	700	6000	1700	14 Φ 22	Φ8@ 100/200	3500	Φ 14@ 1500	2.96	376.3
1JWK6d-500-22	700	6000	2200	16 Φ 22	Φ8@ 100/200	3500	Φ 14@ 1500	3.16	446.9
1JWK6d-500-27	700	6000	2700	14 Φ 25	Φ8@ 100/200	3500	Φ 14@ 1500	3.35	526.1
1JWK6e-500-02	700	6000	200	16 Φ 16	Φ8@ 100/200	3500	Φ 14@ 1500	2.39	205.3
1JWK6e-500-07	700	6000	700	12 Φ 20	Φ8@ 100/200	3500	Φ 14@ 1500	2.58	248.6
1JWK6e-500-12	700	6000	1200	12 Φ 22	Φ8@ 100/200	3500	Φ 14@ 1500	2.77	308.8
1JWK6e-500-17	700	6000	1700	14 Φ 22	Φ8@ 100/200	3500	Φ 14@ 1500	2.96	376.3
1JWK6e-500-22	700	6000	2200	16 Φ 22	Φ8@ 100/200	3500	Φ 14@ 1500	3.16	446.9
1JWK6e-500-27	700	6000	2700	14 Φ 25	Φ8@ 100/200	3500	Φ 14@ 1500	3.35	526.1
1JWK6f-500-02	700	6000	200	16 Φ 16	Φ8@ 100/200	3500	Φ 14@ 1500	2.39	205.3
1JWK6f-500-07	700	6000	700	12 Φ 20	Φ8@ 100/200	3500	Φ 14@ 1500	2.58	248.6
1JWK6f-500-12	700	6000	1200	12 Φ 22	Φ8@ 100/200	3500	Φ 14@ 1500	2.77	308.8
1JWK6f-500-17	700	6000	1700	14 Φ 22	Φ8@ 100/200	3500	Φ 14@ 1500	2.96	376.3
1JWK6f-500-22	700	6000	2200	16 Φ 22	Φ8@ 100/200	3500	Φ 14@ 1500	3.16	446.9
1JWK6f-500-27	700	6000	2700	14 Φ 25	Φ8@ 100/200	3500	Φ 14@ 1500	3.35	526.1

说明：1. 本基础适用于不受地下水影响的岩石地质条件。

2. 整体立塔时，混凝土的抗压强度应达到设计强度的100%。分解组塔时，混凝土必须达到抗压强度设计值的70%。

3. 基础根开及地脚螺栓间距与相应杆塔结构图核对无误后，方可施工。

4. 基础混凝土强度等级不应低于 C25，主筋采用 HRB400 级钢筋，箍筋采用 HPB300 级钢筋。

5. ②号钢筋加密区箍筋间距 100mm，非加密区箍筋间距 200mm。可采用螺旋箍筋。

6. 主筋保护层不小于 50mm。

7. 基础施工完毕后，做好基面排水处理。

8. 本基础按机械成孔施工方式，未考虑护壁工程量。

基础立面图

1—1

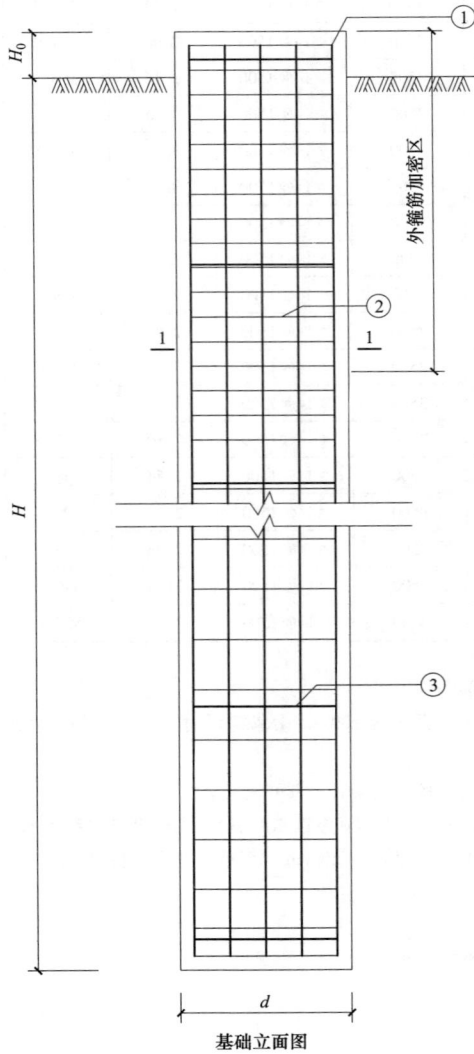

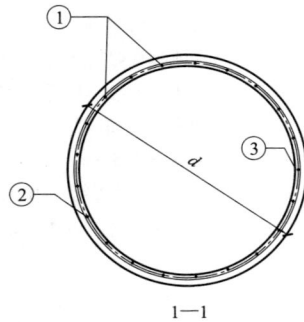

图 11.5-10　1JWK6＊-500 挖孔桩基础施工图（二）

基 础 参 数 表

基础名称	桩身直径 d(mm)	基础埋深 H(mm)	基础露头 H_0(mm)	主筋①	外箍筋②	外箍筋加密区长度(mm)	内箍筋③	单腿混凝土量(m³)	单腿钢筋量(kg)
1JWK6a-550-02	700	7600	200	11Φ20	Φ8@100/200	3500	Φ14@1500	3.00	268.1
1JWK6a-550-07	700	7600	700	11Φ22	Φ8@100/200	3500	Φ14@1500	3.19	330.4
1JWK6a-550-12	700	7600	1200	13Φ22	Φ8@100/200	3500	Φ14@1500	3.39	400.1
1JWK6a-550-17	700	7600	1700	15Φ22	Φ8@100/200	3500	Φ14@1500	3.58	478.6
1JWK6a-550-22	700	7600	2200	14Φ25	Φ8@100/200	3500	Φ14@1500	3.77	591.2
1JWK6a-550-27	700	7600	2700	16Φ25	Φ8@100/200	3500	Φ14@1500	3.96	698.9
1JWK6b-550-02	700	6200	200	11Φ20	Φ8@100/200	3500	Φ14@1500	2.46	222.7
1JWK6b-550-07	700	6200	700	11Φ22	Φ8@100/200	3500	Φ14@1500	2.66	277.1
1JWK6b-550-12	700	6200	1200	13Φ22	Φ8@100/200	3500	Φ14@1500	2.85	338.5
1JWK6b-550-17	700	6200	1700	15Φ22	Φ8@100/200	3500	Φ14@1500	3.04	408.6
1JWK6b-550-22	700	6200	2200	14Φ25	Φ8@100/200	3500	Φ14@1500	3.23	508.4
1JWK6b-550-27	700	6200	2700	16Φ25	Φ8@100/200	3500	Φ14@1500	3.43	605.3
1JWK6c-550-02	700	6000	200	11Φ20	Φ8@100/200	3500	Φ14@1500	2.39	216.6
1JWK6c-550-07	700	6000	700	11Φ22	Φ8@100/200	3500	Φ14@1500	2.58	269.8
1JWK6c-550-12	700	6000	1200	13Φ22	Φ8@100/200	3500	Φ14@1500	2.77	330.0
1JWK6c-550-17	700	6000	1700	15Φ22	Φ8@100/200	3500	Φ14@1500	2.96	398.9
1JWK6c-550-22	700	6000	2200	14Φ25	Φ8@100/200	3500	Φ14@1500	3.16	496.9
1JWK6c-550-27	700	6000	2700	16Φ25	Φ8@100/200	3500	Φ14@1500	3.35	592.2

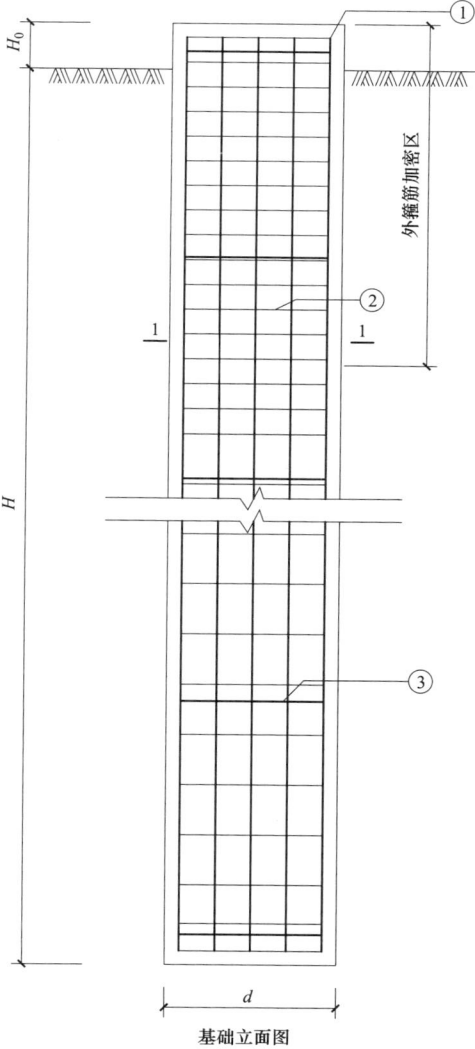

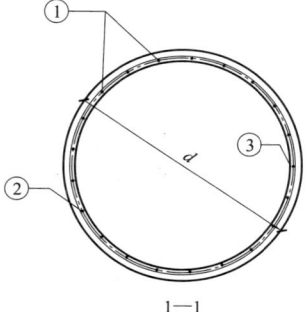

说明：1. 本基础适用于不受地下水影响的岩石地质条件。

2. 整体立塔时，混凝土的抗压强度应达到设计强度的100%。分解组塔时，混凝土必须达到抗压强度设计值的70%。

3. 基础根开及地脚螺栓间距与相应杆塔结构图核对无误后，方可施工。

4. 基础混凝土强度等级不应低于C25，主筋采用 HRB400 级钢筋，箍筋采用 HPB300 级钢筋。

5. ②号钢筋加密区箍筋间距100mm，非加密区箍筋间距200mm。可采用螺旋箍筋。

6. 主筋保护层不小于50mm。

7. 基础施工完毕后，做好基面排水处理。

8. 本基础按机械成孔施工方式，未考虑护壁工程量。

基础立面图

1—1

图 11.5-11　1JWK6∗-550 挖孔桩基础施工图（一）

基础名称	桩身直径 d(mm)	基础埋深 H(mm)	基础露头 H_0(mm)	主筋①	外箍筋②	外箍筋加密区长度(mm)	内箍筋③	单腿混凝土量(m³)	单腿钢筋量(kg)
1JWK6d-550-02	700	6000	200	11 Φ 20	Φ 8@ 100/200	3500	Φ 14@ 1500	2.39	216.6
1JWK6d-550-07	700	6000	700	11 Φ 22	Φ 8@ 100/200	3500	Φ 14@ 1500	2.58	269.8
1JWK6d-550-12	700	6000	1200	13 Φ 22	Φ 8@ 100/200	3500	Φ 14@ 1500	2.77	330.0
1JWK6d-550-17	700	6000	1700	15 Φ 22	Φ 8@ 100/200	3500	Φ 14@ 1500	2.96	398.9
1JWK6d-550-22	700	6000	2200	14 Φ 25	Φ 8@ 100/200	3500	Φ 14@ 1500	3.16	496.9
1JWK6d-550-27	700	6000	2700	16 Φ 25	Φ 8@ 100/200	3500	Φ 14@ 1500	3.35	592.2
1JWK6f-550-02	700	6000	200	11 Φ 20	Φ 8@ 100/200	3500	Φ 14@ 1500	2.39	216.6
1JWK6f-550-07	700	6000	700	11 Φ 22	Φ 8@ 100/200	3500	Φ 14@ 1500	2.58	269.8
1JWK6f-550-12	700	6000	1200	13 Φ 22	Φ 8@ 100/200	3500	Φ 14@ 1500	2.77	330.0
1JWK6f-550-17	700	6000	1700	15 Φ 22	Φ 8@ 100/200	3500	Φ 14@ 1500	2.96	398.9
1JWK6f-550-22	700	6000	2200	14 Φ 25	Φ 8@ 100/200	3500	Φ 14@ 1500	3.16	496.9
1JWK6f-550-27	700	6000	2700	16 Φ 25	Φ 8@ 100/200	3500	Φ 14@ 1500	3.35	592.2
1JWK6e-550-02	700	6000	200	11 Φ 20	Φ 8@ 100/200	3500	Φ 14@ 1500	2.39	216.6
1JWK6e-550-07	700	6000	700	11 Φ 22	Φ 8@ 100/200	3500	Φ 14@ 1500	2.58	269.8
1JWK6e-550-12	700	6000	1200	13 Φ 22	Φ 8@ 100/200	3500	Φ 14@ 1500	2.77	330.0
1JWK6e-550-17	700	6000	1700	15 Φ 22	Φ 8@ 100/200	3500	Φ 14@ 1500	2.96	398.9
1JWK6e-550-22	700	6000	2200	14 Φ 25	Φ 8@ 100/200	3500	Φ 14@ 1500	3.16	496.9
1JWK6e-550-27	700	6000	2700	16 Φ 25	Φ 8@ 100/200	3500	Φ 14@ 1500	3.35	592.2

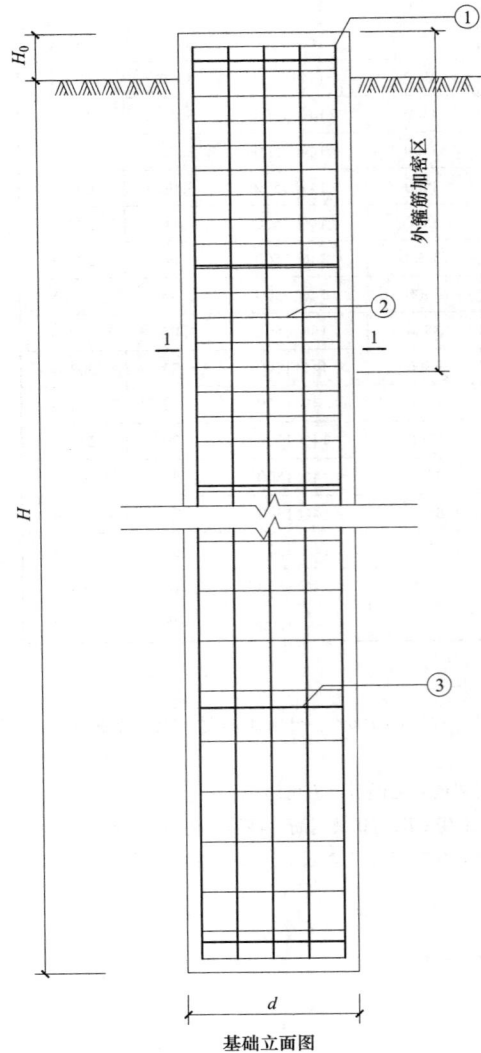

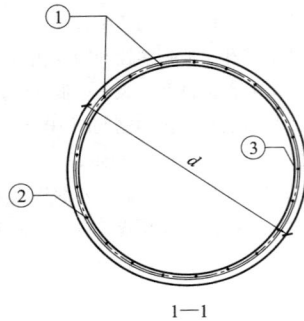

说明：1. 本基础适用于不受地下水影响的岩石地质条件。

2. 整体立塔时，混凝土的抗压强度应达到设计强度的100%。分解组塔时，混凝土必须达到抗压强度设计值的70%。

3. 基础根开及地脚螺栓间距与相应杆塔结构图核对无误后，方可施工。

4. 基础混凝土强度等级不应低于 C25，主筋采用 HRB400 级钢筋，箍筋采用 HPB300 级钢筋。

5. ②号钢筋加密区箍筋间距 100mm，非加密区箍筋间距 200mm。可采用螺旋箍筋。

6. 主筋保护层不小于 50mm。

7. 基础施工完毕后，做好基面排水处理。

8. 本基础按机械成孔施工方式，未考虑护壁工程量。

基础立面图

1—1

图 11.5-12　1JWK6 * -550 挖孔桩基础施工图（二）

基 础 参 数 表

基础名称	桩身直径 d(mm)	基础埋深 H(mm)	基础露头 H₀(mm)	主筋①	外箍筋②	外箍筋加密区长度(mm)	内箍筋③	单腿混凝土量(m³)	单腿钢筋量(kg)
1JWK6a-600-02	700	8400	200	12 Φ 20	Φ 8@ 100/200	3500	Φ 14@ 1500	3.31	313.7
1JWK6a-600-07	700	8400	700	12 Φ 22	Φ 8@ 100/200	3500	Φ 14@ 1500	3.50	388.5
1JWK6a-600-12	700	8400	1200	11 Φ 25	Φ 8@ 100/200	3500	Φ 14@ 1500	3.69	470.1
1JWK6a-600-17	700	8400	1700	13 Φ 25	Φ 8@ 100/200	3500	Φ 14@ 1500	3.89	570.5
1JWK6a-600-22	700	8400	2200	15 Φ 25	Φ 8@ 100/200	3500	Φ 14@ 1500	4.08	679.8
1JWK6a-600-27	700	8400	2700	17 Φ 25	Φ 8@ 100/200	3500	Φ 14@ 1500	4.27	795.6
1JWK6b-600-02	700	6800	200	12 Φ 20	Φ 8@ 100/200	3500	Φ 14@ 1500	2.69	258.2
1JWK6b-600-07	700	6800	700	12 Φ 22	Φ 8@ 100/200	3500	Φ 14@ 1500	2.89	323.1
1JWK6b-600-12	700	6800	1200	11 Φ 25	Φ 8@ 100/200	3500	Φ 14@ 1500	3.08	394.2
1JWK6b-600-17	700	6800	1700	13 Φ 25	Φ 8@ 100/200	3500	Φ 14@ 1500	3.27	482.3
1JWK6b-600-22	700	6800	2200	15 Φ 25	Φ 8@ 100/200	3500	Φ 14@ 1500	3.46	579.3
1JWK6b-600-27	700	6800	2700	17 Φ 25	Φ 8@ 100/200	3500	Φ 14@ 1500	3.66	682.7
1JWK6c-600-02	700	6000	200	12 Φ 20	Φ 8@ 100/200	3500	Φ 14@ 1500	2.39	231.6
1JWK6c-600-07	700	6000	700	12 Φ 22	Φ 8@ 100/200	3500	Φ 14@ 1500	2.58	289.4
1JWK6c-600-12	700	6000	1200	11 Φ 25	Φ 8@ 100/200	3500	Φ 14@ 1500	2.77	355.3
1JWK6c-600-17	700	6000	1700	13 Φ 25	Φ 8@ 100/200	3500	Φ 14@ 1500	2.96	439.2
1JWK6c-600-22	700	6000	2200	15 Φ 25	Φ 8@ 100/200	3500	Φ 14@ 1500	3.16	528.0
1JWK6c-600-27	700	6000	2700	17 Φ 25	Φ 8@ 100/200	3500	Φ 14@ 1500	3.35	625.3

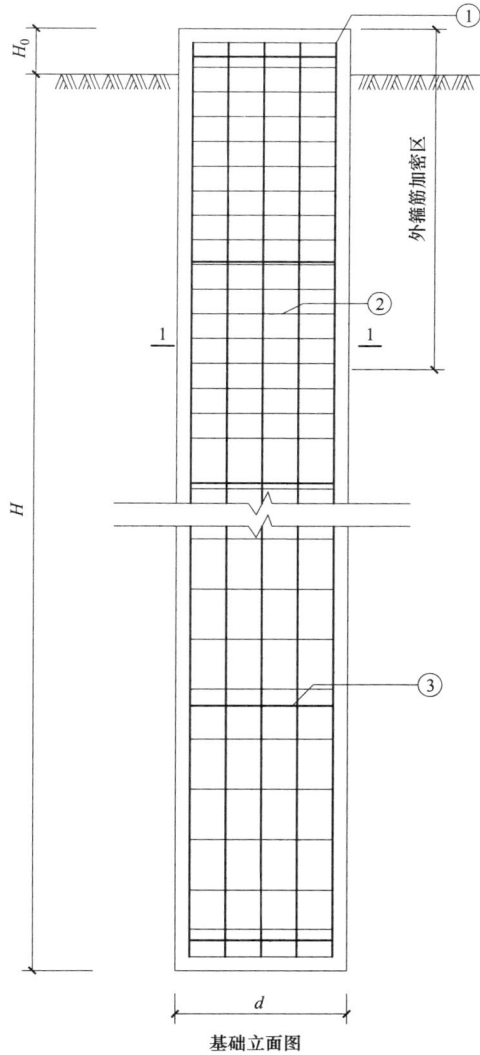

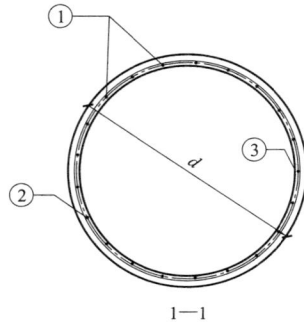

基础立面图

1—1

图 11.5-13 1JWK6∗-600 挖孔桩基础施工图 (一)

说明：1. 本基础适用于不受地下水影响的岩石地质条件。

2. 整体立塔时，混凝土的抗压强度应达到设计强度的 100%。分解组塔时，混凝土必须达到抗压强度设计值的 70%。

3. 基础根开及地脚螺栓间距与相应杆塔结构图核对无误后，方可施工。

4. 基础混凝土强度等级不应低于 C25，主筋采用 HRB400 级钢筋，箍筋采用 HPB300 级钢筋。

5. ②号钢筋加密区箍筋间距 100mm，非加密区箍筋间距 200mm。可采用螺旋箍筋。

6. 主筋保护层不小于 50mm。

7. 基础施工完毕后，做好基面排水处理。

8. 本基础按机械成孔施工方式，未考虑护壁工程量。

基 础 参 数 表

基础名称	桩身直径 d(mm)	基础埋深 H(mm)	基础露头 H_0(mm)	主筋①	外箍筋②	外箍筋加密区长度(mm)	内箍筋③	单腿混凝土量(m^3)	单腿钢筋量(kg)
1JWK6d-600-02	700	6000	200	12Φ20	Φ8@100/200	3500	Φ14@1500	2.39	231.6
1JWK6d-600-07	700	6000	700	12Φ22	Φ8@100/200	3500	Φ14@1500	2.58	289.4
1JWK6d-600-12	700	6000	1200	11Φ25	Φ8@100/200	3500	Φ14@1500	2.77	355.3
1JWK6d-600-17	700	6000	1700	13Φ25	Φ8@100/200	3500	Φ14@1500	2.96	439.2
1JWK6d-600-22	700	6000	2200	15Φ25	Φ8@100/200	3500	Φ14@1500	3.16	528.0
1JWK6d-600-27	700	6000	2700	17Φ25	Φ8@100/200	3500	Φ14@1500	3.35	625.3
1JWK6e-600-02	700	6000	200	12Φ20	Φ8@100/200	3500	Φ14@1500	2.39	231.6
1JWK6e-600-07	700	6000	700	12Φ22	Φ8@100/200	3500	Φ14@1500	2.58	289.4
1JWK6e-600-12	700	6000	1200	11Φ25	Φ8@100/200	3500	Φ14@1500	2.77	355.3
1JWK6e-600-17	700	6000	1700	13Φ25	Φ8@100/200	3500	Φ14@1500	2.96	439.2
1JWK6e-600-22	700	6000	2200	15Φ25	Φ8@100/200	3500	Φ14@1500	3.16	528.0
1JWK6e-600-27	700	6000	2700	17Φ25	Φ8@100/200	3500	Φ14@1500	3.35	625.3
1JWK6f-600-02	700	6000	200	12Φ20	Φ8@100/200	3500	Φ14@1500	2.39	231.6
1JWK6f-600-07	700	6000	700	12Φ22	Φ8@100/200	3500	Φ14@1500	2.58	289.4
1JWK6f-600-12	700	6000	1200	11Φ25	Φ8@100/200	3500	Φ14@1500	2.77	355.3
1JWK6f-600-17	700	6000	1700	13Φ25	Φ8@100/200	3500	Φ14@1500	2.96	439.2
1JWK6f-600-22	700	6000	2200	15Φ25	Φ8@100/200	3500	Φ14@1500	3.16	528.0
1JWK6f-600-27	700	6000	2700	17Φ25	Φ8@100/200	3500	Φ14@1500	3.35	625.3

说明：1. 本基础适用于不受地下水影响的岩石地质条件。

2. 整体立塔时，混凝土的抗压强度应达到设计强度的100%。分解组塔时，混凝土必须达到抗压强度设计值的70%。

3. 基础根开及地脚螺栓间距与相应杆塔结构图核对无误后，方可施工。

4. 基础混凝土强度等级不应低于C25，主筋采用HRB400级钢筋，箍筋采用HPB300级钢筋。

5. ②号钢筋加密区箍筋间距100mm，非加密区箍筋间距200mm。可采用螺旋箍筋。

6. 主筋保护层不小于50mm。

7. 基础施工完毕后，做好基面排水处理。

8. 本基础按机械成孔施工方式，未考虑护壁工程量。

基础立面图

1—1

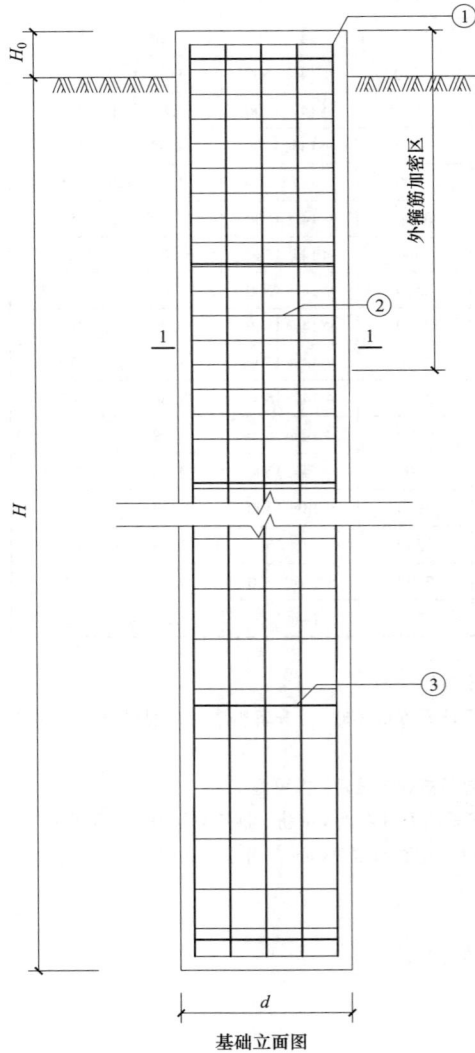

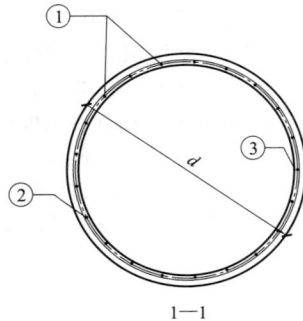

图 11.5-14　1JWK6*-600挖孔桩基础施工图（二）

第 12 章 1JWK（K）模块

本模块为转角塔扩底挖孔桩基础模块，适用基础上拔力范围 300～600kN，适用于黏性土、粉土、黄土地质，包含 3 个子模块，共 228 个基础，21 张图纸，由四川咨询公司设计。

基础作用力见表 12.0-1，岩土类别及设计参数见表 12.0-2。

表 12.0-1　　　　基 础 作 用 力

电压等级（kV）	基础作用力代号	T(kN)	T_x(kN)	T_y(kN)	N(kN)	N_x(kN)	N_y(kN)
	300	300	57	57	390	74	74
	350	350	67	67	455	86	86
	400	400	76	76	520	99	99
110(66)	450	450	86	86	585	111	111
	500	500	95	95	650	124	124
	550	550	105	105	715	136	136
	600	600	114	114	780	148	148

表 12.0-2　　　　岩土类别及设计参数

序号	代号	岩土类别	m(kN/m⁴)	q_{sik}(kPa)	q_{pk}(kPa)
1	1h		35000	40	600
2	1i	黏性土	35000	60	1000
3	1j		35000	80	1400

续表 12.0-2

序号	代号	岩土类别	m(kN/m⁴)	q_{sik}(kPa)	q_{pk}(kPa)
4	2h		35000	20	600
5	2i	粉土	35000	40	800
6	2j		35000	60	1200
7	4h	黄土	14000	25	800

注　代号含义详见 5.2。

12.1　1JWK（K）1 子模块

此子模块适用于黏性土地基，共包含 7 张图纸，基础施工图图纸清单见表 12.1-1。

表 12.1-1　　　　1JWK（K）1 子模块基础施工图图纸清单

序号	图号	图　名	基础作用力(kN) $T/T_x/T_y$	基础作用力(kN) $N/N_x/N_y$
1	图 12.1-1	1JWK(K)1＊-300 挖孔桩基础施工图	300/57/57	390/74/74
2	图 12.1-2	1JWK(K)1＊-350 挖孔桩基础施工图	350/67/67	455/87/87
3	图 12.1-3	1JWK(K)1＊-400 挖孔桩基础施工图	400/76/76	520/99/99
4	图 12.1-4	1JWK(K)1＊-450 挖孔桩基础施工图	450/86/86	585/111/111
5	图 12.1-5	1JWK(K)1＊-500 挖孔桩基础施工图	500/95/95	650/124/124
6	图 12.1-6	1JWK(K)1＊-550 挖孔桩基础施工图	550/105/105	715/136/136
7	图 12.1-7	1JWK(K)1＊-600 挖孔桩基础施工图	600/114/114	780/148/148

注　1＊包含 1h、1i、1j 三种地质参数组合。

基 础 参 数 表

基础名称	桩身直径 d(mm)	扩底直径 D(mm)	基础埋深 H(mm)	主柱高 h_1(mm)	圆台高 h_2(mm)	下圆柱高 h_3(mm)	基础露头 H_0(mm)	主筋①	外箍筋②	外箍筋加密区长度 (mm)	内箍筋③	单腿混凝土量 (m^3)	单腿钢筋量 (kg)
1JWK(K)1h-300-02	600	1000	7400	6800	600	200	200	14φ14	Φ8@100/200	3000	Φ14@1500	2.39	174.6
1JWK(K)1h-300-07	600	1000	7400	7300	600	200	700	11φ18	Φ8@100/200	3000	Φ14@1500	2.53	224.5
1JWK(K)1h-300-12	600	1000	7400	7800	600	200	1200	10φ20	Φ8@100/200	3000	Φ14@1500	2.67	260.0
1JWK(K)1h-300-17	600	1000	7400	8300	600	200	1700	12φ20	Φ8@100/200	3000	Φ14@1500	2.81	319.6
1JWK(K)1h-300-22	600	1000	7400	8800	600	200	2200	11φ22	Φ8@100/200	3000	Φ14@1500	2.95	366.8
1JWK(K)1h-300-27	700	1100	6000	7900	600	200	2700	11φ22	Φ8@100/200	3500	Φ14@1500	3.62	345.0

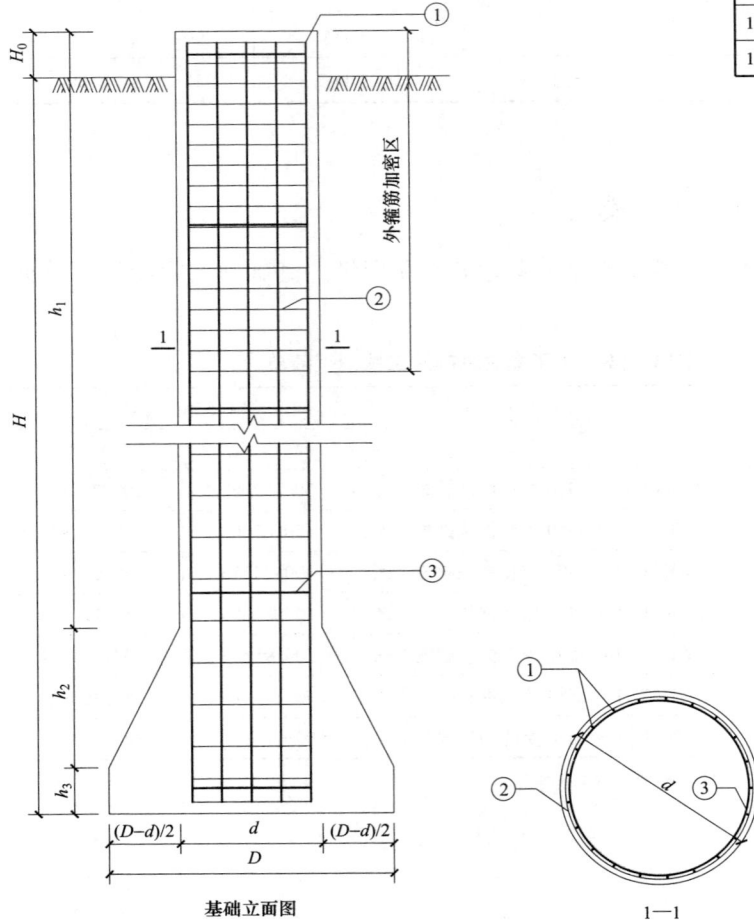

基础立面图

1—1

说明： 1. 本基础适用于不受地下水影响的黏性土地质条件。

2. 整体立塔时，混凝土的抗压强度应达到设计强度的 100%。分解组塔时，混凝土必须达到抗压强度设计值的 70%。

3. 基础根开及地脚螺栓间距与相应杆塔结构图核对无误后，方可施工。

4. 基础混凝土强度等级不应低于 C25，主筋采用 HRB400 级钢筋，箍筋采用 HPB300 级钢筋。

5. ②号钢筋加密区箍筋间距 100mm，非加密区箍筋间距 200mm。可采用螺旋箍筋。

6. 主筋保护层不小于 50mm。

7. 基础施工完毕后，做好基面排水处理。

8. 本基础按机械成孔施工方式，未考虑护壁工程量。

图 12.1-1　1JWK（K）1＊-300 挖孔桩基础施工图

基 础 参 数 表

基础名称	桩身直径 d(mm)	扩底直径 D(mm)	基础埋深 H(mm)	主柱高 h_1(mm)	圆台高 h_2(mm)	下圆柱高 h_3(mm)	基础露头 H_0(mm)	主筋①	外箍筋②	外箍筋加密区长度 (mm)	内箍筋③	单腿混凝土量 (m³)	单腿钢筋量 (kg)
1JWK(K)1h-350-02	600	1000	8800	8200	600	200	200	10Φ18	Φ8@100/200	3000	Φ14@1500	2.78	231.4
1JWK(K)1h-350-07	600	1000	8800	8700	600	200	700	13Φ18	Φ8@100/200	3000	Φ14@1500	2.92	298.8
1JWK(K)1h-350-12	600	1000	8800	9200	600	200	1200	15Φ18	Φ8@100/200	3000	Φ14@1500	3.07	353.2
1JWK(K)1h-350-17	600	1000	8800	9700	600	200	1700	18Φ18	Φ8@100/200	3000	Φ14@1500	3.21	433.3
1JWK(K)1h-350-22	700	1300	6400	7500	900	200	2200	17Φ18	Φ8@100/200	3500	Φ14@1500	3.88	350.8
1JWK(K)1h-350-27	700	1300	6400	8000	900	200	2700	13Φ22	Φ8@100/200	3500	Φ14@1500	4.07	415.3

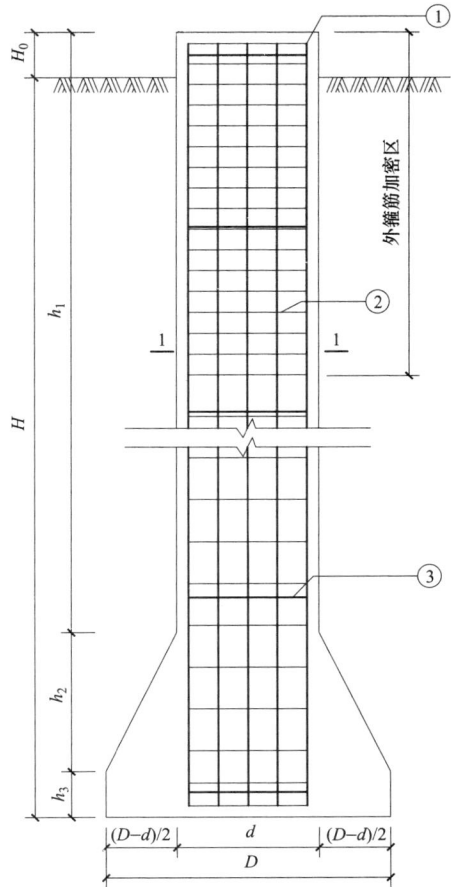

基础立面图

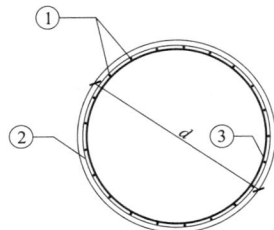

1—1

说明：1. 本基础适用于不受地下水影响的黏性土地质条件。

2. 整体立塔时，混凝土的抗压强度应达到设计强度的 100%。分解组塔时，混凝土必须达到抗压强度设计值的 70%。

3. 基础根开及地脚螺栓间距与相应杆塔结构图核对无误后，方可施工。

4. 基础混凝土强度等级不应低于 C25，主筋采用 HRB400 级钢筋，箍筋采用 HPB300 级钢筋。

5. ②号钢筋加密区箍筋间距 100mm，非加密区箍筋间距 200mm。可采用螺旋箍筋。

6. 主筋保护层不小于 50mm。

7. 基础施工完毕后，做好基面排水处理。

8. 本基础按机械成孔施工方式，未考虑护壁工程量。

图 12.1-2　1JWK（K）1＊-350 挖孔桩基础施工图

基 础 参 数 表

基础名称	桩身直径 d(mm)	扩底直径 D(mm)	基础埋深 H(mm)	主柱高 h_1(mm)	圆台高 h_2(mm)	下圆柱高 h_3(mm)	基础露头 H_0(mm)	主筋①	外箍筋②	外箍筋加密区长度(mm)	内箍筋③	单腿混凝土量(m^3)	单腿钢筋量(kg)
1JWK(K)1h-400-02	600	1000	10400	9800	600	200	200	15Φ16	Φ8@100/200	3000	Φ14@1500	3.24	309.0
1JWK(K)1h-400-07	600	1000	10400	10300	600	200	700	14Φ18	Φ8@100/200	3000	Φ14@1500	3.38	369.0
1JWK(K)1h-400-12	600	1000	10400	10800	600	200	1200	14Φ20	Φ8@100/200	3000	Φ14@1500	3.52	460.1
1JWK(K)1h-400-17	700	1300	7600	8200	900	200	1700	14Φ20	Φ8@100/200	3500	Φ14@1500	4.15	384.8
1JWK(K)1h-400-22	700	1300	7600	8700	900	200	2200	16Φ20	Φ8@100/200	3500	Φ14@1500	4.34	451.3
1JWK(K)1h-400-27	700	1300	7600	9200	900	200	2700	18Φ20	Φ8@100/200	3500	Φ14@1500	4.53	523.5

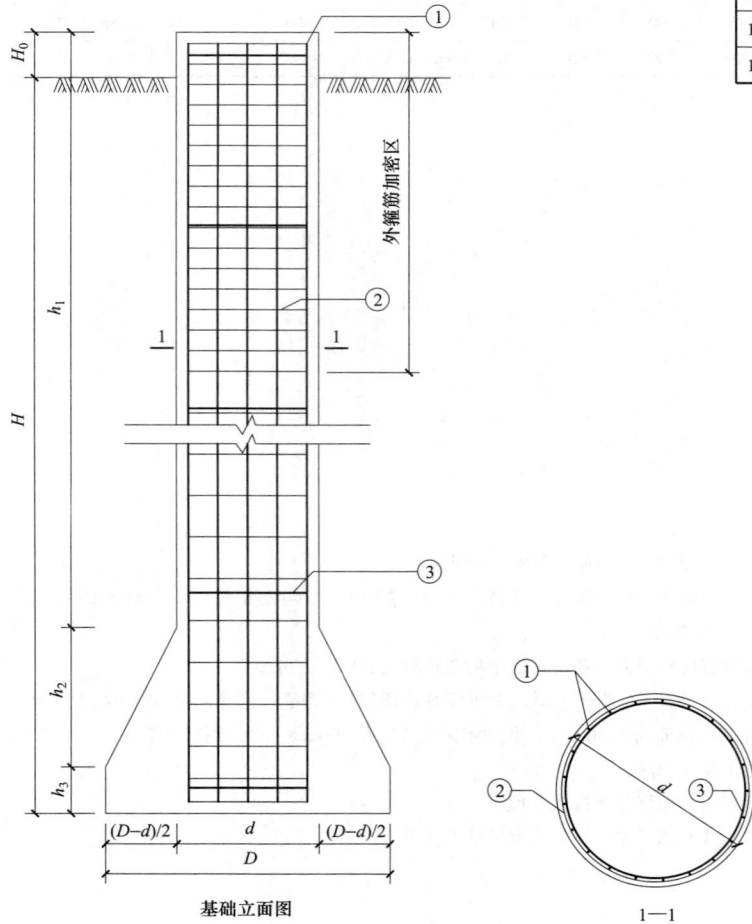

基础立面图

1—1

说明：1. 本基础适用于不受地下水影响的黏性土地质条件。

2. 整体立塔时，混凝土的抗压强度应达到设计强度的 100%。分解组塔时，混凝土必须达到抗压强度设计值的 70%。

3. 基础根开及地脚螺栓间距与相应杆塔结构图核对无误后，方可施工。

4. 基础混凝土强度等级不应低于 C25，主筋采用 HRB400 级钢筋，箍筋采用 HPB300 级钢筋。

5. ②号钢筋加密区箍筋间距 100mm，非加密区箍筋间距 200mm。可采用螺旋箍筋。

6. 主筋保护层不小于 50mm。

7. 基础施工完毕后，做好基面排水处理。

8. 本基础按机械成孔施工方式，未考虑护壁工程量。

图 12.1-3 1JWK（K）1＊-400 挖孔桩基础施工图

基础参数表

基础名称	桩身直径 d(mm)	扩底直径 D(mm)	基础埋深 H(mm)	主柱高 h_1(mm)	圆台高 h_2(mm)	下圆柱高 h_3(mm)	基础露头 H_0(mm)	主筋①	外箍筋②	外箍筋加密区长度(mm)	内箍筋③	单腿混凝土量(m³)	单腿钢筋量(kg)
1JWK(K)1h-450-02	700	1300	8800	7900	900	200	200	16Φ16	Φ8@100/200	3500	Φ14@1500	4.03	290.8
1JWK(K)1h-450-07	700	1300	8800	8400	900	200	700	15Φ18	Φ8@100/200	3500	Φ14@1500	4.23	349.8
1JWK(K)1h-450-12	700	1300	8800	8900	900	200	1200	17Φ18	Φ8@100/200	3500	Φ14@1500	4.42	405.7
1JWK(K)1h-450-17	700	1300	8800	9400	900	200	1700	16Φ20	Φ8@100/200	3500	Φ14@1500	4.61	484.0
1JWK(K)1h-450-22	700	1300	8800	9900	900	200	2200	18Φ20	Φ8@100/200	3500	Φ14@1500	4.80	558.9
1JWK(K)1h-450-27	800	1400	7200	8800	900	200	2700	18Φ20	Φ8@100/200	4000	Φ14@1500	5.61	517.8
1JWK(K)1i-450-02	700	1100	6600	6000	600	200	200	16Φ16	Φ8@100/200	3500	Φ14@1500	2.89	222.8
1JWK(K)1i-450-07	700	1100	6600	6500	600	200	700	15Φ18	Φ8@100/200	3500	Φ14@1500	3.08	271.4
1JWK(K)1i-450-12	700	1100	6600	7000	600	200	1200	17Φ18	Φ8@100/200	3500	Φ14@1500	3.27	320.6
1JWK(K)1i-450-17	700	1100	6600	7500	600	200	1700	16Φ20	Φ8@100/200	3500	Φ14@1500	3.46	384.8
1JWK(K)1i-450-22	700	1100	6600	8000	600	200	2200	18Φ20	Φ8@100/200	3500	Φ14@1500	3.66	448.8
1JWK(K)1i-450-27	800	1200	6200	8100	600	200	2700	18Φ20	Φ8@100/200	4000	Φ14@1500	4.78	466.6

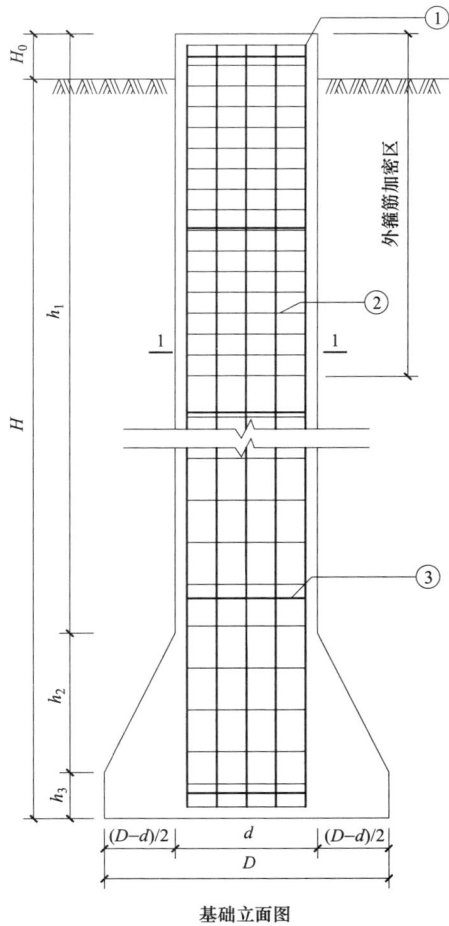

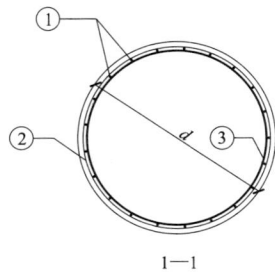

基础立面图

1—1

图 12.1-4 1JWK（K）1＊-450 挖孔桩基础施工图

说明：1. 本基础适用于不受地下水影响的黏性土地质条件。
　　　2. 整体立塔时，混凝土的抗压强度应达到设计强度的 100%。分解组塔时，混凝土必须达到抗压强度设计值的 70%。
　　　3. 基础根开及地脚螺栓间距与相应杆塔结构图核对无误后，方可施工。
　　　4. 基础混凝土强度等级不应低于 C25，主筋采用 HRB400 级钢筋，箍筋采用 HPB300 级钢筋。
　　　5. ②号钢筋加密区箍筋间距 100mm，非加密区箍筋间距 200mm。可采用螺旋箍筋。
　　　6. 主筋保护层不小于 50mm。
　　　7. 基础施工完毕后，做好基面排水处理。
　　　8. 本基础按机械成孔施工方式，未考虑护壁工程量。

基 础 参 数 表

基础名称	桩身直径 d(mm)	扩底直径 D(mm)	基础埋深 H(mm)	主柱高 h_1(mm)	圆台高 h_2(mm)	下圆柱高 h_3(mm)	基础露头 H_0(mm)	主筋①	外箍筋②	外箍筋加密区长度(mm)	内箍筋③	单腿混凝土量(m^3)	单腿钢筋量(kg)
1JWK(K)1h-500-02	700	1300	10000	9100	900	200	200	14Φ18	Φ8@100/200	3500	Φ14@1500	4.50	352.9
1JWK(K)1h-500-07	700	1300	10000	9600	900	200	700	14Φ20	Φ8@100/200	3500	Φ14@1500	4.69	440.5
1JWK(K)1h-500-12	700	1300	10000	10100	900	200	1200	16Φ20	Φ8@100/200	3500	Φ14@1500	4.88	513.9
1JWK(K)1h-500-17	700	1300	10000	10600	900	200	1700	18Φ20	Φ8@100/200	3500	Φ14@1500	5.07	593.0
1JWK(K)1h-500-22	800	1400	8200	9300	900	200	2200	18Φ20	Φ8@100/200	4000	Φ14@1500	5.86	542.6
1JWK(K)1h-500-27	800	1400	8200	9800	900	200	2700	20Φ20	Φ8@100/200	4000	Φ14@1500	6.11	622.2
1JWK(K)1i-500-02	700	1300	6600	5700	900	200	200	14Φ18	Φ8@100/200	3500	Φ14@1500	3.19	240.8
1JWK(K)1i-500-07	700	1300	6600	6200	900	200	700	14Φ20	Φ8@100/200	3500	Φ14@1500	3.38	304.0
1JWK(K)1i-500-12	700	1300	6600	6700	900	200	1200	16Φ20	Φ8@100/200	3500	Φ14@1500	3.57	362.8
1JWK(K)1i-500-17	700	1300	6600	7200	900	200	1700	18Φ20	Φ8@100/200	3500	Φ14@1500	3.76	425.1
1JWK(K)1i-500-22	800	1200	6200	7600	600	200	2200	18Φ20	Φ8@100/200	4000	Φ14@1500	4.52	442.6
1JWK(K)1i-500-27	800	1200	6200	8100	600	200	2700	20Φ20	Φ8@100/200	4000	Φ14@1500	4.78	509.9

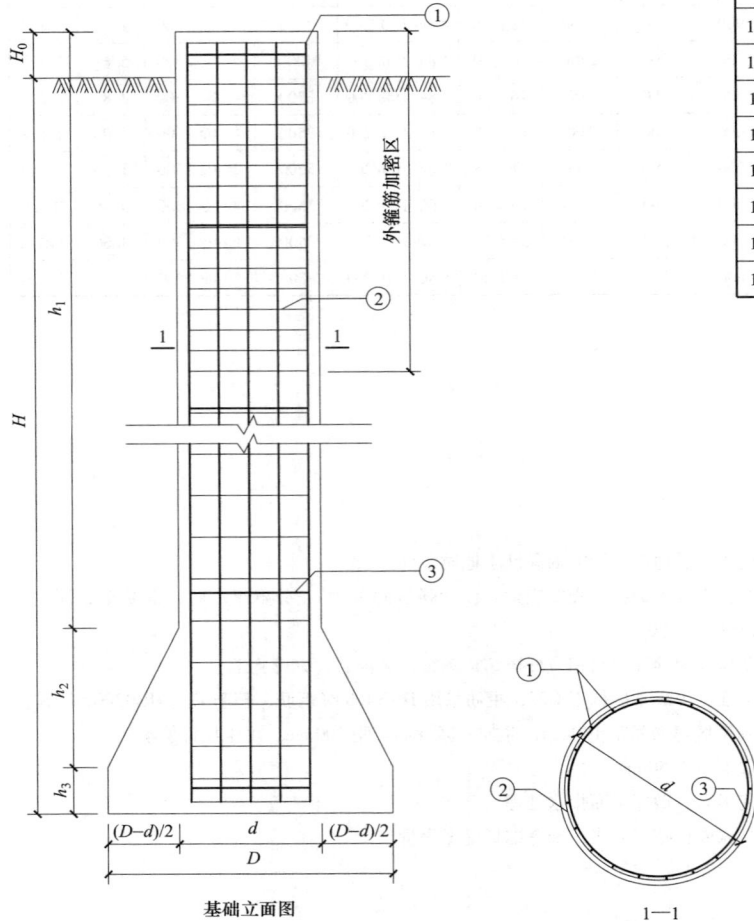

基础立面图

1—1

说明：1. 本基础适用于不受地下水影响的黏性土地质条件。

2. 整体立塔时，混凝土的抗压强度应达到设计强度的100%。分解组塔时，混凝土必须达到抗压强度设计值的70%。

3. 基础根开及地脚螺栓间距与相应杆塔结构图核对无误后，方可施工。

4. 基础混凝土强度等级不应低于C25，主筋采用HRB400级钢筋，箍筋采用HPB300级钢筋。

5. ②号钢筋加密区箍筋间距100mm，非加密区箍筋间距200mm。可采用螺旋箍筋。

6. 主筋保护层不小于50mm。

7. 基础施工完毕后，做好基面排水处理。

8. 本基础按机械成孔施工方式，未考虑护壁工程量。

图 12.1-5 1JWK（K）1＊-500 挖孔桩基础施工图

基础名称	桩身直径 d(mm)	扩底直径 D(mm)	基础埋深 H(mm)	主柱高 h₁(mm)	圆台高 h₂(mm)	下圆柱高 h₃(mm)	基础露头 H₀(mm)	主筋①	外箍筋②	外箍筋加密区长度 (mm)	内箍筋③	单腿混凝土量 (m³)	单腿钢筋量 (kg)
1JWK(K)1h-550-02	700	1300	11200	10300	900	200	200	15 ⊕ 18	Φ8@100/200	3500	Φ14@1500	4.96	415.6
1JWK(K)1h-550-07	700	1300	11200	10800	900	200	700	15 ⊕ 20	Φ8@100/200	3500	Φ14@1500	5.15	515.5
1JWK(K)1h-550-12	700	1300	11200	11300	900	200	1200	17 ⊕ 20	Φ8@100/200	3500	Φ14@1500	5.34	598.1
1JWK(K)1h-550-17	800	1400	9200	9800	900	200	1700	18 ⊕ 20	Φ8@100/200	4000	Φ14@1500	6.11	569.0
1JWK(K)1h-550-22	800	1400	9200	10300	900	200	2200	20 ⊕ 20	Φ8@100/200	4000	Φ14@1500	6.36	649.5
1JWK(K)1h-550-27	800	1400	9200	10800	900	200	2700	19 ⊕ 22	Φ8@100/200	4000	Φ14@1500	6.61	762.7
1JWK(K)1i-550-02	700	1300	7400	6500	900	200	200	15 ⊕ 18	Φ8@100/200	3500	Φ14@1500	3.50	283.2
1JWK(K)1i-550-07	700	1300	7400	7000	900	200	700	15 ⊕ 20	Φ8@100/200	3500	Φ14@1500	3.69	356.4
1JWK(K)1i-550-12	700	1300	7400	7500	900	200	1200	17 ⊕ 20	Φ8@100/200	3500	Φ14@1500	3.88	418.3
1JWK(K)1i-550-17	800	1400	6200	6800	900	200	1700	18 ⊕ 20	Φ8@100/200	4000	Φ14@1500	4.60	417.8
1JWK(K)1i-550-22	800	1400	6200	7300	900	200	2200	20 ⊕ 20	Φ8@100/200	4000	Φ14@1500	4.85	483.5
1JWK(K)1i-550-27	800	1400	6200	7800	900	200	2700	19 ⊕ 22	Φ8@100/200	4000	Φ14@1500	5.11	574.5

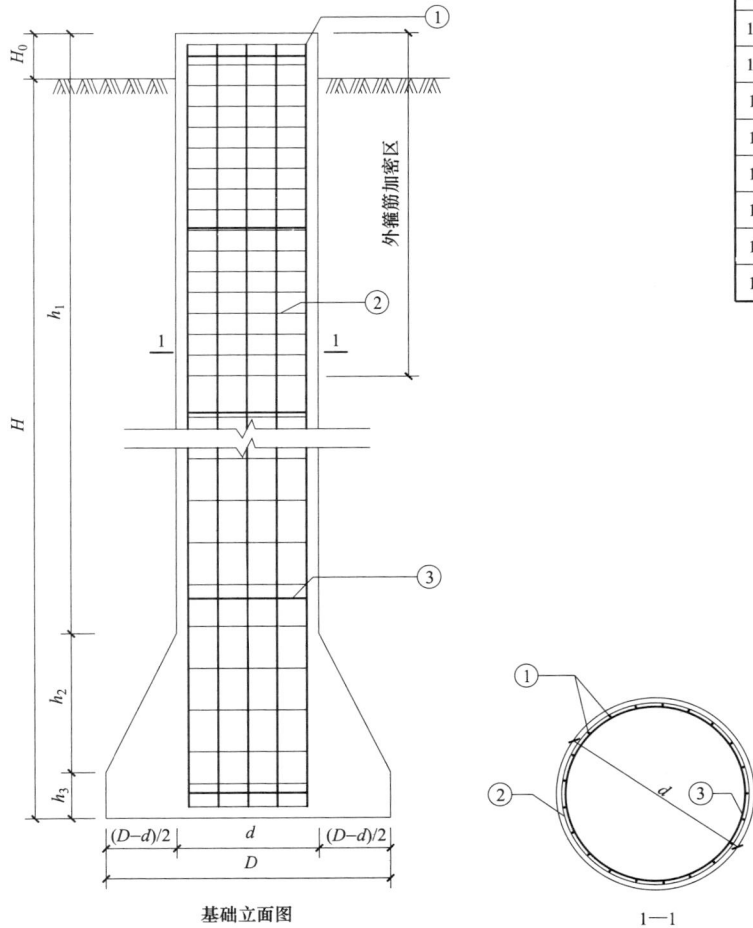

基础立面图

1—1

图 12.1-6 1JWK (K) 1*-550 挖孔桩基础施工图

说明： 1. 本基础适用于不受地下水影响的黏性土地质条件。

2. 整体立塔时，混凝土的抗压强度应达到设计强度的 100%。分解组塔时，混凝土必须达到抗压强度设计值的 70%。

3. 基础根开及地脚螺栓间距与相应杆塔结构图核对无误后，方可施工。

4. 基础混凝土强度等级不应低于 C25，主筋采用 HRB400 级钢筋，箍筋采用 HPB300 级钢筋。

5. ②号钢筋加密区箍筋间距 100mm，非加密区箍筋间距 200mm。可采用螺旋箍筋。

6. 主筋保护层不小于 50mm。

7. 基础施工完毕后，做好基面排水处理。

8. 本基础按机械成孔施工方式，未考虑护壁工程量。

基础参数表

基础名称	桩身直径 d(mm)	扩底直径 D(mm)	基础埋深 H(mm)	主柱高 h_1(mm)	圆台高 h_2(mm)	下圆柱高 h_3(mm)	基础露头 H_0(mm)	主筋①	外箍筋②	外箍筋加密区长度(mm)	内箍筋③	单腿混凝土量(m³)	单腿钢筋量(kg)
1JWK(K)1h-600-02	700	1300	12400	11500	900	200	200	11Φ22	Φ8@100/200	3500	Φ14@1500	5.42	493.5
1JWK(K)1h-600-07	700	1300	12400	12000	900	200	700	13Φ22	Φ8@100/200	3500	Φ14@1500	5.61	589.7
1JWK(K)1h-600-12	700	1300	12400	12500	900	200	1200	16Φ22	Φ8@100/200	3500	Φ14@1500	5.80	733.3
1JWK(K)1h-600-17	800	1600	9400	9700	1200	200	1700	16Φ22	Φ8@100/200	4000	Φ14@1500	6.69	615.5
1JWK(K)1h-600-22	800	1600	9400	10200	1200	200	2200	18Φ22	Φ8@100/200	4000	Φ14@1500	6.94	710.5
1JWK(K)1h-600-27	900	1700	7800	9100	1200	200	2700	19Φ22	Φ8@100/200	4500	Φ14@1500	7.89	693.0
1JWK(K)1i-600-02	700	1300	8400	7500	900	200	200	14Φ20	Φ8@100/200	3500	Φ14@1500	3.88	355.5
1JWK(K)1i-600-07	700	1300	8400	8000	900	200	700	16Φ20	Φ8@100/200	3500	Φ14@1500	4.07	421.4
1JWK(K)1i-600-12	700	1300	8400	8500	900	200	1200	19Φ20	Φ8@100/200	3500	Φ14@1500	4.26	512.8
1JWK(K)1i-600-17	800	1400	6800	7400	900	200	1700	20Φ20	Φ8@100/200	4000	Φ14@1500	4.90	488.4
1JWK(K)1i-600-22	800	1400	6800	7900	900	200	2200	22Φ20	Φ8@100/200	4000	Φ14@1500	5.16	562.0
1JWK(K)1i-600-27	900	1500	6000	7600	900	200	2700	22Φ20	Φ8@100/200	4500	Φ14@1500	6.23	555.4

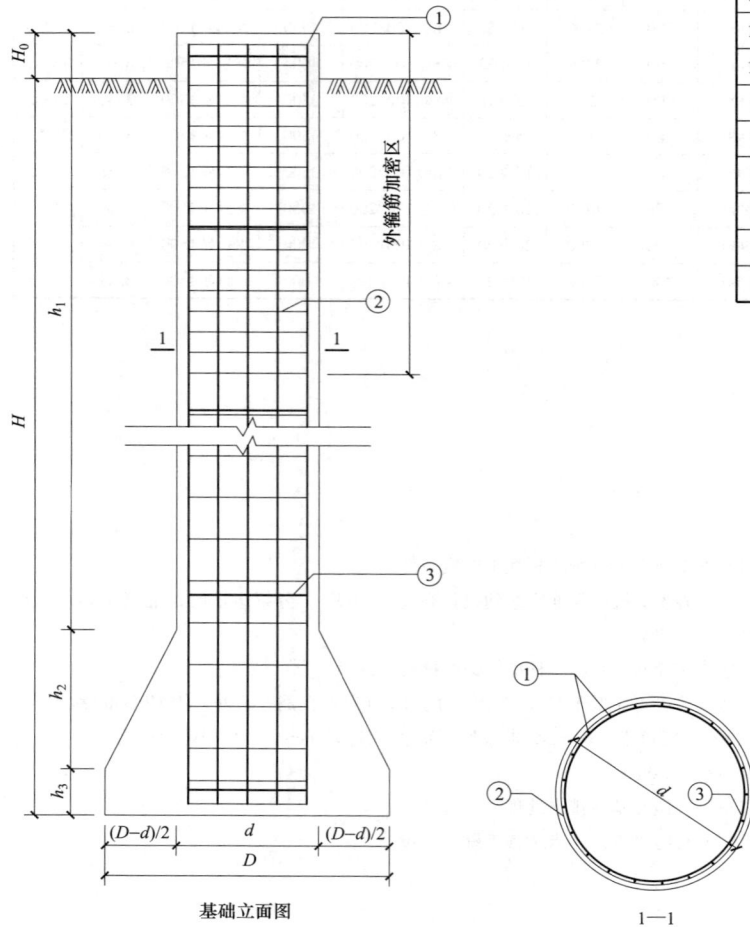

基础立面图

1—1

说明：1. 本基础适用于不受地下水影响的黏性土地质条件。

2. 整体立塔时，混凝土的抗压强度应达到设计强度的 100%。分解组塔时，混凝土必须达到抗压强度设计值的 70%。

3. 基础根开及地脚螺栓间距与相应杆塔结构图核对无误后，方可施工。

4. 基础混凝土强度等级不应低于 C25，主筋采用 HRB400 级钢筋，箍筋采用 HPB300 级钢筋。

5. ②号钢筋加密区箍筋间距 100mm，非加密区箍筋间距 200mm。可采用螺旋箍筋。

6. 主筋保护层不小于 50mm。

7. 基础施工完毕后，做好基面排水处理。

8. 本基础按机械成孔施工方式，未考虑护壁工程量。

图 12.1-7　1JWK（K）1 * -600 挖孔桩基础施工图

12.2 1JWK（K）2 子模块

此子模块适用于粉土地基，共包含 7 张图纸，基础施工图图纸清单见表 12.2-1。

表 12.2-1　1JWK（K）2 子模块基础施工图图纸清单

序号	图号	图　　名	基础作用力（kN）	
			$T/T_x/T_y$	$N/N_x/N_y$
1	图 12.2-1	1JWK（K）2*-300 挖孔桩基础施工图	300/57/57	390/74/74
2	图 12.2-2	1JWK（K）2*-350 挖孔桩基础施工图	350/67/67	455/87/87
3	图 12.2-3	1JWK（K）2*-400 挖孔桩基础施工图	400/76/76	520/99/99
4	图 12.2-4	1JWK（K）2*-450 挖孔桩基础施工图	450/86/86	585/111/111
5	图 12.2-5	1JWK（K）2*-500 挖孔桩基础施工图	500/95/95	650/124/124
6	图 12.2-6	1JWK（K）2*-550 挖孔桩基础施工图	550/105/105	715/136/136
7	图 12.2-7	1JWK（K）2*-600 挖孔桩基础施工图	600/114/114	780/148/148

注　2* 包含 2h、2i、2j 三种地质参数组合。

基 础 参 数 表

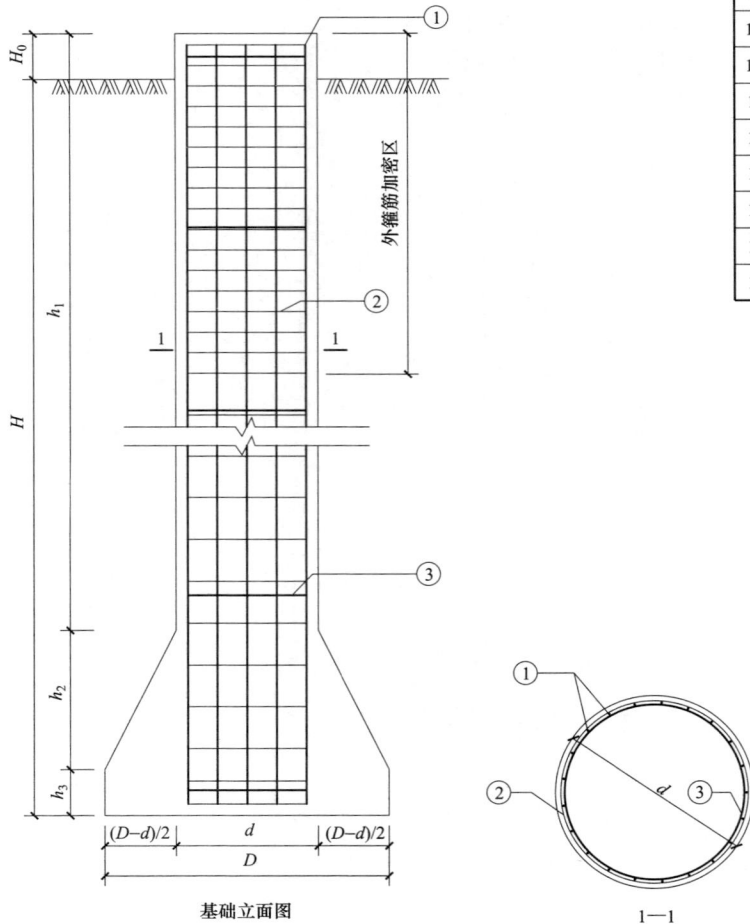

基础名称	桩身直径 d(mm)	扩底直径 D(mm)	基础埋深 H(mm)	主柱高 h_1(mm)	圆台高 h_2(mm)	下圆柱高 h_3(mm)	基础露头 H_0(mm)	主筋①	外箍筋②	外箍筋加密区长度(mm)	内箍筋③	单腿混凝土量(m^3)	单腿钢筋量(kg)
1JWK(K)2h-300-02	600	1200	12400	11500	900	200	200	14Φ14	Φ8@100/200	3000	Φ14@1500	4.07	280.2
1JWK(K)2h-300-07	600	1200	12400	12000	900	200	700	11Φ18	Φ8@100/200	3000	Φ14@1500	4.21	355.2
1JWK(K)2h-300-12	600	1200	12400	12500	900	200	1200	10Φ20	Φ8@100/200	3000	Φ14@1500	4.35	405.8
1JWK(K)2h-300-17	600	1200	12400	13000	900	200	1700	12Φ20	Φ8@100/200	3000	Φ14@1500	4.50	488.4
1JWK(K)2h-300-22	600	1200	12400	13500	900	200	2200	11Φ22	Φ8@100/200	3000	Φ14@1500	4.64	551.7
1JWK(K)2h-300-27	700	1300	9800	11400	900	200	2700	11Φ22	Φ8@100/200	3500	Φ14@1500	5.38	490.3
1JWK(K)2i-300-02	600	1000	7400	6800	600	200	200	14Φ14	Φ8@100/200	3000	Φ14@1500	2.39	174.6
1JWK(K)2i-300-07	600	1000	7400	7300	600	200	700	11Φ18	Φ8@100/200	3000	Φ14@1500	2.53	224.5
1JWK(K)2i-300-12	600	1000	7400	7800	600	200	1200	10Φ20	Φ8@100/200	3000	Φ14@1500	2.67	260.0
1JWK(K)2i-300-17	600	1000	7400	8300	600	200	1700	12Φ20	Φ8@100/200	3000	Φ14@1500	2.81	319.6
1JWK(K)2i-300-22	600	1000	7400	8800	600	200	2200	11Φ22	Φ8@100/200	3000	Φ14@1500	2.95	366.8
1JWK(K)2i-300-27	700	1100	6000	7900	600	200	2700	11Φ22	Φ8@100/200	3500	Φ14@1500	3.62	345.0

基础立面图

1—1

说明：1. 本基础适用于不受地下水影响的粉土地质条件。

2. 整体立塔时，混凝土的抗压强度应达到设计强度的100%。分解组塔时，混凝土必须达到抗压强度设计值的70%。

3. 基础根开及地脚螺栓间距与相应杆塔结构图核对无误后，方可施工。

4. 基础混凝土强度等级不应低于C25，主筋采用HRB400级钢筋，箍筋采用HPB300级钢筋。

5. ②号钢筋加密区箍筋间距100mm，非加密区箍筋间距200mm。可采用螺旋箍筋。

6. 主筋保护层不小于50mm。

7. 基础施工完毕后，做好基面排水处理。

8. 本基础按机械成孔施工方式，未考虑护壁工程量。

图 12.2-1 1JWK（K）2*-300 挖孔桩基础施工图

基 础 参 数 表

基础名称	桩身直径 d(mm)	扩底直径 D(mm)	基础埋深 H(mm)	主柱高 h_1(mm)	圆台高 h_2(mm)	下圆柱高 h_3(mm)	基础露头 H_0(mm)	主筋①	外箍筋②	外箍筋加密区长度(mm)	内箍筋③	单腿混凝土量(m^3)	单腿钢筋量(kg)
1JWK(K)2h-350-02	600	1200	14800	13900	900	200	200	10Φ18	Φ8@100/200	3000	Φ14@1500	4.75	376.9
1JWK(K)2h-350-07	600	1200	14800	14400	900	200	700	13Φ18	Φ8@100/200	3000	Φ14@1500	4.89	480.4
1JWK(K)2h-350-12	600	1200	14800	14900	900	200	1200	15Φ18	Φ8@100/200	3000	Φ14@1500	5.03	558.7
1JWK(K)2h-350-17	600	1200	14800	15400	900	200	1700	18Φ18	Φ8@100/200	3000	Φ14@1500	5.17	674.8
1JWK(K)2h-350-22	700	1300	11800	12900	900	200	2200	17Φ18	Φ8@100/200	3500	Φ14@1500	5.96	562.9
1JWK(K)2h-350-27	700	1300	11800	13400	900	200	2700	13Φ22	Φ8@100/200	3500	Φ14@1500	6.15	651.3
1JWK(K)2i-350-02	600	1000	8800	8200	600	200	200	10Φ18	Φ8@100/200	3000	Φ14@1500	2.78	231.4
1JWK(K)2i-350-07	600	1000	8800	8700	600	200	700	13Φ18	Φ8@100/200	3000	Φ14@1500	2.92	298.8
1JWK(K)2i-350-12	600	1000	8800	9200	600	200	1200	15Φ18	Φ8@100/200	3000	Φ14@1500	3.07	353.2
1JWK(K)2i-350-17	600	1000	8800	9700	600	200	1700	18Φ18	Φ8@100/200	3000	Φ14@1500	3.21	433.3
1JWK(K)2i-350-22	700	1300	6400	7500	900	200	2200	17Φ18	Φ8@100/200	3500	Φ14@1500	3.88	350.8
1JWK(K)2i-350-27	700	1300	6400	8000	900	200	2700	13Φ22	Φ8@100/200	3500	Φ14@1500	4.07	415.3
1JWK(K)2j-350-02	600	1000	6000	5400	600	200	200	10Φ18	Φ8@100/200	3000	Φ14@1500	1.99	163.2
1JWK(K)2j-350-07	600	1000	6000	5900	600	200	700	13Φ18	Φ8@100/200	3000	Φ14@1500	2.13	213.9
1JWK(K)2j-350-12	600	1000	6000	6400	600	200	1200	15Φ18	Φ8@100/200	3000	Φ14@1500	2.27	257.0
1JWK(K)2j-350-17	600	1000	6000	6900	600	200	1700	18Φ18	Φ8@100/200	3000	Φ14@1500	2.42	320.4
1JWK(K)2j-350-22	700	1100	6200	7600	600	200	2200	17Φ18	Φ8@100/200	3500	Φ14@1500	3.50	343.3
1JWK(K)2j-350-27	700	1100	6200	8100	600	200	2700	13Φ22	Φ8@100/200	3500	Φ14@1500	3.70	404.7

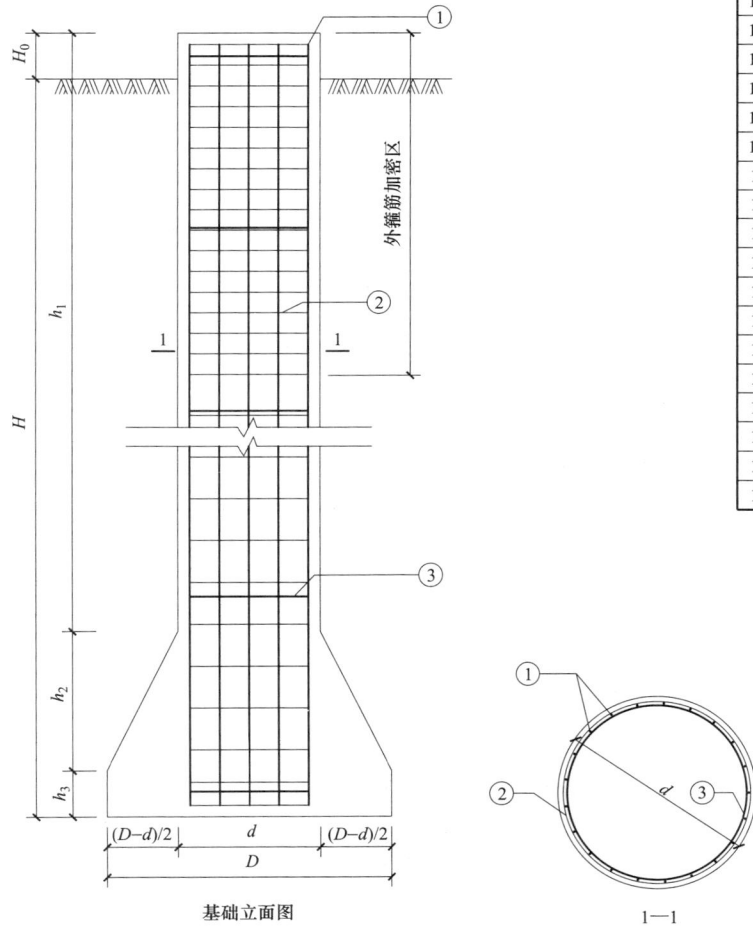

基础立面图

1—1

说明：1. 本基础适用于不受地下水影响的粉土地质条件。

2. 整体立塔时，混凝土的抗压强度应达到设计强度的 100%。分解组塔时，混凝土必须达到抗压强度设计值的 70%。

3. 基础根开及地脚螺栓间距与相应杆塔结构图核对无误后，方可施工。

4. 基础混凝土强度等级不应低于 C25，主筋采用 HRB400 级钢筋，箍筋采用 HPB300 级钢筋。

5. ②号钢筋加密区箍筋间距 100mm，非加密区箍筋间距 200mm。可采用螺旋箍筋。

6. 主筋保护层不小于 50mm。

7. 基础施工完毕后，做好基面排水处理。

8. 本基础按机械成孔施工方式，未考虑护壁工程量。

图 12.2-2 1JWK（K）2∗-350 挖孔桩基础施工图

基 础 参 数 表

基础名称	桩身直径 d (mm)	扩底直径 D (mm)	基础埋深 H (mm)	主柱高 h₁ (mm)	圆台高 h₂ (mm)	下圆柱高 h₃ (mm)	基础露头 H₀ (mm)	主筋①	外箍筋②	外箍筋加密区长度 (mm)	内箍筋③	单腿混凝土量 (m³)	单腿钢筋量 (kg)
1JWK（K）2h-400-02	600	1000	18200	17600	600	200	200	15 Φ 16	Φ8@ 100/200	3000	Φ 14@ 1500	5.44	526.8
1JWK（K）2h-400-07	600	1000	18200	18100	600	200	700	14 Φ 18	Φ8@ 100/200	3000	Φ 14@ 1500	5.58	620.3
1JWK（K）2h-400-12	600	1000	18200	18600	600	200	1200	14 Φ 20	Φ8@ 100/200	3000	Φ 14@ 1500	5.72	762.4
1JWK（K）2h-400-17	700	1300	13800	14400	900	200	1700	14 Φ 20	Φ8@ 100/200	3500	Φ 14@ 1500	6.54	630.5
1JWK（K）2h-400-22	700	1300	13800	14900	900	200	2200	16 Φ 20	Φ8@ 100/200	3500	Φ 14@ 1500	6.73	727.6
1JWK（K）2h-400-27	700	1300	13800	15400	900	200	2700	18 Φ 20	Φ8@ 100/200	3500	Φ 14@ 1500	6.92	832.4
1JWK（K）2i-400-02	600	1000	10400	9800	600	200	200	15 Φ 16	Φ8@ 100/200	3000	Φ 14@ 1500	3.24	309.0
1JWK（K）2i-400-07	600	1000	10400	10300	600	200	700	14 Φ 18	Φ8@ 100/200	3000	Φ 14@ 1500	3.38	369.0
1JWK（K）2i-400-12	600	1000	10400	10800	600	200	1200	14 Φ 20	Φ8@ 100/200	3000	Φ 14@ 1500	3.52	460.1
1JWK（K）2i-400-17	700	1300	7600	8200	900	200	1700	14 Φ 20	Φ8@ 100/200	3500	Φ 14@ 1500	4.15	384.8
1JWK（K）2i-400-22	700	1300	7600	8700	900	200	2200	16 Φ 20	Φ8@ 100/200	3500	Φ 14@ 1500	4.34	451.3
1JWK（K）2i-400-27	700	1300	7600	9200	900	200	2700	18 Φ 20	Φ8@ 100/200	3500	Φ 14@ 1500	4.53	523.5
1JWK（K）2j-400-02	600	1000	7000	6400	600	200	200	15 Φ 16	Φ8@ 100/200	3000	Φ 14@ 1500	2.27	212.6
1JWK（K）2j-400-07	600	1000	7000	6900	600	200	700	14 Φ 18	Φ8@ 100/200	3000	Φ 14@ 1500	2.42	259.8
1JWK（K）2j-400-12	600	1000	7000	7400	600	200	1200	14 Φ 20	Φ8@ 100/200	3000	Φ 14@ 1500	2.56	328.6
1JWK（K）2j-400-17	700	1100	6400	7300	600	200	1700	14 Φ 20	Φ8@ 100/200	3500	Φ 14@ 1500	3.39	336.8
1JWK（K）2j-400-22	700	1100	6400	7800	600	200	2200	16 Φ 20	Φ8@ 100/200	3500	Φ 14@ 1500	3.58	397.3
1JWK（K）2j-400-27	700	1100	6400	8300	600	200	2700	18 Φ 20	Φ8@ 100/200	3500	Φ 14@ 1500	3.77	465.7

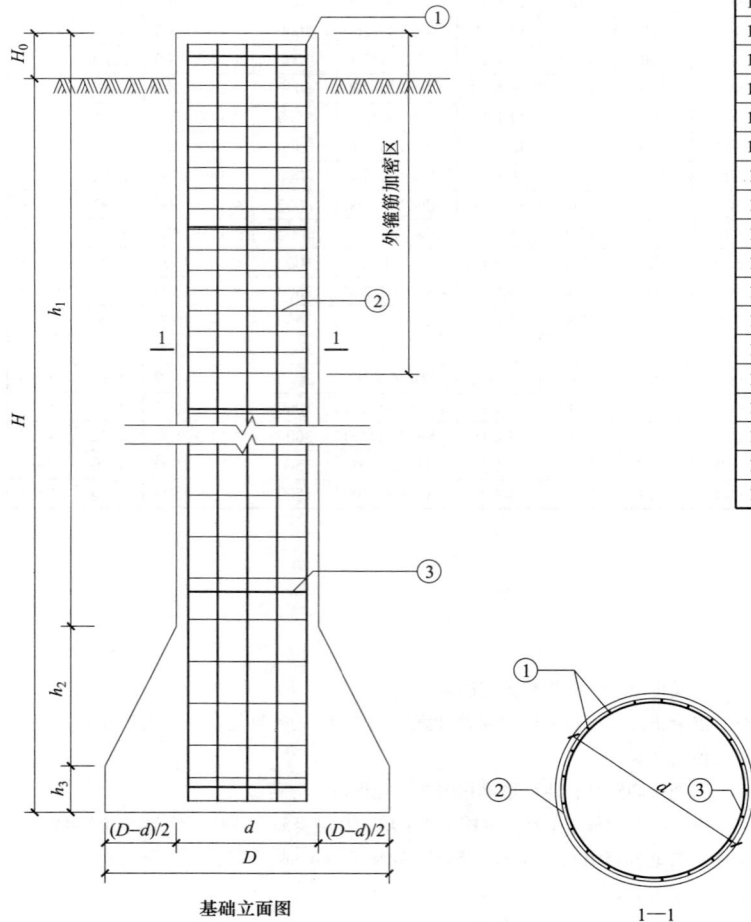

基础立面图

1—1

说明：1. 本基础适用于不受地下水影响的粉土地质条件。

2. 整体立塔时，混凝土的抗压强度应达到设计强度的100%。分解组塔时，混凝土必须达到抗压强度设计值的70%。

3. 基础根开及地脚螺栓间距与相应杆塔结构图核对无误后，方可施工。

4. 基础混凝土强度等级不应低于 C25，主筋采用 HRB400 级钢筋，箍筋采用 HPB300 级钢筋。

5. ②号钢筋加密区箍筋间距 100mm，非加密区箍筋间距 200mm。可采用螺旋箍筋。

6. 主筋保护层不小于 50mm。

7. 基础施工完毕后，做好基面排水处理。

8. 本基础按机械成孔施工方式，未考虑护壁工程量。

图 12.2-3 1JWK（K）2＊-400 挖孔桩基础施工图

基 础 参 数 表

基础名称	桩身直径 d(mm)	扩底直径 D(mm)	基础埋深 H(mm)	主柱高 h_1(mm)	圆台高 h_2(mm)	下圆柱高 h_3(mm)	基础露头 H_0(mm)	主筋①	外箍筋②	外箍筋加密区长度(mm)	内箍筋③	单腿混凝土量(m³)	单腿钢筋量(kg)
1JWK(K)2h-450-02	700	1300	15800	14900	900	200	200	16 Φ 16	Φ8@100/200	3500	Φ14@1500	6.73	502.4
1JWK(K)2h-450-07	700	1300	15800	15400	900	200	700	15 Φ 18	Φ8@100/200	3500	Φ14@1500	6.92	596.3
1JWK(K)2h-450-12	700	1300	15800	15900	900	200	1200	17 Φ 18	Φ8@100/200	3500	Φ14@1500	7.11	680.3
1JWK(K)2h-450-17	700	1300	15800	16400	900	200	1700	16 Φ 20	Φ8@100/200	3500	Φ14@1500	7.30	794.9
1JWK(K)2h-450-22	700	1300	15800	16900	900	200	2200	18 Φ 20	Φ8@100/200	3500	Φ14@1500	7.50	906.4
1JWK(K)2h-450-27	800	1400	12800	14400	900	200	2700	18 Φ 20	Φ8@100/200	4000	Φ14@1500	8.42	800.8
1JWK(K)2i-450-02	700	1300	8800	7900	900	200	200	16 Φ 16	Φ8@100/200	3500	Φ14@1500	4.03	290.8
1JWK(K)2i-450-07	700	1300	8800	8400	900	200	700	15 Φ 18	Φ8@100/200	3500	Φ14@1500	4.23	349.8
1JWK(K)2i-450-12	700	1300	8800	8900	900	200	1200	17 Φ 18	Φ8@100/200	3500	Φ14@1500	4.42	405.7
1JWK(K)2i-450-17	700	1300	8800	9400	900	200	1700	16 Φ 20	Φ8@100/200	3500	Φ14@1500	4.61	484.0
1JWK(K)2i-450-22	700	1300	8800	9900	900	200	2200	18 Φ 20	Φ8@100/200	3500	Φ14@1500	4.80	558.9
1JWK(K)2i-450-27	800	1400	7200	8800	900	200	2700	18 Φ 20	Φ8@100/200	4000	Φ14@1500	5.61	517.8
1JWK(K)2j-450-02	700	1100	6600	6000	600	200	200	16 Φ 16	Φ8@100/200	3500	Φ14@1500	2.89	222.8
1JWK(K)2j-450-07	700	1100	6600	6500	600	200	700	15 Φ 18	Φ8@100/200	3500	Φ14@1500	3.08	271.4
1JWK(K)2j-450-12	700	1100	6600	7000	600	200	1200	17 Φ 18	Φ8@100/200	3500	Φ14@1500	3.27	320.6
1JWK(K)2j-450-17	700	1100	6600	7500	600	200	1700	16 Φ 20	Φ8@100/200	3500	Φ14@1500	3.46	384.8
1JWK(K)2j-450-22	700	1100	6600	8000	600	200	2200	18 Φ 20	Φ8@100/200	3500	Φ14@1500	3.66	448.8
1JWK(K)2j-450-27	800	1200	6200	8100	600	200	2700	18 Φ 20	Φ8@100/200	4000	Φ14@1500	4.78	466.6

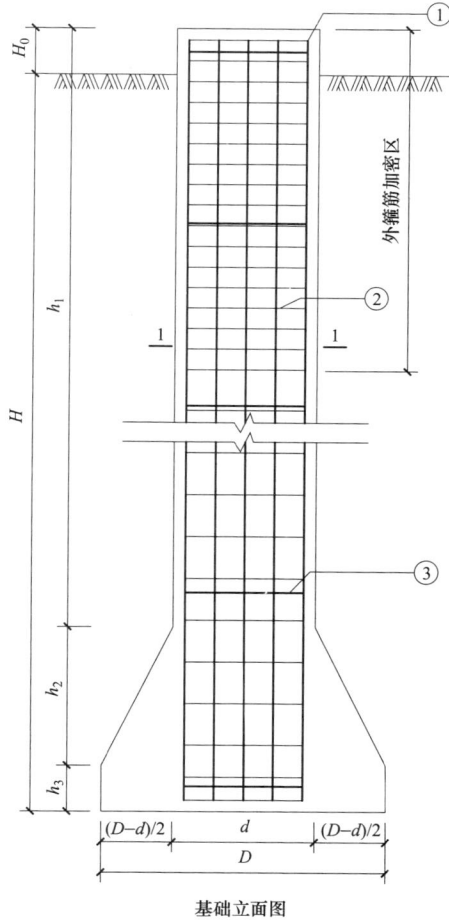

基础立面图

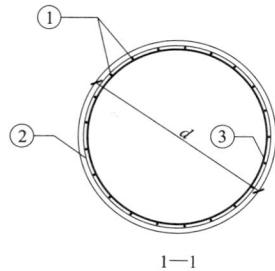

1—1

说明：1. 本基础适用于不受地下水影响的粉土地质条件。

2. 整体立塔时，混凝土的抗压强度应达到设计强度的100%。分解组塔时，混凝土必须达到抗压强度设计值的70%。

3. 基础根开及地脚螺栓间距与相应杆塔结构图核对无误后，方可施工。

4. 基础混凝土强度等级不应低于C25，主筋采用 HRB400 级钢筋，箍筋采用 HPB300 级钢筋。

5. ②号钢筋加密区箍筋间距100mm，非加密区箍筋间距200mm。可采用螺旋箍筋。

6. 主筋保护层不小于50mm。

7. 基础施工完毕后，做好基面排水处理。

8. 本基础按机械成孔施工方式，未考虑护壁工程量。

图 12.2-4 1JWK（K）2＊-450挖孔桩基础施工图

基 础 参 数 表

基础名称	桩身直径 d(mm)	扩底直径 D(mm)	基础埋深 H(mm)	主柱高 h_1(mm)	圆台高 h_2(mm)	下圆柱高 h_3(mm)	基础露头 H_0(mm)	主筋①	外箍筋②	外箍筋加密区长度(mm)	内箍筋③	单腿混凝土量(m^3)	单腿钢筋量(kg)
1JWK(K)2h-500-02	700	1300	17800	16900	900	200	200	14 Φ 18	Φ 8@ 100/200	3500	Φ 14@ 1500	7.50	612.9
1JWK(K)2h-500-07	700	1300	17800	17400	900	200	700	14 Φ 20	Φ 8@ 100/200	3500	Φ 14@ 1500	7.69	749.5
1JWK(K)2h-500-12	700	1300	17800	17900	900	200	1200	16 Φ 20	Φ 8@ 100/200	3500	Φ 14@ 1500	7.88	861.4
1JWK(K)2h-500-17	700	1300	17800	18400	900	200	1700	18 Φ 20	Φ 8@ 100/200	3500	Φ 14@ 1500	8.07	981.1
1JWK(K)2h-500-22	800	1600	13600	14400	1200	200	2200	18 Φ 20	Φ 8@ 100/200	4000	Φ 14@ 1500	9.05	815.9
1JWK(K)2h-500-27	800	1600	13600	14900	1200	200	2700	20 Φ 20	Φ 8@ 100/200	4000	Φ 14@ 1500	9.30	919.6
1JWK(K)2i-500-02	700	1300	10000	9100	900	200	200	14 Φ 18	Φ 8@ 100/200	3500	Φ 14@ 1500	4.50	352.9
1JWK(K)2i-500-07	700	1300	10000	9600	900	200	700	14 Φ 20	Φ 8@ 100/200	3500	Φ 14@ 1500	4.69	440.5
1JWK(K)2i-500-12	700	1300	10000	10100	900	200	1200	16 Φ 20	Φ 8@ 100/200	3500	Φ 14@ 1500	4.88	513.9
1JWK(K)2i-500-17	700	1300	10000	10600	900	200	1700	18 Φ 20	Φ 8@ 100/200	3500	Φ 14@ 1500	5.07	593.0
1JWK(K)2i-500-22	800	1400	8200	9300	900	200	2200	18 Φ 20	Φ 8@ 100/200	4000	Φ 14@ 1500	5.86	542.6
1JWK(K)2i-500-27	800	1400	8200	9800	900	200	2700	20 Φ 20	Φ 8@ 100/200	4000	Φ 14@ 1500	6.11	622.2
1JWK(K)2j-500-02	700	1300	6600	5700	900	200	200	14 Φ 18	Φ 8@ 100/200	3500	Φ 14@ 1500	3.19	240.8
1JWK(K)2j-500-07	700	1300	6600	6200	900	200	700	14 Φ 20	Φ 8@ 100/200	3500	Φ 14@ 1500	3.38	304.0
1JWK(K)2j-500-12	700	1300	6600	6700	900	200	1200	16 Φ 20	Φ 8@ 100/200	3500	Φ 14@ 1500	3.57	362.8
1JWK(K)2j-500-17	700	1300	6600	7200	900	200	1700	18 Φ 20	Φ 8@ 100/200	3500	Φ 14@ 1500	3.76	425.1
1JWK(K)2j-500-22	800	1200	6200	7600	600	200	2200	18 Φ 20	Φ 8@ 100/200	4000	Φ 14@ 1500	4.52	442.6
1JWK(K)2j-500-27	800	1200	6200	8100	600	200	2700	20 Φ 20	Φ 8@ 100/200	4000	Φ 14@ 1500	4.78	509.9

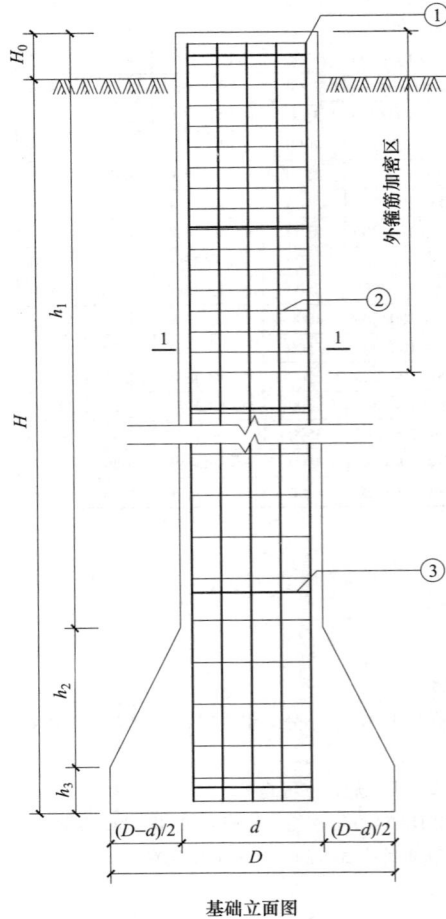

基础立面图

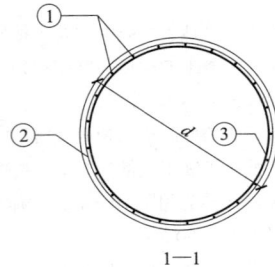

1—1

说明: 1. 本基础适用于不受地下水影响的粉土地质条件。

2. 整体立塔时,混凝土的抗压强度应达到设计强度的100%。分解组塔时,混凝土必须达到抗压强度设计值的70%。

3. 基础根开及地脚螺栓间距与相应杆塔结构图核对无误后,方可施工。

4. 基础混凝土强度等级不应低于C25,主筋采用HRB400级钢筋,箍筋采用HPB300级钢筋。

5. ②号钢筋加密区箍筋间距100mm,非加密区箍筋间距200mm。可采用螺旋箍筋。

6. 主筋保护层不小于50mm。

7. 基础施工完毕后,做好基面排水处理。

8. 本基础按机械成孔施工方式,未考虑护壁工程量。

图 12.2-5 1JWK(K)2∗-500 挖孔桩基础施工图

基 础 参 数 表

基础名称	桩身直径 d(mm)	扩底直径 D(mm)	基础埋深 H(mm)	主柱高 h_1(mm)	圆台高 h_2(mm)	下圆柱高 h_3(mm)	基础露头 H_0(mm)	主筋①	外箍筋②	外箍筋加密区长度(mm)	内箍筋③	单腿混凝土量(m³)	单腿钢筋量(kg)
1JWK（K）2h-550-02	700	1300	19800	18900	900	200	200	15Φ18	Φ8@100/200	3500	Φ14@1500	8.27	718.2
1JWK（K）2h-550-07	700	1300	19800	19400	900	200	700	15Φ20	Φ8@100/200	3500	Φ14@1500	8.46	878.4
1JWK（K）2h-550-12	700	1300	19800	19900	900	200	1200	17Φ20	Φ8@100/200	3500	Φ14@1500	8.65	1003.5
1JWK（K）2h-550-17	800	1600	15200	15500	1200	200	1700	18Φ20	Φ8@100/200	4000	Φ14@1500	9.60	871.5
1JWK（K）2h-550-22	800	1600	15200	16000	1200	200	2200	20Φ20	Φ8@100/200	4000	Φ14@1500	9.85	981.6
1JWK（K）2h-550-27	800	1600	15200	16500	1200	200	2700	19Φ22	Φ8@100/200	4000	Φ14@1500	10.10	1138.9
1JWK（K）2i-550-02	700	1300	11200	10300	900	200	200	15Φ18	Φ8@100/200	3500	Φ14@1500	4.96	415.6
1JWK（K）2i-550-07	700	1300	11200	10800	900	200	700	15Φ20	Φ8@100/200	3500	Φ14@1500	5.15	515.5
1JWK（K）2i-550-12	700	1300	11200	11300	900	200	1200	17Φ20	Φ8@100/200	3500	Φ14@1500	5.34	598.1
1JWK（K）2i-550-17	800	1400	9200	9800	900	200	1700	18Φ20	Φ8@100/200	4000	Φ14@1500	6.11	569.0
1JWK（K）2i-550-22	800	1400	9200	10300	900	200	2200	20Φ20	Φ8@100/200	4000	Φ14@1500	6.36	649.5
1JWK（K）2i-550-27	800	1400	9200	10800	900	200	2700	19Φ22	Φ8@100/200	4000	Φ14@1500	6.61	762.7
1JWK（K）2j-550-02	700	1300	7400	6500	900	200	200	15Φ18	Φ8@100/200	3500	Φ14@1500	3.50	283.2
1JWK（K）2j-550-07	700	1300	7400	7000	900	200	700	15Φ20	Φ8@100/200	3500	Φ14@1500	3.69	356.4
1JWK（K）2j-550-12	700	1300	7400	7500	900	200	1200	17Φ20	Φ8@100/200	3500	Φ14@1500	3.88	418.3
1JWK（K）2j-550-17	800	1400	6200	6800	900	200	1700	18Φ20	Φ8@100/200	4000	Φ14@1500	4.60	417.8
1JWK（K）2j-550-22	800	1400	6200	7300	900	200	2200	20Φ20	Φ8@100/200	4000	Φ14@1500	4.85	483.5
1JWK（K）2j-550-27	800	1400	6200	7800	900	200	2700	19Φ22	Φ8@100/200	4000	Φ14@1500	5.11	574.5

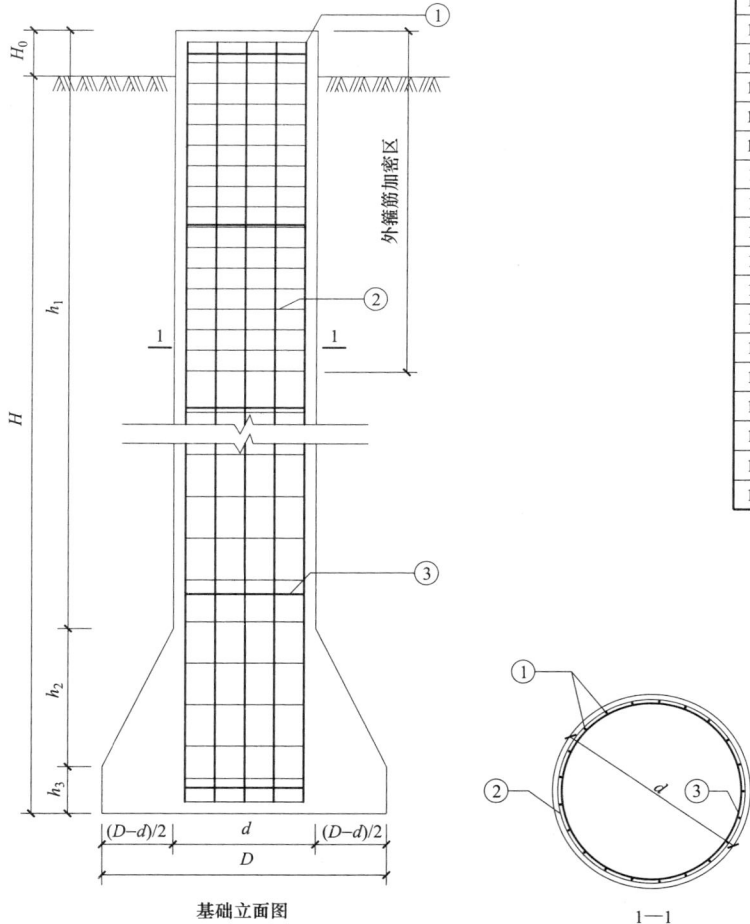

基础立面图

1—1

说明：1. 本基础适用于不受地下水影响的粉土地质条件。

2. 整体立塔时，混凝土的抗压强度应达到设计强度的 100%。分解组塔时，混凝土必须达到抗压强度设计值的 70%。

3. 基础根开及地脚螺栓间距与相应杆塔结构图核对无误后，方可施工。

4. 基础混凝土强度等级不应低于 C25，主筋采用 HRB400 级钢筋，箍筋采用 HPB300 级钢筋。

5. ②号钢筋加密区箍筋间距 100mm，非加密区箍筋间距 200mm。可采用螺旋箍筋。

6. 主筋保护层不小于 50mm。

7. 基础施工完毕后，做好基面排水处理。

8. 本基础按机械成孔施工方式，未考虑护壁工程量。

图 12.2-6　1JWK（K）2＊-550 挖孔桩基础施工图

基础名称	桩身直径 d(mm)	扩底直径 D(mm)	基础埋深 H(mm)	主柱高 h₁(mm)	圆台高 h₂(mm)	下圆柱高 h₃(mm)	基础露头 H₀(mm)	主筋①	外箍筋②	外箍筋加密区长度 (mm)	内箍筋③	单腿混凝土量 (m³)	单腿钢筋量 (kg)
1JWK(K)2h-600-02	700	1300	21600	20700	900	200	200	11Φ22	Φ8@100/200	3500	Φ14@1500	8.96	842.5
1JWK(K)2h-600-07	700	1300	21600	21200	900	200	700	13Φ22	Φ8@100/200	3500	Φ14@1500	9.15	993.6
1JWK(K)2h-600-12	700	1300	21600	21700	900	200	1200	16Φ22	Φ8@100/200	3500	Φ14@1500	9.34	1219.6
1JWK(K)2h-600-17	800	1400	17800	18400	900	200	1700	16Φ22	Φ8@100/200	4000	Φ14@1500	10.43	1068.0
1JWK(K)2h-600-22	800	1400	17800	18900	900	200	2200	18Φ22	Φ8@100/200	4000	Φ14@1500	10.68	1213.2
1JWK(K)2h-600-27	900	1700	14000	15300	1200	200	2700	19Φ22	Φ8@100/200	4500	Φ14@1500	11.83	1086.8
1JWK(K)2i-600-02	700	1300	12400	11500	900	200	200	11Φ22	Φ8@100/200	3500	Φ14@1500	5.42	493.5
1JWK(K)2i-600-07	700	1300	12400	12000	900	200	700	13Φ22	Φ8@100/200	3500	Φ14@1500	5.61	589.7
1JWK(K)2i-600-12	700	1300	12400	12500	900	200	1200	16Φ22	Φ8@100/200	3500	Φ14@1500	5.80	733.3
1JWK(K)2i-600-17	800	1200	11000	11900	600	200	1700	16Φ22	Φ8@100/200	4000	Φ14@1500	6.69	701.3
1JWK(K)2i-600-22	800	1200	11000	12400	600	200	2200	18Φ22	Φ8@100/200	4000	Φ14@1500	6.94	805.9
1JWK(K)2i-600-27	900	1500	8600	10200	900	200	2700	19Φ22	Φ8@100/200	4500	Φ14@1500	7.88	742.3
1JWK(K)2j-600-02	700	1300	8400	7500	900	200	200	14Φ20	Φ8@100/200	3500	Φ14@1500	3.88	355.5
1JWK(K)2j-600-07	700	1300	8400	8000	900	200	700	16Φ20	Φ8@100/200	3500	Φ14@1500	4.07	421.4
1JWK(K)2j-600-12	700	1300	8400	8500	900	200	1200	19Φ20	Φ8@100/200	3500	Φ14@1500	4.26	512.8
1JWK(K)2j-600-17	800	1400	6800	7400	900	200	1700	20Φ20	Φ8@100/200	4000	Φ14@1500	4.90	488.4
1JWK(K)2j-600-22	800	1400	6800	7900	900	200	2200	22Φ20	Φ8@100/200	4000	Φ14@1500	5.16	562.0
1JWK(K)2j-600-27	900	1500	6000	7600	900	200	2700	22Φ20	Φ8@100/200	4500	Φ14@1500	6.23	555.4

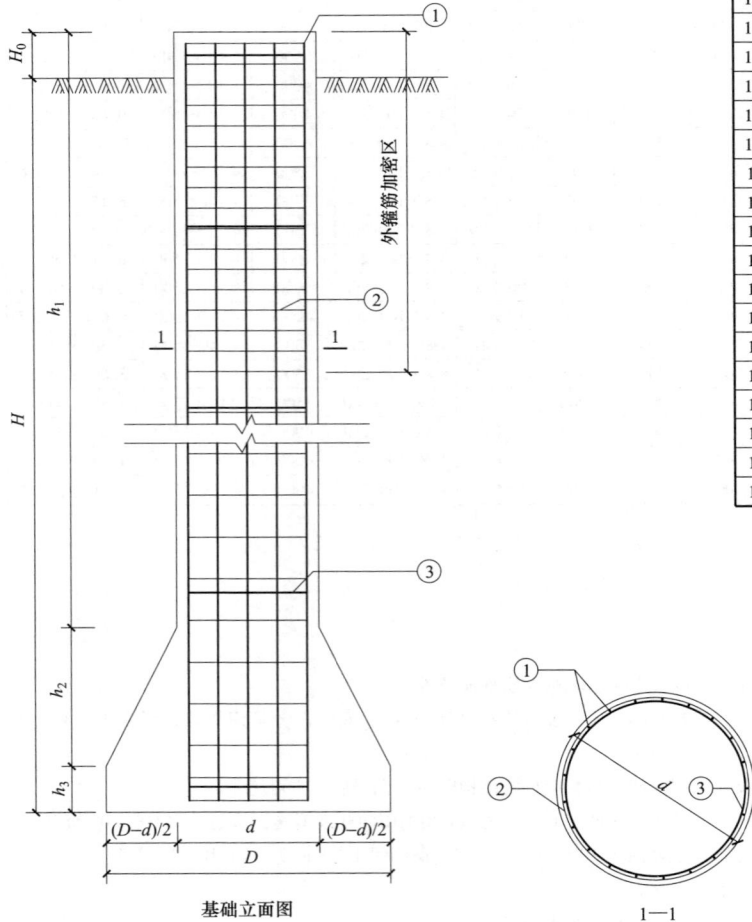

基础立面图

1—1

说明：1. 本基础适用于不受地下水影响的粉土地质条件。

2. 整体立塔时，混凝土的抗压强度应达到设计强度的100%。分解组塔时，混凝土必须达到抗压强度设计值的70%。

3. 基础根开及地脚螺栓间距与相应杆塔结构图核对无误后，方可施工。

4. 基础混凝土强度等级不应低于C25，主筋采用HRB400级钢筋，箍筋采用HPB300级钢筋。

5. ②号钢筋加密区箍筋间距100mm，非加密区箍筋间距200mm。可采用螺旋箍筋。

6. 主筋保护层不小于50mm。

7. 基础施工完毕后，做好基面排水处理。

8. 本基础按机械成孔施工方式，未考虑护壁工程量。

图 12.2-7　1JWK（K）2*-600挖孔桩基础施工图

12.3　1JWK（K）4 子模块

此子模块适用于黄土地基，共包含 7 张图纸，基础施工图图纸清单见表 12.3-1。

表 12.3-1　　　　1JWK（K）4 子模块基础施工图图纸清单

序号	图号	图　　名	基础作用力（kN）	
			$T/T_x/T_y$	$N/N_x/N_y$
1	图 12.3-1	1JWK(K)4 * -300 挖孔桩基础施工图	300/57/57	390/74/74
2	图 12.3-2	1JWK(K)4 * -350 挖孔桩基础施工图	350/67/67	455/87/87
3	图 12.3-3	1JWK(K)4 * -400 挖孔桩基础施工图	400/76/76	520/99/99
4	图 12.3-4	1JWK(K)4 * -450 挖孔桩基础施工图	450/86/86	585/111/111
5	图 12.3-5	1JWK(K)4 * -500 挖孔桩基础施工图	500/95/95	650/124/124
6	图 12.3-6	1JWK(K)4 * -550 挖孔桩基础施工图	550/105/105	715/136/136
7	图 12.3-7	1JWK(K)4 * -600 挖孔桩基础施工图	600/114/114	780/148/148

注　4 * 表示 4h 地质参数组合。

基 础 参 数 表

基础名称	桩身直径 d(mm)	扩底直径 D(mm)	基础埋深 H(mm)	主柱高 h_1(mm)	圆台高 h_2(mm)	下圆柱高 h_3(mm)	基础露头 H_0(mm)	主筋①	外箍筋②	外箍筋加密区长度(mm)	内箍筋③	单腿混凝土量(m^3)	单腿钢筋量(kg)
1JWK(K)4h-300-02	600	1000	11200	10600	600	200	200	12Φ16	Φ8@100/200	3000	Φ14@1500	3.46	277.0
1JWK(K)4h-300-07	600	1000	11200	11100	600	200	700	15Φ16	Φ8@100/200	3000	Φ14@1500	3.60	343.5
1JWK(K)4h-300-12	700	1300	8200	8300	900	200	1200	15Φ16	Φ8@100/200	3500	Φ14@1500	4.19	287.8
1JWK(K)4h-300-17	700	1300	8200	8800	900	200	1700	17Φ16	Φ8@100/200	3500	Φ14@1500	4.38	332.7
1JWK(K)4h-300-22	700	1300	8200	9300	900	200	2200	16Φ18	Φ8@100/200	3500	Φ14@1500	4.57	400.3
1JWK(K)4h-300-27	800	1400	6600	8200	900	200	2700	15Φ18	Φ8@100/200	4000	Φ14@1500	5.31	356.2

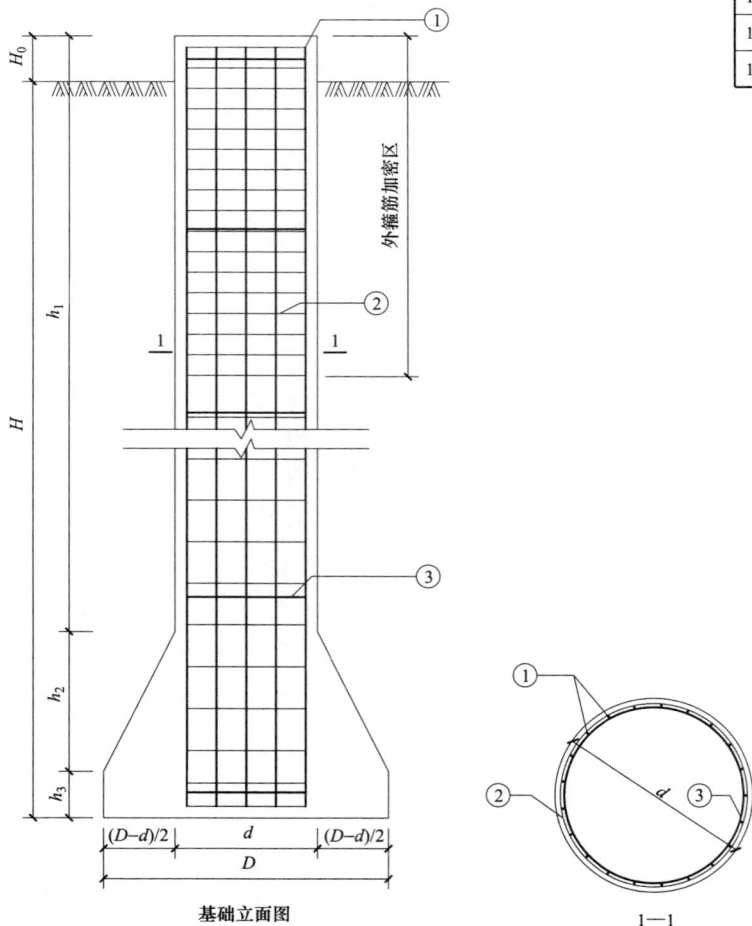

基础立面图

1—1

图 12.3-1 1JWK（K）4 ＊-300 挖孔桩基础施工图

说明：1. 本基础适用于不受地下水影响的黄土地质条件。

2. 整体立塔时，混凝土的抗压强度应达到设计强度的 100%。分解组塔时，混凝土必须达到抗压强度设计值的 70%。

3. 基础根开及地脚螺栓间距与相应杆塔结构图核对无误后，方可施工。

4. 基础混凝土强度等级不应低于 C25，主筋采用 HRB400 级钢筋，箍筋采用 HPB300 级钢筋。

5. ②号钢筋加密区箍筋间距 100mm，非加密区箍筋间距 200mm。可采用螺旋箍筋。

6. 主筋保护层不小于 50mm。

7. 基础施工完毕后，做好基面排水处理。

8. 本基础按机械成孔施工方式，未考虑护壁工程量。

基 础 参 数 表

基础名称	桩身直径 d(mm)	扩底直径 D(mm)	基础埋深 H(mm)	主柱高 h_1(mm)	圆台高 h_2(mm)	下圆柱高 h_3(mm)	基础露头 H_0(mm)	主筋①	外箍筋②	外箍筋加密区长度(mm)	内箍筋③	单腿混凝土量(m^3)	单腿钢筋量(kg)
1JWK(K)4h-350-02	600	1000	13200	12600	600	200	200	14 Φ 16	Φ 8@100/200	3000	Φ 14@1500	4.03	364.8
1JWK(K)4h-350-07	700	1100	10600	10500	600	200	700	15 Φ 16	Φ 8@100/200	3500	Φ 14@1500	4.62	342.4
1JWK(K)4h-350-12	700	1100	10600	11000	600	200	1200	18 Φ 16	Φ 8@100/200	3500	Φ 14@1500	4.81	411.0
1JWK(K)4h-350-17	800	1400	8000	8600	900	200	1700	19 Φ 16	Φ 8@100/200	4000	Φ 14@1500	5.51	370.3
1JWK(K)4h-350-22	800	1400	8000	9100	900	200	2200	20 Φ 16	Φ 8@100/200	4000	Φ 14@1500	5.76	403.9
1JWK(K)4h-350-27	800	1400	8000	9600	900	200	2700	18 Φ 18	Φ 8@100/200	4000	Φ 14@1500	6.01	470.2

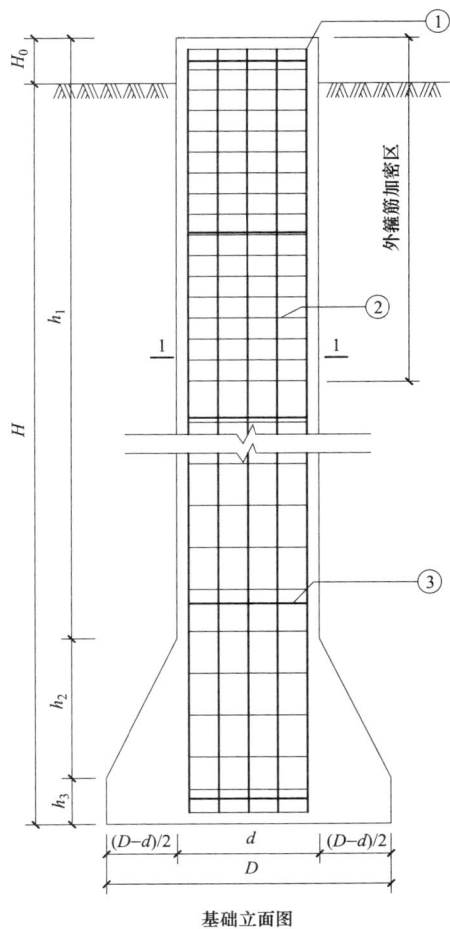

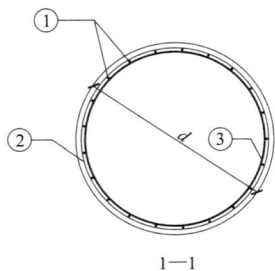

基础立面图

1—1

图 12.3-2　1JWK（K）4*-350挖孔桩基础施工图

说明：1. 本基础适用于不受地下水影响的黄土地质条件。

2. 整体立塔时，混凝土的抗压强度应达到设计强度的 100% 。分解组塔时，混凝土必须达到抗压强度设计值的 70% 。

3. 基础根开及地脚螺栓间距与相应杆塔结构图核对无误后，方可施工。

4. 基础混凝土强度等级不应低于 C25，主筋采用 HRB400 级钢筋，箍筋采用 HPB300 级钢筋。

5. ②号钢筋加密区箍筋间距100mm，非加密区箍筋间距200mm。可采用螺旋箍筋。

6. 主筋保护层不小于 50mm。

7. 基础施工完毕后，做好基面排水处理。

8. 本基础按机械成孔施工方式，未考虑护壁工程量。

基 础 参 数 表

基础名称	桩身直径 d(mm)	扩底直径 D(mm)	基础埋深 H(mm)	主柱高 h_1(mm)	圆台高 h_2(mm)	下圆柱高 h_3(mm)	基础露头 H_0(mm)	主筋①	外箍筋②	外箍筋加密区长度(mm)	内箍筋③	单腿混凝土量(m^3)	单腿钢筋量(kg)
1JWK(K)4h-400-02	700	1300	11600	10700	900	200	200	15 ⊕ 16	Φ 8@ 100/200	3500	Φ 14@ 1500	5.11	355.7
1JWK(K)4h-400-07	700	1300	11600	11200	900	200	700	18 ⊕ 16	Φ 8@ 100/200	3500	Φ 14@ 1500	5.30	429.6
1JWK(K)4h-400-12	800	1400	9400	9500	900	200	1200	19 ⊕ 16	Φ 8@ 100/200	4000	Φ 14@ 1500	5.96	404.2
1JWK(K)4h-400-17	800	1400	9400	10000	900	200	1700	21 ⊕ 16	Φ 8@ 100/200	4000	Φ 14@ 1500	6.21	455.6
1JWK(K)4h-400-22	800	1400	9400	10500	900	200	2200	15 ⊕ 20	Φ 8@ 100/200	4000	Φ 14@ 1500	6.46	518.7
1JWK(K)4h-400-27	900	1500	7800	9400	900	200	2700	15 ⊕ 20	Φ 8@ 100/200	4500	Φ 14@ 1500	7.37	488.6

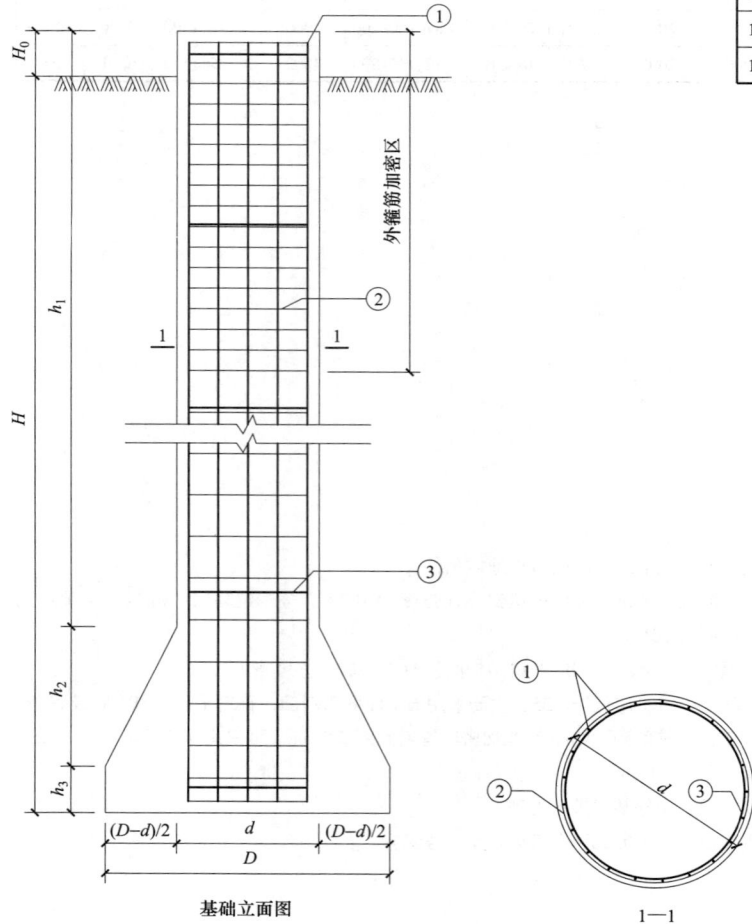

基础立面图

1—1

说明：1. 本基础适用于不受地下水影响的黄土地质条件。

2. 整体立塔时，混凝土的抗压强度应达到设计强度的100%。分解组塔时，混凝土必须达到抗压强度设计值的70%。

3. 基础根开及地脚螺栓间距与相应杆塔结构图核对无误后，方可施工。

4. 基础混凝土强度等级不应低于 C25，主筋采用 HRB400 级钢筋，箍筋采用 HPB300 级钢筋。

5. ②号钢筋加密区箍筋间距100mm，非加密区箍筋间距200mm。可采用螺旋箍筋。

6. 主筋保护层不小于 50mm。

7. 基础施工完毕后，做好基面排水处理。

8. 本基础按机械成孔施工方式，未考虑护壁工程量。

图 12.3-3 1JWK（K）4*-400 挖孔桩基础施工图

基 础 参 数 表

基础名称	桩身直径 d(mm)	扩底直径 D(mm)	基础埋深 H(mm)	主柱高 h_1(mm)	圆台高 h_2(mm)	下圆柱高 h_3(mm)	基础露头 H_0(mm)	主筋①	外箍筋②	外箍筋加密区长度(mm)	内箍筋③	单腿混凝土量(m^3)	单腿钢筋量(kg)
1JWK(K)4h-450-02	700	1300	13400	12500	900	200	200	17Φ16	Φ8@100/200	3500	Φ14@1500	5.80	451.9
1JWK(K)4h-450-07	800	1200	11600	11500	600	200	700	19Φ16	Φ8@100/200	4000	Φ14@1500	6.48	464.7
1JWK(K)4h-450-12	800	1200	11600	12000	600	200	1200	21Φ16	Φ8@100/200	4000	Φ14@1500	6.74	522.3
1JWK(K)4h-450-17	800	1200	11600	12500	600	200	1700	24Φ16	Φ8@100/200	4000	Φ14@1500	6.99	603.1
1JWK(K)4h-450-22	900	1500	9000	10100	900	200	2200	24Φ16	Φ8@100/200	4500	Φ14@1500	7.82	527.6
1JWK(K)4h-450-27	900	1500	9000	10600	900	200	2700	17Φ20	Φ8@100/200	4500	Φ14@1500	8.14	596.1

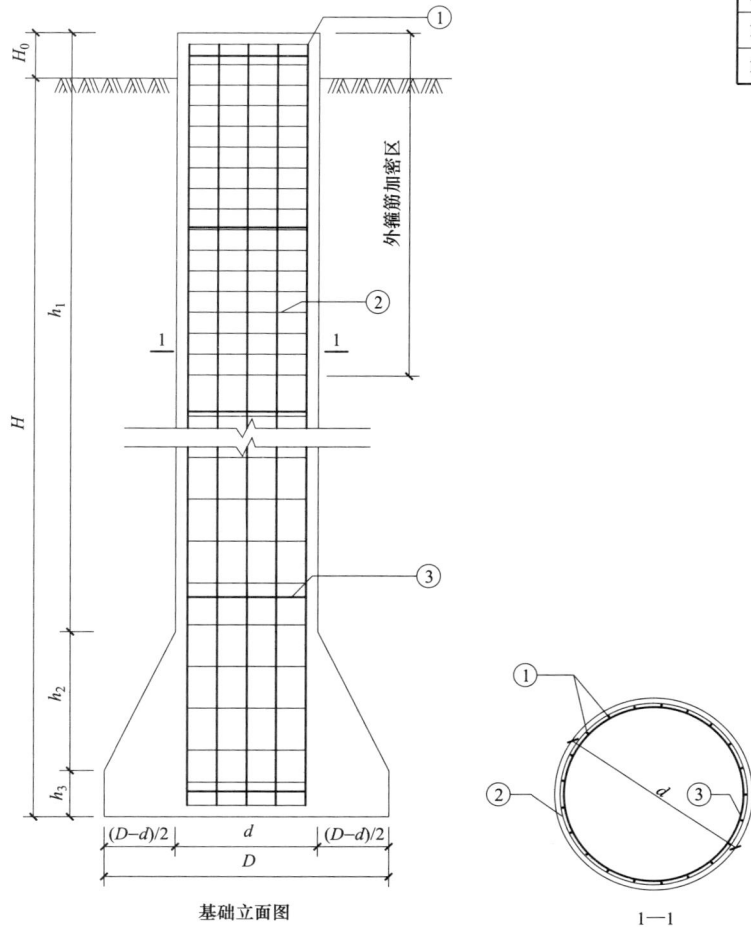

基础立面图

1—1

说明：1. 本基础适用于不受地下水影响的黄土地质条件。

2. 整体立塔时，混凝土的抗压强度应达到设计强度的100%。分解组塔时，混凝土必须达到抗压强度设计值的70%。

3. 基础根开及地脚螺栓间距与相应杆塔结构图核对无误后，方可施工。

4. 基础混凝土强度等级不应低于C25，主筋采用HRB400级钢筋，箍筋采用HPB300级钢筋。

5. ②号钢筋加密区箍筋间距100mm，非加密区箍筋间距200mm。可采用螺旋箍筋。

6. 主筋保护层不小于50mm。

7. 基础施工完毕后，做好基面排水处理。

8. 本基础按机械成孔施工方式，未考虑护壁工程量。

图 12.3-4　1JWK（K）4＊-450挖孔桩基础施工图

基 础 参 数 表

基础名称	桩身直径 d(mm)	扩底直径 D(mm)	基础埋深 H(mm)	主柱高 h_1(mm)	圆台高 h_2(mm)	下圆柱高 h_3(mm)	基础露头 H_0(mm)	主筋①	外箍筋②	外箍筋加密区长度 (mm)	内箍筋③	单腿混凝土量 (m^3)	单腿钢筋量 (kg)
1JWK(K)4h-500-02	700	1300	15000	14100	900	200	200	19Φ16	Φ8@100/200	3500	Φ14@1500	6.42	550.6
1JWK(K)4h-500-07	800	1200	13000	12900	600	200	700	21Φ16	Φ8@100/200	4000	Φ14@1500	7.19	558.2
1JWK(K)4h-500-12	800	1200	13000	13400	600	200	1200	24Φ16	Φ8@100/200	4000	Φ14@1500	7.44	644.0
1JWK(K)4h-500-17	900	1700	9400	9700	1200	200	1700	25Φ16	Φ8@100/200	4500	Φ14@1500	8.27	541.1
1JWK(K)4h-500-22	900	1700	9400	10200	1200	200	2200	21Φ18	Φ8@100/200	4500	Φ14@1500	8.59	591.3
1JWK(K)4h-500-27	1000	1800	8000	9300	1200	200	2700	22Φ18	Φ8@100/200	5000	Φ16@1500	9.71	595.1

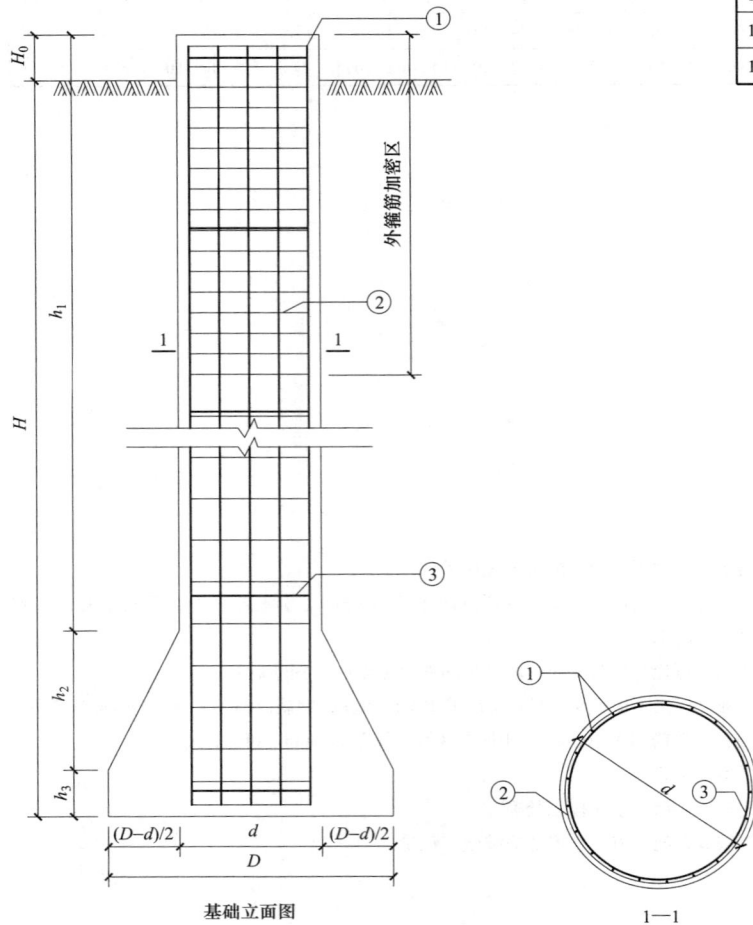

基础立面图

1—1

说明：1. 本基础适用于不受地下水影响的黄土地质条件。

2. 整体立塔时，混凝土的抗压强度应达到设计强度的100%。分解组塔时，混凝土必须达到抗压强度设计值的70%。

3. 基础根开及地脚螺栓间距与相应杆塔结构图核对无误后，方可施工。

4. 基础混凝土强度等级不应低于C25，主筋采用HRB400级钢筋，箍筋采用HPB300级钢筋。

5. ②号钢筋加密区箍筋间距100mm，非加密区箍筋间距200mm。可采用螺旋箍筋。

6. 主筋保护层不小于50mm。

7. 基础施工完毕后，做好基面排水处理。

8. 本基础按机械成孔施工方式，未考虑护壁工程量。

图 12.3-5 1JWK（K）4*-500 挖孔桩基础施工图

基 础 参 数 表

基础名称	桩身直径 d(mm)	扩底直径 D(mm)	基础埋深 H(mm)	主柱高 h_1(mm)	圆台高 h_2(mm)	下圆柱高 h_3(mm)	基础露头 H_0(mm)	主筋①	外箍筋②	外箍筋加密区长度(mm)	内箍筋③	单腿混凝土量(m³)	单腿钢筋量(kg)
1JWK(K)4h-550-02	800	1400	13800	12900	900	200	200	20Φ16	Φ8@100/200	4000	Φ14@1500	7.67	548.0
1JWK(K)4h-550-07	800	1400	13800	13400	900	200	700	23Φ16	Φ8@100/200	4000	Φ14@1500	7.92	633.6
1JWK(K)4h-550-12	900	1500	11600	11700	900	200	1200	24Φ16	Φ8@100/200	4500	Φ14@1500	8.84	599.1
1JWK(K)4h-550-17	900	1500	11600	12200	900	200	1700	22Φ18	Φ8@100/200	4500	Φ14@1500	9.15	700.8
1JWK(K)4h-550-22	1000	1800	9000	9800	1200	200	2200	22Φ18	Φ8@100/200	5000	Φ16@1500	10.10	620.5
1JWK(K)4h-550-27	1000	1800	9000	10300	1200	200	2700	24Φ18	Φ8@100/200	5000	Φ16@1500	10.50	691.0

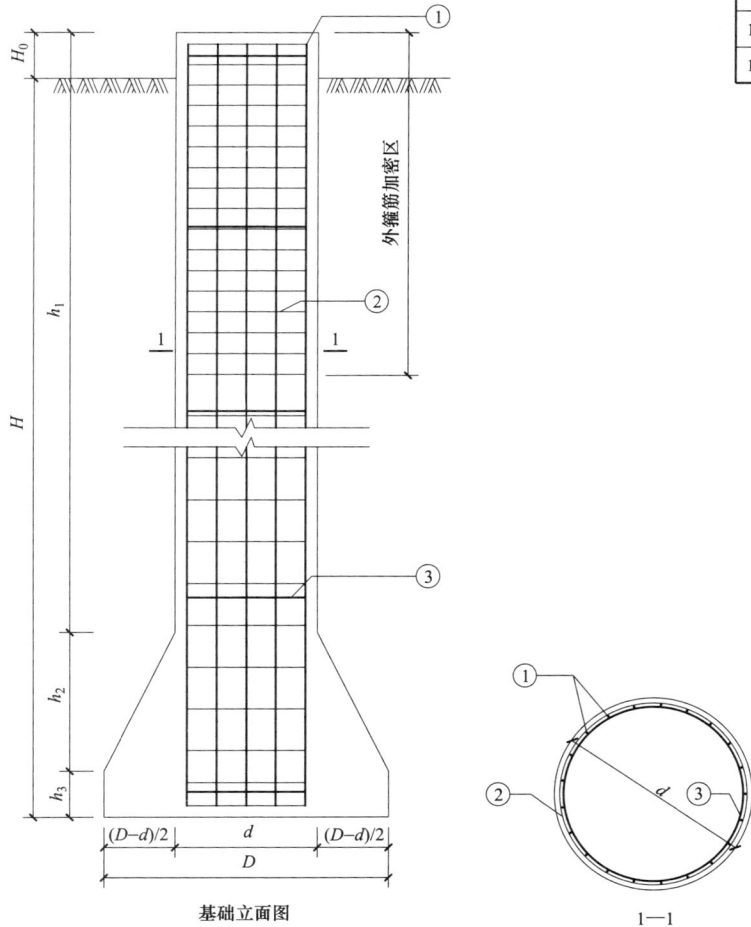

说明：1. 本基础适用于不受地下水影响的黄土地质条件。

2. 整体立塔时，混凝土的抗压强度应达到设计强度的 100%。分解组塔时，混凝土必须达到抗压强度设计值的 70%。

3. 基础根开及地脚螺栓间距与相应杆塔结构图核对无误后，方可施工。

4. 基础混凝土强度等级不应低于 C25，主筋采用 HRB400 级钢筋，箍筋采用 HPB300 级钢筋。

5. ②号钢筋加密区箍筋间距 100mm，非加密区箍筋间距 200mm。可采用螺旋箍筋。

6. 主筋保护层不小于 50mm。

7. 基础施工完毕后，做好基面排水处理。

8. 本基础按机械成孔施工方式，未考虑护壁工程量。

基础立面图

1—1

图 12.3-6　1JWK（K）4＊-550 挖孔桩基础施工图

基 础 参 数 表

基础名称	桩身直径 d(mm)	扩底直径 D(mm)	基础埋深 H(mm)	主柱高 h_1(mm)	圆台高 h_2(mm)	下圆柱高 h_3(mm)	基础露头 H_0(mm)	主筋①	外箍筋②	外箍筋加密区长度（mm）	内箍筋③	单腿混凝土量（m³）	单腿钢筋量（kg）
1JWK(K)4h-600-02	800	1400	15200	14300	900	200	200	17Φ18	Φ8@100/200	4000	Φ14@1500	8.37	637.1
1JWK(K)4h-600-07	900	1500	12800	12400	900	200	700	19Φ18	Φ8@100/200	4500	Φ14@1500	9.28	633.3
1JWK(K)4h-600-12	900	1500	12800	12900	900	200	1200	21Φ18	Φ8@100/200	4500	Φ14@1500	9.60	709.7
1JWK(K)4h-600-17	900	1500	12800	13400	900	200	1700	24Φ18	Φ8@100/200	4500	Φ14@1500	9.92	819.9
1JWK(K)4h-600-22	1000	1800	10000	10800	1200	200	2200	24Φ18	Φ8@100/200	5000	Φ16@1500	10.89	722.5
1JWK(K)4h-600-27	1000	1800	10000	11300	1200	200	2700	18Φ22	Φ8@100/200	5000	Φ16@1500	11.28	820.9

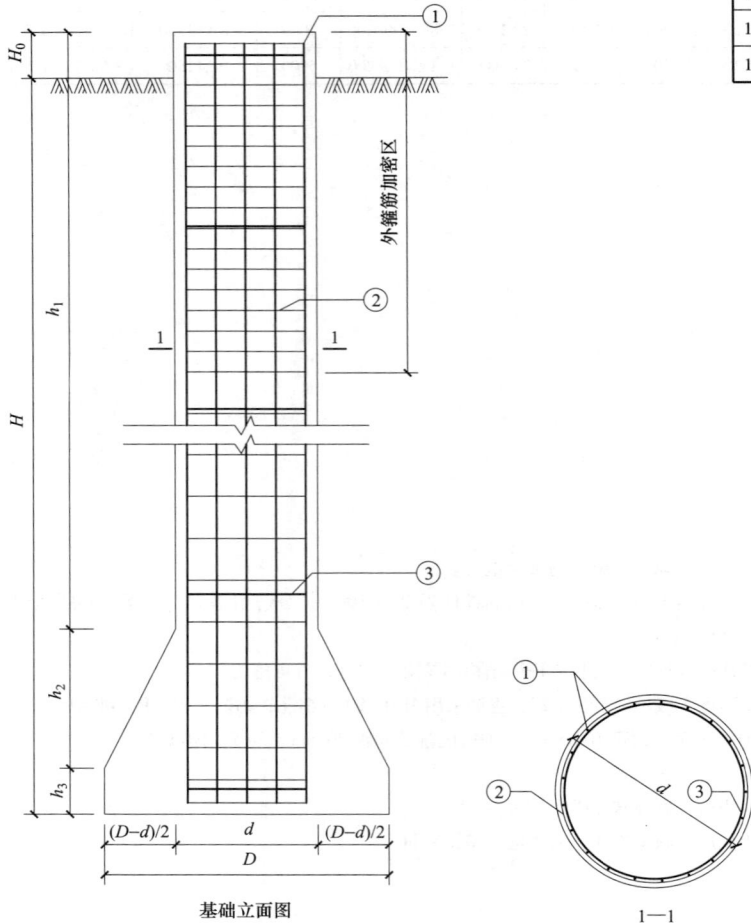

基础立面图

1—1

说明：1. 本基础适用于不受地下水影响的黄土地质条件。

2. 整体立塔时，混凝土的抗压强度应达到设计强度的100%。分解组塔时，混凝土必须达到抗压强度设计值的70%。

3. 基础根开及地脚螺栓间距与相应杆塔结构图核对无误后，方可施工。

4. 基础混凝土强度等级不应低于C25，主筋采用HRB400级钢筋，箍筋采用HPB300级钢筋。

5. ②号钢筋加密区箍筋间距100mm，非加密区箍筋间距200mm。可采用螺旋箍筋。

6. 主筋保护层不小于50mm。

7. 基础施工完毕后，做好基面排水处理。

8. 本基础按机械成孔施工方式，未考虑护壁工程量。

图 12.3-7　1JWK（K）4＊-600 挖孔桩基础施工图

第 13 章　2ZWK 模 块

本模块为直线塔挖孔桩基础模块，适用基础上拔力范围 700～1000kN，适用于黏性土、粉土、碎石土、黄土、岩石地质，包含 5 个子模块，共 360 个基础，24 张图纸，由四川咨询公司与福建院共同设计。

基础作用力见表 13.0-1，岩土类别及设计参数见表 13.0-2。

表 13.0-1　基 础 作 用 力

电压等级（kV）	基础作用力代号	$T(kN)$	$T_x(kN)$	$T_y(kN)$	$N(kN)$	$N_x(kN)$	$N_y(kN)$
220（330）	700	700	98	98	910	127	127
	800	800	112	112	1040	146	146
	900	900	126	126	1170	164	164
	1000	1000	140	140	1300	182	182

表 13.0-2　岩土类别及设计参数

序号	代号	岩土类别	$m(kN/m^4)$	$q_{sik}(kPa)$	$q_{pk}(kPa)$
1	1h	黏性土	35000	40	600
2	1i		35000	60	1000
3	1j		35000	80	1400
4	2h	粉土	35000	20	600
5	2i		35000	40	800
6	2j		35000	60	1200
7	3h	碎石土	100000	150	2000
8	3i		100000	170	2500
9	4h	黄土	14000	25	800

续表13.0-2

序号	代号	岩土类别	$m(kN/m^4)$	$q_{sik}(kPa)$	$q_{pk}(kPa)$
10	6a	岩石	100000	80	1200
11	6b		100000	100	1500
12	6c		100000	120	1800
13	6d		100000	140	2100
14	6e		100000	160	2400
15	6f		100000	180	2700

注　代号含义详见 5.2。

13.1　2ZWK1 子模块

此子模块适用于黏性土地基，共包含 4 张图纸，基础施工图图纸清单见表 13.1-1。

表 13.1-1　2ZWK1 子模块基础施工图图纸清单

序号	图号	图　名	基础作用力（kN） $T/T_x/T_y$	$N/N_x/N_y$
1	图 13.1-1	2ZWK1*-700 挖孔桩基础施工图	700/98/98	910/127/127
2	图 13.1-2	2ZWK1*-800 挖孔桩基础施工图	800/112/112	1040/146/146
3	图 13.1-3	2ZWK1*-900 挖孔桩基础施工图	900/126/126	1170/164/164
4	图 13.1-4	2ZWK1*-1000 挖孔桩基础施工图	1000/140/140	1300/182/182

注　1　*包含 1h、1i、1j 三种地质参数组合。

基础参数表

基础名称	桩身直径 d(mm)	基础埋深 H(mm)	基础露头 H₀(mm)	主筋①	外箍筋②	外箍筋加密区长度(mm)	内箍筋③	单腿混凝土量(m³)	单腿钢筋量(kg)
2ZWK1h-700-02	800	9200	200	20 Φ 16	Φ8@100/200	4000	Φ14@1500	4.72	375.1
2ZWK1h-700-07	800	9200	700	18 Φ 18	Φ8@100/200	4000	Φ14@1500	4.98	435.5
2ZWK1h-700-12	800	9200	1200	17 Φ 20	Φ8@100/200	4000	Φ14@1500	5.23	517.3
2ZWK1h-700-17	800	9200	1700	19 Φ 20	Φ8@100/200	4000	Φ14@1500	5.48	595.6
2ZWK1h-700-22	800	9200	2200	17 Φ 22	Φ8@100/200	4000	Φ14@1500	5.73	665.2
2ZWK1h-700-27	800	9200	2700	19 Φ 22	Φ8@100/200	4000	Φ14@1500	5.98	762.7
2ZWK1i-700-02	800	6800	200	16 Φ 18	Φ8@100/200	4000	Φ14@1500	3.52	286.5
2ZWK1i-700-07	800	6800	700	18 Φ 18	Φ8@100/200	4000	Φ14@1500	3.77	336.2
2ZWK1i-700-12	800	6800	1200	17 Φ 20	Φ8@100/200	4000	Φ14@1500	4.02	403.7
2ZWK1i-700-17	800	6800	1700	19 Φ 20	Φ8@100/200	4000	Φ14@1500	4.27	467.7
2ZWK1i-700-22	800	6800	2200	17 Φ 22	Φ8@100/200	4000	Φ14@1500	4.52	530.5
2ZWK1i-700-27	800	6800	2700	19 Φ 22	Φ8@100/200	4000	Φ14@1500	4.78	613.6
2ZWK1j-700-02	800	6000	200	16 Φ 18	Φ8@100/200	4000	Φ14@1500	3.12	257.4
2ZWK1j-700-07	800	6000	700	18 Φ 18	Φ8@100/200	4000	Φ14@1500	3.37	301.4
2ZWK1j-700-12	800	6000	1200	20 Φ 18	Φ8@100/200	4000	Φ14@1500	3.62	350.3
2ZWK1j-700-17	800	6000	1700	15 Φ 22	Φ8@100/200	4000	Φ14@1500	3.87	410.8
2ZWK1j-700-22	800	6000	2200	17 Φ 22	Φ8@100/200	4000	Φ14@1500	4.12	484.0
2ZWK1j-700-27	800	6000	2700	19 Φ 22	Φ8@100/200	4000	Φ14@1500	4.37	562.3

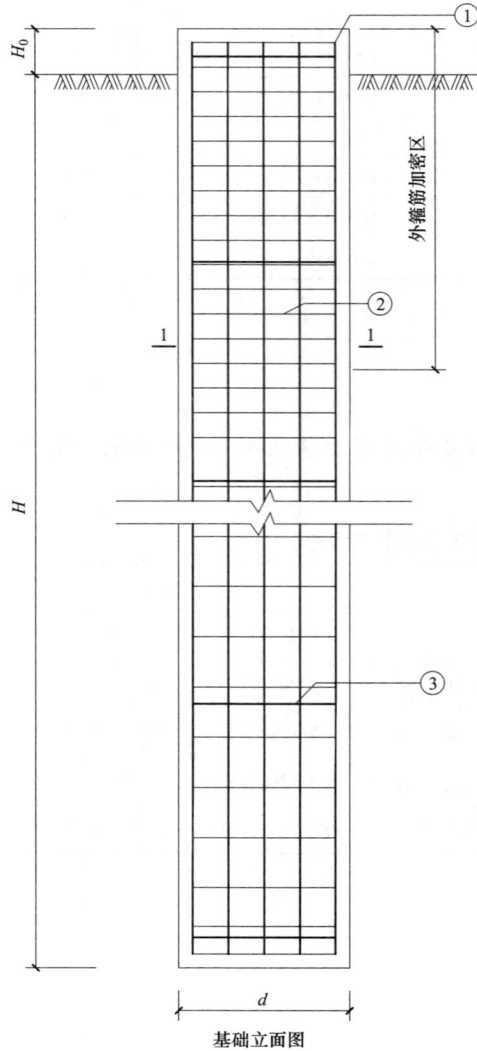

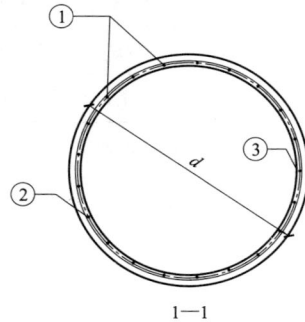

基础立面图

1—1

说明：1. 本基础适用于不受地下水影响的黏性土地质条件。

2. 整体立塔时，混凝土的抗压强度应达到设计强度的 100%。分解组塔时，混凝土必须达到抗压强度设计值的 70%。

3. 基础根开及地脚螺栓间距与相应杆塔结构图核对无误后，方可施工。

4. 基础混凝土强度等级不应低于 C25，主筋采用 HRB400 级钢筋，箍筋采用 HPB300 级钢筋。

5. ②号钢筋加密区箍筋间距 100mm，非加密区箍筋间距 200mm。可采用螺旋箍筋。

6. 主筋保护层不小于 50mm。

7. 基础施工完毕后，做好基面排水处理。

8. 本基础按机械成孔施工方式，未考虑护壁工程量。

图 13.1-1　2ZWK1＊-700 挖孔桩基础施工图

基 础 参 数 表

基础名称	桩身直径 d(mm)	基础埋深 H(mm)	基础露头 H_0(mm)	主筋①	外箍筋②	外箍筋加密区长度(mm)	内箍筋③	单腿混凝土量(m^3)	单腿钢筋量(kg)
2ZWK1h-800-02	800	10600	200	15Φ20	Φ8@100/200	4000	Φ14@1500	5.43	485.6
2ZWK1h-800-07	800	10600	700	17Φ20	Φ8@100/200	4000	Φ14@1500	5.68	561.0
2ZWK1h-800-12	800	10600	1200	19Φ20	Φ8@100/200	4000	Φ14@1500	5.93	642.2
2ZWK1h-800-17	800	10600	1700	21Φ20	Φ8@100/200	4000	Φ14@1500	6.18	729.9
2ZWK1h-800-22	800	10600	2200	15Φ25	Φ8@100/200	4000	Φ14@1500	6.43	834.3
2ZWK1h-800-27	800	10600	2700	17Φ25	Φ8@100/200	4000	Φ14@1500	6.69	966.5
2ZWK1i-800-02	800	7800	200	15Φ20	Φ8@100/200	4000	Φ14@1500	4.02	364.8
2ZWK1i-800-07	800	7800	700	17Φ20	Φ8@100/200	4000	Φ14@1500	4.27	426.4
2ZWK1i-800-12	800	7800	1200	19Φ20	Φ8@100/200	4000	Φ14@1500	4.52	496.3
2ZWK1i-800-17	800	7800	1700	21Φ20	Φ8@100/200	4000	Φ14@1500	4.78	567.7
2ZWK1i-800-22	800	7800	2200	15Φ25	Φ8@100/200	4000	Φ14@1500	5.03	655.3
2ZWK1i-800-27	800	7800	2700	17Φ25	Φ8@100/200	4000	Φ14@1500	5.28	768.4
2ZWK1j-800-02	800	6200	200	18Φ18	Φ8@100/200	4000	Φ14@1500	3.22	289.8
2ZWK1j-800-07	800	6200	700	17Φ20	Φ8@100/200	4000	Φ14@1500	3.47	349.9
2ZWK1j-800-12	800	6200	1200	19Φ20	Φ8@100/200	4000	Φ14@1500	3.72	409.4
2ZWK1j-800-17	800	6200	1700	21Φ20	Φ8@100/200	4000	Φ14@1500	3.97	475.4
2ZWK1j-800-22	800	6200	2200	15Φ25	Φ8@100/200	4000	Φ14@1500	4.22	553.4
2ZWK1j-800-27	800	6200	2700	17Φ25	Φ8@100/200	4000	Φ14@1500	4.47	651.7

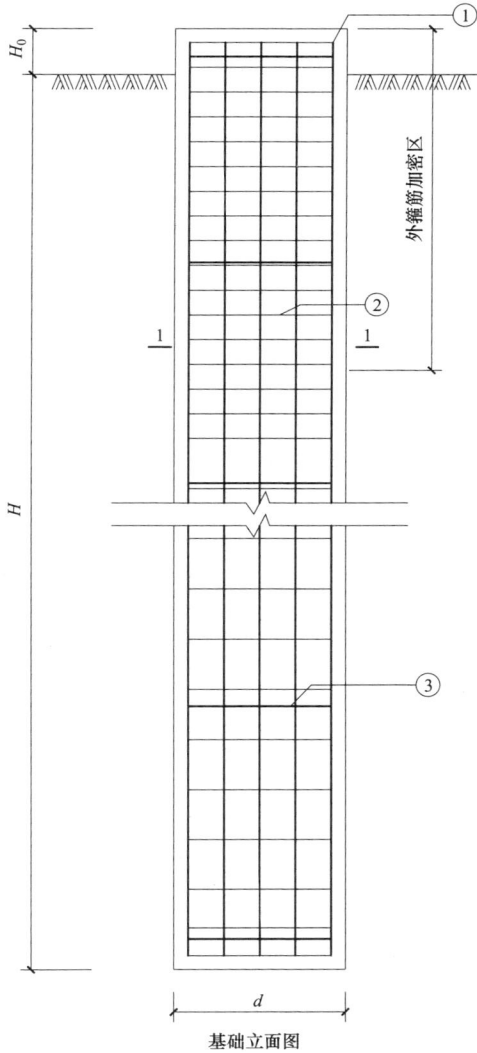

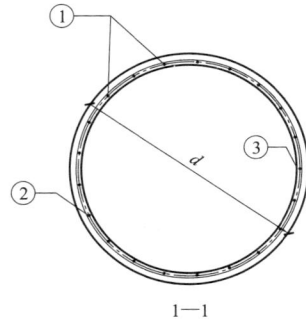

说明：1. 本基础适用于不受地下水影响的黏性土地质条件。

2. 整体立塔时，混凝土的抗压强度应达到设计强度的100%。分解组塔时，混凝土必须达到抗压强度设计值的70%。

3. 基础根开及地脚螺栓间距与相应杆塔结构图核对无误后，方可施工。

4. 基础混凝土强度等级不应低于C25，主筋采用HRB400级钢筋，箍筋采用HPB300级钢筋。

5. ②号钢筋加密区箍筋间距100mm，非加密区箍筋间距200mm。可采用螺旋箍筋。

6. 主筋保护层不小于50mm。

7. 基础施工完毕后，做好基面排水处理。

8. 本基础按机械成孔施工方式，未考虑护壁工程量。

基础立面图

1—1

图 13.1-2　2ZWK1＊-800 挖孔桩基础施工图

基础参数表

基础名称	桩身直径 d(mm)	基础埋深 H(mm)	基础露头 H_0(mm)	主筋①	外箍筋②	外箍筋加密区长度(mm)	内箍筋③	单腿混凝土量(m^3)	单腿钢筋量(kg)
2ZWK1h-900-02	800	12000	200	17Φ20	Φ8@100/200	4000	Φ14@1500	6.13	605.6
2ZWK1h-900-07	800	12000	700	19Φ20	Φ8@100/200	4000	Φ14@1500	6.38	690.3
2ZWK1h-900-12	800	12000	1200	21Φ20	Φ8@100/200	4000	Φ14@1500	6.64	780.9
2ZWK1h-900-17	800	12000	1700	20Φ22	Φ8@100/200	4000	Φ14@1500	6.89	918.0
2ZWK1h-900-22	900	10200	2200	16Φ25	Φ8@100/200	4500	Φ14@1500	7.89	873.2
2ZWK1h-900-27	900	10200	2700	18Φ25	Φ8@100/200	4500	Φ14@1500	8.21	1005.5
2ZWK1i-900-02	800	8800	200	17Φ20	Φ8@100/200	4000	Φ14@1500	4.52	452.5
2ZWK1i-900-07	800	8800	700	19Φ20	Φ8@100/200	4000	Φ14@1500	4.78	521.4
2ZWK1i-900-12	800	8800	1200	21Φ20	Φ8@100/200	4000	Φ14@1500	5.03	596.2
2ZWK1i-900-17	800	8800	1700	20Φ22	Φ8@100/200	4000	Φ14@1500	5.28	708.1
2ZWK1i-900-22	900	7600	2200	16Φ25	Φ8@100/200	4500	Φ14@1500	6.23	694.3
2ZWK1i-900-27	900	7600	2700	18Φ25	Φ8@100/200	4500	Φ14@1500	6.55	806.6
2ZWK1j-900-02	800	6800	200	17Φ20	Φ8@100/200	4000	Φ14@1500	3.52	354.9
2ZWK1j-900-07	800	6800	700	19Φ20	Φ8@100/200	4000	Φ14@1500	3.77	416.5
2ZWK1j-900-12	800	6800	1200	21Φ20	Φ8@100/200	4000	Φ14@1500	4.02	481.4
2ZWK1j-900-17	800	6800	1700	20Φ22	Φ8@100/200	4000	Φ14@1500	4.27	575.1
2ZWK1j-900-22	900	6000	2200	20Φ22	Φ8@100/200	4500	Φ14@1500	5.22	569.0
2ZWK1j-900-27	900	6000	2700	22Φ22	Φ8@100/200	4500	Φ14@1500	5.53	653.1

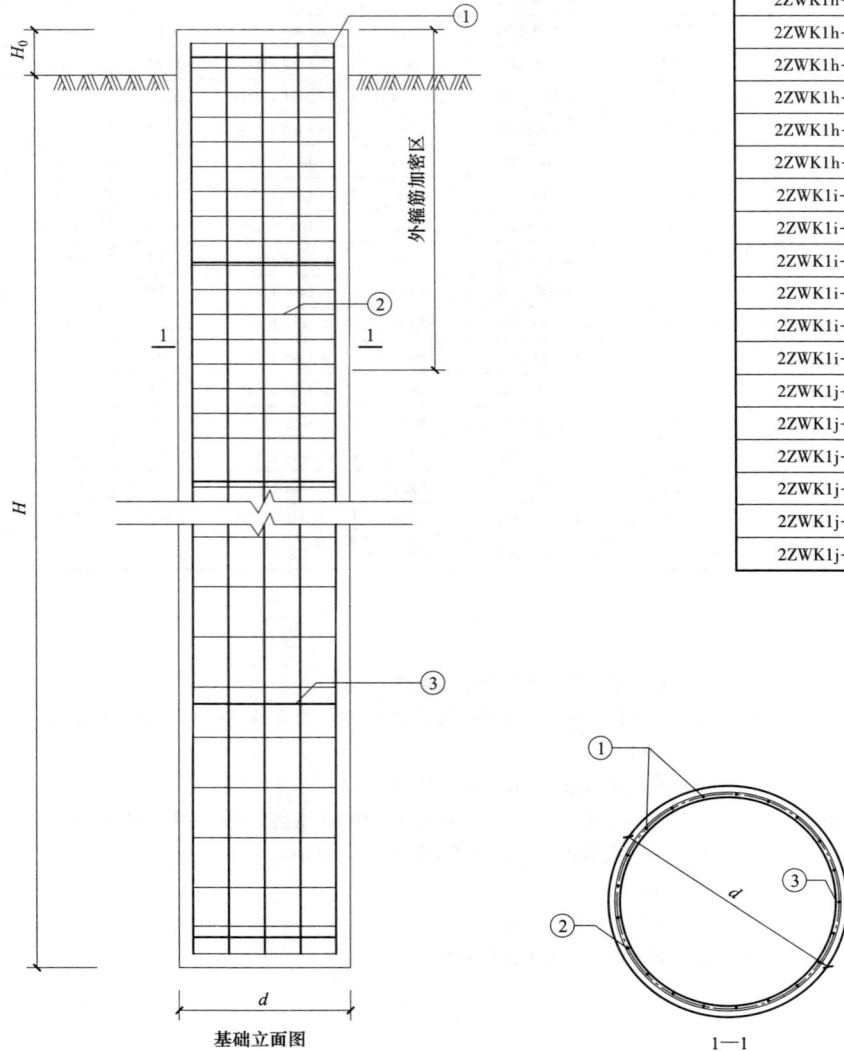

说明：1. 本基础适用于不受地下水影响的黏性土地质条件。

2. 整体立塔时，混凝土的抗压强度应达到设计强度的100%。分解组塔时，混凝土必须达到抗压强度设计值的70%。

3. 基础根开及地脚螺栓间距与相应杆塔结构图核对无误后，方可施工。

4. 基础混凝土强度等级不应低于 C25，主筋采用 HRB400 级钢筋，箍筋采用 HPB300 级钢筋。

5. ②号钢筋加密区箍筋间距 100mm，非加密区箍筋间距 200mm。可采用螺旋箍筋。

6. 主筋保护层不小于 50mm。

7. 基础施工完毕后，做好基面排水处理。

8. 本基础按机械成孔施工方式，未考虑护壁工程量。

基础立面图

1—1

图 13.1-3　2ZWK1*-900 挖孔桩基础施工图

基 础 参 数 表

基础名称	桩身直径 d(mm)	基础埋深 H(mm)	基础露头 H_0(mm)	主筋①	外箍筋②	外箍筋加密区长度(mm)	内箍筋③	单腿混凝土量(m^3)	单腿钢筋量(kg)
2ZWK1h-1000-02	900	11400	200	22 Φ 18	Φ 8@100/200	4500	Φ 14@1500	7.38	614.3
2ZWK1h-1000-07	900	11400	700	20 Φ 20	Φ 8@100/200	4500	Φ 14@1500	7.70	706.3
2ZWK1h-1000-12	900	11400	1200	22 Φ 20	Φ 8@100/200	4500	Φ 14@1500	8.02	794.6
2ZWK1h-1000-17	900	11400	1700	16 Φ 25	Φ 8@100/200	4500	Φ 14@1500	8.33	920.3
2ZWK1h-1000-22	900	11400	2200	18 Φ 25	Φ 8@100/200	4500	Φ 14@1500	8.65	1059.8
2ZWK1h-1000-27	900	11600	2700	19 Φ 25	Φ 8@100/200	4500	Φ 14@1500	9.10	1167.0
2ZWK1i-1000-02	900	8400	200	22 Φ 18	Φ 8@100/200	4500	Φ 14@1500	5.47	461.7
2ZWK1i-1000-07	900	8400	700	20 Φ 20	Φ 8@100/200	4500	Φ 14@1500	5.79	537.7
2ZWK1i-1000-12	900	8400	1200	22 Φ 20	Φ 8@100/200	4500	Φ 14@1500	6.11	611.1
2ZWK1i-1000-17	900	8400	1700	16 Φ 25	Φ 8@100/200	4500	Φ 14@1500	6.43	714.8
2ZWK1i-1000-22	900	8400	2200	18 Φ 25	Φ 8@100/200	4500	Φ 14@1500	6.74	831.2
2ZWK1i-1000-27	900	8400	2700	19 Φ 25	Φ 8@100/200	4500	Φ 14@1500	7.06	911.2
2ZWK1j-1000-02	900	6600	200	22 Φ 18	Φ 8@100/200	4500	Φ 14@1500	4.33	370.7
2ZWK1j-1000-07	900	6600	700	20 Φ 20	Φ 8@100/200	4500	Φ 14@1500	4.64	434.2
2ZWK1j-1000-12	900	6600	1200	22 Φ 20	Φ 8@100/200	4500	Φ 14@1500	4.96	501.6
2ZWK1j-1000-17	900	6600	1700	16 Φ 25	Φ 8@100/200	4500	Φ 14@1500	5.28	592.0
2ZWK1j-1000-22	900	6600	2200	18 Φ 25	Φ 8@100/200	4500	Φ 14@1500	5.60	691.7
2ZWK1j-1000-27	900	6600	2700	20 Φ 25	Φ 8@100/200	4500	Φ 14@1500	5.92	802.9

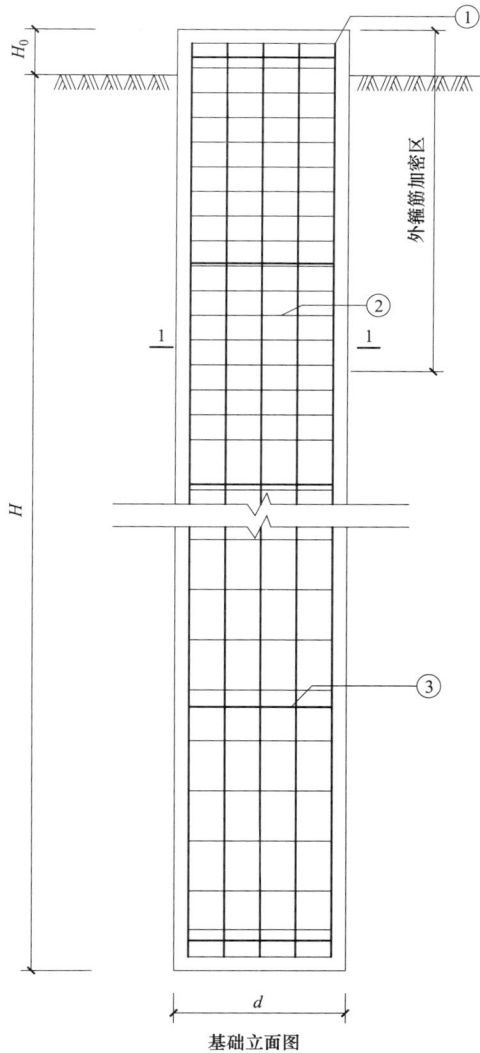

基础立面图

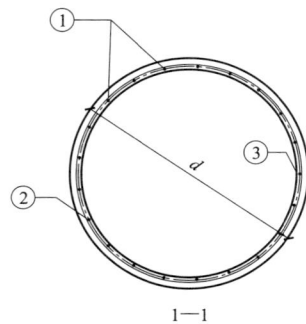

1—1

说明：1. 本基础适用于不受地下水影响的黏性土地质条件。

2. 整体立塔时，混凝土的抗压强度应达到设计强度的 100%。分解组塔时，混凝土必须达到抗压强度设计值的 70%。

3. 基础根开及地脚螺栓间距与相应杆塔结构图核对无误后，方可施工。

4. 基础混凝土强度等级不应低于 C25，主筋采用 HRB400 级钢筋，箍筋采用 HPB300 级钢筋。

5. ②号钢筋加密区箍筋间距 100mm，非加密区箍筋间距 200mm。可采用螺旋箍筋。

6. 主筋保护层不小于 50mm。

7. 基础施工完毕后，做好基面排水处理。

8. 本基础按机械成孔施工方式，未考虑护壁工程量。

图 13.1-4 2ZWK1＊-1000 挖孔桩基础施工图

13.2 2ZWK2 子模块

此子模块适用于粉土地基，共包含 4 张图纸，基础施工图图纸清单见表 13.2-1。

表 13.2-1　2ZWK2 子模块基础施工图图纸清单

序号	图号	图　名	基础作用力（kN）	
			$T/T_x/T_y$	$N/N_x/N_y$
1	图 13.2-1	2ZWK2＊-700 挖孔桩基础施工图	700/98/98	910/127/127
2	图 13.2-2	2ZWK2＊-800 挖孔桩基础施工图	800/112/112	1040/146/146
3	图 13.2-3	2ZWK2＊-900 挖孔桩基础施工图	900/126/126	1170/164/164
4	图 13.2-4	2ZWK2＊-1000 挖孔桩基础施工图	1000/140/140	1300/182/182

注　2＊包含 2h、2i、2j 三种地质参数组合。

基 础 参 数 表

基础名称	桩身直径 d(mm)	基础埋深 H(mm)	基础露头 H_0(mm)	主筋①	外箍筋②	外箍筋加密区长度(mm)	内箍筋③	单腿混凝土量(m^3)	单腿钢筋量(kg)
2ZWK2h-700-02	800	16000	200	20⌀16	Φ8@100/200	4000	Φ14@1500	8.14	629.5
2ZWK2h-700-07	800	16200	700	18⌀18	Φ8@100/200	4000	Φ14@1500	8.49	730.2
2ZWK2h-700-12	800	16400	1200	17⌀20	Φ8@100/200	4000	Φ14@1500	8.85	863.0
2ZWK2h-700-17	800	16600	1700	19⌀20	Φ8@100/200	4000	Φ14@1500	9.20	987.1
2ZWK2h-700-22	800	16800	2200	17⌀22	Φ8@100/200	4000	Φ14@1500	9.55	1096.3
2ZWK2h-700-27	800	17000	2700	19⌀22	Φ8@100/200	4000	Φ14@1500	9.90	1253.7
2ZWK2i-700-02	800	9200	200	20⌀16	Φ8@100/200	4000	Φ14@1500	4.72	375.1
2ZWK2i-700-07	800	9200	700	18⌀18	Φ8@100/200	4000	Φ14@1500	4.98	435.5
2ZWK2i-700-12	800	9200	1200	17⌀20	Φ8@100/200	4000	Φ14@1500	5.23	517.3
2ZWK2i-700-17	800	9200	1700	19⌀20	Φ8@100/200	4000	Φ14@1500	5.48	595.6
2ZWK2i-700-22	800	9200	2200	17⌀22	Φ8@100/200	4000	Φ14@1500	5.73	665.2
2ZWK2i-700-27	800	9200	2700	19⌀22	Φ8@100/200	4000	Φ14@1500	5.98	762.7
2ZWK2j-700-02	800	6800	200	20⌀16	Φ8@100/200	4000	Φ14@1500	3.52	283.9
2ZWK2j-700-07	800	6800	700	18⌀18	Φ8@100/200	4000	Φ14@1500	3.77	336.2
2ZWK2j-700-12	800	6800	1200	17⌀20	Φ8@100/200	4000	Φ14@1500	4.02	403.7
2ZWK2j-700-17	800	6800	1700	19⌀20	Φ8@100/200	4000	Φ14@1500	4.27	467.7
2ZWK2j-700-22	800	6800	2200	17⌀22	Φ8@100/200	4000	Φ14@1500	4.52	530.5
2ZWK2j-700-27	800	6800	2700	19⌀22	Φ8@100/200	4000	Φ14@1500	4.78	613.6

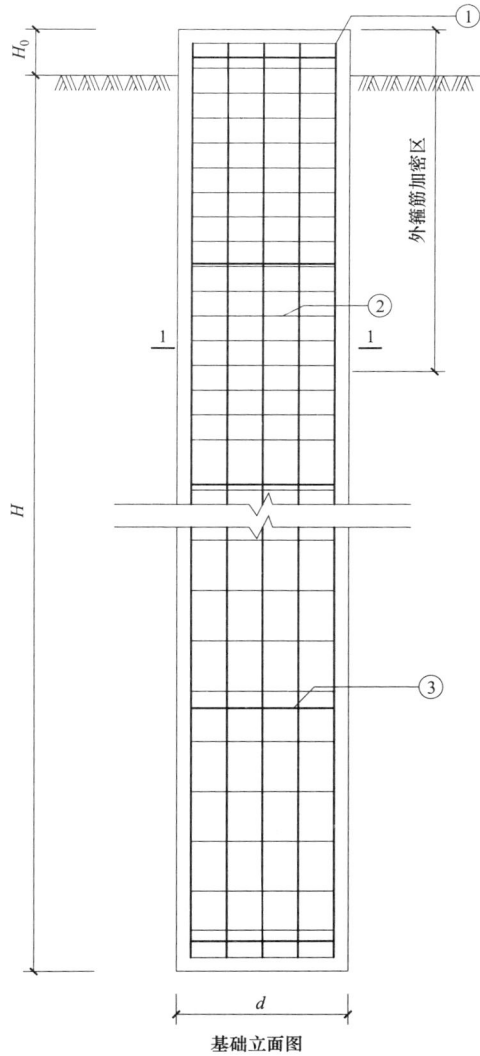

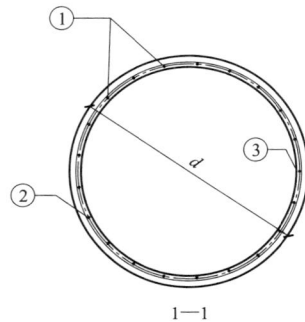

说明: 1. 本基础适用于不受地下水影响的粉土地质条件。
2. 整体立塔时，混凝土的抗压强度应达到设计强度的100%。分解组塔时，混凝土必须达到抗压强度设计值的70%。
3. 基础根开及地脚螺栓间距与相应杆塔结构图核对无误后，方可施工。
4. 基础混凝土强度等级不应低于C25，主筋采用HRB400级钢筋，箍筋采用HPB300级钢筋。
5. ②号钢筋加密区箍筋间距100mm，非加密区箍筋间距200mm。可采用螺旋箍筋。
6. 主筋保护层不小于50mm。
7. 基础施工完毕后，做好基面排水处理。
8. 本基础按机械成孔施工方式，未考虑护壁工程量。

基础立面图

1—1

图 13.2-1 2ZWK2∗-700 挖孔桩基础施工图

基 础 参 数 表

基础名称	桩身直径 d(mm)	基础埋深 H(mm)	基础露头 H_0(mm)	主筋①	外箍筋②	外箍筋加密区长度(mm)	内箍筋③	单腿混凝土量(m³)	单腿钢筋量(kg)
2ZWK2h-800-02	800	19200	200	15 Φ 20	Φ 8@ 100/200	4000	Φ 14@ 1500	9.75	853.7
2ZWK2h-800-07	800	19400	700	17 Φ 20	Φ 8@ 100/200	4000	Φ 14@ 1500	10.10	983.2
2ZWK2h-800-12	800	19600	1200	19 Φ 20	Φ 8@ 100/200	4000	Φ 14@ 1500	10.46	1118.1
2ZWK2h-800-17	800	19800	1700	21 Φ 20	Φ 8@ 100/200	4000	Φ 14@ 1500	10.81	1261.4
2ZWK2h-800-22	800	20000	2200	15 Φ 25	Φ 8@ 100/200	4000	Φ 14@ 1500	11.16	1433.3
2ZWK2h-800-27	800	20200	2700	17 Φ 25	Φ 8@ 100/200	4000	Φ 14@ 1500	11.51	1654.4
2ZWK2i-800-02	800	10600	200	15 Φ 20	Φ 8@ 100/200	4000	Φ 14@ 1500	5.43	485.6
2ZWK2i-800-07	800	10600	700	17 Φ 20	Φ 8@ 100/200	4000	Φ 14@ 1500	5.68	561.0
2ZWK2i-800-12	800	10600	1200	19 Φ 20	Φ 8@ 100/200	4000	Φ 14@ 1500	5.93	642.2
2ZWK2i-800-17	800	10600	1700	21 Φ 20	Φ 8@ 100/200	4000	Φ 14@ 1500	6.18	729.9
2ZWK2i-800-22	800	10600	2200	15 Φ 25	Φ 8@ 100/200	4000	Φ 14@ 1500	6.43	834.3
2ZWK2i-800-27	800	10600	2700	17 Φ 25	Φ 8@ 100/200	4000	Φ 14@ 1500	6.69	966.5
2ZWK2j-800-02	800	7800	200	15 Φ 20	Φ 8@ 100/200	4000	Φ 14@ 1500	4.02	364.8
2ZWK2j-800-07	800	7800	700	17 Φ 20	Φ 8@ 100/200	4000	Φ 14@ 1500	4.27	426.4
2ZWK2j-800-12	800	7800	1200	19 Φ 20	Φ 8@ 100/200	4000	Φ 14@ 1500	4.52	496.3
2ZWK2j-800-17	800	7800	1700	21 Φ 20	Φ 8@ 100/200	4000	Φ 14@ 1500	4.78	567.7
2ZWK2j-800-22	800	7800	2200	15 Φ 25	Φ 8@ 100/200	4000	Φ 14@ 1500	5.03	655.3
2ZWK2j-800-27	800	7800	2700	17 Φ 25	Φ 8@ 100/200	4000	Φ 14@ 1500	5.28	768.4

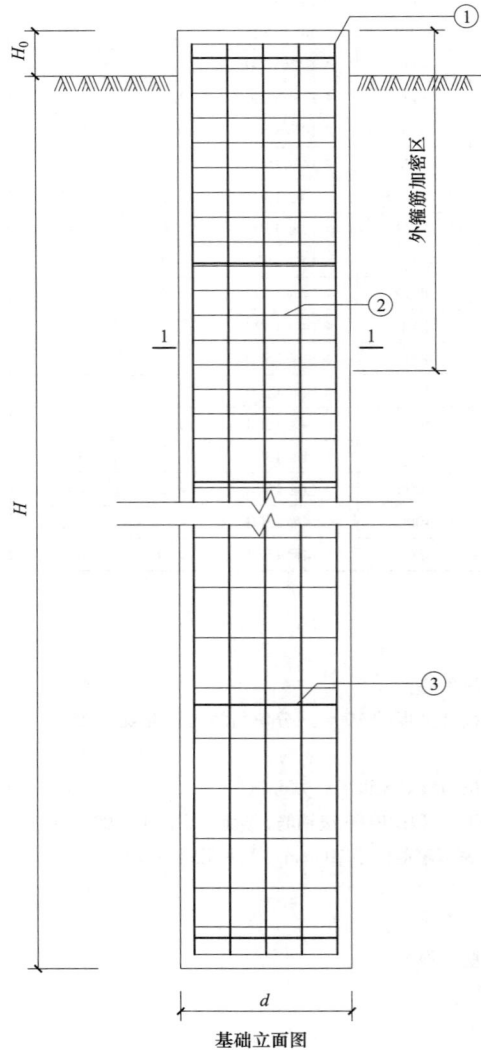

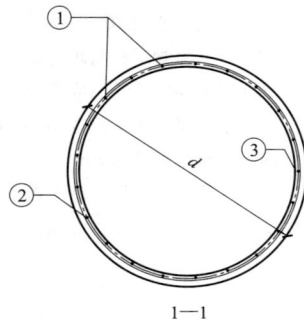

基础立面图

1—1

图 13.2-2 2ZWK2＊-800 挖孔桩基础施工图

说明：1. 本基础适用于不受地下水影响的粉土地质条件。

2. 整体立塔时，混凝土的抗压强度应达到设计强度的 100%。分解组塔时，混凝土必须达到抗压强度设计值的 70%。

3. 基础根开及地脚螺栓间距与相应杆塔结构图核对无误后，方可施工。

4. 基础混凝土强度等级不应低于 C25，主筋采用 HRB400 级钢筋，箍筋采用 HPB300 级钢筋。

5. ②号钢筋加密区箍筋间距 100mm，非加密区箍筋间距 200mm。可采用螺旋箍筋。

6. 主筋保护层不小于 50mm。

7. 基础施工完毕后，做好基面排水处理。

8. 本基础按机械成孔施工方式，未考虑护壁工程量。

基础立面图

1—1

图 13.2-3　2ZWK2＊-900 挖孔桩基础施工图

基 础 参 数 表

基础名称	桩身直径 d (mm)	基础埋深 H (mm)	基础露头 H_0 (mm)	主筋①	外箍筋②	外箍筋加密区长度 (mm)	内箍筋③	单腿混凝土量 (m^3)	单腿钢筋量 (kg)
2ZWK2h-900-02	800	22400	200	17Φ20	Φ8@100/200	4000	Φ14@1500	11.36	1104.4
2ZWK2h-900-07	800	22600	700	19Φ20	Φ8@100/200	4000	Φ14@1500	11.71	1250.7
2ZWK2h-900-12	800	22800	1200	21Φ20	Φ8@100/200	4000	Φ14@1500	12.06	1407.2
2ZWK2h-900-17	800	23000	1700	20Φ22	Φ8@100/200	4000	Φ14@1500	12.42	1639.8
2ZWK2h-900-22	900	20000	2200	16Φ25	Φ8@100/200	4500	Φ14@1500	14.12	1543.2
2ZWK2h-900-27	900	20200	2700	14Φ28	Φ8@100/200	4500	Φ14@1500	14.57	1729.9
2ZWK2i-900-02	800	12000	200	17Φ20	Φ8@100/200	4000	Φ14@1500	6.13	605.6
2ZWK2i-900-07	800	12000	700	19Φ20	Φ8@100/200	4000	Φ14@1500	6.38	690.3
2ZWK2i-900-12	800	12000	1200	21Φ20	Φ8@100/200	4000	Φ14@1500	6.64	780.9
2ZWK2i-900-17	800	12000	1700	20Φ22	Φ8@100/200	4000	Φ14@1500	6.89	918.0
2ZWK2i-900-22	900	10200	2200	16Φ25	Φ8@100/200	4500	Φ14@1500	7.89	873.2
2ZWK2i-900-27	900	10200	2700	14Φ28	Φ8@100/200	4500	Φ14@1500	8.21	983.7
2ZWK2j-900-02	800	8800	200	17Φ20	Φ8@100/200	4000	Φ14@1500	4.52	452.5
2ZWK2j-900-07	800	8800	700	19Φ20	Φ8@100/200	4000	Φ14@1500	4.78	521.4
2ZWK2j-900-12	800	8800	1200	21Φ20	Φ8@100/200	4000	Φ14@1500	5.03	596.2
2ZWK2j-900-17	800	8800	1700	20Φ22	Φ8@100/200	4000	Φ14@1500	5.28	708.1
2ZWK2j-900-22	900	7600	2200	16Φ25	Φ8@100/200	4500	Φ14@1500	6.23	694.3
2ZWK2j-900-27	900	7600	2700	14Φ28	Φ8@100/200	4500	Φ14@1500	6.55	789.2

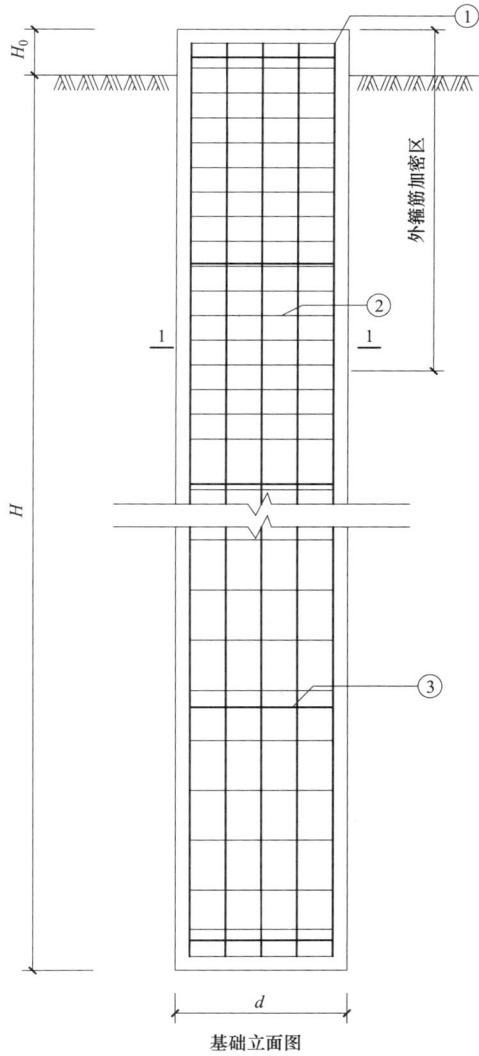

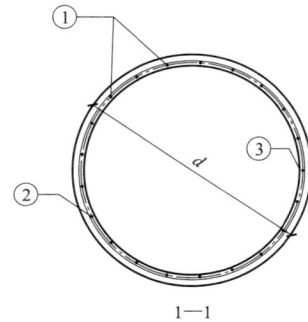

说明：1. 本基础适用于不受地下水影响的粉土地质条件。

2. 整体立塔时，混凝土的抗压强度应达到设计强度的 100%。分解组塔时，混凝土必须达到抗压强度设计值的 70%。

3. 基础根开及地脚螺栓间距与相应杆塔结构图核对无误后，方可施工。

4. 基础混凝土强度等级不应低于 C25，主筋采用 HRB400 级钢筋，箍筋采用 HPB300 级钢筋。

5. ②号钢筋加密区箍筋间距 100mm，非加密区箍筋间距 200mm。可采用螺旋箍筋。

6. 主筋保护层不小于 50mm。

7. 基础施工完毕后，做好基面排水处理。

8. 本基础按机械成孔施工方式，未考虑护壁工程量。

基础立面图

1—1

基 础 参 数 表

基础名称	桩身直径 d(mm)	基础埋深 H(mm)	基础露头 H_0(mm)	主筋①	外箍筋②	外箍筋加密区长度(mm)	内箍筋③	单腿混凝土量（m^3）	单腿钢筋量（kg）
2ZWK2h-1000-02	900	22000	200	22Φ18	Φ8@100/200	4500	Φ14@1500	14.12	1153.1
2ZWK2h-1000-07	900	22200	700	20Φ20	Φ8@100/200	4500	Φ14@1500	14.57	1312.9
2ZWK2h-1000-12	900	22400	1200	22Φ20	Φ8@100/200	4500	Φ14@1500	15.01	1466.3
2ZWK2h-1000-17	900	22600	1700	16Φ25	Φ8@100/200	4500	Φ14@1500	15.46	1689.3
2ZWK2h-1000-22	900	22800	2200	18Φ25	Φ8@100/200	4500	Φ14@1500	15.90	1927.2
2ZWK2h-1000-27	900	23000	2700	19Φ25	Φ8@100/200	4500	Φ14@1500	16.35	2081.1
2ZWK2i-1000-02	900	11400	200	22Φ18	Φ8@100/200	4500	Φ14@1500	7.38	614.3
2ZWK2i-1000-07	900	11400	700	20Φ20	Φ8@100/200	4500	Φ14@1500	7.70	706.3
2ZWK2i-1000-12	900	11400	1200	22Φ20	Φ8@100/200	4500	Φ14@1500	8.02	794.6
2ZWK2i-1000-17	900	11400	1700	16Φ25	Φ8@100/200	4500	Φ14@1500	8.33	920.3
2ZWK2i-1000-22	900	11400	2200	18Φ25	Φ8@100/200	4500	Φ14@1500	8.65	1059.8
2ZWK2i-1000-27	900	11400	2700	19Φ25	Φ8@100/200	4500	Φ14@1500	8.97	1151.4
2ZWK2j-1000-02	900	8400	200	22Φ18	Φ8@100/200	4500	Φ14@1500	5.47	461.7
2ZWK2j-1000-07	900	8400	700	20Φ20	Φ8@100/200	4500	Φ14@1500	5.79	537.7
2ZWK2j-1000-12	900	8400	1200	22Φ20	Φ8@100/200	4500	Φ14@1500	6.11	611.1
2ZWK2j-1000-17	900	8400	1700	16Φ25	Φ8@100/200	4500	Φ14@1500	6.43	714.8
2ZWK2j-1000-22	900	8400	2200	18Φ25	Φ8@100/200	4500	Φ14@1500	6.74	831.2
2ZWK2j-1000-27	900	8400	2700	19Φ25	Φ8@100/200	4500	Φ14@1500	7.06	911.2

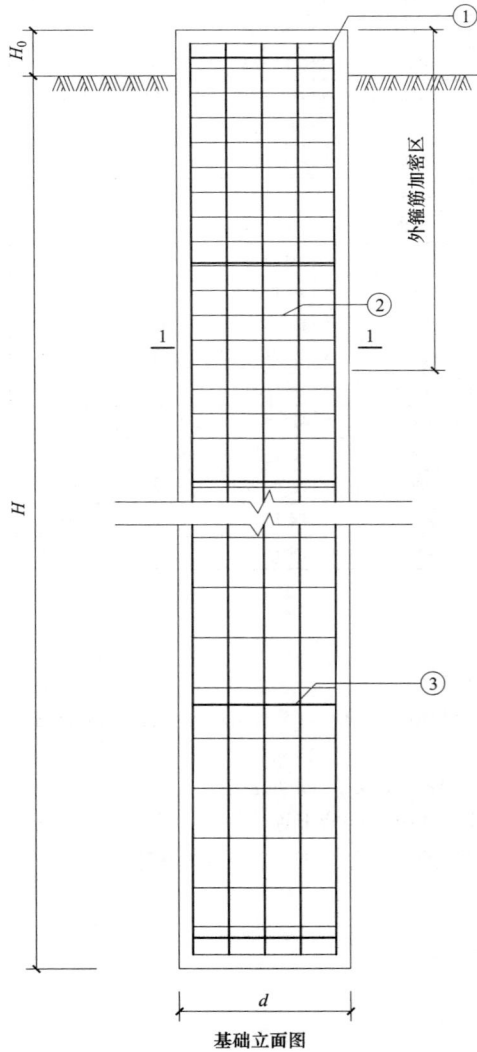

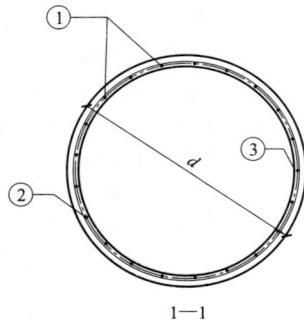

说明：1. 本基础适用于不受地下水影响的粉土地质条件。

2. 整体立塔时，混凝土的抗压强度应达到设计强度的 100%。分解组塔时，混凝土必须达到抗压强度设计值的 70%。

3. 基础根开及地脚螺栓间距与相应杆塔结构图核对无误后，方可施工。

4. 基础混凝土强度等级不应低于 C25，主筋采用 HRB400 级钢筋，箍筋采用 HPB300 级钢筋。

5. ②号钢筋加密区箍筋间距 100mm，非加密区箍筋间距 200mm。可采用螺旋箍筋。

6. 主筋保护层不小于 50mm。

7. 基础施工完毕后，做好基面排水处理。

8. 本基础按机械成孔施工方式，未考虑护壁工程量。

图 13.2-4　2ZWK2*-1000 挖孔桩基础施工图

13.3 2ZWK3 子模块

此子模块适用于碎石土地基，共包含 4 张图纸，基础施工图图纸清单见表 13.3-1。

表 13.3-1　　　　　**2ZWK3 子模块基础施工图图纸清单**

序号	图号	图　　名	基础作用力（kN）	
			$T/T_x/T_y$	$N/N_x/N_y$
1	图 13.3-1	2ZWK3*-700 挖孔桩基础施工图	700/98/98	910/127/127
2	图 13.3-2	2ZWK3*-800 挖孔桩基础施工图	800/112/112	1040/146/146
3	图 13.3-3	2ZWK3*-900 挖孔桩基础施工图	900/126/126	1170/164/164
4	图 13.3-4	2ZWK3*-1000 挖孔桩基础施工图	1000/140/140	1300/182/182

注　3*包含 3h、3i 两种地质参数组合。

基 础 参 数 表

基础名称	桩身直径 d(mm)	基础埋深 H(mm)	基础露头 H_0(mm)	主筋①	外箍筋②	外箍筋加密区长度(mm)	内箍筋③	单腿混凝土量(m^3)	单腿钢筋量(kg)
2ZWK3h-700-02	800	6000	200	18 ϕ 16	Φ8@100/200	4000	Φ14@1500	3.12	235.9
2ZWK3h-700-07	800	6000	700	21 ϕ 16	Φ8@100/200	4000	Φ14@1500	3.37	283.0
2ZWK3h-700-12	800	6000	1200	19 ϕ 18	Φ8@100/200	4000	Φ14@1500	3.62	336.2
2ZWK3h-700-17	800	6000	1700	18 ϕ 20	Φ8@100/200	4000	Φ14@1500	3.87	408.1
2ZWK3h-700-22	800	6000	2200	20 ϕ 20	Φ8@100/200	4000	Φ14@1500	4.12	472.7
2ZWK3h-700-27	800	6000	2700	18 ϕ 22	Φ8@100/200	4000	Φ14@1500	4.37	536.7
2ZWK3i-700-02	800	6000	200	18 ϕ 16	Φ8@100/200	4000	Φ14@1500	3.12	235.9
2ZWK3i-700-07	800	6000	700	21 ϕ 16	Φ8@100/200	4000	Φ14@1500	3.37	283.0
2ZWK3i-700-12	800	6000	1200	19 ϕ 18	Φ8@100/200	4000	Φ14@1500	3.62	336.2
2ZWK3i-700-17	800	6000	1700	18 ϕ 20	Φ8@100/200	4000	Φ14@1500	3.87	408.1
2ZWK3i-700-22	800	6000	2200	20 ϕ 20	Φ8@100/200	4000	Φ14@1500	4.12	472.7
2ZWK3i-700-27	800	6000	2700	18 ϕ 22	Φ8@100/200	4000	Φ14@1500	4.37	536.7

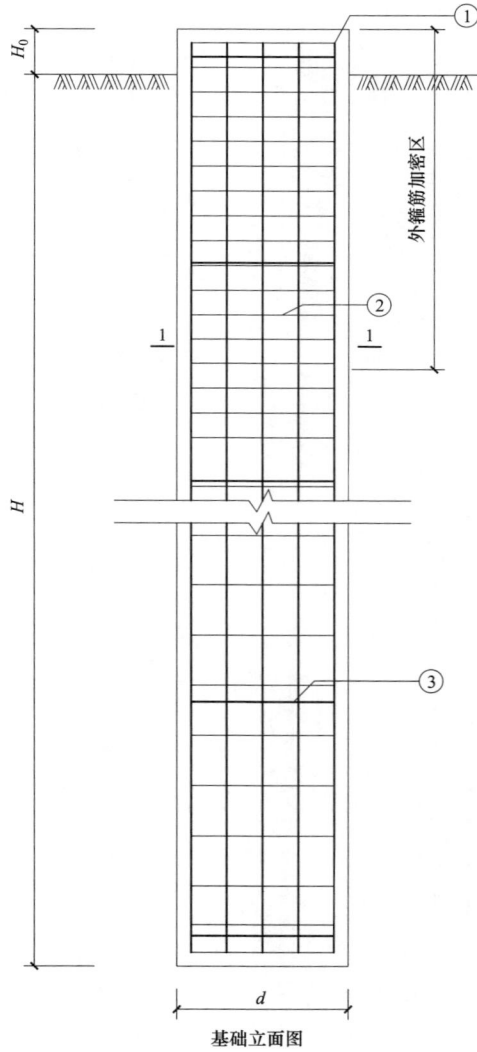

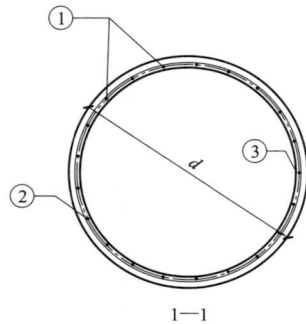

基础立面图

1—1

说明：1. 本基础适用于不受地下水影响的碎石土地质条件。

2. 整体立塔时，混凝土的抗压强度应达到设计强度的100%。分解组塔时，混凝土必须达到抗压强度设计值的70%。

3. 基础根开及地脚螺栓间距与相应杆塔结构图核对无误后，方可施工。

4. 基础混凝土强度等级不应低于 C25，主筋采用 HRB400 级钢筋，箍筋采用 HPB300 级钢筋。

5. ②号钢筋加密区箍筋间距 100mm，非加密区箍筋间距 200mm。可采用螺旋箍筋。

6. 主筋保护层不小于 50mm。

7. 基础施工完毕后，做好基面排水处理。

8. 本基础按机械成孔施工方式，未考虑护壁工程量。

图 13.3-1　2ZWK3 * -700 挖孔桩基础施工图

基 础 参 数 表

基础名称	桩身直径 d(mm)	基础埋深 H(mm)	基础露头 H_0(mm)	主筋①	外箍筋②	外箍筋加密区长度(mm)	内箍筋③	单腿混凝土量(m^3)	单腿钢筋量(kg)
2ZWK3h-800-02	800	6000	200	21Φ16	Φ8@100/200	4000	Φ14@1500	3.12	264.7
2ZWK3h-800-07	800	6000	700	16Φ20	Φ8@100/200	4000	Φ14@1500	3.37	324.4
2ZWK3h-800-12	800	6000	1200	18Φ20	Φ8@100/200	4000	Φ14@1500	3.62	381.7
2ZWK3h-800-17	800	6000	1700	20Φ20	Φ8@100/200	4000	Φ14@1500	3.87	445.4
2ZWK3h-800-22	800	6000	2200	19Φ22	Φ8@100/200	4000	Φ14@1500	4.12	532.2
2ZWK3h-800-27	800	6000	2700	16Φ25	Φ8@100/200	4000	Φ14@1500	4.37	604.7
2ZWK3i-800-02	800	6000	200	21Φ16	Φ8@100/200	4000	Φ14@1500	3.12	264.7
2ZWK3i-800-07	800	6000	700	16Φ20	Φ8@100/200	4000	Φ14@1500	3.37	324.4
2ZWK3i-800-12	800	6000	1200	18Φ20	Φ8@100/200	4000	Φ14@1500	3.62	381.7
2ZWK3i-800-17	800	6000	1700	20Φ20	Φ8@100/200	4000	Φ14@1500	3.87	445.4
2ZWK3i-800-22	800	6000	2200	19Φ22	Φ8@100/200	4000	Φ14@1500	4.12	532.2
2ZWK3i-800-27	800	6000	2700	16Φ25	Φ8@100/200	4000	Φ14@1500	4.37	604.7

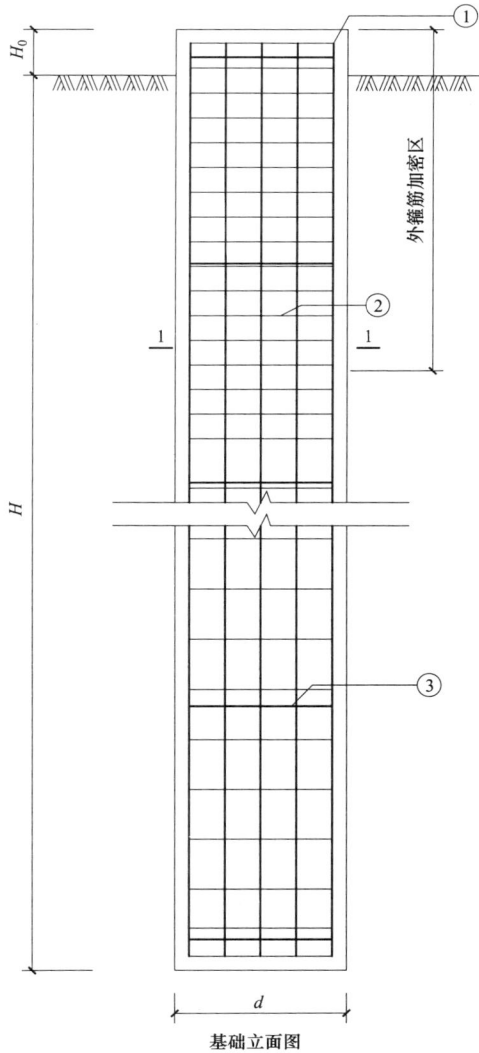

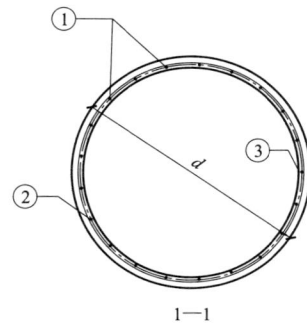

基础立面图

1—1

说明：1. 本基础适用于不受地下水影响的碎石土地质条件。

2. 整体立塔时，混凝土的抗压强度应达到设计强度的100%。分解组塔时，混凝土必须达到抗压强度设计值的70%。

3. 基础根开及地脚螺栓间距与相应杆塔结构图核对无误后，方可施工。

4. 基础混凝土强度等级不应低于C25，主筋采用HRB400级钢筋，箍筋采用HPB300级钢筋。

5. ②号钢筋加密区箍筋间距100mm，非加密区箍筋间距200mm。可采用螺旋箍筋。

6. 主筋保护层不小于50mm。

7. 基础施工完毕后，做好基面排水处理。

8. 本基础按机械成孔施工方式，未考虑护壁工程量。

图 13.3-2 2ZWK3∗-800 挖孔桩基础施工图

基 础 参 数 表

基础名称	桩身直径 d(mm)	基础埋深 H(mm)	基础露头 H_0(mm)	主筋①	外箍筋②	外箍筋加密区长度(mm)	内箍筋③	单腿混凝土量 (m³)	单腿钢筋量 (kg)
2ZWK3h-900-02	800	6000	200	19Φ18	Φ8@100/200	4000	Φ14@1500	3.12	293.8
2ZWK3h-900-07	800	6000	700	18Φ20	Φ8@100/200	4000	Φ14@1500	3.37	356.8
2ZWK3h-900-12	800	6000	1200	20Φ20	Φ8@100/200	4000	Φ14@1500	3.62	416.6
2ZWK3h-900-17	800	6000	1700	19Φ22	Φ8@100/200	4000	Φ14@1500	3.87	501.2
2ZWK3h-900-22	800	6000	2200	13Φ28	Φ8@100/200	4000	Φ14@1500	4.12	581.5
2ZWK3h-900-27	800	6000	2700	15Φ28	Φ8@100/200	4000	Φ14@1500	4.37	697.6
2ZWK3i-900-02	800	6000	200	19Φ18	Φ8@100/200	4000	Φ14@1500	3.12	293.8
2ZWK3i-900-07	800	6000	700	18Φ20	Φ8@100/200	4000	Φ14@1500	3.37	356.8
2ZWK3i-900-12	800	6000	1200	20Φ20	Φ8@100/200	4000	Φ14@1500	3.62	416.6
2ZWK3i-900-17	800	6000	1700	19Φ22	Φ8@100/200	4000	Φ14@1500	3.87	501.2
2ZWK3i-900-22	800	6000	2200	13Φ28	Φ8@100/200	4000	Φ14@1500	4.12	581.5
2ZWK3i-900-27	800	6000	2700	15Φ28	Φ8@100/200	4000	Φ14@1500	4.37	697.6

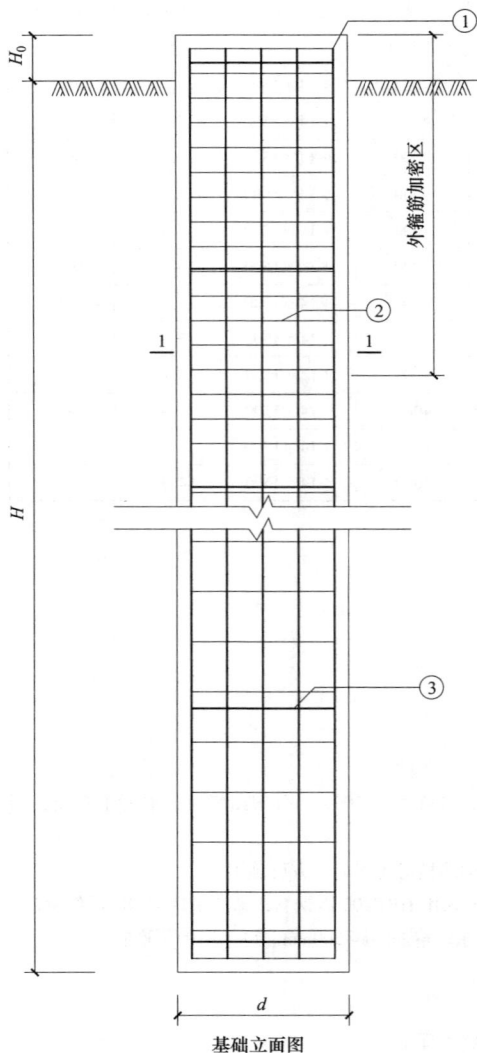

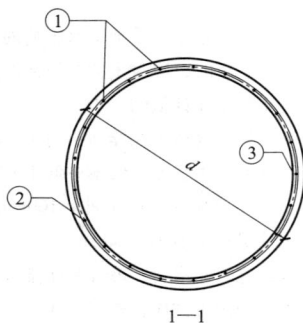

基础立面图

1—1

说明：1. 本基础适用于不受地下水影响的碎石土地质条件。

2. 整体立塔时，混凝土的抗压强度应达到设计强度的100%。分解组塔时，混凝土必须达到抗压强度设计值的70%。

3. 基础根开及地脚螺栓间距与相应杆塔结构图核对无误后，方可施工。

4. 基础混凝土强度等级不应低于C25，主筋采用HRB400级钢筋，箍筋采用HPB300级钢筋。

5. ②号钢筋加密区箍筋间距100mm，非加密区箍筋间距200mm。可采用螺旋箍筋。

6. 主筋保护层不小于50mm。

7. 基础施工完毕后，做好基面排水处理。

8. 本基础按机械成孔施工方式，未考虑护壁工程量。

图 13.3-3　2ZWK3*-900 挖孔桩基础施工图

基 础 参 数 表

基础名称	桩身直径 d(mm)	基础埋深 H(mm)	基础露头 H_0(mm)	主筋①	外箍筋②	外箍筋加密区长度(mm)	内箍筋③	单腿混凝土量(m^3)	单腿钢筋量(kg)
2ZWK3h-1000-02	900	6000	200	21Φ18	Φ8@100/200	4500	Φ14@1500	3.94	329.2
2ZWK3h-1000-07	900	6000	700	23Φ18	Φ8@100/200	4500	Φ14@1500	4.26	379.5
2ZWK3h-1000-12	900	6000	1200	21Φ20	Φ8@100/200	4500	Φ14@1500	4.58	445.8
2ZWK3h-1000-17	900	6000	1700	15Φ25	Φ8@100/200	4500	Φ14@1500	4.90	522.8
2ZWK3h-1000-22	900	6000	2200	17Φ25	Φ8@100/200	4500	Φ14@1500	5.22	616.0
2ZWK3h-1000-27	900	6000	2700	15Φ28	Φ8@100/200	4500	Φ14@1500	5.53	711.6
2ZWK3i-1000-02	900	6000	200	21Φ18	Φ8@100/200	4500	Φ14@1500	3.94	329.2
2ZWK3i-1000-07	900	6000	700	23Φ18	Φ8@100/200	4500	Φ14@1500	4.26	379.5
2ZWK3i-1000-12	900	6000	1200	21Φ20	Φ8@100/200	4500	Φ14@1500	4.58	445.8
2ZWK3i-1000-17	900	6000	1700	15Φ25	Φ8@100/200	4500	Φ14@1500	4.90	522.8
2ZWK3i-1000-22	900	6000	2200	17Φ25	Φ8@100/200	4500	Φ14@1500	5.22	616.0
2ZWK3i-1000-27	900	6000	2700	15Φ28	Φ8@100/200	4500	Φ14@1500	5.53	711.6

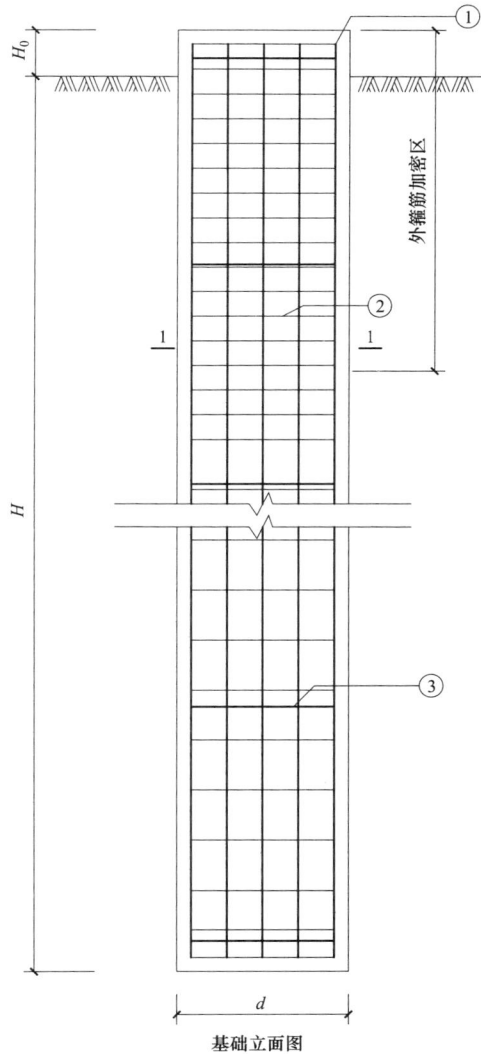

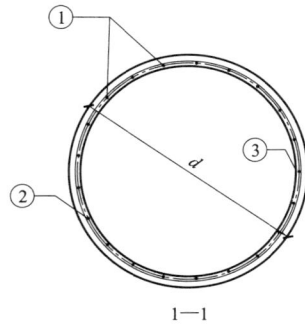

基础立面图

1—1

说明：1. 本基础适用于不受地下水影响的碎石土地质条件。

2. 整体立塔时，混凝土的抗压强度应达到设计强度的 100%。分解组塔时，混凝土必须达到抗压强度设计值的 70%。

3. 基础根开及地脚螺栓间距与相应杆塔结构图核对无误后，方可施工。

4. 基础混凝土强度等级不应低于 C25，主筋采用 HRB400 级钢筋，箍筋采用 HPB300 级钢筋。

5. ②号钢筋加密区箍筋间距 100mm，非加密区箍筋间距 200mm。可采用螺旋箍筋。

6. 主筋保护层不小于 50mm。

7. 基础施工完毕后，做好基面排水处理。

8. 本基础按机械成孔施工方式，未考虑护壁工程量。

图 13.3-4 2ZWK3 ∗ -1000 挖孔桩基础施工图

13.4 2ZWK4 子模块

此子模块适用于黄土地基，共包含 4 张图纸，基础施工图图纸清单见表 13.4-1。

表 13.4-1 2ZWK4 子模块基础施工图图纸清单

序号	图号	图　名	基础作用力（kN）	
			$T/T_x/T_y$	$N/N_x/N_y$
1	图 13.4-1	2ZWK4＊-700 挖孔桩基础施工图	700/98/98	910/127/127
2	图 13.4-2	2ZWK4＊-800 挖孔桩基础施工图	800/112/112	1040/146/146
3	图 13.4-3	2ZWK4＊-900 挖孔桩基础施工图	900/126/126	1170/164/164
4	图 13.4-4	2ZWK4＊-1000 挖孔桩基础施工图	1000/140/140	1300/182/182

注　4＊表示 4h 地质参数组合。

基 础 参 数 表

基础名称	桩身直径 d(mm)	基础埋深 H(mm)	基础露头 H_0(mm)	主筋①	外箍筋②	外箍筋加密区长度(mm)	内箍筋③	单腿混凝土量(m^3)	单腿钢筋量(kg)
2ZWK4h-700-02	800	12800	200	17 ϕ 18	Φ 8@ 100/200	4000	Φ 14@ 1500	6.53	540.2
2ZWK4h-700-07	800	12800	700	20 ϕ 18	Φ 8@ 100/200	4000	Φ 14@ 1500	6.79	641.6
2ZWK4h-700-12	800	12800	1200	23 ϕ 18	Φ 8@ 100/200	4000	Φ 14@ 1500	7.04	747.3
2ZWK4h-700-17	900	11000	1700	23 ϕ 18	Φ 8@ 100/200	4500	Φ 14@ 1500	8.08	696.6
2ZWK4h-700-22	900	11000	2200	24 ϕ 18	Φ 8@ 100/200	4500	Φ 14@ 1500	8.40	747.7
2ZWK4h-700-27	1000	10000	2700	20 ϕ 20	Φ 8@ 100/200	5000	Φ 16@ 1500	9.97	765.9

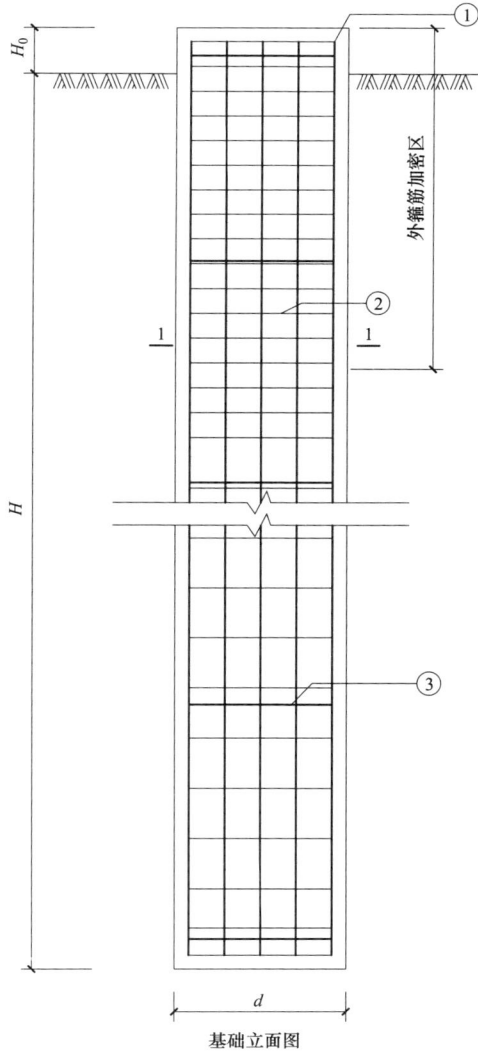

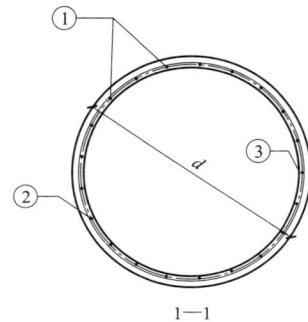

基础立面图

1—1

说明：1. 本基础适用于不受地下水影响的黄土地质条件。

2. 整体立塔时，混凝土的抗压强度应达到设计强度的 100%。分解组塔时，混凝土必须达到抗压强度设计值的 70%。

3. 基础根开及地脚螺栓间距与相应杆塔结构图核对无误后，方可施工。

4. 基础混凝土强度等级不应低于 C25，主筋采用 HRB400 级钢筋，箍筋采用 HPB300 级钢筋。

5. ②号钢筋加密区箍筋间距 100mm，非加密区箍筋间距 200mm。可采用螺旋箍筋。

6. 主筋保护层不小于 50mm。

7. 基础施工完毕后，做好基面排水处理。

8. 本基础按机械成孔施工方式，未考虑护壁工程量。

图 13.4-1   2ZWK4∗-700 挖孔桩基础施工图

基 础 参 数 表

基础名称	桩身直径 d(mm)	基础埋深 H(mm)	基础露头 H_0(mm)	主筋①	外箍筋②	外箍筋加密区长度(mm)	内箍筋③	单腿混凝土量 (m³)	单腿钢筋量 (kg)
2ZWK4h-800-02	800	14600	200	20Φ18	Φ8@100/200	4000	Φ14@1500	7.44	699.6
2ZWK4h-800-07	900	12600	700	21Φ18	Φ8@100/200	4500	Φ14@1500	8.46	674.5
2ZWK4h-800-12	900	12600	1200	23Φ18	Φ8@100/200	4500	Φ14@1500	8.78	755.0
2ZWK4h-800-17	900	12600	1700	17Φ22	Φ8@100/200	4500	Φ14@1500	9.10	848.5
2ZWK4h-800-22	1000	12400	2200	18Φ22	Φ8@100/200	5000	Φ16@1500	11.47	938.4
2ZWK4h-800-27	1000	12600	2700	19Φ22	Φ8@100/200	5000	Φ16@1500	12.02	1028.8

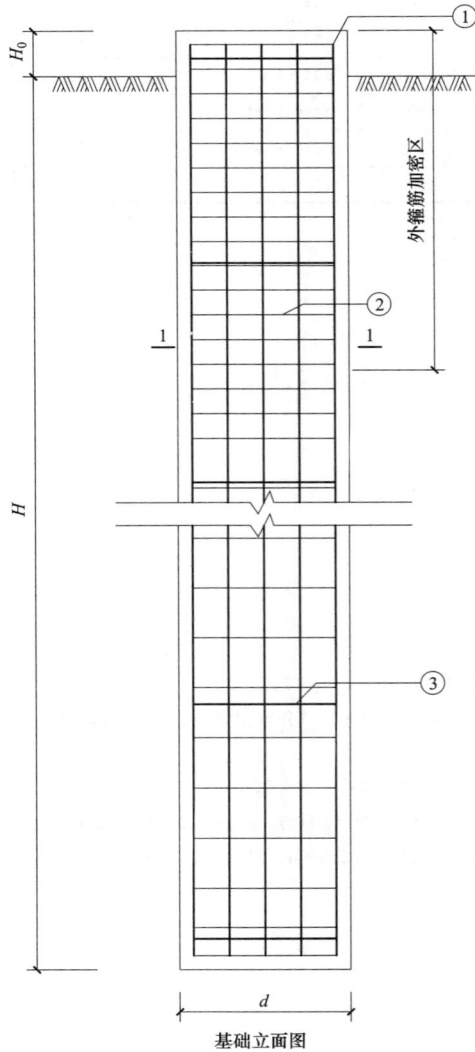

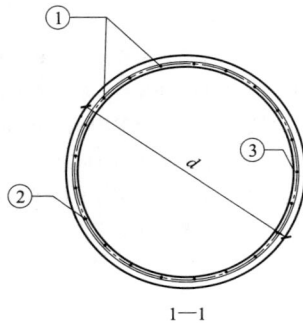

基础立面图

1—1

说明：1. 本基础适用于不受地下水影响的黄土地质条件。

2. 整体立塔时，混凝土的抗压强度应达到设计强度的100%。分解组塔时，混凝土必须达到抗压强度设计值的70%。

3. 基础根开及地脚螺栓间距与相应杆塔结构图核对无误后，方可施工。

4. 基础混凝土强度等级不应低于C25，主筋采用HRB400级钢筋，箍筋采用HPB300级钢筋。

5. ②号钢筋加密区箍筋间距100mm，非加密区箍筋间距200mm。可采用螺旋箍筋。

6. 主筋保护层不小于50mm。

7. 基础施工完毕后，做好基面排水处理。

8. 本基础按机械成孔施工方式，未考虑护壁工程量。

图 13.4-2　2ZWK4＊-800 挖孔桩基础施工图

基 础 参 数 表

基础名称	桩身直径 d(mm)	基础埋深 H(mm)	基础露头 H_0(mm)	主筋①	外箍筋②	外箍筋加密区长度(mm)	内箍筋③	单腿混凝土量(m^3)	单腿钢筋量(kg)
2ZWK4h-900-02	800	16600	200	18 Φ 20	Φ 8@ 100/200	4000	Φ 14@ 1500	8.44	867.1
2ZWK4h-900-07	900	14000	700	19 Φ 20	Φ 8@ 100/200	4500	Φ 14@ 1500	9.35	814.5
2ZWK4h-900-12	900	14000	1200	21 Φ 20	Φ 8@ 100/200	4500	Φ 14@ 1500	9.67	917.1
2ZWK4h-900-17	1000	14800	1700	22 Φ 20	Φ 8@ 100/200	5000	Φ 16@ 1500	12.96	1068.1
2ZWK4h-900-22	1000	15000	2200	24 Φ 20	Φ 8@ 100/200	5000	Φ 16@ 1500	13.51	1194.8
2ZWK4h-900-27	1100	13200	2700	25 Φ 20	Φ 8@ 100/200	5500	Φ 16@ 1500	15.11	1167.8

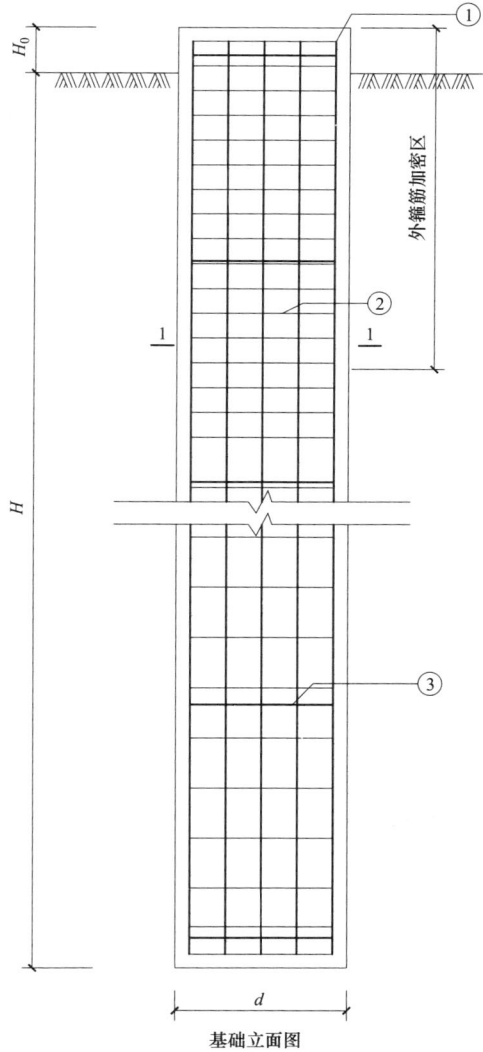

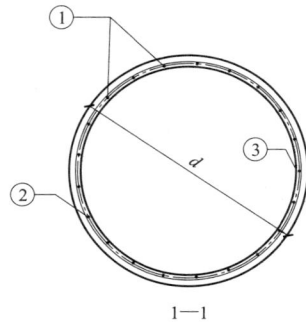

说明：1. 本基础适用于不受地下水影响的黄土地质条件。

2. 整体立塔时，混凝土的抗压强度应达到设计强度的100%。分解组塔时，混凝土必须达到抗压强度设计值的70%。

3. 基础根开及地脚螺栓间距与相应杆塔结构图核对无误后，方可施工。

4. 基础混凝土强度等级不应低于C25，主筋采用 HRB400 级钢筋，箍筋采用 HPB300 级钢筋。

5. ②号钢筋加密区箍筋间距100mm，非加密区箍筋间距200mm。可采用螺旋箍筋。

6. 主筋保护层不小于50mm。

7. 基础施工完毕后，做好基面排水处理。

8. 本基础按机械成孔施工方式，未考虑护壁工程量。

基础立面图

1—1

图 13.4-3 2ZWK4∗-900 挖孔桩基础施工图

基 础 参 数 表

基础名称	桩身直径 d(mm)	基础埋深 H(mm)	基础露头 H_0(mm)	主筋①	外箍筋②	外箍筋加密区长度(mm)	内箍筋③	单腿混凝土量(m³)	单腿钢筋量(kg)
2ZWK4h-1000-02	900	15800	200	24 ⏀18	Φ8@100/200	4500	Φ14@1500	10.18	901.6
2ZWK4h-1000-07	900	16000	700	26 ⏀18	Φ8@100/200	4500	Φ14@1500	10.62	1008.3
2ZWK4h-1000-12	1000	17000	1200	28 ⏀18	Φ8@100/200	5000	Φ16@1500	14.29	1205.2
2ZWK4h-1000-17	1000	17400	1700	30 ⏀18	Φ8@100/200	5000	Φ16@1500	15.00	1335.9
2ZWK4h-1000-22	1100	15400	2200	31 ⏀18	Φ8@100/200	5500	Φ16@1500	16.73	1292.3
2ZWK4h-1000-27	1100	15600	2700	23 ⏀22	Φ8@100/200	5500	Φ16@1500	17.39	1466.7

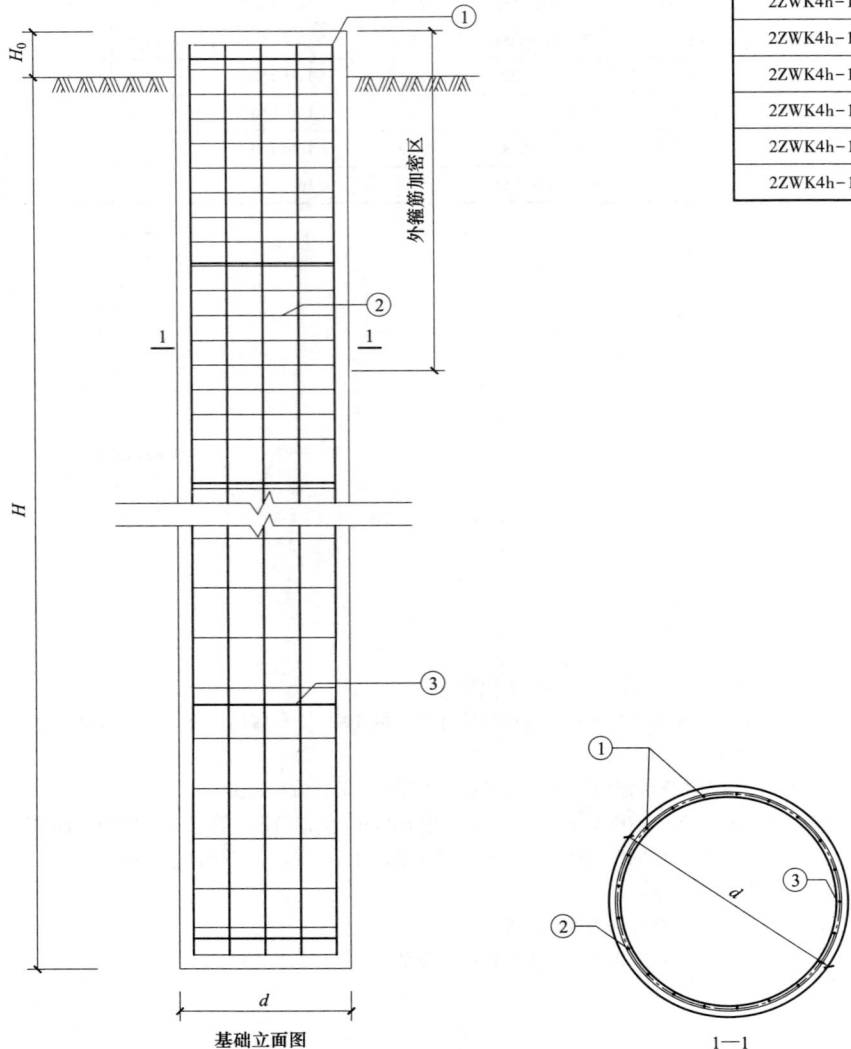

基础立面图

1—1

图 13.4-4　2ZWK4*-1000 挖孔桩基础施工图

说明：1. 本基础适用于不受地下水影响的黄土地质条件。

2. 整体立塔时，混凝土的抗压强度应达到设计强度的 100%。分解组塔时，混凝土必须达到抗压强度设计值的 70%。

3. 基础根开及地脚螺栓间距与相应杆塔结构图核对无误后，方可施工。

4. 基础混凝土强度等级不应低于 C25，主筋采用 HRB400 级钢筋，箍筋采用 HPB300 级钢筋。

5. ②号钢筋加密区箍筋间距 100mm，非加密区箍筋间距 200mm。可采用螺旋箍筋。

6. 主筋保护层不小于 50mm。

7. 基础施工完毕后，做好基面排水处理。

8. 本基础按机械成孔施工方式，未考虑护壁工程量。

13.5　2ZWK6 子模块

此子模块适用于岩石地基，共包含 8 张图纸，基础施工图图纸清单见表 13.5-1。

表 13.5-1　　　　2ZWK6 子模块基础施工图图纸清单

序号	图号	图　　名	基础作用力（kN）	
			$T/T_x/T_y$	$N/N_x/N_y$
1	图 13.5-1	2ZWK6*-700 挖孔桩基础施工图（一）	700/98/98	910/127/127
2	图 13.5-2	2ZWK6*-700 挖孔桩基础施工图（二）	700/98/98	910/127/127
3	图 13.5-3	2ZWK6*-800 挖孔桩基础施工图（一）	800/112/112	1040/146/146
4	图 13.5-4	2ZWK6*-800 挖孔桩基础施工图（二）	800/112/112	1040/146/146
5	图 13.5-5	2ZWK6*-900 挖孔桩基础施工图（一）	900/126/126	1170/164/164
6	图 13.5-6	2ZWK6*-900 挖孔桩基础施工图（二）	900/126/126	1170/164/164
7	图 13.5-7	2ZWK6*-1000 挖孔桩基础施工图（一）	1000/140/140	1300/182/182
8	图 13.5-8	2ZWK6*-1000 挖孔桩基础施工图（二）	1000/140/140	1300/182/182

注　6* 包含 6a、6b、6c、6d、6e 及 6f 六种地质参数组合。

基 础 参 数 表

基础名称	桩身直径 d(mm)	基础埋深 H(mm)	基础露头 H_0(mm)	主筋①	外箍筋②	外箍筋加密区长度(mm)	内箍筋③	单腿混凝土量(m³)	单腿钢筋量(kg)
2ZWK6a-700-02	800	6000	200	18 Φ 16	Φ 8@ 100/200	4000	Φ 14@ 1500	3.12	235.9
2ZWK6a-700-07	800	6000	700	21 Φ 16	Φ 8@ 100/200	4000	Φ 14@ 1500	3.37	283.0
2ZWK6a-700-12	800	6000	1200	19 Φ 18	Φ 8@ 100/200	4000	Φ 14@ 1500	3.62	336.2
2ZWK6a-700-17	800	6000	1700	18 Φ 20	Φ 8@ 100/200	4000	Φ 14@ 1500	3.87	408.1
2ZWK6a-700-22	800	6000	2200	20 Φ 20	Φ 8@ 100/200	4000	Φ 14@ 1500	4.12	472.7
2ZWK6a-700-27	800	6000	2700	18 Φ 22	Φ 8@ 100/200	4000	Φ 14@ 1500	4.37	536.7
2ZWK6b-700-02	800	6000	200	18 Φ 16	Φ 8@ 100/200	4000	Φ 14@ 1500	3.12	235.9
2ZWK6b-700-07	800	6000	700	21 Φ 16	Φ 8@ 100/200	4000	Φ 14@ 1500	3.37	283.0
2ZWK6b-700-12	800	6000	1200	19 Φ 18	Φ 8@ 100/200	4000	Φ 14@ 1500	3.62	336.2
2ZWK6b-700-17	800	6000	1700	18 Φ 20	Φ 8@ 100/200	4000	Φ 14@ 1500	3.87	408.1
2ZWK6b-700-22	800	6000	2200	20 Φ 20	Φ 8@ 100/200	4000	Φ 14@ 1500	4.12	472.7
2ZWK6b-700-27	800	6000	2700	18 Φ 22	Φ 8@ 100/200	4000	Φ 14@ 1500	4.37	536.7
2ZWK6c-700-02	800	6000	200	18 Φ 16	Φ 8@ 100/200	4000	Φ 14@ 1500	3.12	235.9
2ZWK6c-700-07	800	6000	700	21 Φ 16	Φ 8@ 100/200	4000	Φ 14@ 1500	3.37	283.0
2ZWK6c-700-12	800	6000	1200	19 Φ 18	Φ 8@ 100/200	4000	Φ 14@ 1500	3.62	336.2
2ZWK6c-700-17	800	6000	1700	18 Φ 20	Φ 8@ 100/200	4000	Φ 14@ 1500	3.87	408.1
2ZWK6c-700-22	800	6000	2200	20 Φ 20	Φ 8@ 100/200	4000	Φ 14@ 1500	4.12	472.7
2ZWK6c-700-27	800	6000	2700	18 Φ 22	Φ 8@ 100/200	4000	Φ 14@ 1500	4.37	536.7

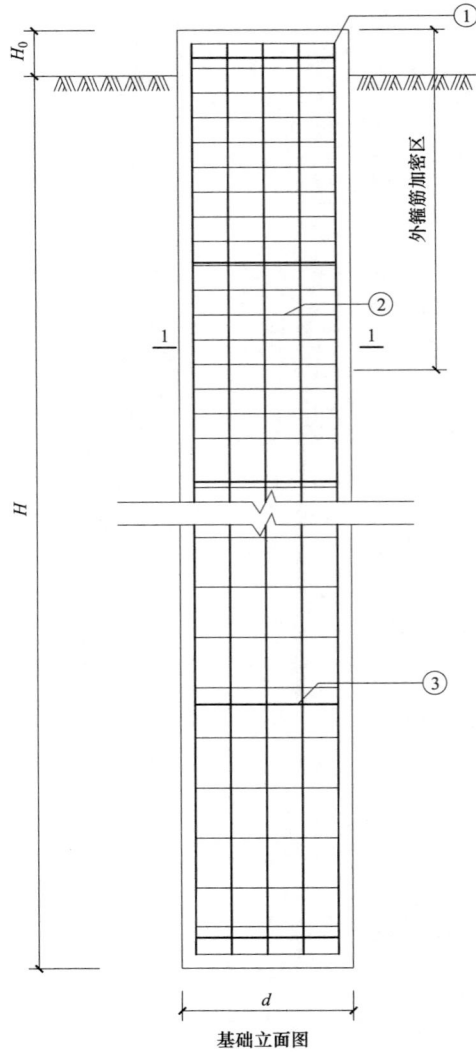

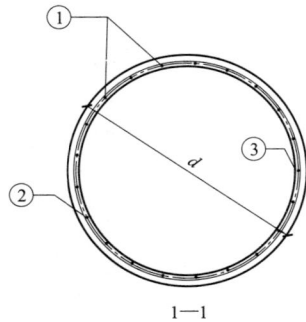

基础立面图

1—1

说明：1. 本基础适用于不受地下水影响的岩石地质条件。

2. 整体立塔时，混凝土的抗压强度应达到设计强度的100%。分解组塔时，混凝土必须达到抗压强度设计值的70%。

3. 基础根开及地脚螺栓间距与相应杆塔结构图核对无误后，方可施工。

4. 基础混凝土强度等级不应低于C25，主筋采用HRB400级钢筋，箍筋采用HPB300级钢筋。

5. ②号钢筋加密区箍筋间距100mm，非加密区箍筋间距200mm。可采用螺旋箍筋。

6. 主筋保护层不小于50mm。

7. 基础施工完毕后，做好基面排水处理。

8. 本基础按机械成孔施工方式，未考虑护壁工程量。

图 13.5-1 2ZWK6*-700挖孔桩基础施工图（一）

基 础 参 数 表

基础名称	桩身直径 d（mm）	基础埋深 H（mm）	基础露头 H_0（mm）	主筋①	外箍筋②	外箍筋加密区长度（mm）	内箍筋③	单腿混凝土量（m³）	单腿钢筋量（kg）
2ZWK6d-700-02	800	6000	200	18 ⌀ 16	Φ 8@ 100/200	4000	Φ 14@ 1500	3.12	235.9
2ZWK6d-700-07	800	6000	700	21 ⌀ 16	Φ 8@ 100/200	4000	Φ 14@ 1500	3.37	283.0
2ZWK6d-700-12	800	6000	1200	19 ⌀ 18	Φ 8@ 100/200	4000	Φ 14@ 1500	3.62	336.2
2ZWK6d-700-17	800	6000	1700	18 ⌀ 20	Φ 8@ 100/200	4000	Φ 14@ 1500	3.87	408.1
2ZWK6d-700-22	800	6000	2200	20 ⌀ 20	Φ 8@ 100/200	4000	Φ 14@ 1500	4.12	472.7
2ZWK6d-700-27	800	6000	2700	18 ⌀ 22	Φ 8@ 100/200	4000	Φ 14@ 1500	4.37	536.7
2ZWK6e-700-02	800	6000	200	18 ⌀ 16	Φ 8@ 100/200	4000	Φ 14@ 1500	3.12	235.9
2ZWK6e-700-07	800	6000	700	21 ⌀ 16	Φ 8@ 100/200	4000	Φ 14@ 1500	3.37	283.0
2ZWK6e-700-12	800	6000	1200	19 ⌀ 18	Φ 8@ 100/200	4000	Φ 14@ 1500	3.62	336.2
2ZWK6e-700-17	800	6000	1700	18 ⌀ 20	Φ 8@ 100/200	4000	Φ 14@ 1500	3.87	408.1
2ZWK6e-700-22	800	6000	2200	20 ⌀ 20	Φ 8@ 100/200	4000	Φ 14@ 1500	4.12	472.7
2ZWK6e-700-27	800	6000	2700	18 ⌀ 22	Φ 8@ 100/200	4000	Φ 14@ 1500	4.37	536.7
2ZWK6f-700-02	800	6000	200	18 ⌀ 16	Φ 8@ 100/200	4000	Φ 14@ 1500	3.12	235.9
2ZWK6f-700-07	800	6000	700	21 ⌀ 16	Φ 8@ 100/200	4000	Φ 14@ 1500	3.37	283.0
2ZWK6f-700-12	800	6000	1200	19 ⌀ 18	Φ 8@ 100/200	4000	Φ 14@ 1500	3.62	336.2
2ZWK6f-700-17	800	6000	1700	18 ⌀ 20	Φ 8@ 100/200	4000	Φ 14@ 1500	3.87	408.1
2ZWK6f-700-22	800	6000	2200	20 ⌀ 20	Φ 8@ 100/200	4000	Φ 14@ 1500	4.12	472.7
2ZWK6f-700-27	800	6000	2700	18 ⌀ 22	Φ 8@ 100/200	4000	Φ 14@ 1500	4.37	536.7

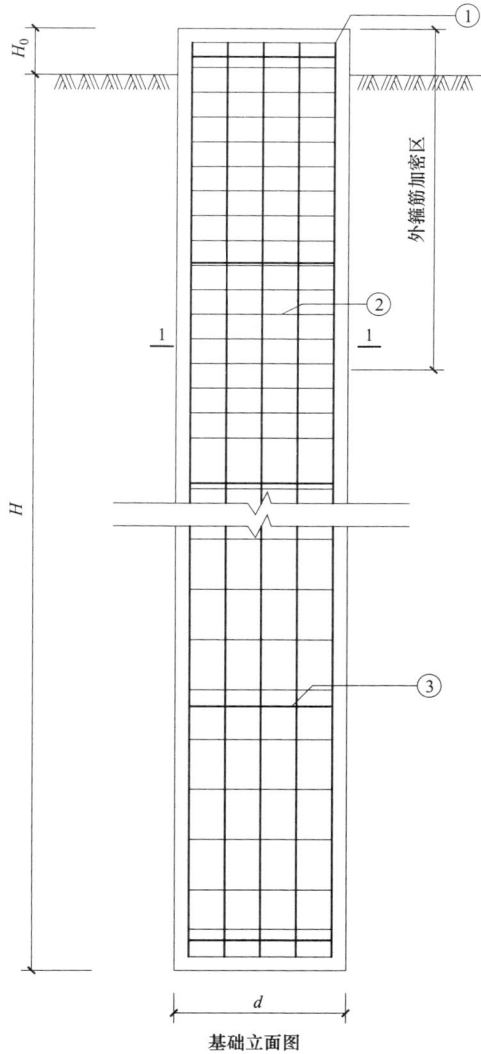

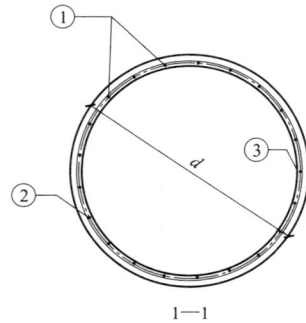

基础立面图

1—1

图 13.5-2　2ZWK6∗-700 挖孔桩基础施工图（二）

说明：1. 本基础适用于不受地下水影响的岩石地质条件。

2. 整体立塔时，混凝土的抗压强度应达到设计强度的 100%。分解组塔时，混凝土必须达到抗压强度设计值的 70%。

3. 基础根开及地脚螺栓间距与相应杆塔结构图核对无误后，方可施工。

4. 基础混凝土强度等级不应低于 C25，主筋采用 HRB400 级钢筋，箍筋采用 HPB300 级钢筋。

5. ②号钢筋加密区箍筋间距 100mm，非加密区箍筋间距 200mm。可采用螺旋箍筋。

6. 主筋保护层不小于 50mm。

7. 基础施工完毕后，做好基面排水处理。

8. 本基础按机械成孔施工方式，未考虑护壁工程量。

基 础 参 数 表

基础名称	桩身直径 d(mm)	基础埋深 H(mm)	基础露头 H_0(mm)	主筋①	外箍筋②	外箍筋加密区长度(mm)	内箍筋③	单腿混凝土量（m³）	单腿钢筋量（kg）
2ZWK6a-800-02	800	6200	200	21 ⌀ 16	Φ 8@ 100/200	4000	Φ 14@ 1500	3.22	272.2
2ZWK6a-800-07	800	6200	700	19 ⌀ 18	Φ 8@ 100/200	4000	Φ 14@ 1500	3.47	323.0
2ZWK6a-800-12	800	6200	1200	18 ⌀ 20	Φ 8@ 100/200	4000	Φ 14@ 1500	3.72	391.4
2ZWK6a-800-17	800	6200	1700	20 ⌀ 20	Φ 8@ 100/200	4000	Φ 14@ 1500	3.97	456.2
2ZWK6a-800-22	800	6200	2200	19 ⌀ 22	Φ 8@ 100/200	4000	Φ 14@ 1500	4.22	544.4
2ZWK6a-800-27	800	6200	2700	16 ⌀ 25	Φ 8@ 100/200	4000	Φ 14@ 1500	4.47	617.9
2ZWK6b-800-02	800	6000	200	21 ⌀ 16	Φ 8@ 100/200	4000	Φ 14@ 1500	3.12	264.7
2ZWK6b-800-07	800	6000	700	19 ⌀ 18	Φ 8@ 100/200	4000	Φ 14@ 1500	3.37	314.6
2ZWK6b-800-12	800	6000	1200	18 ⌀ 20	Φ 8@ 100/200	4000	Φ 14@ 1500	3.62	381.7
2ZWK6b-800-17	800	6000	1700	20 ⌀ 20	Φ 8@ 100/200	4000	Φ 14@ 1500	3.87	445.4
2ZWK6b-800-22	800	6000	2200	19 ⌀ 22	Φ 8@ 100/200	4000	Φ 14@ 1500	4.12	532.2
2ZWK6b-800-27	800	6000	2700	16 ⌀ 25	Φ 8@ 100/200	4000	Φ 14@ 1500	4.37	604.7
2ZWK6c-800-02	800	6000	200	21 ⌀ 16	Φ 8@ 100/200	4000	Φ 14@ 1500	3.12	264.7
2ZWK6c-800-07	800	6000	700	19 ⌀ 18	Φ 8@ 100/200	4000	Φ 14@ 1500	3.37	314.6
2ZWK6c-800-12	800	6000	1200	18 ⌀ 20	Φ 8@ 100/200	4000	Φ 14@ 1500	3.62	381.7
2ZWK6c-800-17	800	6000	1700	20 ⌀ 20	Φ 8@ 100/200	4000	Φ 14@ 1500	3.87	445.4
2ZWK6c-800-22	800	6000	2200	19 ⌀ 22	Φ 8@ 100/200	4000	Φ 14@ 1500	4.12	532.2
2ZWK6c-800-27	800	6000	2700	16 ⌀ 25	Φ 8@ 100/200	4000	Φ 14@ 1500	4.37	604.7

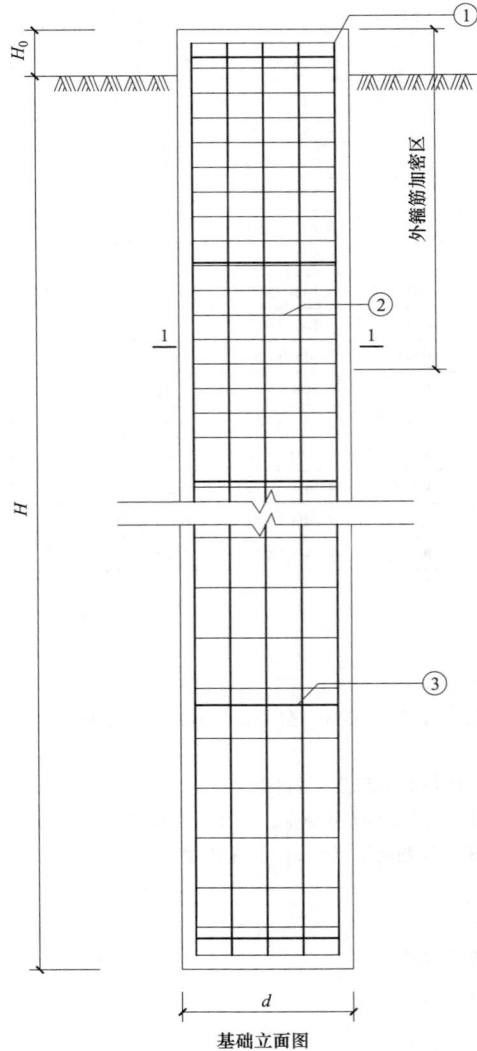

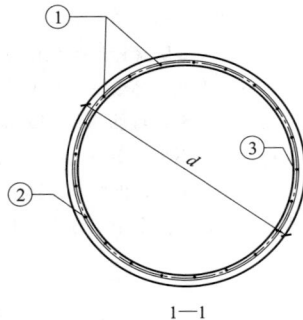

基础立面图

1—1

图 13.5-3 2ZWK6∗-800 挖孔桩基础施工图（一）

说明：1. 本基础适用于不受地下水影响的岩石地质条件。

2. 整体立塔时，混凝土的抗压强度应达到设计强度的 100%。分解组塔时，混凝土必须达到抗压强度设计值的 70%。

3. 基础根开及地脚螺栓间距与相应杆塔结构图核对无误后，方可施工。

4. 基础混凝土强度等级不应低于 C25，主筋采用 HRB400 级钢筋，箍筋采用 HPB300 级钢筋。

5. ②号钢筋加密区箍筋间距 100mm，非加密区箍筋间距 200mm。可采用螺旋箍筋。

6. 主筋保护层不小于 50mm。

7. 基础施工完毕后，做好基面排水处理。

8. 本基础按机械成孔施工方式，未考虑护壁工程量。

基 础 参 数 表

基础名称	桩身直径 d(mm)	基础埋深 H(mm)	基础露头 H_0(mm)	主筋①	外箍筋②	外箍筋加密区长度(mm)	内箍筋③	单腿混凝土量(m³)	单腿钢筋量(kg)
2ZWK6d-800-02	800	6000	200	21 Φ 16	Φ 8@100/200	4000	Φ 14@1500	3.12	264.7
2ZWK6d-800-07	800	6000	700	19 Φ 18	Φ 8@100/200	4000	Φ 14@1500	3.37	314.6
2ZWK6d-800-12	800	6000	1200	18 Φ 20	Φ 8@100/200	4000	Φ 14@1500	3.62	381.7
2ZWK6d-800-17	800	6000	1700	20 Φ 20	Φ 8@100/200	4000	Φ 14@1500	3.87	445.4
2ZWK6d-800-22	800	6000	2200	19 Φ 22	Φ 8@100/200	4000	Φ 14@1500	4.12	532.2
2ZWK6d-800-27	800	6000	2700	16 Φ 25	Φ 8@100/200	4000	Φ 14@1500	4.37	604.7
2ZWK6e-800-02	800	6000	200	21 Φ 16	Φ 8@100/200	4000	Φ 14@1500	3.12	264.7
2ZWK6e-800-07	800	6000	700	19 Φ 18	Φ 8@100/200	4000	Φ 14@1500	3.37	314.6
2ZWK6e-800-12	800	6000	1200	18 Φ 20	Φ 8@100/200	4000	Φ 14@1500	3.62	381.7
2ZWK6e-800-17	800	6000	1700	20 Φ 20	Φ 8@100/200	4000	Φ 14@1500	3.87	445.4
2ZWK6e-800-22	800	6000	2200	19 Φ 22	Φ 8@100/200	4000	Φ 14@1500	4.12	532.2
2ZWK6e-800-27	800	6000	2700	16 Φ 25	Φ 8@100/200	4000	Φ 14@1500	4.37	604.7
2ZWK6f-800-02	800	6000	200	21 Φ 16	Φ 8@100/200	4000	Φ 14@1500	3.12	264.7
2ZWK6f-800-07	800	6000	700	19 Φ 18	Φ 8@100/200	4000	Φ 14@1500	3.37	314.6
2ZWK6f-800-12	800	6000	1200	18 Φ 20	Φ 8@100/200	4000	Φ 14@1500	3.62	381.7
2ZWK6f-800-17	800	6000	1700	20 Φ 20	Φ 8@100/200	4000	Φ 14@1500	3.87	445.4
2ZWK6f-800-22	800	6000	2200	19 Φ 22	Φ 8@100/200	4000	Φ 14@1500	4.12	532.2
2ZWK6f-800-27	800	6000	2700	16 Φ 25	Φ 8@100/200	4000	Φ 14@1500	4.37	604.7

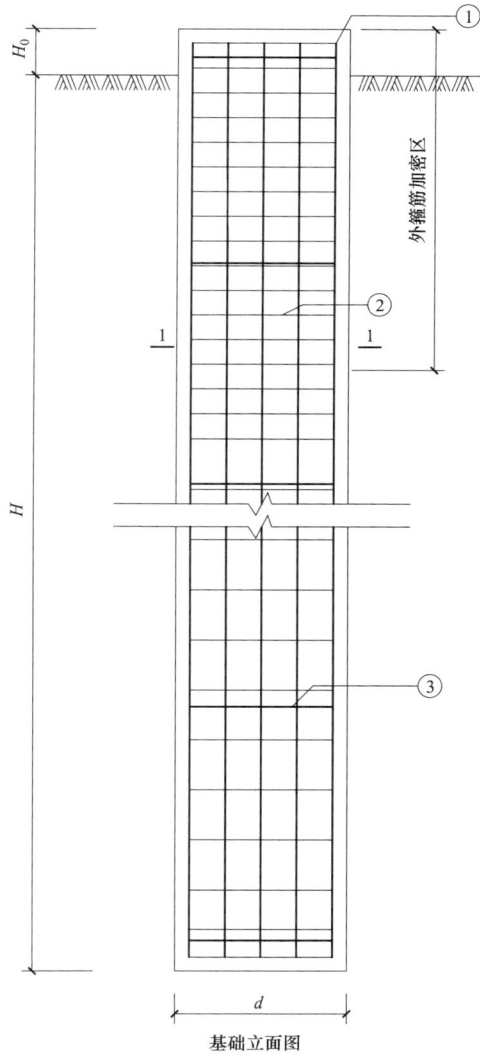

基础立面图

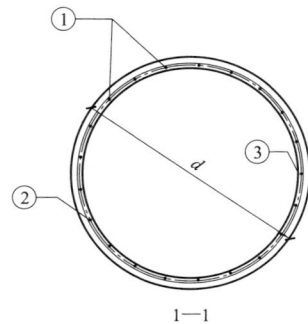

1—1

说明：1. 本基础适用于不受地下水影响的岩石地质条件。

2. 整体立塔时，混凝土的抗压强度应达到设计强度的 100%。分解组塔时，混凝土必须达到抗压强度设计值的 70%。

3. 基础根开及地脚螺栓间距与相应杆塔结构图核对无误后，方可施工。

4. 基础混凝土强度等级不应低于 C25，主筋采用 HRB400 级钢筋，箍筋采用 HPB300 级钢筋。

5. ②号钢筋加密区箍筋间距 100mm，非加密区箍筋间距 200mm。可采用螺旋箍筋。

6. 主筋保护层不小于 50mm。

7. 基础施工完毕后，做好基面排水处理。

8. 本基础按机械成孔施工方式，未考虑护壁工程量。

图 13.5-4　2ZWK6*-800 挖孔桩基础施工图（二）

基础名称	桩身直径 d(mm)	基础埋深 H(mm)	基础露头 H_0(mm)	主筋①	外箍筋②	外箍筋加密区长度(mm)	内箍筋③	单腿混凝土量(m³)	单腿钢筋量(kg)
2ZWK6a-900-02	800	6800	200	19 Φ 18	Φ 8@ 100/200	4000	Φ 14@ 1500	3.52	327.7
2ZWK6a-900-07	800	6800	700	18 Φ 20	Φ 8@ 100/200	4000	Φ 14@ 1500	3.77	398.3
2ZWK6a-900-12	800	6800	1200	20 Φ 20	Φ 8@ 100/200	4000	Φ 14@ 1500	4.02	462.0
2ZWK6a-900-17	800	6800	1700	19 Φ 22	Φ 8@ 100/200	4000	Φ 14@ 1500	4.27	550.1
2ZWK6a-900-22	800	6800	2200	13 Φ 28	Φ 8@ 100/200	4000	Φ 14@ 1500	4.52	637.7
2ZWK6a-900-27	800	6800	2700	15 Φ 28	Φ 8@ 100/200	4000	Φ 14@ 1500	4.78	761.5
2ZWK6b-900-02	800	6000	200	19 Φ 18	Φ 8@ 100/200	4000	Φ 14@ 1500	3.12	293.8
2ZWK6b-900-07	800	6000	700	18 Φ 20	Φ 8@ 100/200	4000	Φ 14@ 1500	3.37	356.8
2ZWK6b-900-12	800	6000	1200	20 Φ 20	Φ 8@ 100/200	4000	Φ 14@ 1500	3.62	416.6
2ZWK6b-900-17	800	6000	1700	19 Φ 22	Φ 8@ 100/200	4000	Φ 14@ 1500	3.87	501.2
2ZWK6b-900-22	800	6000	2200	13 Φ 28	Φ 8@ 100/200	4000	Φ 14@ 1500	4.12	581.5
2ZWK6b-900-27	800	6000	2700	15 Φ 28	Φ 8@ 100/200	4000	Φ 14@ 1500	4.37	697.6
2ZWK6c-900-02	800	6000	200	19 Φ 18	Φ 8@ 100/200	4000	Φ 14@ 1500	3.12	293.8
2ZWK6c-900-07	800	6000	700	18 Φ 20	Φ 8@ 100/200	4000	Φ 14@ 1500	3.37	356.8
2ZWK6c-900-12	800	6000	1200	20 Φ 20	Φ 8@ 100/200	4000	Φ 14@ 1500	3.62	416.6
2ZWK6c-900-17	800	6000	1700	19 Φ 22	Φ 8@ 100/200	4000	Φ 14@ 1500	3.87	501.2
2ZWK6c-900-22	800	6000	2200	13 Φ 28	Φ 8@ 100/200	4000	Φ 14@ 1500	4.12	581.5
2ZWK6c-900-27	800	6000	2700	15 Φ 28	Φ 8@ 100/200	4000	Φ 14@ 1500	4.37	697.6

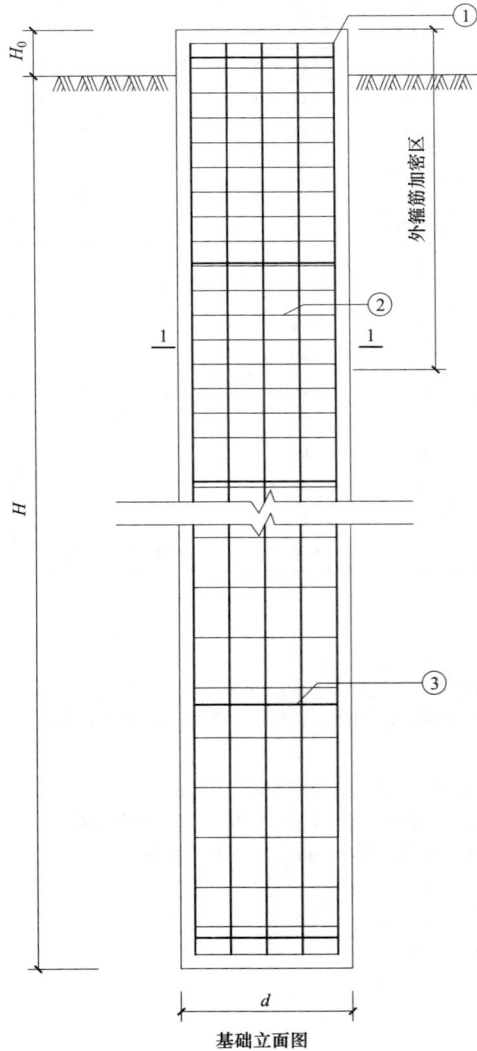

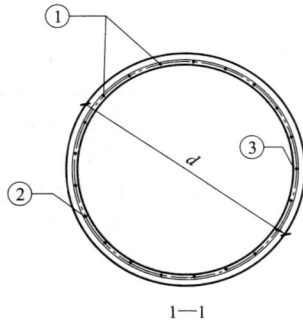

基础立面图

1—1

说明：1. 本基础适用于不受地下水影响的岩石地质条件。
　　　2. 整体立塔时，混凝土的抗压强度应达到设计强度的 100%。分解组塔时，混凝土必须达到抗压强度设计值的 70%。
　　　3. 基础根开及地脚螺栓间距与相应杆塔结构图核对无误后，方可施工。
　　　4. 基础混凝土强度等级不应低于 C25，主筋采用 HRB400 级钢筋，箍筋采用 HPB300 级钢筋。
　　　5. ②号钢筋加密区箍筋间距 100mm，非加密区箍筋间距 200mm。可采用螺旋箍筋。
　　　6. 主筋保护层不小于 50mm。
　　　7. 基础施工完毕后，做好基面排水处理。
　　　8. 本基础按机械成孔施工方式，未考虑护壁工程量。

图 13.5-5　2ZWK6 * -900 挖孔桩基础施工图（一）

基 础 参 数 表

基础名称	桩身直径 d(mm)	基础埋深 H(mm)	基础露头 H_0(mm)	主筋①	外箍筋②	外箍筋加密区长度(mm)	内箍筋③	单腿混凝土量 (m³)	单腿钢筋量 (kg)
2ZWK6d-900-02	800	6000	200	19 Φ 18	Φ 8@ 100/200	4000	Φ 14@ 1500	3.12	293.8
2ZWK6d-900-07	800	6000	700	18 Φ 20	Φ 8@ 100/200	4000	Φ 14@ 1500	3.37	356.8
2ZWK6d-900-12	800	6000	1200	20 Φ 20	Φ 8@ 100/200	4000	Φ 14@ 1500	3.62	416.6
2ZWK6d-900-17	800	6000	1700	19 Φ 22	Φ 8@ 100/200	4000	Φ 14@ 1500	3.87	501.2
2ZWK6d-900-22	800	6000	2200	13 Φ 28	Φ 8@ 100/200	4000	Φ 14@ 1500	4.12	581.5
2ZWK6d-900-27	800	6000	2700	15 Φ 28	Φ 8@ 100/200	4000	Φ 14@ 1500	4.37	697.6
2ZWK6e-900-02	800	6000	200	19 Φ 18	Φ 8@ 100/200	4000	Φ 14@ 1500	3.12	293.8
2ZWK6e-900-07	800	6000	700	18 Φ 20	Φ 8@ 100/200	4000	Φ 14@ 1500	3.37	356.8
2ZWK6e-900-12	800	6000	1200	20 Φ 20	Φ 8@ 100/200	4000	Φ 14@ 1500	3.62	416.6
2ZWK6e-900-17	800	6000	1700	19 Φ 22	Φ 8@ 100/200	4000	Φ 14@ 1500	3.87	501.2
2ZWK6e-900-22	800	6000	2200	13 Φ 28	Φ 8@ 100/200	4000	Φ 14@ 1500	4.12	581.5
2ZWK6e-900-27	800	6000	2700	15 Φ 28	Φ 8@ 100/200	4000	Φ 14@ 1500	4.37	697.6
2ZWK6f-900-02	800	6000	200	19 Φ 18	Φ 8@ 100/200	4000	Φ 14@ 1500	3.12	293.8
2ZWK6f-900-07	800	6000	700	18 Φ 20	Φ 8@ 100/200	4000	Φ 14@ 1500	3.37	356.8
2ZWK6f-900-12	800	6000	1200	20 Φ 20	Φ 8@ 100/200	4000	Φ 14@ 1500	3.62	416.6
2ZWK6f-900-17	800	6000	1700	19 Φ 22	Φ 8@ 100/200	4000	Φ 14@ 1500	3.87	501.2
2ZWK6f-900-22	800	6000	2200	13 Φ 28	Φ 8@ 100/200	4000	Φ 14@ 1500	4.12	581.5
2ZWK6f-900-27	800	6000	2700	15 Φ 28	Φ 8@ 100/200	4000	Φ 14@ 1500	4.37	697.6

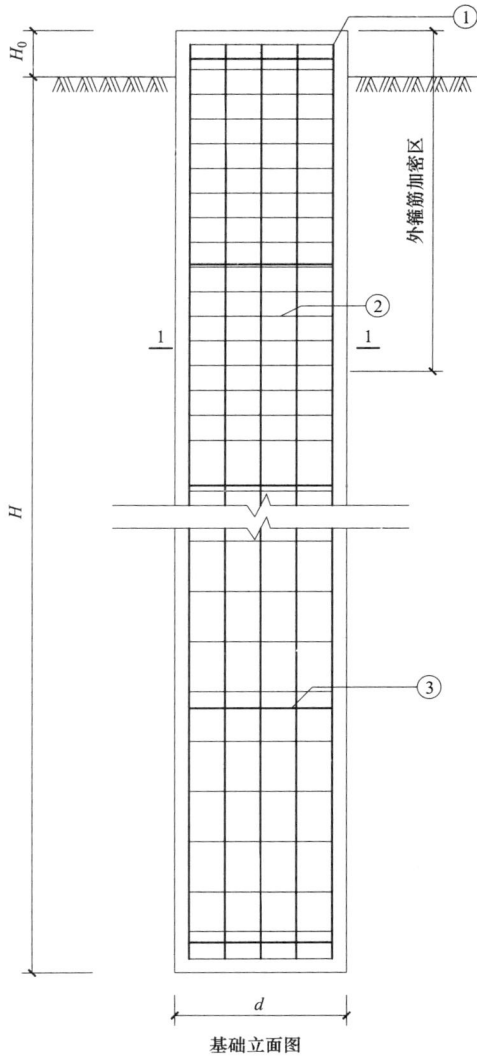

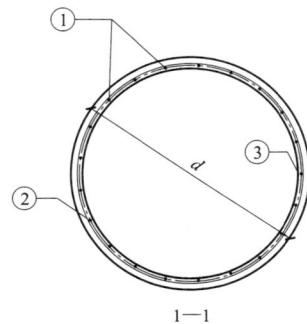

基础立面图

1—1

图 13.5-6 2ZWK6*-900 挖孔桩基础施工图（二）

说明：1. 本基础适用于不受地下水影响的岩石地质条件。

2. 整体立塔时，混凝土的抗压强度应达到设计强度的 100%。分解组塔时，混凝土必须达到抗压强度设计值的 70%。

3. 基础根开及地脚螺栓间距与相应杆塔结构图核对无误后，方可施工。

4. 基础混凝土强度等级不应低于 C25，主筋采用 HRB400 级钢筋，箍筋采用 HPB300 级钢筋。

5. ②号钢筋加密区箍筋间距 100mm，非加密区箍筋间距 200mm。可采用螺旋箍筋。

6. 主筋保护层不小于 50mm。

7. 基础施工完毕后，做好基面排水处理。

8. 本基础按机械成孔施工方式，未考虑护壁工程量。

基础名称	桩身直径 d(mm)	基础埋深 H(mm)	基础露头 H_0(mm)	主筋①	外箍筋②	外箍筋加密区长度(mm)	内箍筋③	单腿混凝土量(m^3)	单腿钢筋量(kg)
2ZWK6a-1000-02	900	6600	200	17Φ20	Φ8@100/200	4500	Φ14@1500	4.33	357.1
2ZWK6a-1000-07	900	6600	700	19Φ20	Φ8@100/200	4500	Φ14@1500	4.64	416.5
2ZWK6a-1000-12	900	6600	1200	21Φ20	Φ8@100/200	4500	Φ14@1500	4.96	482.7
2ZWK6a-1000-17	900	6600	1700	15Φ25	Φ8@100/200	4500	Φ14@1500	5.28	560.5
2ZWK6a-1000-22	900	6600	2200	17Φ25	Φ8@100/200	4500	Φ14@1500	5.60	658.3
2ZWK6a-1000-27	900	6600	2700	15Φ28	Φ8@100/200	4500	Φ14@1500	5.92	760.9
2ZWK6b-1000-02	900	6000	200	17Φ20	Φ8@100/200	4500	Φ14@1500	3.94	329.0
2ZWK6b-1000-07	900	6000	700	19Φ20	Φ8@100/200	4500	Φ14@1500	4.26	385.4
2ZWK6b-1000-12	900	6000	1200	21Φ20	Φ8@100/200	4500	Φ14@1500	4.58	445.8
2ZWK6b-1000-17	900	6000	1700	15Φ25	Φ8@100/200	4500	Φ14@1500	4.90	522.8
2ZWK6b-1000-22	900	6000	2200	17Φ25	Φ8@100/200	4500	Φ14@1500	5.22	616.0
2ZWK6b-1000-27	900	6000	2700	15Φ28	Φ8@100/200	4500	Φ14@1500	5.53	711.6
2ZWK6c-1000-02	900	6000	200	17Φ20	Φ8@100/200	4500	Φ14@1500	3.94	329.0
2ZWK6c-1000-07	900	6000	700	19Φ20	Φ8@100/200	4500	Φ14@1500	4.26	385.4
2ZWK6c-1000-12	900	6000	1200	21Φ20	Φ8@100/200	4500	Φ14@1500	4.58	445.8
2ZWK6c-1000-17	900	6000	1700	15Φ25	Φ8@100/200	4500	Φ14@1500	4.90	522.8
2ZWK6c-1000-22	900	6000	2200	17Φ25	Φ8@100/200	4500	Φ14@1500	5.22	616.0
2ZWK6c-1000-27	900	6000	2700	15Φ28	Φ8@100/200	4500	Φ14@1500	5.53	711.6

说明：1. 本基础适用于不受地下水影响的岩石地质条件。

2. 整体立塔时，混凝土的抗压强度应达到设计强度的 100%。分解组塔时，混凝土必须达到抗压强度设计值的 70%。

3. 基础根开及地脚螺栓间距与相应杆塔结构图核对无误后，方可施工。

4. 基础混凝土强度等级不应低于 C25，主筋采用 HRB400 级钢筋，箍筋采用 HPB300 级钢筋。

5. ②号钢筋加密区箍筋间距 100mm，非加密区箍筋间距 200mm。可采用螺旋箍筋。

6. 主筋保护层不小于 50mm。

7. 基础施工完毕后，做好基面排水处理。

8. 本基础按机械成孔施工方式，未考虑护壁工程量。

基础立面图

1—1

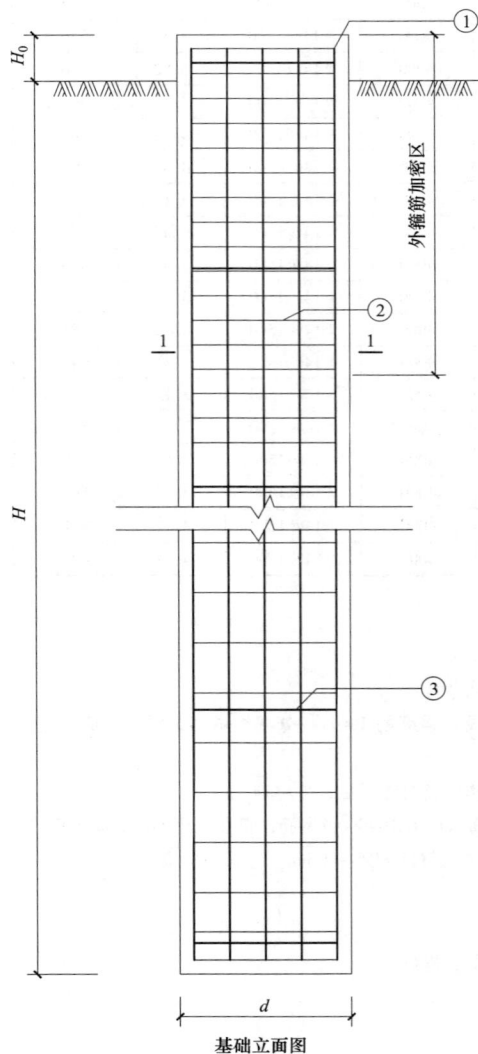

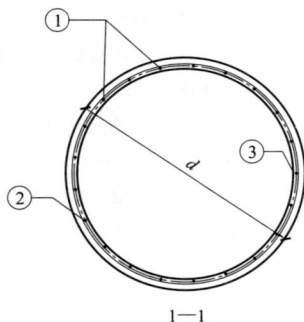

图 13.5-7　2ZWK6*-1000 挖孔桩基础施工图（一）

基 础 参 数 表

基础名称	桩身直径 d(mm)	基础埋深 H(mm)	基础露头 H_0(mm)	主筋①	外箍筋②	外箍筋加密区长度(mm)	内箍筋③	单腿混凝土量(m^3)	单腿钢筋量(kg)
2ZWK6d-1000-02	900	6000	200	17Φ20	Φ8@100/200	4500	Φ14@1500	3.94	329.0
2ZWK6d-1000-07	900	6000	700	19Φ20	Φ8@100/200	4500	Φ14@1500	4.26	385.4
2ZWK6d-1000-12	900	6000	1200	21Φ20	Φ8@100/200	4500	Φ14@1500	4.58	445.8
2ZWK6d-1000-17	900	6000	1700	15Φ25	Φ8@100/200	4500	Φ14@1500	4.90	522.8
2ZWK6d-1000-22	900	6000	2200	17Φ25	Φ8@100/200	4500	Φ14@1500	5.22	616.0
2ZWK6d-1000-27	900	6000	2700	15Φ28	Φ8@100/200	4500	Φ14@1500	5.53	711.6
2ZWK6e-1000-02	900	6000	200	17Φ20	Φ8@100/200	4500	Φ14@1500	3.94	329.0
2ZWK6e-1000-07	900	6000	700	19Φ20	Φ8@100/200	4500	Φ14@1500	4.26	385.4
2ZWK6e-1000-12	900	6000	1200	21Φ20	Φ8@100/200	4500	Φ14@1500	4.58	445.8
2ZWK6e-1000-17	900	6000	1700	15Φ25	Φ8@100/200	4500	Φ14@1500	4.90	522.8
2ZWK6e-1000-22	900	6000	2200	17Φ25	Φ8@100/200	4500	Φ14@1500	5.22	616.0
2ZWK6e-1000-27	900	6000	2700	15Φ28	Φ8@100/200	4500	Φ14@1500	5.53	711.6
2ZWK6f-1000-02	900	6000	200	17Φ20	Φ8@100/200	4500	Φ14@1500	3.94	329.0
2ZWK6f-1000-07	900	6000	700	19Φ20	Φ8@100/200	4500	Φ14@1500	4.26	385.4
2ZWK6f-1000-12	900	6000	1200	21Φ20	Φ8@100/200	4500	Φ14@1500	4.58	445.8
2ZWK6f-1000-17	900	6000	1700	15Φ25	Φ8@100/200	4500	Φ14@1500	4.90	522.8
2ZWK6f-1000-22	900	6000	2200	17Φ25	Φ8@100/200	4500	Φ14@1500	5.22	616.0
2ZWK6f-1000-27	900	6000	2700	15Φ28	Φ8@100/200	4500	Φ14@1500	5.53	711.6

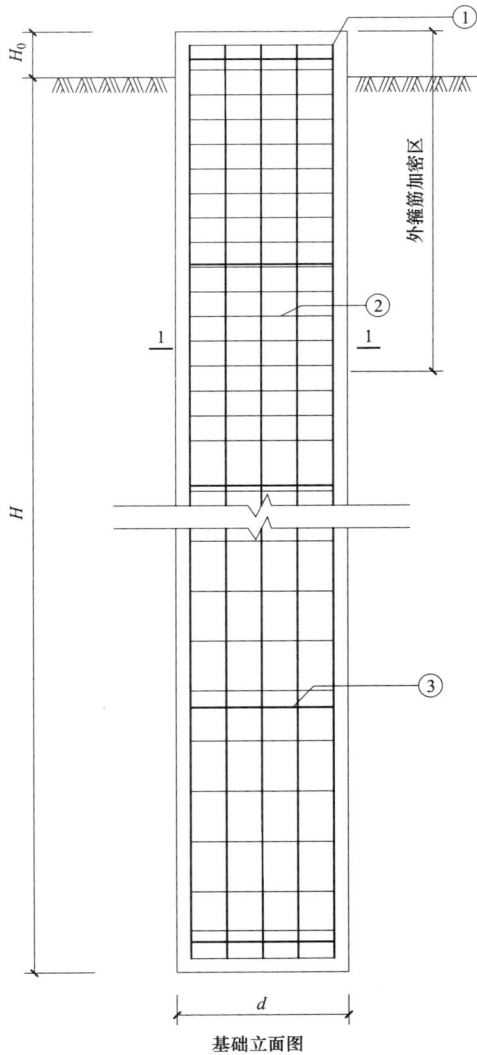

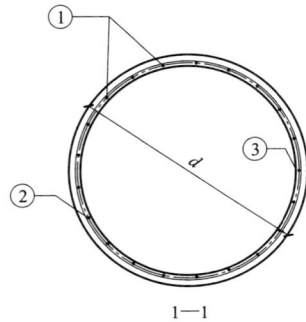

说明：1. 本基础适用于不受地下水影响的岩石地质条件。

2. 整体立塔时，混凝土的抗压强度应达到设计强度的100%。分解组塔时，混凝土必须达到抗压强度设计值的70%。

3. 基础根开及地脚螺栓间距与相应杆塔结构图核对无误后，方可施工。

4. 基础混凝土强度等级不应低于 C25，主筋采用 HRB400 级钢筋，箍筋采用 HPB300 级钢筋。

5. ②号钢筋加密区箍筋间距100mm，非加密区箍筋间距200mm。可采用螺旋箍筋。

6. 主筋保护层不小于 50mm。

7. 基础施工完毕后，做好基面排水处理。

8. 本基础按机械成孔施工方式，未考虑护壁工程量。

基础立面图

1—1

图 13.5-8　2ZWK6＊-1000 挖孔桩基础施工图（二）

第 14 章 2ZWK（K）模块

本模块为直线塔扩底挖孔桩基础模块，适用基础上拔力范围 700～1000kN，适用于黏性土、粉土、黄土地质，包含 3 个子模块，共 132 个基础，12 张图纸，由四川咨询公司设计。

基础作用力见表 14.0-1，岩土类别及设计参数见表 14.0-2。

表 14.0-1　　　　基 础 作 用 力

电压等级（kV）	基础作用力代号	T(kN)	T_x(kN)	T_y(kN)	N(kN)	N_x(kN)	N_y(kN)
220（330）	700	700	98	98	910	127	127
	800	800	112	112	1040	146	146
	900	900	126	126	1170	164	164
	1000	1000	140	140	1300	182	182

表 14.0-2　　　　岩土类别及设计参数

序号	代号	岩土类别	m(kN/m⁴)	q_{sik}(kPa)	q_{pk}(kPa)
1	1h	黏性土	35000	40	600
2	1i		35000	60	1000
3	1j		35000	80	1400
4	2h	粉土	35000	20	600
5	2i		35000	40	800
6	2j		35000	60	1200
7	4h	黄土	14000	25	800

注　代号含义详见 5.2。

14.1　2ZWK（K）1 子模块

此子模块适用于黏性土地基，共包含 4 张图纸，基础施工图图纸清单见表 14.1-1。

表 14.1-1　　2ZWK（K）1 子模块基础施工图图纸清单

序号	图号	图　名	基础作用力（kN）	
			$T/T_x/T_y$	$N/N_x/N_y$
1	图 14.1-1	2ZWK(K)1*-700 挖孔桩基础施工图	700/98/98	910/127/127
2	图 14.1-2	2ZWK(K)1*-800 挖孔桩基础施工图	800/112/112	1040/146/146
3	图 14.1-3	2ZWK(K)1*-900 挖孔桩基础施工图	900/126/126	1170/164/164
4	图 14.1-4	2ZWK(K)1*-1000 挖孔桩基础施工图	1000/140/140	1300/182/182

注　1*包含 1h、1i、1j 三种地质参数组合。

基 础 参 数 表

基础名称	桩身直径 d(mm)	扩底直径 D(mm)	基础埋深 H(mm)	主柱高 h_1(mm)	圆台高 h_2(mm)	下圆柱高 h_3(mm)	基础露头 H_0(mm)	主筋①	外箍筋②	外箍筋加密区长度(mm)	内箍筋③	单腿混凝土量(m^3)	单腿钢筋量(kg)
2ZWK(K)1h-700-02	800	1400	7200	6300	900	200	200	20Φ16	Φ8@100/200	4000	Φ14@1500	4.35	298.2
2ZWK(K)1h-700-07	800	1400	7200	6800	900	200	700	18Φ18	Φ8@100/200	4000	Φ14@1500	4.60	352.3
2ZWK(K)1h-700-12	800	1400	7200	7300	900	200	1200	17Φ20	Φ8@100/200	4000	Φ14@1500	4.85	422.2
2ZWK(K)1h-700-17	800	1400	7200	7800	900	200	1700	19Φ20	Φ8@100/200	4000	Φ14@1500	5.11	488.2
2ZWK(K)1h-700-22	800	1400	7200	8300	900	200	2200	17Φ22	Φ8@100/200	4000	Φ14@1500	5.36	552.6
2ZWK(K)1h-700-27	800	1400	7200	8800	900	200	2700	19Φ22	Φ8@100/200	4000	Φ14@1500	5.61	638.1

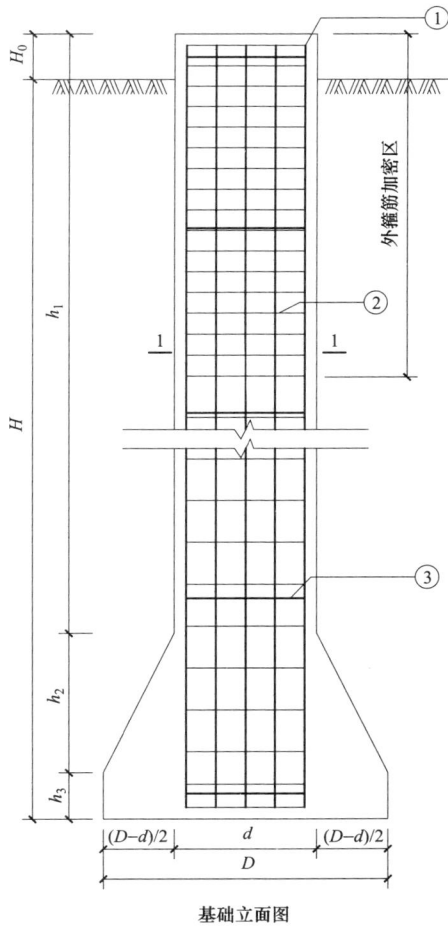

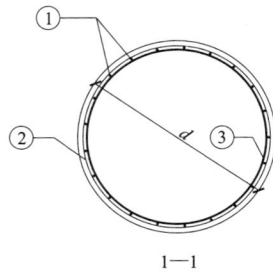

基础立面图

1—1

说明：1. 本基础适用于不受地下水影响的黏性土地质条件。

2. 整体立塔时，混凝土的抗压强度应达到设计强度的 100%。分解组塔时，混凝土必须达到抗压强度设计值的 70%。

3. 基础根开及地脚螺栓间距与相应杆塔结构图核对无误后，方可施工。

4. 基础混凝土强度等级不应低于 C25，主筋采用 HRB400 级钢筋，箍筋采用 HPB300 级钢筋。

5. ②号钢筋加密区箍筋间距 100mm，非加密区箍筋间距 200mm。可采用螺旋箍筋。

6. 主筋保护层不小于 50mm。

7. 基础施工完毕后，做好基面排水处理。

8. 本基础按机械成孔施工方式，未考虑护壁工程量。

图 14.1-1 2ZWK（K）1*-700 挖孔桩基础施工图

基 础 参 数 表

基础名称	桩身直径 d(mm)	扩底直径 D(mm)	基础埋深 H(mm)	主柱高 h_1(mm)	圆台高 h_2(mm)	下圆柱高 h_3(mm)	基础露头 H_0(mm)	主筋①	外箍筋②	外箍筋加密区长度(mm)	内箍筋③	单腿混凝土量(m³)	单腿钢筋量(kg)
2ZWK(K)1h-800-02	800	1200	9200	8600	600	200	200	15Φ20	Φ8@100/200	4000	Φ14@1500	5.03	425.2
2ZWK(K)1h-800-07	800	1200	9200	9100	600	200	700	17Φ20	Φ8@100/200	4000	Φ14@1500	5.28	493.7
2ZWK(K)1h-800-12	800	1200	9200	9600	600	200	1200	19Φ20	Φ8@100/200	4000	Φ14@1500	5.53	568.0
2ZWK(K)1h-800-17	800	1200	9200	10100	600	200	1700	21Φ20	Φ8@100/200	4000	Φ14@1500	5.78	648.8
2ZWK(K)1h-800-22	800	1600	7600	8400	1200	200	2200	15Φ25	Φ8@100/200	4000	Φ14@1500	6.03	642.9
2ZWK(K)1h-800-27	800	1600	7600	8900	1200	200	2700	17Φ25	Φ8@100/200	4000	Φ14@1500	6.28	752.0
2ZWK(K)1i-800-02	800	1200	6400	5800	600	200	200	18Φ18	Φ8@100/200	4000	Φ14@1500	3.62	297.8
2ZWK(K)1i-800-07	800	1200	6400	6300	600	200	700	17Φ20	Φ8@100/200	4000	Φ14@1500	3.87	359.1
2ZWK(K)1i-800-12	800	1200	6400	6800	600	200	1200	19Φ20	Φ8@100/200	4000	Φ14@1500	4.12	422.1
2ZWK(K)1i-800-17	800	1200	6400	7300	600	200	1700	21Φ20	Φ8@100/200	4000	Φ14@1500	4.37	486.6
2ZWK(K)1i-800-22	800	1200	6400	7800	600	200	2200	15Φ25	Φ8@100/200	4000	Φ14@1500	4.62	565.8
2ZWK(K)1i-800-27	800	1200	6400	8300	600	200	2700	17Φ25	Φ8@100/200	4000	Φ14@1500	4.88	668.1

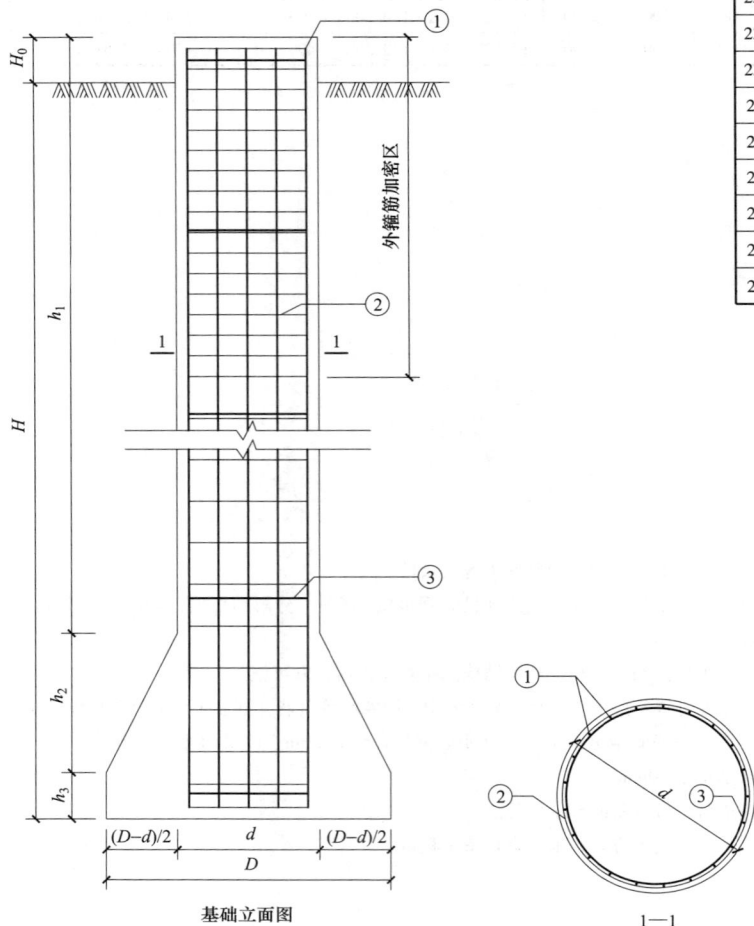

基础立面图

1—1

说明：1. 本基础适用于不受地下水影响的黏性土地质条件。

2. 整体立塔时，混凝土的抗压强度应达到设计强度的 100%。分解组塔时，混凝土必须达到抗压强度设计值的 70%。

3. 基础根开及地脚螺栓间距与相应杆塔结构图核对无误后，方可施工。

4. 基础混凝土强度等级不应低于 C25，主筋采用 HRB400 级钢筋，箍筋采用 HPB300 级钢筋。

5. ②号钢筋加密区箍筋间距 100mm，非加密区箍筋间距 200mm。可采用螺旋箍筋。

6. 主筋保护层不小于 50mm。

7. 基础施工完毕后，做好基面排水处理。

8. 本基础按机械成孔施工方式，未考虑护壁工程量。

图 14.1-2　2ZWK（K）1＊-800 挖孔桩基础施工图

基 础 参 数 表

基础名称	桩身直径 d(mm)	扩底直径 D(mm)	基础埋深 H(mm)	主柱高 h_1(mm)	圆台高 h_2(mm)	下圆柱高 h_3(mm)	基础露头 H_0(mm)	主筋①	外箍筋②	外箍筋加密区长度(mm)	内箍筋③	单腿混凝土量(m^3)	单腿钢筋量(kg)
2ZWK(K)1h-900-02	800	1400	9800	8900	900	200	200	17Φ20	Φ8@100/200	4000	Φ14@1500	5.66	498.8
2ZWK(K)1h-900-07	800	1400	9800	9400	900	200	700	19Φ20	Φ8@100/200	4000	Φ14@1500	5.91	575.1
2ZWK(K)1h-900-12	800	1400	9800	9900	900	200	1200	21Φ20	Φ8@100/200	4000	Φ14@1500	6.16	654.9
2ZWK(K)1h-900-17	800	1400	9800	10400	900	200	1700	20Φ22	Φ8@100/200	4000	Φ14@1500	6.41	772.2
2ZWK(K)1h-900-22	900	1500	8200	9300	900	200	2200	16Φ25	Φ8@100/200	4500	Φ14@1500	7.31	734.3
2ZWK(K)1h-900-27	900	1500	8200	9800	900	200	2700	14Φ28	Φ8@100/200	4500	Φ14@1500	7.63	835.6
2ZWK(K)1i-900-02	800	1400	6600	5700	900	200	200	17Φ20	Φ8@100/200	4000	Φ14@1500	4.05	345.7
2ZWK(K)1i-900-07	800	1400	6600	6200	900	200	700	19Φ20	Φ8@100/200	4000	Φ14@1500	4.30	403.8
2ZWK(K)1i-900-12	800	1400	6600	6700	900	200	1200	21Φ20	Φ8@100/200	4000	Φ14@1500	4.55	470.2
2ZWK(K)1i-900-17	800	1400	6600	7200	900	200	1700	20Φ22	Φ8@100/200	4000	Φ14@1500	4.80	562.3
2ZWK(K)1i-900-22	900	1300	6200	7600	600	200	2200	21Φ22	Φ8@100/200	4500	Φ14@1500	5.68	606.7
2ZWK(K)1i-900-27	900	1300	6200	8100	600	200	2700	22Φ22	Φ8@100/200	4500	Φ14@1500	5.99	667.2

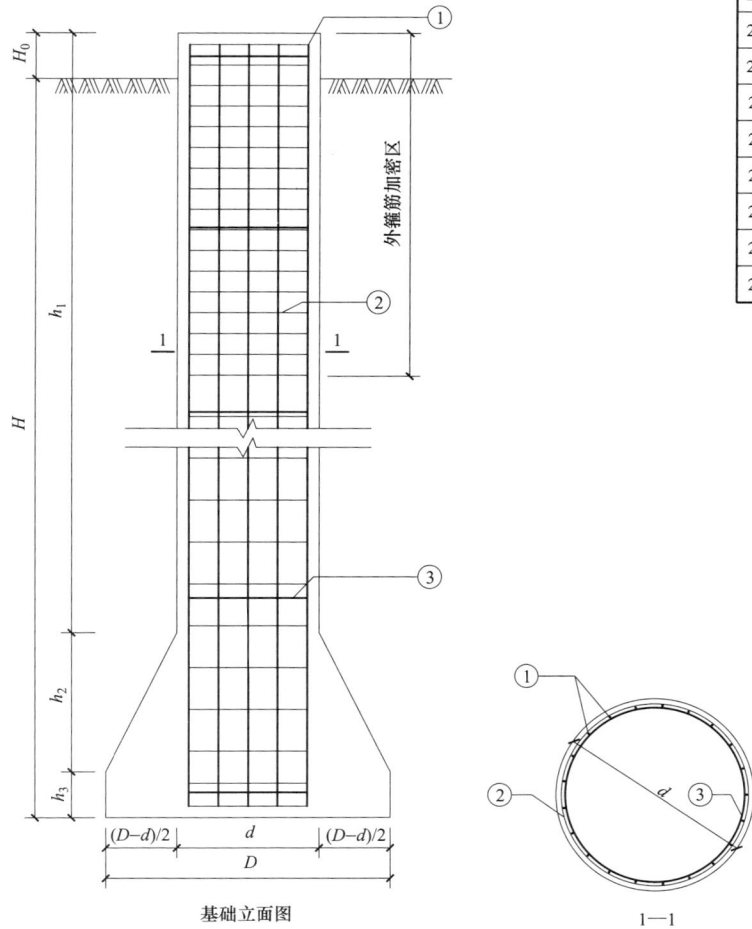

基础立面图

1—1

图 14.1-3 2ZWK（K）1*-900 挖孔桩基础施工图

说明：1. 本基础适用于不受地下水影响的黏性土地质条件。

2. 整体立塔时，混凝土的抗压强度应达到设计强度的100%。分解组塔时，混凝土必须达到抗压强度设计值的70%。

3. 基础根开及地脚螺栓间距与相应杆塔结构图核对无误后，方可施工。

4. 基础混凝土强度等级不应低于C25，主筋采用HRB400级钢筋，箍筋采用HPB300级钢筋。

5. ②号钢筋加密区箍筋间距100mm，非加密区箍筋间距200mm。可采用螺旋箍筋。

6. 主筋保护层不小于50mm。

7. 基础施工完毕后，做好基面排水处理。

8. 本基础按机械成孔施工方式，未考虑护壁工程量。

基础参数表

基础名称	桩身直径 d(mm)	扩底直径 D(mm)	基础埋深 H(mm)	主柱高 h₁(mm)	圆台高 h₂(mm)	下圆柱高 h₃(mm)	基础露头 H₀(mm)	主筋①	外箍筋②	外箍筋加密区长度(mm)	内箍筋③	单腿混凝土量(m³)	单腿钢筋量(kg)
2ZWK(K)1h-1000-02	900	1500	9400	8500	900	200	200	22Φ18	Φ8@100/200	4500	Φ14@1500	6.80	513.5
2ZWK(K)1h-1000-07	900	1500	9400	9000	900	200	700	20Φ20	Φ8@100/200	4500	Φ14@1500	7.12	592.0
2ZWK(K)1h-1000-12	900	1500	9400	9500	900	200	1200	22Φ20	Φ8@100/200	4500	Φ14@1500	7.44	673.2
2ZWK(K)1h-1000-17	900	1500	9400	10000	900	200	1700	16Φ25	Φ8@100/200	4500	Φ14@1500	7.75	784.2
2ZWK(K)1h-1000-22	900	1700	8600	9400	1200	200	2200	18Φ25	Φ8@100/200	4500	Φ14@1500	8.08	846.0
2ZWK(K)1h-1000-27	900	1700	8600	9900	1200	200	2700	19Φ25	Φ8@100/200	4500	Φ14@1500	8.40	926.8
2ZWK(K)1i-1000-02	900	1500	6200	5300	900	200	200	22Φ18	Φ8@100/200	4500	Φ14@1500	4.76	351.2
2ZWK(K)1i-1000-07	900	1500	6200	5800	900	200	700	20Φ20	Φ8@100/200	4500	Φ14@1500	5.08	412.5
2ZWK(K)1i-1000-12	900	1500	6200	6300	900	200	1200	14Φ25	Φ8@100/200	4500	Φ14@1500	5.40	472.6
2ZWK(K)1i-1000-17	900	1500	6200	6800	900	200	1700	16Φ25	Φ8@100/200	4500	Φ14@1500	5.72	565.3
2ZWK(K)1i-1000-22	900	1500	6200	7300	900	200	2200	18Φ25	Φ8@100/200	4500	Φ14@1500	6.04	662.0
2ZWK(K)1i-1000-27	900	1500	6200	7800	900	200	2700	20Φ25	Φ8@100/200	4500	Φ14@1500	6.35	767.3

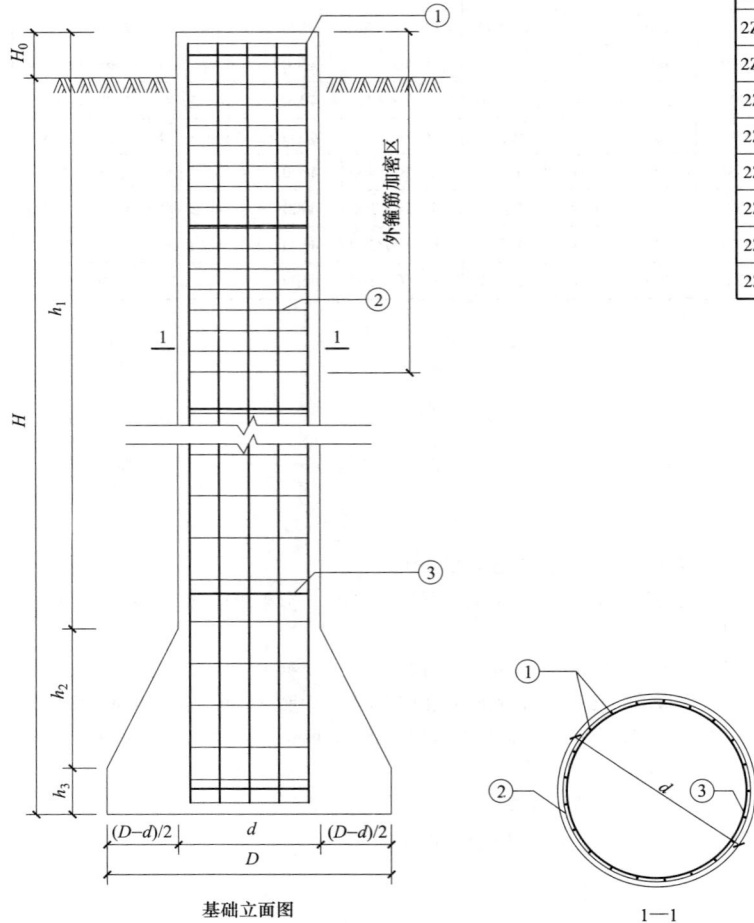

基础立面图

1—1

说明：1. 本基础适用于不受地下水影响的黏性土地质条件。

2. 整体立塔时，混凝土的抗压强度应达到设计强度的100%。分解组塔时，混凝土必须达到抗压强度设计值的70%。

3. 基础根开及地脚螺栓间距与相应杆塔结构图核对无误后，方可施工。

4. 基础混凝土强度等级不应低于C25，主筋采用HRB400级钢筋，箍筋采用HPB300级钢筋。

5. ②号钢筋加密区箍筋间距100mm，非加密区箍筋间距200mm。可采用螺旋箍筋。

6. 主筋保护层不小于50mm。

7. 基础施工完毕后，做好基面排水处理。

8. 本基础按机械成孔施工方式，未考虑护壁工程量。

图 14.1-4　2ZWK（K）1*-1000 挖孔桩基础施工图

14.2 2ZWK（K）2 子模块

此子模块适用于粉土地基，共包含 4 张图纸，基础施工图图纸清单见表 14.2-1。

表 14.2-1　　2ZWK（K）2 子模块基础施工图图纸清单

序号	图号	图　　名	基础作用力（kN）	
			$T/T_x/T_y$	$N/N_x/N_y$
1	图 14.2-1	2ZWK(K)2*-700 挖孔桩基础施工图	700/98/98	910/127/127
2	图 14.2-2	2ZWK(K)2*-800 挖孔桩基础施工图	800/112/112	1040/146/146
3	图 14.2-3	2ZWK(K)2*-900 挖孔桩基础施工图	900/126/126	1170/164/164
4	图 14.2-4	2ZWK(K)2*-1000 挖孔桩基础施工图	1000/140/140	1300/182/182

注　2* 包含 2h、2i、2j 三种地质参数组合。

基 础 参 数 表

基础名称	桩身直径 d(mm)	扩底直径 D(mm)	基础埋深 H(mm)	主柱高 h₁(mm)	圆台高 h₂(mm)	下圆柱高 h₃(mm)	基础露头 H₀(mm)	主筋①	外箍筋②	外箍筋加密区长度(mm)	内箍筋③	单腿混凝土量(m³)	单腿钢筋量(kg)
2ZWK(K)2h-700-02	800	1400	12800	11900	900	200	200	20Φ16	Φ8@100/200	4000	Φ14@1500	7.17	509.5
2ZWK(K)2h-700-07	800	1400	12800	12400	900	200	700	18Φ18	Φ8@100/200	4000	Φ14@1500	7.42	588.1
2ZWK(K)2h-700-12	800	1400	12800	12900	900	200	1200	17Φ20	Φ8@100/200	4000	Φ14@1500	7.67	691.4
2ZWK(K)2h-700-17	800	1400	12800	13400	900	200	1700	19Φ20	Φ8@100/200	4000	Φ14@1500	7.92	785.0
2ZWK(K)2h-700-22	800	1400	12800	13900	900	200	2200	17Φ22	Φ8@100/200	4000	Φ14@1500	8.17	871.0
2ZWK(K)2h-700-27	800	1400	12800	14400	900	200	2700	19Φ22	Φ8@100/200	4000	Φ14@1500	8.42	989.9
2ZWK(K)2i-700-02	800	1400	7200	6300	900	200	200	20Φ16	Φ8@100/200	4000	Φ14@1500	4.35	298.2
2ZWK(K)2i-700-07	800	1400	7200	6800	900	200	700	18Φ18	Φ8@100/200	4000	Φ14@1500	4.60	352.3
2ZWK(K)2i-700-12	800	1400	7200	7300	900	200	1200	17Φ20	Φ8@100/200	4000	Φ14@1500	4.85	422.2
2ZWK(K)2i-700-17	800	1400	7200	7800	900	200	1700	19Φ20	Φ8@100/200	4000	Φ14@1500	5.11	488.2
2ZWK(K)2i-700-22	800	1400	7200	8300	900	200	2200	17Φ22	Φ8@100/200	4000	Φ14@1500	5.36	552.6
2ZWK(K)2i-700-27	800	1400	7200	8800	900	200	2700	19Φ22	Φ8@100/200	4000	Φ14@1500	5.61	638.1

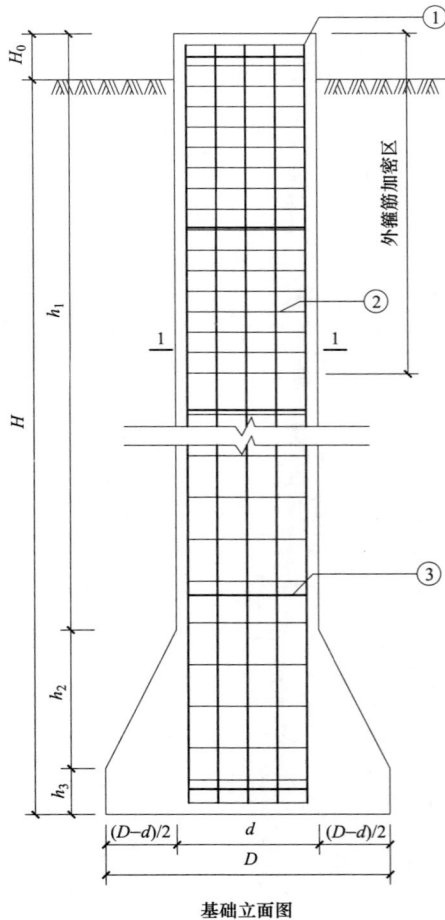

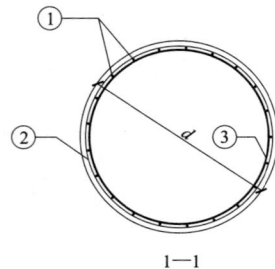

基础立面图

1—1

说明：1. 本基础适用于不受地下水影响的粉土地质条件。

2. 整体立塔时，混凝土的抗压强度应达到设计强度的100%。分解组塔时，混凝土必须达到抗压强度设计值的70%。

3. 基础根开及地脚螺栓间距与相应杆塔结构图核对无误后，方可施工。

4. 基础混凝土强度等级不应低于C25，主筋采用HRB400级钢筋，箍筋采用HPB300级钢筋。

5. ②号钢筋加密区箍筋间距100mm，非加密区箍筋间距200mm。可采用螺旋箍筋。

6. 主筋保护层不小于50mm。

7. 基础施工完毕后，做好基面排水处理。

8. 本基础按机械成孔施工方式，未考虑护壁工程量。

图 14.2-1　2ZWK（K）2*-700挖孔桩基础施工图

基 础 参 数 表

基础名称	桩身直径 d(mm)	扩底直径 D(mm)	基础埋深 H(mm)	主柱高 h_1(mm)	圆台高 h_2(mm)	下圆柱高 h_3(mm)	基础露头 H_0(mm)	主筋①	外箍筋②	外箍筋加密区长度(mm)	内箍筋③	单腿混凝土量(m³)	单腿钢筋量(kg)
2ZWK(K)2h-800-02	800	1200	15600	15000	600	200	200	15Φ20	Φ8@100/200	4000	Φ14@1500	8.24	699.8
2ZWK(K)2h-800-07	800	1200	15600	15500	600	200	700	17Φ20	Φ8@100/200	4000	Φ14@1500	8.49	799.9
2ZWK(K)2h-800-12	800	1600	14000	13800	1200	200	1200	19Φ20	Φ8@100/200	4000	Φ14@1500	8.75	823.8
2ZWK(K)2h-800-17	800	1600	14000	14300	1200	200	1700	21Φ20	Φ8@100/200	4000	Φ14@1500	9.00	925.8
2ZWK(K)2h-800-22	800	1600	14000	14800	1200	200	2200	15Φ25	Φ8@100/200	4000	Φ14@1500	9.25	1050.5
2ZWK(K)2h-800-27	800	1600	14000	15300	1200	200	2700	17Φ25	Φ8@100/200	4000	Φ14@1500	9.50	1211.4
2ZWK(K)2i-800-02	800	1200	9200	8600	600	200	200	15Φ20	Φ8@100/200	4000	Φ14@1500	5.03	425.2
2ZWK(K)2i-800-07	800	1200	9200	9100	600	200	700	17Φ20	Φ8@100/200	4000	Φ14@1500	5.28	493.7
2ZWK(K)2i-800-12	800	1200	9200	9600	600	200	1200	19Φ20	Φ8@100/200	4000	Φ14@1500	5.53	568.0
2ZWK(K)2i-800-17	800	1200	9200	10100	600	200	1700	21Φ20	Φ8@100/200	4000	Φ14@1500	5.78	648.8
2ZWK(K)2i-800-22	800	1200	9200	10600	600	200	2200	15Φ25	Φ8@100/200	4000	Φ14@1500	6.03	744.8
2ZWK(K)2i-800-27	800	1200	9200	11100	600	200	2700	17Φ25	Φ8@100/200	4000	Φ14@1500	6.28	866.2
2ZWK(K)2j-800-02	800	1200	6400	5800	600	200	200	18Φ18	Φ8@100/200	4000	Φ14@1500	3.62	297.8
2ZWK(K)2j-800-07	800	1200	6400	6300	600	200	700	17Φ20	Φ8@100/200	4000	Φ14@1500	3.87	359.1
2ZWK(K)2j-800-12	800	1200	6400	6800	600	200	1200	19Φ20	Φ8@100/200	4000	Φ14@1500	4.12	422.1
2ZWK(K)2j-800-17	800	1200	6400	7300	600	200	1700	21Φ20	Φ8@100/200	4000	Φ14@1500	4.37	486.6
2ZWK(K)2j-800-22	800	1200	6400	7800	600	200	2200	15Φ25	Φ8@100/200	4000	Φ14@1500	4.62	565.8
2ZWK(K)2j-800-27	800	1200	6400	8300	600	200	2700	17Φ25	Φ8@100/200	4000	Φ14@1500	4.88	668.1

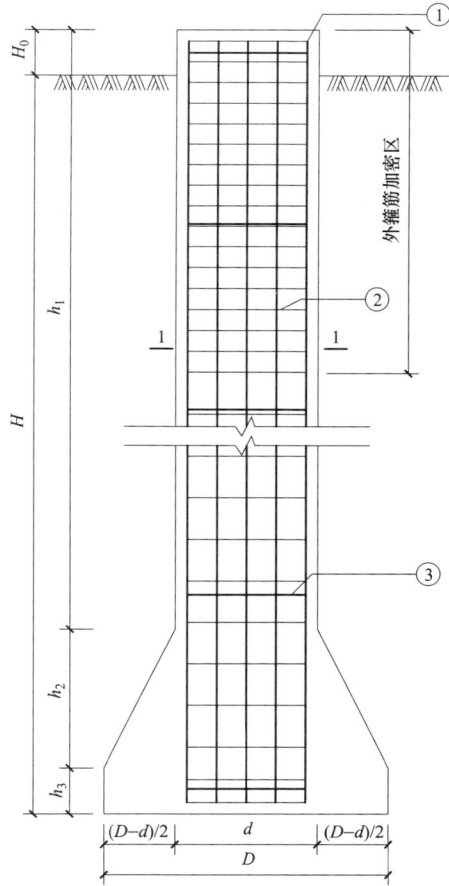

基础立面图

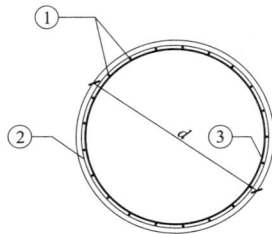

1—1

说明：1. 本基础适用于不受地下水影响的粉土地质条件。

2. 整体立塔时，混凝土的抗压强度应达到设计强度的100%。分解组塔时，混凝土必须达到抗压强度设计值的70%。

3. 基础根开及地脚螺栓间距与相应杆塔结构图核对无误后，方可施工。

4. 基础混凝土强度等级不应低于C25，主筋采用HRB400级钢筋，箍筋采用HPB300级钢筋。

5. ②号钢筋加密区箍筋间距100mm，非加密区箍筋间距200mm。可采用螺旋箍筋。

6. 主筋保护层不小于50mm。

7. 基础施工完毕后，做好基面排水处理。

8. 本基础按机械成孔施工方式，未考虑护壁工程量。

图 14.2-2 2ZWK（K）2*-800挖孔桩基础施工图

基 础 参 数 表

基础名称	桩身直径 d(mm)	扩底直径 D(mm)	基础埋深 H(mm)	主柱高 h_1(mm)	圆台高 h_2(mm)	下圆柱高 h_3(mm)	基础露头 H_0(mm)	主筋①	外箍筋②	外箍筋加密区长度 (mm)	内箍筋③	单腿混凝土量 (m³)	单腿钢筋量 (kg)
2ZWK(K)2h-900-02	800	1400	17000	16100	900	200	200	17Φ20	Φ8@100/200	4000	Φ14@1500	9.28	844.5
2ZWK(K)2h-900-07	800	1400	17000	16600	900	200	700	19Φ20	Φ8@100/200	4000	Φ14@1500	9.53	953.9
2ZWK(K)2h-900-12	800	1400	17000	17100	900	200	1200	21Φ20	Φ8@100/200	4000	Φ14@1500	9.78	1071.6
2ZWK(K)2h-900-17	800	1400	17000	17600	900	200	1700	20Φ22	Φ8@100/200	4000	Φ14@1500	10.03	1245.7
2ZWK(K)2h-900-22	900	1500	14200	15300	900	200	2200	16Φ25	Φ8@100/200	4500	Φ14@1500	11.13	1145.4
2ZWK(K)2h-900-27	900	1500	14200	15800	900	200	2700	14Φ28	Φ8@100/200	4500	Φ14@1500	11.44	1282.7
2ZWK(K)2i-900-02	800	1400	9800	8900	900	200	200	17Φ20	Φ8@100/200	4000	Φ14@1500	5.66	498.8
2ZWK(K)2i-900-07	800	1400	9800	9400	900	200	700	19Φ20	Φ8@100/200	4000	Φ14@1500	5.91	575.1
2ZWK(K)2i-900-12	800	1400	9800	9900	900	200	1200	21Φ20	Φ8@100/200	4000	Φ14@1500	6.16	654.9
2ZWK(K)2i-900-17	800	1400	9800	10400	900	200	1700	20Φ22	Φ8@100/200	4000	Φ14@1500	6.41	772.2
2ZWK(K)2i-900-22	900	1500	8200	9300	900	200	2200	16Φ25	Φ8@100/200	4500	Φ14@1500	7.31	734.3
2ZWK(K)2i-900-27	900	1500	8200	9800	900	200	2700	14Φ28	Φ8@100/200	4500	Φ14@1500	7.63	835.6
2ZWK(K)2j-900-02	800	1400	6600	5700	900	200	200	17Φ20	Φ8@100/200	4000	Φ14@1500	4.05	345.7
2ZWK(K)2j-900-07	800	1400	6600	6200	900	200	700	19Φ20	Φ8@100/200	4000	Φ14@1500	4.30	403.8
2ZWK(K)2j-900-12	800	1400	6600	6700	900	200	1200	21Φ20	Φ8@100/200	4000	Φ14@1500	4.55	470.2
2ZWK(K)2j-900-17	800	1400	6600	7200	900	200	1700	20Φ22	Φ8@100/200	4000	Φ14@1500	4.80	562.3
2ZWK(K)2j-900-22	900	1300	6200	7600	600	200	2200	21Φ22	Φ8@100/200	4500	Φ14@1500	5.68	606.7
2ZWK(K)2j-900-27	900	1300	6200	8100	600	200	2700	22Φ22	Φ8@100/200	4500	Φ14@1500	5.99	667.2

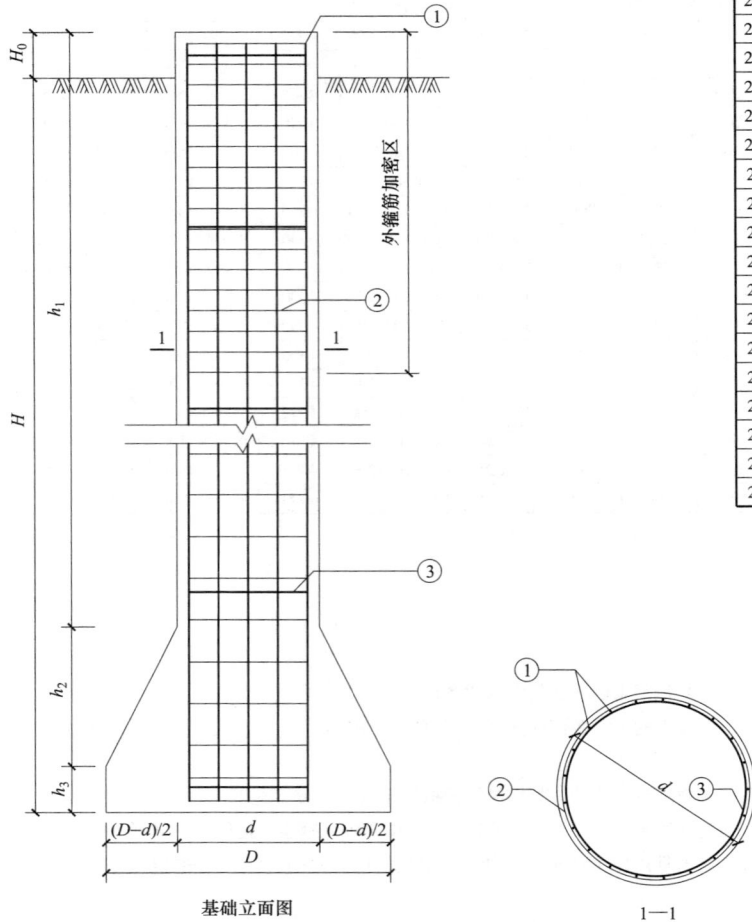

基础立面图

1—1

说明：
1. 本基础适用于不受地下水影响的粉土地质条件。
2. 整体立塔时，混凝土的抗压强度应达到设计强度的100%。分解组塔时，混凝土必须达到抗压强度设计值的70%。
3. 基础根开及地脚螺栓间距与相应杆塔结构图核对无误后，方可施工。
4. 基础混凝土强度等级不应低于C25，主筋采用HRB400级钢筋，箍筋采用HPB300级钢筋。
5. ②号钢筋加密区箍筋间距100mm，非加密区箍筋间距200mm。可采用螺旋箍筋。
6. 主筋保护层不小于50mm。
7. 基础施工完毕后，做好基面排水处理。
8. 本基础按机械成孔施工方式，未考虑护壁工程量。

图 14.2-3　2ZWK（K）2*-900 挖孔桩基础施工图

基 础 参 数 表

基础名称	桩身直径 d(mm)	扩底直径 D(mm)	基础埋深 H(mm)	主柱高 h_1(mm)	圆台高 h_2(mm)	下圆柱高 h_3(mm)	基础露头 H_0(mm)	主筋①	外箍筋②	外箍筋加密区长度 (mm)	内箍筋③	单腿混凝土量 (m^3)	单腿钢筋量 (kg)
2ZWK(K)2h-1000-02	900	1500	16000	15100	900	200	200	22 Φ 18	Φ 8@ 100/200	4500	Φ 14@ 1500	11.00	848.0
2ZWK(K)2h-1000-07	900	1500	16000	15600	900	200	700	20 Φ 20	Φ 8@ 100/200	4500	Φ 14@ 1500	11.32	964.8
2ZWK(K)2h-1000-12	900	1500	16000	16100	900	200	1200	22 Φ 20	Φ 8@ 100/200	4500	Φ 14@ 1500	11.63	1075.7
2ZWK(K)2h-1000-17	900	1500	16000	16600	900	200	1700	16 Φ 25	Φ 8@ 100/200	4500	Φ 14@ 1500	11.95	1235.4
2ZWK(K)2h-1000-22	900	1500	16000	17100	900	200	2200	18 Φ 25	Φ 8@ 100/200	4500	Φ 14@ 1500	12.27	1410.3
2ZWK(K)2h-1000-27	900	1700	15200	16500	1200	200	2700	19 Φ 18	Φ 8@ 100/200	4500	Φ 14@ 1500	12.59	1454.2
2ZWK(K)2i-1000-02	900	1500	9400	8500	900	200	200	22 Φ 18	Φ 8@ 100/200	4500	Φ 14@ 1500	6.80	513.5
2ZWK(K)2i-1000-07	900	1500	9400	9000	900	200	700	20 Φ 20	Φ 8@ 100/200	4500	Φ 14@ 1500	7.12	592.0
2ZWK(K)2i-1000-12	900	1500	9400	9500	900	200	1200	22 Φ 20	Φ 8@ 100/200	4500	Φ 14@ 1500	7.44	673.2
2ZWK(K)2i-1000-17	900	1500	9400	10000	900	200	1700	16 Φ 25	Φ 8@ 100/200	4500	Φ 14@ 1500	7.75	784.2
2ZWK(K)2i-1000-22	900	1500	9400	10500	900	200	2200	18 Φ 25	Φ 8@ 100/200	4500	Φ 14@ 1500	8.07	905.5
2ZWK(K)2i-1000-27	900	1500	9400	11000	900	200	2700	19 Φ 25	Φ 8@ 100/200	4500	Φ 14@ 1500	8.39	992.2
2ZWK(K)2j-1000-02	900	1500	6200	5300	900	200	200	22 Φ 18	Φ 8@ 100/200	4500	Φ 14@ 1500	4.76	351.2
2ZWK(K)2j-1000-07	900	1500	6200	5800	900	200	700	20 Φ 20	Φ 8@ 100/200	4500	Φ 14@ 1500	5.08	412.5
2ZWK(K)2j-1000-12	900	1500	6200	6300	900	200	1200	14 Φ 25	Φ 8@ 100/200	4500	Φ 14@ 1500	5.40	472.6
2ZWK(K)2j-1000-17	900	1500	6200	6800	900	200	1700	16 Φ 25	Φ 8@ 100/200	4500	Φ 14@ 1500	5.72	565.3
2ZWK(K)2j-1000-22	900	1500	6200	7300	900	200	2200	18 Φ 25	Φ 8@ 100/200	4500	Φ 14@ 1500	6.04	662.0
2ZWK(K)2j-1000-27	900	1500	6200	7800	900	200	2700	20 Φ 25	Φ 8@ 100/200	4500	Φ 14@ 1500	6.35	767.3

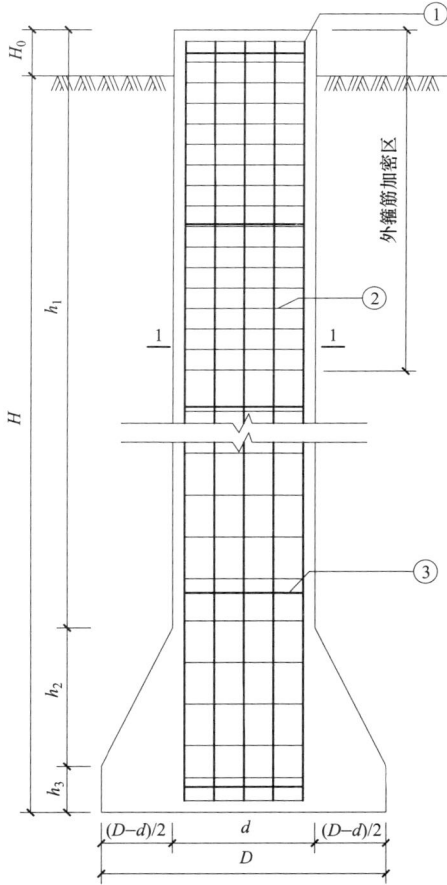

基础立面图

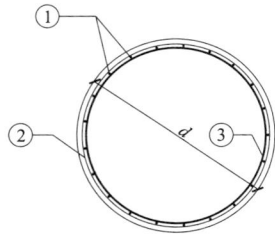

1—1

说明：1. 本基础适用于不受地下水影响的粉土地质条件。

2. 整体立塔时，混凝土的抗压强度应达到设计强度的100%。分解组塔时，混凝土必须达到抗压强度设计值的70%。

3. 基础根开及地脚螺栓间距与相应杆塔结构图核对无误后，方可施工。

4. 基础混凝土强度等级不应低于 C25，主筋采用 HRB400 级钢筋，箍筋采用 HPB300 级钢筋。

5. ②号钢筋加密区箍筋间距100mm，非加密区箍筋间距200mm。可采用螺旋箍筋。

6. 主筋保护层不小于 50mm。

7. 基础施工完毕后，做好基面排水处理。

8. 本基础按机械成孔施工方式，未考虑护壁工程量。

图 14.2-4　2ZWK（K）2＊-1000 挖孔桩基础施工图

14.3 2ZWK（K）4 子模块

此子模块适用于黄土地基，共包含 4 张图纸，基础施工图图纸清单见表 14.3-1。

表 14.3-1　　　　2ZWK（K）4 子模块基础施工图图纸清单

序号	图号	图　　名	基础作用力（kN）	
			$T/T_x/T_y$	$N/N_x/N_y$
1	图 14.3-1	2ZWK（K）4＊-700 挖孔桩基础施工图	700/98/98	910/127/127
2	图 14.3-2	2ZWK（K）4＊-800 挖孔桩基础施工图	800/112/112	1040/146/146
3	图 14.3-3	2ZWK（K）4＊-900 挖孔桩基础施工图	900/126/126	1170/164/164
4	图 14.3-4	2ZWK（K）4＊-1000 挖孔桩基础施工图	1000/140/140	1300/182/182

注　4＊表示 4h 地质参数组合。

基 础 参 数 表

基础名称	桩身直径 d(mm)	扩底直径 D(mm)	基础埋深 H(mm)	主柱高 h_1(mm)	圆台高 h_2(mm)	下圆柱高 h_3(mm)	基础露头 H_0(mm)	主筋①	外箍筋②	外箍筋加密区长度(mm)	内箍筋③	单腿混凝土量(m³)	单腿钢筋量(kg)
2ZWK(K)4h-700-02	800	1400	10800	9900	900	200	200	17Φ18	Φ8@100/200	4000	Φ14@1500	6.16	461.0
2ZWK(K)4h-700-07	800	1400	10800	10400	900	200	700	20Φ18	Φ8@100/200	4000	Φ14@1500	6.41	547.9
2ZWK(K)4h-700-12	800	1400	10800	10900	900	200	1200	23Φ18	Φ8@100/200	4000	Φ14@1500	6.66	644.2
2ZWK(K)4h-700-17	900	1500	9000	9600	900	200	1700	23Φ18	Φ8@100/200	4500	Φ14@1500	7.50	591.8
2ZWK(K)4h-700-22	900	1500	9000	10100	900	200	2200	24Φ18	Φ8@100/200	4500	Φ14@1500	7.82	638.9
2ZWK(K)4h-700-27	1000	1800	6800	8100	1200	200	2700	20Φ20	Φ8@100/200	5000	Φ16@1500	8.77	581.7

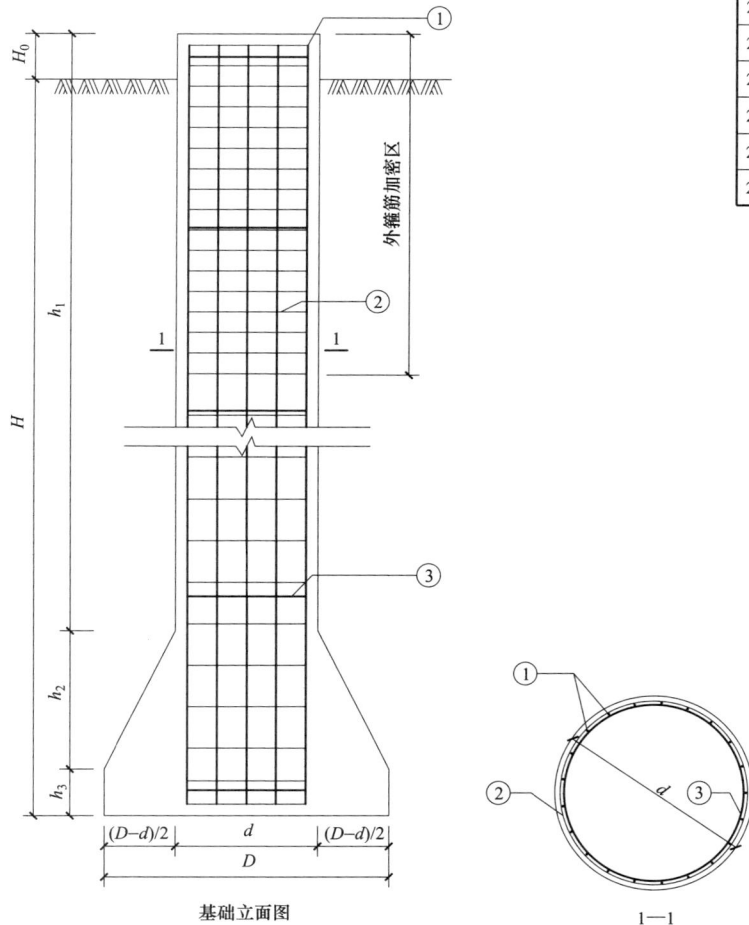

基础立面图

1—1

说明：1. 本基础适用于不受地下水影响的黄土地质条件。

2. 整体立塔时，混凝土的抗压强度应达到设计强度的 100%。分解组塔时，混凝土必须达到抗压强度设计值的 70%。

3. 基础根开及地脚螺栓间距与相应杆塔结构图核对无误后，方可施工。

4. 基础混凝土强度等级不应低于 C25，主筋采用 HRB400 级钢筋，箍筋采用 HPB300 级钢筋。

5. ②号钢筋加密区箍筋间距 100mm，非加密区箍筋间距 200mm。可采用螺旋箍筋。

6. 主筋保护层不小于 50mm。

7. 基础施工完毕后，做好基面排水处理。

8. 本基础按机械成孔施工方式，未考虑护壁工程量。

图 14.3-1 2ZWK（K）4 * -700 挖孔桩基础施工图

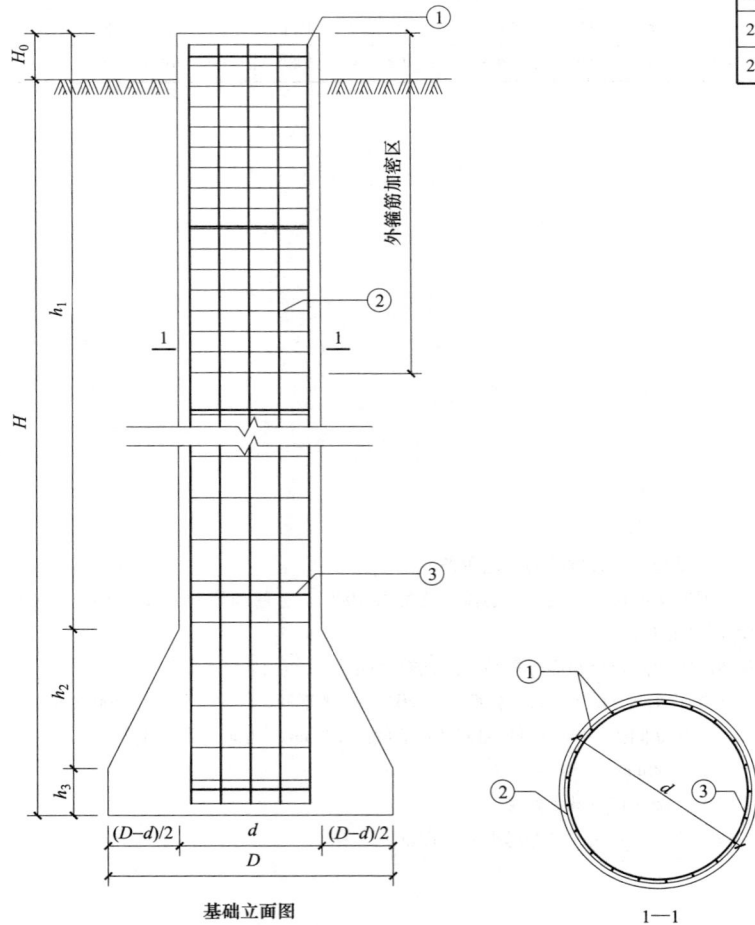

基础立面图

1—1

基 础 参 数 表

基础名称	桩身直径 d(mm)	扩底直径 D(mm)	基础埋深 H(mm)	主柱高 h_1(mm)	圆台高 h_2(mm)	下圆柱高 h_3(mm)	基础露头 H_0(mm)	主筋①	外箍筋②	外箍筋加密区长度(mm)	内箍筋③	单腿混凝土量(m³)	单腿钢筋量(kg)
2ZWK(K)4h-800-02	800	1400	12600	11700	900	200	200	20Φ18	Φ8@100/200	4000	Φ14@1500	7.07	608.5
2ZWK(K)4h-800-07	900	1500	10600	10200	900	200	700	21Φ18	Φ8@100/200	4500	Φ14@1500	7.88	577.7
2ZWK(K)4h-800-12	900	1500	10600	10700	900	200	1200	23Φ18	Φ8@100/200	4500	Φ14@1500	8.20	647.4
2ZWK(K)4h-800-17	900	1500	10600	11200	900	200	1700	17Φ22	Φ8@100/200	4500	Φ14@1500	8.52	734.2
2ZWK(K)4h-800-22	1000	1800	8200	9000	1200	200	2200	18Φ22	Φ8@100/200	5000	Φ16@1500	9.48	676.7
2ZWK(K)4h-800-27	1000	1800	8200	9500	1200	200	2700	19Φ22	Φ8@100/200	5000	Φ16@1500	9.87	742.1

说明：1. 本基础适用于不受地下水影响的黄土地质条件。

2. 整体立塔时，混凝土的抗压强度应达到设计强度的 100%。分解组塔时，混凝土必须达到抗压强度设计值的 70%。

3. 基础根开及地脚螺栓间距与相应杆塔结构图核对无误后，方可施工。

4. 基础混凝土强度等级不应低于 C25，主筋采用 HRB400 级钢筋，箍筋采用 HPB300 级钢筋。

5. ②号钢筋加密区箍筋间距 100mm，非加密区箍筋间距 200mm。可采用螺旋箍筋。

6. 主筋保护层不小于 50mm。

7. 基础施工完毕后，做好基面排水处理。

8. 本基础按机械成孔施工方式，未考虑护壁工程量。

图 14.3-2　2ZWK（K）4∗-800 挖孔桩基础施工图

基 础 参 数 表

基础名称	桩身直径 d(mm)	扩底直径 D(mm)	基础埋深 H(mm)	主柱高 h_1(mm)	圆台高 h_2(mm)	下圆柱高 h_3(mm)	基础露头 H_0(mm)	主筋①	外箍筋②	外箍筋加密区长度(mm)	内箍筋③	单腿混凝土量（m³）	单腿钢筋量（kg）
2ZWK(K)4h-900-02	800	1200	15200	14600	600	200	200	23Φ18	Φ8@100/200	4000	Φ14@1500	8.04	820.3
2ZWK(K)4h-900-07	900	1500	12200	11800	900	200	700	24Φ18	Φ8@100/200	4500	Φ14@1500	8.90	732.3
2ZWK(K)4h-900-12	900	1500	12200	12300	900	200	1200	26Φ18	Φ8@100/200	4500	Φ14@1500	9.22	811.3
2ZWK(K)4h-900-17	1000	1800	9600	9900	1200	200	1700	27Φ18	Φ8@100/200	5000	Φ16@1500	10.18	736.5
2ZWK(K)4h-900-22	1000	1800	9600	10400	1200	200	2200	30Φ18	Φ8@100/200	5000	Φ16@1500	10.57	836.9
2ZWK(K)4h-900-27	1100	1700	8800	10400	900	200	2700	30Φ18	Φ8@100/200	5500	Φ16@1500	11.74	835.5

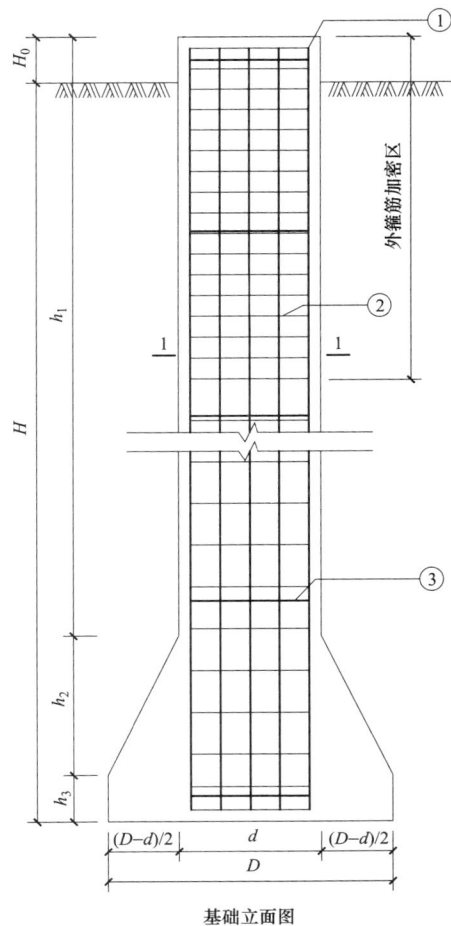

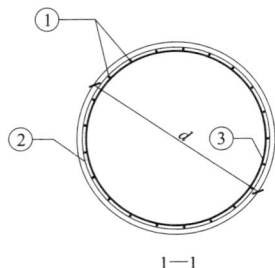

基础立面图

1—1

说明：1. 本基础适用于不受地下水影响的黄土地质条件。

2. 整体立塔时，混凝土的抗压强度应达到设计强度的100%。分解组塔时，混凝土必须达到抗压强度设计值的70%。

3. 基础根开及地脚螺栓间距与相应杆塔结构图核对无误后，方可施工。

4. 基础混凝土强度等级不应低于C25，主筋采用HRB400级钢筋，箍筋采用HPB300级钢筋。

5. ②号钢筋加密区箍筋间距100mm，非加密区箍筋间距200mm。可采用螺旋箍筋。

6. 主筋保护层不小于50mm。

7. 基础施工完毕后，做好基面排水处理。

8. 本基础按机械成孔施工方式，未考虑护壁工程量。

图 14.3-3　2ZWK（K）4∗-900 挖孔桩基础施工图

基 础 参 数 表

基础名称	桩身直径 d(mm)	扩底直径 D(mm)	基础埋深 H(mm)	主柱高 h_1(mm)	圆台高 h_2(mm)	下圆柱高 h_3(mm)	基础露头 H_0(mm)	主筋①	外箍筋②	外箍筋加密区长度(mm)	内箍筋③	单腿混凝土量(m³)	单腿钢筋量(kg)
2ZWK(K)4h-1000-02	900	1500	13800	12900	900	200	200	24Φ18	Φ8@100/200	4500	Φ14@1500	9.60	792.9
2ZWK(K)4h-1000-07	900	1500	13800	13400	900	200	700	26Φ18	Φ8@100/200	4500	Φ14@1500	9.92	877.3
2ZWK(K)4h-1000-12	1000	1600	11600	11700	900	200	1200	28Φ18	Φ8@100/200	5000	Φ16@1500	10.81	856.0
2ZWK(K)4h-1000-17	1000	1600	11600	12200	900	200	1700	30Φ18	Φ8@100/200	5000	Φ16@1500	11.20	938.8
2ZWK(K)4h-1000-22	1100	1700	10000	11100	900	200	2200	31Φ18	Φ8@100/200	5500	Φ16@1500	12.41	910.0
2ZWK(K)4h-1000-27	1100	1700	10000	11600	900	200	2700	23Φ22	Φ8@100/200	5500	Φ16@1500	12.88	1028.7

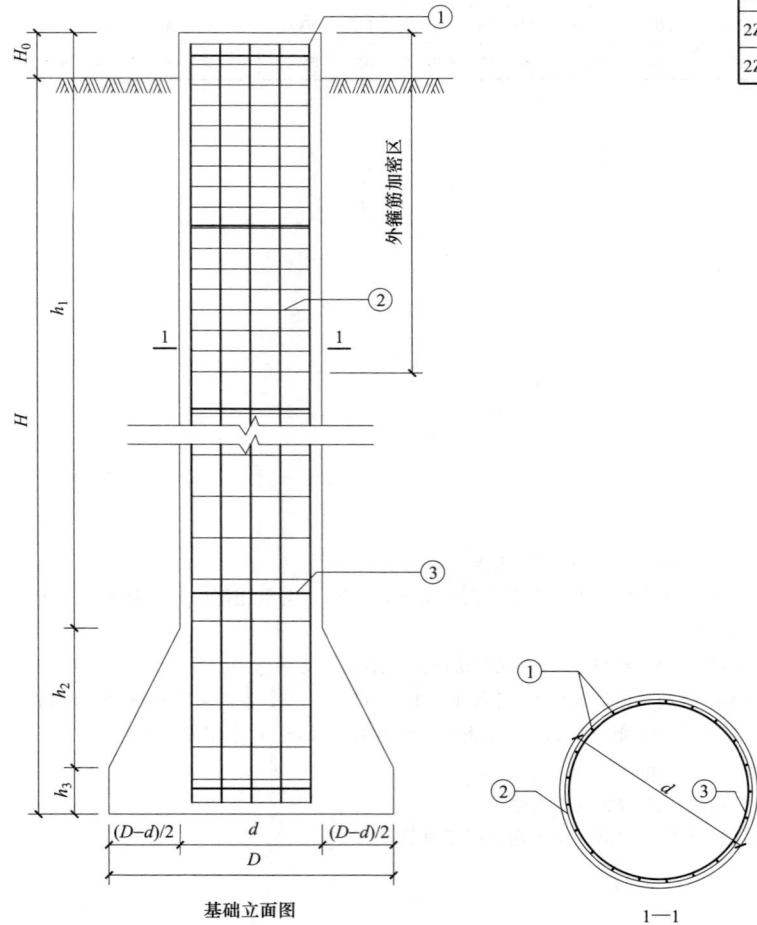

基础立面图

1—1

说明：1. 本基础适用于不受地下水影响的黄土地质条件。

2. 整体立塔时，混凝土的抗压强度应达到设计强度的100%。分解组塔时，混凝土必须达到抗压强度设计值的70%。

3. 基础根开及地脚螺栓间距与相应杆塔结构图核对无误后，方可施工。

4. 基础混凝土强度等级不应低于C25，主筋采用HRB400级钢筋，箍筋采用HPB300级钢筋。

5. ②号钢筋加密区箍筋间距100mm，非加密区箍筋间距200mm。可采用螺旋箍筋。

6. 主筋保护层不小于50mm。

7. 基础施工完毕后，做好基面排水处理。

8. 本基础按机械成孔施工方式，未考虑护壁工程量。

图14.3-4 2ZWK（K）4*-1000挖孔桩基础施工图

第 15 章 2JWK 模块

本模块为转角塔挖孔桩基础模块，适用基础上拔力范围 700～1000kN，适用于黏性土、粉土、碎石土、黄土、岩石地质，包含 5 个子模块，共 330 个基础，23 张图纸，由四川咨询公司与福建院共同设计。

基础作用力见表 15.0-1，岩土类别及设计参数见表 15.0-2。

表 15.0-1   基 础 作 用 力

电压等级 （kV）	基础作用力代号	T（kN）	T_x（kN）	T_y（kN）	N（kN）	N_x（kN）	N_y（kN）
220 （330）	700	700	133	133	910	173	173
	800	800	152	152	1040	198	198
	900	900	171	171	1170	222	222
	1000	1000	190	190	1300	247	247

表 15.0-2   岩土类别及设计参数

序号	代号	岩土类别	m（kN/m⁴）	q_{sik}（kPa）	q_{pk}（kPa）
1	1h	黏性土	35000	40	600
2	1i		35000	60	1000
3	1j		35000	80	1400
4	2h	粉土	35000	20	600
5	2i		35000	40	800
6	2j		35000	60	1200
7	3h	碎石土	100000	150	2000
8	3i		100000	170	2500
9	4h	黄土	14000	25	800

续表15.0-2

序号	代号	岩土类别	m（kN/m⁴）	q_{sik}（kPa）	q_{pk}（kPa）
10	6a	岩石	100000	80	1200
11	6b		100000	100	1500
12	6c		100000	120	1800
13	6d		100000	140	2100
14	6e		100000	160	2400
15	6f		100000	180	2700

注 代号含义详见 5.2。

15.1 2JWK1 子模块

此子模块适用于黏性土地基，共包含 4 张图纸，基础施工图图纸清单见表 15.1-1。

表 15.1-1   2JWK1 子模块基础施工图图纸清单

序号	图号	图 名	基础作用力（kN）	
			$T/T_x/T_y$	$N/N_x/N_y$
1	图 15.1-1	2JWK1 * -700 挖孔桩基础施工图	700/133/133	910/173/173
2	图 15.1-2	2JWK1 * -800 挖孔桩基础施工图	800/152/152	1040/198/198
3	图 15.1-3	2JWK1 * -900 挖孔桩基础施工图	900/171/171	1170/222/222
4	图 15.1-4	2JWK1 * -1000 挖孔桩基础施工图	1000/190/190	1300/247/247

注 1 * 包含 1h、1i、1j 三种地质参数组合。

基础参数表

基础名称	桩身直径 d(mm)	基础埋深 H(mm)	基础露头 H_0(mm)	主筋①	外箍筋②	外箍筋加密区长度(mm)	内箍筋③	单腿混凝土量(m^3)	单腿钢筋量(kg)
2JWK1h-700-02	800	14400	200	15 Φ20	Φ8@100/200	4000	Φ14@1500	7.34	647.7
2JWK1h-700-07	800	14400	700	18 Φ20	Φ8@100/200	4000	Φ14@1500	7.59	781.3
2JWK1h-700-12	800	14600	1200	20 Φ20	Φ8@100/200	4000	Φ14@1500	7.94	893.2
2JWK1h-700-17	800	14800	1700	19 Φ22	Φ8@100/200	4000	Φ14@1500	8.29	1053.4
2JWK1h-700-22	900	13000	2200	15 Φ25	Φ8@100/200	4500	Φ14@1500	9.67	1007.3
2JWK1h-700-27	900	13200	2700	17 Φ25	Φ8@100/200	4500	Φ14@1500	10.12	1173.4
2JWK1i-700-02	800	10600	200	15 Φ20	Φ8@100/200	4000	Φ14@1500	5.43	485.6
2JWK1i-700-07	800	10600	700	18 Φ20	Φ8@100/200	4000	Φ14@1500	5.68	588.6
2JWK1i-700-12	800	10600	1200	20 Φ20	Φ8@100/200	4000	Φ14@1500	5.93	671.0
2JWK1i-700-17	800	10600	1700	19 Φ22	Φ8@100/200	4000	Φ14@1500	6.18	789.5
2JWK1i-700-22	900	9200	2200	15 Φ25	Φ8@100/200	4500	Φ14@1500	7.25	760.3
2JWK1i-700-27	900	9200	2700	17 Φ25	Φ8@100/200	4500	Φ14@1500	7.57	882.9
2JWK1j-700-02	800	8400	200	15 Φ20	Φ8@100/200	4000	Φ14@1500	4.32	389.7
2JWK1j-700-07	800	8400	700	18 Φ20	Φ8@100/200	4000	Φ14@1500	4.57	478.8
2JWK1j-700-12	800	8400	1200	20 Φ20	Φ8@100/200	4000	Φ14@1500	4.83	550.4
2JWK1j-700-17	800	8400	1700	19 Φ22	Φ8@100/200	4000	Φ14@1500	5.08	650.3
2JWK1j-700-22	900	7200	2200	15 Φ25	Φ8@100/200	4500	Φ14@1500	5.98	631.8
2JWK1j-700-27	900	7200	2700	17 Φ25	Φ8@100/200	4500	Φ14@1500	6.30	739.1

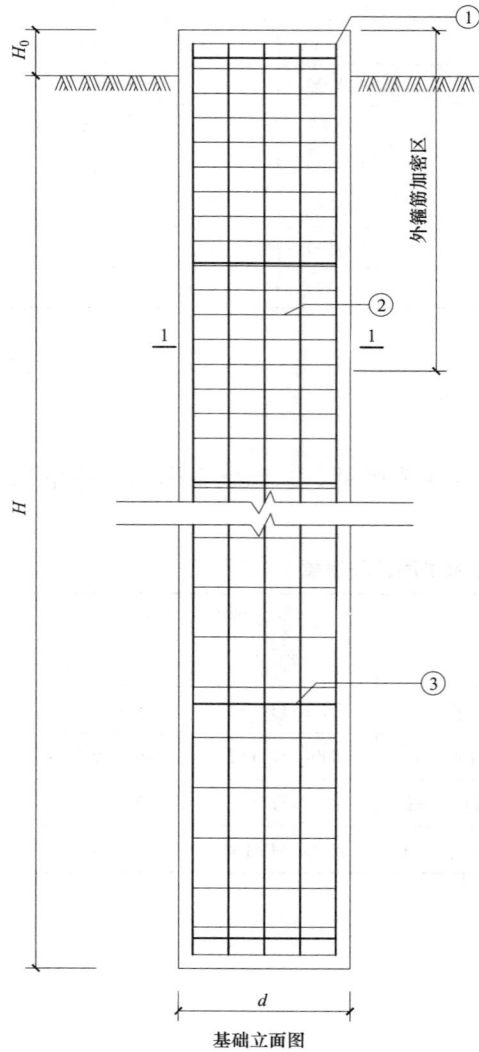

基础立面图

1—1

说明：1. 本基础适用于不受地下水影响的黏性土地质条件。

2. 整体立塔时，混凝土的抗压强度应达到设计强度的100%。分解组塔时，混凝土必须达到抗压强度设计值的70%。

3. 基础根开及地脚螺栓间距与相应杆塔结构图核对无误后，方可施工。

4. 基础混凝土强度等级不应低于 C25，主筋采用 HRB400 级钢筋，箍筋采用 HPB300 级钢筋。

5. ②号钢筋加密区箍筋间距 100mm，非加密区箍筋间距 200mm。可采用螺旋箍筋。

6. 主筋保护层不小于 50mm。

7. 基础施工完毕后，做好基面排水处理。

8. 本基础按机械成孔施工方式，未考虑护壁工程量。

图 15.1-1　2JWK1∗-700 挖孔桩基础施工图

基 础 参 数 表

基础名称	桩身直径 d(mm)	基础埋深 H(mm)	基础露头 H_0(mm)	主筋①	外箍筋②	外箍筋加密区长度(mm)	内箍筋③	单腿混凝土量(m^3)	单腿钢筋量(kg)
2JWK1h-800-02	800	16800	200	17 Φ 20	Φ 8@100/200	4000	Φ 14@1500	8.55	835.2
2JWK1h-800-07	800	16800	700	20 Φ 20	Φ 8@100/200	4000	Φ 14@1500	8.80	986.5
2JWK1h-800-12	800	17000	1200	23 Φ 20	Φ 8@100/200	4000	Φ 14@1500	9.15	1160.8
2JWK1h-800-17	900	15200	1700	24 Φ 20	Φ 8@100/200	4500	Φ 14@1500	10.75	1141.2
2JWK1h-800-22	900	15400	2200	23 Φ 22	Φ 8@100/200	4500	Φ 14@1500	11.20	1350.5
2JWK1h-800-27	1000	17200	2700	23 Φ 22	Φ 8@100/200	5000	Φ 16@1500	15.63	1564.1
2JWK1i-800-02	800	12000	200	17 Φ 20	Φ 8@100/200	4000	Φ 14@1500	6.13	605.6
2JWK1i-800-07	800	12000	700	20 Φ 20	Φ 8@100/200	4000	Φ 14@1500	6.38	721.3
2JWK1i-800-12	800	12000	1200	23 Φ 20	Φ 8@100/200	4000	Φ 14@1500	6.64	845.4
2JWK1i-800-17	900	10400	1700	24 Φ 20	Φ 8@100/200	4500	Φ 14@1500	7.70	824.5
2JWK1i-800-22	900	10400	2200	23 Φ 22	Φ 8@100/200	4500	Φ 14@1500	8.02	973.8
2JWK1i-800-27	1000	9200	2700	23 Φ 22	Φ 8@100/200	5000	Φ 16@1500	9.35	945.0
2JWK1j-800-02	800	9600	200	17 Φ 20	Φ 8@100/200	4000	Φ 14@1500	4.93	489.5
2JWK1j-800-07	800	9600	700	20 Φ 20	Φ 8@100/200	4000	Φ 14@1500	5.18	587.5
2JWK1j-800-12	800	9600	1200	23 Φ 20	Φ 8@100/200	4000	Φ 14@1500	5.43	696.3
2JWK1j-800-17	900	8400	1700	24 Φ 20	Φ 8@100/200	4500	Φ 14@1500	6.43	690.5
2JWK1j-800-22	900	8400	2200	27 Φ 20	Φ 8@100/200	4500	Φ 14@1500	6.74	802.4
2JWK1j-800-27	1000	7400	2700	27 Φ 20	Φ 8@100/200	5000	Φ 16@1500	7.93	786.9

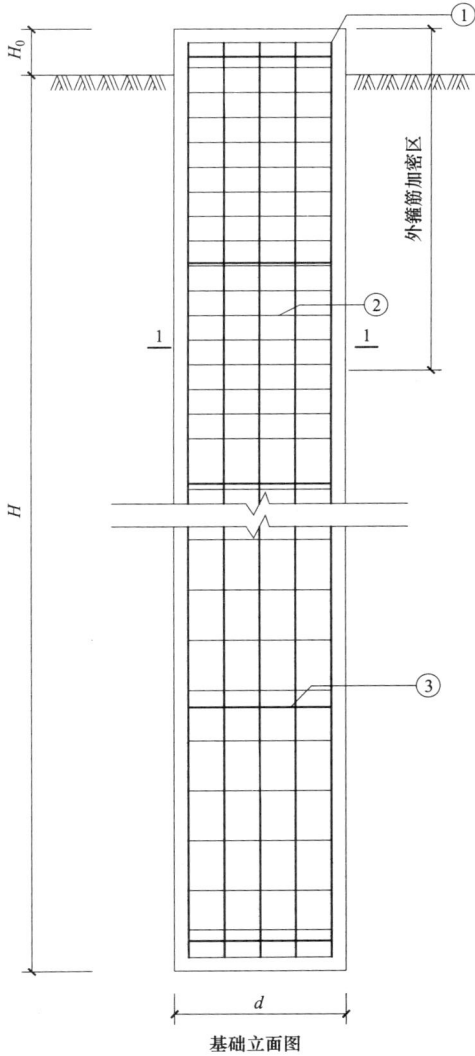

基础立面图

1—1

图 15.1-2　2JWK1*-800 挖孔桩基础施工图

说明：1. 本基础适用于不受地下水影响的黏性土地质条件。

2. 整体立塔时，混凝土的抗压强度应达到设计强度的 100%。分解组塔时，混凝土必须达到抗压强度设计值的 70%。

3. 基础根开及地脚螺栓间距与相应杆塔结构图核对无误后，方可施工。

4. 基础混凝土强度等级不应低于 C25，主筋采用 HRB400 级钢筋，箍筋采用 HPB300 级钢筋。

5. ②号钢筋加密区箍筋间距 100mm，非加密区箍筋间距 200mm。可采用螺旋箍筋。

6. 主筋保护层不小于 50mm。

7. 基础施工完毕后，做好基面排水处理。

8. 本基础按机械成孔施工方式，未考虑护壁工程量。

基 础 参 数 表

基础名称	桩身直径 d(mm)	基础埋深 H(mm)	基础露头 H_0(mm)	主筋①	外箍筋②	外箍筋加密区长度(mm)	内箍筋③	单腿混凝土量 (m^3)	单腿钢筋量 (kg)
2JWK1h-900-02	800	19200	200	16 Φ 22	Φ 8@ 100/200	4000	Φ 14@ 1500	9.75	1060.8
2JWK1h-900-07	800	19200	700	19 Φ 22	Φ 8@ 100/200	4000	Φ 14@ 1500	10.00	1266.0
2JWK1h-900-12	900	17200	1200	20 Φ 22	Φ 8@ 100/200	4500	Φ 14@ 1500	11.71	1248.6
2JWK1h-900-17	900	17400	1700	18 Φ 25	Φ 8@ 100/200	4500	Φ 14@ 1500	12.15	1477.8
2JWK1h-900-22	1000	19600	2200	18 Φ 25	Φ 8@ 100/200	5000	Φ 16@ 1500	17.12	1725.3
2JWK1h-900-27	1000	19800	2700	20 Φ 25	Φ 8@ 100/200	5000	Φ 16@ 1500	17.67	1953.8
2JWK1i-900-02	800	13600	200	16 Φ 22	Φ 8@ 100/200	4000	Φ 14@ 1500	6.94	761.6
2JWK1i-900-07	800	13600	700	19 Φ 22	Φ 8@ 100/200	4000	Φ 14@ 1500	7.19	914.1
2JWK1i-900-12	900	11800	1200	20 Φ 22	Φ 8@ 100/200	4500	Φ 14@ 1500	8.27	888.0
2JWK1i-900-17	900	11800	1700	18 Φ 25	Φ 8@ 100/200	4500	Φ 14@ 1500	8.59	1052.9
2JWK1i-900-22	1000	10400	2200	18 Φ 25	Φ 8@ 100/200	5000	Φ 16@ 1500	9.90	1010.5
2JWK1i-900-27	1000	10400	2700	20 Φ 25	Φ 8@ 100/200	5000	Φ 16@ 1500	10.29	1147.5
2JWK1j-900-02	800	10600	200	16 Φ 22	Φ 8@ 100/200	4000	Φ 14@ 1500	5.43	600.3
2JWK1j-900-07	800	10600	700	19 Φ 22	Φ 8@ 100/200	4000	Φ 14@ 1500	5.68	726.0
2JWK1j-900-12	900	9400	1200	20 Φ 22	Φ 8@ 100/200	4500	Φ 14@ 1500	6.74	729.9
2JWK1j-900-17	900	9400	1700	23 Φ 22	Φ 8@ 100/200	4500	Φ 14@ 1500	7.06	861.1
2JWK1j-900-22	1000	8200	2200	18 Φ 25	Φ 8@ 100/200	5000	Φ 16@ 1500	8.17	837.3
2JWK1j-900-27	1000	8200	2700	20 Φ 25	Φ 8@ 100/200	5000	Φ 16@ 1500	8.56	961.4

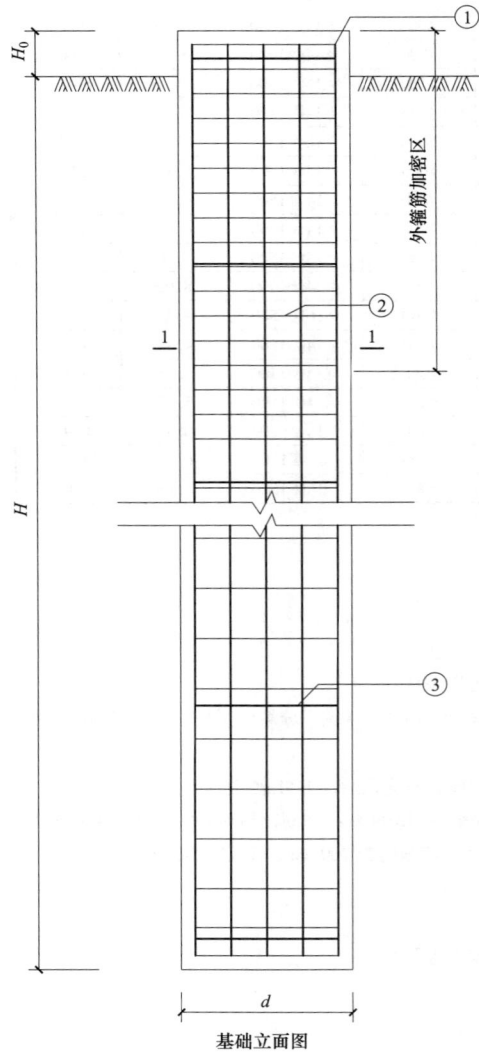

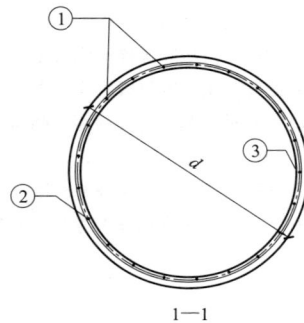

基础立面图

1—1

图 15.1-3　2JWK1 ∗ -900 挖孔桩基础施工图

说明： 1. 本基础适用于不受地下水影响的黏性土地质条件。

2. 整体立塔时，混凝土的抗压强度应达到设计强度的 100%。分解组塔时，混凝土必须达到抗压强度设计值的 70%。

3. 基础根开及地脚螺栓间距与相应杆塔结构图核对无误后，方可施工。

4. 基础混凝土强度等级不应低于 C25，主筋采用 HRB400 级钢筋，箍筋采用 HPB300 级钢筋。

5. ②号钢筋加密区箍筋间距 100mm，非加密区箍筋间距 200mm。可采用螺旋箍筋。

6. 主筋保护层不小于 50mm。

7. 基础施工完毕后，做好基面排水处理。

8. 本基础按机械成孔施工方式，未考虑护壁工程量。

基 础 参 数 表

基础名称	桩身直径 d(mm)	基础埋深 H(mm)	基础露头 H_0(mm)	主筋①	外箍筋②	外箍筋加密区长度(mm)	内箍筋③	单腿混凝土量 (m³)	单腿钢筋量 (kg)
2JWK1h-1000-02	900	19000	200	21Φ20	Φ8@100/200	4500	Φ14@1500	12.21	1150.0
2JWK1h-1000-07	900	19200	700	24Φ20	Φ8@100/200	4500	Φ14@1500	12.66	1339.4
2JWK1h-1000-12	900	19400	1200	17Φ25	Φ8@100/200	4500	Φ14@1500	13.11	1512.7
2JWK1h-1000-17	1000	21800	1700	18Φ25	Φ8@100/200	5000	Φ16@1500	18.46	1856.3
2JWK1h-1000-22	1000	22200	2200	21Φ25	Φ8@100/200	5000	Φ16@1500	19.16	2209.2
2JWK1h-1000-27	1000	22400	2700	23Φ25	Φ8@100/200	5000	Φ16@1500	19.71	2461.7
2JWK1i-1000-02	900	13000	200	21Φ20	Φ8@100/200	4500	Φ14@1500	8.40	797.9
2JWK1i-1000-07	900	13000	700	24Φ20	Φ8@100/200	4500	Φ14@1500	8.72	930.1
2JWK1i-1000-12	900	13000	1200	17Φ25	Φ8@100/200	4500	Φ14@1500	9.03	1050.2
2JWK1i-1000-17	1000	11600	1700	18Φ25	Φ8@100/200	5000	Φ16@1500	10.45	1062.5
2JWK1i-1000-22	1000	11800	2200	21Φ25	Φ8@100/200	5000	Φ16@1500	11.00	1280.1
2JWK1i-1000-27	1000	11800	2700	23Φ25	Φ8@100/200	5000	Φ16@1500	11.39	1433.6
2JWK1j-1000-02	900	10400	200	21Φ20	Φ8@100/200	4500	Φ14@1500	6.74	647.4
2JWK1j-1000-07	900	10400	700	24Φ20	Φ8@100/200	4500	Φ14@1500	7.06	757.5
2JWK1j-1000-12	900	10400	1200	22Φ22	Φ8@100/200	4500	Φ14@1500	7.38	863.1
2JWK1j-1000-17	1000	9200	1700	24Φ22	Φ8@100/200	5000	Φ16@1500	8.56	903.0
2JWK1j-1000-22	1000	9200	2200	26Φ22	Φ8@100/200	5000	Φ16@1500	8.95	1009.5
2JWK1j-1000-27	1000	9200	2700	23Φ25	Φ8@100/200	5000	Φ16@1500	9.35	1180.3

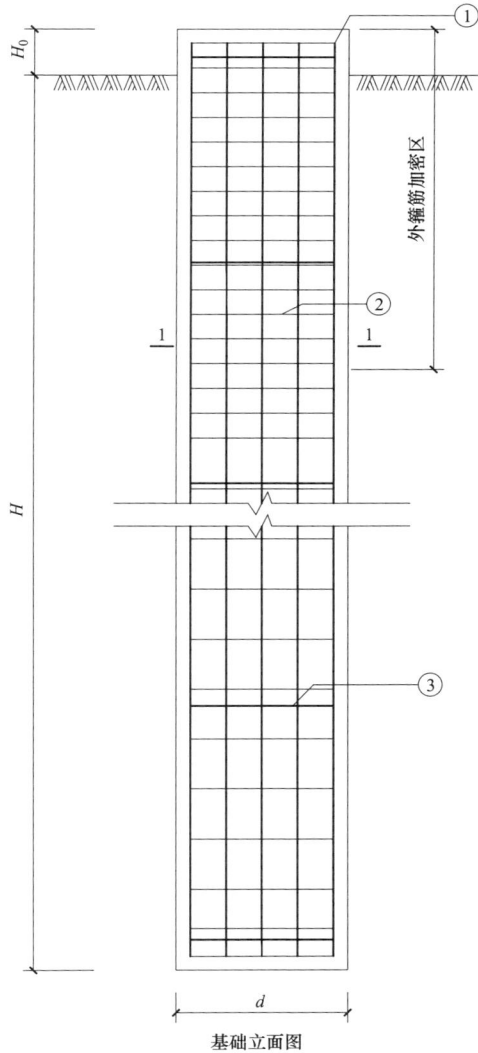

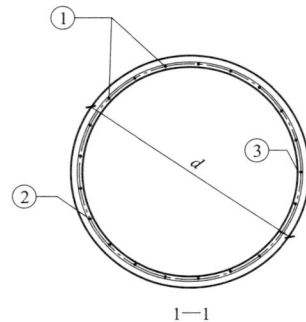

基础立面图

1—1

说明：1. 本基础适用于不受地下水影响的黏性土地质条件。

2. 整体立塔时，混凝土的抗压强度应达到设计强度的100%。分解组塔时，混凝土必须达到抗压强度设计值的70%。

3. 基础根开及地脚螺栓间距与相应杆塔结构图核对无误后，方可施工。

4. 基础混凝土强度等级不应低于C25，主筋采用HRB400级钢筋，箍筋采用HPB300级钢筋。

5. ②号钢筋加密区箍筋间距100mm，非加密区箍筋间距200mm。可采用螺旋箍筋。

6. 主筋保护层不小于50mm。

7. 基础施工完毕后，做好基面排水处理。

8. 本基础按机械成孔施工方式，未考虑护壁工程量。

图 15.1-4   2JWK1*-1000 挖孔桩基础施工图

15.2 2JWK2 子模块

此子模块适用于粉土地基，共包含 4 张图纸，基础施工图纸清单见表 15.2-1。

表 15.2-1　　　　　　　2JWK2 子模块基础施工图图纸清单

序号	图号	图　名	基础作用力（kN）	
			$T/T_x/T_y$	$N/N_x/N_y$
1	图 15.2-1	2JWK2*-700 挖孔桩基础施工图	700/133/133	910/173/173
2	图 15.2-2	2JWK2*-800 挖孔桩基础施工图	800/152/152	1040/198/198
3	图 15.2-3	2JWK2*-900 挖孔桩基础施工图	900/171/171	1170/222/222
4	图 15.2-4	2JWK2*-1000 挖孔桩基础施工图	1000/190/190	1300/247/247

注　2* 包含 2h、2i、2j 三种地质参数组合。

基 础 参 数 表

基础名称	桩身直径 d(mm)	基础埋深 H(mm)	基础露头 H_0(mm)	主筋①	外箍筋②	外箍筋加密区长度(mm)	内箍筋③	单腿混凝土量(m^3)	单腿钢筋量(kg)
2JWK2i-700-02	800	14400	200	15 ⊉ 20	Φ 8@ 100/200	4000	Φ 14@ 1500	7.34	647.7
2JWK2i-700-07	800	14400	700	18 ⊉ 20	Φ 8@ 100/200	4000	Φ 14@ 1500	7.59	781.3
2JWK2i-700-12	800	14400	1200	20 ⊉ 20	Φ 8@ 100/200	4000	Φ 14@ 1500	7.84	882.5
2JWK2i-700-17	800	14400	1700	19 ⊉ 22	Φ 8@ 100/200	4000	Φ 14@ 1500	8.09	1026.5
2JWK2i-700-22	900	12400	2200	15 ⊉ 25	Φ 8@ 100/200	4500	Φ 14@ 1500	9.29	966.8
2JWK2i-700-27	900	12400	2700	17 ⊉ 25	Φ 8@ 100/200	4500	Φ 14@ 1500	9.61	1117.0
2JWK2j-700-02	800	10600	200	15 ⊉ 20	Φ 8@ 100/200	4000	Φ 14@ 1500	5.43	485.6
2JWK2j-700-07	800	10600	700	18 ⊉ 20	Φ 8@ 100/200	4000	Φ 14@ 1500	5.68	588.6
2JWK2j-700-12	800	10600	1200	20 ⊉ 20	Φ 8@ 100/200	4000	Φ 14@ 1500	5.93	671.0
2JWK2j-700-17	800	10600	1700	19 ⊉ 22	Φ 8@ 100/200	4000	Φ 14@ 1500	6.18	789.5
2JWK2j-700-22	900	9200	2200	15 ⊉ 25	Φ 8@ 100/200	4500	Φ 14@ 1500	7.25	760.3
2JWK2j-700-27	900	9200	2700	17 ⊉ 25	Φ 8@ 100/200	4500	Φ 14@ 1500	7.57	882.9

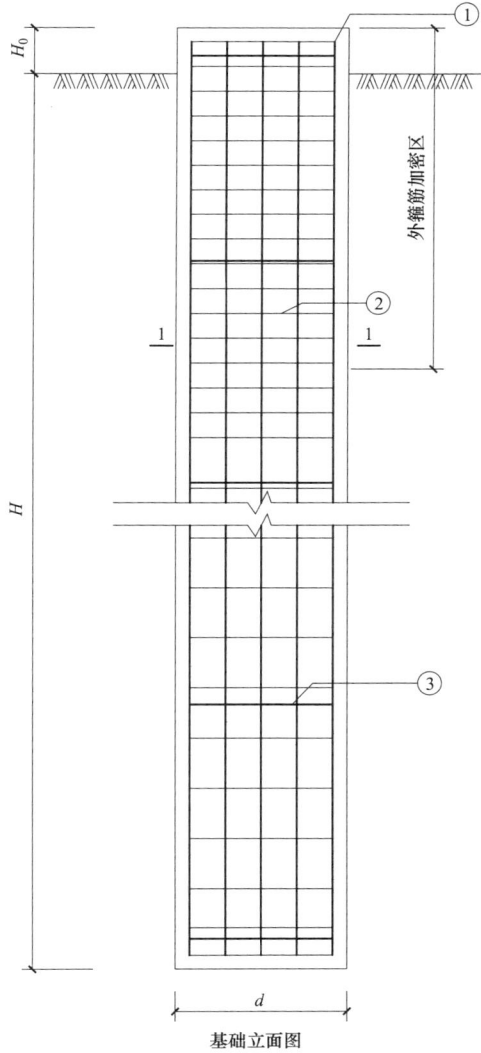

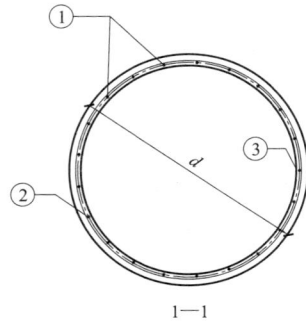

基础立面图

1—1

图 15.2-1　2JWK2*-700 挖孔桩基础施工图

说明：1. 本基础适用于不受地下水影响的粉土地质条件。

2. 整体立塔时，混凝土的抗压强度应达到设计强度的 100%。分解组塔时，混凝土必须达到抗压强度设计值的 70%。

3. 基础根开及地脚螺栓间距与相应杆塔结构图核对无误后，方可施工。

4. 基础混凝土强度等级不应低于 C25，主筋采用 HRB400 级钢筋，箍筋采用 HPB300 级钢筋。

5. ②号钢筋加密区箍筋间距 100mm，非加密区箍筋间距 200mm。可采用螺旋箍筋。

6. 主筋保护层不小于 50mm。

7. 基础施工完毕后，做好基面排水处理。

8. 本基础按机械成孔施工方式，未考虑护壁工程量。

基础名称	桩身直径 d(mm)	基础埋深 H(mm)	基础露头 H_0(mm)	主筋①	外箍筋②	外箍筋加密区长度(mm)	内箍筋③	单腿混凝土量 (m³)	单腿钢筋量 (kg)
2JWK2i-800-02	800	16600	200	17Φ20	Φ8@100/200	4000	Φ14@1500	8.44	826.0
2JWK2i-800-07	800	16600	700	20Φ20	Φ8@100/200	4000	Φ14@1500	8.70	975.8
2JWK2i-800-12	800	16600	1200	23Φ20	Φ8@100/200	4000	Φ14@1500	8.95	1133.9
2JWK2i-800-17	900	14200	1700	24Φ20	Φ8@100/200	4500	Φ14@1500	10.12	1074.1
2JWK2i-800-22	900	14200	2200	23Φ22	Φ8@100/200	4500	Φ14@1500	10.43	1259.3
2JWK2i-800-27	1000	15800	2700	23Φ22	Φ8@100/200	5000	Φ16@1500	14.53	1456.0
2JWK2j-800-02	800	12000	200	17Φ20	Φ8@100/200	4000	Φ14@1500	6.13	605.6
2JWK2j-800-07	800	12000	700	20Φ20	Φ8@100/200	4000	Φ14@1500	6.38	721.3
2JWK2j-800-12	800	12000	1200	23Φ20	Φ8@100/200	4000	Φ14@1500	6.64	845.4
2JWK2j-800-17	900	10400	1700	24Φ20	Φ8@100/200	4500	Φ14@1500	7.70	824.5
2JWK2j-800-22	900	10400	2200	23Φ22	Φ8@100/200	4500	Φ14@1500	8.02	973.8
2JWK2j-800-27	1000	9200	2700	23Φ22	Φ8@100/200	5000	Φ16@1500	9.35	945.0

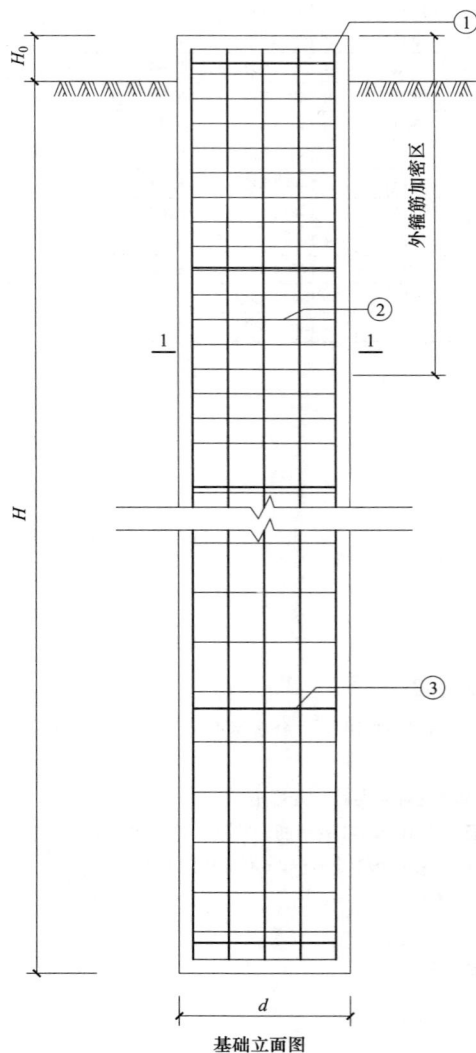

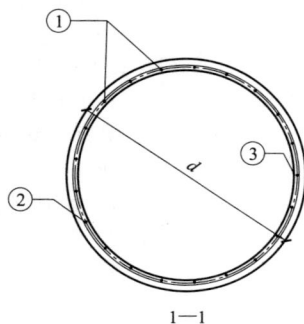

基础立面图

1—1

说明：1. 本基础适用于不受地下水影响的粉土地质条件。
2. 整体立塔时，混凝土的抗压强度应达到设计强度的100%。分解组塔时，混凝土必须达到抗压强度设计值的70%。
3. 基础根开及地脚螺栓间距与相应杆塔结构图核对无误后，方可施工。
4. 基础混凝土强度等级不应低于C25，主筋采用HRB400级钢筋，箍筋采用HPB300级钢筋。
5. ②号钢筋加密区箍筋间距100mm，非加密区箍筋间距200mm。可采用螺旋箍筋。
6. 主筋保护层不小于50mm。
7. 基础施工完毕后，做好基面排水处理。
8. 本基础按机械成孔施工方式，未考虑护壁工程量。

图 15.2-2 2JWK2*-800 挖孔桩基础施工图

基 础 参 数 表

基础名称	桩身直径 d(mm)	基础埋深 H(mm)	基础露头 H_0(mm)	主筋①	外箍筋②	外箍筋加密区长度(mm)	内箍筋③	单腿混凝土量(m^3)	单腿钢筋量(kg)
2JWK2i-900-02	800	18600	200	16Φ22	Φ8@100/200	4000	Φ14@1500	9.45	1029.5
2JWK2i-900-07	800	18600	700	19Φ22	Φ8@100/200	4000	Φ14@1500	9.70	1226.9
2JWK2i-900-12	900	16000	1200	20Φ22	Φ8@100/200	4500	Φ14@1500	10.94	1168.1
2JWK2i-900-17	900	16200	1700	18Φ25	Φ8@100/200	4500	Φ14@1500	11.39	1385.7
2JWK2i-900-22	1000	18000	2200	18Φ25	Φ8@100/200	5000	Φ16@1500	15.87	1601.1
2JWK2i-900-27	1000	18200	2700	20Φ25	Φ8@100/200	5000	Φ16@1500	16.41	1813.2
2JWK2j-900-02	800	13600	200	16Φ22	Φ8@100/200	4000	Φ14@1500	6.94	761.6
2JWK2j-900-07	800	13600	700	19Φ22	Φ8@100/200	4000	Φ14@1500	7.19	914.1
2JWK2j-900-12	900	11800	1200	20Φ22	Φ8@100/200	4500	Φ14@1500	8.27	888.0
2JWK2j-900-17	900	11800	1700	18Φ25	Φ8@100/200	4500	Φ14@1500	8.59	1052.9
2JWK2j-900-22	1000	10400	2200	18Φ25	Φ8@100/200	5000	Φ16@1500	9.90	1010.5
2JWK2j-900-27	1000	10400	2700	20Φ25	Φ8@100/200	5000	Φ16@1500	10.29	1147.5

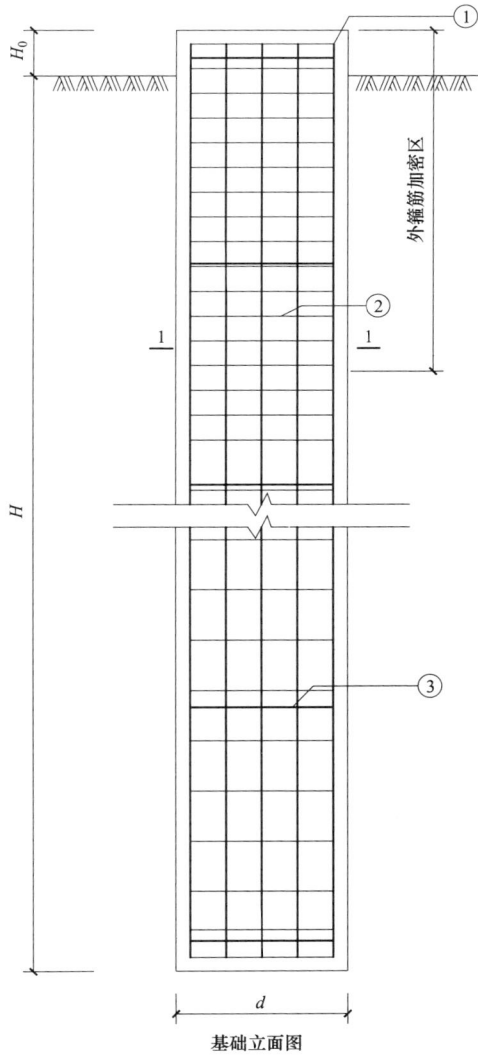

基础立面图

1—1

图 15.2-3　2JWK2*-900 挖孔桩基础施工图

说明：1. 本基础适用于不受地下水影响的粉土地质条件。

　　　2. 整体立塔时，混凝土的抗压强度应达到设计强度的 100%。分解组塔时，混凝土必须达到抗压强度设计值的 70%。

　　　3. 基础根开及地脚螺栓间距与相应杆塔结构图核对无误后，方可施工。

　　　4. 基础混凝土强度等级不应低于 C25，主筋采用 HRB400 级钢筋，箍筋采用 HPB300 级钢筋。

　　　5. ②号钢筋加密区箍筋间距 100mm，非加密区箍筋间距 200mm。可采用螺旋箍筋。

　　　6. 主筋保护层不小于 50mm。

　　　7. 基础施工完毕后，做好基面排水处理。

　　　8. 本基础按机械成孔施工方式，未考虑护壁工程量。

基础立面图

1—1

基 础 参 数 表

基础名称	桩身直径 d(mm)	基础埋深 H(mm)	基础露头 H_0(mm)	主筋①	外箍筋②	外箍筋加密区长度(mm)	内箍筋③	单腿混凝土量(m^3)	单腿钢筋量(kg)
2JWK2i-1000-02	900	18000	200	21 Φ 20	Φ 8@ 100/200	4500	Φ 14@ 1500	11.58	1093.2
2JWK2i-1000-07	900	18200	700	24 Φ 20	Φ 8@ 100/200	4500	Φ 14@ 1500	12.02	1272.4
2JWK2i-1000-12	900	18200	1200	22 Φ 22	Φ 8@ 100/200	4500	Φ 14@ 1500	12.34	1428.3
2JWK2i-1000-17	1000	20400	1700	24 Φ 22	Φ 8@ 100/200	5000	Φ 16@ 1500	17.36	1797.3
2JWK2i-1000-22	1000	20600	2200	26 Φ 22	Φ 8@ 100/200	5000	Φ 16@ 1500	17.91	1991.4
2JWK2i-1000-27	1000	20800	2700	18 Φ 28	Φ 8@ 100/200	5000	Φ 16@ 1500	18.46	2268.3
2JWK2j-1000-02	900	13000	200	21 Φ 20	Φ 8@ 100/200	4500	Φ 14@ 1500	8.40	797.9
2JWK2j-1000-07	900	13000	700	24 Φ 20	Φ 8@ 100/200	4500	Φ 14@ 1500	8.72	930.1
2JWK2j-1000-12	900	13000	1200	22 Φ 22	Φ 8@ 100/200	4500	Φ 14@ 1500	9.03	1052.5
2JWK2j-1000-17	1000	11600	1700	24 Φ 22	Φ 8@ 100/200	5000	Φ 16@ 1500	10.45	1092.5
2JWK2j-1000-22	1000	11600	2200	26 Φ 22	Φ 8@ 100/200	5000	Φ 16@ 1500	10.84	1217.5
2JWK2j-1000-27	1000	11600	2700	18 Φ 28	Φ 8@ 100/200	5000	Φ 16@ 1500	11.23	1391.5

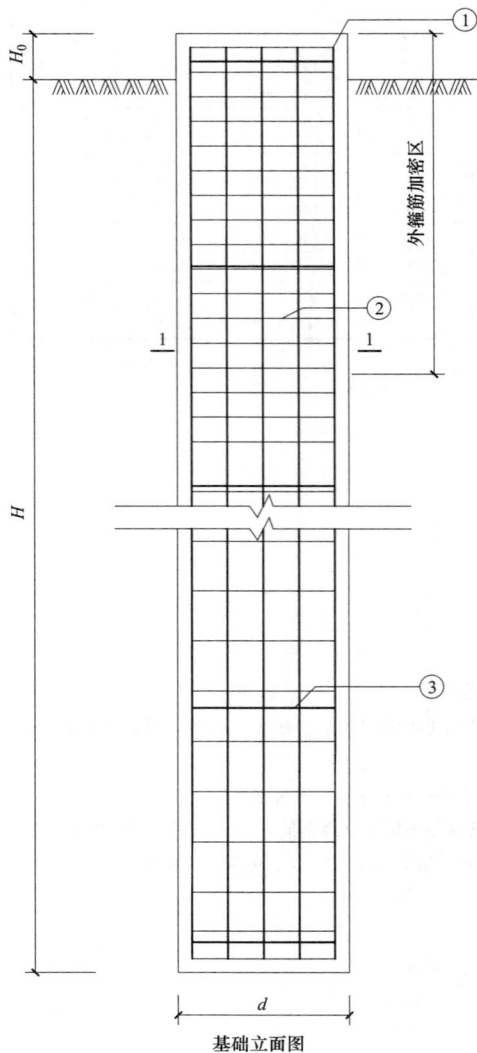

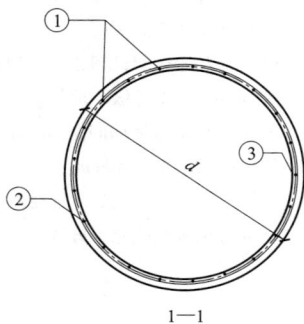

说明：1. 本基础适用于不受地下水影响的粉土地质条件。

2. 整体立塔时，混凝土的抗压强度应达到设计强度的 100%。分解组塔时，混凝土必须达到抗压强度设计值的 70%。

3. 基础根开及地脚螺栓间距与相应杆塔结构图核对无误后，方可施工。

4. 基础混凝土强度等级不应低于 C25，主筋采用 HRB400 级钢筋，箍筋采用 HPB300 级钢筋。

5. ②号钢筋加密区箍筋间距 100mm，非加密区箍筋间距 200mm。可采用螺旋箍筋。

6. 主筋保护层不小于 50mm。

7. 基础施工完毕后，做好基面排水处理。

8. 本基础按机械成孔施工方式，未考虑护壁工程量。

图 15.2-4　2JWK2＊-1000 挖孔桩基础施工图

15.3 2JWK3 子模块

此子模块适用于碎石土地基，共包含 4 张图纸，基础施工图图纸清单见表 15.3-1。

表 15.3-1　　　　2JWK3 子模块基础施工图图纸清单

序号	图号	图　　名	基础作用力（kN）	
			$T/T_x/T_y$	$N/N_x/N_y$
1	图 15.3-1	2JWK3*-700 挖孔桩基础施工图	700/133/133	910/173/173
2	图 15.3-2	2JWK3*-800 挖孔桩基础施工图	800/152/152	1040/198/198
3	图 15.3-3	2JWK3*-900 挖孔桩基础施工图	900/171/171	1170/222/222
4	图 15.3-4	2JWK3*-1000 挖孔桩基础施工图	1000/190/190	1300/247/247

注　3* 包含 3h、3i 两种地质参数组合。

基 础 参 数 表

基础名称	桩身直径 d(mm)	基础埋深 H(mm)	基础露头 H_0(mm)	主筋①	外箍筋②	外箍筋加密区长度(mm)	内箍筋③	单腿混凝土量(m^3)	单腿钢筋量(kg)
2JWK3h-700-02	800	6400	200	21Φ16	Φ8@100/200	4000	Φ14@1500	3.32	279.7
2JWK3h-700-07	800	6400	700	16Φ20	Φ8@100/200	4000	Φ14@1500	3.57	341.9
2JWK3h-700-12	800	6400	1200	19Φ20	Φ8@100/200	4000	Φ14@1500	3.82	422.1
2JWK3h-700-17	800	6400	1700	18Φ22	Φ8@100/200	4000	Φ14@1500	4.07	501.9
2JWK3h-700-22	800	6400	2200	20Φ22	Φ8@100/200	4000	Φ14@1500	4.32	582.0
2JWK3h-700-27	800	6400	2700	14Φ28	Φ8@100/200	4000	Φ14@1500	4.57	687.0
2JWK3i-700-02	800	6000	200	21Φ16	Φ8@100/200	4000	Φ14@1500	3.12	264.7
2JWK3i-700-07	800	6000	700	16Φ20	Φ8@100/200	4000	Φ14@1500	3.37	324.4
2JWK3i-700-12	800	6000	1200	19Φ20	Φ8@100/200	4000	Φ14@1500	3.62	399.1
2JWK3i-700-17	800	6000	1700	18Φ22	Φ8@100/200	4000	Φ14@1500	3.87	478.6
2JWK3i-700-22	800	6000	2200	20Φ22	Φ8@100/200	4000	Φ14@1500	4.12	556.3
2JWK3i-700-27	800	6000	2700	14Φ28	Φ8@100/200	4000	Φ14@1500	4.37	656.2

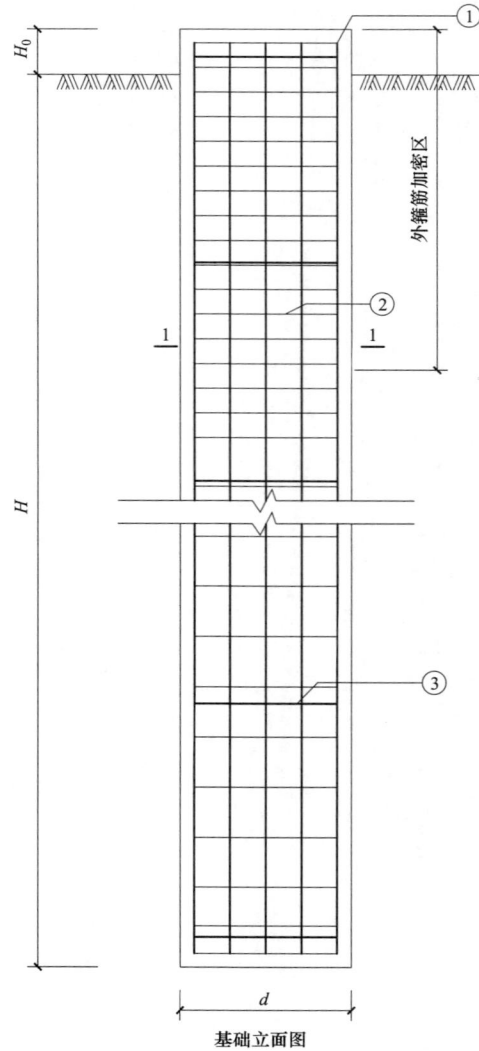

基础立面图

1—1

说明： 1. 本基础适用于不受地下水影响的碎石土地质条件。

2. 整体立塔时，混凝土的抗压强度应达到设计强度的100%。分解组塔时，混凝土必须达到抗压强度设计值的70%。

3. 基础根开及地脚螺栓间距与相应杆塔结构图核对无误后，方可施工。

4. 基础混凝土强度等级不应低于C25，主筋采用HRB400级钢筋，箍筋采用HPB300级钢筋。

5. ②号钢筋加密区箍筋间距100mm，非加密区箍筋间距200mm。可采用螺旋箍筋。

6. 主筋保护层不小于50mm。

7. 基础施工完毕后，做好基面排水处理。

8. 本基础按机械成孔施工方式，未考虑护壁工程量。

图 15.3-1　2JWK3*-700 挖孔桩基础施工图

基础名称	桩身直径 d(mm)	基础埋深 H(mm)	基础露头 H_0(mm)	主筋①	外箍筋②	外箍筋加密区长度(mm)	内箍筋③	单腿混凝土量 (m^3)	单腿钢筋量 (kg)
2JWK3h-800-02	800	7400	200	19 ⌀ 18	⌀ 8@ 100/200	4000	⌀ 14@ 1500	3.82	355.6
2JWK3h-800-07	800	7400	700	19 ⌀ 20	⌀ 8@ 100/200	4000	⌀ 14@ 1500	4.07	447.2
2JWK3h-800-12	800	7400	1200	18 ⌀ 22	⌀ 8@ 100/200	4000	⌀ 14@ 1500	4.32	531.3
2JWK3h-800-17	800	7400	1700	16 ⌀ 25	⌀ 8@ 100/200	4000	⌀ 14@ 1500	4.57	633.5
2JWK3h-800-22	800	7400	2200	18 ⌀ 25	⌀ 8@ 100/200	4000	⌀ 14@ 1500	4.83	740.0
2JWK3h-800-27	800	7400	2700	20 ⌀ 25	⌀ 8@ 100/200	4000	⌀ 14@ 1500	5.08	853.4
2JWK3i-800-02	800	6600	200	19 ⌀ 18	⌀ 8@ 100/200	4000	⌀ 14@ 1500	3.42	319.2
2JWK3i-800-07	800	6600	700	19 ⌀ 20	⌀ 8@ 100/200	4000	⌀ 14@ 1500	3.67	403.8
2JWK3i-800-12	800	6600	1200	18 ⌀ 22	⌀ 8@ 100/200	4000	⌀ 14@ 1500	3.92	484.9
2JWK3i-800-17	800	6600	1700	16 ⌀ 25	⌀ 8@ 100/200	4000	⌀ 14@ 1500	4.17	578.3
2JWK3i-800-22	800	6600	2200	18 ⌀ 25	⌀ 8@ 100/200	4000	⌀ 14@ 1500	4.42	678.6
2JWK3i-800-27	800	6600	2700	20 ⌀ 25	⌀ 8@ 100/200	4000	⌀ 14@ 1500	4.67	788.2

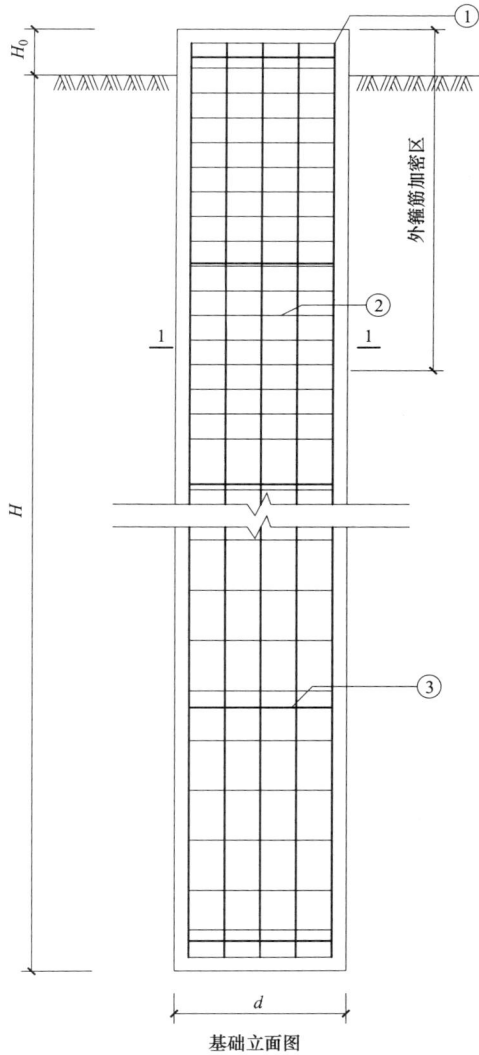

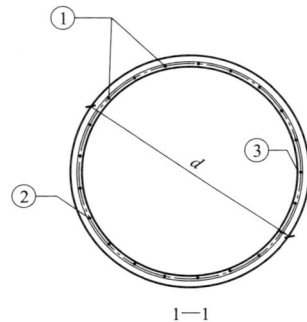

基础立面图

1—1

说明：1. 本基础适用于不受地下水影响的碎石土地质条件。

2. 整体立塔时，混凝土的抗压强度应达到设计强度的100%。分解组塔时，混凝土必须达到抗压强度设计值的70%。

3. 基础根开及地脚螺栓间距与相应杆塔结构图核对无误后，方可施工。

4. 基础混凝土强度等级不应低于C25，主筋采用HRB400级钢筋，箍筋采用HPB300级钢筋。

5. ②号钢筋加密区箍筋间距100mm，非加密区箍筋间距200mm。可采用螺旋箍筋。

6. 主筋保护层不小于50mm。

7. 基础施工完毕后，做好基面排水处理。

8. 本基础按机械成孔施工方式，未考虑护壁工程量。

图 15.3-2 2JWK3∗-800 挖孔桩基础施工图

基 础 参 数 表

基础名称	桩身直径 d(mm)	基础埋深 H(mm)	基础露头 H_0(mm)	主筋①	外箍筋②	外箍筋加密区长度(mm)	内箍筋③	单腿混凝土量（m^3）	单腿钢筋量（kg）
2JWK3h-900-02	800	8400	200	18 Φ 20	Φ 8@ 100/200	4000	Φ 14@ 1500	4.32	452.4
2JWK3h-900-07	800	8400	700	21 Φ 20	Φ 8@ 100/200	4000	Φ 14@ 1500	4.57	545.2
2JWK3h-900-12	800	8400	1200	20 Φ 22	Φ 8@ 100/200	4000	Φ 14@ 1500	4.83	648.5
2JWK3h-900-17	800	8400	1700	18 Φ 25	Φ 8@ 100/200	4000	Φ 14@ 1500	5.08	776.5
2JWK3h-900-22	800	8400	2200	13 Φ 32	Φ 8@ 100/200	4000	Φ 14@ 1500	5.33	949.0
2JWK3h-900-27	800	8400	2700	14 Φ 32	Φ 8@ 100/200	4000	Φ 14@ 1500	5.58	1061.1
2JWK3i-900-02	800	7400	200	18 Φ 20	Φ 8@ 100/200	4000	Φ 14@ 1500	3.82	403.6
2JWK3i-900-07	800	7400	700	21 Φ 20	Φ 8@ 100/200	4000	Φ 14@ 1500	4.07	486.6
2JWK3i-900-12	800	7400	1200	20 Φ 22	Φ 8@ 100/200	4000	Φ 14@ 1500	4.32	582.0
2JWK3i-900-17	800	7400	1700	18 Φ 25	Φ 8@ 100/200	4000	Φ 14@ 1500	4.57	702.7
2JWK3i-900-22	800	7400	2200	13 Φ 32	Φ 8@ 100/200	4000	Φ 14@ 1500	4.83	860.1
2JWK3i-900-27	800	7400	2700	14 Φ 32	Φ 8@ 100/200	4000	Φ 14@ 1500	5.08	965.9

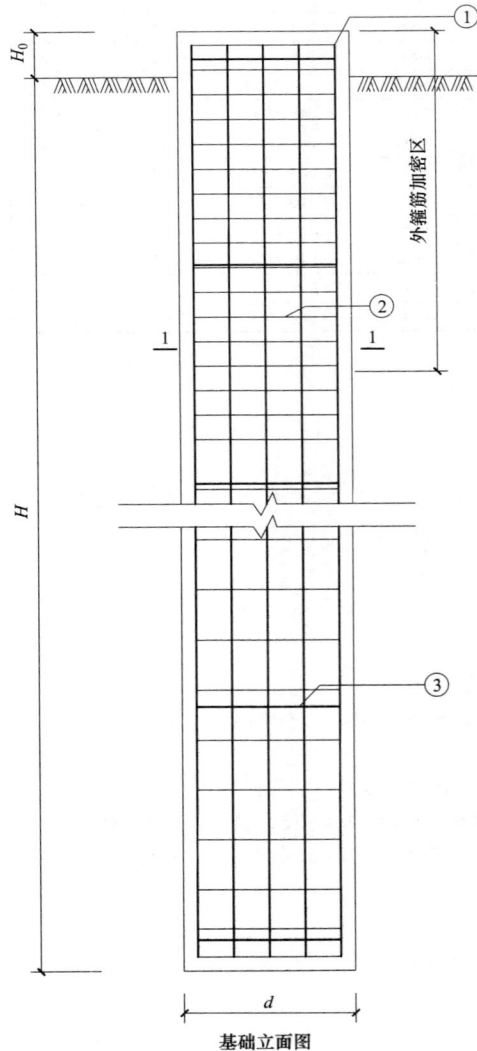

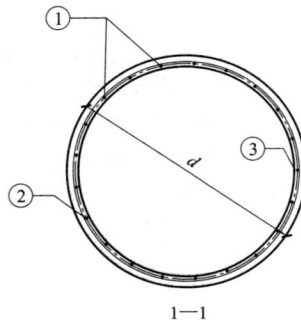

基础立面图

1—1

说明：1. 本基础适用于不受地下水影响的碎石土地质条件。

2. 整体立塔时，混凝土的抗压强度应达到设计强度的 100%。分解组塔时，混凝土必须达到抗压强度设计值的 70%。

3. 基础根开及地脚螺栓间距与相应杆塔结构图核对无误后，方可施工。

4. 基础混凝土强度等级不应低于 C25，主筋采用 HRB400 级钢筋，箍筋采用 HPB300 级钢筋。

5. ②号钢筋加密区箍筋间距 100mm，非加密区箍筋间距 200mm。可采用螺旋箍筋。

6. 主筋保护层不小于 50mm。

7. 基础施工完毕后，做好基面排水处理。

8. 本基础按机械成孔施工方式，未考虑护壁工程量。

图 15.3-3 2JWK3＊-900 挖孔桩基础施工图

基 础 参 数 表

基础名称	桩身直径 d(mm)	基础埋深 H(mm)	基础露头 H_0(mm)	主筋①	外箍筋②	外箍筋加密区长度(mm)	内箍筋③	单腿混凝土量(m^3)	单腿钢筋量(kg)
2JWK3h-1000-02	900	8000	200	23 Φ 18	Φ 8@ 100/200	4500	Φ 14@ 1500	5.22	458.3
2JWK3h-1000-07	900	8000	700	18 Φ 22	Φ 8@ 100/200	4500	Φ 14@ 1500	5.53	550.7
2JWK3h-1000-12	900	8000	1200	16 Φ 25	Φ 8@ 100/200	4500	Φ 14@ 1500	5.85	654.3
2JWK3h-1000-17	900	8000	1700	19 Φ 25	Φ 8@ 100/200	4500	Φ 14@ 1500	6.17	798.8
2JWK3h-1000-22	900	8000	2200	21 Φ 25	Φ 8@ 100/200	4500	Φ 14@ 1500	6.49	915.1
2JWK3h-1000-27	900	8000	2700	14 Φ 32	Φ 8@ 100/200	4500	Φ 14@ 1500	6.81	1039.9
2JWK3i-1000-02	900	7200	200	23 Φ 18	Φ 8@ 100/200	4500	Φ 14@ 1500	4.71	414.6
2JWK3i-1000-07	900	7200	700	18 Φ 22	Φ 8@ 100/200	4500	Φ 14@ 1500	5.03	503.7
2JWK3i-1000-12	900	7200	1200	16 Φ 25	Φ 8@ 100/200	4500	Φ 14@ 1500	5.34	598.1
2JWK3i-1000-17	900	7200	1700	19 Φ 25	Φ 8@ 100/200	4500	Φ 14@ 1500	5.66	733.5
2JWK3i-1000-22	900	7200	2200	21 Φ 25	Φ 8@ 100/200	4500	Φ 14@ 1500	5.98	846.4
2JWK3i-1000-27	900	7200	2700	14 Φ 32	Φ 8@ 100/200	4500	Φ 14@ 1500	6.30	962.5

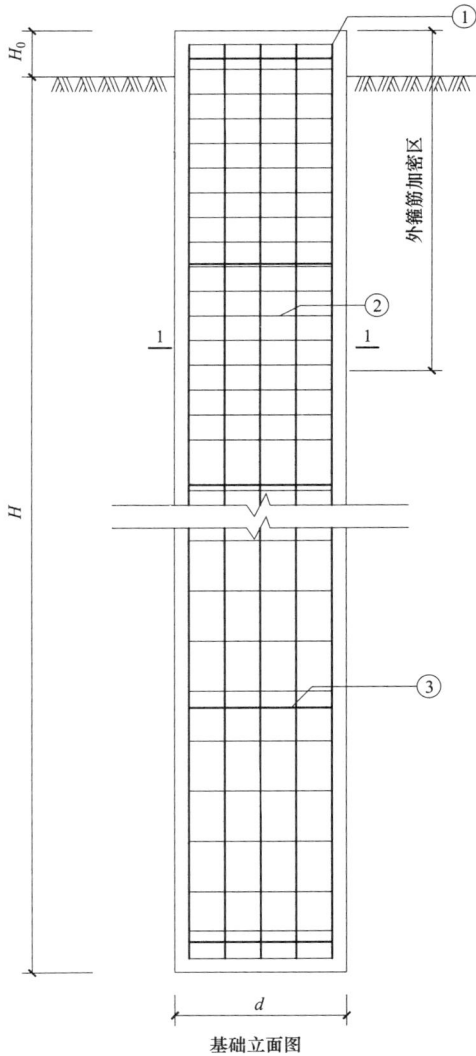

基础立面图

1—1

图 15.3-4　2JWK3*-1000 挖孔桩基础施工图

说明：1. 本基础适用于不受地下水影响的碎石土地质条件。

2. 整体立塔时，混凝土的抗压强度应达到设计强度的100%。分解组塔时，混凝土必须达到抗压强度设计值的70%。

3. 基础根开及地脚螺栓间距与相应杆塔结构图核对无误后，方可施工。

4. 基础混凝土强度等级不应低于 C25，主筋采用 HRB400 级钢筋，箍筋采用 HPB300 级钢筋。

5. ②号钢筋加密区箍筋间距100mm，非加密区箍筋间距200mm。可采用螺旋箍筋。

6. 主筋保护层不小于50mm。

7. 基础施工完毕后，做好基面排水处理。

8. 本基础按机械成孔施工方式，未考虑护壁工程量。

15.4 2JWK4 子模块

此子模块适用于黄土地基，共包含 3 张图纸，基础施工图图纸清单见表 15.4-1。

表 15.4-1　　　　　2JWK4 子模块基础施工图图纸清单

序号	图号	图　名	基础作用力（kN）	
			$T/T_x/T_y$	$N/N_x/N_y$
1	图 15.4-1	2JWK4＊-700 挖孔桩基础施工图	700/133/133	910/173/173
2	图 15.4-2	2JWK4＊-800 挖孔桩基础施工图	800/152/152	1040/198/198
3	图 15.4-3	2JWK4＊-900 挖孔桩基础施工图	900/171/171	1170/222/222

注　4＊表示 4h 地质参数组合。

基 础 参 数 表

基础名称	桩身直径 d(mm)	基础埋深 H(mm)	基础露头 H_0(mm)	主筋①	外箍筋②	外箍筋加密区长度(mm)	内箍筋③	单腿混凝土量 (m^3)	单腿钢筋量 (kg)
2JWK4h-700-02	900	18000	200	25 ⏀16	Φ8@100/200	4500	Φ14@1500	11.58	870.7
2JWK4h-700-07	900	18200	700	22 ⏀18	Φ8@100/200	4500	Φ14@1500	12.02	986.4
2JWK4h-700-12	1000	23200	1200	23 ⏀18	Φ8@100/200	5000	Φ16@1500	19.16	1361.2
2JWK4h-700-17	1000	23800	1700	21 ⏀20	Φ8@100/200	5000	Φ16@1500	20.03	1569.6
2JWK4h-700-22	1100	22200	2200	21 ⏀20	Φ8@100/200	5500	Φ16@1500	23.19	1532.9
2JWK4h-700-27	1100	22600	2700	19 ⏀22	Φ8@100/200	5500	Φ16@1500	24.04	1709.0

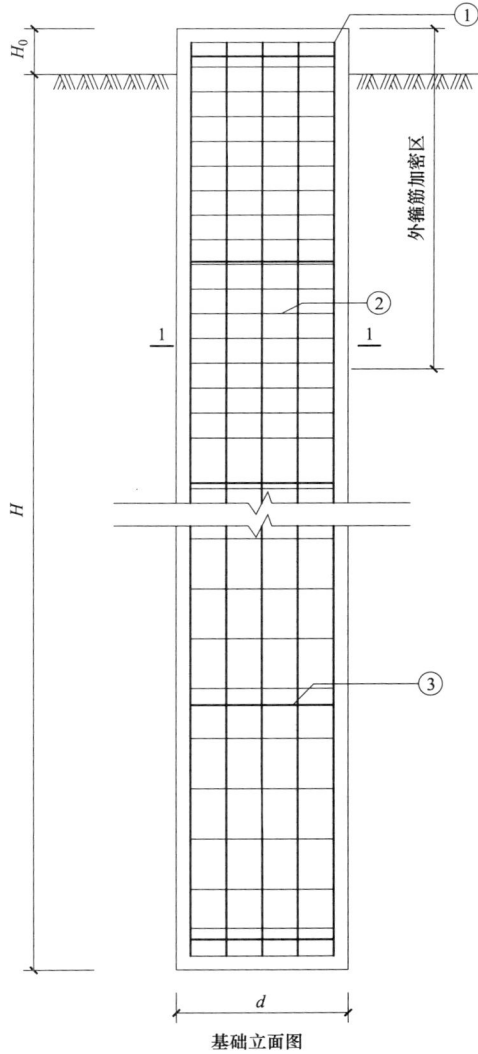

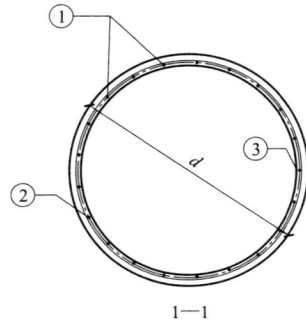

基础立面图

1—1

说明：1. 本基础适用于不受地下水影响的黄土地质条件。

2. 整体立塔时，混凝土的抗压强度应达到设计强度的 100%。分解组塔时，混凝土必须达到抗压强度设计值的 70%。

3. 基础根开及地脚螺栓间距与相应杆塔结构图核对无误后，方可施工。

4. 基础混凝土强度等级不应低于 C25，主筋采用 HRB400 级钢筋，箍筋采用 HPB300 级钢筋。

5. ②号钢筋加密区箍筋间距 100mm，非加密区箍筋间距 200mm。可采用螺旋箍筋。

6. 主筋保护层不小于 50mm。

7. 基础施工完毕后，做好基面排水处理。

8. 本基础按机械成孔施工方式，未考虑护壁工程量。

图 15.4-1 2JWK4*-700 挖孔桩基础施工图

基 础 参 数 表

基础名称	桩身直径 d(mm)	基础埋深 H(mm)	基础露头 H_0(mm)	主筋①	外箍筋②	外箍筋加密区长度(mm)	内箍筋③	单腿混凝土量（m³）	单腿钢筋量（kg）
2JWK4h-800-02	900	21600	200	30⏀16	Φ8@100/200	4500	Φ14@1500	13.87	1207.5
2JWK4h-800-07	1200	23600	700	30⏀16	Φ8@100/200	6000	Φ16@1500	27.48	1451.7
2JWK4h-800-12	1200	23600	1200	30⏀16	Φ8@100/200	6000	Φ16@1500	28.05	1479.5
2JWK4h-800-17	1200	24200	1700	34⏀16	Φ8@100/200	6000	Φ16@1500	29.29	1706.4
2JWK4h-800-22	1200	25000	2200	36⏀16	Φ8@100/200	6000	Φ16@1500	30.76	1876.5
2JWK4h-800-27	1300	24000	2700	37⏀16	Φ8@100/200	6500	Φ16@1500	35.44	1915.3

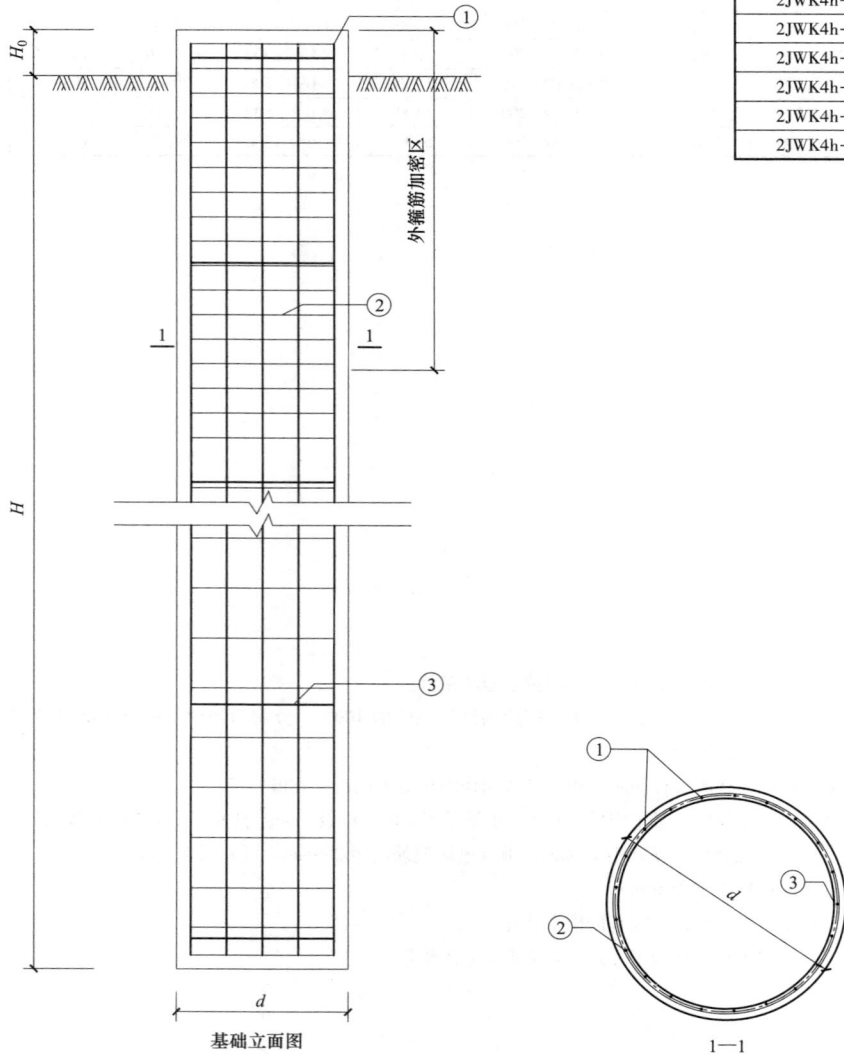

基础立面图

1—1

说明：1. 本基础适用于不受地下水影响的黄土地质条件。

2. 整体立塔时，混凝土的抗压强度应达到设计强度的100%。分解组塔时，混凝土必须达到抗压强度设计值的70%。

3. 基础根开及地脚螺栓间距与相应杆塔结构图核对无误后，方可施工。

4. 基础混凝土强度等级不应低于C25，主筋采用HRB400级钢筋，箍筋采用HPB300级钢筋。

5. ②号钢筋加密区箍筋间距100mm，非加密区箍筋间距200mm。可采用螺旋箍筋。

6. 主筋保护层不小于50mm。

7. 基础施工完毕后，做好基面排水处理。

8. 本基础按机械成孔施工方式，未考虑护壁工程量。

图 15.4-2 2JWK4＊-800挖孔桩基础施工图

基 础 参 数 表

基础名称	桩身直径 d(mm)	基础埋深 H(mm)	基础露头 H_0(mm)	主筋①	外箍筋②	外箍筋加密区长度(mm)	内箍筋③	单腿混凝土量(m^3)	单腿钢筋量(kg)
2JWK4h-900-02	1400	24600	200	31 ϕ 16	Φ 8@100/200	7000	Φ 16@1500	38.18	1583.6
2JWK4h-900-07	1400	24600	700	31 ϕ 16	Φ 8@100/200	7000	Φ 16@1500	38.95	1611.3
2JWK4h-900-12	1400	24600	1200	31 ϕ 16	Φ 8@100/200	7000	Φ 16@1500	39.72	1646.8
2JWK4h-900-17	1500	24000	1700	33 ϕ 16	Φ 8@100/200	7500	Φ 16@1500	45.42	1756.4
2JWK4h-900-22	1500	25000	2200	36 ϕ 16	Φ 8@100/200	7500	Φ 16@1500	48.07	1981.7
2JWK4h-900-27	1600	25000	2700	29 ϕ 18	Φ 8@100/200	8000	Φ 18@1500	55.69	2119.5

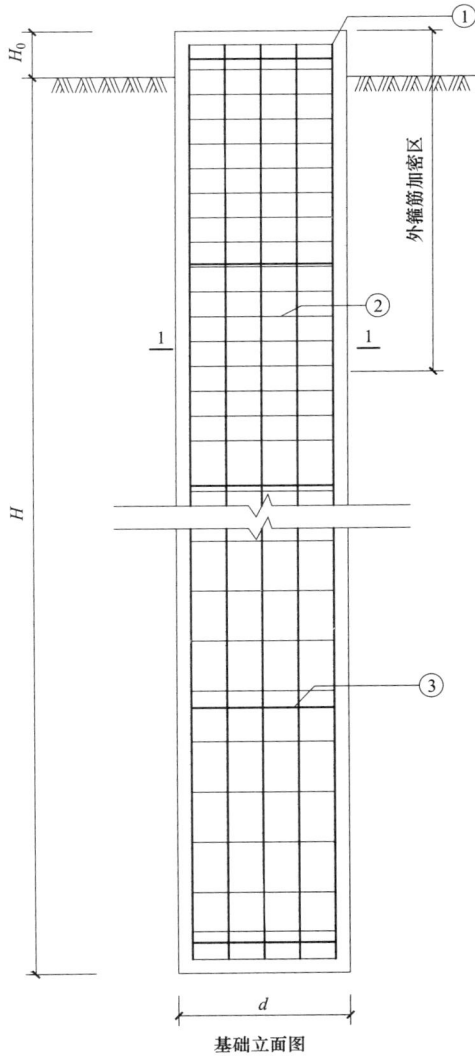

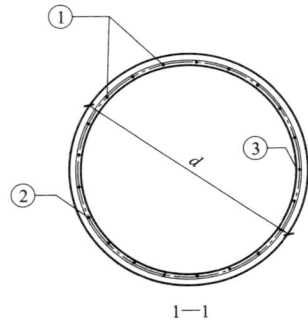

基础立面图

1—1

说明：1. 本基础适用于不受地下水影响的黄土地质条件。

2. 整体立塔时，混凝土的抗压强度应达到设计强度的100%。分解组塔时，混凝土必须达到抗压强度设计值的70%。

3. 基础根开及地脚螺栓间距与相应杆塔结构图核对无误后，方可施工。

4. 基础混凝土强度等级不应低于C25，主筋采用HRB400级钢筋，箍筋采用HPB300级钢筋。

5. ②号钢筋加密区箍筋间距100mm，非加密区箍筋间距200mm。可采用螺旋箍筋。

6. 主筋保护层不小于50mm。

7. 基础施工完毕后，做好基面排水处理。

8. 本基础按机械成孔施工方式，未考虑护壁工程量。

图 15.4-3 2JWK4 * -900 挖孔桩基础施工图

15.5 2JWK6 子模块

此子模块适用于岩石地基，共包含 8 张图纸，基础施工图图纸清单见表 15.5-1。

表 15.5-1　　　　2JWK6 子模块基础施工图图纸清单

序号	图号	图　名	基础作用力（kN）	
			$T/T_x/T_y$	$N/N_x/N_y$
1	图 15.5-1	2JWK6*-700 挖孔桩基础施工图（一）	700/133/133	910/173/173
2	图 15.5-2	2JWK6*-700 挖孔桩基础施工图（二）	700/133/133	910/173/173
3	图 15.5-3	2JWK6*-800 挖孔桩基础施工图（一）	800/152/152	1040/198/198
4	图 15.5-4	2JWK6*-800 挖孔桩基础施工图（二）	800/152/152	1040/198/198
5	图 15.5-5	2JWK6*-900 挖孔桩基础施工图（一）	900/171/171	1170/222/222
6	图 15.5-6	2JWK6*-900 挖孔桩基础施工图（二）	900/171/171	1170/222/222
7	图 15.5-7	2JWK6*-1000 挖孔桩基础施工图（一）	1000/190/190	1300/247/247
8	图 15.5-8	2JWK6*-1000 挖孔桩基础施工图（二）	1000/190/190	1300/247/247

注　6*包含 6a、6b、6c、6d、6e 及 6f 六种地质参数组合。

基 础 参 数 表

基础名称	桩身直径 d(mm)	基础埋深 H(mm)	基础露头 H_0(mm)	主筋①	外箍筋②	外箍筋加密区长度(mm)	内箍筋③	单腿混凝土量(m³)	单腿钢筋量(kg)
2JWK6a-700-02	800	8400	200	21Φ16	Φ8@100/200	4000	Φ14@1500	4.32	357.2
2JWK6a-700-07	800	8400	700	16Φ20	Φ8@100/200	4000	Φ14@1500	4.57	434.5
2JWK6a-700-12	800	8400	1200	19Φ20	Φ8@100/200	4000	Φ14@1500	4.83	527.0
2JWK6a-700-17	800	8400	1700	18Φ22	Φ8@100/200	4000	Φ14@1500	5.08	620.5
2JWK6a-700-22	800	8400	2200	20Φ22	Φ8@100/200	4000	Φ14@1500	5.33	715.0
2JWK6a-700-27	800	8400	2700	14Φ28	Φ8@100/200	4000	Φ14@1500	5.58	833.9
2JWK6b-700-02	800	6800	200	21Φ16	Φ8@100/200	4000	Φ14@1500	3.52	294.7
2JWK6b-700-07	800	6800	700	16Φ20	Φ8@100/200	4000	Φ14@1500	3.77	361.9
2JWK6b-700-12	800	6800	1200	19Φ20	Φ8@100/200	4000	Φ14@1500	4.02	442.6
2JWK6b-700-17	800	6800	1700	18Φ22	Φ8@100/200	4000	Φ14@1500	4.27	525.1
2JWK6b-700-22	800	6800	2200	20Φ22	Φ8@100/200	4000	Φ14@1500	4.52	610.0
2JWK6b-700-27	800	6800	2700	14Φ28	Φ8@100/200	4000	Φ14@1500	4.78	716.2
2JWK6c-700-02	800	6000	200	21Φ16	Φ8@100/200	4000	Φ14@1500	3.12	264.7
2JWK6c-700-07	800	6000	700	16Φ20	Φ8@100/200	4000	Φ14@1500	3.37	324.4
2JWK6c-700-12	800	6000	1200	19Φ20	Φ8@100/200	4000	Φ14@1500	3.62	399.1
2JWK6c-700-17	800	6000	1700	18Φ22	Φ8@100/200	4000	Φ14@1500	3.87	478.6
2JWK6c-700-22	800	6000	2200	20Φ22	Φ8@100/200	4000	Φ14@1500	4.12	556.3
2JWK6c-700-27	800	6000	2700	14Φ28	Φ8@100/200	4000	Φ14@1500	4.37	656.2

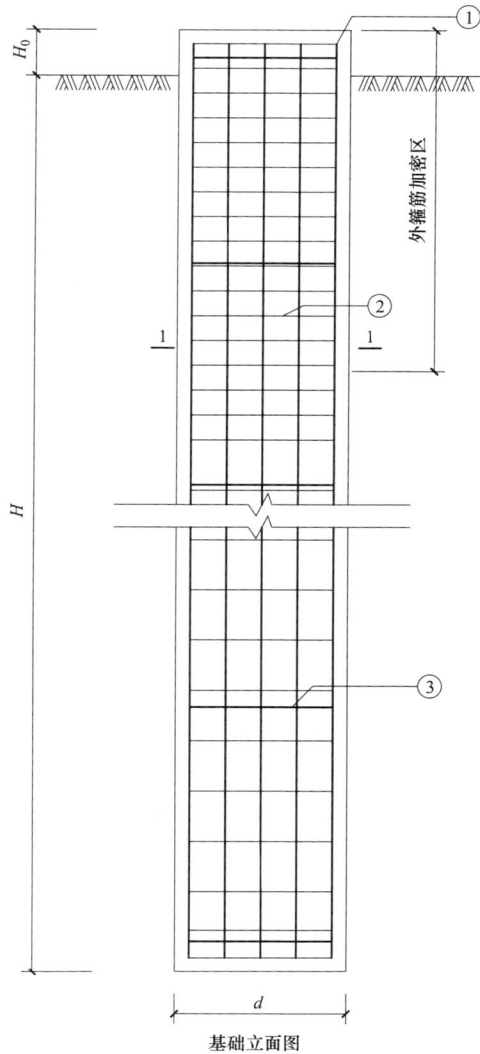

基础立面图

1—1

说明：1. 本基础适用于不受地下水影响的岩石地质条件。

2. 整体立塔时，混凝土的抗压强度应达到设计强度的100%。分解组塔时，混凝土必须达到抗压强度设计值的70%。

3. 基础根开及地脚螺栓间距与相应杆塔结构图核对无误后，方可施工。

4. 基础混凝土强度等级不应低于C25，主筋采用HRB400级钢筋，箍筋采用HPB300级钢筋。

5. ②号钢筋加密区箍筋间距100mm，非加密区箍筋间距200mm。可采用螺旋箍筋。

6. 主筋保护层不小于50mm。

7. 基础施工完毕后，做好基面排水处理。

8. 本基础按机械成孔施工方式，未考虑护壁工程量。

图 15.5-1 2JWK6*-700挖孔桩基础施工图（一）

基础立面图

1—1

基 础 参 数 表

基础名称	桩身直径 d(mm)	基础埋深 H(mm)	基础露头 H_0(mm)	主筋①	外箍筋②	外箍筋加密区长度(mm)	内箍筋③	单腿混凝土量 (m^3)	单腿钢筋量 (kg)
2JWK6d-700-02	800	6000	200	21 Φ16	Φ8@100/200	4000	Φ14@1500	3.12	264.7
2JWK6d-700-07	800	6000	700	16 Φ20	Φ8@100/200	4000	Φ14@1500	3.37	324.4
2JWK6d-700-12	800	6000	1200	19 Φ20	Φ8@100/200	4000	Φ14@1500	3.62	399.1
2JWK6d-700-17	800	6000	1700	18 Φ22	Φ8@100/200	4000	Φ14@1500	3.87	478.6
2JWK6d-700-22	800	6000	2200	20 Φ22	Φ8@100/200	4000	Φ14@1500	4.12	556.3
2JWK6d-700-27	800	6000	2700	14 Φ28	Φ8@100/200	4000	Φ14@1500	4.37	656.2
2JWK6e-700-02	800	6000	200	21 Φ16	Φ8@100/200	4000	Φ14@1500	3.12	264.7
2JWK6e-700-07	800	6000	700	16 Φ20	Φ8@100/200	4000	Φ14@1500	3.37	324.4
2JWK6e-700-12	800	6000	1200	19 Φ20	Φ8@100/200	4000	Φ14@1500	3.62	399.1
2JWK6e-700-17	800	6000	1700	18 Φ22	Φ8@100/200	4000	Φ14@1500	3.87	478.6
2JWK6e-700-22	800	6000	2200	20 Φ22	Φ8@100/200	4000	Φ14@1500	4.12	556.3
2JWK6e-700-27	800	6000	2700	14 Φ28	Φ8@100/200	4000	Φ14@1500	4.37	656.2
2JWK6f-700-02	800	6000	200	21 Φ16	Φ8@100/200	4000	Φ14@1500	3.12	264.7
2JWK6f-700-07	800	6000	700	16 Φ20	Φ8@100/200	4000	Φ14@1500	3.37	324.4
2JWK6f-700-12	800	6000	1200	19 Φ20	Φ8@100/200	4000	Φ14@1500	3.62	399.1
2JWK6f-700-17	800	6000	1700	18 Φ22	Φ8@100/200	4000	Φ14@1500	3.87	478.6
2JWK6f-700-22	800	6000	2200	20 Φ22	Φ8@100/200	4000	Φ14@1500	4.12	556.3
2JWK6f-700-27	800	6000	2700	14 Φ28	Φ8@100/200	4000	Φ14@1500	4.37	656.2

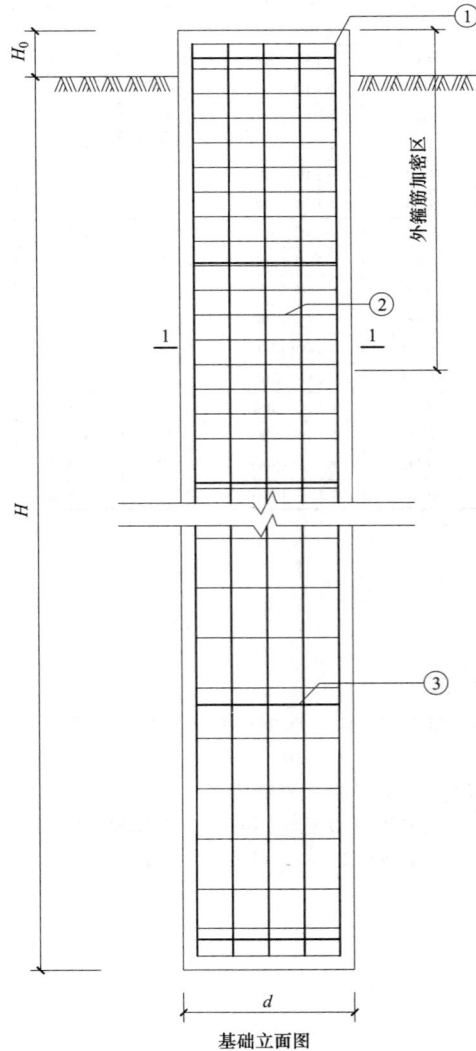

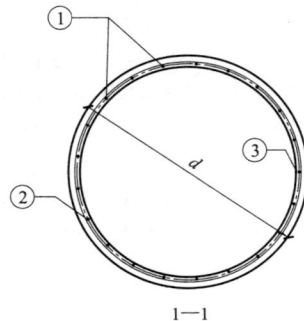

说明：1. 本基础适用于不受地下水影响的岩石地质条件。

2. 整体立塔时，混凝土的抗压强度应达到设计强度的 100%。分解组塔时，混凝土必须达到抗压强度设计值的 70%。

3. 基础根开及地脚螺栓间距与相应杆塔结构图核对无误后，方可施工。

4. 基础混凝土强度等级不应低于 C25，主筋采用 HRB400 级钢筋，箍筋采用 HPB300 级钢筋。

5. ②号钢筋加密区箍筋间距 100mm，非加密区箍筋间距 200mm。可采用螺旋箍筋。

6. 主筋保护层不小于 50mm。

7. 基础施工完毕后，做好基面排水处理。

8. 本基础按机械成孔施工方式，未考虑护壁工程量。

图 15.5-2 2JWK6 * -700 挖孔桩基础施工图（二）

基 础 参 数 表

基础名称	桩身直径 d（mm）	基础埋深 H（mm）	基础露头 H_0（mm）	主筋①	外箍筋②	外箍筋加密区长度（mm）	内箍筋③	单腿混凝土量（m³）	单腿钢筋量（kg）
2JWK6a-800-02	800	9600	200	19 Φ 18	Φ 8@ 100/200	4000	Φ 14@ 1500	4.93	451.2
2JWK6a-800-07	800	9600	700	19 Φ 20	Φ 8@ 100/200	4000	Φ 14@ 1500	5.18	562.4
2JWK6a-800-12	800	9600	1200	18 Φ 22	Φ 8@ 100/200	4000	Φ 14@ 1500	5.43	664.0
2JWK6a-800-17	800	9600	1700	16 Φ 25	Φ 8@ 100/200	4000	Φ 14@ 1500	5.68	781.2
2JWK6a-800-22	800	9600	2200	18 Φ 25	Φ 8@ 100/200	4000	Φ 14@ 1500	5.93	904.7
2JWK6a-800-27	800	9600	2700	20 Φ 25	Φ 8@ 100/200	4000	Φ 14@ 1500	6.18	1037.4
2JWK6b-800-02	800	7800	200	19 Φ 18	Φ 8@ 100/200	4000	Φ 14@ 1500	4.02	372.5
2JWK6b-800-07	800	7800	700	19 Φ 20	Φ 8@ 100/200	4000	Φ 14@ 1500	4.27	467.7
2JWK6b-800-12	800	7800	1200	18 Φ 22	Φ 8@ 100/200	4000	Φ 14@ 1500	4.52	557.0
2JWK6b-800-17	800	7800	1700	16 Φ 25	Φ 8@ 100/200	4000	Φ 14@ 1500	4.78	659.9
2JWK6b-800-22	800	7800	2200	18 Φ 25	Φ 8@ 100/200	4000	Φ 14@ 1500	5.03	769.5
2JWK6b-800-27	800	7800	2700	20 Φ 25	Φ 8@ 100/200	4000	Φ 14@ 1500	5.28	888.4
2JWK6c-800-02	800	6600	200	19 Φ 18	Φ 8@ 100/200	4000	Φ 14@ 1500	3.42	319.2
2JWK6c-800-07	800	6600	700	19 Φ 20	Φ 8@ 100/200	4000	Φ 14@ 1500	3.67	403.8
2JWK6c-800-12	800	6600	1200	18 Φ 22	Φ 8@ 100/200	4000	Φ 14@ 1500	3.92	484.9
2JWK6c-800-17	800	6600	1700	16 Φ 25	Φ 8@ 100/200	4000	Φ 14@ 1500	4.17	578.3
2JWK6c-800-22	800	6600	2200	18 Φ 25	Φ 8@ 100/200	4000	Φ 14@ 1500	4.42	678.6
2JWK6c-800-27	800	6600	2700	20 Φ 25	Φ 8@ 100/200	4000	Φ 14@ 1500	4.67	788.2

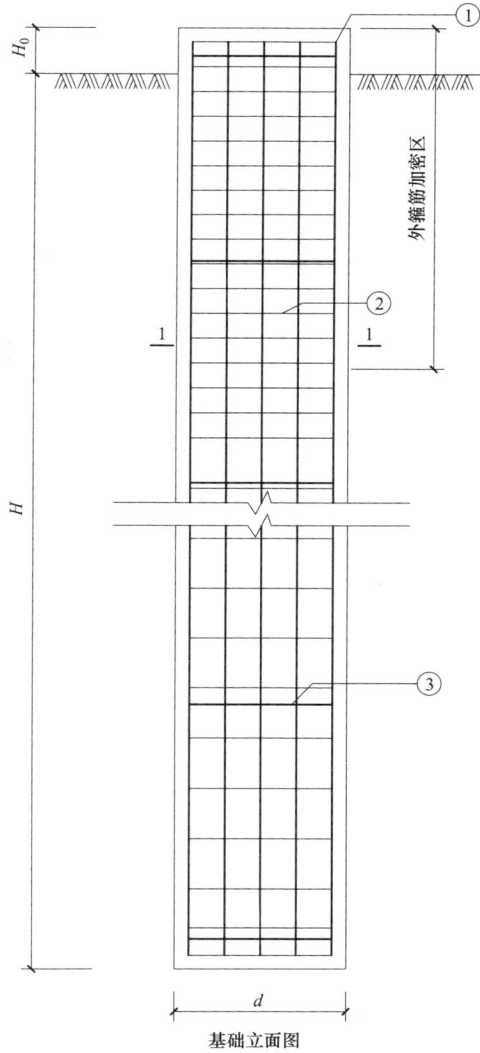

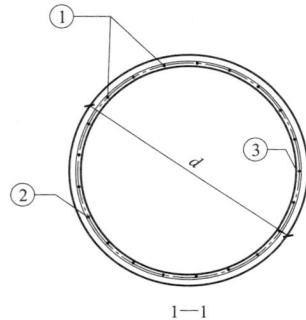

基础立面图

1—1

图 15.5-3 2JWK6*-800 挖孔桩基础施工图 （一）

说明：1. 本基础适用于不受地下水影响的岩石地质条件。

2. 整体立塔时，混凝土的抗压强度应达到设计强度的 100%。分解组塔时，混凝土必须达到抗压强度设计值的 70%。

3. 基础根开及地脚螺栓间距与相应杆塔结构图核对无误后，方可施工。

4. 基础混凝土强度等级不应低于 C25，主筋采用 HRB400 级钢筋，箍筋采用 HPB300 级钢筋。

5. ②号钢筋加密区箍筋间距 100mm，非加密区箍筋间距 200mm。可采用螺旋箍筋。

6. 主筋保护层不小于 50mm。

7. 基础施工完毕后，做好基面排水处理。

8. 本基础按机械成孔施工方式，未考虑护壁工程量。

基 础 参 数 表

基础名称	桩身直径 d(mm)	基础埋深 H(mm)	基础露头 H_0(mm)	主筋①	外箍筋②	外箍筋加密区长度(mm)	内箍筋③	单腿混凝土量 (m³)	单腿钢筋量 (kg)
2JWK6d-800-02	800	6000	200	19 Φ 18	Φ 8@ 100/200	4000	Φ 14@ 1500	3.12	293.8
2JWK6d-800-07	800	6000	700	19 Φ 20	Φ 8@ 100/200	4000	Φ 14@ 1500	3.37	373.0
2JWK6d-800-12	800	6000	1200	18 Φ 22	Φ 8@ 100/200	4000	Φ 14@ 1500	3.62	447.6
2JWK6d-800-17	800	6000	1700	16 Φ 25	Φ 8@ 100/200	4000	Φ 14@ 1500	3.87	538.6
2JWK6d-800-22	800	6000	2200	18 Φ 25	Φ 8@ 100/200	4000	Φ 14@ 1500	4.12	634.4
2JWK6d-800-27	800	6000	2700	20 Φ 25	Φ 8@ 100/200	4000	Φ 14@ 1500	4.37	736.9
2JWK6e-800-02	800	6000	200	19 Φ 18	Φ 8@ 100/200	4000	Φ 14@ 1500	3.12	293.8
2JWK6e-800-07	800	6000	700	19 Φ 20	Φ 8@ 100/200	4000	Φ 14@ 1500	3.37	373.0
2JWK6e-800-12	800	6000	1200	18 Φ 22	Φ 8@ 100/200	4000	Φ 14@ 1500	3.62	447.6
2JWK6e-800-17	800	6000	1700	16 Φ 25	Φ 8@ 100/200	4000	Φ 14@ 1500	3.87	538.6
2JWK6e-800-22	800	6000	2200	18 Φ 25	Φ 8@ 100/200	4000	Φ 14@ 1500	4.12	634.4
2JWK6e-800-27	800	6000	2700	20 Φ 25	Φ 8@ 100/200	4000	Φ 14@ 1500	4.37	736.9
2JWK6f-800-02	800	6000	200	19 Φ 18	Φ 8@ 100/200	4000	Φ 14@ 1500	3.12	293.8
2JWK6f-800-07	800	6000	700	19 Φ 20	Φ 8@ 100/200	4000	Φ 14@ 1500	3.37	373.0
2JWK6f-800-12	800	6000	1200	18 Φ 22	Φ 8@ 100/200	4000	Φ 14@ 1500	3.62	447.6
2JWK6f-800-17	800	6000	1700	16 Φ 25	Φ 8@ 100/200	4000	Φ 14@ 1500	3.87	538.6
2JWK6f-800-22	800	6000	2200	18 Φ 25	Φ 8@ 100/200	4000	Φ 14@ 1500	4.12	634.4
2JWK6f-800-27	800	6000	2700	20 Φ 25	Φ 8@ 100/200	4000	Φ 14@ 1500	4.37	736.9

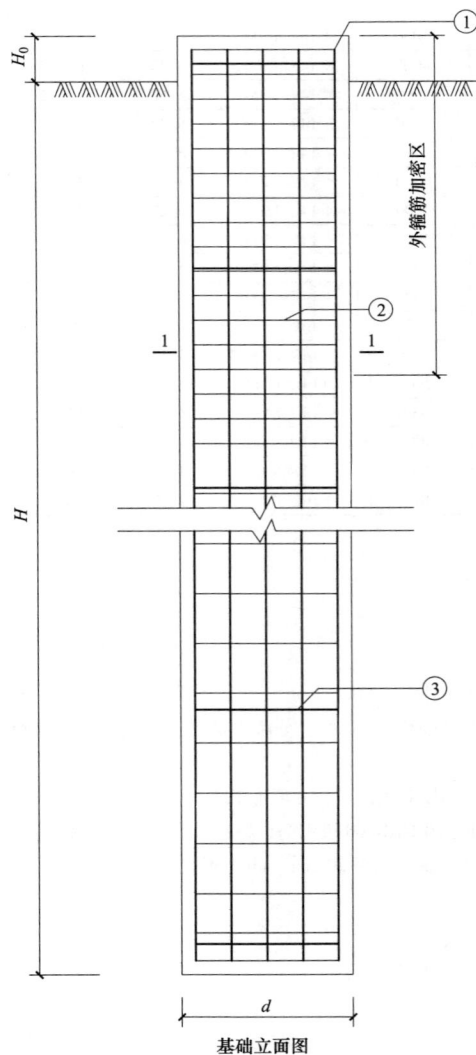

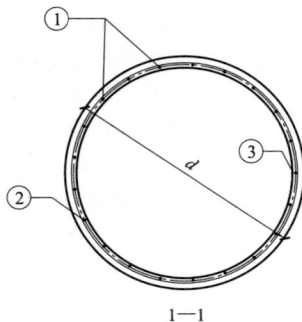

基础立面图

1—1

说明：1. 本基础适用于不受地下水影响的岩石地质条件。

2. 整体立塔时，混凝土的抗压强度应达到设计强度的100%。分解组塔时，混凝土必须达到抗压强度设计值的70%。

3. 基础根开及地脚螺栓间距与相应杆塔结构图核对无误后，方可施工。

4. 基础混凝土强度等级不应低于C25，主筋采用HRB400级钢筋，箍筋采用HPB300级钢筋。

5. ②号钢筋加密区箍筋间距100mm，非加密区箍筋间距200mm。可采用螺旋箍筋。

6. 主筋保护层不小于50mm。

7. 基础施工完毕后，做好基面排水处理。

8. 本基础按机械成孔施工方式，未考虑护壁工程量。

图 15.5-4　2JWK6*-800 挖孔桩基础施工图（二）

基 础 参 数 表

基础名称	桩身直径 d(mm)	基础埋深 H(mm)	基础露头 H_0(mm)	主筋①	外箍筋②	外箍筋加密区长度(mm)	内箍筋③	单腿混凝土量 (m³)	单腿钢筋量 (kg)
2JWK6a-900-02	800	10600	200	18 Φ 20	Φ8@100/200	4000	Φ14@1500	5.43	564.6
2JWK6a-900-07	800	10600	700	21 Φ 20	Φ8@100/200	4000	Φ14@1500	5.68	671.3
2JWK6a-900-12	800	10600	1200	20 Φ 22	Φ8@100/200	4000	Φ14@1500	5.93	791.8
2JWK6a-900-17	800	10600	1700	18 Φ 25	Φ8@100/200	4000	Φ14@1500	6.18	943.5
2JWK6a-900-22	800	10600	2200	13 Φ 32	Φ8@100/200	4000	Φ14@1500	6.43	1141.5
2JWK6a-900-27	800	10600	2700	14 Φ 32	Φ8@100/200	4000	Φ14@1500	6.69	1267.5
2JWK6b-900-02	800	8800	200	18 Φ 20	Φ8@100/200	4000	Φ14@1500	4.52	474.4
2JWK6b-900-07	800	8800	700	21 Φ 20	Φ8@100/200	4000	Φ14@1500	4.78	567.7
2JWK6b-900-12	800	8800	1200	20 Φ 22	Φ8@100/200	4000	Φ14@1500	5.03	674.1
2JWK6b-900-17	800	8800	1700	18 Φ 25	Φ8@100/200	4000	Φ14@1500	5.28	808.4
2JWK6b-900-22	800	8800	2200	13 Φ 32	Φ8@100/200	4000	Φ14@1500	5.53	983.5
2JWK6b-900-27	800	8800	2700	14 Φ 32	Φ8@100/200	4000	Φ14@1500	5.78	1098.2
2JWK6c-900-02	800	7600	200	18 Φ 20	Φ8@100/200	4000	Φ14@1500	3.92	413.4
2JWK6c-900-07	800	7600	700	21 Φ 20	Φ8@100/200	4000	Φ14@1500	4.17	497.8
2JWK6c-900-12	800	7600	1200	20 Φ 22	Φ8@100/200	4000	Φ14@1500	4.42	594.8
2JWK6c-900-17	800	7600	1700	18 Φ 25	Φ8@100/200	4000	Φ14@1500	4.67	717.5
2JWK6c-900-22	800	7600	2200	13 Φ 32	Φ8@100/200	4000	Φ14@1500	4.93	877.4
2JWK6c-900-27	800	7600	2700	14 Φ 32	Φ8@100/200	4000	Φ14@1500	5.18	984.5

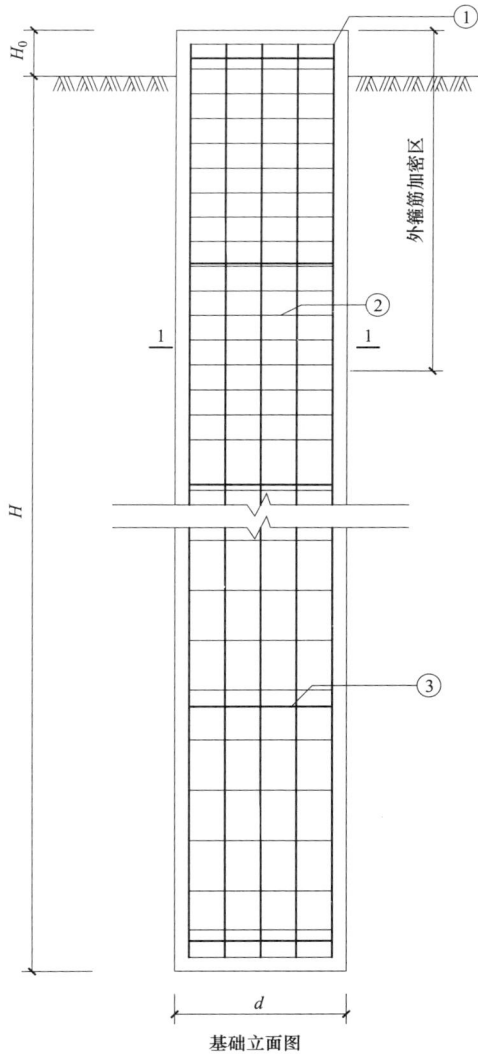

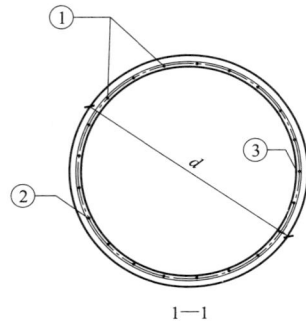

说明：1. 本基础适用于不受地下水影响的岩石地质条件。

2. 整体立塔时，混凝土的抗压强度应达到设计强度的 100%。分解组塔时，混凝土必须达到抗压强度设计值的 70%。

3. 基础根开及地脚螺栓间距与相应杆塔结构图核对无误后，方可施工。

4. 基础混凝土强度等级不应低于 C25，主筋采用 HRB400 级钢筋，箍筋采用 HPB300 级钢筋。

5. ②号钢筋加密区箍筋间距 100mm，非加密区箍筋间距 200mm。可采用螺旋箍筋。

6. 主筋保护层不小于 50mm。

7. 基础施工完毕后，做好基面排水处理。

8. 本基础按机械成孔施工方式，未考虑护壁工程量。

基础立面图

1—1

图 15.5-5　2JWK6∗-900 挖孔桩基础施工图 （一）

基 础 参 数 表

基础名称	桩身直径 d(mm)	基础埋深 H(mm)	基础露头 H_0(mm)	主筋①	外箍筋②	外箍筋加密区长度(mm)	内箍筋③	单腿混凝土量 (m³)	单腿钢筋量 (kg)
2JWK6d-900-02	800	6600	200	18Φ20	Φ8@100/200	4000	Φ14@1500	3.42	362.1
2JWK6d-900-07	800	6600	700	21Φ20	Φ8@100/200	4000	Φ14@1500	3.67	439.2
2JWK6d-900-12	800	6600	1200	20Φ22	Φ8@100/200	4000	Φ14@1500	3.92	530.7
2JWK6d-900-17	800	6600	1700	18Φ25	Φ8@100/200	4000	Φ14@1500	4.17	641.3
2JWK6d-900-22	800	6600	2200	13Φ32	Φ8@100/200	4000	Φ14@1500	4.42	788.6
2JWK6d-900-27	800	6600	2700	14Φ32	Φ8@100/200	4000	Φ14@1500	4.67	891.7
2JWK6e-900-02	800	6000	200	18Φ20	Φ8@100/200	4000	Φ14@1500	3.12	332.9
2JWK6e-900-07	800	6000	700	21Φ20	Φ8@100/200	4000	Φ14@1500	3.37	405.5
2JWK6e-900-12	800	6000	1200	20Φ22	Φ8@100/200	4000	Φ14@1500	3.62	489.8
2JWK6e-900-17	800	6000	1700	18Φ25	Φ8@100/200	4000	Φ14@1500	3.87	597.1
2JWK6e-900-22	800	6000	2200	13Φ32	Φ8@100/200	4000	Φ14@1500	4.12	736.7
2JWK6e-900-27	800	6000	2700	14Φ32	Φ8@100/200	4000	Φ14@1500	4.37	833.7
2JWK6f-900-02	800	6000	200	18Φ20	Φ8@100/200	4000	Φ14@1500	3.12	332.9
2JWK6f-900-07	800	6000	700	21Φ20	Φ8@100/200	4000	Φ14@1500	3.37	405.5
2JWK6f-900-12	800	6000	1200	20Φ22	Φ8@100/200	4000	Φ14@1500	3.62	489.8
2JWK6f-900-17	800	6000	1700	18Φ25	Φ8@100/200	4000	Φ14@1500	3.87	597.1
2JWK6f-900-22	800	6000	2200	13Φ32	Φ8@100/200	4000	Φ14@1500	4.12	736.7
2JWK6f-900-27	800	6000	2700	14Φ32	Φ8@100/200	4000	Φ14@1500	4.37	833.7

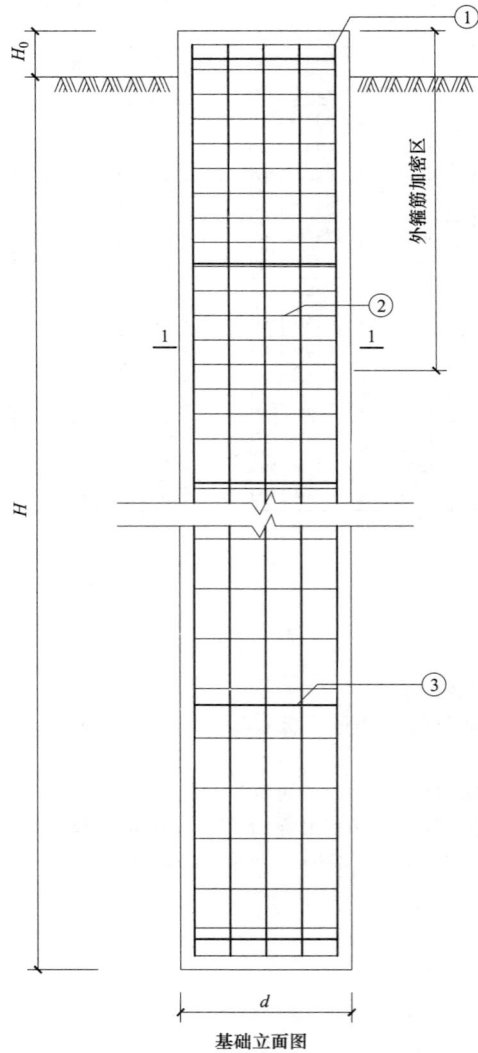

基础立面图

1—1

说明：1. 本基础适用于不受地下水影响的岩石地质条件。

2. 整体立塔时，混凝土的抗压强度应达到设计强度的100%。分解组塔时，混凝土必须达到抗压强度设计值的70%。

3. 基础根开及地脚螺栓间距与相应杆塔结构图核对无误后，方可施工。

4. 基础混凝土强度等级不应低于C25，主筋采用HRB400级钢筋，箍筋采用HPB300级钢筋。

5. ②号钢筋加密区箍筋间距100mm，非加密区箍筋间距200mm。可采用螺旋箍筋。

6. 主筋保护层不小于50mm。

7. 基础施工完毕后，做好基面排水处理。

8. 本基础按机械成孔施工方式，未考虑护壁工程量。

图 15.5-6　2JWK6＊-900 挖孔桩基础施工图（二）

基础名称	桩身直径 d(mm)	基础埋深 H(mm)	基础露头 H_0(mm)	主筋①	外箍筋②	外箍筋加密区长度(mm)	内箍筋③	单腿混凝土量(m^3)	单腿钢筋量(kg)
2JWK6a-1000-02	900	10400	200	23Φ18	Φ8@100/200	4500	Φ14@1500	6.74	586.2
2JWK6a-1000-07	900	10400	700	18Φ22	Φ8@100/200	4500	Φ14@1500	7.06	697.2
2JWK6a-1000-12	900	10400	1200	16Φ25	Φ8@100/200	4500	Φ14@1500	7.38	817.1
2JWK6a-1000-17	900	10400	1700	15Φ28	Φ8@100/200	4500	Φ14@1500	7.70	983.4
2JWK6a-1000-22	900	10400	2200	17Φ28	Φ8@100/200	4500	Φ14@1500	8.02	1142.3
2JWK6a-1000-27	900	10400	2700	14Φ32	Φ8@100/200	4500	Φ14@1500	8.33	1266.8
2JWK6b-1000-02	900	8600	200	23Φ18	Φ8@100/200	4500	Φ14@1500	5.60	488.8
2JWK6b-1000-07	900	8600	700	18Φ22	Φ8@100/200	4500	Φ14@1500	5.92	588.7
2JWK6b-1000-12	900	8600	1200	16Φ25	Φ8@100/200	4500	Φ14@1500	6.23	694.3
2JWK6b-1000-17	900	8600	1700	15Φ28	Φ8@100/200	4500	Φ14@1500	6.55	838.4
2JWK6b-1000-22	900	8600	2200	17Φ28	Φ8@100/200	4500	Φ14@1500	6.87	982.7
2JWK6b-1000-27	900	8600	2700	14Φ32	Φ8@100/200	4500	Φ14@1500	7.19	1096.0
2JWK6c-1000-02	900	7400	200	23Φ18	Φ8@100/200	4500	Φ14@1500	4.83	427.7
2JWK6c-1000-07	900	7400	700	18Φ22	Φ8@100/200	4500	Φ14@1500	5.15	515.4
2JWK6c-1000-12	900	7400	1200	16Φ25	Φ8@100/200	4500	Φ14@1500	5.47	611.5
2JWK6c-1000-17	900	7400	1700	15Φ28	Φ8@100/200	4500	Φ14@1500	5.79	745.4
2JWK6c-1000-22	900	7400	2200	17Φ28	Φ8@100/200	4500	Φ14@1500	6.11	875.3
2JWK6c-1000-27	900	7400	2700	14Φ32	Φ8@100/200	4500	Φ14@1500	6.43	981.1

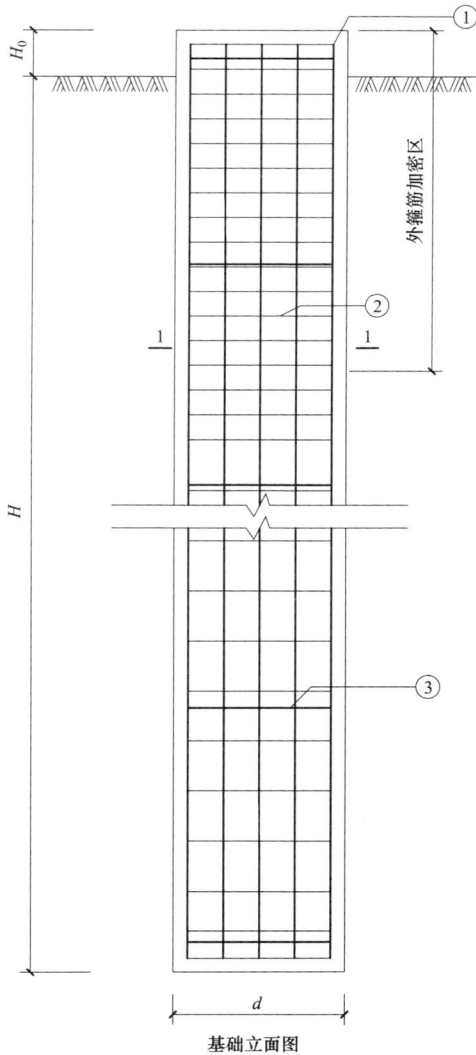

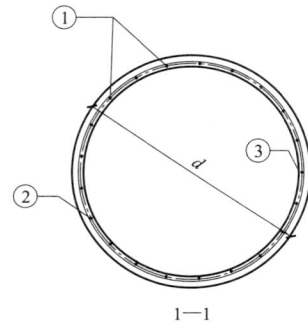

基础立面图

1—1

说明：1. 本基础适用于不受地下水影响的岩石地质条件。

2. 整体立塔时，混凝土的抗压强度应达到设计强度的100%。分解组塔时，混凝土必须达到抗压强度设计值的70%。

3. 基础根开及地脚螺栓间距与相应杆塔结构图核对无误后，方可施工。

4. 基础混凝土强度等级不应低于C25，主筋采用HRB400级钢筋，箍筋采用HPB300级钢筋。

5. ②号钢筋加密区箍筋间距100mm，非加密区箍筋间距200mm。可采用螺旋箍筋。

6. 主筋保护层不小于50mm。

7. 基础施工完毕后，做好基面排水处理。

8. 本基础按机械成孔施工方式，未考虑护壁工程量。

图 15.5-7　2JWK6∗-1000 挖孔桩基础施工图 （一）

基 础 参 数 表

基础名称	桩身直径 d(mm)	基础埋深 H(mm)	基础露头 H_0(mm)	主筋①	外箍筋②	外箍筋加密区长度(mm)	内箍筋③	单腿混凝土量 (m³)	单腿钢筋量 (kg)
2JWK6d-1000-02	900	6400	200	23 Φ 18	Φ 8@ 100/200	4500	Φ 14@ 1500	4.20	373.9
2JWK6d-1000-07	900	6400	700	18 Φ 22	Φ 8@ 100/200	4500	Φ 14@ 1500	4.52	453.9
2JWK6d-1000-12	900	6400	1200	16 Φ 25	Φ 8@ 100/200	4500	Φ 14@ 1500	4.83	544.8
2JWK6d-1000-17	900	6400	1700	15 Φ 28	Φ 8@ 100/200	4500	Φ 14@ 1500	5.15	665.1
2JWK6d-1000-22	900	6400	2200	17 Φ 28	Φ 8@ 100/200	4500	Φ 14@ 1500	5.47	785.3
2JWK6d-1000-27	900	6400	2700	14 Φ 32	Φ 8@ 100/200	4500	Φ 14@ 1500	5.79	887.7
2JWK6e-1000-02	900	6000	200	23 Φ 18	Φ 8@ 100/200	4500	Φ 14@ 1500	3.94	353.5
2JWK6e-1000-07	900	6000	700	18 Φ 22	Φ 8@ 100/200	4500	Φ 14@ 1500	4.26	430.4
2JWK6e-1000-12	900	6000	1200	16 Φ 25	Φ 8@ 100/200	4500	Φ 14@ 1500	4.58	515.4
2JWK6e-1000-17	900	6000	1700	15 Φ 28	Φ 8@ 100/200	4500	Φ 14@ 1500	4.90	634.1
2JWK6e-1000-22	900	6000	2200	17 Φ 28	Φ 8@ 100/200	4500	Φ 14@ 1500	5.22	750.4
2JWK6e-1000-27	900	6000	2700	14 Φ 32	Φ 8@ 100/200	4500	Φ 14@ 1500	5.53	847.6
2JWK6f-1000-02	900	6000	200	23 Φ 18	Φ 8@ 100/200	4500	Φ 14@ 1500	3.94	353.5
2JWK6f-1000-07	900	6000	700	18 Φ 22	Φ 8@ 100/200	4500	Φ 14@ 1500	4.26	430.4
2JWK6f-1000-12	900	6000	1200	16 Φ 25	Φ 8@ 100/200	4500	Φ 14@ 1500	4.58	515.4
2JWK6f-1000-17	900	6000	1700	15 Φ 28	Φ 8@ 100/200	4500	Φ 14@ 1500	4.90	634.1
2JWK6f-1000-22	900	6000	2200	17 Φ 28	Φ 8@ 100/200	4500	Φ 14@ 1500	5.22	750.4
2JWK6f-1000-27	900	6000	2700	14 Φ 32	Φ 8@ 100/200	4500	Φ 14@ 1500	5.53	847.6

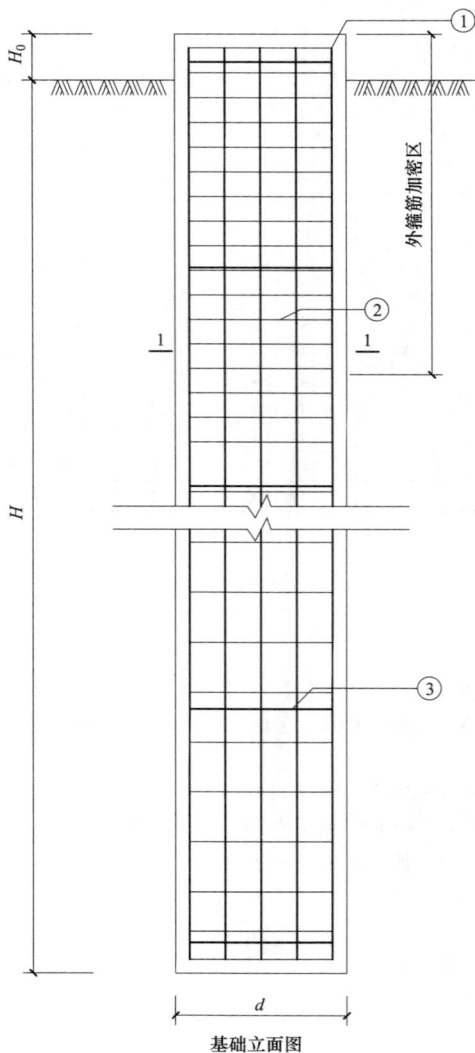

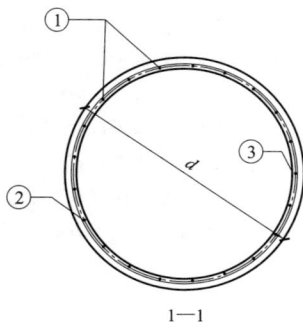

基础立面图

1—1

说明：1. 本基础适用于不受地下水影响的岩石地质条件。

2. 整体立塔时，混凝土的抗压强度应达到设计强度的100%。分解组塔时，混凝土必须达到抗压强度设计值的70%。

3. 基础根开及地脚螺栓间距与相应杆塔结构图核对无误后，方可施工。

4. 基础混凝土强度等级不应低于C25，主筋采用HRB400级钢筋，箍筋采用HPB300级钢筋。

5. ②号钢筋加密区箍筋间距100mm，非加密区箍筋间距200mm。可采用螺旋箍筋。

6. 主筋保护层不小于50mm。

7. 基础施工完毕后，做好基面排水处理。

8. 本基础按机械成孔施工方式，未考虑护壁工程量。

图 15.5-8   2JWK6∗-1000 挖孔桩基础施工图（二）

第 16 章　2JWK（K）模块

本模块为转角塔扩底挖孔桩基础模块，适用基础上拔力范围 700～1000kN，适用于黏性土、粉土、碎石土、黄土地质，包含 4 个子模块，共 198 个基础，15 张图纸，由四川咨询公司设计。

基础作用力见表 16.0-1，岩土类别及设计参数见表 16.0-2。

表 16.0-1　　基础作用力

电压等级（kV）	基础作用力代号	T(kN)	T_x(kN)	T_y(kN)	N(kN)	N_x(kN)	N_y(kN)
220(330)	700	700	133	133	910	173	173
	800	800	152	152	1040	198	198
	900	900	171	171	1170	222	222
	1000	1000	190	190	1300	247	247

表 16.0-2　　岩土类别及设计参数

序号	代号	岩土类别	m(kN/m⁴)	q_{sik}(kPa)	q_{pk}(kPa)
1	1h	黏性土	35000	40	600
2	1i		35000	60	1000
3	1j		35000	80	1400
4	2h	粉土	35000	20	600
5	2i		35000	40	800
6	2j		35000	60	1200

续表 16.0-2

序号	代号	岩土类别	m(kN/m⁴)	q_{sik}(kPa)	q_{pk}(kPa)
7	3h	碎石土	100000	150	2000
8	3i		100000	170	2500
9	4h	黄土	14000	25	800

注　代号含义详见 5.2。

16.1　2JWK（K）1 子模块

此子模块适用于黏性土地基，共包含 4 张图纸，基础施工图图纸清单见表 16.1-1。

表 16.1-1　　2JWK（K）1 子模块基础施工图图纸清单

序号	图号	图　名	基础作用力(kN)	
			$T/T_x/T_y$	$N/N_x/N_y$
1	图 16.1-1	2JWK(K)1*-700 挖孔桩基础施工图	700/133/133	910/173/173
2	图 16.1-2	2JWK(K)1*-800 挖孔桩基础施工图	800/152/152	1040/198/198
3	图 16.1-3	2JWK(K)1*-900 挖孔桩基础施工图	900/171/171	1170/222/222
4	图 16.1-4	2JWK(K)1*-1000 挖孔桩基础施工图	1000/190/190	1300/247/247

注　1* 包含 1h、1i、1j 三种地质参数组合。

基 础 参 数 表

基础名称	桩身直径 d(mm)	扩底直径 D(mm)	基础埋深 H(mm)	主柱高 h_1(mm)	圆台高 h_2(mm)	下圆柱高 h_3(mm)	基础露头 H_0(mm)	主筋①	外箍筋②	外箍筋加密区长度(mm)	内箍筋③	单腿混凝土量(m^3)	单腿钢筋量(kg)
2JWK(K)1h-700-02	800	1400	12400	11500	900	200	200	15Φ20	Φ8@100/200	4000	Φ14@1500	6.96	562.5
2JWK(K)1h-700-07	800	1400	12400	12000	900	200	700	18Φ20	Φ8@100/200	4000	Φ14@1500	7.22	678.8
2JWK(K)1h-700-12	800	1400	12400	12500	900	200	1200	20Φ20	Φ8@100/200	4000	Φ14@1500	7.47	772.6
2JWK(K)1h-700-17	800	1400	12400	13000	900	200	1700	19Φ22	Φ8@100/200	4000	Φ14@1500	7.72	901.9
2JWK(K)1h-700-22	900	1700	9600	10400	1200	200	2200	15Φ25	Φ8@100/200	4500	Φ14@1500	8.71	785.4
2JWK(K)1h-700-27	900	1700	9600	10900	1200	200	2700	17Φ25	Φ8@100/200	4500	Φ14@1500	9.03	913.9
2JWK(K)1i-700-02	800	1400	8400	7500	900	200	200	15Φ20	Φ8@100/200	4000	Φ14@1500	4.95	389.7
2JWK(K)1i-700-07	800	1400	8400	8000	900	200	700	18Φ20	Φ8@100/200	4000	Φ14@1500	5.21	478.8
2JWK(K)1i-700-12	800	1400	8400	8500	900	200	1200	20Φ20	Φ8@100/200	4000	Φ14@1500	5.46	550.4
2JWK(K)1i-700-17	800	1400	8400	9000	900	200	1700	19Φ22	Φ8@100/200	4000	Φ14@1500	5.71	650.3
2JWK(K)1i-700-22	900	1500	7000	8100	900	200	2200	15Φ25	Φ8@100/200	4500	Φ14@1500	6.55	619.3
2JWK(K)1i-700-27	900	1500	7000	8600	900	200	2700	17Φ25	Φ8@100/200	4500	Φ14@1500	6.86	725.0
2JWK(K)1j-700-02	800	1200	6800	6200	600	200	200	15Φ20	Φ8@100/200	4000	Φ14@1500	3.82	321.0
2JWK(K)1j-700-07	800	1200	6800	6700	600	200	700	18Φ20	Φ8@100/200	4000	Φ14@1500	4.07	398.3
2JWK(K)1j-700-12	800	1200	6800	7200	600	200	1200	20Φ20	Φ8@100/200	4000	Φ14@1500	4.32	462.0
2JWK(K)1j-700-17	800	1200	6800	7700	600	200	1700	19Φ22	Φ8@100/200	4000	Φ14@1500	4.57	550.1
2JWK(K)1j-700-22	900	1300	6000	7400	600	200	2200	15Φ25	Φ8@100/200	4500	Φ14@1500	5.55	553.7
2JWK(K)1j-700-27	900	1300	6000	7900	600	200	2700	17Φ25	Φ8@100/200	4500	Φ14@1500	5.87	651.7

说明：
1. 本基础适用于不受地下水影响的黏性土地质条件。
2. 整体立塔时，混凝土的抗压强度应达到设计强度的 100%。分解组塔时，混凝土必须达到抗压强度设计值的 70%。
3. 基础根开及地脚螺栓间距与相应杆塔结构图核对无误后，方可施工。
4. 基础混凝土强度等级不应低于 C25，主筋采用 HRB400 级钢筋，箍筋采用 HPB300 级钢筋。
5. ②号钢筋加密区箍筋间距 100mm，非加密区箍筋间距 200mm。可采用螺旋箍筋。
6. 主筋保护层不小于 50mm。
7. 基础施工完毕后，做好基面排水处理。
8. 本基础按机械成孔施工方式，未考虑护壁工程量。

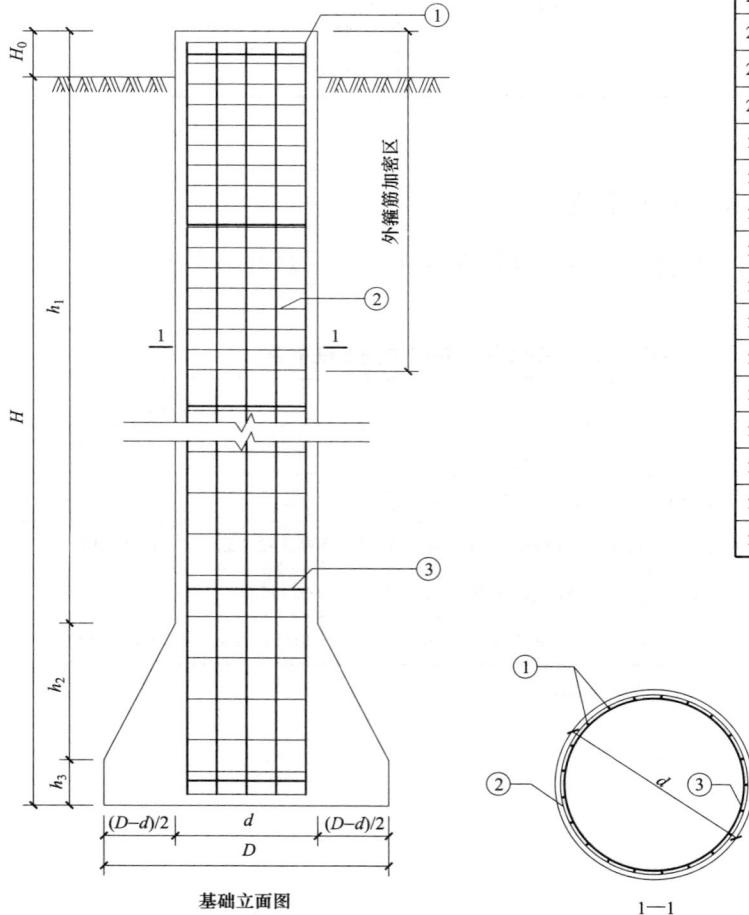

基础立面图

1—1

图 16.1-1 2JWK（K）1*-700 挖孔桩基础施工图

基 础 参 数 表

基础名称	桩身直径 d(mm)	扩底直径 D(mm)	基础埋深 H(mm)	主柱高 h_1(mm)	圆台高 h_2(mm)	下圆柱高 h_3(mm)	基础露头 H_0(mm)	主筋①	外箍筋②	外箍筋加密区长度(mm)	内箍筋③	单腿混凝土量(m^3)	单腿钢筋量(kg)
2JWK（K）1h-800-02	800	1400	14400	13500	900	200	200	17Φ20	Φ8@100/200	4000	Φ14@1500	7.97	719.2
2JWK（K）1h-800-07	800	1600	13600	12900	1200	200	700	20Φ20	Φ8@100/200	4000	Φ14@1500	8.29	809.7
2JWK（K）1h-800-12	800	1600	13600	13400	1200	200	1200	23Φ20	Φ8@100/200	4000	Φ14@1500	8.55	945.6
2JWK（K）1h-800-17	900	1700	11400	11700	1200	200	1700	24Φ20	Φ8@100/200	4500	Φ14@1500	9.54	888.7
2JWK（K）1h-800-22	900	1700	11600	12400	1200	200	2200	23Φ22	Φ8@100/200	4500	Φ14@1500	9.99	1065.0
2JWK（K）1h-800-27	1000	2000	11600	12600	1500	200	2700	23Φ22	Φ8@100/200	5000	Φ16@1500	13.27	1131.6
2JWK（K）1i-800-02	800	1400	9800	8900	900	200	200	17Φ20	Φ8@100/200	4000	Φ14@1500	5.66	498.8
2JWK（K）1i-800-07	800	1400	9800	9400	900	200	700	20Φ20	Φ8@100/200	4000	Φ14@1500	5.91	600.7
2JWK（K）1i-800-12	800	1400	9800	9900	900	200	1200	23Φ20	Φ8@100/200	4000	Φ14@1500	6.16	708.5
2JWK（K）1i-800-17	900	1500	8400	9000	900	200	1700	24Φ20	Φ8@100/200	4500	Φ14@1500	7.12	690.5
2JWK（K）1i-800-22	900	1500	8400	9500	900	200	2200	23Φ22	Φ8@100/200	4500	Φ14@1500	7.44	823.7
2JWK（K）1i-800-27	1000	1800	6400	7700	1200	200	2700	23Φ22	Φ8@100/200	5000	Φ16@1500	8.45	733.0
2JWK（K）1j-800-02	800	1400	7200	6300	900	200	200	17Φ20	Φ8@100/200	4000	Φ14@1500	4.35	373.5
2JWK（K）1j-800-07	800	1400	7200	6800	900	200	700	20Φ20	Φ8@100/200	4000	Φ14@1500	4.60	456.2
2JWK（K）1j-800-12	800	1400	7200	7300	900	200	1200	23Φ20	Φ8@100/200	4000	Φ14@1500	4.85	544.7
2JWK（K）1j-800-17	900	1500	6200	6800	900	200	1700	24Φ20	Φ8@100/200	4500	Φ14@1500	5.72	546.4
2JWK（K）1j-800-22	900	1500	6200	7300	900	200	2200	23Φ22	Φ8@100/200	4500	Φ14@1500	6.04	656.1
2JWK（K）1j-800-27	1000	1400	6000	7900	600	200	2700	23Φ22	Φ8@100/200	5000	Φ16@1500	7.20	699.1

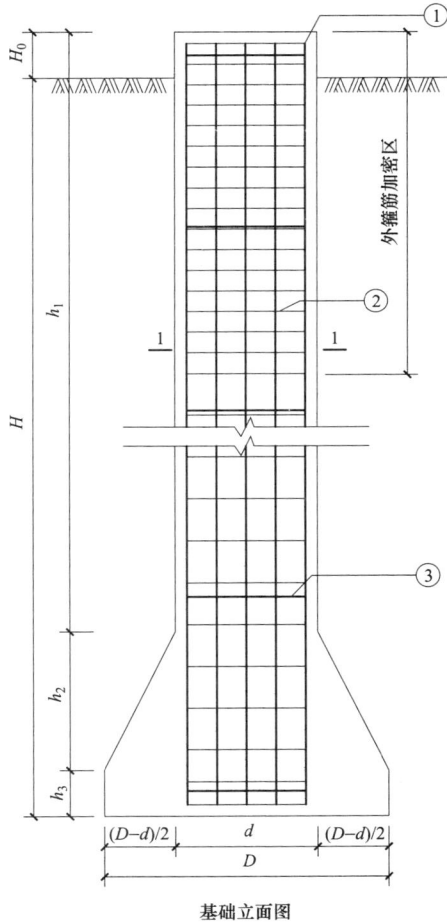

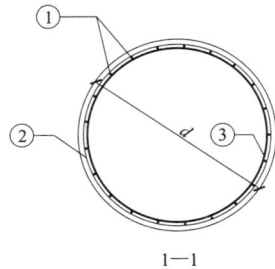

说明：1. 本基础适用于不受地下水影响的黏性土地质条件。

2. 整体立塔时，混凝土的抗压强度应达到设计强度的 100%。分解组塔时，混凝土必须达到抗压强度设计值的 70%。

3. 基础根开及地脚螺栓间距与相应杆塔结构图核对无误后，方可施工。

4. 基础混凝土强度等级不应低于 C25，主筋采用 HRB400 级钢筋，箍筋采用 HPB300 级钢筋。

5. ②号钢筋加密区箍筋间距 100mm，非加密区箍筋间距 200mm。可采用螺旋箍筋。

6. 主筋保护层不小于 50mm。

7. 基础施工完毕后，做好基面排水处理。

8. 本基础按机械成孔施工方式，未考虑护壁工程量。

基础立面图

1—1

图 16.1-2　2JWK（K）1*-800 挖孔桩基础施工图

基 础 参 数 表

基础名称	桩身直径 d(mm)	扩底直径 D(mm)	基础埋深 H(mm)	主柱高 h_1(mm)	圆台高 h_2(mm)	下圆柱高 h_3(mm)	基础露头 H_0(mm)	主筋①	外箍筋②	外箍筋加密区长度(mm)	内箍筋③	单腿混凝土量(m³)	单腿钢筋量(kg)
2JWK(K)1h-900-02	800	1600	15600	14400	1200	200	200	16Φ22	Φ8@100/200	4000	Φ14@1500	9.05	868.3
2JWK(K)1h-900-07	800	1600	15600	14900	1200	200	700	19Φ22	Φ8@100/200	4000	Φ14@1500	9.30	1038.7
2JWK(K)1h-900-12	900	1700	13600	13400	1200	200	1200	20Φ22	Φ8@100/200	4500	Φ14@1500	10.62	1007.2
2JWK(K)1h-900-17	900	1700	13600	13900	1200	200	1700	18Φ25	Φ8@100/200	4500	Φ14@1500	10.94	1189.6
2JWK(K)1h-900-22	1000	2000	13800	14300	1500	200	2200	18Φ25	Φ8@100/200	5000	Φ16@1500	14.61	1273.8
2JWK(K)1h-900-27	1000	2000	14200	15200	1500	200	2700	20Φ25	Φ8@100/200	5000	Φ16@1500	15.32	1474.2
2JWK(K)1i-900-02	800	1400	11400	10500	900	200	200	16Φ22	Φ8@100/200	4000	Φ14@1500	6.46	642.0
2JWK(K)1i-900-07	800	1400	11400	11000	900	200	700	19Φ22	Φ8@100/200	4000	Φ14@1500	6.71	777.3
2JWK(K)1i-900-12	900	1500	9600	9700	900	200	1200	20Φ22	Φ8@100/200	4500	Φ14@1500	7.56	742.9
2JWK(K)1i-900-17	900	1500	9600	10200	900	200	1700	23Φ22	Φ8@100/200	4500	Φ14@1500	7.88	875.8
2JWK(K)1i-900-22	1000	2000	6600	7100	1500	200	2200	23Φ22	Φ8@100/200	5000	Φ16@1500	8.95	707.1
2JWK(K)1i-900-27	1000	2000	6600	7600	1500	200	2700	20Φ25	Φ8@100/200	5000	Φ16@1500	9.35	825.0
2JWK(K)1j-900-02	800	1400	8400	7500	900	200	200	16Φ22	Φ8@100/200	4000	Φ14@1500	4.95	480.7
2JWK(K)1j-900-07	800	1400	8400	8000	900	200	700	19Φ22	Φ8@100/200	4000	Φ14@1500	5.21	589.2
2JWK(K)1j-900-12	900	1500	7200	7300	900	200	1200	20Φ22	Φ8@100/200	4500	Φ14@1500	6.04	582.0
2JWK(K)1j-900-17	900	1500	7200	7800	900	200	1700	23Φ22	Φ8@100/200	4500	Φ14@1500	6.35	693.4
2JWK(K)1j-900-22	1000	1600	6200	7300	900	200	2200	23Φ22	Φ8@100/200	5000	Φ16@1500	7.35	677.4
2JWK(K)1j-900-27	1000	1600	6200	7800	900	200	2700	20Φ25	Φ8@100/200	5000	Φ16@1500	7.74	787.8

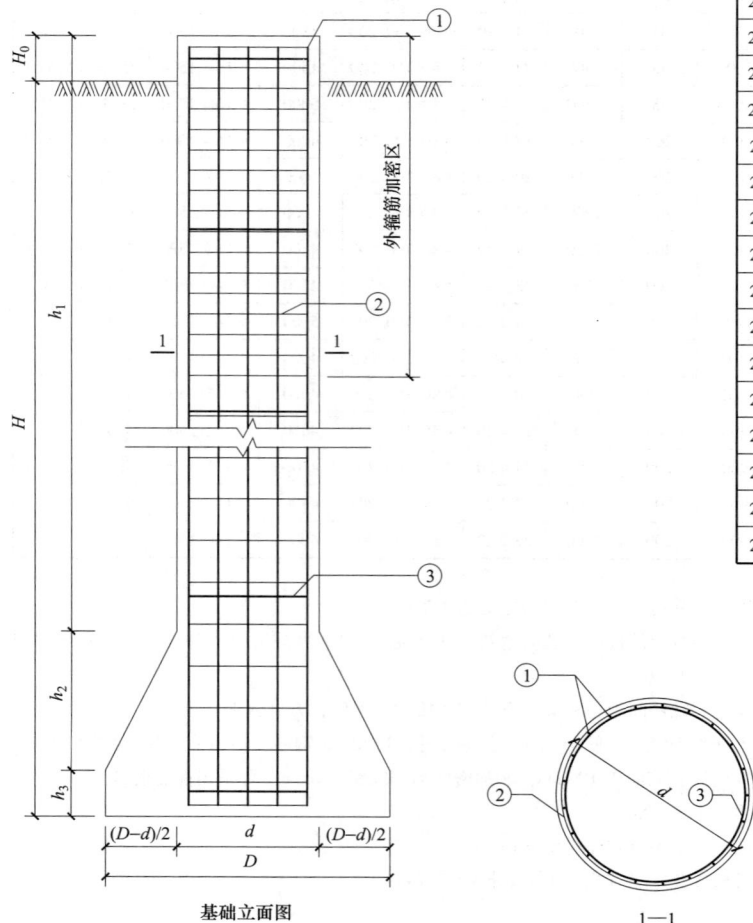

基础立面图

1—1

说明： 1. 本基础适用于不受地下水影响的黏性土地质条件。

2. 整体立塔时，混凝土的抗压强度应达到设计强度的100%。分解组塔时，混凝土必须达到抗压强度设计值的70%。

3. 基础根开及地脚螺栓间距与相应杆塔结构图核对无误后，方可施工。

4. 基础混凝土强度等级不应低于C25，主筋采用HRB400级钢筋，箍筋采用HPB300级钢筋。

5. ②号钢筋加密区箍筋间距100mm，非加密区箍筋间距200mm。可采用螺旋箍筋。

6. 主筋保护层不小于50mm。

7. 基础施工完毕后，做好基面排水处理。

8. 本基础按机械成孔施工方式，未考虑护壁工程量。

图 16.1-3   2JWK（K）1*-900 挖孔桩基础施工图

基 础 参 数 表

基础名称	桩身直径 d(mm)	扩底直径 D(mm)	基础埋深 H(mm)	主柱高 h₁(mm)	圆台高 h₂(mm)	下圆柱高 h₃(mm)	基础露头 H₀(mm)	主筋①	外箍筋②	外箍筋加密区长度(mm)	内箍筋③	单腿混凝土量(m³)	单腿钢筋量(kg)
2JWK（K）1h-1000-02	900	1700	15400	14200	1200	200	200	21 Φ 20	Φ8@100/200	4500	Φ14@1500	11.13	939.8
2JWK（K）1h-1000-07	900	1700	15600	14900	1200	200	700	24 Φ 20	Φ8@100/200	4500	Φ14@1500	11.58	1099.8
2JWK（K）1h-1000-12	900	1700	15800	15600	1200	200	1200	22 Φ 22	Φ8@100/200	4500	Φ14@1500	12.02	1255.9
2JWK（K）1h-1000-17	1000	2000	16200	16200	1500	200	1700	24 Φ 22	Φ8@100/200	5000	Φ16@1500	16.10	1460.3
2JWK（K）1h-1000-22	1000	2000	16400	16900	1500	200	2200	26 Φ 22	Φ8@100/200	5000	Φ16@1500	16.65	1629.4
2JWK（K）1h-1000-27	1000	2000	16600	17600	1500	200	2700	18 Φ 28	Φ8@100/200	5000	Φ16@1500	17.20	1867.0
2JWK（K）1i-1000-02	900	1500	11000	10100	900	200	200	21 Φ 20	Φ8@100/200	4500	Φ14@1500	7.82	681.4
2JWK（K）1i-1000-07	900	1500	11000	10600	900	200	700	24 Φ 20	Φ8@100/200	4500	Φ14@1500	8.14	796.0
2JWK（K）1i-1000-12	900	1500	11000	11100	900	200	1200	22 Φ 22	Φ8@100/200	4500	Φ14@1500	8.45	908.3
2JWK（K）1i-1000-17	1000	1800	8600	8900	1200	200	1700	24 Φ 22	Φ8@100/200	5000	Φ16@1500	9.40	852.4
2JWK（K）1i-1000-22	1000	1800	8600	9400	1200	200	2200	26 Φ 22	Φ8@100/200	5000	Φ16@1500	9.79	959.5
2JWK（K）1i-1000-27	1000	1800	8600	9900	1200	200	2700	18 Φ 28	Φ8@100/200	5000	Φ16@1500	10.18	1105.4
2JWK（K）1j-1000-02	900	1500	8200	7300	900	200	200	21 Φ 20	Φ8@100/200	4500	Φ14@1500	6.04	516.7
2JWK（K）1j-1000-07	900	1500	8200	7800	900	200	700	24 Φ 20	Φ8@100/200	4500	Φ14@1500	6.35	610.6
2JWK（K）1j-1000-12	900	1500	8200	8300	900	200	1200	22 Φ 22	Φ8@100/200	4500	Φ14@1500	6.67	704.9
2JWK（K）1j-1000-17	1000	1800	6200	6500	1200	200	1700	24 Φ 22	Φ8@100/200	5000	Φ16@1500	7.51	662.9
2JWK（K）1j-1000-22	1000	1800	6200	7000	1200	200	2200	20 Φ 25	Φ8@100/200	5000	Φ16@1500	7.90	747.0
2JWK（K）1j-1000-27	1000	1600	7000	8600	900	200	2700	18 Φ 28	Φ8@100/200	5000	Φ16@1500	8.37	953.0

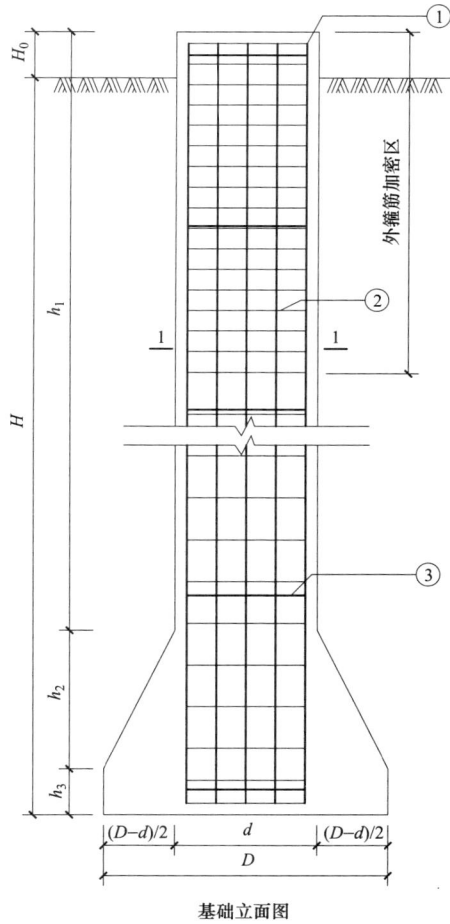

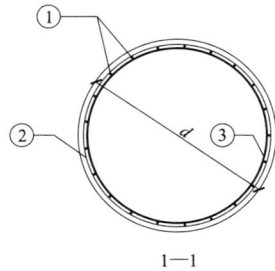

说明：1. 本基础适用于不受地下水影响的黏性土地质条件。

2. 整体立塔时，混凝土的抗压强度应达到设计强度的100%。分解组塔时，混凝土必须达到抗压强度设计值的70%。

3. 基础根开及地脚螺栓间距与相应杆塔结构图核对无误后，方可施工。

4. 基础混凝土强度等级不应低于C25，主筋采用HRB400级钢筋，箍筋采用HPB300级钢筋。

5. ②号钢筋加密区箍筋间距100mm，非加密区箍筋间距200mm。可采用螺旋箍筋。

6. 主筋保护层不小于50mm。

7. 基础施工完毕后，做好基面排水处理。

8. 本基础按机械成孔施工方式，未考虑护壁工程量。

基础立面图

1—1

图 16.1-4　2JWK（K）1﹡-1000 挖孔桩基础施工图

16.2 2JWK（K）2 子模块

此子模块适用于粉土地基，共包含 4 张图纸，基础施工图图纸清单见表 16.2-1。

表 16.2-1　　　2JWK（K）2 子模块基础施工图图纸清单

序号	图号	图　名	基础作用力（kN）	
			$T/T_x/T_y$	$N/N_x/N_y$
1	图 16.2-1	2JWK(K)2*-700 挖孔桩基础施工图	700/133/133	910/173/173
2	图 16.2-2	2JWK(K)2*-800 挖孔桩基础施工图	800/152/152	1040/198/198
3	图 16.2-3	2JWK(K)2*-900 挖孔桩基础施工图	900/171/171	1170/222/222
4	图 16.2-4	2JWK(K)2*-1000 挖孔桩基础施工图	1000/190/190	1300/247/247

注　2* 包含 2h、2i、2j 三种地质参数组合。

基础立面图

1—1

基础名称	桩身直径 d(mm)	扩底直径 D(mm)	基础埋深 H(mm)	主柱高 h_1(mm)	圆台高 h_2(mm)	下圆柱高 h_3(mm)	基础露头 H_0(mm)	主筋①	外箍筋②	外箍筋加密区长度(mm)	内箍筋③	单腿混凝土量(m^3)	单腿钢筋量(kg)
2JWK(K)2h-700-02	800	1600	20200	19000	1200	200	200	15ϕ20	Φ8@100/200	4000	Φ14@1500	11.36	897.6
2JWK(K)2h-700-07	800	1600	20200	19500	1200	200	700	18ϕ20	Φ8@100/200	4000	Φ14@1500	11.61	1071.5
2JWK(K)2h-700-12	800	1600	20200	20000	1200	200	1200	20ϕ20	Φ8@100/200	4000	Φ14@1500	11.86	1203.8
2JWK(K)2h-700-17	800	1600	20200	20500	1200	200	1700	19ϕ22	Φ8@100/200	4000	Φ14@1500	12.11	1390.6
2JWK(K)2h-700-22	900	1700	16800	17600	1200	200	2200	15ϕ25	Φ8@100/200	4500	Φ14@1500	13.29	1251.6
2JWK(K)2h-700-27	900	1700	16800	18100	1200	200	2700	17ϕ25	Φ8@100/200	4500	Φ14@1500	13.61	1435.6
2JWK(K)2i-700-02	800	1400	12400	11500	900	200	200	15ϕ20	Φ8@100/200	4000	Φ14@1500	6.96	562.5
2JWK(K)2i-700-07	800	1400	12400	12000	900	200	700	18ϕ20	Φ8@100/200	4000	Φ14@1500	7.22	678.8
2JWK(K)2i-700-12	800	1400	12400	12500	900	200	1200	20ϕ20	Φ8@100/200	4000	Φ14@1500	7.47	772.6
2JWK(K)2i-700-17	800	1400	12400	13000	900	200	1700	19ϕ22	Φ8@100/200	4000	Φ14@1500	7.72	901.9
2JWK(K)2i-700-22	900	1500	10400	11500	900	200	2200	15ϕ25	Φ8@100/200	4500	Φ14@1500	8.71	838.4
2JWK(K)2i-700-27	900	1500	10400	12000	900	200	2700	17ϕ25	Φ8@100/200	4500	Φ14@1500	9.03	970.4
2JWK(K)2j-700-02	800	1400	8400	7500	900	200	200	15ϕ20	Φ8@100/200	4000	Φ14@1500	4.95	389.7
2JWK(K)2j-700-07	800	1400	8400	8000	900	200	700	18ϕ20	Φ8@100/200	4000	Φ14@1500	5.21	478.8
2JWK(K)2j-700-12	800	1400	8400	8500	900	200	1200	20ϕ20	Φ8@100/200	4000	Φ14@1500	5.46	550.4
2JWK(K)2j-700-17	800	1400	8400	9000	900	200	1700	19ϕ22	Φ8@100/200	4000	Φ14@1500	5.71	650.3
2JWK(K)2j-700-22	900	1500	7000	8100	900	200	2200	15ϕ25	Φ8@100/200	4500	Φ14@1500	6.55	619.3
2JWK(K)2j-700-27	900	1500	7000	8600	900	200	2700	17ϕ25	Φ8@100/200	4500	Φ14@1500	6.86	725.0

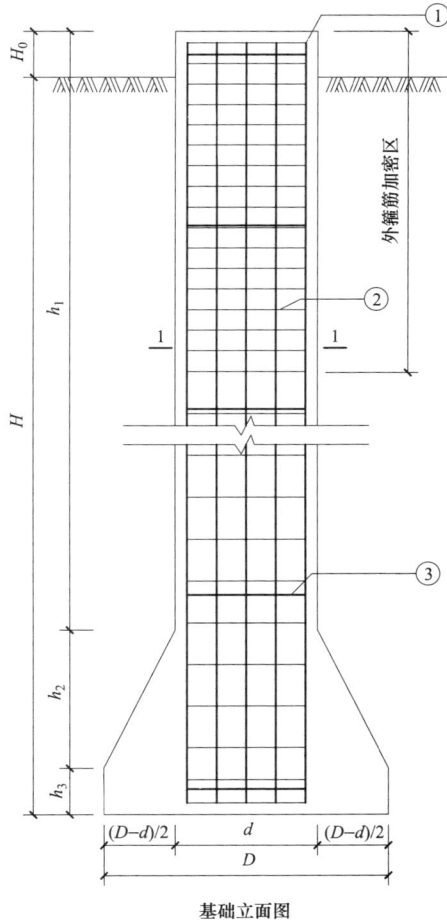

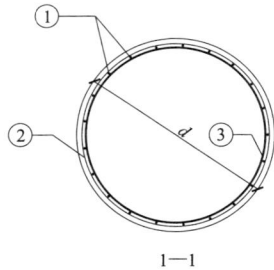

说明：1. 本基础适用于不受地下水影响的粉土地质条件。

2. 整体立塔时，混凝土的抗压强度应达到设计强度的100%。分解组塔时，混凝土必须达到抗压强度设计值的70%。

3. 基础根开及地脚螺栓间距与相应杆塔结构图核对无误后，方可施工。

4. 基础混凝土强度等级不应低于C25，主筋采用HRB400级钢筋，箍筋采用HPB300级钢筋。

5. ②号钢筋加密区箍筋间距100mm，非加密区箍筋间距200mm。可采用螺旋箍筋。

6. 主筋保护层不小于50mm。

7. 基础施工完毕后，做好基面排水处理。

8. 本基础按机械成孔施工方式，未考虑护壁工程量。

图 16.2-1　2JWK（K）2*-700 挖孔桩基础施工图

基 础 参 数 表

基础名称	桩身直径 d(mm)	扩底直径 D(mm)	基础埋深 H(mm)	主柱高 h_1(mm)	圆台高 h_2(mm)	下圆柱高 h_3(mm)	基础露头 H_0(mm)	主筋①	外箍筋②	外箍筋加密区长度 (mm)	内箍筋③	单腿混凝土量 (m^3)	单腿钢筋量 (kg)
2JWK（K）2h-800-02	1400	2800	7200	5100	2100	200	200	23Φ18	Φ8@100/200	7000	Φ16@1500	16.63	494.8
2JWK（K）2h-800-07	1400	2800	7200	5600	2100	200	700	25Φ18	Φ8@100/200	7000	Φ16@1500	17.39	558.3
2JWK（K）2h-800-12	1400	2800	7200	6100	2100	200	1200	29Φ18	Φ8@100/200	7000	Φ16@1500	18.16	654.3
2JWK（K）2h-800-17	1400	2800	7200	6600	2100	200	1700	30Φ18	Φ8@100/200	7000	Φ16@1500	18.93	704.1
2JWK（K）2h-800-22	1400	2800	7200	7100	2100	200	2200	34Φ18	Φ8@100/200	7000	Φ16@1500	19.70	819.2
2JWK（K）2h-800-27	1400	2800	7200	7600	2100	200	2700	26Φ18	Φ8@100/200	7000	Φ16@1500	20.47	700.1
2JWK（K）2i-800-02	800	1400	14400	13500	900	200	200	17Φ20	Φ8@100/200	4000	Φ14@1500	7.97	719.2
2JWK（K）2i-800-07	800	1400	14400	14000	900	200	700	20Φ20	Φ8@100/200	4000	Φ14@1500	8.22	855.2
2JWK（K）2i-800-12	800	1400	14400	14500	900	200	1200	23Φ20	Φ8@100/200	4000	Φ14@1500	8.47	997.0
2JWK（K）2i-800-17	900	1500	12200	12800	900	200	1700	24Φ20	Φ8@100/200	4500	Φ14@1500	9.54	942.9
2JWK（K）2i-800-22	900	1500	12200	13300	900	200	2200	23Φ22	Φ8@100/200	4500	Φ14@1500	9.85	1109.2
2JWK（K）2i-800-27	1000	2000	8800	9800	1500	200	2700	23Φ20	Φ8@100/200	5000	Φ16@1500	11.07	915.3
2JWK（K）2j-800-02	800	1400	9800	8900	900	200	200	17Φ20	Φ8@100/200	4000	Φ14@1500	5.66	498.8
2JWK（K）2j-800-07	800	1400	9800	9400	900	200	700	20Φ20	Φ8@100/200	4000	Φ14@1500	5.91	600.7
2JWK（K）2j-800-12	800	1400	9800	9900	900	200	1200	23Φ20	Φ8@100/200	4000	Φ14@1500	6.16	708.5
2JWK（K）2j-800-17	900	1500	8400	9000	900	200	1700	24Φ20	Φ8@100/200	4500	Φ14@1500	7.12	690.5
2JWK（K）2j-800-22	900	1500	8400	9500	900	200	2200	23Φ22	Φ8@100/200	4500	Φ14@1500	7.44	823.7
2JWK（K）2j-800-27	1000	1800	6400	7700	1200	200	2700	23Φ22	Φ8@100/200	5000	Φ16@1500	8.45	733.0

说明：1. 本基础适用于不受地下水影响的粉土地质条件。

2. 整体立塔时，混凝土的抗压强度应达到设计强度的 100%。分解组塔时，混凝土必须达到抗压强度设计值的 70%。

3. 基础根开及地脚螺栓间距与相应杆塔结构图核对无误后，方可施工。

4. 基础混凝土强度等级不应低于 C25，主筋采用 HRB400 级钢筋，箍筋采用 HPB300 级钢筋。

5. ②号钢筋加密区箍筋间距 100mm，非加密区箍筋间距 200mm。可采用螺旋箍筋。

6. 主筋保护层不小于 50mm。

7. 基础施工完毕后，做好基面排水处理。

8. 本基础按机械成孔施工方式，未考虑护壁工程量。

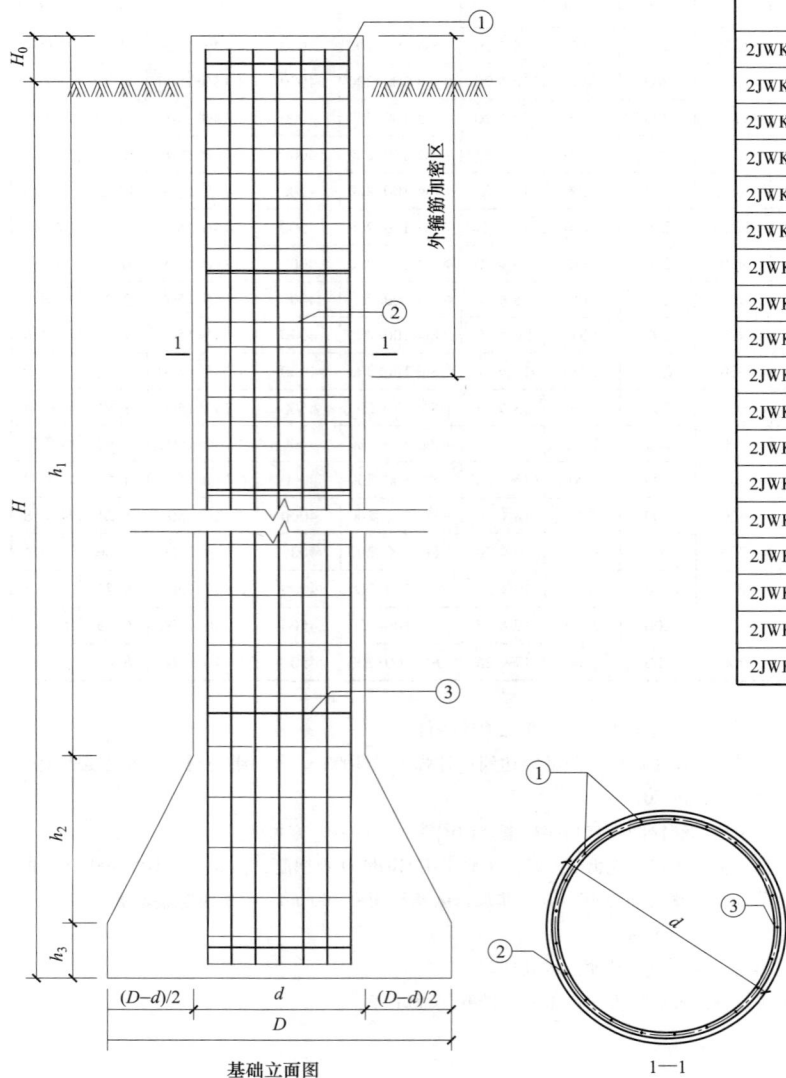

基础立面图

1—1

图 16.2-2 2JWK（K）2∗-800 挖孔桩基础施工图

基 础 参 数 表

基础名称	桩身直径 $d(mm)$	扩底直径 $D(mm)$	基础埋深 $H(mm)$	主柱高 $h_1(mm)$	圆台高 $h_2(mm)$	下圆柱高 $h_3(mm)$	基础露头 $H_0(mm)$	主筋①	外箍筋②	外箍筋加密区长度 (mm)	内箍筋③	单腿混凝土量 (m^3)	单腿钢筋量 (kg)
2JWK(K)2h-900-02	1400	2800	8400	6300	2100	200	200	30Φ16	Φ8@100/200	7000	Φ16@1500	18.47	577.9
2JWK(K)2h-900-07	1400	2800	8200	6600	2100	200	700	33Φ16	Φ8@100/200	7000	Φ16@1500	18.93	635.3
2JWK(K)2h-900-12	1400	2800	8200	7100	2100	200	1200	38Φ16	Φ8@100/200	7000	Φ16@1500	19.70	745.7
2JWK(K)2h-900-17	1400	2800	8600	8000	2100	200	1700	43Φ16	Φ8@100/200	7000	Φ16@1500	21.09	886.5
2JWK(K)2h-900-22	1400	2800	8800	8700	2100	200	2200	35Φ16	Φ8@100/200	7000	Φ16@1500	22.17	809.3
2JWK(K)2h-900-27	1500	2900	8400	8800	2100	200	2700	29Φ18	Φ8@100/200	7500	Φ16@1500	25.12	865.5
2JWK(K)2i-900-02	800	1400	16400	15500	900	200	200	16Φ22	Φ8@100/200	4000	Φ14@1500	8.98	912.4
2JWK(K)2i-900-07	800	1400	16400	16000	900	200	700	19Φ22	Φ8@100/200	4000	Φ14@1500	9.23	1090.1
2JWK(K)2i-900-12	900	1500	14000	14100	900	200	1200	20Φ22	Φ8@100/200	4500	Φ14@1500	10.36	1035.9
2JWK(K)2i-900-17	900	1500	14000	14600	900	200	1700	18Φ25	Φ8@100/200	4500	Φ14@1500	10.68	1219.3
2JWK(K)2i-900-22	1000	2000	10400	10900	1500	200	2200	18Φ25	Φ8@100/200	5000	Φ16@1500	11.94	1010.5
2JWK(K)2i-900-27	1000	2000	10400	11400	1500	200	2700	20Φ25	Φ8@100/200	5000	Φ16@1500	12.33	1147.5
2JWK(K)2j-900-02	800	1400	11400	10500	900	200	200	16Φ22	Φ8@100/200	4000	Φ14@1500	6.46	642.0
2JWK(K)2j-900-07	800	1400	11400	11000	900	200	700	19Φ22	Φ8@100/200	4000	Φ14@1500	6.71	777.3
2JWK(K)2j-900-12	900	1500	9600	9700	900	200	1200	20Φ22	Φ8@100/200	4500	Φ14@1500	7.56	742.9
2JWK(K)2j-900-17	900	1500	9600	10200	900	200	1700	23Φ22	Φ8@100/200	4500	Φ14@1500	7.88	875.8
2JWK(K)2j-900-22	1000	2000	6600	7100	1500	200	2200	23Φ22	Φ8@100/200	5000	Φ16@1500	8.95	707.1
2JWK(K)2j-900-27	1000	2000	6600	7600	1500	200	2700	20Φ25	Φ8@100/200	5000	Φ16@1500	9.35	825.0

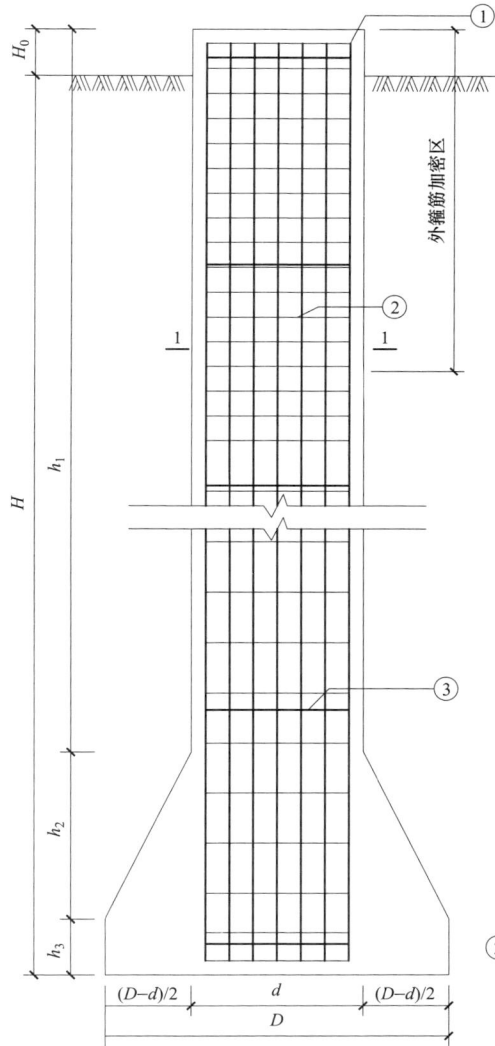

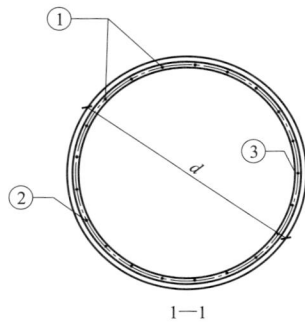

说明：1. 本基础适用于不受地下水影响的粉土地质条件。

2. 整体立塔时，混凝土的抗压强度应达到设计强度的 100%。分解组塔时，混凝土必须达到抗压强度设计值的 70%。

3. 基础根开及地脚螺栓间距与相应杆塔结构图核对无误后，方可施工。

4. 基础混凝土强度等级不应低于 C25，主筋采用 HRB400 级钢筋，箍筋采用 HPB300 级钢筋。

5. ②号钢筋加密区箍筋间距 100mm，非加密区箍筋间距 200mm。可采用螺旋箍筋。

6. 主筋保护层不小于 50mm。

7. 基础施工完毕后，做好基面排水处理。

8. 本基础按机械成孔施工方式，未考虑护壁工程量。

基础立面图

1—1

图 16.2-3　2JWK（K）2*-900 挖孔桩基础施工图

基 础 参 数 表

基础名称	桩身直径 d(mm)	扩底直径 D(mm)	基础埋深 H(mm)	主柱高 h₁(mm)	圆台高 h₂(mm)	下圆柱高 h₃(mm)	基础露头 H₀(mm)	主筋①	外箍筋②	外箍筋加密区长度(mm)	内箍筋③	单腿混凝土量(m³)	单腿钢筋量(kg)
2JWK(K)2h-1000-02	1500	2900	8800	6700	2100	200	200	39 Φ 14	Φ 8@100/200	7500	Φ 16@1500	21.41	622.4
2JWK(K)2h-1000-07	1600	3000	8000	6400	2100	200	700	31 Φ 16	Φ 8@100/200	8000	Φ 18@1500	23.28	646.1
2JWK(K)2h-1000-12	1600	3000	8400	7300	2100	200	1200	31 Φ 16	Φ 8@100/200	8000	Φ 18@1500	25.09	708.6
2JWK(K)2h-1000-17	1600	3200	8000	7100	2400	200	1700	33 Φ 16	Φ 8@100/200	8000	Φ 18@1500	27.14	743.8
2JWK(K)2h-1000-22	1600	3200	8000	7600	2400	200	2200	35 Φ 16	Φ 8@100/200	8000	Φ 18@1500	28.15	807.2
2JWK(K)2h-1000-27	1600	3200	8000	8100	2400	200	2700	30 Φ 18	Φ 8@100/200	8000	Φ 18@1500	29.15	897.1
2JWK(K)2i-1000-02	900	1500	15800	14900	900	200	200	21 Φ 20	Φ 8@100/200	4500	Φ 14@1500	10.87	962.6
2JWK(K)2i-1000-07	900	1500	15800	15400	900	200	700	24 Φ 20	Φ 8@100/200	4500	Φ 14@1500	11.19	1115.5
2JWK(K)2i-1000-12	900	1500	15800	15900	900	200	1200	22 Φ 22	Φ 8@100/200	4500	Φ 14@1500	11.51	1255.9
2JWK(K)2i-1000-17	1000	2000	12000	12000	1500	200	1700	24 Φ 22	Φ 8@100/200	5000	Φ 16@1500	12.80	1127.6
2JWK(K)2i-1000-22	1000	2000	12000	12500	1500	200	2200	26 Φ 22	Φ 8@100/200	5000	Φ 16@1500	13.19	1250.8
2JWK(K)2i-1000-27	1000	2000	12000	13000	1500	200	2700	18 Φ 28	Φ 8@100/200	5000	Φ 16@1500	13.59	1428.5
2JWK(K)2j-1000-02	900	1500	11000	10100	900	200	200	21 Φ 20	Φ 8@100/200	4500	Φ 14@1500	7.82	681.4
2JWK(K)2j-1000-07	900	1500	11000	10600	900	200	700	24 Φ 20	Φ 8@100/200	4500	Φ 14@1500	8.14	796.0
2JWK(K)2j-1000-12	900	1500	11000	11100	900	200	1200	22 Φ 22	Φ 8@100/200	4500	Φ 14@1500	8.45	908.3
2JWK(K)2j-1000-17	1000	1800	8600	8900	1200	200	1700	24 Φ 22	Φ 8@100/200	5000	Φ 16@1500	9.40	852.4
2JWK(K)2j-1000-22	1000	1800	8600	9400	1200	200	2200	26 Φ 22	Φ 8@100/200	5000	Φ 16@1500	9.79	959.5
2JWK(K)2j-1000-27	1000	1800	8600	9900	1200	200	2700	18 Φ 28	Φ 8@100/200	5000	Φ 16@1500	10.18	1105.4

说明：1. 本基础适用于不受地下水影响的粉土地质条件。

2. 整体立塔时，混凝土的抗压强度应达到设计强度的100%。分解组塔时，混凝土必须达到抗压强度设计值的70%。

3. 基础根开及地脚螺栓间距与相应杆塔结构图核对无误后，方可施工。

4. 基础混凝土强度等级不应低于C25，主筋采用HRB400级钢筋，箍筋采用HPB300级钢筋。

5. ②号钢筋加密区箍筋间距100mm，非加密区箍筋间距200mm。可采用螺旋箍筋。

6. 主筋保护层不小于50mm。

7. 基础施工完毕后，做好基面排水处理。

8. 本基础按机械成孔施工方式，未考虑护壁工程量。

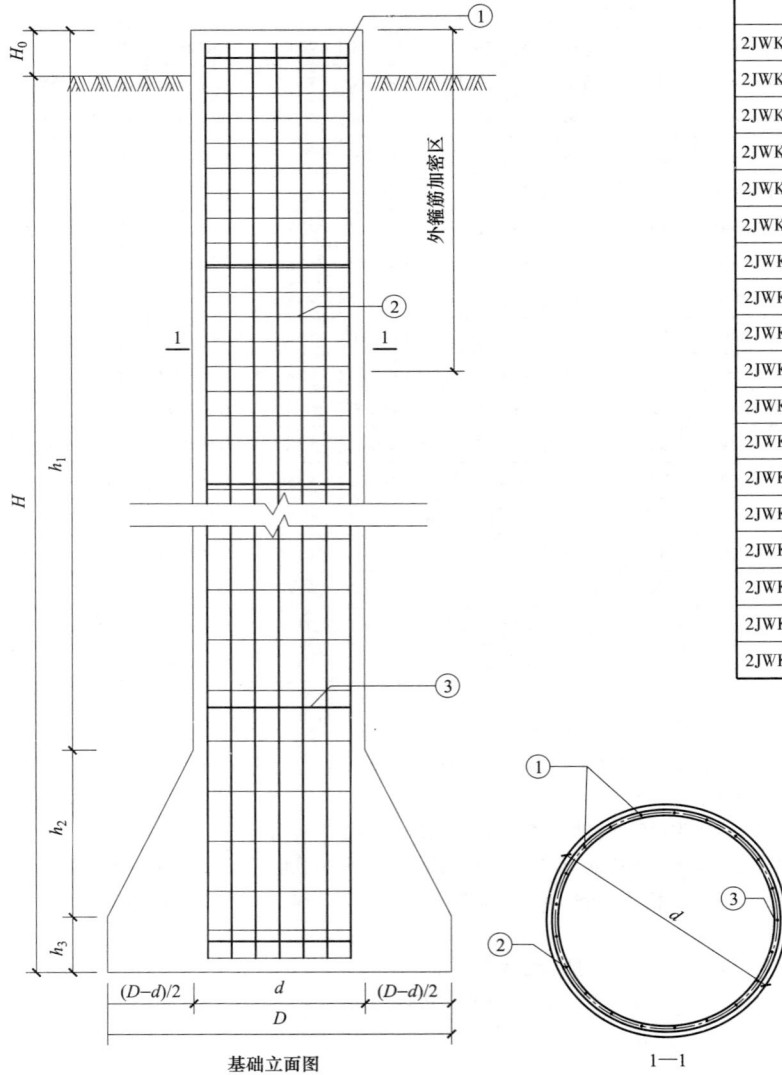

基础立面图

1—1

图 16.2-4　2JWK（K）2*-1000 挖孔桩基础施工图

16.3 2JWK（K）3 子模块

此子模块适用于碎石土地基，共包含 3 张图纸，基础施工图图纸清单见表 16.3-1。

表 16.3-1　2JWK（K）3 子模块基础施工图图纸清单

序号	图号	图　名	基础作用力（kN）	
			$T/T_x/T_y$	$N/N_x/N_y$
1	图 16.3-1	2JWK(K)3*-800 挖孔桩基础施工图	800/152/152	1040/198/198
2	图 16.3-2	2JWK(K)3*-900 挖孔桩基础施工图	900/171/171	1170/222/222
3	图 16.3-3	2JWK(K)3*-1000 挖孔桩基础施工图	1000/190/190	1300/247/247

注　3* 包含 3h、3i 两种地质参数组合。

基 础 参 数 表

基础名称	桩身直径 d(mm)	扩底直径 D(mm)	基础埋深 H(mm)	主柱高 h_1(mm)	圆台高 h_2(mm)	下圆柱高 h_3(mm)	基础露头 H_0(mm)	主筋①	外箍筋②	外箍筋加密区长度(mm)	内箍筋③	单腿混凝土量(m^3)	单腿钢筋量(kg)
2JWK(K)3h-800-02	800	1200	6000	5400	600	200	200	19Φ18	Φ8@100/200	4000	Φ14@1500	3.42	293.8
2JWK(K)3h-800-07	800	1200	6000	5900	600	200	700	19Φ20	Φ8@100/200	4000	Φ14@1500	3.67	373.0
2JWK(K)3h-800-12	800	1200	6000	6400	600	200	1200	18Φ22	Φ8@100/200	4000	Φ14@1500	3.92	447.6
2JWK(K)3h-800-17	800	1200	6000	6900	600	200	1700	16Φ25	Φ8@100/200	4000	Φ14@1500	4.17	538.6
2JWK(K)3h-800-22	800	1200	6000	7400	600	200	2200	18Φ25	Φ8@100/200	4000	Φ14@1500	4.42	634.4
2JWK(K)3h-800-27	800	1200	6000	7900	600	200	2700	20Φ25	Φ8@100/200	4000	Φ14@1500	4.67	736.9

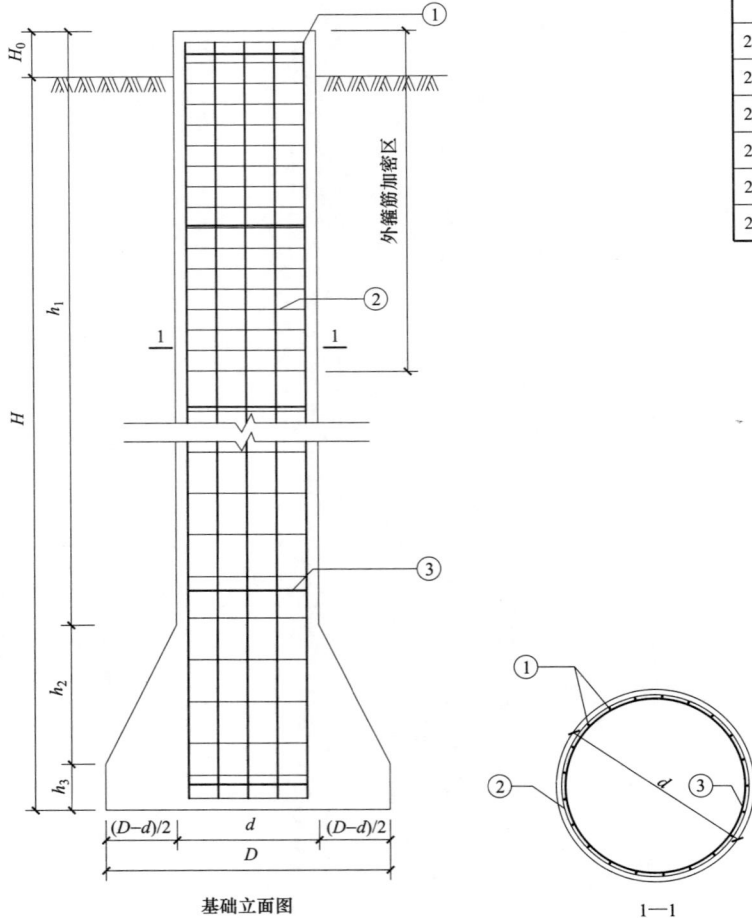

基础立面图

1—1

说明：1. 本基础适用于不受地下水影响的碎石土地质条件。
2. 整体立塔时，混凝土的抗压强度应达到设计强度的 100%。分解组塔时，混凝土必须达到抗压强度设计值的 70%。
3. 基础根开及地脚螺栓间距与相应杆塔结构图核对无误后，方可施工。
4. 基础混凝土强度等级不应低于 C25，主筋采用 HRB400 级钢筋，箍筋采用 HPB300 级钢筋。
5. ②号钢筋加密区箍筋间距 100mm，非加密区箍筋间距 200mm。可采用螺旋箍筋。
6. 主筋保护层不小于 50mm。
7. 基础施工完毕后，做好基面排水处理。
8. 本基础按机械成孔施工方式，未考虑护壁工程量。

图 16.3-1　2JWK（K）3＊-800 挖孔桩基础施工图

基础立面图

1—1

基 础 参 数 表

基础名称	桩身直径 d(mm)	扩底直径 D(mm)	基础埋深 H(mm)	主柱高 h₁(mm)	圆台高 h₂(mm)	下圆柱高 h₃(mm)	基础露头 H₀(mm)	主筋①	外箍筋②	外箍筋加密区长度 (mm)	内箍筋③	单腿混凝土量 (m³)	单腿钢筋量 (kg)
2JWK(K)3h-900-02	800	1400	6000	5100	900	200	200	18Φ20	Φ8@100/200	4000	Φ14@1500	3.75	332.9
2JWK(K)3h-900-07	800	1400	6000	5600	900	200	700	21Φ20	Φ8@100/200	4000	Φ14@1500	4.00	405.5
2JWK(K)3h-900-12	800	1400	6000	6100	900	200	1200	20Φ22	Φ8@100/200	4000	Φ14@1500	4.25	489.8
2JWK(K)3h-900-17	800	1400	6000	6600	900	200	1700	18Φ25	Φ8@100/200	4000	Φ14@1500	4.50	597.1
2JWK(K)3h-900-22	800	1400	6000	7100	900	200	2200	13Φ32	Φ8@100/200	4000	Φ14@1500	4.75	736.7
2JWK(K)3h-900-27	800	1400	6000	7600	900	200	2700	14Φ32	Φ8@100/200	4000	Φ14@1500	5.00	833.7
2JWK(K)3i-900-02	800	1200	6000	5400	600	200	200	18Φ20	Φ8@100/200	4000	Φ14@1500	3.42	332.9
2JWK(K)3i-900-07	800	1200	6000	5900	600	200	700	21Φ20	Φ8@100/200	4000	Φ14@1500	3.67	405.5
2JWK(K)3i-900-12	800	1200	6000	6400	600	200	1200	20Φ22	Φ8@100/200	4000	Φ14@1500	3.92	489.8
2JWK(K)3i-900-17	800	1200	6000	6900	600	200	1700	18Φ25	Φ8@100/200	4000	Φ14@1500	4.17	597.1
2JWK(K)3i-900-22	800	1200	6000	7400	600	200	2200	13Φ32	Φ8@100/200	4000	Φ14@1500	4.42	736.7
2JWK(K)3i-900-27	800	1200	6000	7900	600	200	2700	14Φ32	Φ8@100/200	4000	Φ14@1500	4.67	833.7

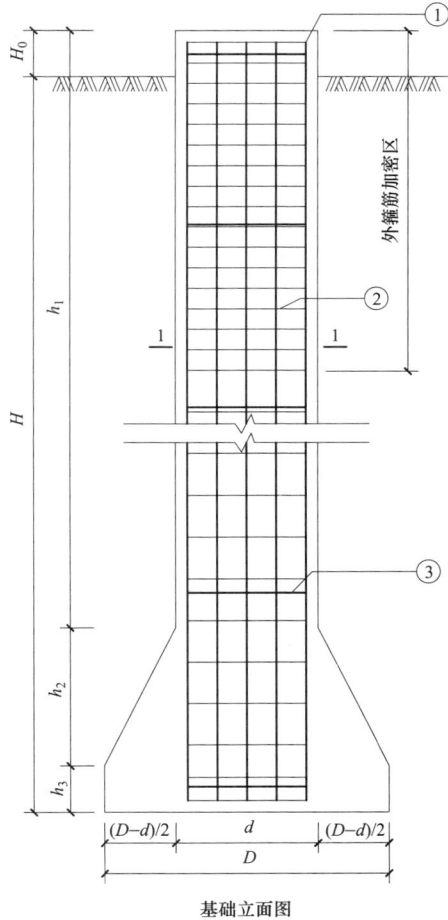

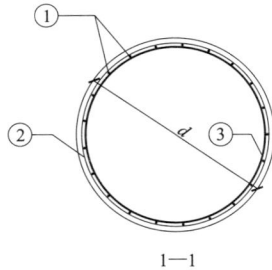

说明：1. 本基础适用于不受地下水影响的碎石土地质条件。

2. 整体立塔时，混凝土的抗压强度应达到设计强度的100%。分解组塔时，混凝土必须达到抗压强度设计值的70%。

3. 基础根开及地脚螺栓间距与相应杆塔结构图核对无误后，方可施工。

4. 基础混凝土强度等级不应低于C25，主筋采用HRB400级钢筋，箍筋采用HPB300级钢筋。

5. ②号钢筋加密区箍筋间距100mm，非加密区箍筋间距200mm。可采用螺旋箍筋。

6. 主筋保护层不小于50mm。

7. 基础施工完毕后，做好基面排水处理。

8. 本基础按机械成孔施工方式，未考虑护壁工程量。

图 16.3-2 2JWK（K）3*-900 挖孔桩基础施工图

基 础 参 数 表

基础名称	桩身直径 d(mm)	扩底直径 D(mm)	基础埋深 H(mm)	主柱高 h_1(mm)	圆台高 h_2(mm)	下圆柱高 h_3(mm)	基础露头 H_0(mm)	主筋①	外箍筋②	外箍筋加密区长度(mm)	内箍筋③	单腿混凝土量(m^3)	单腿钢筋量(kg)
2JWK(K)3h-1000-02	900	1500	6000	5100	900	200	200	23 Φ18	Φ8@100/200	4500	Φ14@1500	4.64	353.5
2JWK(K)3h-1000-07	900	1500	6000	5600	900	200	700	18 Φ22	Φ8@100/200	4500	Φ14@1500	4.96	430.4
2JWK(K)3h-1000-12	900	1500	6000	6100	900	200	1200	16 Φ25	Φ8@100/200	4500	Φ14@1500	5.27	515.4
2JWK(K)3h-1000-17	900	1500	6000	6600	900	200	1700	19 Φ25	Φ8@100/200	4500	Φ14@1500	5.59	639.6
2JWK(K)3h-1000-22	900	1500	6000	7100	900	200	2200	21 Φ25	Φ8@100/200	4500	Φ14@1500	5.91	740.5
2JWK(K)3h-1000-27	900	1500	6000	7600	900	200	2700	14 Φ32	Φ8@100/200	4500	Φ14@1500	6.23	847.6
2JWK(K)3i-1000-02	900	1300	6000	5400	600	200	200	23 Φ18	Φ8@100/200	4500	Φ14@1500	4.28	353.5
2JWK(K)3i-1000-07	900	1300	6000	5900	600	200	700	18 Φ22	Φ8@100/200	4500	Φ14@1500	4.60	430.4
2JWK(K)3i-1000-12	900	1300	6000	6400	600	200	1200	16 Φ25	Φ8@100/200	4500	Φ14@1500	4.91	515.4
2JWK(K)3i-1000-17	900	1300	6000	6900	600	200	1700	19 Φ25	Φ8@100/200	4500	Φ14@1500	5.23	639.6
2JWK(K)3i-1000-22	900	1300	6000	7400	600	200	2200	21 Φ25	Φ8@100/200	4500	Φ14@1500	5.55	740.5
2JWK(K)3i-1000-27	900	1300	6000	7900	600	200	2700	14 Φ32	Φ8@100/200	4500	Φ14@1500	5.87	847.6

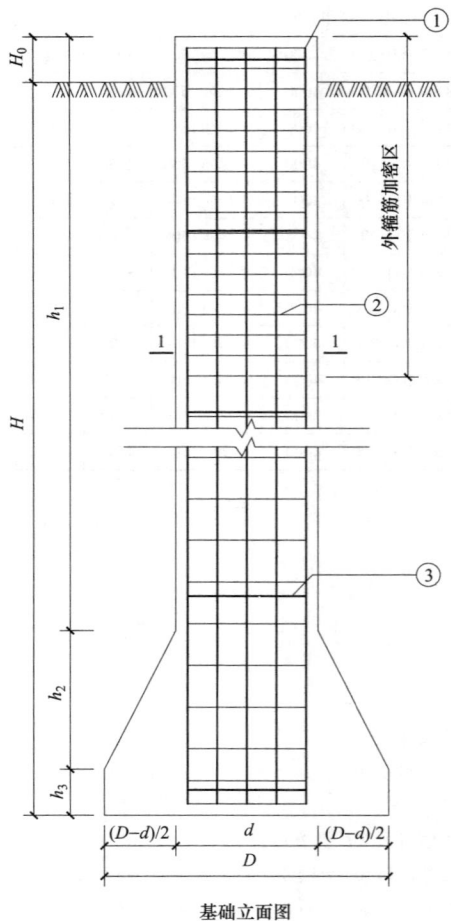

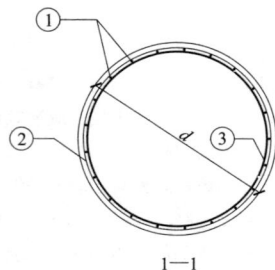

基础立面图

1—1

说明：1. 本基础适用于不受地下水影响的碎石土地质条件。

2. 整体立塔时，混凝土的抗压强度应达到设计强度的 100%。分解组塔时，混凝土必须达到抗压强度设计值的 70%。

3. 基础根开及地脚螺栓间距与相应杆塔结构图核对无误后，方可施工。

4. 基础混凝土强度等级不应低于 C25，主筋采用 HRB400 级钢筋，箍筋采用 HPB300 级钢筋。

5. ②号钢筋加密区箍筋间距 100mm，非加密区箍筋间距 200mm。可采用螺旋箍筋。

6. 主筋保护层不小于 50mm。

7. 基础施工完毕后，做好基面排水处理。

8. 本基础按机械成孔施工方式，未考虑护壁工程量。

图 16.3-3 2JWK（K）3＊-1000 挖孔桩基础施工图

16.4 2JWK（K）4子模块

此子模块适用于黄土地基，共包含 4 张图纸，基础施工图图纸清单见表 16.4-1。

表 16.4-1　　2JWK（K）4子模块基础施工图图纸清单

序号	图号	图　名	基础作用力（kN）	
			$T/T_x/T_y$	$N/N_x/N_y$
1	图 16.4-1	2JWK（K）4*-700 挖孔桩基础施工图	700/133/133	910/173/173
2	图 16.4-2	2JWK（K）4*-800 挖孔桩基础施工图	800/152/152	1040/198/198
3	图 16.4-3	2JWK（K）4*-900 挖孔桩基础施工图	900/171/171	1170/222/222
4	图 16.4-4	2JWK（K）4*-1000 挖孔桩基础施工图	1000/190/190	1300/247/247

注　4*表示 4h 地质参数组合。

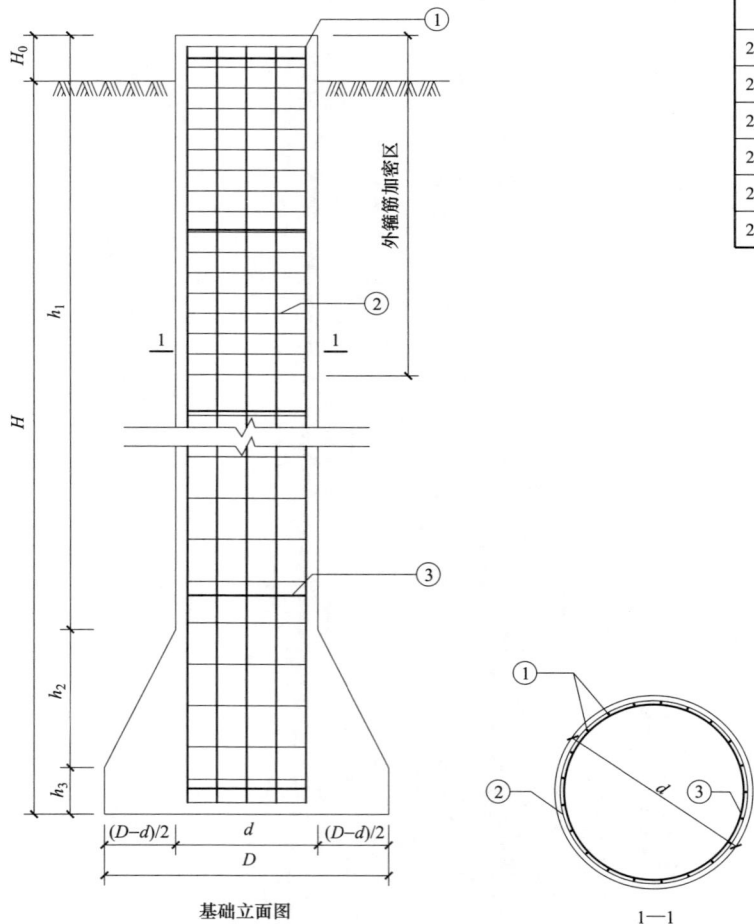

基础立面图

1—1

基 础 参 数 表

基础名称	桩身直径 d(mm)	扩底直径 D(mm)	基础埋深 H(mm)	主柱高 h_1(mm)	圆台高 h_2(mm)	下圆柱高 h_3(mm)	基础露头 H_0(mm)	主筋①	外箍筋②	外箍筋加密区长度(mm)	内箍筋③	单腿混凝土量(m^3)	单腿钢筋量(kg)
2JWK(K)4h-700-02	900	1500	15200	14300	900	200	200	25Φ16	Φ8@100/200	4500	Φ14@1500	10.49	740.4
2JWK(K)4h-700-07	900	1500	15200	14800	900	200	700	22Φ18	Φ8@100/200	4500	Φ14@1500	10.81	833.8
2JWK(K)4h-700-12	1000	1800	12200	12000	1200	200	1200	23Φ18	Φ8@100/200	5000	Φ16@1500	11.83	760.3
2JWK(K)4h-700-17	1000	1800	12200	12500	1200	200	1700	21Φ20	Φ8@100/200	5000	Φ16@1500	12.22	870.0
2JWK(K)4h-700-22	1100	1900	10400	11200	1200	200	2200	21Φ20	Φ8@100/200	5500	Φ16@1500	13.38	810.6
2JWK(K)4h-700-27	1100	1900	10400	11700	1200	200	2700	19Φ22	Φ8@100/200	5500	Φ16@1500	13.86	903.7

说明：1. 本基础适用于不受地下水影响的黄土地质条件。

2. 整体立塔时，混凝土的抗压强度应达到设计强度的100%。分解组塔时，混凝土必须达到抗压强度设计值的70%。

3. 基础根开及地脚螺栓间距与相应杆塔结构图核对无误后，方可施工。

4. 基础混凝土强度等级不应低于C25，主筋采用HRB400级钢筋，箍筋采用HPB300级钢筋。

5. ②号钢筋加密区箍筋间距100mm，非加密区箍筋间距200mm。可采用螺旋箍筋。

6. 主筋保护层不小于50mm。

7. 基础施工完毕后，做好基面排水处理。

8. 本基础按机械成孔施工方式，未考虑护壁工程量。

图 16.4-1　2JWK（K）4*-700 挖孔桩基础施工图

基础立面图

1—1

基 础 参 数 表

基础名称	桩身直径 d(mm)	扩底直径 D(mm)	基础埋深 H(mm)	主柱高 h_1(mm)	圆台高 h_2(mm)	下圆柱高 h_3(mm)	基础露头 H_0(mm)	主筋①	外箍筋②	外箍筋加密区长度(mm)	内箍筋③	单腿混凝土量(m^3)	单腿钢筋量(kg)
2JWK(K)4h-800-02	900	1500	17600	16700	900	200	200	23⌀18	Φ8@100/200	4500	Φ14@1500	12.02	964.5
2JWK(K)4h-800-07	1000	1800	14200	13500	1200	200	700	24⌀18	Φ8@100/200	5000	Φ16@1500	13.01	870.8
2JWK(K)4h-800-12	1000	1800	14200	14000	1200	200	1200	27⌀18	Φ8@100/200	5000	Φ16@1500	13.40	993.9
2JWK(K)4h-800-17	1100	1900	12200	12500	1200	200	1700	28⌀18	Φ8@100/200	5500	Φ16@1500	14.62	948.7
2JWK(K)4h-800-22	1100	1900	12200	13000	1200	200	2200	30⌀18	Φ8@100/200	5500	Φ16@1500	15.09	1036.2
2JWK(K)4h-800-27	1200	2200	9800	10800	1500	200	2700	21⌀22	Φ8@100/200	6000	Φ16@1500	16.48	959.2

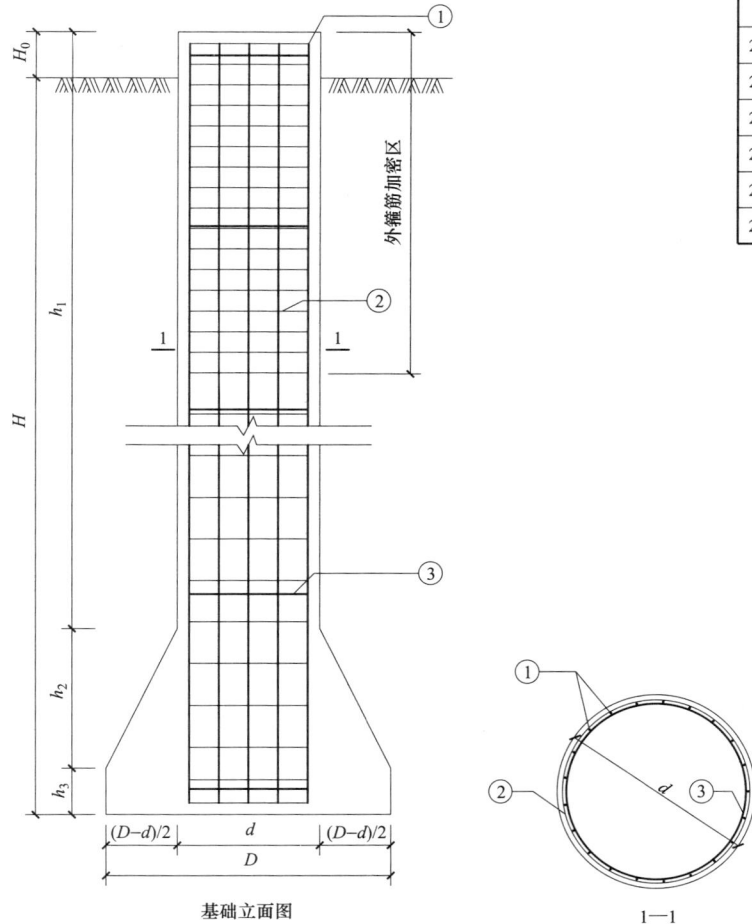

说明：1. 本基础适用于不受地下水影响的黄土地质条件。

2. 整体立塔时，混凝土的抗压强度应达到设计强度的100%。分解组塔时，混凝土必须达到抗压强度设计值的70%。

3. 基础根开及地脚螺栓间距与相应杆塔结构图核对无误后，方可施工。

4. 基础混凝土强度等级不应低于C25，主筋采用HRB400级钢筋，箍筋采用HPB300级钢筋。

5. ②号钢筋加密区箍筋间距100mm，非加密区箍筋间距200mm。可采用螺旋箍筋。

6. 主筋保护层不小于50mm。

7. 基础施工完毕后，做好基面排水处理。

8. 本基础按机械成孔施工方式，未考虑护壁工程量。

图 16.4-2　2JWK（K）4＊-800挖孔桩基础施工图

基 础 参 数 表

基础名称	桩身直径 d(mm)	扩底直径 D(mm)	基础埋深 H(mm)	主柱高 h_1(mm)	圆台高 h_2(mm)	下圆柱高 h_3(mm)	基础露头 H_0(mm)	主筋①	外箍筋②	外箍筋加密区长度 (mm)	内箍筋③	单腿混凝土量 (m³)	单腿钢筋量 (kg)
2JWK(K)4h-900-02	1000	2000	15400	13900	1500	200	200	24Φ18	Φ8@100/200	5000	Φ16@1500	14.29	913.1
2JWK(K)4h-900-07	1000	2000	15400	14400	1500	200	700	22Φ20	Φ8@100/200	5000	Φ16@1500	14.69	1039.9
2JWK(K)4h-900-12	1100	2100	13200	12700	1500	200	1200	23Φ20	Φ8@100/200	5500	Φ16@1500	15.88	990.2
2JWK(K)4h-900-17	1100	2100	13200	13200	1500	200	1700	26Φ20	Φ8@100/200	5500	Φ16@1500	16.35	1131.6
2JWK(K)4h-900-22	1200	2200	11400	11900	1500	200	2200	27Φ20	Φ8@100/200	6000	Φ16@1500	17.72	1094.6
2JWK(K)4h-900-27	1200	2200	11400	12400	1500	200	2700	29Φ20	Φ8@100/200	6000	Φ16@1500	18.29	1199.6

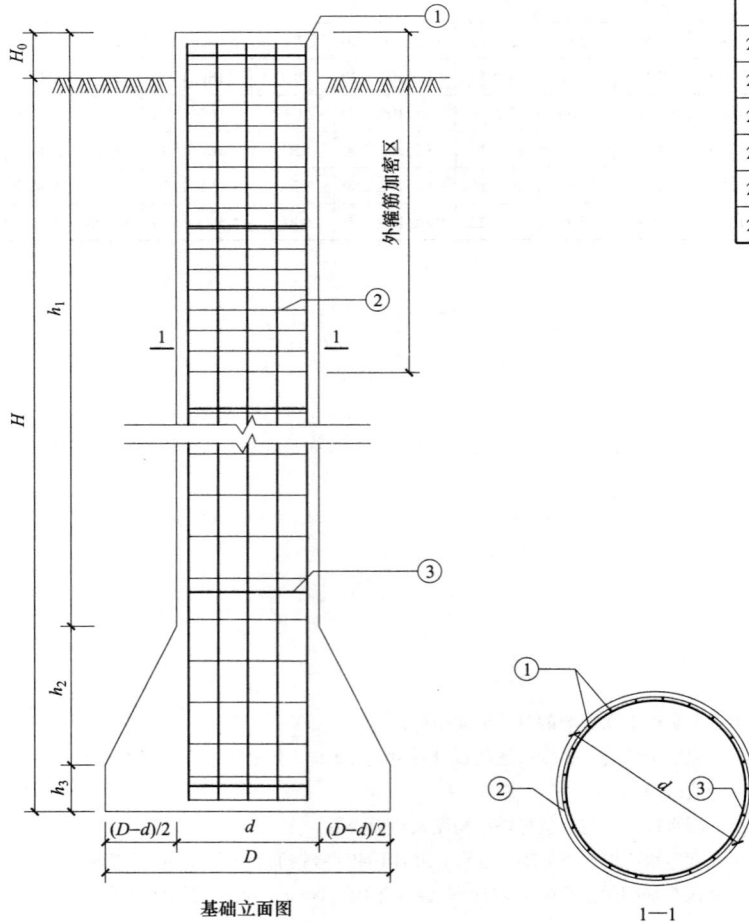

基础立面图

1—1

说明： 1. 本基础适用于不受地下水影响的黄土地质条件。

2. 整体立塔时，混凝土的抗压强度应达到设计强度的100%。分解组塔时，混凝土必须达到抗压强度设计值的70%。

3. 基础根开及地脚螺栓间距与相应杆塔结构图核对无误后，方可施工。

4. 基础混凝土强度等级不应低于C25，主筋采用HRB400级钢筋，箍筋采用HPB300级钢筋。

5. ②号钢筋加密区箍筋间距100mm，非加密区箍筋间距200mm。可采用螺旋箍筋。

6. 主筋保护层不小于50mm。

7. 基础施工完毕后，做好基面排水处理。

8. 本基础按机械成孔施工方式，未考虑护壁工程量。

图 16.4-3   2JWK（K）4＊-900 挖孔桩基础施工图

国家电网公司输变电工程通用设计   输电线路挖孔桩基础分册（2017年版）

基 础 参 数 表

基础名称	桩身直径 d(mm)	扩底直径 D(mm)	基础埋深 H(mm)	主柱高 h_1(mm)	圆台高 h_2(mm)	下圆柱高 h_3(mm)	基础露头 H_0(mm)	主筋①	外箍筋②	外箍筋加密区长度(mm)	内箍筋③	单腿混凝土量 $（m^3)$	单腿钢筋量 $（kg)$
2JWK(K)4h-1000-02	1000	2000	17600	16100	1500	200	200	27 $\oplus$ 18	$\Phi 8@ 100/200$	5000	$\Phi 16@ 1500$	16.02	1141.1
2JWK(K)4h-1000-07	1100	2100	15200	14200	1500	200	700	29 $\oplus$ 18	$\Phi 8@ 100/200$	5500	$\Phi 16@ 1500$	17.30	1109.2
2JWK(K)4h-1000-12	1100	2100	15200	14700	1500	200	1200	33 $\oplus$ 18	$\Phi 8@ 100/200$	5500	$\Phi 16@ 1500$	17.78	1270.8
2JWK(K)4h-1000-17	1200	2200	13000	13000	1500	200	1700	33 $\oplus$ 18	$\Phi 8@ 100/200$	6000	$\Phi 16@ 1500$	18.97	1165.2
2JWK(K)4h-1000-22	1200	2200	13000	13500	1500	200	2200	38 $\oplus$ 18	$\Phi 8@ 100/200$	6000	$\Phi 16@ 1500$	19.53	1358.1
2JWK(K)4h-1000-27	1300	2500	10600	11300	1800	200	2700	37 $\oplus$ 18	$\Phi 8@ 100/200$	6500	$\Phi 16@ 1500$	21.25	1185.3

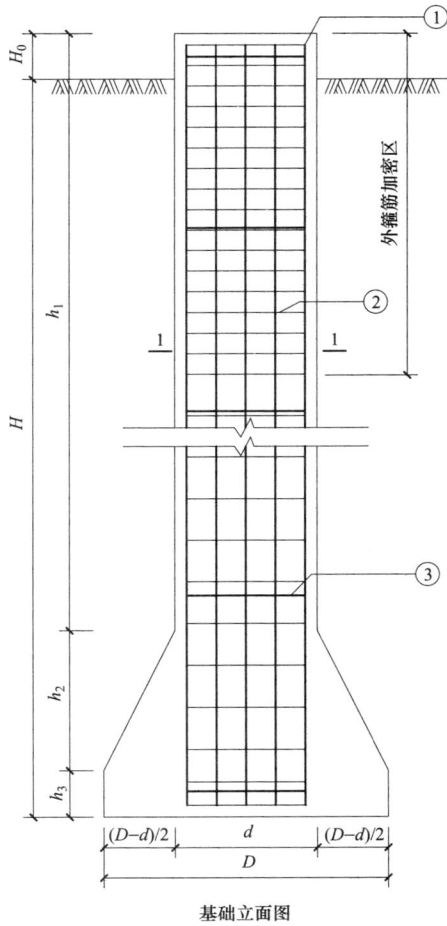

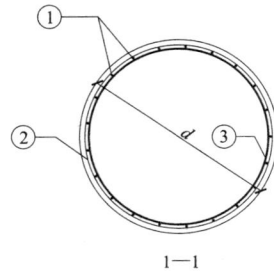

基础立面图

1—1

说明：1. 本基础适用于不受地下水影响的黄土地质条件。

2. 整体立塔时，混凝土的抗压强度应达到设计强度的 100%。分解组塔时，混凝土必须达到抗压强度设计值的 70%。

3. 基础根开及地脚螺栓间距与相应杆塔结构图核对无误后，方可施工。

4. 基础混凝土强度等级不应低于 C25，主筋采用 HRB400 级钢筋，箍筋采用 HPB300 级钢筋。

5. ②号钢筋加密区箍筋间距 100mm，非加密区箍筋间距 200mm。可采用螺旋箍筋。

6. 主筋保护层不小于 50mm。

7. 基础施工完毕后，做好基面排水处理。

8. 本基础按机械成孔施工方式，未考虑护壁工程量。

图 16.4-4 2JWK（K）4 * -1000 挖孔桩基础施工图

第17章 5ZWK 模块

本模块为直线塔挖孔桩基础模块，适用基础上拔力范围 1200~3000kN，适用于黏性土、粉土、碎石土、黄土、岩石地质，包含 5 个子模块，共 822 个基础，55 张图纸，由四川咨询公司与福建院共同设计。

基础作用力见表 17.0-1，岩土类别及设计参数见表 17.0-2。

表 17.0-1　　　　　　　基础作用力

电压等级（kV）	基础作用力代号	T(kN)	T_x(kN)	T_y(kN)	N(kN)	N_x(kN)	N_y(kN)
500（750）	1200	1200	168	168	1560	218	218
	1400	1400	196	196	1820	255	255
	1600	1600	224	224	2080	291	291
	1800	1800	252	252	2340	328	328
	2000	2000	280	280	2600	364	364
	2200	2200	308	308	2860	400	400
	2400	2400	336	336	3120	437	437
	2600	2600	364	364	3380	473	473
	2800	2800	392	392	3640	510	510
	3000	3000	420	420	3900	546	546

表 17.0-2　　　　　　　岩土类别及设计参数

序号	代号	岩土类别	m(kN/m⁴)	q_{sik}(kPa)	q_{pk}(kPa)
1	1h	黏性土	35000	40	600
2	1i		35000	60	1000
3	1j		35000	80	1400
4	2h	粉土	35000	20	600
5	2i		35000	40	800
6	2j		35000	60	1200
7	3h	碎石土	100000	150	2000
8	3i		100000	170	2500

续表 17.0-2

序号	代号	岩土类别	m(kN/m⁴)	q_{sik}(kPa)	q_{pk}(kPa)
9	4h	黄土	14000	25	800
10	6a	岩石	100000	80	1200
11	6b		100000	10	1500
12	6c		100000	120	1800
13	6d		100000	140	2100
14	6e		100000	160	2400
15	6f		100000	180	2700

注　代号含义详见 5.2。

17.1　5ZWK1 子模块

此子模块适用于黏性土地基，共包含 10 张图纸，基础施工图图纸清单见表 17.1-1。

表 17.1-1　　　　　　5ZWK1 子模块基础施工图图纸清单

序号	图号	图　名	基础作用力（kN） $T/T_x/T_y$	$N/N_x/N_y$
1	图 17.1-1	5ZWK1*-1200 挖孔桩基础施工图	1200/168/168	1560/218/218
2	图 17.1-2	5ZWK1*-1400 挖孔桩基础施工图	1400/196/196	1820/255/255
3	图 17.1-3	5ZWK1*-1600 挖孔桩基础施工图	1600/224/224	2080/291/291
4	图 17.1-4	5ZWK1*-1800 挖孔桩基础施工图	1800/252/252	2340/328/328
5	图 17.1-5	5ZWK1*-2000 挖孔桩基础施工图	2000/280/280	2600/364/364
6	图 17.1-6	5ZWK1*-2200 挖孔桩基础施工图	2200/308/308	2860/400/400
7	图 17.1-7	5ZWK1*-2400 挖孔桩基础施工图	2400/336/336	3120/437/437
8	图 17.1-8	5ZWK1*-2600 挖孔桩基础施工图	2600/364/364	3380/473/473
9	图 17.1-9	5ZWK1*-2800 挖孔桩基础施工图	2800/392/392	3640/510/510
10	图 17.1-10	5ZWK1*-3000 挖孔桩基础施工图	3000/420/420	3900/546/546

注　1* 包含 1h、1i、1j 三种地质参数组合。

基 础 参 数 表

基础名称	桩身直径 d(mm)	基础埋深 H(mm)	基础露头 H₀(mm)	主筋①	外箍筋②	外箍筋加密区长度(mm)	内箍筋③	单腿混凝土量(m³)	单腿钢筋量(kg)
5ZWK1h-1200-02	900	13800	200	22 Φ 20	Φ8@100/200	4500	Φ14@1500	8.91	880.4
5ZWK1h-1200-07	900	14000	700	24 Φ 20	Φ8@100/200	4500	Φ14@1500	9.35	994.3
5ZWK1h-1200-12	900	14000	1200	23 Φ 22	Φ8@100/200	4500	Φ14@1500	9.67	1170.9
5ZWK1h-1200-17	900	14200	1700	19 Φ 25	Φ8@100/200	4500	Φ14@1500	10.12	1295.0
5ZWK1h-1200-22	1000	14400	2200	20 Φ 25	Φ8@100/200	5000	Φ16@1500	13.04	1449.9
5ZWK1h-1200-27	1000	14600	2700	22 Φ 25	Φ8@100/200	5000	Φ16@1500	13.59	1639.6
5ZWK1i-1200-02	900	10000	200	22 Φ 20	Φ8@100/200	4500	Φ14@1500	6.49	646.7
5ZWK1i-1200-07	900	10000	700	24 Φ 20	Φ8@100/200	4500	Φ14@1500	6.81	731.8
5ZWK1i-1200-12	900	10000	1200	18 Φ 25	Φ8@100/200	4500	Φ14@1500	7.13	875.8
5ZWK1i-1200-17	900	10000	1700	19 Φ 25	Φ8@100/200	4500	Φ14@1500	7.44	958.1
5ZWK1i-1200-22	1000	8800	2200	20 Φ 25	Φ8@100/200	5000	Φ16@1500	8.64	970.3
5ZWK1i-1200-27	1000	8800	2700	17 Φ 28	Φ8@100/200	5000	Φ16@1500	9.03	1068.9
5ZWK1j-1200-02	900	8000	200	22 Φ 20	Φ8@100/200	4500	Φ14@1500	5.22	525.3
5ZWK1j-1200-07	900	8000	700	24 Φ 20	Φ8@100/200	4500	Φ14@1500	5.53	597.8
5ZWK1j-1200-12	900	8000	1200	18 Φ 25	Φ8@100/200	4500	Φ14@1500	5.85	724.2
5ZWK1j-1200-17	900	8000	1700	19 Φ 25	Φ8@100/200	4500	Φ14@1500	6.17	798.8
5ZWK1j-1200-22	1000	7000	2200	20 Φ 25	Φ8@100/200	5000	Φ16@1500	7.23	817.3
5ZWK1j-1200-27	1000	7000	2700	17 Φ 28	Φ8@100/200	5000	Φ16@1500	7.62	906.7

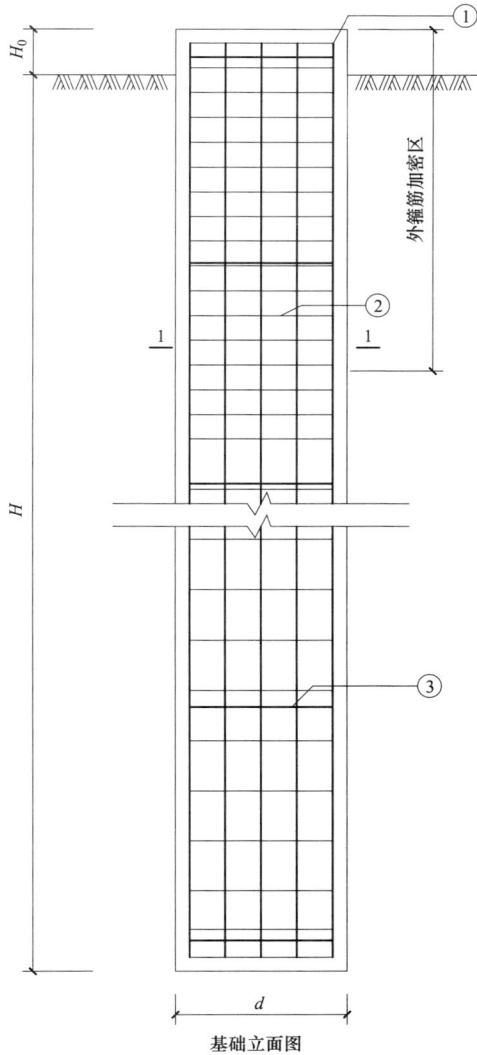

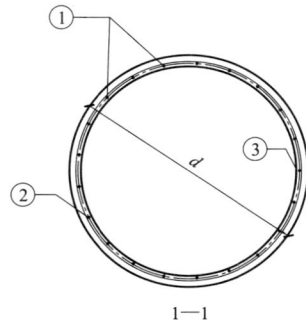

基础立面图

1—1

说明：1. 本基础适用于不受地下水影响的黏性土地质条件。

2. 整体立塔时，混凝土的抗压强度应达到设计强度的 100%。分解组塔时，混凝土必须达到抗压强度设计值的 70%。

3. 基础根开及地脚螺栓间距与相应杆塔结构图核对无误后，方可施工。

4. 基础混凝土强度等级不应低于 C25，主筋采用 HRB400 级钢筋，箍筋采用 HPB300 级钢筋。

5. ②号钢筋加密区箍筋间距 100mm，非加密区箍筋间距 200mm。可采用螺旋箍筋。

6. 主筋保护层不小于 50mm。

7. 基础施工完毕后，做好基面排水处理。

8. 本基础按机械成孔施工方式，未考虑护壁工程量。

图 17.1-1 5ZWK1*-1200 挖孔桩基础施工图

基 础 参 数 表

基础名称	桩身直径 d(mm)	基础埋深 H(mm)	基础露头 H_0(mm)	主筋①	外箍筋②	外箍筋加密区长度(mm)	内箍筋③	单腿混凝土量(m³)	单腿钢筋量(kg)
5ZWK1h-1400-02	1000	17000	200	20 Φ 22	Φ 8@ 100/200	5000	Φ 16@ 1500	13.51	1203.0
5ZWK1h-1400-07	1000	17000	700	22 Φ 22	Φ 8@ 100/200	5000	Φ 16@ 1500	13.90	1340.0
5ZWK1h-1400-12	1000	17200	1200	25 Φ 22	Φ 8@ 100/200	5000	Φ 16@ 1500	14.45	1558.2
5ZWK1h-1400-17	1000	17400	1700	27 Φ 22	Φ 8@ 100/200	5000	Φ 16@ 1500	15.00	1727.1
5ZWK1h-1400-22	1000	17400	2200	19 Φ 28	Φ 8@ 100/200	5000	Φ 16@ 1500	15.39	1993.6
5ZWK1h-1400-27	1100	16000	2700	19 Φ 28	Φ 8@ 100/200	5500	Φ 16@ 1500	17.77	1927.0
5ZWK1i-1400-02	1000	10400	200	20 Φ 22	Φ 8@ 100/200	5000	Φ 16@ 1500	8.33	755.3
5ZWK1i-1400-07	1000	10400	700	22 Φ 22	Φ 8@ 100/200	5000	Φ 16@ 1500	8.72	852.9
5ZWK1i-1400-12	1000	10400	1200	25 Φ 22	Φ 8@ 100/200	5000	Φ 16@ 1500	9.11	991.8
5ZWK1i-1400-17	1000	10400	1700	27 Φ 22	Φ 8@ 100/200	5000	Φ 16@ 1500	9.50	1107.1
5ZWK1i-1400-22	1000	10400	2200	19 Φ 28	Φ 8@ 100/200	5000	Φ 16@ 1500	9.90	1290.8
5ZWK1i-1400-27	1100	9200	2700	19 Φ 28	Φ 8@ 100/200	5500	Φ 16@ 1500	11.31	1237.0
5ZWK1j-1400-02	1000	8200	200	20 Φ 22	Φ 8@ 100/200	5000	Φ 16@ 1500	6.60	603.2
5ZWK1j-1400-07	1000	8200	700	22 Φ 22	Φ 8@ 100/200	5000	Φ 16@ 1500	6.99	687.7
5ZWK1j-1400-12	1000	8200	1200	25 Φ 22	Φ 8@ 100/200	5000	Φ 16@ 1500	7.38	811.2
5ZWK1j-1400-17	1000	8200	1700	27 Φ 22	Φ 8@ 100/200	5000	Φ 16@ 1500	7.78	909.1
5ZWK1j-1400-22	1000	8200	2200	19 Φ 28	Φ 8@ 100/200	5000	Φ 16@ 1500	8.17	1068.1
5ZWK1j-1400-27	1100	7400	2700	19 Φ 28	Φ 8@ 100/200	5500	Φ 16@ 1500	9.60	1055.8

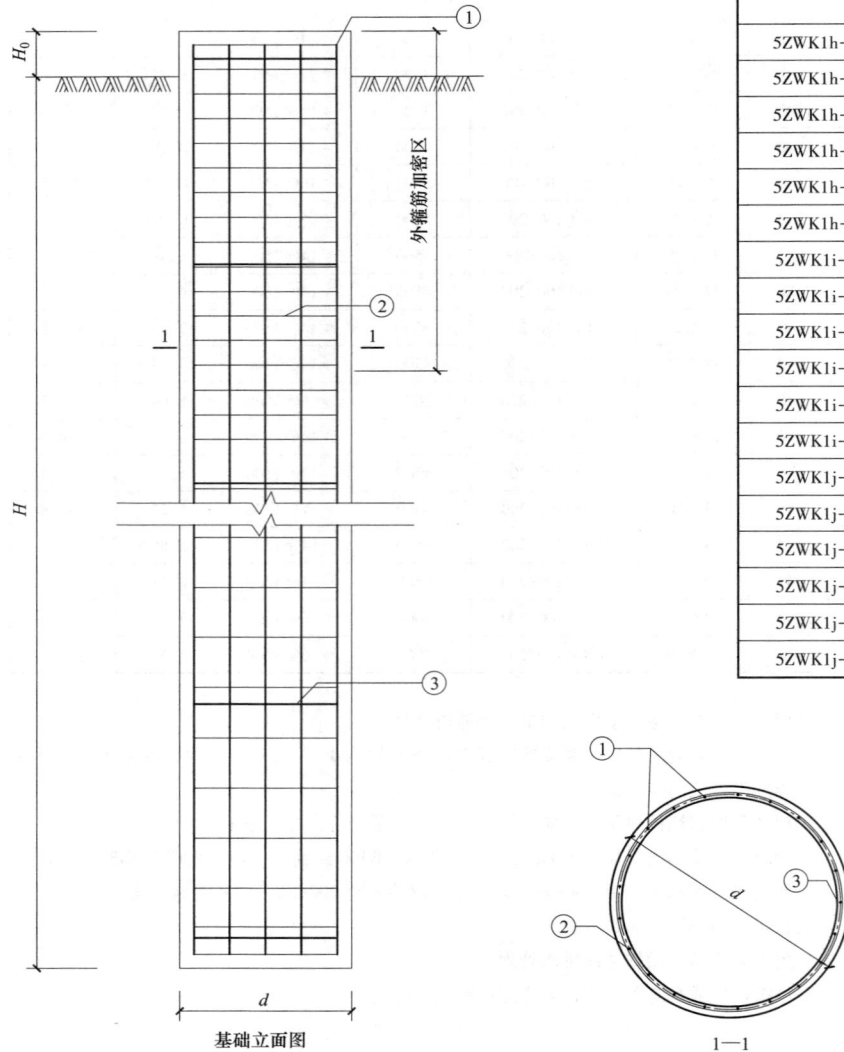

基础立面图

1—1

说明：1. 本基础适用于不受地下水影响的黏性土地质条件。

2. 整体立塔时，混凝土的抗压强度应达到设计强度的100%。分解组塔时，混凝土必须达到抗压强度设计值的70%。

3. 基础根开及地脚螺栓间距与相应杆塔结构图核对无误后，方可施工。

4. 基础混凝土强度等级不应低于 C25，主筋采用 HRB400 级钢筋，箍筋采用 HPB300 级钢筋。

5. ②号钢筋加密区箍筋间距 100mm，非加密区箍筋间距 200mm。可采用螺旋箍筋。

6. 主筋保护层不小于 50mm。

7. 基础施工完毕后，做好基面排水处理。

8. 本基础按机械成孔施工方式，未考虑护壁工程量。

图 17.1-2 5ZWK1 ∗ -1400 挖孔桩基础施工图

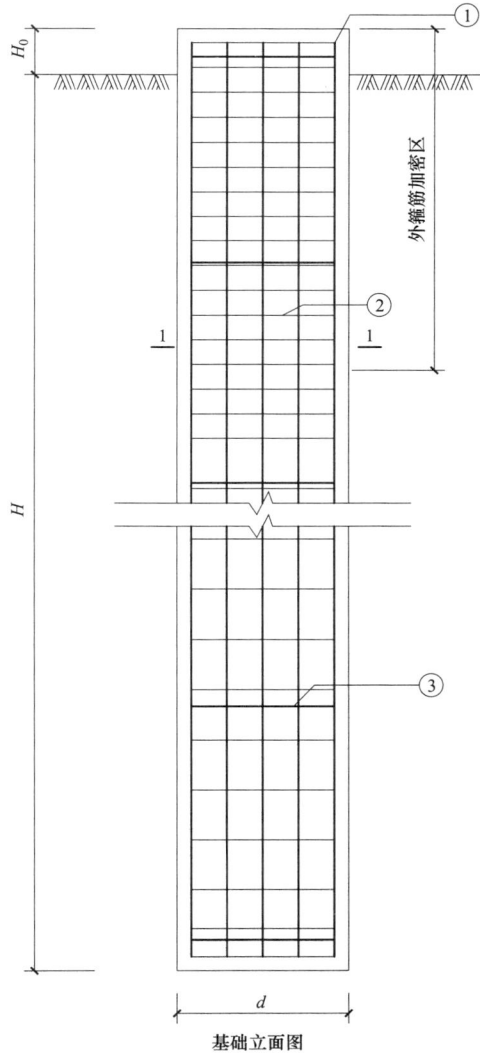

基础立面图

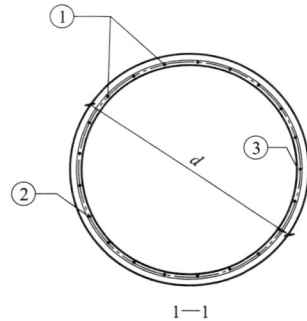

1—1

基 础 参 数 表

基础名称	桩身直径 d(mm)	基础埋深 H(mm)	基础露头 H_0(mm)	主筋①	外箍筋②	外箍筋加密区长度(mm)	内箍筋③	单腿混凝土量(m³)	单腿钢筋量(kg)
5ZWK1h-1600-02	1000	19800	200	23 Φ 22	Φ 8@ 100/200	5000	Φ 16@ 1500	15.71	1572.1
5ZWK1h-1600-07	1000	20000	700	20 Φ 25	Φ 8@ 100/200	5000	Φ 16@ 1500	16.26	1796.7
5ZWK1h-1600-12	1000	20200	1200	22 Φ 25	Φ 8@ 100/200	5000	Φ 16@ 1500	16.81	2023.3
5ZWK1h-1600-17	1000	20400	1700	25 Φ 25	Φ 8@ 100/200	5000	Φ 16@ 1500	17.36	2340.1
5ZWK1h-1600-22	1100	18800	2200	25 Φ 25	Φ 8@ 100/200	5500	Φ 16@ 1500	19.96	2255.5
5ZWK1h-1600-27	1100	18800	2700	22 Φ 28	Φ 8@ 100/200	5500	Φ 16@ 1500	20.43	2520.9
5ZWK1i-1600-02	1000	11800	200	23 Φ 22	Φ 8@ 100/200	5000	Φ 16@ 1500	9.42	957.2
5ZWK1i-1600-07	1000	11800	700	20 Φ 25	Φ 8@ 100/200	5000	Φ 16@ 1500	9.82	1097.9
5ZWK1i-1600-12	1000	11800	1200	22 Φ 25	Φ 8@ 100/200	5000	Φ 16@ 1500	10.21	1239.1
5ZWK1i-1600-17	1000	11800	1700	25 Φ 25	Φ 8@ 100/200	5000	Φ 16@ 1500	10.60	1442.5
5ZWK1i-1600-22	1100	10600	2200	25 Φ 25	Φ 8@ 100/200	5500	Φ 16@ 1500	12.16	1386.5
5ZWK1i-1600-27	1100	10600	2700	22 Φ 28	Φ 8@ 100/200	5500	Φ 16@ 1500	12.64	1570.0
5ZWK1j-1600-02	1000	9400	200	23 Φ 22	Φ 8@ 100/200	5000	Φ 16@ 1500	7.54	770.6
5ZWK1j-1600-07	1000	9400	700	20 Φ 25	Φ 8@ 100/200	5000	Φ 16@ 1500	7.93	891.1
5ZWK1j-1600-12	1000	9400	1200	22 Φ 25	Φ 8@ 100/200	5000	Φ 16@ 1500	8.33	1018.0
5ZWK1j-1600-17	1000	9400	1700	25 Φ 25	Φ 8@ 100/200	5000	Φ 16@ 1500	8.72	1189.5
5ZWK1j-1600-22	1100	8400	2200	25 Φ 25	Φ 8@ 100/200	5500	Φ 16@ 1500	10.07	1156.2
5ZWK1j-1600-27	1100	8400	2700	22 Φ 28	Φ 8@ 100/200	5500	Φ 16@ 1500	10.55	1317.7

说明：1. 本基础适用于不受地下水影响的黏性土地质条件。

2. 整体立塔时，混凝土的抗压强度应达到设计强度的 100%。分解组塔时，混凝土必须达到抗压强度设计值的 70%。

3. 基础根开及地脚螺栓间距与相应杆塔结构图核对无误后，方可施工。

4. 基础混凝土强度等级不应低于 C25，主筋采用 HRB400 级钢筋，箍筋采用 HPB300 级钢筋。

5. ②号钢筋加密区箍筋间距 100mm，非加密区箍筋间距 200mm。可采用螺旋箍筋。

6. 主筋保护层不小于 50mm。

7. 基础施工完毕后，做好基面排水处理。

8. 本基础按机械成孔施工方式，未考虑护壁工程量。

图 17.1-3　5ZWK1∗-1600 挖孔桩基础施工图

基 础 参 数 表

基础名称	桩身直径 d(mm)	基础埋深 H(mm)	基础露头 H_0(mm)	主筋①	外箍筋②	外箍筋加密区长度(mm)	内箍筋③	单腿混凝土量（m^3）	单腿钢筋量（kg）
5ZWK1h-1800-02	1000	22800	200	20 ф 25	Ф 8@ 100/200	5000	Ф 16@ 1500	18.06	1995.7
5ZWK1h-1800-07	1000	23000	700	23 ф 25	Ф 8@ 100/200	5000	Ф 16@ 1500	18.61	2325.6
5ZWK1h-1800-12	1000	23200	1200	25 ф 25	Ф 8@ 100/200	5000	Ф 16@ 1500	19.16	2583.4
5ZWK1h-1800-17	1100	21400	1700	26 ф 25	Ф 8@ 100/200	5500	Ф 16@ 1500	21.95	2564.7
5ZWK1h-1800-22	1100	21600	2200	29 ф 25	Ф 8@ 100/200	5500	Ф 16@ 1500	22.62	2912.4
5ZWK1h-1800-27	1200	20000	2700	29 ф 25	Ф 8@ 100/200	6000	Ф 16@ 1500	25.67	2812.3
5ZWK1i-1800-02	1000	13200	200	20 ф 25	Ф 8@ 100/200	5000	Ф 16@ 1500	10.52	1172.9
5ZWK1i-1800-07	1000	13200	700	23 ф 25	Ф 8@ 100/200	5000	Ф 16@ 1500	10.92	1377.1
5ZWK1i-1800-12	1000	13200	1200	25 ф 25	Ф 8@ 100/200	5000	Ф 16@ 1500	11.31	1534.8
5ZWK1i-1800-17	1100	11800	1700	26 ф 25	Ф 8@ 100/200	5500	Ф 16@ 1500	12.83	1515.2
5ZWK1i-1800-22	1100	11800	2200	29 ф 25	Ф 8@ 100/200	5500	Ф 16@ 1500	13.30	1728.2
5ZWK1i-1800-27	1200	10600	2700	29 ф 25	Ф 8@ 100/200	6000	Ф 16@ 1500	15.04	1661.5
5ZWK1j-1800-02	1000	10600	200	20 ф 25	Ф 8@ 100/200	5000	Ф 16@ 1500	8.48	953.7
5ZWK1j-1800-07	1000	10600	700	23 ф 25	Ф 8@ 100/200	5000	Ф 16@ 1500	8.87	1123.8
5ZWK1j-1800-12	1000	10600	1200	25 ф 25	Ф 8@ 100/200	5000	Ф 16@ 1500	9.27	1261.5
5ZWK1j-1800-17	1100	9400	1700	26 ф 25	Ф 8@ 100/200	5500	Ф 16@ 1500	10.55	1250.5
5ZWK1j-1800-22	1100	9400	2200	29 ф 25	Ф 8@ 100/200	5500	Ф 16@ 1500	11.02	1435.8
5ZWK1j-1800-27	1200	8600	2700	29 ф 25	Ф 8@ 100/200	6000	Ф 16@ 1500	12.78	1419.1

说明：1. 本基础适用于不受地下水影响的黏性土地质条件。

2. 整体立塔时，混凝土的抗压强度应达到设计强度的100%。分解组塔时，混凝土必须达到抗压强度设计值的70%。

3. 基础根开及地脚螺栓间距与相应杆塔结构图核对无误后，方可施工。

4. 基础混凝土强度等级不应低于C25，主筋采用HRB400级钢筋，箍筋采用HPB300级钢筋。

5. ②号钢筋加密区箍筋间距100mm，非加密区箍筋间距200mm。可采用螺旋箍筋。

6. 主筋保护层不小于50mm。

7. 基础施工完毕后，做好基面排水处理。

8. 本基础按机械成孔施工方式，未考虑护壁工程量。

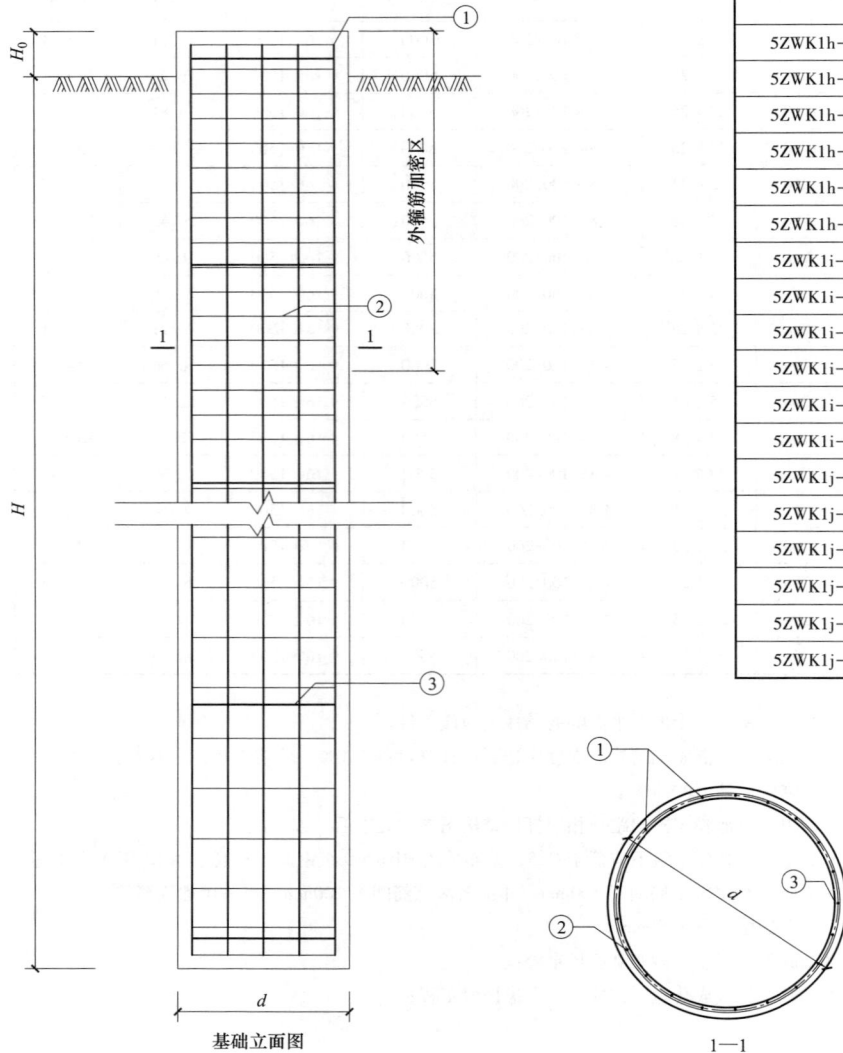

基础立面图

1—1

图 17.1-4　5ZWK1∗-1800 挖孔桩基础施工图

基 础 参 数 表

基础名称	桩身直径 d(mm)	基础埋深 H(mm)	基础露头 H_0(mm)	主筋①	外箍筋②	外箍筋加密区长度(mm)	内箍筋③	单腿混凝土量 (m³)	单腿钢筋量 (kg)
5ZWK1h-2000-02	1100	23800	200	28 Φ 22	Φ 8@ 100/200	5500	Φ 16@ 1500	22.81	2267.8
5ZWK1h-2000-07	1100	23800	700	25 Φ 25	Φ 8@ 100/200	5500	Φ 16@ 1500	23.28	2624.4
5ZWK1h-2000-12	1100	24000	1200	27 Φ 25	Φ 8@ 100/200	5500	Φ 16@ 1500	23.95	2888.9
5ZWK1h-2000-17	1100	24200	1700	29 Φ 25	Φ 8@ 100/200	5500	Φ 16@ 1500	24.61	3170.0
5ZWK1h-2000-22	1200	22600	2200	30 Φ 25	Φ 8@ 100/200	6000	Φ 16@ 1500	28.05	3162.3
5ZWK1h-2000-27	1200	22800	2700	26 Φ 28	Φ 8@ 100/200	6000	Φ 16@ 1500	28.84	3507.6
5ZWK1i-2000-02	1100	13200	200	28 Φ 22	Φ 8@ 100/200	5500	Φ 16@ 1500	12.73	1278.7
5ZWK1i-2000-07	1100	13200	700	25 Φ 25	Φ 8@ 100/200	5500	Φ 16@ 1500	13.21	1504.6
5ZWK1i-2000-12	1100	13200	1200	27 Φ 25	Φ 8@ 100/200	5500	Φ 16@ 1500	13.68	1665.4
5ZWK1i-2000-17	1100	13400	1700	29 Φ 25	Φ 8@ 100/200	5500	Φ 16@ 1500	14.35	1863.3
5ZWK1i-2000-22	1200	12000	2200	30 Φ 25	Φ 8@ 100/200	6000	Φ 16@ 1500	16.06	1828.3
5ZWK1i-2000-27	1200	12200	2700	26 Φ 28	Φ 8@ 100/200	6000	Φ 16@ 1500	16.85	2061.9
5ZWK1j-2000-02	1100	10400	200	28 Φ 22	Φ 8@ 100/200	5500	Φ 16@ 1500	10.07	1022.6
5ZWK1j-2000-07	1100	10400	700	25 Φ 25	·Φ 8@ 100/200	5500	Φ 16@ 1500	10.55	1208.1
5ZWK1j-2000-12	1100	10400	1200	27 Φ 25	Φ 8@ 100/200	5500	Φ 16@ 1500	11.02	1347.3
5ZWK1j-2000-17	1100	10400	1700	29 Φ 25	Φ 8@ 100/200	5500	Φ 16@ 1500	11.50	1500.0
5ZWK1j-2000-22	1200	9400	2200	30 Φ 25	Φ 8@ 100/200	6000	Φ 16@ 1500	13.12	1499.6
5ZWK1j-2000-27	1200	9400	2700	26 Φ 28	Φ 8@ 100/200	6000	Φ 16@ 1500	13.68	1685.7

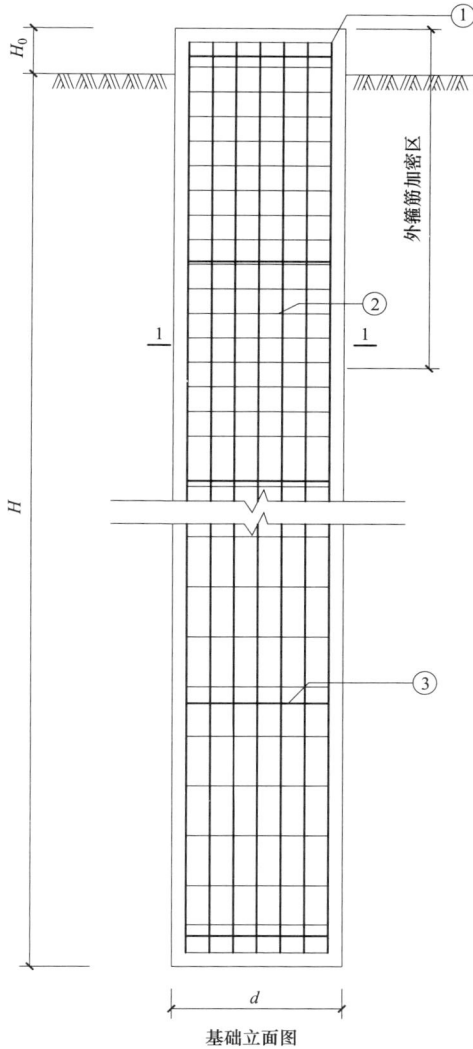

基础立面图

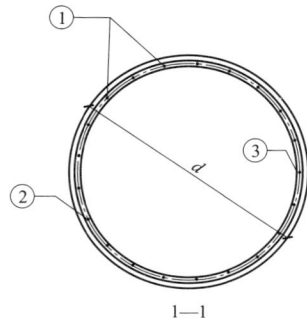

1—1

说明：1. 本基础适用于不受地下水影响的黏性土地质条件。

2. 整体立塔时，混凝土的抗压强度应达到设计强度的100%。分解组塔时，混凝土必须达到抗压强度设计值的70%。

3. 基础根开及地脚螺栓间距与相应杆塔结构图核对无误后，方可施工。

4. 基础混凝土强度等级不应低于 C25，主筋采用 HRB400 级钢筋，箍筋采用 HPB300 级钢筋。

5. ②号钢筋加密区箍筋间距100mm，非加密区箍筋间距200mm。可采用螺旋箍筋。

6. 主筋保护层不小于 50mm。

7. 基础施工完毕后，做好基面排水处理。

8. 本基础按机械成孔施工方式，未考虑护壁工程量。

图 17.1-5 5ZWK1 * -2000 挖孔桩基础施工图

基 础 参 数 表

基础名称	桩身直径 d(mm)	基础埋深 H(mm)	基础露头 H_0(mm)	主筋①	外箍筋②	外箍筋加密区长度(mm)	内箍筋③	单腿混凝土量(m³)	单腿钢筋量(kg)
5ZWK1h-2200-02	1200	24600	200	24Φ25	Φ8@100/200	6000	Φ16@1500	28.05	2591.7
5ZWK1h-2200-07	1200	24600	700	26Φ25	Φ8@100/200	6000	Φ16@1500	28.61	2834.8
5ZWK1h-2200-12	1200	24800	1200	28Φ25	Φ8@100/200	6000	Φ16@1500	29.41	3115.0
5ZWK1h-2200-17	1200	25000	1700	31Φ25	Φ8@100/200	6000	Φ16@1500	30.20	3501.9
5ZWK1h-2200-22	1300	23600	2200	32Φ25	Φ8@100/200	6500	Φ16@1500	34.24	3520.5
5ZWK1h-2200-27	1300	23800	2700	34Φ25	Φ8@100/200	6500	Φ16@1500	35.17	3816.1
5ZWK1i-2200-02	1100	14800	200	24Φ25	Φ8@100/200	5500	Φ16@1500	14.25	1564.1
5ZWK1i-2200-07	1100	15000	700	27Φ25	Φ8@100/200	5500	Φ16@1500	14.92	1814.0
5ZWK1i-2200-12	1100	15000	1200	29Φ25	Φ8@100/200	5500	Φ16@1500	15.40	1992.4
5ZWK1i-2200-17	1200	13600	1700	31Φ25	Φ8@100/200	6000	Φ16@1500	17.30	2025.9
5ZWK1i-2200-22	1200	13600	2200	27Φ28	Φ8@100/200	6000	Φ16@1500	17.87	2262.8
5ZWK1i-2200-27	1300	12400	2700	27Φ28	Φ8@100/200	6500	Φ16@1500	20.04	2189.9
5ZWK1j-2200-02	1100	11600	200	24Φ25	Φ8@100/200	5500	Φ16@1500	11.21	1234.3
5ZWK1j-2200-07	1100	11600	700	27Φ25	Φ8@100/200	5500	Φ16@1500	11.69	1429.7
5ZWK1j-2200-12	1100	11600	1200	29Φ25	Φ8@100/200	5500	Φ16@1500	12.16	1582.0
5ZWK1j-2200-17	1200	10400	1700	31Φ25	Φ8@100/200	6000	Φ16@1500	13.68	1611.4
5ZWK1j-2200-22	1200	10400	2200	27Φ28	Φ8@100/200	6000	Φ16@1500	14.25	1813.0
5ZWK1j-2200-27	1300	9400	2700	27Φ28	Φ8@100/200	6500	Φ16@1500	16.06	1764.7

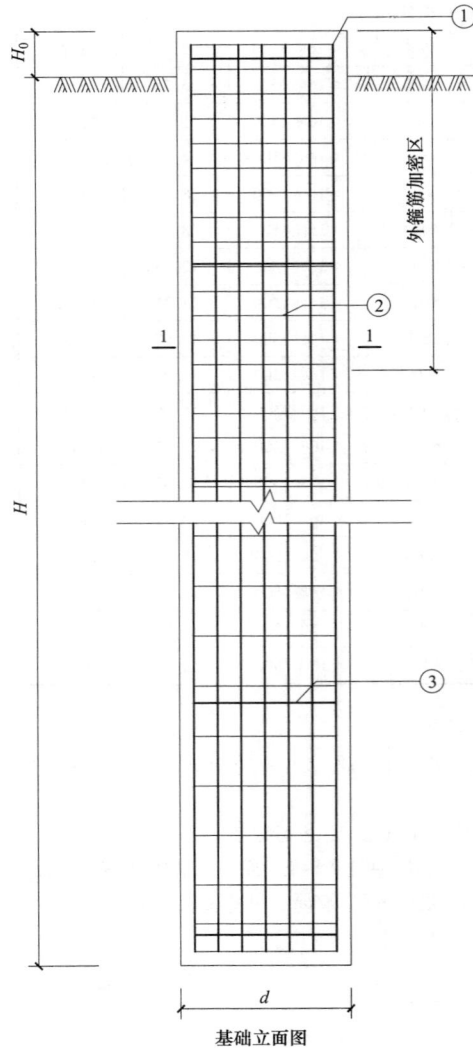

基础立面图

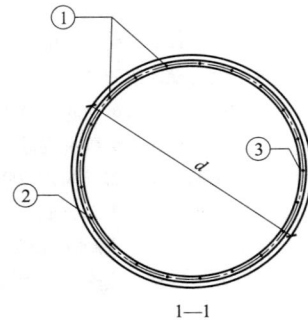

1—1

说明：1. 本基础适用于不受地下水影响的黏性土地质条件。
2. 整体立塔时，混凝土的抗压强度应达到设计强度的100%。分解组塔时，混凝土必须达到抗压强度设计值的70%。
3. 基础根开及地脚螺栓间距与相应杆塔结构图核对无误后，方可施工。
4. 基础混凝土强度等级不应低于C25，主筋采用HRB400级钢筋，箍筋采用HPB300级钢筋。
5. ②号钢筋加密区箍筋间距100mm，非加密区箍筋间距200mm。可采用螺旋箍筋。
6. 主筋保护层不小于50mm。
7. 基础施工完毕后，做好基面排水处理。
8. 本基础按机械成孔施工方式，未考虑护壁工程量。

图 17.1-6   5ZWK1*-2200 挖孔桩基础施工图

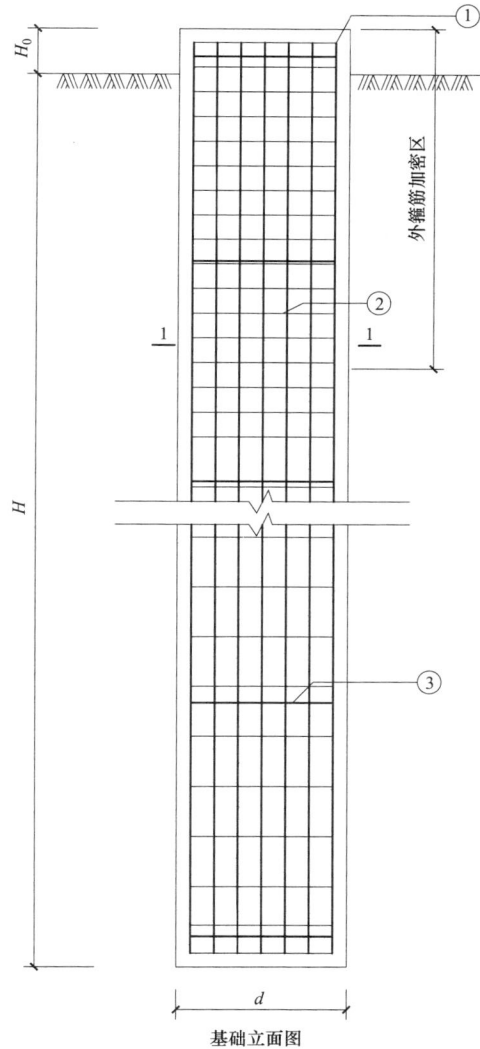

基础立面图

基 础 参 数 表

基础名称	桩身直径 d(mm)	基础埋深 H(mm)	基础露头 H_0(mm)	主筋①	外箍筋②	外箍筋加密区长度(mm)	内箍筋③	单腿混凝土量(m^3)	单腿钢筋量(kg)
5ZWK1h-2400-02	1400	23600	200	38 Φ 20	Φ8@100/200	7000	Φ16@1500	36.64	2580.2
5ZWK1h-2400-07	1400	23800	700	35 Φ 22	Φ8@100/200	7000	Φ16@1500	37.71	2918.0
5ZWK1h-2400-12	1400	24000	1200	37 Φ 22	Φ8@100/200	7000	Φ16@1500	38.79	3147.3
5ZWK1h-2400-17	1400	24200	1700	32 Φ 25	Φ8@100/200	7000	Φ16@1500	39.87	3567.5
5ZWK1h-2400-22	1400	24400	2200	33 Φ 25	Φ8@100/200	7000	Φ16@1500	40.95	3762.4
5ZWK1h-2400-27	1400	24800	2700	36 Φ 25	Φ8@100/200	7000	Φ16@1500	42.33	4205.9
5ZWK1i-2400-02	1200	14800	200	26 Φ 25	Φ8@100/200	6000	Φ16@1500	16.96	1702.0
5ZWK1i-2400-07	1200	15000	700	28 Φ 25	Φ8@100/200	6000	Φ16@1500	17.76	1896.3
5ZWK1i-2400-12	1200	15200	1200	31 Φ 25	Φ8@100/200	6000	Φ16@1500	18.55	2165.6
5ZWK1i-2400-17	1200	15200	1700	34 Φ 25	Φ8@100/200	6000	Φ16@1500	19.11	2427.1
5ZWK1i-2400-22	1300	14000	2200	35 Φ 25	Φ8@100/200	6500	Φ16@1500	21.50	2411.4
5ZWK1i-2400-27	1300	14000	2700	30 Φ 28	Φ8@100/200	6500	Φ16@1500	22.17	2656.7
5ZWK1j-2400-02	1200	11400	200	26 Φ 25	Φ8@100/200	6000	Φ16@1500	13.12	1322.7
5ZWK1j-2400-07	1200	11400	700	28 Φ 25	Φ8@100/200	6000	Φ16@1500	13.68	1472.9
5ZWK1j-2400-12	1200	11400	1200	31 Φ 25	Φ8@100/200	6000	Φ16@1500	14.25	1675.3
5ZWK1j-2400-17	1200	11400	1700	34 Φ 25	Φ8@100/200	6000	Φ16@1500	14.82	1887.8
5ZWK1j-2400-22	1300	10200	2200	35 Φ 25	Φ8@100/200	6500	Φ16@1500	16.46	1859.2
5ZWK1j-2400-27	1300	10200	2700	30 Φ 28	Φ8@100/200	6500	Φ16@1500	17.12	2060.4

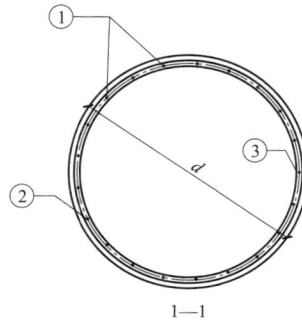

1—1

说明：1. 本基础适用于不受地下水影响的黏性土地质条件。

　　2. 整体立塔时，混凝土的抗压强度应达到设计强度的100%。分解组塔时，混凝土必须达到抗压强度设计值的70%。

　　3. 基础根开及地脚螺栓间距与相应杆塔结构图核对无误后，方可施工。

　　4. 基础混凝土强度等级不应低于C25，主筋采用HRB400级钢筋，箍筋采用HPB300级钢筋。

　　5. ②号钢筋加密区箍筋间距100mm，非加密区箍筋间距200mm。可采用螺旋箍筋。

　　6. 主筋保护层不小于50mm。

　　7. 基础施工完毕后，做好基面排水处理。

　　8. 本基础按机械成孔施工方式，未考虑护壁工程量。

图 17.1-7　5ZWK1*-2400 挖孔桩基础施工图

基 础 参 数 表

基础名称	桩身直径 d(mm)	基础埋深 H(mm)	基础露头 H_0(mm)	主筋①	外箍筋②	外箍筋加密区长度(mm)	内箍筋③	单腿混凝土量(m^3)	单腿钢筋量(kg)
5ZWK1h-2600-02	1500	24400	200	42Φ20	Φ8@100/200	7500	Φ16@1500	43.47	2941.8
5ZWK1h-2600-07	1500	24600	700	37Φ22	Φ8@100/200	7500	Φ16@1500	44.71	3192.9
5ZWK1h-2600-12	1500	24800	1200	39Φ22	Φ8@100/200	7500	Φ16@1500	45.95	3436.5
5ZWK1h-2600-17	1600	23800	1700	41Φ22	Φ8@100/200	8000	Φ18@1500	51.27	3596.3
5ZWK1h-2600-22	1600	24000	2200	34Φ25	Φ8@100/200	8000	Φ18@1500	52.68	3914.8
5ZWK1h-2600-27	1600	24400	2700	36Φ25	Φ8@100/200	8000	Φ18@1500	54.49	4257.1
5ZWK1i-2600-02	1200	16600	200	28Φ25	Φ8@100/200	6000	Φ16@1500	19.00	2028.4
5ZWK1i-2600-07	1200	16800	700	31Φ25	Φ8@100/200	6000	Φ16@1500	19.79	2309.0
5ZWK1i-2600-12	1200	16800	1200	34Φ25	Φ8@100/200	6000	Φ16@1500	20.36	2584.6
5ZWK1i-2600-17	1300	15400	1700	35Φ25	Φ8@100/200	6500	Φ16@1500	22.70	2545.8
5ZWK1i-2600-22	1300	15600	2200	30Φ28	Φ8@100/200	6500	Φ16@1500	23.63	2823.7
5ZWK1i-2600-27	1400	14200	2700	32Φ28	Φ8@100/200	7000	Φ16@1500	26.02	2874.1
5ZWK1j-2600-02	1200	12200	200	28Φ25	Φ8@100/200	6000	Φ16@1500	14.02	1508.1
5ZWK1j-2600-07	1200	12200	700	31Φ25	Φ8@100/200	6000	Φ16@1500	14.59	1712.5
5ZWK1j-2600-12	1200	12200	1200	34Φ25	Φ8@100/200	6000	Φ16@1500	15.16	1929.9
5ZWK1j-2600-17	1300	11200	1700	35Φ25	Φ8@100/200	6500	Φ16@1500	17.12	1931.1
5ZWK1j-2600-22	1300	11200	2200	30Φ28	Φ8@100/200	6500	Φ16@1500	17.79	2135.9
5ZWK1j-2600-27	1400	10200	2700	24Φ32	Φ8@100/200	7000	Φ16@1500	19.86	2163.9

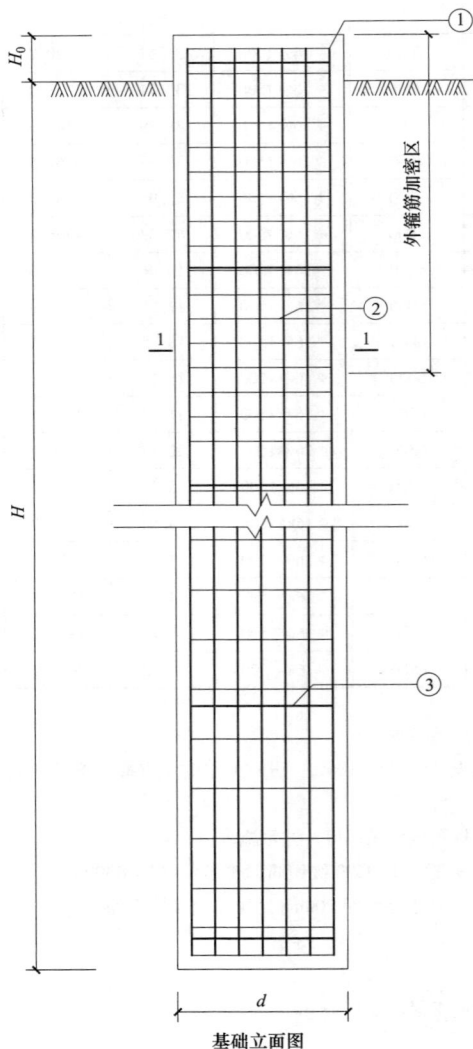

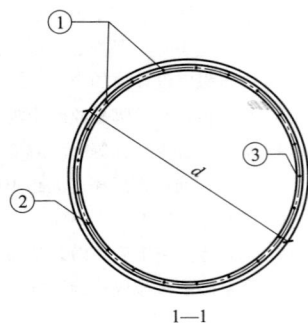

基础立面图

1—1

说明：1. 本基础适用于不受地下水影响的黏性土地质条件。

2. 整体立塔时，混凝土的抗压强度应达到设计强度的100%。分解组塔时，混凝土必须达到抗压强度设计值的70%。

3. 基础根开及地脚螺栓间距与相应杆塔结构图核对无误后，方可施工。

4. 基础混凝土强度等级不应低于C25，主筋采用HRB400级钢筋，箍筋采用HPB300级钢筋。

5. ②号钢筋加密区箍筋间距100mm，非加密区箍筋间距200mm。可采用螺旋箍筋。

6. 主筋保护层不小于50mm。

7. 基础施工完毕后，做好基面排水处理。

8. 本基础按机械成孔施工方式，未考虑护壁工程量。

图 17.1-8 5ZWK1＊-2600挖孔桩基础施工图

基 础 参 数 表

基础名称	桩身直径 d(mm)	基础埋深 H(mm)	基础露头 H_0(mm)	主筋①	外箍筋②	外箍筋加密区长度(mm)	内箍筋③	单腿混凝土量(m³)	单腿钢筋量(kg)
5ZWK1h-2800-02	1700	23800	200	35Φ22	Φ8@100/200	8500	Φ18@1500	54.48	2998.7
5ZWK1h-2800-07	1700	24000	700	38Φ22	Φ8@100/200	8500	Φ18@1500	56.06	3299.8
5ZWK1h-2800-12	1700	24400	1200	41Φ22	Φ8@100/200	8500	Φ18@1500	58.11	3647.6
5ZWK1h-2800-17	1700	24600	1700	33Φ25	Φ8@100/200	8500	Φ18@1500	59.70	3866.6
5ZWK1h-2800-22	1700	25000	2200	36Φ25	Φ8@100/200	8500	Φ18@1500	61.74	4311.7
5ZWK1h-2800-27	1800	24200	2700	37Φ25	Φ8@100/200	9000	Φ18@1500	68.45	4400.2
5ZWK1i-2800-02	1300	16600	200	30Φ25	Φ8@100/200	6500	Φ16@1500	22.30	2181.0
5ZWK1i-2800-07	1300	16800	700	32Φ25	Φ8@100/200	6500	Φ16@1500	23.23	2401.9
5ZWK1i-2800-12	1300	16800	1200	35Φ25	Φ8@100/200	6500	Φ16@1500	23.89	2678.8
5ZWK1i-2800-17	1300	17000	1700	30Φ28	Φ8@100/200	6500	Φ16@1500	24.82	2967.3
5ZWK1i-2800-22	1400	15600	2200	32Φ28	Φ8@100/200	7000	Φ16@1500	27.40	3021.4
5ZWK1i-2800-27	1400	15800	2700	34Φ28	Φ8@100/200	7000	Φ16@1500	28.48	3318.3
5ZWK1j-2800-02	1300	12000	200	30Φ25	Φ8@100/200	6500	Φ16@1500	16.19	1597.9
5ZWK1j-2800-07	1300	12000	700	32Φ25	Φ8@100/200	6500	Φ16@1500	16.86	1757.2
5ZWK1j-2800-12	1300	12000	1200	35Φ25	Φ8@100/200	6500	Φ16@1500	17.52	1973.0
5ZWK1j-2800-17	1300	12000	1700	30Φ25	Φ8@100/200	6500	Φ16@1500	18.18	2188.0
5ZWK1j-2800-22	1400	11000	2200	24Φ32	Φ8@100/200	7000	Φ16@1500	20.32	2212.6
5ZWK1j-2800-27	1400	11000	2700	26Φ32	Φ8@100/200	7000	Φ16@1500	21.09	2469.1

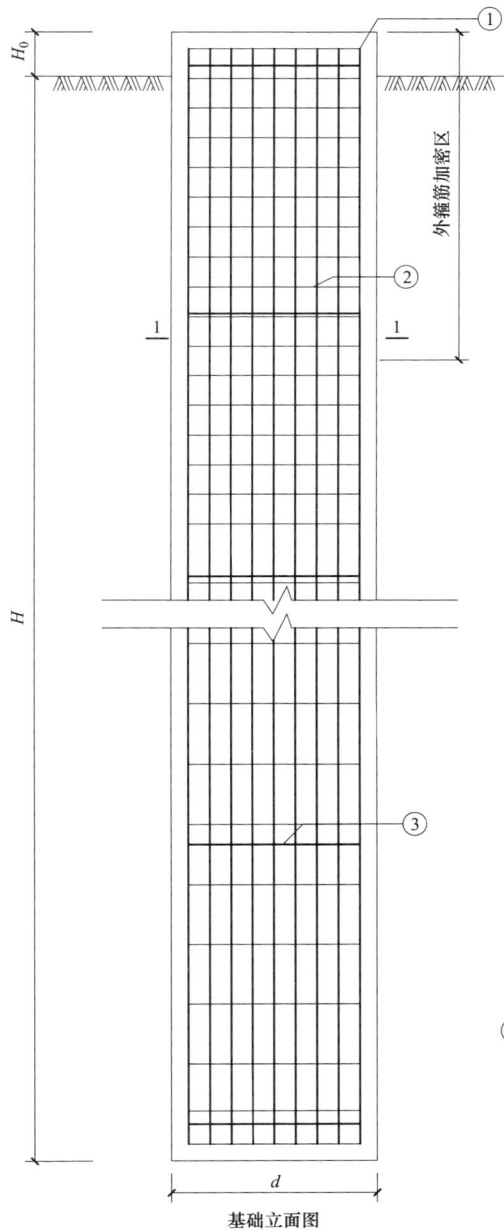

基础立面图

1—1

图 17.1-9　5ZWK1∗-2800 挖孔桩基础施工图

说明：1. 本基础适用于不受地下水影响的黏性土地质条件。

2. 整体立塔时，混凝土的抗压强度应达到设计强度的 100%。分解组塔时，混凝土必须达到抗压强度设计值的 70%。

3. 基础根开及地脚螺栓间距与相应杆塔结构图核对无误后，方可施工。

4. 基础混凝土强度等级不应低于 C25，主筋采用 HRB400 级钢筋，箍筋采用 HPB300 级钢筋。

5. ②号钢筋加密区箍筋间距 100mm，非加密区箍筋间距 200mm。可采用螺旋箍筋。

6. 主筋保护层不小于 50mm。

7. 基础施工完毕后，做好基面排水处理。

8. 本基础按机械成孔施工方式，未考虑护壁工程量。

基 础 参 数 表

基础名称	桩身直径 d(mm)	基础埋深 H(mm)	基础露头 H_0(mm)	主筋①	外箍筋②	外箍筋加密区长度(mm)	内箍筋③	单腿混凝土量(m^3)	单腿钢筋量(kg)
5ZWK1h-3000-02	1800	24600	200	38 ϕ 22	Φ 8@ 100/200	9000	Φ 18@ 1500	63.11	3349.9
5ZWK1h-3000-07	1800	25000	700	40 ϕ 22	Φ 8@ 100/200	9000	Φ 18@ 1500	65.40	3623.4
5ZWK1h-3000-12	1900	24000	1200	41 ϕ 22	Φ 8@ 100/200	9500	Φ 18@ 1500	71.45	3661.5
5ZWK1h-3000-17	1900	24400	1700	44 ϕ 22	Φ 8@ 100/200	9500	Φ 18@ 1500	74.00	4026.3
5ZWK1h-3000-22	1900	24800	2200	47 ϕ 22	Φ 8@ 100/200	9500	Φ 18@ 1500	76.55	4404.9
5ZWK1h-3000-27	2000	24200	2700	37 ϕ 25	Φ 8@ 100/200	10000	Φ 18@ 1500	84.51	4481.2
5ZWK1i-3000-02	1400	16600	200	31 ϕ 25	Φ 8@ 100/200	7000	Φ 16@ 1500	25.86	2271.5
5ZWK1i-3000-07	1400	16800	700	27 ϕ 28	Φ 8@ 100/200	7000	Φ 16@ 1500	26.94	2551.7
5ZWK1i-3000-12	1400	16800	1200	29 ϕ 28	Φ 8@ 100/200	7000	Φ 16@ 1500	27.71	2800.7
5ZWK1i-3000-17	1400	17000	1700	32 ϕ 28	Φ 8@ 100/200	7000	Φ 16@ 1500	28.79	3173.2
5ZWK1i-3000-22	1400	17200	2200	34 ϕ 28	Φ 8@ 100/200	7000	Φ 16@ 1500	29.86	3474.3
5ZWK1i-3000-27	1500	15800	2700	35 ϕ 28	Φ 8@ 100/200	7500	Φ 16@ 1500	32.69	3435.5
5ZWK1j-3000-02	1400	11800	200	31 ϕ 25	Φ 8@ 100/200	7000	Φ 16@ 1500	18.47	1640.8
5ZWK1j-3000-07	1400	11800	700	27 ϕ 28	Φ 8@ 100/200	7000	Φ 16@ 1500	19.24	1840.3
5ZWK1j-3000-12	1400	11800	1200	29 ϕ 28	Φ 8@ 100/200	7000	Φ 16@ 1500	20.01	2035.0
5ZWK1j-3000-17	1400	11800	1700	32 ϕ 28	Φ 8@ 100/200	7000	Φ 16@ 1500	20.78	2308.4
5ZWK1j-3000-22	1400	11800	2200	34 ϕ 28	Φ 8@ 100/200	7000	Φ 16@ 1500	21.55	2524.8
5ZWK1j-3000-27	1500	10800	2700	35 ϕ 28	Φ 8@ 100/200	7500	Φ 16@ 1500	23.86	2526.3

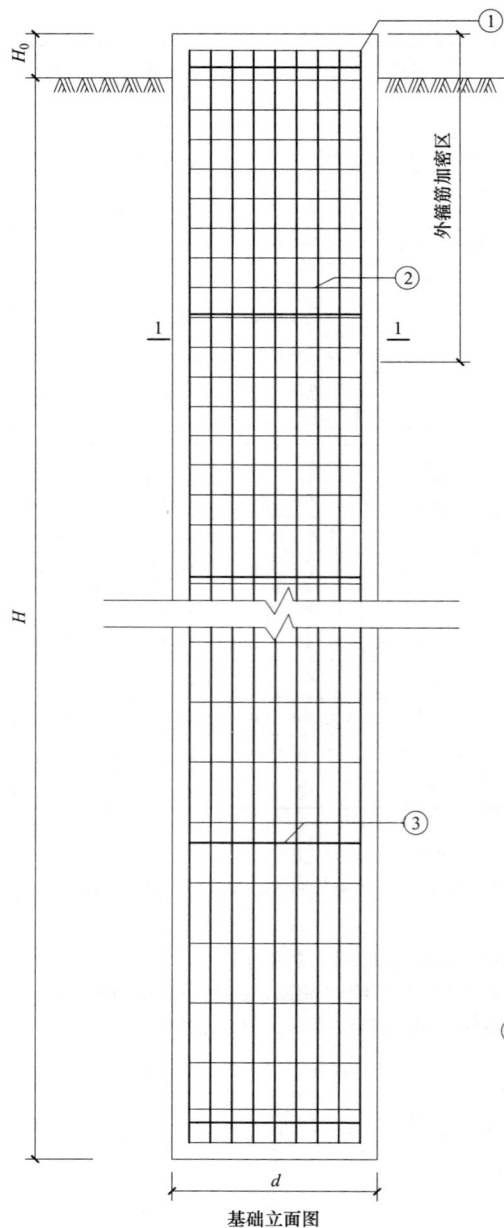

基础立面图

1—1

图 17.1-10　5ZWK1＊-3000 挖孔桩基础施工图

说明：1. 本基础适用于不受地下水影响的黏性土地质条件。

2. 整体立塔时，混凝土的抗压强度应达到设计强度的 100%。分解组塔时，混凝土必须达到抗压强度设计值的 70%。

3. 基础根开及地脚螺栓间距与相应杆塔结构图核对无误后，方可施工。

4. 基础混凝土强度等级不应低于 C25，主筋采用 HRB400 级钢筋，箍筋采用 HPB300 级钢筋。

5. ②号钢筋加密区箍筋间距 100mm，非加密区箍筋间距 200mm。可采用螺旋箍筋。

6. 主筋保护层不小于 50mm。

7. 基础施工完毕后，做好基面排水处理。

8. 本基础按机械成孔施工方式，未考虑护壁工程量。

17.2 5ZWK2 子模块

此子模块适用于粉土地基，共包含 10 张图纸，基础施工图图纸清单见表 17.2-1。

表 17.2-1   5ZWK2 子模块基础施工图图纸清单

续表 17.2-1

序号	图号	图　　名	基础作用力（kN）	
			$T/T_x/T_y$	$N/N_x/N_y$
1	图 17.2-1	5ZWK2*-1200 挖孔桩基础施工图	1200/168/168	1560/218/218
2	图 17.2-2	5ZWK2*-1400 挖孔桩基础施工图	1400/196/196	1820/255/255
3	图 17.2-3	5ZWK2*-1600 挖孔桩基础施工图	1600/224/224	2080/291/291
4	图 17.2-4	5ZWK2*-1800 挖孔桩基础施工图	1800/252/252	2340/328/328
5	图 17.2-5	5ZWK2*-2000 挖孔桩基础施工图	2000/280/280	2600/364/364
6	图 17.2-6	5ZWK2*-2200 挖孔桩基础施工图	2200/308/308	2860/400/400
7	图 17.2-7	5ZWK2*-2400 挖孔桩基础施工图	2400/336/336	3120/437/437
8	图 17.2-8	5ZWK2*-2600 挖孔桩基础施工图	2600/364/364	3380/473/473
9	图 17.2-9	5ZWK2*-2800 挖孔桩基础施工图	2800/392/392	3640/510/510
10	图 17.2-10	5ZWK2*-3000 挖孔桩基础施工图	3000/420/420	3900/546/546

注   2*包含 2h、2i、2j 三种地质参数组合。

基 础 参 数 表

基础名称	桩身直径 d(mm)	基础埋深 H(mm)	基础露头 H_0(mm)	主筋①	外箍筋②	外箍筋加密区长度(mm)	内箍筋③	单腿混凝土量(m³)	单腿钢筋量(kg)
5ZWK2h-1200-02	1400	24000	200	34 Φ 16	Φ 8@ 100/200	7000	Φ 16@ 1500	37.25	1663.4
5ZWK2h-1200-07	1400	24000	700	34 Φ 16	Φ 8@ 100/200	7000	Φ 16@ 1500	38.02	1693.4
5ZWK2h-1200-12	1400	24000	1200	34 Φ 16	Φ 8@ 100/200	7000	Φ 16@ 1500	38.79	1725.1
5ZWK2h-1200-17	1400	24600	1700	37 Φ 16	Φ 8@ 100/200	7000	Φ 16@ 1500	40.49	1922.4
5ZWK2h-1200-22	1500	23400	2200	38 Φ 16	Φ 8@ 100/200	7500	Φ 16@ 1500	45.24	1950.5
5ZWK2h-1200-27	1500	24200	2700	41 Φ 16	Φ 8@ 100/200	7500	Φ 16@ 1500	47.54	2167.5
5ZWK2i-1200-02	900	13600	200	22 Φ 20	Φ 8@ 100/200	4500	Φ 14@ 1500	8.78	868.5
5ZWK2i-1200-07	900	13600	700	24 Φ 20	Φ 8@ 100/200	4500	Φ 14@ 1500	9.10	968.6
5ZWK2i-1200-12	900	13600	1200	18 Φ 25	Φ 8@ 100/200	4500	Φ 14@ 1500	9.42	1149.1
5ZWK2i-1200-17	900	13600	1700	19 Φ 25	Φ 8@ 100/200	4500	Φ 14@ 1500	9.73	1248.1
5ZWK2i-1200-22	1000	13000	2200	20 Φ 25	Φ 8@ 100/200	5000	Φ 16@ 1500	11.94	1330.0
5ZWK2i-1200-27	1000	13200	2700	17 Φ 28	Φ 8@ 100/200	5000	Φ 16@ 1500	12.49	1467.5
5ZWK2j-1200-02	900	10000	200	22 Φ 20	Φ 8@ 100/200	4500	Φ 14@ 1500	6.49	646.7
5ZWK2j-1200-07	900	10000	700	24 Φ 20	Φ 8@ 100/200	4500	Φ 14@ 1500	6.81	731.8
5ZWK2j-1200-12	900	10000	1200	18 Φ 25	Φ 8@ 100/200	4500	Φ 14@ 1500	7.13	875.8
5ZWK2j-1200-17	900	10000	1700	19 Φ 25	Φ 8@ 100/200	4500	Φ 14@ 1500	7.44	958.1
5ZWK2j-1200-22	1000	8800	2200	20 Φ 25	Φ 8@ 100/200	5000	Φ 16@ 1500	8.64	970.3
5ZWK2j-1200-27	1000	8800	2700	17 Φ 28	Φ 8@ 100/200	5000	Φ 16@ 1500	9.03	1068.9

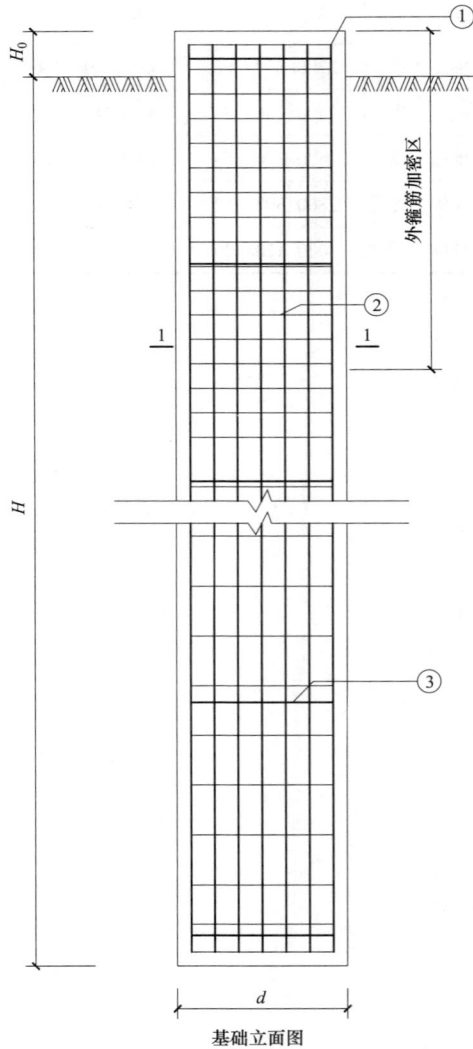

基础立面图

1—1

说明：1. 本基础适用于不受地下水影响的粉土地质条件。

2. 整体立塔时，混凝土的抗压强度应达到设计强度的 100%。分解组塔时，混凝土必须达到抗压强度设计值的 70%。

3. 基础根开及地脚螺栓间距与相应杆塔结构图核对无误后，方可施工。

4. 基础混凝土强度等级不应低于 C25，主筋采用 HRB400 级钢筋，箍筋采用 HPB300 级钢筋。

5. ②号钢筋加密区箍筋间距 100mm，非加密区箍筋间距 200mm。可采用螺旋箍筋。

6. 主筋保护层不小于 50mm。

7. 基础施工完毕后，做好基面排水处理。

8. 本基础按机械成孔施工方式，未考虑护壁工程量。

图 17.2-1　5ZWK2 * -1200 挖孔桩基础施工图

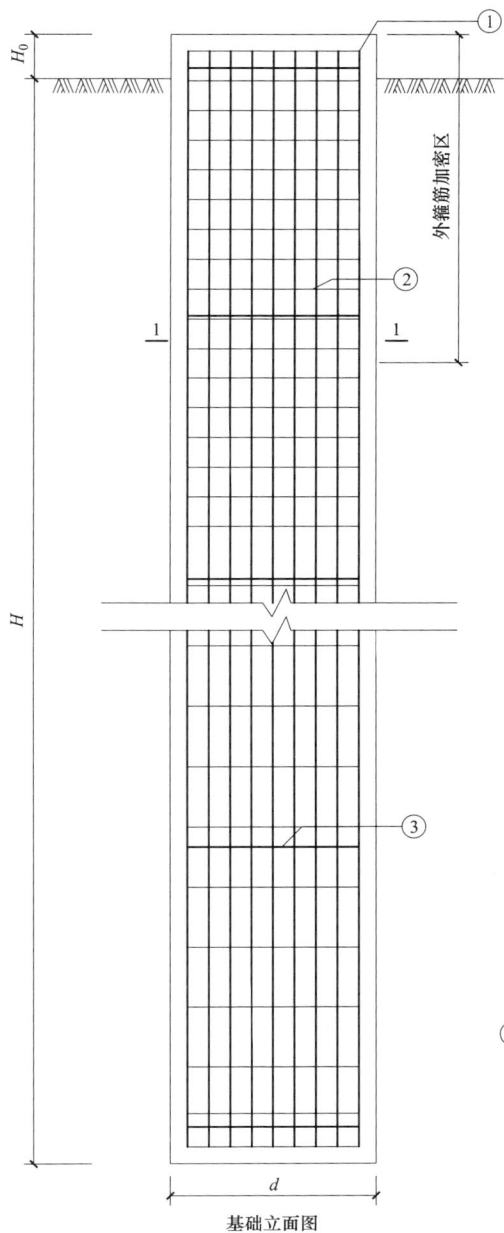

基础立面图

1—1

图 17.2-2 5ZWK2∗-1400 挖孔桩基础施工图

基 础 参 数 表

基础名称	桩身直径 d(mm)	基础埋深 H(mm)	基础露头 H_0(mm)	主筋①	外箍筋②	外箍筋加密区长度(mm)	内箍筋③	单腿混凝土量(m³)	单腿钢筋量(kg)
5ZWK2h-1400-02	1600	25000	200	43 Φ 14	Φ 8@ 100/200	8000	Φ 18@ 1500	50.67	1785.3
5ZWK2h-1400-07	1700	24000	700	44 Φ 14	Φ 8@ 100/200	8500	Φ 18@ 1500	56.06	1821.3
5ZWK2h-1400-12	1700	25000	1200	49 Φ 14	Φ 8@ 100/200	8500	Φ 18@ 1500	59.47	2082.4
5ZWK2h-1400-17	1800	24400	1700	50 Φ 14	Φ 8@ 100/200	9000	Φ 18@ 1500	66.42	2145.9
5ZWK2h-1400-22	1900	24000	2200	51 Φ 14	Φ 8@ 100/200	9500	Φ 18@ 1500	74.28	2224.3
5ZWK2h-1400-27	2000	24000	2700	52 Φ 14	Φ 8@ 100/200	10000	Φ 18@ 1500	83.88	2333.6
5ZWK2i-1400-02	1000	15400	200	20 Φ 22	Φ 8@ 100/200	5000	Φ 16@ 1500	12.25	1094.3
5ZWK2i-1400-07	1000	15600	700	22 Φ 22	Φ 8@ 100/200	5000	Φ 16@ 1500	12.80	1236.0
5ZWK2i-1400-12	1000	15800	1200	25 Φ 22	Φ 8@ 100/200	5000	Φ 16@ 1500	13.35	1441.7
5ZWK2i-1400-17	1000	16000	1700	27 Φ 22	Φ 8@ 100/200	5000	Φ 16@ 1500	13.90	1602.3
5ZWK2i-1400-22	1000	16000	2200	19 Φ 28	Φ 8@ 100/200	5000	Φ 16@ 1500	14.29	1853.0
5ZWK2i-1400-27	1100	14400	2700	19 Φ 28	Φ 8@ 100/200	5500	Φ 16@ 1500	16.25	1765.5
5ZWK2j-1400-02	1000	10400	200	20 Φ 22	Φ 8@ 100/200	5000	Φ 16@ 1500	8.33	755.3
5ZWK2j-1400-07	1000	10400	700	22 Φ 22	Φ 8@ 100/200	5000	Φ 16@ 1500	8.72	852.9
5ZWK2j-1400-12	1000	10400	1200	25 Φ 22	Φ 8@ 100/200	5000	Φ 16@ 1500	9.11	991.8
5ZWK2j-1400-17	1000	10400	1700	27 Φ 22	Φ 8@ 100/200	5000	Φ 16@ 1500	9.50	1107.1
5ZWK2j-1400-22	1000	10400	2200	19 Φ 28	Φ 8@ 100/200	5000	Φ 16@ 1500	9.90	1290.8
5ZWK2j-1400-27	1100	9200	2700	19 Φ 28	Φ 8@ 100/200	5500	Φ 16@ 1500	11.31	1237.0

说明：1. 本基础适用于不受地下水影响的粉土地质条件。

2. 整体立塔时，混凝土的抗压强度应达到设计强度的 100%。分解组塔时，混凝土必须达到抗压强度设计值的 70%。

3. 基础根开及地脚螺栓间距与相应杆塔结构图核对无误后，方可施工。

4. 基础混凝土强度等级不应低于 C25，主筋采用 HRB400 级钢筋，箍筋采用 HPB300 级钢筋。

5. ②号钢筋加密区箍筋间距 100mm，非加密区箍筋间距 200mm。可采用螺旋箍筋。

6. 主筋保护层不小于 50mm。

7. 基础施工完毕后，做好基面排水处理。

8. 本基础按机械成孔施工方式，未考虑护壁工程量。

基 础 参 数 表

基础名称	桩身直径 d(mm)	基础埋深 H(mm)	基础露头 H_0(mm)	主筋①	外箍筋②	外箍筋加密区长度(mm)	内箍筋③	单腿混凝土量(m^3)	单腿钢筋量(kg)
5ZWK2i-1600-02	1000	18400	200	23Φ22	Φ8@100/200	5000	Φ16@1500	14.61	1464.0
5ZWK2i-1600-07	1000	18600	700	20Φ25	Φ8@100/200	5000	Φ16@1500	15.16	1676.8
5ZWK2i-1600-12	1000	18800	1200	22Φ25	Φ8@100/200	5000	Φ16@1500	15.71	1892.6
5ZWK2i-1600-17	1000	19000	1700	25Φ25	Φ8@100/200	5000	Φ16@1500	16.26	2193.2
5ZWK2i-1600-22	1100	17200	2200	25Φ25	Φ8@100/200	5500	Φ16@1500	18.44	2082.1
5ZWK2i-1600-27	1100	17400	2700	22Φ28	Φ8@100/200	5500	Φ16@1500	19.10	2358.6
5ZWK2j-1600-02	1000	11800	200	23Φ22	Φ8@100/200	5000	Φ16@1500	9.42	957.2
5ZWK2j-1600-07	1000	11800	700	20Φ25	Φ8@100/200	5000	Φ16@1500	9.82	1097.9
5ZWK2j-1600-12	1000	11800	1200	22Φ25	Φ8@100/200	5000	Φ16@1500	10.21	1239.1
5ZWK2j-1600-17	1000	11800	1700	25Φ25	Φ8@100/200	5000	Φ16@1500	10.60	1442.5
5ZWK2j-1600-22	1100	10600	2200	25Φ25	Φ8@100/200	5500	Φ16@1500	12.16	1386.5
5ZWK2j-1600-27	1100	10600	2700	22Φ28	Φ8@100/200	5500	Φ16@1500	12.64	1570.0

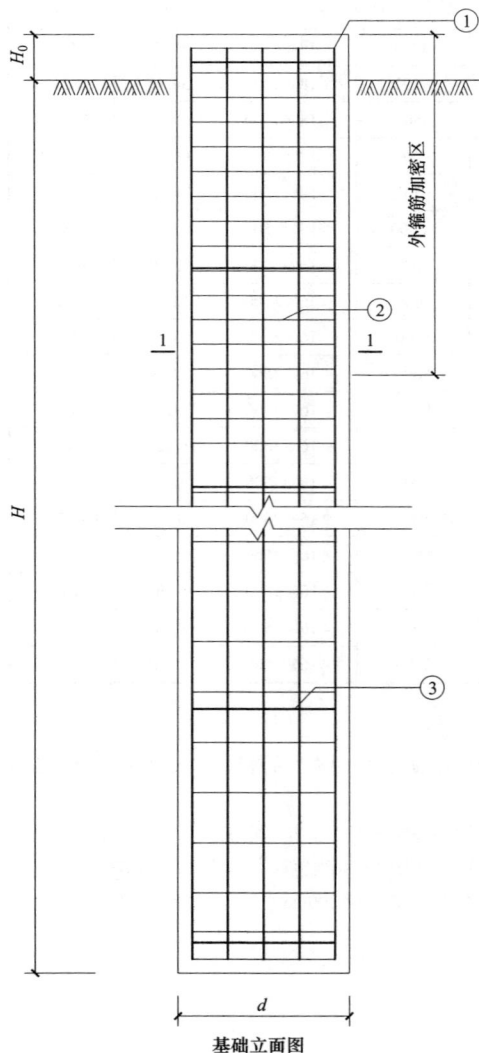

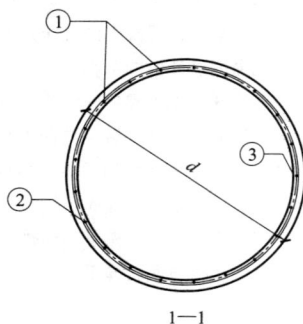

基础立面图

1—1

说明：1. 本基础适用于不受地下水影响的粉土地质条件。

2. 整体立塔时，混凝土的抗压强度应达到设计强度的100%。分解组塔时，混凝土必须达到抗压强度设计值的70%。

3. 基础根开及地脚螺栓间距与相应杆塔结构图核对无误后，方可施工。

4. 基础混凝土强度等级不应低于C25，主筋采用HRB400级钢筋，箍筋采用HPB300级钢筋。

5. ②号钢筋加密区箍筋间距100mm，非加密区箍筋间距200mm。可采用螺旋箍筋。

6. 主筋保护层不小于50mm。

7. 基础施工完毕后，做好基面排水处理。

8. 本基础按机械成孔施工方式，未考虑护壁工程量。

图 17.2-3   5ZWK2*-1600 挖孔桩基础施工图

基础立面图

1—1

图 17.2-4　5ZWK2＊-1800 挖孔桩基础施工图

基 础 参 数 表

基础名称	桩身直径 d(mm)	基础埋深 H(mm)	基础露头 H_0(mm)	主筋①	外箍筋②	外箍筋加密区长度(mm)	内箍筋③	单腿混凝土量(m³)	单腿钢筋量(kg)
5ZWK2i-1800-02	1000	21400	200	20 ⊕ 25	Φ 8@ 100/200	5000	Φ 16@ 1500	16. 96	1875. 8
5ZWK2i-1800-07	1000	21600	700	23 ⊕ 25	Φ 8@ 100/200	5000	Φ 16@ 1500	17. 51	2189. 5
5ZWK2i-1800-12	1000	21800	1200	25 ⊕ 25	Φ 8@ 100/200	5000	Φ 16@ 1500	18. 06	2436. 5
5ZWK2i-1800-17	1100	19800	1700	26 ⊕ 25	Φ 8@ 100/200	5500	Φ 16@ 1500	20. 43	2389. 8
5ZWK2i-1800-22	1100	20000	2200	29 ⊕ 25	Φ 8@ 100/200	5500	Φ 16@ 1500	21. 10	2718. 9
5ZWK2i-1800-27	1200	18400	2700	29 ⊕ 25	Φ 8@ 100/200	6000	Φ 16@ 1500	23. 86	2617. 4
5ZWK2j-1800-02	1000	13200	200	20 ⊕ 25	Φ 8@ 100/200	5000	Φ 16@ 1500	10. 52	1172. 9
5ZWK2j-1800-07	1000	13200	700	23 ⊕ 25	Φ 8@ 100/200	5000	Φ 16@ 1500	10. 92	1377. 1
5ZWK2j-1800-12	1000	13200	1200	25 ⊕ 25	Φ 8@ 100/200	5000	Φ 16@ 1500	11. 31	1534. 8
5ZWK2j-1800-17	1100	11800	1700	26 ⊕ 25	Φ 8@ 100/200	5500	Φ 16@ 1500	12. 83	1515. 2
5ZWK2j-1800-22	1100	11800	2200	29 ⊕ 25	Φ 8@ 100/200	5500	Φ 16@ 1500	13. 30	1728. 2
5ZWK2j-1800-27	1200	10600	2700	29 ⊕ 25	Φ 8@ 100/200	6000	Φ 16@ 1500	15. 04	1661. 5

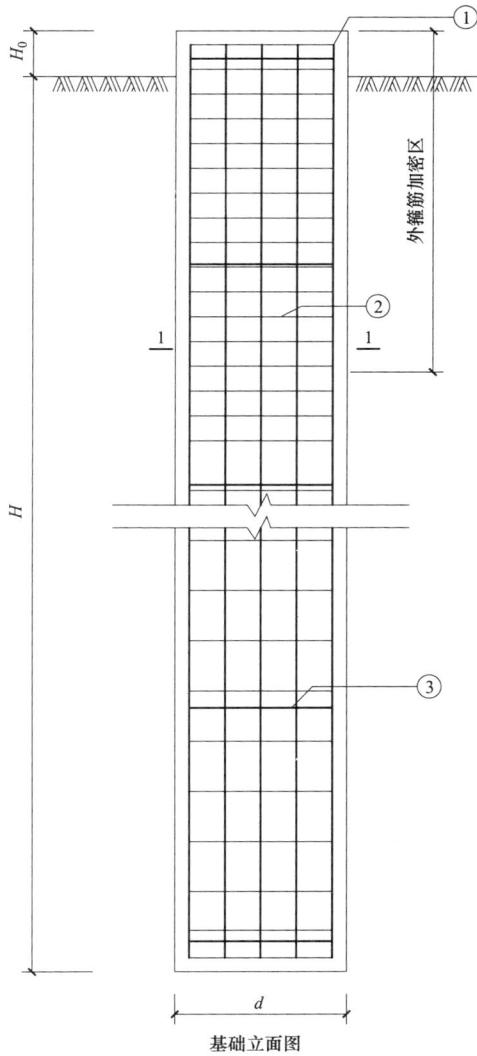

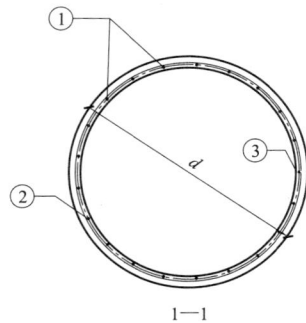

说明：1. 本基础适用于不受地下水影响的粉土地质条件。

2. 整体立塔时，混凝土的抗压强度应达到设计强度的 100%。分解组塔时，混凝土必须达到抗压强度设计值的 70%。

3. 基础根开及地脚螺栓间距与相应杆塔结构图核对无误后，方可施工。

4. 基础混凝土强度等级不应低于 C25，主筋采用 HRB400 级钢筋，箍筋采用 HPB300 级钢筋。

5. ②号钢筋加密区箍筋间距 100mm，非加密区箍筋间距 200mm。可采用螺旋箍筋。

6. 主筋保护层不小于 50mm。

7. 基础施工完毕后，做好基面排水处理。

8. 本基础按机械成孔施工方式，未考虑护壁工程量。

基础立面图

1—1

基 础 参 数 表

基础名称	桩身直径 d(mm)	基础埋深 H(mm)	基础露头 H_0(mm)	主筋①	外箍筋②	外箍筋加密区长度(mm)	内箍筋③	单腿混凝土量(m^3)	单腿钢筋量(kg)
5ZWK2i-2000-02	1100	22200	200	28 Φ 22	Φ 8@ 100/200	5500	Φ 16@ 1500	21.29	2114.8
5ZWK2i-2000-07	1100	22400	700	25 Φ 25	Φ 8@ 100/200	5500	Φ 16@ 1500	21.95	2476.2
5ZWK2i-2000-12	1100	22400	1200	27 Φ 25	Φ 8@ 100/200	5500	Φ 16@ 1500	22.43	2707.8
5ZWK2i-2000-17	1100	22600	1700	29 Φ 25	Φ 8@ 100/200	5500	Φ 16@ 1500	23.09	2976.6
5ZWK2i-2000-22	1200	20800	2200	30 Φ 25	Φ 8@ 100/200	6000	Φ 16@ 1500	26.01	2936.8
5ZWK2i-2000-27	1200	21000	2700	26 Φ 28	Φ 8@ 100/200	6000	Φ 16@ 1500	26.80	3258.9
5ZWK2j-2000-02	1100	13200	200	28 Φ 22	Φ 8@ 100/200	5500	Φ 16@ 1500	12.73	1278.7
5ZWK2j-2000-07	1100	13200	700	25 Φ 25	Φ 8@ 100/200	5500	Φ 16@ 1500	13.21	1504.6
5ZWK2j-2000-12	1100	13200	1200	27 Φ 25	Φ 8@ 100/200	5500	Φ 16@ 1500	13.68	1665.4
5ZWK2j-2000-17	1100	13200	1700	29 Φ 25	Φ 8@ 100/200	5500	Φ 16@ 1500	14.16	1835.0
5ZWK2j-2000-22	1200	11800	2200	30 Φ 25	Φ 8@ 100/200	6000	Φ 16@ 1500	15.83	1803.8
5ZWK2j-2000-27	1200	11800	2700	26 Φ 28	Φ 8@ 100/200	6000	Φ 16@ 1500	16.40	2008.9

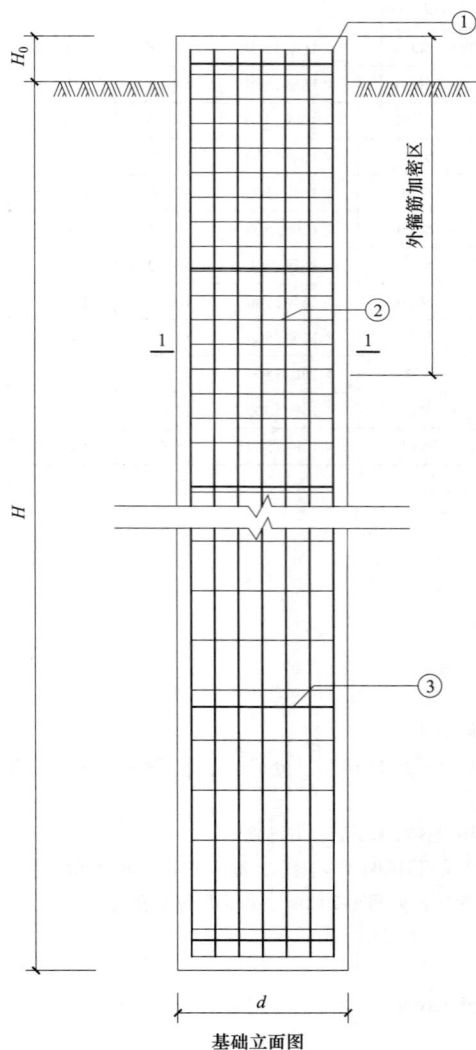

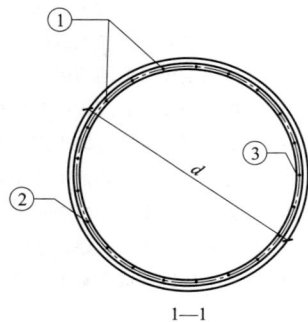

说明：1. 本基础适用于不受地下水影响的粉土地质条件。

2. 整体立塔时，混凝土的抗压强度应达到设计强度的100%。分解组塔时，混凝土必须达到抗压强度设计值的70%。

3. 基础根开及地脚螺栓间距与相应杆塔结构图核对无误后，方可施工。

4. 基础混凝土强度等级不应低于C25，主筋采用HRB400级钢筋，箍筋采用HPB300级钢筋。

5. ②号钢筋加密区箍筋间距100mm，非加密区箍筋间距200mm。可采用螺旋箍筋。

6. 主筋保护层不小于50mm。

7. 基础施工完毕后，做好基面排水处理。

8. 本基础按机械成孔施工方式，未考虑护壁工程量。

图 17.2-5　5ZWK2＊-2000 挖孔桩基础施工图

基 础 参 数 表

基础名称	桩身直径 d(mm)	基础埋深 H(mm)	基础露头 H_0(mm)	主筋①	外箍筋②	外箍筋加密区长度(mm)	内箍筋③	单腿混凝土量(m³)	单腿钢筋量(kg)
5ZWK2i-2200-02	1100	25000	200	24 Φ 25	Φ 8@ 100/200	5500	Φ 16@ 1500	23. 95	2599. 0
5ZWK2i-2200-07	1200	23000	700	26 Φ 25	Φ 8@ 100/200	6000	Φ 16@ 1500	26. 80	2658. 3
5ZWK2i-2200-12	1200	23200	1200	28 Φ 25	Φ 8@ 100/200	6000	Φ 16@ 1500	27. 60	2926. 2
5ZWK2i-2200-17	1200	23400	1700	31 Φ 25	Φ 8@ 100/200	6000	Φ 16@ 1500	28. 39	3294. 6
5ZWK2i-2200-22	1200	23600	2200	34 Φ 25	Φ 8@ 100/200	6000	Φ 16@ 1500	29. 18	3685. 7
5ZWK2i-2200-27	1300	21800	2700	34 Φ 25	Φ 8@ 100/200	6500	Φ 16@ 1500	32. 52	3533. 4
5ZWK2j-2200-02	1100	14400	200	24 Φ 25	Φ 8@ 100/200	5500	Φ 16@ 1500	13. 87	1520. 0
5ZWK2j-2200-07	1100	14400	700	27 Φ 25	Φ 8@ 100/200	5500	Φ 16@ 1500	14. 35	1747. 8
5ZWK2j-2200-12	1100	14400	1200	29 Φ 25	Φ 8@ 100/200	5500	Φ 16@ 1500	14. 83	1921. 6
5ZWK2j-2200-17	1200	13000	1700	31 Φ 25	Φ 8@ 100/200	6000	Φ 16@ 1500	16. 63	1945. 0
5ZWK2j-2200-22	1200	13000	2200	27 Φ 28	Φ 8@ 100/200	6000	Φ 16@ 1500	17. 19	2180. 3
5ZWK2j-2200-27	1300	11800	2700	27 Φ 28	Φ 8@ 100/200	6500	Φ 16@ 1500	19. 25	2101. 5

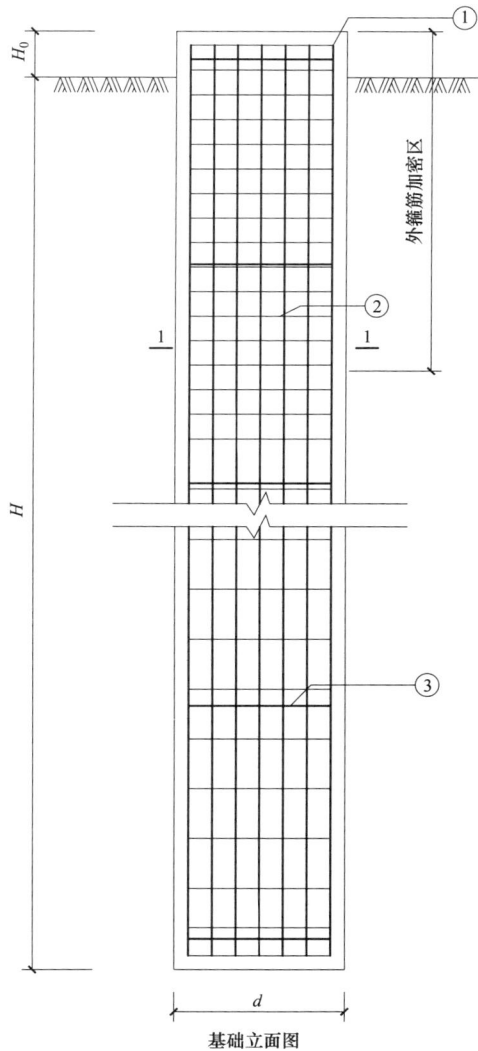

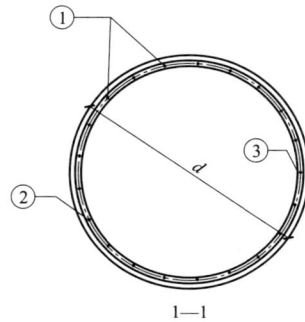

基础立面图

1—1

说明：1. 本基础适用于不受地下水影响的粉土地质条件。
2. 整体立塔时，混凝土的抗压强度应达到设计强度的 100%。分解组塔时，混凝土必须达到抗压强度设计值的 70%。
3. 基础根开及地脚螺栓间距与相应杆塔结构图核对无误后，方可施工。
4. 基础混凝土强度等级不应低于 C25，主筋采用 HRB400 级钢筋，箍筋采用 HPB300 级钢筋。
5. ②号钢筋加密区箍筋间距 100mm，非加密区箍筋间距 200mm。可采用螺旋箍筋。
6. 主筋保护层不小于 50mm。
7. 基础施工完毕后，做好基面排水处理。
8. 本基础按机械成孔施工方式，未考虑护壁工程量。

图 17. 2-6 5ZWK2 * -2200 挖孔桩基础施工图

基 础 参 数 表

基础名称	桩身直径 d(mm)	基础埋深 H(mm)	基础露头 H_0(mm)	主筋①	外箍筋②	外箍筋加密区长度(mm)	内箍筋③	单腿混凝土量(m^3)	单腿钢筋量(kg)
5ZWK2i-2400-02	1300	23400	200	33 Φ 22	Φ8@ 100/200	6500	Φ16@ 1500	31.32	2638.8
5ZWK2i-2400-07	1300	23600	700	28 Φ 25	Φ8@ 100/200	6500	Φ16@ 1500	32.25	2946.7
5ZWK2i-2400-12	1300	23800	1200	30 Φ 25	Φ8@ 100/200	6500	Φ16@ 1500	33.18	3218.5
5ZWK2i-2400-17	1300	24000	1700	33 Φ 25	Φ8@ 100/200	6500	Φ16@ 1500	34.11	3606.7
5ZWK2i-2400-22	1300	24200	2200	35 Φ 25	Φ8@ 100/200	6500	Φ16@ 1500	35.04	3902.7
5ZWK2i-2400-27	1300	24400	2700	30 Φ 28	Φ8@ 100/200	6500	Φ16@ 1500	35.97	4281.8
5ZWK2j-2400-02	1200	14200	200	26 Φ 25	Φ8@ 100/200	6000	Φ16@ 1500	16.29	1632.7
5ZWK2j-2400-07	1200	14200	700	28 Φ 25	Φ8@ 100/200	6000	Φ16@ 1500	16.85	1799.4
5ZWK2j-2400-12	1200	14200	1200	31 Φ 25	Φ8@ 100/200	6000	Φ16@ 1500	17.42	2039.2
5ZWK2j-2400-17	1200	14200	1700	34 Φ 25	Φ8@ 100/200	6000	Φ16@ 1500	17.98	2284.1
5ZWK2j-2400-22	1300	12800	2200	35 Φ 25	Φ8@ 100/200	6500	Φ16@ 1500	19.91	2240.5
5ZWK2j-2400-27	1300	12800	2700	30 Φ 28	Φ8@ 100/200	6500	Φ16@ 1500	20.57	2468.1

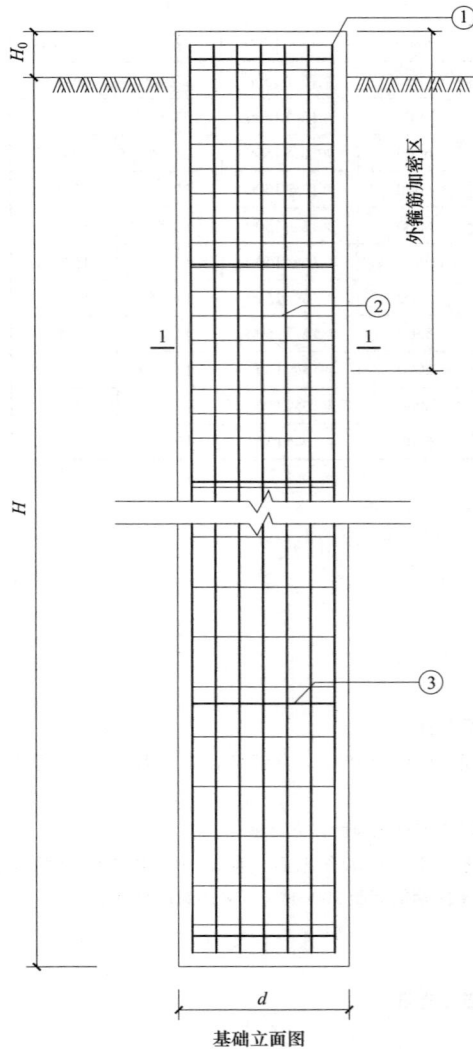

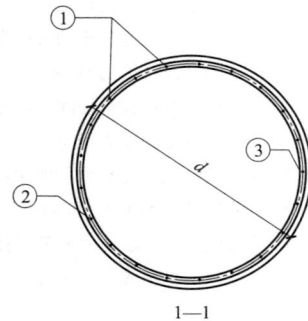

说明：1. 本基础适用于不受地下水影响的粉土地质条件。

2. 整体立塔时，混凝土的抗压强度应达到设计强度的100%。分解组塔时，混凝土必须达到抗压强度设计值的70%。

3. 基础根开及地脚螺栓间距与相应杆塔结构图核对无误后，方可施工。

4. 基础混凝土强度等级不应低于C25，主筋采用HRB400级钢筋，箍筋采用HPB300级钢筋。

5. ②号钢筋加密区箍筋间距100mm，非加密区箍筋间距200mm。可采用螺旋箍筋。

6. 主筋保护层不小于50mm。

7. 基础施工完毕后，做好基面排水处理。

8. 本基础按机械成孔施工方式，未考虑护壁工程量。

基础立面图

1—1

图 17.2-7　5ZWK2*-2400挖孔桩基础施工图

基 础 参 数 表

基础名称	桩身直径 d(mm)	基础埋深 H(mm)	基础露头 H_0(mm)	主筋①	外箍筋②	外箍筋加密区长度(mm)	内箍筋③	单腿混凝土量(m³)	单腿钢筋量(kg)
5ZWK2i-2600-02	1400	24000	200	27 Φ25	Φ8@100/200	7000	Φ16@1500	37.25	2874.9
5ZWK2i-2600-07	1400	24200	700	29 Φ25	Φ8@100/200	7000	Φ16@1500	38.33	3143.5
5ZWK2i-2600-12	1400	24400	1200	32 Φ25	Φ8@100/200	7000	Φ16@1500	39.41	3528.9
5ZWK2i-2600-17	1400	24600	1700	34 Φ25	Φ8@100/200	7000	Φ16@1500	40.49	3821.8
5ZWK2i-2600-22	1400	24800	2200	36 Φ25	Φ8@100/200	7000	Φ16@1500	41.56	4133.3
5ZWK2i-2600-27	1400	25000	2700	24 Φ32	Φ8@100/200	7000	Φ16@1500	42.64	4586.9
5ZWK2j-2600-02	1200	15400	200	28 Φ25	Φ8@100/200	6000	Φ16@1500	17.64	1885.6
5ZWK2j-2600-07	1200	15600	700	31 Φ25	Φ8@100/200	6000	Φ16@1500	18.43	2152.2
5ZWK2j-2600-12	1200	15800	1200	34 Φ25	Φ8@100/200	6000	Φ16@1500	19.23	2441.6
5ZWK2j-2600-17	1300	14200	1700	35 Φ25	Φ8@100/200	6500	Φ16@1500	21.10	2369.4
5ZWK2j-2600-22	1300	14400	2200	30 Φ28	Φ8@100/200	6500	Φ16@1500	22.03	2640.7
5ZWK2j-2600-27	1400	13000	2700	24 Φ32	Φ8@100/200	7000	Φ16@1500	24.17	2623.0

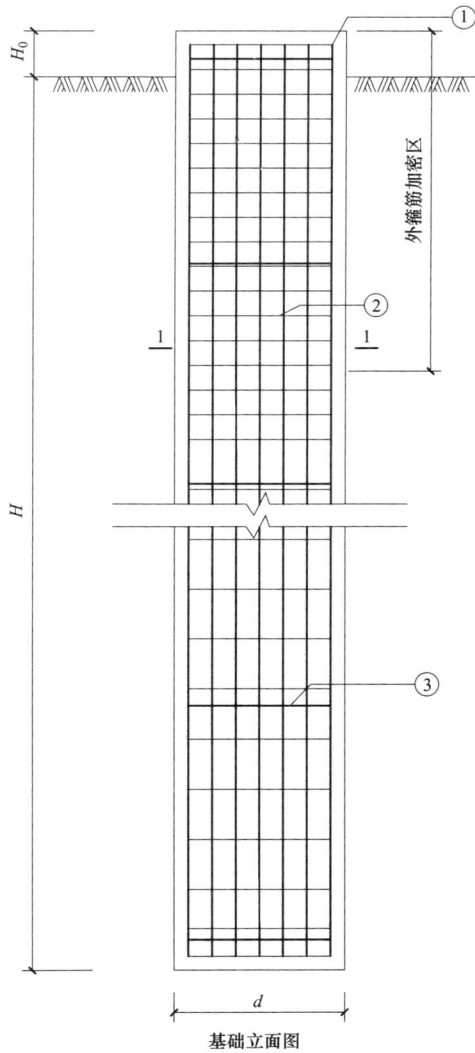

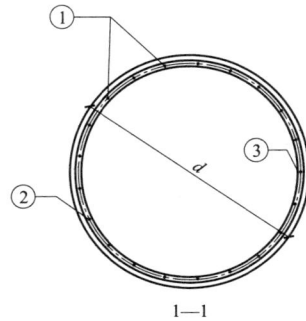

基础立面图

1—1

说明：1. 本基础适用于不受地下水影响的粉土地质条件。

2. 整体立塔时，混凝土的抗压强度应达到设计强度的 100%。分解组塔时，混凝土必须达到抗压强度设计值的 70%。

3. 基础根开及地脚螺栓间距与相应杆塔结构图核对无误后，方可施工。

4. 基础混凝土强度等级不应低于 C25，主筋采用 HRB400 级钢筋，箍筋采用 HPB300 级钢筋。

5. ②号钢筋加密区箍筋间距 100mm，非加密区箍筋间距 200mm。可采用螺旋箍筋。

6. 主筋保护层不小于 50mm。

7. 基础施工完毕后，做好基面排水处理。

8. 本基础按机械成孔施工方式，未考虑护壁工程量。

图 17.2-8 5ZWK2∗-2600 挖孔桩基础施工图

基础参数表

基础名称	桩身直径 d(mm)	基础埋深 H(mm)	基础露头 H_0(mm)	主筋①	外箍筋②	外箍筋加密区长度(mm)	内箍筋③	单腿混凝土量(m³)	单腿钢筋量(kg)
5ZWK2i-2800-02	1500	24400	200	37⌀22	Φ8@100/200	7500	Φ16@1500	43.47	3108.7
5ZWK2i-2800-07	1500	24800	700	40⌀22	Φ8@100/200	7500	Φ16@1500	45.06	3450.6
5ZWK2i-2800-12	1500	25000	1200	43⌀22	Φ8@100/200	7500	Φ16@1500	46.30	3772.9
5ZWK2i-2800-17	1600	23600	1700	44⌀22	Φ8@100/200	8000	Φ18@1500	50.87	3786.4
5ZWK2i-2800-22	1600	23800	2200	37⌀25	Φ8@100/200	8000	Φ18@1500	52.28	4185.9
5ZWK2i-2800-27	1600	24200	2700	31⌀28	Φ8@100/200	8000	Φ18@1500	54.09	4515.6
5ZWK2j-2800-02	1300	15400	200	30⌀25	Φ8@100/200	6500	Φ16@1500	20.71	2027.7
5ZWK2j-2800-07	1300	15600	700	32⌀25	Φ8@100/200	6500	Φ16@1500	21.64	2239.3
5ZWK2j-2800-12	1300	15600	1200	35⌀25	Φ8@100/200	6500	Φ16@1500	22.30	2502.4
5ZWK2j-2800-17	1300	15800	1700	30⌀28	Φ8@100/200	6500	Φ16@1500	23.23	2778.7
5ZWK2j-2800-22	1400	14400	2200	24⌀32	Φ8@100/200	7000	Φ16@1500	25.55	2773.5
5ZWK2j-2800-27	1400	14400	2700	26⌀32	Φ8@100/200	7000	Φ16@1500	26.32	3066.9

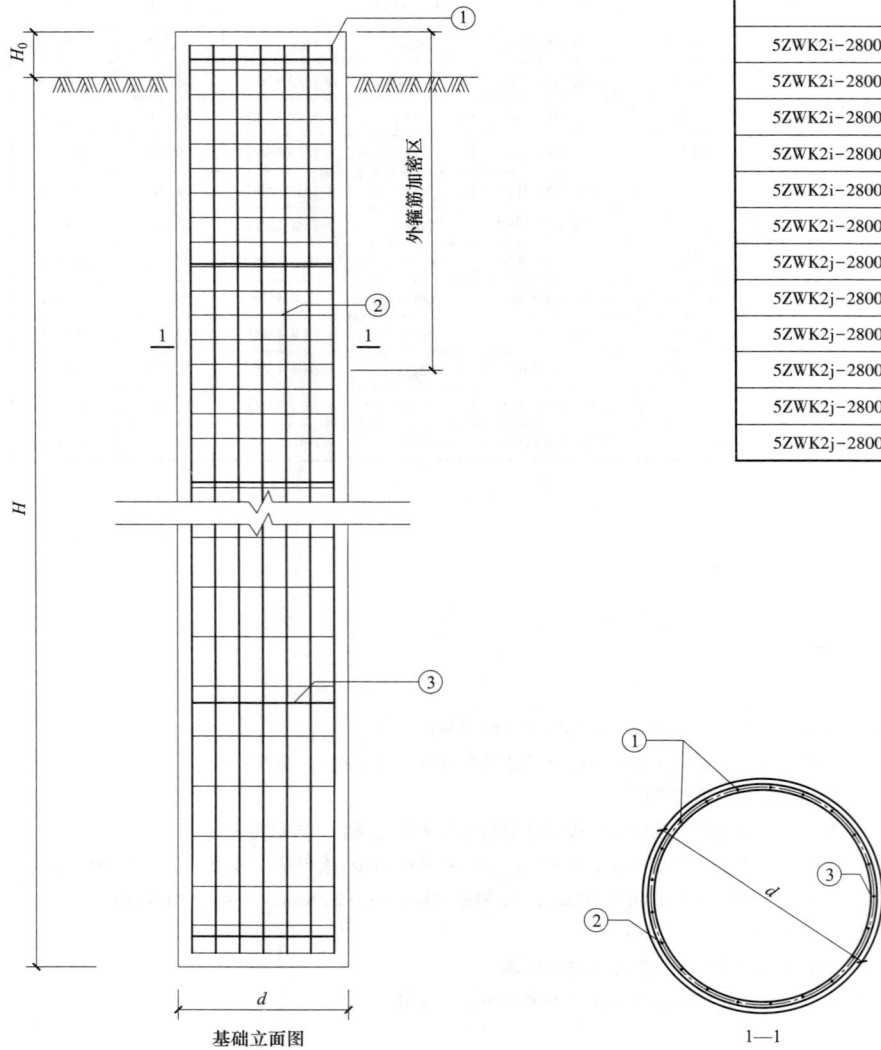

基础立面图

1—1

说明：1. 本基础适用于不受地下水影响的粉土地质条件。

2. 整体立塔时，混凝土的抗压强度应达到设计强度的100%。分解组塔时，混凝土必须达到抗压强度设计值的70%。

3. 基础根开及地脚螺栓间距与相应杆塔结构图核对无误后，方可施工。

4. 基础混凝土强度等级不应低于C25，主筋采用HRB400级钢筋，箍筋采用HPB300级钢筋。

5. ②号钢筋加密区箍筋间距100mm，非加密区箍筋间距200mm。可采用螺旋箍筋。

6. 主筋保护层不小于50mm。

7. 基础施工完毕后，做好基面排水处理。

8. 本基础按机械成孔施工方式，未考虑护壁工程量。

图 17.2-9　5ZWK2＊-2800 挖孔桩基础施工图

基 础 参 数 表

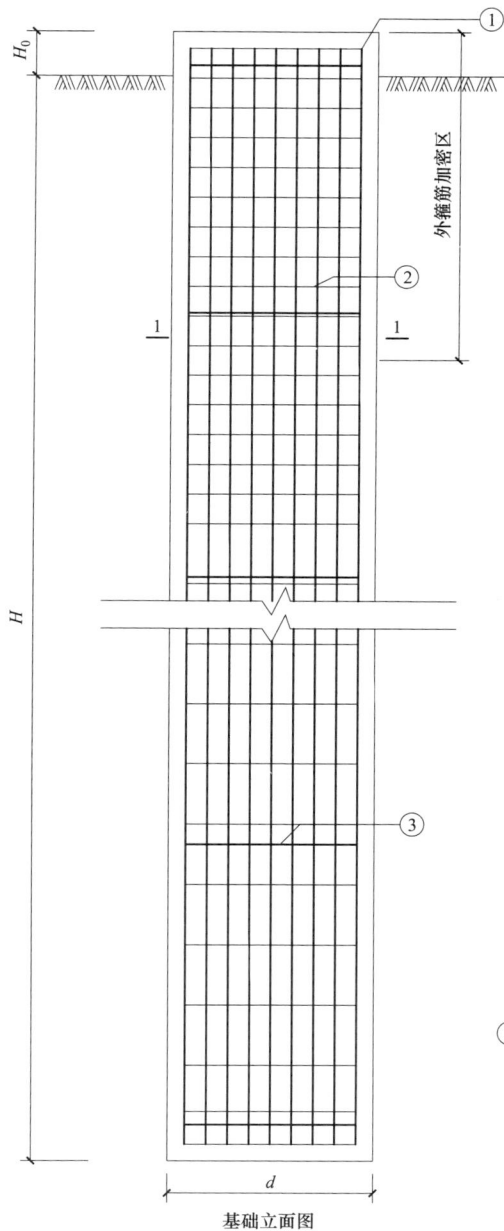

基础名称	桩身直径 d(mm)	基础埋深 H(mm)	基础露头 H_0(mm)	主筋①	外箍筋②	外箍筋加密区长度(mm)	内箍筋③	单腿混凝土量(m^3)	单腿钢筋量(kg)
5ZWK2i-3000-02	1600	25000	200	39 ϕ 22	Φ 8@ 100/200	8000	Φ 18@ 1500	50. 67	3399. 0
5ZWK2i-3000-07	1700	23600	700	41 ϕ 22	Φ 8@ 100/200	8500	Φ 18@ 1500	55. 16	3467. 0
5ZWK2i-3000-12	1700	24000	1200	34 ϕ 25	Φ 8@ 100/200	8500	Φ 18@ 1500	57. 20	3801. 8
5ZWK2i-3000-17	1700	24200	1700	36 ϕ 25	Φ 8@ 100/200	8500	Φ 18@ 1500	58. 79	4109. 7
5ZWK2i-3000-22	1700	24600	2200	39 ϕ 25	Φ 8@ 100/200	8500	Φ 18@ 1500	60. 83	4551. 0
5ZWK2i-3000-27	1700	24800	2700	41 ϕ 25	Φ 8@ 100/200	8500	Φ 18@ 1500	62. 42	4884. 8
5ZWK2j-3000-02	1400	15200	200	31 ϕ 25	Φ 8@ 100/200	7000	Φ 16@ 1500	23. 71	2086. 8
5ZWK2j-3000-07	1400	15400	700	27 ϕ 28	Φ 8@ 100/200	7000	Φ 16@ 1500	24. 78	2351. 5
5ZWK2j-3000-12	1400	15600	1200	29 ϕ 28	Φ 8@ 100/200	7000	Φ 16@ 1500	25. 86	2616. 7
5ZWK2j-3000-17	1400	15800	1700	32 ϕ 28	Φ 8@ 100/200	7000	Φ 16@ 1500	26. 94	2971. 7
5ZWK2j-3000-22	1400	15800	2200	34 ϕ 28	Φ 8@ 100/200	7000	Φ 16@ 1500	27. 71	3232. 9
5ZWK2j-3000-27	1500	14400	2700	35 ϕ 28	Φ 8@ 100/200	7500	Φ 16@ 1500	30. 22	3179. 9

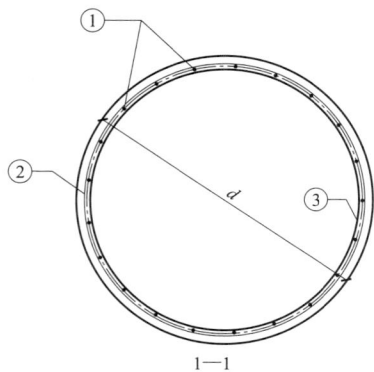

说明：1. 本基础适用于不受地下水影响的粉土地质条件。

2. 整体立塔时，混凝土的抗压强度应达到设计强度的100%。分解组塔时，混凝土必须达到抗压强度设计值的70%。

3. 基础根开及地脚螺栓间距与相应杆塔结构图核对无误后，方可施工。

4. 基础混凝土强度等级不应低于C25，主筋采用HRB400级钢筋，箍筋采用HPB300级钢筋。

5. ②号钢筋加密区箍筋间距100mm，非加密区箍筋间距200mm。可采用螺旋箍筋。

6. 主筋保护层不小于50mm。

7. 基础施工完毕后，做好基面排水处理。

8. 本基础按机械成孔施工方式，未考虑护壁工程量。

基础立面图

1—1

图 17. 2-10　5ZWK2∗-3000挖孔桩基础施工图

17.3 5ZWK3 子模块

此子模块适用于碎石土地基，共包含 10 张图纸，基础施工图图纸清单见表 17.3-1。

表 17.3-1　　　　　5ZWK3 子模块基础施工图图纸清单

序号	图号	图　名	基础作用力（kN）	
			$T/T_x/T_y$	$N/N_x/N_y$
1	图 17.3-1	5ZWK3 ∗ -1200 挖孔桩基础施工图	1200/168/168	1560/218/218
2	图 17.3-2	5ZWK3 ∗ -1400 挖孔桩基础施工图	1400/196/196	1820/255/255
3	图 17.3-3	5ZWK3 ∗ -1600 挖孔桩基础施工图	1600/224/224	2080/291/291
4	图 17.3-4	5ZWK3 ∗ -1800 挖孔桩基础施工图	1800/252/252	2340/328/328

续表 17.3-1

序号	图号	图　名	基础作用力（kN）	
			$T/T_x/T_y$	$N/N_x/N_y$
5	图 17.3-5	5ZWK3 ∗ -2000 挖孔桩基础施工图	2000/280/280	2600/364/364
6	图 17.3-6	5ZWK3 ∗ -2200 挖孔桩基础施工图	2200/308/308	2860/400/400
7	图 17.3-7	5ZWK3 ∗ -2400 挖孔桩基础施工图	2400/336/336	3120/437/437
8	图 17.3-8	5ZWK3 ∗ -2600 挖孔桩基础施工图	2600/364/364	3380/473/473
9	图 17.3-9	5ZWK3 ∗ -2800 挖孔桩基础施工图	2800/392/392	3640/510/510
10	图 17.3-10	5ZWK3 ∗ -3000 挖孔桩基础施工图	3000/420/420	3900/546/546

注　3 ∗ 包含 3h、3i 两种地质参数组合。

基 础 参 数 表

基础名称	桩身直径 d(mm)	基础埋深 H(mm)	基础露头 H_0(mm)	主筋①	外箍筋②	外箍筋加密区长度(mm)	内箍筋③	单腿混凝土量(m³)	单腿钢筋量(kg)
5ZWK3h-1200-02	900	6200	200	20 Φ 20	Φ 8@ 100/200	4500	Φ 14@ 1500	4.07	384.8
5ZWK3h-1200-07	900	6200	700	19 Φ 22	Φ 8@ 100/200	4500	Φ 14@ 1500	4.39	462.4
5ZWK3h-1200-12	900	6200	1200	16 Φ 25	Φ 8@ 100/200	4500	Φ 14@ 1500	4.71	528.7
5ZWK3h-1200-17	900	6200	1700	18 Φ 25	Φ 8@ 100/200	4500	Φ 14@ 1500	5.03	625.3
5ZWK3h-1200-22	900	6200	2200	20 Φ 25	Φ 8@ 100/200	4500	Φ 14@ 1500	5.34	725.8
5ZWK3h-1200-27	900	6200	2700	18 Φ 28	Φ 8@ 100/200	4500	Φ 14@ 1500	5.66	854.4
5ZWK3i-1200-02	900	6000	200	20 Φ 20	Φ 8@ 100/200	4500	Φ 14@ 1500	3.94	374.0
5ZWK3i-1200-07	900	6000	700	19 Φ 22	Φ 8@ 100/200	4500	Φ 14@ 1500	4.26	450.1
5ZWK3i-1200-12	900	6000	1200	16 Φ 25	Φ 8@ 100/200	4500	Φ 14@ 1500	4.58	515.4
5ZWK3i-1200-17	900	6000	1700	18 Φ 25	Φ 8@ 100/200	4500	Φ 14@ 1500	4.90	610.4
5ZWK3i-1200-22	900	6000	2200	20 Φ 25	Φ 8@ 100/200	4500	Φ 14@ 1500	5.22	709.4
5ZWK3i-1200-27	900	6000	2700	18 Φ 28	Φ 8@ 100/200	4500	Φ 14@ 1500	5.53	836.0

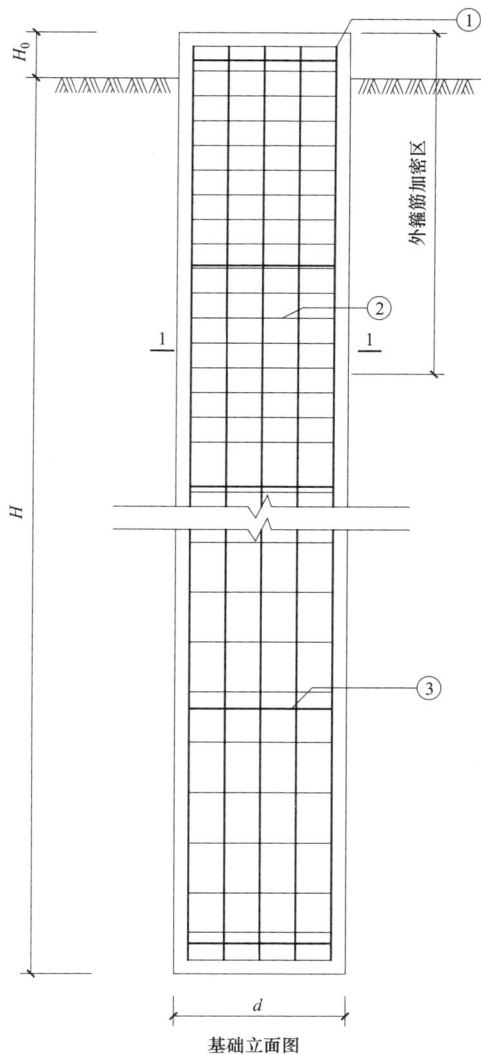

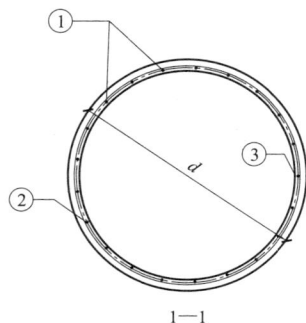

基础立面图

1—1

说明：1. 本基础适用于不受地下水影响的碎石土地质条件。

2. 整体立塔时，混凝土的抗压强度应达到设计强度的100%。分解组塔时，混凝土必须达到抗压强度设计值的70%。

3. 基础根开及地脚螺栓间距与相应杆塔结构图核对无误后，方可施工。

4. 基础混凝土强度等级不应低于 C25，主筋采用 HRB400 级钢筋，箍筋采用 HPB300 级钢筋。

5. ②号钢筋加密区箍筋间距100mm，非加密区箍筋间距200mm。可采用螺旋箍筋。

6. 主筋保护层不小于 50mm。

7. 基础施工完毕后，做好基面排水处理。

8. 本基础按机械成孔施工方式，未考虑护壁工程量。

图 17.3-1　5ZWK3＊-1200 挖孔桩基础施工图

基 础 参 数 表

基础名称	桩身直径 d(mm)	基础埋深 H(mm)	基础露头 H_0(mm)	主筋①	外箍筋②	外箍筋加密区长度(mm)	内箍筋③	单腿混凝土量(m^3)	单腿钢筋量(kg)
5ZWK3h-1400-02	1000	6400	200	28Φ18	Φ8@100/200	5000	Φ16@1500	5.18	457.5
5ZWK3h-1400-07	1000	6400	700	16Φ25	Φ8@100/200	5000	Φ16@1500	5.58	527.2
5ZWK3h-1400-12	1000	6400	1200	18Φ25	Φ8@100/200	5000	Φ16@1500	5.97	623.2
5ZWK3h-1400-17	1000	6400	1700	20Φ25	Φ8@100/200	5000	Φ16@1500	6.36	721.6
5ZWK3h-1400-22	1000	6400	2200	22Φ25	Φ8@100/200	5000	Φ16@1500	6.75	828.9
5ZWK3h-1400-27	1000	6400	2700	24Φ25	Φ8@100/200	5000	Φ16@1500	7.15	946.9
5ZWK3i-1400-02	1000	6000	200	28Φ18	Φ8@100/200	5000	Φ16@1500	4.87	432.8
5ZWK3i-1400-07	1000	6000	700	16Φ25	Φ8@100/200	5000	Φ16@1500	5.26	500.3
5ZWK3i-1400-12	1000	6000	1200	18Φ25	Φ8@100/200	5000	Φ16@1500	5.65	589.1
5ZWK3i-1400-17	1000	6000	1700	20Φ25	Φ8@100/200	5000	Φ16@1500	6.05	688.5
5ZWK3i-1400-22	1000	6000	2200	22Φ25	Φ8@100/200	5000	Φ16@1500	6.44	792.7
5ZWK3i-1400-27	1000	6000	2700	24Φ25	Φ8@100/200	5000	Φ16@1500	6.83	903.5

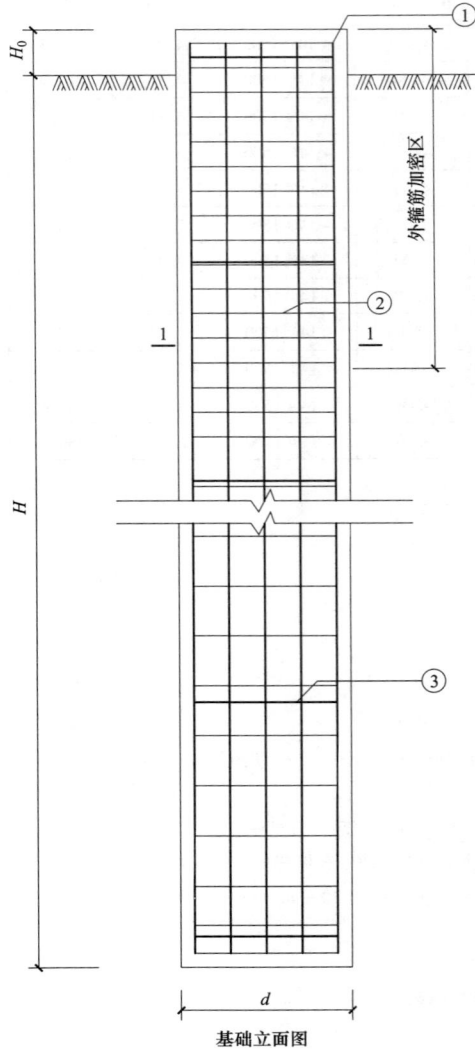

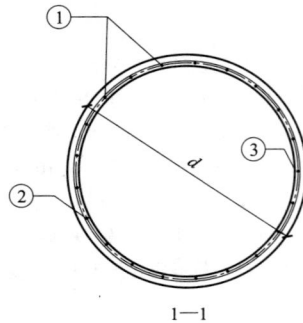

基础立面图

1—1

说明：1. 本基础适用于不受地下水影响的碎石土地质条件。

2. 整体立塔时，混凝土的抗压强度应达到设计强度的100%。分解组塔时，混凝土必须达到抗压强度设计值的70%。

3. 基础根开及地脚螺栓间距与相应杆塔结构图核对无误后，方可施工。

4. 基础混凝土强度等级不应低于C25，主筋采用HRB400级钢筋，箍筋采用HPB300级钢筋。

5. ②号钢筋加密区箍筋间距100mm，非加密区箍筋间距200mm。可采用螺旋箍筋。

6. 主筋保护层不小于50mm。

7. 基础施工完毕后，做好基面排水处理。

8. 本基础按机械成孔施工方式，未考虑护壁工程量。

图 17.3-2　5ZWK3*-1400 挖孔桩基础施工图

基 础 参 数 表

基础名称	桩身直径 d(mm)	基础埋深 H(mm)	基础露头 H_0(mm)	主筋①	外箍筋②	外箍筋加密区长度(mm)	内箍筋③	单腿混凝土量(m³)	单腿钢筋量(kg)
5ZWK3h-1600-02	1000	7400	200	26Φ20	Φ8@100/200	5000	Φ16@1500	5.97	584.3
5ZWK3h-1600-07	1000	7400	700	24Φ22	Φ8@100/200	5000	Φ16@1500	6.36	678.3
5ZWK3h-1600-12	1000	7400	1200	27Φ22	Φ8@100/200	5000	Φ16@1500	6.75	793.4
5ZWK3h-1600-17	1000	7400	1700	23Φ25	Φ8@100/200	5000	Φ16@1500	7.15	912.3
5ZWK3h-1600-22	1000	7400	2200	20Φ28	Φ8@100/200	5000	Φ16@1500	7.54	1036.0
5ZWK3h-1600-27	1000	7400	2700	22Φ28	Φ8@100/200	5000	Φ16@1500	7.93	1183.1
5ZWK3i-1600-02	1000	6600	200	26Φ20	Φ8@100/200	5000	Φ16@1500	5.34	524.4
5ZWK3i-1600-07	1000	6600	700	24Φ22	Φ8@100/200	5000	Φ16@1500	5.73	612.4
5ZWK3i-1600-12	1000	6600	1200	27Φ22	Φ8@100/200	5000	Φ16@1500	6.13	724.5
5ZWK3i-1600-17	1000	6600	1700	23Φ25	Φ8@100/200	5000	Φ16@1500	6.52	832.7
5ZWK3i-1600-22	1000	6600	2200	20Φ28	Φ8@100/200	5000	Φ16@1500	6.91	950.0
5ZWK3i-1600-27	1000	6600	2700	22Φ28	Φ8@100/200	5000	Φ16@1500	7.30	1093.5

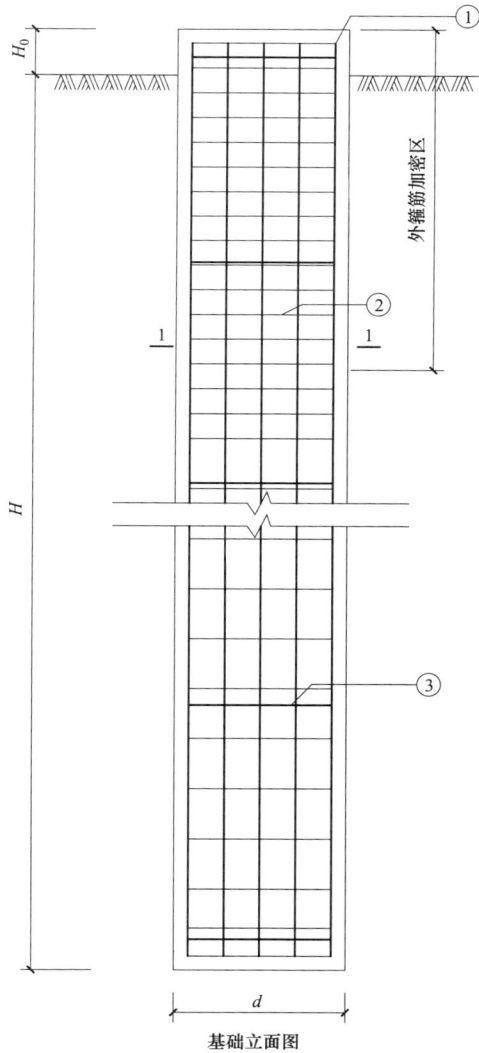

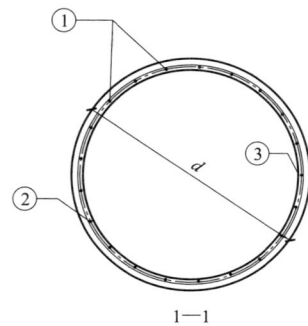

基础立面图

1—1

说明：1. 本基础适用于不受地下水影响的碎石土地质条件。

2. 整体立塔时，混凝土的抗压强度应达到设计强度的100%。分解组塔时，混凝土必须达到抗压强度设计值的70%。

3. 基础根开及地脚螺栓间距与相应杆塔结构图核对无误后，方可施工。

4. 基础混凝土强度等级不应低于C25，主筋采用HRB400级钢筋，箍筋采用HPB300级钢筋。

5. ②号钢筋加密区箍筋间距100mm，非加密区箍筋间距200mm。可采用螺旋箍筋。

6. 主筋保护层不小于50mm。

7. 基础施工完毕后，做好基面排水处理。

8. 本基础按机械成孔施工方式，未考虑护壁工程量。

图 17.3-3 5ZWK3*-1600 挖孔桩基础施工图

基 础 参 数 表

基础名称	桩身直径 d(mm)	基础埋深 H(mm)	基础露头 H_0(mm)	主筋①	外箍筋②	外箍筋加密区长度(mm)	内箍筋③	单腿混凝土量 (m^3)	单腿钢筋量 (kg)
5ZWK3h-1800-02	1000	8200	200	24Φ22	Φ8@100/200	5000	Φ16@1500	6.60	702.1
5ZWK3h-1800-07	1000	8200	700	27Φ22	Φ8@100/200	5000	Φ16@1500	6.99	818.7
5ZWK3h-1800-12	1000	8200	1200	24Φ25	Φ8@100/200	5000	Φ16@1500	7.38	976.9
5ZWK3h-1800-17	1000	8200	1700	26Φ25	Φ8@100/200	5000	Φ16@1500	7.78	1100.7
5ZWK3h-1800-22	1000	8200	2200	23Φ28	Φ10@100/200	5000	Φ16@1500	8.17	1318.5
5ZWK3h-1800-27	1000	8200	2700	25Φ28	Φ10@100/200	5000	Φ16@1500	8.56	1485.9
5ZWK3i-1800-02	1000	7400	200	24Φ22	Φ8@100/200	5000	Φ16@1500	5.97	640.3
5ZWK3i-1800-07	1000	7400	700	27Φ22	Φ8@100/200	5000	Φ16@1500	6.36	749.8
5ZWK3i-1800-12	1000	7400	1200	24Φ25	Φ8@100/200	5000	Φ16@1500	6.75	894.2
5ZWK3i-1800-17	1000	7400	1700	26Φ25	Φ8@100/200	5000	Φ16@1500	7.15	1016.1
5ZWK3i-1800-22	1000	7400	2200	23Φ28	Φ10@100/200	5000	Φ16@1500	7.54	1222.5
5ZWK3i-1800-27	1000	7400	2700	25Φ28	Φ10@100/200	5000	Φ16@1500	7.93	1378.1

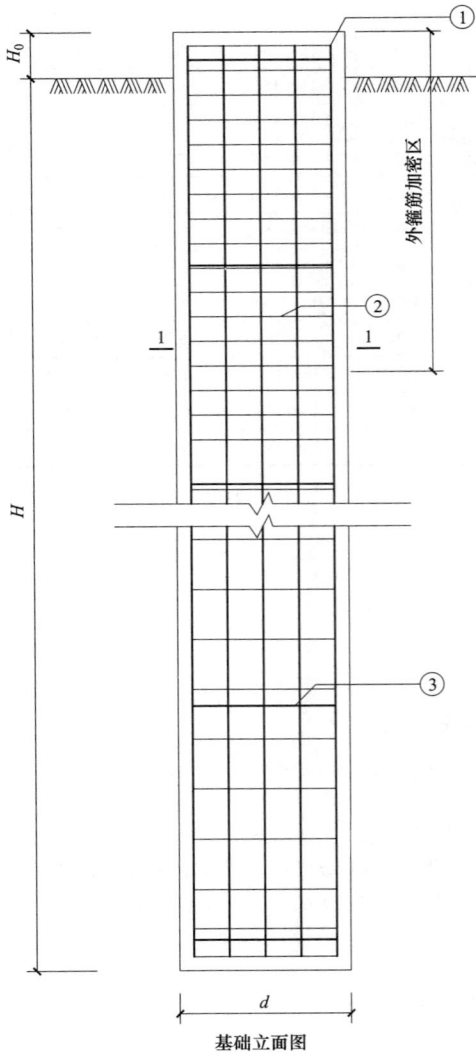

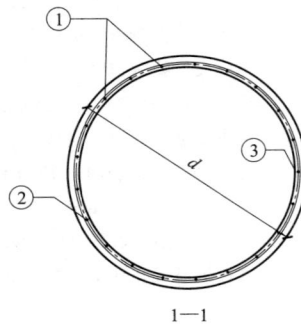

基础立面图

1—1

说明：1. 本基础适用于不受地下水影响的碎石土地质条件。

2. 整体立塔时，混凝土的抗压强度应达到设计强度的100%。分解组塔时，混凝土必须达到抗压强度设计值的70%。

3. 基础根开及地脚螺栓间距与相应杆塔结构图核对无误后，方可施工。

4. 基础混凝土强度等级不应低于C25，主筋采用HRB400级钢筋，箍筋采用HPB300级钢筋。

5. ②号钢筋加密区箍筋间距100mm，非加密区箍筋间距200mm。可采用螺旋箍筋。

6. 主筋保护层不小于50mm。

7. 基础施工完毕后，做好基面排水处理。

8. 本基础按机械成孔施工方式，未考虑护壁工程量。

图 17.3-4 5ZWK3*-1800挖孔桩基础施工图

基 础 参 数 表

基础名称	桩身直径 d(mm)	基础埋深 H(mm)	基础露头 H_0(mm)	主筋①	外箍筋②	外箍筋加密区长度(mm)	内箍筋③	单腿混凝土量 （m³）	单腿钢筋量 （kg）
5ZWK3h-2000-02	1100	8200	200	26 Φ22	Φ8@100/200	5500	Φ16@1500	7.98	766.3
5ZWK3h-2000-07	1100	8200	700	29 Φ22	Φ8@100/200	5500	Φ16@1500	8.46	887.4
5ZWK3h-2000-12	1100	8200	1200	25 Φ25	Φ8@100/200	5500	Φ16@1500	8.93	1028.5
5ZWK3h-2000-17	1100	8200	1700	22 Φ28	Φ8@100/200	5500	Φ16@1500	9.41	1178.0
5ZWK3h-2000-22	1100	8200	2200	24 Φ28	Φ8@100/200	5500	Φ16@1500	9.88	1333.1
5ZWK3h-2000-27	1100	8200	2700	26 Φ28	Φ10@100/200	5500	Φ16@1500	10.36	1564.4
5ZWK3i-2000-02	1100	7400	200	26 Φ22	Φ8@100/200	5500	Φ16@1500	7.22	699.2
5ZWK3i-2000-07	1100	7400	700	29 Φ22	Φ8@100/200	5500	Φ16@1500	7.70	813.2
5ZWK3i-2000-12	1100	7400	1200	25 Φ25	Φ8@100/200	5500	Φ16@1500	8.17	941.8
5ZWK3i-2000-17	1100	7400	1700	22 Φ28	Φ8@100/200	5500	Φ16@1500	8.65	1088.0
5ZWK3i-2000-22	1100	7400	2200	24 Φ28	Φ8@100/200	5500	Φ16@1500	9.12	1235.3
5ZWK3i-2000-27	1100	7400	2700	26 Φ28	Φ10@100/200	5500	Φ16@1500	9.60	1451.5

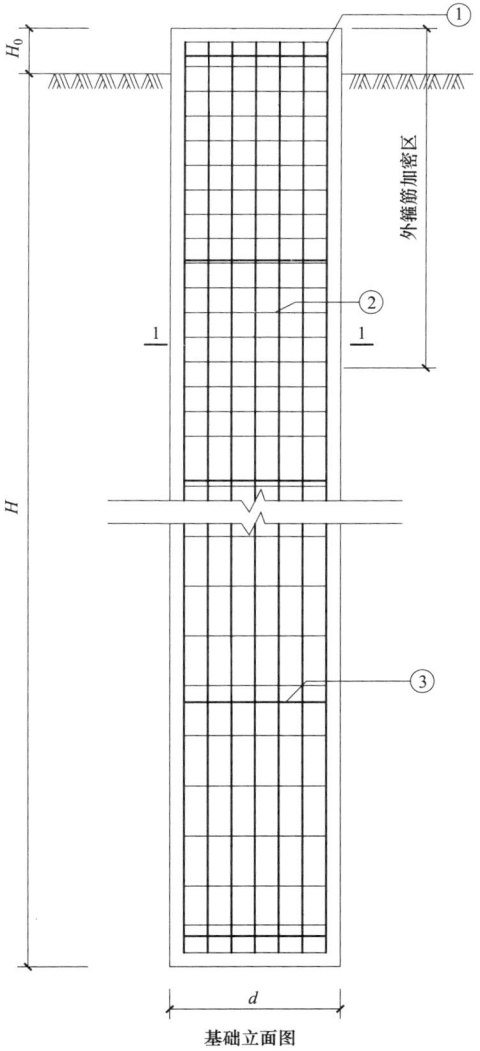

基础立面图

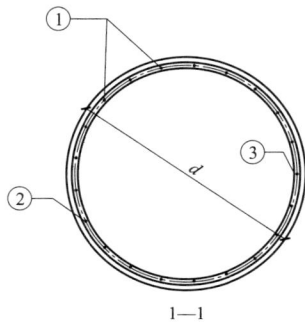

1—1

说明：1. 本基础适用于不受地下水影响的碎石土地质条件。

2. 整体立塔时，混凝土的抗压强度应达到设计强度的100%。分解组塔时，混凝土必须达到抗压强度设计值的70%。

3. 基础根开及地脚螺栓间距与相应杆塔结构图核对无误后，方可施工。

4. 基础混凝土强度等级不应低于C25，主筋采用HRB400级钢筋，箍筋采用HPB300级钢筋。

5. ②号钢筋加密区箍筋间距100mm，非加密区箍筋间距200mm。可采用螺旋箍筋。

6. 主筋保护层不小于50mm。

7. 基础施工完毕后，做好基面排水处理。

8. 本基础按机械成孔施工方式，未考虑护壁工程量。

图 17.3-5 5ZWK3*-2000 挖孔桩基础施工图

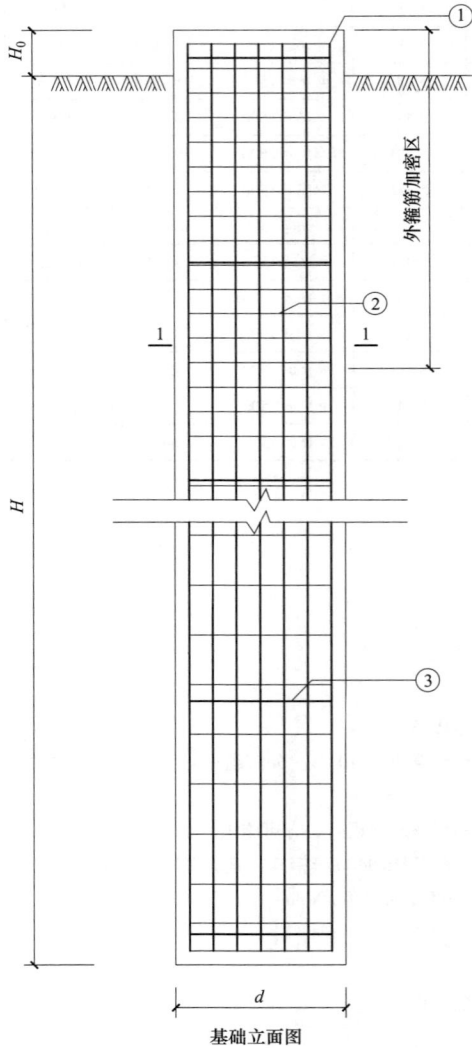

基础立面图

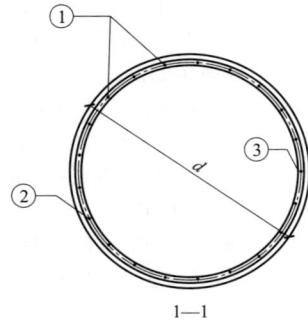

1—1

基 础 参 数 表

基础名称	桩身直径 d(mm)	基础埋深 H(mm)	基础露头 H_0(mm)	主筋①	外箍筋②	外箍筋加密区长度(mm)	内箍筋③	单腿混凝土量(m^3)	单腿钢筋量(kg)
5ZWK3h-2200-02	1100	9000	200	29Φ22	Φ8@100/200	5500	Φ16@1500	8.74	919.3
5ZWK3h-2200-07	1100	9000	700	25Φ25	Φ8@100/200	5500	Φ16@1500	9.22	1059.9
5ZWK3h-2200-12	1100	9000	1200	22Φ28	Φ8@100/200	5500	Φ16@1500	9.69	1211.2
5ZWK3h-2200-17	1100	9000	1700	24Φ28	Φ8@100/200	5500	Φ16@1500	10.17	1375.0
5ZWK3h-2200-22	1100	9000	2200	20Φ32	Φ10@100/200	5500	Φ16@1500	10.64	1610.3
5ZWK3h-2200-27	1100	9000	2700	23Φ32	Φ10@100/200	5500	Φ16@1500	11.12	1898.6
5ZWK3i-2200-02	1100	8200	200	29Φ22	Φ8@100/200	5500	Φ16@1500	7.98	840.4
5ZWK3i-2200-07	1100	8200	700	25Φ25	Φ8@100/200	5500	Φ16@1500	8.46	973.2
5ZWK3i-2200-12	1100	8200	1200	22Φ28	Φ8@100/200	5500	Φ16@1500	8.93	1121.1
5ZWK3i-2200-17	1100	8200	1700	24Φ28	Φ8@100/200	5500	Φ16@1500	9.41	1272.6
5ZWK3i-2200-22	1100	8200	2200	20Φ32	Φ10@100/200	5500	Φ16@1500	9.88	1496.9
5ZWK3i-2200-27	1100	8200	2700	23Φ32	Φ10@100/200	5500	Φ16@1500	10.36	1774.6

说明：1. 本基础适用于不受地下水影响的碎石土地质条件。

2. 整体立塔时，混凝土的抗压强度应达到设计强度的 100%。分解组塔时，混凝土必须达到抗压强度设计值的 70%。

3. 基础根开及地脚螺栓间距与相应杆塔结构图核对无误后，方可施工。

4. 基础混凝土强度等级不应低于 C25，主筋采用 HRB400 级钢筋，箍筋采用 HPB300 级钢筋。

5. ②号钢筋加密区箍筋间距 100mm，非加密区箍筋间距 200mm。可采用螺旋箍筋。

6. 主筋保护层不小于 50mm。

7. 基础施工完毕后，做好基面排水处理。

8. 本基础按机械成孔施工方式，未考虑护壁工程量。

图 17.3-6 5ZWK3∗-2200 挖孔桩基础施工图

基 础 参 数 表

基础名称	桩身直径 d(mm)	基础埋深 H(mm)	基础露头 H_0(mm)	主筋①	外箍筋②	外箍筋加密区长度(mm)	内箍筋③	单腿混凝土量(m³)	单腿钢筋量(kg)
5ZWK3h-2400-02	1200	9000	200	24 Φ 25	Φ 8@ 100/200	6000	Φ 16@ 1500	10.40	990.6
5ZWK3h-2400-07	1200	9000	700	27 Φ 25	Φ 8@ 100/200	6000	Φ 16@ 1500	10.97	1150.4
5ZWK3h-2400-12	1200	9000	1200	29 Φ 25	Φ 8@ 100/200	6000	Φ 16@ 1500	11.54	1284.2
5ZWK3h-2400-17	1200	9000	1700	32 Φ 25	Φ 8@ 100/200	6000	Φ 16@ 1500	12.10	1470.2
5ZWK3h-2400-22	1200	9000	2200	28 Φ 28	Φ 8@ 100/200	6000	Φ 16@ 1500	12.67	1669.1
5ZWK3h-2400-27	1200	9000	2700	30 Φ 28	Φ 10@ 100/200	6000	Φ 16@ 1500	13.23	1922.9
5ZWK3i-2400-02	1200	8000	200	24 Φ 25	Φ 8@ 100/200	6000	Φ 16@ 1500	9.27	886.1
5ZWK3i-2400-07	1200	8000	700	27 Φ 25	Φ 8@ 100/200	6000	Φ 16@ 1500	9.84	1034.3
5ZWK3i-2400-12	1200	8000	1200	29 Φ 25	Φ 8@ 100/200	6000	Φ 16@ 1500	10.40	1165.6
5ZWK3i-2400-17	1200	8000	1700	32 Φ 25	Φ 8@ 100/200	6000	Φ 16@ 1500	10.97	1334.9
5ZWK3i-2400-22	1200	8000	2200	28 Φ 28	Φ 8@ 100/200	6000	Φ 16@ 1500	11.54	1521.8
5ZWK3i-2400-27	1200	8000	2700	30 Φ 28	Φ 10@ 100/200	6000	Φ 16@ 1500	12.10	1767.1

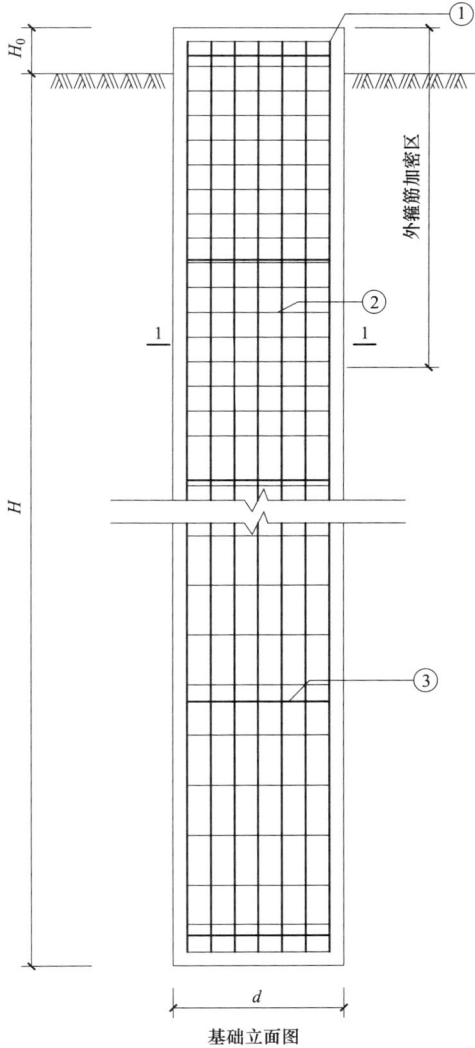

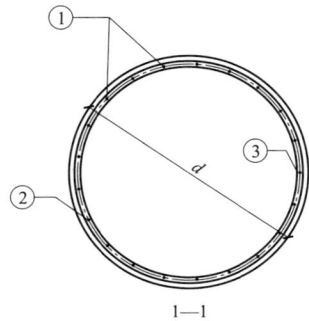

基础立面图

1—1

说明：1. 本基础适用于不受地下水影响的碎石土地质条件。

2. 整体立塔时，混凝土的抗压强度应达到设计强度的100%。分解组塔时，混凝土必须达到抗压强度设计值的70%。

3. 基础根开及地脚螺栓间距与相应杆塔结构图核对无误后，方可施工。

4. 基础混凝土强度等级不应低于 C25，主筋采用 HRB400 级钢筋，箍筋采用 HPB300 级钢筋。

5. ②号钢筋加密区箍筋间距100mm，非加密区箍筋间距200mm。可采用螺旋箍筋。

6. 主筋保护层不小于 50mm。

7. 基础施工完毕后，做好基面排水处理。

8. 本基础按机械成孔施工方式，未考虑护壁工程量。

图 17.3-7　5ZWK3＊-2400 挖孔桩基础施工图

基 础 参 数 表

基础名称	桩身直径 d(mm)	基础埋深 H(mm)	基础露头 H_0(mm)	主筋①	外箍筋②	外箍筋加密区长度(mm)	内箍筋③	单腿混凝土量(m^3)	单腿钢筋量(kg)
5ZWK3h-2600-02	1200	9600	200	26Φ25	Φ8@100/200	6000	Φ16@1500	11.08	1124.8
5ZWK3h-2600-07	1200	9600	700	23Φ28	Φ8@100/200	6000	Φ16@1500	11.65	1289.3
5ZWK3h-2600-12	1200	9600	1200	25Φ28	Φ8@100/200	6000	Φ16@1500	12.21	1457.3
5ZWK3h-2600-17	1200	9600	1700	28Φ28	Φ8@100/200	6000	Φ16@1500	12.78	1682.6
5ZWK3h-2600-22	1200	9600	2200	30Φ28	Φ10@100/200	6000	Φ16@1500	13.35	1939.5
5ZWK3h-2600-27	1200	9600	2700	25Φ32	Φ12@100/200	6000	Φ16@1500	13.91	2267.6
5ZWK3i-2600-02	1200	8800	200	26Φ25	Φ8@100/200	6000	Φ16@1500	10.18	1039.2
5ZWK3i-2600-07	1200	8800	700	23Φ28	Φ8@100/200	6000	Φ16@1500	10.74	1194.9
5ZWK3i-2600-12	1200	8800	1200	25Φ28	Φ8@100/200	6000	Φ16@1500	11.31	1350.1
5ZWK3i-2600-17	1200	8800	1700	28Φ28	Φ8@100/200	6000	Φ16@1500	11.88	1568.9
5ZWK3i-2600-22	1200	8800	2200	30Φ28	Φ10@100/200	6000	Φ16@1500	12.44	1814.9
5ZWK3i-2600-27	1200	8800	2700	25Φ32	Φ12@100/200	6000	Φ16@1500	13.01	2123.9

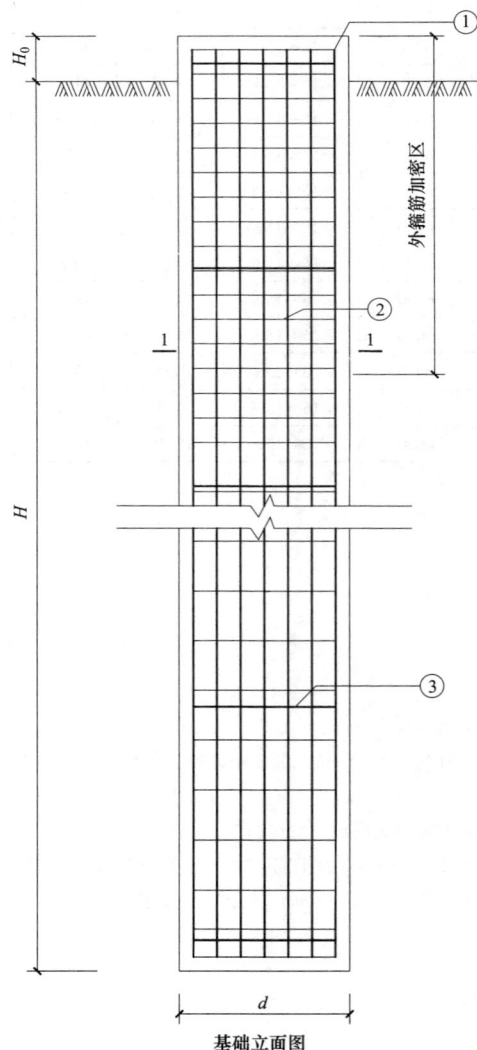

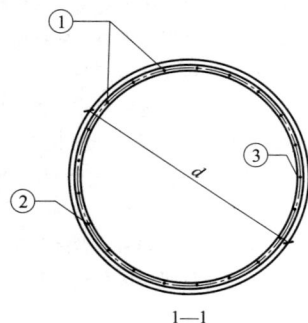

基础立面图

1—1

说明：1. 本基础适用于不受地下水影响的碎石土地质条件。
2. 整体立塔时，混凝土的抗压强度应达到设计强度的100%。分解组塔时，混凝土必须达到抗压强度设计值的70%。
3. 基础根开及地脚螺栓间距与相应杆塔结构图核对无误后，方可施工。
4. 基础混凝土强度等级不应低于C25，主筋采用HRB400级钢筋，箍筋采用HPB300级钢筋。
5. ②号钢筋加密区箍筋间距100mm，非加密区箍筋间距200mm。可采用螺旋箍筋。
6. 主筋保护层不小于50mm。
7. 基础施工完毕后，做好基面排水处理。
8. 本基础按机械成孔施工方式，未考虑护壁工程量。

图 17.3-8 5ZWK3＊-2600 挖孔桩基础施工图

基 础 参 数 表

基础名称	桩身直径 d(mm)	基础埋深 H(mm)	基础露头 H_0(mm)	主筋①	外箍筋②	外箍筋加密区长度(mm)	内箍筋③	单腿混凝土量(m³)	单腿钢筋量(kg)
5ZWK3h-2800-02	1300	9600	200	28 Φ25	Φ8@100/200	6500	Φ16@1500	13.01	1216.7
5ZWK3h-2800-07	1300	9600	700	30 Φ25	Φ8@100/200	6500	Φ16@1500	13.67	1353.6
5ZWK3h-2800-12	1300	9600	1200	26 Φ28	Φ8@100/200	6500	Φ16@1500	14.34	1527.3
5ZWK3h-2800-17	1300	9600	1700	29 Φ28	Φ8@100/200	6500	Φ16@1500	15.00	1756.8
5ZWK3h-2800-22	1300	9600	2200	31 Φ28	Φ10@100/200	6500	Φ16@1500	15.66	2023.1
5ZWK3h-2800-27	1300	9600	2700	26 Φ32	Φ10@100/200	6500	Φ16@1500	16.33	2284.5
5ZWK3i-2800-02	1300	8600	200	28 Φ25	Φ8@100/200	6500	Φ16@1500	11.68	1095.7
5ZWK3i-2800-07	1300	8600	700	30 Φ25	Φ8@100/200	6500	Φ16@1500	12.34	1230.5
5ZWK3i-2800-12	1300	8600	1200	26 Φ28	Φ8@100/200	6500	Φ16@1500	13.01	1388.6
5ZWK3i-2800-17	1300	8600	1700	29 Φ28	Φ8@100/200	6500	Φ16@1500	13.67	1603.5
5ZWK3i-2800-22	1300	8600	2200	31 Φ28	Φ10@100/200	6500	Φ16@1500	14.34	1861.6
5ZWK3i-2800-27	1300	8600	2700	26 Φ32	Φ10@100/200	6500	Φ16@1500	15.00	2103.1

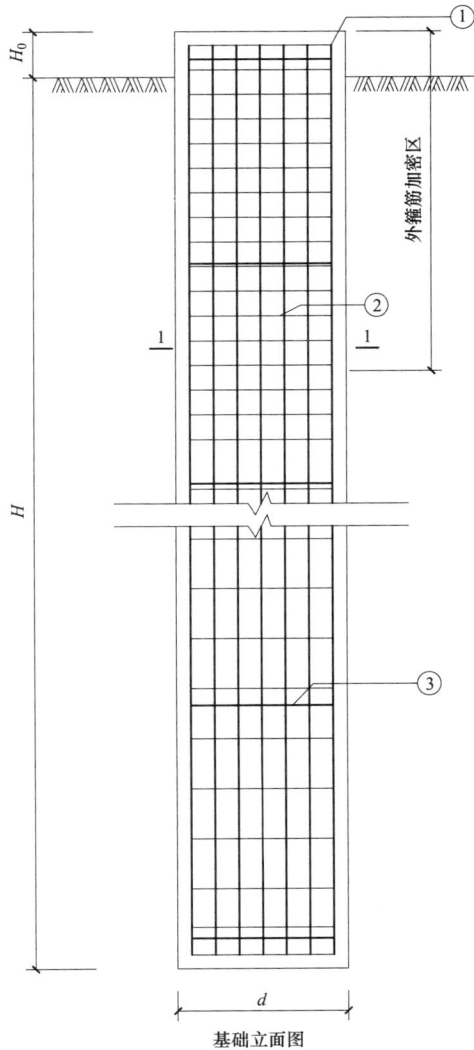

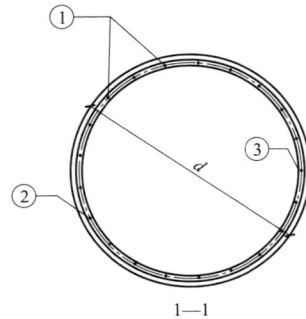

基础立面图

1—1

说明：1. 本基础适用于不受地下水影响的碎石土地质条件。

2. 整体立塔时，混凝土的抗压强度应达到设计强度的100%。分解组塔时，混凝土必须达到抗压强度设计值的70%。

3. 基础根开及地脚螺栓间距与相应杆塔结构图核对无误后，方可施工。

4. 基础混凝土强度等级不应低于C25，主筋采用HRB400级钢筋，箍筋采用HPB300级钢筋。

5. ②号钢筋加密区箍筋间距100mm，非加密区箍筋间距200mm。可采用螺旋箍筋。

6. 主筋保护层不小于50mm。

7. 基础施工完毕后，做好基面排水处理。

8. 本基础按机械成孔施工方式，未考虑护壁工程量。

图 17.3-9　5ZWK3*-2800 挖孔桩基础施工图

基础名称	桩身直径 d(mm)	基础埋深 H(mm)	基础露头 H_0(mm)	主筋①	外箍筋②	外箍筋加密区长度(mm)	内箍筋③	单腿混凝土量（m^3）	单腿钢筋量（kg）
5ZWK3h-3000-02	1400	9400	200	29Φ25	Φ8@100/200	7000	Φ16@1500	14.78	1249.4
5ZWK3h-3000-07	1400	9400	700	32Φ25	Φ8@100/200	7000	Φ16@1500	15.55	1423.9
5ZWK3h-3000-12	1400	9400	1200	34Φ25	Φ8@100/200	7000	Φ16@1500	16.32	1577.3
5ZWK3h-3000-17	1400	9400	1700	37Φ25	Φ8@100/200	7000	Φ16@1500	17.09	1772.9
5ZWK3h-3000-22	1400	9400	2200	32Φ28	Φ8@100/200	7000	Φ16@1500	17.86	1987.8
5ZWK3h-3000-27	1400	9400	2700	35Φ28	Φ10@100/200	7000	Φ16@1500	18.63	2338.8
5ZWK3i-3000-02	1400	8400	200	29Φ25	Φ8@100/200	7000	Φ16@1500	13.24	1123.4
5ZWK3i-3000-07	1400	8400	700	32Φ25	Φ8@100/200	7000	Φ16@1500	14.01	1292.4
5ZWK3i-3000-12	1400	8400	1200	34Φ25	Φ8@100/200	7000	Φ16@1500	14.78	1432.0
5ZWK3i-3000-17	1400	8400	1700	37Φ25	Φ8@100/200	7000	Φ16@1500	15.55	1616.1
5ZWK3i-3000-22	1400	8400	2200	32Φ28	Φ8@100/200	7000	Φ16@1500	16.32	1825.0
5ZWK3i-3000-27	1400	8400	2700	35Φ28	Φ10@100/200	7000	Φ16@1500	17.09	2150.9

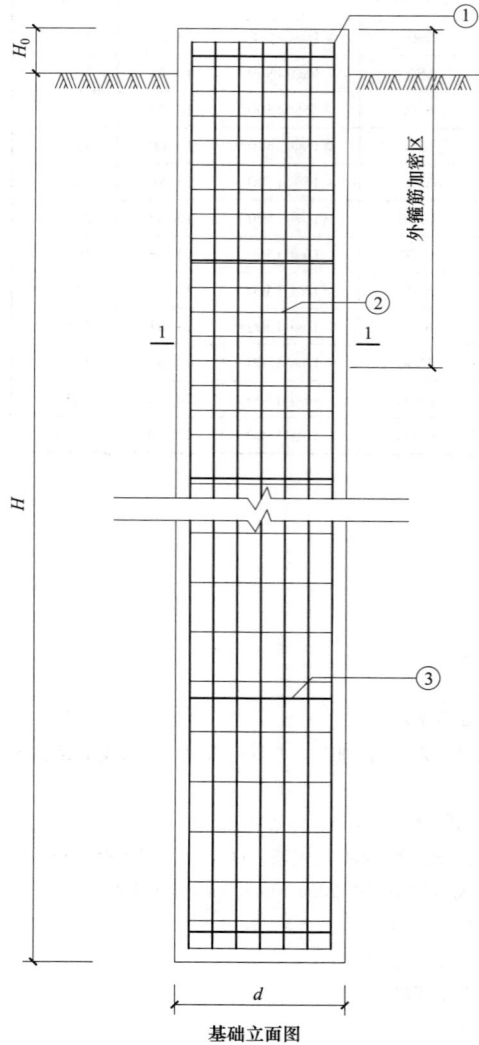

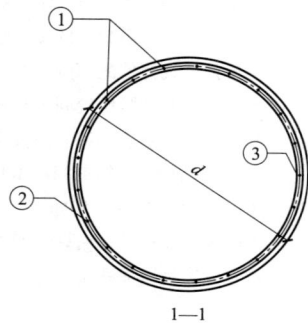

基础立面图

1—1

说明：1. 本基础适用于不受地下水影响的碎石土地质条件。

2. 整体立塔时，混凝土的抗压强度应达到设计强度的100%。分解组塔时，混凝土必须达到抗压强度设计值的70%。

3. 基础根开及地脚螺栓间距与相应杆塔结构图核对无误后，方可施工。

4. 基础混凝土强度等级不应低于C25，主筋采用HRB400级钢筋，箍筋采用HPB300级钢筋。

5. ②号钢筋加密区箍筋间距100mm，非加密区箍筋间距200mm。可采用螺旋箍筋。

6. 主筋保护层不小于50mm。

7. 基础施工完毕后，做好基面排水处理。

8. 本基础按机械成孔施工方式，未考虑护壁工程量。

图 17.3-10　5ZWK3*-3000挖孔桩基础施工图

17.4 5ZWK4 子模块

此子模块适用于黄土地基，共包含 5 张图纸，基础施工图图纸清单见表 17.4-1。

表 17.4-1   **5ZWK4 子模块基础施工图图纸清单**

序号	图号	图 名	基础作用力（kN）	
			$T/T_x/T_y$	$N/N_x/N_y$
1	图 17.4-1	5ZWK4 * -1200 挖孔桩基础施工图	1200/168/168	1560/218/218
2	图 17.4-2	5ZWK4 * -1400 挖孔桩基础施工图	1400/196/196	1820/255/255
3	图 17.4-3	5ZWK4 * -1600 挖孔桩基础施工图	1600/224/224	2080/291/291
4	图 17.4-4	5ZWK4 * -1800 挖孔桩基础施工图	1800/252/252	2340/328/328
5	图 17.4-5	5ZWK4 * -2000 挖孔桩基础施工图	2000/280/280	2600/364/364

注   4 * 表示 4h 地质参数组合。

基础参数表

基础名称	桩身直径 d(mm)	基础埋深 H(mm)	基础露头 H₀(mm)	主筋①	外箍筋②	外箍筋加密区长度(mm)	内箍筋③	单腿混凝土量(m³)	单腿钢筋量(kg)
5ZWK4h-1200-02	1000	22000	200	26 Φ 20	Φ 8@ 100/200	5000	Φ 16@ 1500	17. 44	1640. 3
5ZWK4h-1200-07	1000	22000	700	26 Φ 20	Φ 8@ 100/200	5000	Φ 16@ 1500	17. 83	1678. 8
5ZWK4h-1200-12	1100	19800	1200	26 Φ 20	Φ 8@ 100/200	5500	Φ 16@ 1500	19. 96	1583. 7
5ZWK4h-1200-17	1100	20000	1700	28 Φ 20	Φ 8@ 100/200	5500	Φ 16@ 1500	20. 62	1740. 0
5ZWK4h-1200-22	1200	18200	2200	30 Φ 20	Φ 8@ 100/200	6000	Φ 16@ 1500	23. 07	1764. 9
5ZWK4h-1200-27	1200	18400	2700	31 Φ 20	Φ 8@ 100/200	6000	Φ 16@ 1500	23. 86	1877. 7

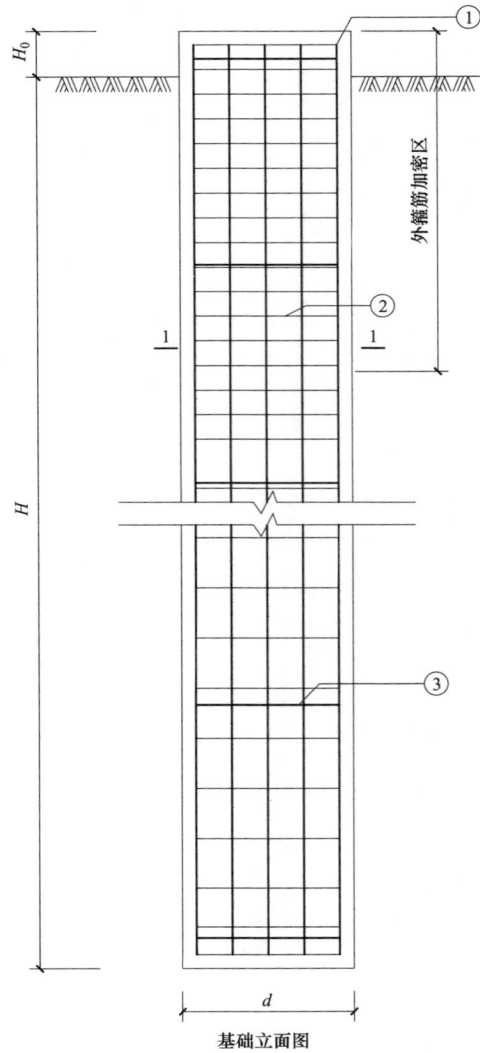

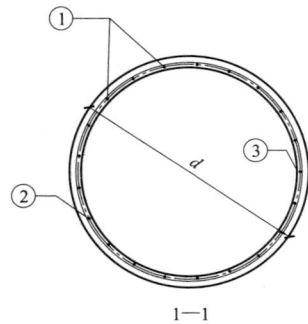

基础立面图

1—1

说明：1. 本基础适用于不受地下水影响的黄土地质条件。

2. 整体立塔时，混凝土的抗压强度应达到设计强度的100%。分解组塔时，混凝土必须达到抗压强度设计值的70%。

3. 基础根开及地脚螺栓间距与相应杆塔结构图核对无误后，方可施工。

4. 基础混凝土强度等级不应低于C25，主筋采用HRB400级钢筋，箍筋采用HPB300级钢筋。

5. ②号钢筋加密区箍筋间距100mm，非加密区箍筋间距200mm。可采用螺旋箍筋。

6. 主筋保护层不小于50mm。

7. 基础施工完毕后，做好基面排水处理。

8. 本基础按机械成孔施工方式，未考虑护壁工程量。

图 17.4-1　5ZWK4＊-1200 挖孔桩基础施工图

基 础 参 数 表

基础名称	桩身直径 d(mm)	基础埋深 H(mm)	基础露头 H_0(mm)	主筋①	外箍筋②	外箍筋加密区长度(mm)	内箍筋③	单腿混凝土量 (m^3)	单腿钢筋量 (kg)
5ZWK4h-1400-02	1100	24200	200	25 Φ 20	Φ 8@100/200	5500	Φ 16@1500	23.19	1772.4
5ZWK4h-1400-07	1100	24600	700	23 Φ 22	Φ 8@100/200	5500	Φ 16@1500	24.04	2009.5
5ZWK4h-1400-12	1100	24800	1200	25 Φ 22	Φ 8@100/200	5500	Φ 16@1500	24.71	2220.4
5ZWK4h-1400-17	1200	22600	1700	26 Φ 22	Φ 8@100/200	6000	Φ 16@1500	27.48	2181.7
5ZWK4h-1400-22	1200	23000	2200	28 Φ 22	Φ 8@100/200	6000	Φ 16@1500	28.50	2408.1
5ZWK4h-1400-27	1300	21200	2700	22 Φ 25	Φ 8@100/200	6500	Φ 16@1500	31.72	2345.1

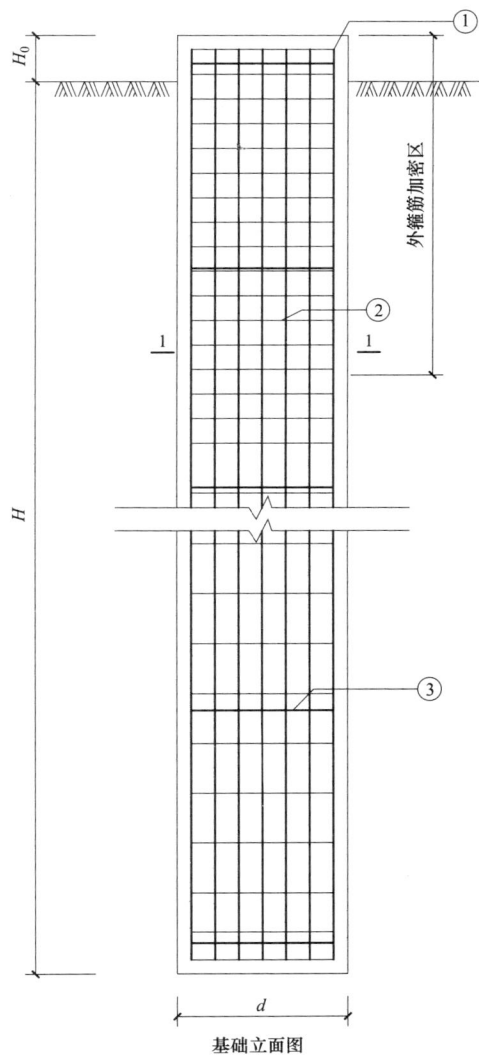

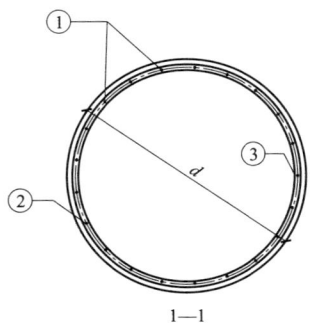

基础立面图

1—1

说明: 1. 本基础适用于不受地下水影响的黄土地质条件。

2. 整体立塔时,混凝土的抗压强度应达到设计强度的100%。分解组塔时,混凝土必须达到抗压强度设计值的70%。

3. 基础根开及地脚螺栓间距与相应杆塔结构图核对无误后,方可施工。

4. 基础混凝土强度等级不应低于C25,主筋采用HRB400级钢筋,箍筋采用HPB300级钢筋。

5. ②号钢筋加密区箍筋间距100mm,非加密区箍筋间距200mm。可采用螺旋箍筋。

6. 主筋保护层不小于50mm。

7. 基础施工完毕后,做好基面排水处理。

8. 本基础按机械成孔施工方式,未考虑护壁工程量。

图 17.4-2 5ZWK4∗-1400 挖孔桩基础施工图

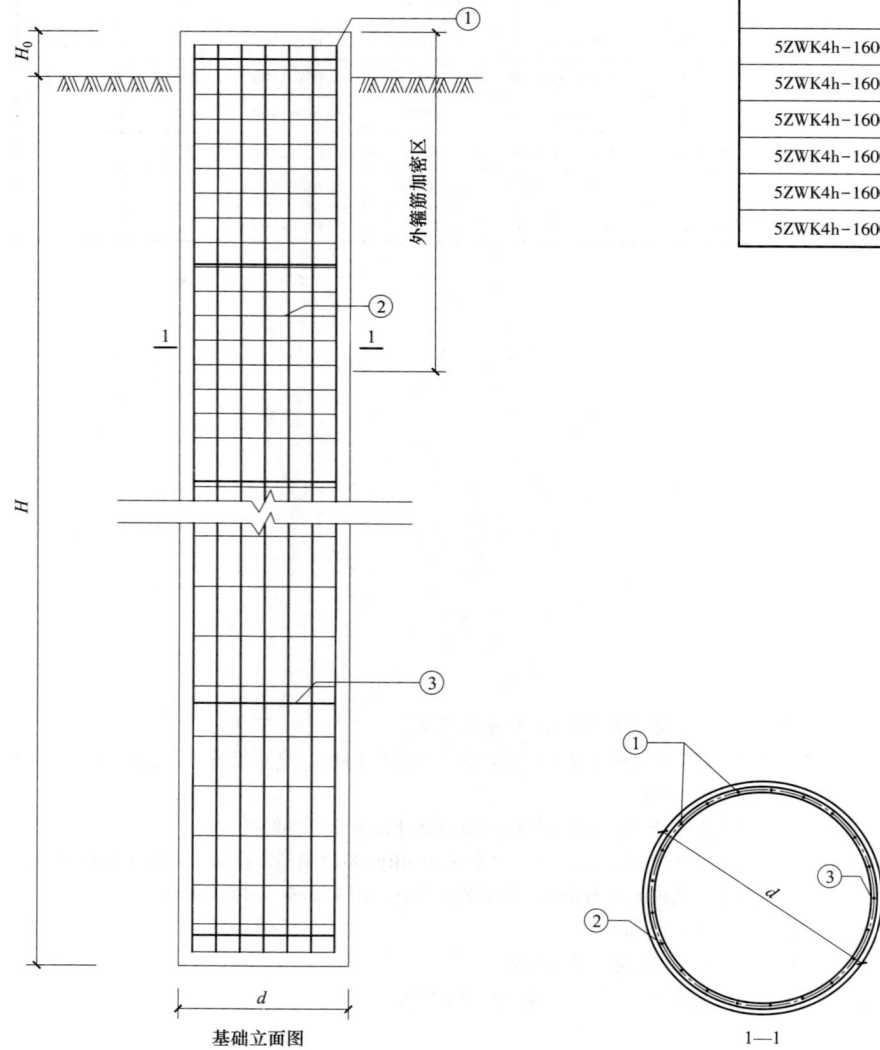

基础立面图

1—1

基 础 参 数 表

基础名称	桩身直径 d(mm)	基础埋深 H(mm)	基础露头 H₀(mm)	主筋①	外箍筋②	外箍筋加密区长度(mm)	内箍筋③	单腿混凝土量(m³)	单腿钢筋量(kg)
5ZWK4h-1600-02	1300	24200	200	37 Φ 18	Φ 8@ 100/200	6500	Φ 16@ 1500	32.39	2133.6
5ZWK4h-1600-07	1300	24200	700	37 Φ 18	Φ 8@ 100/200	6500	Φ 16@ 1500	33.05	2175.1
5ZWK4h-1600-12	1300	24600	1200	33 Φ 20	Φ 8@ 100/200	6500	Φ 16@ 1500	34.24	2444.8
5ZWK4h-1600-17	1300	25000	1700	35 Φ 20	Φ 8@ 100/200	6500	Φ 16@ 1500	35.44	2656.6
5ZWK4h-1600-22	1400	23200	2200	36 Φ 20	Φ 8@ 100/200	7000	Φ 16@ 1500	39.10	2624.6
5ZWK4h-1600-27	1400	23600	2700	38 Φ 20	Φ 8@ 100/200	7000	Φ 16@ 1500	40.49	2846.2

说明：1. 本基础适用于不受地下水影响的黄土地质条件。

2. 整体立塔时，混凝土的抗压强度应达到设计强度的100%。分解组塔时，混凝土必须达到抗压强度设计值的70%。

3. 基础根开及地脚螺栓间距与相应杆塔结构图核对无误后，方可施工。

4. 基础混凝土强度等级不应低于C25，主筋采用HRB400级钢筋，箍筋采用HPB300级钢筋。

5. ②号钢筋加密区箍筋间距100mm，非加密区箍筋间距200mm。可采用螺旋箍筋。

6. 主筋保护层不小于50mm。

7. 基础施工完毕后，做好基面排水处理。

8. 本基础按机械成孔施工方式，未考虑护壁工程量。

图 17.4-3　5ZWK4*-1600 挖孔桩基础施工图

基 础 参 数 表

基础名称	桩身直径 d(mm)	基础埋深 H(mm)	基础露头 H_0(mm)	主筋①	外箍筋②	外箍筋加密区长度(mm)	内箍筋③	单腿混凝土量（m³）	单腿钢筋量（kg）
5ZWK4h-1800-02	1500	24200	200	40 Φ 18	Φ 8@ 100/200	7500	Φ 16@ 1500	43. 12	2344. 8
5ZWK4h-1800-07	1500	24200	700	40 Φ 18	Φ 8@ 100/200	7500	Φ 16@ 1500	44. 00	2390. 0
5ZWK4h-1800-12	1500	24600	1200	42 Φ 18	Φ 8@ 100/200	7500	Φ 16@ 1500	45. 59	2578. 2
5ZWK4h-1800-17	1600	23000	1700	44 Φ 18	Φ 8@ 100/200	8000	Φ 18@ 1500	49. 66	2636. 0
5ZWK4h-1800-22	1600	23600	2200	46 Φ 18	Φ 8@ 100/200	8000	Φ 18@ 1500	51. 87	2855. 6
5ZWK4h-1800-27	1600	24200	2700	33 Φ 22	Φ 8@ 100/200	8000	Φ 18@ 1500	54. 09	3141. 4

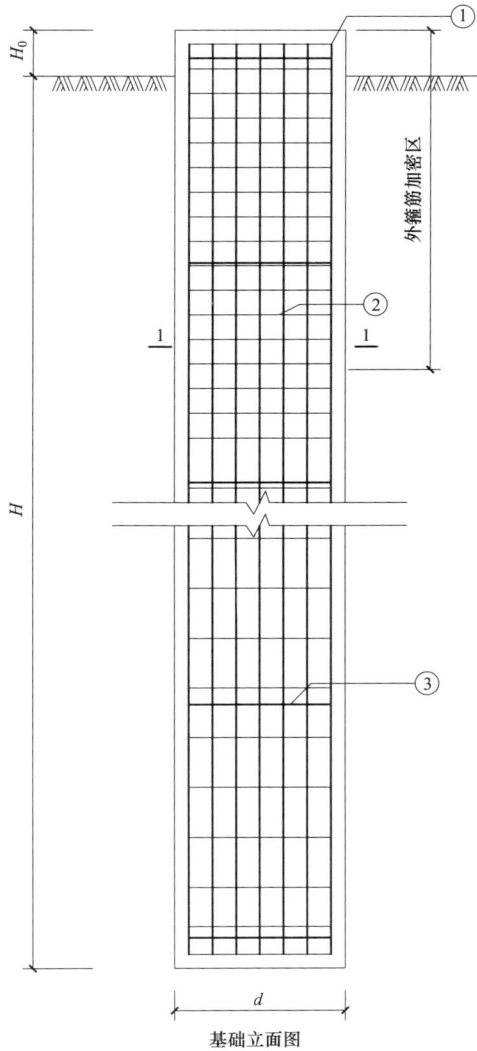

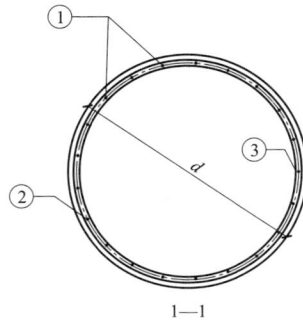

基础立面图

1—1

说明：1. 本基础适用于不受地下水影响的黄土地质条件。

2. 整体立塔时，混凝土的抗压强度应达到设计强度的100%。分解组塔时，混凝土必须达到抗压强度设计值的70%。

3. 基础根开及地脚螺栓间距与相应杆塔结构图核对无误后，方可施工。

4. 基础混凝土强度等级不应低于 C25，主筋采用 HRB400 级钢筋，箍筋采用 HPB300 级钢筋。

5. ②号钢筋加密区箍筋间距100mm，非加密区箍筋间距200mm。可采用螺旋箍筋。

6. 主筋保护层不小于 50mm。

7. 基础施工完毕后，做好基面排水处理。

8. 本基础按机械成孔施工方式，未考虑护壁工程量。

图 17.4-4 5ZWK4﹡-1800 挖孔桩基础施工图

基 础 参 数 表

基础名称	桩身直径 d(mm)	基础埋深 H(mm)	基础露头 H_0(mm)	主筋①	外箍筋②	外箍筋加密区长度(mm)	内箍筋③	单腿混凝土量(m³)	单腿钢筋量(kg)
5ZWK4h-2000-02	1700	23600	200	50 Φ 16	Φ 8@ 100/200	8500	Φ 18@ 1500	54.02	2363.0
5ZWK4h-2000-07	1700	24200	700	43 Φ 18	Φ 8@ 100/200	8500	Φ 18@ 1500	56.52	2644.0
5ZWK4h-2000-12	1700	25000	1200	36 Φ 20	Φ 8@ 100/200	8500	Φ 18@ 1500	59.47	2852.1
5ZWK4h-2000-17	1800	23600	1700	37 Φ 20	Φ 8@ 100/200	9000	Φ 18@ 1500	64.38	2853.6
5ZWK4h-2000-22	1800	24200	2200	39 Φ 20	Φ 8@ 100/200	9000	Φ 18@ 1500	67.18	3106.6
5ZWK4h-2000-27	1800	25000	2700	42 Φ 20	Φ 8@ 100/200	9000	Φ 18@ 1500	70.49	3458.7

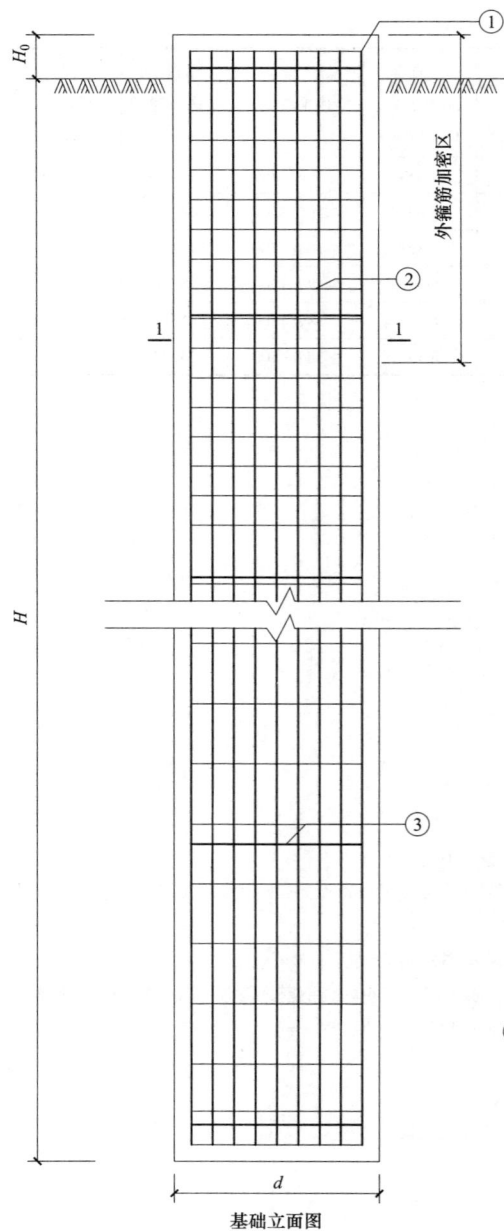

基础立面图

1—1

说明：1. 本基础适用于不受地下水影响的黄土地质条件。

2. 整体立塔时，混凝土的抗压强度应达到设计强度的 100%。分解组塔时，混凝土必须达到抗压强度设计值的 70%。

3. 基础根开及地脚螺栓间距与相应杆塔结构图核对无误后，方可施工。

4. 基础混凝土强度等级不应低于 C25，主筋采用 HRB400 级钢筋，箍筋采用 HPB300 级钢筋。

5. ②号钢筋加密区箍筋间距 100mm，非加密区箍筋间距 200mm。可采用螺旋箍筋。

6. 主筋保护层不小于 50mm。

7. 基础施工完毕后，做好基面排水处理。

8. 本基础按机械成孔施工方式，未考虑护壁工程量。

图 17.4-5 5ZWK4∗-2000 挖孔桩基础施工图

17.5 5ZWK6 子模块

此子模块适用于岩石地基，共包含 20 张图纸，基础施工图图纸清单见表 17.5-1。

表 17.5-1　5ZWK6 子模块基础施工图图纸清单

序号	图号	图　名	基础作用力（kN）	
			$T/T_x/T_y$	$N/N_x/N_y$
1	图 17.5-1	5ZWK6 * -1200 挖孔桩基础施工图（一）	1200/168/168	1560/218/218
2	图 17.5-2	5ZWK6 * -1200 挖孔桩基础施工图（二）	1200/168/168	1560/218/218
3	图 17.5-3	5ZWK6 * -1400 挖孔桩基础施工图（一）	1400/196/196	1820/255/255
4	图 17.5-4	5ZWK6 * -1400 挖孔桩基础施工图（二）	1400/196/196	1820/255/255
5	图 17.5-5	5ZWK6 * -1600 挖孔桩基础施工图（一）	1600/224/224	2080/291/291
6	图 17.5-6	5ZWK6 * -1600 挖孔桩基础施工图（二）	1600/224/224	2080/291/291
7	图 17.5-7	5ZWK6 * -1800 挖孔桩基础施工图（一）	1800/252/252	2340/328/328
8	图 17.5-8	5ZWK6 * -1800 挖孔桩基础施工图（二）	1800/252/252	2340/328/328

序号	图号	图　名	基础作用力（kN）	
			$T/T_x/T_y$	$N/N_x/N_y$
9	图 17.5-9	5ZWK6 * -2000 挖孔桩基础施工图（一）	2000/280/280	2600/364/364
10	图 17.5-10	5ZWK6 * -2000 挖孔桩基础施工图（二）	2000/280/280	2600/364/364
11	图 17.5-11	5ZWK6 * -2200 挖孔桩基础施工图（一）	2200/308/308	2860/400/400
12	图 17.5-12	5ZWK6 * -2200 挖孔桩基础施工图（二）	2200/308/308	2860/400/400
13	图 17.5-13	5ZWK6 * -2400 挖孔桩基础施工图（一）	2400/336/336	3120/437/437
14	图 17.5-14	5ZWK6 * -2400 挖孔桩基础施工图（二）	2400/336/336	3120/437/437
15	图 17.5-15	5ZWK6 * -2600 挖孔桩基础施工图（一）	2600/364/364	3380/473/473
16	图 17.5-16	5ZWK6 * -2600 挖孔桩基础施工图（二）	2600/364/364	3380/473/473
17	图 17.5-17	5ZWK6 * -2800 挖孔桩基础施工图（一）	2800/392/392	3640/510/510
18	图 17.5-18	5ZWK6 * -2800 挖孔桩基础施工图（二）	2800/392/392	3640/510/510
19	图 17.5-19	5ZWK6 * -3000 挖孔桩基础施工图（一）	3000/420/420	3900/546/546
20	图 17.5-20	5ZWK6 * -3000 挖孔桩基础施工图（二）	3000/420/420	3900/546/546

注　6 * 包含 6a、6b、6c、6d、6e 及 6f 六种地质参数组合。

基 础 参 数 表

基础名称	桩身直径 d(mm)	基础埋深 H(mm)	基础露头 H₀(mm)	主筋①	外箍筋②	外箍筋加密区长度(mm)	内箍筋③	单腿混凝土量(m³)	单腿钢筋量(kg)
5ZWK6a-1200-02	900	8000	200	20Φ20	Φ8@100/200	4500	Φ14@1500	5.22	485.5
5ZWK6a-1200-07	900	8000	700	19Φ22	Φ8@100/200	4500	Φ14@1500	5.53	576.3
5ZWK6a-1200-12	900	8000	1200	16Φ25	Φ8@100/200	4500	Φ14@1500	5.85	654.3
5ZWK6a-1200-17	900	8000	1700	18Φ25	Φ8@100/200	4500	Φ14@1500	6.17	761.9
5ZWK6a--1200-22	900	8000	2200	20Φ25	Φ8@100/200	4500	Φ14@1500	6.49	876.3
5ZWK6a-1200-27	900	8000	2700	18Φ28	Φ8@100/200	4500	Φ14@1500	6.81	1025.6
5ZWK6b-1200-02	900	6600	200	20Φ20	Φ8@100/200	4500	Φ14@1500	4.33	406.6
5ZWK6b-1200-07	900	6600	700	19Φ22	Φ8@100/200	4500	Φ14@1500	4.64	487.1
5ZWK6b-1200-12	900	6600	1200	16Φ25	Φ8@100/200	4500	Φ14@1500	4.96	558.2
5ZWK6b-1200-17	900	6600	1700	18Φ25	Φ8@100/200	4500	Φ14@1500	5.28	655.0
5ZWK6b-1200-22	900	6600	2200	20Φ25	Φ8@100/200	4500	Φ14@1500	5.60	758.6
5ZWK6b-1200-27	900	6600	2700	18Φ28	Φ8@100/200	4500	Φ14@1500	5.92	894.0
5ZWK6c-1200-02	900	6000	200	20Φ20	Φ8@100/200	4500	Φ14@1500	3.94	374.0
5ZWK6c-1200-07	900	6000	700	19Φ22	Φ8@100/200	4500	Φ14@1500	4.26	450.1
5ZWK6c-1200-12	900	6000	1200	16Φ25	Φ8@100/200	4500	Φ14@1500	4.58	515.4
5ZWK6c-1200-17	900	6000	1700	18Φ25	Φ8@100/200	4500	Φ14@1500	4.90	610.4
5ZWK6c-1200-22	900	6000	2200	20Φ25	Φ8@100/200	4500	Φ14@1500	5.22	709.4
5ZWK6c-1200-27	900	6000	2700	18Φ28	Φ8@100/200	4500	Φ14@1500	5.53	836.0

说明：1. 本基础适用于不受地下水影响的岩石地质条件。

2. 整体立塔时，混凝土的抗压强度应达到设计强度的100%。分解组塔时，混凝土必须达到抗压强度设计值的70%。

3. 基础根开及地脚螺栓间距与相应杆塔结构图核对无误后，方可施工。

4. 基础混凝土强度等级不应低于C25，主筋采用HRB400级钢筋，箍筋采用HPB300级钢筋。

5. ②号钢筋加密区箍筋间距100mm，非加密区箍筋间距200mm。可采用螺旋箍筋。

6. 主筋保护层不小于50mm。

7. 基础施工完毕后，做好基面排水处理。

8. 本基础按机械成孔施工方式，未考虑护壁工程量。

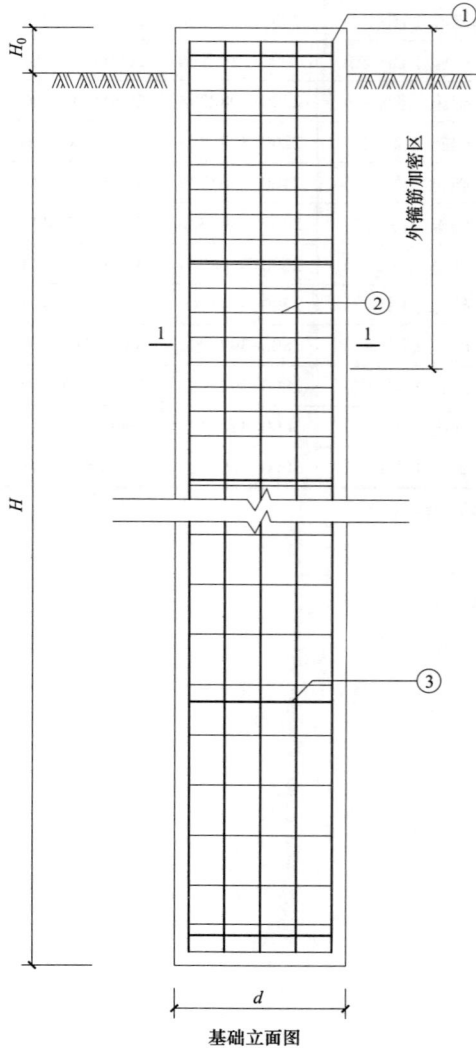

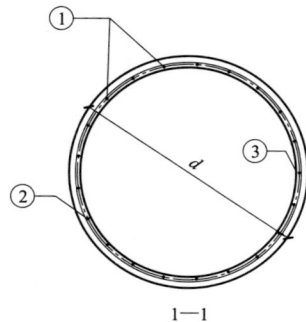

图 17.5-1　5ZWK6*-1200挖孔桩基础施工图（一）

基 础 参 数 表

基础名称	桩身直径 d（mm）	基础埋深 H（mm）	基础露头 H_0（mm）	主筋①	外箍筋②	外箍筋加密区长度（mm）	内箍筋③	单腿混凝土量（m³）	单腿钢筋量（kg）
5ZWK6d-1200-02	900	6000	200	20 Φ 20	Φ 8@ 100/200	4500	Φ 14@ 1500	3.94	374.0
5ZWK6d-1200-07	900	6000	700	19 Φ 22	Φ 8@ 100/200	4500	Φ 14@ 1500	4.26	450.1
5ZWK6d-1200-12	900	6000	1200	16 Φ 25	Φ 8@ 100/200	4500	Φ 14@ 1500	4.58	515.4
5ZWK6d-1200-17	900	6000	1700	18 Φ 25	Φ 8@ 100/200	4500	Φ 14@ 1500	4.90	610.4
5ZWK6d-1200-22	900	6000	2200	20 Φ 25	Φ 8@ 100/200	4500	Φ 14@ 1500	5.22	709.4
5ZWK6d-1200-27	900	6000	2700	18 Φ 28	Φ 8@ 100/200	4500	Φ 14@ 1500	5.53	836.0
5ZWK6e-1200-02	900	6000	200	20 Φ 20	Φ 8@ 100/200	4500	Φ 14@ 1500	3.94	374.0
5ZWK6e-1200-07	900	6000	700	19 Φ 22	Φ 8@ 100/200	4500	Φ 14@ 1500	4.26	450.1
5ZWK6e-1200-12	900	6000	1200	16 Φ 25	Φ 8@ 100/200	4500	Φ 14@ 1500	4.58	515.4
5ZWK6e-1200-17	900	6000	1700	18 Φ 25	Φ 8@ 100/200	4500	Φ 14@ 1500	4.90	610.4
5ZWK6e-1200-22	900	6000	2200	20 Φ 25	Φ 8@ 100/200	4500	Φ 14@ 1500	5.22	709.4
5ZWK6e-1200-27	900	6000	2700	18 Φ 28	Φ 8@ 100/200	4500	Φ 14@ 1500	5.53	836.0
5ZWK6f-1200-02	900	6000	200	20 Φ 20	Φ 8@ 100/200	4500	Φ 14@ 1500	3.94	374.0
5ZWK6f-1200-07	900	6000	700	19 Φ 22	Φ 8@ 100/200	4500	Φ 14@ 1500	4.26	450.1
5ZWK6f-1200-12	900	6000	1200	16 Φ 25	Φ 8@ 100/200	4500	Φ 14@ 1500	4.58	515.4
5ZWK6f-1200-17	900	6000	1700	18 Φ 25	Φ 8@ 100/200	4500	Φ 14@ 1500	4.90	610.4
5ZWK6f-1200-22	900	6000	2200	20 Φ 25	Φ 8@ 100/200	4500	Φ 14@ 1500	5.22	709.4
5ZWK6f-1200-27	900	6000	2700	18 Φ 28	Φ 8@ 100/200	4500	Φ 14@ 1500	5.53	836.0

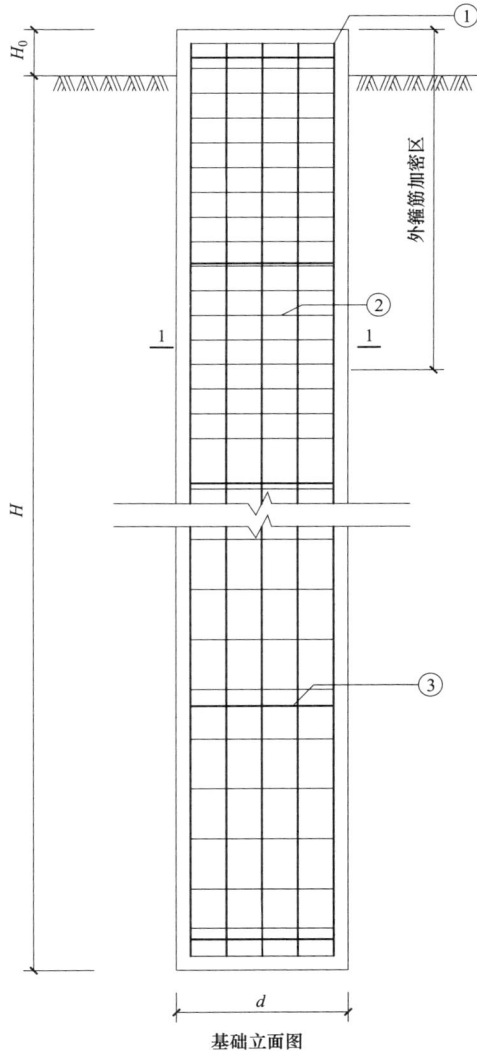

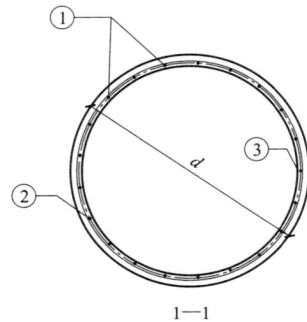

基础立面图

1—1

说明：1. 本基础适用于不受地下水影响的岩石地质条件。

2. 整体立塔时，混凝土的抗压强度应达到设计强度的100%。分解组塔时，混凝土必须达到抗压强度设计值的70%。

3. 基础根开及地脚螺栓间距与相应杆塔结构图核对无误后，方可施工。

4. 基础混凝土强度等级不应低于C25，主筋采用HRB400级钢筋，箍筋采用HPB300级钢筋。

5. ②号钢筋加密区箍筋间距100mm，非加密区箍筋间距200mm。可采用螺旋箍筋。

6. 主筋保护层不小于50mm。

7. 基础施工完毕后，做好基面排水处理。

8. 本基础按机械成孔施工方式，未考虑护壁工程量。

图 17.5-2　5ZWK6 * -1200 挖孔桩基础施工图（二）

基 础 参 数 表

基础名称	桩身直径 d(mm)	基础埋深 H(mm)	基础露头 H₀(mm)	主筋①	外箍筋②	外箍筋加密区长度(mm)	内箍筋③	单腿混凝土量(m³)	单腿钢筋量(kg)
5ZWK6a-1400-02	1000	8200	200	28 Φ 18	Φ8@100/200	5000	Φ16@1500	6.60	572.5
5ZWK6a-1400-07	1000	8200	700	16 Φ 25	Φ8@100/200	5000	Φ16@1500	6.99	652.4
5ZWK6a-1400-12	1000	8200	1200	18 Φ 25	Φ8@100/200	5000	Φ16@1500	7.38	762.3
5ZWK6a-1400-17	1000	8200	1700	20 Φ 25	Φ8@100/200	5000	Φ16@1500	7.78	874.6
5ZWK6a-1400-22	1000	8200	2200	22 Φ 25	Φ8@100/200	5000	Φ16@1500	8.17	995.7
5ZWK6a-1400-27	1000	8200	2700	24 Φ 25	Φ8@100/200	5000	Φ16@1500	8.56	1127.6
5ZWK6b-1400-02	1000	6800	200	28 Φ 18	Φ8@100/200	5000	Φ16@1500	5.50	482.1
5ZWK6b-1400-07	1000	6800	700	16 Φ 25	Φ8@100/200	5000	Φ16@1500	5.89	558.3
5ZWK6b-1400-12	1000	6800	1200	18 Φ 25	Φ8@100/200	5000	Φ16@1500	6.28	653.2
5ZWK6b-1400-17	1000	6800	1700	20 Φ 25	Φ8@100/200	5000	Φ16@1500	6.68	754.7
5ZWK6b-1400-22	1000	6800	2200	22 Φ 25	Φ8@100/200	5000	Φ16@1500	7.07	869.2
5ZWK6b-1400-27	1000	6800	2700	24 Φ 25	Φ8@100/200	5000	Φ16@1500	7.46	986.1
5ZWK6c-1400-02	1000	6000	200	28 Φ 18	Φ8@100/200	5000	Φ16@1500	4.87	432.8
5ZWK6c-1400-07	1000	6000	700	16 Φ 25	Φ8@100/200	5000	Φ16@1500	5.26	500.3
5ZWK6c-1400-12	1000	6000	1200	18 Φ 25	Φ8@100/200	5000	Φ16@1500	5.65	589.1
5ZWK6c-1400-17	1000	6000	1700	20 Φ 25	Φ8@100/200	5000	Φ16@1500	6.05	688.5
5ZWK6c-1400-22	1000	6000	2200	22 Φ 25	Φ8@100/200	5000	Φ16@1500	6.44	792.7
5ZWK6c-1400-27	1000	6000	2700	24 Φ 25	Φ8@100/200	5000	Φ16@1500	6.83	903.5

基础立面图

1—1

说明：1. 本基础适用于不受地下水影响的岩石地质条件。

2. 整体立塔时，混凝土的抗压强度应达到设计强度的 100%。分解组塔时，混凝土必须达到抗压强度设计值的 70%。

3. 基础根开及地脚螺栓间距与相应杆塔结构图核对无误后，方可施工。

4. 基础混凝土强度等级不应低于 C25，主筋采用 HRB400 级钢筋，箍筋采用 HPB300 级钢筋。

5. ②号钢筋加密区箍筋间距 100mm，非加密区箍筋间距 200mm。可采用螺旋箍筋。

6. 主筋保护层不小于 50mm。

7. 基础施工完毕后，做好基面排水处理。

8. 本基础按机械成孔施工方式，未考虑护壁工程量。

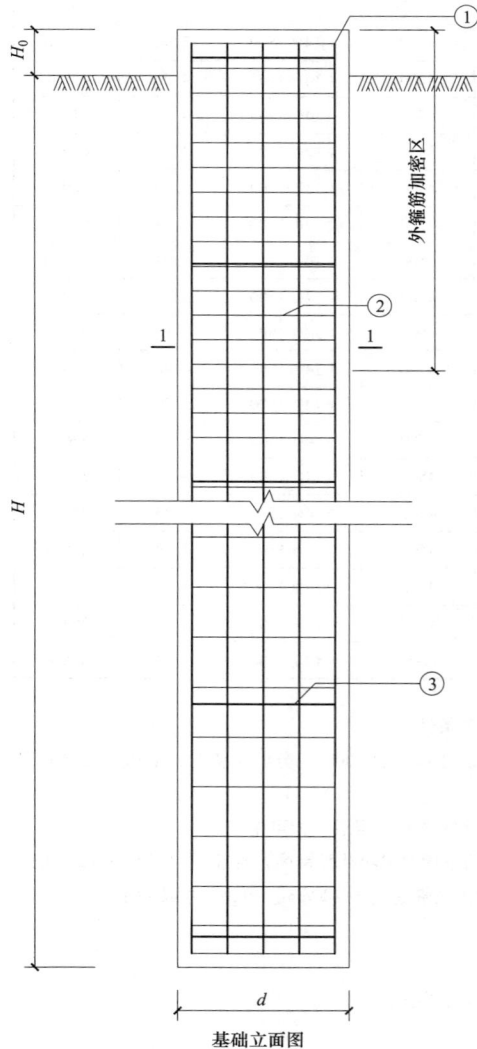

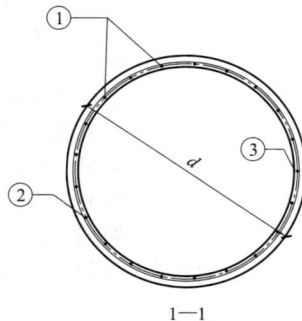

图 17.5-3　5ZWK6*-1400 挖孔桩基础施工图 （一）

基 础 参 数 表

基础名称	桩身直径 d(mm)	基础埋深 H(mm)	基础露头 H_0(mm)	主筋①	外箍筋②	外箍筋加密区长度(mm)	内箍筋③	单腿混凝土量（m³）	单腿钢筋量（kg）
5ZWK6d-1400-02	1000	6000	200	28 Φ 18	Φ 8@ 100/200	5000	Φ 16@ 1500	4.87	432.8
5ZWK6d-1400-07	1000	6000	700	16 Φ 25	Φ 8@ 100/200	5000	Φ 16@ 1500	5.26	500.3
5ZWK6d-1400-12	1000	6000	1200	18 Φ 25	Φ 8@ 100/200	5000	Φ 16@ 1500	5.65	589.1
5ZWK6d-1400-17	1000	6000	1700	20 Φ 25	Φ 8@ 100/200	5000	Φ 16@ 1500	6.05	688.5
5ZWK6d-1400-22	1000	6000	2200	22 Φ 25	Φ 8@ 100/200	5000	Φ 16@ 1500	6.44	792.7
5ZWK6d-1400-27	1000	6000	2700	24 Φ 25	Φ 8@ 100/200	5000	Φ 16@ 1500	6.83	903.5
5ZWK6e-1400-02	1000	6000	200	28 Φ 18	Φ 8@ 100/200	5000	Φ 16@ 1500	4.87	432.8
5ZWK6e-1400-07	1000	6000	700	16 Φ 25	Φ 8@ 100/200	5000	Φ 16@ 1500	5.26	500.3
5ZWK6e-1400-12	1000	6000	1200	18 Φ 25	Φ 8@ 100/200	5000	Φ 16@ 1500	5.65	589.1
5ZWK6e-1400-17	1000	6000	1700	20 Φ 25	Φ 8@ 100/200	5000	Φ 16@ 1500	6.05	688.5
5ZWK6e-1400-22	1000	6000	2200	22 Φ 25	Φ 8@ 100/200	5000	Φ 16@ 1500	6.44	792.7
5ZWK6e-1400-27	1000	6000	2700	24 Φ 25	Φ 8@ 100/200	5000	Φ 16@ 1500	6.83	903.5
5ZWK6f-1400-02	1000	6000	200	28 Φ 18	Φ 8@ 100/200	5000	Φ 16@ 1500	4.87	432.8
5ZWK6f-1400-07	1000	6000	700	16 Φ 25	Φ 8@ 100/200	5000	Φ 16@ 1500	5.26	500.3
5ZWK6f-1400-12	1000	6000	1200	18 Φ 25	Φ 8@ 100/200	5000	Φ 16@ 1500	5.65	589.1
5ZWK6f-1400-17	1000	6000	1700	20 Φ 25	Φ 8@ 100/200	5000	Φ 16@ 1500	6.05	688.5
5ZWK6f-1400-22	1000	6000	2200	22 Φ 25	Φ 8@ 100/200	5000	Φ 16@ 1500	6.44	792.7
5ZWK6f-1400-27	1000	6000	2700	24 Φ 25	Φ 8@ 100/200	5000	Φ 16@ 1500	6.83	903.5

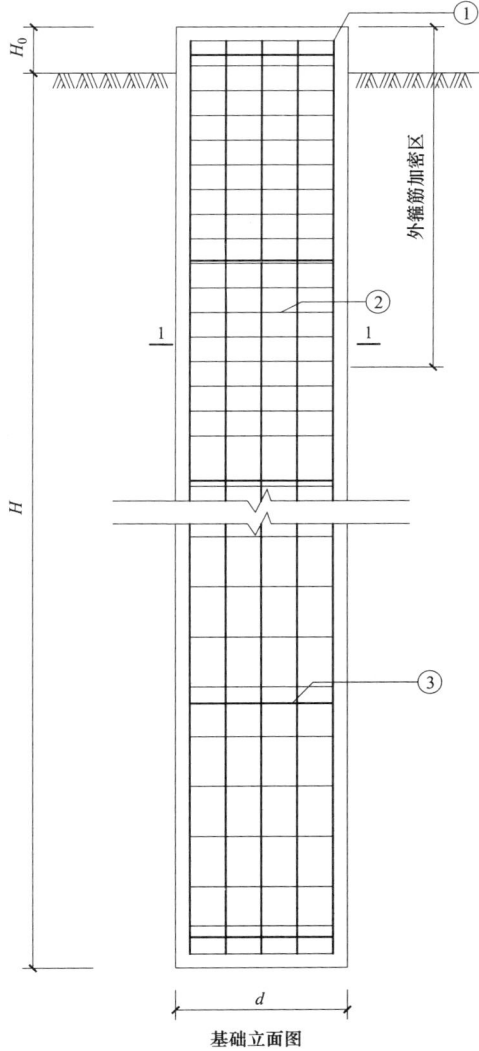

说明：1. 本基础适用于不受地下水影响的岩石地质条件。

2. 整体立塔时，混凝土的抗压强度应达到设计强度的100%。分解组塔时，混凝土必须达到抗压强度设计值的70%。

3. 基础根开及地脚螺栓间距与相应杆塔结构图核对无误后，方可施工。

4. 基础混凝土强度等级不应低于C25，主筋采用 HRB400 级钢筋，箍筋采用 HPB300 级钢筋。

5. ②号钢筋加密区箍筋间距100mm，非加密区箍筋间距200mm。可采用螺旋箍筋。

6. 主筋保护层不小于50mm。

7. 基础施工完毕后，做好基面排水处理。

8. 本基础按机械成孔施工方式，未考虑护壁工程量。

基础立面图

1—1

图 17.5-4　5ZWK6*-1400 挖孔桩基础施工图（二）

基 础 参 数 表

基础名称	桩身直径 d(mm)	基础埋深 H(mm)	基础露头 H_0(mm)	主筋①	外箍筋②	外箍筋加密区长度(mm)	内箍筋③	单腿混凝土量（m³）	单腿钢筋量（kg）
5ZWK6a-1600-02	1000	9400	200	26⏀20	Φ8@100/200	5000	Φ16@1500	7.54	728.0
5ZWK6a-1600-07	1000	9400	700	24⏀22	Φ8@100/200	5000	Φ16@1500	7.93	837.0
5ZWK6a-1600-12	1000	9400	1200	27⏀22	Φ8@100/200	5000	Φ16@1500	8.33	974.2
5ZWK6a-1600-17	1000	9400	1700	23⏀25	Φ8@100/200	5000	Φ16@1500	8.72	1104.9
5ZWK6a-1600-22	1000	9400	2200	20⏀28	Φ8@100/200	5000	Φ16@1500	9.11	1244.7
5ZWK6a-1600-27	1000	9400	2700	22⏀28	Φ8@100/200	5000	Φ16@1500	9.50	1415.2
5ZWK6b-1600-02	1000	7800	200	26⏀20	Φ8@100/200	5000	Φ16@1500	6.28	612.2
5ZWK6b-1600-07	1000	7800	700	24⏀22	Φ8@100/200	5000	Φ16@1500	6.68	709.2
5ZWK6b-1600-12	1000	7800	1200	27⏀22	Φ8@100/200	5000	Φ16@1500	7.07	832.1
5ZWK6b-1600-17	1000	7800	1700	23⏀25	Φ8@100/200	5000	Φ16@1500	7.46	950.0
5ZWK6b-1600-22	1000	7800	2200	20⏀28	Φ8@100/200	5000	Φ16@1500	7.85	1076.9
5ZWK6b-1600-27	1000	7800	2700	22⏀28	Φ8@100/200	5000	Φ16@1500	8.25	1231.9
5ZWK6c-1600-02	1000	6600	200	26⏀20	Φ8@100/200	5000	Φ16@1500	5.34	524.4
5ZWK6c-1600-07	1000	6600	700	24⏀22	Φ8@100/200	5000	Φ16@1500	5.73	612.4
5ZWK6c-1600-12	1000	6600	1200	27⏀22	Φ8@100/200	5000	Φ16@1500	6.13	724.5
5ZWK6c-1600-17	1000	6600	1700	23⏀25	Φ8@100/200	5000	Φ16@1500	6.52	832.7
5ZWK6c-1600-22	1000	6600	2200	20⏀28	Φ8@100/200	5000	Φ16@1500	6.91	950.0
5ZWK6c-1600-27	1000	6600	2700	22⏀28	Φ8@100/200	5000	Φ16@1500	7.30	1093.5

基础立面图

1—1

说明：1. 本基础适用于不受地下水影响的岩石地质条件。

2. 整体立塔时，混凝土的抗压强度应达到设计强度的100%。分解组塔时，混凝土必须达到抗压强度设计值的70%。

3. 基础根开及地脚螺栓间距与相应杆塔结构图核对无误后，方可施工。

4. 基础混凝土强度等级不应低于C25，主筋采用HRB400级钢筋，箍筋采用HPB300级钢筋。

5. ②号钢筋加密区箍筋间距100mm，非加密区箍筋间距200mm。可采用螺旋箍筋。

6. 主筋保护层不小于50mm。

7. 基础施工完毕后，做好基面排水处理。

8. 本基础按机械成孔施工方式，未考虑护壁工程量。

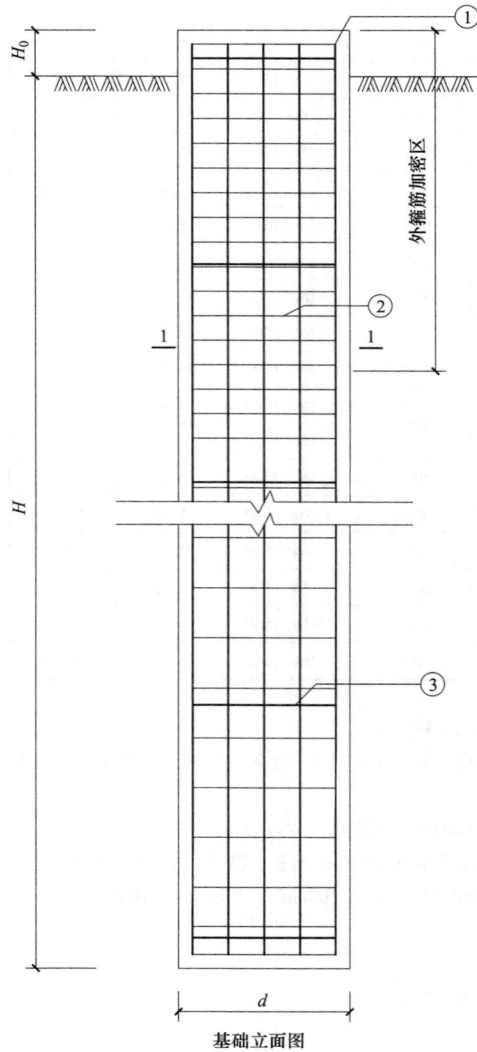

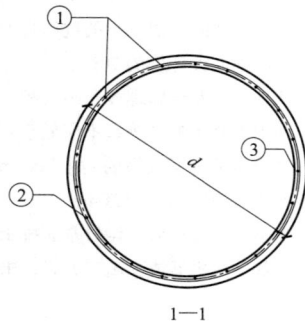

图 17.5-5　5ZWK6＊-1600挖孔桩基础施工图（一）

基 础 参 数 表

基础名称	桩身直径 d(mm)	基础埋深 H(mm)	基础露头 H_0(mm)	主筋①	外箍筋②	外箍筋加密区长度(mm)	内箍筋③	单腿混凝土量(m³)	单腿钢筋量(kg)
5ZWK6d-1600-02	1000	6000	200	26 Φ 20	Φ 8@ 100/200	5000	Φ 16@ 1500	4.87	482.5
5ZWK6d-1600-07	1000	6000	700	24 Φ 22	Φ 8@ 100/200	5000	Φ 16@ 1500	5.26	566.0
5ZWK6d-1600-12	1000	6000	1200	27 Φ 22	Φ 8@ 100/200	5000	Φ 16@ 1500	5.65	668.6
5ZWK6d-1600-17	1000	6000	1700	23 Φ 25	Φ 8@ 100/200	5000	Φ 16@ 1500	6.05	776.2
5ZWK6d-1600-22	1000	6000	2200	20 Φ 28	Φ 8@ 100/200	5000	Φ 16@ 1500	6.44	888.7
5ZWK6d-1600-27	1000	6000	2700	22 Φ 28	Φ 8@ 100/200	5000	Φ 16@ 1500	6.83	1022.2
5ZWK6e-1600-02	1000	6000	200	26 Φ 20	Φ 8@ 100/200	5000	Φ 16@ 1500	4.87	482.5
5ZWK6e-1600-07	1000	6000	700	24 Φ 22	Φ 8@ 100/200	5000	Φ 16@ 1500	5.26	566.0
5ZWK6e-1600-12	1000	6000	1200	27 Φ 22	Φ 8@ 100/200	5000	Φ 16@ 1500	5.65	668.6
5ZWK6e-1600-17	1000	6000	1700	23 Φ 25	Φ 8@ 100/200	5000	Φ 16@ 1500	6.05	776.2
5ZWK6e-1600-22	1000	6000	2200	20 Φ 28	Φ 8@ 100/200	5000	Φ 16@ 1500	6.44	888.7
5ZWK6e-1600-27	1000	6000	2700	22 Φ 28	Φ 8@ 100/200	5000	Φ 16@ 1500	6.83	1022.2
5ZWK6f-1600-02	1000	6000	200	26 Φ 20	Φ 8@ 100/200	5000	Φ 16@ 1500	4.87	482.5
5ZWK6f-1600-07	1000	6000	700	24 Φ 22	Φ 8@ 100/200	5000	Φ 16@ 1500	5.26	566.0
5ZWK6f-1600-12	1000	6000	1200	27 Φ 22	Φ 8@ 100/200	5000	Φ 16@ 1500	5.65	668.6
5ZWK6f-1600-17	1000	6000	1700	23 Φ 25	Φ 8@ 100/200	5000	Φ 16@ 1500	6.05	776.2
5ZWK6f-1600-22	1000	6000	2200	20 Φ 28	Φ 8@ 100/200	5000	Φ 16@ 1500	6.44	888.7
5ZWK6f-1600-27	1000	6000	2700	22 Φ 28	Φ 8@ 100/200	5000	Φ 16@ 1500	6.83	1022.2

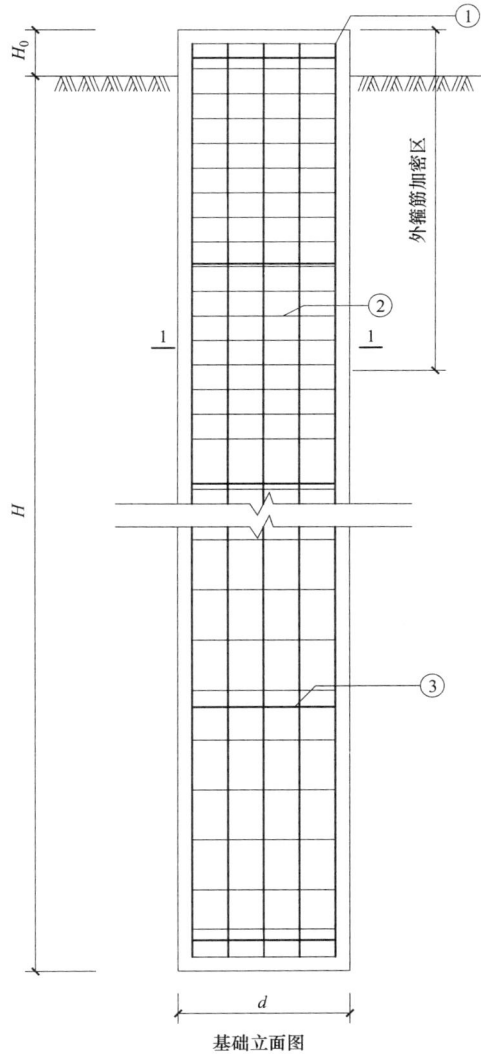

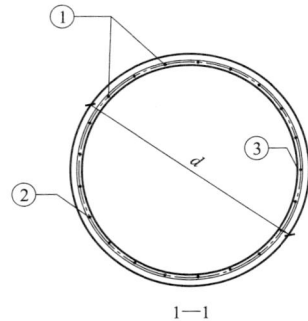

说明：1. 本基础适用于不受地下水影响的岩石地质条件。

2. 整体立塔时，混凝土的抗压强度应达到设计强度的100%。分解组塔时，混凝土必须达到抗压强度设计值的70%。

3. 基础根开及地脚螺栓间距与相应杆塔结构图核对无误后，方可施工。

4. 基础混凝土强度等级不应低于C25，主筋采用HRB400级钢筋，箍筋采用HPB300级钢筋。

5. ②号钢筋加密区箍筋间距100mm，非加密区箍筋间距200mm。可采用螺旋箍筋。

6. 主筋保护层不小于50mm。

7. 基础施工完毕后，做好基面排水处理。

8. 本基础按机械成孔施工方式，未考虑护壁工程量。

基础立面图

1—1

图 17.5-6 5ZWK6*-1600 挖孔桩基础施工图（二）

基础参数表

基础名称	桩身直径 d(mm)	基础埋深 H(mm)	基础露头 H₀(mm)	主筋①	外箍筋②	外箍筋加密区长度(mm)	内箍筋③	单腿混凝土量(m³)	单腿钢筋量(kg)
5ZWK6a-1800-02	1000	10600	200	24Φ22	Φ8@100/200	5000	Φ16@1500	8.48	895.8
5ZWK6a-1800-07	1000	10600	700	27Φ22	Φ8@100/200	5000	Φ16@1500	8.87	1033.9
5ZWK6a-1800-12	1000	10600	1200	19Φ28	Φ8@100/200	5000	Φ16@1500	9.27	1208.7
5ZWK6a-1800-17	1000	10600	1700	21Φ28	Φ8@100/200	5000	Φ16@1500	9.66	1378.7
5ZWK6a-1800-22	1000	10600	2200	23Φ28	Φ10@100/200	5000	Φ16@1500	10.05	1614.7
5ZWK6a-1800-27	1000	10600	2700	25Φ28	Φ10@100/200	5000	Φ16@1500	10.45	1801.2
5ZWK6b-1800-02	1000	8800	200	24Φ22	Φ8@100/200	5000	Φ16@1500	7.07	752.6
5ZWK6b-1800-07	1000	8800	700	27Φ22	Φ8@100/200	5000	Φ16@1500	7.46	874.6
5ZWK6b-1800-12	1000	8800	1200	19Φ28	Φ8@100/200	5000	Φ16@1500	7.85	1029.1
5ZWK6b-1800-17	1000	8800	1700	21Φ28	Φ8@100/200	5000	Φ16@1500	8.25	1181.8
5ZWK6b-1800-22	1000	8800	2200	23Φ28	Φ10@100/200	5000	Φ16@1500	8.64	1394.6
5ZWK6b-1800-27	1000	8800	2700	25Φ28	Φ10@100/200	5000	Φ16@1500	9.03	1563.7
5ZWK6c-1800-02	1000	7600	200	24Φ22	Φ8@100/200	5000	Φ16@1500	6.13	655.7
5ZWK6c-1800-07	1000	7600	700	27Φ22	Φ8@100/200	5000	Φ16@1500	6.52	767.0
5ZWK6c-1800-12	1000	7600	1200	19Φ28	Φ8@100/200	5000	Φ16@1500	6.91	908.1
5ZWK6c-1800-17	1000	7600	1700	21Φ28	Φ8@100/200	5000	Φ16@1500	7.30	1049.1
5ZWK6c-1800-22	1000	7600	2200	23Φ28	Φ10@100/200	5000	Φ16@1500	7.70	1246.5
5ZWK6c-1800-27	1000	7600	2700	25Φ28	Φ10@100/200	5000	Φ16@1500	8.09	1404.0

说明：1. 本基础适用于不受地下水影响的岩石地质条件。

2. 整体立塔时，混凝土的抗压强度应达到设计强度的100%。分解组塔时，混凝土必须达到抗压强度设计值的70%。

3. 基础根开及地脚螺栓间距与相应杆塔结构图核对无误后，方可施工。

4. 基础混凝土强度等级不应低于C25，主筋采用HRB400级钢筋，箍筋采用HPB300级钢筋。

5. ②号钢筋加密区箍筋间距100mm，非加密区箍筋间距200mm。可采用螺旋箍筋。

6. 主筋保护层不小于50mm。

7. 基础施工完毕后，做好基面排水处理。

8. 本基础按机械成孔施工方式，未考虑护壁工程量。

基础立面图

1—1

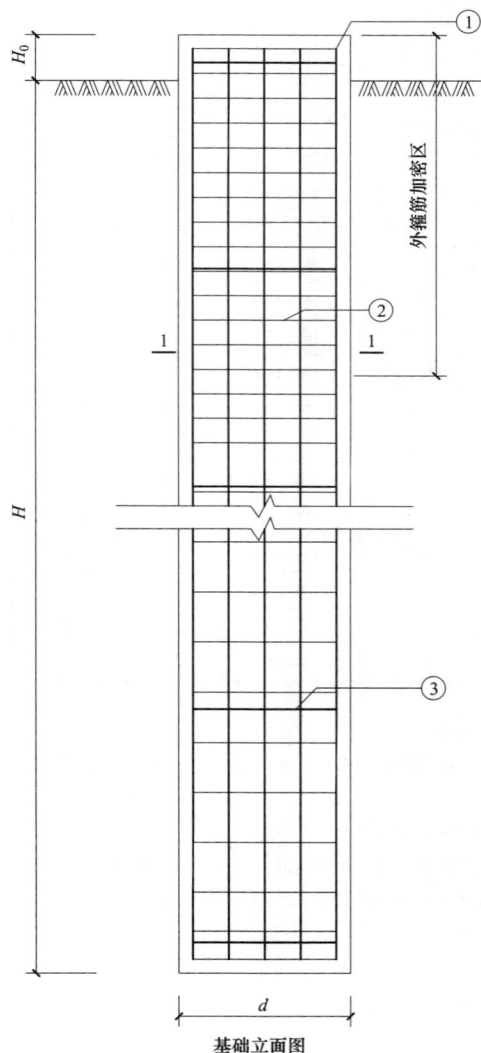

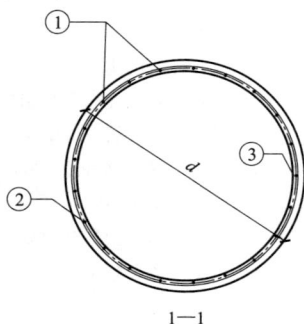

图 17.5-7　5ZWK6＊-1800 挖孔桩基础施工图 （一）

基 础 参 数 表

基础名称	桩身直径 d(mm)	基础埋深 H(mm)	基础露头 H₀(mm)	主筋①	外箍筋②	外箍筋加密区长度(mm)	内箍筋③	单腿混凝土量(m³)	单腿钢筋量(kg)
5ZWK6d-1800-02	1000	6600	200	24 ⏀ 22	Φ 8@ 100/200	5000	Φ 16@ 1500	5.34	574.3
5ZWK6d-1800-07	1000	6600	700	27 ⏀ 22	Φ 8@ 100/200	5000	Φ 16@ 1500	5.73	676.7
5ZWK6d-1800-12	1000	6600	1200	19 ⏀ 28	Φ 8@ 100/200	5000	Φ 16@ 1500	6.13	810.6
5ZWK6d-1800-17	1000	6600	1700	21 ⏀ 28	Φ 8@ 100/200	5000	Φ 16@ 1500	6.52	937.9
5ZWK6d-1800-22	1000	6600	2200	23 ⏀ 28	Φ 10@ 100/200	5000	Φ 16@ 1500	6.91	1122.4
5ZWK6d-1800-27	1000	6600	2700	25 ⏀ 28	Φ 10@ 100/200	5000	Φ 16@ 1500	7.30	1274.4
5ZWK6e-1800-02	1000	6000	200	24 ⏀ 22	Φ 8@ 100/200	5000	Φ 16@ 1500	4.87	528.0
5ZWK6e-1800-07	1000	6000	700	27 ⏀ 22	Φ 8@ 100/200	5000	Φ 16@ 1500	5.26	624.9
5ZWK6e-1800-12	1000	6000	1200	19 ⏀ 28	Φ 8@ 100/200	5000	Φ 16@ 1500	5.65	748.0
5ZWK6e-1800-17	1000	6000	1700	21 ⏀ 28	Φ 8@ 100/200	5000	Φ 16@ 1500	6.05	873.6
5ZWK6e-1800-22	1000	6000	2200	23 ⏀ 28	Φ 10@ 100/200	5000	Φ 16@ 1500	6.44	1050.4
5ZWK6e-1800-27	1000	6000	2700	19 ⏀ 32	Φ 10@ 100/200	5000	Φ 16@ 1500	6.83	1184.6
5ZWK6f-1800-02	1000	6000	200	24 ⏀ 22	Φ 8@ 100/200	5000	Φ 16@ 1500	4.87	528.0
5ZWK6f-1800-07	1000	6000	700	27 ⏀ 22	Φ 8@ 100/200	5000	Φ 16@ 1500	5.26	624.9
5ZWK6f-1800-12	1000	6000	1200	19 ⏀ 28	Φ 8@ 100/200	5000	Φ 16@ 1500	5.65	748.0
5ZWK6f-1800-17	1000	6000	1700	21 ⏀ 28	Φ 8@ 100/200	5000	Φ 16@ 1500	6.05	873.6
5ZWK6f-1800-22	1000	6000	2200	23 ⏀ 28	Φ 10@ 100/200	5000	Φ 16@ 1500	6.44	1050.4
5ZWK6f-1800-27	1000	6000	2700	19 ⏀ 32	Φ 10@ 100/200	5000	Φ 16@ 1500	6.83	1184.6

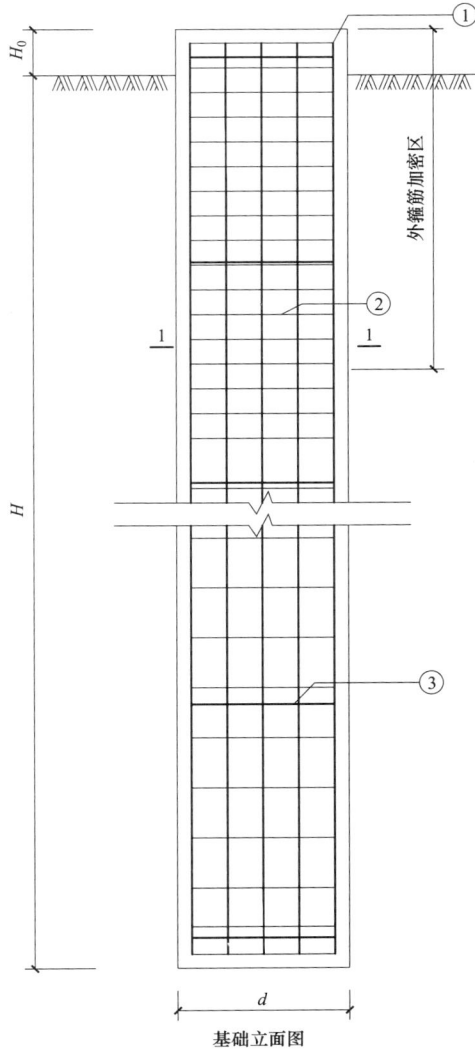

基础立面图

1—1

说明：1. 本基础适用于不受地下水影响的岩石地质条件。

2. 整体立塔时，混凝土的抗压强度应达到设计强度的 100%。分解组塔时，混凝土必须达到抗压强度设计值的 70%。

3. 基础根开及地脚螺栓间距与相应杆塔结构图核对无误后，方可施工。

4. 基础混凝土强度等级不应低于 C25，主筋采用 HRB400 级钢筋，箍筋采用 HPB300 级钢筋。

5. ②号钢筋加密区箍筋间距 100mm，非加密区箍筋间距 200mm。可采用螺旋箍筋。

6. 主筋保护层不小于 50mm。

7. 基础施工完毕后，做好基面排水处理。

8. 本基础按机械成孔施工方式，未考虑护壁工程量。

图 17.5-8 5ZWK6*-1800 挖孔桩基础施工图 （二）

基 础 参 数 表

基础名称	桩身直径 d(mm)	基础埋深 H(mm)	基础露头 H₀(mm)	主筋①	外箍筋②	外箍筋加密区长度(mm)	内箍筋③	单腿混凝土量(m³)	单腿钢筋量(kg)
5ZWK6a-2000-02	1100	10400	200	26Φ22	Φ8@100/200	5500	Φ16@1500	10.07	960.0
5ZWK6a-2000-07	1100	10400	700	29Φ22	Φ8@100/200	5500	Φ16@1500	10.55	1100.8
5ZWK6a-2000-12	1100	10400	1200	25Φ25	Φ8@100/200	5500	Φ16@1500	11.02	1258.8
5ZWK6a-2000-17	1100	10400	1700	22Φ28	Φ8@100/200	5500	Φ16@1500	11.50	1434.9
5ZWK6a-2000-22	1100	10400	2200	24Φ28	Φ8@100/200	5500	Φ16@1500	11.97	1611.3
5ZWK6a-2000-27	1100	10400	2700	26Φ28	Φ10@100/200	5500	Φ16@1500	12.45	1867.0
5ZWK6b-2000-02	1100	8800	200	26Φ22	Φ8@100/200	5500	Φ16@1500	8.55	821.2
5ZWK6b-2000-07	1100	8800	700	29Φ22	Φ8@100/200	5500	Φ16@1500	9.03	947.7
5ZWK6b-2000-12	1100	8800	1200	25Φ25	Φ8@100/200	5500	Φ16@1500	9.50	1090.0
5ZWK6b-2000-17	1100	8800	1700	22Φ28	Φ8@100/200	5500	Φ16@1500	9.98	1250.2
5ZWK6b-2000-22	1100	8800	2200	24Φ28	Φ8@100/200	5500	Φ16@1500	10.45	1411.0
5ZWK6b-2000-27	1100	8800	2700	26Φ28	Φ10@100/200	5500	Φ16@1500	10.93	1645.7
5ZWK6c-2000-02	1100	7400	200	26Φ22	Φ8@100/200	5500	Φ16@1500	7.22	699.2
5ZWK6c-2000-07	1100	7400	700	29Φ22	Φ8@100/200	5500	Φ16@1500	7.70	813.2
5ZWK6c-2000-12	1100	7400	1200	25Φ25	Φ8@100/200	5500	Φ16@1500	8.17	941.8
5ZWK6c-2000-17	1100	7400	1700	22Φ28	Φ8@100/200	5500	Φ16@1500	8.65	1088.0
5ZWK6c-2000-22	1100	7400	2200	24Φ28	Φ8@100/200	5500	Φ16@1500	9.12	1235.3
5ZWK6c-2000-27	1100	7400	2700	26Φ28	Φ10@100/200	5500	Φ16@1500	9.60	1451.5

基础立面图

1—1

说明：1. 本基础适用于不受地下水影响的岩石地质条件。

2. 整体立塔时，混凝土的抗压强度应达到设计强度的100%。分解组塔时，混凝土必须达到抗压强度设计值的70%。

3. 基础根开及地脚螺栓间距与相应杆塔结构图核对无误后，方可施工。

4. 基础混凝土强度等级不应低于C25，主筋采用HRB400级钢筋，箍筋采用HPB300级钢筋。

5. ②号钢筋加密区箍筋间距100mm，非加密区箍筋间距200mm。可采用螺旋箍筋。

6. 主筋保护层不小于50mm。

7. 基础施工完毕后，做好基面排水处理。

8. 本基础按机械成孔施工方式，未考虑护壁工程量。

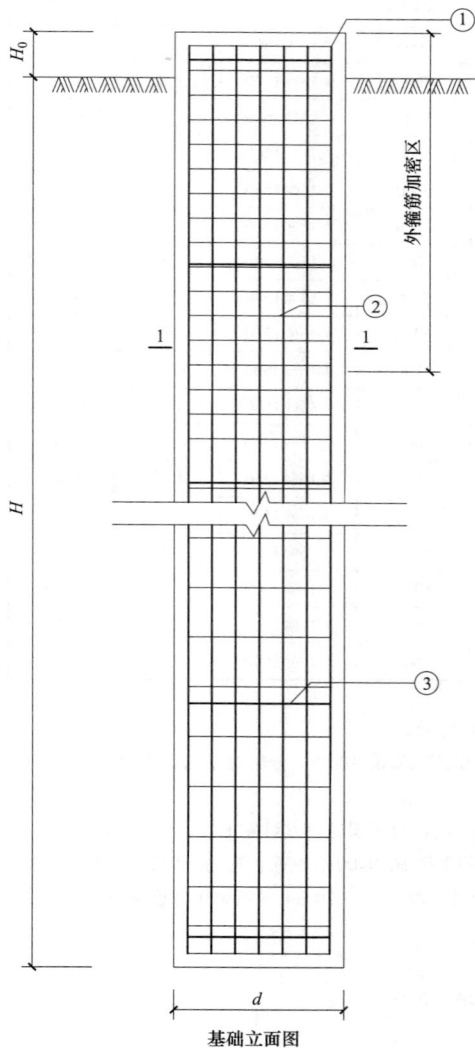

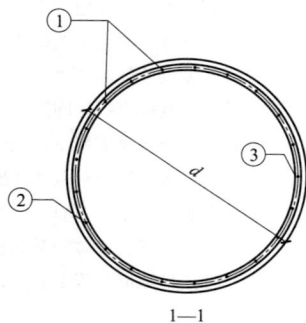

图 17.5-9　5ZWK6∗-2000 挖孔桩基础施工图（一）

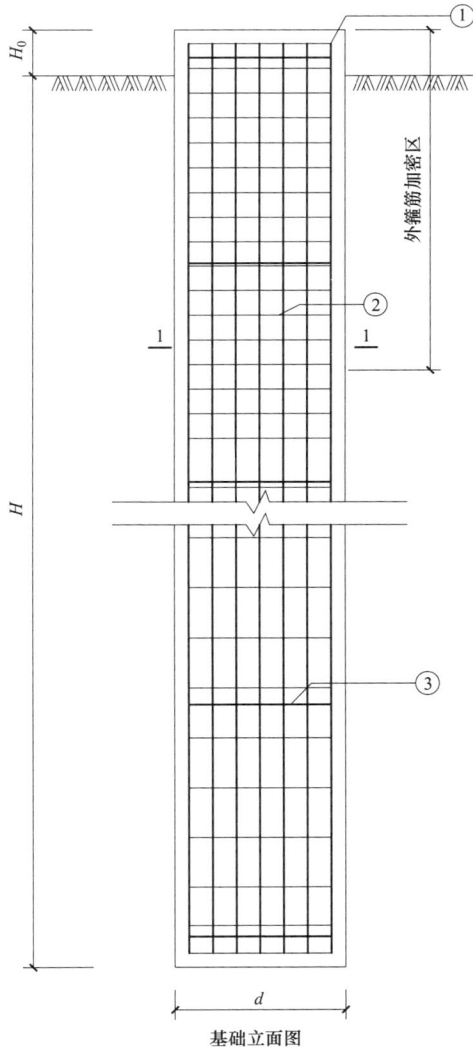

基础立面图

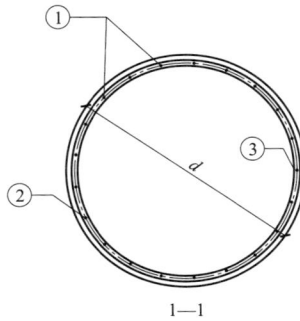

1—1

基 础 参 数 表

基础名称	桩身直径 d(mm)	基础埋深 H(mm)	基础露头 H_0(mm)	主筋①	外箍筋②	外箍筋加密区长度(mm)	内箍筋③	单腿混凝土量(m³)	单腿钢筋量(kg)
5ZWK6d-2000-02	1100	6600	200	26 Φ 22	Φ 8@100/200	5500	Φ 16@1500	6.46	627.5
5ZWK6d-2000-07	1100	6600	700	29 Φ 22	Φ 8@100/200	5500	Φ 16@1500	6.94	734.3
5ZWK6d-2000-12	1100	6600	1200	25 Φ 25	Φ 8@100/200	5500	Φ 16@1500	7.41	859.7
5ZWK6d-2000-17	1100	6600	1700	22 Φ 28	Φ 8@100/200	5500	Φ 16@1500	7.89	993.3
5ZWK6d-2000-22	1100	6600	2200	24 Φ 28	Φ 8@100/200	5500	Φ 16@1500	8.36	1132.9
5ZWK6d-2000-27	1100	6600	2700	26 Φ 28	Φ 10@100/200	5500	Φ 16@1500	8.84	1343.1
5ZWK6e-2000-02	1100	6000	200	27 Φ 22	Φ 8@100/200	5500	Φ 16@1500	5.89	595.3
5ZWK6e-2000-07	1100	6000	700	29 Φ 22	Φ 8@100/200	5500	Φ 16@1500	6.37	678.6
5ZWK6e-2000-12	1100	6000	1200	25 Φ 25	Φ 8@100/200	5500	Φ 16@1500	6.84	793.6
5ZWK6e-2000-17	1100	6000	1700	22 Φ 28	Φ 8@100/200	5500	Φ 16@1500	7.32	925.7
5ZWK6e-2000-22	1100	6000	2200	24 Φ 28	Φ 8@100/200	5500	Φ 16@1500	7.79	1059.5
5ZWK6e-2000-27	1100	6000	2700	26 Φ 28	Φ 10@100/200	5500	Φ 16@1500	8.27	1257.2
5ZWK6f-2000-02	1100	6000	200	27 Φ 22	Φ 8@100/200	5500	Φ 16@1500	5.89	595.3
5ZWK6f-2000-07	1100	6000	700	29 Φ 22	Φ 8@100/200	5500	Φ 16@1500	6.37	678.6
5ZWK6f-2000-12	1100	6000	1200	25 Φ 25	Φ 8@100/200	5500	Φ 16@1500	6.84	793.6
5ZWK6f-2000-17	1100	6000	1700	22 Φ 28	Φ 8@100/200	5500	Φ 16@1500	7.32	925.7
5ZWK6f-2000-22	1100	6000	2200	24 Φ 28	Φ 8@100/200	5500	Φ 16@1500	7.79	1059.5
5ZWK6f-2000-27	1100	6000	2700	26 Φ 28	Φ 10@100/200	5500	Φ 16@1500	8.27	1257.2

说明：1. 本基础适用于不受地下水影响的岩石地质条件。

2. 整体立塔时，混凝土的抗压强度应达到设计强度的100%。分解组塔时，混凝土必须达到抗压强度设计值的70%。

3. 基础根开及地脚螺栓间距与相应杆塔结构图核对无误后，方可施工。

4. 基础混凝土强度等级不应低于 C25，主筋采用 HRB400 级钢筋，箍筋采用 HPB300 级钢筋。

5. ②号钢筋加密区箍筋间距 100mm，非加密区箍筋间距 200mm。可采用螺旋箍筋。

6. 主筋保护层不小于 50mm。

7. 基础施工完毕后，做好基面排水处理。

8. 本基础按机械成孔施工方式，未考虑护壁工程量。

图 17.5-10 5ZWK6*-2000 挖孔桩基础施工图（二）

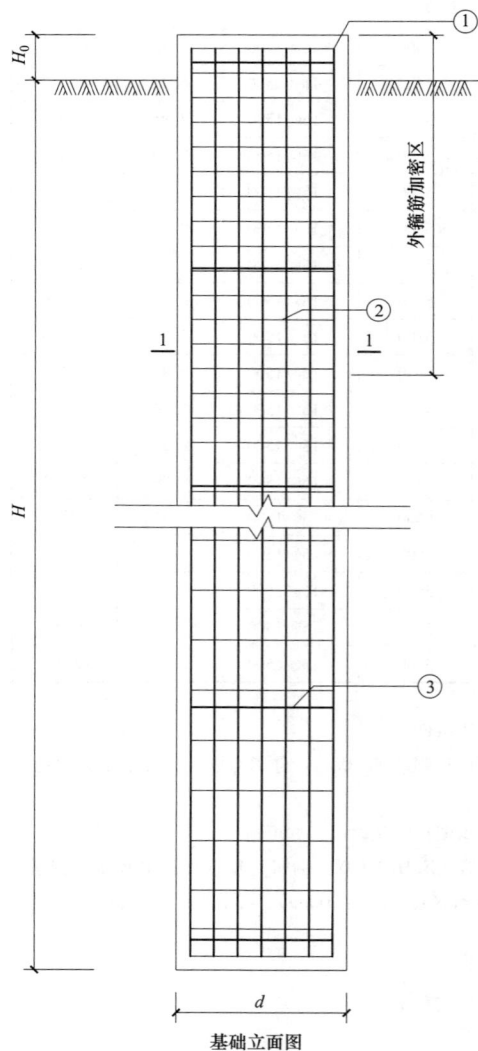

基础立面图

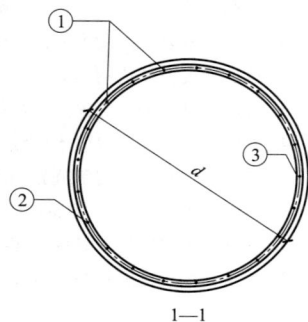

1—1

基 础 参 数 表

基础名称	桩身直径 d(mm)	基础埋深 H(mm)	基础露头 H_0(mm)	主筋①	外箍筋②	外箍筋加密区长度(mm)	内箍筋③	单腿混凝土量(m^3)	单腿钢筋量(kg)
5ZWK6a-2200-02	1100	11600	200	29Φ22	Φ8@100/200	5500	Φ16@1500	11.21	1165.2
5ZWK6a-2200-07	1100	11600	700	25Φ25	Φ8@100/200	5500	Φ16@1500	11.69	1335.9
5ZWK6a-2200-12	1100	11600	1200	22Φ28	Φ8@100/200	5500	Φ16@1500	12.16	1513.1
5ZWK6a-2200-17	1100	11600	1700	24Φ28	Φ8@100/200	5500	Φ16@1500	12.64	1697.5
5ZWK6a-2200-22	1100	11600	2200	20Φ32	Φ10@100/200	5500	Φ16@1500	13.11	1973.1
5ZWK6a-2200-27	1100	11600	2700	23Φ32	Φ10@100/200	5500	Φ16@1500	13.59	2310.7
5ZWK6b-2200-02	1100	9600	200	29Φ22	Φ8@100/200	5500	Φ16@1500	9.31	974.9
5ZWK6b-2200-07	1100	9600	700	25Φ25	Φ8@100/200	5500	Φ16@1500	9.79	1121.4
5ZWK6b-2200-12	1100	9600	1200	22Φ28	Φ8@100/200	5500	Φ16@1500	10.26	1283.3
5ZWK6b-2200-17	1100	9600	1700	24Φ28	Φ8@100/200	5500	Φ16@1500	10.74	1448.3
5ZWK6b-2200-22	1100	9600	2200	20Φ32	Φ10@100/200	5500	Φ16@1500	11.21	1691.9
5ZWK6b-2200-27	1100	9600	2700	23Φ32	Φ10@100/200	5500	Φ16@1500	11.69	1996.2
5ZWK6c-2200-02	1100	8200	200	29Φ22	Φ8@100/200	5500	Φ16@1500	7.98	840.4
5ZWK6c-2200-07	1100	8200	700	25Φ25	Φ8@100/200	5500	Φ16@1500	8.46	973.2
5ZWK6c-2200-12	1100	8200	1200	22Φ28	Φ8@100/200	5500	Φ16@1500	8.93	1121.1
5ZWK6c-2200-17	1100	8200	1700	24Φ28	Φ8@100/200	5500	Φ16@1500	9.41	1272.6
5ZWK6c-2200-22	1100	8200	2200	20Φ32	Φ10@100/200	5500	Φ16@1500	9.88	1496.9
5ZWK6c-2200-27	1100	8200	2700	23Φ32	Φ10@100/200	5500	Φ16@1500	10.36	1774.6

说明：1. 本基础适用于不受地下水影响的岩石地质条件。

2. 整体立塔时，混凝土的抗压强度应达到设计强度的100%。分解组塔时，混凝土必须达到抗压强度设计值的70%。

3. 基础根开及地脚螺栓间距与相应杆塔结构图核对无误后，方可施工。

4. 基础混凝土强度等级不应低于C25，主筋采用HRB400级钢筋，箍筋采用HPB300级钢筋。

5. ②号钢筋加密区箍筋间距100mm，非加密区箍筋间距200mm。可采用螺旋箍筋。

6. 主筋保护层不小于50mm。

7. 基础施工完毕后，做好基面排水处理。

8. 本基础按机械成孔施工方式，未考虑护壁工程量。

图 17.5-11 5ZWK6*-2200挖孔桩基础施工图（一）

基 础 参 数 表

基础名称	桩身直径 d(mm)	基础埋深 H(mm)	基础露头 H_0(mm)	主筋①	外箍筋②	外箍筋加密区长度(mm)	内箍筋③	单腿混凝土量(m^3)	单腿钢筋量(kg)
5ZWK6d-2200-02	1100	7200	200	29 Φ 22	Φ 8@ 100/200	5500	Φ 16@ 1500	7. 03	742. 9
5ZWK6d-2200-07	1100	7200	700	25 Φ 25	Φ 8@ 100/200	5500	Φ 16@ 1500	7. 51	870. 6
5ZWK6d-2200-12	1100	7200	1200	22 Φ 28	Φ 8@ 100/200	5500	Φ 16@ 1500	7. 98	1003. 9
5ZWK6d-2200-17	1100	7200	1700	24 Φ 28	Φ 8@ 100/200	5500	Φ 16@ 1500	8. 46	1145. 7
5ZWK6d-2200-22	1100	7200	2200	20 Φ 32	Φ 10@ 100/200	5500	Φ 16@ 1500	8. 93	1360. 8
5ZWK6d-2200-27	1100	7200	2700	23 Φ 32	Φ 10@ 100/200	5500	Φ 16@ 1500	9. 41	1615. 1
5ZWK6e-2200-02	1100	6400	200	29 Φ 22	Φ 8@ 100/200	5500	Φ 16@ 1500	6. 27	668. 7
5ZWK6e-2200-07	1100	6400	700	25 Φ 25	Φ 8@ 100/200	5500	Φ 16@ 1500	6. 75	783. 9
5ZWK6e-2200-12	1100	6400	1200	22 Φ 28	Φ 8@ 100/200	5500	Φ 16@ 1500	7. 22	913. 9
5ZWK6e-2200-17	1100	6400	1700	24 Φ 28	Φ 8@ 100/200	5500	Φ 16@ 1500	7. 70	1047. 9
5ZWK6e-2200-22	1100	6400	2200	20 Φ 32	Φ 10@ 100/200	5500	Φ 16@ 1500	8. 17	1247. 4
5ZWK6e-2200-27	1100	6400	2700	23 Φ 32	Φ 10@ 100/200	5500	Φ 16@ 1500	8. 65	1491. 1
5ZWK6f-2200-02	1100	6000	200	29 Φ 22	Φ 8@ 100/200	5500	Φ 16@ 1500	5. 89	631. 6
5ZWK6f-2200-07	1100	6000	700	25 Φ 25	Φ 8@ 100/200	5500	Φ 16@ 1500	6. 37	742. 9
5ZWK6f-2200-12	1100	6000	1200	22 Φ 28	Φ 8@ 100/200	5500	Φ 16@ 1500	6. 84	864. 2
5ZWK6f-2200-17	1100	6000	1700	24 Φ 28	Φ 8@ 100/200	5500	Φ 16@ 1500	7. 32	999. 0
5ZWK6f-2200-22	1100	6000	2200	27 Φ 28	Φ 10@ 100/200	5500	Φ 16@ 1500	7. 79	1227. 6
5ZWK6f-2200-27	1100	6000	2700	23 Φ 32	Φ 10@ 100/200	5500	Φ 16@ 1500	8. 27	1424. 5

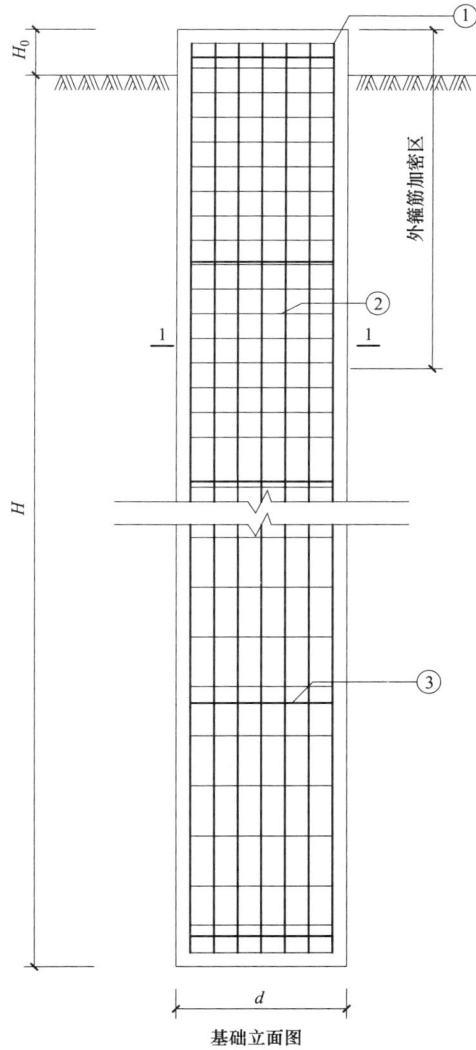

基础立面图

1—1

说明：1. 本基础适用于不受地下水影响的岩石地质条件。

2. 整体立塔时，混凝土的抗压强度应达到设计强度的100%。分解组塔时，混凝土必须达到抗压强度设计值的70%。

3. 基础根开及地脚螺栓间距与相应杆塔结构图核对无误后，方可施工。

4. 基础混凝土强度等级不应低于 C25，主筋采用 HRB400 级钢筋，箍筋采用 HPB300 级钢筋。

5. ②号钢筋加密区箍筋间距 100mm，非加密区箍筋间距 200mm。可采用螺旋箍筋。

6. 主筋保护层不小于 50mm。

7. 基础施工完毕后，做好基面排水处理。

8. 本基础按机械成孔施工方式，未考虑护壁工程量。

图 17.5-12 5ZWK6＊-2200 挖孔桩基础施工图（二）

基 础 参 数 表

基础名称	桩身直径 d(mm)	基础埋深 H(mm)	基础露头 H_0(mm)	主筋①	外箍筋②	外箍筋加密区长度(mm)	内箍筋③	单腿混凝土量(m^3)	单腿钢筋量(kg)
5ZWK6a-2400-02	1200	11400	200	25Φ25	Φ8@100/200	6000	Φ16@1500	13.12	1278.4
5ZWK6a-2400-07	1200	11400	700	27Φ25	Φ8@100/200	6000	Φ16@1500	13.68	1426.8
5ZWK6a-2400-12	1200	11400	1200	29Φ25	Φ8@100/200	6000	Φ16@1500	14.25	1579.1
5ZWK6a-2400-17	1200	11400	1700	32Φ25	Φ8@100/200	6000	Φ16@1500	14.82	1787.8
5ZWK6a-2400-22	1200	11400	2200	28Φ28	Φ8@100/200	6000	Φ16@1500	15.38	2020.6
5ZWK6a-2400-27	1200	11400	2700	30Φ28	Φ10@100/200	6000	Φ16@1500	15.95	2306.9
5ZWK6b-2400-02	1200	9400	200	25Φ25	Φ8@100/200	6000	Φ16@1500	10.86	1066.9
5ZWK6b-2400-07	1200	9400	700	27Φ25	Φ8@100/200	6000	Φ16@1500	11.42	1194.7
5ZWK6b-2400-12	1200	9400	1200	29Φ25	Φ8@100/200	6000	Φ16@1500	11.99	1336.7
5ZWK6b-2400-17	1200	9400	1700	32Φ25	Φ8@100/200	6000	Φ16@1500	12.55	1522.3
5ZWK6b-2400-22	1200	9400	2200	28Φ28	Φ8@100/200	6000	Φ16@1500	13.12	1726.0
5ZWK6b-2400-27	1200	9400	2700	30Φ28	Φ10@100/200	6000	Φ16@1500	13.68	1990.3
5ZWK6c-2400-02	1200	8200	200	25Φ25	Φ8@100/200	6000	Φ16@1500	9.50	937.9
5ZWK6c-2400-07	1200	8200	700	27Φ25	Φ8@100/200	6000	Φ16@1500	10.07	1056.5
5ZWK6c-2400-12	1200	8200	1200	29Φ25	Φ8@100/200	6000	Φ16@1500	10.63	1189.3
5ZWK6c-2400-17	1200	8200	1700	32Φ25	Φ8@100/200	6000	Φ16@1500	11.20	1361.0
5ZWK6c-2400-22	1200	8200	2200	28Φ28	Φ8@100/200	6000	Φ16@1500	11.76	1550.2
5ZWK6c-2400-27	1200	8200	2700	30Φ28	Φ10@100/200	6000	Φ16@1500	12.33	1798.3

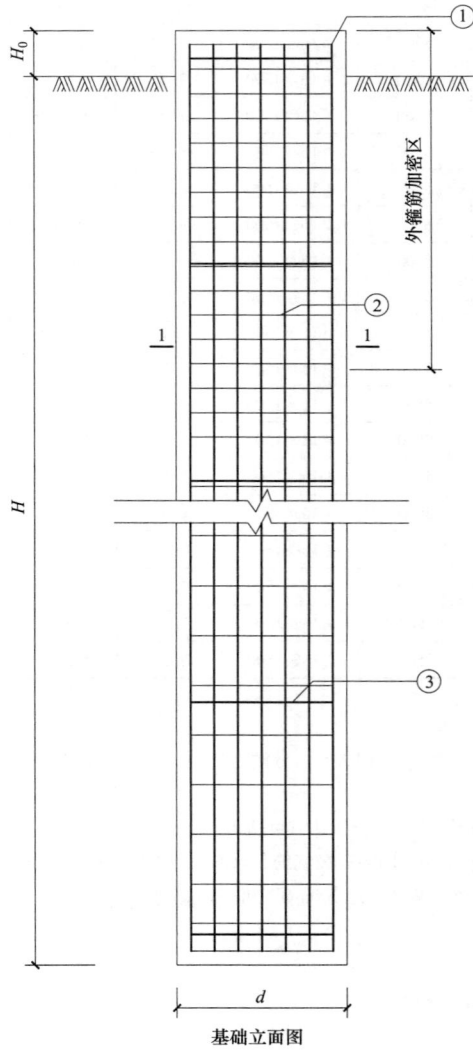

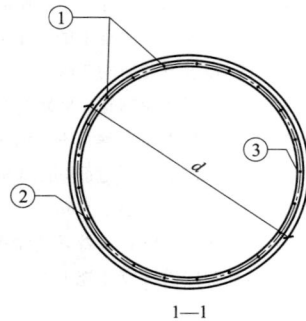

说明：1. 本基础适用于不受地下水影响的岩石地质条件。

2. 整体立塔时，混凝土的抗压强度应达到设计强度的100%。分解组塔时，混凝土必须达到抗压强度设计值的70%。

3. 基础根开及地脚螺栓间距与相应杆塔结构图核对无误后，方可施工。

4. 基础混凝土强度等级不应低于C25，主筋采用HRB400级钢筋，箍筋采用HPB300级钢筋。

5. ②号钢筋加密区箍筋间距100mm，非加密区箍筋间距200mm。可采用螺旋箍筋。

6. 主筋保护层不小于50mm。

7. 基础施工完毕后，做好基面排水处理。

8. 本基础按机械成孔施工方式，未考虑护壁工程量。

基础立面图

1—1

图 17.5-13　5ZWK6*-2400 挖孔桩基础施工图（一）

基 础 参 数 表

基础名称	桩身直径 d(mm)	基础埋深 H(mm)	基础露头 H_0(mm)	主筋①	外箍筋②	外箍筋加密区长度(mm)	内箍筋③	单腿混凝土量 (m³)	单腿钢筋量 (kg)
5ZWK6d-2400-02	1200	7200	200	25 Φ 25	Φ 8@ 100/200	6000	Φ 16@ 1500	8.37	829.6
5ZWK6d-2400-07	1200	7200	700	27 Φ 25	Φ 8@ 100/200	6000	Φ 16@ 1500	8.93	945.6
5ZWK6d-2400-12	1200	7200	1200	29 Φ 25	Φ 8@ 100/200	6000	Φ 16@ 1500	9.50	1065.5
5ZWK6d-2400-17	1200	7200	1700	32 Φ 25	Φ 8@ 100/200	6000	Φ 16@ 1500	10.07	1225.7
5ZWK6d-2400-22	1200	7200	2200	28 Φ 28	Φ 8@ 100/200	6000	Φ 16@ 1500	10.63	1408.0
5ZWK6d-2400-27	1200	7200	2700	30 Φ 28	Φ 10@ 100/200	6000	Φ 16@ 1500	11.20	1637.4
5ZWK6e-2400-02	1200	6400	200	19 Φ 28	Φ 8@ 100/200	6000	Φ 16@ 1500	7.46	717.7
5ZWK6e-2400-07	1200	6400	700	21 Φ 28	Φ 8@ 100/200	6000	Φ 16@ 1500	8.03	833.9
5ZWK6e-2400-12	1200	6400	1200	23 Φ 28	Φ 8@ 100/200	6000	Φ 16@ 1500	8.60	966.2
5ZWK6e-2400-17	1200	6400	1700	26 Φ 28	Φ 8@ 100/200	6000	Φ 16@ 1500	9.16	1140.2
5ZWK6e-2400-22	1200	6400	2200	28 Φ 28	Φ 8@ 100/200	6000	Φ 16@ 1500	9.73	1289.2
5ZWK6e-2400-27	1200	6400	2700	30 Φ 28	Φ 10@ 100/200	6000	Φ 16@ 1500	10.29	1512.8
5ZWK6f-2400-02	1200	6000	200	19 Φ 28	Φ 8@ 100/200	6000	Φ 16@ 1500	7.01	678.3
5ZWK6f-2400-07	1200	6000	700	21 Φ 28	Φ 8@ 100/200	6000	Φ 16@ 1500	7.58	790.5
5ZWK6f-2400-12	1200	6000	1200	23 Φ 28	Φ 8@ 100/200	6000	Φ 16@ 1500	8.14	913.8
5ZWK6f-2400-17	1200	6000	1700	26 Φ 28	Φ 8@ 100/200	6000	Φ 16@ 1500	8.71	1087.2
5ZWK6f-2400-22	1200	6000	2200	28 Φ 28	Φ 8@ 100/200	6000	Φ 16@ 1500	9.27	1232.3
5ZWK6f-2400-27	1200	6000	2700	30 Φ 28	Φ 10@ 100/200	6000	Φ 16@ 1500	9.84	1445.4

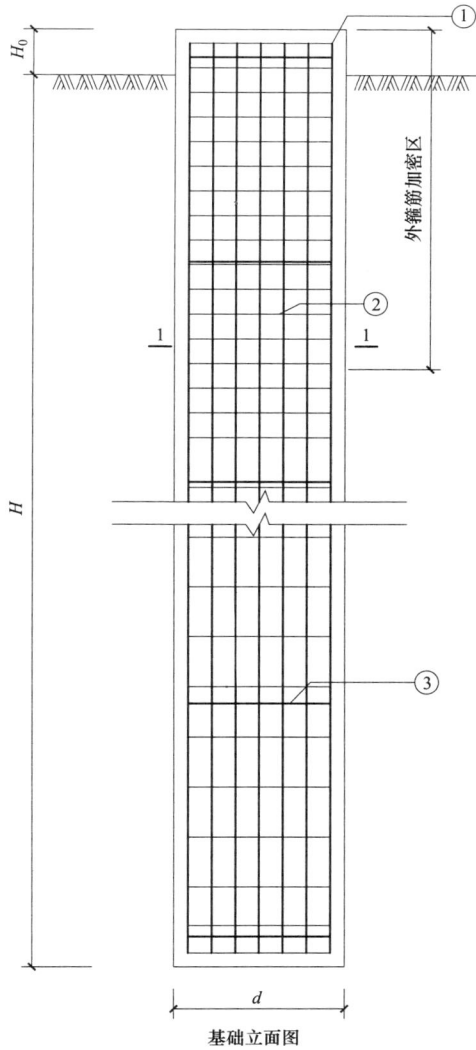

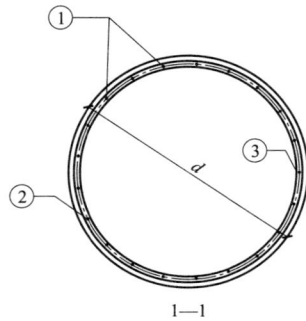

说明：1. 本基础适用于不受地下水影响的岩石地质条件。

2. 整体立塔时，混凝土的抗压强度应达到设计强度的 100%。分解组塔时，混凝土必须达到抗压强度设计值的 70%。

3. 基础根开及地脚螺栓间距与相应杆塔结构图核对无误后，方可施工。

4. 基础混凝土强度等级不应低于 C25，主筋采用 HRB400 级钢筋，箍筋采用 HPB300 级钢筋。

5. ②号钢筋加密区箍筋间距 100mm，非加密区箍筋间距 200mm。可采用螺旋箍筋。

6. 主筋保护层不小于 50mm。

7. 基础施工完毕后，做好基面排水处理。

8. 本基础按机械成孔施工方式，未考虑护壁工程量。

基础立面图

1—1

图 17.5-14　5ZWK6＊-2400 挖孔桩基础施工图（二）

基础立面图

1—1

基 础 参 数 表

基础名称	桩身直径 d(mm)	基础埋深 H(mm)	基础露头 H_0(mm)	主筋①	外箍筋②	外箍筋加密区长度(mm)	内箍筋③	单腿混凝土量(m³)	单腿钢筋量(kg)
5ZWK6a-2600-02	1300	11200	200	33Φ22	Φ8@100/200	6500	Φ16@1500	15.13	1300.9
5ZWK6a-2600-07	1300	11200	700	36Φ22	Φ8@100/200	6500	Φ16@1500	15.80	1460.1
5ZWK6a-2600-12	1300	11200	1200	31Φ25	Φ8@100/200	6500	Φ16@1500	16.46	1669.9
5ZWK6a-2600-17	1300	11200	1700	33Φ25	Φ8@100/200	6500	Φ16@1500	17.12	1832.6
5ZWK6a-2600-22	1300	11400	2200	22Φ32	Φ8@100/200	6500	Φ16@1500	18.05	2089.1
5ZWK6a-2600-27	1300	11400	2700	24Φ32	Φ10@100/200	6500	Φ16@1500	18.72	2430.1
5ZWK6b-2600-02	1200	10200	200	26Φ25	Φ8@100/200	6000	Φ16@1500	11.76	1189.1
5ZWK6b-2600-07	1200	10200	700	23Φ28	Φ8@100/200	6000	Φ16@1500	12.33	1365.2
5ZWK6b-2600-12	1200	10200	1200	25Φ28	Φ8@100/200	6000	Φ16@1500	12.89	1534.0
5ZWK6b-2600-17	1200	10200	1700	21Φ32	Φ8@100/200	6000	Φ16@1500	13.46	1735.0
5ZWK6b-2600-22	1200	10200	2200	23Φ32	Φ10@100/200	6000	Φ16@1500	14.02	2040.1
5ZWK6b-2600-27	1200	10200	2700	25Φ32	Φ12@100/200	6000	Φ16@1500	14.59	2371.6
5ZWK6c-2600-02	1200	8800	200	26Φ25	Φ8@100/200	6000	Φ16@1500	10.18	1039.2
5ZWK6c-2600-07	1200	8800	700	23Φ28	Φ8@100/200	6000	Φ16@1500	10.74	1194.9
5ZWK6c-2600-12	1200	8800	1200	25Φ28	Φ8@100/200	6000	Φ16@1500	11.31	1350.1
5ZWK6c-2600-17	1200	8800	1700	21Φ32	Φ8@100/200	6000	Φ16@1500	11.88	1539.8
5ZWK6c-2600-22	1200	8800	2200	23Φ32	Φ10@100/200	6000	Φ16@1500	12.44	1816.7
5ZWK6c-2600-27	1200	8800	2700	25Φ32	Φ12@100/200	6000	Φ16@1500	13.01	2123.9

说明：1. 本基础适用于不受地下水影响的岩石地质条件。

2. 整体立塔时，混凝土的抗压强度应达到设计强度的100%。分解组塔时，混凝土必须达到抗压强度设计值的70%。

3. 基础根开及地脚螺栓间距与相应杆塔结构图核对无误后，方可施工。

4. 基础混凝土强度等级不应低于C25，主筋采用HRB400级钢筋，箍筋采用HPB300级钢筋。

5. ②号钢筋加密区箍筋间距100mm，非加密区箍筋间距200mm。可采用螺旋箍筋。

6. 主筋保护层不小于50mm。

7. 基础施工完毕后，做好基面排水处理。

8. 本基础按机械成孔施工方式，未考虑护壁工程量。

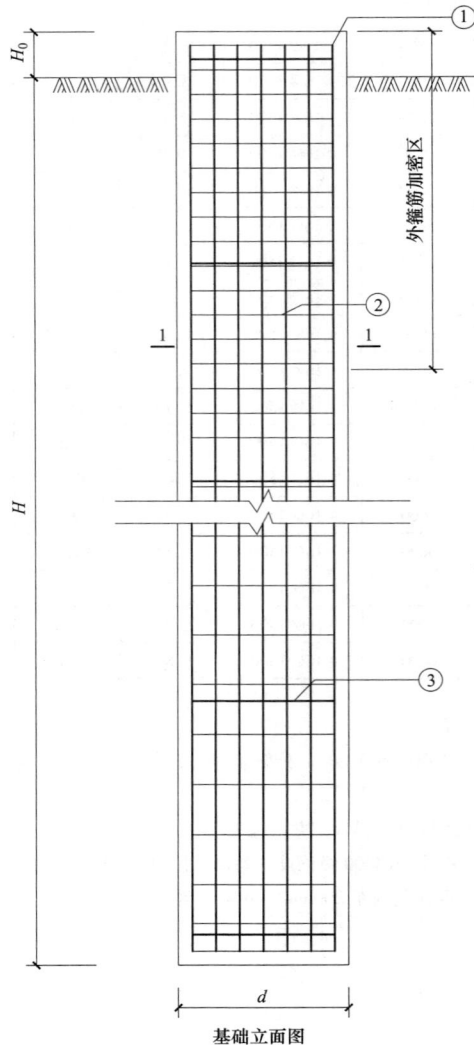

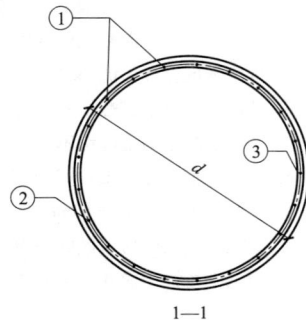

图 17.5-15　5ZWK6*-2600 挖孔桩基础施工图 （一）

基 础 参 数 表

基础名称	桩身直径 d(mm)	基础埋深 H(mm)	基础露头 H_0(mm)	主筋①	外箍筋②	外箍筋加密区长度(mm)	内箍筋③	单腿混凝土量(m^3)	单腿钢筋量(kg)
5ZWK6d-2600-02	1200	7800	200	26 Φ 25	Φ 8@ 100/200	6000	Φ 16@ 1500	9. 05	927. 0
5ZWK6d-2600-07	1200	7800	700	23 Φ 28	Φ 8@ 100/200	6000	Φ 16@ 1500	9. 61	1071. 7
5ZWK6d-2600-12	1200	7800	1200	25 Φ 28	Φ 8@ 100/200	6000	Φ 16@ 1500	10. 18	1222. 4
5ZWK6d-2600-17	1200	7800	1700	21 Φ 32	Φ 8@ 100/200	6000	Φ 16@ 1500	10. 74	1395. 3
5ZWK6d-2600-22	1200	7800	2200	23 Φ 32	Φ 10@ 100/200	6000	Φ 16@ 1500	11. 31	1655. 7
5ZWK6d-2600-27	1200	7800	2700	25 Φ 32	Φ 12@ 100/200	6000	Φ 16@ 1500	11. 88	1950. 5
5ZWK6e-2600-02	1200	6800	200	26 Φ 25	Φ 8@ 100/200	6000	Φ 16@ 1500	7. 92	814. 8
5ZWK6e-2600-07	1200	6800	700	23 Φ 28	Φ 8@ 100/200	6000	Φ 16@ 1500	8. 48	953. 7
5ZWK6e-2600-12	1200	6800	1200	19 Φ 32	Φ 8@ 100/200	6000	Φ 16@ 1500	9. 05	1082. 3
5ZWK6e-2600-17	1200	6800	1700	21 Φ 32	Φ 8@ 100/200	6000	Φ 16@ 1500	9. 61	1250. 8
5ZWK6e-2600-22	1200	6800	2200	23 Φ 32	Φ 10@ 100/200	6000	Φ 16@ 1500	10. 18	1499. 7
5ZWK6e-2600-27	1200	6800	2700	25 Φ 32	Φ 12@ 100/200	6000	Φ 16@ 1500	10. 74	1772. 1
5ZWK6f-2600-02	1200	6200	200	33 Φ 22	Φ 8@ 100/200	6000	Φ 16@ 1500	7. 24	740. 0
5ZWK6f-2600-07	1200	6200	700	23 Φ 28	Φ 8@ 100/200	6000	Φ 16@ 1500	7. 80	877. 7
5ZWK6f-2600-12	1200	6200	1200	19 Φ 32	Φ 8@ 100/200	6000	Φ 16@ 1500	8. 37	1001. 1
5ZWK6f-2600-17	1200	6200	1700	21 Φ 32	Φ 8@ 100/200	6000	Φ 16@ 1500	8. 93	1167. 1
5ZWK6f-2600-22	1200	6200	2200	23 Φ 32	Φ 10@ 100/200	6000	Φ 16@ 1500	9. 50	1401. 1
5ZWK6f-2600-27	1200	6200	2700	25 Φ 32	Φ 12@ 100/200	6000	Φ 16@ 1500	10. 07	1663. 1

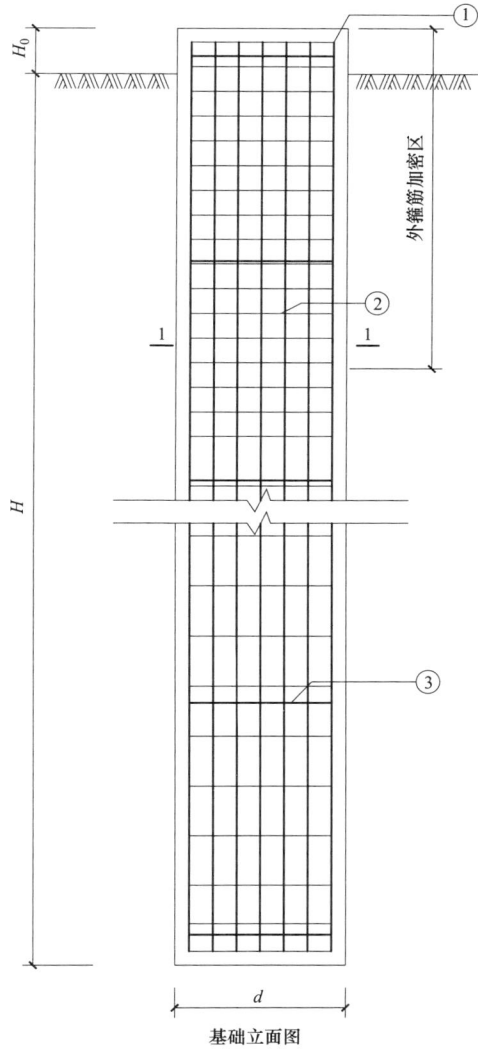

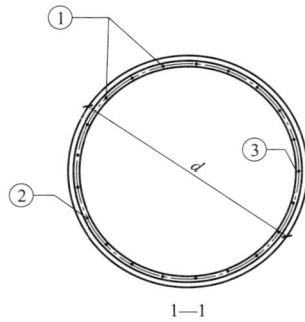

基础立面图

1—1

说明：1. 本基础适用于不受地下水影响的岩石地质条件。

2. 整体立塔时，混凝土的抗压强度应达到设计强度的100%。分解组塔时，混凝土必须达到抗压强度设计值的70%。

3. 基础根开及地脚螺栓间距与相应杆塔结构图核对无误后，方可施工。

4. 基础混凝土强度等级不应低于C25，主筋采用HRB400级钢筋，箍筋采用HPB300级钢筋。

5. ②号钢筋加密区箍筋间距100mm，非加密区箍筋间距200mm。可采用螺旋箍筋。

6. 主筋保护层不小于50mm。

7. 基础施工完毕后，做好基面排水处理。

8. 本基础按机械成孔施工方式，未考虑护壁工程量。

图 17.5-16　5ZWK6∗-2600 挖孔桩基础施工图（二）

基 础 参 数 表

基础名称	桩身直径 d(mm)	基础埋深 H(mm)	基础露头 H_0(mm)	主筋①	外箍筋②	外箍筋加密区长度(mm)	内箍筋③	单腿混凝土量 (m³)	单腿钢筋量 (kg)
5ZWK6a-2800-02	1400	11000	200	27Φ25	Φ8@100/200	7000	Φ16@1500	17.24	1361.9
5ZWK6a-2800-07	1400	11200	700	30Φ25	Φ8@100/200	7000	Φ16@1500	18.32	1575.7
5ZWK6a-2800-12	1400	11400	1200	32Φ25	Φ8@100/200	7000	Φ16@1500	19.40	1765.4
5ZWK6a-2800-17	1400	11400	1700	35Φ25	Φ8@100/200	7000	Φ16@1500	20.17	1980.4
5ZWK6a-2800-22	1400	11600	2200	30Φ28	Φ8@100/200	7000	Φ16@1500	21.24	2225.8
5ZWK6a-2800-27	1400	11600	2700	32Φ28	Φ8@100/200	7000	Φ16@1500	22.01	2438.6
5ZWK6b-2800-02	1300	10000	200	22Φ28	Φ8@100/200	6500	Φ16@1500	13.54	1246.9
5ZWK6b-2800-07	1300	10000	700	24Φ28	Φ8@100/200	6500	Φ16@1500	14.20	1412.5
5ZWK6b-2800-12	1300	10000	1200	26Φ28	Φ8@100/200	6500	Φ16@1500	14.87	1580.6
5ZWK6b-2800-17	1300	10000	1700	29Φ28	Φ8@100/200	6500	Φ16@1500	15.53	1815.8
5ZWK6b-2800-22	1300	10000	2200	31Φ28	Φ10@100/200	6500	Φ16@1500	16.19	2093.4
5ZWK6b-2800-27	1300	10000	2700	26Φ32	Φ10@100/200	6500	Φ16@1500	16.86	2354.9
5ZWK6c-2800-02	1300	8600	200	22Φ28	Φ8@100/200	6500	Φ16@1500	11.68	1082.0
5ZWK6c-2800-07	1300	8600	700	24Φ28	Φ8@100/200	6500	Φ16@1500	12.34	1234.0
5ZWK6c-2800-12	1300	8600	1200	26Φ28	Φ8@100/200	6500	Φ16@1500	13.01	1388.6
5ZWK6c-2800-17	1300	8600	1700	29Φ28	Φ8@100/200	6500	Φ16@1500	13.67	1603.5
5ZWK6c-2800-22	1300	8600	2200	31Φ28	Φ10@100/200	6500	Φ16@1500	14.34	1861.6
5ZWK6c-2800-27	1300	8600	2700	26Φ32	Φ10@100/200	6500	Φ16@1500	15.00	2103.1

基础立面图

1—1

说明：1. 本基础适用于不受地下水影响的岩石地质条件。

2. 整体立塔时，混凝土的抗压强度应达到设计强度的100%。分解组塔时，混凝土必须达到抗压强度设计值的70%。

3. 基础根开及地脚螺栓间距与相应杆塔结构图核对无误后，方可施工。

4. 基础混凝土强度等级不应低于C25，主筋采用HRB400级钢筋，箍筋采用HPB300级钢筋。

5. ②号钢筋加密区箍筋间距100mm，非加密区箍筋间距200mm。可采用螺旋箍筋。

6. 主筋保护层不小于50mm。

7. 基础施工完毕后，做好基面排水处理。

8. 本基础按机械成孔施工方式，未考虑护壁工程量。

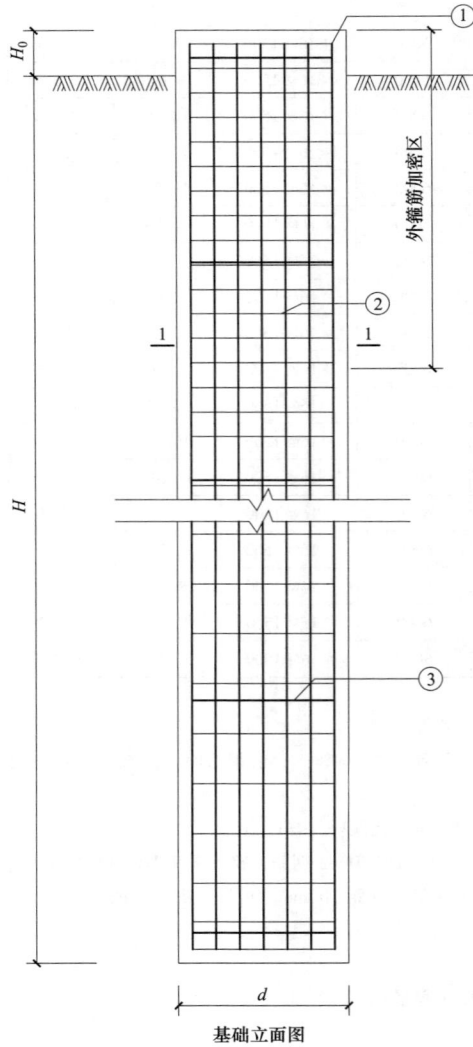

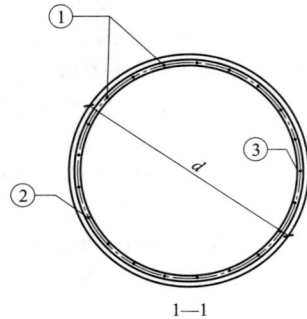

图 17.5-17　5ZWK6*-2800挖孔桩基础施工图（一）

国家电网公司输变电工程通用设计　输电线路挖孔桩基础分册（2017年版）

基 础 参 数 表

基础名称	桩身直径 d(mm)	基础埋深 H(mm)	基础露头 H_0(mm)	主筋①	外箍筋②	外箍筋加密区长度(mm)	内箍筋③	单腿混凝土量（m³）	单腿钢筋量（kg）
5ZWK6d-2800-02	1300	7600	200	28 Φ 25	Φ 8@ 100/200	6500	Φ 16@ 1500	10. 35	980. 3
5ZWK6d-2800-07	1300	7600	700	30 Φ 25	Φ 8@ 100/200	6500	Φ 16@ 1500	11. 02	1101. 8
5ZWK6d-2800-12	1300	7600	1200	33 Φ 25	Φ 8@ 100/200	6500	Φ 16@ 1500	11. 68	1262. 9
5ZWK6d-2800-17	1300	7600	1700	22 Φ 32	Φ 8@ 100/200	6500	Φ 16@ 1500	12. 34	1443. 8
5ZWK6d-2800-22	1300	7600	2200	24 Φ 32	Φ 10@ 100/200	6500	Φ 16@ 1500	13. 01	1710. 3
5ZWK6d-2800-27	1300	7600	2700	26 Φ 32	Φ 10@ 100/200	6500	Φ 16@ 1500	13. 67	1921. 7
5ZWK6e-2800-02	1300	6800	200	28 Φ 25	Φ 8@ 100/200	6500	Φ 16@ 1500	9. 29	882. 4
5ZWK6e-2800-07	1300	6800	700	30 Φ 25	Φ 8@ 100/200	6500	Φ 16@ 1500	9. 95	1003. 3
5ZWK6e-2800-12	1300	6800	1200	33 Φ 25	Φ 8@ 100/200	6500	Φ 16@ 1500	10. 62	1155. 2
5ZWK6e-2800-17	1300	6800	1700	22 Φ 32	Φ 8@ 100/200	6500	Φ 16@ 1500	11. 28	1321. 1
5ZWK6e-2800-22	1300	6800	2200	24 Φ 32	Φ 10@ 100/200	6500	Φ 16@ 1500	11. 95	1579. 8
5ZWK6e-2800-27	1300	6800	2700	26 Φ 32	Φ 10@ 100/200	6500	Φ 16@ 1500	12. 61	1781. 0
5ZWK6f-2800-02	1300	6600	200	28 Φ 25	Φ 8@ 100/200	6500	Φ 16@ 1500	9. 03	859. 3
5ZWK6f-2800-07	1300	6600	700	30 Φ 25	Φ 8@ 100/200	6500	Φ 16@ 1500	9. 69	973. 1
5ZWK6f-2800-12	1300	6600	1200	33 Φ 25	Φ 8@ 100/200	6500	Φ 16@ 1500	10. 35	1128. 3
5ZWK6f-2800-17	1300	6600	1700	22 Φ 32	Φ 8@ 100/200	6500	Φ 16@ 1500	11. 02	1291. 8
5ZWK6f-2800-22	1300	6600	2200	24 Φ 32	Φ 10@ 100/200	6500	Φ 16@ 1500	11. 68	1541. 6
5ZWK6f-2800-27	1300	6600	2700	26 Φ 32	Φ 10@ 100/200	6500	Φ 16@ 1500	12. 34	1745. 8

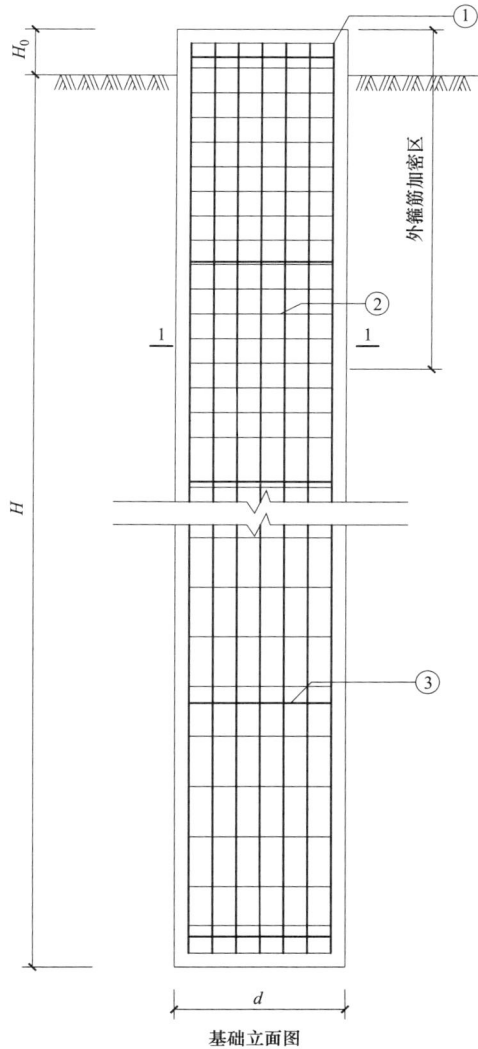

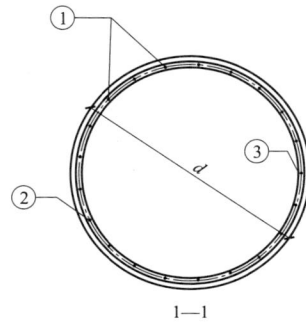

基础立面图

1—1

说明：1. 本基础适用于不受地下水影响的岩石地质条件。

2. 整体立塔时，混凝土的抗压强度应达到设计强度的100%。分解组塔时，混凝土必须达到抗压强度设计值的70%。

3. 基础根开及地脚螺栓间距与相应杆塔结构图核对无误后，方可施工。

4. 基础混凝土强度等级不应低于C25，主筋采用HRB400级钢筋，箍筋采用HPB300级钢筋。

5. ②号钢筋加密区箍筋间距100mm，非加密区箍筋间距200mm。可采用螺旋箍筋。

6. 主筋保护层不小于50mm。

7. 基础施工完毕后，做好基面排水处理。

8. 本基础按机械成孔施工方式，未考虑护壁工程量。

图 17.5-18　5ZWK6∗-2800 挖孔桩基础施工图（二）

基 础 参 数 表

基础名称	桩身直径 d(mm)	基础埋深 H(mm)	基础露头 H_0(mm)	主筋①	外箍筋②	外箍筋加密区长度(mm)	内箍筋③	单腿混凝土量(m^3)	单腿钢筋量(kg)
5ZWK6a-3000-02	1500	11200	200	25Φ28	Φ8@100/200	7500	Φ16@1500	20.15	1593.4
5ZWK6a-3000-07	1500	11400	700	25Φ28	Φ8@100/200	7500	Φ16@1500	21.38	1691.5
5ZWK6a-3000-12	1500	11400	1200	27Φ28	Φ8@100/200	7500	Φ16@1500	22.27	1876.1
5ZWK6a-3000-17	1500	11600	1700	29Φ28	Φ8@100/200	7500	Φ16@1500	23.50	2101.9
5ZWK6a-3000-22	1500	11800	2200	31Φ28	Φ8@100/200	7500	Φ16@1500	24.74	2346.0
5ZWK6a-3000-27	1500	11800	2700	26Φ32	Φ8@100/200	7500	Φ16@1500	25.62	2631.4
5ZWK6b-3000-02	1400	9800	200	23Φ28	Φ8@100/200	7000	Φ16@1500	15.39	1291.4
5ZWK6b-3000-07	1400	9800	700	25Φ28	Φ8@100/200	7000	Φ16@1500	16.16	1456.7
5ZWK6b-3000-12	1400	9800	1200	27Φ28	Φ8@100/200	7000	Φ16@1500	16.93	1627.1
5ZWK6b-3000-17	1400	9800	1700	30Φ28	Φ8@100/200	7000	Φ16@1500	17.70	1860.7
5ZWK6b-3000-22	1400	9800	2200	32Φ28	Φ8@100/200	7000	Φ16@1500	18.47	2059.0
5ZWK6b-3000-27	1400	9800	2700	35Φ28	Φ10@100/200	7000	Φ16@1500	19.24	2411.6
5ZWK6c-3000-02	1400	8600	200	23Φ28	Φ8@100/200	7000	Φ16@1500	13.55	1142.2
5ZWK6c-3000-07	1400	8600	700	25Φ28	Φ8@100/200	7000	Φ16@1500	14.32	1295.9
5ZWK6c-3000-12	1400	8600	1200	27Φ28	Φ8@100/200	7000	Φ16@1500	15.09	1454.7
5ZWK6c-3000-17	1400	8600	1700	30Φ28	Φ8@100/200	7000	Φ16@1500	15.86	1670.8
5ZWK6c-3000-22	1400	8600	2200	32Φ28	Φ8@100/200	7000	Φ16@1500	16.63	1857.5
5ZWK6c-3000-27	1400	8600	2700	35Φ28	Φ10@100/200	7000	Φ16@1500	17.39	2187.2

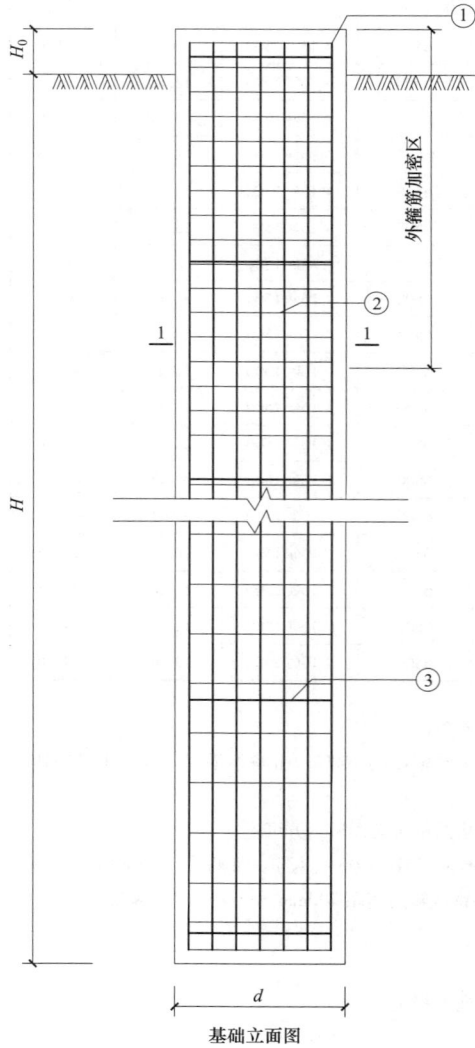

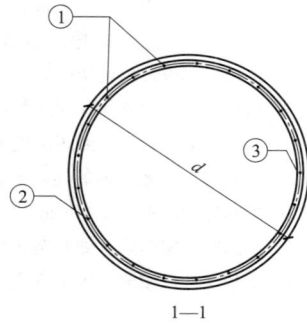

基础立面图

1—1

说明：1. 本基础适用于不受地下水影响的岩石地质条件。

2. 整体立塔时，混凝土的抗压强度应达到设计强度的100%。分解组塔时，混凝土必须达到抗压强度设计值的70%。

3. 基础根开及地脚螺栓间距与相应杆塔结构图核对无误后，方可施工。

4. 基础混凝土强度等级不应低于C25，主筋采用HRB400级钢筋，箍筋采用HPB300级钢筋。

5. ②号钢筋加密区箍筋间距100mm，非加密区箍筋间距200mm。可采用螺旋箍筋。

6. 主筋保护层不小于50mm。

7. 基础施工完毕后，做好基面排水处理。

8. 本基础按机械成孔施工方式，未考虑护壁工程量。

图 17.5-19 5ZWK6*-3000 挖孔桩基础施工图 （一）

基础参数表

基础名称	桩身直径 d(mm)	基础埋深 H(mm)	基础露头 H₀(mm)	主筋①	外箍筋②	外箍筋加密区长度(mm)	内箍筋③	单腿混凝土量(m³)	单腿钢筋量(kg)
5ZWK6d-3000-02	1400	7400	200	37Φ22	Φ8@100/200	7000	Φ16@1500	11.70	993.8
5ZWK6d-3000-07	1400	7400	700	25Φ28	Φ8@100/200	7000	Φ16@1500	12.47	1135.0
5ZWK6d-3000-12	1400	7400	1200	27Φ28	Φ8@100/200	7000	Φ16@1500	13.24	1282.3
5ZWK6d-3000-17	1400	7400	1700	30Φ28	Φ8@100/200	7000	Φ16@1500	14.01	1487.1
5ZWK6d-3000-22	1400	7400	2200	32Φ28	Φ8@100/200	7000	Φ16@1500	14.78	1656.1
5ZWK6d-3000-27	1400	7400	2700	26Φ32	Φ10@100/200	7000	Φ16@1500	15.55	1912.4
5ZWK6e-3000-02	1400	7000	200	38Φ22	Φ8@100/200	7000	Φ16@1500	11.08	961.3
5ZWK6e-3000-07	1400	7000	700	32Φ25	Φ8@100/200	7000	Φ16@1500	11.85	1102.3
5ZWK6e-3000-12	1400	7000	1200	35Φ25	Φ8@100/200	7000	Φ16@1500	12.62	1262.3
5ZWK6e-3000-17	1400	7000	1700	30Φ28	Φ8@100/200	7000	Φ16@1500	13.39	1419.8
5ZWK6e-3000-22	1400	7000	2200	32Φ28	Φ8@100/200	7000	Φ16@1500	14.16	1591.0
5ZWK6e-3000-27	1400	7000	2700	26Φ32	Φ10@100/200	7000	Φ16@1500	14.93	1841.6
5ZWK6f-3000-02	1400	7000	200	38Φ22	Φ8@100/200	7000	Φ16@1500	11.08	961.3
5ZWK6f-3000-07	1400	7000	700	32Φ25	Φ8@100/200	7000	Φ16@1500	11.85	1102.3
5ZWK6f-3000-12	1400	7000	1200	35Φ25	Φ8@100/200	7000	Φ16@1500	12.62	1262.3
5ZWK6f-3000-17	1400	7000	1700	30Φ28	Φ8@100/200	7000	Φ16@1500	13.39	1419.8
5ZWK6f-3000-22	1400	7000	2200	32Φ28	Φ8@100/200	7000	Φ16@1500	14.16	1591.0
5ZWK6f-3000-27	1400	7000	2700	26Φ32	Φ10@100/200	7000	Φ16@1500	14.93	1841.6

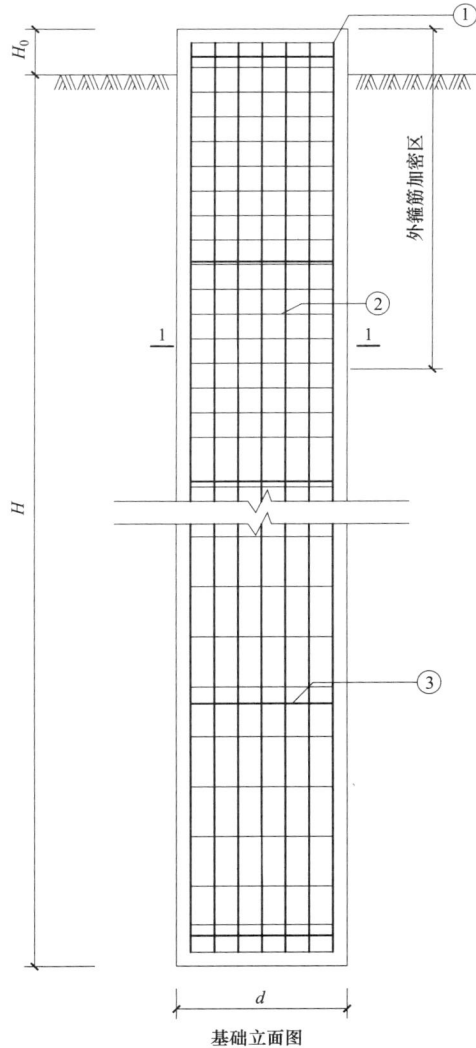

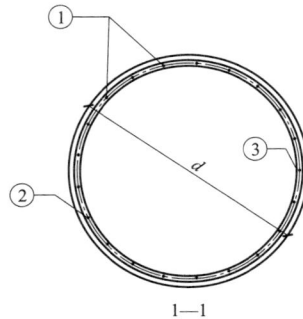

说明：1. 本基础适用于不受地下水影响的岩石地质条件。

2. 整体立塔时，混凝土的抗压强度应达到设计强度的100%。分解组塔时，混凝土必须达到抗压强度设计值的70%。

3. 基础根开及地脚螺栓间距与相应杆塔结构图核对无误后，方可施工。

4. 基础混凝土强度等级不应低于C25，主筋采用HRB400级钢筋，箍筋采用HPB300级钢筋。

5. ②号钢筋加密区箍筋间距100mm，非加密区箍筋间距200mm。可采用螺旋箍筋。

6. 主筋保护层不小于50mm。

7. 基础施工完毕后，做好基面排水处理。

8. 本基础按机械成孔施工方式，未考虑护壁工程量。

基础立面图

1—1

图 17.5-20　5ZWK6*-3000 挖孔桩基础施工图（二）

第 18 章 5ZWK（K）模块

本模块为直线塔扩底挖孔桩基础模块，适用基础上拔力范围 1200～3000kN，适用于黏性土、粉土、碎石土、黄土地质，包含 4 个子模块，共 510 个基础，38 张图纸，由四川咨询公司设计。

基础作用力见表 18.0-1，岩土类别及设计参数见表 18.0-2。

表 18.0-1　　　　　基础作用力

电压等级 (kV)	基础作用力代号	T(kN)	T_x(kN)	T_y(kN)	N(kN)	N_x(kN)	N_y(kN)
500（750）	1200	1200	168	168	1560	218	218
	1400	1400	196	196	1820	255	255
	1600	1600	224	224	2080	291	291
	1800	1800	252	252	2340	328	328
	2000	2000	280	280	2600	364	364
	2200	2200	308	308	2860	400	400
	2400	2400	336	336	3120	437	437
	2600	2600	364	364	3380	473	473
	2800	2800	392	392	3640	510	510
	3000	3000	420	420	3900	546	546

表 18.0-2　　　　　岩土类别及设计参数

序号	代号	岩土类别	m(kN/m^4)	q_{sik}(kPa)	q_{pk}(kPa)
1	1h	黏性土	35000	40	600
2	1i		35000	60	1000
3	1j		35000	80	1400
4	2h	粉土	35000	20	600
5	2i		35000	40	800
6	2j		35000	60	1200

续表 18.0-2

序号	代号	岩土类别	m(kN/m^4)	q_{sik}(kPa)	q_{pk}(kPa)
7	3h	碎石土	100000	150	2000
8	3i		100000	170	2500
9	4h	黄土	14000	25	800

注　代号含义详见 5.2。

18.1　5ZWK（K）1 子模块

此子模块适用于黏性土地基，共包含 10 张图纸，基础施工图图纸清单见表 18.1-1。

表 18.1-1　　　　5ZWK（K）1 子模块基础施工图图纸清单

序号	图号	图　　名	基础作用力（kN）	
			$T/T_x/T_y$	$N/N_x/N_y$
1	图 18.1-1	5ZWK(K)1*-1200 挖孔桩基础施工图	1200/168/168	1560/218/218
2	图 18.1-2	5ZWK(K)1*-1400 挖孔桩基础施工图	1400/196/196	1820/255/255
3	图 18.1-3	5ZWK(K)1*-1600 挖孔桩基础施工图	1600/224/224	2080/291/291
4	图 18.1-4	5ZWK(K)1*-1800 挖孔桩基础施工图	1800/252/252	2340/328/328
5	图 18.1-5	5ZWK(K)1*-2000 挖孔桩基础施工图	2000/280/280	2600/364/364
6	图 18.1-6	5ZWK(K)1*-2200 挖孔桩基础施工图	2200/308/308	2860/400/400
7	图 18.1-7	5ZWK(K)1*-2400 挖孔桩基础施工图	2400/336/336	3120/437/437
8	图 18.1-8	5ZWK(K)1*-2600 挖孔桩基础施工图	2600/364/364	3380/473/473
9	图 18.1-9	5ZWK(K)1*-2800 挖孔桩基础施工图	2800/392/392	3640/510/510
10	图 18.1-10	5ZWK(K)1*-3000 挖孔桩基础施工图	3000/420/420	3900/546/546

注　1* 包含 1h、1i、1j 三种地质参数组合。

基 础 参 数 表

基础名称	桩身直径 d(mm)	扩底直径 D(mm)	基础埋深 H(mm)	主柱高 h₁(mm)	圆台高 h₂(mm)	下圆柱高 h₃(mm)	基础露头 H₀(mm)	主筋①	外箍筋②	外箍筋加密区长度(mm)	内箍筋③	单腿混凝土量(m³)	单腿钢筋量(kg)
5ZWK(K)1h-1200-02	900	1700	10800	9600	1200	200	200	22Φ20	Φ8@100/200	4500	Φ14@1500	8.20	696.9
5ZWK(K)1h-1200-07	900	1700	10800	10100	1200	200	700	24Φ20	Φ8@100/200	4500	Φ14@1500	8.52	783.2
5ZWK(K)1h-1200-12	900	1700	10800	10600	1200	200	1200	18Φ25	Φ8@100/200	4500	Φ14@1500	8.84	938.1
5ZWK(K)1h-1200-17	900	1700	10800	11100	1200	200	1700	19Φ25	Φ8@100/200	4500	Φ14@1500	9.16	1023.5
5ZWK(K)1h-1200-22	1000	2000	9000	9500	1500	200	2200	20Φ25	Φ8@100/200	5000	Φ16@1500	10.84	986.8
5ZWK(K)1h-1200-27	1000	2000	9200	10200	1500	200	2700	17Φ28	Φ8@100/200	5000	Φ16@1500	11.39	1104.0
5ZWK(K)1i-1200-02	900	1500	8000	7100	900	200	200	22Φ20	Φ8@100/200	4500	Φ14@1500	5.91	525.3
5ZWK(K)1i-1200-07	900	1500	8000	7600	900	200	700	24Φ20	Φ8@100/200	4500	Φ14@1500	6.23	597.8
5ZWK(K)1i-1200-12	900	1500	8000	8100	900	200	1200	23Φ22	Φ8@100/200	4500	Φ14@1500	6.55	717.8
5ZWK(K)1i-1200-17	900	1500	8000	8600	900	200	1700	25Φ22	Φ8@100/200	4500	Φ14@1500	6.86	812.3
5ZWK(K)1i-1200-22	1000	1800	6000	6800	1200	200	2200	25Φ22	Φ8@100/200	5000	Φ16@1500	7.75	710.7
5ZWK(K)1i-1200-27	1000	1800	6000	7300	1200	200	2700	22Φ25	Φ8@100/200	5000	Φ16@1500	8.14	837.4
5ZWK(K)1j-1200-02	900	1500	6000	5100	900	200	200	21Φ20	Φ8@100/200	4500	Φ14@1500	4.64	389.0
5ZWK(K)1j-1200-07	900	1500	6000	5600	900	200	700	24Φ20	Φ8@100/200	4500	Φ14@1500	4.96	466.5
5ZWK(K)1j-1200-12	900	1500	6000	6100	900	200	1200	22Φ22	Φ8@100/200	4500	Φ14@1500	5.27	543.8
5ZWK(K)1j-1200-17	900	1500	6000	6600	900	200	1700	25Φ22	Φ8@100/200	4500	Φ14@1500	5.59	650.3
5ZWK(K)1j-1200-22	1000	1400	6000	7400	600	200	2200	25Φ22	Φ8@100/200	5000	Φ16@1500	6.80	710.7
5ZWK(K)1j-1200-27	1000	1400	6000	7900	600	200	2700	22Φ25	Φ8@100/200	5000	Φ16@1500	7.20	837.4

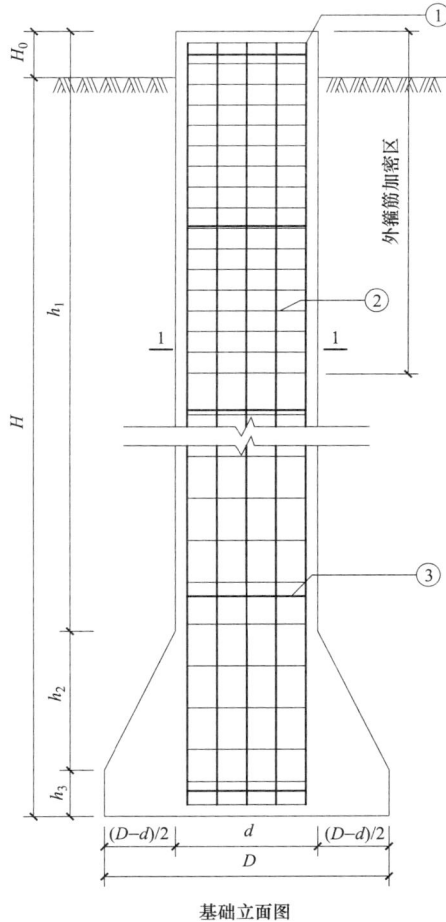

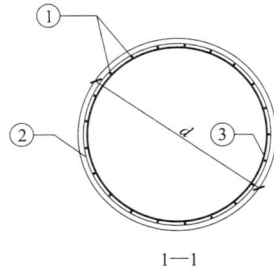

说明： 1. 本基础适用于不受地下水影响的黏性土地质条件。

2. 整体立塔时，混凝土的抗压强度应达到设计强度的100%。分解组塔时，混凝土必须达到抗压强度设计值的70%。

3. 基础根开及地脚螺栓间距与相应杆塔结构图核对无误后，方可施工。

4. 基础混凝土强度等级不应低于C25，主筋采用HRB400级钢筋，箍筋采用HPB300级钢筋。

5. ②号钢筋加密区箍筋间距100mm，非加密区箍筋间距200mm。可采用螺旋箍筋。

6. 主筋保护层不小于50mm。

7. 基础施工完毕后，做好基面排水处理。

8. 本基础按机械成孔施工方式，未考虑护壁工程量。

基础立面图

1—1

图18.1-1　5ZWK（K）1*-1200挖孔桩基础施工图

基础参数表

基础名称	桩身直径 d(mm)	扩底直径 D(mm)	基础埋深 H(mm)	主柱高 h_1(mm)	圆台高 h_2(mm)	下圆柱高 h_3(mm)	基础露头 H_0(mm)	主筋①	外箍筋②	外箍筋加密区长度(mm)	内箍筋③	单腿混凝土量(m³)	单腿钢筋量(kg)
5ZWK(K)1h-1400-02	1000	2000	11400	9900	1500	200	200	20Φ22	Φ8@100/200	5000	Φ16@1500	11.15	820.6
5ZWK(K)1h-1400-07	1000	2000	11600	10600	1500	200	700	22Φ22	Φ8@100/200	5000	Φ16@1500	11.70	942.6
5ZWK(K)1h-1400-12	1000	2000	11800	11300	1500	200	1200	25Φ22	Φ8@100/200	5000	Φ16@1500	12.25	1108.3
5ZWK(K)1h-1400-17	1000	2000	12000	12000	1500	200	1700	27Φ22	Φ8@100/200	5000	Φ16@1500	12.80	1249.1
5ZWK(K)1h-1400-22	1000	2000	12000	12500	1500	200	2200	19Φ28	Φ8@100/200	5000	Φ16@1500	13.19	1450.8
5ZWK(K)1h-1400-27	1100	2100	11000	12000	1500	200	2700	19Φ28	Φ8@100/200	5500	Φ16@1500	15.21	1422.8
5ZWK(K)1i-1400-02	1000	1800	7400	6200	1200	200	200	20Φ22	Φ8@100/200	5000	Φ16@1500	7.28	551.0
5ZWK(K)1i-1400-07	1000	1800	7400	6700	1200	200	700	22Φ22	Φ8@100/200	5000	Φ16@1500	7.67	630.7
5ZWK(K)1i-1400-12	1000	1800	7400	7200	1200	200	1200	25Φ22	Φ8@100/200	5000	Φ16@1500	8.06	742.8
5ZWK(K)1i-1400-17	1000	1800	7400	7700	1200	200	1700	27Φ22	Φ8@100/200	5000	Φ16@1500	8.45	840.1
5ZWK(K)1i-1400-22	1000	1800	7400	8200	1200	200	2200	19Φ28	Φ8@100/200	5000	Φ16@1500	8.85	990.2
5ZWK(K)1i-1400-27	1100	1900	6400	7700	1200	200	2700	19Φ28	Φ8@100/200	5500	Φ16@1500	10.06	957.7
5ZWK(K)1j-1400-02	1000	1600	6000	5100	900	200	200	24Φ20	Φ8@100/200	5000	Φ16@1500	5.62	452.5
5ZWK(K)1j-1400-07	1000	1600	6000	5600	900	200	700	22Φ22	Φ8@100/200	5000	Φ16@1500	6.02	526.8
5ZWK(K)1j-1400-12	1000	1600	6000	6100	900	200	1200	25Φ22	Φ8@100/200	5000	Φ16@1500	6.41	626.3
5ZWK(K)1j-1400-17	1000	1600	6000	6600	900	200	1700	27Φ22	Φ8@100/200	5000	Φ16@1500	6.80	715.3
5ZWK(K)1j-1400-22	1000	1600	6000	7100	900	200	2200	30Φ22	Φ8@100/200	5000	Φ16@1500	7.19	831.3
5ZWK(K)1j-1400-27	1100	1500	6000	7900	600	200	2700	30Φ22	Φ8@100/200	5500	Φ16@1500	8.66	894.4

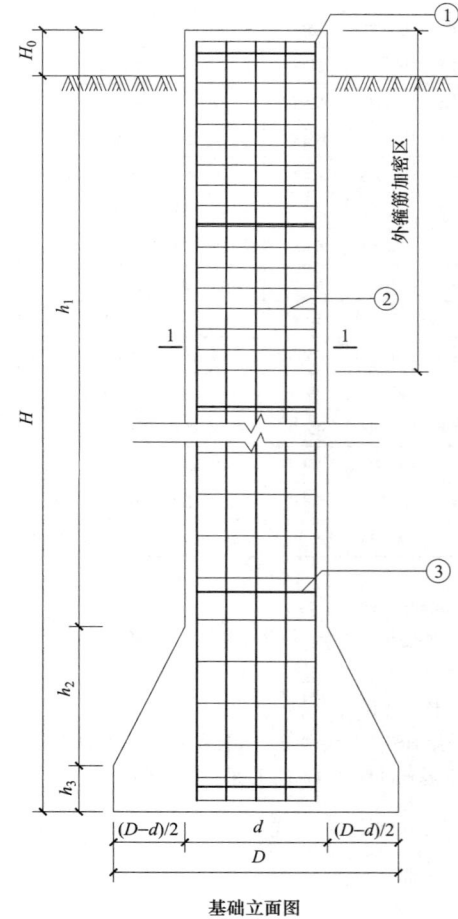

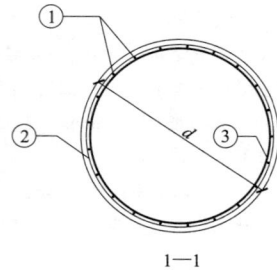

说明：1. 本基础适用于不受地下水影响的黏性土地质条件。

2. 整体立塔时，混凝土的抗压强度应达到设计强度的100%。分解组塔时，混凝土必须达到抗压强度设计值的70%。

3. 基础根开及地脚螺栓间距与相应杆塔结构图核对无误后，方可施工。

4. 基础混凝土强度等级不应低于C25，主筋采用HRB400级钢筋，箍筋采用HPB300级钢筋。

5. ②号钢筋加密区箍筋间距100mm，非加密区箍筋间距200mm。可采用螺旋箍筋。

6. 主筋保护层不小于50mm。

7. 基础施工完毕后，做好基面排水处理。

8. 本基础按机械成孔施工方式，未考虑护壁工程量。

基础立面图

1—1

图18.1-2　5ZWK（K）1*-1400挖孔桩基础施工图

基 础 参 数 表

基础名称	桩身直径 d(mm)	扩底直径 D(mm)	基础埋深 H(mm)	主柱高 h_1(mm)	圆台高 h_2(mm)	下圆柱高 h_3(mm)	基础露头 H_0(mm)	主筋①	外箍筋②	外箍筋加密区长度(mm)	内箍筋③	单腿混凝土量(m³)	单腿钢筋量(kg)
5ZWK(K)1h-1600-02	1000	2000	14400	12900	1500	200	200	23Φ22	Φ8@100/200	5000	Φ16@1500	13.51	1154.4
5ZWK(K)1h-1600-07	1000	2000	14600	13600	1500	200	700	20Φ25	Φ8@100/200	5000	Φ16@1500	14.06	1337.7
5ZWK(K)1h-1600-12	1000	2000	14800	14300	1500	200	1200	22Φ25	Φ8@100/200	5000	Φ16@1500	14.61	1518.5
5ZWK(K)1h-1600-17	1000	2000	15000	15000	1500	200	1700	25Φ25	Φ8@100/200	5000	Φ16@1500	15.16	1777.1
5ZWK(K)1h-1600-22	1100	2100	13800	14300	1500	200	2200	25Φ25	Φ8@100/200	5500	Φ16@1500	17.40	1724.1
5ZWK(K)1h-1600-27	1100	2100	13800	14800	1500	200	2700	22Φ28	Φ8@100/200	5500	Φ16@1500	17.87	1944.1
5ZWK(K)1i-1600-02	1000	1800	9000	7800	1200	200	200	23Φ22	Φ8@100/200	5000	Φ16@1500	8.53	740.9
5ZWK(K)1i-1600-07	1000	1800	9000	8300	1200	200	700	20Φ25	Φ8@100/200	5000	Φ16@1500	8.93	858.1
5ZWK(K)1i-1600-12	1000	1800	9000	8800	1200	200	1200	22Φ25	Φ8@100/200	5000	Φ16@1500	9.32	977.7
5ZWK(K)1i-1600-17	1000	1800	9000	9300	1200	200	1700	25Φ25	Φ8@100/200	5000	Φ16@1500	9.71	1148.7
5ZWK(K)1i-1600-22	1100	1700	8400	9500	900	200	2200	25Φ25	Φ8@100/200	5500	Φ16@1500	10.89	1156.2
5ZWK(K)1i-1600-27	1100	1700	8400	10000	900	200	2700	22Φ28	Φ8@100/200	5500	Φ16@1500	11.36	1317.7
5ZWK(K)1j-1600-02	1000	1800	6400	5200	1200	200	200	23Φ22	Φ8@100/200	5000	Φ16@1500	6.49	539.5
5ZWK(K)1j-1600-07	1000	1800	6400	5700	1200	200	700	20Φ25	Φ8@100/200	5000	Φ16@1500	6.88	634.8
5ZWK(K)1j-1600-12	1000	1800	6400	6200	1200	200	1200	22Φ25	Φ8@100/200	5000	Φ16@1500	7.28	738.5
5ZWK(K)1j-1600-17	1000	1800	6400	6700	1200	200	1700	24Φ25	Φ8@100/200	5000	Φ16@1500	7.67	844.6
5ZWK(K)1j-1600-22	1100	1700	6400	7500	900	200	2200	25Φ25	Φ8@100/200	5500	Φ16@1500	8.99	941.8
5ZWK(K)1j-1600-27	1100	1700	6400	8000	900	200	2700	27Φ25	Φ8@100/200	5500	Φ16@1500	9.46	1067.6

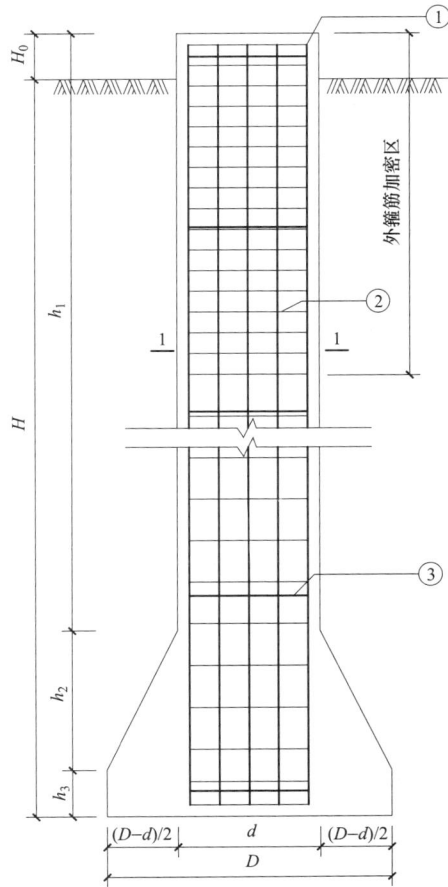

基础立面图

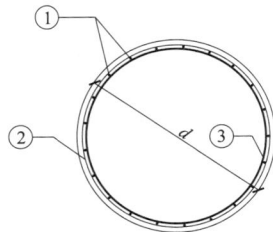

1—1

说明：1. 本基础适用于不受地下水影响的黏性土地质条件。

2. 整体立塔时，混凝土的抗压强度应达到设计强度的100%。分解组塔时，混凝土必须达到抗压强度设计值的70%。

3. 基础根开及地脚螺栓间距与相应杆塔结构图核对无误后，方可施工。

4. 基础混凝土强度等级不应低于C25，主筋采用HRB400级钢筋，箍筋采用HPB300级钢筋。

5. ②号钢筋加密区箍筋间距100mm，非加密区箍筋间距200mm。可采用螺旋箍筋。

6. 主筋保护层不小于50mm。

7. 基础施工完毕后，做好基面排水处理。

8. 本基础按机械成孔施工方式，未考虑护壁工程量。

图18.1-3　5ZWK（K）1*-1600挖孔桩基础施工图

基 础 参 数 表

基础名称	桩身直径 d(mm)	扩底直径 D(mm)	基础埋深 H(mm)	主柱高 h₁(mm)	圆台高 h₂(mm)	下圆柱高 h₃(mm)	基础露头 H₀(mm)	主筋①	外箍筋②	外箍筋加密区长度(mm)	内箍筋③	单腿混凝土量(m³)	单腿钢筋量(kg)
5ZWK(K)1h-1800-02	1000	2000	17400	15900	1500	200	200	20Φ25	Φ8@100/200	5000	Φ16@1500	15.87	1532.6
5ZWK(K)1h-1800-07	1000	2000	17600	16600	1500	200	700	23Φ25	Φ8@100/200	5000	Φ16@1500	16.41	1804.2
5ZWK(K)1h-1800-12	1000	2000	17800	17300	1500	200	1200	25Φ25	Φ8@100/200	5000	Φ16@1500	16.96	2016.3
5ZWK(K)1h-1800-17	1100	2100	16400	16400	1500	200	1700	26Φ25	Φ8@100/200	5500	Φ16@1500	19.39	2018.7
5ZWK(K)1h-1800-22	1100	2100	16600	17100	1500	200	2200	29Φ25	Φ8@100/200	5500	Φ16@1500	20.06	2308.5
5ZWK(K)1h-1800-27	1200	2400	13400	14100	1800	200	2700	29Φ25	Φ8@100/200	6000	Φ16@1500	21.60	2003.8
5ZWK(K)1i-1800-02	1000	1800	10400	9200	1200	200	200	20Φ25	Φ8@100/200	5000	Φ16@1500	9.63	937.2
5ZWK(K)1i-1800-07	1000	1800	10400	9700	1200	200	700	23Φ25	Φ8@100/200	5000	Φ16@1500	10.02	1104.9
5ZWK(K)1i-1800-12	1000	1800	10400	10200	1200	200	1200	25Φ25	Φ8@100/200	5000	Φ16@1500	10.42	1241.1
5ZWK(K)1i-1800-17	1100	1900	9000	9300	1200	200	1700	26Φ25	Φ8@100/200	5500	Φ16@1500	11.58	1207.9
5ZWK(K)1i-1800-22	1100	1900	9000	9800	1200	200	2200	29Φ25	Φ8@100/200	5500	Φ16@1500	12.05	1388.6
5ZWK(K)1i-1800-27	1200	2000	7800	9100	1200	200	2700	29Φ25	Φ8@100/200	6000	Φ16@1500	13.38	1324.2
5ZWK(K)1j-1800-02	1000	1800	7600	6400	1200	200	200	26Φ22	Φ8@100/200	5000	Φ16@1500	7.43	701.6
5ZWK(K)1j-1800-07	1000	1800	7600	6900	1200	200	700	23Φ25	Φ8@100/200	5000	Φ16@1500	7.83	832.7
5ZWK(K)1j-1800-12	1000	1800	7600	7400	1200	200	1200	25Φ25	Φ8@100/200	5000	Φ16@1500	8.22	947.3
5ZWK(K)1j-1800-17	1100	1900	6600	6900	1200	200	1700	26Φ25	Φ8@100/200	5500	Φ16@1500	9.30	943.2
5ZWK(K)1j-1800-22	1100	1900	6600	7400	1200	200	2200	23Φ28	Φ8@100/200	5500	Φ16@1500	9.77	1090.9
5ZWK(K)1j-1800-27	1200	1800	6400	8000	900	200	2700	23Φ28	Φ8@100/200	6000	Φ16@1500	11.17	1147.6

说明：1. 本基础适用于不受地下水影响的黏性土地质条件。

2. 整体立塔时，混凝土的抗压强度应达到设计强度的100%。分解组塔时，混凝土必须达到抗压强度设计值的70%。

3. 基础根开及地脚螺栓间距与相应杆塔结构图核对无误后，方可施工。

4. 基础混凝土强度等级不应低于C25，主筋采用HRB400级钢筋，箍筋采用HPB300级钢筋。

5. ②号钢筋加密区箍筋间距100mm，非加密区箍筋间距200mm。可采用螺旋箍筋。

6. 主筋保护层不小于50mm。

7. 基础施工完毕后，做好基面排水处理。

8. 本基础按机械成孔施工方式，未考虑护壁工程量。

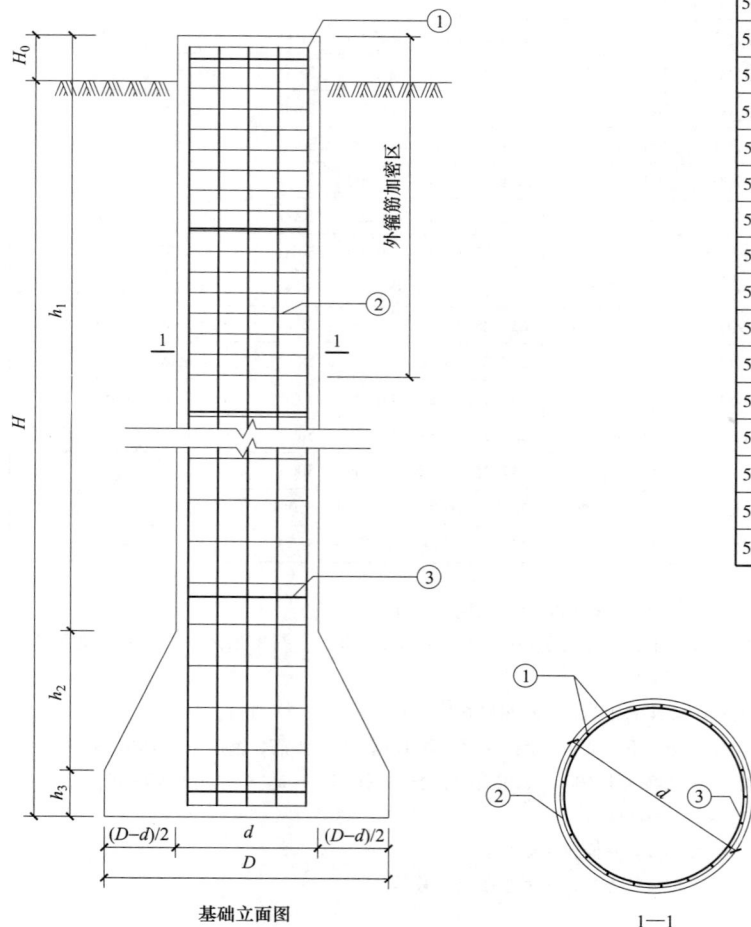

基础立面图

1—1

图 18.1-4　5ZWK（K）1＊-1800 挖孔桩基础施工图

基 础 参 数 表

基础名称	桩身直径 d(mm)	扩底直径 D(mm)	基础埋深 H(mm)	主柱高 h_1(mm)	圆台高 h_2(mm)	下圆柱高 h_3(mm)	基础露头 H_0(mm)	主筋①	外箍筋②	外箍筋加密区长度(mm)	内箍筋③	单腿混凝土量(m^3)	单腿钢筋量(kg)
5ZWK(K)1h-2000-02	1100	2100	18800	17300	1500	200	200	28Φ22	Φ8@100/200	5500	Φ16@1500	20.25	1800.2
5ZWK(K)1h-2000-07	1100	2100	18800	17800	1500	200	700	25Φ25	Φ8@100/200	5500	Φ16@1500	20.72	2097.6
5ZWK(K)1h-2000-12	1100	2100	19000	18500	1500	200	1200	27Φ25	Φ8@100/200	5500	Φ16@1500	21.39	2323.6
5ZWK(K)1h-2000-17	1100	2100	19200	19200	1500	200	1700	29Φ25	Φ8@100/200	5500	Φ16@1500	22.05	2561.5
5ZWK(K)1h-2000-22	1200	2400	16000	16200	1800	200	2200	30Φ25	Φ8@100/200	6000	Φ16@1500	23.98	2333.5
5ZWK(K)1h-2000-27	1200	2400	16200	16900	1800	200	2700	26Φ28	Φ8@100/200	6000	Φ16@1500	24.77	2607.4
5ZWK(K)1i-2000-02	1100	1700	11000	10100	900	200	200	28Φ22	Φ8@100/200	5500	Φ16@1500	11.46	1076.4
5ZWK(K)1i-2000-07	1100	1900	10400	9700	1200	200	700	25Φ25	Φ8@100/200	5500	Φ16@1500	11.96	1208.1
5ZWK(K)1i-2000-12	1100	1900	10400	10200	1200	200	1200	27Φ25	Φ8@100/200	5500	Φ16@1500	12.43	1347.3
5ZWK(K)1i-2000-17	1100	1900	10400	10700	1200	200	1700	29Φ25	Φ8@100/200	5500	Φ16@1500	12.91	1500.0
5ZWK(K)1i-2000-22	1200	2200	8200	8700	1500	200	2200	30Φ25	Φ8@100/200	6000	Φ16@1500	14.10	1347.5
5ZWK(K)1i-2000-27	1200	2200	8200	9200	1500	200	2700	26Φ28	Φ8@100/200	6000	Φ16@1500	14.67	1521.5
5ZWK(K)1j-2000-02	1100	1900	7600	6400	1200	200	200	28Φ22	Φ8@100/200	5500	Φ16@1500	8.82	761.8
5ZWK(K)1j-2000-07	1100	1900	7600	6900	1200	200	700	24Φ25	Φ8@100/200	5500	Φ16@1500	9.30	880.1
5ZWK(K)1j-2000-12	1100	1900	7600	7400	1200	200	1200	27Φ25	Φ8@100/200	5500	Φ16@1500	9.77	1029.2
5ZWK(K)1j-2000-17	1100	1900	7600	7900	1200	200	1700	29Φ25	Φ8@100/200	5500	Φ16@1500	10.25	1160.4
5ZWK(K)1j-2000-22	1200	2000	6600	7400	1200	200	2200	30Φ25	Φ8@100/200	6000	Φ16@1500	11.46	1146.4
5ZWK(K)1j-2000-27	1200	1800	7400	9000	900	200	2700	26Φ28	Φ8@100/200	6000	Φ16@1500	12.30	1410.4

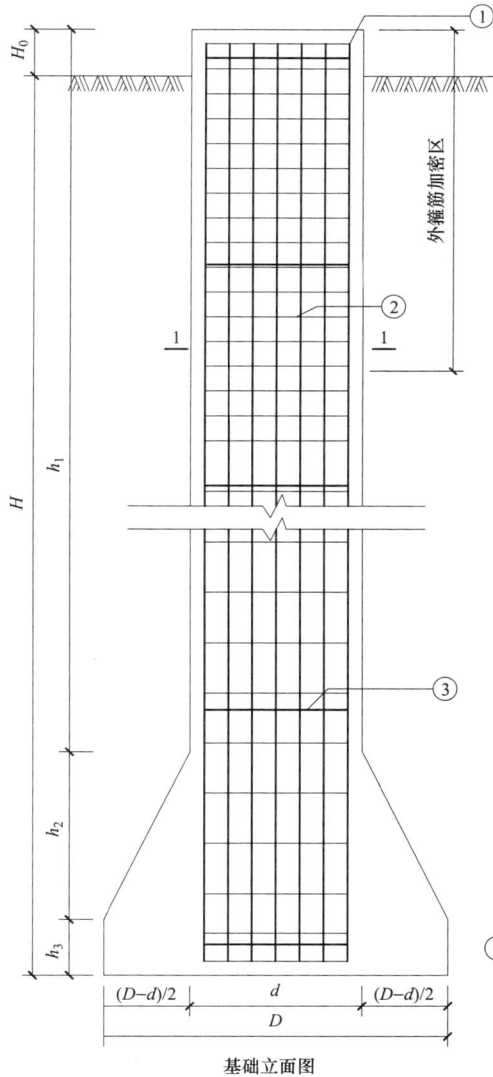

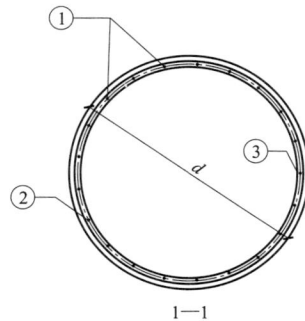

说明：1. 本基础适用于不受地下水影响的黏性土地质条件。

2. 整体立塔时，混凝土的抗压强度应达到设计强度的100%。分解组塔时，混凝土必须达到抗压强度设计值的70%。

3. 基础根开及地脚螺栓间距与相应杆塔结构图核对无误后，方可施工。

4. 基础混凝土强度等级不应低于C25，主筋采用HRB400级钢筋，箍筋采用HPB300级钢筋。

5. ②号钢筋加密区箍筋间距100mm，非加密区箍筋间距200mm。可采用螺旋箍筋。

6. 主筋保护层不小于50mm。

7. 基础施工完毕后，做好基面排水处理。

8. 本基础按机械成孔施工方式，未考虑护壁工程量。

图 18.1-5　5ZWK（K）1＊-2000挖孔桩基础施工图

基 础 参 数 表

基础名称	桩身直径 d(mm)	扩底直径 D(mm)	基础埋深 H(mm)	主柱高 h_1(mm)	圆台高 h_2(mm)	下圆柱高 h_3(mm)	基础露头 H_0(mm)	主筋①	外箍筋②	外箍筋加密区长度 (mm)	内箍筋③	单腿混凝土量 (m³)	单腿钢筋量 (kg)
5ZWK(K)1h-2200-02	1100	2100	21600	20100	1500	200	200	24 Φ25	Φ8@100/200	5500	Φ16@1500	22.91	2254.0
5ZWK(K)1h-2200-07	1100	2100	21800	20800	1500	200	700	27 Φ25	Φ8@100/200	5500	Φ16@1500	23.57	2587.1
5ZWK(K)1h-2200-12	1100	2100	21800	21300	1500	200	1200	29 Φ25	Φ8@100/200	5500	Φ16@1500	24.05	2818.0
5ZWK(K)1h-2200-17	1200	2400	18400	18100	1800	200	1700	31 Φ25	Φ8@100/200	6000	Φ16@1500	26.13	2647.6
5ZWK(K)1h-2200-22	1200	2400	18600	18800	1800	200	2200	34 Φ25	Φ8@100/200	6000	Φ16@1500	26.92	2975.8
5ZWK(K)1h-2200-27	1300	2500	17600	18300	1800	200	2700	34 Φ25	Φ8@100/200	6500	Φ16@1500	30.54	2934.9
5ZWK(K)1i-2200-02	1100	1900	11600	10400	1200	200	200	24 Φ25	Φ8@100/200	5500	Φ16@1500	12.62	1234.3
5ZWK(K)1i-2200-07	1100	1900	11600	10900	1200	200	700	27 Φ25	Φ8@100/200	5500	Φ16@1500	13.10	1429.7
5ZWK(K)1i-2200-12	1100	1900	11600	11400	1200	200	1200	29 Φ25	Φ8@100/200	5500	Φ16@1500	13.57	1582.0
5ZWK(K)1i-2200-17	1200	2200	9400	9400	1500	200	1700	31 Φ25	Φ8@100/200	6000	Φ16@1500	14.89	1480.0
5ZWK(K)1i-2200-22	1200	2200	9400	9900	1500	200	2200	27 Φ28	Φ8@100/200	6000	Φ16@1500	15.46	1670.5
5ZWK(K)1i-2200-27	1300	2300	8200	9200	1500	200	2700	27 Φ28	Φ8@100/200	6500	Φ16@1500	16.96	1593.5
5ZWK(K)1j-2200-02	1100	1900	8600	7400	1200	200	200	24 Φ25	Φ8@100/200	5500	Φ16@1500	9.77	928.9
5ZWK(K)1j-2200-07	1100	1900	8600	7900	1200	200	700	27 Φ25	Φ8@100/200	5500	Φ16@1500	10.25	1089.6
5ZWK(K)1j-2200-12	1100	1900	8600	8400	1200	200	1200	29 Φ25	Φ8@100/200	5500	Φ16@1500	10.72	1218.7
5ZWK(K)1j-2200-17	1200	2200	6800	6800	1500	200	1700	31 Φ25	Φ8@100/200	6000	Φ16@1500	11.95	1141.3
5ZWK(K)1j-2200-22	1200	2000	7600	8400	1200	200	2200	27 Φ28	Φ8@100/200	6000	Φ16@1500	12.59	1418.1
5ZWK(K)1j-2200-27	1300	2100	6600	7900	1200	200	2700	27 Φ28	Φ8@100/200	6500	Φ16@1500	13.95	1367.1

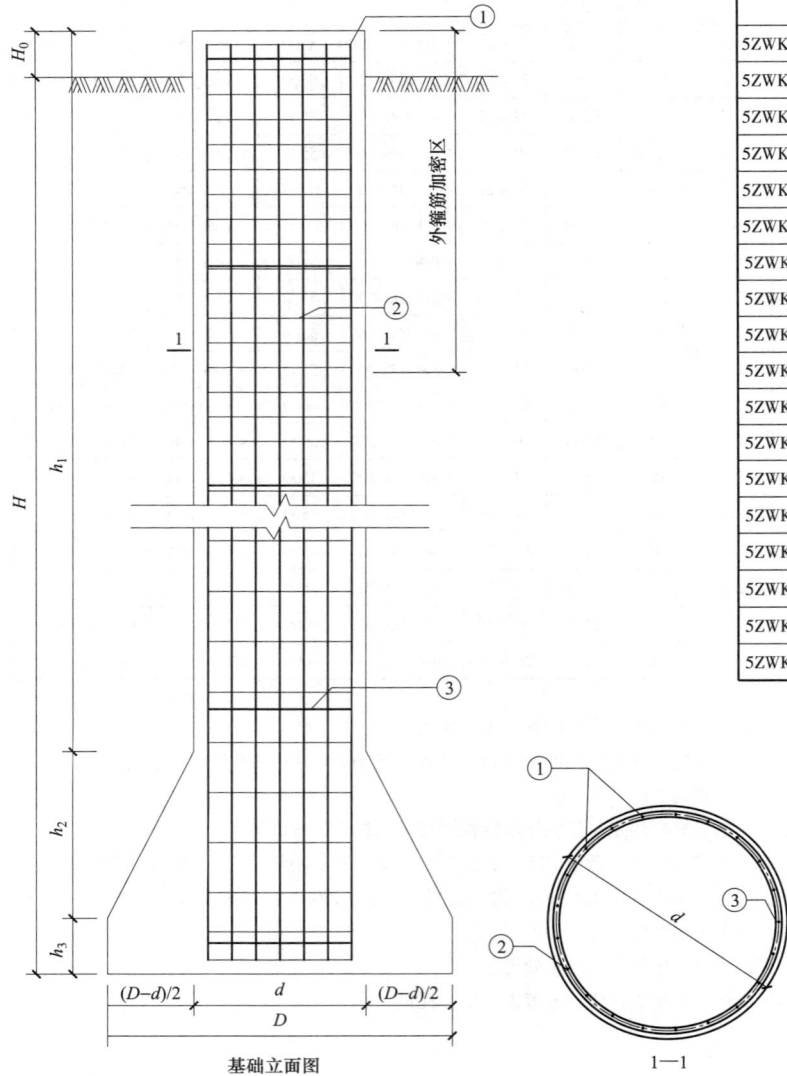

基础立面图

1—1

说明：1. 本基础适用于不受地下水影响的黏性土地质条件。

2. 整体立塔时，混凝土的抗压强度应达到设计强度的100%。分解组塔时，混凝土必须达到抗压强度设计值的70%。

3. 基础根开及地脚螺栓间距与相应杆塔结构图核对无误后，方可施工。

4. 基础混凝土强度等级不应低于C25，主筋采用HRB400级钢筋，箍筋采用HPB300级钢筋。

5. ②号钢筋加密区箍筋间距100mm，非加密区箍筋间距200mm。可采用螺旋箍筋。

6. 主筋保护层不小于50mm。

7. 基础施工完毕后，做好基面排水处理。

8. 本基础按机械成孔施工方式，未考虑护壁工程量。

图 18.1-6   5ZWK（K）1＊-2200 挖孔桩基础施工图

基 础 参 数 表

基础名称	桩身直径 d(mm)	扩底直径 D(mm)	基础埋深 H(mm)	主柱高 h_1(mm)	圆台高 h_2(mm)	下圆柱高 h_3(mm)	基础露头 H_0(mm)	主筋①	外箍筋②	外箍筋加密区长度(mm)	内箍筋③	单腿混凝土量(m³)	单腿钢筋量(kg)
5ZWK（K）1h-2400-02	1200	2400	20600	18800	1800	200	200	26Φ25	Φ8@100/200	6000	Φ16@1500	26.92	2338.3
5ZWK（K）1h-2400-07	1200	2400	20800	19500	1800	200	700	28Φ25	Φ8@100/200	6000	Φ16@1500	27.71	2582.5
5ZWK（K）1h-2400-12	1200	2400	21000	20200	1800	200	1200	31Φ25	Φ8@100/200	6000	Φ16@1500	28.50	2918.7
5ZWK（K）1h-2400-17	1200	2400	21200	20900	1800	200	1700	34Φ25	Φ8@100/200	6000	Φ16@1500	29.29	3274.9
5ZWK（K）1h-2400-22	1300	2500	20000	20200	1800	200	2200	35Φ25	Φ8@100/200	6500	Φ16@1500	33.07	3288.0
5ZWK（K）1h-2400-27	1300	2500	20200	20900	1800	200	2700	30Φ28	Φ8@100/200	6500	Φ16@1500	34.00	3624.5
5ZWK（K）1i-2400-02	1200	2200	10600	9100	1500	200	200	26Φ25	Φ8@100/200	6000	Φ16@1500	14.55	1237.0
5ZWK（K）1i-2400-07	1200	2200	10600	9600	1500	200	700	28Φ25	Φ8@100/200	6000	Φ16@1500	15.12	1376.0
5ZWK（K）1i-2400-12	1200	2200	10600	10100	1500	200	1200	31Φ25	Φ8@100/200	6000	Φ16@1500	15.69	1569.1
5ZWK（K）1i-2400-17	1200	2200	10600	10600	1500	200	1700	34Φ25	Φ8@100/200	6000	Φ16@1500	16.25	1777.5
5ZWK（K）1i-2400-22	1300	2300	9400	9900	1500	200	2200	35Φ25	Φ8@100/200	6500	Φ16@1500	17.89	1739.7
5ZWK（K）1i-2400-27	1300	2300	9400	10400	1500	200	2700	30Φ28	Φ8@100/200	6500	Φ16@1500	18.55	1938.4
5ZWK（K）1j-2400-02	1200	2200	7800	6300	1500	200	200	33Φ22	Φ8@100/200	6000	Φ16@1500	11.39	913.7
5ZWK（K）1j-2400-07	1200	2200	7800	6800	1500	200	700	28Φ25	Φ8@100/200	6000	Φ16@1500	11.95	1044.4
5ZWK（K）1j-2400-12	1200	2200	7800	7300	1500	200	1200	31Φ25	Φ8@100/200	6000	Φ16@1500	12.52	1210.3
5ZWK（K）1j-2400-17	1200	2200	7800	7800	1500	200	1700	27Φ28	Φ8@100/200	6000	Φ16@1500	13.08	1376.2
5ZWK（K）1j-2400-22	1300	2300	6800	7300	1500	200	2200	28Φ28	Φ8@100/200	6500	Φ16@1500	14.44	1367.9
5ZWK（K）1j-2400-27	1300	2100	7600	8900	1200	200	2700	30Φ28	Φ8@100/200	6500	Φ16@1500	15.28	1652.7

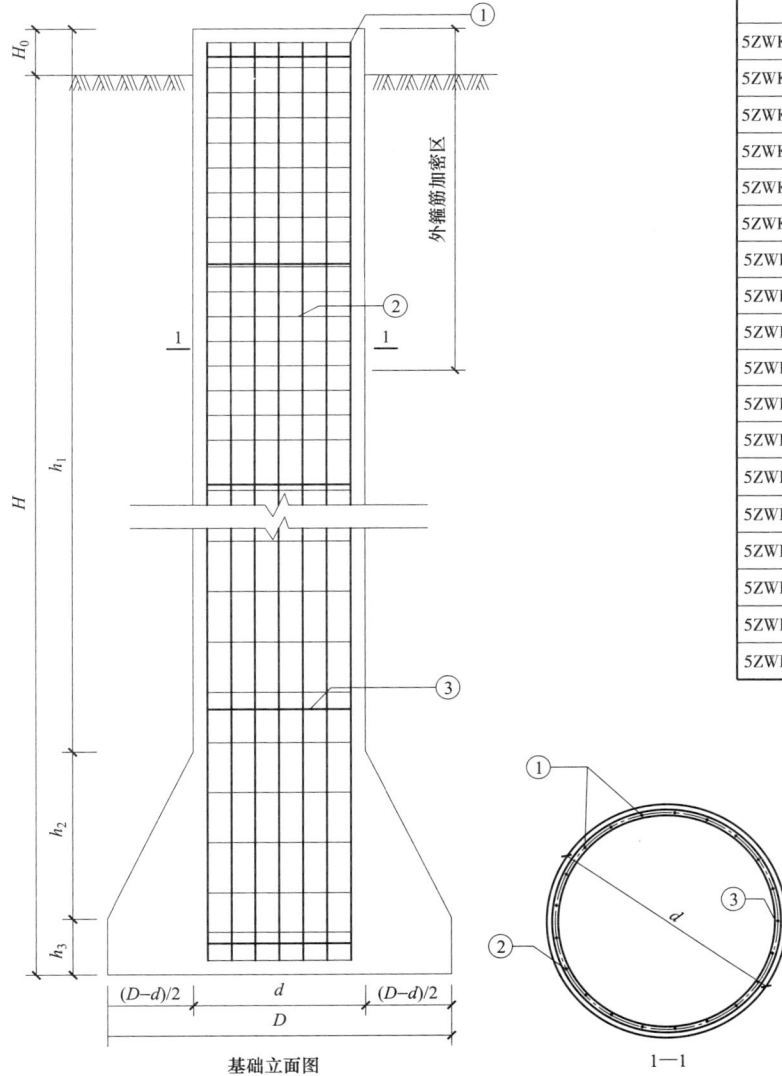

说明：1. 本基础适用于不受地下水影响的黏性土地质条件。

2. 整体立塔时，混凝土的抗压强度应达到设计强度的100%。分解组塔时，混凝土必须达到抗压强度设计值的70%。

3. 基础根开及地脚螺栓间距与相应杆塔结构图核对无误后，方可施工。

4. 基础混凝土强度等级不应低于C25，主筋采用HRB400级钢筋，箍筋采用HPB300级钢筋。

5. ②号钢筋加密区箍筋间距100mm，非加密区箍筋间距200mm。可采用螺旋箍筋。

6. 主筋保护层不小于50mm。

7. 基础施工完毕后，做好基面排水处理。

8. 本基础按机械成孔施工方式，未考虑护壁工程量。

基础立面图

1—1

图18.1-7　5ZWK（K）1*-2400挖孔桩基础施工图

基 础 参 数 表

基础名称	桩身直径 d(mm)	扩底直径 D(mm)	基础埋深 H(mm)	主柱高 h_1(mm)	圆台高 h_2(mm)	下圆柱高 h_3(mm)	基础露头 H_0(mm)	主筋①	外箍筋②	外箍筋加密区长度(mm)	内箍筋③	单腿混凝土量(m³)	单腿钢筋量(kg)
5ZWK(K)1h-2600-02	1200	2400	23200	21400	1800	200	200	28Φ25	Φ8@100/200	6000	Φ16@1500	29.86	2806.3
5ZWK(K)1h-2600-07	1200	2400	23400	22100	1800	200	700	31Φ25	Φ8@100/200	6000	Φ16@1500	30.65	3168.3
5ZWK(K)1h-2600-12	1200	2400	23600	22800	1800	200	1200	34Φ25	Φ8@100/200	6000	Φ16@1500	31.44	3542.7
5ZWK(K)1h-2600-17	1300	2500	22200	21900	1800	200	1700	35Φ25	Φ8@100/200	6500	Φ16@1500	35.32	3536.4
5ZWK(K)1h-2600-22	1300	2500	22400	22600	1800	200	2200	30Φ28	Φ8@100/200	6500	Φ16@1500	36.25	3888.6
5ZWK(K)1h-2600-27	1400	2800	19400	19800	2100	200	2700	24Φ32	Φ8@100/200	7000	Φ16@1500	39.25	3668.8
5ZWK(K)1i-2600-02	1200	2200	11800	10300	1500	200	200	28Φ25	Φ8@100/200	6000	Φ16@1500	15.91	1462.2
5ZWK(K)1i-2600-07	1200	2200	11800	10800	1500	200	700	31Φ25	Φ8@100/200	6000	Φ16@1500	16.48	1662.0
5ZWK(K)1i-2600-12	1200	2200	11800	11300	1500	200	1200	34Φ25	Φ8@100/200	6000	Φ16@1500	17.04	1874.7
5ZWK(K)1i-2600-17	1300	2300	10400	10400	1500	200	1700	35Φ25	Φ8@100/200	6500	Φ16@1500	18.55	1817.2
5ZWK(K)1i-2600-22	1300	2300	10400	10900	1500	200	2200	30Φ28	Φ8@100/200	6500	Φ16@1500	19.21	2013.9
5ZWK(K)1i-2600-27	1400	2600	8400	9100	1800	200	2700	31Φ28	Φ8@100/200	7000	Φ16@1500	20.89	1852.5
5ZWK(K)1j-2600-02	1200	2200	8600	7100	1500	200	200	28Φ25	Φ8@100/200	6000	Φ16@1500	12.29	1079.5
5ZWK(K)1j-2600-07	1200	2200	8600	7600	1500	200	700	31Φ25	Φ8@100/200	6000	Φ16@1500	12.86	1247.5
5ZWK(K)1j-2600-12	1200	2200	8600	8100	1500	200	1200	27Φ28	Φ8@100/200	6000	Φ16@1500	13.42	1418.1
5ZWK(K)1j-2600-17	1300	2300	7600	7600	1500	200	1700	28Φ28	Φ8@100/200	6500	Φ16@1500	14.83	1411.5
5ZWK(K)1j-2600-22	1300	2300	7600	8100	1500	200	2200	30Φ28	Φ8@100/200	6500	Φ16@1500	15.50	1575.7
5ZWK(K)1j-2600-27	1400	2200	7400	8700	1200	200	2700	31Φ28	Φ8@100/200	7000	Φ16@1500	17.26	1688.4

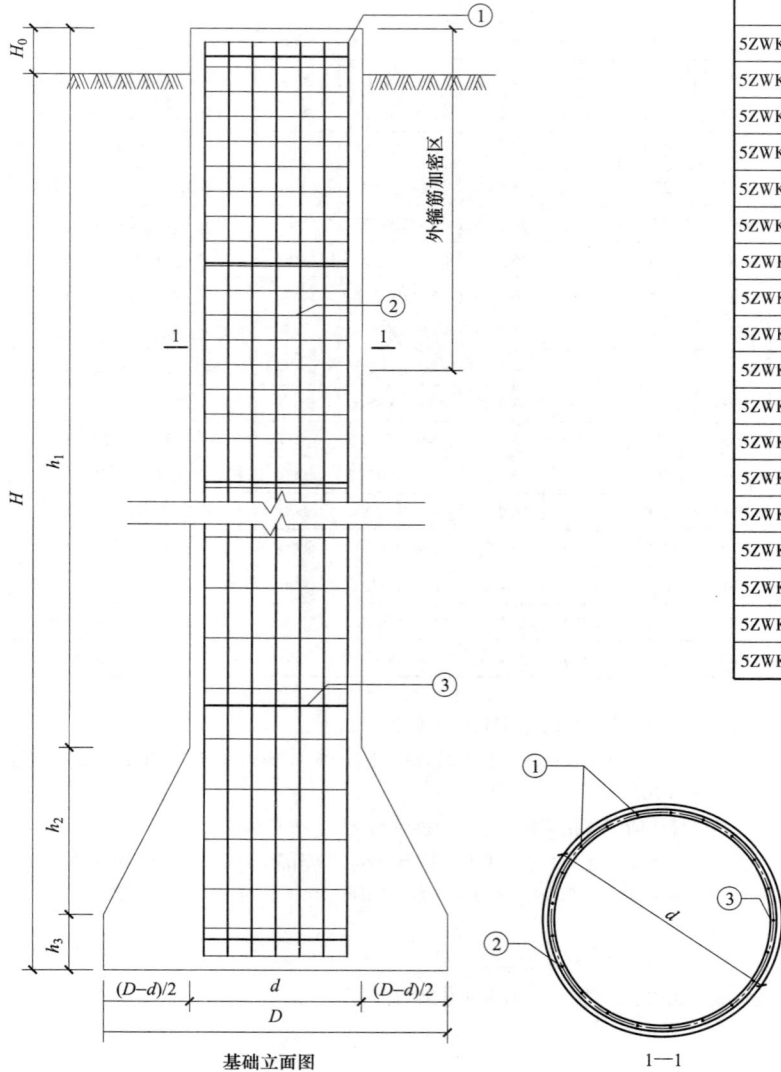

基础立面图

1—1

说明： 1. 本基础适用于不受地下水影响的黏性土地质条件。

2. 整体立塔时，混凝土的抗压强度应达到设计强度的100%。分解组塔时，混凝土必须达到抗压强度设计值的70%。

3. 基础根开及地脚螺栓间距与相应杆塔结构图核对无误后，方可施工。

4. 基础混凝土强度等级不应低于C25，主筋采用HRB400级钢筋，箍筋采用HPB300级钢筋。

5. ②号钢筋加密区箍筋间距100mm，非加密区箍筋间距200mm。可采用螺旋箍筋。

6. 主筋保护层不小于50mm。

7. 基础施工完毕后，做好基面排水处理。

8. 本基础按机械成孔施工方式，未考虑护壁工程量。

图 18.1-8　5ZWK（K）1*-2600 挖孔桩基础施工图

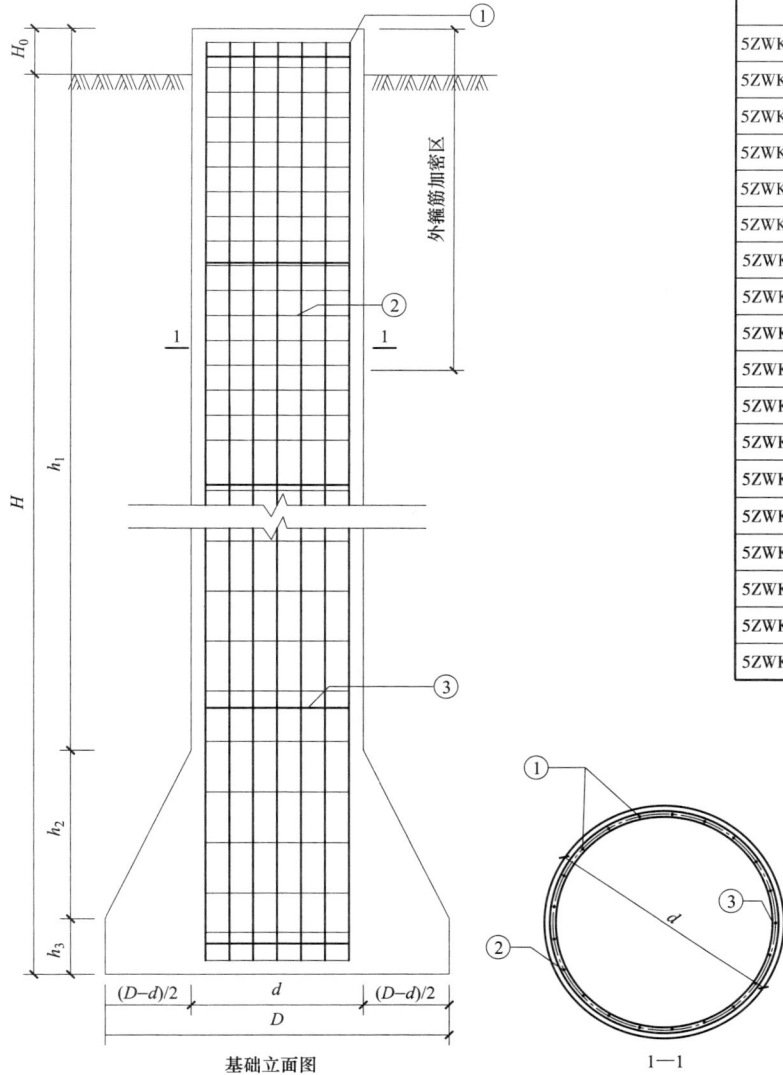

基 础 参 数 表

基础名称	桩身直径 d(mm)	扩底直径 D(mm)	基础埋深 H(mm)	主柱高 h₁(mm)	圆台高 h₂(mm)	下圆柱高 h₃(mm)	基础露头 H₀(mm)	主筋①	外箍筋②	外箍筋加密区长度(mm)	内箍筋③	单腿混凝土量(m³)	单腿钢筋量(kg)
5ZWK（K）1h–2800–02	1300	2500	24200	22400	1800	200	200	30 Φ 25	Φ8@ 100/200	6500	Φ16@ 1500	35.99	3144.6
5ZWK（K）1h–2800–07	1300	2500	24400	23100	1800	200	700	32 Φ 25	Φ8@ 100/200	6500	Φ16@ 1500	36.92	3424.0
5ZWK（K）1h–2800–12	1300	2500	24600	23800	1800	200	1200	35 Φ 25	Φ8@ 100/200	6500	Φ16@ 1500	37.85	3817.3
5ZWK（K）1h–2800–17	1300	2500	24800	24500	1800	200	1700	30 Φ 28	Φ8@ 100/200	6500	Φ16@ 1500	38.77	4184.7
5ZWK（K）1h–2800–22	1400	2800	21600	21500	2100	200	2200	24 Φ 32	Φ8@ 100/200	7000	Φ16@ 1500	41.87	3947.0
5ZWK（K）1h–2800–27	1400	2800	21800	22200	2100	200	2700	26 Φ 32	Φ8@ 100/200	7000	Φ16@ 1500	42.95	4371.8
5ZWK（K）1i–2800–02	1300	2300	11400	9900	1500	200	200	30 Φ 25	Φ8@ 100/200	6500	Φ16@ 1500	17.89	1518.5
5ZWK（K）1i–2800–07	1300	2500	10600	9300	1800	200	700	32 Φ 25	Φ8@ 100/200	6500	Φ16@ 1500	18.60	1568.5
5ZWK（K）1i–2800–12	1300	2500	10600	9800	1800	200	1200	35 Φ 25	Φ8@ 100/200	6500	Φ16@ 1500	19.26	1768.1
5ZWK（K）1i–2800–17	1300	2500	10600	10300	1800	200	1700	30 Φ 28	Φ8@ 100/200	6500	Φ16@ 1500	19.93	1968.9
5ZWK（K）1i–2800–22	1400	2600	9400	9600	1800	200	2200	24 Φ 32	Φ8@ 100/200	7000	Φ16@ 1500	21.66	1951.2
5ZWK（K）1i–2800–27	1400	2600	9400	10100	1800	200	2700	26 Φ 32	Φ8@ 100/200	7000	Φ16@ 1500	22.43	2187.5
5ZWK（K）1j–2800–02	1300	2300	8400	6900	1500	200	200	30 Φ 25	Φ8@ 100/200	6500	Φ16@ 1500	13.90	1138.0
5ZWK（K）1j–2800–07	1300	2300	8400	7400	1500	200	700	33 Φ 25	Φ8@ 100/200	6500	Φ16@ 1500	14.57	1309.7
5ZWK（K）1j–2800–12	1300	2300	8400	7900	1500	200	1200	35 Φ 25	Φ8@ 100/200	6500	Φ16@ 1500	15.23	1449.3
5ZWK（K）1j–2800–17	1300	2300	8400	8400	1500	200	1700	30 Φ 28	Φ8@ 100/200	6500	Φ16@ 1500	15.90	1622.2
5ZWK（K）1j–2800–22	1400	2400	7400	7900	1500	200	2200	31 Φ 28	Φ8@ 100/200	7000	Φ16@ 1500	17.42	1610.3
5ZWK（K）1j–2800–27	1400	2200	8200	9500	1200	200	2700	26 Φ 32	Φ8@ 100/200	7000	Φ16@ 1500	18.49	1974.7

说明：1. 本基础适用于不受地下水影响的黏性土地质条件。

2. 整体立塔时，混凝土的抗压强度应达到设计强度的 100%。分解组塔时，混凝土必须达到抗压强度设计值的 70%。

3. 基础根开及地脚螺栓间距与相应杆塔结构图核对无误后，方可施工。

4. 基础混凝土强度等级不应低于 C25，主筋采用 HRB400 级钢筋，箍筋采用 HPB300 级钢筋。

5. ②号钢筋加密区箍筋间距 100mm，非加密区箍筋间距 200mm。可采用螺旋箍筋。

6. 主筋保护层不小于 50mm。

7. 基础施工完毕后，做好基面排水处理。

8. 本基础按机械成孔施工方式，未考虑护壁工程量。

基础立面图

1—1

图 18.1-9　5ZWK（K）1∗–2800 挖孔桩基础施工图

基 础 参 数 表

基础名称	桩身直径 d(mm)	扩底直径 D(mm)	基础埋深 H(mm)	主柱高 h₁(mm)	圆台高 h₂(mm)	下圆柱高 h₃(mm)	基础露头 H₀(mm)	主筋①	外箍筋②	外箍筋加密区长度(mm)	内箍筋③	单腿混凝土量(m³)	单腿钢筋量(kg)
5ZWK(K)1h-3000-02	1400	2800	23200	21100	2100	200	200	31∮25	Φ8@100/200	7000	Φ16@1500	41.26	3137.8
5ZWK(K)1h-3000-07	1400	2800	23400	21800	2100	200	700	27∮28	Φ8@100/200	7000	Φ16@1500	42.33	3497.0
5ZWK(K)1h-3000-12	1400	2800	23600	22500	2100	200	1200	29∮28	Φ8@100/200	7000	Φ16@1500	43.41	3833.4
5ZWK(K)1h-3000-17	1400	2800	23800	23200	2100	200	1700	32∮28	Φ8@100/200	7000	Φ16@1500	44.49	4310.5
5ZWK(K)1h-3000-22	1400	2800	24000	23900	2100	200	2200	34∮28	Φ8@100/200	7000	Φ16@1500	45.57	4677.4
5ZWK(K)1h-3000-27	1500	2900	23000	23400	2100	200	2700	35∮28	Φ8@100/200	7500	Φ16@1500	50.92	4749.4
5ZWK(K)1i-3000-02	1400	2600	10400	8600	1800	200	200	31∮25	Φ8@100/200	7000	Φ16@1500	20.13	1456.1
5ZWK(K)1i-3000-07	1400	2600	10400	9100	1800	200	700	27∮28	Φ8@100/200	7000	Φ16@1500	20.89	1640.2
5ZWK(K)1i-3000-12	1400	2600	10400	9600	1800	200	1200	29∮28	Φ8@100/200	7000	Φ16@1500	21.66	1821.3
5ZWK(K)1i-3000-17	1400	2600	10400	10100	1800	200	1700	32∮28	Φ8@100/200	7000	Φ16@1500	22.43	2074.4
5ZWK(K)1i-3000-22	1400	2600	10400	10600	1800	200	2200	34∮28	Φ8@100/200	7000	Φ16@1500	23.20	2277.3
5ZWK(K)1i-3000-27	1500	2900	8400	8800	2100	200	2700	35∮28	Φ8@100/200	7500	Φ16@1500	25.12	2086.1
5ZWK(K)1j-3000-02	1400	2600	7400	5600	1800	200	200	39∮22	Φ8@100/200	7000	Φ16@1500	15.51	1038.4
5ZWK(K)1j-3000-07	1400	2600	7400	6100	1800	200	700	33∮25	Φ8@100/200	7000	Φ16@1500	16.28	1185.7
5ZWK(K)1j-3000-12	1400	2600	7400	6600	1800	200	1200	36∮25	Φ8@100/200	7000	Φ16@1500	17.05	1352.1
5ZWK(K)1j-3000-17	1400	2600	7400	7100	1800	200	1700	31∮28	Φ8@100/200	7000	Φ16@1500	17.82	1530.5
5ZWK(K)1j-3000-22	1400	2600	7400	7600	1800	200	2200	34∮28	Φ8@100/200	7000	Φ16@1500	18.59	1747.8
5ZWK(K)1j-3000-27	1500	2500	7600	8600	1500	200	2700	35∮28	Φ8@100/200	7500	Φ16@1500	20.99	1937.2

说明：1. 本基础适用于不受地下水影响的黏性土地质条件。

2. 整体立塔时，混凝土的抗压强度应达到设计强度的100%。分解组塔时，混凝土必须达到抗压强度设计值的70%。

3. 基础根开及地脚螺栓间距与相应杆塔结构图核对无误后，方可施工。

4. 基础混凝土强度等级不应低于C25，主筋采用HRB400级钢筋，箍筋采用HPB300级钢筋。

5. ②号钢筋加密区箍筋间距100mm，非加密区箍筋间距200mm。可采用螺旋箍筋。

6. 主筋保护层不小于50mm。

7. 基础施工完毕后，做好基面排水处理。

8. 本基础按机械成孔施工方式，未考虑护壁工程量。

基础立面图

1—1

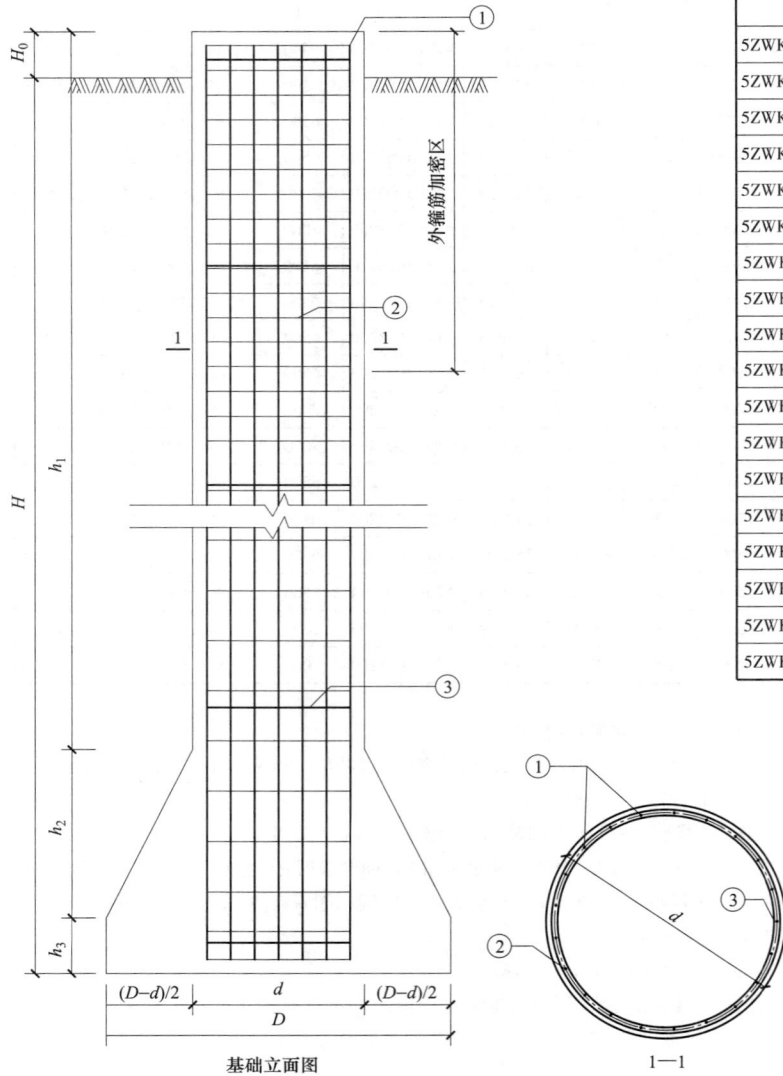

图 18.1-10　5ZWK（K）1*-3000挖孔桩基础施工图

18.2 5ZWK（K）2 子模块

此子模块适用于粉土地基，共包含 10 张图纸，基础施工图图纸清单见表 18.2-1。

表 18.2-1　5ZWK（K）2 子模块基础施工图图纸清单

序号	图号	图　名	基础作用力（kN）	
			$T/T_x/T_y$	$N/N_x/N_y$
1	图 18.2-1	5ZWK(K)2＊-1200 挖孔桩基础施工图	1200/168/168	1560/218/218
2	图 18.2-2	5ZWK(K)2＊-1400 挖孔桩基础施工图	1400/196/196	1820/255/255
3	图 18.2-3	5ZWK(K)2＊-1600 挖孔桩基础施工图	1600/224/224	2080/291/291
4	图 18.2-4	5ZWK(K)2＊-1800 挖孔桩基础施工图	1800/252/252	2340/328/328

序号	图号	图　名	基础作用力（kN）	
			$T/T_x/T_y$	$N/N_x/N_y$
5	图 18.2-5	5ZWK(K)2＊-2000 挖孔桩基础施工图	2000/280/280	2600/364/364
6	图 18.2-6	5ZWK(K)2＊-2200 挖孔桩基础施工图	2200/308/308	2860/400/400
7	图 18.2-7	5ZWK(K)2＊-2400 挖孔桩基础施工图	2400/336/336	3120/437/437
8	图 18.2-8	5ZWK(K)2＊-2600 挖孔桩基础施工图	2600/364/364	3380/473/473
9	图 18.2-9	5ZWK(K)2＊-2800 挖孔桩基础施工图	2800/392/392	3640/510/510
10	图 18.2-10	5ZWK(K)2＊-3000 挖孔桩基础施工图	3000/420/420	3900/546/546

注　2＊包含 2h、2i、2j 三种地质参数组合。

基 础 参 数 表

基础名称	桩身直径 d(mm)	扩底直径 D(mm)	基础埋深 H(mm)	主柱高 h_1(mm)	圆台高 h_2(mm)	下圆柱高 h_3(mm)	基础露头 H_0(mm)	主筋①	外箍筋②	外箍筋加密区长度(mm)	内箍筋③	单腿混凝土量(m³)	单腿钢筋量(kg)
5ZWK(K)2h-1200-02	900	1700	18800	17600	1200	200	200	22Φ20	Φ8@100/200	4500	Φ14@1500	13.29	1185.2
5ZWK(K)2h-1200-07	900	1700	18800	18100	1200	200	700	24Φ20	Φ8@100/200	4500	Φ14@1500	13.61	1313.7
5ZWK(K)2h-1200-12	900	1700	18800	18600	1200	200	1200	18Φ25	Φ8@100/200	4500	Φ14@1500	13.93	1547.0
5ZWK(K)2h-1200-17	900	1700	18800	19100	1200	200	1700	19Φ25	Φ8@100/200	4500	Φ14@1500	14.25	1663.2
5ZWK(K)2h-1200-22	1000	2000	16200	16700	1500	200	2200	20Φ25	Φ8@100/200	5000	Φ16@1500	16.49	1602.9
5ZWK(K)2h-1200-27	1000	2000	16400	17400	1500	200	2700	17Φ28	Φ8@100/200	5000	Φ16@1500	17.04	1756.7
5ZWK(K)2i-1200-02	900	1500	11600	10700	900	200	200	22Φ20	Φ8@100/200	4500	Φ14@1500	8.20	744.3
5ZWK(K)2i-1200-07	900	1500	11600	11200	900	200	700	24Φ20	Φ8@100/200	4500	Φ14@1500	8.52	837.4
5ZWK(K)2i-1200-12	900	1500	11600	11700	900	200	1200	18Φ25	Φ8@100/200	4500	Φ14@1500	8.84	997.6
5ZWK(K)2i-1200-17	900	1500	11600	12200	900	200	1700	19Φ25	Φ8@100/200	4500	Φ14@1500	9.15	1086.0
5ZWK(K)2i-1200-22	1000	1800	9200	10000	1200	200	2200	20Φ25	Φ8@100/200	5000	Φ16@1500	10.26	1003.3
5ZWK(K)2i-1200-27	1000	1800	9200	10500	1200	200	2700	17Φ28	Φ8@100/200	5000	Φ16@1500	10.65	1104.0
5ZWK(K)2j-1200-02	900	1500	8000	7100	900	200	200	22Φ20	Φ8@100/200	4500	Φ14@1500	5.91	525.3
5ZWK(K)2j-1200-07	900	1500	8000	7600	900	200	700	24Φ20	Φ8@100/200	4500	Φ14@1500	6.23	597.8
5ZWK(K)2j-1200-12	900	1500	8000	8100	900	200	1200	23Φ22	Φ8@100/200	4500	Φ14@1500	6.55	717.8
5ZWK(K)2j-1200-17	900	1500	8000	8600	900	200	1700	25Φ22	Φ8@100/200	4500	Φ14@1500	6.86	812.3
5ZWK(K)2j-1200-22	1000	1800	6000	6800	1200	200	2200	25Φ22	Φ8@100/200	5000	Φ16@1500	7.75	710.7
5ZWK(K)2j-1200-27	1000	1800	6000	7300	1200	200	2700	22Φ25	Φ8@100/200	5000	Φ16@1500	8.14	837.4

说明：1. 本基础适用于不受地下水影响的粉土地质条件。

2. 整体立塔时，混凝土的抗压强度应达到设计强度的 100%。分解组塔时，混凝土必须达到抗压强度设计值的 70%。

3. 基础根开及地脚螺栓间距与相应杆塔结构图核对无误后，方可施工。

4. 基础混凝土强度等级不应低于 C25，主筋采用 HRB400 级钢筋，箍筋采用 HPB300 级钢筋。

5. ②号钢筋加密区箍筋间距 100mm，非加密区箍筋间距 200mm。可采用螺旋箍筋。

6. 主筋保护层不小于 50mm。

7. 基础施工完毕后，做好基面排水处理。

8. 本基础按机械成孔施工方式，未考虑护壁工程量。

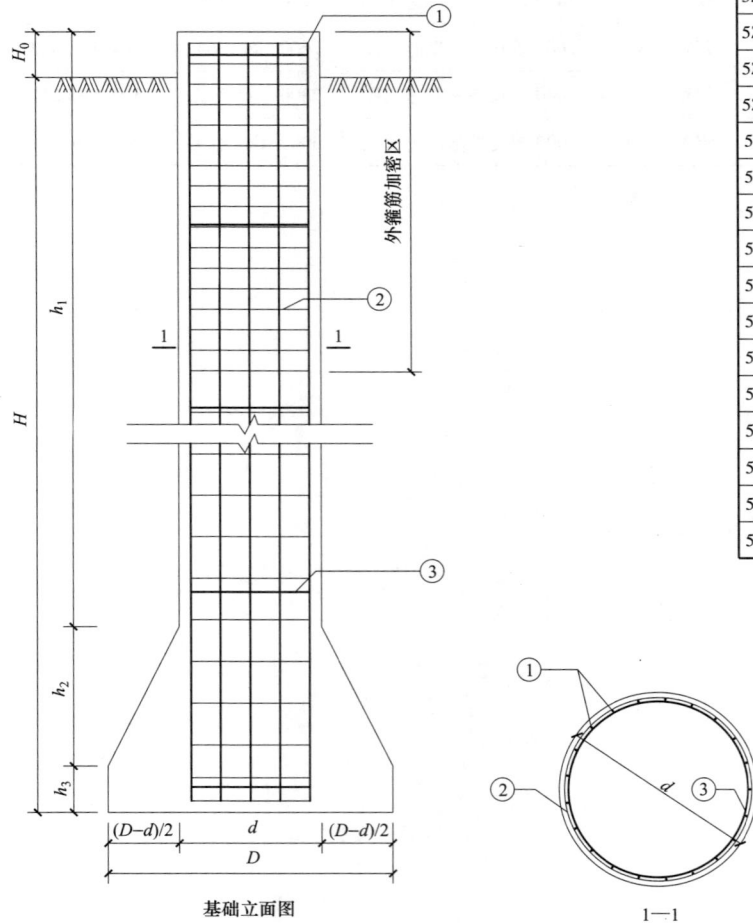

基础立面图

1—1

图 18.2-1　5ZWK（K）2*-1200 挖孔桩基础施工图

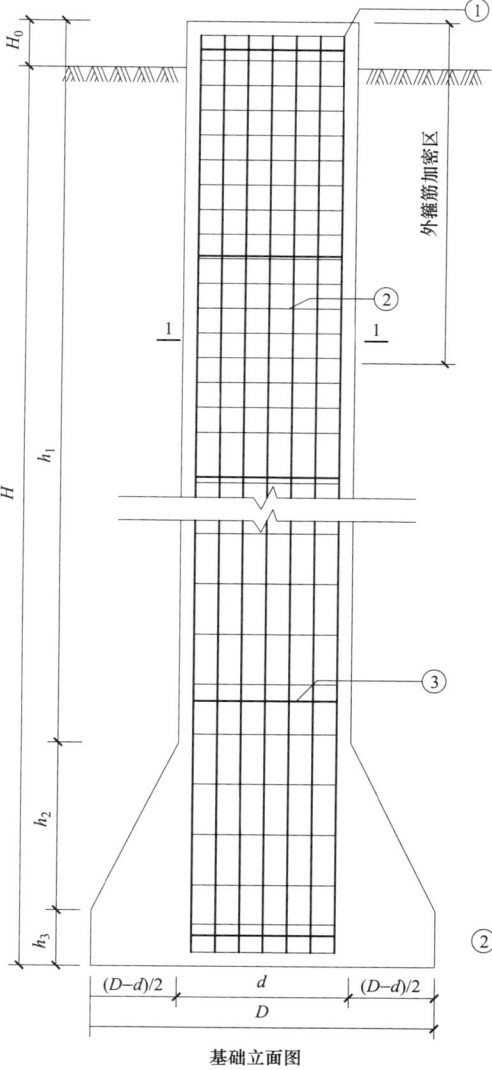

基础立面图

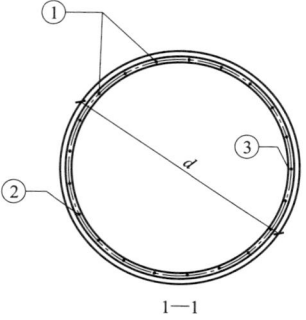

1—1

基 础 参 数 表

基础名称	桩身直径 d(mm)	扩底直径 D(mm)	基础埋深 H(mm)	主柱高 h_1(mm)	圆台高 h_2(mm)	下圆柱高 h_3(mm)	基础露头 H_0(mm)	主筋①	外箍筋②	外箍筋加密区长度(mm)	内箍筋③	单腿混凝土量(m³)	单腿钢筋量(kg)
5ZWK(K)2h-1400-02	1200	2400	12400	10600	1800	200	200	29Φ18	Φ8@100/200	6000	Φ16@1500	17.64	908.2
5ZWK(K)2h-1400-07	1200	2400	12400	11100	1800	200	700	31Φ18	Φ8@100/200	6000	Φ16@1500	18.21	991.7
5ZWK(K)2h-1400-12	1200	2400	12400	11600	1800	200	1200	34Φ18	Φ8@100/200	6000	Φ16@1500	18.77	1112.8
5ZWK(K)2h-1400-17	1200	2400	12400	12100	1800	200	1700	30Φ20	Φ8@100/200	6000	Φ16@1500	19.34	1234.1
5ZWK(K)2h-1400-22	1200	2400	13000	13200	1800	200	2200	27Φ22	Φ8@100/200	6000	Φ16@1500	20.58	1427.9
5ZWK(K)2h-1400-27	1200	2400	13400	14100	1800	200	2700	29Φ22	Φ8@100/200	6000	Φ16@1500	21.60	1601.3
5ZWK(K)2i-1400-02	1000	1800	11200	10000	1200	200	200	20Φ22	Φ8@100/200	5000	Φ16@1500	10.26	807.5
5ZWK(K)2i-1400-07	1000	1800	11200	10500	1200	200	700	22Φ22	Φ8@100/200	5000	Φ16@1500	10.65	909.9
5ZWK(K)2i-1400-12	1000	1800	11200	11000	1200	200	1200	25Φ22	Φ8@100/200	5000	Φ16@1500	11.05	1060.2
5ZWK(K)2i-1400-17	1000	1800	11200	11500	1200	200	1700	27Φ22	Φ8@100/200	5000	Φ16@1500	11.44	1176.0
5ZWK(K)2i-1400-22	1000	1800	11200	12000	1200	200	2200	19Φ28	Φ8@100/200	5000	Φ16@1500	11.83	1368.8
5ZWK(K)2i-1400-27	1100	1900	9600	10900	1200	200	2700	19Φ28	Φ8@100/200	5500	Φ16@1500	13.10	1280.8
5ZWK(K)2j-1400-02	1000	1800	7400	6200	1200	200	200	20Φ22	Φ8@100/200	5000	Φ16@1500	7.28	551.0
5ZWK(K)2j-1400-07	1000	1800	7400	6700	1200	200	700	22Φ22	Φ8@100/200	5000	Φ16@1500	7.67	630.7
5ZWK(K)2j-1400-12	1000	1800	7400	7200	1200	200	1200	25Φ22	Φ8@100/200	5000	Φ16@1500	8.06	742.8
5ZWK(K)2j-1400-17	1000	1800	7400	7700	1200	200	1700	27Φ22	Φ8@100/200	5000	Φ16@1500	8.45	840.1
5ZWK(K)2j-1400-22	1000	1800	7400	8200	1200	200	2200	19Φ28	Φ8@100/200	5000	Φ16@1500	8.85	990.2
5ZWK(K)2j-1400-27	1100	1900	6400	7700	1200	200	2700	19Φ28	Φ8@100/200	5500	Φ16@1500	10.06	957.7

说明：1. 本基础适用于不受地下水影响的粉土地质条件。

2. 整体立塔时，混凝土的抗压强度应达到设计强度的100%。分解组塔时，混凝土必须达到抗压强度设计值的70%。

3. 基础根开及地脚螺栓间距与相应杆塔结构图核对无误后，方可施工。

4. 基础混凝土强度等级不应低于C25，主筋采用HRB400级钢筋，箍筋采用HPB300级钢筋。

5. ②号钢筋加密区箍筋间距100mm，非加密区箍筋间距200mm。可采用螺旋箍筋。

6. 主筋保护层不小于50mm。

7. 基础施工完毕后，做好基面排水处理。

8. 本基础按机械成孔施工方式，未考虑护壁工程量。

图18.2-2 5ZWK（K）2*-1400挖孔桩基础施工图

基 础 参 数 表

基础名称	桩身直径 d(mm)	扩底直径 D(mm)	基础埋深 H(mm)	主柱高 h₁(mm)	圆台高 h₂(mm)	下圆柱高 h₃(mm)	基础露头 H₀(mm)	主筋①	外箍筋②	外箍筋加密区长度 (mm)	内箍筋③	单腿混凝土量 (m³)	单腿钢筋量 (kg)
5ZWK(K)2h-1600-02	1400	2800	10400	8300	2100	200	200	40 Φ16	Φ8@100/200	7000	Φ16@1500	21.55	866.7
5ZWK(K)2h-1600-07	1400	2800	10400	8800	2100	200	700	34 Φ18	Φ8@100/200	7000	Φ16@1500	22.32	953.8
5ZWK(K)2h-1600-12	1400	2800	10400	9300	2100	200	1200	37 Φ18	Φ8@100/200	7000	Φ16@1500	23.09	1061.5
5ZWK(K)2h-1600-17	1400	2800	10400	9800	2100	200	1700	32 Φ20	Φ8@100/200	7000	Φ16@1500	23.86	1167.6
5ZWK(K)2h-1600-22	1400	2800	10400	10300	2100	200	2200	34 Φ20	Φ8@100/200	7000	Φ16@1500	24.63	1273.5
5ZWK(K)2h-1600-27	1400	2800	10400	10800	2100	200	2700	37 Φ20	Φ8@100/200	7000	Φ16@1500	25.40	1414.7
5ZWK(K)2i-1600-02	1000	1800	13200	12000	1200	200	200	23 Φ22	Φ8@100/200	5000	Φ16@1500	11.83	1061.2
5ZWK(K)2i-1600-07	1000	1800	13200	12500	1200	200	700	20 Φ25	Φ8@100/200	5000	Φ16@1500	12.22	1217.8
5ZWK(K)2i-1600-12	1000	1800	13200	13000	1200	200	1200	22 Φ25	Φ8@100/200	5000	Φ16@1500	12.62	1369.8
5ZWK(K)2i-1600-17	1000	1800	13200	13500	1200	200	1700	25 Φ25	Φ8@100/200	5000	Φ16@1500	13.01	1585.3
5ZWK(K)2i-1600-22	1100	1900	11400	12200	1200	200	2200	25 Φ25	Φ8@100/200	5500	Φ16@1500	14.33	1473.2
5ZWK(K)2i-1600-27	1100	2100	10600	11600	1500	200	2700	22 Φ28	Φ8@100/200	5500	Φ16@1500	14.83	1570.0
5ZWK(K)2j-1600-02	1000	1800	9000	7800	1200	200	200	23 Φ22	Φ8@100/200	5000	Φ16@1500	8.53	740.9
5ZWK(K)2j-1600-07	1000	1800	9000	8300	1200	200	700	20 Φ25	Φ8@100/200	5000	Φ16@1500	8.93	858.1
5ZWK(K)2j-1600-12	1000	1800	9000	8800	1200	200	1200	22 Φ25	Φ8@100/200	5000	Φ16@1500	9.32	977.7
5ZWK(K)2j-1600-17	1000	1800	9000	9300	1200	200	1700	25 Φ25	Φ8@100/200	5000	Φ16@1500	9.71	1148.7
5ZWK(K)2j-1600-22	1100	1700	8400	9500	900	200	2200	25 Φ25	Φ8@100/200	5500	Φ16@1500	10.89	1156.2
5ZWK(K)2j-1600-27	1100	1700	8400	10000	900	200	2700	22 Φ28	Φ8@100/200	5500	Φ16@1500	11.36	1317.7

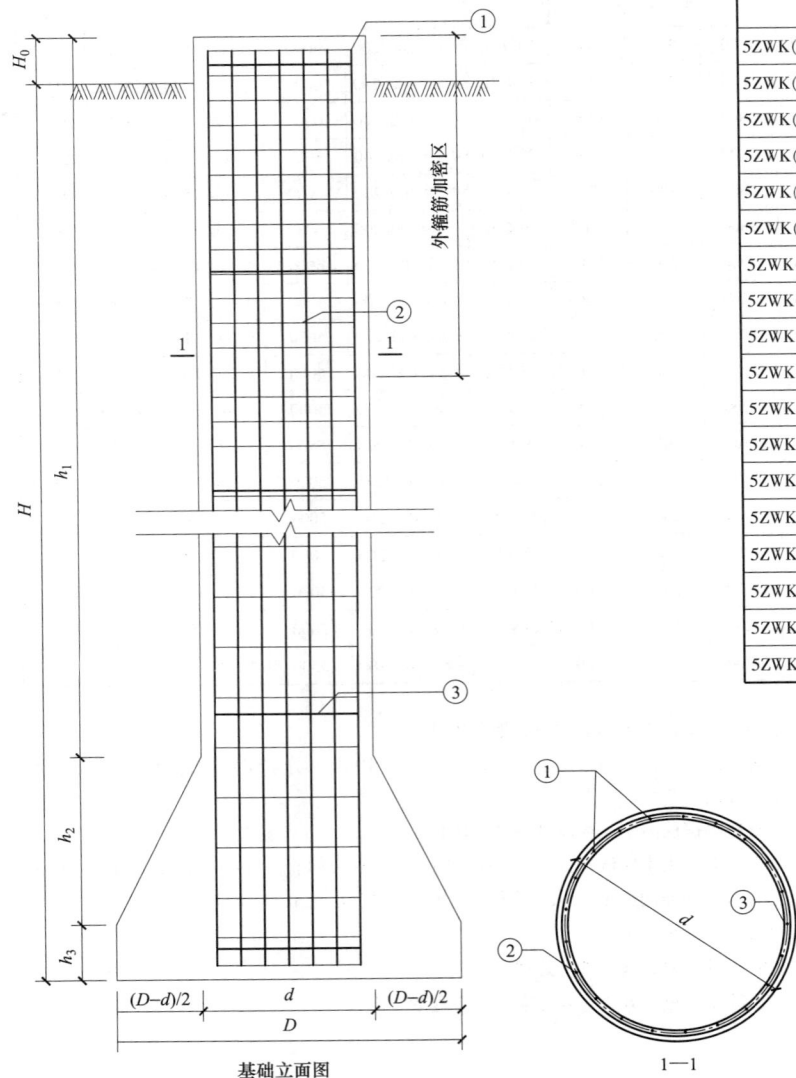

基础立面图

1—1

说明：1. 本基础适用于不受地下水影响的粉土地质条件。

2. 整体立塔时，混凝土的抗压强度应达到设计强度的100%。分解组塔时，混凝土必须达到抗压强度设计值的70%。

3. 基础根开及地脚螺栓间距与相应杆塔结构图核对无误后，方可施工。

4. 基础混凝土强度等级不应低于C25，主筋采用HRB400级钢筋，箍筋采用HPB300级钢筋。

5. ②号钢筋加密区箍筋间距100mm，非加密区箍筋间距200mm。可采用螺旋箍筋。

6. 主筋保护层不小于50mm。

7. 基础施工完毕后，做好基面排水处理。

8. 本基础按机械成孔施工方式，未考虑护壁工程量。

图 18.2-3　5ZWK（K）2*-1600 挖孔桩基础施工图

基础参数表

基础名称	桩身直径 d(mm)	扩底直径 D(mm)	基础埋深 H(mm)	主柱高 h_1(mm)	圆台高 h_2(mm)	下圆柱高 h_3(mm)	基础露头 H_0(mm)	主筋①	外箍筋②	外箍筋加密区长度(mm)	内箍筋③	单腿混凝土量(m^3)	单腿钢筋量(kg)
5ZWK(K)2h-1800-02	1500	2900	10800	8700	2100	200	200	43Φ16	Φ8@100/200	7500	Φ16@1500	24.95	966.3
5ZWK(K)2h-1800-07	1600	3000	9400	7800	2100	200	700	37Φ18	Φ8@100/200	8000	Φ18@1500	26.09	986.0
5ZWK(K)2h-1800-12	1600	3200	8600	7200	2400	200	1200	31Φ20	Φ8@100/200	8000	Φ18@1500	27.34	986.3
5ZWK(K)2h-1800-17	1600	3200	8600	7700	2400	200	1700	34Φ20	Φ8@100/200	8000	Φ18@1500	28.35	1103.6
5ZWK(K)2h-1800-22	1600	3200	8600	8200	2400	200	2200	36Φ20	Φ8@100/200	8000	Φ18@1500	29.36	1212.8
5ZWK(K)2h-1800-27	1600	3200	8600	8700	2400	200	2700	38Φ20	Φ8@100/200	8000	Φ18@1500	30.36	1316.1
5ZWK(K)2i-1800-02	1000	2000	14400	12900	1500	200	200	20Φ25	Φ8@100/200	5000	Φ16@1500	13.51	1276.2
5ZWK(K)2i-1800-07	1000	2000	14400	13400	1500	200	700	23Φ25	Φ8@100/200	5000	Φ16@1500	13.90	1494.3
5ZWK(K)2i-1800-12	1000	2000	14400	13900	1500	200	1200	25Φ25	Φ8@100/200	5000	Φ16@1500	14.29	1661.3
5ZWK(K)2i-1800-17	1100	2100	12400	12400	1500	200	1700	26Φ25	Φ8@100/200	5500	Φ16@1500	15.59	1579.0
5ZWK(K)2i-1800-22	1100	2100	12400	12900	1500	200	2200	29Φ25	Φ8@100/200	5500	Φ16@1500	16.07	1799.0
5ZWK(K)2i-1800-27	1200	2400	9800	10500	1800	200	2700	29Φ25	Φ8@100/200	6000	Φ16@1500	17.53	1566.6
5ZWK(K)2j-1800-02	1000	1800	10400	9200	1200	200	200	20Φ25	Φ8@100/200	5000	Φ16@1500	9.63	937.2
5ZWK(K)2j-1800-07	1000	1800	10400	9700	1200	200	700	23Φ25	Φ8@100/200	5000	Φ16@1500	10.02	1104.9
5ZWK(K)2j-1800-12	1000	1800	10400	10200	1200	200	1200	25Φ25	Φ8@100/200	5000	Φ16@1500	10.42	1241.1
5ZWK(K)2j-1800-17	1100	1900	9000	9300	1200	200	1700	26Φ25	Φ8@100/200	5500	Φ16@1500	11.58	1207.9
5ZWK(K)2j-1800-22	1100	1900	9000	9800	1200	200	2200	29Φ25	Φ8@100/200	5500	Φ16@1500	12.05	1388.6
5ZWK(K)2j-1800-27	1200	2000	7800	9100	1200	200	2700	29Φ25	Φ8@100/200	6000	Φ16@1500	13.38	1324.2

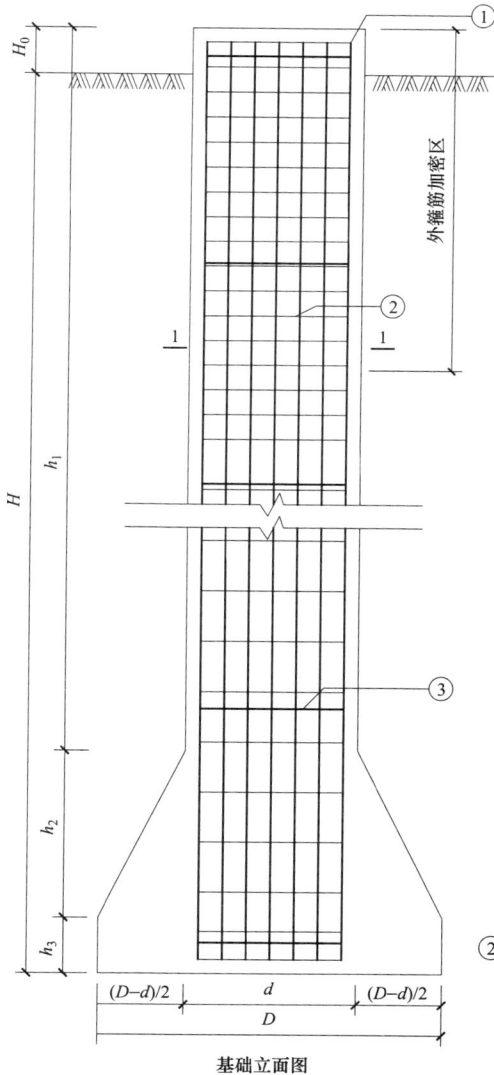

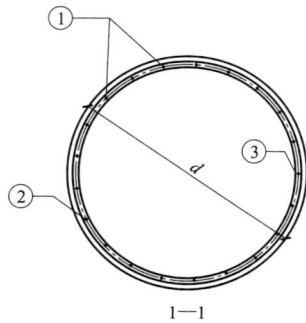

基础立面图

1—1

图 18.2-4　5ZWK（K）2＊-1800 挖孔桩基础施工图

说明：1. 本基础适用于不受地下水影响的粉土地质条件。

2. 整体立塔时，混凝土的抗压强度应达到设计强度的 100%。分解组塔时，混凝土必须达到抗压强度设计值的 70%。

3. 基础根开及地脚螺栓间距与相应杆塔结构图核对无误后，方可施工。

4. 基础混凝土强度等级不应低于 C25，主筋采用 HRB400 级钢筋，箍筋采用 HPB300 级钢筋。

5. ②号钢筋加密区箍筋间距 100mm，非加密区箍筋间距 200mm。可采用螺旋箍筋。

6. 主筋保护层不小于 50mm。

7. 基础施工完毕后，做好基面排水处理。

8. 本基础按机械成孔施工方式，未考虑护壁工程量。

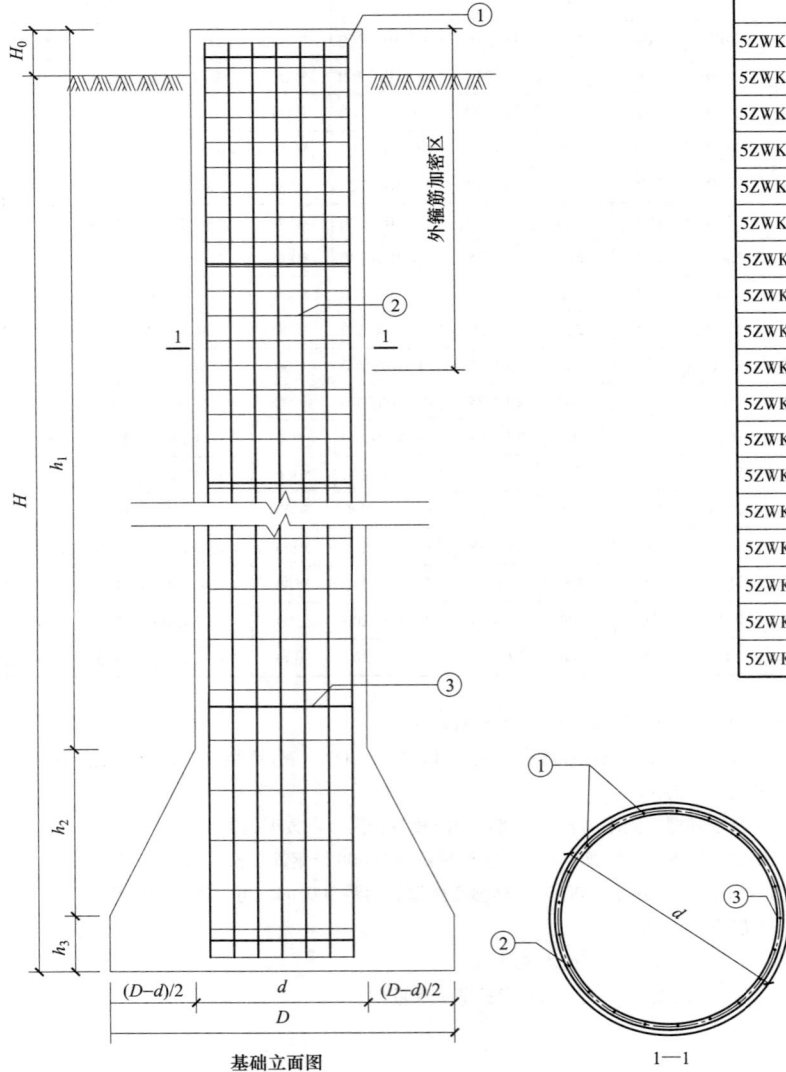

基础立面图

1—1

基 础 参 数 表

基础名称	桩身直径 d(mm)	扩底直径 D(mm)	基础埋深 H(mm)	主柱高 h_1(mm)	圆台高 h_2(mm)	下圆柱高 h_3(mm)	基础露头 H_0(mm)	主筋①	外箍筋②	外箍筋加密区长度(mm)	内箍筋③	单腿混凝土量(m^3)	单腿钢筋量(kg)
5ZWK(K)2h-2000-02	1600	3200	10000	7600	2400	200	200	48Φ16	Φ8@100/200	8000	Φ18@1500	28.15	1014.1
5ZWK(K)2h-2000-07	1600	3200	10000	8100	2400	200	700	41Φ18	Φ8@100/200	8000	Φ18@1500	29.15	1129.5
5ZWK(K)2h-2000-12	1600	3200	10200	8800	2400	200	1200	44Φ18	Φ8@100/200	8000	Φ18@1500	30.56	1261.9
5ZWK(K)2h-2000-17	1700	3300	9000	8100	2400	200	1700	46Φ18	Φ8@100/200	8500	Φ18@1500	32.28	1258.8
5ZWK(K)2h-2000-22	1700	3300	9400	9000	2400	200	2200	48Φ18	Φ8@100/200	8500	Φ18@1500	34.32	1395.4
5ZWK(K)2h-2000-27	1700	3300	10400	10500	2400	200	2700	41Φ20	Φ8@100/200	8500	Φ18@1500	37.73	1632.5
5ZWK(K)2i-2000-02	1100	2100	14000	12500	1500	200	200	28Φ22	Φ8@100/200	5500	Φ16@1500	15.69	1355.2
5ZWK(K)2i-2000-07	1100	2100	14000	13000	1500	200	700	25Φ25	Φ8@100/200	5500	Φ16@1500	16.16	1586.7
5ZWK(K)2i-2000-12	1100	2100	14200	13700	1500	200	1200	27Φ25	Φ8@100/200	5500	Φ16@1500	16.83	1780.3
5ZWK(K)2i-2000-17	1100	2100	14400	14400	1500	200	1700	29Φ25	Φ8@100/200	5500	Φ16@1500	17.49	1981.3
5ZWK(K)2i-2000-22	1200	2400	11400	11600	1800	200	2200	30Φ25	Φ8@100/200	6000	Φ16@1500	18.77	1754.8
5ZWK(K)2i-2000-27	1200	2400	11400	12100	1800	200	2700	26Φ28	Φ8@100/200	6000	Φ16@1500	19.34	1955.9
5ZWK(K)2j-2000-02	1100	1700	11000	10100	900	200	200	28Φ22	Φ8@100/200	5500	Φ16@1500	11.46	1076.4
5ZWK(K)2j-2000-07	1100	1700	11000	10600	900	200	700	25Φ25	Φ8@100/200	5500	Φ16@1500	11.93	1269.7
5ZWK(K)2j-2000-12	1100	1700	11000	11100	900	200	1200	27Φ25	Φ8@100/200	5500	Φ16@1500	12.41	1418.1
5ZWK(K)2j-2000-17	1100	1700	11000	11600	900	200	1700	29Φ25	Φ8@100/200	5500	Φ16@1500	12.88	1570.8
5ZWK(K)2j-2000-22	1200	2200	8200	8700	1500	200	2200	30Φ25	Φ8@100/200	6000	Φ16@1500	14.10	1347.5
5ZWK(K)2j-2000-27	1200	2200	8200	9200	1500	200	2700	26Φ28	Φ8@100/200	6000	Φ16@1500	14.67	1521.5

说明：1. 本基础适用于不受地下水影响的粉土地质条件。

2. 整体立塔时，混凝土的抗压强度应达到设计强度的100%。分解组塔时，混凝土必须达到抗压强度设计值的70%。

3. 基础根开及地脚螺栓间距与相应杆塔结构图核对无误后，方可施工。

4. 基础混凝土强度等级不应低于C25，主筋采用HRB400级钢筋，箍筋采用HPB300级钢筋。

5. ②号钢筋加密区箍筋间距100mm，非加密区箍筋间距200mm。可采用螺旋箍筋。

6. 主筋保护层不小于50mm。

7. 基础施工完毕后，做好基面排水处理。

8. 本基础按机械成孔施工方式，未考虑护壁工程量。

图18.2-5 5ZWK（K）2＊-2000挖孔桩基础施工图

基础名称	桩身直径 d(mm)	扩底直径 D(mm)	基础埋深 H(mm)	主柱高 h_1(mm)	圆台高 h_2(mm)	下圆柱高 h_3(mm)	基础露头 H_0(mm)	主筋①	外箍筋②	外箍筋加密区长度(mm)	内箍筋③	单腿混凝土量(m^3)	单腿钢筋量(kg)
5ZWK(K)2h-2200-02	1800	3400	9600	7200	2400	200	200	50 Φ 16	Φ8@100/200	9000	Φ18@1500	33.28	1054.3
5ZWK(K)2h-2200-07	1800	3600	9000	6800	2700	200	700	54 Φ 16	Φ8@100/200	9000	Φ18@1500	35.37	1104.7
5ZWK(K)2h-2200-12	1800	3600	9000	7300	2700	200	1200	46 Φ 18	Φ8@100/200	9000	Φ18@1500	36.64	1220.6
5ZWK(K)2h-2200-17	1800	3600	9000	7800	2700	200	1700	49 Φ 18	Φ8@100/200	9000	Φ18@1500	37.92	1344.5
5ZWK(K)2h-2200-22	1800	3600	9000	8300	2700	200	2200	42 Φ 20	Φ8@100/200	9000	Φ18@1500	39.19	1462.7
5ZWK(K)2h-2200-27	1800	3600	9000	8800	2700	200	2700	44 Φ 20	Φ8@100/200	9000	Φ18@1500	40.46	1575.8
5ZWK(K)2i-2200-02	1100	2100	16600	15100	1500	200	200	24 Φ 25	Φ8@100/200	5500	Φ16@1500	18.16	1746.5
5ZWK(K)2i-2200-07	1100	2100	16800	15800	1500	200	700	27 Φ 25	Φ8@100/200	5500	Φ16@1500	18.82	2017.1
5ZWK(K)2i-2200-12	1200	2400	13000	12200	1800	200	1200	28 Φ 25	Φ8@100/200	6000	Φ16@1500	19.45	1719.8
5ZWK(K)2i-2200-17	1200	2400	13000	12700	1800	200	1700	31 Φ 25	Φ8@100/200	6000	Φ16@1500	20.02	1945.0
5ZWK(K)2i-2200-22	1200	2400	13000	13200	1800	200	2200	27 Φ 28	Φ8@100/200	6000	Φ16@1500	20.58	2180.3
5ZWK(K)2i-2200-27	1300	2500	11600	12300	1800	200	2700	27 Φ 28	Φ8@100/200	6500	Φ16@1500	22.58	2073.9
5ZWK(K)2j-2200-02	1100	1900	11600	10400	1200	200	200	24 Φ 25	Φ8@100/200	5500	Φ16@1500	12.62	1234.3
5ZWK(K)2j-2200-07	1100	1900	11600	10900	1200	200	700	27 Φ 25	Φ8@100/200	5500	Φ16@1500	13.10	1429.7
5ZWK(K)2j-2200-12	1100	1900	11600	11400	1200	200	1200	29 Φ 25	Φ8@100/200	5500	Φ16@1500	13.57	1582.0
5ZWK(K)2j-2200-17	1200	2200	9400	9400	1500	200	1700	31 Φ 25	Φ8@100/200	6000	Φ16@1500	14.89	1480.0
5ZWK(K)2j-2200-22	1200	2200	9400	9900	1500	200	2200	27 Φ 28	Φ8@100/200	6000	Φ16@1500	15.46	1670.5
5ZWK(K)2j-2200-27	1300	2300	8200	9200	1500	200	2700	27 Φ 28	Φ8@100/200	6500	Φ16@1500	16.96	1593.5

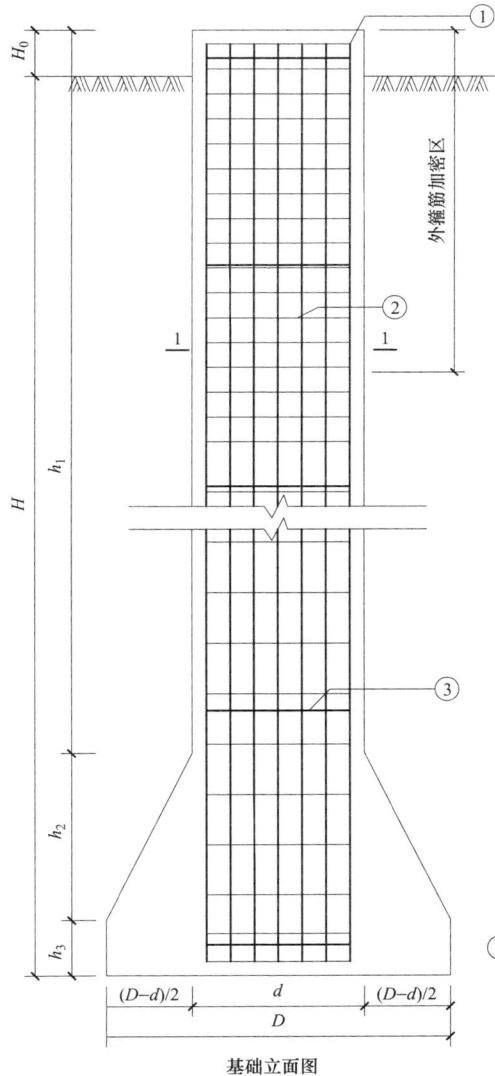

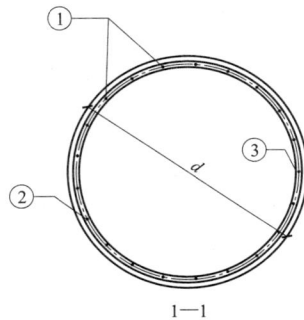

说明：1. 本基础适用于不受地下水影响的粉土地质条件。

2. 整体立塔时，混凝土的抗压强度应达到设计强度的100%。分解组塔时，混凝土必须达到抗压强度设计值的70%。

3. 基础根开及地脚螺栓间距与相应杆塔结构图核对无误后，方可施工。

4. 基础混凝土强度等级不应低于C25，主筋采用HRB400级钢筋，箍筋采用HPB300级钢筋。

5. ②号钢筋加密区箍筋间距100mm，非加密区箍筋间距200mm。可采用螺旋箍筋。

6. 主筋保护层不小于50mm。

7. 基础施工完毕后，做好基面排水处理。

8. 本基础按机械成孔施工方式，未考虑护壁工程量。

基础立面图

1—1

图18.2-6 5ZWK（K）2*-2200挖孔桩基础施工图

基 础 参 数 表

基础名称	桩身直径 d(mm)	扩底直径 D(mm)	基础埋深 H(mm)	主柱高 h_1(mm)	圆台高 h_2(mm)	下圆柱高 h_3(mm)	基础露头 H_0(mm)	主筋①	外箍筋②	外箍筋加密区长度(mm)	内箍筋③	单腿混凝土量(m³)	单腿钢筋量(kg)
5ZWK(K)2h-2400-02	1800	3600	9600	6900	2700	200	200	44Φ18	Φ8@100/200	9000	Φ18@1500	35.63	1140.9
5ZWK(K)2h-2400-07	1800	3600	10600	8400	2700	200	700	48Φ18	Φ8@100/200	9000	Φ18@1500	39.44	1387.3
5ZWK(K)2h-2400-12	1900	3700	9600	7900	2700	200	1200	49Φ18	Φ8@100/200	9500	Φ18@1500	41.75	1379.3
5ZWK(K)2h-2400-17	1900	3700	10200	9000	2700	200	1700	52Φ18	Φ8@100/200	9500	Φ18@1500	44.87	1571.0
5ZWK(K)2h-2400-22	1900	3700	11400	10700	2700	200	2200	55Φ18	Φ8@100/200	9500	Φ18@1500	49.69	1868.2
5ZWK(K)2h-2400-27	2000	3800	10400	10200	2700	200	2700	56Φ18	Φ8@100/200	10000	Φ18@1500	52.72	1849.3
5ZWK(K)2i-2400-02	1200	2400	14800	13000	1800	200	200	26Φ25	Φ8@100/200	6000	Φ16@1500	20.36	1702.0
5ZWK(K)2i-2400-07	1200	2400	15000	13700	1800	200	700	28Φ25	Φ8@100/200	6000	Φ16@1500	21.15	1896.3
5ZWK(K)2i-2400-12	1200	2400	15000	14200	1800	200	1200	31Φ25	Φ8@100/200	6000	Φ16@1500	21.71	2140.3
5ZWK(K)2i-2400-17	1200	2400	15200	14900	1800	200	1700	34Φ25	Φ8@100/200	6000	Φ16@1500	22.51	2427.1
5ZWK(K)2i-2400-22	1400	2800	10400	10300	2100	200	2200	33Φ25	Φ8@100/200	7000	Φ16@1500	24.63	1813.5
5ZWK(K)2i-2400-27	1400	2800	10400	10800	2100	200	2700	36Φ25	Φ8@100/200	7000	Φ16@1500	25.40	2030.4
5ZWK(K)2j-2400-02	1200	2200	10600	9100	1500	200	200	26Φ25	Φ8@100/200	6000	Φ16@1500	14.55	1237.0
5ZWK(K)2j-2400-07	1200	2200	10600	9600	1500	200	700	28Φ25	Φ8@100/200	6000	Φ16@1500	15.12	1376.0
5ZWK(K)2j-2400-12	1200	2200	10600	10100	1500	200	1200	31Φ25	Φ8@100/200	6000	Φ16@1500	15.69	1569.1
5ZWK(K)2j-2400-17	1200	2200	10600	10600	1500	200	1700	34Φ25	Φ8@100/200	6000	Φ16@1500	16.25	1777.5
5ZWK(K)2j-2400-22	1300	2300	9400	9900	1500	200	2200	35Φ25	Φ8@100/200	6500	Φ16@1500	17.89	1739.7
5ZWK(K)2j-2400-27	1300	2300	9400	10400	1500	200	2700	30Φ28	Φ8@100/200	6500	Φ16@1500	18.55	1938.4

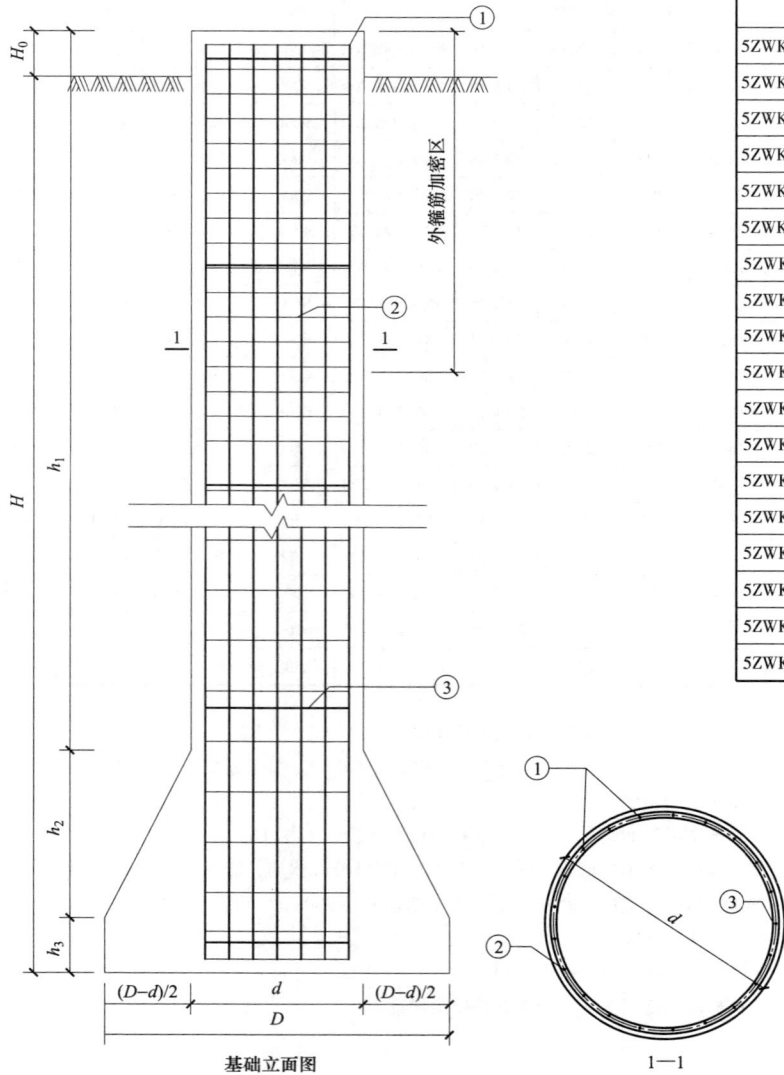

基础立面图

1—1

说明：1. 本基础适用于不受地下水影响的粉土地质条件。

2. 整体立塔时，混凝土的抗压强度应达到设计强度的100%。分解组塔时，混凝土必须达到抗压强度设计值的70%。

3. 基础根开及地脚螺栓间距与相应杆塔结构图核对无误后，方可施工。

4. 基础混凝土强度等级不应低于C25，主筋采用HRB400级钢筋，箍筋采用HPB300级钢筋。

5. ②号钢筋加密区箍筋间距100mm，非加密区箍筋间距200mm。可采用螺旋箍筋。

6. 主筋保护层不小于50mm。

7. 基础施工完毕后，做好基面排水处理。

8. 本基础按机械成孔施工方式，未考虑护壁工程量。

图 18.2-7 5ZWK（K）2∗-2400 挖孔桩基础施工图

基 础 参 数 表

基础名称	桩身直径 d(mm)	扩底直径 D(mm)	基础埋深 H(mm)	主柱高 h_1(mm)	圆台高 h_2(mm)	下圆柱高 h_3(mm)	基础露头 H_0(mm)	主筋①	外箍筋②	外箍筋加密区长度(mm)	内箍筋③	单腿混凝土量(m³)	单腿钢筋量(kg)
5ZWK（K）2h-2600-02	2000	3800	10600	7900	2700	200	200	58Φ16	Φ8@100/200	10000	Φ18@1500	45.49	1337.6
5ZWK（K）2h-2600-07	2000	4000	10000	7500	3000	200	700	49Φ18	Φ8@100/200	10000	Φ18@1500	48.07	1392.9
5ZWK（K）2h-2600-12	2000	4000	10000	8000	3000	200	1200	51Φ18	Φ8@100/200	10000	Φ18@1500	49.64	1493.2
5ZWK（K）2h-2600-17	2000	4000	10000	8500	3000	200	1700	55Φ18	Φ8@100/200	10000	Φ18@1500	51.21	1641.4
5ZWK（K）2h-2600-22	2000	4000	10000	9000	3000	200	2200	59Φ18	Φ8@100/200	10000	Φ18@1500	52.78	1811.5
5ZWK（K）2h-2600-27	2000	4000	10000	9500	3000	200	2700	50Φ20	Φ8@100/200	10000	Φ18@1500	54.35	1943.5
5ZWK（K）2i-2600-02	1200	2400	17400	15600	1800	200	200	28Φ25	Φ8@100/200	6000	Φ16@1500	23.30	2120.2
5ZWK（K）2i-2600-07	1200	2400	17600	16300	1800	200	700	31Φ25	Φ8@100/200	6000	Φ16@1500	24.09	2415.1
5ZWK（K）2i-2600-12	1200	2400	17800	17000	1800	200	1200	34Φ25	Φ8@100/200	6000	Φ16@1500	24.88	2722.5
5ZWK（K）2i-2600-17	1400	2800	11800	11200	2100	200	1700	34Φ25	Φ8@100/200	7000	Φ16@1500	26.02	1992.1
5ZWK（K）2i-2600-22	1400	2800	12000	11900	2100	200	2200	36Φ25	Φ8@100/200	7000	Φ16@1500	27.09	2198.9
5ZWK（K）2i-2600-27	1400	2800	12400	12800	2100	200	2700	24Φ32	Φ8@100/200	7000	Φ16@1500	28.48	2527.2
5ZWK（K）2j-2600-02	1200	2200	11800	10300	1500	200	200	28Φ25	Φ8@100/200	6000	Φ16@1500	15.91	1462.2
5ZWK（K）2j-2600-07	1200	2200	11800	10800	1500	200	700	31Φ25	Φ8@100/200	6000	Φ16@1500	16.48	1662.0
5ZWK（K）2j-2600-12	1200	2200	11800	11300	1500	200	1200	34Φ25	Φ8@100/200	6000	Φ16@1500	17.04	1874.7
5ZWK（K）2j-2600-17	1300	2300	10400	10400	1500	200	1700	35Φ25	Φ8@100/200	6500	Φ16@1500	18.55	1817.2
5ZWK（K）2j-2600-22	1300	2300	10400	10900	1500	200	2200	30Φ28	Φ8@100/200	6500	Φ16@1500	19.21	2013.9
5ZWK（K）2j-2600-27	1400	2600	8400	9100	1800	200	2700	31Φ28	Φ8@100/200	7000	Φ16@1500	20.89	1852.5

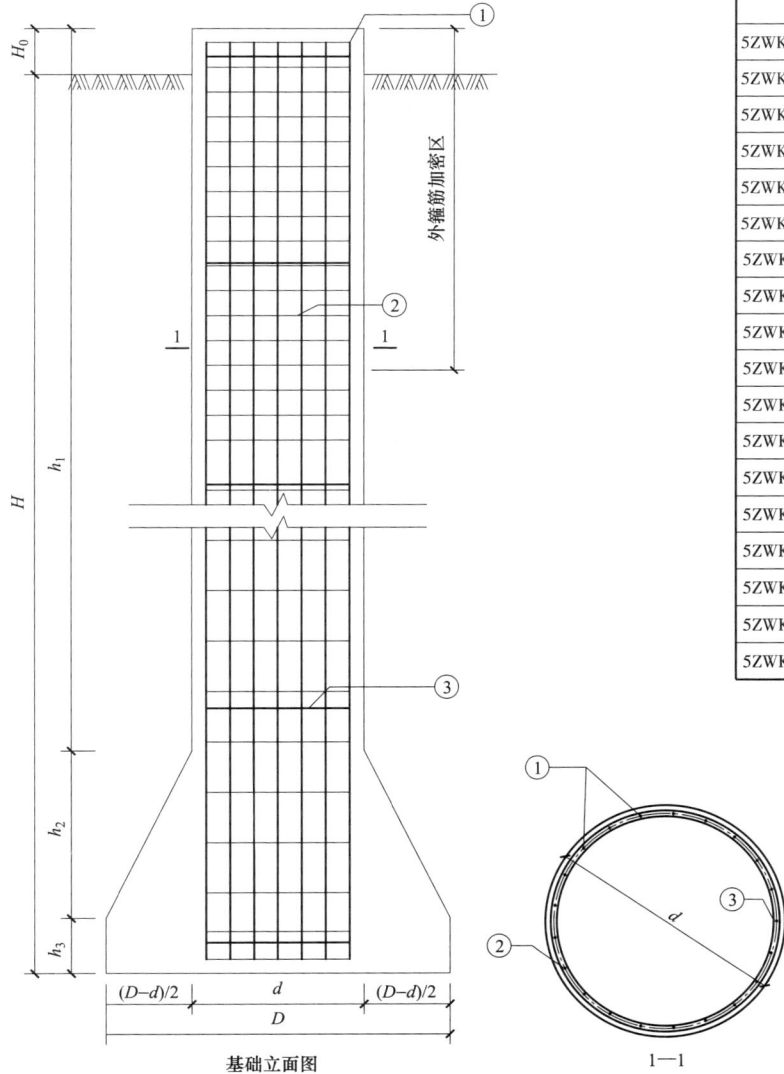

说明：1. 本基础适用于不受地下水影响的粉土地质条件。

2. 整体立塔时，混凝土的抗压强度应达到设计强度的 100%。分解组塔时，混凝土必须达到抗压强度设计值的 70%。

3. 基础根开及地脚螺栓间距与相应杆塔结构图核对无误后，方可施工。

4. 基础混凝土强度等级不应低于 C25，主筋采用 HRB400 级钢筋，箍筋采用 HPB300 级钢筋。

5. ②号钢筋加密区箍筋间距 100mm，非加密区箍筋间距 200mm。可采用螺旋箍筋。

6. 主筋保护层不小于 50mm。

7. 基础施工完毕后，做好基面排水处理。

8. 本基础按机械成孔施工方式，未考虑护壁工程量。

基础立面图

1—1

图 18.2-8　5ZWK（K）2＊-2600 挖孔桩基础施工图

基 础 参 数 表

基础名称	桩身直径 d(mm)	扩底直径 D(mm)	基础埋深 H(mm)	主柱高 h_1(mm)	圆台高 h_2(mm)	下圆柱高 h_3(mm)	基础露头 H_0(mm)	主筋①	外箍筋②	外箍筋加密区长度(mm)	内箍筋③	单腿混凝土量(m^3)	单腿钢筋量(kg)
5ZWK（K）2h-2800-02	2000	4000	10000	7000	3000	200	200	49Φ18	Φ8@100/200	10000	Φ18@1500	46.50	1327.7
5ZWK（K）2h-2800-07	2000	4000	11200	8700	3000	200	700	43Φ20	Φ8@100/200	10000	Φ18@1500	51.84	1620.5
5ZWK（K）2h-2800-12	2000	4000	12600	10600	3000	200	1200	45Φ20	Φ8@100/200	10000	Φ18@1500	57.81	1936.2
5ZWK（K）2h-2800-17	2000	4000	14200	12700	3000	200	1700	49Φ20	Φ8@100/200	10000	Φ18@1500	64.40	2360.2
5ZWK（K）2h-2800-22	2000	4000	15600	14600	3000	200	2200	52Φ20	Φ8@100/200	10000	Φ18@1500	70.37	2755.8
5ZWK（K）2h-2800-27	2000	4000	17000	16500	3000	200	2700	45Φ22	Φ8@100/200	10000	Φ18@1500	76.34	3161.8
5ZWK（K）2i-2800-02	1400	2800	13600	11500	2100	200	200	37Φ22	Φ8@100/200	7000	Φ16@1500	26.48	1753.1
5ZWK（K）2i-2800-07	1400	2800	13800	12200	2100	200	700	32Φ25	Φ8@100/200	7000	Φ16@1500	27.55	2020.4
5ZWK（K）2i-2800-12	1400	2800	14000	12900	2100	200	1200	34Φ25	Φ8@100/200	7000	Φ16@1500	28.63	2235.6
5ZWK（K）2i-2800-17	1600	3200	9400	8500	2400	200	1700	34Φ25	Φ8@100/200	8000	Φ18@1500	29.96	1704.5
5ZWK（K）2i-2800-22	1600	3200	9400	9000	2400	200	2200	37Φ25	Φ8@100/200	8000	Φ18@1500	30.96	1908.3
5ZWK（K）2i-2800-27	1600	3200	9400	9500	2400	200	2700	40Φ25	Φ8@100/200	8000	Φ18@1500	31.97	2130.8
5ZWK（K）2j-2800-02	1300	2300	11400	9900	1500	200	200	30Φ25	Φ8@100/200	6500	Φ16@1500	17.89	1518.5
5ZWK（K）2j-2800-07	1300	2300	11400	10400	1500	200	700	32Φ25	Φ8@100/200	6500	Φ16@1500	18.55	1678.7
5ZWK（K）2j-2800-12	1300	2300	11400	10900	1500	200	1200	35Φ25	Φ8@100/200	6500	Φ16@1500	19.21	1887.6
5ZWK（K）2j-2800-17	1300	2300	11400	11400	1500	200	1700	30Φ28	Φ8@100/200	6500	Φ16@1500	19.88	2090.9
5ZWK（K）2j-2800-22	1400	2600	9400	9600	1800	200	2200	24Φ32	Φ8@100/200	7000	Φ16@1500	21.66	1951.2
5ZWK（K）2j-2800-27	1400	2600	9400	10100	1800	200	2700	26Φ32	Φ8@100/200	7000	Φ16@1500	22.43	2187.5

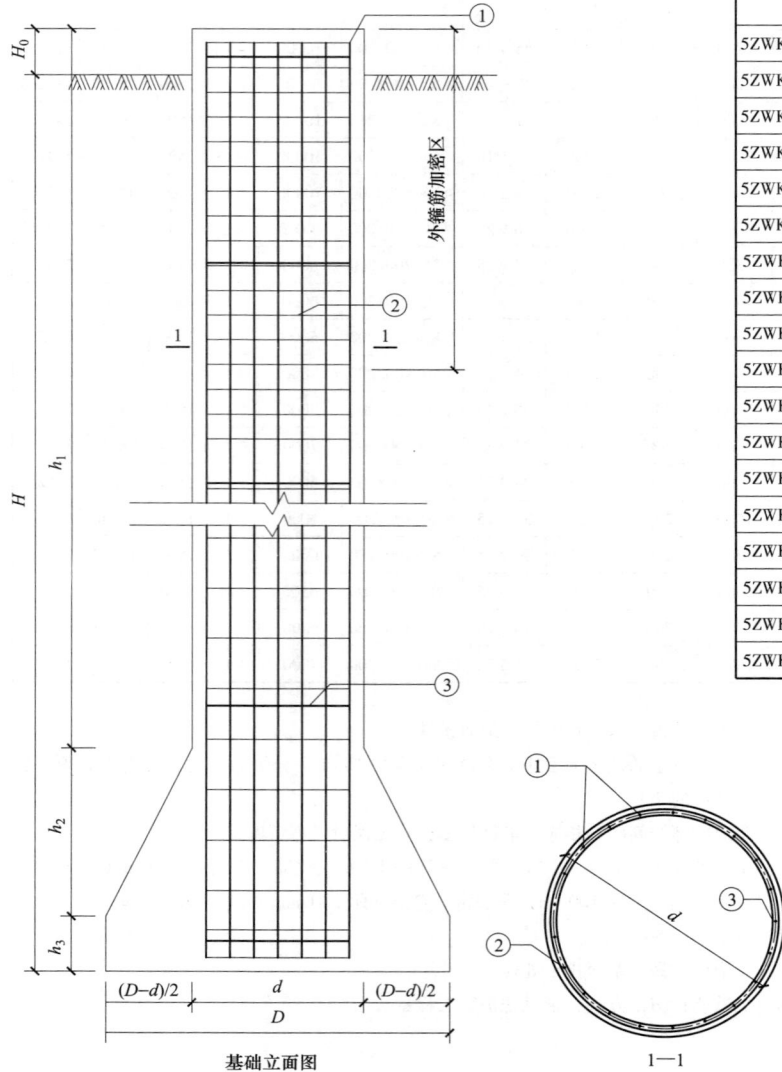

基础立面图

1—1

说明：1. 本基础适用于不受地下水影响的粉土地质条件。

2. 整体立塔时，混凝土的抗压强度应达到设计强度的100%。分解组塔时，混凝土必须达到抗压强度设计值的70%。

3. 基础根开及地脚螺栓间距与相应杆塔结构图核对无误后，方可施工。

4. 基础混凝土强度等级不应低于C25，主筋采用HRB400级钢筋，箍筋采用HPB300级钢筋。

5. ②号钢筋加密区箍筋间距100mm，非加密区箍筋间距200mm。可采用螺旋箍筋。

6. 主筋保护层不小于50mm。

7. 基础施工完毕后，做好基面排水处理。

8. 本基础按机械成孔施工方式，未考虑护壁工程量。

图18.2-9 5ZWK（K）2＊-2800挖孔桩基础施工图

基 础 参 数 表

基础名称	桩身直径 d(mm)	扩底直径 D(mm)	基础埋深 H(mm)	主柱高 h_1(mm)	圆台高 h_2(mm)	下圆柱高 h_3(mm)	基础露头 H_0(mm)	主筋①	外箍筋②	外箍筋加密区长度 (mm)	内箍筋③	单腿混凝土量 (m^3)	单腿钢筋量 (kg)
5ZWK(K)2h-3000-02	2000	4000	17200	14200	3000	200	200	54Φ18	Φ8@100/200	10000	Φ18@1500	69.12	2348.1
5ZWK(K)2h-3000-07	2000	4000	18600	16100	3000	200	700	57Φ18	Φ8@100/200	10000	Φ18@1500	75.08	2700.8
5ZWK(K)2h-3000-12	2000	4000	20000	18000	3000	200	1200	49Φ20	Φ8@100/200	10000	Φ18@1500	81.05	3110.7
5ZWK(K)2h-3000-17	2000	4000	21400	19900	3000	200	1700	53Φ20	Φ8@100/200	10000	Φ18@1500	87.02	3599.9
5ZWK(K)2h-3000-22	2000	4000	22800	21800	3000	200	2200	45Φ22	Φ8@100/200	10000	Φ18@1500	92.99	3971.9
5ZWK(K)2h-3000-27	2000	4000	24200	23700	3000	200	2700	37Φ25	Φ8@100/200	10000	Φ18@1500	98.96	4481.2
5ZWK(K)2i-3000-02	1600	3200	10400	8000	2400	200	200	39Φ22	Φ8@100/200	8000	Φ18@1500	28.95	1482.2
5ZWK(K)2i-3000-07	1600	3200	10400	8500	2400	200	700	41Φ22	Φ8@100/200	8000	Φ18@1500	29.96	1609.7
5ZWK(K)2i-3000-12	1600	3200	10600	9200	2400	200	1200	45Φ22	Φ8@100/200	8000	Φ18@1500	31.37	1842.2
5ZWK(K)2i-3000-17	1600	3200	10800	9900	2400	200	1700	37Φ25	Φ8@100/200	8000	Φ18@1500	32.77	2053.1
5ZWK(K)2i-3000-22	1600	3200	11200	10800	2400	200	2200	40Φ25	Φ8@100/200	8000	Φ18@1500	34.58	2344.3
5ZWK(K)2i-3000-27	1600	3200	11400	11500	2400	200	2700	42Φ25	Φ8@100/200	8000	Φ18@1500	35.99	2574.5
5ZWK(K)2j-3000-02	1400	2600	10400	8600	1800	200	200	31Φ25	Φ8@100/200	7000	Φ16@1500	20.13	1456.1
5ZWK(K)2j-3000-07	1400	2600	10400	9100	1800	200	700	27Φ28	Φ8@100/200	7000	Φ16@1500	20.89	1640.2
5ZWK(K)2j-3000-12	1400	2600	10400	9600	1800	200	1200	29Φ28	Φ8@100/200	7000	Φ16@1500	21.66	1821.3
5ZWK(K)2j-3000-17	1400	2600	10400	10100	1800	200	1700	32Φ28	Φ8@100/200	7000	Φ16@1500	22.43	2074.4
5ZWK(K)2j-3000-22	1400	2600	10400	10600	1800	200	2200	34Φ28	Φ8@100/200	7000	Φ16@1500	23.20	2277.3
5ZWK(K)2j-3000-27	1500	2700	9200	9900	1800	200	2700	35Φ28	Φ8@100/200	7500	Φ16@1500	25.04	2228.4

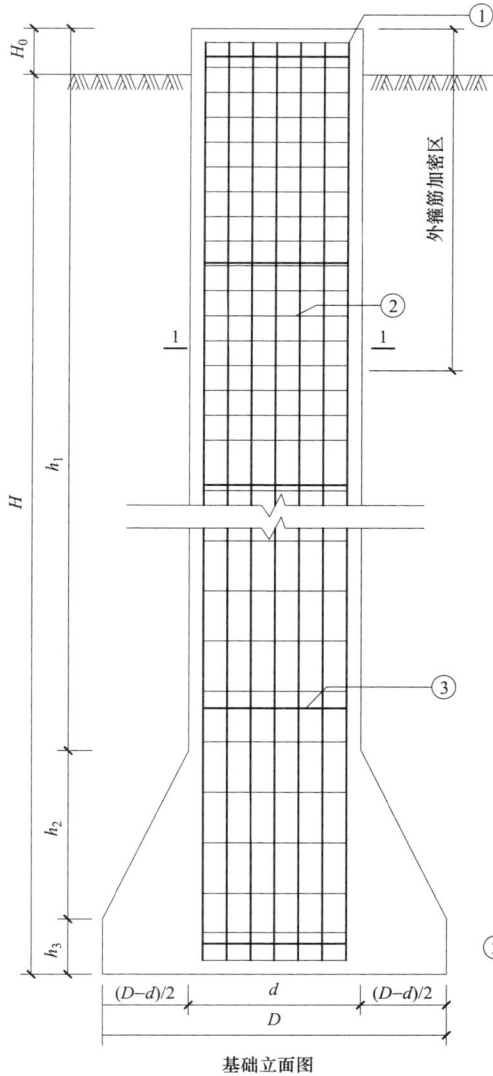

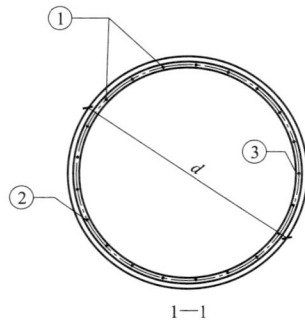

说明：1. 本基础适用于不受地下水影响的粉土地质条件。

2. 整体立塔时，混凝土的抗压强度应达到设计强度的100%。分解组塔时，混凝土必须达到抗压强度设计值的70%。

3. 基础根开及地脚螺栓间距与相应杆塔结构图核对无误后，方可施工。

4. 基础混凝土强度等级不应低于C25，主筋采用HRB400级钢筋，箍筋采用HPB300级钢筋。

5. ②号钢筋加密区箍筋间距100mm，非加密区箍筋间距200mm。可采用螺旋箍筋。

6. 主筋保护层不小于50mm。

7. 基础施工完毕后，做好基面排水处理。

8. 本基础按机械成孔施工方式，未考虑护壁工程量。

基础立面图

1—1

图18.2-10　5ZWK（K）2*-3000挖孔桩基础施工图

18.3 5ZWK（K）3子模块

此子模块适用于碎石土地基，共包含 8 张图纸，基础施工图图纸清单见表 18.3-1。

表 18.3-1　5ZWK（K）3子模块基础施工图图纸清单

序号	图号	图 名	基础作用力（kN）	
			$T/T_x/T_y$	$N/N_x/N_y$
1	图 18.3-1	5ZWK(K)3*-1600 挖孔桩基础施工图	1600/224/224	2080/291/291
2	图 18.3-2	5ZWK(K)3*-1800 挖孔桩基础施工图	1800/252/252	2340/328/328
3	图 18.3-3	5ZWK(K)3*-2000 挖孔桩基础施工图	2000/280/280	2600/364/364

序号	图号	图 名	基础作用力（kN）	
			$T/T_x/T_y$	$N/N_x/N_y$
4	图 18.3-4	5ZWK(K)3*-2200 挖孔桩基础施工图	2200/308/308	2860/400/400
5	图 18.3-5	5ZWK(K)3*-2400 挖孔桩基础施工图	2400/336/336	3120/437/437
6	图 18.3-6	5ZWK(K)3*-2600 挖孔桩基础施工图	2600/364/364	3380/473/473
7	图 18.3-7	5ZWK(K)3*-2800 挖孔桩基础施工图	2800/392/392	3640/510/510
8	图 18.3-8	5ZWK(K)3*-3000 挖孔桩基础施工图	3000/420/420	3900/546/546

注　3* 包含 3h、3i 两种地质参数组合。

· 352 ·　国家电网公司输变电工程通用设计　输电线路挖孔桩基础分册（2017 年版）

基 础 参 数 表

基础名称	桩身直径 d(mm)	扩底直径 D(mm)	基础埋深 H(mm)	主柱高 h_1(mm)	圆台高 h_2(mm)	下圆柱高 h_3(mm)	基础露头 H_0(mm)	主筋①	外箍筋②	外箍筋加密区长度(mm)	内箍筋③	单腿混凝土量(m^3)	单腿钢筋量(kg)
5ZWK(K)3h-1600-02	1000	1400	6000	5400	600	200	200	26Φ20	Φ8@100/200	5000	Φ16@1500	5.23	482.5
5ZWK(K)3h-1600-07	1000	1400	6000	5900	600	200	700	24Φ22	Φ8@100/200	5000	Φ16@1500	5.63	566.0
5ZWK(K)3h-1600-12	1000	1400	6000	6400	600	200	1200	27Φ22	Φ8@100/200	5000	Φ16@1500	6.02	668.6
5ZWK(K)3h-1600-17	1000	1400	6000	6900	600	200	1700	23Φ25	Φ8@100/400	5000	Φ16@1500	6.41	776.2
5ZWK(K)3h-1600-22	1000	1400	6000	7400	600	200	2200	20Φ28	Φ8@100/200	5000	Φ16@1500	6.80	888.7
5ZWK(K)3h-1600-27	1000	1400	6000	7900	600	200	2700	22Φ28	Φ8@100/200	5000	Φ16@1500	7.20	1022.2

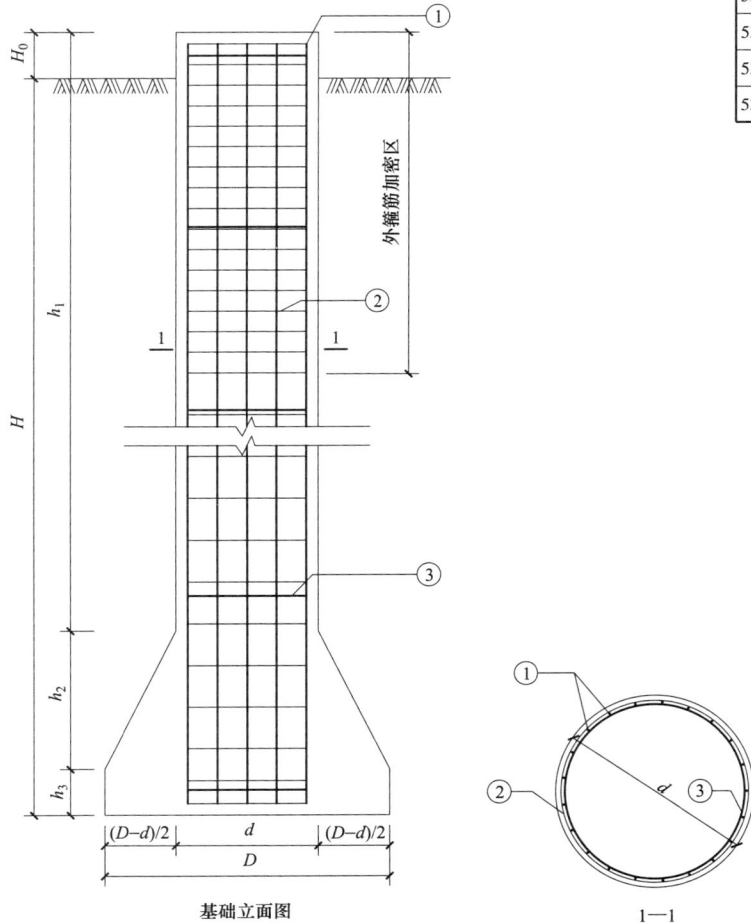

基础立面图

1—1

说明：1. 本基础适用于不受地下水影响的碎石土地质条件。

2. 整体立塔时，混凝土的抗压强度应达到设计强度的 100%。分解组塔时，混凝土必须达到抗压强度设计值的 70%。

3. 基础根开及地脚螺栓间距与相应杆塔结构图核对无误后，方可施工。

4. 基础混凝土强度等级不应低于 C25，主筋采用 HRB400 级钢筋，箍筋采用 HPB300 级钢筋。

5. ②号钢筋加密区箍筋间距 100mm，非加密区箍筋间距 200mm。可采用螺旋箍筋。

6. 主筋保护层不小于 50mm。

7. 基础施工完毕后，做好基面排水处理。

8. 本基础按机械成孔施工方式，未考虑护壁工程量。

图 18.3-1　5ZWK（K）3＊-1600 挖孔桩基础施工图

基 础 参 数 表

基础名称	桩身直径 d(mm)	扩底直径 D(mm)	基础埋深 H(mm)	主柱高 h_1(mm)	圆台高 h_2(mm)	下圆柱高 h_3(mm)	基础露头 H_0(mm)	主筋①	外箍筋②	外箍筋加密区长度(mm)	内箍筋③	单腿混凝土量(m^3)	单腿钢筋量(kg)
5ZWK（K）3h-1800-02	1000	1600	6000	5100	900	200	200	24Φ22	Φ8@100/200	5000	Φ16@1500	5.62	528.0
5ZWK（K）3h-1800-07	1000	1600	6000	5600	900	200	700	27Φ22	Φ8@100/200	5000	Φ16@1500	6.02	624.9
5ZWK（K）3h-1800-12	1000	1600	6000	6100	900	200	1200	24Φ25	Φ8@100/200	5000	Φ16@1500	6.41	752.7
5ZWK（K）3h-1800-17	1000	1600	6000	6600	900	200	1700	26Φ25	Φ8@100/200	5000	Φ16@1500	6.80	863.8
5ZWK（K）3h-1800-22	1000	1600	6000	7100	900	200	2200	23Φ28	Φ10@100/200	5000	Φ16@1500	7.19	1050.4
5ZWK（K）3h-1800-27	1000	1600	6000	7600	900	200	2700	19Φ32	Φ10@100/200	5000	Φ16@1500	7.59	1184.6
5ZWK（K）3i-1800-02	1000	1400	6000	5400	600	200	200	24Φ22	Φ8@100/200	5000	Φ16@1500	5.23	528.0
5ZWK（K）3i-1800-07	1000	1400	6000	5900	600	200	700	27Φ22	Φ8@100/200	5000	Φ16@1500	5.63	624.9
5ZWK（K）3i-1800-12	1000	1400	6000	6400	600	200	1200	24Φ25	Φ8@100/200	5000	Φ16@1500	6.02	752.7
5ZWK（K）3i-1800-17	1000	1400	6000	6900	600	200	1700	26Φ25	Φ8@100/200	5000	Φ16@1500	6.41	863.8
5ZWK（K）3i-1800-22	1000	1400	6000	7400	600	200	2200	23Φ28	Φ10@100/200	5000	Φ16@1500	6.80	1050.4
5ZWK（K）3i-1800-27	1000	1400	6000	7900	600	200	2700	19Φ32	Φ10@100/200	5000	Φ16@1500	7.20	1184.6

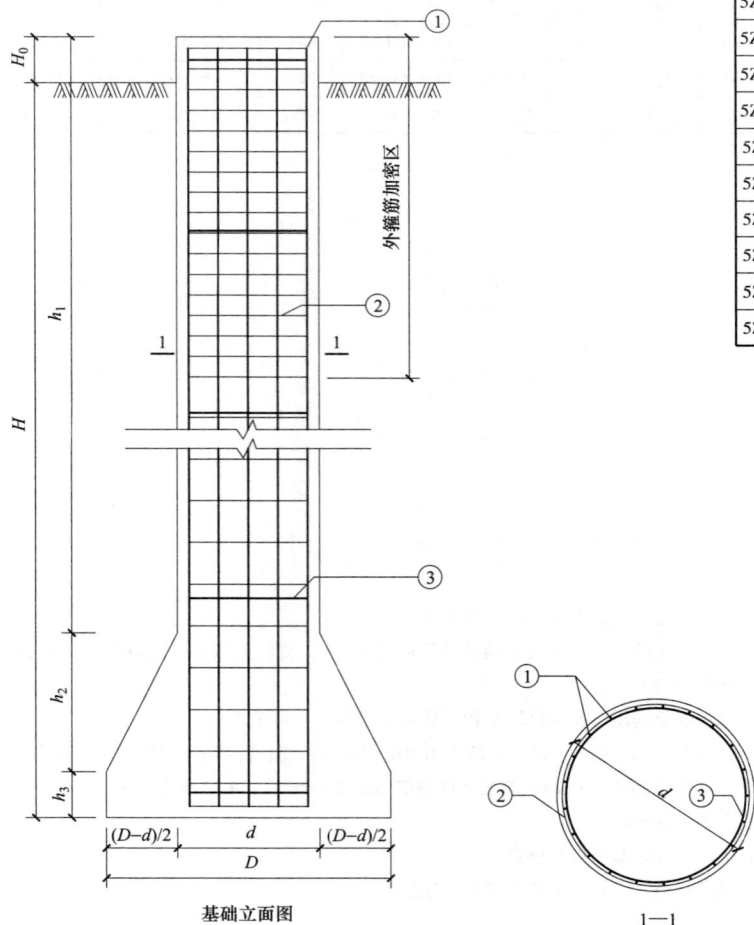

基础立面图

1—1

说明：1. 本基础适用于不受地下水影响的碎石土地质条件。

2. 整体立塔时，混凝土的抗压强度应达到设计强度的100%。分解组塔时，混凝土必须达到抗压强度设计值的70%。

3. 基础根开及地脚螺栓间距与相应杆塔结构图核对无误后，方可施工。

4. 基础混凝土强度等级不应低于C25，主筋采用HRB400级钢筋，箍筋采用HPB300级钢筋。

5. ②号钢筋加密区箍筋间距100mm，非加密区箍筋间距200mm。可采用螺旋箍筋。

6. 主筋保护层不小于50mm。

7. 基础施工完毕后，做好基面排水处理。

8. 本基础按机械成孔施工方式，未考虑护壁工程量。

图18.3-2 5ZWK（K）3*-1800挖孔桩基础施工图

基础参数表

基础名称	桩身直径 d(mm)	扩底直径 D(mm)	基础埋深 H(mm)	主柱高 h_1(mm)	圆台高 h_2(mm)	下圆柱高 h_3(mm)	基础露头 H_0(mm)	主筋①	外箍筋②	外箍筋加密区长度 (mm)	内箍筋③	单腿混凝土量 (m^3)	单腿钢筋量 (kg)
5ZWK（K）3h-2000-02	1100	1700	6000	5100	900	200	200	27 Φ 22	Φ 8@ 100/200	5500	Φ 16@ 1500	6.71	595.3
5ZWK（K）3h-2000-07	1100	1700	6000	5600	900	200	700	29 Φ 22	Φ 8@ 100/200	5500	Φ 16@ 1500	7.18	678.6
5ZWK（K）3h-2000-12	1100	1700	6000	6100	900	200	1200	25 Φ 25	Φ 8@ 100/200	5500	Φ 16@ 1500	7.66	793.6
5ZWK（K）3h-2000-17	1100	1700	6000	6600	900	200	1700	22 Φ 28	Φ 8@ 100/200	5500	Φ 16@ 1500	8.13	925.7
5ZWK（K）3h-2000-22	1100	1700	6000	7100	900	200	2200	24 Φ 28	Φ 8@ 100/200	5500	Φ 16@ 1500	8.61	1059.5
5ZWK（K）3h-2000-27	1100	1700	6000	7600	900	200	2700	26 Φ 28	Φ 10@ 100/200	5500	Φ 16@ 1500	9.08	1257.2
5ZWK（K）3i-2000-02	1100	1500	6000	5400	600	200	200	27 Φ 22	Φ 8@ 100/200	5500	Φ 16@ 1500	6.29	595.3
5ZWK（K）3i-2000-07	1100	1500	6000	5900	600	200	700	29 Φ 22	Φ 8@ 100/200	5500	Φ 16@ 1500	6.76	678.6
5ZWK（K）3i-2000-12	1100	1500	6000	6400	600	200	1200	25 Φ 25	Φ 8@ 100/200	5500	Φ 16@ 1500	7.24	793.6
5ZWK（K）3i-2000-17	1100	1500	6000	6900	600	200	1700	22 Φ 28	Φ 8@ 100/200	5500	Φ 16@ 1500	7.71	925.7
5ZWK（K）3i-2000-22	1100	1500	6000	7400	600	200	2200	24 Φ 28	Φ 8@ 100/200	5500	Φ 16@ 1500	8.19	1059.5
5ZWK（K）3i-2000-27	1100	1500	6000	7900	600	200	2700	26 Φ 28	Φ 10@ 100/200	5500	Φ 16@ 1500	8.66	1257.2

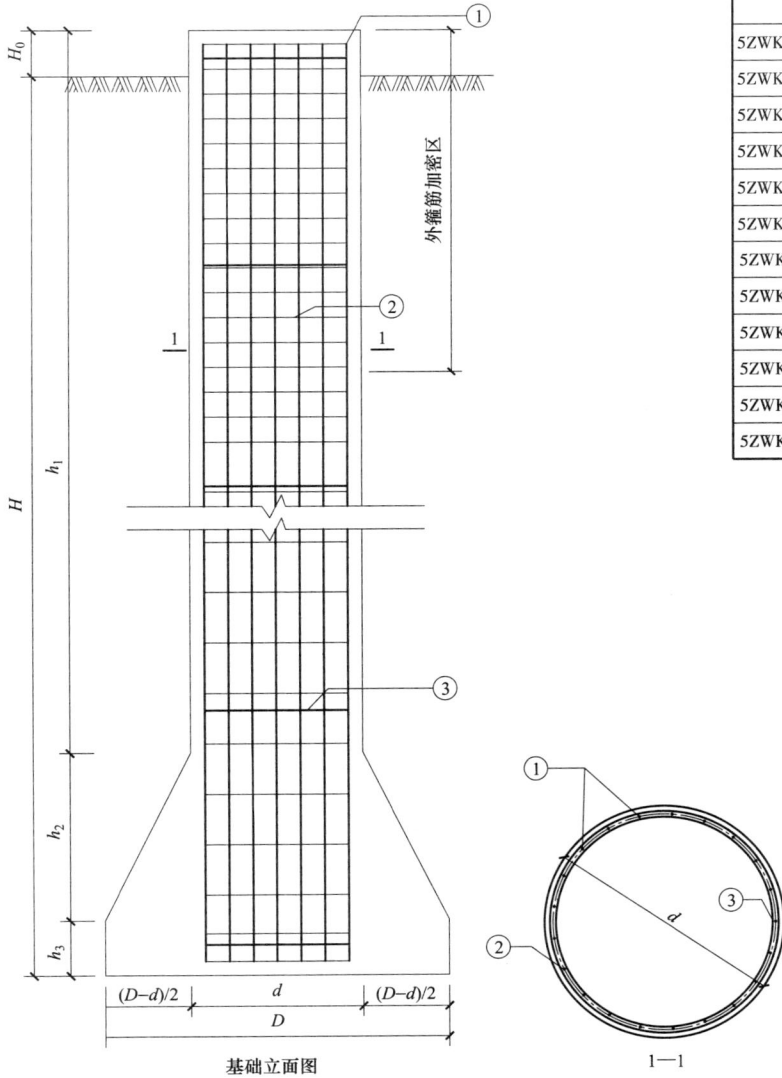

基础立面图

1—1

图 18.3-3 5ZWK（K）3*-2000 挖孔桩基础施工图

说明：1. 本基础适用于不受地下水影响的碎石土地质条件。

2. 整体立塔时，混凝土的抗压强度应达到设计强度的100%。分解组塔时，混凝土必须达到抗压强度设计值的70%。

3. 基础根开及地脚螺栓间距与相应杆塔结构图核对无误后，方可施工。

4. 基础混凝土强度等级不应低于C25，主筋采用HRB400级钢筋，箍筋采用HPB300级钢筋。

5. ②号钢筋加密区箍筋间距100mm，非加密区箍筋间距200mm。可采用螺旋箍筋。

6. 主筋保护层不小于50mm。

7. 基础施工完毕后，做好基面排水处理。

8. 本基础按机械成孔施工方式，未考虑护壁工程量。

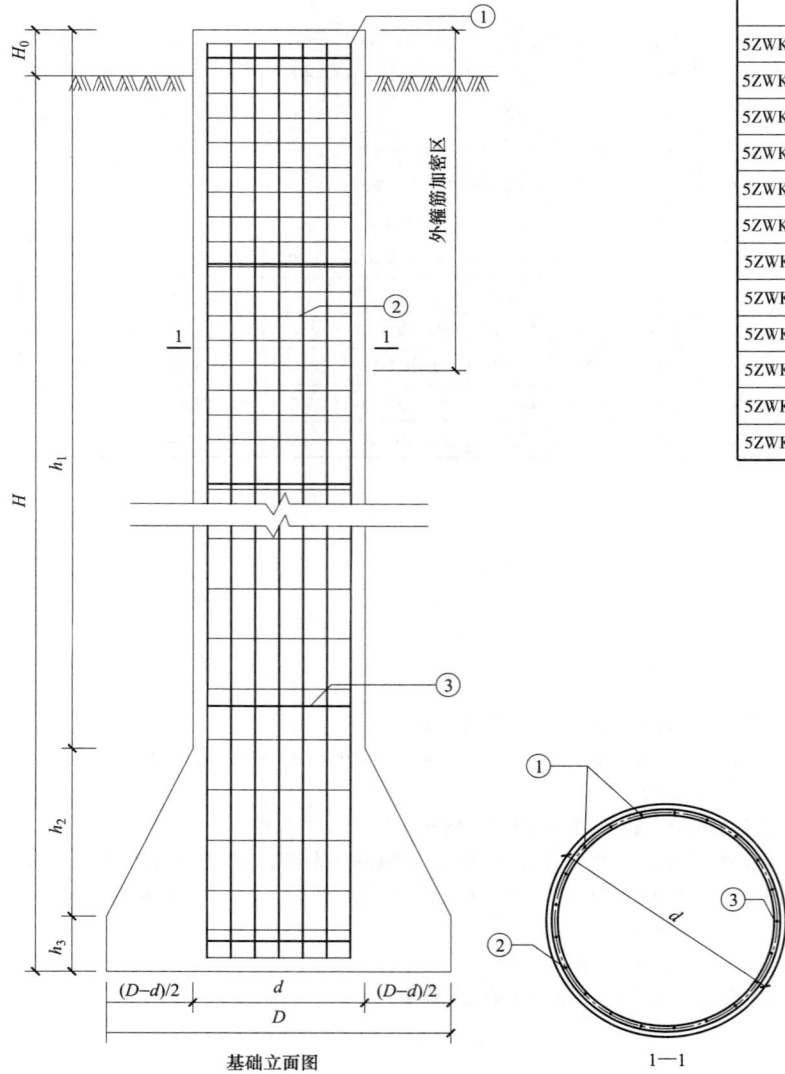

基 础 参 数 表

基础名称	桩身直径 d(mm)	扩底直径 D(mm)	基础埋深 H(mm)	主柱高 h₁(mm)	圆台高 h₂(mm)	下圆柱高 h₃(mm)	基础露头 H₀(mm)	主筋①	外箍筋②	外箍筋加密区长度(mm)	内箍筋③	单腿混凝土量(m³)	单腿钢筋量(kg)
5ZWK（K）3h-2200-02	1100	1900	6200	5000	1200	200	200	29 Φ 22	Φ 8@ 100/200	5500	Φ 16@ 1500	7.49	650.1
5ZWK（K）3h-2200-07	1100	1900	6200	5500	1200	200	700	25 Φ 25	Φ 8@ 100/200	5500	Φ 16@ 1500	7.96	763.4
5ZWK（K）3h-2200-12	1100	1900	6200	6000	1200	200	1200	22 Φ 28	Φ 8@ 100/200	5500	Φ 16@ 1500	8.44	886.7
5ZWK（K）3h-2200-17	1100	1900	6200	6500	1200	200	1700	24 Φ 28	Φ 8@ 100/200	5500	Φ 16@ 1500	8.92	1023.5
5ZWK（K）3h-2200-22	1100	1900	6200	7000	1200	200	2200	20 Φ 32	Φ 10@ 100/200	5500	Φ 16@ 1500	9.39	1220.2
5ZWK（K）3h-2200-27	1100	1900	6200	7500	1200	200	2700	23 Φ 32	Φ 10@ 100/200	5500	Φ 16@ 1500	9.87	1455.5
5ZWK（K）3i-2200-02	1100	1700	6000	5100	900	200	200	29 Φ 22	Φ 8@ 100/200	5500	Φ 16@ 1500	6.71	631.6
5ZWK（K）3i-2200-07	1100	1700	6000	5600	900	200	700	25 Φ 25	Φ 8@ 100/200	5500	Φ 16@ 1500	7.18	742.9
5ZWK（K）3i-2200-12	1100	1700	6000	6100	900	200	1200	22 Φ 28	Φ 8@ 100/200	5500	Φ 16@ 1500	7.66	864.2
5ZWK（K）3i-2200-17	1100	1700	6000	6600	900	200	1700	24 Φ 28	Φ 8@ 100/200	5500	Φ 16@ 1500	8.13	999.0
5ZWK（K）3i-2200-22	1100	1700	6000	7100	900	200	2200	27 Φ 28	Φ 10@ 100/200	5500	Φ 16@ 1500	8.61	1227.6
5ZWK（K）3i-2200-27	1100	1700	6000	7600	900	200	2700	23 Φ 32	Φ 10@ 100/200	5500	Φ 16@ 1500	9.08	1424.5

说明：1. 本基础适用于不受地下水影响的碎石土地质条件。

2. 整体立塔时，混凝土的抗压强度应达到设计强度的100%。分解组塔时，混凝土必须达到抗压强度设计值的70%。

3. 基础根开及地脚螺栓间距与相应杆塔结构图核对无误后，方可施工。

4. 基础混凝土强度等级不应低于C25，主筋采用HRB400级钢筋，箍筋采用HPB300级钢筋。

5. ②号钢筋加密区箍筋间距100mm，非加密区箍筋间距200mm。可采用螺旋箍筋。

6. 主筋保护层不小于50mm。

7. 基础施工完毕后，做好基面排水处理。

8. 本基础按机械成孔施工方式，未考虑护壁工程量。

基础立面图

1—1

图 18.3-4 5ZWK（K）3∗-2200 挖孔桩基础施工图

基 础 参 数 表

基础名称	桩身直径 d(mm)	扩底直径 D(mm)	基础埋深 H(mm)	主柱高 h_1(mm)	圆台高 h_2(mm)	下圆柱高 h_3(mm)	基础露头 H_0(mm)	主筋①	外箍筋②	外箍筋加密区长度(mm)	内箍筋③	单腿混凝土量(m³)	单腿钢筋量(kg)
5ZWK(K)3h-2400-02	1200	2000	6000	4800	1200	200	200	24Φ25	Φ8@100/200	6000	Φ16@1500	8.52	682.3
5ZWK(K)3h-2400-07	1200	2000	6000	5300	1200	200	700	27Φ25	Φ8@100/200	6000	Φ16@1500	9.09	807.4
5ZWK(K)3h-2400-12	1200	2000	6000	5800	1200	200	1200	29Φ25	Φ8@100/200	6000	Φ16@1500	9.65	918.1
5ZWK(K)3h-2400-17	1200	2000	6000	6300	1200	200	1700	32Φ25	Φ8@100/200	6000	Φ16@1500	10.22	1069.5
5ZWK(K)3h-2400-22	1200	2000	6000	6800	1200	200	2200	28Φ28	Φ8@100/200	6000	Φ16@1500	10.78	1232.3
5ZWK(K)3h-2400-27	1200	2000	6000	7300	1200	200	2700	30Φ28	Φ10@100/200	6000	Φ16@1500	11.35	1445.4
5ZWK(K)3i-2400-02	1200	1800	6000	5100	900	200	200	24Φ25	Φ8@100/200	6000	Φ16@1500	7.89	682.3
5ZWK(K)3i-2400-07	1200	1800	6000	5600	900	200	700	27Φ25	Φ8@100/200	6000	Φ16@1500	8.45	807.4
5ZWK(K)3i-2400-12	1200	1800	6000	6100	900	200	1200	29Φ25	Φ8@100/200	6000	Φ16@1500	9.02	918.1
5ZWK(K)3i-2400-17	1200	1800	6000	6600	900	200	1700	32Φ25	Φ8@100/200	6000	Φ16@1500	9.58	1069.5
5ZWK(K)3i-2400-22	1200	1800	6000	7100	900	200	2200	28Φ28	Φ8@100/200	6000	Φ16@1500	10.15	1232.3
5ZWK(K)3i-2400-27	1200	1800	6000	7600	900	200	2700	30Φ28	Φ10@100/200	6000	Φ16@1500	10.72	1445.4

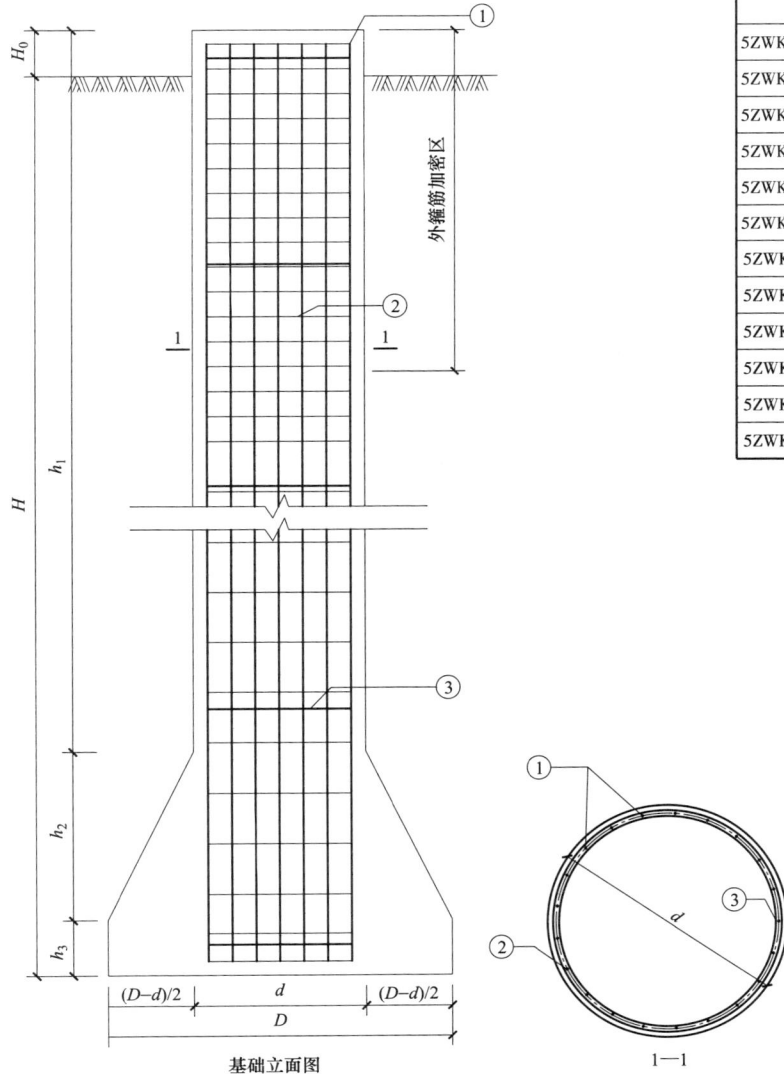

说明：1. 本基础适用于不受地下水影响的碎石土地质条件。

2. 整体立塔时，混凝土的抗压强度应达到设计强度的100%。分解组塔时，混凝土必须达到抗压强度设计值的70%。

3. 基础根开及地脚螺栓间距与相应杆塔结构图核对无误后，方可施工。

4. 基础混凝土强度等级不应低于C25，主筋采用HRB400级钢筋，箍筋采用HPB300级钢筋。

5. ②号钢筋加密区箍筋间距100mm，非加密区箍筋间距200mm。可采用螺旋箍筋。

6. 主筋保护层不小于50mm。

7. 基础施工完毕后，做好基面排水处理。

8. 本基础按机械成孔施工方式，未考虑护壁工程量。

基础立面图

1—1

图 18.3-5 5ZWK（K）3*-2400 挖孔桩基础施工图

基 础 参 数 表

基础名称	桩身直径 d(mm)	扩底直径 D(mm)	基础埋深 H(mm)	主柱高 h_1(mm)	圆台高 h_2(mm)	下圆柱高 h_3(mm)	基础露头 H_0(mm)	主筋①	外箍筋②	外箍筋加密区长度(mm)	内箍筋③	单腿混凝土量(m^3)	单腿钢筋量(kg)
5ZWK(K)3h-2600-02	1200	2200	6000	4500	1500	200	200	26 Φ 25	Φ 8@ 100/200	6000	Φ 16@ 1500	9.35	729.2
5ZWK(K)3h-2600-07	1200	2200	6000	5000	1500	200	700	29 Φ 25	Φ 8@ 100/200	6000	Φ 16@ 1500	9.92	858.1
5ZWK(K)3h-2600-12	1200	2200	6000	5500	1500	200	1200	31 Φ 25	Φ 8@ 100/200	6000	Φ 16@ 1500	10.48	972.6
5ZWK(K)3h-2600-17	1200	2200	6000	6000	1500	200	1700	28 Φ 28	Φ 8@ 100/200	6000	Φ 16@ 1500	11.05	1160.5
5ZWK(K)3h-2600-22	1200	2200	6000	6500	1500	200	2200	30 Φ 28	Φ 10@ 100/200	6000	Φ 16@ 1500	11.61	1368.6
5ZWK(K)3h-2600-27	1200	2200	6000	7000	1500	200	2700	25 Φ 32	Φ 12@ 100/200	6000	Φ 16@ 1500	12.18	1628.4
5ZWK(K)3i-2600-02	1200	2000	6000	4800	1200	200	200	26 Φ 25	Φ 8@ 100/200	6000	Φ 16@ 1500	8.52	729.2
5ZWK(K)3i-2600-07	1200	2000	6000	5300	1200	200	700	29 Φ 25	Φ 8@ 100/200	6000	Φ 16@ 1500	9.09	858.1
5ZWK(K)3i-2600-12	1200	2000	6000	5800	1200	200	1200	31 Φ 25	Φ 8@ 100/200	6000	Φ 16@ 1500	9.65	972.6
5ZWK(K)3i-2600-17	1200	2000	6000	6300	1200	200	1700	28 Φ 28	Φ 8@ 100/200	6000	Φ 16@ 1500	10.22	1160.5
5ZWK(K)3i-2600-22	1200	2000	6000	6800	1200	200	2200	30 Φ 28	Φ 10@ 100/200	6000	Φ 16@ 1500	10.78	1368.6
5ZWK(K)3i-2600-27	1200	2000	6000	7300	1200	200	2700	25 Φ 32	Φ 12@ 100/200	6000	Φ 16@ 1500	11.35	1628.4

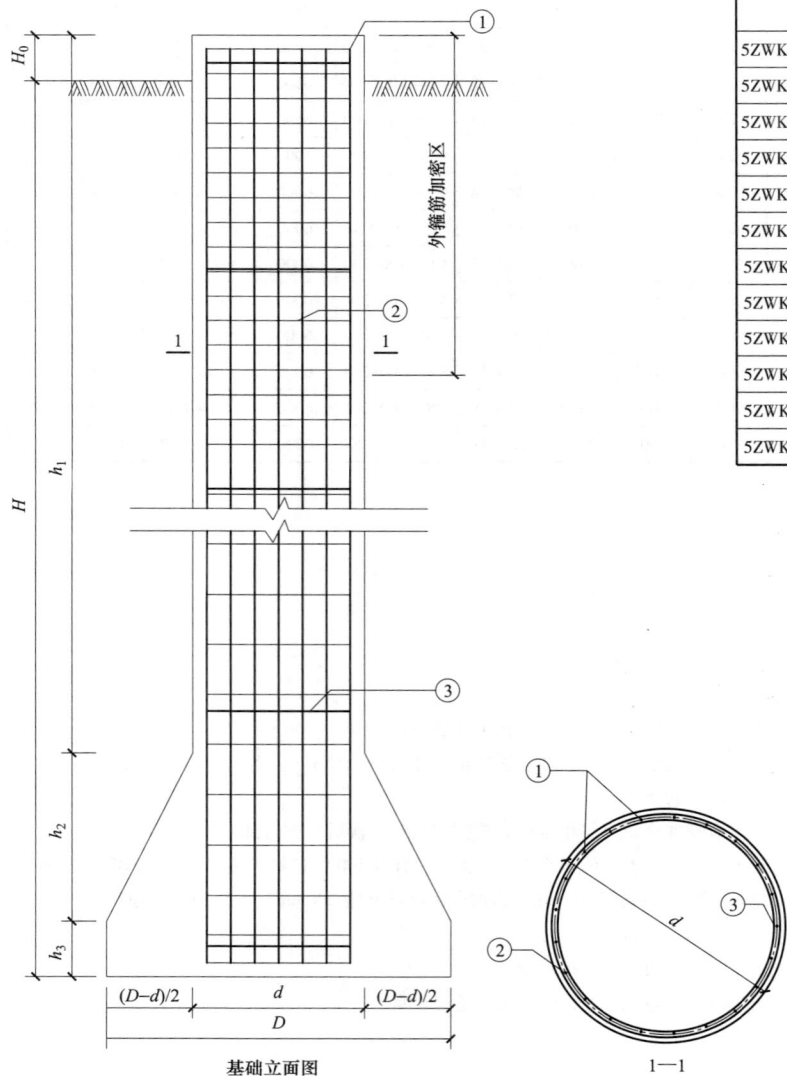

基础立面图

1—1

说明：1. 本基础适用于不受地下水影响的碎石土地质条件。

2. 整体立塔时，混凝土的抗压强度应达到设计强度的 100%。分解组塔时，混凝土必须达到抗压强度设计值的 70%。

3. 基础根开及地脚螺栓间距与相应杆塔结构图核对无误后，方可施工。

4. 基础混凝土强度等级不应低于 C25，主筋采用 HRB400 级钢筋，箍筋采用 HPB300 级钢筋。

5. ②号钢筋加密区箍筋间距 100mm，非加密区箍筋间距 200mm。可采用螺旋箍筋。

6. 主筋保护层不小于 50mm。

7. 基础施工完毕后，做好基面排水处理。

8. 本基础按机械成孔施工方式，未考虑护壁工程量。

图 18.3-6　5ZWK（K）3*-2600 挖孔桩基础施工图

基 础 参 数 表

基础名称	桩身直径 d(mm)	扩底直径 D(mm)	基础埋深 H(mm)	主柱高 h_1(mm)	圆台高 h_2(mm)	下圆柱高 h_3(mm)	基础露头 H_0(mm)	主筋①	外箍筋②	外箍筋加密区长度(mm)	内箍筋③	单腿混凝土量(m^3)	单腿钢筋量(kg)
5ZWK(K)3h-2800-02	1300	2100	6600	5400	1200	200	200	28Φ25	Φ8@100/200	6500	Φ16@1500	10.63	859.3
5ZWK(K)3h-2800-07	1300	2100	6600	5900	1200	200	700	30Φ25	Φ8@100/200	6500	Φ16@1500	11.30	973.1
5ZWK(K)3h-2800-12	1300	2100	6600	6400	1200	200	1200	33Φ25	Φ8@100/200	6500	Φ16@1500	11.96	1128.3
5ZWK(K)3h-2800-17	1300	2100	6600	6900	1200	200	1700	29Φ28	Φ8@100/200	6500	Φ16@1500	12.63	1302.6
5ZWK(K)3h-2800-22	1300	2100	6600	7400	1200	200	2200	31Φ28	Φ10@100/200	6500	Φ16@1500	13.29	1527.3
5ZWK(K)3h-2800-27	1300	2100	6600	7900	1200	200	2700	26Φ32	Φ10@100/200	6500	Φ16@1500	13.95	1745.8
5ZWK(K)3i-2800-02	1300	1900	6600	5700	900	200	200	28Φ25	Φ8@100/200	6500	Φ16@1500	9.96	859.3
5ZWK(K)3i-2800-07	1300	1900	6600	6200	900	200	700	30Φ25	Φ8@100/200	6500	Φ16@1500	10.63	973.1
5ZWK(K)3i-2800-12	1300	1900	6600	6700	900	200	1200	33Φ25	Φ8@100/200	6500	Φ16@1500	11.29	1128.3
5ZWK(K)3i-2800-17	1300	1900	6600	7200	900	200	1700	29Φ28	Φ8@100/200	6500	Φ16@1500	11.95	1302.6
5ZWK(K)3i-2800-22	1300	1900	6600	7700	900	200	2200	31Φ28	Φ10@100/200	6500	Φ16@1500	12.62	1527.3
5ZWK(K)3i-2800-27	1300	1900	6600	8200	900	200	2700	26Φ32	Φ10@100/200	6500	Φ16@1500	13.28	1745.8

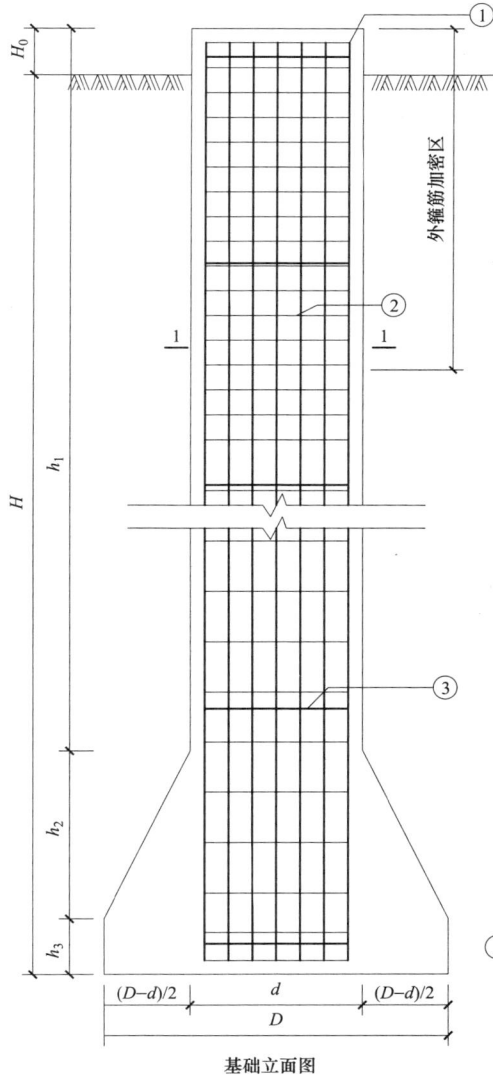

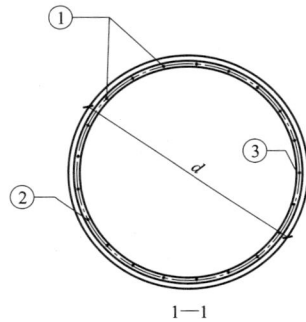

基础立面图

1—1

说明：1. 本基础适用于不受地下水影响的碎石土地质条件。

2. 整体立塔时，混凝土的抗压强度应达到设计强度的100%。分解组塔时，混凝土必须达到抗压强度设计值的70%。

3. 基础根开及地脚螺栓间距与相应杆塔结构图核对无误后，方可施工。

4. 基础混凝土强度等级不应低于C25，主筋采用HRB400级钢筋，箍筋采用HPB300级钢筋。

5. ②号钢筋加密区箍筋间距100mm，非加密区箍筋间距200mm。可采用螺旋箍筋。

6. 主筋保护层不小于50mm。

7. 基础施工完毕后，做好基面排水处理。

8. 本基础按机械成孔施工方式，未考虑护壁工程量。

图18.3-7　5ZWK（K）3∗-2800挖孔桩基础施工图

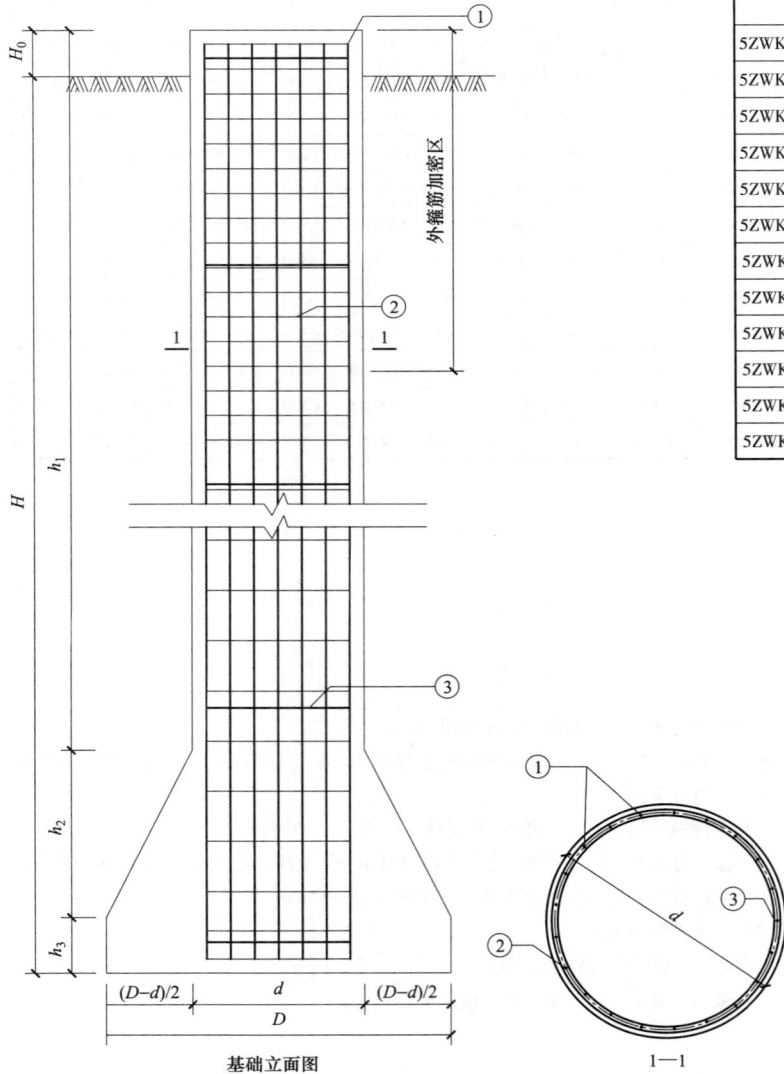

基础立面图

1—1

基 础 参 数 表

基础名称	桩身直径 d(mm)	扩底直径 D(mm)	基础埋深 H(mm)	主柱高 h_1(mm)	圆台高 h_2(mm)	下圆柱高 h_3(mm)	基础露头 H_0(mm)	主筋①	外箍筋②	外箍筋加密区长度(mm)	内箍筋③	单腿混凝土量(m^3)	单腿钢筋量(kg)
5ZWK（K）3h-3000-02	1400	2000	7200	6300	900	200	200	37Φ22	Φ8@100/200	7000	Φ16@1500	12.39	963.9
5ZWK（K）3h-3000-07	1400	2000	7200	6800	900	200	700	32Φ25	Φ8@100/200	7000	Φ16@1500	13.16	1128.6
5ZWK（K）3h-3000-12	1400	2000	7200	7300	900	200	1200	35Φ25	Φ8@100/200	7000	Φ16@1500	13.93	1290.9
5ZWK（K）3h-3000-17	1400	2000	7200	7800	900	200	1700	37Φ25	Φ8@100/200	7000	Φ16@1500	14.70	1429.2
5ZWK（K）3h-3000-22	1400	2000	7200	8300	900	200	2200	32Φ28	Φ8@100/200	7000	Φ16@1500	15.47	1623.6
5ZWK（K）3h-3000-27	1400	2000	7200	8800	900	200	2700	26Φ32	Φ10@100/200	7000	Φ16@1500	16.24	1877.0
5ZWK（K）3i-3000-02	1400	1800	7000	6400	600	200	200	38Φ22	Φ8@100/200	7000	Φ16@1500	11.57	961.3
5ZWK（K）3i-3000-07	1400	1800	7000	6900	600	200	700	32Φ25	Φ8@100/200	7000	Φ16@1500	12.34	1102.3
5ZWK（K）3i-3000-12	1400	1800	7000	7400	600	200	1200	35Φ25	Φ8@100/200	7000	Φ16@1500	13.11	1262.3
5ZWK（K）3i-3000-17	1400	1800	7000	7900	600	200	1700	30Φ28	Φ8@100/200	7000	Φ16@1500	13.88	1419.8
5ZWK（K）3i-3000-22	1400	1800	7000	8400	600	200	2200	32Φ28	Φ8@100/200	7000	Φ16@1500	14.65	1591.0
5ZWK（K）3i-3000-27	1400	1800	7000	8900	600	200	2700	26Φ32	Φ10@100/200	7000	Φ16@1500	15.42	1841.6

说明：1. 本基础适用于不受地下水影响的碎石土地质条件。

2. 整体立塔时，混凝土的抗压强度应达到设计强度的100%。分解组塔时，混凝土必须达到抗压强度设计值的70%。

3. 基础根开及地脚螺栓间距与相应杆塔结构图核对无误后，方可施工。

4. 基础混凝土强度等级不应低于C25，主筋采用HRB400级钢筋，箍筋采用HPB300级钢筋。

5. ②号钢筋加密区箍筋间距100mm，非加密区箍筋间距200mm。可采用螺旋箍筋。

6. 主筋保护层不小于50mm。

7. 基础施工完毕后，做好基面排水处理。

8. 本基础按机械成孔施工方式，未考虑护壁工程量。

图 18.3-8　5ZWK（K）3*-3000 挖孔桩基础施工图

18.4 5ZWK（K）4 子模块

此子模块适用于黄土地基，共包含 10 张图纸，基础施工图图纸清单见表 18.4-1。

表 18.4-1　5ZWK（K）4 子模块基础施工图图纸清单

序号	图号	图　　名	基础作用力（kN）	
			$T/T_x/T_y$	$N/N_x/N_y$
1	图 18.4-1	5ZWK(K)4＊-1200 挖孔桩基础施工图	1200/168/168	1560/218/218
2	图 18.4-2	5ZWK(K)4＊-1400 挖孔桩基础施工图	1400/196/196	1820/255/255
3	图 18.4-3	5ZWK(K)4＊-1600 挖孔桩基础施工图	1600/224/224	2080/291/291

序号	图号	图　　名	基础作用力（kN）	
			$T/T_x/T_y$	$N/N_x/N_y$
4	图 18.4-4	5ZWK(K)4＊-1800 挖孔桩基础施工图	1800/252/252	2340/328/328
5	图 18.4-5	5ZWK(K)4＊-2000 挖孔桩基础施工图	2000/280/280	2600/364/364
6	图 18.4-6	5ZWK(K)4＊-2200 挖孔桩基础施工图	2200/308/308	2860/400/400
7	图 18.4-7	5ZWK(K)4＊-2400 挖孔桩基础施工图	2400/336/336	3120/437/437
8	图 18.4-8	5ZWK(K)4＊-2600 挖孔桩基础施工图	2600/364/364	3380/473/473
9	图 18.4-9	5ZWK(K)4＊-2800 挖孔桩基础施工图	2800/392/392	3640/510/510
10	图 18.4-10	5ZWK(K)4＊-3000 挖孔桩基础施工图	3000/420/420	3900/546/546

注　4＊表示 4h 地质参数组合。

基 础 参 数 表

基础名称	桩身直径 d(mm)	扩底直径 D(mm)	基础埋深 H(mm)	主柱高 h_1(mm)	圆台高 h_2(mm)	下圆柱高 h_3(mm)	基础露头 H_0(mm)	主筋①	外箍筋②	外箍筋加密区长度 (mm)	内箍筋③	单腿混凝土量 (m^3)	单腿钢筋量 (kg)
5ZWK（K）4h-1200-02	1000	1800	13600	12400	1200	200	200	28 ϕ18	Φ8@100/200	5000	Φ16@1500	12.15	921.7
5ZWK（K）4h-1200-07	1000	1800	13600	12900	1200	200	700	26 ϕ20	Φ8@100/200	5000	Φ16@1500	12.54	1067.8
5ZWK（K）4h-1200-12	1100	1900	11600	11400	1200	200	1200	26 ϕ20	Φ8@100/200	5500	Φ16@1500	13.57	978.6
5ZWK（K）4h-1200-17	1100	1900	11600	11900	1200	200	1700	28 ϕ20	Φ8@100/200	5500	Φ16@1500	14.05	1079.4
5ZWK（K）4h-1200-22	1200	2400	8400	8600	1800	200	2200	29 ϕ20	Φ8@100/200	6000	Φ16@1500	15.38	915.6
5ZWK（K）4h-1200-27	1200	2400	8400	9100	1800	200	2700	31 ϕ20	Φ8@100/200	6000	Φ16@1500	15.95	1008.3

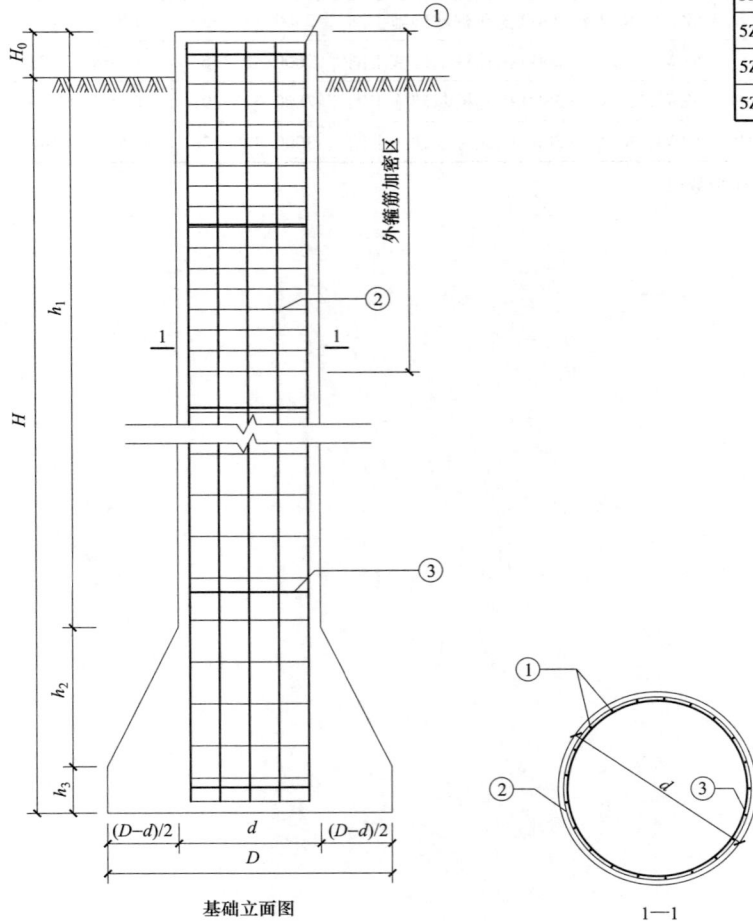

说明：1. 本基础适用于不受地下水影响的黄土地质条件。

2. 整体立塔时，混凝土的抗压强度应达到设计强度的 100%。分解组塔时，混凝土必须达到抗压强度设计值的 70%。

3. 基础根开及地脚螺栓间距与相应杆塔结构图核对无误后，方可施工。

4. 基础混凝土强度等级不应低于 C25，主筋采用 HRB400 级钢筋，箍筋采用 HPB300 级钢筋。

5. ②号钢筋加密区箍筋间距 100mm，非加密区箍筋间距 200mm。可采用螺旋箍筋。

6. 主筋保护层不小于 50mm。

7. 基础施工完毕后，做好基面排水处理。

8. 本基础按机械成孔施工方式，未考虑护壁工程量。

基础立面图

1—1

图 18.4-1　5ZWK（K）4*-1200 挖孔桩基础施工图

基 础 参 数 表

基础名称	桩身直径 d(mm)	扩底直径 D(mm)	基础埋深 H(mm)	主柱高 h_1(mm)	圆台高 h_2(mm)	下圆柱高 h_3(mm)	基础露头 H_0(mm)	主筋①	外箍筋②	外箍筋加密区长度(mm)	内箍筋③	单腿混凝土量(m³)	单腿钢筋量(kg)
5ZWK(K)4h-1400-02	1000	1800	16200	15000	1200	200	200	22Φ22	Φ8@100/200	5000	Φ16@1500	14.19	1243.7
5ZWK(K)4h-1400-07	1100	1900	14000	13300	1200	200	700	23Φ22	Φ8@100/200	5500	Φ16@1500	15.38	1183.2
5ZWK(K)4h-1400-12	1100	1900	14000	13800	1200	200	1200	25Φ22	Φ8@100/200	5500	Φ16@1500	15.85	1314.6
5ZWK(K)4h-1400-17	1200	2200	11400	11400	1500	200	1700	26Φ22	Φ8@100/200	6000	Φ16@1500	17.16	1194.6
5ZWK(K)4h-1400-22	1200	2200	11400	11900	1500	200	2200	28Φ22	Φ8@100/200	6000	Φ16@1500	17.72	1323.1
5ZWK(K)4h-1400-27	1300	2100	10600	11900	1200	200	2700	22Φ25	Φ8@100/200	6500	Φ16@1500	19.26	1327.8

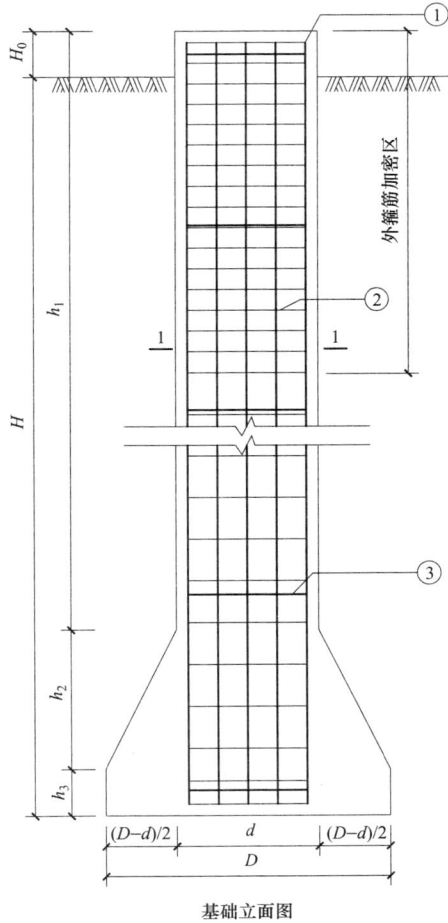

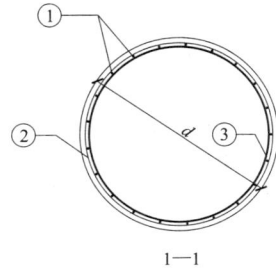

基础立面图

1—1

说明：1. 本基础适用于不受地下水影响的黄土地质条件。

2. 整体立塔时，混凝土的抗压强度应达到设计强度的100%。分解组塔时，混凝土必须达到抗压强度设计值的70%。

3. 基础根开及地脚螺栓间距与相应杆塔结构图核对无误后，方可施工。

4. 基础混凝土强度等级不应低于C25，主筋采用HRB400级钢筋，箍筋采用HPB300级钢筋。

5. ②号钢筋加密区箍筋间距100mm，非加密区箍筋间距200mm。可采用螺旋箍筋。

6. 主筋保护层不小于50mm。

7. 基础施工完毕后，做好基面排水处理。

8. 本基础按机械成孔施工方式，未考虑护壁工程量。

图 18.4-2 5ZWK（K）4＊-1400 挖孔桩基础施工图

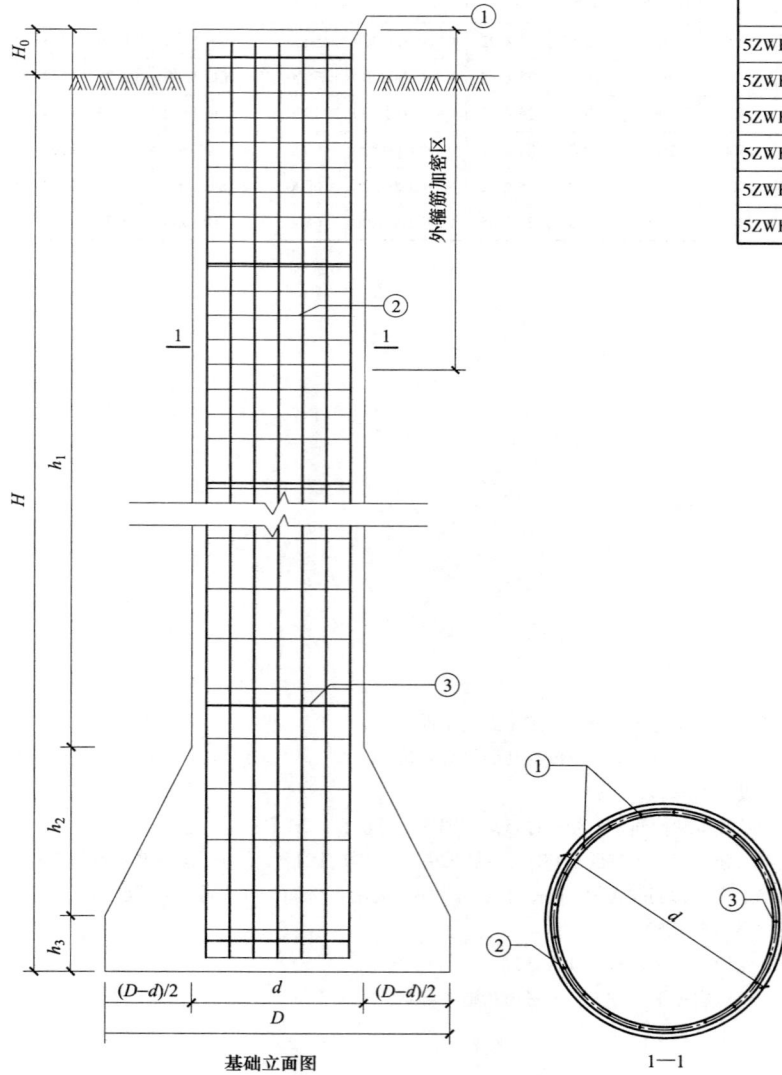

基 础 参 数 表

基础名称	桩身直径 d(mm)	扩底直径 D(mm)	基础埋深 H(mm)	主柱高 h_1(mm)	圆台高 h_2(mm)	下圆柱高 h_3(mm)	基础露头 H_0(mm)	主筋①	外箍筋②	外箍筋加密区长度 (mm)	内箍筋③	单腿混凝土量 (m³)	单腿钢筋量 (kg)
5ZWK(K)4h-1600-02	1100	1900	16400	15200	1200	200	200	30⌀20	Φ8@100/200	5500	Φ16@1500	17.18	1422.6
5ZWK(K)4h-1600-07	1200	2200	13400	12400	1500	200	700	31⌀20	Φ8@100/200	6000	Φ16@1500	18.29	1268.6
5ZWK(K)4h-1600-12	1200	2200	13400	12900	1500	200	1200	34⌀20	Φ8@100/200	6000	Φ16@1500	18.85	1418.1
5ZWK(K)4h-1600-17	1300	2300	11800	11800	1500	200	1700	35⌀20	Φ8@100/200	6500	Φ16@1500	20.41	1373.0
5ZWK(K)4h-1600-22	1300	2300	11800	12300	1500	200	2200	31⌀22	Φ8@100/200	6500	Φ16@1500	21.07	1504.9
5ZWK(K)4h-1600-27	1400	2600	9600	10300	1800	200	2700	32⌀22	Φ8@100/200	7000	Φ16@1500	22.74	1386.7

说明： 1. 本基础适用于不受地下水影响的黄土地质条件。

2. 整体立塔时，混凝土的抗压强度应达到设计强度的100%。分解组塔时，混凝土必须达到抗压强度设计值的70%。

3. 基础根开及地脚螺栓间距与相应杆塔结构图核对无误后，方可施工。

4. 基础混凝土强度等级不应低于C25，主筋采用HRB400级钢筋，箍筋采用HPB300级钢筋。

5. ②号钢筋加密区箍筋间距100mm，非加密区箍筋间距200mm。可采用螺旋箍筋。

6. 主筋保护层不小于50mm。

7. 基础施工完毕后，做好基面排水处理。

8. 本基础按机械成孔施工方式，未考虑护壁工程量。

图 18.4-3　5ZWK（K）4*-1600 挖孔桩基础施工图

基 础 参 数 表

基础名称	桩身直径 d(mm)	扩底直径 D(mm)	基础埋深 H(mm)	主柱高 h_1(mm)	圆台高 h_2(mm)	下圆柱高 h_3(mm)	基础露头 H_0(mm)	主筋①	外箍筋②	外箍筋加密区长度(mm)	内箍筋③	单腿混凝土量（m^3）	单腿钢筋量（kg）
5ZWK（K）4h-1800-02	1200	2200	15600	14100	1500	200	200	32 ϕ 20	Φ8@100/200	6000	Φ16@1500	20.21	1454.7
5ZWK（K）4h-1800-07	1200	2200	15600	14600	1500	200	700	36 ϕ 20	Φ8@100/200	6000	Φ16@1500	20.78	1656.6
5ZWK（K）4h-1800-12	1300	2300	13600	13100	1500	200	1200	36 ϕ 20	Φ8@100/200	6500	Φ16@1500	22.13	1530.4
5ZWK（K）4h-1800-17	1300	2300	13600	13600	1500	200	1700	33 ϕ 22	Φ8@100/200	6500	Φ16@1500	22.80	1731.9
5ZWK（K）4h-1800-22	1400	2600	11200	11400	1800	200	2200	34 ϕ 22	Φ8@100/200	7000	Φ16@1500	24.44	1580.7
5ZWK（K）4h-1800-27	1400	2600	11200	11900	1800	200	2700	36 ϕ 22	Φ8@100/200	7000	Φ16@1500	25.20	1723.1

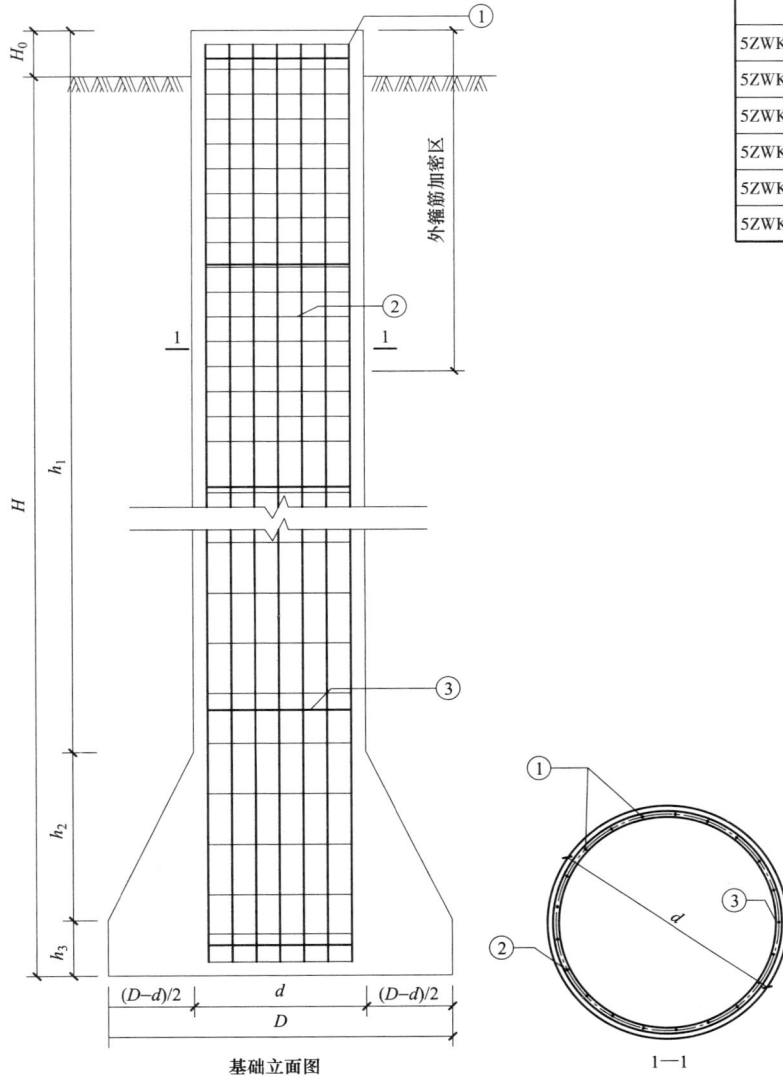

基础立面图

1—1

说明：1. 本基础适用于不受地下水影响的黄土地质条件。

2. 整体立塔时，混凝土的抗压强度应达到设计强度的100%。分解组塔时，混凝土必须达到抗压强度设计值的70%。

3. 基础根开及地脚螺栓间距与相应杆塔结构图核对无误后，方可施工。

4. 基础混凝土强度等级不应低于C25，主筋采用HRB400级钢筋，箍筋采用HPB300级钢筋。

5. ②号钢筋加密区箍筋间距100mm，非加密区箍筋间距200mm。可采用螺旋箍筋。

6. 主筋保护层不小于50mm。

7. 基础施工完毕后，做好基面排水处理。

8. 本基础按机械成孔施工方式，未考虑护壁工程量。

图18.4-4　5ZWK（K）4 ∗-1800挖孔桩基础施工图

基 础 参 数 表

基础名称	桩身直径 d(mm)	扩底直径 D(mm)	基础埋深 H(mm)	主柱高 h₁(mm)	圆台高 h₂(mm)	下圆柱高 h₃(mm)	基础露头 H₀(mm)	主筋①	外箍筋②	外箍筋加密区长度(mm)	内箍筋③	单腿混凝土量(m³)	单腿钢筋量(kg)
5ZWK（K）4h-2000-02	1200	2400	16800	15000	1800	200	200	30Φ22	Φ8@100/200	6000	Φ16@1500	22.62	1741.6
5ZWK（K）4h-2000-07	1300	2500	14600	13300	1800	200	700	32Φ22	Φ8@100/200	6500	Φ16@1500	23.91	1686.6
5ZWK（K）4h-2000-12	1300	2500	15000	14200	1800	200	1200	34Φ22	Φ8@100/200	6500	Φ16@1500	25.10	1874.5
5ZWK（K）4h-2000-17	1400	2600	12800	12500	1800	200	1700	36Φ22	Φ8@100/200	7000	Φ16@1500	26.13	1792.4
5ZWK（K）4h-2000-22	1500	2700	11400	11600	1800	200	2200	36Φ22	Φ8@100/200	7500	Φ16@1500	28.05	1711.4
5ZWK（K）4h-2000-27	1500	2700	11400	12100	1800	200	2700	38Φ22	Φ8@100/200	7500	Φ16@1500	28.93	1853.8

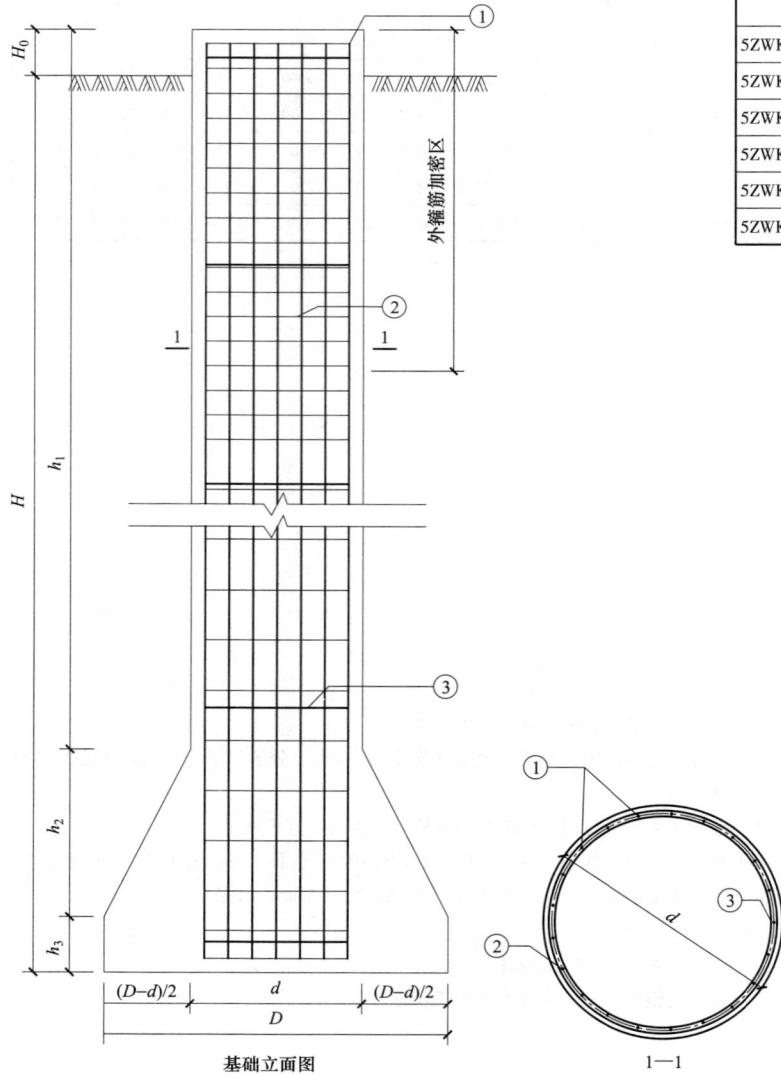

基础立面图

1—1

说明：1. 本基础适用于不受地下水影响的黄土地质条件。

2. 整体立塔时，混凝土的抗压强度应达到设计强度的100%。分解组塔时，混凝土必须达到抗压强度设计值的70%。

3. 基础根开及地脚螺栓间距与相应杆塔结构图核对无误后，方可施工。

4. 基础混凝土强度等级不应低于C25，主筋采用HRB400级钢筋，箍筋采用HPB300级钢筋。

5. ②号钢筋加密区箍筋间距100mm，非加密区箍筋间距200mm。可采用螺旋箍筋。

6. 主筋保护层不小于50mm。

7. 基础施工完毕后，做好基面排水处理。

8. 本基础按机械成孔施工方式，未考虑护壁工程量。

图 18.4-5　5ZWK（K）4＊-2000 挖孔桩基础施工图

基 础 参 数 表

基础名称	桩身直径 d(mm)	扩底直径 D(mm)	基础埋深 H(mm)	主柱高 h_1(mm)	圆台高 h_2(mm)	下圆柱高 h_3(mm)	基础露头 H_0(mm)	主筋①	外箍筋②	外箍筋加密区长度(mm)	内箍筋③	单腿混凝土量(m³)	单腿钢筋量(kg)
5ZWK(K)4h-2200-02	1300	2500	16400	14600	1800	200	200	32Φ22	Φ8@100/200	6500	Φ16@1500	25.63	1825.3
5ZWK(K)4h-2200-07	1300	2500	16400	15100	1800	200	700	35Φ22	Φ8@100/200	6500	Φ16@1500	26.30	2029.6
5ZWK(K)4h-2200-12	1400	2800	13600	12500	2100	200	1200	36Φ22	Φ8@100/200	7000	Φ16@1500	28.02	1827.9
5ZWK(K)4h-2200-17	1500	2900	12000	11400	2100	200	1700	38Φ22	Φ8@100/200	7500	Φ16@1500	29.72	1805.0
5ZWK(K)4h-2200-22	1500	2900	12000	11900	2100	200	2200	40Φ22	Φ8@100/200	7500	Φ16@1500	30.60	1949.2
5ZWK(K)4h-2200-27	1600	3200	9800	9900	2400	200	2700	41Φ22	Φ8@100/200	8000	Φ18@1500	32.77	1803.1

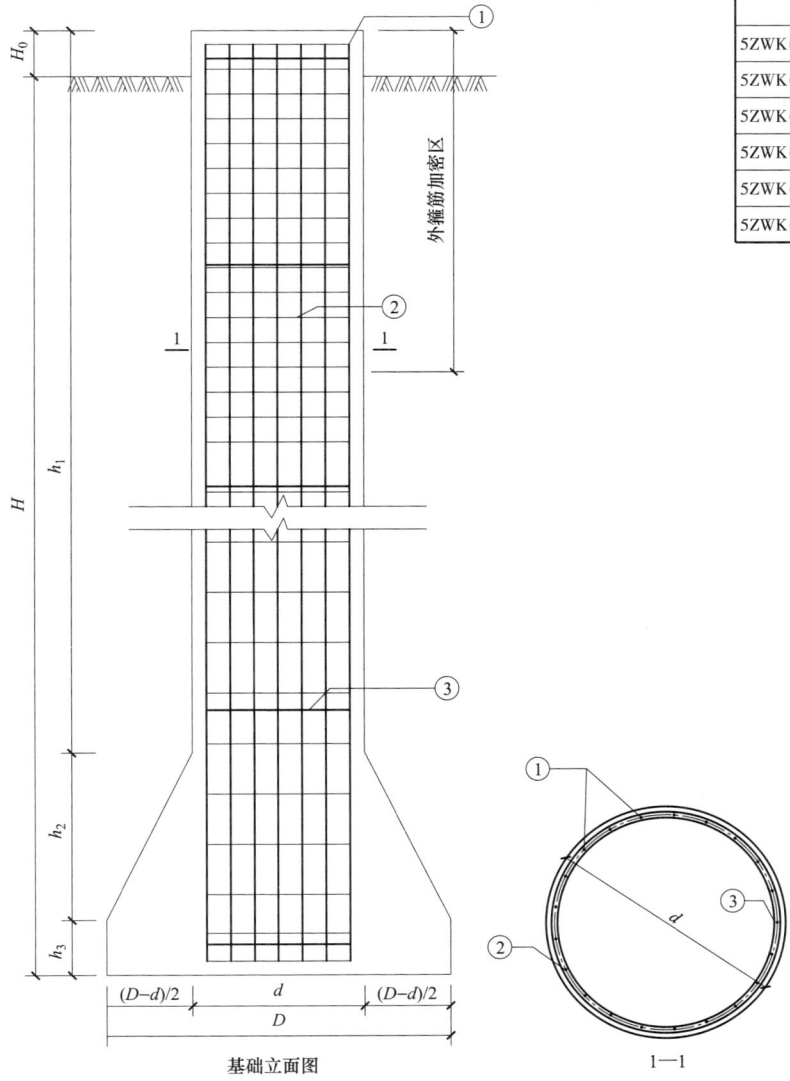

基础立面图

1—1

说明：1. 本基础适用于不受地下水影响的黄土地质条件。

2. 整体立塔时，混凝土的抗压强度应达到设计强度的100%。分解组塔时，混凝土必须达到抗压强度设计值的70%。

3. 基础根开及地脚螺栓间距与相应杆塔结构图核对无误后，方可施工。

4. 基础混凝土强度等级不应低于 C25，主筋采用 HRB400 级钢筋，箍筋采用 HPB300 级钢筋。

5. ②号钢筋加密区箍筋间距100mm，非加密区箍筋间距200mm。可采用螺旋箍筋。

6. 主筋保护层不小于50mm。

7. 基础施工完毕后，做好基面排水处理。

8. 本基础按机械成孔施工方式，未考虑护壁工程量。

图 18.4-6 5ZWK（K）4 * -2200 挖孔桩基础施工图

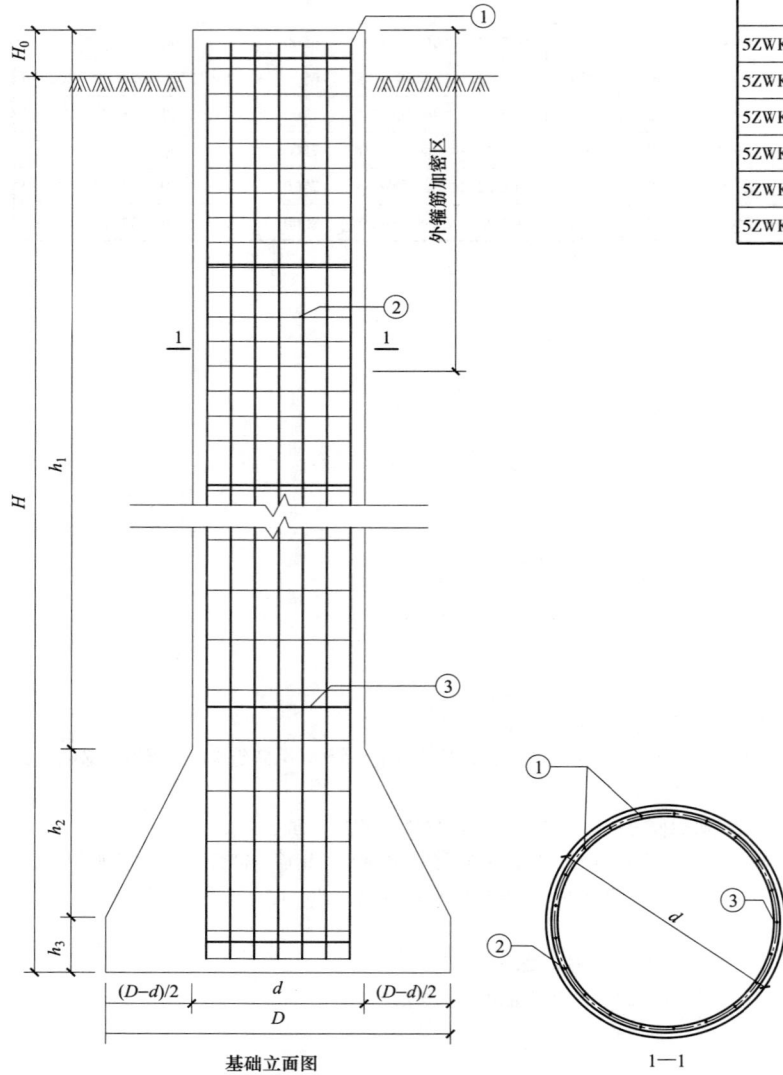

基础立面图

1—1

基 础 参 数 表

基础名称	桩身直径 d(mm)	扩底直径 D(mm)	基础埋深 H(mm)	主柱高 h_1(mm)	圆台高 h_2(mm)	下圆柱高 h_3(mm)	基础露头 H_0(mm)	主筋①	外箍筋②	外箍筋加密区长度(mm)	内箍筋③	单腿混凝土量(m³)	单腿钢筋量(kg)
5ZWK(K)4h-2400-02	1400	2800	15400	13300	2100	200	200	35 Φ 22	Φ8@100/200	7000	Φ16@1500	29.25	1880.2
5ZWK(K)4h-2400-07	1400	2800	15400	13800	2100	200	700	37 Φ 22	Φ8@100/200	7000	Φ16@1500	30.02	2031.1
5ZWK(K)4h-2400-12	1500	2900	13600	12500	2100	200	1200	38 Φ 22	Φ8@100/200	7500	Φ16@1500	31.66	1938.4
5ZWK(K)4h-2400-17	1500	2900	13600	13000	2100	200	1700	42 Φ 22	Φ8@100/200	7500	Φ16@1500	32.55	2188.2
5ZWK(K)4h-2400-22	1600	3000	12000	11900	2100	200	2200	43 Φ 22	Φ8@100/200	8000	Φ18@1500	34.33	2120.9
5ZWK(K)4h-2400-27	1600	3000	12000	12400	2100	200	2700	45 Φ 22	Φ8@100/200	8000	Φ18@1500	35.34	2275.8

说明：1. 本基础适用于不受地下水影响的黄土地质条件。

2. 整体立塔时，混凝土的抗压强度应达到设计强度的 100% 。分解组塔时，混凝土必须达到抗压强度设计值的 70% 。

3. 基础根开及地脚螺栓间距与相应杆塔结构图核对无误后，方可施工。

4. 基础混凝土强度等级不应低于 C25，主筋采用 HRB400 级钢筋，箍筋采用 HPB300 级钢筋。

5. ②号钢筋加密区箍筋间距 100mm，非加密区箍筋间距 200mm。可采用螺旋箍筋。

6. 主筋保护层不小于 50mm。

7. 基础施工完毕后，做好基面排水处理。

8. 本基础按机械成孔施工方式，未考虑护壁工程量。

图 18.4-7 5ZWK（K）4＊-2400 挖孔桩基础施工图

基 础 参 数 表

基础名称	桩身直径 d(mm)	扩底直径 D(mm)	基础埋深 H(mm)	主柱高 h_1(mm)	圆台高 h_2(mm)	下圆柱高 h_3(mm)	基础露头 H_0(mm)	主筋①	外箍筋②	外箍筋加密区长度(mm)	内箍筋③	单腿混凝土量(m^3)	单腿钢筋量(kg)
5ZWK（K）4h-2600-02	1400	2800	17000	14900	2100	200	200	37 Φ 22	Φ 8@ 100/200	7000	Φ 16@ 1500	31.71	2168.4
5ZWK（K）4h-2600-07	1500	2900	15000	13400	2100	200	700	30 Φ 25	Φ 8@ 100/200	7500	Φ 16@ 1500	33.25	2089.9
5ZWK（K）4h-2600-12	1500	2900	15000	13900	2100	200	1200	32 Φ 25	Φ 8@ 100/200	7500	Φ 16@ 1500	34.14	2275.1
5ZWK（K）4h-2600-17	1600	3000	13400	12800	2100	200	1700	34 Φ 25	Φ 8@ 100/200	8000	Φ 18@ 1500	36.14	2292.9
5ZWK（K）4h-2600-22	1600	3000	13400	13300	2100	200	2200	36 Φ 25	Φ 8@ 100/200	8000	Φ 18@ 1500	37.15	2483.3
5ZWK（K）4h-2600-27	1700	3100	12000	12400	2100	200	2700	29 Φ 28	Φ 8@ 100/200	8500	Φ 18@ 1500	39.42	2388.3

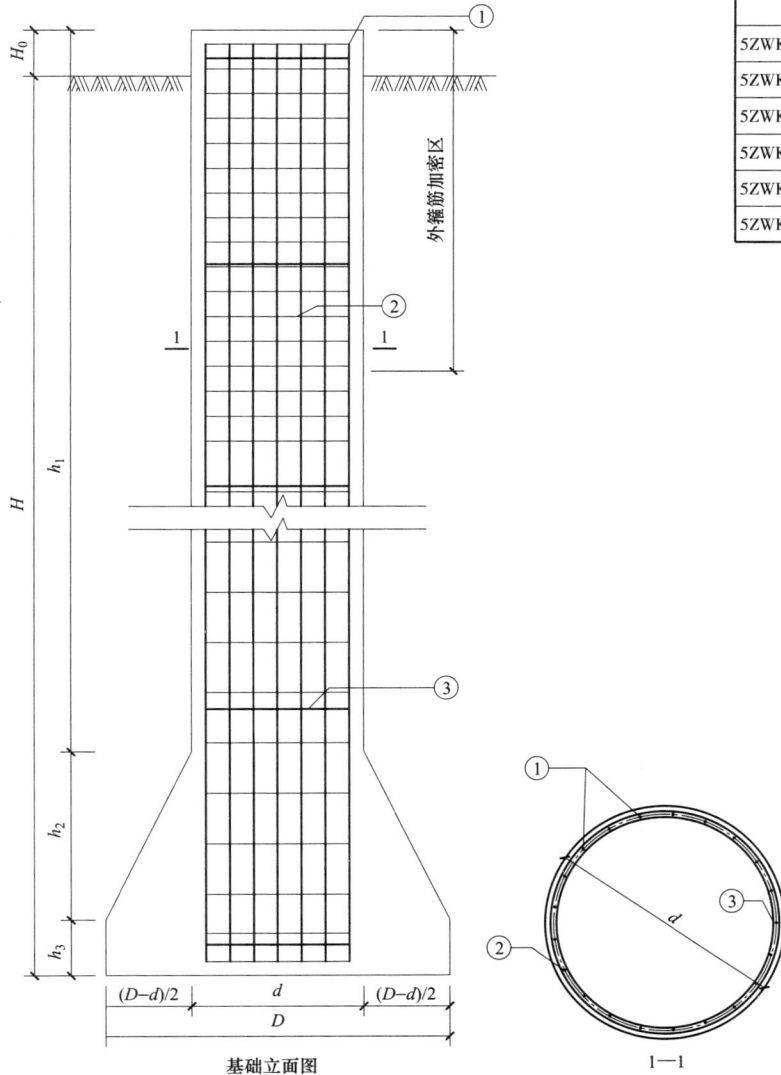

说明：1. 本基础适用于不受地下水影响的黄土地质条件。

2. 整体立塔时，混凝土的抗压强度应到设计强度的 100%。分解组塔时，混凝土必须达到抗压强度设计值的 70%。

3. 基础根开及地脚螺栓间距与相应杆塔结构图核对无误后，方可施工。

4. 基础混凝土强度等级不应低于 C25，主筋采用 HRB400 级钢筋，箍筋采用 HPB300 级钢筋。

5. ②号钢筋加密区箍筋间距 100mm，非加密区箍筋间距 200mm。可采用螺旋箍筋。

6. 主筋保护层不小于 50mm。

7. 基础施工完毕后，做好基面排水处理。

8. 本基础按机械成孔施工方式，未考虑护壁工程量。

基础立面图

1—1

图 18.4-8　5ZWK（K）4*-2600 挖孔桩基础施工图

基 础 参 数 表

基础名称	桩身直径 d(mm)	扩底直径 D(mm)	基础埋深 H(mm)	主柱高 h_1(mm)	圆台高 h_2(mm)	下圆柱高 h_3(mm)	基础露头 H_0(mm)	主筋①	外箍筋②	外箍筋加密区长度(mm)	内箍筋③	单腿混凝土量(m^3)	单腿钢筋量(kg)
5ZWK(K)4h-2800-02	1600	3200	14000	11600	2400	200	200	39 Φ 22	Φ 8@ 100/200	8000	Φ 18@ 1500	36.19	1952.9
5ZWK(K)4h-2800-07	1600	3200	14000	12100	2400	200	700	41 Φ 22	Φ 8@ 100/200	8000	Φ 18@ 1500	37.20	2101.8
5ZWK(K)4h-2800-12	1600	3200	14000	12600	2400	200	1200	34 Φ 25	Φ 8@ 100/200	8000	Φ 18@ 1500	38.20	2307.9
5ZWK(K)4h-2800-17	1600	3200	14000	13100	2400	200	1700	37 Φ 25	Φ 8@ 100/200	8000	Φ 18@ 1500	39.21	2557.2
5ZWK(K)4h-2800-22	1700	3300	12400	12000	2400	200	2200	38 Φ 25	Φ 8@ 100/200	8500	Φ 18@ 1500	41.13	2463.2
5ZWK(K)4h-2800-27	1700	3300	12400	12500	2400	200	2700	40 Φ 25	Φ 8@ 100/200	8500	Φ 18@ 1500	42.27	2667.5

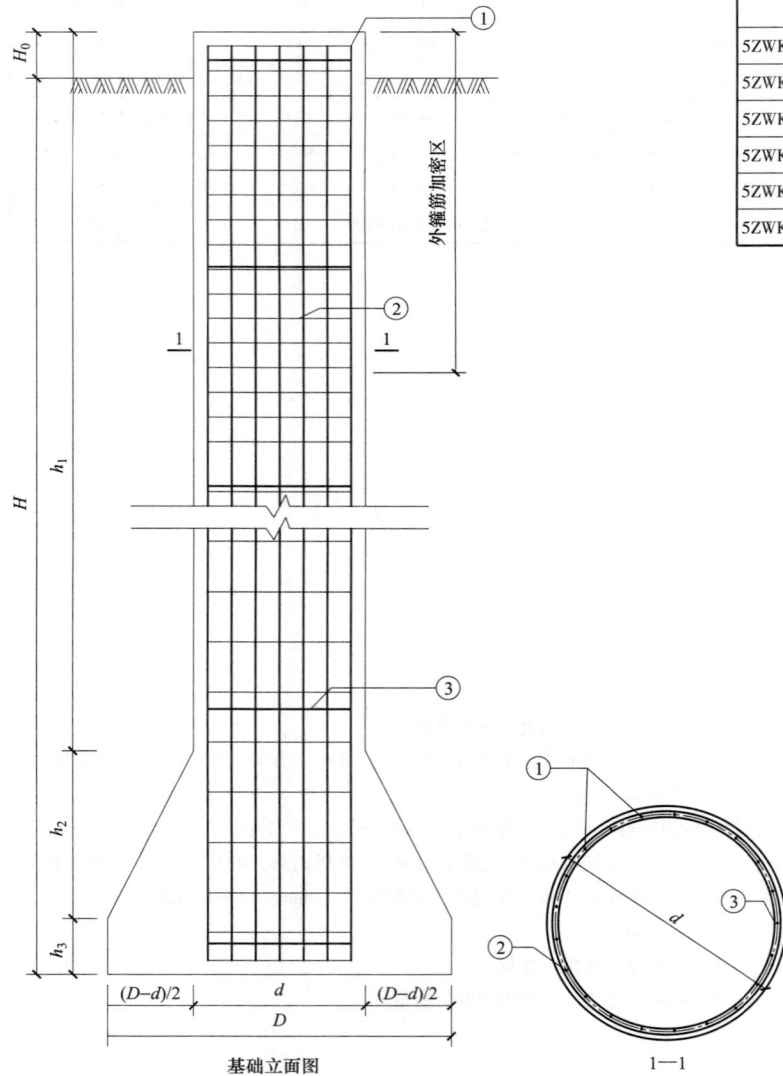

基础立面图

1—1

说明：1. 本基础适用于不受地下水影响的黄土地质条件。

2. 整体立塔时，混凝土的抗压强度应达到设计强度的100%。分解组塔时，混凝土必须达到抗压强度设计值的70%。

3. 基础根开及地脚螺栓间距与相应杆塔结构图核对无误后，方可施工。

4. 基础混凝土强度等级不应低于C25，主筋采用HRB400级钢筋，箍筋采用HPB300级钢筋。

5. ②号钢筋加密区箍筋间距100mm，非加密区箍筋间距200mm。可采用螺旋箍筋。

6. 主筋保护层不小于50mm。

7. 基础施工完毕后，做好基面排水处理。

8. 本基础按机械成孔施工方式，未考虑护壁工程量。

图 18.4-9 5ZWK（K）4*-2800 挖孔桩基础施工图

基 础 参 数 表

基础名称	桩身直径 d(mm)	扩底直径 D(mm)	基础埋深 H(mm)	主柱高 h_1(mm)	圆台高 h_2(mm)	下圆柱高 h_3(mm)	基础露头 H_0(mm)	主筋①	外箍筋②	外箍筋加密区长度（mm）	内箍筋③	单腿混凝土量（m^3）	单腿钢筋量（kg）
5ZWK（K）4h-3000-02	1600	3200	15200	12800	2400	200	200	42 Φ 22	Φ 8@ 100/200	8000	Φ 18@ 1500	38.60	2249.6
5ZWK（K）4h-3000-07	1600	3200	15200	13300	2400	200	700	45 Φ 22	Φ 8@ 100/200	8000	Φ 18@ 1500	39.61	2457.2
5ZWK（K）4h-3000-12	1600	3200	15200	13800	2400	200	1200	37 Φ 25	Φ 8@ 100/200	8000	Φ 18@ 1500	40.61	2664.5
5ZWK（K）4h-3000-17	1700	3300	13600	12700	2400	200	1700	38 Φ 25	Φ 8@ 100/200	8500	Φ 18@ 1500	42.72	2583.3
5ZWK（K）4h-3000-22	1700	3300	13600	13200	2400	200	2200	40 Φ 25	Φ 8@ 100/200	8500	Φ 18@ 1500	43.86	2781.4
5ZWK（K）4h-3000-27	1800	3400	12200	12300	2400	200	2700	41 Φ 25	Φ 8@ 100/200	9000	Φ 18@ 1500	46.26	2708.1

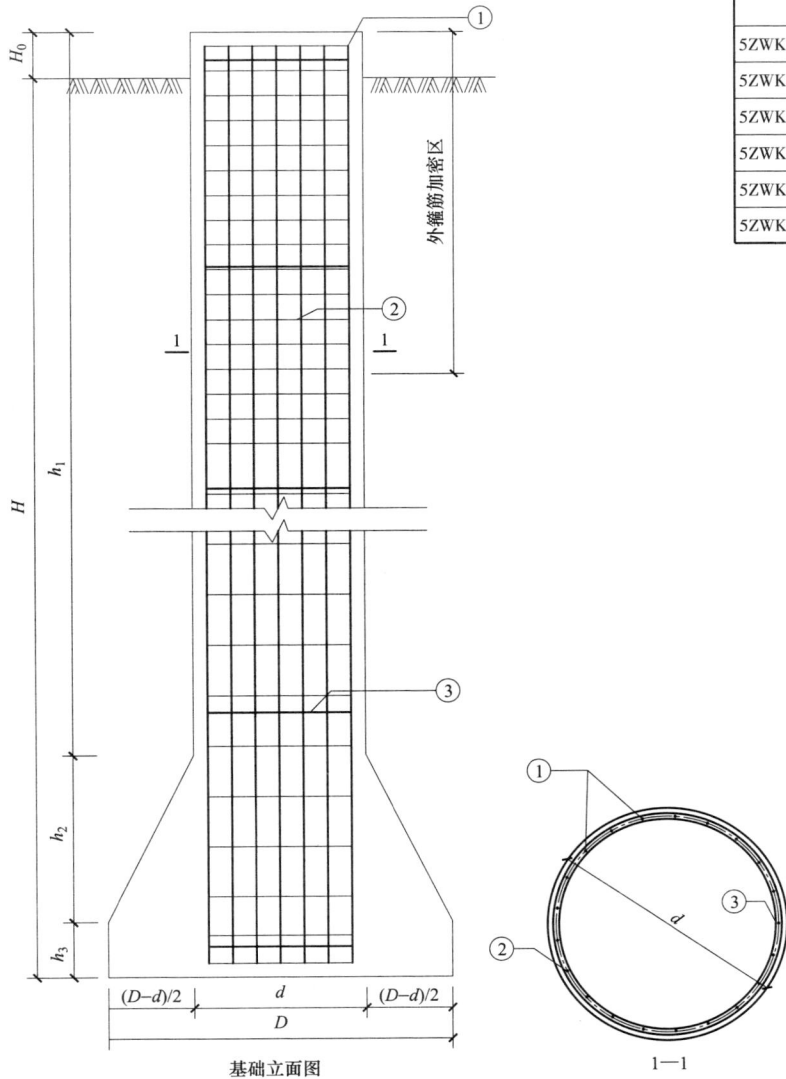

基础立面图

1—1

图 18.4-10　5ZWK（K）4＊-3000 挖孔桩基础施工图

说明：1. 本基础适用于不受地下水影响的黄土地质条件。

2. 整体立塔时，混凝土的抗压强度应到设计强度的 100%。分解组塔时，混凝土必须达到抗压强度设计值的 70%。

3. 基础根开及地脚螺栓间距与相应杆塔结构图核对无误后，方可施工。

4. 基础混凝土强度等级不应低于 C25，主筋采用 HRB400 级钢筋，箍筋采用 HPB300 级钢筋。

5. ②号钢筋加密区箍筋间距 100mm，非加密区箍筋间距 200mm。可采用螺旋箍筋。

6. 主筋保护层不小于 50mm。

7. 基础施工完毕后，做好基面排水处理。

8. 本基础按机械成孔施工方式，未考虑护壁工程量。

本模块为转角塔挖孔桩基础模块，适用基础上拔力范围 1200～2800kN，适用于黏性土、粉土、碎石土、岩石地质，包含 4 个子模块，共 606 个基础，45 张图纸，由四川咨询公司与福建院共同设计。

基础作用力见表 19.0-1，岩土类别及设计参数见表 19.0-2。

表 19.0-1　　　　基 础 作 用 力

电压等级 （kV）	基础 作用力代号	T(kN)	T_x(kN)	T_y(kN)	N(kN)	N_x(kN)	N_y(kN)
500 （750）	1200	1200	228	228	1560	296	296
	1400	1400	266	266	1820	346	346
	1600	1600	304	304	2080	395	395
	1800	1800	342	342	2340	445	445
	2000	2000	380	380	2600	494	494
	2200	2200	418	418	2860	543	543
	2400	2400	456	456	3120	593	593
	2600	2600	494	494	3380	642	642
	2800	2800	532	532	3640	692	692

表 19.0-2　　　　岩土类别及设计参数

序号	代号	岩土类别	m(kN/m⁴)	q_{sik}(kPa)	q_{pk}(kPa)
1	1h	黏性土	35000	40	600
2	1i		35000	60	1000
3	1j		35000	80	1400
4	2h	粉土	35000	20	600
5	2i		35000	40	800
6	2j		35000	60	1200
7	3h	碎石土	100000	150	2000
8	3i		100000	170	2500

续表 19.0-2

序号	代号	岩土类别	m(kN/m⁴)	q_{sik}(kPa)	q_{pk}(kPa)
9	6a	岩石	100000	80	1200
10	6b		100000	100	1500
11	6c		100000	120	1800
12	6d		100000	140	2100
13	6e		100000	160	2400
14	6f		100000	180	2700

注　代号含义详见 5.2。

19.1　5JWK1 子模块

此子模块适用于黏性土地基，共包含 9 张图纸，基础施工图图纸清单见表 19.1-1。

表 19.1-1　　　　5JWK1 子模块基础施工图图纸清单

序号	图号	图　名	基础作用力（kN） $T/T_x/T_y$	基础作用力（kN） $N/N_x/N_y$
1	图 19.1-1	5JWK1＊-1200 挖孔桩基础施工图	1200/228/228	1560/296/296
2	图 19.1-2	5JWK1＊-1400 挖孔桩基础施工图	1400/266/266	1820/346/346
3	图 19.1-3	5JWK1＊-1600 挖孔桩基础施工图	1600/304/304	2080/395/395
4	图 19.1-4	5JWK1＊-1800 挖孔桩基础施工图	1800/342/342	2340/445/445
5	图 19.1-5	5JWK1＊-2000 挖孔桩基础施工图	2000/380/380	2600/494/494
6	图 19.1-6	5JWK1＊-2200 挖孔桩基础施工图	2200/418/418	2860/543/543
7	图 19.1-7	5JWK1＊-2400 挖孔桩基础施工图	2400/456/456	3120/593/593
8	图 19.1-8	5JWK1＊-2600 挖孔桩基础施工图	2600/494/494	3380/642/642
9	图 19.1-9	5JWK1＊-2800 挖孔桩基础施工图	2800/532/532	3640/692/692

注　1 ＊包含 1h、1i、1j 三种地质参数组合。

基础立面图

1—1

图 19.1-1　5JWK1*-1200 挖孔桩基础施工图

基 础 参 数 表

基础名称	桩身直径 d(mm)	基础埋深 H(mm)	基础露头 H_0(mm)	主筋①	外箍筋②	外箍筋加密区长度(mm)	内箍筋③	单腿混凝土量（m³）	单腿钢筋量（kg）
5JWK1h-1200-02	900	23400	200	21 Φ 22	Φ 8@ 100/200	4500	Φ 14@ 1500	15.01	1663.5
5JWK1h-1200-07	900	23600	700	25 Φ 22	Φ 8@ 100/200	4500	Φ 14@ 1500	15.46	2002.8
5JWK1h-1200-12	1100	24800	1200	25 Φ 22	Φ 8@ 100/200	5500	Φ 16@ 1500	24.71	2220.4
5JWK1h-1200-17	1200	23600	1700	26 Φ 22	Φ 8@ 100/200	6000	Φ 16@ 1500	28.61	2266.2
5JWK1h-1200-22	1200	24000	2200	28 Φ 22	Φ 8@ 100/200	6000	Φ 16@ 1500	29.63	2503.7
5JWK1h-1200-27	1200	24200	2700	30 Φ 22	Φ 8@ 100/200	6000	Φ 16@ 1500	30.42	2726.1
5JWK1i-1200-02	900	15800	200	16 Φ 25	Φ 8@ 100/200	4500	Φ 14@ 1500	10.18	1118.7
5JWK1i-1200-07	900	15800	700	19 Φ 25	Φ 8@ 100/200	4500	Φ 14@ 1500	10.50	1344.7
5JWK1i-1200-12	1000	14600	1200	20 Φ 25	Φ 8@ 100/200	5000	Φ 16@ 1500	12.41	1379.6
5JWK1i-1200-17	1000	14800	1700	22 Φ 25	Φ 8@ 100/200	5000	Φ 16@ 1500	12.96	1567.3
5JWK1i-1200-22	1100	13400	2200	23 Φ 25	Φ 8@ 100/200	5500	Φ 16@ 1500	14.83	1563.7
5JWK1i-1200-27	1100	13600	2700	25 Φ 25	Φ 8@ 100/200	5500	Φ 16@ 1500	15.49	1755.5
5JWK1j-1200-02	900	12400	200	16 Φ 25	Φ 8@ 100/200	4500	Φ 14@ 1500	8.02	886.5
5JWK1j-1200-07	900	12400	700	19 Φ 25	Φ 8@ 100/200	4500	Φ 14@ 1500	8.33	1070.4
5JWK1j-1200-12	1000	11000	1200	20 Φ 25	Φ 8@ 100/200	5000	Φ 16@ 1500	9.58	1073.6
5JWK1j-1200-17	1000	11000	1700	22 Φ 25	Φ 8@ 100/200	5000	Φ 16@ 1500	9.97	1211.4
5JWK1j-1200-22	1100	9800	2200	23 Φ 25	Φ 8@ 100/200	5500	Φ 16@ 1500	11.40	1212.9
5JWK1j-1200-27	1100	9800	2700	25 Φ 25	Φ 8@ 100/200	5500	Φ 16@ 1500	11.88	1356.4

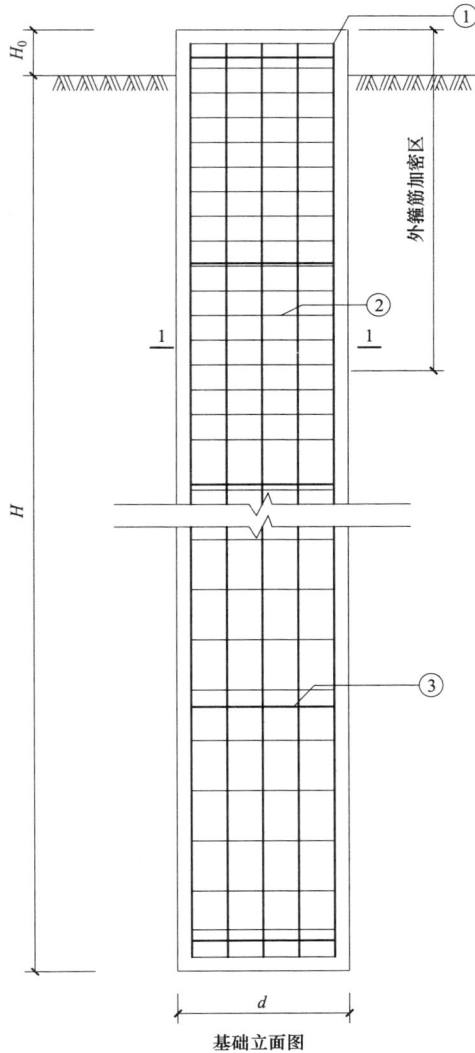

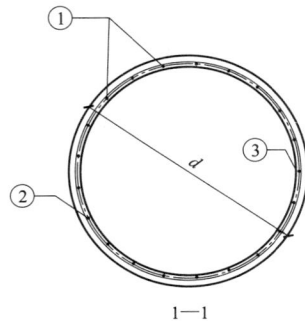

说明：1. 本基础适用于不受地下水影响的黏性土地质条件。

2. 整体立塔时，混凝土的抗压强度应达到设计强度的 100%。分解组塔时，混凝土必须达到抗压强度设计值的 70%。

3. 基础根开及地脚螺栓间距与相应杆塔结构图核对无误后，方可施工。

4. 基础混凝土强度等级不应低于 C25，主筋采用 HRB400 级钢筋，箍筋采用 HPB300 级钢筋。

5. ②号钢筋加密区箍筋间距 100mm，非加密区箍筋间距 200mm。可采用螺旋箍筋。

6. 主筋保护层不小于 50mm。

7. 基础施工完毕后，做好基面排水处理。

8. 本基础按机械成孔施工方式，未考虑护壁工程量。

基 础 参 数 表

基础名称	桩身直径 d(mm)	基础埋深 H(mm)	基础露头 H₀(mm)	主筋①	外箍筋②	外箍筋加密区长度(mm)	内箍筋③	单腿混凝土量(m³)	单腿钢筋量(kg)
5JWK1h-1400-02	1400	24200	200	39 Φ16	Φ8@100/200	7000	Φ16@1500	37.56	1867.3
5JWK1h-1400-07	1400	24600	700	34 Φ18	Φ8@100/200	7000	Φ16@1500	38.95	2089.1
5JWK1h-1400-12	1400	25000	1200	38 Φ18	Φ8@100/200	7000	Φ16@1500	40.33	2372.9
5JWK1h-1400-17	1500	24400	1700	39 Φ18	Φ8@100/200	7500	Φ16@1500	46.12	2451.2
5JWK1h-1400-22	1500	24800	2200	43 Φ18	Φ8@100/200	7500	Φ16@1500	47.71	2749.7
5JWK1h-1400-27	1600	24400	2700	36 Φ20	Φ8@100/200	8000	Φ18@1500	54.49	2911.0
5JWK1i-1400-02	1000	17400	200	24 Φ22	Φ8@100/200	5000	Φ16@1500	13.82	1437.7
5JWK1i-1400-07	1000	17600	700	27 Φ22	Φ8@100/200	5000	Φ16@1500	14.37	1658.1
5JWK1i-1400-12	1100	16000	1200	28 Φ22	Φ8@100/200	5500	Φ16@1500	16.35	1633.9
5JWK1i-1400-17	1100	16200	1700	24 Φ25	Φ8@100/200	5500	Φ16@1500	17.01	1855.7
5JWK1i-1400-22	1200	14800	2200	26 Φ25	Φ8@100/200	6000	Φ16@1500	19.23	1921.3
5JWK1i-1400-27	1200	15000	2700	28 Φ25	Φ8@100/200	6000	Φ16@1500	20.02	2131.0
5JWK1j-1400-02	1000	12800	200	24 Φ22	Φ8@100/200	5000	Φ16@1500	10.21	1069.9
5JWK1j-1400-07	1000	12800	700	27 Φ22	Φ8@100/200	5000	Φ16@1500	10.60	1231.9
5JWK1j-1400-12	1100	11400	1200	28 Φ22	Φ8@100/200	5500	Φ16@1500	11.97	1206.8
5JWK1j-1400-17	1100	11400	1700	31 Φ22	Φ8@100/200	5500	Φ16@1500	12.45	1368.5
5JWK1j-1400-22	1200	10400	2200	33 Φ22	Φ8@100/200	6000	Φ16@1500	14.25	1413.7
5JWK1j-1400-27	1200	10400	2700	28 Φ25	Φ8@100/200	6000	Φ16@1500	14.82	1587.7

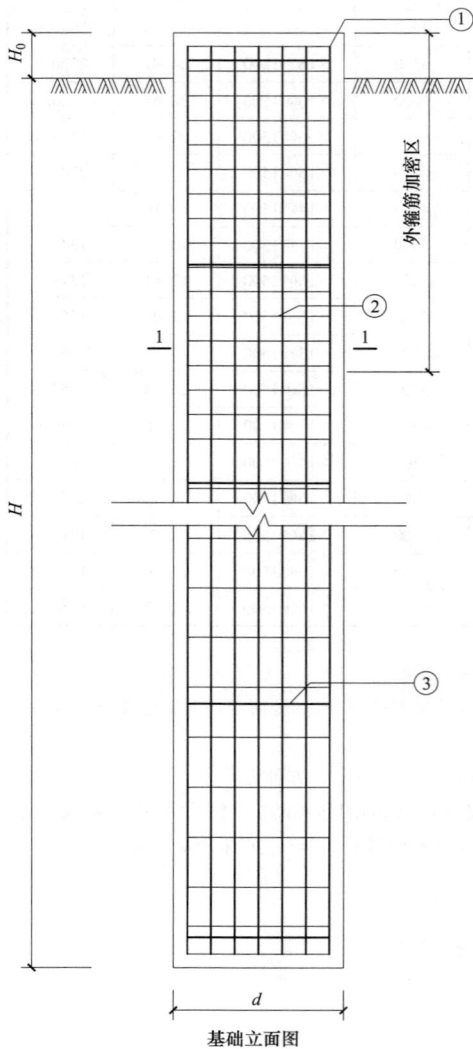

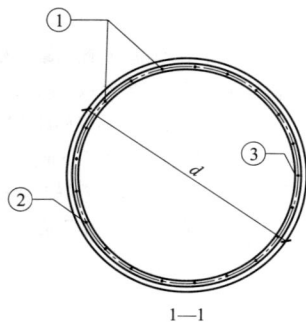

说明：1. 本基础适用于不受地下水影响的黏性土地质条件。

2. 整体立塔时，混凝土的抗压强度应达到设计强度的 100%。分解组塔时，混凝土必须达到抗压强度设计值的 70%。

3. 基础根开及地脚螺栓间距与相应杆塔结构图核对无误后，方可施工。

4. 基础混凝土强度等级不应低于 C25，主筋采用 HRB400 级钢筋，箍筋采用 HPB300 级钢筋。

5. ②号钢筋加密区箍筋间距 100mm，非加密区箍筋间距 200mm。可采用螺旋箍筋。

6. 主筋保护层不小于 50mm。

7. 基础施工完毕后，做好基面排水处理。

8. 本基础按机械成孔施工方式，未考虑护壁工程量。

基础立面图

1—1

图 19.1-2　5JWK1∗-1400 挖孔桩基础施工图

基 础 参 数 表

基础名称	桩身直径 d(mm)	基础埋深 H(mm)	基础露头 H_0(mm)	主筋①	外箍筋②	外箍筋加密区长度(mm)	内箍筋③	单腿混凝土量(m^3)	单腿钢筋量(kg)
5JWK1i-1600-02	1000	20600	200	27 ⚀ 22	Φ8@100/200	5000	Φ16@1500	16.34	1878.4
5JWK1i-1600-07	1000	20800	700	24 ⚀ 25	Φ8@100/200	5000	Φ16@1500	16.89	2196.5
5JWK1i-1600-12	1100	19000	1200	26 ⚀ 25	Φ8@100/200	5500	Φ16@1500	19.20	2246.2
5JWK1i-1600-17	1200	17400	1700	27 ⚀ 25	Φ8@100/200	6000	Φ16@1500	21.60	2223.7
5JWK1i-1600-22	1200	17600	2200	30 ⚀ 25	Φ8@100/200	6000	Φ16@1500	22.39	2534.6
5JWK1i-1600-27	1300	16400	2700	31 ⚀ 25	Φ8@100/200	6500	Φ16@1500	25.35	2543.6
5JWK1j-1600-02	1000	14600	200	27 ⚀ 22	Φ8@100/200	5000	Φ16@1500	11.62	1344.5
5JWK1j-1600-07	1000	14600	700	24 ⚀ 25	Φ8@100/200	5000	Φ16@1500	12.02	1571.7
5JWK1j-1600-12	1100	13000	1200	26 ⚀ 25	Φ8@100/200	5500	Φ16@1500	13.49	1589.0
5JWK1j-1600-17	1200	11800	1700	27 ⚀ 25	Φ8@100/200	6000	Φ16@1500	15.27	1587.2
5JWK1j-1600-22	1200	11800	2200	30 ⚀ 25	Φ8@100/200	6000	Φ16@1500	15.83	1803.8
5JWK1j-1600-27	1300	10800	2700	31 ⚀ 25	Φ8@100/200	6500	Φ16@1500	17.92	1815.9

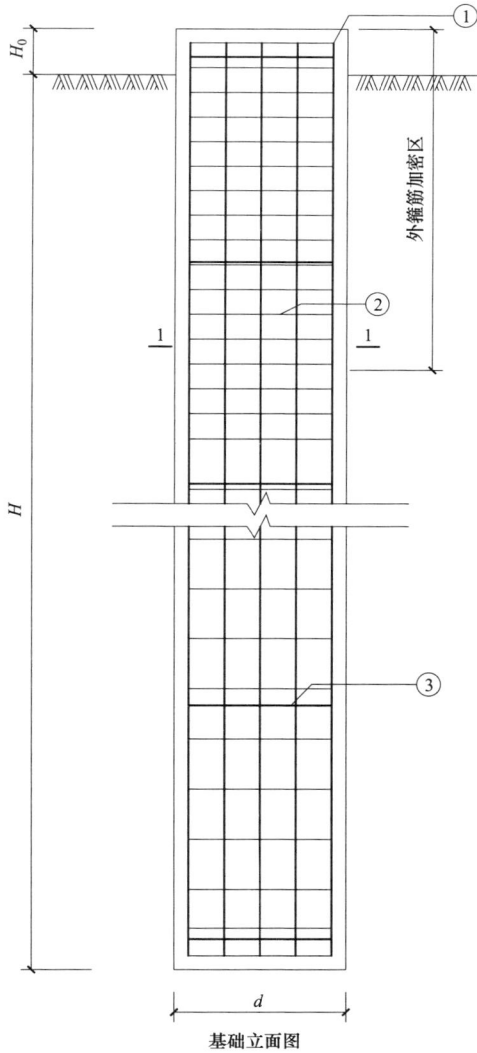

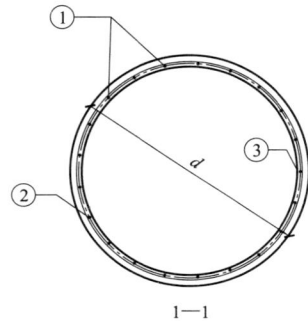

说明：1. 本基础适用于不受地下水影响的黏性土地质条件。

2. 整体立塔时，混凝土的抗压强度应达到设计强度的100%。分解组塔时，混凝土必须达到抗压强度设计值的70%。

3. 基础根开及地脚螺栓间距与相应杆塔结构图核对无误后，方可施工。

4. 基础混凝土强度等级不应低于 C25，主筋采用 HRB400 级钢筋，箍筋采用 HPB300 级钢筋。

5. ②号钢筋加密区箍筋间距100mm，非加密区箍筋间距200mm。可采用螺旋箍筋。

6. 主筋保护层不小于50mm。

7. 基础施工完毕后，做好基面排水处理。

8. 本基础按机械成孔施工方式，未考虑护壁工程量。

基础立面图

1—1

图 19.1-3 5JWK1*-1600 挖孔桩基础施工图

基础立面图

1—1

基 础 参 数 表

基础名称	桩身直径 d(mm)	基础埋深 H(mm)	基础露头 H_0(mm)	主筋①	外箍筋②	外箍筋加密区长度(mm)	内箍筋③	单腿混凝土量 (m^3)	单腿钢筋量 (kg)
5JWK1i-1800-02	1000	23600	200	24 ⏀25	Φ10@100/200	5000	Φ16@1500	18.69	2521.1
5JWK1i-1800-07	1100	21800	700	26 ⏀25	Φ8@100/200	5500	Φ16@1500	21.38	2500.9
5JWK1i-1800-12	1200	20200	1200	27 ⏀25	Φ8@100/200	6000	Φ16@1500	24.20	2489.7
5JWK1i-1800-17	1200	20400	1700	30 ⏀25	Φ8@100/200	6000	Φ16@1500	24.99	2820.7
5JWK1i-1800-22	1300	19000	2200	25 ⏀28	Φ8@100/200	6500	Φ16@1500	28.14	2849.5
5JWK1i-1800-27	1300	19200	2700	27 ⏀28	Φ8@100/200	6500	Φ16@1500	29.07	3150.6
5JWK1j-1800-02	1000	16400	200	24 ⏀25	Φ10@100/200	5000	Φ16@1500	13.04	1775.3
5JWK1j-1800-07	1100	14800	700	26 ⏀25	Φ8@100/200	5500	Φ16@1500	14.73	1732.7
5JWK1j-1800-12	1200	13200	1200	27 ⏀25	Φ8@100/200	6000	Φ16@1500	16.29	1687.7
5JWK1j-1800-17	1200	13200	1700	30 ⏀25	Φ8@100/200	6000	Φ16@1500	16.85	1913.3
5JWK1j-1800-22	1300	12000	2200	25 ⏀28	Φ8@100/200	6500	Φ16@1500	18.85	1923.2
5JWK1j-1800-27	1300	12000	2700	27 ⏀28	Φ8@100/200	6500	Φ16@1500	19.51	2129.1

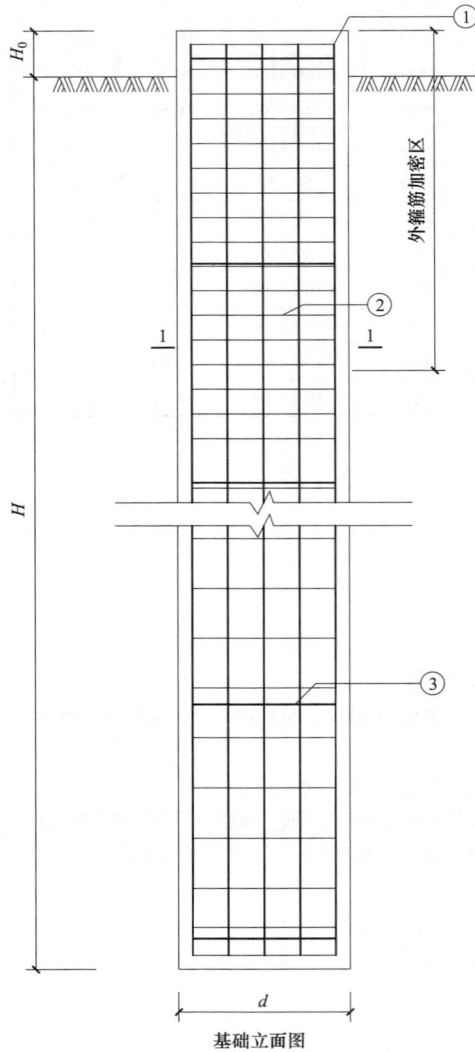

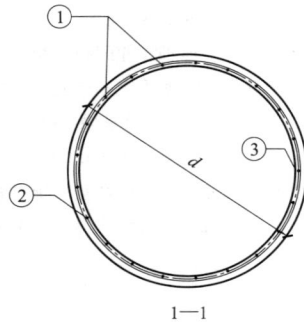

说明：1. 本基础适用于不受地下水影响的黏性土地质条件。

2. 整体立塔时，混凝土的抗压强度应达到设计强度的100%。分解组塔时，混凝土必须达到抗压强度设计值的70%。

3. 基础根开及地脚螺栓间距与相应杆塔结构图核对无误后，方可施工。

4. 基础混凝土强度等级不应低于C25，主筋采用HRB400级钢筋，箍筋采用HPB300级钢筋。

5. ②号钢筋加密区箍筋间距100mm，非加密区箍筋间距200mm。可采用螺旋箍筋。

6. 主筋保护层不小于50mm。

7. 基础施工完毕后，做好基面排水处理。

8. 本基础按机械成孔施工方式，未考虑护壁工程量。

图 19.1-4　5JWK1∗-1800 挖孔桩基础施工图

基 础 参 数 表

基础名称	桩身直径 d（mm）	基础埋深 H（mm）	基础露头 H_0（mm）	主筋①	外箍筋②	外箍筋加密区长度（mm）	内箍筋③	单腿混凝土量（m³）	单腿钢筋量（kg）
5JWK1i-2000-02	1100	24600	200	26 Φ 25	Φ 8@100/200	5500	Φ 16@1500	23.57	2749.7
5JWK1i-2000-07	1200	22800	700	28 Φ 25	Φ 8@100/200	6000	Φ 16@1500	26.58	2817.1
5JWK1i-2000-12	1200	23000	1200	30 Φ 25	Φ 8@100/200	6000	Φ 16@1500	27.37	3088.8
5JWK1i-2000-17	1300	21400	1700	32 Φ 25	Φ 8@100/200	6500	Φ 16@1500	30.66	3156.8
5JWK1i-2000-22	1400	20200	2200	34 Φ 25	Φ 8@100/200	7000	Φ 16@1500	34.48	3261.7
5JWK1i-2000-27	1400	20400	2700	36 Φ 25	Φ 8@100/200	7000	Φ 16@1500	35.56	3541.5
5JWK1j-2000-02	1100	16400	200	26 Φ 25	Φ 8@100/200	5500	Φ 16@1500	15.78	1853.7
5JWK1j-2000-07	1200	14800	700	28 Φ 25	Φ 8@100/200	6000	Φ 16@1500	17.53	1873.4
5JWK1j-2000-12	1200	14800	1200	30 Φ 25	Φ 8@100/200	6000	Φ 16@1500	18.10	2053.8
5JWK1j-2000-17	1300	13400	1700	32 Φ 25	Φ 8@100/200	6500	Φ 16@1500	20.04	2082.3
5JWK1j-2000-22	1400	12200	2200	34 Φ 25	Φ 8@100/200	7000	Φ 16@1500	22.17	2118.2
5JWK1j-2000-27	1400	12400	2700	36 Φ 25	Φ 8@100/200	7000	Φ 16@1500	23.24	2336.3

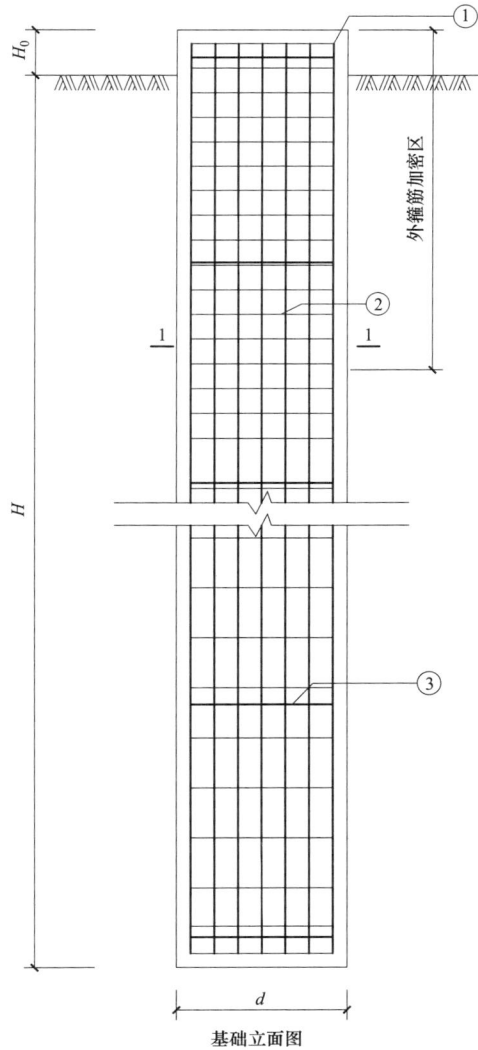

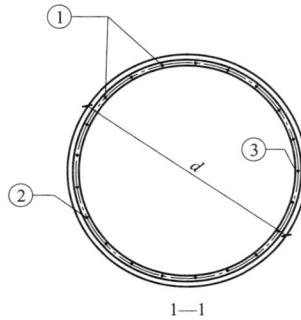

说明：1. 本基础适用于不受地下水影响的黏性土地质条件。

2. 整体立塔时，混凝土的抗压强度应达到设计强度的 100%。分解组塔时，混凝土必须达到抗压强度设计值的 70%。

3. 基础根开及地脚螺栓间距与相应杆塔结构图核对无误后，方可施工。

4. 基础混凝土强度等级不应低于 C25，主筋采用 HRB400 级钢筋，箍筋采用 HPB300 级钢筋。

5. ②号钢筋加密区箍筋间距 100mm，非加密区箍筋间距 200mm。可采用螺旋箍筋。

6. 主筋保护层不小于 50mm。

7. 基础施工完毕后，做好基面排水处理。

8. 本基础按机械成孔施工方式，未考虑护壁工程量。

图 19.1-5 5JWK1*-2000 挖孔桩基础施工图

基 础 参 数 表

基础名称	桩身直径 d(mm)	基础埋深 H(mm)	基础露头 H_0(mm)	主筋①	外箍筋②	外箍筋加密区长度(mm)	内箍筋③	单腿混凝土量（m³）	单腿钢筋量（kg）
5JWK1i-2200-02	1300	23400	200	34 Φ 22	Φ8@100/200	6500	Φ16@1500	31.32	2708.9
5JWK1i-2200-07	1300	23600	700	30 Φ 25	Φ8@100/200	6500	Φ16@1500	32.25	3133.0
5JWK1i-2200-12	1300	23800	1200	33 Φ 25	Φ8@100/200	6500	Φ16@1500	33.18	3506.1
5JWK1i-2200-17	1400	22400	1700	34 Φ 25	Φ8@100/200	7000	Φ16@1500	37.10	3509.7
5JWK1i-2200-22	1400	22800	2200	37 Φ 25	Φ8@100/200	7000	Φ16@1500	38.48	3923.3
5JWK1i-2200-27	1500	21600	2700	38 Φ 25	Φ8@100/200	7500	Φ16@1500	42.94	3944.2
5JWK1j-2200-02	1100	18200	200	28 Φ 25	Φ10@100/200	5500	Φ16@1500	17.49	2277.8
5JWK1j-2200-07	1200	16600	700	30 Φ 25	Φ8@100/200	6000	Φ16@1500	19.57	2217.5
5JWK1j-2200-12	1300	15200	1200	33 Φ 25	Φ8@100/200	6500	Φ16@1500	21.77	2314.4
5JWK1j-2200-17	1400	13800	1700	34 Φ 25	Φ8@100/200	7000	Φ16@1500	23.86	2276.5
5JWK1j-2200-22	1400	14000	2200	37 Φ 25	Φ8@100/200	7000	Φ16@1500	24.94	2560.6
5JWK1j-2200-27	1500	13000	2700	38 Φ 25	Φ8@100/200	7500	Φ16@1500	27.74	2570.2

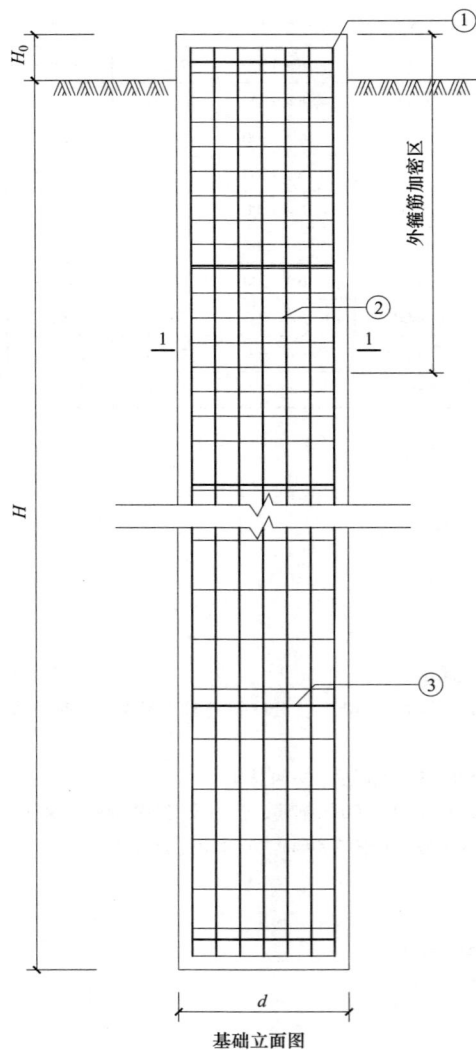

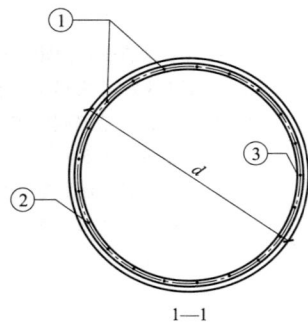

基础立面图

1—1

说明：1. 本基础适用于不受地下水影响的黏性土地质条件。
2. 整体立塔时，混凝土的抗压强度应达到设计强度的100%。分解组塔时，混凝土必须达到抗压强度设计值的70%。
3. 基础根开及地脚螺栓间距与相应杆塔结构图核对无误后，方可施工。
4. 基础混凝土强度等级不应低于C25，主筋采用HRB400级钢筋，箍筋采用HPB300级钢筋。
5. ②号钢筋加密区箍筋间距100mm，非加密区箍筋间距200mm。可采用螺旋箍筋。
6. 主筋保护层不小于50mm。
7. 基础施工完毕后，做好基面排水处理。
8. 本基础按机械成孔施工方式，未考虑护壁工程量。

图 19.1-6 5JWK1*-2200挖孔桩基础施工图

基 础 参 数 表

基础名称	桩身直径 d(mm)	基础埋深 H(mm)	基础露头 H_0(mm)	主筋①	外箍筋②	外箍筋加密区长度(mm)	内箍筋③	单腿混凝土量(m^3)	单腿钢筋量(kg)
5JWK1i-2400-02	1400	24400	200	37 ⌀ 22	Φ 8@ 100/200	7000	Φ 16@ 1500	37.87	3076.2
5JWK1i-2400-07	1400	24600	700	31 ⌀ 25	Φ 8@ 100/200	7000	Φ 16@ 1500	38.95	3385.5
5JWK1i-2400-12	1400	24800	1200	35 ⌀ 25	Φ 8@ 100/200	7000	Φ 16@ 1500	40.02	3880.6
5JWK1i-2400-17	1400	25000	1700	37 ⌀ 25	Φ 8@ 100/200	7000	Φ 16@ 1500	41.10	4184.8
5JWK1i-2400-22	1500	23800	2200	31 ⌀ 28	Φ 8@ 100/200	7500	Φ 16@ 1500	45.95	4301.5
5JWK1i-2400-27	1500	24000	2700	34 ⌀ 28	Φ 8@ 100/200	7500	Φ 16@ 1500	47.18	4798.8
5JWK1j-2400-02	1200	18400	200	30 ⌀ 25	Φ 8@ 100/200	6000	Φ 16@ 1500	21.04	2382.5
5JWK1j-2400-07	1300	17000	700	32 ⌀ 25	Φ 8@ 100/200	6500	Φ 16@ 1500	23.49	2428.0
5JWK1j-2400-12	1300	17000	1200	37 ⌀ 25	Φ 8@ 100/200	6500	Φ 16@ 1500	24.16	2846.6
5JWK1j-2400-17	1400	15800	1700	37 ⌀ 25	Φ 8@ 100/200	7000	Φ 16@ 1500	26.94	2761.8
5JWK1j-2400-22	1500	14600	2200	31 ⌀ 28	Φ 8@ 100/200	7500	Φ 16@ 1500	29.69	2803.1
5JWK1j-2400-27	1500	14800	2700	34 ⌀ 28	Φ 8@ 100/200	7500	Φ 16@ 1500	30.93	3167.0

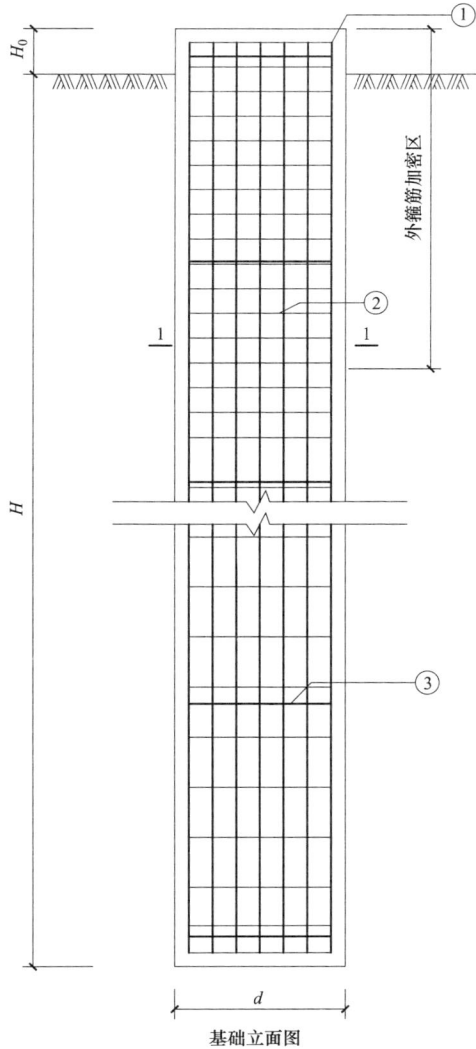

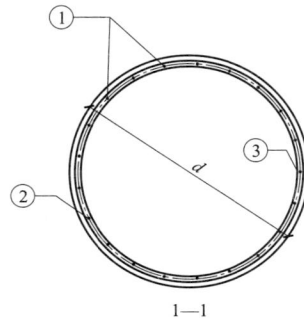

基础立面图

1—1

图 19.1-7 5JWK1＊-2400挖孔桩基础施工图

说明：1. 本基础适用于不受地下水影响的黏性土地质条件。
　　　2. 整体立塔时，混凝土的抗压强度应达到设计强度的100%。分解组塔时，混凝土必须达到抗压强度设计值的70%。
　　　3. 基础根开及地脚螺栓间距与相应杆塔结构图核对无误后，方可施工。
　　　4. 基础混凝土强度等级不应低于C25，主筋采用HRB400级钢筋，箍筋采用HPB300级钢筋。
　　　5. ②号钢筋加密区箍筋间距100mm，非加密区箍筋间距200mm。可采用螺旋箍筋。
　　　6. 主筋保护层不小于50mm。
　　　7. 基础施工完毕后，做好基面排水处理。
　　　8. 本基础按机械成孔施工方式，未考虑护壁工程量。

基 础 参 数 表

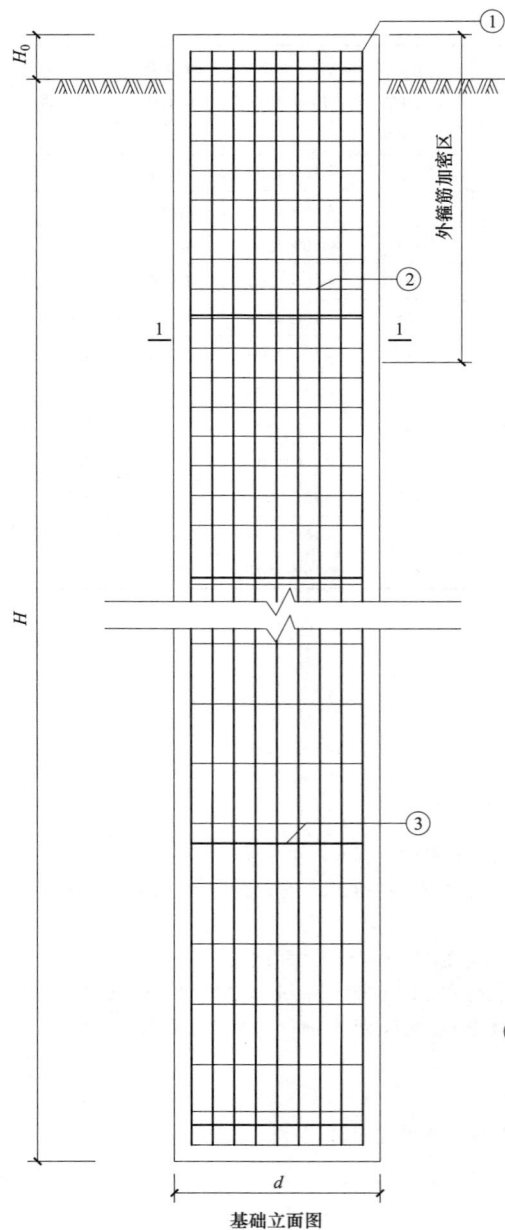

基础名称	桩身直径 d(mm)	基础埋深 H(mm)	基础露头 H_0(mm)	主筋①	外箍筋②	外箍筋加密区长度(mm)	内箍筋③	单腿混凝土量(m³)	单腿钢筋量(kg)
5JWK1i-2600-02	1600	23600	200	38 ⏀ 22	Φ8@ 100/200	8000	Φ18@ 1500	47.85	3143.3
5JWK1i-2600-07	1600	23800	700	42 ⏀ 22	Φ8@ 100/200	8000	Φ18@ 1500	49.26	3528.3
5JWK1i-2600-12	1600	24200	1200	45 ⏀ 22	Φ8@ 100/200	8000	Φ18@ 1500	51.07	3876.8
5JWK1i-2600-17	1600	24400	1700	38 ⏀ 25	Φ8@ 100/200	8000	Φ18@ 1500	52.48	4300.2
5JWK1i-2600-22	1600	24800	2200	41 ⏀ 25	Φ8@ 100/200	8000	Φ18@ 1500	54.29	4761.1
5JWK1i-2600-27	1700	23800	2700	42 ⏀ 25	Φ8@ 100/200	8500	Φ18@ 1500	60.15	4808.9
5JWK1j-2600-02	1200	20600	200	26 ⏀ 28	Φ10@ 100/200	6000	Φ16@ 1500	23.52	2972.1
5JWK1j-2600-07	1300	18800	700	28 ⏀ 28	Φ8@ 100/200	6500	Φ16@ 1500	25.88	2907.5
5JWK1j-2600-12	1400	17400	1200	30 ⏀ 28	Φ8@ 100/200	7000	Φ16@ 1500	28.63	2979.0
5JWK1j-2600-17	1500	16200	1700	31 ⏀ 28	Φ8@ 100/200	7500	Φ16@ 1500	31.63	2978.4
5JWK1j-2600-22	1500	16200	2200	34 ⏀ 28	Φ8@ 100/200	7500	Φ16@ 1500	32.52	3328.5
5JWK1j-2600-27	1600	15200	2700	35 ⏀ 28	Φ8@ 100/200	8000	Φ18@ 1500	35.99	3373.0

说明：1. 本基础适用于不受地下水影响的黏性土地质条件。

2. 整体立塔时，混凝土的抗压强度应达到设计强度的 100%。分解组塔时，混凝土必须达到抗压强度设计值的 70%。

3. 基础根开及地脚螺栓间距与相应杆塔结构图核对无误后，方可施工。

4. 基础混凝土强度等级不应低于 C25，主筋采用 HRB400 级钢筋，箍筋采用 HPB300 级钢筋。

5. ②号钢筋加密区箍筋间距 100mm，非加密区箍筋间距 200mm。可采用螺旋箍筋。

6. 主筋保护层不小于 50mm。

7. 基础施工完毕后，做好基面排水处理。

8. 本基础按机械成孔施工方式，未考虑护壁工程量。

基础立面图

1—1

图 19.1-8 5JWK1*-2600 挖孔桩基础施工图

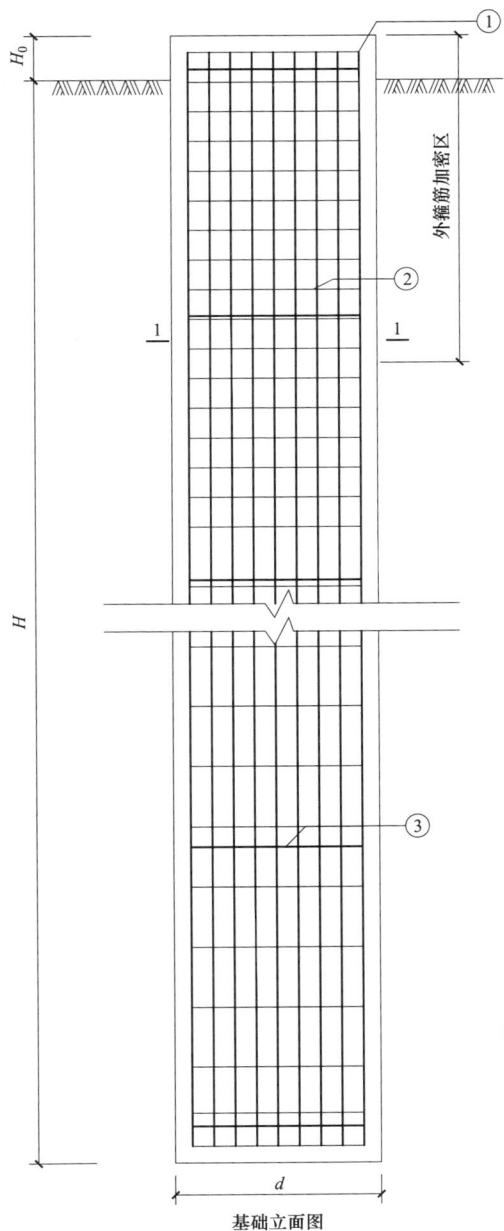

基 础 参 数 表

基础名称	桩身直径 d(mm)	基础埋深 H(mm)	基础露头 H_0(mm)	主筋①	外箍筋②	外箍筋加密区长度(mm)	内箍筋③	单腿混凝土量(m^3)	单腿钢筋量(kg)
5JWK1i-2800-02	1700	24400	200	49Φ20	Φ8@100/200	8500	Φ18@1500	55.84	3469.3
5JWK1i-2800-07	1700	24800	700	34Φ25	Φ8@100/200	8500	Φ18@1500	57.88	3854.7
5JWK1i-2800-12	1800	23800	1200	36Φ25	Φ8@100/200	9000	Φ18@1500	63.62	4004.1
5JWK1i-2800-17	1800	24200	1700	39Φ25	Φ8@100/200	9000	Φ18@1500	65.91	4445.7
5JWK1i-2800-22	1800	24600	2200	33Φ28	Φ8@100/200	9000	Φ18@1500	68.20	4837.1
5JWK1i-2800-27	1800	24800	2700	35Φ28	Φ8@100/200	9000	Φ18@1500	69.98	5230.0
5JWK1j-2800-02	1300	20600	200	27Φ28	Φ8@100/200	6500	Φ16@1500	27.61	2992.5
5JWK1j-2800-07	1400	19000	700	29Φ28	Φ8@100/200	7000	Φ16@1500	30.33	3058.1
5JWK1j-2800-12	1400	19200	1200	32Φ28	Φ8@100/200	7000	Φ16@1500	31.40	3456.8
5JWK1j-2800-17	1500	17800	1700	34Φ28	Φ8@100/200	7500	Φ16@1500	34.46	3526.4
5JWK1j-2800-22	1600	16600	2200	35Φ28	Φ8@100/200	8000	Φ18@1500	37.80	3543.5
5JWK1j-2800-27	1600	16800	2700	29Φ32	Φ8@100/200	8000	Φ18@1500	39.21	3945.3

基础立面图

1—1

图 19.1-9 5JWK1∗-2800 挖孔桩基础施工图

说明：1. 本基础适用于不受地下水影响的黏性土地质条件。

2. 整体立塔时，混凝土的抗压强度应达到设计强度的100%。分解组塔时，混凝土必须达到抗压强度设计值的70%。

3. 基础根开及地脚螺栓间距与相应杆塔结构图核对无误后，方可施工。

4. 基础混凝土强度等级不应低于 C25，主筋采用 HRB400 级钢筋，箍筋采用 HPB300 级钢筋。

5. ②号钢筋加密区箍筋间距100mm，非加密区箍筋间距200mm。可采用螺旋箍筋。

6. 主筋保护层不小于50mm。

7. 基础施工完毕后，做好基面排水处理。

8. 本基础按机械成孔施工方式，未考虑护壁工程量。

19.2　5JWK2 子模块

此子模块适用于粉土地基，共包含 9 张图纸，基础施工图图纸清单见表 19.2-1。

表 19.2-1　　　　　　　　5JWK2 子模块基础施工图图纸清单

序号	图号	图　名	基础作用力（kN）	
			$T/T_x/T_y$	$N/N_x/N_y$
1	图 19.2-1	5JWK2 * -1200 挖孔桩基础施工图	1200/228/228	1560/296/296
2	图 19.2-2	5JWK2 * -1400 挖孔桩基础施工图	1400/266/266	1820/346/346
3	图 19.2-3	5JWK2 * -1600 挖孔桩基础施工图	1600/304/304	2080/395/395
4	图 19.2-4	5JWK2 * -1800 挖孔桩基础施工图	1800/342/342	2340/445/445
5	图 19.2-5	5JWK2 * -2000 挖孔桩基础施工图	2000/380/380	2600/494/494
6	图 19.2-6	5JWK2 * -2200 挖孔桩基础施工图	2200/418/418	2860/543/543
7	图 19.2-7	5JWK2 * -2400 挖孔桩基础施工图	2400/456/456	3120/593/593
8	图 19.2-8	5JWK2 * -2600 挖孔桩基础施工图	2600/494/494	3380/642/642
9	图 19.2-9	5JWK2 * -2800 挖孔桩基础施工图	2800/532/532	3640/692/692

注　2 * 包含 2h、2i、2j 三种地质参数组合。

基 础 参 数 表

基础名称	桩身直径 d(mm)	基础埋深 H(mm)	基础露头 H_0(mm)	主筋①	外箍筋②	外箍筋加密区长度(mm)	内箍筋③	单腿混凝土量(m³)	单腿钢筋量(kg)
5JWK2i-1200-02	900	22400	200	21Φ22	Φ8@100/200	4500	Φ14@1500	14.38	1595.8
5JWK2i-1200-07	900	22600	700	25Φ22	Φ8@100/200	4500	Φ14@1500	14.82	1920.3
5JWK2i-1200-12	1100	23200	1200	25Φ22	Φ8@100/200	5500	Φ16@1500	23.19	2086.4
5JWK2i-1200-17	1100	23400	1700	27Φ22	Φ8@100/200	5500	Φ16@1500	23.85	2292.7
5JWK2i-1200-22	1100	23600	2200	23Φ25	Φ8@100/200	5500	Φ16@1500	24.52	2563.9
5JWK2i-1200-27	1100	24000	2700	25Φ25	Φ8@100/200	5500	Φ16@1500	25.37	2854.7
5JWK2j-1200-02	900	15800	200	16Φ25	Φ8@100/200	4500	Φ14@1500	10.18	1118.7
5JWK2j-1200-07	900	15800	700	19Φ25	Φ8@100/200	4500	Φ14@1500	10.50	1344.7
5JWK2j-1200-12	1000	13800	1200	20Φ25	Φ8@100/200	5000	Φ16@1500	11.78	1313.5
5JWK2j-1200-17	1000	13800	1700	22Φ25	Φ8@100/200	5000	Φ16@1500	12.17	1472.8
5JWK2j-1200-22	1100	12400	2200	23Φ25	Φ8@100/200	5500	Φ16@1500	13.87	1464.2
5JWK2j-1200-27	1100	12400	2700	25Φ25	Φ8@100/200	5500	Φ16@1500	14.35	1632.4

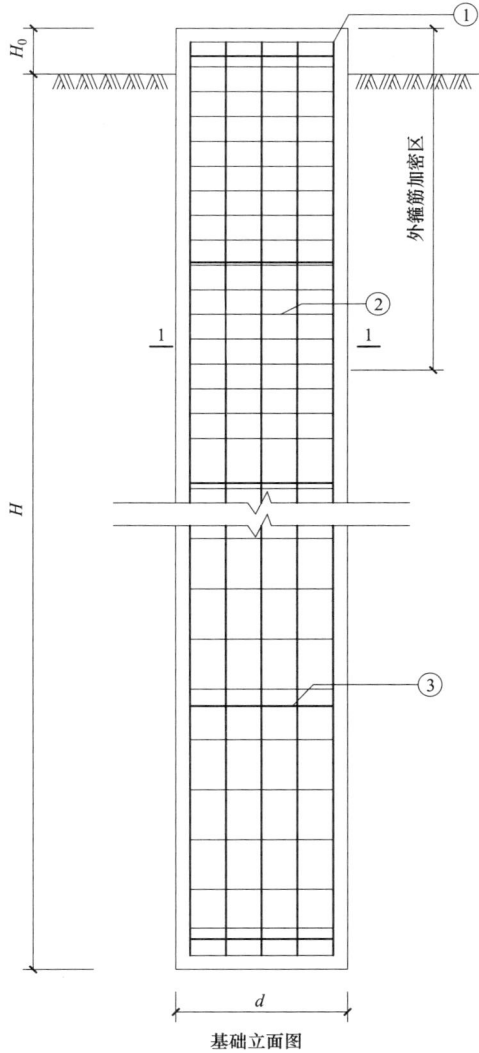

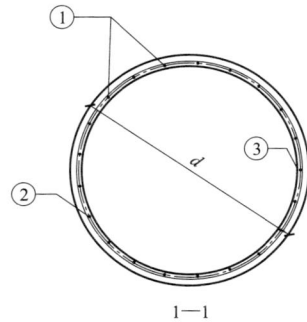

基础立面图

1—1

说明：1. 本基础适用于不受地下水影响的粉土地质条件。

2. 整体立塔时，混凝土的抗压强度应达到设计强度的100%。分解组塔时，混凝土必须达到抗压强度设计值的70%。

3. 基础根开及地脚螺栓间距与相应杆塔结构图核对无误后，方可施工。

4. 基础混凝土强度等级不应低于C25，主筋采用HRB400级钢筋，箍筋采用HPB300级钢筋。

5. ②号钢筋加密区箍筋间距100mm，非加密区箍筋间距200mm。可采用螺旋箍筋。

6. 主筋保护层不小于50mm。

7. 基础施工完毕后，做好基面排水处理。

8. 本基础按机械成孔施工方式，未考虑护壁工程量。

图 19.2-1　5JWK2∗-1200挖孔桩基础施工图

基 础 参 数 表

基础名称	桩身直径 d(mm)	基础埋深 H(mm)	基础露头 H0(mm)	主筋①	外箍筋②	外箍筋加密区长度(mm)	内箍筋③	单腿混凝土量(m³)	单腿钢筋量(kg)
5JWK2i-1400-02	1300	23400	200	32 Φ18	Φ8@100/200	6500	Φ16@1500	31.32	1828.3
5JWK2i-1400-07	1300	23800	700	35 Φ18	Φ8@100/200	6500	Φ16@1500	32.52	2045.1
5JWK2i-1400-12	1300	24200	1200	26 Φ22	Φ8@100/200	6500	Φ16@1500	33.71	2307.2
5JWK2i-1400-17	1300	24600	1700	28 Φ22	Φ8@100/200	6500	Φ16@1500	34.91	2546.4
5JWK2i-1400-22	1300	25000	2200	31 Φ22	Φ8@100/200	6500	Φ16@1500	36.10	2875.6
5JWK2i-1400-27	1400	23800	2700	32 Φ22	Φ8@100/200	7000	Φ16@1500	40.79	2913.1
5JWK2j-1400-02	1000	16400	200	24 Φ22	Φ8@100/200	5000	Φ16@1500	13.04	1360.5
5JWK2j-1400-07	1000	16600	700	27 Φ22	Φ8@100/200	5000	Φ16@1500	13.59	1567.8
5JWK2j-1400-12	1100	15000	1200	28 Φ22	Φ8@100/200	5500	Φ16@1500	15.40	1539.4
5JWK2j-1400-17	1100	15200	1700	31 Φ22	Φ8@100/200	5500	Φ16@1500	16.06	1757.8
5JWK2j-1400-22	1200	13600	2200	33 Φ22	Φ8@100/200	6000	Φ16@1500	17.87	1761.2
5JWK2j-1400-27	1200	13800	2700	28 Φ25	Φ8@100/200	6000	Φ16@1500	18.66	1993.3

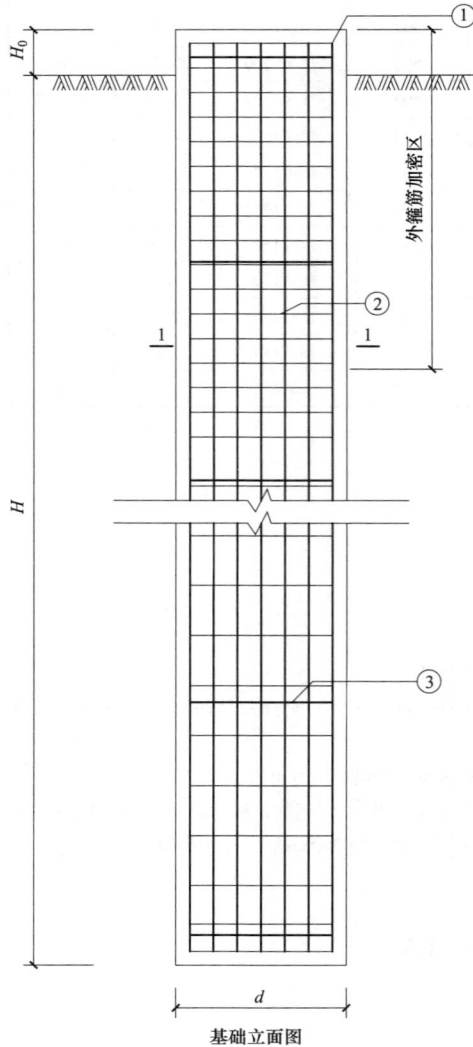

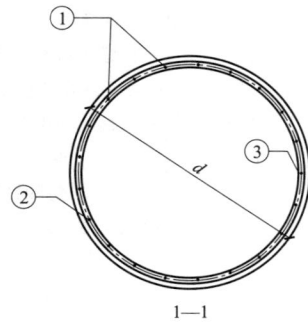

基础立面图

1—1

图 19.2-2　5JWK2*-1400 挖孔桩基础施工图

说明：1. 本基础适用于不受地下水影响的粉土地质条件。

2. 整体立塔时，混凝土的抗压强度应达到设计强度的 100%。分解组塔时，混凝土必须达到抗压强度设计值的 70%。

3. 基础根开及地脚螺栓间距与相应杆塔结构图核对无误后，方可施工。

4. 基础混凝土强度等级不应低于 C25，主筋采用 HRB400 级钢筋，箍筋采用 HPB300 级钢筋。

5. ②号钢筋加密区箍筋间距 100mm，非加密区箍筋间距 200mm。可采用螺旋箍筋。

6. 主筋保护层不小于 50mm。

7. 基础施工完毕后，做好基面排水处理。

8. 本基础按机械成孔施工方式，未考虑护壁工程量。

基 础 参 数 表

基础名称	桩身直径 d(mm)	基础埋深 H(mm)	基础露头 H_0(mm)	主筋①	外箍筋②	外箍筋加密区长度(mm)	内箍筋③	单腿混凝土量(m^3)	单腿钢筋量(kg)
5JWK2i-1600-02	1500	24600	200	45 ⌀ 16	Φ8@100/200	7500	Φ16@1500	43.83	2161.5
5JWK2i-1600-07	1500	25000	700	39 ⌀ 18	Φ8@100/200	7500	Φ16@1500	45.42	2416.5
5JWK2i-1600-12	1600	24000	1200	40 ⌀ 18	Φ8@100/200	8000	Φ18@1500	50.67	2485.1
5JWK2i-1600-17	1600	24600	1700	44 ⌀ 18	Φ8@100/200	8000	Φ18@1500	52.88	2800.6
5JWK2i-1600-22	1700	24000	2200	46 ⌀ 18	Φ8@100/200	8500	Φ18@1500	59.47	2933.6
5JWK2i-1600-27	1700	24600	2700	39 ⌀ 20	Φ8@100/200	8500	Φ18@1500	61.97	3172.5
5JWK2j-1600-02	1000	19600	200	27 ⌀ 22	Φ8@100/200	5000	Φ16@1500	15.55	1792.2
5JWK2j-1600-07	1000	19800	700	24 ⌀ 25	Φ8@100/200	5000	Φ16@1500	16.10	2094.3
5JWK2j-1600-12	1100	18000	1200	26 ⌀ 25	Φ8@100/200	5500	Φ16@1500	18.25	2135.1
5JWK2j-1600-17	1200	16400	1700	27 ⌀ 25	Φ8@100/200	6000	Φ16@1500	20.47	2112.7
5JWK2j-1600-22	1200	16600	2200	30 ⌀ 25	Φ8@100/200	6000	Φ16@1500	21.26	2407.0
5JWK2j-1600-27	1300	15200	2700	24 ⌀ 28	Φ8@100/200	6500	Φ16@1500	23.76	2324.0

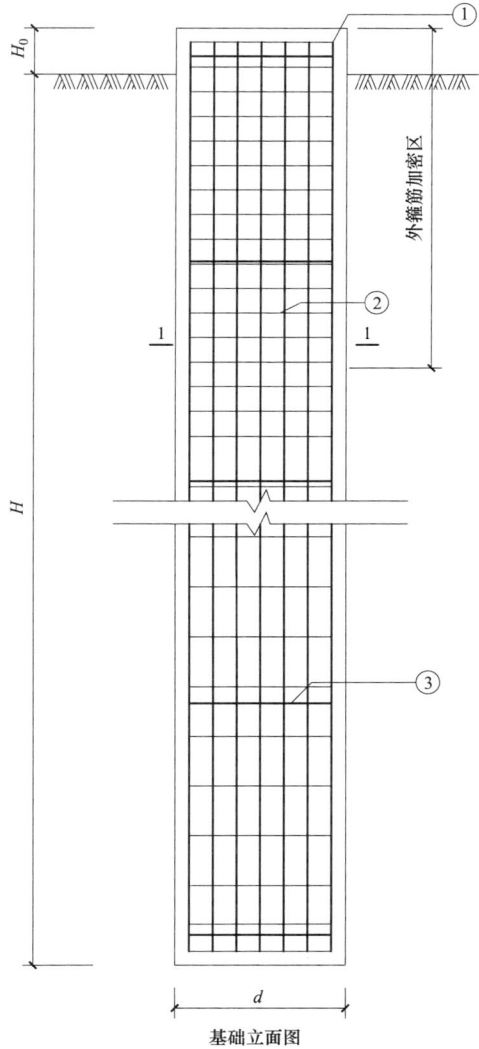

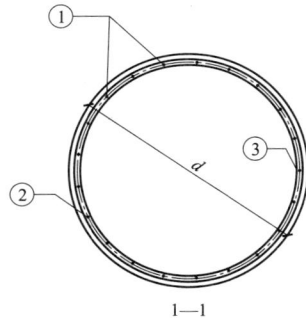

基础立面图

1—1

图 19.2-3　5JWK2＊-1600 挖孔桩基础施工图

说明：1. 本基础适用于不受地下水影响的粉土地质条件。

2. 整体立塔时，混凝土的抗压强度应达到设计强度的 100%。分解组塔时，混凝土必须达到抗压强度设计值的 70%。

3. 基础根开及地脚螺栓间距与相应杆塔结构图核对无误后，方可施工。

4. 基础混凝土强度等级不应低于 C25，主筋采用 HRB400 级钢筋，箍筋采用 HPB300 级钢筋。

5. ②号钢筋加密区箍筋间距 100mm，非加密区箍筋间距 200mm。可采用螺旋箍筋。

6. 主筋保护层不小于 50mm。

7. 基础施工完毕后，做好基面排水处理。

8. 本基础按机械成孔施工方式，未考虑护壁工程量。

基 础 参 数 表

基础名称	桩身直径 d(mm)	基础埋深 H(mm)	基础露头 H_0(mm)	主筋①	外箍筋②	外箍筋加密区长度(mm)	内箍筋③	单腿混凝土量(m³)	单腿钢筋量(kg)
5JWK2j-1800-02	1000	22800	200	24Φ25	Φ10@100/200	5000	Φ16@1500	18.06	2440.1
5JWK2j-1800-07	1100	20600	700	26Φ25	Φ8@100/200	5500	Φ16@1500	20.24	2368.5
5JWK2j-1800-12	1200	19000	1200	27Φ25	Φ8@100/200	6000	Φ16@1500	22.85	2351.5
5JWK2j-1800-17	1200	19200	1700	30Φ25	Φ8@100/200	6000	Φ16@1500	23.64	2668.6
5JWK2j-1800-22	1300	17600	2200	25Φ28	Φ8@100/200	6500	Φ16@1500	26.28	2664.2
5JWK2j-1800-27	1300	17800	2700	27Φ28	Φ8@100/200	6500	Φ16@1500	27.21	2951.8

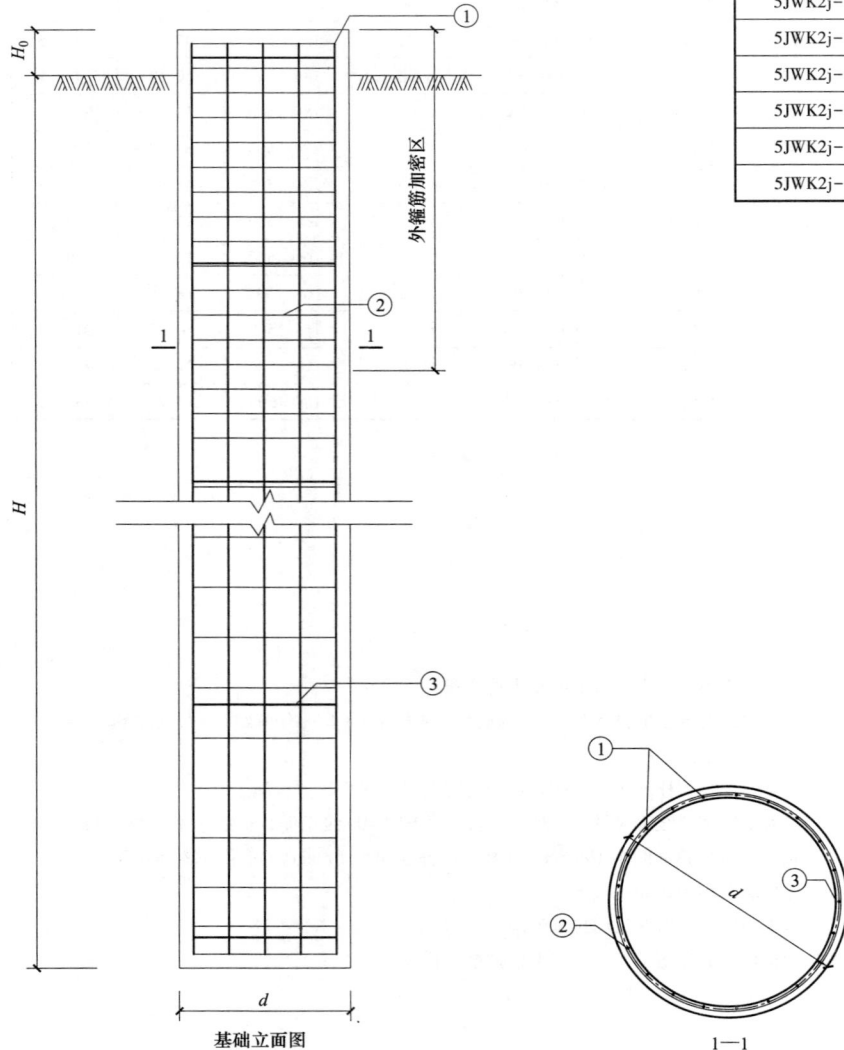

基础立面图

1—1

说明：1. 本基础适用于不受地下水影响的粉土地质条件。

2. 整体立塔时，混凝土的抗压强度应达到设计强度的100%。分解组塔时，混凝土必须达到抗压强度设计值的70%。

3. 基础根开及地脚螺栓间距与相应杆塔结构图核对无误后，方可施工。

4. 基础混凝土强度等级不应低于C25，主筋采用HRB400级钢筋，箍筋采用HPB300级钢筋。

5. ②号钢筋加密区箍筋间距100mm，非加密区箍筋间距200mm。可采用螺旋箍筋。

6. 主筋保护层不小于50mm。

7. 基础施工完毕后，做好基面排水处理。

8. 本基础按机械成孔施工方式，未考虑护壁工程量。

图 19.2-4　5JWK2∗-1800 挖孔桩基础施工图

基 础 参 数 表

基础名称	桩身直径 d(mm)	基础埋深 H(mm)	基础露头 H_0(mm)	主筋①	外箍筋②	外箍筋加密区长度(mm)	内箍筋③	单腿混凝土量 (m³)	单腿钢筋量 (kg)
5JWK2j-2000-02	1100	23400	200	26⌀25	Φ8@100/200	5500	Φ16@1500	22.43	2617.3
5JWK2j-2000-07	1200	21600	700	28⌀25	Φ8@100/200	6000	Φ16@1500	25.22	2674.3
5JWK2j-2000-12	1200	21800	1200	30⌀25	Φ8@100/200	6000	Φ16@1500	26.01	2936.8
5JWK2j-2000-17	1300	20200	1700	32⌀25	Φ8@100/200	6500	Φ16@1500	29.07	2994.2
5JWK2j-2000-22	1400	18600	2200	34⌀25	Φ8@100/200	7000	Φ16@1500	32.02	3033.0
5JWK2j-2000-27	1400	19000	2700	36⌀25	Φ8@100/200	7000	Φ16@1500	33.40	3329.8

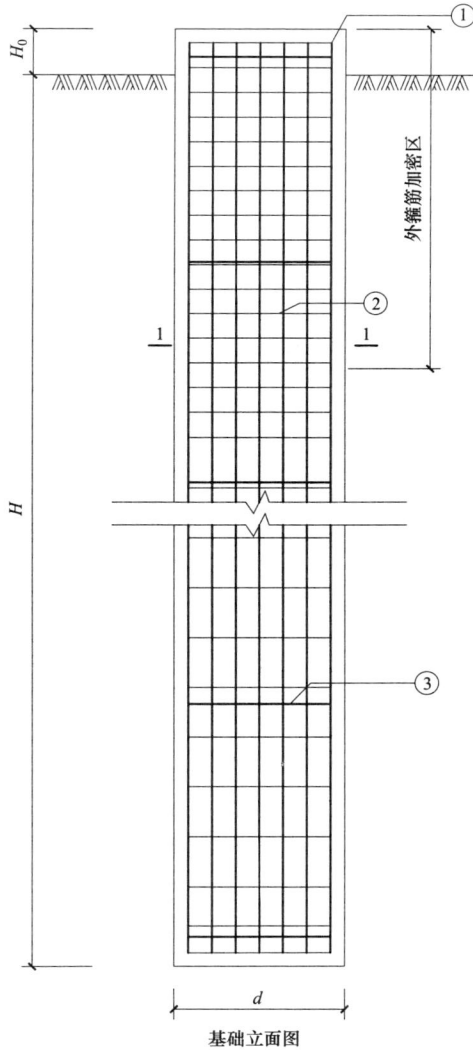

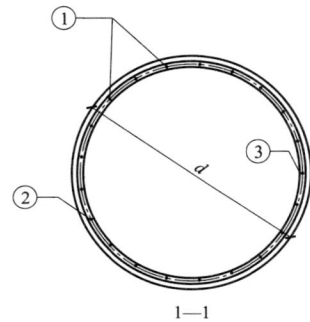

基础立面图

1—1

图 19.2-5 5JWK2*-2000 挖孔桩基础施工图

说明：1. 本基础适用于不受地下水影响的粉土地质条件。

2. 整体立塔时，混凝土的抗压强度应达到设计强度的 100%。分解组塔时，混凝土必须达到抗压强度设计值的 70%。

3. 基础根开及地脚螺栓间距与相应杆塔结构图核对无误后，方可施工。

4. 基础混凝土强度等级不应低于 C25，主筋采用 HRB400 级钢筋，箍筋采用 HPB300 级钢筋。

5. ②号钢筋加密区箍筋间距 100mm，非加密区箍筋间距 200mm。可采用螺旋箍筋。

6. 主筋保护层不小于 50mm。

7. 基础施工完毕后，做好基面排水处理。

8. 本基础按机械成孔施工方式，未考虑护壁工程量。

基 础 参 数 表

基础名称	桩身直径 d(mm)	基础埋深 H(mm)	基础露头 H_0(mm)	主筋①	外箍筋②	外箍筋加密区长度(mm)	内箍筋③	单腿混凝土量(m^3)	单腿钢筋量(kg)
5JWK2j-2200-02	1200	24200	200	27Φ25	Φ8@100/200	6000	Φ16@1500	27.60	2832.7
5JWK2j-2200-07	1200	24400	700	30Φ25	Φ8@100/200	6000	Φ16@1500	28.39	3198.4
5JWK2j-2200-12	1300	22600	1200	33Φ25	Φ8@100/200	6500	Φ16@1500	31.59	3338.9
5JWK2j-2200-17	1400	21000	1700	34Φ25	Φ8@100/200	7000	Φ16@1500	34.94	3308.8
5JWK2j-2200-22	1400	21200	2200	37Φ25	Φ8@100/200	7000	Φ16@1500	36.02	3676.1
5JWK2j-2200-27	1500	20000	2700	38Φ25	Φ8@100/200	7500	Φ16@1500	40.11	3689.3

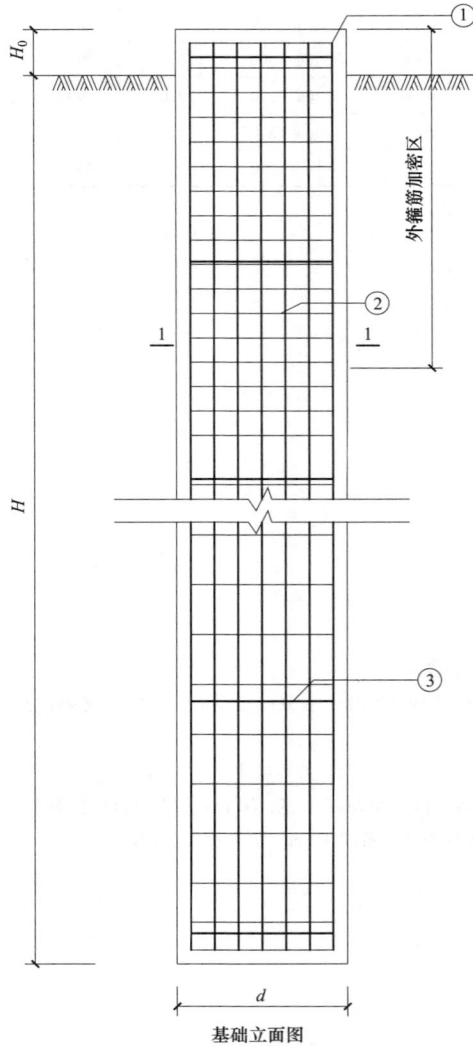

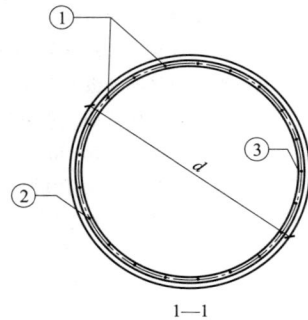

基础立面图

1—1

说明：1. 本基础适用于不受地下水影响的粉土地质条件。
2. 整体立塔时，混凝土的抗压强度应达到设计强度的100%。分解组塔时，混凝土必须达到抗压强度设计值的70%。
3. 基础根开及地脚螺栓间距与相应杆塔结构图核对无误后，方可施工。
4. 基础混凝土强度等级不应低于C25，主筋采用HRB400级钢筋，箍筋采用HPB300级钢筋。
5. ②号钢筋加密区箍筋间距100mm，非加密区箍筋间距200mm。可采用螺旋箍筋。
6. 主筋保护层不小于50mm。
7. 基础施工完毕后，做好基面排水处理。
8. 本基础按机械成孔施工方式，未考虑护壁工程量。

图 19.2-6　5JWK2∗-2200 挖孔桩基础施工图

基 础 参 数 表

基础名称	桩身直径 d(mm)	基础埋深 H(mm)	基础露头 H_0(mm)	主筋①	外箍筋②	外箍筋加密区长度(mm)	内箍筋③	单腿混凝土量(m³)	单腿钢筋量(kg)
5JWK2j-2400-02	1300	24800	200	29 Φ 25	Φ 8@ 100/200	6500	Φ 16@ 1500	33.18	3122.6
5JWK2j-2400-07	1300	25000	700	32 Φ 25	Φ 8@ 100/200	6500	Φ 16@ 1500	34.11	3508.1
5JWK2j-2400-12	1400	23400	1200	35 Φ 25	Φ 8@ 100/200	7000	Φ 16@ 1500	37.87	3674.4
5JWK2j-2400-17	1400	23600	1700	37 Φ 25	Φ 8@ 100/200	7000	Φ 16@ 1500	38.95	3967.7
5JWK2j-2400-22	1500	22200	2200	31 Φ 28	Φ 8@ 100/200	7500	Φ 16@ 1500	43.12	4041.2
5JWK2j-2400-27	1500	22400	2700	26 Φ 32	Φ 8@ 100/200	7500	Φ 16@ 1500	44.36	4509.7

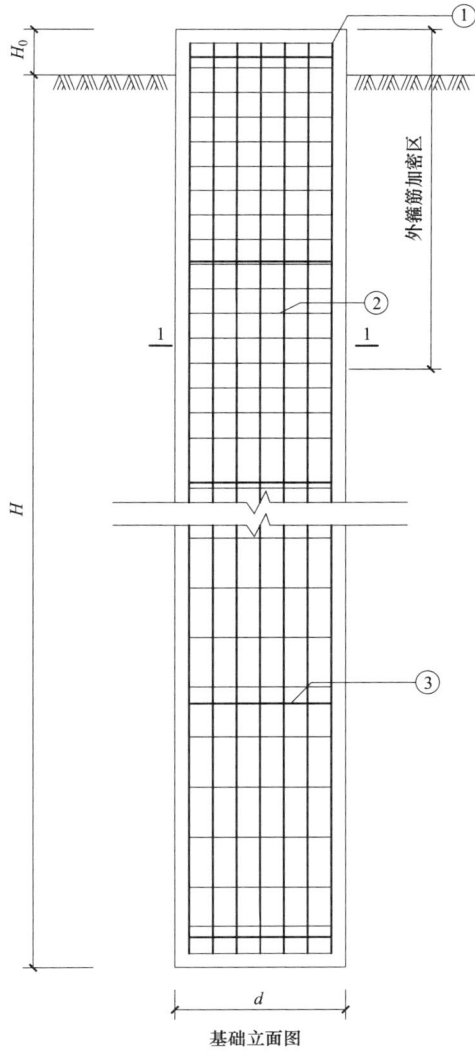

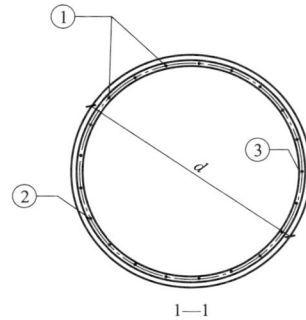

说明：1. 本基础适用于不受地下水影响的粉土地质条件。

2. 整体立塔时，混凝土的抗压强度应达到设计强度的100%。分解组塔时，混凝土必须达到抗压强度设计值的70%。

3. 基础根开及地脚螺栓间距与相应杆塔结构图核对无误后，方可施工。

4. 基础混凝土强度等级不应低于C25，主筋采用HRB400级钢筋，箍筋采用HPB300级钢筋。

5. ②号钢筋加密区箍筋间距100mm，非加密区箍筋间距200mm。可采用螺旋箍筋。

6. 主筋保护层不小于50mm。

7. 基础施工完毕后，做好基面排水处理。

8. 本基础按机械成孔施工方式，未考虑护壁工程量。

基础立面图

1—1

图 19.2-7   5JWK2 ∗ -2400 挖孔桩基础施工图

基 础 参 数 表

基础名称	桩身直径 d(mm)	基础埋深 H(mm)	基础露头 H_0(mm)	主筋①	外箍筋②	外箍筋加密区长度(mm)	内箍筋③	单腿混凝土量（m³）	单腿钢筋量（kg）
5JWK2j-2600-02	1500	23600	200	39 φ 22	Φ 8@ 100/200	7500	Φ 16@ 1500	42.06	3148.0
5JWK2j-2600-07	1500	24000	700	42 φ 22	Φ 8@ 100/200	7500	Φ 16@ 1500	43.65	3488.2
5JWK2j-2600-12	1500	24200	1200	36 φ 25	Φ 8@ 100/200	7500	Φ 16@ 1500	44.89	3919.1
5JWK2j-2600-17	1500	24400	1700	31 φ 28	Φ 8@ 100/200	7500	Φ 16@ 1500	46.12	4318.2
5JWK2j-2600-22	1500	24800	2200	34 φ 28	Φ 8@ 100/200	7500	Φ 16@ 1500	47.71	4856.4
5JWK2j-2600-27	1600	23400	2700	35 φ 28	Φ 8@ 100/200	8000	Φ 18@ 1500	52.48	4890.6

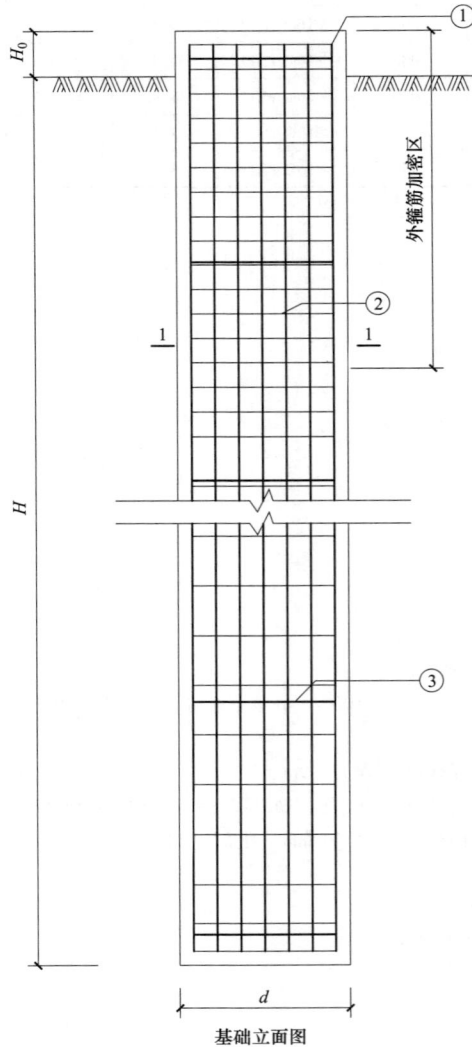

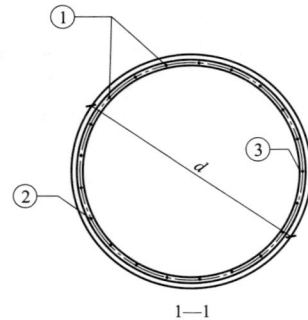

基础立面图

1—1

说明：1. 本基础适用于不受地下水影响的粉土地质条件。

2. 整体立塔时，混凝土的抗压强度应达到设计强度的100%。分解组塔时，混凝土必须达到抗压强度设计值的70%。

3. 基础根开及地脚螺栓间距与相应杆塔结构图核对无误后，方可施工。

4. 基础混凝土强度等级不应低于C25，主筋采用HRB400级钢筋，箍筋采用HPB300级钢筋。

5. ②号钢筋加密区箍筋间距100mm，非加密区箍筋间距200mm。可采用螺旋箍筋。

6. 主筋保护层不小于50mm。

7. 基础施工完毕后，做好基面排水处理。

8. 本基础按机械成孔施工方式，未考虑护壁工程量。

图 19.2-8　5JWK2*-2600 挖孔桩基础施工图

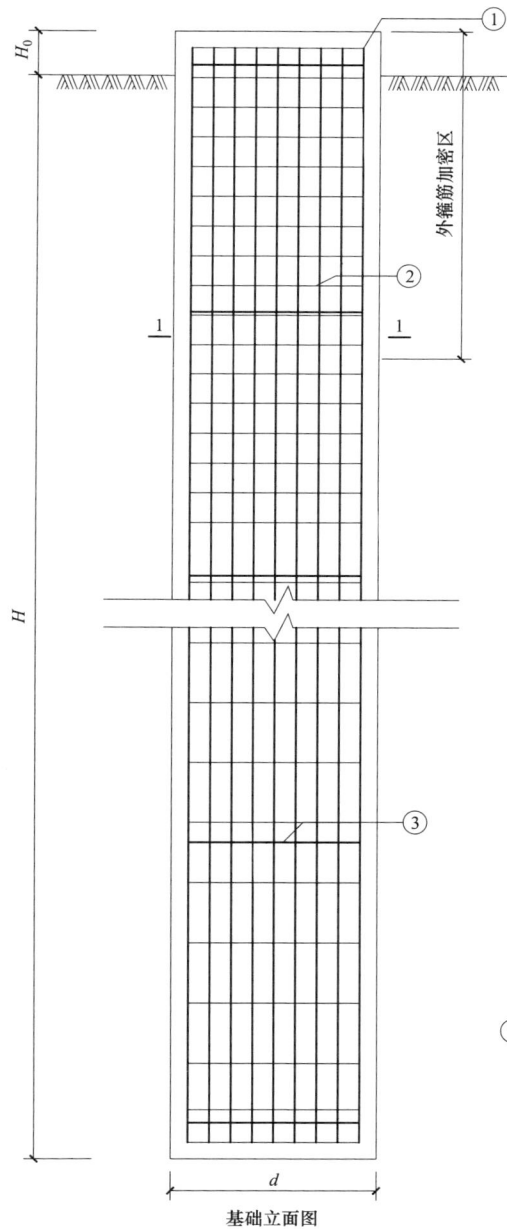

基 础 参 数 表

基础名称	桩身直径 d(mm)	基础埋深 H(mm)	基础露头 H_0(mm)	主筋①	外箍筋②	外箍筋加密区长度(mm)	内箍筋③	单腿混凝土量(m³)	单腿钢筋量(kg)
5JWK2j-2800-02	1600	24400	200	41Φ22	Φ8@100/200	8000	Φ18@1500	49.46	3469.7
5JWK2j-2800-07	1600	24600	700	45Φ22	Φ8@100/200	8000	Φ18@1500	50.87	3861.5
5JWK2j-2800-12	1600	25000	1200	38Φ25	Φ8@100/200	8000	Φ18@1500	52.68	4316.8
5JWK2j-2800-17	1700	23600	1700	40Φ25	Φ8@100/200	8500	Φ18@1500	57.43	4399.0
5JWK2j-2800-22	1700	24000	2200	34Φ28	Φ8@100/200	8500	Φ18@1500	59.47	4820.9
5JWK2j-2800-27	1700	24400	2700	28Φ32	Φ8@100/200	8500	Φ18@1500	61.51	5322.7

说明：1. 本基础适用于不受地下水影响的粉土地质条件。

2. 整体立塔时，混凝土的抗压强度应达到设计强度的 100%。分解组塔时，混凝土必须达到抗压强度设计值的 70%。

3. 基础根开及地脚螺栓间距与相应杆塔结构图核对无误后，方可施工。

4. 基础混凝土强度等级不应低于 C25，主筋采用 HRB400 级钢筋，箍筋采用 HPB300 级钢筋。

5. ②号钢筋加密区箍筋间距 100mm，非加密区箍筋间距 200mm。可采用螺旋箍筋。

6. 主筋保护层不小于 50mm。

7. 基础施工完毕后，做好基面排水处理。

8. 本基础按机械成孔施工方式，未考虑护壁工程量。

基础立面图

1—1

图 19.2-9 5JWK2＊-2800 挖孔桩基础施工图

19.3 5JWK3 子模块

此子模块适用于碎石土地基，共包含 9 张图纸，基础施工图图纸清单见表 19.3-1。

表 19.3-1　　　　　　5JWK3 子模块基础施工图图纸清单

序号	图号	图　名	基础作用力（kN）	
			$T/T_x/T_y$	$N/N_x/N_y$
1	图 19.3-1	5JWK3＊-1200 挖孔桩基础施工图	1200/228/228	1560/296/296
2	图 19.3-2	5JWK3＊-1400 挖孔桩基础施工图	1400/266/266	1820/346/346
3	图 19.3-3	5JWK3＊-1600 挖孔桩基础施工图	1600/304/304	2080/395/395

序号	图号	图　名	基础作用力（kN）	
			$T/T_x/T_y$	$N/N_x/N_y$
4	图 19.3-4	5JWK3＊-1800 挖孔桩基础施工图	1800/342/342	2340/445/445
5	图 19.3-5	5JWK3＊-2000 挖孔桩基础施工图	2000/380/380	2600/494/494
6	图 19.3-6	5JWK3＊-2200 挖孔桩基础施工图	2200/418/418	2860/543/543
7	图 19.3-7	5JWK3＊-2400 挖孔桩基础施工图	2400/456/456	3120/593/593
8	图 19.3-8	5JWK3＊-2600 挖孔桩基础施工图	2600/494/494	3380/642/642
9	图 19.3-9	5JWK3＊-2800 挖孔桩基础施工图	2800/532/532	3640/692/692

注　3＊包含 3h、3i 两种地质参数组合。

基 础 参 数 表

基础名称	桩身直径 d(mm)	基础埋深 H(mm)	基础露头 H_0(mm)	主筋①	外箍筋②	外箍筋加密区长度(mm)	内箍筋③	单腿混凝土量 (m^3)	单腿钢筋量 (kg)
5JWK3h-1200-02	900	9800	200	19ϕ22	Φ8@100/200	4500	Φ14@1500	6.36	658.8
5JWK3h-1200-07	900	9800	700	17ϕ25	Φ8@100/200	4500	Φ14@1500	6.68	784.2
5JWK3h-1200-12	900	9800	1200	20ϕ25	Φ8@100/200	4500	Φ14@1500	7.00	944.8
5JWK3h-1200-17	900	9800	1700	18ϕ28	Φ8@100/200	4500	Φ14@1500	7.32	1099.2
5JWK3h-1200-22	900	9800	2200	20ϕ28	Φ8@100/200	4500	Φ14@1500	7.63	1262.3
5JWK3h-1200-27	900	9800	2700	17ϕ32	Φ10@100/200	4500	Φ14@1500	7.95	1495.8
5JWK3i-1200-02	900	8600	200	19ϕ22	Φ8@100/200	4500	Φ14@1500	5.60	581.9
5JWK3i-1200-07	900	8600	700	17ϕ25	Φ8@100/200	4500	Φ14@1500	5.92	696.8
5JWK3i-1200-12	900	8600	1200	20ϕ25	Φ8@100/200	4500	Φ14@1500	6.23	843.5
5JWK3i-1200-17	900	8600	1700	18ϕ28	Φ8@100/200	4500	Φ14@1500	6.55	986.0
5JWK3i-1200-22	900	8600	2200	20ϕ28	Φ8@100/200	4500	Φ14@1500	6.87	1137.5
5JWK3i-1200-27	900	8600	2700	17ϕ32	Φ10@100/200	4500	Φ14@1500	7.19	1354.8

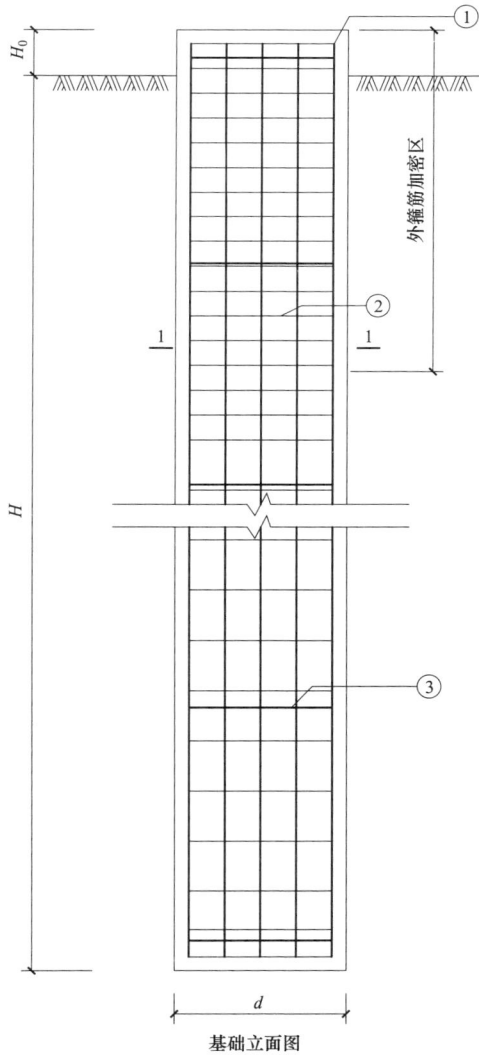

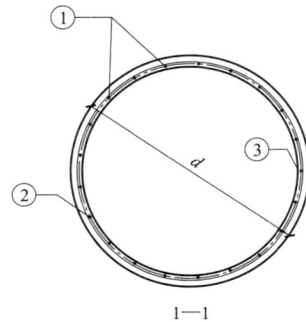

说明：1. 本基础适用于不受地下水影响的碎石土地质条件。

2. 整体立塔时，混凝土的抗压强度应达到设计强度的100%。分解组塔时，混凝土必须达到抗压强度设计值的70%。

3. 基础根开及地脚螺栓间距与相应杆塔结构图核对无误后，方可施工。

4. 基础混凝土强度等级不应低于C25，主筋采用HRB400级钢筋，箍筋采用HPB300级钢筋。

5. ②号钢筋加密区箍筋间距100mm，非加密区箍筋间距200mm。可采用螺旋箍筋。

6. 主筋保护层不小于50mm。

7. 基础施工完毕后，做好基面排水处理。

8. 本基础按机械成孔施工方式，未考虑护壁工程量。

基础立面图

1—1

图 19.3-1 5JWK3＊-1200挖孔桩基础施工图

基 础 参 数 表

基础名称	桩身直径 d(mm)	基础埋深 H(mm)	基础露头 H_0(mm)	主筋①	外箍筋②	外箍筋加密区长度(mm)	内箍筋③	单腿混凝土量(m³)	单腿钢筋量(kg)
5JWK3h-1400-02	1000	10000	200	21 Φ 22	Φ 8@ 100/200	5000	Φ 16@ 1500	8.01	755.0
5JWK3h-1400-07	1000	10000	700	24 Φ 22	Φ 8@ 100/200	5000	Φ 16@ 1500	8.40	887.5
5JWK3h-1400-12	1000	10000	1200	22 Φ 25	Φ 8@ 100/200	5000	Φ 16@ 1500	8.80	1072.2
5JWK3h-1400-17	1000	10000	1700	24 Φ 25	Φ 8@ 100/200	5000	Φ 16@ 1500	9.19	1206.1
5JWK3h-1400-22	1000	10000	2200	22 Φ 28	Φ 8@ 100/200	5000	Φ 16@ 1500	9.58	1427.0
5JWK3h-1400-27	1000	10000	2700	24 Φ 28	Φ 10@ 100/200	5000	Φ 16@ 1500	9.97	1662.6
5JWK3i-1400-02	1000	9000	200	21 Φ 22	Φ 8@ 100/200	5000	Φ 16@ 1500	7.23	686.8
5JWK3i-1400-07	1000	9000	700	24 Φ 22	Φ 8@ 100/200	5000	Φ 16@ 1500	7.62	806.1
5JWK3i-1400-12	1000	9000	1200	22 Φ 25	Φ 8@ 100/200	5000	Φ 16@ 1500	8.01	977.7
5JWK3i-1400-17	1000	9000	1700	24 Φ 25	Φ 8@ 100/200	5000	Φ 16@ 1500	8.40	1108.0
5JWK3i-1400-22	1000	9000	2200	22 Φ 28	Φ 8@ 100/200	5000	Φ 16@ 1500	8.80	1310.9
5JWK3i-1400-27	1000	9000	2700	24 Φ 28	Φ 10@ 100/200	5000	Φ 16@ 1500	9.19	1533.7

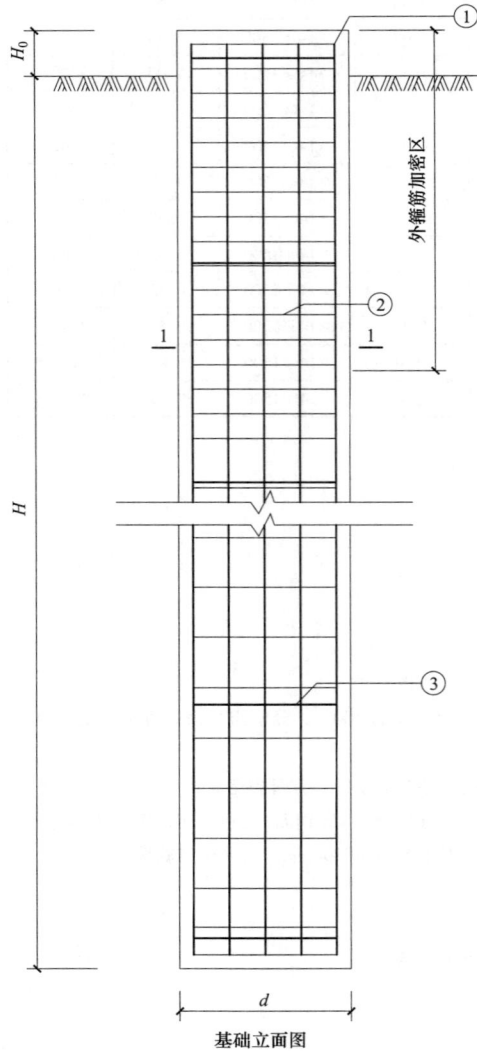

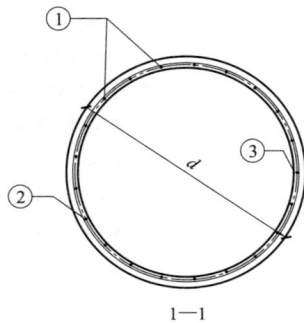

基础立面图

1—1

说明：1. 本基础适用于不受地下水影响的碎石土地质条件。

2. 整体立塔时，混凝土的抗压强度应达到设计强度的 100%。分解组塔时，混凝土必须达到抗压强度设计值的 70%。

3. 基础根开及地脚螺栓间距与相应杆塔结构图核对无误后，方可施工。

4. 基础混凝土强度等级不应低于 C25，主筋采用 HRB400 级钢筋，箍筋采用 HPB300 级钢筋。

5. ②号钢筋加密区箍筋间距 100mm，非加密区箍筋间距 200mm。可采用螺旋箍筋。

6. 主筋保护层不小于 50mm。

7. 基础施工完毕后，做好基面排水处理。

8. 本基础按机械成孔施工方式，未考虑护壁工程量。

图 19.3-2　5JWK3∗-1400 挖孔桩基础施工图

基 础 参 数 表

基础名称	桩身直径 d(mm)	基础埋深 H(mm)	基础露头 H_0(mm)	主筋①	外箍筋②	外箍筋加密区长度(mm)	内箍筋③	单腿混凝土量(m^3)	单腿钢筋量(kg)
5JWK3h-1600-02	1000	11400	200	19Φ25	Φ8@100/200	5000	Φ16@1500	9.11	975.7
5JWK3h-1600-07	1000	11400	700	17Φ28	Φ8@100/200	5000	Φ16@1500	9.50	1125.7
5JWK3h-1600-12	1000	11400	1200	20Φ28	Φ8@100/200	5000	Φ16@1500	9.90	1351.1
5JWK3h-1600-17	1000	11400	1700	22Φ28	Φ8@100/200	5000	Φ16@1500	10.29	1527.2
5JWK3h-1600-22	1000	11400	2200	19Φ32	Φ10@100/200	5000	Φ16@1500	10.68	1832.7
5JWK3h-1600-27	1000	11400	2700	22Φ32	Φ10@100/200	5000	Φ16@1500	11.07	2161.0
5JWK3i-1600-02	1000	10200	200	19Φ25	Φ8@100/200	5000	Φ16@1500	8.17	876.9
5JWK3i-1600-07	1000	10200	700	17Φ28	Φ8@100/200	5000	Φ16@1500	8.56	1016.2
5JWK3i-1600-12	1000	10200	1200	20Φ28	Φ8@100/200	5000	Φ16@1500	8.95	1224.2
5JWK3i-1600-17	1000	10200	1700	22Φ28	Φ8@100/200	5000	Φ16@1500	9.35	1388.7
5JWK3i-1600-22	1000	10200	2200	19Φ32	Φ10@100/200	5000	Φ16@1500	9.74	1674.1
5JWK3i-1600-27	1000	10200	2700	22Φ32	Φ10@100/200	5000	Φ16@1500	10.13	1979.6

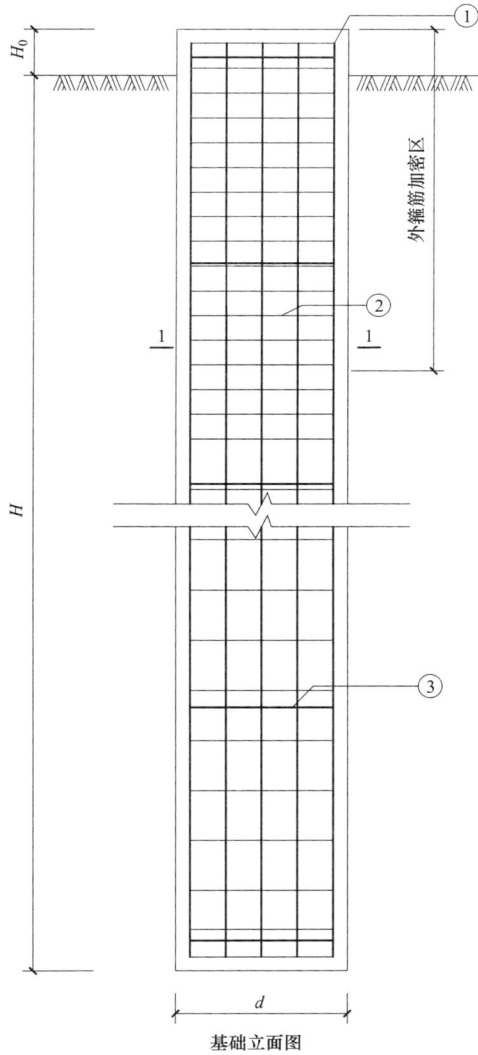

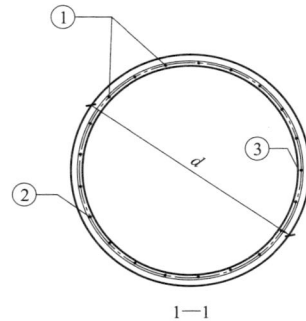

基础立面图

1—1

图 19.3-3 5JWK3*-1600 挖孔桩基础施工图

说明：1. 本基础适用于不受地下水影响的碎石土地质条件。

2. 整体立塔时，混凝土的抗压强度应达到设计强度的100%。分解组塔时，混凝土必须达到抗压强度设计值的70%。

3. 基础根开及地脚螺栓间距与相应杆塔结构图核对无误后，方可施工。

4. 基础混凝土强度等级不应低于C25，主筋采用HRB400级钢筋，箍筋采用HPB300级钢筋。

5. ②号钢筋加密区箍筋间距100mm，非加密区箍筋间距200mm。可采用螺旋箍筋。

6. 主筋保护层不小于50mm。

7. 基础施工完毕后，做好基面排水处理。

8. 本基础按机械成孔施工方式，未考虑护壁工程量。

基 础 参 数 表

基础名称	桩身直径 d(mm)	基础埋深 H(mm)	基础露头 H_0(mm)	主筋①	外箍筋②	外箍筋加密区长度(mm)	内箍筋③	单腿混凝土量(m^3)	单腿钢筋量(kg)
5JWK3h-1800-02	1000	12800	200	17 Φ 28	Φ 10@ 100/200	5000	Φ 16@ 1500	10.21	1265.1
5JWK3h-1800-07	1000	12800	700	20 Φ 28	Φ 10@ 100/200	5000	Φ 16@ 1500	10.60	1507.9
5JWK3h-1800-12	1000	12800	1200	23 Φ 28	Φ 10@ 100/200	5000	Φ 16@ 1500	11.00	1762.8
5JWK3h-1800-17	1000	12800	1700	25 Φ 28	Φ 10@ 100/200	5000	Φ 16@ 1500	11.39	1960.9
5JWK3h-1800-22	1000	12800	2200	22 Φ 32	Φ 12@ 100/200	5000	Φ 16@ 1500	11.78	2380.1
5JWK3h-1800-27	1100	11600	2700	23 Φ 32	Φ 10@ 100/200	5500	Φ 16@ 1500	13.59	2310.7
5JWK3i-1800-02	1000	11600	200	17 Φ 28	Φ 10@ 100/200	5000	Φ 16@ 1500	9.27	1151.8
5JWK3i-1800-07	1000	11600	700	20 Φ 28	Φ 10@ 100/200	5000	Φ 16@ 1500	9.66	1377.2
5JWK3i-1800-12	1000	11600	1200	23 Φ 28	Φ 10@ 100/200	5000	Φ 16@ 1500	10.05	1614.7
5JWK3i-1800-17	1000	11600	1700	25 Φ 28	Φ 10@ 100/200	5000	Φ 16@ 1500	10.45	1801.2
5JWK3i-1800-22	1000	11600	2200	22 Φ 32	Φ 12@ 100/200	5000	Φ 16@ 1500	10.84	2194.1
5JWK3i-1800-27	1100	10400	2700	23 Φ 32	Φ 10@ 100/200	5500	Φ 16@ 1500	12.45	2120.2

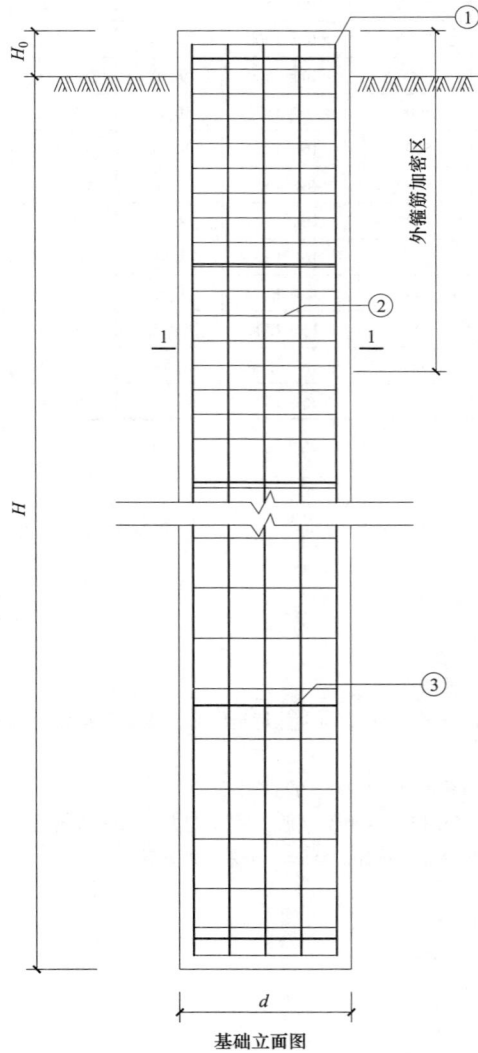

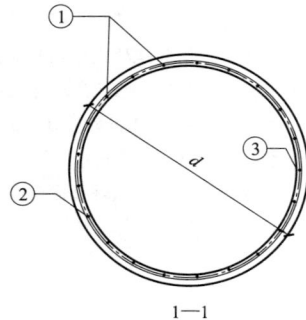

基础立面图

1—1

说明：1. 本基础适用于不受地下水影响的碎石土地质条件。

2. 整体立塔时，混凝土的抗压强度应达到设计强度的100%。分解组塔时，混凝土必须达到抗压强度设计值的70%。

3. 基础根开及地脚螺栓间距与相应杆塔结构图核对无误后，方可施工。

4. 基础混凝土强度等级不应低于C25，主筋采用HRB400级钢筋，箍筋采用HPB300级钢筋。

5. ②号钢筋加密区箍筋间距100mm，非加密区箍筋间距200mm。可采用螺旋箍筋。

6. 主筋保护层不小于50mm。

7. 基础施工完毕后，做好基面排水处理。

8. 本基础按机械成孔施工方式，未考虑护壁工程量。

图 19.3-4 5JWK3＊-1800 挖孔桩基础施工图

基 础 参 数 表

基础名称	桩身直径 d(mm)	基础埋深 H(mm)	基础露头 H_0(mm)	主筋①	外箍筋②	外箍筋加密区长度(mm)	内箍筋③	单腿混凝土量 (m^3)	单腿钢筋量 (kg)
5JWK3h-2000-02	1100	12800	200	23Φ25	Φ8@100/200	5500	Φ16@1500	12.35	1307.8
5JWK3h-2000-07	1100	12800	700	21Φ28	Φ8@100/200	5500	Φ16@1500	12.83	1532.5
5JWK3h-2000-12	1100	12800	1200	24Φ28	Φ8@100/200	5500	Φ16@1500	13.30	1787.0
5JWK3h-2000-17	1100	12800	1700	27Φ28	Φ8@100/200	5500	Φ16@1500	13.78	2057.3
5JWK3h-2000-22	1100	12800	2200	23Φ32	Φ10@100/200	5500	Φ16@1500	14.25	2422.8
5JWK3h-2000-27	1100	12800	2700	25Φ32	Φ12@100/200	5500	Φ16@1500	14.73	2789.9
5JWK3i-2000-02	1100	11600	200	23Φ25	Φ8@100/200	5500	Φ16@1500	11.21	1189.3
5JWK3i-2000-07	1100	11600	700	21Φ28	Φ8@100/200	5500	Φ16@1500	11.69	1398.6
5JWK3i-2000-12	1100	11600	1200	24Φ28	Φ8@100/200	5500	Φ16@1500	12.16	1635.7
5JWK3i-2000-17	1100	11600	1700	27Φ28	Φ8@100/200	5500	Φ16@1500	12.64	1888.6
5JWK3i-2000-22	1100	11600	2200	23Φ32	Φ10@100/200	5500	Φ16@1500	13.11	2232.2
5JWK3i-2000-27	1100	11600	2700	25Φ32	Φ12@100/200	5500	Φ16@1500	13.59	2579.0

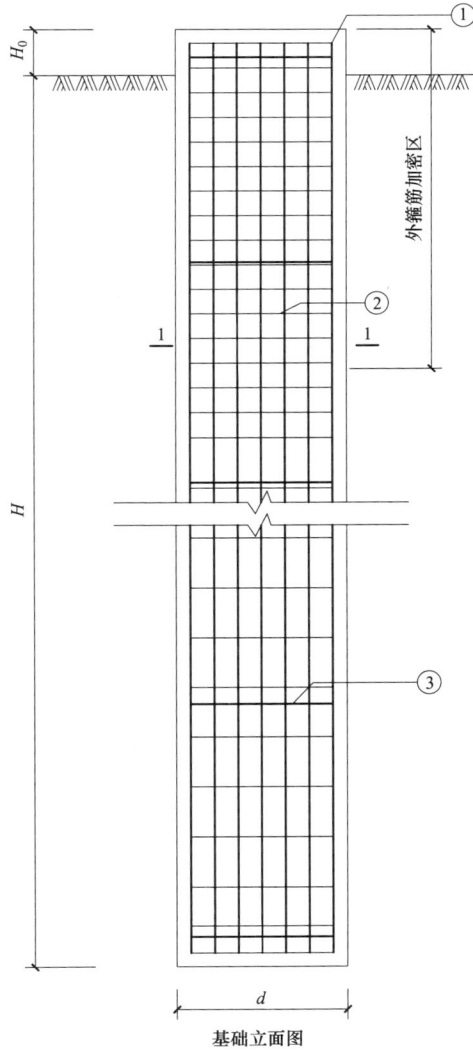

基础立面图

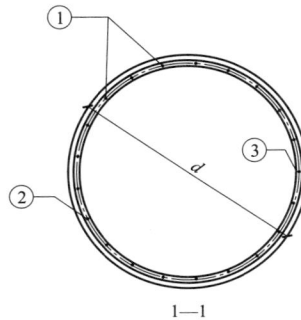

1—1

图 19.3-5 5JWK3*-2000 挖孔桩基础施工图

说明：1. 本基础适用于不受地下水影响的碎石土地质条件。

2. 整体立塔时，混凝土的抗压强度应达到设计强度的 100%。分解组塔时，混凝土必须达到抗压强度设计值的 70%。

3. 基础根开及地脚螺栓间距与相应杆塔结构图核对无误后，方可施工。

4. 基础混凝土强度等级不应低于 C25，主筋采用 HRB400 级钢筋，箍筋采用 HPB300 级钢筋。

5. ②号钢筋加密区箍筋间距 100mm，非加密区箍筋间距 200mm。可采用螺旋箍筋。

6. 主筋保护层不小于 50mm。

7. 基础施工完毕后，做好基面排水处理。

8. 本基础按机械成孔施工方式，未考虑护壁工程量。

基 础 参 数 表

基础名称	桩身直径 d(mm)	基础埋深 H(mm)	基础露头 H_0(mm)	主筋①	外箍筋②	外箍筋加密区长度(mm)	内箍筋③	单腿混凝土量(m^3)	单腿钢筋量(kg)
5JWK3h-2200-02	1100	14200	200	26Φ25	Φ10@100/200	5500	Φ16@1500	13.68	1683.1
5JWK3h-2200-07	1100	14200	700	23Φ28	Φ10@100/200	5500	Φ16@1500	14.16	1901.1
5JWK3h-2200-12	1100	14200	1200	26Φ28	Φ10@100/200	5500	Φ16@1500	14.64	2186.8
5JWK3h-2200-17	1100	14200	1700	23Φ32	Φ10@100/200	5500	Φ16@1500	15.11	2563.2
5JWK3h-2200-22	1100	14200	2200	25Φ32	Φ12@100/200	5500	Φ16@1500	15.59	2943.2
5JWK3h-2200-27	1200	12800	2700	26Φ32	Φ12@100/200	6000	Φ16@1500	17.53	2929.5
5JWK3i-2200-02	1100	12600	200	26Φ25	Φ10@100/200	5500	Φ16@1500	12.16	1502.5
5JWK3i-2200-07	1100	12600	700	23Φ28	Φ10@100/200	5500	Φ16@1500	12.64	1703.0
5JWK3i-2200-12	1100	12600	1200	26Φ28	Φ10@100/200	5500	Φ16@1500	13.11	1965.5
5JWK3i-2200-17	1100	12600	1700	23Φ32	Φ10@100/200	5500	Φ16@1500	13.59	2310.7
5JWK3i-2200-22	1100	12600	2200	25Φ32	Φ12@100/200	5500	Φ16@1500	14.06	2663.5
5JWK3i-2200-27	1200	11400	2700	26Φ32	Φ12@100/200	6000	Φ16@1500	15.95	2672.9

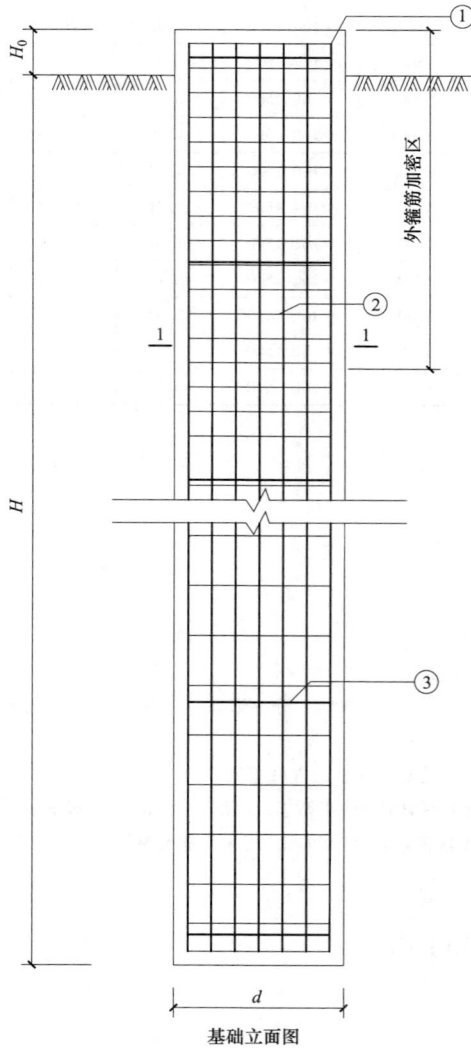

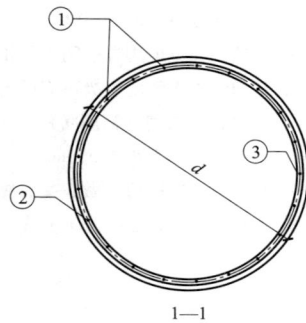

基础立面图

1—1

说明：1. 本基础适用于不受地下水影响的碎石土地质条件。

2. 整体立塔时，混凝土的抗压强度应达到设计强度的100%。分解组塔时，混凝土必须达到抗压强度设计值的70%。

3. 基础根开及地脚螺栓间距与相应杆塔结构图核对无误后，方可施工。

4. 基础混凝土强度等级不应低于C25，主筋采用HRB400级钢筋，箍筋采用HPB300级钢筋。

5. ②号钢筋加密区箍筋间距100mm，非加密区箍筋间距200mm。可采用螺旋箍筋。

6. 主筋保护层不小于50mm。

7. 基础施工完毕后，做好基面排水处理。

8. 本基础按机械成孔施工方式，未考虑护壁工程量。

图 19.3-6　5JWK3*-2200 挖孔桩基础施工图

基 础 参 数 表

基础名称	桩身直径 d(mm)	基础埋深 H(mm)	基础露头 H_0(mm)	主筋①	外箍筋②	外箍筋加密区长度(mm)	内箍筋③	单腿混凝土量(m^3)	单腿钢筋量(kg)
5JWK3h-2400-02	1200	14000	200	27 ϕ 25	Φ 8@ 100/200	6000	Φ 16@ 1500	16.06	1665.5
5JWK3h-2400-07	1200	14000	700	31 ϕ 25	Φ 8@ 100/200	6000	Φ 16@ 1500	16.63	1945.0
5JWK3h-2400-12	1200	14000	1200	21 ϕ 32	Φ 8@ 100/200	6000	Φ 16@ 1500	17.19	2211.1
5JWK3h-2400-17	1200	14000	1700	23 ϕ 32	Φ 10@ 100/200	6000	Φ 16@ 1500	17.76	2563.8
5JWK3h-2400-22	1200	14000	2200	26 ϕ 32	Φ 12@ 100/200	6000	Φ 16@ 1500	18.32	3056.8
5JWK3h-2400-27	1200	14000	2700	28 ϕ 32	Φ 12@ 100/200	6000	Φ 16@ 1500	18.89	3359.5
5JWK3i-2400-02	1200	12600	200	27 ϕ 25	Φ 8@ 100/200	6000	Φ 16@ 1500	14.48	1505.1
5JWK3i-2400-07	1200	12600	700	31 ϕ 25	Φ 8@ 100/200	6000	Φ 16@ 1500	15.04	1763.0
5JWK3i-2400-12	1200	12600	1200	21 ϕ 32	Φ 8@ 100/200	6000	Φ 16@ 1500	15.61	2010.8
5JWK3i-2400-17	1200	12600	1700	23 ϕ 32	Φ 10@ 100/200	6000	Φ 16@ 1500	16.17	2340.4
5JWK3i-2400-22	1200	12600	2200	26 ϕ 32	Φ 12@ 100/200	6000	Φ 16@ 1500	16.74	2800.2
5JWK3i-2400-27	1200	12600	2700	28 ϕ 32	Φ 12@ 100/200	6000	Φ 16@ 1500	17.30	3085.2

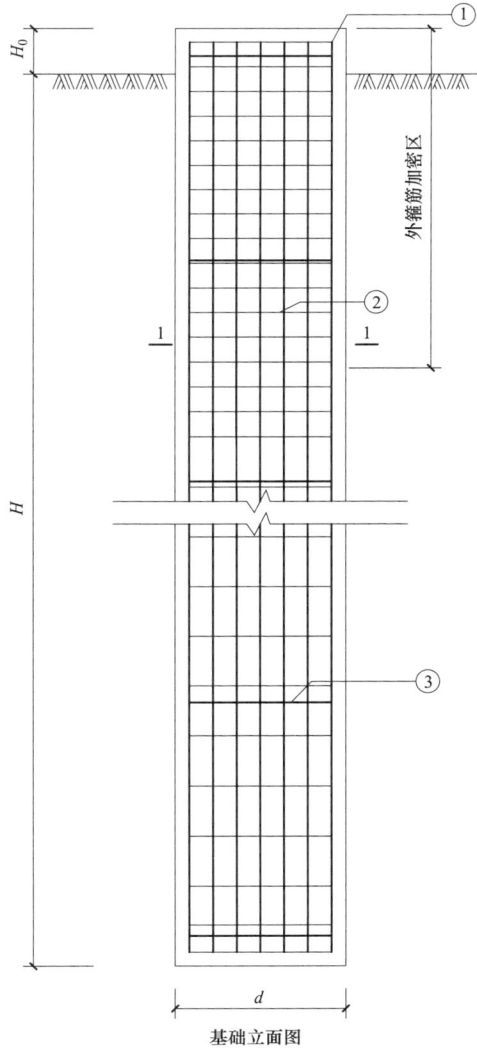

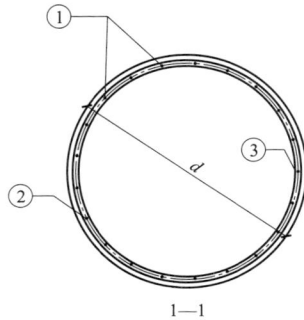

基础立面图

1—1

图 19.3-7 5JWK3 * -2400 挖孔桩基础施工图

说明：1. 本基础适用于不受地下水影响的碎石土地质条件。
2. 整体立塔时，混凝土的抗压强度应达到设计强度的 100%。分解组塔时，混凝土必须达到抗压强度设计值的 70%。
3. 基础根开及地脚螺栓间距与相应杆塔结构图核对无误后，方可施工。
4. 基础混凝土强度等级不应低于 C25，主筋采用 HRB400 级钢筋，箍筋采用 HPB300 级钢筋。
5. ②号钢筋加密区箍筋间距 100mm，非加密区箍筋间距 200mm。可采用螺旋箍筋。
6. 主筋保护层不小于 50mm。
7. 基础施工完毕后，做好基面排水处理。
8. 本基础按机械成孔施工方式，未考虑护壁工程量。

基础立面图

1—1

基 础 参 数 表

基础名称	桩身直径 d(mm)	基础埋深 H(mm)	基础露头 H_0(mm)	主筋①	外箍筋②	外箍筋加密区长度(mm)	内箍筋③	单腿混凝土量(m^3)	单腿钢筋量(kg)
5JWK3h-2600-02	1200	15000	200	30 Φ 25	Φ10@100/200	6000	Φ16@1500	17.19	2041.3
5JWK3h-2600-07	1200	15000	700	27 Φ 28	Φ10@100/200	6000	Φ16@1500	17.76	2335.3
5JWK3h-2600-12	1200	15000	1200	30 Φ 28	Φ10@100/200	6000	Φ16@1500	18.32	2640.2
5JWK3h-2600-17	1200	15000	1700	25 Φ 32	Φ10@100/200	6000	Φ16@1500	18.89	2934.2
5JWK3h-2600-22	1200	15000	2200	28 Φ 32	Φ12@100/200	6000	Φ16@1500	19.45	3457.2
5JWK3h-2600-27	1300	13800	2700	29 Φ 32	Φ12@100/200	6500	Φ16@1500	21.90	3473.5
5JWK3i-2600-02	1200	13600	200	30 Φ 25	Φ10@100/200	6000	Φ16@1500	15.61	1859.2
5JWK3i-2600-07	1200	13600	700	27 Φ 28	Φ10@100/200	6000	Φ16@1500	16.17	2132.4
5JWK3i-2600-12	1200	13600	1200	30 Φ 28	Φ10@100/200	6000	Φ16@1500	16.74	2417.0
5JWK3i-2600-17	1200	13600	1700	25 Φ 32	Φ10@100/200	6000	Φ16@1500	17.30	2693.1
5JWK3i-2600-22	1200	13600	2200	28 Φ 32	Φ12@100/200	6000	Φ16@1500	17.87	3182.9
5JWK3i-2600-27	1300	12400	2700	29 Φ 32	Φ12@100/200	6500	Φ16@1500	20.04	3187.9

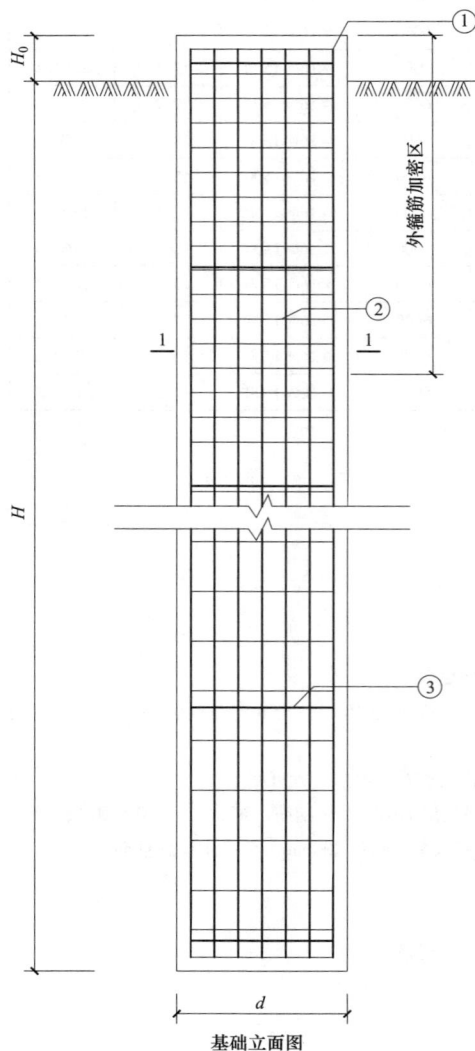

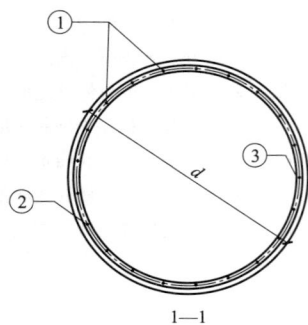

说明：1. 本基础适用于不受地下水影响的碎石土地质条件。

2. 整体立塔时，混凝土的抗压强度应达到设计强度的100%。分解组塔时，混凝土必须达到抗压强度设计值的70%。

3. 基础根开及地脚螺栓间距与相应杆塔结构图核对无误后，方可施工。

4. 基础混凝土强度等级不应低于C25，主筋采用HRB400级钢筋，箍筋采用HPB300级钢筋。

5. ②号钢筋加密区箍筋间距100mm，非加密区箍筋间距200mm。可采用螺旋箍筋。

6. 主筋保护层不小于50mm。

7. 基础施工完毕后，做好基面排水处理。

8. 本基础按机械成孔施工方式，未考虑护壁工程量。

图 19.3-8 5JWK3*-2600 挖孔桩基础施工图

基 础 参 数 表

基础名称	桩身直径 d(mm)	基础埋深 H(mm)	基础露头 H_0(mm)	主筋①	外箍筋②	外箍筋加密区长度(mm)	内箍筋③	单腿混凝土量(m^3)	单腿钢筋量(kg)
5JWK3h-2800-02	1300	14800	200	31Φ25	Φ8@100/200	6500	Φ16@1500	19.91	2011.2
5JWK3h-2800-07	1300	14800	700	35Φ25	Φ8@100/200	6500	Φ16@1500	20.57	2312.5
5JWK3h-2800-12	1300	14800	1200	31Φ28	Φ8@100/200	6500	Φ16@1500	21.24	2620.3
5JWK3h-2800-17	1300	14800	1700	26Φ32	Φ10@100/200	6500	Φ16@1500	21.90	3039.8
5JWK3h-2800-22	1300	14800	2200	29Φ32	Φ12@100/200	6500	Φ16@1500	22.56	3571.8
5JWK3h-2800-27	1300	14800	2700	32Φ32	Φ12@100/200	6500	Φ16@1500	23.23	4002.7
5JWK3i-2800-02	1300	13400	200	31Φ25	Φ8@100/200	6500	Φ16@1500	18.05	1827.8
5JWK3i-2800-07	1300	13400	700	35Φ25	Φ8@100/200	6500	Φ16@1500	18.72	2107.5
5JWK3i-2800-12	1300	13400	1200	31Φ28	Φ8@100/200	6500	Φ16@1500	19.38	2394.5
5JWK3i-2800-17	1300	13400	1700	26Φ32	Φ10@100/200	6500	Φ16@1500	20.04	2788.0
5JWK3i-2800-22	1300	13400	2200	29Φ32	Φ12@100/200	6500	Φ16@1500	20.71	3286.2
5JWK3i-2800-27	1300	13400	2700	32Φ32	Φ12@100/200	6500	Φ16@1500	21.37	3690.6

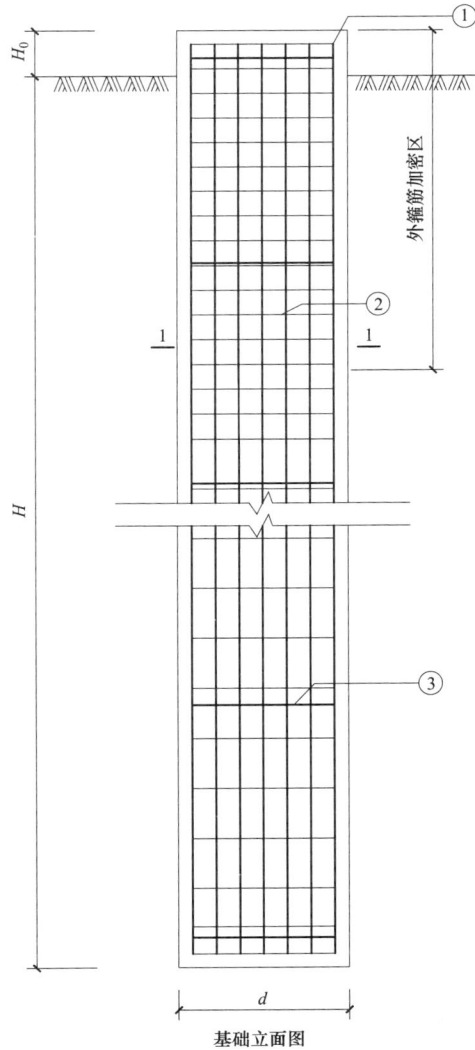

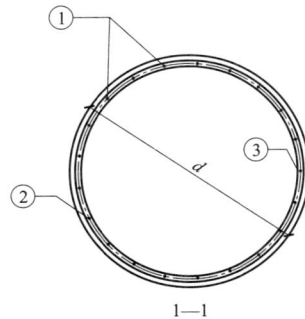

说明：1. 本基础适用于不受地下水影响的碎石土地质条件。

2. 整体立塔时，混凝土的抗压强度应达到设计强度的 100%。分解组塔时，混凝土必须达到抗压强度设计值的 70%。

3. 基础根开及地脚螺栓间距与相应杆塔结构图核对无误后，方可施工。

4. 基础混凝土强度等级不应低于 C25，主筋采用 HRB400 级钢筋，箍筋采用 HPB300 级钢筋。

5. ②号钢筋加密区箍筋间距 100mm，非加密区箍筋间距 200mm。可采用螺旋箍筋。

6. 主筋保护层不小于 50mm。

7. 基础施工完毕后，做好基面排水处理。

8. 本基础按机械成孔施工方式，未考虑护壁工程量。

外箍筋加密区

基础立面图

1—1

图 19.3-9 5JWK3＊-2800 挖孔桩基础施工图

19.4　5JWK6 子模块

此子模块适用于岩石地基，共包含 18 张图纸，基础施工图图纸清单见表 19.4-1。

表 19.4-1　5JWK6 子模块基础施工图图纸清单

序号	图号	图　名	基础作用力（kN）	
			$T/T_x/T_y$	$N/N_x/N_y$
1	图 19.4-1	5JWK6*-1200 挖孔桩基础施工图（一）	1200/228/228	1560/296/296
2	图 19.4-2	5JWK6*-1200 挖孔桩基础施工图（二）	1200/228/228	1560/296/296
3	图 19.4-3	5JWK6*-1400 挖孔桩基础施工图（一）	1400/266/266	1820/346/346
4	图 19.4-4	5JWK6*-1400 挖孔桩基础施工图（二）	1400/266/266	1820/346/346
5	图 19.4-5	5JWK6*-1600 挖孔桩基础施工图（一）	1600/304/304	2080/395/395
6	图 19.4-6	5JWK6*-1600 挖孔桩基础施工图（二）	1600/304/304	2080/395/395
7	图 19.4-7	5JWK6*-1800 挖孔桩基础施工图（一）	1800/342/342	2340/445/445
8	图 19.4-8	5JWK6*-1800 挖孔桩基础施工图（二）	1800/342/342	2340/445/445
9	图 19.4-9	5JWK6*-2000 挖孔桩基础施工图（一）	2000/380/380	2600/494/494
10	图 19.4-10	5JWK6*-2000 挖孔桩基础施工图（二）	2000/380/380	2600/494/494
11	图 19.4-11	5JWK6*-2200 挖孔桩基础施工图（一）	2200/418/418	2860/543/543
12	图 19.4-12	5JWK6*-2200 挖孔桩基础施工图（二）	2200/418/418	2860/543/543
13	图 19.4-13	5JWK6*-2400 挖孔桩基础施工图（一）	2400/456/456	3120/593/593
14	图 19.4-14	5JWK6*-2400 挖孔桩基础施工图（二）	2400/456/456	3120/593/593
15	图 19.4-15	5JWK6*-2600 挖孔桩基础施工图（一）	2600/494/494	3380/642/642
16	图 19.4-16	5JWK6*-2600 挖孔桩基础施工图（二）	2600/494/494	3380/642/642
17	图 19.4-17	5JWK6*-2800 挖孔桩基础施工图（一）	2800/532/532	3640/692/692
18	图 19.4-18	5JWK6*-2800 挖孔桩基础施工图（二）	2800/532/532	3640/692/692

注　6 * 包含 6a、6b、6c、6d、6e 及 6f 六种地质参数组合。

基 础 参 数 表

基础名称	桩身直径 d(mm)	基础埋深 H(mm)	基础露头 H_0(mm)	主筋①	外箍筋②	外箍筋加密区长度(mm)	内箍筋③	单腿混凝土量 (m³)	单腿钢筋量 (kg)
5JWK6a-1200-02	1000	11000	200	18 ⚿ 22	Φ 8@ 100/200	5000	Φ 16@ 1500	8.80	728.3
5JWK6a-1200-07	1000	11000	700	21 ⚿ 22	Φ 8@ 100/200	5000	Φ 16@ 1500	9.19	861.1
5JWK6a-1200-12	1000	11000	1200	24 ⚿ 22	Φ 8@ 100/200	5000	Φ 16@ 1500	9.58	1008.1
5JWK6a-1200-17	1000	11000	1700	27 ⚿ 22	Φ 8@ 100/200	5000	Φ 16@ 1500	9.97	1158.8
5JWK6a-1200-22	1000	11000	2200	23 ⚿ 25	Φ 8@ 100/200	5000	Φ 16@ 1500	10.37	1307.5
5JWK6a-1200-27	1000	11000	2700	26 ⚿ 25	Φ 8@ 100/200	5000	Φ 16@ 1500	10.76	1515.2
5JWK6b-1200-02	900	10200	200	19 ⚿ 22	Φ 8@ 100/200	4500	Φ 14@ 1500	6.62	683.5
5JWK6b-1200-07	900	10200	700	17 ⚿ 25	Φ 8@ 100/200	4500	Φ 14@ 1500	6.93	812.4
5JWK6b-1200-12	900	10200	1200	20 ⚿ 25	Φ 8@ 100/200	4500	Φ 14@ 1500	7.25	977.6
5JWK6b-1200-17	900	10200	1700	18 ⚿ 28	Φ 8@ 100/200	4500	Φ 14@ 1500	7.57	1136.0
5JWK6b-1200-22	900	10200	2200	20 ⚿ 28	Φ 8@ 100/200	4500	Φ 14@ 1500	7.89	1303.0
5JWK6b-1200-27	900	10200	2700	17 ⚿ 32	Φ 10@ 100/200	4500	Φ 14@ 1500	8.21	1541.8
5JWK6c-1200-02	900	8800	200	19 ⚿ 22	Φ 8@ 100/200	4500	Φ 14@ 1500	5.73	597.1
5JWK6c-1200-07	900	8800	700	17 ⚿ 25	Φ 8@ 100/200	4500	Φ 14@ 1500	6.04	710.9
5JWK6c-1200-12	900	8800	1200	20 ⚿ 25	Φ 8@ 100/200	4500	Φ 14@ 1500	6.36	859.9
5JWK6c-1200-17	900	8800	1700	18 ⚿ 28	Φ 8@ 100/200	4500	Φ 14@ 1500	6.68	1007.2
5JWK6c-1200-22	900	8800	2200	20 ⚿ 28	Φ 8@ 100/200	4500	Φ 14@ 1500	7.00	1157.9
5JWK6c-1200-27	900	8800	2700	17 ⚿ 32	Φ 10@ 100/200	4500	Φ 14@ 1500	7.32	1377.8

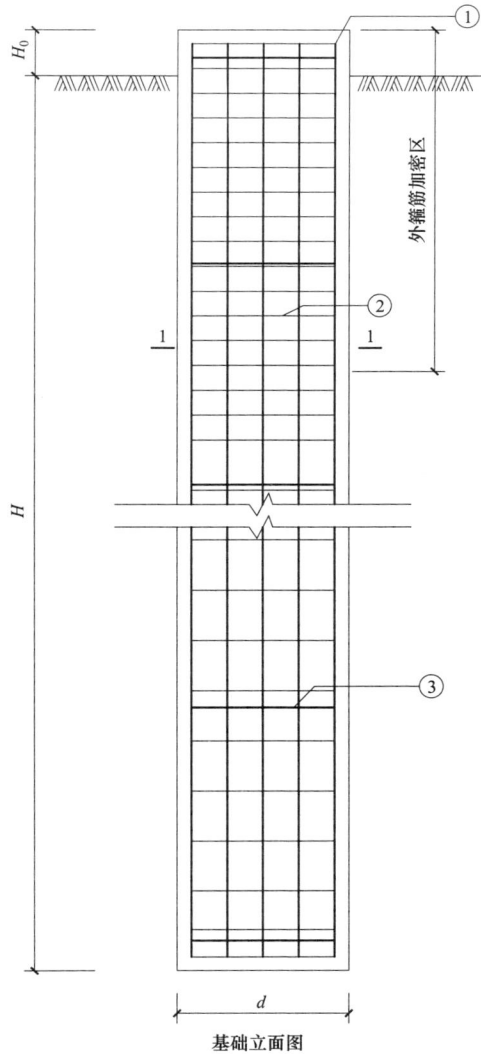

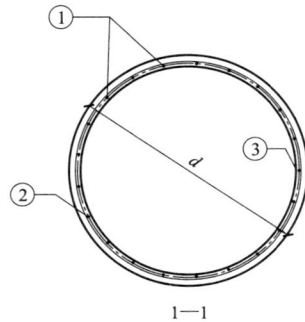

说明：1. 本基础适用于不受地下水影响的岩石地质条件。

2. 整体立塔时，混凝土的抗压强度应达到设计强度的 100%。分解组塔时，混凝土必须达到抗压强度设计值的 70%。

3. 基础根开及地脚螺栓间距与相应杆塔结构图核对无误后，方可施工。

4. 基础混凝土强度等级不应低于 C25，主筋采用 HRB400 级钢筋，箍筋采用 HPB300 级钢筋。

5. ②号钢筋加密区箍筋间距 100mm，非加密区箍筋间距 200mm。可采用螺旋箍筋。

6. 主筋保护层不小于 50mm。

7. 基础施工完毕后，做好基面排水处理。

8. 本基础按机械成孔施工方式，未考虑护壁工程量。

基础立面图

1—1

图 19.4-1 5JWK6*-1200 挖孔桩基础施工图 （一）

基 础 参 数 表

基础名称	桩身直径 d(mm)	基础埋深 H(mm)	基础露头 H_0(mm)	主筋①	外箍筋②	外箍筋加密区长度(mm)	内箍筋③	单腿混凝土量(m³)	单腿钢筋量(kg)
5JWK6d-1200-02	900	7600	200	19Φ22	Φ8@100/200	4500	Φ14@1500	4.96	520.2
5JWK6d-1200-07	900	7600	700	17Φ25	Φ8@100/200	4500	Φ14@1500	5.28	623.5
5JWK6d-1200-12	900	7600	1200	20Φ25	Φ8@100/200	4500	Φ14@1500	5.60	758.6
5JWK6d-1200-17	900	7600	1700	18Φ28	Φ8@100/200	4500	Φ14@1500	5.92	894.0
5JWK6d-1200-22	900	7600	2200	20Φ28	Φ8@100/200	4500	Φ14@1500	6.23	1033.1
5JWK6d-1200-27	900	7600	2700	17Φ32	Φ10@100/200	4500	Φ14@1500	6.55	1236.9
5JWK6e-1200-02	900	6800	200	19Φ22	Φ8@100/200	4500	Φ14@1500	4.45	468.1
5JWK6e-1200-07	900	6800	700	17Φ25	Φ8@100/200	4500	Φ14@1500	4.77	567.1
5JWK6e-1200-12	900	6800	1200	20Φ25	Φ8@100/200	4500	Φ14@1500	5.09	692.9
5JWK6e-1200-17	900	6800	1700	18Φ28	Φ8@100/200	4500	Φ14@1500	5.41	817.6
5JWK6e-1200-22	900	6800	2200	20Φ28	Φ8@100/200	4500	Φ14@1500	5.73	951.7
5JWK6e-1200-27	900	6800	2700	17Φ32	Φ10@100/200	4500	Φ14@1500	6.04	1144.8
5JWK6f-1200-02	900	6200	200	19Φ22	Φ8@100/200	4500	Φ14@1500	4.07	431.0
5JWK6f-1200-07	900	6200	700	17Φ25	Φ8@100/200	4500	Φ14@1500	4.39	522.0
5JWK6f-1200-12	900	6200	1200	20Φ25	Φ8@100/200	4500	Φ14@1500	4.71	640.9
5JWK6f-1200-17	900	6200	1700	18Φ28	Φ8@100/200	4500	Φ14@1500	5.03	762.4
5JWK6f-1200-22	900	6200	2200	20Φ28	Φ8@100/200	4500	Φ14@1500	5.34	887.9
5JWK6f-1200-27	900	6200	2700	17Φ32	Φ10@100/200	4500	Φ14@1500	5.66	1072.9

说明：1. 本基础适用于不受地下水影响的岩石地质条件。

2. 整体立塔时，混凝土的抗压强度应达到设计强度的 100%。分解组塔时，混凝土必须达到抗压强度设计值的 70%。

3. 基础根开及地脚螺栓间距与相应杆塔结构图核对无误后，方可施工。

4. 基础混凝土强度等级不应低于 C25，主筋采用 HRB400 级钢筋，箍筋采用 HPB300 级钢筋。

5. ②号钢筋加密区箍筋间距 100mm，非加密区箍筋间距 200mm。可采用螺旋箍筋。

6. 主筋保护层不小于 50mm。

7. 基础施工完毕后，做好基面排水处理。

8. 本基础按机械成孔施工方式，未考虑护壁工程量。

外箍筋加密区

基础立面图

1—1

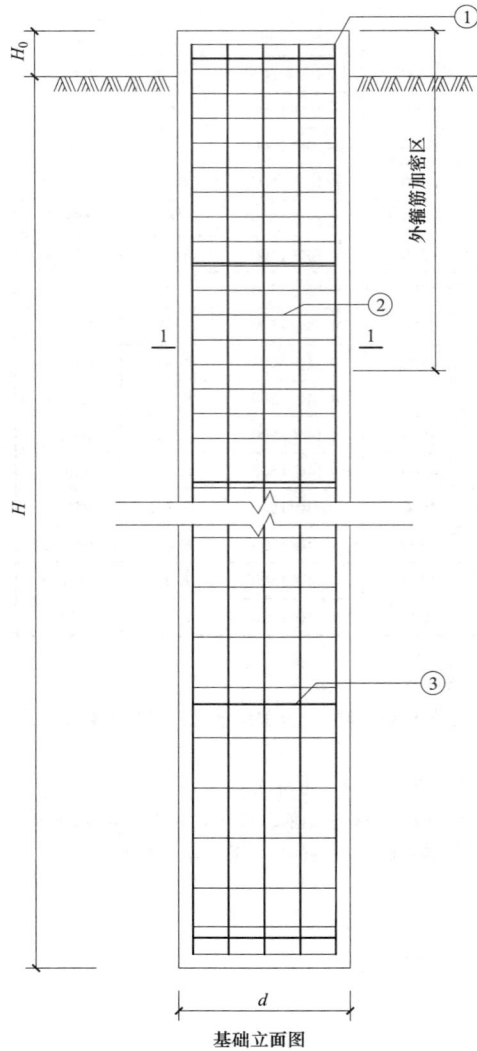

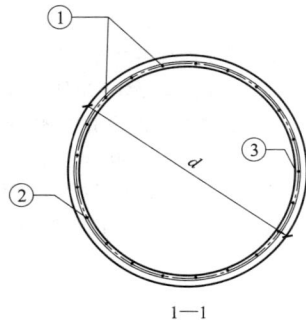

图 19.4-2　5JWK6＊-1200 挖孔桩基础施工图（二）

基 础 参 数 表

基础名称	桩身直径 d(mm)	基础埋深 H(mm)	基础露头 H_0(mm)	主筋①	外箍筋②	外箍筋加密区长度(mm)	内箍筋③	单腿混凝土量(m^3)	单腿钢筋量(kg)
5JWK6a-1400-02	1100	11400	200	25 Φ 20	Φ 8@ 100/200	5500	Φ 16@ 1500	11.02	861.1
5JWK6a-1400-07	1100	11400	700	29 Φ 20	Φ 8@ 100/200	5500	Φ 16@ 1500	11.50	1018.6
5JWK6a-1400-12	1100	11400	1200	26 Φ 22	Φ 8@ 100/200	5500	Φ 16@ 1500	11.97	1132.3
5JWK6a-1400-17	1100	11600	1700	18 Φ 28	Φ 8@ 100/200	5500	Φ 16@ 1500	12.64	1315.2
5JWK6a-1400-22	1100	11600	2200	20 Φ 28	Φ 8@ 100/200	5500	Φ 16@ 1500	13.11	1498.1
5JWK6a-1400-27	1100	11800	2700	17 Φ 32	Φ 8@ 100/200	5500	Φ 16@ 1500	13.78	1723.5
5JWK6b-1400-02	1000	10600	200	21 Φ 22	Φ 8@ 100/200	5000	Φ 16@ 1500	8.48	800.2
5JWK6b-1400-07	1000	10600	700	24 Φ 22	Φ 8@ 100/200	5000	Φ 16@ 1500	8.87	933.9
5JWK6b-1400-12	1000	10600	1200	23 Φ 25	Φ 8@ 100/200	5000	Φ 16@ 1500	9.27	1171.4
5JWK6b-1400-17	1000	10600	1700	24 Φ 25	Φ 8@ 100/200	5000	Φ 16@ 1500	9.66	1269.1
5JWK6b-1400-22	1000	10600	2200	22 Φ 28	Φ 8@ 100/200	5000	Φ 16@ 1500	10.05	1494.1
5JWK6b-1400-27	1000	10600	2700	24 Φ 28	Φ 10@ 100/200	5000	Φ 16@ 1500	10.45	1737.5
5JWK6c-1400-02	1000	9200	200	21 Φ 22	Φ 8@ 100/200	5000	Φ 16@ 1500	7.38	700.4
5JWK6c-1400-07	1000	9200	700	24 Φ 22	Φ 8@ 100/200	5000	Φ 16@ 1500	7.78	821.5
5JWK6c-1400-12	1000	9200	1200	22 Φ 25	Φ 8@ 100/200	5000	Φ 16@ 1500	8.17	995.7
5JWK6c-1400-17	1000	9200	1700	24 Φ 25	Φ 8@ 100/200	5000	Φ 16@ 1500	8.56	1127.6
5JWK6c-1400-22	1000	9200	2200	22 Φ 28	Φ 8@ 100/200	5000	Φ 16@ 1500	8.95	1333.3
5JWK6c-1400-27	1000	9200	2700	24 Φ 28	Φ 10@ 100/200	5000	Φ 16@ 1500	9.35	1558.6

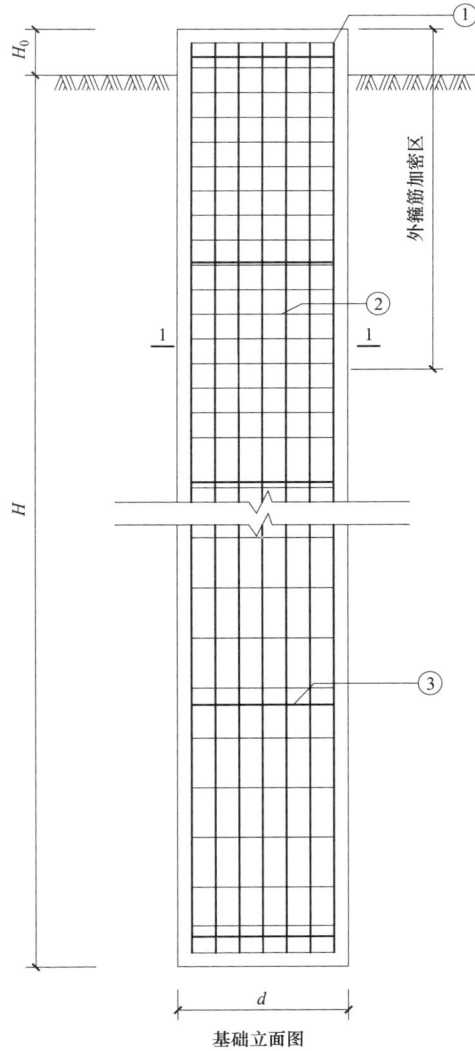

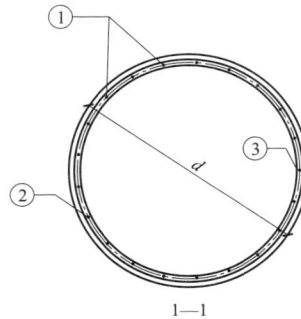

说明： 1. 本基础适用于不受地下水影响的岩石地质条件。

2. 整体立塔时，混凝土的抗压强度应达到设计强度的 100%。分解组塔时，混凝土必须达到抗压强度设计值的 70%。

3. 基础根开及地脚螺栓间距与相应杆塔结构图核对无误后，方可施工。

4. 基础混凝土强度等级不应低于 C25，主筋采用 HRB400 级钢筋，箍筋采用 HPB300 级钢筋。

5. ②号钢筋加密区箍筋间距 100mm，非加密区箍筋间距 200mm。可采用螺旋箍筋。

6. 主筋保护层不小于 50mm。

7. 基础施工完毕后，做好基面排水处理。

8. 本基础按机械成孔施工方式，未考虑护壁工程量。

基础立面图

1—1

图 19.4-3 5JWK6∗-1400 挖孔桩基础施工图（一）

基 础 参 数 表

基础名称	桩身直径 d(mm)	基础埋深 H(mm)	基础露头 H_0(mm)	主筋①	外箍筋②	外箍筋加密区长度（mm）	内箍筋③	单腿混凝土量（m³）	单腿钢筋量（kg）
5JWK6d-1400-02	1000	8000	200	21Φ22	Φ8@100/200	5000	Φ16@1500	6.44	614.3
5JWK6d-1400-07	1000	8000	700	24Φ22	Φ8@100/200	5000	Φ16@1500	6.83	724.7
5JWK6d-1400-12	1000	8000	1200	22Φ25	Φ8@100/200	5000	Φ16@1500	7.23	887.3
5JWK6d-1400-17	1000	8000	1700	24Φ25	Φ8@100/200	5000	Φ16@1500	7.62	1005.7
5JWK6d-1400-22	1000	8000	2200	22Φ28	Φ8@100/200	5000	Φ16@1500	8.01	1194.8
5JWK6d-1400-27	1000	8000	2700	24Φ28	Φ10@100/200	5000	Φ16@1500	8.40	1408.8
5JWK6e-1400-02	1000	7000	200	21Φ22	Φ8@100/200	5000	Φ16@1500	5.65	541.8
5JWK6e-1400-07	1000	7000	700	24Φ22	Φ8@100/200	5000	Φ16@1500	6.05	647.4
5JWK6e-1400-12	1000	7000	1200	22Φ25	Φ8@100/200	5000	Φ16@1500	6.44	792.7
5JWK6e-1400-17	1000	7000	1700	24Φ25	Φ8@100/200	5000	Φ16@1500	6.83	903.5
5JWK6e-1400-22	1000	7000	2200	22Φ28	Φ8@100/200	5000	Φ16@1500	7.23	1082.8
5JWK6e-1400-27	1000	7000	2700	24Φ28	Φ10@100/200	5000	Φ16@1500	7.62	1279.9
5JWK6f-1400-02	1000	6400	200	21Φ22	Φ8@100/200	5000	Φ16@1500	5.18	500.9
5JWK6f-1400-07	1000	6400	700	24Φ22	Φ8@100/200	5000	Φ16@1500	5.58	596.9
5JWK6f-1400-12	1000	6400	1200	22Φ25	Φ8@100/200	5000	Φ16@1500	5.97	738.5
5JWK6f-1400-17	1000	6400	1700	24Φ25	Φ8@100/200	5000	Φ16@1500	6.36	844.6
5JWK6f-1400-22	1000	6400	2200	22Φ28	Φ8@100/200	5000	Φ16@1500	6.75	1011.6
5JWK6f-1400-27	1000	6400	2700	24Φ28	Φ10@100/200	5000	Φ16@1500	7.15	1205.0

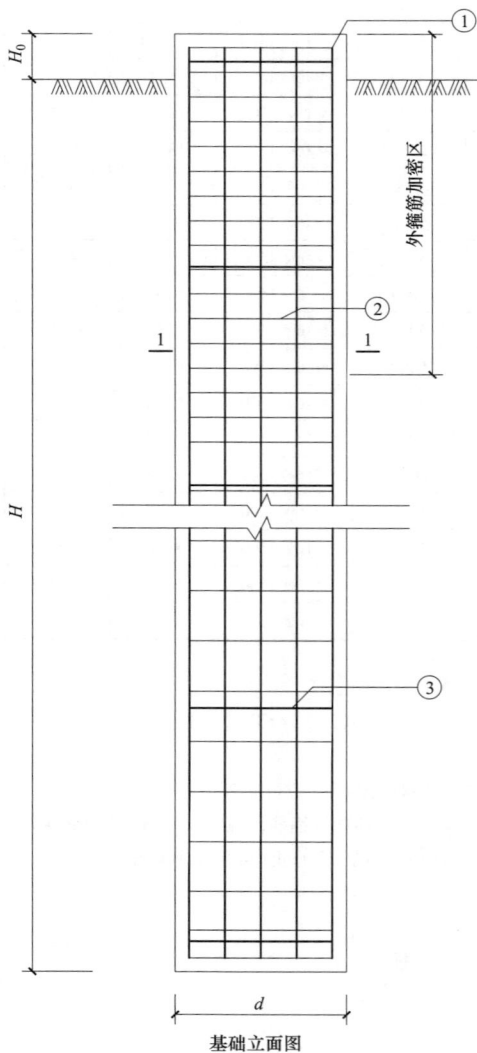

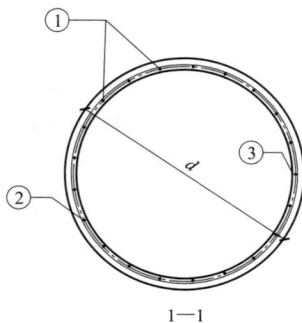

说明：1. 本基础适用于不受地下水影响的岩石地质条件。

2. 整体立塔时，混凝土的抗压强度应达到设计强度的 100%。分解组塔时，混凝土必须达到抗压强度设计值的 70%。

3. 基础根开及地脚螺栓间距与相应杆塔结构图核对无误后，方可施工。

4. 基础混凝土强度等级不应低于 C25，主筋采用 HRB400 级钢筋，箍筋采用 HPB300 级钢筋。

5. ②号钢筋加密区箍筋间距 100mm，非加密区箍筋间距 200mm。可采用螺旋箍筋。

6. 主筋保护层不小于 50mm。

7. 基础施工完毕后，做好基面排水处理。

8. 本基础按机械成孔施工方式，未考虑护壁工程量。

基础立面图

1—1

图 19.4-4　5JWK6∗-1400 挖孔桩基础施工图（二）

基 础 参 数 表

基础名称	桩身直径 d(mm)	基础埋深 H(mm)	基础露头 H_0(mm)	主筋①	外箍筋②	外箍筋加密区长度(mm)	内箍筋③	单腿混凝土量 (m^3)	单腿钢筋量 (kg)
5JWK6a-1600-02	1300	11000	200	34Φ18	Φ8@100/200	6500	Φ16@1500	14.87	941.5
5JWK6a-1600-07	1300	11200	700	30Φ20	Φ8@100/200	6500	Φ16@1500	15.80	1066.3
5JWK6a-1600-12	1300	11400	1200	28Φ22	Φ8@100/200	6500	Φ16@1500	16.72	1247.5
5JWK6a-1600-17	1300	11600	1700	31Φ22	Φ8@100/200	6500	Φ16@1500	17.65	1430.0
5JWK6a-1600-22	1300	11800	2200	34Φ22	Φ8@100/200	6500	Φ16@1500	18.58	1629.1
5JWK6a-1600-27	1300	11800	2700	23Φ28	Φ8@100/200	6500	Φ16@1500	19.25	1823.4
5JWK6b-1600-02	1100	10800	200	29Φ20	Φ8@100/200	5500	Φ16@1500	10.45	927.7
5JWK6b-1600-07	1100	10800	700	27Φ22	Φ8@100/200	5500	Φ16@1500	10.93	1070.0
5JWK6b-1600-12	1100	10800	1200	30Φ22	Φ8@100/200	5500	Φ16@1500	11.40	1223.8
5JWK6b-1600-17	1100	10800	1700	21Φ28	Φ8@100/200	5500	Φ16@1500	11.88	1420.1
5JWK6b-1600-22	1100	10800	2200	23Φ28	Φ8@100/200	5500	Φ16@1500	12.35	1597.9
5JWK6b-1600-27	1100	10800	2700	26Φ28	Φ8@100/200	5500	Φ16@1500	12.83	1855.9
5JWK6c-1600-02	1000	10400	200	19Φ25	Φ8@100/200	5000	Φ16@1500	8.33	896.8
5JWK6c-1600-07	1000	10400	700	17Φ28	Φ8@100/200	5000	Φ16@1500	8.72	1033.8
5JWK6c-1600-12	1000	10400	1200	15Φ32	Φ8@100/200	5000	Φ16@1500	9.11	1221.7
5JWK6c-1600-17	1000	10400	1700	17Φ32	Φ8@100/200	5000	Φ16@1500	9.50	1426.6
5JWK6c-1600-22	1000	10400	2200	19Φ32	Φ10@100/200	5000	Φ16@1500	9.90	1699.8
5JWK6c-1600-27	1000	10400	2700	22Φ32	Φ10@100/200	5000	Φ16@1500	10.29	2009.2

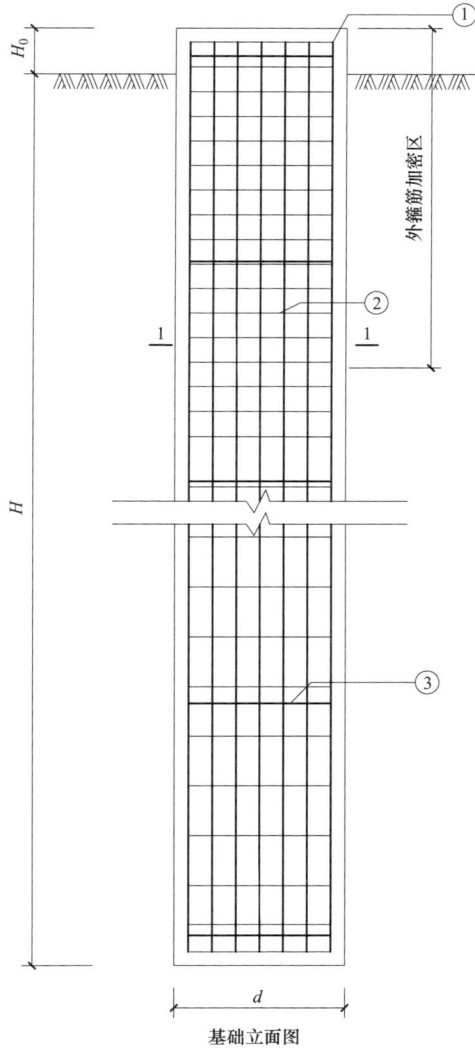

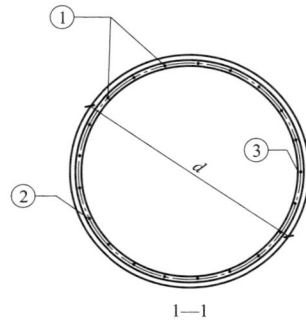

说明: 1. 本基础适用于不受地下水影响的岩石地质条件。

2. 整体立塔时, 混凝土的抗压强度应达到设计强度的100%。分解组塔时, 混凝土必须达到抗压强度设计值的70%。

3. 基础根开及地脚螺栓间距与相应杆塔结构图核对无误后, 方可施工。

4. 基础混凝土强度等级不应低于C25, 主筋采用HRB400级钢筋, 箍筋采用HPB300级钢筋。

5. ②号钢筋加密区箍筋间距100mm, 非加密区箍筋间距200mm。可采用螺旋箍筋。

6. 主筋保护层不小于50mm。

7. 基础施工完毕后, 做好基面排水处理。

8. 本基础按机械成孔施工方式, 未考虑护壁工程量。

基础立面图

1—1

图 19.4-5 5JWK6∗-1600 挖孔桩基础施工图(一)

基础名称	桩身直径 d(mm)	基础埋深 H(mm)	基础露头 H_0(mm)	主筋①	外箍筋②	外箍筋加密区长度(mm)	内箍筋③	单腿混凝土量 (m³)	单腿钢筋量 (kg)
5JWK6d-1600-02	1000	9000	200	19Φ25	Φ8@100/200	5000	Φ16@1500	7.23	782.3
5JWK6d-1600-07	1000	9000	700	17Φ28	Φ8@100/200	5000	Φ16@1500	7.62	906.7
5JWK6d-1600-12	1000	9000	1200	15Φ32	Φ8@100/200	5000	Φ16@1500	8.01	1077.2
5JWK6d-1600-17	1000	9000	1700	17Φ32	Φ8@100/200	5000	Φ16@1500	8.40	1264.4
5JWK6d-1600-22	1000	9000	2200	19Φ32	Φ10@100/200	5000	Φ16@1500	8.80	1515.5
5JWK6d-1600-27	1000	9000	2700	22Φ32	Φ10@100/200	5000	Φ16@1500	9.19	1798.3
5JWK6e-1600-02	1000	8000	200	19Φ25	Φ8@100/200	5000	Φ16@1500	6.44	699.3
5JWK6e-1600-07	1000	8000	700	17Φ28	Φ8@100/200	5000	Φ16@1500	6.83	814.8
5JWK6e-1600-12	1000	8000	1200	15Φ32	Φ8@100/200	5000	Φ16@1500	7.23	976.8
5JWK6e-1600-17	1000	8000	1700	17Φ32	Φ8@100/200	5000	Φ16@1500	7.62	1147.4
5JWK6e-1600-22	1000	8000	2200	19Φ32	Φ10@100/200	5000	Φ16@1500	8.01	1382.7
5JWK6e-1600-27	1000	8000	2700	22Φ32	Φ10@100/200	5000	Φ16@1500	8.40	1650.6
5JWK6f-1600-02	1000	7200	200	19Φ25	Φ8@100/200	5000	Φ16@1500	5.81	632.1
5JWK6f-1600-07	1000	7200	700	17Φ28	Φ8@100/200	5000	Φ16@1500	6.20	744.6
5JWK6f-1600-12	1000	7200	1200	15Φ32	Φ8@100/200	5000	Φ16@1500	6.60	892.5
5JWK6f-1600-17	1000	7200	1700	17Φ32	Φ8@100/200	5000	Φ16@1500	6.99	1053.0
5JWK6f-1600-22	1000	7200	2200	19Φ32	Φ10@100/200	5000	Φ16@1500	7.38	1279.7
5JWK6f-1600-27	1000	7200	2700	22Φ32	Φ10@100/200	5000	Φ16@1500	7.78	1528.4

说明：1. 本基础适用于不受地下水影响的岩石地质条件。

2. 整体立塔时，混凝土的抗压强度应达到设计强度的100%。分解组塔时，混凝土必须达到抗压强度设计值的70%。

3. 基础根开及地脚螺栓间距与相应杆塔结构图核对无误后，方可施工。

4. 基础混凝土强度等级不应低于C25，主筋采用HRB400级钢筋，箍筋采用HPB300级钢筋。

5. ②号钢筋加密区箍筋间距100mm，非加密区箍筋间距200mm。可采用螺旋箍筋。

6. 主筋保护层不小于50mm。

7. 基础施工完毕后，做好基面排水处理。

8. 本基础按机械成孔施工方式，未考虑护壁工程量。

基础立面图

1—1

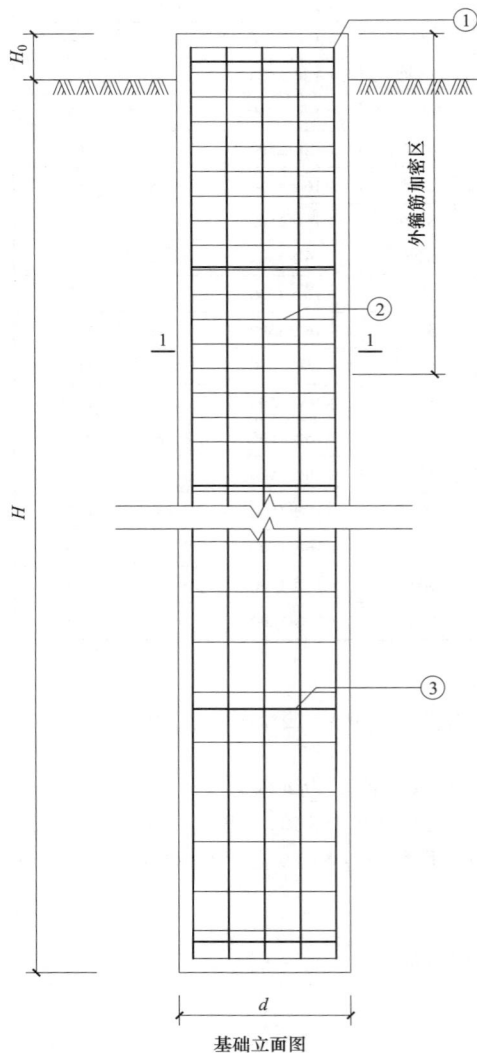

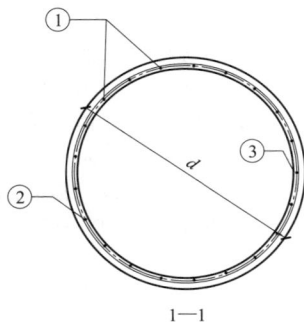

图 19.4-6　5JWK6∗-1600 挖孔桩基础施工图（二）

基础名称	桩身直径 d(mm)	基础埋深 H(mm)	基础露头 H_0(mm)	主筋①	外箍筋②	外箍筋加密区长度(mm)	内箍筋③	单腿混凝土量(m^3)	单腿钢筋量(kg)
5JWK6a-1800-02	1400	12000	200	34 Φ20	Φ8@100/200	7000	Φ16@1500	18.78	1236.7
5JWK6a-1800-07	1500	11200	700	34 Φ20	Φ8@100/200	7500	Φ16@1500	21.03	1224.0
5JWK6a-1800-12	1500	11400	1200	36 Φ20	Φ8@100/200	7500	Φ16@1500	22.27	1356.1
5JWK6a-1800-17	1500	11600	1700	39 Φ20	Φ8@100/200	7500	Φ16@1500	23.50	1522.8
5JWK6a-1800-22	1500	11800	2200	43 Φ20	Φ8@100/200	7500	Φ16@1500	24.74	1738.9
5JWK6a-1800-27	1500	12000	2700	38 Φ22	Φ8@100/200	7500	Φ16@1500	25.98	1927.1
5JWK6b-1800-02	1200	11000	200	28 Φ22	Φ8@100/200	6000	Φ16@1500	12.67	1095.8
5JWK6b-1800-07	1200	11000	700	29 Φ22	Φ8@100/200	6000	Φ16@1500	13.23	1174.9
5JWK6b-1800-12	1200	11000	1200	33 Φ22	Φ8@100/200	6000	Φ16@1500	13.80	1371.6
5JWK6b-1800-17	1200	11000	1700	23 Φ28	Φ8@100/200	6000	Φ16@1500	14.36	1582.8
5JWK6b-1800-22	1200	11000	2200	19 Φ32	Φ8@100/200	6000	Φ16@1500	14.93	1756.9
5JWK6b-1800-27	1200	11000	2700	21 Φ32	Φ8@100/200	6000	Φ16@1500	15.49	1996.2
5JWK6c-1800-02	1000	11600	200	17 Φ28	Φ10@100/200	5000	Φ16@1500	9.27	1151.8
5JWK6c-1800-07	1000	11600	700	15 Φ32	Φ10@100/200	5000	Φ16@1500	9.66	1352.7
5JWK6c-1800-12	1000	11600	1200	17 Φ32	Φ10@100/200	5000	Φ16@1500	10.05	1565.5
5JWK6c-1800-17	1000	11600	1700	20 Φ32	Φ10@100/200	5000	Φ16@1500	10.45	1872.3
5JWK6c-1800-22	1000	11600	2200	22 Φ32	Φ12@100/200	5000	Φ16@1500	10.84	2194.1
5JWK6c-1800-27	1100	10600	2700	23 Φ32	Φ10@100/200	5500	Φ16@1500	12.64	2151.2

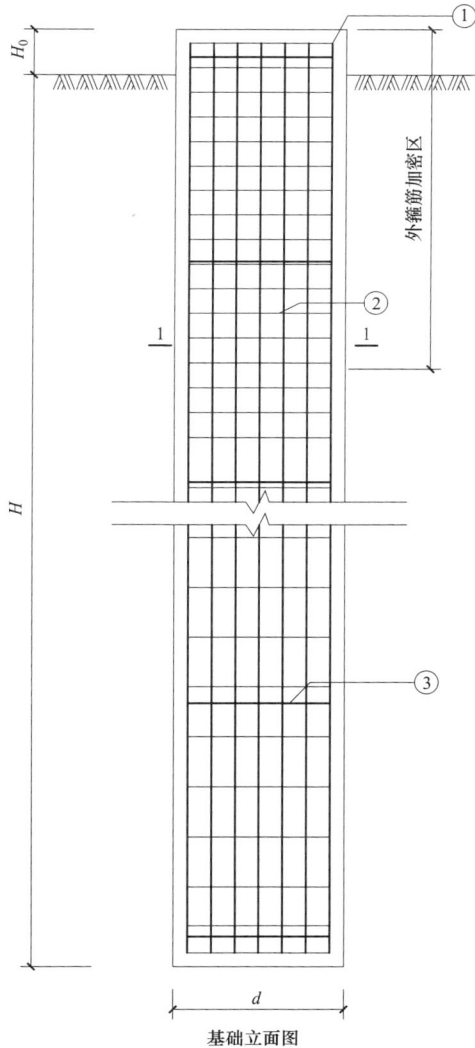

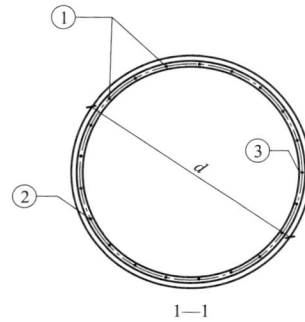

说明：1. 本基础适用于不受地下水影响的岩石地质条件。

2. 整体立塔时，混凝土的抗压强度应达到设计强度的100%。分解组塔时，混凝土必须达到抗压强度设计值的70%。

3. 基础根开及地脚螺栓间距与相应杆塔结构图核对无误后，方可施工。

4. 基础混凝土强度等级不应低于C25，主筋采用HRB400级钢筋，箍筋采用HPB300级钢筋。

5. ②号钢筋加密区箍筋间距100mm，非加密区箍筋间距200mm。可采用螺旋箍筋。

6. 主筋保护层不小于50mm。

7. 基础施工完毕后，做好基面排水处理。

8. 本基础按机械成孔施工方式，未考虑护壁工程量。

基础立面图

1—1

图 19.4-7　5JWK6*-1800 挖孔桩基础施工图（一）

基 础 参 数 表

基础名称	桩身直径 d(mm)	基础埋深 H(mm)	基础露头 H_0(mm)	主筋①	外箍筋②	外箍筋加密区长度(mm)	内箍筋③	单腿混凝土量 (m³)	单腿钢筋量 (kg)
5JWK6d-1800-02	1000	10200	200	17Φ28	Φ10@100/200	5000	Φ16@1500	8.17	1020.3
5JWK6d-1800-07	1000	10200	700	15Φ32	Φ10@100/200	5000	Φ16@1500	8.56	1203.8
5JWK6d-1800-12	1000	10200	1200	17Φ32	Φ10@100/200	5000	Φ16@1500	8.95	1398.8
5JWK6d-1800-17	1000	10200	1700	20Φ32	Φ10@100/200	5000	Φ16@1500	9.35	1679.1
5JWK6d-1800-22	1000	10200	2200	22Φ32	Φ12@100/200	5000	Φ16@1500	9.74	1977.7
5JWK6d-1800-27	1100	9200	2700	23Φ32	Φ10@100/200	5500	Φ16@1500	11.31	1929.6
5JWK6e-1800-02	1000	9000	200	17Φ28	Φ10@100/200	5000	Φ16@1500	7.23	911.2
5JWK6e-1800-07	1000	9000	700	15Φ32	Φ10@100/200	5000	Φ16@1500	7.62	1075.5
5JWK6e-1800-12	1000	9000	1200	17Φ32	Φ10@100/200	5000	Φ16@1500	8.01	1255.4
5JWK6e-1800-17	1000	9000	1700	20Φ32	Φ10@100/200	5000	Φ16@1500	8.40	1517.0
5JWK6e-1800-22	1000	9000	2200	22Φ32	Φ12@100/200	5000	Φ16@1500	8.80	1791.7
5JWK6e-1800-27	1100	8200	2700	23Φ32	Φ10@100/200	5500	Φ16@1500	10.36	1774.6
5JWK6f-1800-02	1000	8200	200	17Φ28	Φ10@100/200	5000	Φ16@1500	6.60	834.3
5JWK6f-1800-07	1000	8200	700	15Φ32	Φ10@100/200	5000	Φ16@1500	6.99	988.6
5JWK6f-1800-12	1000	8200	1200	17Φ32	Φ10@100/200	5000	Φ16@1500	7.38	1162.5
5JWK6f-1800-17	1000	8200	1700	20Φ32	Φ10@100/200	5000	Φ16@1500	7.78	1404.9
5JWK6f-1800-22	1000	8200	2200	22Φ32	Φ12@100/200	5000	Φ16@1500	8.17	1666.4
5JWK6f-1800-27	1100	7400	2700	23Φ32	Φ10@100/200	5500	Φ16@1500	9.60	1646.1

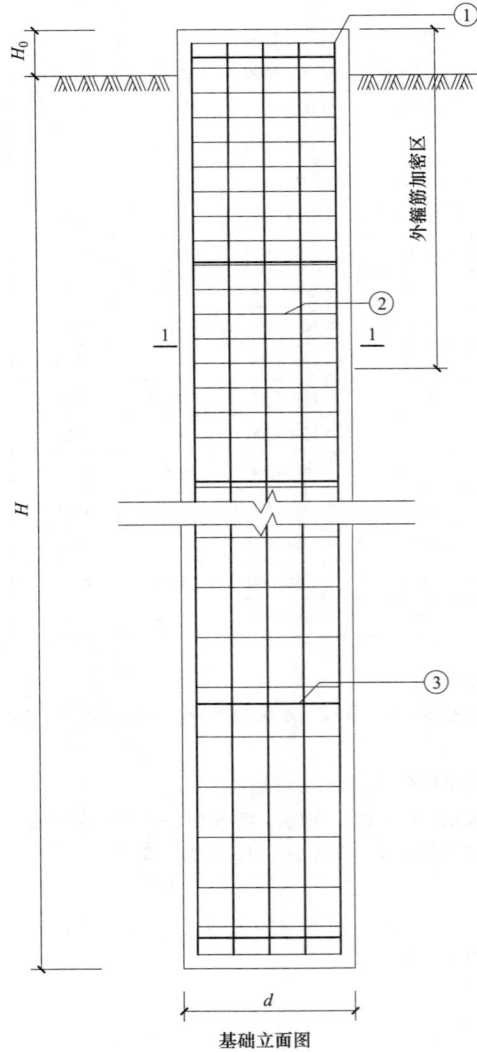

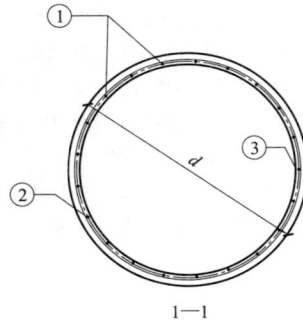

说明：1. 本基础适用于不受地下水影响的岩石地质条件。

2. 整体立塔时，混凝土的抗压强度应达到设计强度的 100%。分解组塔时，混凝土必须达到抗压强度设计值的 70%。

3. 基础根开及地脚螺栓间距与相应杆塔结构图核对无误后，方可施工。

4. 基础混凝土强度等级不应低于 C25，主筋采用 HRB400 级钢筋，箍筋采用 HPB300 级钢筋。

5. ②号钢筋加密区箍筋间距 100mm，非加密区箍筋间距 200mm。可采用螺旋箍筋。

6. 主筋保护层不小于 50mm。

7. 基础施工完毕后，做好基面排水处理。

8. 本基础按机械成孔施工方式，未考虑护壁工程量。

基础立面图

1—1

图 19.4-8　5JWK6∗-1800 挖孔桩基础施工图（二）

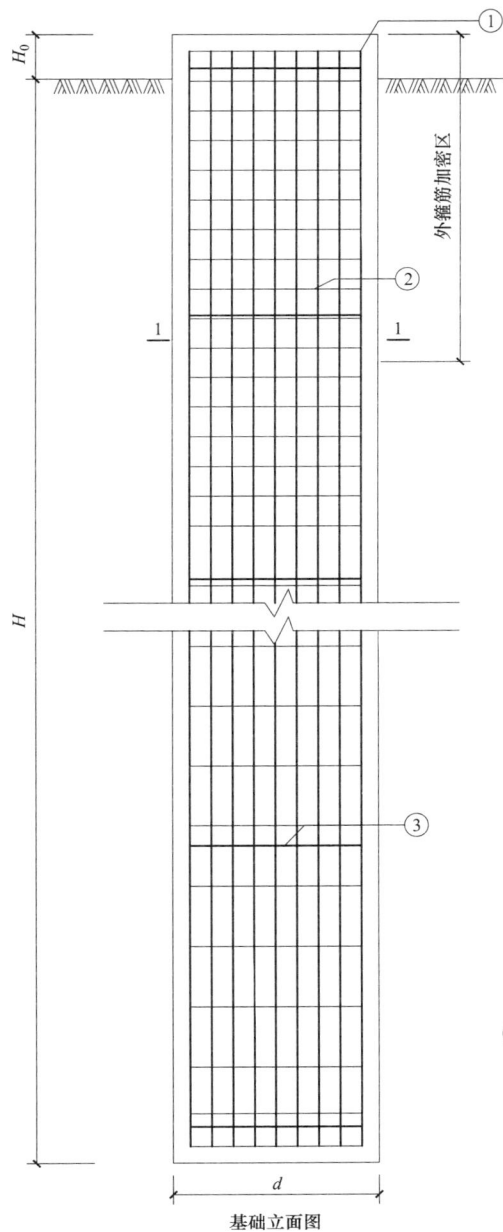

基础立面图

1—1

图 19.4-9 5JWK6＊-2000挖孔桩基础施工图（一）

基 础 参 数 表

基础名称	桩身直径 d(mm)	基础埋深 H(mm)	基础露头 H_0(mm)	主筋①	外箍筋②	外箍筋加密区长度(mm)	内箍筋③	单腿混凝土量(m³)	单腿钢筋量(kg)
5JWK6a-2000-02	1600	11800	200	27 ⊕ 22	Φ 8@ 100/200	8000	Φ 18@ 1500	24.13	1241.8
5JWK6a-2000-07	1600	12000	700	29 ⊕ 22	Φ 8@ 100/200	8000	Φ 18@ 1500	25.53	1378.9
5JWK6a-2000-12	1700	11400	1200	31 ⊕ 22	Φ 8@ 100/200	8500	Φ 18@ 1500	28.60	1468.3
5JWK6a-2000-17	1700	11600	1700	34 ⊕ 22	Φ 8@ 100/200	8500	Φ 18@ 1500	30.19	1659.0
5JWK6a-2000-22	1700	11800	2200	36 ⊕ 22	Φ 8@ 100/200	8500	Φ 18@ 1500	31.78	1828.5
5JWK6a-2000-27	1800	11400	2700	38 ⊕ 22	Φ 8@ 100/200	9000	Φ 18@ 1500	35.88	1950.3
5JWK6b-2000-02	1300	11200	200	31 ⊕ 22	Φ 8@ 100/200	6500	Φ 16@ 1500	15.13	1233.6
5JWK6b-2000-07	1300	11200	700	32 ⊕ 22	Φ 8@ 100/200	6500	Φ 16@ 1500	15.80	1319.5
5JWK6b-2000-12	1300	11200	1200	27 ⊕ 25	Φ 8@ 100/200	6500	Φ 16@ 1500	16.46	1480.6
5JWK6b-2000-17	1300	11200	1700	30 ⊕ 25	Φ 8@ 100/200	6500	Φ 16@ 1500	17.12	1684.9
5JWK6b-2000-22	1300	11200	2200	33 ⊕ 25	Φ 8@ 100/200	6500	Φ 16@ 1500	17.79	1899.2
5JWK6b-2000-27	1300	11400	2700	22 ⊕ 32	Φ 8@ 100/200	6500	Φ 16@ 1500	18.72	2163.1
5JWK6c-2000-02	1100	11600	200	23 ⊕ 25	Φ 8@ 100/200	5500	Φ 16@ 1500	11.21	1189.3
5JWK6c-2000-07	1100	11600	700	21 ⊕ 28	Φ 8@ 100/200	5500	Φ 16@ 1500	11.69	1398.6
5JWK6c-2000-12	1100	11600	1200	26 ⊕ 28	Φ 8@ 100/200	5500	Φ 16@ 1500	12.16	1758.3
5JWK6c-2000-17	1100	11600	1700	27 ⊕ 28	Φ 8@ 100/200	5500	Φ 16@ 1500	12.64	1888.6
5JWK6c-2000-22	1100	11600	2200	23 ⊕ 32	Φ 10@ 100/200	5500	Φ 16@ 1500	13.11	2232.2
5JWK6c-2000-27	1100	11600	2700	25 ⊕ 32	Φ 12@ 100/200	5500	Φ 16@ 1500	13.59	2579.0

说明：1. 本基础适用于不受地下水影响的岩石地质条件。

2. 整体立塔时，混凝土的抗压强度应达到设计强度的100%。分解组塔时，混凝土必须达到抗压强度设计值的70%。

3. 基础根开及地脚螺栓间距与相应杆塔结构图核对无误后，方可施工。

4. 基础混凝土强度等级不应低于C25，主筋采用HRB400级钢筋，箍筋采用HPB300级钢筋。

5. ②号钢筋加密区箍筋间距100mm，非加密区箍筋间距200mm。可采用螺旋箍筋。

6. 主筋保护层不小于50mm。

7. 基础施工完毕后，做好基面排水处理。

8. 本基础按机械成孔施工方式，未考虑护壁工程量。

基 础 参 数 表

基础名称	桩身直径 d(mm)	基础埋深 H(mm)	基础露头 H₀(mm)	主筋①	外箍筋②	外箍筋加密区长度(mm)	内箍筋③	单腿混凝土量(m³)	单腿钢筋量(kg)
5JWK6d-2000-02	1100	10200	200	23Φ25	Φ8@100/200	5500	Φ16@1500	9.88	1051.9
5JWK6d-2000-07	1100	10200	700	21Φ28	Φ8@100/200	5500	Φ16@1500	10.36	1243.1
5JWK6d-2000-12	1100	10200	1200	18Φ32	Φ8@100/200	5500	Φ16@1500	10.83	1432.9
5JWK6d-2000-17	1100	10200	1700	21Φ32	Φ8@100/200	5500	Φ16@1500	11.31	1716.6
5JWK6d-2000-22	1100	10200	2200	23Φ32	Φ10@100/200	5500	Φ16@1500	11.78	2010.7
5JWK6d-2000-27	1100	10200	2700	25Φ32	Φ12@100/200	5500	Φ16@1500	12.26	2333.7
5JWK6e-2000-02	1100	9000	200	23Φ25	Φ8@100/200	5500	Φ16@1500	8.74	938.0
5JWK6e-2000-07	1100	9000	700	21Φ28	Φ8@100/200	5500	Φ16@1500	9.22	1109.2
5JWK6e-2000-12	1100	9000	1200	18Φ32	Φ8@100/200	5500	Φ16@1500	9.69	1284.5
5JWK6e-2000-17	1100	9000	1700	21Φ32	Φ8@100/200	5500	Φ16@1500	10.17	1550.0
5JWK6e-2000-22	1100	9000	2200	23Φ32	Φ10@100/200	5500	Φ16@1500	10.64	1820.1
5JWK6e-2000-27	1100	9000	2700	25Φ32	Φ12@100/200	5500	Φ16@1500	11.12	2122.8
5JWK6f-2000-02	1100	8200	200	23Φ25	Φ8@100/200	5500	Φ16@1500	7.98	857.5
5JWK6f-2000-07	1100	8200	700	21Φ28	Φ8@100/200	5500	Φ16@1500	8.46	1018.4
5JWK6f-2000-12	1100	8200	1200	18Φ32	Φ8@100/200	5500	Φ16@1500	8.93	1188.5
5JWK6f-2000-17	1100	8200	1700	21Φ32	Φ8@100/200	5500	Φ16@1500	9.41	1434.3
5JWK6f-2000-22	1100	8200	2200	23Φ32	Φ10@100/200	5500	Φ16@1500	9.88	1691.6
5JWK6f-2000-27	1100	8200	2700	25Φ32	Φ12@100/200	5500	Φ16@1500	10.36	1985.2

基础立面图

1—1

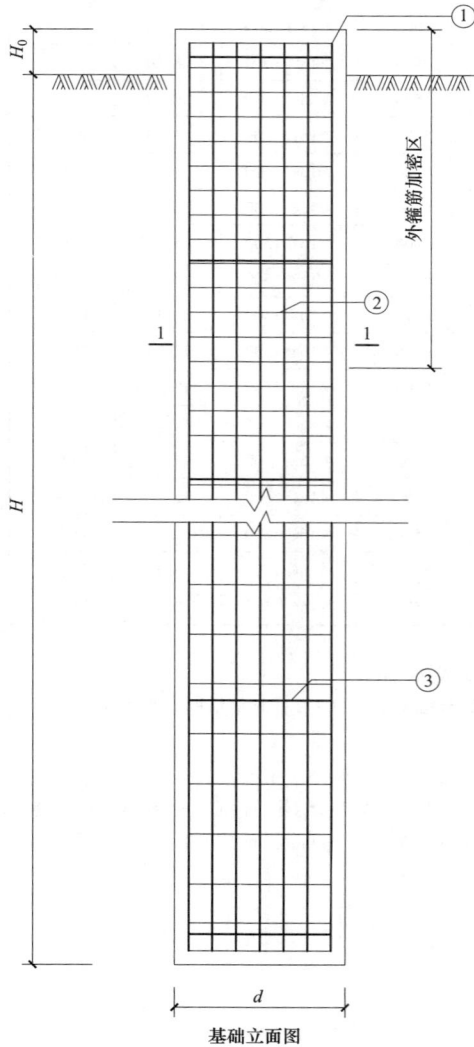

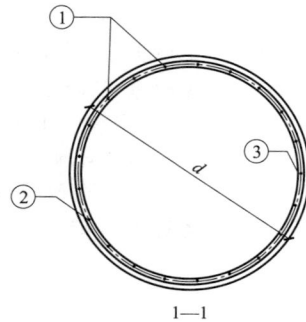

图 19.4-10　5JWK6*-2000挖孔桩基础施工图（二）

说明：1. 本基础适用于不受地下水影响的岩石地质条件。

2. 整体立塔时，混凝土的抗压强度应达到设计强度的100%。分解组塔时，混凝土必须达到抗压强度设计值的70%。

3. 基础根开及地脚螺栓间距与相应杆塔结构图核对无误后，方可施工。

4. 基础混凝土强度等级不应低于C25，主筋采用HRB400级钢筋，箍筋采用HPB300级钢筋。

5. ②号钢筋加密区箍筋间距100mm，非加密区箍筋间距200mm。可采用螺旋箍筋。

6. 主筋保护层不小于50mm。

7. 基础施工完毕后，做好基面排水处理。

8. 本基础按机械成孔施工方式，未考虑护壁工程量。

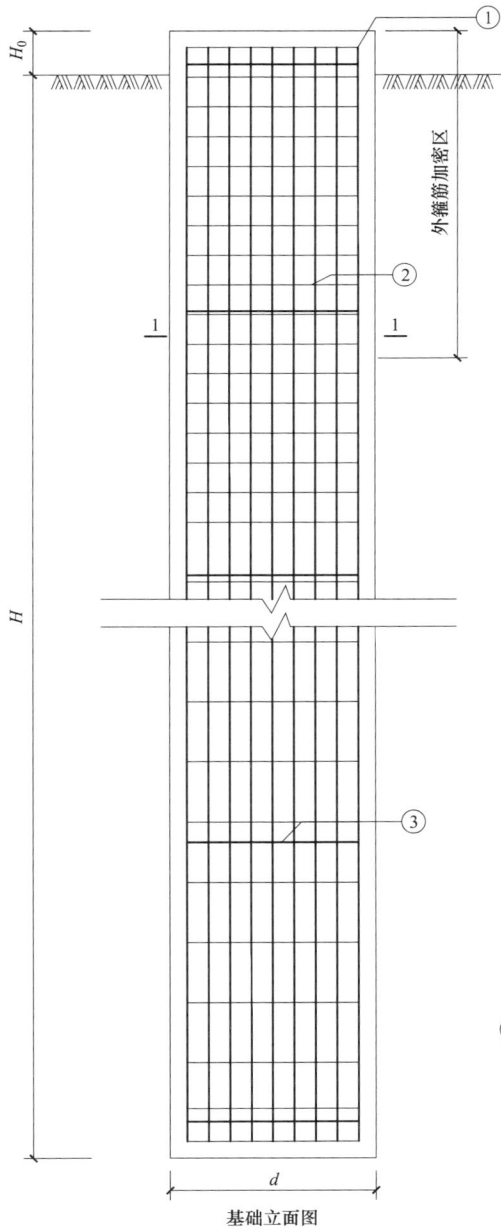

基 础 参 数 表

基础名称	桩身直径 d(mm)	基础埋深 H(mm)	基础露头 H_0(mm)	主筋①	外箍筋②	外箍筋加密区长度(mm)	内箍筋③	单腿混凝土量 (m³)	单腿钢筋量 (kg)
5JWK6a-2200-02	1800	11800	200	54 ⌀16	Φ8@100/200	9000	Φ18@1500	30.54	1346.9
5JWK6a-2200-07	1800	12000	700	46 ⌀18	Φ8@100/200	9000	Φ18@1500	32.32	1496.4
5JWK6a-2200-12	1900	11400	1200	49 ⌀18	Φ8@100/200	9500	Φ18@1500	35.72	1586.6
5JWK6a-2200-17	1900	11800	1700	53 ⌀18	Φ8@100/200	9500	Φ18@1500	38.28	1803.8
5JWK6a-2200-22	1900	12000	2200	57 ⌀18	Φ8@100/200	9500	Φ18@1500	40.26	1997.1
5JWK6a-2200-27	2000	11600	2700	59 ⌀18	Φ8@100/200	10000	Φ18@1500	44.92	2094.3
5JWK6b-2200-02	1400	11200	200	37 ⌀20	Φ8@100/200	7000	Φ16@1500	17.55	1240.4
5JWK6b-2200-07	1400	11200	700	34 ⌀22	Φ8@100/200	7000	Φ16@1500	18.32	1409.4
5JWK6b-2200-12	1400	11400	1200	30 ⌀25	Φ8@100/200	7000	Φ16@1500	19.40	1669.3
5JWK6b-2200-17	1400	11600	1700	32 ⌀25	Φ8@100/200	7000	Φ16@1500	20.47	1856.6
5JWK6b-2200-22	1400	11800	2200	35 ⌀25	Φ8@100/200	7000	Φ16@1500	21.55	2116.0
5JWK6b-2200-27	1400	11800	2700	38 ⌀25	Φ8@100/200	7000	Φ16@1500	22.32	2352.9
5JWK6c-2200-02	1200	11600	200	32 ⌀22	Φ8@100/200	6000	Φ16@1500	13.35	1289.5
5JWK6c-2200-07	1200	11600	700	28 ⌀25	Φ8@100/200	6000	Φ16@1500	13.91	1495.9
5JWK6c-2200-12	1200	11600	1200	19 ⌀32	Φ8@100/200	6000	Φ16@1500	14.48	1706.2
5JWK6c-2200-17	1200	11600	1700	21 ⌀32	Φ8@100/200	6000	Φ16@1500	15.04	1935.3
5JWK6c-2200-22	1200	11600	2200	24 ⌀32	Φ10@100/200	6000	Φ16@1500	15.61	2349.9
5JWK6c-2200-27	1200	11600	2700	26 ⌀32	Φ12@100/200	6000	Φ16@1500	16.17	2708.8

说明：1. 本基础适用于不受地下水影响的岩石地质条件。

2. 整体立塔时，混凝土的抗压强度应达到设计强度的100%。分解组塔时，混凝土必须达到抗压强度设计值的70%。

3. 基础根开及地脚螺栓间距与相应杆塔结构图核对无误后，方可施工。

4. 基础混凝土强度等级不应低于C25，主筋采用HRB400级钢筋，箍筋采用HPB300级钢筋。

5. ②号钢筋加密区箍筋间距100mm，非加密区箍筋间距200mm。可采用螺旋箍筋。

6. 主筋保护层不小于50mm。

7. 基础施工完毕后，做好基面排水处理。

8. 本基础按机械成孔施工方式，未考虑护壁工程量。

基础立面图

1—1

图 19.4-11 5JWK6＊-2200 挖孔桩基础施工图（一）

基础名称	桩身直径 d(mm)	基础埋深 H(mm)	基础露头 H₀(mm)	主筋①	外箍筋②	外箍筋加密区长度(mm)	内箍筋③	单腿混凝土量 (m³)	单腿钢筋量 (kg)
5JWK6d-2200-02	1100	11200	200	26 φ 25	Φ10@100/200	5500	Φ16@1500	10.83	1343.9
5JWK6d-2200-07	1100	11200	700	23 φ 28	Φ10@100/200	5500	Φ16@1500	11.31	1529.1
5JWK6d-2200-12	1100	11200	1200	26 φ 28	Φ10@100/200	5500	Φ16@1500	11.78	1771.2
5JWK6d-2200-17	1100	11200	1700	23 φ 32	Φ10@100/200	5500	Φ16@1500	12.26	2089.2
5JWK6d-2200-22	1100	11200	2200	25 φ 32	Φ12@100/200	5500	Φ16@1500	12.73	2418.2
5JWK6d-2200-27	1200	10200	2700	26 φ 32	Φ12@100/200	6000	Φ16@1500	14.59	2452.3
5JWK6e-2200-02	1100	10000	200	26 φ 25	Φ10@100/200	5500	Φ16@1500	9.69	1207.3
5JWK6e-2200-07	1100	10000	700	23 φ 28	Φ10@100/200	5500	Φ16@1500	10.17	1383.9
5JWK6e-2200-12	1100	10000	1200	26 φ 28	Φ10@100/200	5500	Φ16@1500	10.64	1604.1
5JWK6e-2200-17	1100	10000	1700	23 φ 32	Φ10@100/200	5500	Φ16@1500	11.12	1898.6
5JWK6e-2200-22	1100	10000	2200	25 φ 32	Φ12@100/200	5500	Φ16@1500	11.59	2211.9
5JWK6e-2200-27	1200	9000	2700	26 φ 32	Φ12@100/200	6000	Φ16@1500	13.23	2231.6
5JWK6f-2200-02	1100	9000	200	26 φ 25	Φ10@100/200	5500	Φ16@1500	8.74	1097.4
5JWK6f-2200-07	1100	9000	700	23 φ 28	Φ10@100/200	5500	Φ16@1500	9.22	1258.4
5JWK6f-2200-12	1100	9000	1200	26 φ 28	Φ10@100/200	5500	Φ16@1500	9.69	1464.0
5JWK6f-2200-17	1100	9000	1700	23 φ 32	Φ10@100/200	5500	Φ16@1500	10.17	1743.6
5JWK6f-2200-22	1100	9000	2200	25 φ 32	Φ12@100/200	5500	Φ16@1500	10.64	2035.4
5JWK6f-2200-27	1200	8200	2700	26 φ 32	Φ12@100/200	6000	Φ16@1500	12.33	2087.9

基础立面图

1—1

说明：1. 本基础适用于不受地下水影响的岩石地质条件。

2. 整体立塔时，混凝土的抗压强度应达到设计强度的100%。分解组塔时，混凝土必须达到抗压强度设计值的70%。

3. 基础根开及地脚螺栓间距与相应杆塔结构图核对无误后，方可施工。

4. 基础混凝土强度等级不应低于C25，主筋采用HRB400级钢筋，箍筋采用HPB300级钢筋。

5. ②号钢筋加密区箍筋间距100mm，非加密区箍筋间距200mm。可采用螺旋箍筋。

6. 主筋保护层不小于50mm。

7. 基础施工完毕后，做好基面排水处理。

8. 本基础按机械成孔施工方式，未考虑护壁工程量。

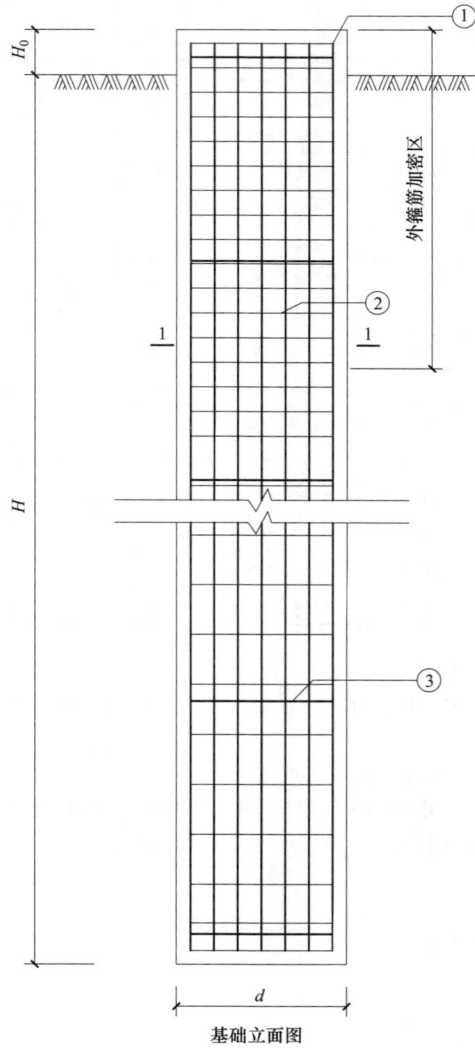

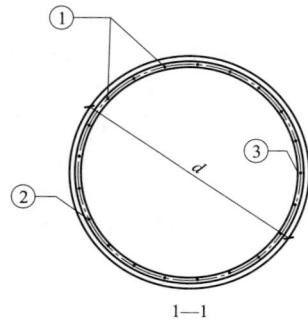

图 19.4-12　5JWK6∗-2200 挖孔桩基础施工图（二）

基 础 参 数 表

基础名称	桩身直径 d(mm)	基础埋深 H(mm)	基础露头 H_0(mm)	主筋①	外箍筋②	外箍筋加密区长度(mm)	内箍筋③	单腿混凝土量（m³）	单腿钢筋量（kg）
5JWK6b-2400-02	1500	11600	200	33 Φ 22	Φ 8@ 100/200	7500	Φ 16@ 1500	20.85	1384.5
5JWK6b-2400-07	1500	11800	700	36 Φ 22	Φ 8@ 100/200	7500	Φ 16@ 1500	22.09	1577.9
5JWK6b-2400-12	1500	12000	1200	40 Φ 22	Φ 8@ 100/200	7500	Φ 16@ 1500	23.33	1814.4
5JWK6b-2400-17	1500	12000	1700	35 Φ 25	Φ 8@ 100/200	7500	Φ 16@ 1500	24.21	2096.2
5JWK6b-2400-22	1600	11200	2200	36 Φ 25	Φ 8@ 100/200	8000	Φ 18@ 1500	26.94	2139.6
5JWK6b-2400-27	1600	11400	2700	38 Φ 25	Φ 8@ 100/200	8000	Φ 18@ 1500	28.35	2359.0
5JWK6c-2400-02	1300	11600	200	27 Φ 25	Φ 8@ 100/200	6500	Φ 16@ 1500	15.66	1408.1
5JWK6c-2400-07	1300	11600	700	30 Φ 25	Φ 8@ 100/200	6500	Φ 16@ 1500	16.33	1611.0
5JWK6c-2400-12	1300	11600	1200	26 Φ 28	Φ 8@ 100/200	6500	Φ 16@ 1500	16.99	1799.2
5JWK6c-2400-17	1300	11600	1700	29 Φ 28	Φ 8@ 100/200	6500	Φ 16@ 1500	17.65	2057.7
5JWK6c-2400-22	1300	11600	2200	32 Φ 28	Φ 10@ 100/200	6500	Φ 16@ 1500	18.32	2423.6
5JWK6c-2400-27	1300	11600	2700	27 Φ 32	Φ 10@ 100/200	6500	Φ 16@ 1500	18.98	2731.3

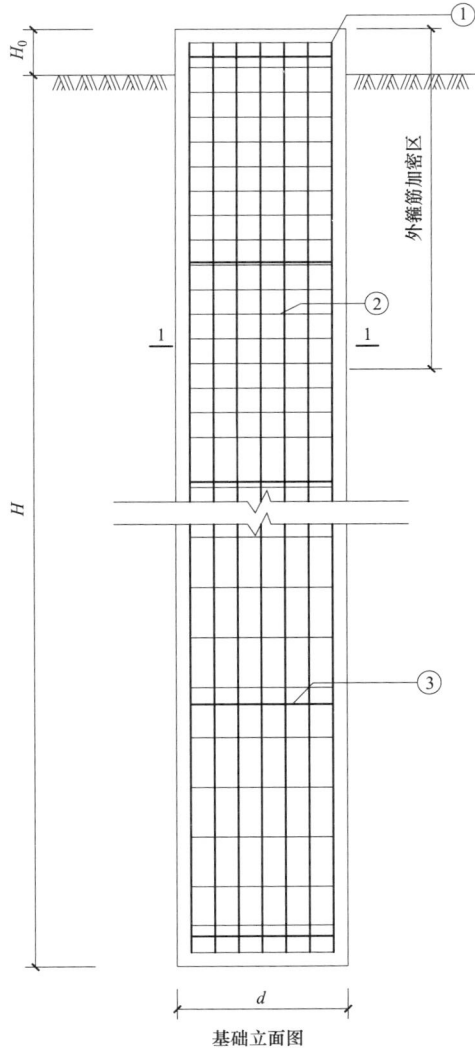

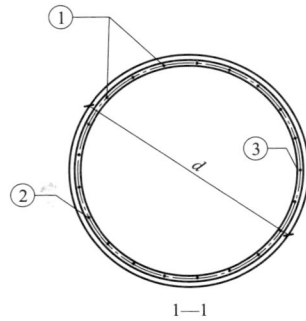

基础立面图

1—1

说明：1. 本基础适用于不受地下水影响的岩石地质条件。

2. 整体立塔时，混凝土的抗压强度应达到设计强度的 100%。分解组塔时，混凝土必须达到抗压强度设计值的 70%。

3. 基础根开及地脚螺栓间距与相应杆塔结构图核对无误后，方可施工。

4. 基础混凝土强度等级不应低于 C25，主筋采用 HRB400 级钢筋，箍筋采用 HPB300 级钢筋。

5. ②号钢筋加密区箍筋间距 100mm，非加密区箍筋间距 200mm。可采用螺旋箍筋。

6. 主筋保护层不小于 50mm。

7. 基础施工完毕后，做好基面排水处理。

8. 本基础按机械成孔施工方式，未考虑护壁工程量。

图 19.4-13　5JWK6∗-2400 挖孔桩基础施工图（一）

基 础 参 数 表

基础名称	桩身直径 d(mm)	基础埋深 H(mm)	基础露头 H_0(mm)	主筋①	外箍筋②	外箍筋加密区长度(mm)	内箍筋③	单腿混凝土量(m³)	单腿钢筋量(kg)
5JWK6d-2400-02	1200	11000	200	27Φ25	Φ8@100/200	6000	Φ16@1500	12.67	1322.5
5JWK6d-2400-07	1200	11000	700	31Φ25	Φ8@100/200	6000	Φ16@1500	13.23	1555.8
5JWK6d-2400-12	1200	11000	1200	21Φ32	Φ8@100/200	6000	Φ16@1500	13.80	1782.6
5JWK6d-2400-17	1200	11000	1700	23Φ32	Φ10@100/200	6000	Φ16@1500	14.36	2085.8
5JWK6d-2400-22	1200	11000	2200	26Φ32	Φ12@100/200	6000	Φ16@1500	14.93	2507.7
5JWK6d-2400-27	1200	11000	2700	28Φ32	Φ12@100/200	6000	Φ16@1500	15.49	2772.5
5JWK6e-2400-02	1200	9800	200	27Φ25	Φ8@100/200	6000	Φ16@1500	11.31	1184.3
5JWK6e-2400-07	1200	9800	700	31Φ25	Φ8@100/200	6000	Φ16@1500	11.88	1404.2
5JWK6e-2400-12	1200	9800	1200	21Φ32	Φ8@100/200	6000	Φ16@1500	12.44	1610.2
5JWK6e-2400-17	1200	9800	1700	23Φ32	Φ10@100/200	6000	Φ16@1500	13.01	1893.6
5JWK6e-2400-22	1200	9800	2200	26Φ32	Φ12@100/200	6000	Φ16@1500	13.57	2292.1
5JWK6e-2400-27	1200	9800	2700	28Φ32	Φ12@100/200	6000	Φ16@1500	14.14	2536.7
5JWK6f-2400-02	1200	9000	200	27Φ25	Φ8@100/200	6000	Φ16@1500	10.40	1095.6
5JWK6f-2400-07	1200	9000	700	31Φ25	Φ8@100/200	6000	Φ16@1500	10.97	1298.0
5JWK6f-2400-12	1200	9000	1200	21Φ32	Φ8@100/200	6000	Φ16@1500	11.54	1493.6
5JWK6f-2400-17	1200	9000	1700	23Φ32	Φ10@100/200	6000	Φ16@1500	12.10	1768.8
5JWK6f-2400-22	1200	9000	2200	26Φ32	Φ12@100/200	6000	Φ16@1500	12.67	2143.4
5JWK6f-2400-27	1200	9000	2700	28Φ32	Φ12@100/200	6000	Φ16@1500	13.23	2377.9

说明：1. 本基础适用于不受地下水影响的岩石地质条件。

2. 整体立塔时，混凝土的抗压强度应达到设计强度的 100%。分解组塔时，混凝土必须达到抗压强度设计值的 70%。

3. 基础根开及地脚螺栓间距与相应杆塔结构图核对无误后，方可施工。

4. 基础混凝土强度等级不应低于 C25，主筋采用 HRB400 级钢筋，箍筋采用 HPB300 级钢筋。

5. ②号钢筋加密区箍筋间距 100mm，非加密区箍筋间距 200mm。可采用螺旋箍筋。

6. 主筋保护层不小于 50mm。

7. 基础施工完毕后，做好基面排水处理。

8. 本基础按机械成孔施工方式，未考虑护壁工程量。

基础立面图

1—1

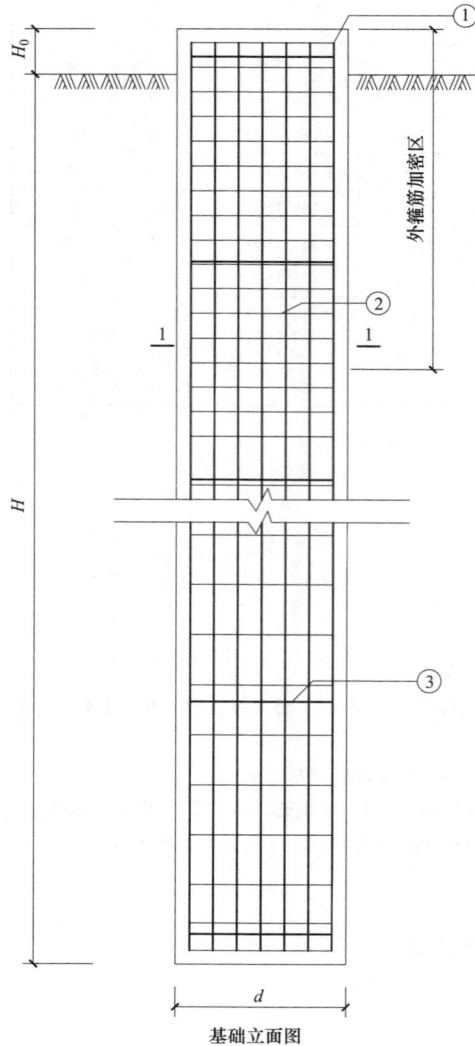

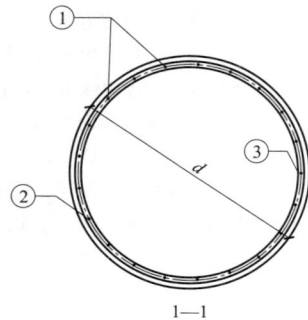

图 19.4-14 5JWK6＊-2400 挖孔桩基础施工图（二）

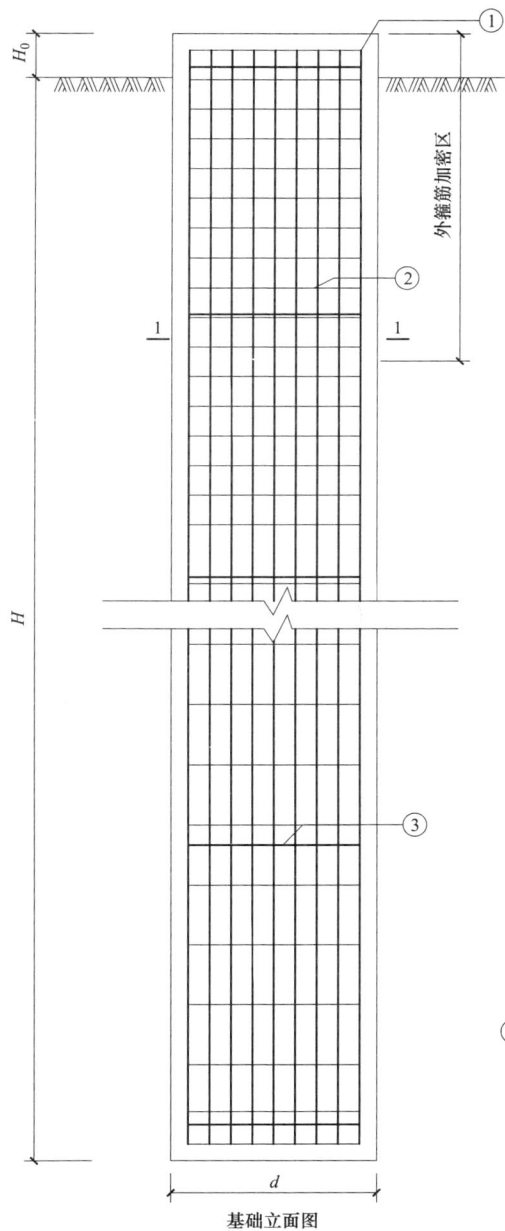

基 础 参 数 表

基础名称	桩身直径 d(mm)	基础埋深 H(mm)	基础露头 H_0(mm)	主筋①	外箍筋②	外箍筋加密区长度(mm)	内箍筋③	单腿混凝土量(m³)	单腿钢筋量(kg)
5JWK6b-2600-02	1600	12000	200	42 Φ 20	Φ 8@ 100/200	8000	Φ 18@ 1500	24.53	1538.0
5JWK6b-2600-07	1700	11200	700	47 Φ 20	Φ 8@ 100/200	8500	Φ 18@ 1500	27.01	1663.8
5JWK6b-2600-12	1700	11400	1200	49 Φ 20	Φ 8@ 100/200	8500	Φ 18@ 1500	28.60	1822.1
5JWK6b-2600-17	1700	11600	1700	45 Φ 22	Φ 8@ 100/200	8500	Φ 18@ 1500	30.19	2091.6
5JWK6b-2600-22	1700	11800	2200	48 Φ 22	Φ 8@ 100/200	8500	Φ 18@ 1500	31.78	2325.5
5JWK6b-2600-27	1700	12000	2700	40 Φ 25	Φ 8@ 100/200	8500	Φ 18@ 1500	33.37	2592.2
5JWK6c-2600-02	1400	11400	200	36 Φ 22	Φ 8@ 100/200	7000	Φ 16@ 1500	17.86	1445.9
5JWK6c-2600-07	1400	11400	700	31 Φ 25	Φ 8@ 100/200	7000	Φ 16@ 1500	18.63	1652.8
5JWK6c-2600-12	1400	11400	1200	35 Φ 25	Φ 8@ 100/200	7000	Φ 16@ 1500	19.40	1909.7
5JWK6c-2600-17	1400	11400	1700	23 Φ 32	Φ 8@ 100/200	7000	Φ 16@ 1500	20.17	2113.9
5JWK6c-2600-22	1400	11400	2200	26 Φ 32	Φ 8@ 100/200	7000	Φ 16@ 1500	20.94	2452.7
5JWK6c-2600-27	1400	11400	2700	28 Φ 32	Φ 10@ 100/200	7000	Φ 16@ 1500	21.71	2814.4

基础立面图

1—1

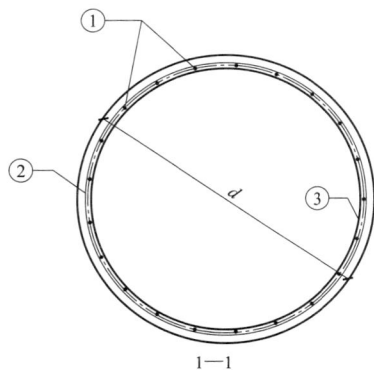

图 19.4-15 5JWK6 * -2600 挖孔桩基础施工图 (一)

说明：1. 本基础适用于不受地下水影响的岩石地质条件。

2. 整体立塔时，混凝土的抗压强度应达到设计强度的100%。分解组塔时，混凝土必须达到抗压强度设计值的70%。

3. 基础根开及地脚螺栓间距与相应杆塔结构图核对无误后，方可施工。

4. 基础混凝土强度等级不应低于 C25，主筋采用 HRB400 级钢筋，箍筋采用 HPB300 级钢筋。

5. ②号钢筋加密区箍筋间距 100mm，非加密区箍筋间距 200mm。可采用螺旋箍筋。

6. 主筋保护层不小于 50mm。

7. 基础施工完毕后，做好基面排水处理。

8. 本基础按机械成孔施工方式，未考虑护壁工程量。

基 础 参 数 表

基础名称	桩身直径 d(mm)	基础埋深 H(mm)	基础露头 H_0(mm)	主筋①	外箍筋②	外箍筋加密区长度(mm)	内箍筋③	单腿混凝土量(m³)	单腿钢筋量(kg)
5JWK6d-2600-02	1200	12000	200	30Φ25	Φ10@100/200	6000	Φ16@1500	13.80	1652.0
5JWK6d-2600-07	1200	12000	700	27Φ28	Φ10@100/200	6000	Φ16@1500	14.36	1901.3
5JWK6d-2600-12	1200	12000	1200	30Φ28	Φ10@100/200	6000	Φ16@1500	14.93	2162.7
5JWK6d-2600-17	1200	12000	1700	25Φ32	Φ10@100/200	6000	Φ16@1500	15.49	2418.3
5JWK6d-2600-22	1200	12000	2200	28Φ32	Φ12@100/200	6000	Φ16@1500	16.06	2870.2
5JWK6d-2600-27	1300	11000	2700	29Φ32	Φ12@100/200	6500	Φ16@1500	18.18	2902.4
5JWK6e-2600-02	1200	10600	200	30Φ25	Φ10@100/200	6000	Φ16@1500	12.21	1469.9
5JWK6e-2600-07	1200	10600	700	27Φ28	Φ10@100/200	6000	Φ16@1500	12.78	1698.5
5JWK6e-2600-12	1200	10600	1200	30Φ28	Φ10@100/200	6000	Φ16@1500	13.35	1939.5
5JWK6e-2600-17	1200	10600	1700	25Φ32	Φ10@100/200	6000	Φ16@1500	13.91	2177.2
5JWK6e-2600-22	1200	10600	2200	28Φ32	Φ12@100/200	6000	Φ16@1500	14.48	2596.0
5JWK6e-2600-27	1300	9800	2700	29Φ32	Φ12@100/200	6500	Φ16@1500	16.59	2656.9
5JWK6f-2600-02	1200	9600	200	30Φ25	Φ10@100/200	6000	Φ16@1500	11.08	1338.5
5JWK6f-2600-07	1200	9600	700	27Φ28	Φ10@100/200	6000	Φ16@1500	11.65	1552.1
5JWK6f-2600-12	1200	9600	1200	30Φ28	Φ10@100/200	6000	Φ16@1500	12.21	1783.8
5JWK6f-2600-17	1200	9600	1700	25Φ32	Φ10@100/200	6000	Φ16@1500	12.78	2003.6
5JWK6f-2600-22	1200	9600	2200	28Φ32	Φ12@100/200	6000	Φ16@1500	13.35	2398.6
5JWK6f-2600-27	1300	8800	2700	29Φ32	Φ12@100/200	6500	Φ16@1500	15.26	2451.3

说明：1. 本基础适用于不受地下水影响的岩石地质条件。

2. 整体立塔时，混凝土的抗压强度应达到设计强度的100%。分解组塔时，混凝土必须达到抗压强度设计值的70%。

3. 基础根开及地脚螺栓间距与相应杆塔结构图核对无误后，方可施工。

4. 基础混凝土强度等级不应低于C25，主筋采用HRB400级钢筋，箍筋采用HPB300级钢筋。

5. ②号钢筋加密区箍筋间距100mm，非加密区箍筋间距200mm。可采用螺旋箍筋。

6. 主筋保护层不小于50mm。

7. 基础施工完毕后，做好基面排水处理。

8. 本基础按机械成孔施工方式，未考虑护壁工程量。

基础立面图

1—1

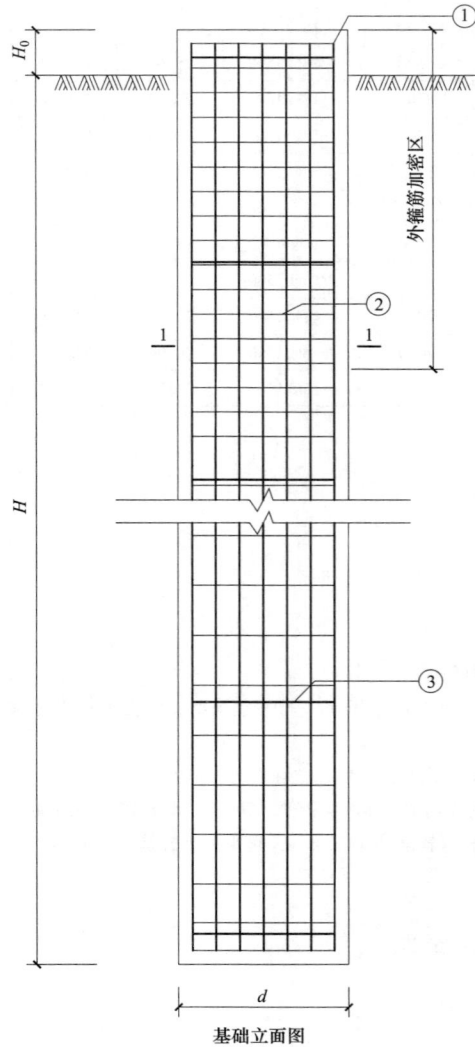

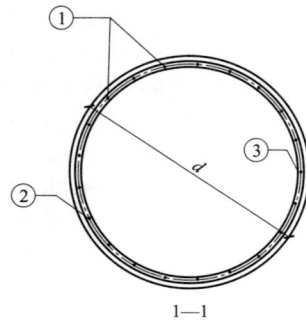

图 19.4-16　5JWK6＊-2600 挖孔桩基础施工图（二）

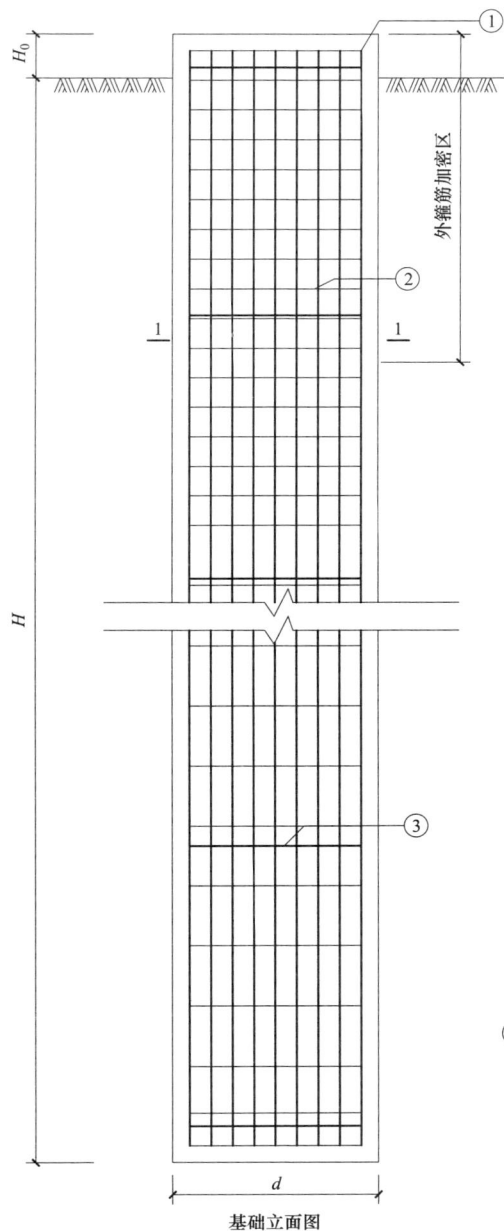

基础立面图

1—1

图 19.4-17 5JWK6*-2800 挖孔桩基础施工图（一）

基 础 参 数 表

基础名称	桩身直径 d(mm)	基础埋深 H(mm)	基础露头 H₀(mm)	主筋①	外箍筋②	外箍筋加密区长度(mm)	内箍筋③	单腿混凝土量(m³)	单腿钢筋量(kg)
5JWK6b-2800-02	1800	11400	200	37Φ22	Φ8@100/200	9000	Φ18@1500	29.52	1586.6
5JWK6b-2800-07	1800	11600	700	43Φ22	Φ8@100/200	9000	Φ18@1500	31.30	1898.6
5JWK6b-2800-12	1800	11800	1200	45Φ22	Φ8@100/200	9000	Φ18@1500	33.08	2073.7
5JWK6b-2800-17	1800	12000	1700	47Φ22	Φ8@100/200	9000	Φ18@1500	34.86	2265.4
5JWK6b-2800-22	1900	11400	2200	49Φ22	Φ8@100/200	9500	Φ18@1500	38.56	2357.7
5JWK6b-2800-27	1900	11600	2700	52Φ22	Φ8@100/200	9500	Φ18@1500	40.54	2596.0
5JWK6c-2800-02	1500	11400	200	30Φ25	Φ8@100/200	7500	Φ16@1500	20.50	1559.4
5JWK6c-2800-07	1500	11400	700	33Φ25	Φ8@100/200	7500	Φ16@1500	21.38	1767.6
5JWK6c-2800-12	1500	11400	1200	29Φ28	Φ8@100/200	7500	Φ16@1500	22.27	1996.7
5JWK6c-2800-17	1500	11400	1700	32Φ28	Φ8@100/200	7500	Φ16@1500	23.15	2260.3
5JWK6c-2800-22	1500	11400	2200	35Φ28	Φ8@100/200	7500	Φ16@1500	24.03	2543.2
5JWK6c-2800-27	1500	11400	2700	29Φ32	Φ10@100/200	7500	Φ16@1500	24.92	2937.5

说明：1. 本基础适用于不受地下水影响的岩石地质条件。

2. 整体立塔时，混凝土的抗压强度应达到设计强度的 100%。分解组塔时，混凝土必须达到抗压强度设计值的 70%。

3. 基础根开及地脚螺栓间距与相应杆塔结构图核对无误后，方可施工。

4. 基础混凝土强度等级不应低于 C25，主筋采用 HRB400 级钢筋，箍筋采用 HPB300 级钢筋。

5. ②号钢筋加密区箍筋间距 100mm，非加密区箍筋间距 200mm。可采用螺旋箍筋。

6. 主筋保护层不小于 50mm。

7. 基础施工完毕后，做好基面排水处理。

8. 本基础按机械成孔施工方式，未考虑护壁工程量。

基 础 参 数 表

基础名称	桩身直径 d(mm)	基础埋深 H(mm)	基础露头 H₀(mm)	主筋①	外箍筋②	外箍筋加密区长度(mm)	内箍筋③	单腿混凝土量(m³)	单腿钢筋量(kg)
5JWK6d-2800-02	1300	11800	200	31 Φ 25	Φ 8@ 100/200	6500	Φ 16@ 1500	15.93	1619.1
5JWK6d-2800-07	1300	11800	700	35 Φ 25	Φ 8@ 100/200	6500	Φ 16@ 1500	16.59	1874.1
5JWK6d-2800-12	1300	11800	1200	31 Φ 28	Φ 8@ 100/200	6500	Φ 16@ 1500	17.26	2137.2
5JWK6d-2800-17	1300	11800	1700	26 Φ 32	Φ 10@ 100/200	6500	Φ 16@ 1500	17.92	2501.1
5JWK6d-2800-22	1300	11800	2200	29 Φ 32	Φ 12@ 100/200	6500	Φ 16@ 1500	18.58	2960.7
5JWK6d-2800-27	1300	11800	2700	32 Φ 32	Φ 12@ 100/200	6500	Φ 16@ 1500	19.25	3334.8
5JWK6e-2800-02	1300	10600	200	31 Φ 25	Φ 8@ 100/200	6500	Φ 16@ 1500	14.34	1461.2
5JWK6e-2800-07	1300	10600	700	35 Φ 25	Φ 8@ 100/200	6500	Φ 16@ 1500	15.00	1697.7
5JWK6e-2800-12	1300	10600	1200	31 Φ 28	Φ 8@ 100/200	6500	Φ 16@ 1500	15.66	1942.8
5JWK6e-2800-17	1300	10600	1700	26 Φ 32	Φ 10@ 100/200	6500	Φ 16@ 1500	16.33	2284.5
5JWK6e-2800-22	1300	10600	2200	29 Φ 32	Φ 12@ 100/200	6500	Φ 16@ 1500	16.99	2715.2
5JWK6e-2800-27	1300	10600	2700	32 Φ 32	Φ 12@ 100/200	6500	Φ 16@ 1500	17.65	3066.5
5JWK6f-2800-02	1300	9600	200	31 Φ 25	Φ 8@ 100/200	6500	Φ 16@ 1500	13.01	1328.6
5JWK6f-2800-07	1300	9600	700	35 Φ 25	Φ 8@ 100/200	6500	Φ 16@ 1500	13.67	1549.7
5JWK6f-2800-12	1300	9600	1200	31 Φ 28	Φ 8@ 100/200	6500	Φ 16@ 1500	14.34	1785.4
5JWK6f-2800-17	1300	9600	1700	26 Φ 32	Φ 10@ 100/200	6500	Φ 16@ 1500	15.00	2103.1
5JWK6f-2800-22	1300	9600	2200	29 Φ 32	Φ 12@ 100/200	6500	Φ 16@ 1500	15.66	2509.6
5JWK6f-2800-27	1300	9600	2700	32 Φ 32	Φ 12@ 100/200	6500	Φ 16@ 1500	16.33	2847.5

说明：1. 本基础适用于不受地下水影响的岩石地质条件。

2. 整体立塔时，混凝土的抗压强度应达到设计强度的100%。分解组塔时，混凝土必须达到抗压强度设计值的70%。

3. 基础根开及地脚螺栓间距与相应杆塔结构图核对无误后，方可施工。

4. 基础混凝土强度等级不应低于C25，主筋采用HRB400级钢筋，箍筋采用HPB300级钢筋。

5. ②号钢筋加密区箍筋间距100mm，非加密区箍筋间距200mm。可采用螺旋箍筋。

6. 主筋保护层不小于50mm。

7. 基础施工完毕后，做好基面排水处理。

8. 本基础按机械成孔施工方式，未考虑护壁工程量。

基础立面图

1—1

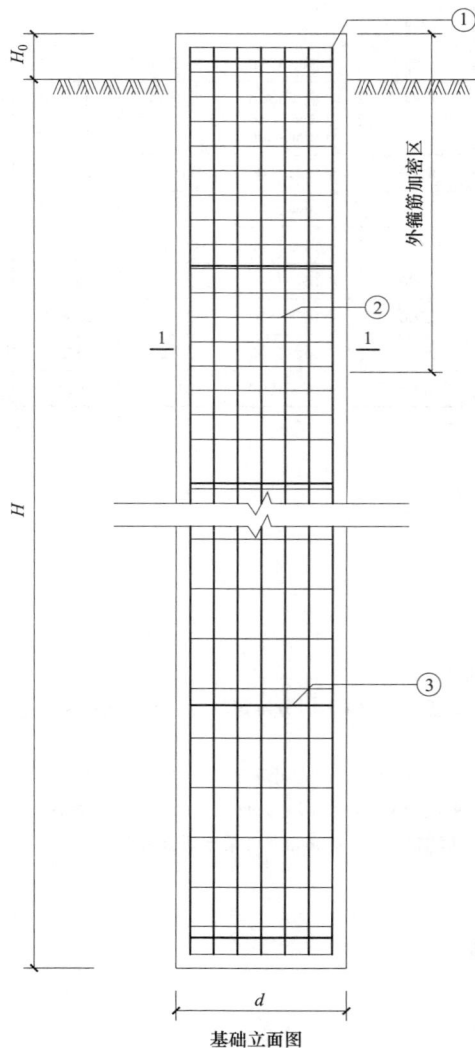

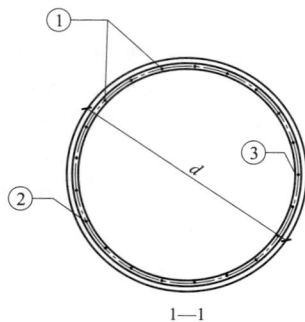

图 19.4-18　5JWK6∗-2800挖孔桩基础施工图（二）

第20章 5JWK（K）模块

本模块为转角塔扩底挖孔桩基础模块，适用基础上拔力范围1200～3000 kN，适用于黏性土、粉土、碎石土、黄土地质，包含4个子模块，共402个基础，33张图纸，由四川咨询公司设计。

基础作用力见表20.0-1，岩土类别及设计参数见表20.0-2。

表 20.0-1　　基础作用力

电压等级（kV）	基础作用力代号	T(kN)	T_x(kN)	T_y(kN)	N(kN)	N_x(kN)	N_y(kN)
	1200	1200	228	228	1560	296	296
	1400	1400	266	266	1820	346	346
	1600	1600	304	304	2080	395	395
	1800	1800	342	342	2340	445	445
500（750）	2000	2000	380	380	2600	494	494
	2200	2200	418	418	2860	543	543
	2400	2400	456	456	3120	593	593
	2600	2600	494	494	3380	642	642
	2800	2800	532	532	3640	692	692

表 20.0-2　　岩土类别及设计参数

序号	代号	岩土类别	m(kN/m⁴)	q_{sik}(kPa)	q_{pk}(kPa)
1	1h	黏性土	35000	40	600
2	1i		35000	60	1000
3	1j		35000	80	1400
4	2h	粉土	35000	20	600
5	2i		35000	40	800
6	2j		35000	60	1200

续表20.0-2

序号	代号	岩土类别	m(kN/m⁴)	q_{sik}(kPa)	q_{pk}(kPa)
7	3h	碎石土	100000	150	2000
8	3i		100000	170	2500
9	4h	黄土	14000	25	800

注　代号含义详见5.2。

20.1　5JWK（K）1子模块

此子模块适用于黏性土地基，共包含9张图纸，基础施工图图纸清单见表20.1-1。

表 20.1-1　　5JWK（K）1子模块基础施工图图纸清单

序号	图号	图名	基础作用力(kN) $T/T_x/T_y$	$N/N_x/N_y$
1	图20.1-1	5JWK（K）1＊-1200挖孔桩基础施工图	1200/228/228	1560/296/296
2	图20.1-2	5JWK（K）1＊-1400挖孔桩基础施工图	1400/266/266	1820/346/346
3	图20.1-3	5JWK（K）1＊-1600挖孔桩基础施工图	1600/304/304	2080/395/395
4	图20.1-4	5JWK（K）1＊-1800挖孔桩基础施工图	1800/342/342	2340/445/445
5	图20.1-5	5JWK（K）1＊-2000挖孔桩基础施工图	2000/380/380	2600/494/494
6	图20.1-6	5JWK（K）1＊-2200挖孔桩基础施工图	2200/418/418	2860/543/543
7	图20.1-7	5JWK（K）1＊-2400挖孔桩基础施工图	2400/456/456	3120/593/593
8	图20.1-8	5JWK（K）1＊-2600挖孔桩基础施工图	2600/494/494	3380/642/642
9	图20.1-9	5JWK（K）1＊-2800挖孔桩基础施工图	2800/532/532	3640/692/692

注　1＊包含1h、1i、1j三种地质参数组合。

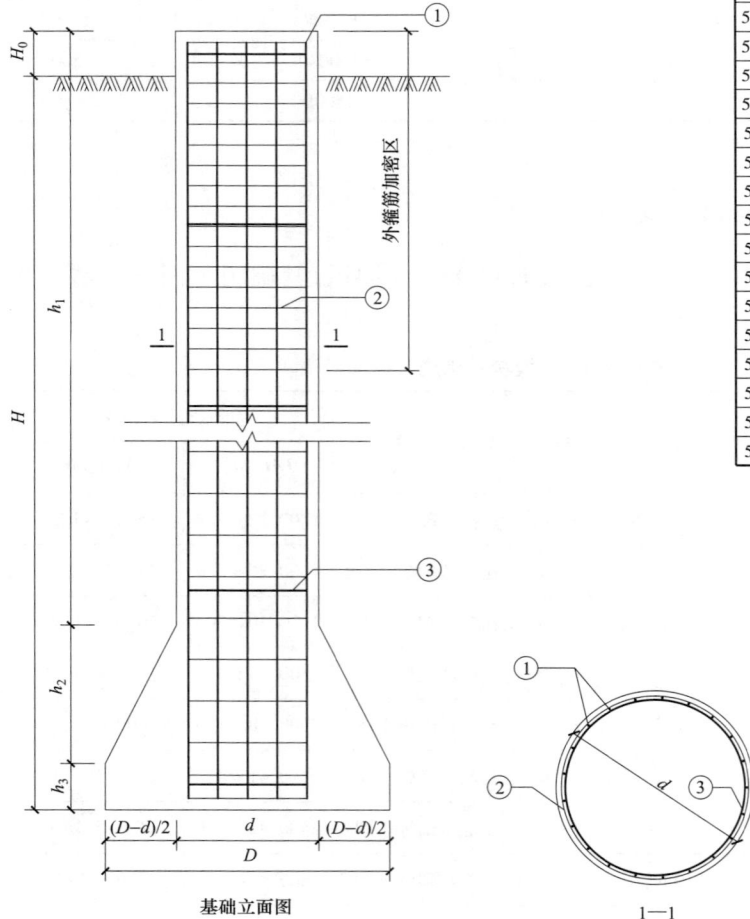

基 础 参 数 表

基础名称	桩身直径 d(mm)	扩底直径 D(mm)	基础埋深 H(mm)	主柱高 h₁(mm)	圆台高 h₂(mm)	下圆柱高 h₃(mm)	基础露头 H₀(mm)	主筋①	外箍筋②	外箍筋加密区长度(mm)	内箍筋③	单腿混凝土量(m³)	单腿钢筋量(kg)
5JWK（K）1h-1200-02	900	1700	19800	18600	1200	200	200	16Φ25	Φ8@100/200	4500	Φ14@1500	13.93	1393.8
5JWK（K）1h-1200-07	900	1700	20000	19300	1200	200	700	19Φ25	Φ8@100/200	4500	Φ14@1500	14.38	1678.8
5JWK（K）1h-1200-12	1000	2000	21000	20500	1500	200	1200	20Φ25	Φ8@100/200	5000	Φ16@1500	19.48	1925.4
5JWK（K）1h-1200-17	1000	2000	21200	21200	1500	200	1700	22Φ25	Φ8@100/200	5000	Φ16@1500	20.03	2162.4
5JWK（K）1h-1200-22	1100	2100	20200	20700	1500	200	2200	23Φ25	Φ8@100/200	5500	Φ16@1500	23.48	2227.4
5JWK（K）1h-1200-27	1100	2100	20400	21400	1500	200	2700	25Φ25	Φ8@100/200	5500	Φ16@1500	24.14	2476.2
5JWK（K）1i-1200-02	900	1500	13600	12700	900	200	200	16Φ25	Φ8@100/200	4500	Φ14@1500	9.47	969.3
5JWK（K）1i-1200-07	900	1500	13600	13200	900	200	700	19Φ25	Φ8@100/200	4500	Φ14@1500	9.79	1167.0
5JWK（K）1i-1200-12	1000	1800	11000	10800	1200	200	1200	20Φ25	Φ8@100/200	5000	Φ16@1500	10.89	1073.6
5JWK（K）1i-1200-17	1000	1800	11000	11300	1200	200	1700	22Φ25	Φ8@100/200	5000	Φ16@1500	11.28	1211.4
5JWK（K）1i-1200-22	1100	1900	9600	10400	1200	200	2200	23Φ25	Φ8@100/200	5500	Φ16@1500	12.62	1189.3
5JWK（K）1i-1200-27	1100	1900	9600	10900	1200	200	2700	25Φ25	Φ8@100/200	5500	Φ16@1500	13.10	1335.9
5JWK（K）1j-1200-02	900	1500	10200	9300	900	200	200	21Φ22	Φ8@100/200	4500	Φ14@1500	7.31	744.8
5JWK（K）1j-1200-07	900	1500	10200	9800	900	200	700	25Φ22	Φ8@100/200	4500	Φ14@1500	7.63	910.7
5JWK（K）1j-1200-12	1000	1800	8000	7800	1200	200	1200	25Φ22	Φ8@100/200	5000	Φ16@1500	8.53	795.1
5JWK（K）1j-1200-17	1000	1800	8000	8300	1200	200	1700	22Φ25	Φ8@100/200	5000	Φ16@1500	8.93	931.9
5JWK（K）1j-1200-22	1100	1900	7000	7800	1200	200	2200	23Φ25	Φ8@100/200	5500	Φ16@1500	10.15	938.0
5JWK（K）1j-1200-27	1100	1900	7000	8300	1200	200	2700	25Φ25	Φ8@100/200	5500	Φ16@1500	10.63	1059.9

说明：1. 本基础适用于不受地下水影响的黏性土地质条件。

　　　2. 整体立塔时，混凝土的抗压强度应达到设计强度的100%。分解组塔时，混凝土必须达到抗压强度设计值的70%。

　　　3. 基础根开及地脚螺栓间距与相应杆塔结构图核对无误后，方可施工。

　　　4. 基础混凝土强度等级不应低于C25，主筋采用HRB400级钢筋，箍筋采用HPB300级钢筋。

　　　5. ②号钢筋加密区箍筋间距100mm，非加密区箍筋间距200mm。可采用螺旋箍筋。

　　　6. 主筋保护层不小于50mm。

　　　7. 基础施工完毕后，做好基面排水处理。

　　　8. 本基础按机械成孔施工方式，未考虑护壁工程量。

基础立面图

1—1

图 20.1-1 5JWK（K）1*-1200 挖孔桩基础施工图

基 础 参 数 表

基础名称	桩身直径 d(mm)	扩底直径 D(mm)	基础埋深 H(mm)	主柱高 h₁(mm)	圆台高 h₂(mm)	下圆柱高 h₃(mm)	基础露头 H₀(mm)	主筋①	外箍筋②	外箍筋加密区长度(mm)	内箍筋③	单腿混凝土量(m³)	单腿钢筋量(kg)
5JWK(K)1h-1400-02	1100	2100	23800	22300	1500	200	200	27Φ20	Φ8@100/200	5500	Φ16@1500	25.00	1863.0
5JWK(K)1h-1400-07	1100	2100	24200	23200	1500	200	700	25Φ22	Φ8@100/200	5500	Φ16@1500	25.85	2127.5
5JWK(K)1h-1400-12	1100	2100	24400	23900	1500	200	1200	28Φ22	Φ8@100/200	5500	Φ16@1500	26.52	2416.2
5JWK(K)1h-1400-17	1100	2100	24800	24800	1500	200	1700	31Φ22	Φ8@100/200	5500	Φ16@1500	27.38	2733.8
5JWK(K)1h-1400-22	1200	2400	21600	21800	1800	200	2200	33Φ22	Φ8@100/200	6000	Φ16@1500	30.31	2629.7
5JWK(K)1h-1400-27	1200	2400	22000	22700	1800	200	2700	28Φ25	Φ8@100/200	6000	Φ16@1500	31.33	2960.0
5JWK(K)1i-1400-02	1000	1800	13200	12000	1200	200	200	24Φ22	Φ8@100/200	5000	Φ16@1500	11.83	1100.8
5JWK(K)1i-1400-07	1000	1800	13200	12500	1200	200	700	27Φ22	Φ8@100/200	5000	Φ16@1500	12.22	1266.4
5JWK(K)1i-1400-12	1100	2100	10800	10300	1500	200	1200	28Φ22	Φ8@100/200	5500	Φ16@1500	13.60	1152.9
5JWK(K)1i-1400-17	1100	2100	10800	10800	1500	200	1700	31Φ22	Φ8@100/200	5500	Φ16@1500	14.07	1309.3
5JWK(K)1i-1400-22	1200	2200	9400	9900	1500	200	2200	33Φ22	Φ8@100/200	6000	Φ16@1500	15.46	1303.2
5JWK(K)1i-1400-27	1200	2200	9400	10400	1500	200	2700	28Φ25	Φ8@100/200	6000	Φ16@1500	16.03	1472.9
5JWK(K)1j-1400-02	1000	1800	9800	8600	1200	200	200	24Φ22	Φ8@100/200	5000	Φ16@1500	9.16	829.8
5JWK(K)1j-1400-07	1000	1800	9800	9100	1200	200	700	27Φ22	Φ8@100/200	5000	Φ16@1500	9.55	965.0
5JWK(K)1j-1400-12	1100	1900	8600	8400	1200	200	1200	28Φ22	Φ8@100/200	5500	Φ16@1500	10.72	946.1
5JWK(K)1j-1400-17	1100	1900	8600	8900	1200	200	1700	31Φ22	Φ8@100/200	5500	Φ16@1500	11.20	1082.7
5JWK(K)1j-1400-22	1200	2200	6800	7300	1500	200	2200	32Φ22	Φ8@100/200	6000	Φ16@1500	12.52	997.7
5JWK(K)1j-1400-27	1200	2200	6800	7800	1500	200	2700	22Φ28	Φ8@100/200	6000	Φ16@1500	13.08	1149.5

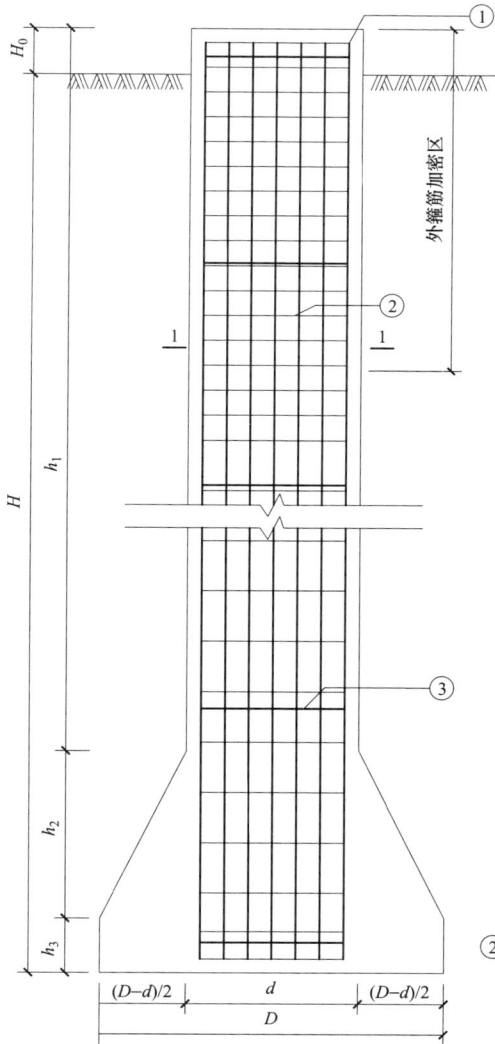

基础立面图

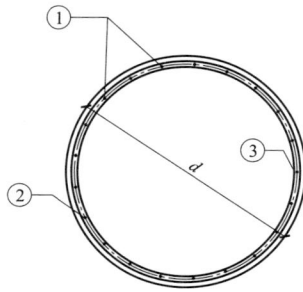

1—1

图 20.1-2　5JWK（K）1*-1400 挖孔桩基础施工图

说明：1. 本基础适用于不受地下水影响的黏性土地质条件。

2. 整体立塔时，混凝土的抗压强度应达到设计强度的 100%。分解组塔时，混凝土必须达到抗压强度设计值的 70%。

3. 基础根开及地脚螺栓间距与相应杆塔结构图核对无误后，方可施工。

4. 基础混凝土强度等级不应低于 C25，主筋采用 HRB400 级钢筋，箍筋采用 HPB300 级钢筋。

5. ②号钢筋加密区箍筋间距 100mm，非加密区箍筋间距 200mm。可采用螺旋箍筋。

6. 主筋保护层不小于 50mm。

7. 基础施工完毕后，做好基面排水处理。

8. 本基础按机械成孔施工方式，未考虑护壁工程量。

基础名称	桩身直径 d(mm)	扩底直径 D(mm)	基础埋深 H(mm)	主柱高 h₁(mm)	圆台高 h₂(mm)	下圆柱高 h₃(mm)	基础露头 H₀(mm)	主筋①	外箍筋②	外箍筋加密区长度 (mm)	内箍筋③	单腿混凝土量 (m³)	单腿钢筋量 (kg)
5JWK(K)1h-1600-02	1200	2400	25000	23200	1800	200	200	31Φ20	Φ8@100/200	6000	Φ16@1500	31.89	2230.3
5JWK(K)1h-1600-07	1300	2500	24000	22700	1800	200	700	27Φ22	Φ8@100/200	6500	Φ16@1500	36.39	2321.7
5JWK(K)1h-1600-12	1300	2500	24200	23400	1800	200	1200	30Φ22	Φ8@100/200	6500	Φ16@1500	37.31	2608.9
5JWK(K)1h-1600-17	1300	2500	24600	24300	1800	200	1700	33Φ22	Φ8@100/200	6500	Φ16@1500	38.51	2937.0
5JWK(K)1h-1600-22	1300	2500	25200	25200	1800	200	2200	36Φ22	Φ8@100/200	6500	Φ16@1500	39.70	3279.7
5JWK(K)1h-1600-27	1400	2800	22200	22600	2100	200	2700	37Φ22	Φ8@100/200	7000	Φ16@1500	43.56	3110.9
5JWK(K)1i-1600-02	1000	2000	14800	13300	1500	200	200	27Φ22	Φ8@100/200	5000	Φ16@1500	13.82	1365.9
5JWK(K)1i-1600-07	1000	2000	14800	13800	1500	200	700	24Φ25	Φ8@100/200	5000	Φ16@1500	14.22	1591.3
5JWK(K)1i-1600-12	1100	2100	12800	12300	1500	200	1200	26Φ25	Φ8@100/200	5500	Φ16@1500	15.50	1567.8
5JWK(K)1i-1600-17	1200	2400	10400	10100	1800	200	1700	27Φ25	Φ8@100/200	6000	Φ16@1500	17.08	1426.8
5JWK(K)1i-1600-22	1200	2400	10400	10600	1800	200	2200	30Φ25	Φ8@100/200	6000	Φ16@1500	17.64	1627.2
5JWK(K)1i-1600-27	1300	2500	9000	9700	1800	200	2700	24Φ28	Φ8@100/200	6500	Φ16@1500	19.13	1536.0
5JWK(K)1j-1600-02	1000	1600	12400	11500	900	200	200	27Φ22	Φ8@100/200	5000	Φ16@1500	10.65	1150.7
5JWK(K)1j-1600-07	1000	1600	12400	12000	900	200	700	24Φ25	Φ8@100/200	5000	Φ16@1500	11.04	1347.6
5JWK(K)1j-1600-12	1100	1900	10200	10000	1200	200	1200	26Φ25	Φ8@100/200	5500	Φ16@1500	12.24	1281.8
5JWK(K)1j-1600-17	1200	2200	8200	8200	1500	200	1700	27Φ25	Φ8@100/200	6000	Φ16@1500	13.54	1172.5
5JWK(K)1j-1600-22	1200	2200	8200	8700	1500	200	2200	29Φ25	Φ8@100/200	6000	Φ16@1500	14.10	1307.9
5JWK(K)1j-1600-27	1300	2300	7200	8200	1500	200	2700	30Φ25	Φ8@100/200	6500	Φ16@1500	15.63	1304.3

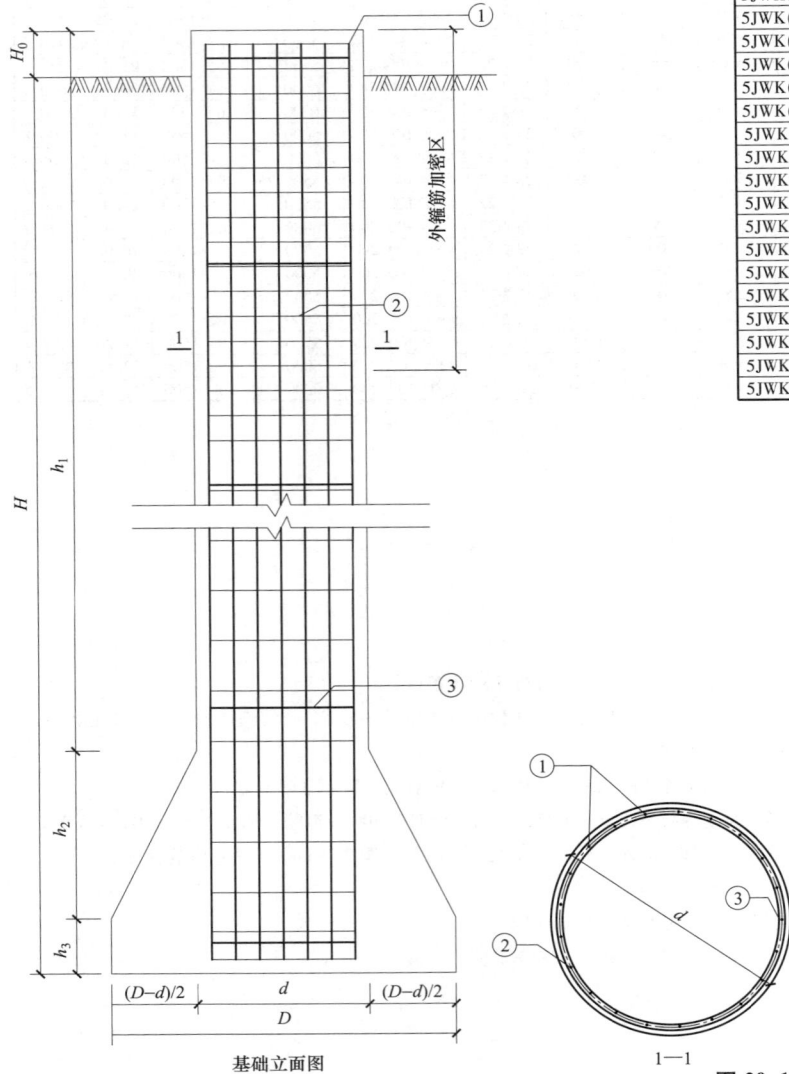

基础立面图

1—1

说明：1. 本基础适用于不受地下水影响的黏性土地质条件。

2. 整体立塔时，混凝土的抗压强度应达到设计强度的 100%。分解组塔时，混凝土必须达到抗压强度设计值的 70%。

3. 基础根开及地脚螺栓间距与相应杆塔结构图核对无误后，方可施工。

4. 基础混凝土强度等级不应低于 C25，主筋采用 HRB400 级钢筋，箍筋采用 HPB300 级钢筋。

5. ②号钢筋加密区箍筋间距 100mm，非加密区箍筋间距 200mm。可采用螺旋箍筋。

6. 主筋保护层不小于 50mm。

7. 基础施工完毕后，做好基面排水处理。

8. 本基础按机械成孔施工方式，未考虑护壁工程量。

图 20.1-3　5JWK（K）1*-1600 挖孔桩基础施工图

基 础 参 数 表

基础名称	桩身直径 d(mm)	扩底直径 D(mm)	基础埋深 H(mm)	主柱高 h_1(mm)	圆台高 h_2(mm)	下圆柱高 h_3(mm)	基础露头 H_0(mm)	主筋①	外箍筋②	外箍筋加密区长度(mm)	内箍筋③	单腿混凝土量(m^3)	单腿钢筋量(kg)
5JWK(K)1h-1800-02	1400	2800	24600	22500	2100	200	200	40Φ18	Φ8@100/200	7000	Φ16@1500	43.41	2347.7
5JWK(K)1h-1800-07	1400	2800	25000	23400	2100	200	700	36Φ20	Φ8@100/200	7000	Φ16@1500	44.80	2659.0
5JWK(K)1h-1800-12	1500	2900	24400	23300	2100	200	1200	39Φ20	Φ8@100/200	7500	Φ16@1500	50.75	2872.2
5JWK(K)1h-1800-17	1500	2900	24800	24200	2100	200	1700	42Φ20	Φ8@100/200	7500	Φ16@1500	52.34	3162.7
5JWK(K)1h-1800-22	1600	3200	22400	22000	2400	200	2200	36Φ22	Φ8@100/200	8000	Φ18@1500	57.10	3104.4
5JWK(K)1h-1800-27	1600	3200	23000	23100	2400	200	2700	30Φ25	Φ8@100/200	8000	Φ18@1500	59.31	3449.4
5JWK(K)1i-1800-02	1000	2000	17200	15700	1500	200	200	24Φ25	Φ10@100/200	5000	Φ16@1500	15.71	1856.3
5JWK(K)1i-1800-07	1100	2100	15600	14600	1500	200	700	26Φ25	Φ10@100/200	5500	Φ16@1500	17.68	1817.8
5JWK(K)1i-1800-12	1200	2400	12200	11400	1800	200	1200	27Φ25	Φ8@100/200	6000	Φ16@1500	18.55	1571.7
5JWK(K)1i-1800-17	1200	2400	12200	11900	1800	200	1700	30Φ25	Φ8@100/200	6000	Φ16@1500	19.11	1790.8
5JWK(K)1i-1800-22	1300	2500	11400	11600	1800	200	2200	25Φ28	Φ8@100/200	6500	Φ16@1500	21.65	1846.2
5JWK(K)1i-1800-27	1300	2500	11600	12300	1800	200	2700	27Φ28	Φ8@100/200	6500	Φ16@1500	22.58	2073.9
5JWK(K)1j-1800-02	1000	1800	13600	12400	1200	200	200	24Φ25	Φ10@100/200	5000	Φ16@1500	12.15	1483.4
5JWK(K)1j-1800-07	1100	1900	11800	11100	1200	200	700	26Φ25	Φ10@100/200	5500	Φ16@1500	13.29	1404.1
5JWK(K)1j-1800-12	1200	2200	9600	9100	1500	200	1200	27Φ25	Φ8@100/200	6000	Φ16@1500	14.55	1278.2
5JWK(K)1j-1800-17	1200	2200	9600	9600	1500	200	1700	30Φ25	Φ8@100/200	6000	Φ16@1500	15.12	1462.2
5JWK(K)1j-1800-22	1300	2500	7600	7800	1800	200	2200	31Φ25	Φ8@100/200	6500	Φ16@1500	16.61	1328.6
5JWK(K)1j-1800-27	1300	2100	9200	10500	1200	200	2700	27Φ28	Φ8@100/200	6500	Φ16@1500	17.40	1731.5

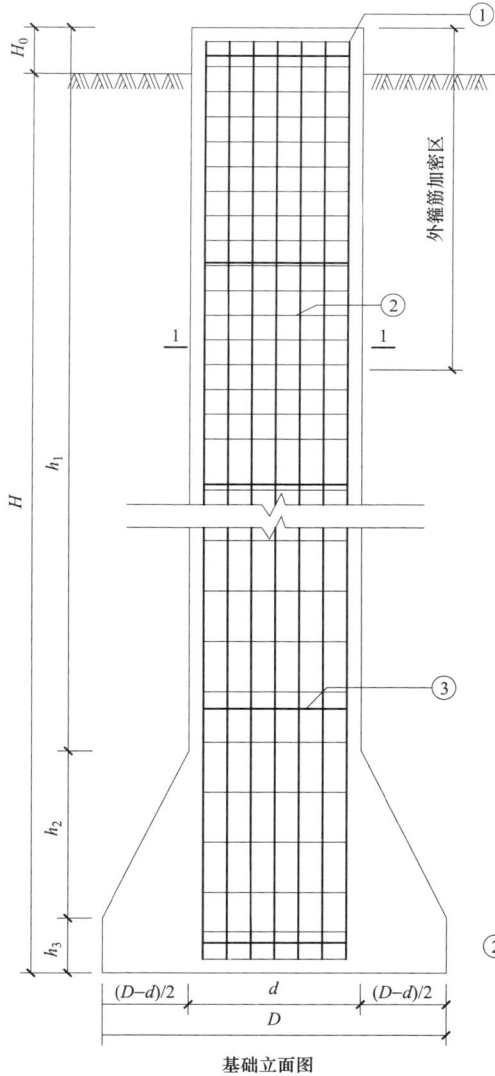

基础立面图

1—1

图 20.1-4　5JWK（K）1*-1800 挖孔桩基础施工图

说明：1. 本基础适用于不受地下水影响的黏性土地质条件。

2. 整体立塔时，混凝土的抗压强度应达到设计强度的 100%。分解组塔时，混凝土必须达到抗压强度设计值的 70%。

3. 基础根开及地脚螺栓间距与相应杆塔结构图核对无误后，方可施工。

4. 基础混凝土强度等级不应低于 C25，主筋采用 HRB400 级钢筋，箍筋采用 HPB300 级钢筋。

5. ②号钢筋加密区箍筋间距 100mm，非加密区箍筋间距 200mm。可采用螺旋箍筋。

6. 主筋保护层不小于 50mm。

7. 基础施工完毕后，做好基面排水处理。

8. 本基础按机械成孔施工方式，未考虑护壁工程量。

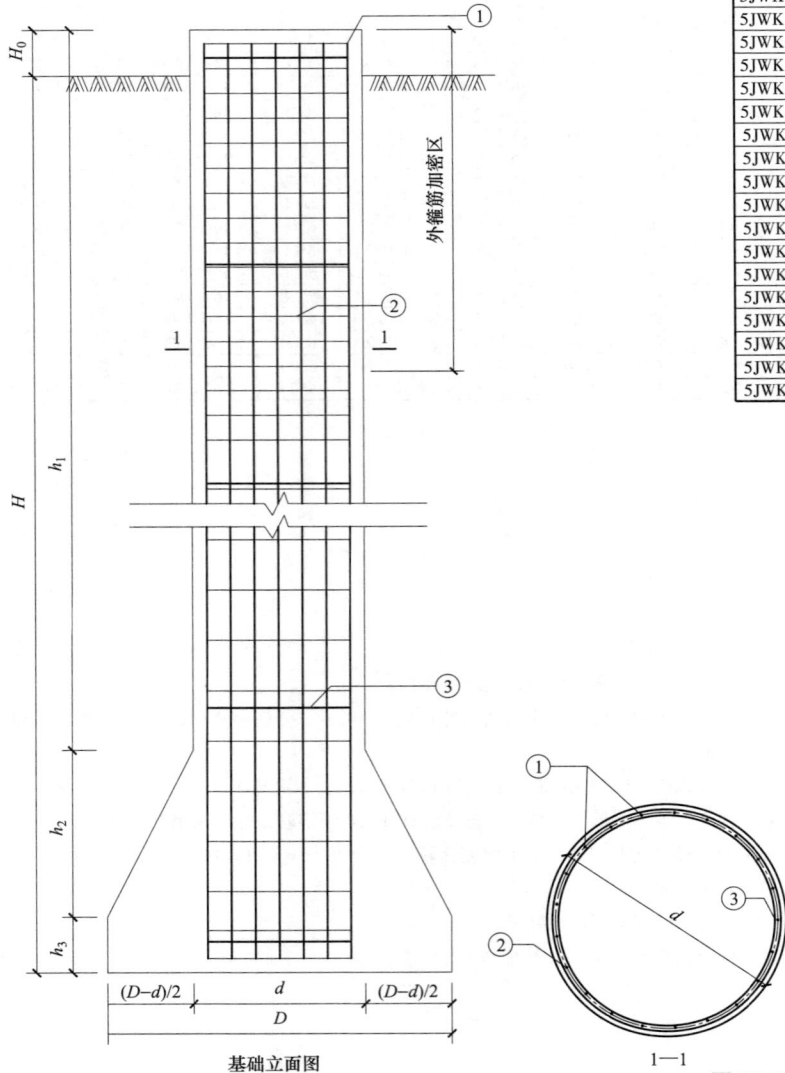

基础立面图

1—1

基 础 参 数 表

基础名称	桩身直径 d(mm)	扩底直径 D(mm)	基础埋深 H(mm)	主柱高 h_1(mm)	圆台高 h_2(mm)	下圆柱高 h_3(mm)	基础露头 H_0(mm)	主筋①	外箍筋②	外箍筋加密区长度(mm)	内箍筋③	单腿混凝土量(m^3)	单腿钢筋量(kg)
5JWK(K)1h-2000-02	1600	3200	24600	22200	2400	200	200	35Φ20	Φ8@100/200	8000	Φ18@1500	57.50	2607.2
5JWK(K)1h-2000-07	1600	3200	25000	23100	2400	200	700	38Φ20	Φ8@100/200	8000	Φ18@1500	59.31	2890.7
5JWK(K)1h-2000-12	1700	3300	24800	23400	2400	200	1200	40Φ20	Φ8@100/200	8500	Φ18@1500	67.01	3087.7
5JWK(K)1h-2000-17	1800	3600	22400	21200	2700	200	1700	42Φ20	Φ8@100/200	9000	Φ18@1500	72.01	3027.1
5JWK(K)1h-2000-22	1800	3600	23200	22500	2700	200	2200	45Φ20	Φ8@100/200	9000	Φ18@1500	75.32	3363.6
5JWK(K)1h-2000-27	1800	3600	23800	23600	2700	200	2700	48Φ20	Φ8@100/200	9000	Φ18@1500	78.12	3701.7
5JWK(K)1i-2000-02	1100	2100	18400	16900	1500	200	200	26Φ25	Φ8@100/200	5500	Φ16@1500	19.87	2071.3
5JWK(K)1i-2000-07	1200	2400	14800	13500	1800	200	700	28Φ25	Φ8@100/200	6000	Φ16@1500	20.92	1873.4
5JWK(K)1i-2000-12	1200	2400	15000	14200	1800	200	1200	30Φ25	Φ8@100/200	6000	Φ16@1500	21.71	2078.3
5JWK(K)1i-2000-17	1400	2800	10400	9800	2100	200	1700	31Φ25	Φ8@100/200	7000	Φ16@1500	23.86	1652.8
5JWK(K)1i-2000-22	1400	2800	10600	10500	2100	200	2200	34Φ25	Φ8@100/200	7000	Φ16@1500	24.94	1889.5
5JWK(K)1i-2000-27	1400	2800	10800	11200	2100	200	2700	36Φ25	Φ8@100/200	7000	Φ16@1500	26.02	2095.3
5JWK(K)1j-2000-02	1100	1900	13400	12200	1200	200	200	26Φ25	Φ8@100/200	5500	Φ16@1500	14.33	1525.2
5JWK(K)1j-2000-07	1200	2400	10200	8900	1800	200	700	27Φ25	Φ8@100/200	6000	Φ16@1500	15.72	1288.6
5JWK(K)1j-2000-12	1200	2400	10200	9400	1800	200	1200	30Φ25	Φ8@100/200	6000	Φ16@1500	16.29	1475.1
5JWK(K)1j-2000-17	1300	2300	9800	9800	1500	200	1700	32Φ25	Φ8@100/200	6500	Φ16@1500	17.75	1594.6
5JWK(K)1j-2000-22	1400	2600	8000	8200	1800	200	2200	33Φ25	Φ8@100/200	7000	Φ16@1500	19.51	1476.7
5JWK(K)1j-2000-27	1400	2600	8000	8700	1800	200	2700	22Φ32	Φ8@100/200	7000	Φ16@1500	20.28	1673.1

说明：1. 本基础适用于不受地下水影响的黏性土地质条件。

2. 整体立塔时，混凝土的抗压强度应达到设计强度的 100%。分解组塔时，混凝土必须达到抗压强度设计值的 70%。

3. 基础根开及地脚螺栓间距与相应杆塔结构图核对无误后，方可施工。

4. 基础混凝土强度等级不应低于 C25，主筋采用 HRB400 级钢筋，箍筋采用 HPB300 级钢筋。

5. ②号钢筋加密区箍筋间距 100mm，非加密区箍筋间距 200mm。可采用螺旋箍筋。

6. 主筋保护层不小于 50mm。

7. 基础施工完毕后，做好基面排水处理。

8. 本基础按机械成孔施工方式，未考虑护壁工程量。

图 20.1-5 5JWK（K）1＊-2000 挖孔桩基础施工图

基 础 参 数 表

基础名称	桩身直径 d(mm)	扩底直径 D(mm)	基础埋深 H(mm)	主柱高 h_1(mm)	圆台高 h_2(mm)	下圆柱高 h_3(mm)	基础露头 H_0(mm)	主筋①	外箍筋②	外箍筋加密区长度(mm)	内箍筋③	单腿混凝土量(m^3)	单腿钢筋量(kg)
5JWK(K)1i-2200-02	1100	2100	21400	19900	1500	200	200	28Φ25	Φ10@100/200	5500	Φ16@1500	22.72	2663.6
5JWK(K)1i-2200-07	1200	2400	17600	16300	1800	200	700	30Φ25	Φ8@100/200	6000	Φ16@1500	24.09	2345.1
5JWK(K)1i-2200-12	1400	2800	12600	11500	2100	200	1200	32Φ25	Φ8@100/200	7000	Φ16@1500	26.48	1929.3
5JWK(K)1i-2200-17	1400	2800	13000	12400	2100	200	1700	34Φ25	Φ8@100/200	7000	Φ16@1500	27.86	2159.1
5JWK(K)1i-2200-22	1400	2800	13200	13100	2100	200	2200	37Φ25	Φ8@100/200	7000	Φ16@1500	28.94	2440.0
5JWK(K)1i-2200-27	1600	3200	9000	9100	2400	200	2700	29Φ28	Φ8@100/200	8000	Φ18@1500	31.16	1894.5
5JWK(K)1j-2200-02	1100	1900	15000	13800	1200	200	200	28Φ25	Φ10@100/200	5500	Φ16@1500	15.85	1891.9
5JWK(K)1j-2200-07	1200	2200	12600	11600	1500	200	700	30Φ25	Φ8@100/200	6000	Φ16@1500	17.38	1712.2
5JWK(K)1j-2200-12	1300	2300	11200	10700	1500	200	1200	33Φ25	Φ8@100/200	6500	Φ16@1500	18.95	1764.5
5JWK(K)1j-2200-17	1400	2600	9200	8900	1800	200	1700	34Φ25	Φ8@100/200	7000	Φ16@1500	20.59	1618.2
5JWK(K)1j-2200-22	1400	2600	9200	9400	1800	200	2200	37Φ25	Φ8@100/200	7000	Φ16@1500	21.36	1819.0
5JWK(K)1j-2200-27	1500	2700	8200	8900	1800	200	2700	31Φ28	Φ8@100/200	7500	Φ16@1500	23.28	1842.1

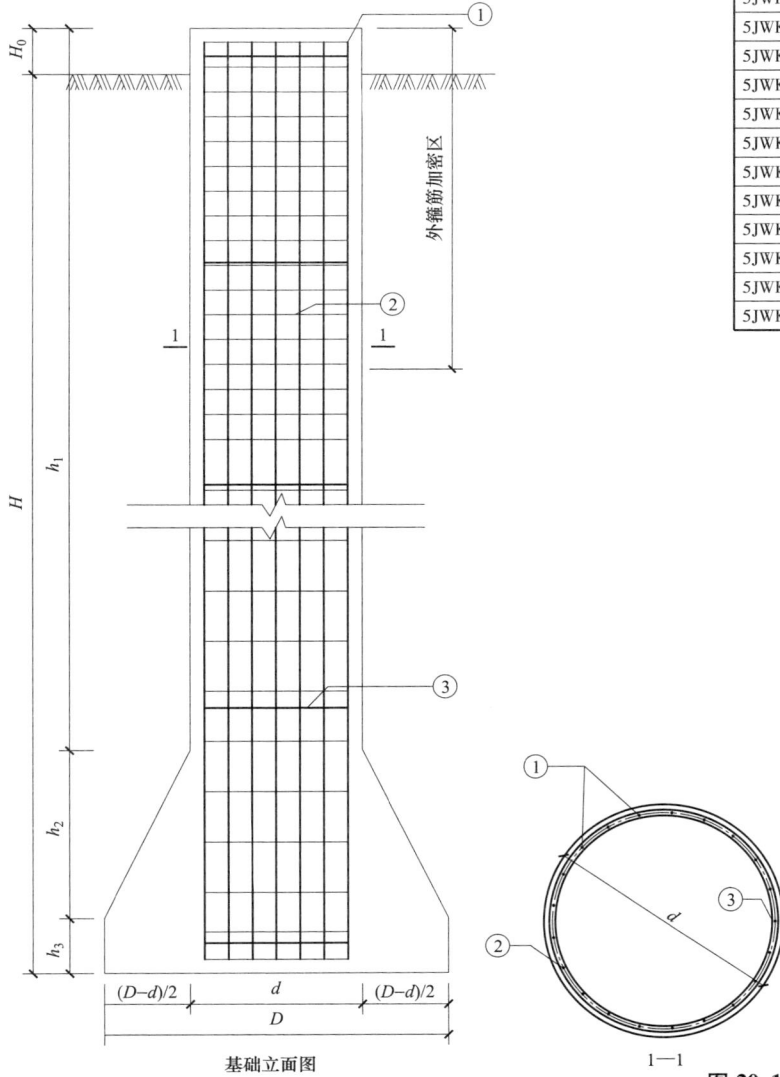

基础立面图

1—1

图 20.1-6　5JWK（K）1＊-2200挖孔桩基础施工图

说明：1. 本基础适用于不受地下水影响的黏性土地质条件。

2. 整体立塔时，混凝土的抗压强度应达到设计强度的100%。分解组塔时，混凝土必须达到抗压强度设计值的70%。

3. 基础根开及地脚螺栓间距与相应杆塔结构图核对无误后，方可施工。

4. 基础混凝土强度等级不应低于 C25，主筋采用 HRB400 级钢筋，箍筋采用 HPB300 级钢筋。

5. ②号钢筋加密区箍筋间距100mm，非加密区箍筋间距200mm。可采用螺旋箍筋。

6. 主筋保护层不小于 50mm。

7. 基础施工完毕后，做好基面排水处理。

8. 本基础按机械成孔施工方式，未考虑护壁工程量。

基 础 参 数 表

基础名称	桩身直径 d(mm)	扩底直径 D(mm)	基础埋深 H(mm)	主柱高 h₁(mm)	圆台高 h₂(mm)	下圆柱高 h₃(mm)	基础露头 H₀(mm)	主筋①	外箍筋②	外箍筋加密区长度(mm)	内箍筋③	单腿混凝土量(m³)	单腿钢筋量(kg)
5JWK(K)1i-2400-02	1200	2400	20200	18400	1800	200	200	30Φ25	Φ8@100/200	6000	Φ16@1500	26.46	2608.1
5JWK(K)1i-2400-07	1400	2800	15000	13400	2100	200	700	31Φ25	Φ8@100/200	7000	Φ16@1500	29.40	2124.2
5JWK(K)1i-2400-12	1400	2800	15600	14500	2100	200	1200	37Φ25	Φ8@100/200	7000	Φ16@1500	31.10	2657.1
5JWK(K)1i-2400-17	1400	2800	15600	15000	2100	200	1700	37Φ25	Φ8@100/200	7000	Φ16@1500	31.87	2731.6
5JWK(K)1i-2400-22	1600	3200	11200	10800	2400	200	2200	38Φ25	Φ8@100/200	8000	Φ18@1500	34.58	2241.9
5JWK(K)1i-2400-27	1600	3200	11600	11700	2400	200	2700	41Φ25	Φ8@100/200	8000	Φ18@1500	36.39	2554.1
5JWK(K)1j-2400-02	1200	2200	14000	12500	1500	200	200	30Φ25	Φ8@100/200	6000	Φ16@1500	18.40	1828.3
5JWK(K)1j-2400-07	1300	2300	12400	11400	1500	200	700	32Φ25	Φ8@100/200	6500	Φ16@1500	19.88	1809.5
5JWK(K)1j-2400-12	1300	2300	12400	11900	1500	200	1200	37Φ25	Φ8@100/200	6500	Φ16@1500	20.54	2139.5
5JWK(K)1j-2400-17	1400	2600	10400	10100	1800	200	1700	37Φ25	Φ8@100/200	7000	Φ16@1500	22.43	1929.7
5JWK(K)1j-2400-22	1500	2700	9200	9400	1800	200	2200	31Φ28	Φ8@100/200	7500	Φ16@1500	24.16	1920.5
5JWK(K)1j-2400-27	1500	2700	9200	9900	1800	200	2700	26Φ32	Φ8@100/200	7500	Φ16@1500	25.04	2168.8

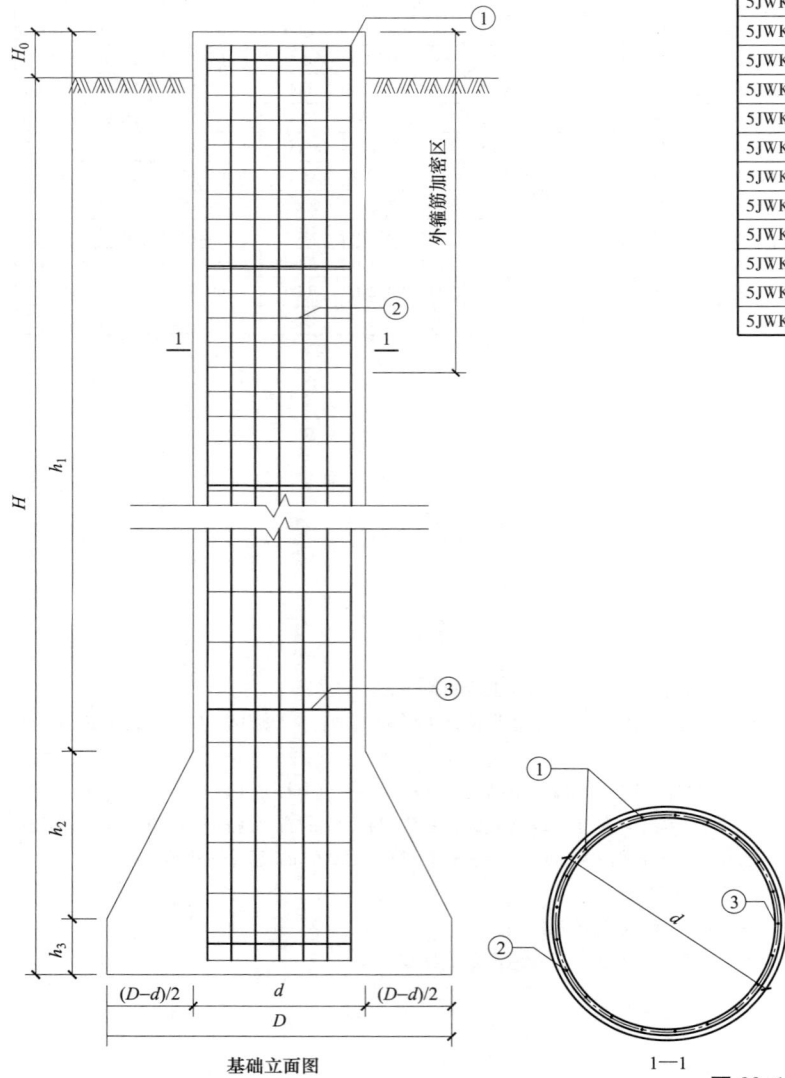

基础立面图

1—1

说明：1. 本基础适用于不受地下水影响的黏性土地质条件。

2. 整体立塔时，混凝土的抗压强度应达到设计强度的 100%。分解组塔时，混凝土必须达到抗压强度设计值的 70%。

3. 基础根开及地脚螺栓间距与相应杆塔结构图核对无误后，方可施工。

4. 基础混凝土强度等级不应低于 C25，主筋采用 HRB400 级钢筋，箍筋采用 HPB300 级钢筋。

5. ②号钢筋加密区箍筋间距 100mm，非加密区箍筋间距 200mm。可采用螺旋箍筋。

6. 主筋保护层不小于 50mm。

7. 基础施工完毕后，做好基面排水处理。

8. 本基础按机械成孔施工方式，未考虑护壁工程量。

图 20.1-7　5JWK（K）1*-2400 挖孔桩基础施工图

基 础 参 数 表

基础名称	桩身直径 d(mm)	扩底直径 D(mm)	基础埋深 H(mm)	主柱高 h₁(mm)	圆台高 h₂(mm)	下圆柱高 h₃(mm)	基础露头 H₀(mm)	主筋①	外箍筋②	外箍筋加密区长度 (mm)	内箍筋③	单腿混凝土量 (m³)	单腿钢筋量 (kg)
5JWK(K)1i-2600-02	1300	2500	21400	19600	1800	200	200	40Φ22	Φ8@100/200	6500	Φ16@1500	32.27	2870.0
5JWK(K)1i-2600-07	1300	2500	21400	20100	1800	200	700	44Φ22	Φ8@100/200	6500	Φ16@1500	32.93	3196.5
5JWK(K)1i-2600-12	1400	2800	17800	16700	2100	200	1200	45Φ22	Φ8@100/200	7000	Φ16@1500	34.48	2838.6
5JWK(K)1i-2600-17	1600	3200	13600	12700	2400	200	1700	49Φ22	Φ8@无/200	8000	Φ18@1500	38.40	2552.2
5JWK(K)1i-2600-22	1600	3200	13600	13200	2400	200	2200	41Φ25	Φ8@100/200	8000	Φ18@1500	39.41	2815.0
5JWK(K)1i-2600-27	1600	3200	14000	14100	2400	200	2700	35Φ28	Φ8@100/200	8000	Φ18@1500	41.22	3158.7
5JWK(K)1j-2600-02	1200	2400	14600	12800	1800	200	200	26Φ28	Φ10@100/200	6000	Φ16@1500	20.13	2133.2
5JWK(K)1j-2600-07	1300	2300	13800	12800	1500	200	700	28Φ28	Φ8@100/200	6500	Φ16@1500	21.74	2171.0
5JWK(K)1j-2600-12	1400	2600	11600	10800	1800	200	1200	30Φ28	Φ8@100/200	7000	Φ16@1500	23.51	2066.6
5JWK(K)1j-2600-17	1500	2700	10400	10100	1800	200	1700	31Φ28	Φ8@100/200	7500	Φ16@1500	25.40	2039.0
5JWK(K)1j-2600-22	1500	2700	10400	10600	1800	200	2200	34Φ28	Φ8@100/200	7500	Φ16@1500	26.28	2298.4
5JWK(K)1j-2600-27	1600	3000	8600	9000	2100	200	2700	35Φ28	Φ8@100/200	8000	Φ18@1500	28.50	2158.9

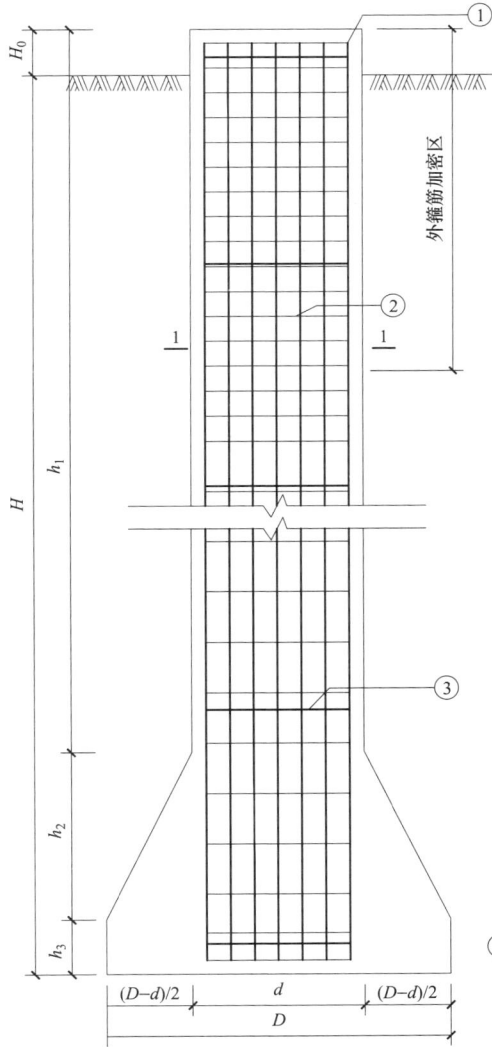

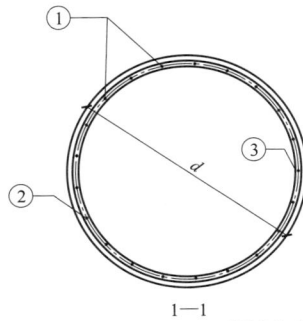

基础立面图

1—1

图 20.1-8　5JWK（K）1＊-2600挖孔桩基础施工图

说明：1. 本基础适用于不受地下水影响的黏性土地质条件。

2. 整体立塔时，混凝土的抗压强度应达到设计强度的100%。分解组塔时，混凝土必须达到抗压强度设计值的70%。

3. 基础根开及地脚螺栓间距与相应杆塔结构图核对无误后，方可施工。

4. 基础混凝土强度等级不应低于C25，主筋采用HRB400级钢筋，箍筋采用HPB300级钢筋。

5. ②号钢筋加密区箍筋间距100mm，非加密区箍筋间距200mm。可采用螺旋箍筋。

6. 主筋保护层不小于50mm。

7. 基础施工完毕后，做好基面排水处理。

8. 本基础按机械成孔施工方式，未考虑护壁工程量。

基础参数表

基础名称	桩身直径 d(mm)	扩底直径 D(mm)	基础埋深 H(mm)	主柱高 h_1(mm)	圆台高 h_2(mm)	下圆柱高 h_3(mm)	基础露头 H_0(mm)	主筋①	外箍筋②	外箍筋加密区长度(mm)	内箍筋③	单腿混凝土量(m^3)	单腿钢筋量(kg)
5JWK（K）1i-2800-02	1300	2500	24000	22200	1800	200	200	27Φ28	Φ8@100/200	6500	Φ16@1500	35.72	3478.4
5JWK（K）1i-2800-07	1400	2800	20200	18600	2100	200	700	29Φ28	Φ8@100/200	7000	Φ16@1500	37.41	3236.0
5JWK（K）1i-2800-12	1400	2800	20400	19300	2100	200	1200	32Φ28	Φ8@100/200	7000	Φ16@1500	38.48	3658.2
5JWK（K）1i-2800-17	1500	2900	19400	18800	2100	200	1700	34Φ28	Φ8@100/200	7500	Φ16@1500	42.80	3809.9
5JWK（K）1i-2800-22	1600	3200	16000	15600	2400	200	2200	35Φ28	Φ8@100/200	8000	Φ18@1500	44.23	3436.4
5JWK（K）1i-2800-27	1600	3200	16400	16500	2400	200	2700	29Φ32	Φ8@100/200	8000	Φ18@1500	46.04	3859.4
5JWK（K）1j-2800-02	1300	2300	15200	13700	1500	200	200	27Φ28	Φ8@100/200	6500	Φ16@1500	22.93	2230.5
5JWK（K）1j-2800-07	1400	2600	12800	11500	1800	200	700	29Φ28	Φ8@100/200	7000	Φ16@1500	24.59	2114.4
5JWK（K）1j-2800-12	1400	2600	12800	12000	1800	200	1200	32Φ28	Φ8@100/200	7000	Φ16@1500	25.36	2390.6
5JWK（K）1j-2800-17	1500	2700	11400	11100	1800	200	1700	34Φ28	Φ8@100/200	7500	Φ16@1500	27.16	2385.8
5JWK（K）1j-2800-22	1600	3000	9600	9500	2100	200	2200	35Φ28	Φ8@100/200	8000	Φ18@1500	29.51	2249.1
5JWK（K）1j-2800-27	1600	3000	9600	10000	2100	200	2700	29Φ32	Φ8@100/200	8000	Φ18@1500	30.51	2515.3

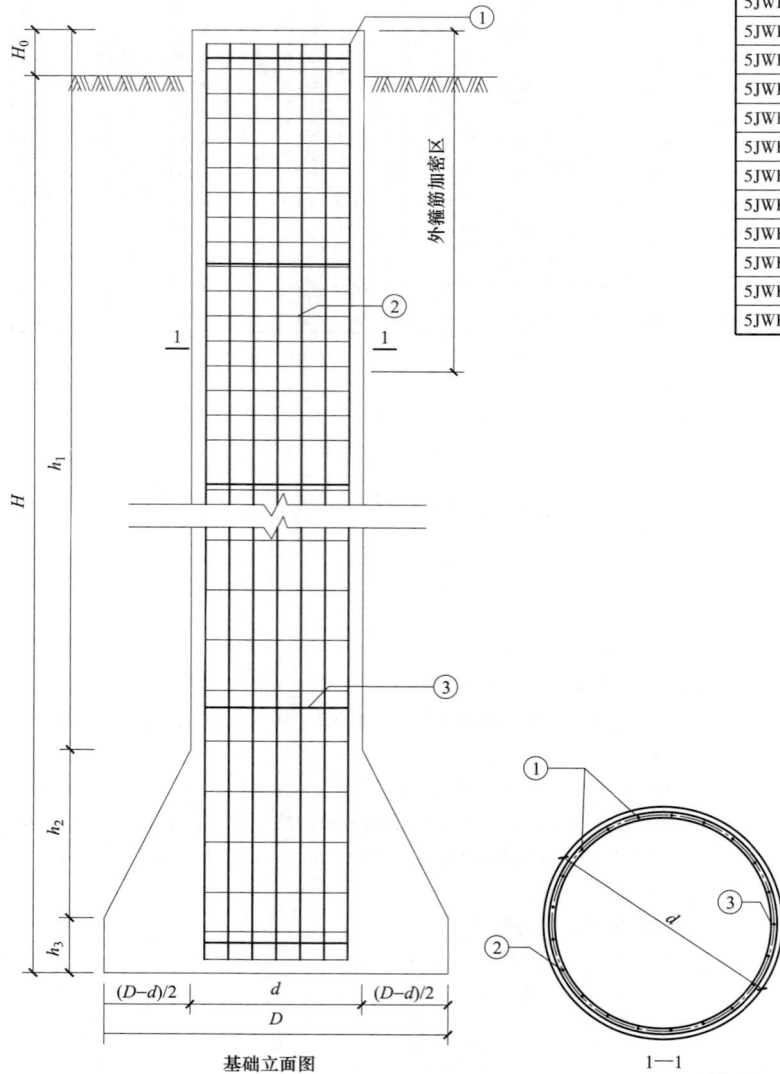

基础立面图

1—1

说明：1. 本基础适用于不受地下水影响的黏性土地质条件。

2. 整体立塔时，混凝土的抗压强度应达到设计强度的100%。分解组塔时，混凝土必须达到抗压强度设计值的70%。

3. 基础根开及地脚螺栓间距与相应杆塔结构图核对无误后，方可施工。

4. 基础混凝土强度等级不应低于C25，主筋采用HRB400级钢筋，箍筋采用HPB300级钢筋。

5. ②号钢筋加密区箍筋间距100mm，非加密区箍筋间距200mm。可采用螺旋箍筋。

6. 主筋保护层不小于50mm。

7. 基础施工完毕后，做好基面排水处理。

8. 本基础按机械成孔施工方式，未考虑护壁工程量。

图 20.1-9　5JWK（K）1*-2800 挖孔桩基础施工图

20.2 5JWK（K）2 子模块

此子模块适用于粉土地基，共包含 9 张图纸，基础施工图图纸清单见表 20.2-1。

表 20.2-1 **5JWK（K）2 子模块基础施工图图纸清单**

序号	图号	图　　名	基础作用力（kN）	
			$T/T_x/T_y$	$N/N_x/N_y$
1	图 20.2-1	5JWK(K)2*-1200 挖孔桩基础施工图	1200/228/228	1560/296/296
2	图 20.2-2	5JWK(K)2*-1400 挖孔桩基础施工图	1400/266/266	1820/346/346
3	图 20.2-3	5JWK(K)2*-1600 挖孔桩基础施工图	1600/304/304	2080/395/395

续表 20.2-1

序号	图号	图　　名	基础作用力（kN）	
			$T/T_x/T_y$	$N/N_x/N_y$
4	图 20.2-4	5JWK(K)2*-1800 挖孔桩基础施工图	1800/342/342	2340/445/445
5	图 20.2-5	5JWK(K)2*-2000 挖孔桩基础施工图	2000/380/380	2600/494/494
6	图 20.2-6	5JWK(K)2*-2200 挖孔桩基础施工图	2200/418/418	2860/543/543
7	图 20.2-7	5JWK(K)2*-2400 挖孔桩基础施工图	2400/456/456	3120/593/593
8	图 20.2-8	5JWK(K)2*-2600 挖孔桩基础施工图	2600/494/494	3380/642/642
9	图 20.2-9	5JWK(K)2*-2800 挖孔桩基础施工图	2800/532/532	3640/692/692

注　2* 包含 2h、2i、2j 三种地质参数组合。

基 础 参 数 表

基础名称	桩身直径 d(mm)	扩底直径 D(mm)	基础埋深 H(mm)	主柱高 h_1(mm)	圆台高 h_2(mm)	下圆柱高 h_3(mm)	基础露头 H_0(mm)	主筋①	外箍筋②	外箍筋加密区长度(mm)	内箍筋③	单腿混凝土量(m^3)	单腿钢筋量(kg)
5JWK(K)2h-1200-02	1700	3300	8600	6200	2400	200	200	42⏀14	⏀8@100/200	8500	⏀18@1500	27.97	688.2
5JWK(K)2h-1200-07	1800	3400	9000	7100	2400	200	700	43⏀14	⏀8@100/200	9000	⏀18@1500	33.03	786.2
5JWK(K)2h-1200-12	1800	3600	9000	7300	2700	200	1200	46⏀14	⏀8@100/200	9000	⏀18@1500	36.64	855.1
5JWK(K)2h-1200-17	1800	3600	9000	7800	2700	200	1700	37⏀16	⏀8@100/200	9000	⏀18@1500	37.92	927.0
5JWK(K)2h-1200-22	1800	3600	9000	8300	2700	200	2200	40⏀16	⏀8@100/200	9000	⏀18@1500	39.19	1015.0
5JWK(K)2h-1200-27	1800	3600	9000	8800	2700	200	2700	44⏀16	⏀8@100/200	9000	⏀18@1500	40.46	1123.9
5JWK(K)2i-1200-02	900	1500	19200	18300	900	200	200	21⏀22	⏀8@100/200	4500	⏀14@1500	13.03	1370.8
5JWK(K)2i-1200-07	900	1500	19200	18800	900	200	700	25⏀22	⏀8@100/200	4500	⏀14@1500	13.35	1644.0
5JWK(K)2i-1200-12	1000	2000	15800	15300	1500	200	1200	26⏀22	⏀8@100/200	5000	⏀16@1500	15.39	1492.1
5JWK(K)2i-1200-17	1000	2000	16000	16000	1500	200	1700	29⏀22	⏀8@100/200	5000	⏀16@1500	15.94	1707.2
5JWK(K)2i-1200-22	1200	2400	10400	10600	1800	200	2200	28⏀22	⏀8@100/200	6000	⏀16@1500	17.64	1227.5
5JWK(K)2i-1200-27	1200	2400	10600	11300	1800	200	2700	30⏀22	⏀8@100/200	6000	⏀16@1500	18.43	1368.8
5JWK(K)2j-1200-02	900	1500	13600	12700	900	200	200	16⏀25	⏀8@100/200	4500	⏀14@1500	9.47	969.3
5JWK(K)2j-1200-07	900	1500	13600	13200	900	200	700	19⏀25	⏀8@100/200	4500	⏀14@1500	9.79	1167.0
5JWK(K)2j-1200-12	1000	1800	11000	10800	1200	200	1200	20⏀25	⏀8@100/200	5000	⏀16@1500	10.89	1073.6
5JWK(K)2j-1200-17	1000	1800	11000	11300	1200	200	1700	22⏀25	⏀8@100/200	5000	⏀16@1500	11.28	1211.4
5JWK(K)2j-1200-22	1100	1700	10200	11300	900	200	2200	23⏀25	⏀8@100/200	5500	⏀16@1500	12.60	1250.9
5JWK(K)2j-1200-27	1100	1700	10200	11800	900	200	2700	25⏀25	⏀8@100/200	5500	⏀16@1500	13.07	1397.4

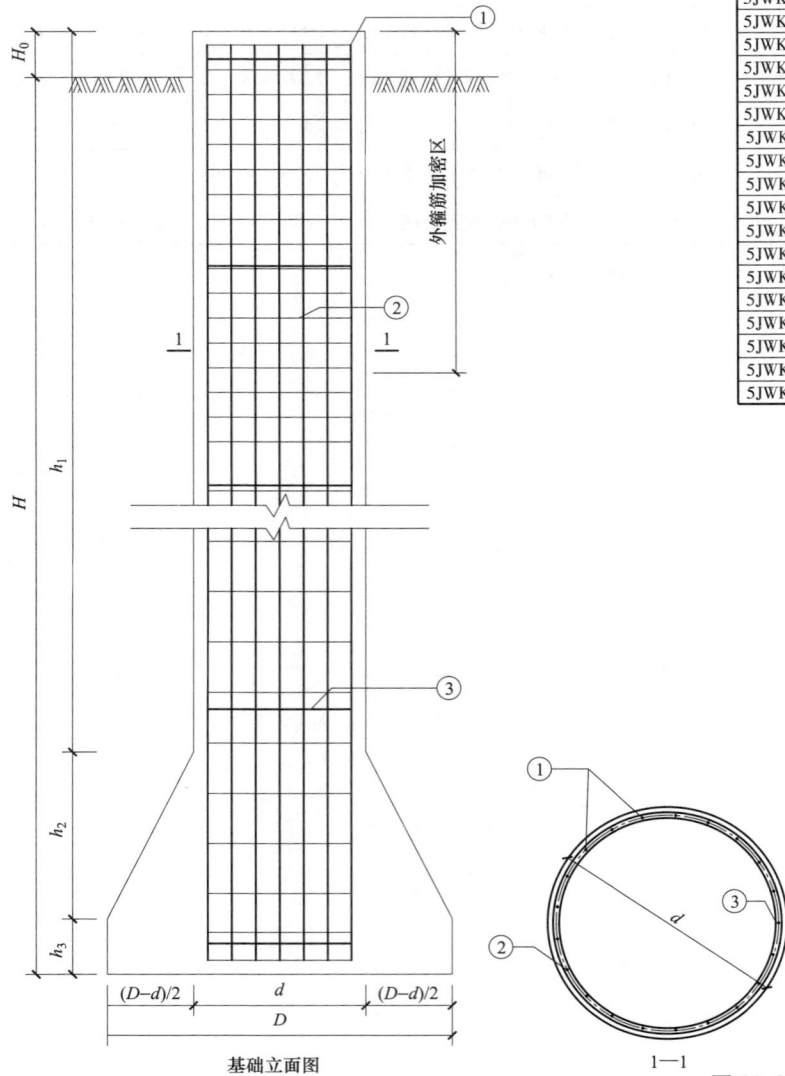

说明：1. 本基础适用于不受地下水影响的粉土地质条件。

2. 整体立塔时，混凝土的抗压强度应达到设计强度的 100%。分解组塔时，混凝土必须达到抗压强度设计值的 70%。

3. 基础根开及地脚螺栓间距与相应杆塔结构图核对无误后，方可施工。

4. 基础混凝土强度等级不应低于 C25，主筋采用 HRB400 级钢筋，箍筋采用 HPB300 级钢筋。

5. ②号钢筋加密区箍筋间距 100mm，非加密区箍筋间距 200mm。可采用螺旋箍筋。

6. 主筋保护层不小于 50mm。

7. 基础施工完毕后，做好基面排水处理。

8. 本基础按机械成孔施工方式，未考虑护壁工程量。

基础立面图

1—1

图 20.2-1　5JWK（K）2＊-1200 挖孔桩基础施工图

基础立面图

1—1

基 础 参 数 表

基础名称	桩身直径 d(mm)	扩底直径 D(mm)	基础埋深 H(mm)	主柱高 h₁(mm)	圆台高 h₂(mm)	下圆柱高 h₃(mm)	基础露头 H₀(mm)	主筋①	外箍筋②	外箍筋加密区长度 (mm)	内箍筋③	单腿混凝土量 (m³)	单腿钢筋量 (kg)
5JWK(K)2h-1400-02	1900	3700	9600	6900	2700	200	200	45φ14	Φ8@100/200	9500	Φ18@1500	38.91	838.6
5JWK(K)2h-1400-07	2000	3800	10000	7800	2700	200	700	48φ14	Φ8@100/200	10000	Φ18@1500	45.18	971.5
5JWK(K)2h-1400-12	2000	4000	10000	8000	3000	200	1200	38φ16	Φ8@100/200	10000	Φ18@1500	49.64	1029.2
5JWK(K)2h-1400-17	2000	4000	10000	8500	3000	200	1700	41φ16	Φ8@100/200	10000	Φ18@1500	51.21	1118.7
5JWK(K)2h-1400-22	2000	4000	10000	9000	3000	200	2200	45φ16	Φ8@100/200	10000	Φ18@1500	52.78	1246.1
5JWK(K)2h-1400-27	2000	4000	13000	12500	3000	200	2700	48φ16	Φ8@100/200	10000	Φ18@1500	63.77	1631.9
5JWK(K)2i-1400-02	1000	2000	20400	18900	1500	200	200	29φ20	Φ8@100/200	5000	Φ16@1500	18.22	1676.1
5JWK(K)2i-1400-07	1000	2000	20600	19600	1500	200	700	33φ20	Φ8@100/200	5000	Φ16@1500	18.77	1942.6
5JWK(K)2i-1400-12	1200	2400	15400	14600	1800	200	1200	31φ20	Φ8@100/200	6000	Φ16@1500	22.17	1487.9
5JWK(K)2i-1400-17	1200	2400	15400	15100	1800	200	1700	24φ25	Φ8@100/200	6000	Φ16@1500	22.73	1800.4
5JWK(K)2i-1400-22	1200	2400	15400	15600	1800	200	2200	26φ25	Φ8@100/200	6000	Φ16@1500	23.30	1985.5
5JWK(K)2i-1400-27	1200	2400	15400	16100	1800	200	2700	28φ25	Φ8@100/200	6000	Φ16@1500	23.86	2182.0
5JWK(K)2j-1400-02	1000	1800	13200	12000	1200	200	200	24φ22	Φ8@100/200	5000	Φ16@1500	11.83	1100.8
5JWK(K)2j-1400-07	1000	1800	13200	12500	1200	200	700	27φ22	Φ8@100/200	5000	Φ16@1500	12.22	1266.4
5JWK(K)2j-1400-12	1100	1900	11600	11400	1200	200	1200	28φ22	Φ8@100/200	5500	Φ16@1500	13.57	1224.8
5JWK(K)2j-1400-17	1100	1900	11600	11900	1200	200	1700	31φ22	Φ8@100/200	5500	Φ16@1500	14.05	1388.3
5JWK(K)2j-1400-22	1200	2200	9400	9900	1500	200	2200	33φ22	Φ8@100/200	6000	Φ16@1500	15.46	1303.2
5JWK(K)2j-1400-27	1200	2200	9400	10400	1500	200	2700	28φ25	Φ8@100/200	6000	Φ16@1500	16.03	1472.9

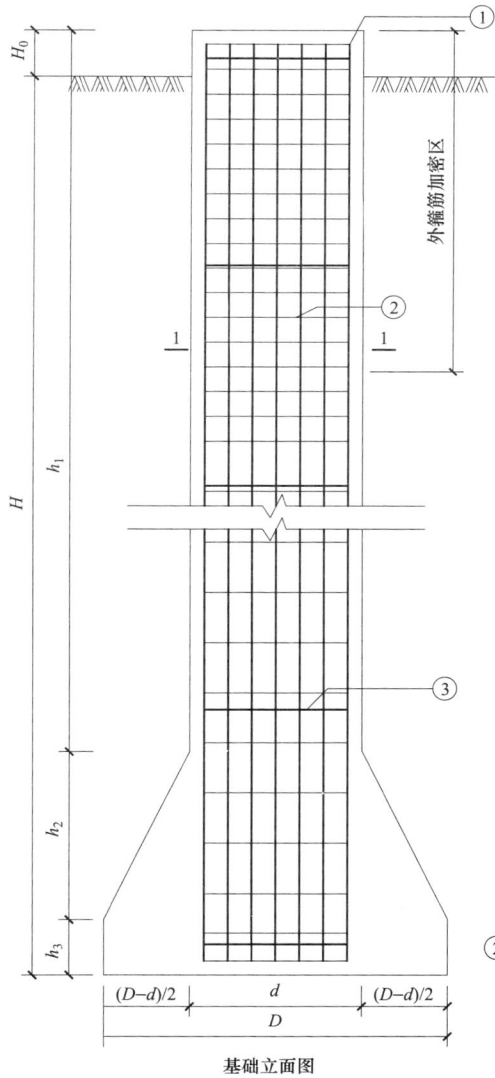

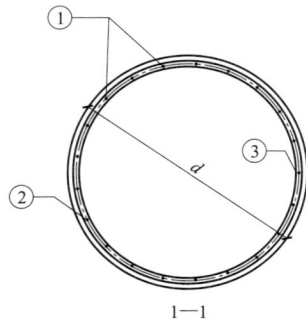

说明：1. 本基础适用于不受地下水影响的粉土地质条件。

2. 整体立塔时，混凝土的抗压强度应达到设计强度的100%。分解组塔时，混凝土必须达到抗压强度设计值的70%。

3. 基础根开及地脚螺栓间距与相应杆塔结构图核对无误后，方可施工。

4. 基础混凝土强度等级不应低于C25，主筋采用HRB400级钢筋，箍筋采用HPB300级钢筋。

5. ②号钢筋加密区箍筋间距100mm，非加密区箍筋间距200mm。可采用螺旋箍筋。

6. 主筋保护层不小于50mm。

7. 基础施工完毕后，做好基面排水处理。

8. 本基础按机械成孔施工方式，未考虑护壁工程量。

图 20.2-2 5JWK（K）2*-1400挖孔桩基础施工图

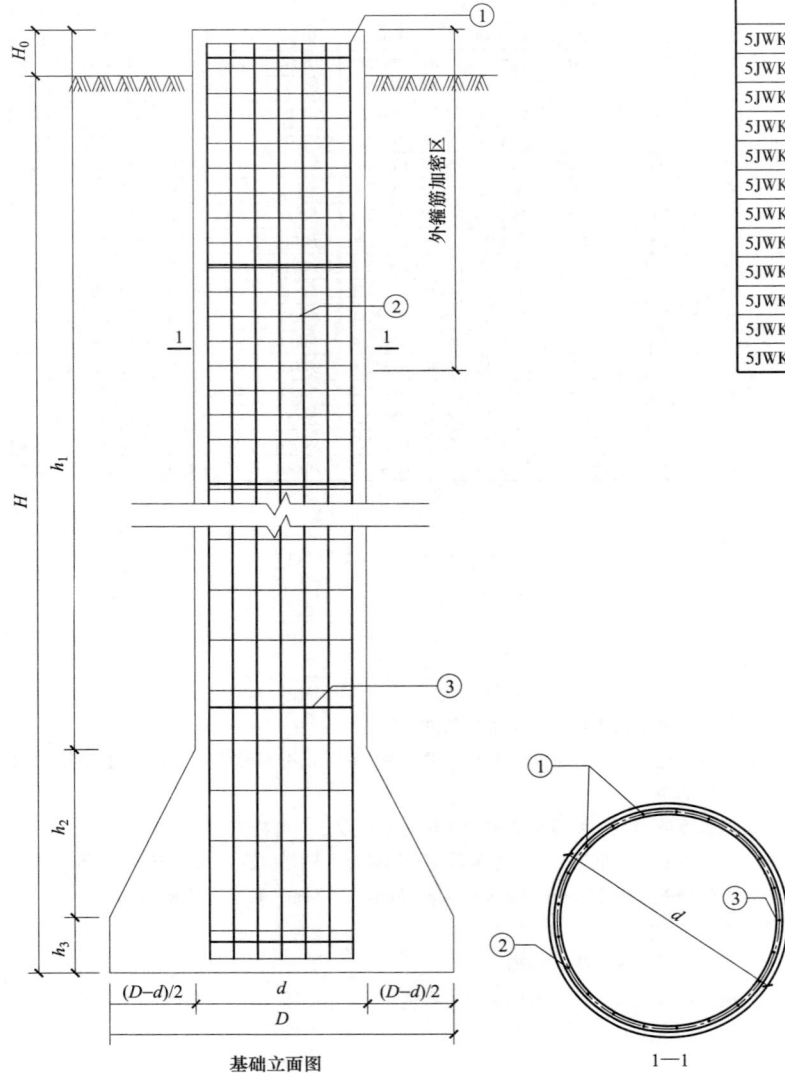

基础名称	桩身直径 d(mm)	扩底直径 D(mm)	基础埋深 H(mm)	主柱高 h_1(mm)	圆台高 h_2(mm)	下圆柱高 h_3(mm)	基础露头 H_0(mm)	主筋①	外箍筋②	外箍筋加密区长度 (mm)	内箍筋③	单腿混凝土量 (m^3)	单腿钢筋量 (kg)
5JWK(K)2i-1600-02	1400	2800	12000	9900	2100	200	200	29ϕ20	Φ8@100/200	7000	Φ16@1500	24.01	1087.8
5JWK(K)2i-1600-07	1400	2800	13000	11400	2100	200	700	32ϕ20	Φ8@100/200	7000	Φ16@1500	26.32	1313.0
5JWK(K)2i-1600-12	1400	2800	13000	11900	2100	200	1200	40ϕ20	Φ8@100/200	7000	Φ16@1500	27.09	1635.1
5JWK(K)2i-1600-17	1600	3200	8000	7100	2400	200	1700	35ϕ20	Φ8@100/200	8000	Φ18@1500	27.14	1071.3
5JWK(K)2i-1600-22	1600	3200	8400	8000	2400	200	2200	47ϕ20	Φ8@100/200	8000	Φ18@1500	28.95	1477.5
5JWK(K)2i-1600-27	1600	3200	8600	8700	2400	200	2700	41ϕ20	Φ8@100/200	8000	Φ18@1500	30.36	1398.8
5JWK(K)2j-1600-02	1000	1800	15600	14400	1200	200	200	27ϕ22	Φ8@100/200	5000	Φ16@1500	13.72	1434.9
5JWK(K)2j-1600-07	1000	1800	15600	14900	1200	200	700	24ϕ25	Φ8@100/200	5000	Φ16@1500	14.11	1669.8
5JWK(K)2j-1600-12	1100	1900	13600	13400	1200	200	1200	26ϕ25	Φ8@100/200	5500	Φ16@1500	15.47	1652.9
5JWK(K)2j-1600-17	1200	2200	11200	11200	1500	200	1700	27ϕ25	Φ8@100/200	6000	Φ16@1500	16.93	1515.5
5JWK(K)2j-1600-22	1200	2200	11200	11700	1500	200	2200	30ϕ25	Φ8@100/200	6000	Φ16@1500	17.50	1725.2
5JWK(K)2j-1600-27	1300	2300	9800	10800	1500	200	2700	24ϕ28	Φ8@100/200	6500	Φ16@1500	19.08	1640.4

基础立面图

1—1

说明：1. 本基础适用于不受地下水影响的粉土地质条件。

2. 整体立塔时，混凝土的抗压强度应达到设计强度的 100%。分解组塔时，混凝土必须达到抗压强度设计值的 70%。

3. 基础根开及地脚螺栓间距与相应杆塔结构图核对无误后，方可施工。

4. 基础混凝土强度等级不应低于 C25，主筋采用 HRB400 级钢筋，箍筋采用 HPB300 级钢筋。

5. ②号钢筋加密区箍筋间距 100mm，非加密区箍筋间距 200mm。可采用螺旋箍筋。

6. 主筋保护层不小于 50mm。

7. 基础施工完毕后，做好基面排水处理。

8. 本基础按机械成孔施工方式，未考虑护壁工程量。

图 20.2-3　5JWK（K）2＊-1600 挖孔桩基础施工图

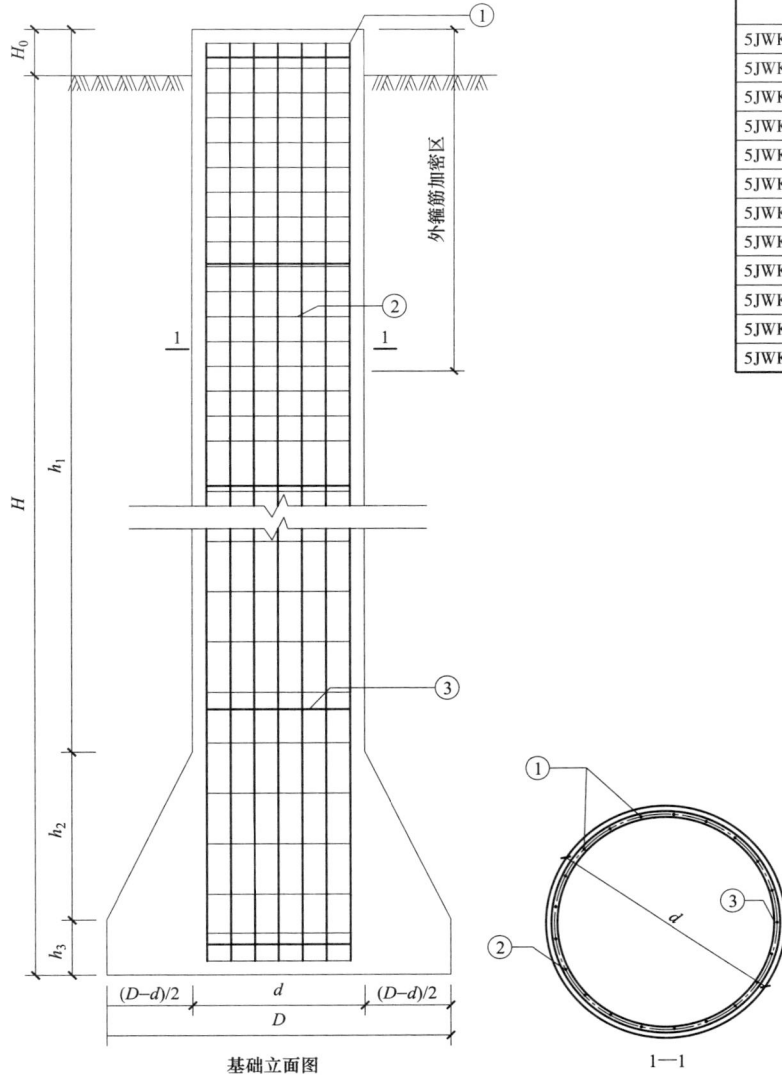

基础立面图

1—1

基 础 参 数 表

基础名称	桩身直径 d(mm)	扩底直径 D(mm)	基础埋深 H(mm)	主柱高 h_1(mm)	圆台高 h_2(mm)	下圆柱高 h_3(mm)	基础露头 H_0(mm)	主筋①	外箍筋②	外箍筋加密区长度 (mm)	内箍筋③	单腿混凝土量 (m³)	单腿钢筋量 (kg)
5JWK(K)2i-1800-02	1200	2400	23400	21600	1800	200	200	32Φ22	Φ8@100/200	6000	Φ16@1500	30.08	2538.5
5JWK(K)2i-1800-07	1200	2400	23400	22100	1800	200	700	32Φ22	Φ8@100/200	6000	Φ16@1500	30.65	2594.2
5JWK(K)2i-1800-12	1200	2400	23800	23000	1800	200	1200	27Φ25	Φ8@100/200	6000	Φ16@1500	31.67	2899.2
5JWK(K)2i-1800-17	1200	2400	24000	23700	1800	200	1700	30Φ25	Φ8@100/200	6000	Φ16@1500	32.46	3277.0
5JWK(K)2i-1800-22	1400	2800	18200	18100	2100	200	2200	30Φ25	Φ8@100/200	7000	Φ16@1500	36.64	2664.8
5JWK(K)2i-1800-27	1400	2800	19000	19400	2100	200	2700	30Φ25	Φ8@100/200	7000	Φ16@1500	38.64	2830.9
5JWK(K)2j-1800-02	1000	1800	17800	16600	1200	200	200	24Φ25	Φ10@100/200	5000	Φ16@1500	15.44	1921.2
5JWK(K)2j-1800-07	1100	1900	15600	14900	1200	200	700	26Φ25	Φ8@100/200	5500	Φ16@1500	16.90	1817.8
5JWK(K)2j-1800-12	1200	2200	13000	12500	1500	200	1200	27Φ25	Φ8@100/200	6000	Φ16@1500	18.40	1665.5
5JWK(K)2j-1800-17	1200	2200	13000	13000	1500	200	1700	30Φ25	Φ8@100/200	6000	Φ16@1500	18.97	1888.8
5JWK(K)2j-1800-22	1300	2300	11600	12100	1500	200	2200	25Φ28	Φ8@100/200	6500	Φ16@1500	20.81	1871.9
5JWK(K)2j-1800-27	1300	2300	11600	12600	1500	200	2700	27Φ28	Φ8@100/200	6500	Φ16@1500	21.47	2073.9

说明：1. 本基础适用于不受地下水影响的粉土地质条件。

2. 整体立塔时，混凝土的抗压强度应达到设计强度的100%。分解组塔时，混凝土必须达到抗压强度设计值的70%。

3. 基础根开及地脚螺栓间距与相应杆塔结构图核对无误后，方可施工。

4. 基础混凝土强度等级不应低于 C25，主筋采用 HRB400 级钢筋，箍筋采用 HPB300 级钢筋。

5. ②号钢筋加密区箍筋间距100mm，非加密区箍筋间距200mm。可采用螺旋箍筋。

6. 主筋保护层不小于 50mm。

7. 基础施工完毕后，做好基面排水处理。

8. 本基础按机械成孔施工方式，未考虑护壁工程量。

图 20.2-4 5JWK（K）2＊-1800 挖孔桩基础施工图

基 础 参 数 表

基础名称	桩身直径 d(mm)	扩底直径 D(mm)	基础埋深 H(mm)	主柱高 h_1(mm)	圆台高 h_2(mm)	下圆柱高 h_3(mm)	基础露头 H_0(mm)	主筋①	外箍筋②	外箍筋加密区长度(mm)	内箍筋③	单腿混凝土量(m³)	单腿钢筋量(kg)
5JWK(K)2i-2000-02	1800	3600	9000	6300	2700	200	200	40 Φ18	Φ8@100/200	9000	Φ18@1500	34.10	1009.3
5JWK(K)2i-2000-07	1800	3600	9000	6800	2700	200	700	35 Φ20	Φ8@100/200	9000	Φ18@1500	35.37	1114.7
5JWK(K)2i-2000-12	1800	3600	9600	7900	2700	200	1200	38 Φ20	Φ8@100/200	9000	Φ18@1500	38.17	1311.7
5JWK(K)2i-2000-17	1800	3600	10200	9000	2700	200	1700	42 Φ20	Φ8@100/200	9000	Φ18@1500	40.97	1541.6
5JWK(K)2i-2000-22	1800	3600	11000	10300	2700	200	2200	34 Φ25	Φ8@100/200	9000	Φ18@1500	44.28	2059.6
5JWK(K)2i-2000-27	1800	3600	11800	11600	2700	200	2700	36 Φ25	Φ8@100/200	9000	Φ18@1500	47.59	2363.7
5JWK(K)2j-2000-02	1100	2100	16800	15300	1500	200	200	26 Φ25	Φ8@100/200	5500	Φ16@1500	18.35	1896.3
5JWK(K)2j-2000-07	1200	2200	14800	13800	1500	200	700	28 Φ25	Φ8@100/200	6000	Φ16@1500	19.87	1873.4
5JWK(K)2j-2000-12	1200	2200	14800	14300	1500	200	1200	30 Φ25	Φ8@100/200	6000	Φ16@1500	20.44	2053.8
5JWK(K)2j-2000-17	1300	2300	13200	13200	1500	200	1700	32 Φ25	Φ8@100/200	6500	Φ16@1500	22.27	2050.6
5JWK(K)2j-2000-22	1400	2600	11000	11200	1800	200	2200	34 Φ25	Φ8@100/200	7000	Φ16@1500	24.13	1945.1
5JWK(K)2j-2000-27	1400	2600	11000	11700	1800	200	2700	36 Φ25	Φ8@100/200	7000	Φ16@1500	24.90	2124.6

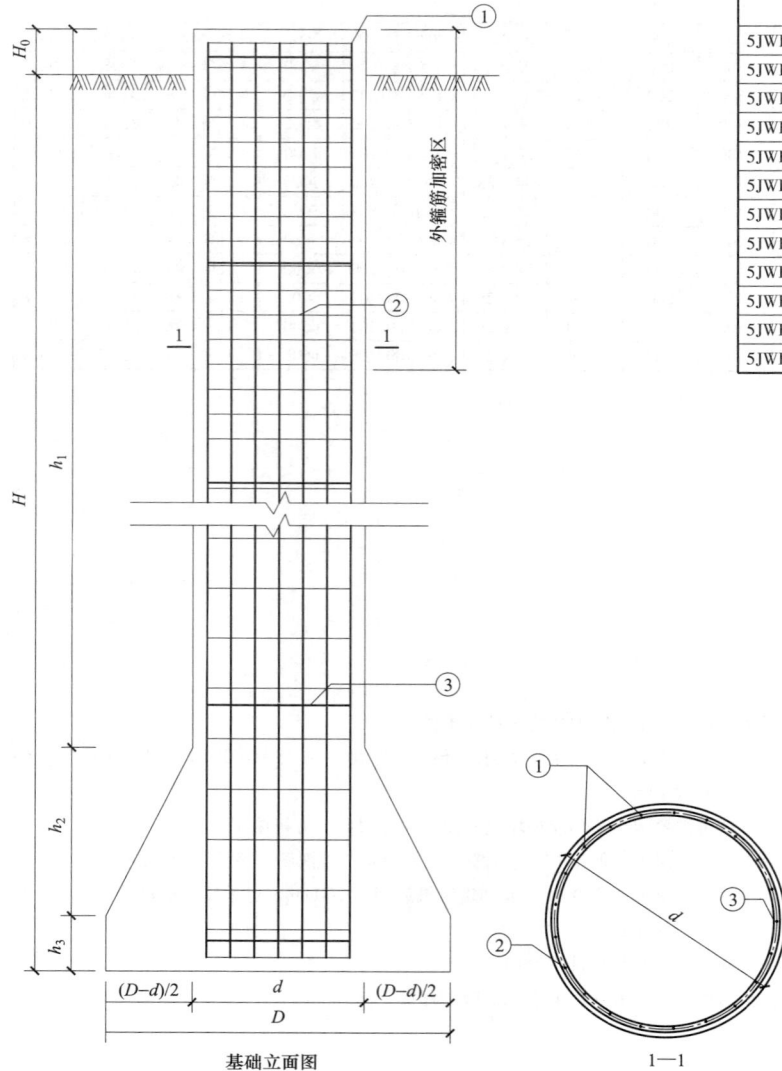

基础立面图

1—1

说明：1. 本基础适用于不受地下水影响的粉土地质条件。

2. 整体立塔时，混凝土的抗压强度应达到设计强度的 100%。分解组塔时，混凝土必须达到抗压强度设计值的 70%。

3. 基础根开及地脚螺栓间距与相应杆塔结构图核对无误后，方可施工。

4. 基础混凝土强度等级不应低于 C25，主筋采用 HRB400 级钢筋，箍筋采用 HPB300 级钢筋。

5. ②号钢筋加密区箍筋间距 100mm，非加密区箍筋间距 200mm。可采用螺旋箍筋。

6. 主筋保护层不小于 50mm。

7. 基础施工完毕后，做好基面排水处理。

8. 本基础按机械成孔施工方式，未考虑护壁工程量。

图 20.2-5 5JWK（K）2*-2000 挖孔桩基础施工图

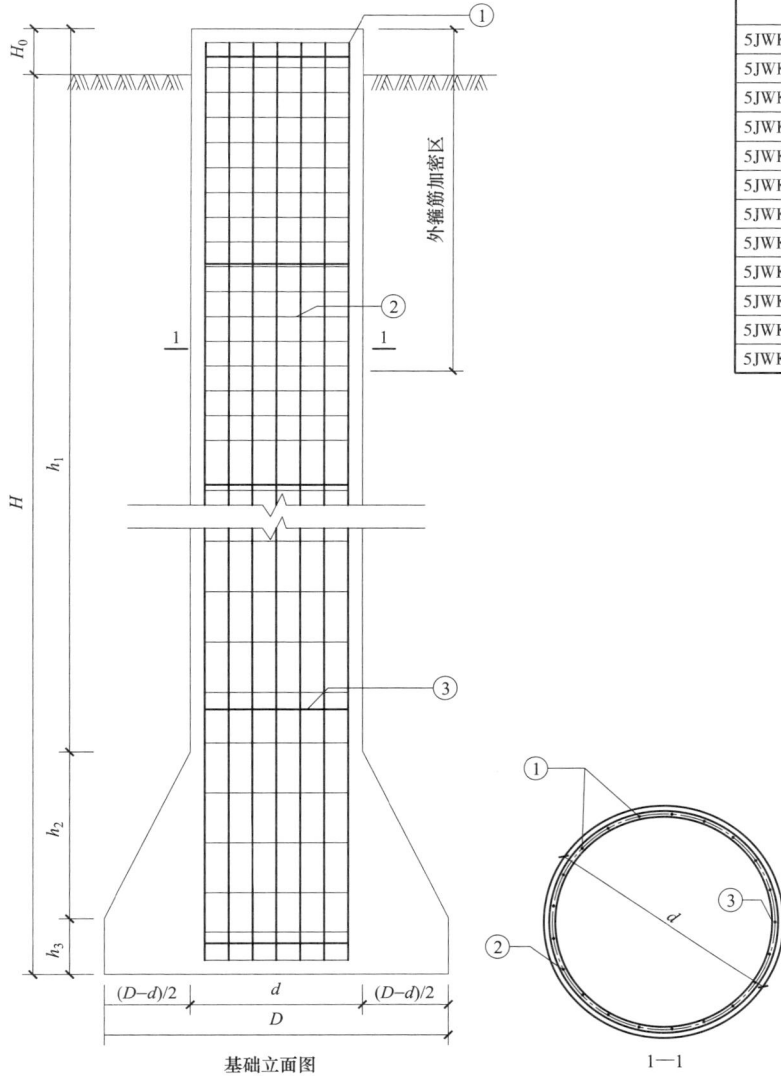

基础立面图

1—1

基 础 参 数 表

基础名称	桩身直径 d(mm)	扩底直径 D(mm)	基础埋深 H(mm)	主柱高 h₁(mm)	圆台高 h₂(mm)	下圆柱高 h₃(mm)	基础露头 H₀(mm)	主筋①	外箍筋②	外箍筋加密区长度(mm)	内箍筋③	单腿混凝土量(m³)	单腿钢筋量(kg)
5JWK（K）2i-2200-02	1800	3600	12600	9900	2700	200	200	46⌀18	Φ8@100/200	9000	Φ18@1500	43.26	1507.7
5JWK（K）2i-2200-07	1800	3600	13200	11000	2700	200	700	49⌀18	Φ8@100/200	9000	Φ18@1500	46.06	1712.3
5JWK（K）2i-2200-12	1800	3600	13800	12100	2700	200	1200	44⌀20	Φ8@100/200	9000	Φ18@1500	48.86	2000.8
5JWK（K）2i-2200-17	2000	4000	10000	8500	3000	200	1700	44⌀20	Φ8@100/200	10000	Φ18@1500	51.21	1625.5
5JWK（K）2i-2200-22	2000	4000	10000	9000	3000	200	2200	46⌀20	Φ8@100/200	10000	Φ18@1500	52.78	1758.0
5JWK（K）2i-2200-27	2000	4000	10200	9700	3000	200	2700	49⌀20	Φ8@100/200	10000	Φ18@1500	54.98	1939.0
5JWK（K）2j-2200-02	1100	2100	18800	17300	1500	200	200	28⌀25	Φ10@100/200	5500	Φ16@1500	20.25	2348.4
5JWK（K）2j-2200-07	1200	2200	16600	15600	1500	200	700	30⌀25	Φ8@100/200	6000	Φ16@1500	21.91	2217.5
5JWK（K）2j-2200-12	1300	2500	14000	13200	1800	200	1200	33⌀25	Φ8@100/200	6500	Φ16@1500	23.78	2152.8
5JWK（K）2j-2200-17	1400	2600	12400	12100	1800	200	1700	34⌀25	Φ8@100/200	7000	Φ16@1500	25.51	2075.6
5JWK（K）2j-2200-22	1400	2600	12400	12600	1800	200	2200	37⌀25	Φ8@100/200	7000	Φ16@1500	26.28	2313.4
5JWK（K）2j-2200-27	1500	2700	11200	11900	1800	200	2700	38⌀25	Φ8@100/200	7500	Φ16@1500	28.58	2284.3

说明：1. 本基础适用于不受地下水影响的粉土地质条件。

2. 整体立塔时，混凝土的抗压强度应达到设计强度的100%。分解组塔时，混凝土必须达到抗压强度设计值的70%。

3. 基础根开及地脚螺栓间距与相应杆塔结构图核对无误后，方可施工。

4. 基础混凝土强度等级不应低于C25，主筋采用HRB400级钢筋，箍筋采用HPB300级钢筋。

5. ②号钢筋加密区箍筋间距100mm，非加密区箍筋间距200mm。可采用螺旋箍筋。

6. 主筋保护层不小于50mm。

7. 基础施工完毕后，做好基面排水处理。

8. 本基础按机械成孔施工方式，未考虑护壁工程量。

图 20.2-6　5JWK（K）2∗-2200挖孔桩基础施工图

基 础 参 数 表

基础名称	桩身直径 d(mm)	扩底直径 D(mm)	基础埋深 H(mm)	主柱高 h_1(mm)	圆台高 h_2(mm)	下圆柱高 h_3(mm)	基础露头 H_0(mm)	主筋①	外箍筋②	外箍筋加密区长度(mm)	内箍筋③	单腿混凝土量(m^3)	单腿钢筋量(kg)
5JWK(K)2i-2400-02	2000	4000	10400	7400	3000	200	200	49Φ18	Φ8@100/200	10000	Φ18@1500	47.75	1383.1
5JWK(K)2i-2400-07	2000	4000	11200	8700	3000	200	700	52Φ18	Φ8@100/200	10000	Φ18@1500	51.84	1595.2
5JWK(K)2i-2400-12	2000	4000	12000	10000	3000	200	1200	56Φ18	Φ8@100/200	10000	Φ18@1500	55.92	1862.8
5JWK(K)2i-2400-17	2000	4000	12800	11300	3000	200	1700	59Φ18	Φ8@100/200	10000	Φ18@1500	60.00	2120.2
5JWK(K)2i-2400-22	2000	4000	13800	12800	3000	200	2200	52Φ20	Φ8@100/200	10000	Φ18@1500	64.72	2492.1
5JWK(K)2i-2400-27	2000	4000	14600	14100	3000	200	2700	55Φ20	Φ8@100/200	10000	Φ18@1500	68.80	2811.7
5JWK(K)2j-2400-02	1200	2400	17600	15800	1800	200	200	30Φ25	Φ8@100/200	6000	Φ16@1500	23.52	2279.4
5JWK(K)2j-2400-07	1300	2500	15600	14300	1800	200	700	32Φ25	Φ8@100/200	6500	Φ16@1500	25.24	2239.3
5JWK(K)2j-2400-12	1300	2500	15600	14800	1800	200	1200	37Φ25	Φ8@100/200	6500	Φ16@1500	25.90	2630.9
5JWK(K)2j-2400-17	1400	2600	14000	13700	1800	200	1700	37Φ25	Φ8@100/200	7000	Φ16@1500	27.98	2484.4
5JWK(K)2j-2400-22	1500	2700	12600	12800	1800	200	2200	31Φ28	Φ8@100/200	7500	Φ16@1500	30.17	2472.8
5JWK(K)2j-2400-27	1500	2900	11800	12200	2100	200	2700	26Φ32	Φ8@100/200	7500	Φ16@1500	31.13	2631.4

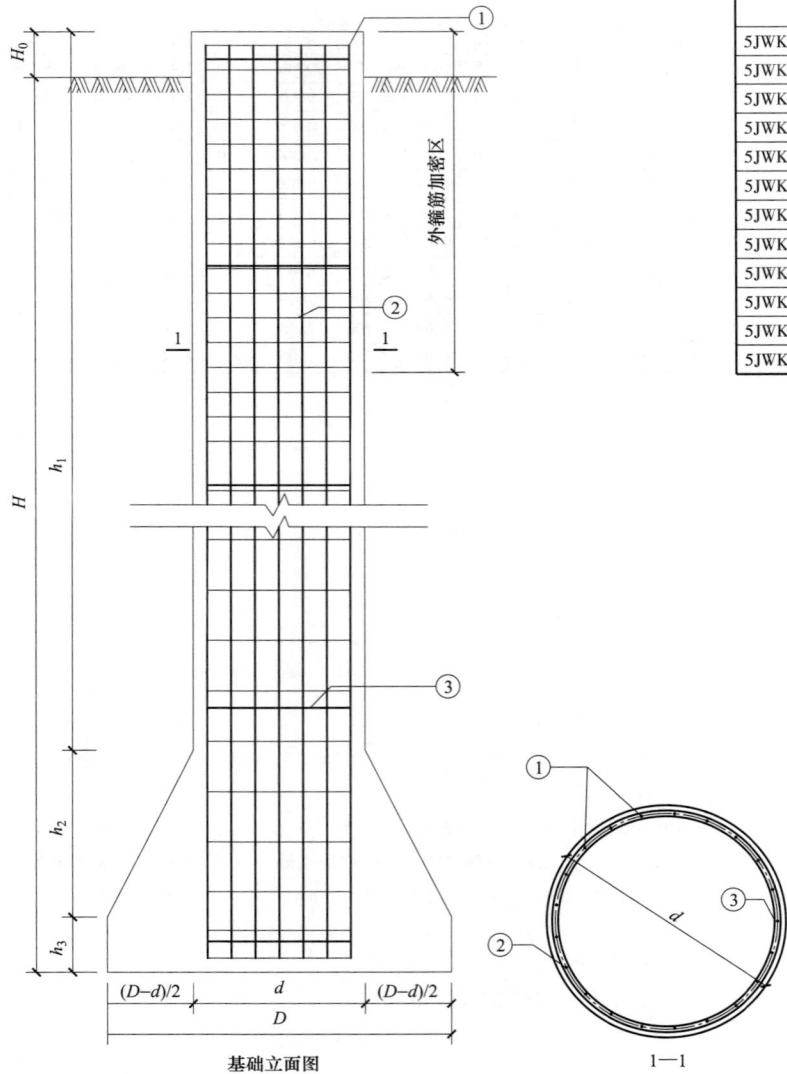

基础立面图

1—1

说明：1. 本基础适用于不受地下水影响的粉土地质条件。

2. 整体立塔时，混凝土的抗压强度应达到设计强度的100%。分解组塔时，混凝土必须达到抗压强度设计值的70%。

3. 基础根开及地脚螺栓间距与相应杆塔结构图核对无误后，方可施工。

4. 基础混凝土强度等级不应低于C25，主筋采用HRB400级钢筋，箍筋采用HPB300级钢筋。

5. ②号钢筋加密区箍筋间距100mm，非加密区箍筋间距200mm。可采用螺旋箍筋。

6. 主筋保护层不小于50mm。

7. 基础施工完毕后，做好基面排水处理。

8. 本基础按机械成孔施工方式，未考虑护壁工程量。

图 20.2-7　5JWK（K）2*-2400挖孔桩基础施工图

基 础 参 数 表

基础名称	桩身直径 d(mm)	扩底直径 D(mm)	基础埋深 H(mm)	主柱高 h₁(mm)	圆台高 h₂(mm)	下圆柱高 h₃(mm)	基础露头 H₀(mm)	主筋①	外箍筋②	外箍筋加密区长度(mm)	内箍筋③	单腿混凝土量(m³)	单腿钢筋量(kg)
5JWK(K)2i-2600-02	2000	4000	14600	11600	3000	200	200	42Φ20	Φ8@100/200	10000	Φ18@1500	60.95	1950.4
5JWK(K)2i-2600-07	2000	4000	15600	13100	3000	200	700	46Φ20	Φ8@100/200	10000	Φ18@1500	65.66	2293.5
5JWK(K)2i-2600-12	2000	4000	16400	14400	3000	200	1200	49Φ20	Φ8@100/200	10000	Φ18@1500	69.74	2598.4
5JWK(K)2i-2600-17	2000	4000	17200	15700	3000	200	1700	52Φ20	Φ8@100/200	10000	Φ18@1500	73.83	2920.2
5JWK(K)2i-2600-22	2000	4000	18000	17000	3000	200	2200	52Φ20	Φ8@100/200	10000	Φ18@1500	77.91	3115.1
5JWK(K)2i-2600-27	2000	4000	19000	18500	3000	200	2700	41Φ25	Φ8@100/200	10000	Φ18@1500	82.62	3976.5
5JWK(K)2j-2600-02	1200	2400	19600	17800	1800	200	200	26Φ28	Φ10@100/200	6000	Φ16@1500	25.79	2835.7
5JWK(K)2j-2600-07	1300	2500	17400	16100	1800	200	700	28Φ28	Φ8@100/200	6500	Φ16@1500	27.62	2701.9
5JWK(K)2j-2600-12	1400	2800	14600	13500	2100	200	1200	30Φ28	Φ8@100/200	7000	Φ16@1500	29.56	2538.1
5JWK(K)2j-2600-17	1500	2900	13000	12400	2100	200	1700	31Φ28	Φ8@100/200	7500	Φ16@1500	31.49	2457.9
5JWK(K)2j-2600-22	1500	2900	13000	12900	2100	200	2200	34Φ28	Φ8@100/200	7500	Φ16@1500	32.37	2761.5
5JWK(K)2j-2600-27	1600	3000	11800	12200	2100	200	2700	35Φ28	Φ8@100/200	8000	Φ18@1500	34.94	2748.1

说明：1. 本基础适用于不受地下水影响的粉土地质条件。

2. 整体立塔时，混凝土的抗压强度应达到设计强度的100%。分解组塔时，混凝土必须达到抗压强度设计值的70%。

3. 基础根开及地脚螺栓间距与相应杆塔结构图核对无误后，方可施工。

4. 基础混凝土强度等级不应低于C25，主筋采用HRB400级钢筋，箍筋采用HPB300级钢筋。

5. ②号钢筋加密区箍筋间距100mm，非加密区箍筋间距200mm。可采用螺旋箍筋。

6. 主筋保护层不小于50mm。

7. 基础施工完毕后，做好基面排水处理。

8. 本基础按机械成孔施工方式，未考虑护壁工程量。

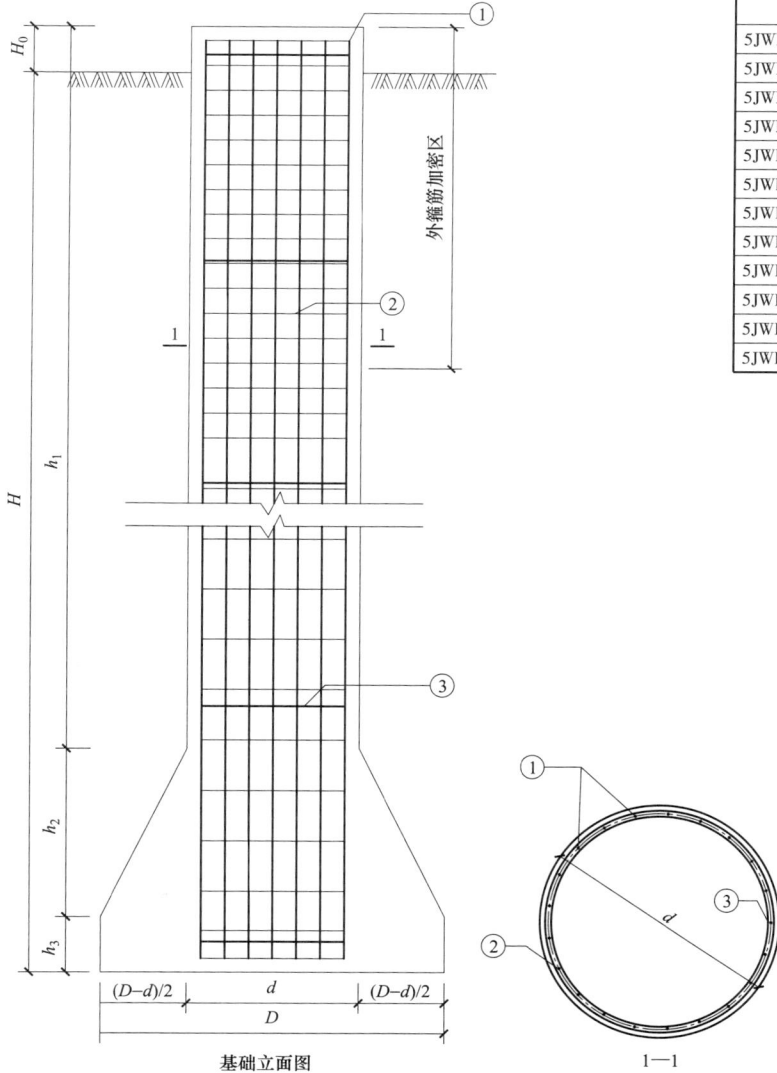

基础立面图

1—1

图 20.2-8　5JWK（K）2*-2600 挖孔桩基础施工图

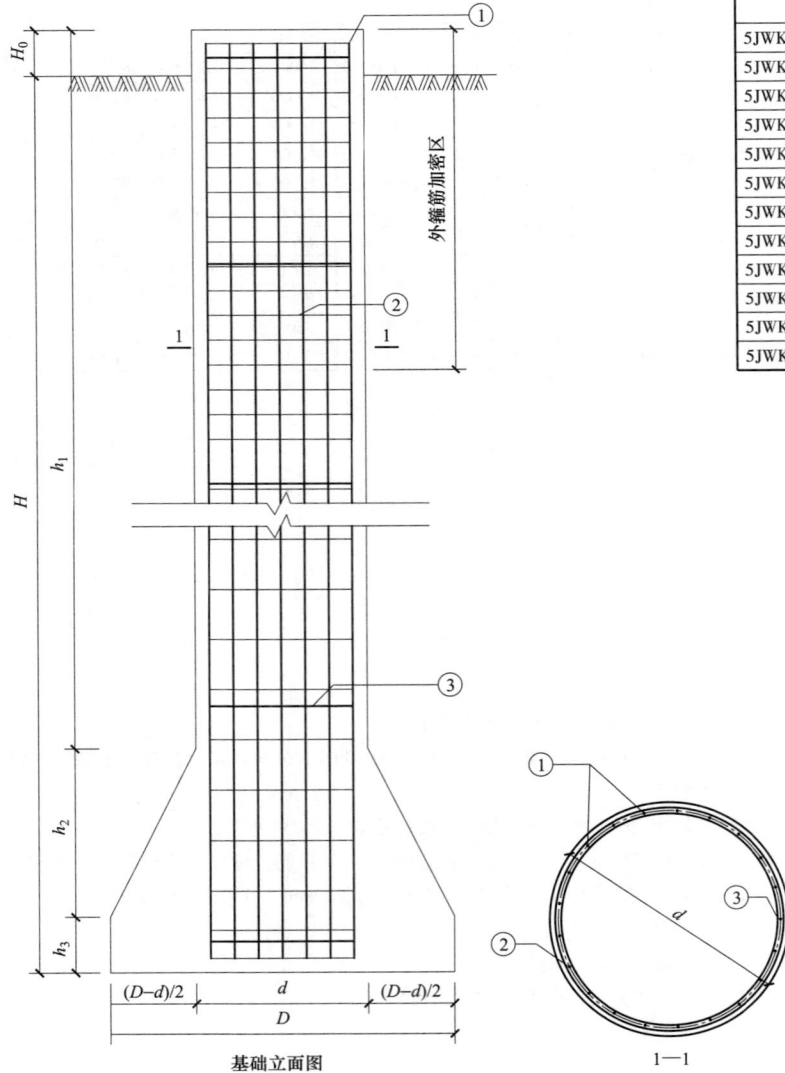

基 础 参 数 表

基础名称	桩身直径 d(mm)	扩底直径 D(mm)	基础埋深 H(mm)	主柱高 h_1(mm)	圆台高 h_2(mm)	下圆柱高 h_3(mm)	基础露头 H_0(mm)	主筋①	外箍筋②	外箍筋加密区长度(mm)	内箍筋③	单腿混凝土量(m^3)	单腿钢筋量(kg)
5JWK(K)2i-2800-02	2000	4000	19000	16000	3000	200	200	46 ϕ 20	Φ 8@ 100/200	10000	Φ 18@ 1500	74.77	2681.1
5JWK(K)2i-2800-07	2000	4000	19800	17300	3000	200	700	50 ϕ 20	Φ 8@ 100/200	10000	Φ 18@ 1500	78.85	3055.4
5JWK(K)2i-2800-12	2000	4000	20800	18800	3000	200	1200	53 ϕ 20	Φ 8@ 100/200	10000	Φ 18@ 1500	83.57	3432.7
5JWK(K)2i-2800-17	2000	4000	21600	20100	3000	200	1700	57 ϕ 20	Φ 8@ 100/200	10000	Φ 18@ 1500	87.65	3857.0
5JWK(K)2i-2800-22	2000	4000	22400	21400	3000	200	2200	50 ϕ 22	Φ 8@ 100/200	10000	Φ 18@ 1500	91.73	4278.7
5JWK(K)2i-2800-27	2000	4000	23200	22700	3000	200	2700	54 ϕ 22	Φ 8@ 100/200	10000	Φ 18@ 1500	95.82	4806.1
5JWK(K)2j-2800-02	1300	2500	19800	18000	1800	200	200	27 ϕ 28	Φ 8@ 100/200	6500	Φ 16@ 1500	30.15	2882.1
5JWK(K)2j-2800-07	1400	2800	16200	14600	2100	200	700	29 ϕ 28	Φ 8@ 100/200	7000	Φ 16@ 1500	31.25	2630.7
5JWK(K)2j-2800-12	1400	2800	16200	15100	2100	200	1200	32 ϕ 28	Φ 8@ 100/200	7000	Φ 16@ 1500	32.02	2956.3
5JWK(K)2j-2800-17	1500	2900	14400	13800	2100	200	1700	34 ϕ 28	Φ 8@ 100/200	7500	Φ 16@ 1500	33.96	2918.2
5JWK(K)2j-2800-22	1600	3200	12200	11800	2400	200	2200	35 ϕ 28	Φ 8@ 100/200	8000	Φ 18@ 1500	36.59	2731.2
5JWK(K)2j-2800-27	1600	3200	12200	12300	2400	200	2700	29 ϕ 32	Φ 8@ 100/200	8000	Φ 18@ 1500	37.60	3024.5

说明：1. 本基础适用于不受地下水影响的粉土地质条件。

2. 整体立塔时，混凝土的抗压强度应达到设计强度的 100%。分解组塔时，混凝土必须达到抗压强度设计值的 70%。

3. 基础根开及地脚螺栓间距与相应杆塔结构图核对无误后，方可施工。

4. 基础混凝土强度等级不应低于 C25，主筋采用 HRB400 级钢筋，箍筋采用 HPB300 级钢筋。

5. ②号钢筋加密区箍筋间距 100mm，非加密区箍筋间距 200mm。可采用螺旋箍筋。

6. 主筋保护层不小于 50mm。

7. 基础施工完毕后，做好基面排水处理。

8. 本基础按机械成孔施工方式，未考虑护壁工程量。

图 20.2-9　5JWK（K）2*-2800 挖孔桩基础施工图

20.3 5JWK（K）3 子模块

此子模块适用于碎石土地基，共包含 9 张图纸，基础施工图图纸清单见表 20.3-1。

表 20.3-1　5JWK（K）3 子模块基础施工图图纸清单

序号	图号	图　名	基础作用力（kN）	
			$T/T_x/T_y$	$N/N_x/N_y$
1	图 20.3-1	5JWK(K)3*-1200 挖孔桩基础施工图	1200/228/228	1560/296/296
2	图 20.3-2	5JWK(K)3*-1400 挖孔桩基础施工图	1400/266/266	1820/346/346
3	图 20.3-3	5JWK(K)3*-1600 挖孔桩基础施工图	1600/304/304	2080/395/395

续表 20.3-1

序号	图号	图　名	基础作用力（kN）	
			$T/T_x/T_y$	$N/N_x/N_y$
4	图 20.3-4	5JWK(K)3*-1800 挖孔桩基础施工图	1800/342/342	2340/445/445
5	图 20.3-5	5JWK(K)3*-2000 挖孔桩基础施工图	2000/380/380	2600/494/494
6	图 20.3-6	5JWK(K)3*-2200 挖孔桩基础施工图	2200/418/418	2860/543/543
7	图 20.3-7	5JWK(K)3*-2400 挖孔桩基础施工图	2400/456/456	3120/593/593
8	图 20.3-8	5JWK(K)3*-2600 挖孔桩基础施工图	2600/494/494	3380/642/642
9	图 20.3-9	5JWK(K)3*-2800 挖孔桩基础施工图	2800/532/532	3640/692/692

注　3* 包含 3h、3i 两种地质参数组合。

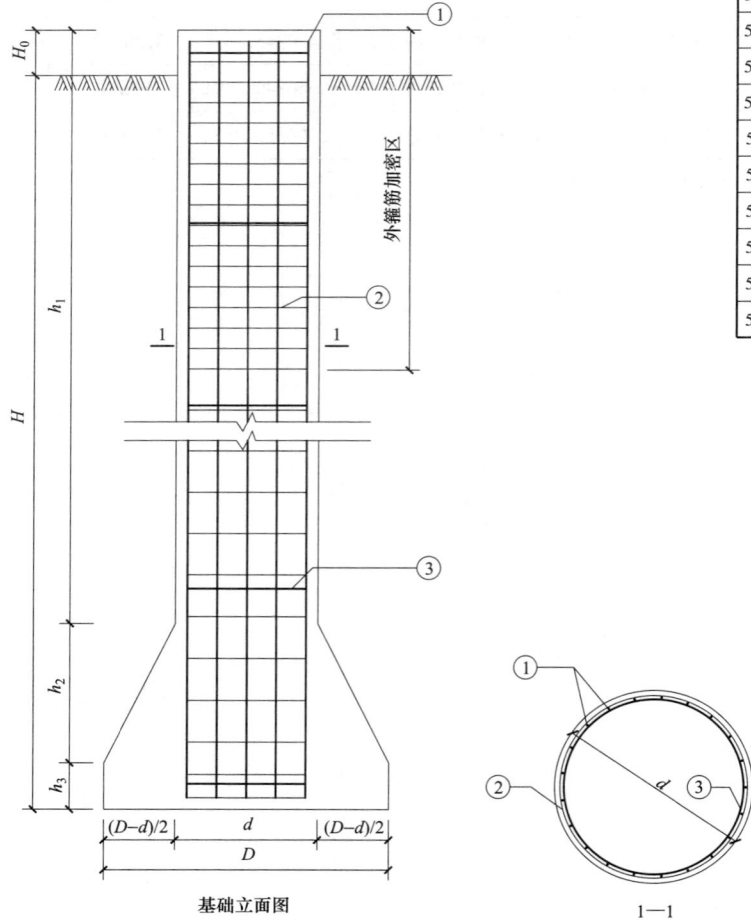

基础立面图

1—1

基 础 参 数 表

基础名称	桩身直径 d(mm)	扩底直径 D(mm)	基础埋深 H(mm)	主柱高 h₁(mm)	圆台高 h₂(mm)	下圆柱高 h₃(mm)	基础露头 H₀(mm)	主筋①	外箍筋②	外箍筋加密区长度(mm)	内箍筋③	单腿混凝土量(m³)	单腿钢筋量(kg)
5JWK(K)3h-1200-02	900	1500	7400	6500	900	200	200	19 Φ 22	Φ 8@ 100/200	4500	Φ 14@ 1500	5.53	507.9
5JWK(K)3h-1200-07	900	1500	7400	7000	900	200	700	17 Φ 25	Φ 8@ 100/200	4500	Φ 14@ 1500	5.85	609.4
5JWK(K)3h-1200-12	900	1500	7400	7500	900	200	1200	20 Φ 25	Φ 8@ 100/200	4500	Φ 14@ 1500	6.16	742.2
5JWK(K)3h-1200-17	900	1500	7400	8000	900	200	1700	18 Φ 28	Φ 8@ 100/200	4500	Φ 14@ 1500	6.48	875.6
5JWK(K)3h-1200-22	900	1500	7400	8500	900	200	2200	20 Φ 28	Φ 8@ 100/200	4500	Φ 14@ 1500	6.80	1012.7
5JWK(K)3h-1200-27	900	1500	7400	9000	900	200	2700	17 Φ 32	Φ 10@ 100/200	4500	Φ 14@ 1500	7.12	1213.9
5JWK(K)3i-1200-02	900	1500	6400	5500	900	200	200	19 Φ 22	Φ 8@ 100/200	4500	Φ 14@ 1500	4.89	443.4
5JWK(K)3i-1200-07	900	1500	6400	6000	900	200	700	17 Φ 25	Φ 8@ 100/200	4500	Φ 14@ 1500	5.21	536.1
5JWK(K)3i-1200-12	900	1500	6400	6500	900	200	1200	20 Φ 25	Φ 8@ 100/200	4500	Φ 14@ 1500	5.53	660.1
5JWK(K)3i-1200-17	900	1500	6400	7000	900	200	1700	18 Φ 28	Φ 8@ 100/200	4500	Φ 14@ 1500	5.85	780.8
5JWK(K)3i-1200-22	900	1500	6400	7500	900	200	2200	20 Φ 28	Φ 8@ 100/200	4500	Φ 14@ 1500	6.16	908.3
5JWK(K)3i-1200-27	900	1500	6400	8000	900	200	2700	17 Φ 32	Φ 10@ 100/200	4500	Φ 14@ 1500	6.48	1098.7

说明：1. 本基础适用于不受地下水影响的碎石土地质条件。

2. 整体立塔时，混凝土的抗压强度应达到设计强度的100%。分解组塔时，混凝土必须达到抗压强度设计值的70%。

3. 基础根开及地脚螺栓间距与相应杆塔结构图核对无误后，方可施工。

4. 基础混凝土强度等级不应低于C25，主筋采用HRB400级钢筋，箍筋采用HPB300级钢筋。

5. ②号钢筋加密区箍筋间距100mm，非加密区箍筋间距200mm。可采用螺旋箍筋。

6. 主筋保护层不小于50mm。

7. 基础施工完毕后，做好基面排水处理。

8. 本基础按机械成孔施工方式，未考虑护壁工程量。

图 20.3-1 5JWK（K）3＊-1200挖孔桩基础施工图

基 础 参 数 表

基础名称	桩身直径 d(mm)	扩底直径 D(mm)	基础埋深 H(mm)	主柱高 h_1(mm)	圆台高 h_2(mm)	下圆柱高 h_3(mm)	基础露头 H_0(mm)	主筋①	外箍筋②	外箍筋加密区长度 (mm)	内箍筋③	单腿混凝土量 (m^3)	单腿钢筋量 (kg)
5JWK(K)3h-1400-02	1000	1800	7000	5800	1200	200	200	21Φ22	Φ8@100/200	5000	Φ16@1500	6.96	541.8
5JWK(K)3h-1400-07	1000	1800	7000	6300	1200	200	700	24Φ22	Φ8@100/200	5000	Φ16@1500	7.35	647.4
5JWK(K)3h-1400-12	1000	1800	7000	6800	1200	200	1200	22Φ25	Φ8@100/200	5000	Φ16@1500	7.75	792.7
5JWK(K)3h-1400-17	1000	1800	7000	7300	1200	200	1700	24Φ25	Φ8@100/200	5000	Φ16@1500	8.14	903.5
5JWK(K)3h-1400-22	1000	1800	7000	7800	1200	200	2200	22Φ28	Φ8@100/200	5000	Φ16@1500	8.53	1082.8
5JWK(K)3h-1400-27	1000	1800	7000	8300	1200	200	2700	24Φ28	Φ10@100/200	5000	Φ16@1500	8.93	1279.9
5JWK(K)3i-1400-02	1000	1800	6000	4800	1200	200	200	26Φ20	Φ8@100/200	5000	Φ16@1500	6.18	482.5
5JWK(K)3i-1400-07	1000	1800	6000	5300	1200	200	700	19Φ25	Φ8@100/200	5000	Φ16@1500	6.57	576.4
5JWK(K)3i-1400-12	1000	1800	6000	5800	1200	200	1200	22Φ25	Φ8@100/200	5000	Φ16@1500	6.96	698.2
5JWK(K)3i-1400-17	1000	1800	6000	6300	1200	200	1700	24Φ25	Φ8@100/200	5000	Φ16@1500	7.35	805.4
5JWK(K)3i-1400-22	1000	1800	6000	6800	1200	200	2200	22Φ28	Φ8@100/200	5000	Φ16@1500	7.75	966.8
5JWK(K)3i-1400-27	1000	1800	6000	7300	1200	200	2700	24Φ28	Φ10@100/200	5000	Φ16@1500	8.14	1151.0

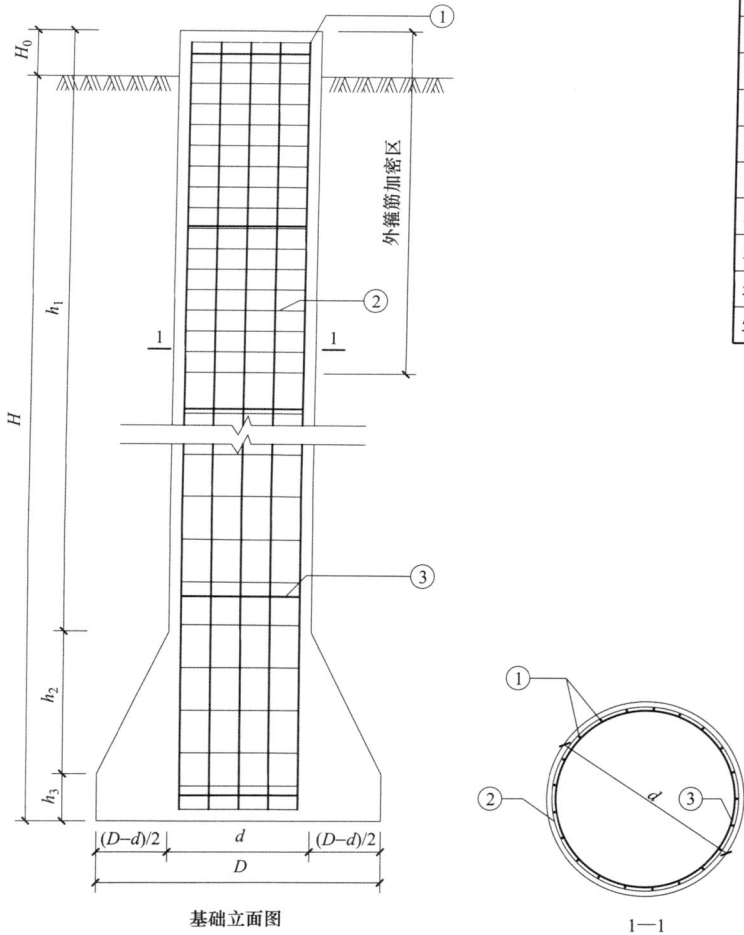

基础立面图

1—1

说明：1. 本基础适用于不受地下水影响的碎石土地质条件。

2. 整体立塔时，混凝土的抗压强度应达到设计强度的100%。分解组塔时，混凝土必须达到抗压强度设计值的70%。

3. 基础根开及地脚螺栓间距与相应杆塔结构图核对无误后，方可施工。

4. 基础混凝土强度等级不应低于C25，主筋采用HRB400级钢筋，箍筋采用HPB300级钢筋。

5. ②号钢筋加密区箍筋间距100mm，非加密区箍筋间距200mm。可采用螺旋箍筋。

6. 主筋保护层不小于50mm。

7. 基础施工完毕后，做好基面排水处理。

8. 本基础按机械成孔施工方式，未考虑护壁工程量。

图 20.3-2 5JWK（K）3*-1400 挖孔桩基础施工图

基 础 参 数 表

基础名称	桩身直径 d(mm)	扩底直径 D(mm)	基础埋深 H(mm)	主柱高 h_1(mm)	圆台高 h_2(mm)	下圆柱高 h_3(mm)	基础露头 H_0(mm)	主筋①	外箍筋②	外箍筋加密区长度(mm)	内箍筋③	单腿混凝土量（m³)	单腿钢筋量（kg)
5JWK(K)3h-1600-02	1000	1800	8400	7200	1200	200	200	19Φ25	Φ8@100/200	5000	Φ16@1500	8.06	730.9
5JWK(K)3h-1600-07	1000	1800	8400	7700	1200	200	700	17Φ28	Φ8@100/200	5000	Φ16@1500	8.45	854.1
5JWK(K)3h-1600-12	1000	1800	8400	8200	1200	200	1200	20Φ28	Φ8@100/200	5000	Φ16@1500	8.85	1036.0
5JWK(K)3h-1600-17	1000	1800	8400	8700	1200	200	1700	22Φ28	Φ8@100/200	5000	Φ16@1500	9.24	1183.1
5JWK(K)3h-1600-22	1000	1800	8400	9200	1200	200	2200	19Φ32	Φ10@100/200	5000	Φ16@1500	9.63	1438.2
5JWK(K)3h-1600-27	1000	1800	8400	9700	1200	200	2700	22Φ32	Φ10@100/200	5000	Φ16@1500	10.02	1709.7
5JWK(K)3i-1600-02	1000	1800	7200	6000	1200	200	200	19Φ25	Φ8@100/200	5000	Φ16@1500	7.12	632.1
5JWK(K)3i-1600-07	1000	1800	7200	6500	1200	200	700	17Φ28	Φ8@100/200	5000	Φ16@1500	7.51	744.6
5JWK(K)3i-1600-12	1000	1800	7200	7000	1200	200	1200	20Φ28	Φ8@100/200	5000	Φ16@1500	7.90	909.1
5JWK(K)3i-1600-17	1000	1800	7200	7500	1200	200	1700	22Φ28	Φ8@100/200	5000	Φ16@1500	8.30	1044.6
5JWK(K)3i-1600-22	1000	1800	7200	8000	1200	200	2200	19Φ32	Φ10@100/200	5000	Φ16@1500	8.69	1279.7
5JWK(K)3i-1600-27	1000	1800	7200	8500	1200	200	2700	22Φ32	Φ10@100/200	5000	Φ16@1500	9.08	1528.4

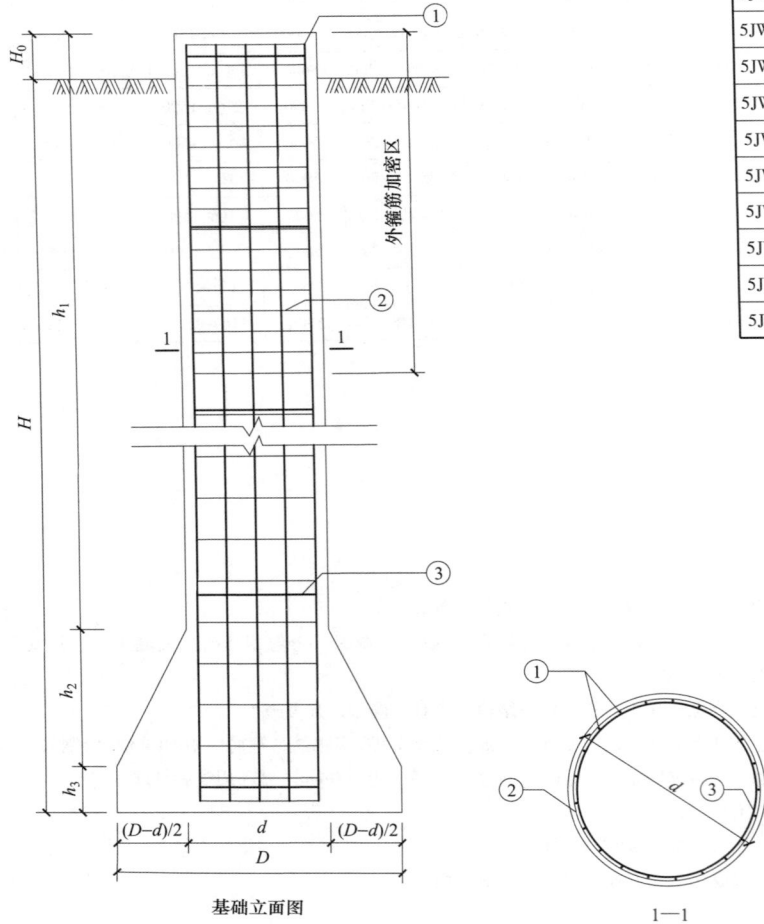

基础立面图

1—1

说明：1. 本基础适用于不受地下水影响的碎石土地质条件。

2. 整体立塔时，混凝土的抗压强度应达到设计强度的100%。分解组塔时，混凝土必须达到抗压强度设计值的70%。

3. 基础根开及地脚螺栓间距与相应杆塔结构图核对无误后，方可施工。

4. 基础混凝土强度等级不应低于C25，主筋采用HRB400级钢筋，箍筋采用HPB300级钢筋。

5. ②号钢筋加密区箍筋间距100mm，非加密区箍筋间距200mm。可采用螺旋箍筋。

6. 主筋保护层不小于50mm。

7. 基础施工完毕后，做好基面排水处理。

8. 本基础按机械成孔施工方式，未考虑护壁工程量。

图 20.3-3 5JWK（K）3*-1600 挖孔桩基础施工图

基础参数表

基础名称	桩身直径 d(mm)	扩底直径 D(mm)	基础埋深 H(mm)	主柱高 h_1(mm)	圆台高 h_2(mm)	下圆柱高 h_3(mm)	基础露头 H_0(mm)	主筋①	外箍筋②	外箍筋加密区长度(mm)	内箍筋③	单腿混凝土量(m^3)	单腿钢筋量(kg)
5JWK(K)3h-1800-02	1000	1800	9800	8600	1200	200	200	17Φ28	Φ10@100/200	5000	Φ16@1500	9.16	984.0
5JWK(K)3h-1800-07	1000	1800	9800	9100	1200	200	700	20Φ28	Φ10@100/200	5000	Φ16@1500	9.55	1183.2
5JWK(K)3h-1800-12	1000	1800	9800	9600	1200	200	1200	23Φ28	Φ10@100/200	5000	Φ16@1500	9.95	1394.6
5JWK(K)3h-1800-17	1000	1800	9800	10100	1200	200	1700	25Φ28	Φ10@100/200	5000	Φ16@1500	10.34	1563.7
5JWK(K)3h-1800-22	1000	1800	9800	10600	1200	200	2200	22Φ32	Φ12@100/200	5000	Φ16@1500	10.73	1917.1
5JWK(K)3h-1800-27	1100	1900	8600	9900	1200	200	2700	23Φ32	Φ10@100/200	5500	Φ16@1500	12.15	1836.6
5JWK(K)3i-1800-02	1000	1800	8600	7400	1200	200	200	17Φ28	Φ10@100/200	5000	Φ16@1500	8.22	870.7
5JWK(K)3i-1800-07	1000	1800	8600	7900	1200	200	700	20Φ28	Φ10@100/200	5000	Φ16@1500	8.61	1052.5
5JWK(K)3i-1800-12	1000	1800	8600	8400	1200	200	1200	23Φ28	Φ10@100/200	5000	Φ16@1500	9.00	1246.5
5JWK(K)3i-1800-17	1000	1800	8600	8900	1200	200	1700	25Φ28	Φ10@100/200	5000	Φ16@1500	9.40	1404.0
5JWK(K)3i-1800-22	1000	1800	8600	9400	1200	200	2200	22Φ32	Φ12@100/200	5000	Φ16@1500	9.79	1731.1
5JWK(K)3i-1800-27	1100	1900	7400	8700	1200	200	2700	23Φ32	Φ10@100/200	5500	Φ16@1500	11.01	1646.1

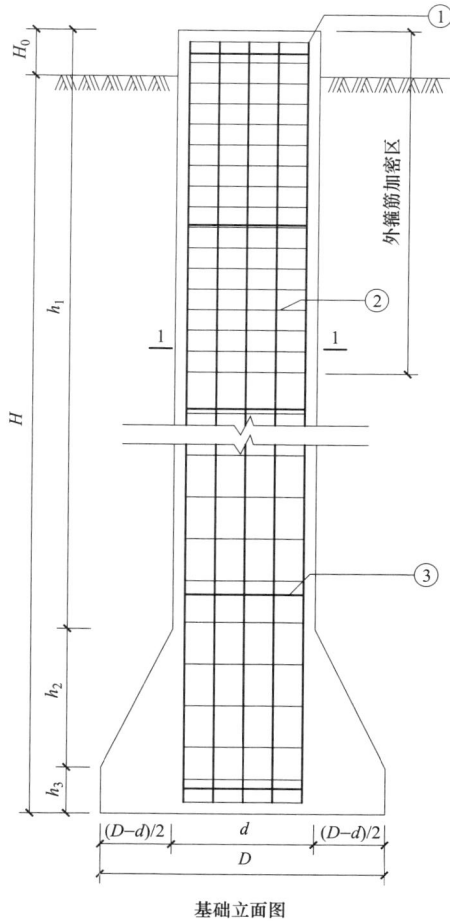

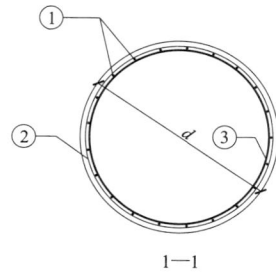

基础立面图

1—1

说明：1. 本基础适用于不受地下水影响的碎石土地质条件。

2. 整体立塔时，混凝土的抗压强度应达到设计强度的100%。分解组塔时，混凝土必须达到抗压强度设计值的70%。

3. 基础根开及地脚螺栓间距与相应杆塔结构图核对无误后，方可施工。

4. 基础混凝土强度等级不应低于C25，主筋采用HRB400级钢筋，箍筋采用HPB300级钢筋。

5. ②号钢筋加密区箍筋间距100mm，非加密区箍筋间距200mm。可采用螺旋箍筋。

6. 主筋保护层不小于50mm。

7. 基础施工完毕后，做好基面排水处理。

8. 本基础按机械成孔施工方式，未考虑护壁工程量。

图 20.3-4 5JWK（K）3*-1800 挖孔桩基础施工图

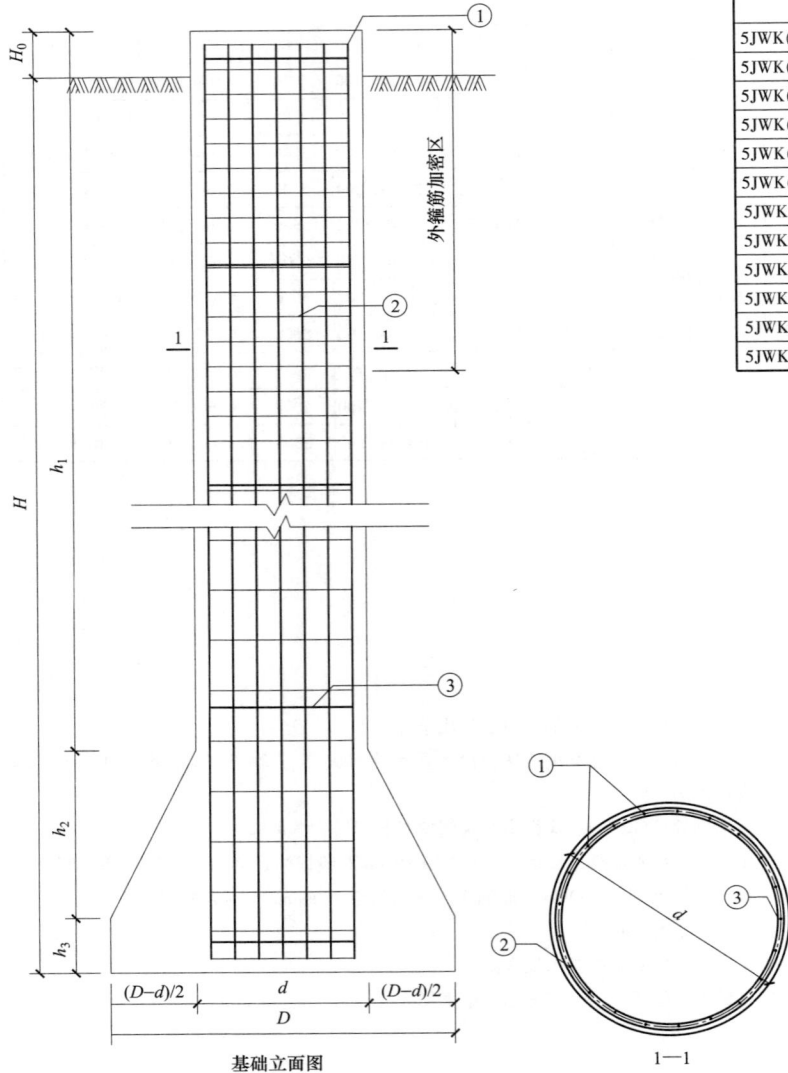

基础立面图

1—1

基 础 参 数 表

基础名称	桩身直径 d(mm)	扩底直径 D(mm)	基础埋深 H(mm)	主柱高 h_1(mm)	圆台高 h_2(mm)	下圆柱高 h_3(mm)	基础露头 H_0(mm)	主筋①	外箍筋②	外箍筋加密区长度(mm)	内箍筋③	单腿混凝土量(m^3)	单腿钢筋量(kg)
5JWK(K)3h-2000-02	1100	1900	9800	8600	1200	200	200	23 Φ 25	Φ 8@ 100/200	5500	Φ 16@ 1500	10.91	1013.9
5JWK(K)3h-2000-07	1100	1900	9800	9100	1200	200	700	21 Φ 28	Φ 8@ 100/200	5500	Φ 16@ 1500	11.39	1200.0
5JWK(K)3h-2000-12	1100	1900	9800	9600	1200	200	1200	24 Φ 28	Φ 8@ 100/200	5500	Φ 16@ 1500	11.86	1411.0
5JWK(K)3h-2000-17	1100	1900	9800	10100	1200	200	1700	27 Φ 28	Φ 8@ 100/200	5500	Φ 16@ 1500	12.34	1637.8
5JWK(K)3h-2000-22	1100	1900	9800	10600	1200	200	2200	23 Φ 32	Φ 10@ 100/200	5500	Φ 16@ 1500	12.81	1948.7
5JWK(K)3h-2000-27	1100	1900	9800	11100	1200	200	2700	25 Φ 32	Φ 12@ 100/200	5500	Φ 16@ 1500	13.29	2264.9
5JWK(K)3i-2000-02	1100	1900	8600	7400	1200	200	200	23 Φ 25	Φ 8@ 100/200	5500	Φ 16@ 1500	9.77	895.4
5JWK(K)3i-2000-07	1100	1900	8600	7900	1200	200	700	21 Φ 28	Φ 8@ 100/200	5500	Φ 16@ 1500	10.25	1066.1
5JWK(K)3i-2000-12	1100	1900	8600	8400	1200	200	1200	24 Φ 28	Φ 8@ 100/200	5500	Φ 16@ 1500	10.72	1259.7
5JWK(K)3i-2000-17	1100	1900	8600	8900	1200	200	1700	27 Φ 28	Φ 8@ 100/200	5500	Φ 16@ 1500	11.20	1469.1
5JWK(K)3i-2000-22	1100	1900	8600	9400	1200	200	2200	23 Φ 32	Φ 10@ 100/200	5500	Φ 16@ 1500	11.67	1758.1
5JWK(K)3i-2000-27	1100	1900	8600	9900	1200	200	2700	25 Φ 32	Φ 12@ 100/200	5500	Φ 16@ 1500	12.15	2054.0

说明：1. 本基础适用于不受地下水影响的碎石土地质条件。

2. 整体立塔时，混凝土的抗压强度应达到设计强度的 100%。分解组塔时，混凝土必须达到抗压强度设计值的 70%。

3. 基础根开及地脚螺栓间距与相应杆塔结构图核对无误后，方可施工。

4. 基础混凝土强度等级不应低于 C25，主筋采用 HRB400 级钢筋，箍筋采用 HPB300 级钢筋。

5. ②号钢筋加密区箍筋间距 100mm，非加密区箍筋间距 200mm。可采用螺旋箍筋。

6. 主筋保护层不小于 50mm。

7. 基础施工完毕后，做好基面排水处理。

8. 本基础按机械成孔施工方式，未考虑护壁工程量。

图 20.3-5 5JWK（K）3*-2000 挖孔桩基础施工图

基 础 参 数 表

基础名称	桩身直径 d(mm)	扩底直径 D(mm)	基础埋深 H(mm)	主柱高 h₁(mm)	圆台高 h₂(mm)	下圆柱高 h₃(mm)	基础露头 H₀(mm)	主筋①	外箍筋②	外箍筋加密区长度(mm)	内箍筋③	单腿混凝土量(m³)	单腿钢筋量(kg)
5JWK(K)3h-2200-02	1100	1900	11200	10000	1200	200	200	26 ⳕ 25	Φ 10@ 100/200	5500	Φ 16@ 1500	12.24	1343.9
5JWK(K)3h-2200-07	1100	1900	11200	10500	1200	200	700	23 ⳕ 28	Φ 10@ 100/200	5500	Φ 16@ 1500	12.72	1529.1
5JWK(K)3h-2200-12	1100	1900	11200	11000	1200	200	1200	26 ⳕ 28	Φ 10@ 100/200	5500	Φ 16@ 1500	13.19	1771.2
5JWK(K)3h-2200-17	1100	1900	11200	11500	1200	200	1700	23 ⳕ 32	Φ 10@ 100/200	5500	Φ 16@ 1500	13.67	2089.2
5JWK(K)3h-2200-22	1100	1900	11200	12000	1200	200	2200	25 ⳕ 32	Φ 12@ 100/200	5500	Φ 16@ 1500	14.14	2418.2
5JWK(K)3h-2200-27	1200	2200	9000	10000	1500	200	2700	26 ⳕ 32	Φ 12@ 100/200	6000	Φ 16@ 1500	15.57	2231.6
5JWK(K)3i-2200-02	1100	1700	10400	9500	900	200	200	26 ⳕ 25	Φ 10@ 100/200	5500	Φ 16@ 1500	10.89	1256.0
5JWK(K)3i-2200-07	1100	1700	10400	10000	900	200	700	23 ⳕ 28	Φ 10@ 100/200	5500	Φ 16@ 1500	11.36	1432.3
5JWK(K)3i-2200-12	1100	1700	10400	10500	900	200	1200	26 ⳕ 28	Φ 10@ 100/200	5500	Φ 16@ 1500	11.84	1658.3
5JWK(K)3i-2200-17	1100	1700	10400	11000	900	200	1700	23 ⳕ 32	Φ 10@ 100/200	5500	Φ 16@ 1500	12.31	1965.2
5JWK(K)3i-2200-22	1100	1700	11500	11500	900	200	2200	25 ⳕ 32	Φ 12@ 100/200	5500	Φ 16@ 1500	12.79	2280.7
5JWK(K)3i-2200-27	1200	2200	7800	8800	1500	200	2700	26 ⳕ 32	Φ 12@ 100/200	6000	Φ 16@ 1500	14.22	2016.1

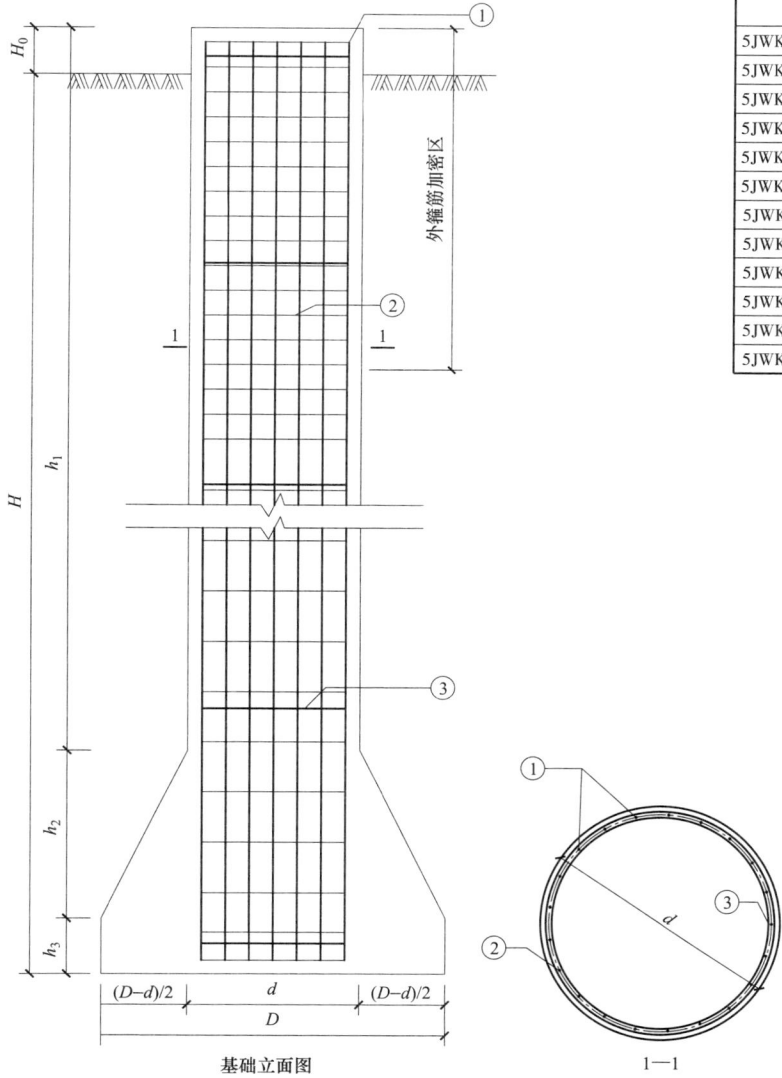

说明：1. 本基础适用于不受地下水影响的碎石土地质条件。

2. 整体立塔时，混凝土的抗压强度应达到设计强度的100%。分解组塔时，混凝土必须达到抗压强度设计值的70%。

3. 基础根开及地脚螺栓间距与相应杆塔结构图核对无误后，方可施工。

4. 基础混凝土强度等级不应低于 C25，主筋采用 HRB400 级钢筋，箍筋采用 HPB300 级钢筋。

5. ②号钢筋加密区箍筋间距100mm，非加密区箍筋间距200mm。可采用螺旋箍筋。

6. 主筋保护层不小于50mm。

7. 基础施工完毕后，做好基面排水处理。

8. 本基础按机械成孔施工方式，未考虑护壁工程量。

基础立面图

1—1

图 20.3-6 5JWK（K）3＊-2200 挖孔桩基础施工图

基础参数表

基础名称	桩身直径 d(mm)	扩底直径 D(mm)	基础埋深 H(mm)	主柱高 h₁(mm)	圆台高 h₂(mm)	下圆柱高 h₃(mm)	基础露头 H₀(mm)	主筋①	外箍筋②	外箍筋加密区长度(mm)	内箍筋③	单腿混凝土量(m³)	单腿钢筋量(kg)
5JWK（K）3h-2400-02	1200	2200	10200	8700	1500	200	200	27Φ25	Φ8@100/200	6000	Φ16@1500	14.10	1228.7
5JWK（K）3h-2400-07	1200	2200	10200	9200	1500	200	700	31Φ25	Φ8@100/200	6000	Φ16@1500	14.67	1454.7
5JWK（K）3h-2400-12	1200	2200	10200	9700	1500	200	1200	21Φ32	Φ8@100/200	6000	Φ16@1500	15.23	1666.0
5JWK（K）3h-2400-17	1200	2200	10200	10200	1500	200	1700	23Φ32	Φ10@100/200	6000	Φ16@1500	15.80	1956.0
5JWK（K）3h-2400-22	1200	2200	10200	10700	1500	200	2200	26Φ32	Φ12@100/200	6000	Φ16@1500	16.36	2364.0
5JWK（K）3h-2400-27	1200	2200	10200	11200	1500	200	2700	28Φ32	Φ12@100/200	6000	Φ16@1500	16.93	2613.6
5JWK（K）3i-2400-02	1200	2200	8800	7300	1500	200	200	27Φ25	Φ8@100/200	6000	Φ16@1500	12.52	1073.4
5JWK（K）3i-2400-07	1200	2200	8800	7800	1500	200	700	31Φ25	Φ8@100/200	6000	Φ16@1500	13.08	1272.7
5JWK（K）3i-2400-12	1200	2200	8800	8300	1500	200	1200	28Φ28	Φ8@100/200	6000	Φ16@1500	13.65	1493.3
5JWK（K）3i-2400-17	1200	2200	8800	8800	1500	200	1700	30Φ28	Φ10@100/200	6000	Φ16@1500	14.22	1736.0
5JWK（K）3i-2400-22	1200	2200	8800	9300	1500	200	2200	26Φ32	Φ12@100/200	6000	Φ16@1500	14.78	2107.4
5JWK（K）3i-2400-27	1200	2200	8800	9800	1500	200	2700	28Φ32	Φ12@100/200	6000	Φ16@1500	15.35	2339.4

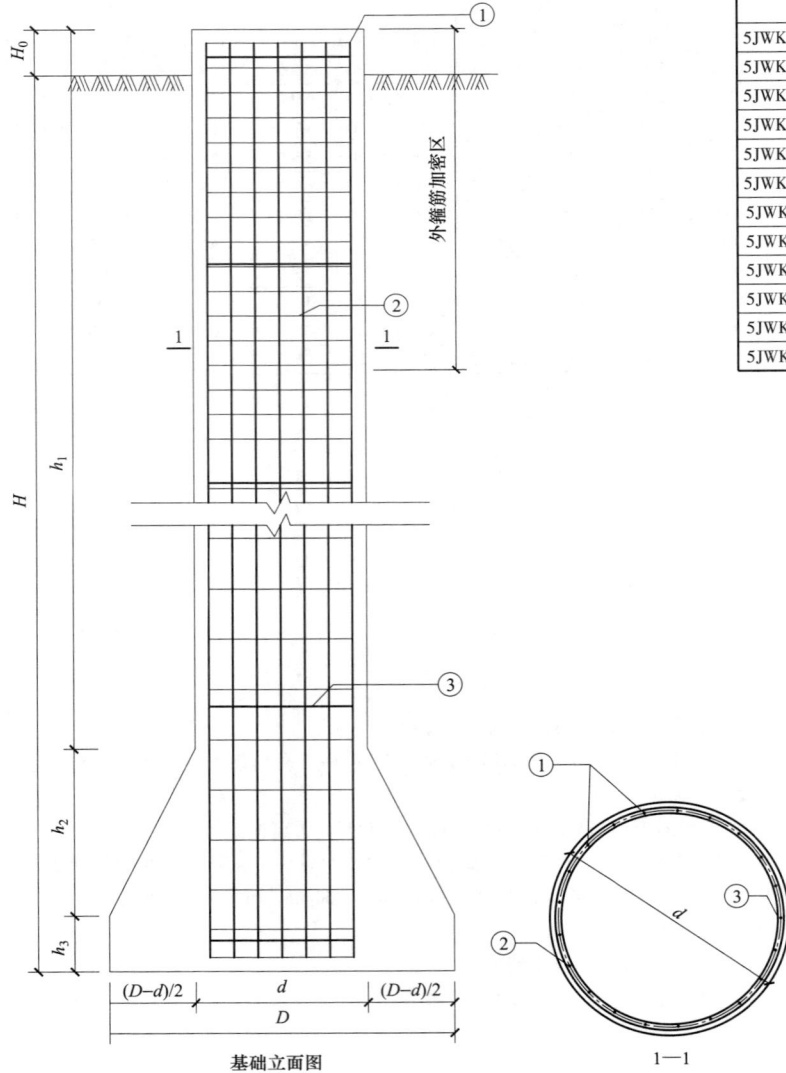

说明：1. 本基础适用于不受地下水影响的碎石土地质条件。

2. 整体立塔时，混凝土的抗压强度应达到设计强度的100%。分解组塔时，混凝土必须达到抗压强度设计值的70%。

3. 基础根开及地脚螺栓间距与相应杆塔结构图核对无误后，方可施工。

4. 基础混凝土强度等级不应低于C25，主筋采用HRB400级钢筋，箍筋采用HPB300级钢筋。

5. ②号钢筋加密区箍筋间距100mm，非加密区箍筋间距200mm。可采用螺旋箍筋。

6. 主筋保护层不小于50mm。

7. 基础施工完毕后，做好基面排水处理。

8. 本基础按机械成孔施工方式，未考虑护壁工程量。

基础立面图

1—1

图 20.3-7　5JWK（K）3＊-2400 挖孔桩基础施工图

基 础 参 数 表

基础名称	桩身直径 d(mm)	扩底直径 D(mm)	基础埋深 H(mm)	主柱高 h_1(mm)	圆台高 h_2(mm)	下圆柱高 h_3(mm)	基础露头 H_0(mm)	主筋①	外箍筋②	外箍筋加密区长度 (mm)	内箍筋③	单腿混凝土量 (m^3)	单腿钢筋量 (kg)
5JWK(K)3h-2600-02	1200	2200	11400	9900	1500	200	200	30Φ25	Φ10@100/200	6000	Φ16@1500	15.46	1571.0
5JWK(K)3h-2600-07	1200	2200	11400	10400	1500	200	700	27Φ28	Φ10@100/200	6000	Φ16@1500	16.03	1816.6
5JWK(K)3h-2600-12	1200	2200	11400	10900	1500	200	1200	30Φ28	Φ10@100/200	6000	Φ16@1500	16.59	2069.2
5JWK(K)3h-2600-17	1200	2200	11400	11400	1500	200	1700	25Φ32	Φ10@无100/200	6000	Φ16@1500	17.16	2312.1
5JWK(K)3h-2600-22	1200	2200	11400	11900	1500	200	2200	28Φ32	Φ12@100/200	6000	Φ16@1500	17.72	2754.9
5JWK(K)3h-2600-27	1300	2500	9200	9900	1800	200	2700	29Φ32	Φ12@100/200	6500	Φ16@1500	19.40	2531.3
5JWK(K)3i-2600-02	1200	2200	9800	8300	1500	200	200	30Φ25	Φ10@100/200	6000	Φ16@1500	13.65	1363.7
5JWK(K)3i-2600-07	1200	2200	9800	8800	1500	200	700	27Φ28	Φ10@100/200	6000	Φ16@1500	14.22	1585.5
5JWK(K)3i-2600-12	1200	2200	9800	9300	1500	200	1200	30Φ28	Φ10@100/200	6000	Φ16@1500	14.78	1814.9
5JWK(K)3i-2600-17	1200	2200	9800	9800	1500	200	1700	25Φ32	Φ10@100/200	6000	Φ16@1500	15.35	2037.3
5JWK(K)3i-2600-22	1200	2200	9800	10300	1500	200	2200	28Φ32	Φ12@100/200	6000	Φ16@1500	15.91	2442.1
5JWK(K)3i-2600-27	1300	2100	9400	10700	1200	200	2700	29Φ32	Φ12@100/200	6500	Φ16@1500	17.67	2576.9

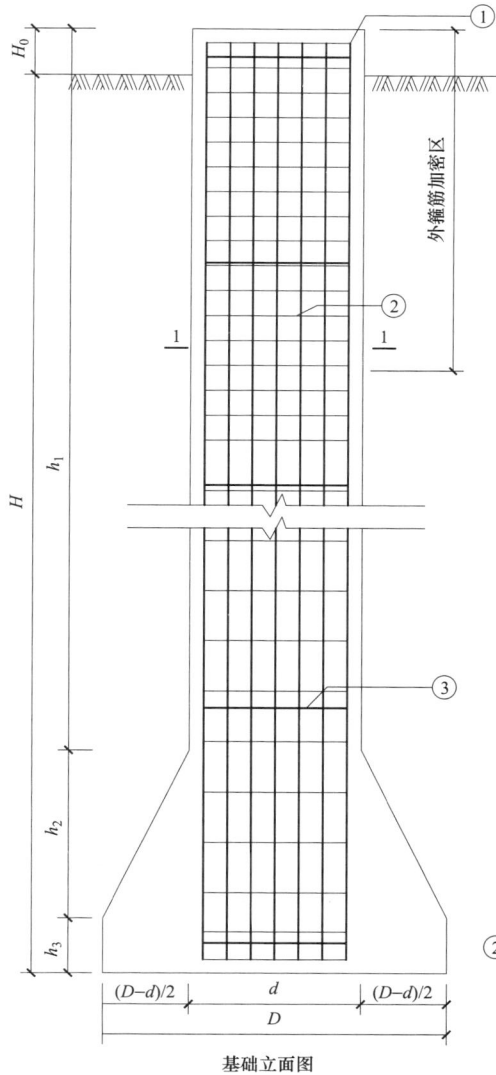

基础立面图

1—1

说明：1. 本基础适用于不受地下水影响的碎石土地质条件。

2. 整体立塔时，混凝土的抗压强度应达到设计强度的100%。分解组塔时，混凝土必须达到抗压强度设计值的70%。

3. 基础根开及地脚螺栓间距与相应杆塔结构图核对无误后，方可施工。

4. 基础混凝土强度等级不应低于C25，主筋采用HRB400级钢筋，箍筋采用HPB300级钢筋。

5. ②号钢筋加密区箍筋间距100mm，非加密区箍筋间距200mm。可采用螺旋箍筋。

6. 主筋保护层不小于50mm。

7. 基础施工完毕后，做好基面排水处理。

8. 本基础按机械成孔施工方式，未考虑护壁工程量。

图 20.3-8　5JWK（K）3∗-2600挖孔桩基础施工图

基 础 参 数 表

基础名称	桩身直径 d(mm)	扩底直径 D(mm)	基础埋深 H(mm)	主柱高 h_1(mm)	圆台高 h_2(mm)	下圆柱高 h_3(mm)	基础露头 H_0(mm)	主筋①	外箍筋②	外箍筋加密区长度(mm)	内箍筋③	单腿混凝土量(m³)	单腿钢筋量(kg)
5JWK(K)3h-2800-02	1300	2300	11200	9700	1500	200	200	31⌀25	Φ8@100/200	6500	Φ16@1500	17.62	1537.3
5JWK(K)3h-2800-07	1300	2300	11200	10200	1500	200	700	35⌀25	Φ8@100/200	6500	Φ16@1500	18.28	1783.1
5JWK(K)3h-2800-12	1300	2300	11200	10700	1500	200	1200	31⌀28	Φ8@100/200	6500	Φ16@1500	18.95	2042.8
5JWK(K)3h-2800-17	1300	2300	11200	11200	1500	200	1700	26⌀32	Φ10@100/200	6500	Φ16@1500	19.61	2390.0
5JWK(K)3h-2800-22	1300	2300	11200	11700	1500	200	2200	29⌀32	Φ12@100/200	6500	Φ16@1500	20.28	2835.2
5JWK(K)3h-2800-27	1300	2300	11200	12200	1500	200	2700	32⌀32	Φ12@100/200	6500	Φ16@1500	20.94	3203.4
5JWK(K)3i-2800-02	1300	2300	9600	8100	1500	200	200	31⌀25	Φ8@100/200	6500	Φ16@1500	15.50	1328.6
5JWK(K)3i-2800-07	1300	2300	9600	8600	1500	200	700	35⌀25	Φ8@100/200	6500	Φ16@1500	16.16	1549.7
5JWK(K)3i-2800-12	1300	2300	9600	9100	1500	200	1200	31⌀28	Φ8@100/200	6500	Φ16@1500	16.82	1785.4
5JWK(K)3i-2800-17	1300	2300	9600	9600	1500	200	1700	26⌀32	Φ10@100/200	6500	Φ16@1500	17.49	2103.1
5JWK(K)3i-2800-22	1300	2300	9600	10100	1500	200	2200	29⌀32	Φ12@100/200	6500	Φ16@1500	18.15	2509.6
5JWK(K)3i-2800-27	1300	2300	9600	10600	1500	200	2700	32⌀32	Φ12@100/200	6500	Φ16@1500	18.82	2847.5

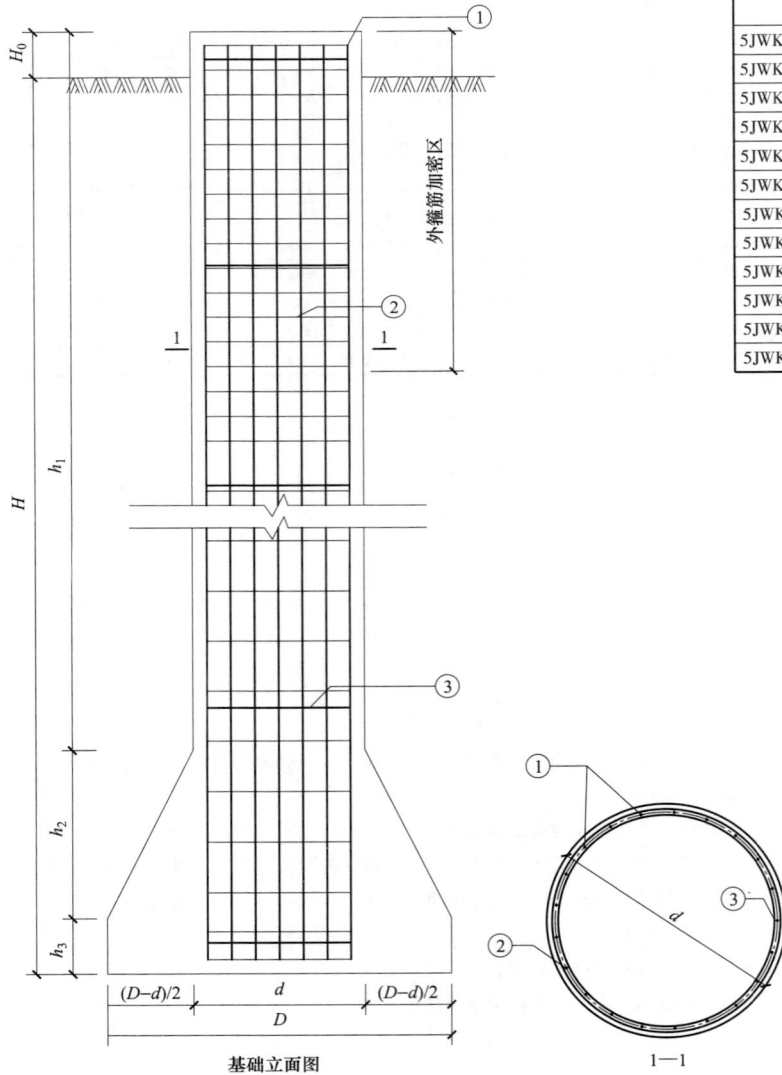

基础立面图

1—1

说明：1. 本基础适用于不受地下水影响的碎石土地质条件。

2. 整体立塔时，混凝土的抗压强度应达到设计强度的100%。分解组塔时，混凝土必须达到抗压强度设计值的70%。

3. 基础根开及地脚螺栓间距与相应杆塔结构图核对无误后，方可施工。

4. 基础混凝土强度等级不应低于C25，主筋采用HRB400级钢筋，箍筋采用HPB300级钢筋。

5. ②号钢筋加密区箍筋间距100mm，非加密区箍筋间距200mm。可采用螺旋箍筋。

6. 主筋保护层不小于50mm。

7. 基础施工完毕后，做好基面排水处理。

8. 本基础按机械成孔施工方式，未考虑护壁工程量。

图 20.3-9 5JWK（K）3＊-2800 挖孔桩基础施工图

20.4 5JWK（K）4子模块

此子模块适用于黄土地基，共包含 6 张图纸，基础施工图图纸清单见表 20.4-1。

表 20.4-1 5JWK（K）4子模块基础施工图图纸清单

序号	图号	图　　名	基础作用力（kN）	
			$T/T_x/T_y$	$N/N_x/N_y$
1	图 20.4-1	5JWK(K)4*-1200 挖孔桩基础施工图	1200/228/228	1560/296/296

序号	图号	图　　名	基础作用力（kN）	
			$T/T_x/T_y$	$N/N_x/N_y$
2	图 20.4-2	5JWK(K)4*-1400 挖孔桩基础施工图	1400/266/266	1820/346/346
3	图 20.4-3	5JWK(K)4*-1600 挖孔桩基础施工图	1600/304/304	2080/395/395
4	图 20.4-4	5JWK(K)4*-1800 挖孔桩基础施工图	1800/342/342	2340/445/445
5	图 20.4-5	5JWK(K)4*-2000 挖孔桩基础施工图	2000/380/380	2600/494/494
6	图 20.4-6	5JWK(K)4*-2200 挖孔桩基础施工图	2200/418/418	2860/543/543

注 4* 表示 4h 地质参数组合。

基 础 参 数 表

基础名称	桩身直径 d(mm)	扩底直径 D(mm)	基础埋深 H(mm)	主柱高 h_1(mm)	圆台高 h_2(mm)	下圆柱高 h_3(mm)	基础露头 H_0(mm)	主筋①	外箍筋②	外箍筋加密区长度(mm)	内箍筋③	单腿混凝土量(m^3)	单腿钢筋量(kg)
5JWK(K)4h-1200-02	1200	2400	15400	13600	1800	200	200	25Φ20	Φ8@100/200	6000	Φ16@1500	21.04	1170.4
5JWK(K)4h-1200-07	1200	2400	15400	14100	1800	200	700	27Φ20	Φ8@100/200	6000	Φ16@1500	21.60	1282.8
5JWK(K)4h-1200-12	1200	2400	15400	14600	1800	200	1200	30Φ20	Φ8@100/200	6000	Φ16@1500	22.17	1447.3
5JWK(K)4h-1200-17	1300	2500	13400	13100	1800	200	1700	31Φ20	Φ8@100/200	6500	Φ16@1500	23.64	1381.0
5JWK(K)4h-1200-22	1300	2500	13800	14000	1800	200	2200	34Φ20	Φ8@100/200	6500	Φ16@1500	24.84	1573.3
5JWK(K)4h-1200-27	1400	2800	11000	11400	2100	200	2700	35Φ20	Φ8@100/200	7000	Φ16@1500	26.32	1413.5

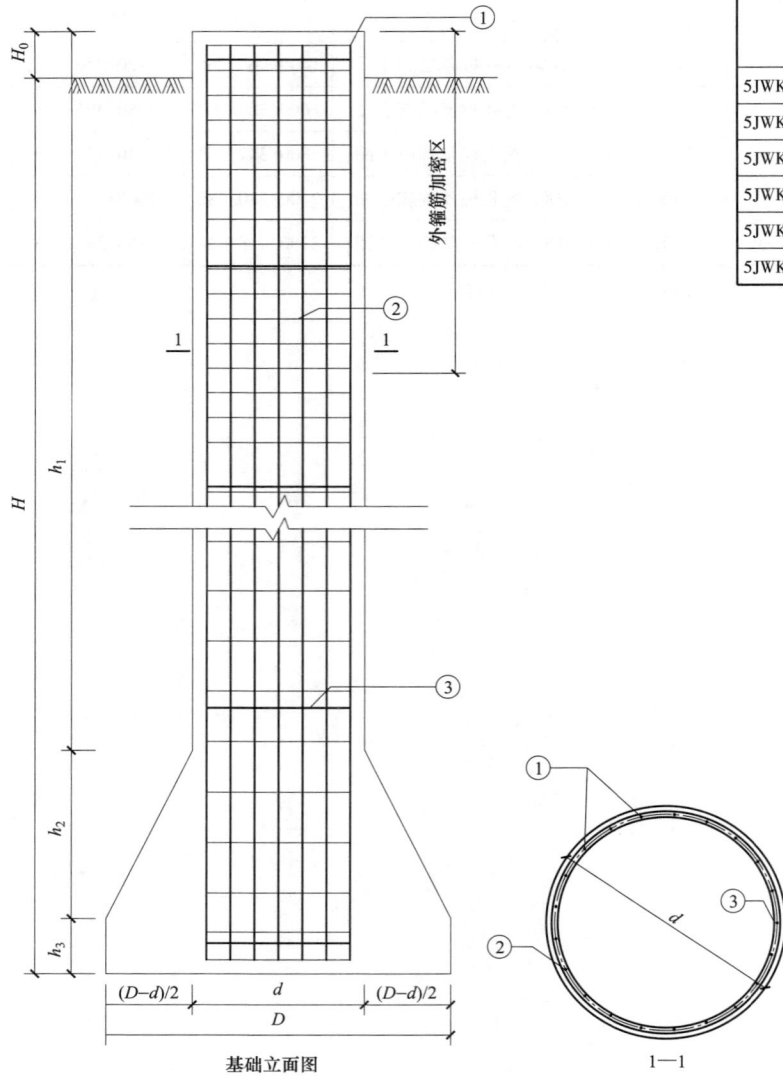

基础立面图

1—1

说明: 1. 本基础适用于不受地下水影响的黄土地质条件。

2. 整体立塔时，混凝土的抗压强度应达到设计强度的100%。分解组塔时，混凝土必须达到抗压强度设计值的70%。

3. 基础根开及地脚螺栓间距与相应杆塔结构图核对无误后，方可施工。

4. 基础混凝土强度等级不应低于C25，主筋采用HRB400级钢筋，箍筋采用HPB300级钢筋。

5. ②号钢筋加密区箍筋间距100mm，非加密区箍筋间距200mm。可采用螺旋箍筋。

6. 主筋保护层不小于50mm。

7. 基础施工完毕后，做好基面排水处理。

8. 本基础按机械成孔施工方式，未考虑护壁工程量。

图 20.4-1　5JWK（K）4＊-1200 挖孔桩基础施工图

基础名称	桩身直径 d(mm)	扩底直径 D(mm)	基础埋深 H(mm)	主柱高 h_1(mm)	圆台高 h_2(mm)	下圆柱高 h_3(mm)	基础露头 H_0(mm)	主筋①	外箍筋②	外箍筋加密区长度(mm)	内箍筋③	单腿混凝土量(m³)	单腿钢筋量(kg)
5JWK(K)4h-1400-02	1400	2800	13600	11500	2100	200	200	42⌀16	Φ8@100/200	7000	Φ16@1500	26.48	1150.2
5JWK(K)4h-1400-07	1400	2800	13600	12000	2100	200	700	37⌀18	Φ8@100/200	7000	Φ16@1500	27.25	1294.5
5JWK(K)4h-1400-12	1400	2800	13600	12500	2100	200	1200	32⌀20	Φ8@100/200	7000	Φ16@1500	28.02	1409.6
5JWK(K)4h-1400-17	1400	2800	13600	13000	2100	200	1700	35⌀20	Φ8@100/200	7000	Φ16@1500	28.79	1570.7
5JWK(K)4h-1400-22	1400	2800	13800	13700	2100	200	2200	38⌀20	Φ8@100/200	7000	Φ16@1500	29.86	1755.1
5JWK(K)4h-1400-27	1600	3000	10600	11000	2100	200	2700	37⌀20	Φ8@100/200	8000	Φ18@1500	32.52	1498.8

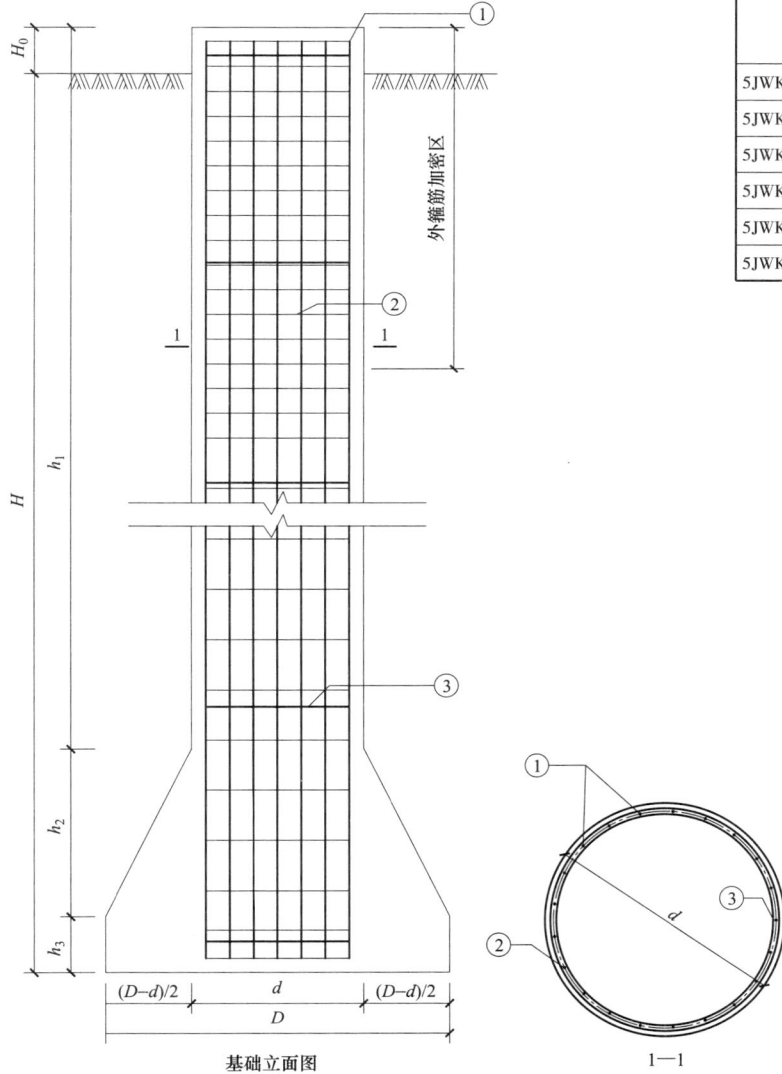

说明： 1. 本基础适用于不受地下水影响的黄土地质条件。

2. 整体立塔时，混凝土的抗压强度应达到设计强度的100%。分解组塔时，混凝土必须达到抗压强度设计值的70%。

3. 基础根开及地脚螺栓间距与相应杆塔结构图核对无误后，方可施工。

4. 基础混凝土强度等级不应低于C25，主筋采用HRB400级钢筋，箍筋采用HPB300级钢筋。

5. ②号钢筋加密区箍筋间距100mm，非加密区箍筋间距200mm。可采用螺旋箍筋。

6. 主筋保护层不小于50mm。

7. 基础施工完毕后，做好基面排水处理。

8. 本基础按机械成孔施工方式，未考虑护壁工程量。

基础立面图

1—1

图 20.4-2 5JWK（K）4*-1400 挖孔桩基础施工图

基 础 参 数 表

基础名称	桩身直径 d(mm)	扩底直径 D(mm)	基础埋深 H(mm)	主柱高 h_1(mm)	圆台高 h_2(mm)	下圆柱高 h_3(mm)	基础露头 H_0(mm)	主筋①	外箍筋②	外箍筋加密区长度(mm)	内箍筋③	单腿混凝土量(m^3)	单腿钢筋量(kg)
5JWK(K)4h-1600-02	1600	3200	11800	9400	2400	200	200	36Φ18	Φ8@100/200	8000	Φ18@1500	31.77	1139.5
5JWK(K)4h-1600-07	1600	3200	11800	9900	2400	200	700	40Φ18	Φ8@100/200	8000	Φ18@1500	32.77	1278.1
5JWK(K)4h-1600-12	1600	3200	11800	10400	2400	200	1200	43Φ18	Φ8@100/200	8000	Φ18@1500	33.78	1400.9
5JWK(K)4h-1600-17	1600	3200	11800	10900	2400	200	1700	46Φ18	Φ8@100/200	8000	Φ18@1500	34.78	1536.8
5JWK(K)4h-1600-22	1600	3200	11800	11400	2400	200	2200	40Φ20	Φ8@100/200	8000	Φ18@1500	35.79	1681.9
5JWK(K)4h-1600-27	1600	3200	12200	12300	2400	200	2700	43Φ20	Φ8@100/200	8000	Φ18@1500	37.60	1887.5

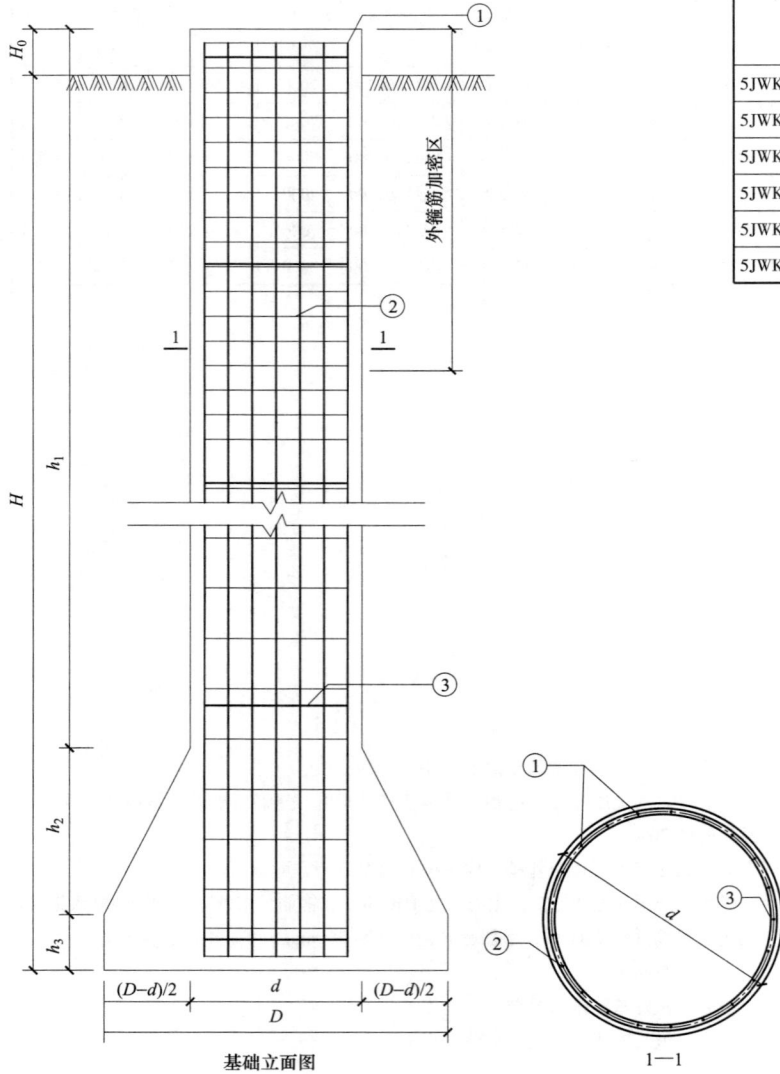

说明: 1. 本基础适用于不受地下水影响的黄土地质条件。

2. 整体立塔时, 混凝土的抗压强度应达到设计强度的100%。分解组塔时, 混凝土必须达到抗压强度设计值的70%。

3. 基础根开及地脚螺栓间距与相应杆塔结构图核对无误后, 方可施工。

4. 基础混凝土强度等级不应低于C25, 主筋采用HRB400级钢筋, 箍筋采用HPB300级钢筋。

5. ②号钢筋加密区箍筋间距100mm, 非加密区箍筋间距200mm。可采用螺旋箍筋。

6. 主筋保护层不小于50mm。

7. 基础施工完毕后, 做好基面排水处理。

8. 本基础按机械成孔施工方式, 未考虑护壁工程量。

基础立面图

1—1

图 20.4-3　5JWK（K）4＊-1600 挖孔桩基础施工图

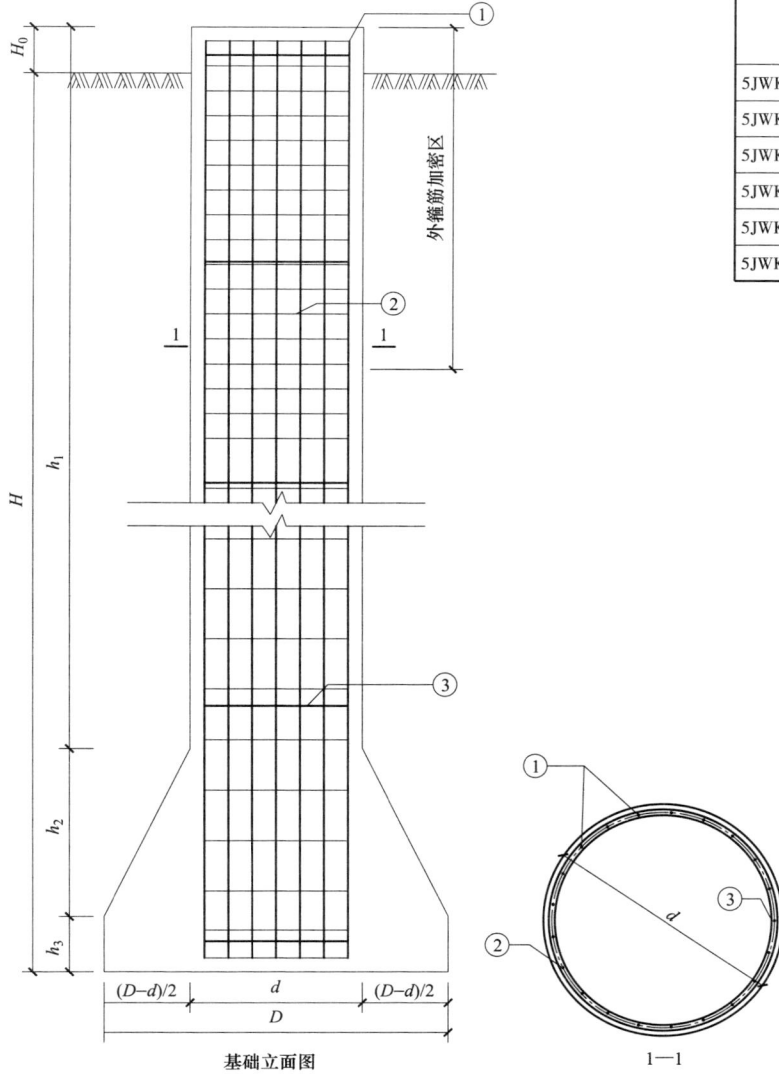

基 础 参 数 表

基础名称	桩身直径 d(mm)	扩底直径 D(mm)	基础埋深 H(mm)	主柱高 h_1(mm)	圆台高 h_2(mm)	下圆柱高 h_3(mm)	基础露头 H_0(mm)	主筋①	外箍筋②	外箍筋加密区长度(mm)	内箍筋③	单腿混凝土量（m³）	单腿钢筋量（kg）
5JWK（K）4h-1800-02	1800	3400	11200	8800	2400	200	200	49 Φ 16	Φ 8@100/200	9000	Φ 18@1500	37.35	1190.0
5JWK（K）4h-1800-07	1800	3400	11200	9300	2400	200	700	53 Φ 16	Φ 8@100/200	9000	Φ 18@1500	38.63	1307.3
5JWK（K）4h-1800-12	1800	3600	10400	8700	2700	200	1200	36 Φ 20	Φ 8@100/200	9000	Φ 18@1500	40.21	1338.5
5JWK（K）4h-1800-17	1800	3600	10400	9200	2700	200	1700	39 Φ 20	Φ 8@100/200	9000	Φ 18@1500	41.48	1486.1
5JWK（K）4h-1800-22	1800	3600	10400	9700	2700	200	2200	42 Φ 20	Φ 8@100/200	9000	Φ 18@1500	42.75	1632.8
5JWK（K）4h-1800-27	1800	3600	10400	10200	2700	200	2700	37 Φ 22	Φ 8@100/200	9000	Φ 18@1500	44.02	1777.3

说明：1. 本基础适用于不受地下水影响的黄土地质条件。

2. 整体立塔时，混凝土的抗压强度应达到设计强度的100%。分解组塔时，混凝土必须达到抗压强度设计值的70%。

3. 基础根开及地脚螺栓间距与相应杆塔结构图核对无误后，方可施工。

4. 基础混凝土强度等级不应低于C25，主筋采用HRB400级钢筋，箍筋采用HPB300级钢筋。

5. ②号钢筋加密区箍筋间距100mm，非加密区箍筋间距200mm。可采用螺旋箍筋。

6. 主筋保护层不小于50mm。

7. 基础施工完毕后，做好基面排水处理。

8. 本基础按机械成孔施工方式，未考虑护壁工程量。

图 20.4-4   5JWK（K）4*-1800挖孔桩基础施工图

基 础 参 数 表

基础名称	桩身直径 d(mm)	扩底直径 D(mm)	基础埋深 H(mm)	主柱高 h₁(mm)	圆台高 h₂(mm)	下圆柱高 h₃(mm)	基础露头 H₀(mm)	主筋①	外箍筋②	外箍筋加密区长度 (mm)	内箍筋③	单腿混凝土量 (m³)	单腿钢筋量 (kg)
5JWK(K)4h-2000-02	1800	3600	12000	9300	2700	200	200	57Φ16	Φ8@100/200	9000	Φ18@1500	41.73	1423.2
5JWK(K)4h-2000-07	1900	3700	10800	8600	2700	200	700	57Φ16	Φ8@100/200	9500	Φ18@1500	43.73	1366.9
5JWK(K)4h-2000-12	2000	3800	10000	8300	2700	200	1200	59Φ16	Φ8@100/200	10000	Φ18@1500	46.75	1396.4
5JWK(K)4h-2000-17	2000	3800	10200	9000	2700	200	1700	41Φ20	Φ8@100/200	10000	Φ18@1500	48.95	1562.4
5JWK(K)4h-2000-22	2000	4000	10000	9000	3000	200	2200	43Φ20	Φ8@100/200	10000	Φ18@1500	52.78	1668.6
5JWK(K)4h-2000-27	2000	4000	10000	9500	3000	200	2700	38Φ22	Φ8@100/200	10000	Φ18@1500	54.35	1818.6

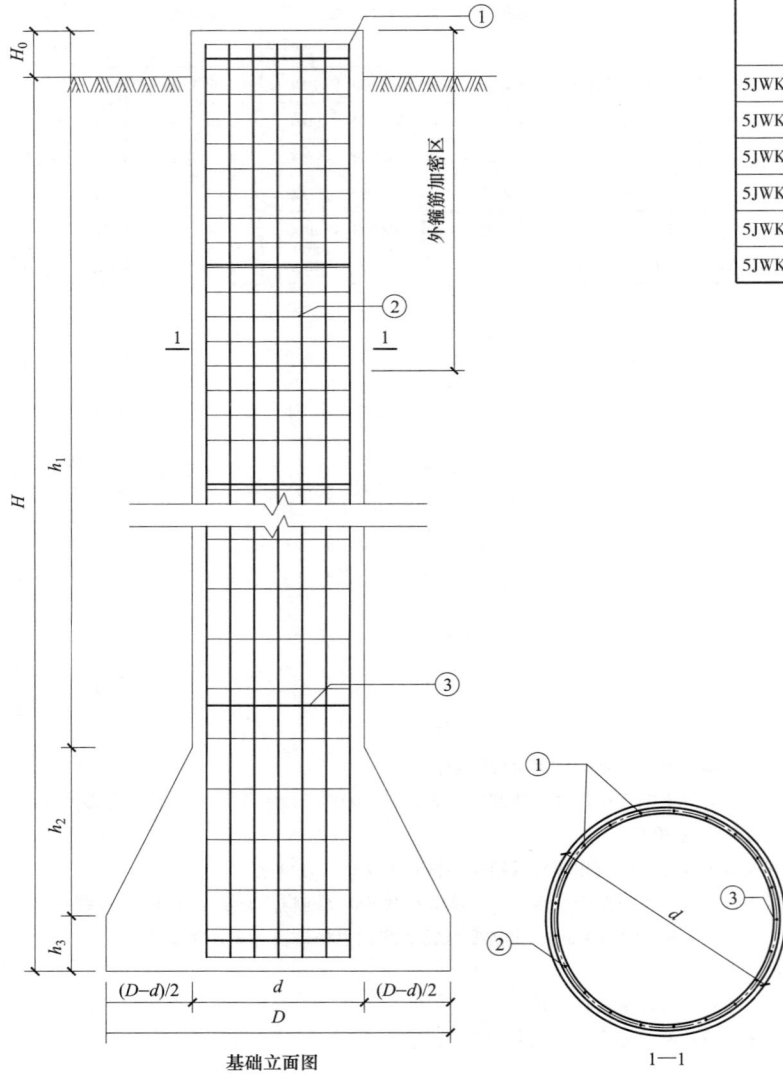

基础立面图

1—1

说明：1. 本基础适用于不受地下水影响的黄土地质条件。

2. 整体立塔时，混凝土的抗压强度应达到设计强度的100%。分解组塔时，混凝土必须达到抗压强度设计值的70%。

3. 基础根开及地脚螺栓间距与相应杆塔结构图核对无误后，方可施工。

4. 基础混凝土强度等级不应低于 C25，主筋采用 HRB400 级钢筋，箍筋采用 HPB300 级钢筋。

5. ②号钢筋加密区箍筋间距 100mm，非加密区箍筋间距 200mm。可采用螺旋箍筋。

6. 主筋保护层不小于 50mm。

7. 基础施工完毕后，做好基面排水处理。

8. 本基础按机械成孔施工方式，未考虑护壁工程量。

图 20.4-5 5JWK（K）4＊-2000 挖孔桩基础施工图

基 础 参 数 表

基础名称	桩身直径 d(mm)	扩底直径 D(mm)	基础埋深 H(mm)	主柱高 h_1(mm)	圆台高 h_2(mm)	下圆柱高 h_3(mm)	基础露头 H_0(mm)	主筋①	外箍筋②	外箍筋加密区长度(mm)	内箍筋③	单腿混凝土量 (m³)	单腿钢筋量 (kg)
5JWK(K)4h-2200-02	2000	4000	10400	7400	3000	200	200	45 Φ 18	Φ 8@100/200	10000	Φ 18@1500	47.75	1299.4
5JWK(K)4h-2200-07	2000	4000	10400	7900	3000	200	700	49 Φ 18	Φ 8@100/200	10000	Φ 18@1500	49.32	1436.8
5JWK(K)4h-2200-12	2000	4000	10400	8400	3000	200	1200	53 Φ 18	Φ 8@100/200	10000	Φ 18@1500	50.89	1584.6
5JWK(K)4h-2200-17	2000	4000	11400	9900	3000	200	1700	56 Φ 18	Φ 8@100/200	10000	Φ 18@1500	55.61	1849.3
5JWK(K)4h-2200-22	2000	4000	14200	13200	3000	200	2200	50 Φ 20	Φ 8@100/200	10000	Φ 18@1500	65.97	2467.8
5JWK(K)4h-2200-27	2000	4000	17000	16500	3000	200	2700	53 Φ 20	Φ 8@100/200	10000	Φ 18@1500	76.34	3092.1

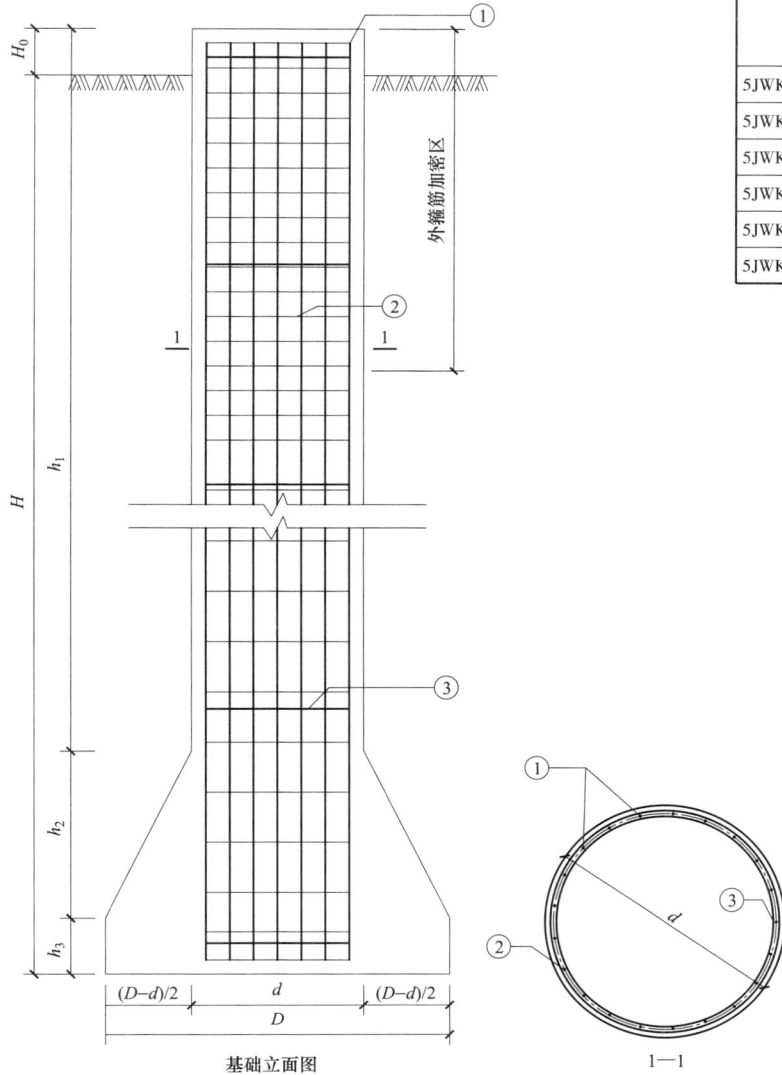

基础立面图

1—1

说明：1. 本基础适用于不受地下水影响的黄土地质条件。

2. 整体立塔时，混凝土的抗压强度应达到设计强度的100%。分解组塔时，混凝土必须达到抗压强度设计值的70%。

3. 基础根开及地脚螺栓间距与相应杆塔结构图核对无误后，方可施工。

4. 基础混凝土强度等级不应低于 C25，主筋采用 HRB400 级钢筋，箍筋采用 HPB300 级钢筋。

5. ②号钢筋加密区箍筋间距 100mm，非加密区箍筋间距 200mm。可采用螺旋箍筋。

6. 主筋保护层不小于 50mm。

7. 基础施工完毕后，做好基面排水处理。

8. 本基础按机械成孔施工方式，未考虑护壁工程量。

图 20.4-6　5JWK（K）4＊-2200 挖孔桩基础施工图